第 2 章　3D 动态壁纸——百纳水族馆 1

第 2 章　3D 动态壁纸——百纳水族馆 2

第 3 章　掌上杭州 1

第 3 章　掌上杭州 2

第 4 章　BN 理财助手 1

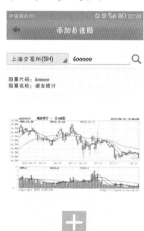

第 4 章　BN 理财助手 2

书中案例效果图

第 5 章　百纳公交小助手 1

第 5 章　百纳公交小助手 2

第 06 章　天气课程表 1

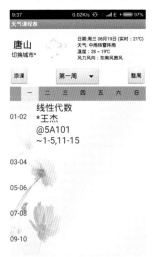

第 06 章　天气课程表 2

第 7 章　手机新生小助手 1

第 7 章　手机新生小助手 2

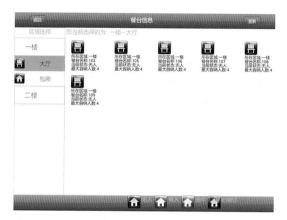

第 8 章　Pad 点菜系统 1

第 8 章　Pad 点菜系统 2

第 11 章　污水征服者 1

第 11 章　污水征服者 2

第 9 章　百纳音乐播放器 1

第 9 章　百纳音乐播放器 2

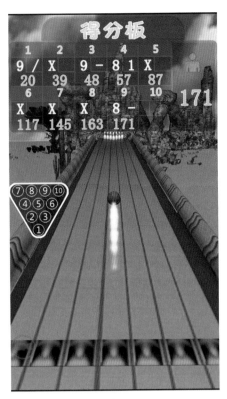

第 10 章　3D 保龄球 1

第 10 章　3D 保龄球 2

第 12 章　新闻发布管理系统——西泠手机报 1

第 12 章　新闻发布管理系统——西泠手机报 2

Android

应用案例开发大全

（第3版）

吴亚峰 苏亚光 于复兴 编著

百纳科技 审校

人民邮电出版社

北 京

图书在版编目（CIP）数据

Android应用案例开发大全 / 吴亚峰，苏亚光，于复兴编著. -- 3版. -- 北京：人民邮电出版社，2015.10
ISBN 978-7-115-40180-9

Ⅰ．①A… Ⅱ．①吴… ②苏… ③于… Ⅲ．①移动终端－应用程序－程序设计 Ⅳ．①TN929.53

中国版本图书馆CIP数据核字(2015)第201375号

内 容 提 要

本书以 Android 手机综合应用程序开发为主题，通过 11 个典型范例全面且深度地讲解了单机应用、网络应用、商业案例、2D/3D 游戏等多个开发领域。

全书共分 12 章，主要以范例的方式来讲述 Android 的应用开发，详细介绍了 3D 动态壁纸、LBS 类应用、导航与百度地图二次开发、理财类应用、餐饮行业应用、校园辅助应用、音乐休闲应用、新闻发布管理应用、休闲益智类 3D/2D 游戏等各类 Android 应用程序的开发。随书光盘中包括了所有范例的源程序，并对程序进行了详细的注释。

本书以真实的项目开发为写作背景，具有很强的实用性和实战性。讲解上深入浅出、通俗易懂，既有 Android 开发的实战技术和技巧，也包括真实项目的策划方案。本书非常适合初学者或有一定 Android 基础、希望学习 Android 高级开发技术的读者使用。

◆ 编　　著　吴亚峰　苏亚光　于复兴
　　审　　校　百纳科技
　　责任编辑　张　涛
　　责任印制　张佳莹　焦志炜

◆ 人民邮电出版社出版发行　　北京市丰台区成寿寺路 11 号
　　邮编　100164　电子邮件　315@ptpress.com.cn
　　网址　http://www.ptpress.com.cn
　　固安县铭成印刷有限公司印刷

◆ 开本：787×1092　1/16　　　　彩插：2
　　印张：38.75　　　　　　　　2015 年 10 月第 3 版
　　字数：1076 千字　　　　　　2024 年 7 月河北第 8 次印刷

定价：89.00 元（附光盘）

读者服务热线：(010)81055410　印装质量热线：(010)81055316
反盗版热线：(010)81055315
广告经营许可证：京东市监广登字20170147号

前　　言

为什么要写一本这样的书

　　Android 正以前所未有的速度聚集着来自世界各地的开发者，越来越多的创意被应用到 Android 程序的开发中，大有席卷整个手机产业的趋势。

　　面对如此火爆的 Android 大潮，一些有关 Android 的技术书籍也开始在各地书店上架。但纵观这些本来就为数不多的 Android 书籍，却没有一本是集商业应用和游戏开发于一体的案例书籍。

　　如何把学习的 Android 知识系统地应用到实际项目中，是许多读者进入实战角色前必备的技能。本书正是在这种情况下应运而生的，作为国内第一本讲解 Android 应用案例开发的专业书籍，作者为这本书倾注了很多的心血。书中既包括大型商务软件、3D 游戏等，也详细讲解了软件、游戏开发时的思路，真实项目的策划方案等。本书能够快速帮助读者提高在 Android 平台下进行实际项目和游戏开发的实战能力。

内容导读

　　本书内容分为 12 章，涵盖了商务软件、主流应用以及 3D 游戏程序案例，详细地介绍了 Android 平台下各种软件的开发流程。主要内容安排如下。

　　第 1 章　初识庐山真面目——Android 简介

　　本章向读者介绍了 Android 的来龙去脉，并介绍 Android 应用程序的框架，然后对 Android 的开发环境进行搭建和调试，同时还简要介绍了如何导入并运行本书中的案例项目。

　　第 2 章　3D 动态壁纸——百纳水族馆

　　本章案例为一个采用 OpenGL ES 技术开发的 3D 水族馆动态壁纸，运行时效果真实，具有很强的用户吸引力。它同时还带有一定的交互能力，可以通过点击屏幕给水族馆中的鱼喂食，很有趣味性。

　　第 3 章　LBS 类应用——掌上杭州

　　本章介绍的是 LBS 类应用程序掌上杭州的开发。掌上杭州主要有首页、搜索、设置三大主项，其中首页包含美食、景点、住宿、医疗、娱乐和购物，设置中包含了设置字体，关于和帮助，搜索中可搜索当前应用中的信息。

　　第 4 章　理财类软件——BN 理财助手

　　本章介绍了一个简单的理财助手软件的开发过程。通过本章的学习，读者可以对理财软件的开发有一个比较细致的了解，达到可以自己开发理财类软件的目的。从中可以看出，在开发中恰当地使用对话框和自定义控件，可以起到画龙点睛的作用。

　　第 5 章　LBS 交通软件——百纳公交小助手

　　本章将介绍的是 Android 应用程序百纳公交小助手的开发。百纳公交小助手基于百度地图进行二次开发，实现了北京、上海、广州、深圳以及唐山这 5 个城市的公交线路查询、换乘查询、定位附近站点以及语音导航等功能。

第 6 章　学生个人辅助软件——天气课程表

本章介绍的是天气课程表的开发。它以天气预报和课程表为模板，实现了显示全国主要城市的天气情况以及查看课程安排的功能，桌面上的小挂件 Widget 实现了呈现已选择城市的当天的天气情况和查看当天课程安排的功能。

第 7 章　校园辅助软件——新生小助手

本章介绍的是 Android 客户端应用程序新生小助手的开发。本应用是以河北联合大学为模板进行设计和构思的。新生小助手实现了认识本校、唐山简介、报到流程、唐山导航、校园导航等功能。

第 8 章　餐饮行业移动管理系统——PAD 点菜系统

本章涉及的点菜系统包括服务端、PC 端和 PAD 端，本案例是完全来自于目前餐饮业很流行的、具有很高实用价值的 PAD 点菜系统项目。读者如果要开发这方面的应用，本章案例具有很高的借鉴价值。

第 9 章　音乐休闲软件——百纳网络音乐播放器

本章介绍的是百纳音乐播放器的开发。PC 端实现了对歌手、歌曲以及专辑的增加、删除、修改的功能。服务器端实现了数据传输以及数据库的操作。Android 客户端实现了本地音乐的扫描及播放、网络音乐的查找及下载等。

第 10 章　休闲类游戏——3D 保龄球

本章介绍的是休闲类游戏——3D 保龄球。通过对该游戏在 Android 手机平台下的设计与实现，使读者对 Android 平台下使用 OpenGL ES 渲染技术开发 3D 游戏的步骤有更加深入地了解，并学会基本的 3D 游戏的开发。

第 11 章　益智类游戏——污水征服者

本章介绍的游戏利用了实时流体仿真计算引擎，所模拟的水流形象逼真，而且玩法也非常简单：通过体感操控控制污水的速度和方向并躲避火焰的灼烧，最终将污水收集到固定的容器中。

第 12 章　新闻发布管理系统——西泠手机报

本章介绍的是西泠手机报新闻发布管理系统的开发，PC 端主要实现了新增、审核以及管理已有新闻的功能，服务器端实现了数据传输以及数据库的操作，Android 手机端主要实现了用户浏览新闻的功能。

本书特点

1. 技术新颖，贴近实战

本书涵盖了现实中几乎所有的流行技术，如 3D、传感器、OpenGL ES、动态壁纸、百度地图的二次开发、移动办公、实时流体仿真计算引擎、服务端和 Android 端的交互等。

2. 实例丰富，讲解详细

本书既包括单机版客户端项目，也有服务端和 Android 端的结合开发；既包括典型的商业软件，也包括休闲娱乐项目，还有流行的 3D 热门案例以及借助 OpenGL ES 渲染的逼真场景。

3. 案例经典，含金量高

本书中的案例均是精心挑选的，不同类型的案例有着其独特的开发方式。本书以真实的项目开发为讲解背景，涵盖大型商务软件、3D 游戏等，讲解了开发时的思路，真实项目的策划方案，以期让读者全面地掌握手机应用的开发，具有很高的含金量，非常适合各类读者学习。

为了帮助读者更好地利用本书，本书的附赠光盘中包含了本书中所有实例的源代码。

本书面向的读者

- Android 初学者

对于 Android 的初学者，可以通过本书前面的基础章节巩固 Android 的知识，并了解项目开发的流程。然后以此为踏板学习本书后面的案例，这样可以全面地掌握 Android 平台下项目开发的技术。

- 有 Java 基础的读者

Android 平台下的开发基于 Java 语言，所以，对于有 Java 基础的读者来说，阅读本书将不会感觉到困难。读者可以通过第 1 章的基础内容迅速熟悉 Android 平台下应用程序的框架和开发流程，然后通过案例提高自己在实战项目开发方面的能力。

- 在职开发人员

本书中的案例都是作者精心挑选的，其中涉及的与项目开发相关的知识均是作者积累的经验与心得体会。具有一定开发经验的在职开发人员可以通过本书进一步提高开发水平，并迅速转行成为 Android 的实战项目开发人员。

关于作者

吴亚峰，毕业于北京邮电大学，后留学澳大利亚卧龙岗大学取得硕士学位。1998 年开始从事 Java 应用的开发，有 10 多年的 Java 开发与培训经验。主要的研究方向为 OpenGL ES、手机游戏、Java EE 以及搜索引擎。同时为手机游戏、Java EE 独立软件开发工程师，并兼任百纳科技 Java 培训中心首席培训师。近 10 年来为多家著名企业培养了上千名高级软件开发人员，曾编写过《Android 应用案例开发大全》（第一版、第二版）、《Android 游戏开发大全》（第一版、第二版）、《OpenGL ES 2.0 游戏开发》（上、下卷）、《Cocos2d-X 案例开发大全》《Cocos2d-X 3.0 游戏开发实战详解》《Unity 4 3D 开发实战详解》等多本畅销技术书籍。2008 年初开始关注 Android 平台下的 3D 应用开发，并开发出一系列优秀的 Android 应用程序与 3D 游戏。

苏亚光，哈尔滨理工大学硕士，从业于计算机软件领域 10 多年，在软件开发和计算机教学方面有着丰富的经验，曾编写过《Android 游戏开发大全》《Android 3D 游戏开发技术详解与典型案例》《Android 应用案例开发大全》等多本畅销技术书籍。2008 年开始关注 Android 平台下的应用开发，参与开发了多款手机 2D/3D 游戏应用。

于复兴，北京科技大学硕士，从业于计算机软件领域 10 余年，在软件开发和计算机教学方面有着丰富的经验。工作期间曾主持科研项目 "PSP 流量可视化检测系统研究与实现"，主持研发了省市级项目多项，同时为多家企事业单位设计开发了管理信息系统，并在各种科技刊物上发表多篇相关论文。2008 年开始关注 Android 平台下的应用开发，参与开发了多款手机 3D 游戏应用。

致谢

　　本书在编写过程中得到了唐山百纳科技有限公司 Java 培训中心的大力支持，同时王海宁、梁宇、仝天河、王青山、王磊、高双、刘佳、张月月、李玲玲、张双彐、贺蕾红、陆小鸽、刘乾、张靖豪、王海涛、李世尧、王海峰以及作者的家人为本书的编写提供了很多帮助，在此表示衷心感谢！

　　由于作者水平有限，书中疏漏之处在所难免，欢迎广大读者批评指正，吴老师图书 QQ 交流群：277435906。编辑联系邮箱为：zhangtao@ptpress.com.cn。

编　者

目　录

第1章　初识庐山真面目——Android 简介

Android 一词的本义指"机器人",同时也是 Google 于 2007 年 11 月 5 日宣布的基于 Linux 平台的开源手机操作系统的名称。该平台由操作系统、中间件、用户界面和应用软件组成,号称是首个为移动终端打造的真正开放和完整的解决方案。

在此之前的几年间,当"智能手机"被越来越多的用户提及时,当手机爱好者手持一款 Symbian S60 手机随意安装一款软件时,人们认为智能手机时代已经来临,但现在看来,那还只是个预热,真正的智能手机时代还没有到来。直到 Android 的诞生,才真正打破了智能手机发展的僵局,它带领智能手机市场迅速崛起,为人们的生活和工作带来了与众不同的全新体验。

从此,人们不再受 PC 束缚。无论走到哪里,只要有一部 Android 手机,并且有移动信号,就可以随时随地办公、浏览资讯、网上冲浪,这极大地方便了人们的生活。正因为如此,Android 仅仅用了 3 年左右的时间,就迅速成长为全球第一大移动终端平台,不仅广泛应用到了智能手机领域,而且在平板电脑、智能导航仪、智能 MP4 领域也有很大的影响,深受移动终端生产厂商和广大用户的青睐。

1.1　Android 的来龙去脉

Android 的创始人 Andy Rubin 是硅谷著名的"极客",他离开 Danger 移动计算公司后不久便创立了 Android 公司,并开发了 Android 平台,他一直希望将 Android 平台打造成完全开放的移动终端平台。之后 Android 公司被 Google 公司看中并收购。这样,号称全球最大的搜索服务商 Google 大举进军移动通信市场,并推出了自主品牌的移动终端产品。

2007 年 11 月初,Google 正式宣布与其他 33 家手机厂商、软硬件供应商、手机芯片供应商、移动运营商联合组成开放手机联盟(Open Handset Alliance),并发布名为 Android 的开放手机软件平台,希望建立标准化、开放式的移动电话软件平台,在移动行业内形成一个开放式的生态系统。

1.2　掀起 Android 的盖头来

自从 Android 发布以来,越来越多的人关注 Android 的发展,越来越多的开发人员在 Android 系统平台上开发应用。那么,是什么使 Android 备受青睐、在众多移动平台中脱颖而出呢?

1.2.1　选择 Android 的理由

Android 基于 Linux 技术开发,由操作系统、用户界面和应用程序组成,允许开发人员自由获取、修改源代码,也就是说这是一套具有开源性质的移动终端解决方案,具有开放性、平等性、无界性、方便性以及硬件的丰富性等特点。下面对以上各个优点进行简单介绍。

● 开放性。

提到 Android 的优势，首先想到的一定是真正的开放，其开放性包含底层的操作系统以及上层的应用程序等。Google 与开放手机联盟合作开发 Android 的目的就是建立标准化、开放式的移动软件平台，在移动产业内形成一个开放式的生态系统。

● 平等性。

在 Android 的系统上，所有的应用程序完全平等，系统默认自带的程序与自己开发的程序没有任何区别，程序开发人员可以开发个人喜爱的应用程序来替代系统的程序，构建个性化的 Android 手机系统，这些功能在其他的手机平台是没有的。

在开发之初，Android 平台就被设计成由一系列应用程序组成的平台，所有的应用程序都运行在一个虚拟机上面。该虚拟机提供了系列应用程序之间和硬件资源通信的 API。这成就了在 Android 的系统上，所有应用程序完全平等。

● 无界性。

Android 平台的无界性表现在应用程序之间的无界，开发人员可以很轻松地将自己开发的程序与其他应用程序进行交互，比如应用程序需要播放声音的模块，而正好你的手机中已经有一个成熟的音乐播放器，此时就不需要再重复开发音乐播放功能，只需简单地加上几行代码即可将成熟的音乐播放功能添加到自己的程序中。

● 方便性。

在 Android 平台中开发应用程序是非常方便的，如果对 Android 平台比较熟悉，想开发一个功能全面的应用程序并不是什么难事。Android 平台为开发人员提供了大量的实用库及方便的工具，同时也将百度地图等功能集成了进来，只需简单的几行调用代码即可将强大的地图功能添加到自己的程序中。

● 硬件的丰富性。

由于平台的开放，众多的硬件制造商推出了各种各样的产品，而这些产品功能上的差异并不影响数据的同步与软件的兼容，例如，原来在诺基亚手机上的应用程序，可以很轻松地被移植到摩托罗拉手机上使用，且联系人、短信息等资料更是可以方便地转移。

1.2.2　Android 的应用程序框架

从软件分层的角度来说，Android 平台由应用程序、应用程序框架、Android 运行时库层以及 Linux 内核共 4 部分构成，本节将分别介绍各层的功能，使读者对 Android 平台有一个大致的了解，便于以后对 Android 应用程序的开发。其分层结构如图 1-1 所示。

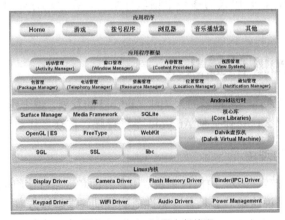

▲图 1-1　Android 平台架构图

1. 应用程序层

本层的所有应用程序都是用 Java 编写的，一般情况下，很多应用程序都是在同一系列的核心应用程序包中一起发布的，主要有拨号程序、浏览器、音乐播放器、通讯录等。该层的程序是完全平等的，开发人员可以任意将 Android 自带的程序替换成自己的应用程序。

2. 应用程序框架层

对于开发人员来说，接触最多的就是应用程序框架层。该应用程序的框架设计简化了组件的重用，其中任何一个应用程序都可以发布自身的功能供其他应用程序调用，这也使用户可以很方便地替换程序的组件而不影响其他模块的使用。当然，这种替换需要遵循框架的安全性限制。

该层主要包含以下 9 部分，如图 1-2 所示。

▲图 1-2　应用程序框架

- 活动管理（Activity Manager）：用来管理程序的生命周期，以及提供最常用的导航回退功能。
- 窗口管理（Window Manager）：用来管理所有的应用程序窗口。
- 内容供应商（Content Providers）：通过内容供应商，可以使一个应用程序访问另一个应用程序的数据，或者共享数据。
- 视图系统（View System）：用来构建应用程序的基本组件，包括列表、网格、按钮、文本框，甚至是可嵌入的 Web 浏览器。
- 包管理（Package Manager）：用来管理 Android 系统内的程序。
- 电话管理（Telephony Manager）：所有的移动设备的功能统一归电话管理器管理。
- 资源管理（Resource Manager）：资源管理器可以为应用程序提供所需要的资源，包括图片、文本、声音、本地字符串，甚至是布局文件。
- 位置管理（Location Manager）：该管理器是用来提供位置服务的，如 GPRS 定位等。
- 通知管理（Notification Manager）：主要对手机顶部状态栏进行管理，开发人员在开发 Android 程序时会经常使用，如来短信提示、电量低提示，还有后台运行程序的提示等。

3. Android 运行时库

该层包含两部分，程序库及 Android 运行时库。程序库为一些 C/C++库，这些库能够被 Android 系统中不同的应用程序调用，并通过应用程序框架为开发者提供服务。而 Android 运行时库包含了 Java 编程语言核心库的大部分功能，提供了程序运行时所需调用的功能函数。

程序库主要包含的功能库如图 1-3 所示。

- libc：一个从 BSD 继承来的标准 C 系统函数库，是专门针对移动设备优化过的。
- Media Framework：它基于 PacketVideo 公司的 OpenCORE，支持多种常用音频、视频格式回放和录制，并支持多种图像文件，如 MPEG-4、H.264、MP3、AAC、AMR、JPG、PNG 等。
- Surface Manager：它主要管理多个应用程序同时执行时，各个程序之间的显示与存取，并且为多个应用程序提供了 2D 和 3D 图层无缝的融合。
- SQLite：所有应用程序都可以使用的轻量级关系型数据库引擎。

● WebKit：这是一套最新的网页浏览器引擎，可同时支持 Android 浏览器和一个可嵌入的 Web 视图。

● OpenGLIES：基于 OpenGL ES 1.0 API 标准实现的 3D 绘制函数库，该函数库支持软件和硬件两种加速方式执行。

● FreeType：提供位图（bitmap）和矢量图（vector）两种字体显示。

● SGL：提供 2D 图形绘制的引擎。

Android 运行时库包括核心库及 Dalivik 虚拟机，如图 1-4 所示。

● 核心库（Core Libraries）：该核心库包括 Java 语言所需要的基本函数以及 Android 的核心库。与标准 Java 不一样的是，系统为每个 Android 应用程序提供了单独的 Dalvik 虚拟机来执行，即每个应用程序拥有自己单独的线程。

● Dalvik 虚拟机（Dalvik Virtual Machine）：大多数的虚拟机（包括 JVM）都是基于栈的，而 Dalvik 虚拟机则是基于寄存器的，它可以支持已转换为.dex 格式的 Java 应用程序的运行。.dex 格式是专门为 Dalvik 虚拟机设计的，更适合内存和处理器速度有限的系统。

▲图 1-3　程序库框架

▲图 1-4　Android 运行时库

4. Linux 内核

Android 平台中操作系统采用的是 Linux 2.6 内核，其安全性、内存管理、进程管理、网络协议栈和驱动模型等基本依赖于 Linux。对于程序开发人员，该层为软件与硬件之间增加了一层抽象层，使开发过程中不必时时考虑底层硬件的细节。而对于手机开发商而言，对此层进行相应的修改即可将 Android 平台运行到自己的硬件平台之上。

1.3　Android 开发环境的搭建

本节主要讲解基于 Eclipse 的 Android 开发环境的搭建（包括 SDK 的下载和 SDK 的配置）、模拟器的创建和运行，以及 Android 开发环境搭建好之后，对其开发环境进行测试并创建第一个 Android 应用程序 Hello Android 等相关知识。

1.3.1　Android SDK 的下载

前面已经对 Android 平台进行了简单的介绍，从本小节开始，将带领读者逐步搭建自己的开发环境。Android SDK 是开发 Android 应用程序的基础开发环境，其本身是免费的，下面将向读者介绍 Android SDK 的下载，其具体步骤如下。

（1）首先在浏览器中输入 http://developer.android.com/sdk/index.html，打开 Android SDK 的官方下载网站，如图 1-5 所示。点击网页右下角被椭圆圈中的内容为"Download the SDK……"的区域，进入 SDK 的下载页面，如图 1-6 所示。

（2）进入到 SDK 的下载页面后，按照图 1-6 中被椭圆圈中的区域进行下载项选择（这里选择的是 Windows 下的 32 位版本），然后点击网页正下方被椭圆圈出的内容为"Download the SDK……"的区域进行下载，此时浏览器会弹出下载对话框（这一点不同的浏览器会有所不同），如图 1-7 所示。

▲图 1-5　SDK 官方下载首页

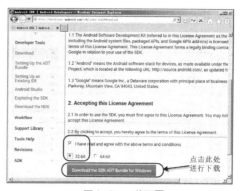

▲图 1-6　下载页面

▲图 1-7　下载对话框

完成以上步骤，等待 Android SDK 下载完成，就可以进行环境搭建的下一步工作了，也就是对 Android SDK 进行相关的配置，这些内容将在下一小节中向读者介绍。

1.3.2　Android SDK 的配置

下载完成后，就可以对 Android SDK 进行解压和配置了，主要步骤如下。

（1）Android SDK 下载成功后，会得到一个名称为"adt-bundle-windows-x86-20140702"的压缩包（随选择下载版本的不同，此名称可能不同）。将此压缩包解压得到同名文件夹，如图 1-8 所示。

▲图 1-8　下载后得到的压缩包及解压后的文件夹

▲图 1-9　解压后的文件夹的子目录

（2）打开解压后的文件夹，如图 1-9 所示。其中名称为"eclipse"的子文件夹为绑定了 ADT 插件的用于 Android 应用程序开发的集成开发环境——Eclipse。另外一个名称为"sdk"的子文件夹则是要进行配置的 Android SDK。

（3）打开"eclipse"子文件夹，如图 1-10 所示。接着点击其中的"eclipse.exe"，启动 Eclipse 集成开发环境，此时会出现如图 1-11 所示的界面。

（4）图 1-11 所示界面是提醒读者设置自己的项目工作区路径，这里采用的是"E:\软件\workspace"。建议读者的工作区路径设置和这里介绍的保持一致，这样在进行后继案例的学习时可能会方便不少，当然读者也可以采用自己特定的工作区路径。

▲图 1-10　eclipse 文件夹的子目录　　　　▲图 1-11　Android 工作区的选择

> **提示**　若读者的工作区路径与笔者这里设置的不一样，也是可以的。但导入的 Android 项目都需要对构建器进行修改才能正常编译运行。如何修改构建器会在后面进行介绍，读者到时注意一下即可。

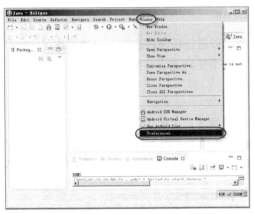

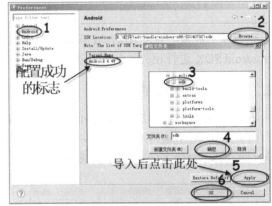

▲图 1-12　Android 的 SDK 的配置图 1　　　　▲图 1-13　Android 的 SDK 的配置图 2

（5）指定完工作区路径后，就进入了 Eclipse 的主界面，如图 1-12 所示。在此界面中选择"Window"菜单下面的"Preferences"子菜单项，系统将弹出"Preferences"配置界面，如图 1-13 所示。

（6）选择"Preferences"配置界面左侧列表中的"Android"选项（如图 1-13 步骤（1）所示），然后点击界面右上侧的"Browse…"按钮（如图 1-13 步骤（2）所示），在弹出的文件浏览界面中选中前面解压得到的"sdk"目录（如图 1-13 步骤（3）所示）。

（7）选中"sdk"目录后，点击文件浏览界面中的确定按钮（如图 1-13 步骤（4）所示）。等文件浏览界面消失后，再点击"Preferences"配置界面中右下侧的"Apply"按钮（如图 1-13 步骤（5）所示），若此时看到图 1-13 中列出了多个 Android 版本的信息（如图 1-13 中"配置成功的标志"框所圈中的部分），则说明配置成功。

（8）最后点击"Preferences"配置界面中右下侧的"OK"按钮（如图 1-13 步骤（6）所示）即完成了整个 Android SDK 的配置。

（9）图 1-13 中只有"Android 4.4W"版本，如果需要其他的版本，可点击 Eclipse 主界面中的"Android SDK Manager"按钮，进入加载界面，如图 1-14 所示。加载完成后，进入 Android SDK

Manager 界面，如图 1-15 所示，在该界面勾选需要下载的 SDK 版本，再单击"Install……"按钮进行下载、安装即可。

▲图 1-14　单击 Android SDK Manager

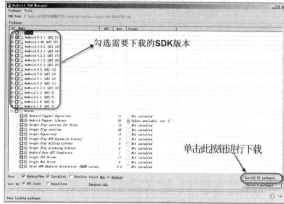

▲图 1-15　SDK 下载界面

> **提示**　　在图 1-15SDK 下载界面中单击"Install……"进行下载安装 SDK 版本时，需要联网下载，且下载速度较慢，请读者耐心等待。

1.3.3　创建并启动模拟器

开发环境搭建基本完成后，在正式开发 Android 应用程序之前，还有一个很重要的工作就是创建模拟器。模拟器可以在初学者没有实际设备的情况下在 PC 上对应用程序进行简单的运行测试，很大程度上降低了学习的成本。模拟器的创建很简单，其具体步骤如下。

（1）首先在 Eclipse 中单击 📱（Android Virtual Device Manager）按钮，如图 1-16 所示。单击 📱 按钮后，系统将弹出"Android Virtual Device Manager"对话框，如图 1-17 所示。

▲图 1-16　"Opens the Android SDK and AVD Manager"按钮

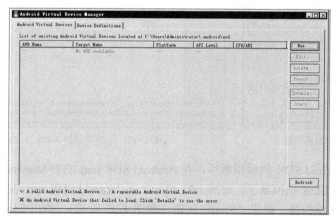

▲图 1-17　"Android SDK and AVD Manager"对话框

（2）在弹出的 Android SDK and AVD Manager 对话框中单击"New"按钮（如图 1-18 所示），系统将弹出 Create new Android Virtual Device(AVD)对话框，如图 1-19 所示。

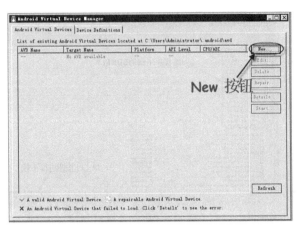

▲图 1-18　"New" 按钮

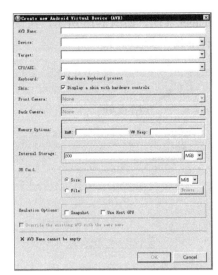

▲图 1-19　"Create new Android Virtual Device(AVD)" 对话框

（3）在 Create new Android Virtual Device(AVD)对话框中输入模拟器的名称（这里输入的是 android4.2.2），下拉 Target 列表选中 Android4.2.2-API Level 17，在 Internal Storage 面板中输入 100 （代表内部存储容量为 100MB），在 SD Card 面板中的 Size 文本框中输入 100（代表 SD 卡容量为 100MB），如图 1-20 所示。

（4）然后设置模拟器显示屏分辨率为 5.1"WVGA(480×800)，最后勾选 Use Host GPU 开启本地 GPU 渲染支持，如图 1-20 所示。模拟器配置完成后，单击"OK"按钮，即可完成创建指定版本的 Android SDK 模拟器。

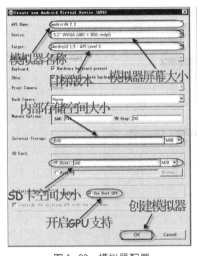

▲图 1-20　模拟器配置

▲图 1-21　创建完成的 Android SDK 模拟器

（5）创建完 Android SDK 的模拟器后，在 Android SDK and AVD Manager 对话框中就可以显示出创建的 Android SDK 模拟器了，如图 1-21 所示。在 Android SDK and AVD Manager 对话框中选中创建的 Android 模拟器，单击"Start"按钮（如图 1-22 所示），弹出 Launch Options 对话框，如图 1-23 所示。

（6）在弹出的 Launch Options 对话框中单击"Launch"按钮（如图 1-24 所示）系统将启动 Android SDK 模拟器，启动完成后的效果如图 1-25 所示。

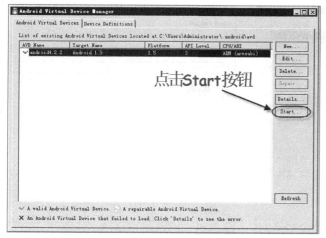

▲图1-22 "Start"按钮

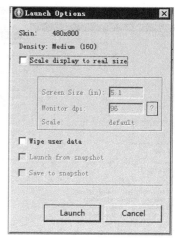

▲图1-23 "Launch Options"对话框

▲图1-24 "Launch"按钮

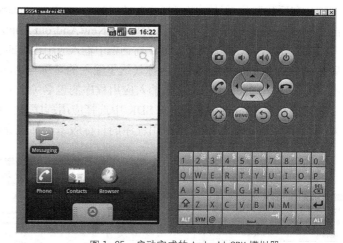

▲图1-25 启动完成的Android SDK模拟器

> **提示** 运行模拟器时可能会很慢，有时甚至可能达到几分钟时间，如果没有报错，请读者耐心等待。

1.3.4 第一个 Android 程序

前面小节已经介绍了 Android 的来龙去脉、Android SDK 的下载、Android SDK 的配置和创建及启动模拟器等重要内容，接下来将带领读者构建第一个 Android 应用程序并对该程序进行简单的讲解，其具体内容如下。

1. 创建第一个 Android 应用程序

在学习各种编程语言时，写的第一个程序都是 Hello World。在本小节中将详细讲述如何在 Android 开发中开发自己的第一个 Android 程序——Hello Android。希望读者通过本小节的学习，熟悉 Android 程序的创建。其具体步骤如下。

（1）点击 eclipse.exe，启动 Eclipse，依次选择"File/New/Android Application Project"，如图 1-26 所示。或者点击 按钮后，系统将弹出新建项目对话框，如图 1-27 所示。

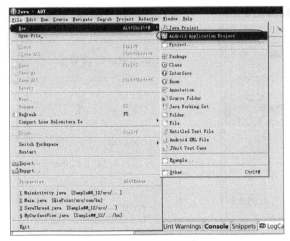

▲图 1-26　新建项目方法

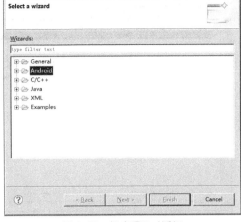

▲图 1-27　新建项目对话框

（2）在新建项目对话框中选择"Android/Android Application Project"，如图 1-28 所示，然后单击"Next"按钮，执行下一步，即弹出"New Android Application"对话框，如图 1-29 所示。

（3）在"New Android Application"对话框中输入应用程序的名称（在这里输入的是 Sample_1_1），然后在 Project Name 中输入项目名称（这里输入的名称与 Application Name 中的相同，当然也可以不同），同时在 Package Name 中输入应用程序的包名（这里输入的是 wyf.ytl），如图 1-29 所示。

（4）接着在 Minimum Required SDK 中选择应用程序最低版本（这里选择的是 Android 2.2 版本），最后在 Target SDK 中选择应用程序的目标版本，都填完后，整体情况如图 1-29 所示。

▲图 1-28　选择 Android Project 创建 Android 应用程序

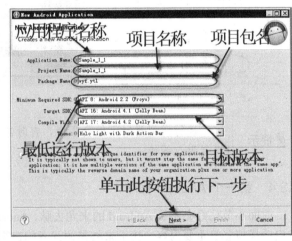

▲图 1-29　"New Android Application"对话框

提示　　创建项目时输入项目包名时，需要至少使用二级包名，否则在该对话框上方会显示"Package name must have at least two identifiers."的错误信息。

（5）单击"Next"按钮后进入如图 1-30 所示的界面，根据需要勾选是否创建自定义图标，勾选"Create activity"，根据需要也可更改默认的项目路径，最后单击"Next"按钮执行下一步。接着在如图 1-31 所示的界面中选择 Activity 样式，此处选择的是"Blank Activity"，单击"Next"按钮执行下一步。

（6）在如图 1-32 所示的界面中输入 Activity Name——Hello Android 和 Layout Name——main，

单击"Finish"按钮完成项目的创建。此时在 Eclipse 的 Project Explorer 界面中会自动添加创建的项目 Sample_1_1，其目录结构如图 1-33 所示。

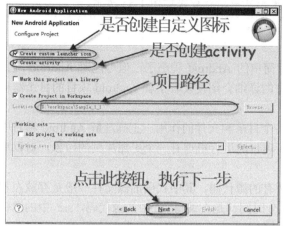

▲图 1-30 创建项目截图 1

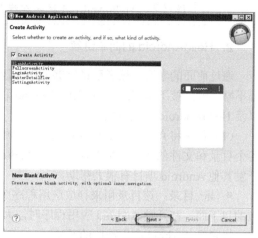

▲图 1-31 创建项目截图 2

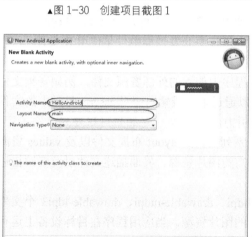

▲图 1-32 单击"Finish"按钮创建项目

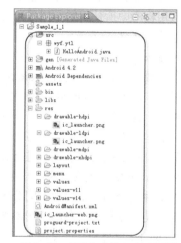

▲图 1-33 创建完成的 Android 项目

（7）在项目名上单击鼠标右键，然后依次选择"Run As/Android Application"即可运行刚才创建的 HelloAndroid 项目，该项目在模拟器上的运行效果如图 1-34 和图 1-35 所示。

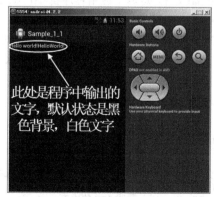

▲图 1-34 HelloAndroid 项目竖屏效果

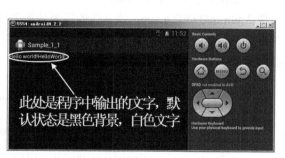

▲图 1-35 HelloAndroid 项目横屏效果

因为有很多程序或者游戏是横屏模式的，所以在程序调试过程中，可能需要将模拟器切换成横屏模式，读者可以通过使用快捷键 Ctrl+F12 来切换模拟器的横、竖屏模式，HelloAndroid 程序在横屏模拟器中运行效果如图 1-35 所示。

2．HelloAndroid 的简单讲解

通过前面的学习，读者已经能够创建并运行简单的 Android 程序了，但可能对 Android 项目还不够了解，接下来将通过对 HelloAndroid 程序的详细介绍使读者了解 Android 项目的目录结构以及 HelloAndroid 的运行机理。

（1）首先将介绍一下 HelloAndroid 项目中各个目录和文件的作用，正确理解 Android 项目中各个目录和文件的作用，可以使读者对 Android 项目的运行机理有一个更加深刻的印象，对以后开发其他 Android 项目有很大帮助。

● src 目录：该目录用来存放应用程序中所有的源代码，其中代码的源文件一般是存放在相应的包下面。在开发 Android 应用程序时，大部分时间都是在编写 src 中的源代码，src 中的源代码可以说是 Android 应用程序的基础。

● gen 目录：该目录下一般只有一个文件，即 R 文件。该文件是由 ADT 自动产生的，存放的是应用程序中所使用的全部资源文件的 ID，在应用程序开发过程中只是使用 R 文件，一般不需人工修改该文件。

● assets 目录：该目录中存放 Android 应用程序中使用的外部资源文件，例如音频文件、视频文件、数据文件等。在 Android 应用程序中可以通过输入或输出流对 asserts 目录中的文件进行读写操作，从而使 Android 应用程序更加具有吸引力。

● res 资源目录：该目录下一般有 drawable 系列文件、layout 布局文件以及 values 资源描述文件，这些文件用来存放 Android 应用程序中所需的图片资源、界面描述文件以及资源描述文件等。后面将对这些文件夹逐一进行介绍。

● drawable 系列文件夹：一般有 drawable-hdpi、drawable-mdpi、drawable-ldpi3 个文件夹，这 3 个文件夹分别用来存放不同分辨率目标设备的图片资源。当应用程序在目标设备上运行时，系统会自动根据目标设备的分辨率选择对应文件夹下的图片。

● layout 文件夹：该文件夹下包含了所有使用 xml 格式的界面描述文件，这些文件主要用于表述应用程序中用户界面的布局。

● values 文件夹：该文件夹中包含了一些 xml 格式的资源描述文件，一般包括 string.xml（字符串资源）、colors.xml（颜色资源）、style（样式资源）等。

● AndroidManifest.xml，该文件是整个程序的系统控制文件，是每个应用程序都不可缺少的。它描述了应用程序有哪些组件、哪些资源、哪些权限等。

（2）上面介绍了 HelloAndroid 项目中各个目录和文件的作用，接下来介绍的是该项目的系统控制文件 AndroidManifest.xml，该文件的主要功能为定义该项目的使用架构、版本号、SDK 的版本以及声明 Activity 组件等，其具体代码如下。

✎ **代码位置**：见随书光盘中源代码/第 1 章/Sample_1_1 目录下的 AndroidManifest.xml。

```
1    <?xml version="1.0" encoding="utf-8"?>              <!--XML 的版本以及编码方式-->
2    <manifest xmlns:android="http://schemas.android.com/apk/res/android"
3            package="wyf.ytl"
4            android:versionCode="1"
5            android:versionName="1.0" > <!--该标记定义了该项目的使用架构，所在的包以及版本号-->
6            <uses-sdk  android:minSdkVersion="14"
7                    android:targetSdkVersion="17" /> <!-- 声明 SDK 的版本 -->
8            <application android:icon="@drawable/ic_launcher"
```

```
9                 android:label="@string/app_name"
10                android:theme="@style/AppTheme"><!-- 定义了该项目在手机中的图标以及名称 -->
11         <activity android:name="wyf.ytl.MainActivity"
12            android:label="@string/app_name" >    <!-- 声明 Activity 组件 -->
13         <intent-filter>
14                <action android:name="android.intent.action.MAIN" />
15                <category android:name="android.intent.category.LAUNCHER" />
16         </intent-filter>                          <!-- 声明 Activity 可以接受的 Intent -->
17         </activity>
18         </application>
19    </manifest>
```

> **说明**　　定义了一个名为 HelloAndroid 的 Activity 以及该 Activity 能够接受的 intent，并且给出了程序的版本、编码方式、用到的架构、该程序所在的包与版本号、程序的 SDK 版本程序、在手机上的显示图标、显示名称以及显示风格等。

（3）上面介绍了 HelloAndroid 项目的系统控制文件 AndroidManifest.xml，接下来介绍的是该项目的布局文件 main.xml，该文件的主要功能为声明 XML 文件的版本以及编码方式、定义布局并添加控件 TextView，其具体代码如下。

代码位置： 见随书光盘中源代码/第 1 章/Sample_1_1/res/Layout 目录下的 main.xml。

```
1    <?xml version="1.0" encoding="utf-8"?>       <!-- XML 的版本以及编码方式 -->
2    < RelativeLayout xmlns:android="http://schemas.android.com/apk/res/android"
3       android:orientation="vertical"
4       android:layout_width="fill_parent"
5       android:layout_height="fill_parent"  >    <!--定义了一个布局，布局方式是垂直的-->
6    <TextView
7       android:layout_width="fill_parent"
8       android:layout_height="wrap_content"
9       android:text="@string/hello"  />          <!--向布局中添加一个 TextView 控件-->
10   </ RelativeLayout >
```

> **说明**　　定义了布局方式为 RelativeLayout，且左右和上下的填充方式为 fill_parent，并向该布局中添加了一个 TextView 控件，其宽度和高度模式分别为 fill_parent、wrap_content，在 TextView 控件显示的内容为 string.xml 中的 hello 的内容。

（4）上面介绍了本项目的布局文件 main.xml，接下来将为读者介绍的是项目的主控制类 HelloAndroid。本类为继承自 Android 系统 Activity 的子类，其主要功能为调用父类的 onCreate 方法，并切换到 main 布局，其具体代码如下。

代码位置： 见随书光盘中源代码/第 1 章/Sample_1_1/src/wyf/ytl 目录下的 HelloAndroid.java。

```
1    package wyf.ytl;
2    import android.app.Activity;                              //引入相关类
3    import android.os.Bundle;
4    public class HelloAndroid extends Activity {              //定义一个 Activity
5        @Override
6        public void onCreate(Bundle savedInstanceState) {    //重写的 onCreate 回调方法
7            super.onCreate(savedInstanceState);              //调用基类的 onCreate 方法
8            setContentView(R.layout.main);                   //指定当前显示的布局
9        }}
```

> **说明**　　对继承自 Activity 子类的声明，重写了 Activity 的 onCreate 回调方法，在 onCreate 方法中先调用基类的 onCreate 方法，然后指定用户界面为 R.layout.main，对应的文件为 res/layout/main.xml。

1.4　DDMS 的灵活应用

作为一名合格的软件开发人员，必须要学会怎样去调试程序。调试是一个程序员最基本的技能，其重要性甚至超过学好一门语言。那么什么是调试呢？所谓调试，就是在软件投入实际使用前，用手工或编译程序等方法进行测试，修正语法错误和逻辑错误的过程。这是保证软件系统正确性的必不可少的步骤。

Android 为开发人员提供了一个强大的调试工具——DDMS，通过 DDMS 可以调试并监控程序的运行，更好地帮助开发人员完成软件的调试和开发。本节将对 DDMS 的使用进行详细的讲解，帮助读者提高对软件整体的把握能力。

1.4.1　初识 DDMS

一般情况下，在 Eclipse 中安装了 ADT 插件后，Eclipse 窗口的右上角会有 DDMS 的选项按钮 DDMS，如图 1-36 所示。若 DDMS 按钮 DDMS 是隐藏的，读者可以通过 Eclipse 窗口界面右上角的 （Open Perstective）按钮来打开 DDMS，如图 1-37 所示。单击 DDMS 按钮即可切换到 DDMS 界面，如图 1-38 所示。

▲图 1-36　DDMS 按钮　　　　　　　▲图 1-37　使用 Open Perstective 按钮打开 DDMS

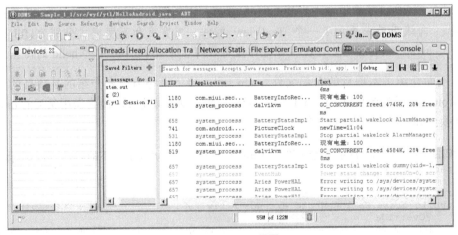

▲图 1-38　DDMS 界面

> 💡说明　该窗口的布局可自行调整，主要包括 Devices（设备列表面板）、Emulator Control（模拟器控制器面板）、LogCat（日志显示面板）、Threads（线程监控面板）、Heap（内存堆监控面板）、Allocation Tracker（对象分布监控面板）、File Explorer（文件浏览器面板）等。

1.4.2 强大的日志管理功能——LogCat 的使用

查看日志文件，可以使程序员完全了解程序的运行状况，从而进一步优化和修改程序代码，LogCat 为开发人员提供了强大的日志管理功能，通过 LogCat 可以查看模拟器运行的所有状态，还可以通过过滤器来筛选出自己需要的日志。

打开 DDMS 后单击 LogCat 选项卡，打开 LogCat 面板，默认看到的是模拟器所有的日志，如图 1-39 所示，其中包括 verbose、debug、info、warn、error 和 assert 共 6 种类别。开发人员可以使用 Java 中的 System.out.println()方法来打印输出，辅助调试程序。运行程序后，打印输出的内容便显示在 LogCat 中，如图 1-39 所示。

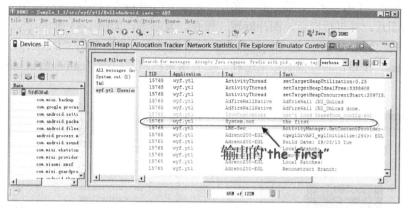

▲图 1-39　打印输出

如果读者觉得 Log 中有太多的无用信息，还可以自建日志过滤器，只显示自己需要的日志文件。方法是：单击 LogCat 面板右上角的绿色加号，弹出"LogFilter"对话框，在 Filter Name 中输入过滤器的名称，在 by Log Tag 中输入要过滤的内容，如图 1-40 所示即可，此时再次运行程序，选择自定义日志选项卡，可以看到日志中只有 System.out 的内容，如图 1-41 所示。

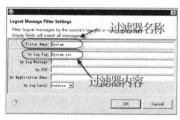

▲图 1-40　"Log Filter"对话框

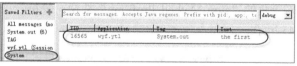

▲图 1-41　只查看 System.out 输出的信息

1.4.3 Devices 的管理

Devices 选项卡提供了软件截图的功能，可以方便地对多个模拟器和模拟器的进程、线程、堆等进行管理，如图 1-42 所示。其中 Devices 面板还可以与其他面板共同使用，例如 Threads 选项卡、Heap 选项卡等，从而进行程序线程和堆的管理。

1. Devices 简介

首先介绍 Devices 选项卡的基本功能，如图 1-42 所示，这里开启了两个 Android 模拟器，从图中可以看到两个模拟器都出现在了 Devices 选项卡面板中，名称分别为 emulator-5554 和 emulator-5556，通过单击模拟器的名称，可以在多个模拟器中进行切换。

▲图 1-42　Devices 面板

● 截图功能。在模拟器中运行程序，如需要对软件运行效果进行抓图，则可在需要抓图的界面停留，然后单击"Devices"选项卡右上角的"Screen Capture"按钮，显示截图对话框。在对话框中可以预览图片，并进行刷新、图片旋转、保存、复制等，如图 1-43 所示。

● 结束进程功能。先单击选中模拟器中要结束的进程，然后单击"Devices"选项卡右上角的"Stop Process"按钮，即可强制结束进程。如要结束模拟器中的"com.anroid.music"进程，如图 1-44 所示。

▲图 1-43　截图对话框

▲图 1-44　结束 music 进程

● 在"Devices"面板中，还可对某一进程进行"心电图"测试。首先选中要测试的进程，单击"Devices"面板右上角的"star Method Profiling"按钮，待程序运行一段时间后，单击"Devices"面板右上角的"stop Method Profiling"按钮，等待一段时间后，自动弹出"心电图"窗口，如图 1-45 所示。

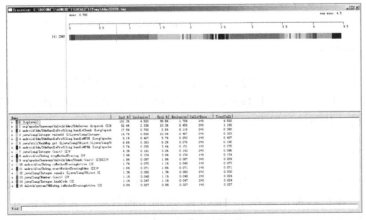

▲图 1-45　进程"心电图"

2. Devices 与 Threads

上面介绍的只是"Devices"面板简单的两个功能，下面介绍 Devices 面板与 Threads 面板共同使用，进行程序线程的管理。一个程序假如开太多的线程即使机器性能再好，也会慢如龟速，所以线程的控制就显得尤为重要了，线程的查看方法如下。

（1）选中"Devices"面板中要查看的程序进程。

（2）单击"Devices"面板右上角的"Update Threads"按钮。

（3）单击"Threads"选项卡，即可查看该进程的所有线程及线程的运行情况，如图 1-46 所示。

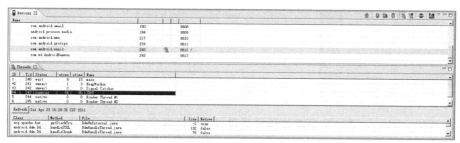

▲图 1-46　Threads 查看

3. Devices 与 Heap

虽然当下的手机性能越来越好，手机内存当然也越来越大，但是程序过多地占用内存也是不允许的，这不仅会使程序显得很慢造成用户的不满，而且会造成程序的臃肿，甚至瘫掉。作为合格的软件开发人员，必须严格地管理自己程序的内存使用情况，在条件允许的情况下，尽量优化程序，用最小的内存完美地运行程序。堆的查看和管理方法如下。

（1）选中"Devices"面板中要查看的程序进程。

（2）单击"Devices"面板右上角的"Update Heap"按钮。

（3）单击"Heap"选项卡，在该选项卡中单击"Cause GC"按钮，即可进行程序堆的详细查看和管理，如图 1-47 所示。

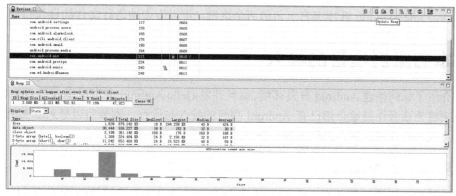

▲图 1-47　堆的查看和管理

1.4.4　模拟器控制（Emulator Control）详解

Emulator Control 顾名思义，即模拟器控制。通过"Emulator Control"面板（如图 1-48 所示）可以非常容易地使用模拟器模拟真实手机所具备的一些交互功能，如接听电话、模拟各种不同网络环境、模拟接收 SMS 消息和发生虚拟的地址坐标用于测试 GPS 相关功能等。

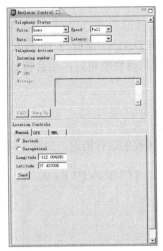

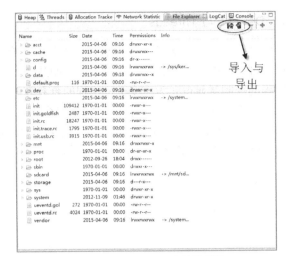

▲图 1-48 Emulator Control 面板　　　　　　　▲图 1-49 SD Card 文件管理器

- Telephony Status：通过选项模拟语音质量以及信号连接模式。
- Telephony Actions：模拟电话接听和发送 SMS 到测试终端。
- Location Controls：模拟地理坐标或者模拟动态的路线坐标变化并显示预设的地理标识。
- 模拟地理坐标的三种方式为：Manual（手动为终端发送经纬度坐标）、GPX（通过 GPX 文件导入序列动态变化地理坐标，从而模拟行进中 GPS 变化的数值）和 KML（通过 KML 文件导入独特的地理标识，并以动态形式根据变化的地理坐标显示在测试终端）。

1.4.5 File Explorer——SD Card 文件管理器

File Explorer 是 Android SDK 提供的管理 SD Card 的文件管理器。通过 File Explorer 可以查看程序对 SD Card 的使用情况，从而判断程序是否正确运行，具体步骤如下。

（1）选择要查看的模拟器。

（2）单击 File Explorer 选项卡，如图 1-49 所示。从图 1-49 中可以看到该管理器很类似于 Windows 的资源管理器，可以通过单击方便地查看任何文件。

（3）单击 File Explorer 选项卡右上角的两个按钮，可以方便地进行文件的导入和导出。

1.5 本书案例项目的导入

前面介绍了如何搭建 Android 开发环境、如何开发 Hello Android 应用程序以及 DDMS 的应用等，接下来将为读者详细地介绍已有 Android 项目的导入与运行。本节将以导入本书第 4 章 BN 理财助手为例进行详细讲解，具体内容如下。

1.5.1 导入并运行 Android 程序

首先为读者介绍的是怎样将已有的 Android 项目导入 Eclipse，然后介绍的是 Android 项目的运行，此处 Android 项目运行在移动设备上，将以导入并运行本书第 4 章 BN 理财助手为例进行详细讲解，其具体步骤如下。

（1）首先将随书光盘中源代码目录下的第 4 章子目录下的 BN 理财助手项目拷贝到开发用 PC 的 "E:\软件\workspace" 路径下。点击 "eclipse.exe"，启动 Eclipse 集成环境，如图 1-50 所示。一般第一次使用时 Eclipse 都会显示欢迎界面，此时若不需要将其关闭即可。

▲图 1-50 Eclipse 开发工具欢迎界面

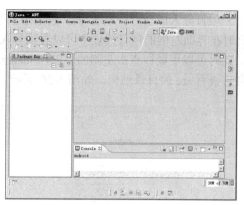

▲图 1-51 Eclipse 开发工具主界面

（2）关闭欢迎界面后，将进入 Eclipse 的主界面，如图 1-51 所示。接着选择"File"菜单项，并点击其下的"Import"子菜单项，如图 1-52 所示。

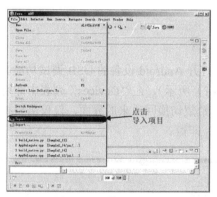

▲图 1-52 项目导入图 1

▲图 1-53 项目导入图 2

（3）点击"Import"子菜单项后系统将弹出"Import"对话框，此时选择"General"项目下的"Existing Projects into Workspace"子项，并按下"Next"按钮，如图 1-53 所示。按下"Import"对话框中的"Next"按钮，系统将弹出项目导入对话框，如图 1-54 所示。

（4）在项目导入对话框中首先点击右上侧的"Browse..."按钮，找到工作区"E: \软件 \workspace"，系统将工作区中的所有项目导入到"Projects"，选中"BN-Financial_assistant"项目，并按下"Finish"按钮，即可完成项目的导入。

▲图 1-54 项目导入图 3

▲图 1-55 项目导入成功

（5）项目导入成功后，系统将自动关闭项目导入对话框，回到 Eclipse 主界面，如图 1-55 所示。此时在界面左侧的项目列表中可以看到导入的 BN-Financial_assistant 项目，从图 1-55 中可以看出。此时可以用鼠标点击左侧的"BN-Financial_assistant"，待其展开后再点击其下的"src"子目录便可查看 src 的目录结构，如图 1-56 所示。

▲图 1-56　项目的 src 目录

（6）将 Android 设备连接到运行 Eclipse 的 PC 上，打开 Android 设备的 USB 调试功能。然后点击主界面右上侧的"DDMS"按钮（如图 1-57 步骤（1）所示），在"Devices"列表中即可看到自己连接的 Android 设备，并可以看到设备的名称。若希望切换回原来的界面，仅仅需要按下主界面右上侧的"Java"按钮（如图 1-57 步骤（2）所示）即可。

▲图 1-57　移动设备的连接

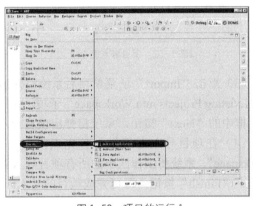

▲图 1-58　项目的运行 1

（7）用鼠标选中主界面左侧项目列表中的"BN-Financial_assistant"项目，点击鼠标右键，在弹出的右键菜单中选择"Run As"选项，接着选择其下的"Android Application"子项，如图 1-58 所示。

（8）点击"Android Application"子项，界面中会弹出如图 1-59 所示的界面。选中当前连接的 Android 设备，并点击"OK"按钮，即可将项目运行到所连接的 Android 设备，如图 1-60 所示。

> 提示　由于模拟器的性能低、兼容性差，所以此处给出的是在实际移动设备上运行 BN-Financial_assistant 案例。此外，本书中其他大案例可能也会出现由于模拟器性能问题或兼容性问题导致运行效果不佳或不正确的情况，此时读者可在真机上运行查看。

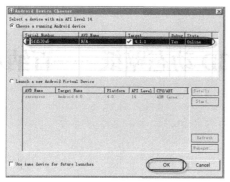
▲图1-59 项目的运行2

▲图1-60 项目运行界面

1.5.2 Android 程序的监控与调试

前面几个小节已经对 Android 应用程序的导入及运行进行了详细讲解，本小节将介绍如何通过 DDMS 来监控 Android 应用程序的运行以及如何调试 Android 程序。在调试过程中使用了 android.util.Log 类，该类简单易用。监控与调试的详细步骤如下。

（1）打开刚刚导入的项目，依次选择 src/com.bn.account 找到 AccountActivity.java 文件，在第 125 行 super.onCreate (savedInstanceState)；之后添加 "Log.d("TAG", "This is message!");" 语句。在项目名上单击鼠标右键，然后依次选择 "Run As/Android Application" 运行该项目。

（2）单击 Eclipse 右上角的 DDMS，切换到 DDMS 视角。LogCat 显示在屏幕的下方，系统中所有的日志都将出现在 LogCat 中，通过对 LogCat 的观察可以详细了解 Android 程序运行的过程。

▲图1-61 LogCat 界面

（3）在图 1-61 中可以看到在程序中添加的日志输出，这样在程序的开发过程中可以随时使用 Log 类来打印需要打印的信息，而当 LogCat 中日志或者其他信息过多时，可以使用过滤器 Filter 通过对 tag 进行过滤来筛选 log。

1.6 本章小结

本章首先介绍了 Android 的诞生及其特点，相信读者对 Android 开发平台已有所了解。本章中还介绍了 Android 开发环境的搭建以及用 Android 创建的第一个应用程序——Hello Android，通过该程序，读者应该对 Android 应用程序的开发步骤有所了解。

本章重点为读者介绍的是 Android 应用程序的详细调试方法、项目结构和系统架构，它们能够帮助读者进一步更深层次地了解 Android。对于理论性的知识，读者只需要先暂时有些概念，在以后的学习中结合实际例子之后，会有更进一步的理解。

第 2 章　3D 动态壁纸——百纳水族馆

随着移动互联网的飞速发展，手机功能也越来越强大，用户也需要更好的方式去使用这些功能，其中为手机设置绚丽的动态壁纸已经成为用户追求手机炫酷效果的一种流行方式。本章将介绍如何将水族馆内容融入到 Android 手机操作系统的动态壁纸当中，以创造全新的用户体验。

2.1　壁纸的背景及功能概述

本节将对百纳水族馆的开发背景及其基本功能进行简单介绍，通过本节的学习，读者将会对百纳水族馆的具体功能及相应开发过程有一个整体了解，并且对百纳水族馆所需要的一些关键性技术有一个很好的认识，这对以后的学习有很大帮助。

2.1.1　壁纸背景概述

壁纸是用户在手机屏幕上使用来替代原来单一背景的一张图，有了这样一张图片可以使手机的屏幕看起来更加绚丽。而随着移动互联网的快速发展，单一的图片背景已经不能完全满足用户的需求，所以产生了将手机屏幕所使用的壁纸以动画形式呈现出来的动态壁纸。

现在壁纸市场中动态壁纸可谓是种类繁多，各式各样的壁纸安装在手机屏幕上，如图 2-1 与图 2-2 所示。但这并不能完全满足用户的需求，这就需要开发人员不断地开发出新壁纸来，以满足用户对酷炫壁纸的追求。下面将对 3D 动态壁纸——百纳水族馆的开发进行详细介绍。

▲图 2-1　水面落叶动态壁纸

▲图 2-2　交错光幕动态壁纸

2.1.2　壁纸功能介绍

上一小节介绍了动态壁纸的背景知识，本小节将对 3D 动态壁纸——百纳水族馆的功能及操作方法进行简单介绍，使读者对此壁纸有一个初步的了解，为后面的学习打好基础。首先介绍设置动态壁纸的操作方法，具体步骤如下。

（1）安装完这个壁纸后，按"菜单"键，系统将弹出一个设置列表框，在此列表框中选择"修改壁纸"的选项，如图 2-3 所示，单击"修改壁纸"选项，系统将弹出一个壁纸类型的选择列表框，在此列表框中列出用户手机上安装的所有壁纸类型，如图 2-4 所示。

（2）单击"动态壁纸"选项，系统将弹出一个动态壁纸列表框，在此列表框中列出了用户手机上所有已安装的可选的各种动态壁纸，这些动态壁纸都可以设置成手机壁纸，以增加手机屏幕的酷炫效果，如图 2-5 所示。

▲图 2-3 设置列表选项　　　▲图 2-4 壁纸类型选择列表框　　　▲图 2-5 壁纸选择列表框

（3）单击"百纳水族馆"选项后，进入动态壁纸预览界面，此时已经可以对该壁纸进行控制，其竖屏效果如图 2-6 所示，单击手机屏幕下方的"设置壁纸"选项即可将此 3D 动态壁纸设置为当前手机壁纸，其效果图如图 2-7 所示。

（4）此动态壁纸设置成功后，就可以看到本案例中的鱼游来游去还有骨骼动画，身体上还有水纹，鱼游到远离灯光的地方就会变暗，十分的炫酷，并可单击水族馆的地面来给鱼喂食，鱼看到鱼食会向鱼食游去，其效果如图 2-8 所示。

▲图 2-6 设置壁纸　　　▲图 2-7 设置成功　　　▲图 2-8 开始喂食

（5）点击水族馆地面进行喂食后，本案例会判断百纳水族馆里的鱼是否能够看到鱼食，能看到鱼食的鱼，会去将鱼食吃掉，其效果如图 2-9、图 2-10 和图 2-11 所示，用户在左右滑动屏幕的同时也可以使百纳水族馆左右移动。

▲图 2-9　喂食 1

▲图 2-10　喂食 2

▲图 2-11　喂食 3

（6）百纳水族馆地面上有三处气泡位置，一处气泡在珍珠贝中的珍珠上，其他两处在珊瑚上，这三处位置不断地冒气泡，并且冒出的气泡随高度增加而不断变大，其效果如图 2-12 所示。

（7）水族馆中的地面上还有带有骨骼动画的珍珠贝，珍珠贝在地面上一张一合使整个地面看起来更加真实，其本身被光照射后有明暗的效果，珍珠贝中的珍珠处会一直冒气泡，并且气泡随高度增加不断变大，其效果如图 2-13 和图 2-14 所示。

▲图 2-12　气泡变大

▲图 2-13　动态贝壳 1

▲图 2-14　动态贝壳 2

（8）百纳水族馆不仅支持竖屏显示，在横屏上也可以呈现很好的效果，读者在安装本案例的 apk 后，可以自行调整手机的横、竖屏显示方式，可以看出横屏也会有非常棒的效果，如图 2-15 和图 2-16 所示。

▲图 2-15 横屏壁纸 1

▲图 2-16 横屏壁纸 2

> **说明**　本案例测试机主要为小米 2S，具体设置壁纸的操作步骤是按照该机型来进行操作的。现在市场上 Android 机型种类较多，相应的壁纸设置步骤也不尽相同，在此不可能全部详细介绍，设置壁纸的具体操作步骤请读者根据自己的手机自行调整。

2.2 壁纸的策划及准备工作

上一节介绍了本案例的背景及功能，本节将要为读者介绍 3D 动态壁纸——百纳水族馆的策划以及开发前的准备工作。通过这一节的学习，会使读者对 3D 动态壁纸——百纳水族馆案例有初步的了解，为后面的案例开发做好充分准备。

2.2.1 壁纸的策划

本小节将对 3D 动态壁纸的策划工作进行简要的介绍。在真正的开发项目中，首先要进行的就是策划，这会使项目更加细致、具体、全面。该壁纸的策划如下所列。

● 动态水族馆。

本案例为 3D 水族馆动态壁纸，在该壁纸中有许多本身有动作并可以自由游动的鱼，地面中有不断一张一合的珍珠贝并一直在冒气泡，可以点击地面给鱼喂食，还有几处珊瑚也在不断地冒出气泡，并随气泡随高度增加而不断变大，场景美观、炫酷。

● 运行的目标平台。

本案例运行的目标平台为 Android 2.2 及其以上版本，由于使用 OpenGL ES 2.0 渲染技术，所以必须在存在显卡的 Android 设备上运行。

● 操作方式。

本案例的操作比较简单，主要是通过屏幕触控来实现对壁纸的操作。用户可以点击水族馆的地面来给水族馆中的鱼喂食；用户可以通过向左滑动屏幕，使壁纸跟随向左滑动；也可以向右滑动屏幕，使壁纸跟随向右滑动。

● 目标受众。

本案例设计新颖，不单单是在场景中鱼拥有骨骼动画，而且逼真的光影变化使场景更加炫酷、真实，而且在壁纸的操作方式上也十分简洁，用户可以很快很容易地就掌握，适合大众用户将其作为手机的装饰壁纸。

● 呈现技术。

本案例采用 OpenGL ES 2.0 作为案例的呈现技术，场景中有很强的立体感，非常逼真的光影效果。案例中用到的鱼食模型读者可以使用 3ds Max 按照自己的要求进行设计，鱼类的模型是 ms3d 文件，一种带骨骼动画的模型文件格式，此文件是用 3D 模型设计工具 MilkShape 3D 制作的。

2.2.2　Android 平台下 3D 开发的准备工作

完成壁纸策划的介绍后，下面需要做一些壁纸开发前的准备工作，主要包括搜集本案例中使用的鱼食模型与鱼食的纹理图，并在 3ds Max 中对鱼食模型进行贴图，还有鱼与珍珠贝的 ms3d 文件格式的模型与纹理图，并在 MilkShape 3D 对模型进行设计与贴图。其详细介绍如下。

（1）首先介绍的是案例中用到的图片资源，我们将图片资源统一放在项目文件夹 assets/pic 文件夹中，这样有利于统一管理图片资源，读者可以在以后的项目开发中借鉴。项目文件夹 assets/pic 文件夹的图片资源，其详细情况如表 2-1 所示。

表 2-1　　　　　　　　　　　　文件夹 assets/pic 中的图片资源

图 片 名	大小（KB）	像素（w*h）	用 途
background.png	1361	1024*768	场景背景纹理图
beike.jpg	22	128*128	珍珠贝纹理图
bubble.png	8	64*64	气泡纹理图
dpm.png	140	512*512	明暗采样纹理图
fish0.jpg	26	256*256	鳐鱼纹理图
fish1.jpg	52	256*512	青鱼纹理图
fish2.jpg	58	256*512	红鱼纹理图
fish3.jpg	32	256*256	小丑鱼纹理图
fish5.jpg	48	256*512	花鱼纹理图
fish7.jpg	70	256*256	小黄鱼纹理
fishfood.png	8	64*64	鱼食纹理
ke.jpg	108	655*810	乌龟壳纹理
sizhi.jpg	189	1024*1024	乌龟四肢纹理

（2）下面介绍该壁纸中所用到的 3D 模型，该壁纸中用到的该类模型的是鱼食模型、珍珠贝模型、鱼模型，鱼食模型放在项目资源 assets/model 文件夹中，珍珠贝模型、鱼模型放在项目资源 assets/ms3d 文件夹中，其详细情况如表 2-2 所示。

表 2-2　　　　　　　　　　　　　场景中模型资源

模型名称	大小（KB）	格 式	用 途
fishfood.obj	10	obj	鱼食 3D 模型
bei.ms3d	181	ms3d	珍珠贝 3D 模型
fish0.ms3d	56	ms3d	鳐鱼 3D 模型
fish1.ms3d	51	ms3d	青鱼 3D 模型
fish2.ms3d	85	ms3d	红鱼 3D 模型
fish3.ms3d	32	ms3d	小丑鱼 3D 模型
fish4.ms3d	1199	ms3d	乌龟 3D 模型
fish5.ms3d	55	ms3d	花鱼 3D 模型
fish6.ms3d	559	ms3d	小黄鱼 3D 模型

2.3　壁纸的基本框架

对百纳水族馆案例中每个类进行详细介绍之前，首先对本案例的基本框架进行简单的介绍。

本节将要介绍的是本案例的基本框架、案例中各个类的作用以及类与类之间的关系，从而使读者对百纳水族馆有一个全面的了解，可以更好地理解本案例的详细开发过程。

2.3.1 壁纸项目的框架结构

下面将对百纳水族馆动态壁纸的整体框架进行简单介绍，使读者结合壁纸项目的框架结构图对本案例的开发过程有一个全面清晰的认识，对动态壁纸的制作流程有一个初步了解。本项目主要包含 5 大类，其框架如图 2-17 所示。

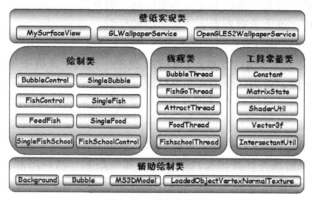

▲图 2-17 壁纸的框架图

> **说明**　图 2-17 是本案例的框架图，从中可以看出，本项目主要包含壁纸实现类、绘制类、线程类、工具常量类以及辅助绘制类等。这里简单了解一下即可，后面将进一步进行较为详细的介绍。

2.3.2 各个类的简要介绍

前面介绍了 5 大类的基本框架，为了使读者更为详细地了解各个类的作用以及各个类之间的联系，下面将对本项目中的所有类一一进行简要介绍，使读者对 3D 动态壁纸——百纳水族馆的制作流程有一个深刻的认识，具体内容如下。

1. 壁纸实现类

● 壁纸服务类 OpenGLES2WallpaperService。

GLWallpaperService 类是动态壁纸类的基础类，此类为壁纸项目的开发提供了服务接口，OpenGLES2WallpaperService 是百纳水族馆的基础类，通过继承 GLWallpaperService 类，重写 onCreateEngine 方法等来实现壁纸功能。

● 自定义场景渲染器类 MySurfaceView。

MySurfaceView 是百纳水族馆的核心类，在本类中首先设置使用 OPENGL ES2.0 渲染技术，然后创建了本案例中需要绘制的所有对象，设置各个对象的绘制方式，加载各类物体模型及所需纹理，设置摄像机位置，使用投影矩阵，初始化光源位置等。

2. 绘制类

● 群鱼控制类 FishControl。

FishControl 类是群鱼控制类（群鱼是指不包括鱼群的所有单条鱼、乌龟的集合）。在该类中定义了群鱼列表，列表中存放着所有的单条鱼对象和乌龟对象，创建并启动鱼的移动线程，最后遍历群鱼列表对单条鱼、乌龟进行绘制。

- 单条鱼类 SingleFish。

SingleFish 类绘制单条鱼类（包括乌龟）。在此类中定义了单条鱼的所有属性，包括鱼的位置、速度、外力、鱼食对鱼的吸引力、鱼的质量（力的缩放比）、鱼的旋转角度等。该类中的 fishMove 方法计算了鱼的旋转角度、鱼所受的外力和鱼食对鱼的吸引力。

- 鱼群控制类 FishSchoolControl。

FishSchoolControl 类是鱼群的控制类。在此类中定义了鱼群中的每条鱼，这些鱼组成了可以一起游动的鱼群，鱼群中的第一条鱼不受到其他任何鱼的外力，只受到墙壁的作用力；然后创建并启动鱼群的游动线程，遍历鱼群列表实现对鱼群的绘制。

- 单个鱼群类 SingleFishSchool。

SingleFishSchool 类是绘制鱼群里单条鱼的类。此类中定义了鱼群中每条鱼的所有相关属性，具体包括鱼的位置、速度、外力、鱼偏离相对位置（以鱼群中第一条鱼所在位置为球心，以定长半径确定球面上的一个点）后受到的向心力、鱼的质量、鱼的旋转角度等。

- 喂食类 FeedFish。

FeedFish 类是食物的控制类。此类中 startFeed 方法的作用是由摄像机与触控点确定一条与场景地面高度交叉的拾取射线并计算出交点的坐标，如果是第一次调用此方法，此方法还会调用 SingleFood 的 startFeed 方法来启动 SingleFood 中创建的两个线程。

- 鱼食类 SingleFood。

SingleFood 类是绘制鱼食的类。该类的作用是创建并启动线程，绘制鱼食。在此类中定义了食物的移动线程，计算鱼食对鱼的吸引力线程，给出了食物的 Y 坐标，并创建了启动以上两个线程的 startFeed 方法，最后再进行鱼食的绘制。

- 气泡控制类 BubbleControl。

BubbleControl 类是本案例中所有气泡的控制类。在本类中首先根据气泡的数量创建气泡对象并将气泡对象添加到气泡列表中，然后创建并启动气泡移动线程，根据气泡的位置对气泡进行排序，最后遍历气泡列表并且绘制气泡。

- 单个气泡类 SingleBubble。

SingleBubble 类用于绘制场景中的单个气泡类，在本类中定义了气泡的所有属性，如气泡的位置、纹理 ID、最大高度等。每调用一次此类中的 bubbleMove 方法，气泡就会移动一小段距离，如果气泡的 Y 坐标位置大于气泡高度的最大值，就会调用 newPosition 方法重新设置气泡的位置和气泡的最大高度。

3. 线程类

- 群鱼游动线程类 FishGoThread。

FishGoThread 类是群鱼游动的线程类。在此类中遍历群鱼列表判断两条鱼之间的距离，若距离小于阈值，则两条鱼之间产生力的作用。对鱼进行碰撞检测，当鱼与墙壁的距离小于阈值时鱼会受到与墙壁垂直的力，然后修改鱼所受到的外力、鱼的速度和位置。

- 鱼群游动线程类 FishschoolThread。

FishschoolThread 类是鱼群游动的线程类。在此类中遍历鱼群列表并判断鱼群中的鱼（不包括第一条鱼）与相对位置的距离，若距离大于阈值就会对该鱼产生向心力；然后对鱼群进行碰撞检测，碰壁时鱼群受到一个与墙壁垂直的力；最后修改鱼所受到的外力、鱼群的速度和位置。

- 鱼食对鱼产生吸引力的线程类 AttractThread。

AttractThread 类是鱼食对鱼产生吸引力的线程类。在此类中不断遍历群鱼列表判断鱼是否能看到鱼食，如果鱼能看到鱼食，则该鱼受到鱼食的吸引力作用使鱼向鱼食游动，当鱼与鱼食之间的距离小于阈值后鱼食消失，认定鱼食已经被吃掉。本案例中鱼食对鱼群中的鱼不产生吸引力作用。

- 鱼食移动线程类 FoodThread。

FoodThread 类是鱼食移动的线程类。在此类中只要喂食线程中的标志位没有被置成 false 就会不断地修改鱼食的 X 方向和 Z 方向的位置使鱼食产生晃动的效果，然后不断地修改鱼食的 Y 位置。

- 气泡移动线程类 BubbleThread。

BubbleThread 类是气泡的移动线程。在此类中首先遍历气泡列表，将气泡分为 3 份（因为在本案例中有 3 处气泡，读者可根据自身需要进行更改），进行标志用来判断气泡向左还是向右上升；然后调用气泡对象中的 bubbleMove 方法，从而实现气泡的移动。

4. 工具常量类

- 常量类 Constant。

Constant 类是整个壁纸中用到的所有静态常量的集合。其中包括屏幕的长宽比、摄像机的位置、背景图的缩放比、地面高度等一系列静态常量。将这些常用的静态常量定义到常量类 Constant 中，会降低程序的维护成本，同时会增强程序的可读性。

- 向量类 Vector3f。

Vector3f 类是本案例中用到的三维向量的类。包含了案例中所有需要的向量算法，具体包括求向量的模、向量的减法、向量的加法、向量的归一化等。此外还有获取力的大小，求指定半径的向量，获取从一个向量指向另一个向量的向量等方法。

- 屏幕拾取类 IntersectantUtil。

IntersectantUtil 类是和屏幕拾取相关的工具类（主要是在对鱼进行喂食的时候会用到该类中包含的相关算法），通过拾取计算获得触控点在摄像机坐标系中的坐标，再乘以摄像机矩阵的逆矩阵即可得到该点在世界坐标系中的坐标。

- 着色器加载类 ShaderUtil。

ShaderUtil 类是着色器加载的工具类。该类的作用是将着色器（shader）的脚本加载进显卡并且编译，其中 loadFromAssetsFile 方法用来从着色器 sh 脚本中加载着色器的内容，checkGlError 方法用来检查每一步操作是否有错误，createProgram 方法用来创建着色器程序，loadShader 方法用来加载着色器编码进 GPU 并且进行编译。

- 存储矩阵状态类 MatrixState。

MatrixState 类是用于封装 Matrix 类各项功能的类。MatrixState 是一个非常重要的类，其中包括摄像机矩阵、投影矩阵、当前物体总变换矩阵等。它还包括获取当前矩阵逆矩阵的方法，获取摄像机矩阵，获取保护矩阵以及恢复矩阵的方法。

5. 辅助绘制类

- 背景图辅助绘制类 Background。

Background 类是百纳水族馆背景及地板的辅助绘制类。其中地板是虚拟的，在程序中只是给出了地面高度用来喂鱼。该类中给出了背景图的顶点坐标以及纹理坐标，并形成顶点缓冲和纹理缓冲送进渲染管线，用来绘制背景图。

- 气泡辅助绘制类 Bubble。

Bubble 类是百纳水族馆中气泡的辅助绘制类。该类主要是构造一个纹理矩形并贴上气泡纹理，开启混合之后，用户就可以看到气泡了。此类中给出了纹理矩形的顶点坐标以及纹理坐标，并形成顶点缓冲和纹理缓冲送进渲染管线，从而用于气泡的绘制。

- 模型辅助绘制类 LoadedObjectVertexNormalTexture。

LoadedObjectVertexNormalTexture 类是百纳水族馆中鱼食的辅助绘制类。该类的主要作用是对加载的 obj 模型信息进行处理，形成顶点缓冲、纹理缓冲以及法向量缓冲，并将相关的缓冲送入渲染管线，用于对于鱼食的绘制。

- 模型辅助绘制类 MS3DModel。

MS3DModel 类是百纳水族馆中鱼类、乌龟以及珍珠贝的辅助绘制类。该类的主要作用是加载 ms3d 骨骼动画模型并对加载完的模型信息进行处理，形成顶点缓冲、纹理缓冲、法向量缓冲等，并将相关缓冲送入渲染管线，用于百纳水族馆中鱼类、乌龟以及珍珠贝的绘制。

2.4 壁纸的实现

上一节介绍了壁纸的框架，让读者对 3D 动态壁纸的整体框架有了初步认识，本节将要对动态壁纸的实现服务类 GLWallpaperService 和 OpenGLES2WallpaperService 以及自定义场景渲染器类 MySurfaceView 的开发进行详细介绍。

2.4.1 壁纸服务类——OpenGLES2WallpaperService

这两个类是本项目中最基础的类，没有这两个类就不可能使用壁纸。GLWallpaperService 类为开发人员提供了壁纸服务，OpenGLES2WallpaperService 通过继承 GLWallpaperService 类，重写此类中的方法来实现壁纸的后续开发。下面着重介绍一下 OpenGLES2WallpaperService 类中的 onCreate 方法和 GLWallpaperService 类中的触控响应事件 onTouchEvent。

（1）首先是 OpenGLES2WallpaperService 类中的 onCreate 方法，onCreate 方法是 OpenGLES2WallpaperService 类的核心部分，其中包括获取当前手机的配置信息，并且判断其是否支持 OPENGL ES2.0 渲染技术等。具体代码如下所示。

> ✎ 代码位置：见随书光盘源代码/第 2 章/wyf/lxg/mywallpaper/目录下的 OpenGLES2WallpaperService.java。

```
1    public void onCreate(SurfaceHolder surfaceHolder) {
2         super.onCreate(surfaceHolder);
3         final ActivityManager activityManager =              //创建 Activity 管理器
4           (ActivityManager) getSystemService(Context.ACTIVITY_SERVICE);
5         final ConfigurationInfo configurationInfo =      //获取当前机器配置信息
6           activityManager.getDeviceConfigurationInfo();
7         final boolean supportsEs2 =           //获取判断结果
8           configurationInfo.reqGlEsVersion >= 0x20000;
9         if (supportsEs2) {
10            setEGLContextClientVersion(2);        //设置使用 OPENGL ES2.0
11            setPreserveEGLContextOnPause(true);//EGL 跨越暂停/恢复界限来尝试和保存环境
12            setRenderer(getNewRenderer());        //设置渲染器
13        } else {return;}
14   }
```

- 第 3~8 行用于创建 Activity 管理器，获取配置信息，判断当前手机是否支持 OPENGL ES2.0 渲染技术，并将结果存储在 supportsEs2 中。
- 第 9~13 行用于判断 supportsEs2 中的值，如果当前手机支持 OPENGL ES2.0 渲染技术，则设置使用 OPENGL ES2.0 进行绘制，并且让 EGL 跨越暂停或恢复界限来尝试和保护环境，然后设置场景渲染器；如果不支持 OPENGL ES2.0，则退出绘制。

（2）下面将对屏幕触控的响应事件进行介绍。屏幕的触控事件分为 3 部分：第一部分是滑动屏幕使背景图跟着屏幕左右移动，第二部分是点击屏幕下方修改标志位，最后一部分是手指抬起时判断是否进行喂食，具体代码如下所示。

代码位置：见随书光盘源代码/第 2 章/wyf/lxg/mywallpaper/目录下的 GLWallpaperService.Java。

```
1    private float mPreviousY;                        //上次的触控位置 Y 坐标
2    private float mPreviousX;                        //上次的触控位置 X 坐标
3    @Override
4    public void onTouchEvent(MotionEvent e) {
5        float y = e.getY();                          //获取触控点 Y 坐标
6        float x = e.getX();                          //获取触控点 X 坐标
7      switch (e.getAction()) {
8      case MotionEvent.ACTION_DOWN:
9        Constant.feeding=true;break;                 //喂食标志位设为 true
10     case MotionEvent.ACTION_MOVE:
11     float dy = y - mPreviousY;                     //计算触控笔 Y 位移
12     float dx = x - mPreviousX;                     //计算触控笔 X 位移
13     if (dx < 0){                                   //摸左边 x 为正，摸右边 x 为负
14       if (Constant.CameraX <Constant.MaxCameraMove) {    //判断是否超出移动范围
15         if(dx<-Constant.Thold){ Constant.feeding = false; }//喂食标志位置为 false
16         Constant.CameraX = Constant.CameraX - dx / Constant.CameraMove_SCALE ;
17         Constant.TargetX=Constant.CameraX;         //移动摄像机的坐标
18     }} else {
19       if (Constant.CameraX >-Constant.MaxCameraMove) {   //判断是否超出移动范围
20        if(dx>Constant.Thold){ Constant.feeding =false;}  //喂食标志位置为 false
21       Constant.CameraX = Constant.CameraX - dx / Constant.CameraMove_SCALE ;
22       Constant.TargetX=Constant.CameraX;           //移动摄像机的坐标
23     }}
24     MatrixState.setCamera(                         //将摄像机的位置信息存入到矩阵中
25       Constant.CameraX, Constant.CameraY, Constant.CameraZ,//摄像机的 X、Y、Z 位置
26       Constant.TargetX, Constant.TargetY, Constant.TargetZ,//观测点的 X、Y、Z 位置
27       Constant.UpX, Constant.UpY, Constant.UpZ);   //up 向量的 X、Y、Z 分量
28      break;
29     case MotionEvent.ACTION_UP:
30       if (Constant.feeding) {                      //标志位，开始喂食
31        if (Constant.isFeed) {
32         Constant.isFeed = false;                   //把标志位置为 false
33         float[] AB = IntersectantUtil.calculateABPosition(
                                                       //通过矩阵变换获取世界坐标系中的点
34         x, y,                                       //触控点 X、Y 坐标
35         Constant.SCREEN_WIDTH, Constant.SCREEN_HEGHT,//屏幕宽、长度
36         Constant.leftABS, Constant.topABS,          //视角 left、top 值
37         Constant.nearABS, Constant.farABS);         //视角 near、far 值
38        Vector3f Start = new Vector3f(AB[0], AB[1], AB[2]); //起点
39        Vector3f End = new Vector3f(AB[3], AB[4], AB[5]);   //终点
40        if (MySurfaceView.feedfish != null) {       //判断不为空启动
41        MySurfaceView.feedfish.startFeed(Start, End); //开始喂食
42     }}}
43       break;
44     }
45    mPreviousY = y;                                 //记录触控笔 Y 位置
46    mPreviousX = x;                                 //记录触控笔 X 位置
47    super.onTouchEvent(e);
48  }
```

● 第 1~9 行首先创建变量，用于记录触控笔上一次的触控 X 位置和 Y 位置，然后获取当前触控点的 X 坐标和 Y 坐标，并且响应屏幕的触控事件，对 ACTION_DOWN 事件进行监听，当触发时将喂食标志位设为 true。

● 第 10~28 行对 ACTION_MOVE 事件进行监听，获取手指在屏幕上的移动距离，按照一定比例移动摄像机 X 坐标，同时，如果摄像机 X 坐标达到阈值，则摄像机不会向滑动方向移动；然后将摄像机的位置信息存入到矩阵中，设置摄像机的位置，观测点的坐标和 up 向量。

● 第 30~37 行是判断喂食的标志位，因为滑动屏幕不能喂食，当前喂的食物在没有消失之前也不能喂食，所以需要两个标志位对其进行控制。一个在点击喂食的时候为 true，另一个在没有

喂食之前为 true，然后通过矩阵变换获取触控点在世界坐标系中的坐标。

● 第 38~47 行通过拾取计算获取触控点在世界坐标系中的起点（近平面点）坐标、终点（远平面点）坐标，判断 feedfish 不为空，则调用 startFeed 方法开始喂食；然后记录触控笔的 X 位置、Y 位置，回调父类的方法。

2.4.2　自定义渲染器类——MySurfaceView

下面将详细介绍自定义的场景渲染器代码，在自定义的场景渲染器里，可以进行鱼、鱼群、乌龟、珍珠贝、气泡、背景图、鱼食的初始化。初始化鱼类和乌龟的初始速度、初始位置以及加载纹理等，并且设置光源位置，初始化矩阵等。

（1）由于 MySurfaceView 类中绘制代码以及初始化代码比较多，在此首先介绍该类的绘制代码以及整体框架，使读者对此类有一个大致的了解。具体代码如下所示。

✎ 代码位置：见随书光盘源代码/第 2 章/wyf/lxg/mywallpaper/目录下的 MySurfaceView.Java。

```
1    package wyf.lxg.mywallpaper;
2    ......//此处省略部分类和包的导入代码，请读者自行查阅随书附带光盘的源代码
3    public class MySurfaceView  extends GLSurfaceView
4    implements GLSurfaceView.Renderer,OpenGLES2WallpaperService.Renderer {
5      public MySurfaceView(Context context) {
6              super(context);                                    //获取上下文对象
7              this.setEGLContextClientVersion(2);                //设置使用 OPENGL ES2.0
8      }
9        ......//此处省略相关成员变量的声明代码，请读者自行查阅随书附带光盘的源代码
10   public void onDrawFrame(GL10 gl) {
11          GLES20.glClear( GLES20.GL_DEPTH_BUFFER_BIT           //清除深度缓冲与颜色缓冲
12                | GLES20.GL_COLOR_BUFFER_BIT);
13      MatrixState.pushMatrix();                                //保护矩阵
14      if(bg!=null){ bg.drawSelf(back); }                       //绘制背景图
15      if(singlefood!=null) { singlefood.drawSelf();}           //绘制鱼食
16      if (fishControl != null) { fishControl.drawSelf();}      //绘制单条鱼和乌龟
17      if (fishSchool != null) { fishSchool.drawSelf();}        //绘制鱼群
18        ......//此处绘制其他鱼群的代码与上述相似，故省略，请读者自行查阅随书附带光盘的源代码
19      MatrixState.pushMatrix();                                //保护矩阵
20      MatrixState.translate(-5f,-16,-26.2f);                   //平移到指定位置
21      this.haibei.animate(time,dpm);                           //绘制珍珠贝
22      MatrixState.popMatrix();                                 //恢复矩阵
23       time += 0.015f;
24      if(time > this.ms3d.getTotalTime()) {                    //若当前播放时间大于总的动画时间
25         time = time - this.ms3d.getTotalTime();//则播放时间等于当前播放时间减去总的动画时间
26       }
27      MatrixState.popMatrix();                                 //恢复矩阵
28      GLES20.glEnable(GLES20.GL_BLEND);                        //开启混合
29      GLES20.glBlendFunc(GLES20.GL_SRC_COLOR,                  //设置混合因子 c
30                  GLES20.GL_ONE_MINUS_SRC_COLOR);
31      MatrixState.pushMatrix();                                //保护矩阵
32      if(bubble!=null) { bubble.drawSelf();}                   //绘制气泡
33      MatrixState.popMatrix();                                 //恢复矩阵
34      GLES20.glDisable(GLES20.GL_BLEND);                       //关闭混合
35   }
36   public void onSurfaceChanged(GL10 gl, int width, int height) {
37        ......//此处省略设置摄像机的代码，将在后面详细介绍
38   }
39   public void onSurfaceCreated(GL10 gl, EGLConfig config) {
40        ......//此处省略初始化的代码，将在后面详细介绍
41   }
42   public int initTexture(Resources res,String pname)//textureId{
43        ......//此处省略加载纹理的代码，将在后面详细介绍
44   }}
```

● 第 1~9 行为声明包名，其中部分类和包的导入代码、相关成员变量的声明代码在此处省略，请读者自行查阅随书附带的光盘代码；然后创建构造方法，获取父类上下文对象，设置使用

OPENGL ES2.0 渲染技术进行绘制。

- 第 11~18 行首先清除深度缓冲与颜色缓冲，进行现场保护，判断背景、鱼食、单条鱼、乌龟以及鱼群的引用若不为空，依次绘制背景图、鱼食、单条鱼、乌龟以及鱼群。这里只给出了黄色小丑鱼群的绘制代码，其他鱼群绘制代码与之相似，请读者自行查阅随书附带光盘的源代码。

- 第 19~27 行为绘制珍珠贝的代码。首先保护现场，然后平移到指定位置，绘制珍珠贝，恢复现场。并且不断更新动画播放时间，若当前播放时间大于总的动画时间，则实际播放时间等于当前播放时间减去总的动画时间。

- 第 28~34 行为绘制气泡的代码。首先开启混合，设置混合因子，保护现场，判断气泡引用不为空，则进行气泡的绘制，然后恢复现场，关闭混合。

（2）下面介绍上面省略的 onSurfaceChanged 方法。重写该方法，主要作用是设置视口的大小及位置、计算 GLSurfaceView 的宽高比、通过计算产生投影矩阵以及摄像机 9 参数位置矩阵。该方法是场景渲染器类不可或缺的。具体代码如下所示。

✎ 代码位置：见随书光盘源代码/第 2 章/wyf/lxg/mywallpaper/目录下的 MySurfaceView.Java。

```
1     public void onSurfaceChanged(GL10 gl, int width, int height) {
2         GLES20.glViewport(0, 0, width, height);        //设置视窗大小及位置
3         float ratio = (float) width / height;          //计算 GLSurfaceView 的宽高比
4         Constant.SCREEN_HEGHT=height;                   //获取屏幕高度
5         Constant.SCREEN_WIDTH=width;                    //获取屏幕宽度
6         Constant.leftABS=ratio*Constant.View_SCALE;     //设置 left 值
7         Constant.topABS=1 * Constant.View_SCALE;        //设置 top 值
8         Constant.SCREEN_SCALEX=Constant.View_SCALE*((ratio>1)?ratio:(1/ratio));
                                                           //设置缩放比
9         MatrixState.setProjectFrustum(-Constant.leftABS, Constant.leftABS,
                                                           //产生透视投影矩阵
10             -Constant.topABS, Constant.topABS, Constant.nearABS,Constant.farABS);
11        MatrixState.setCamera(                          //产生摄像机 9 参数位置矩阵
12        Constant.CameraX                               //摄像机的 X 位置
13        Constant.CameraY,                              //摄像机的 Y 位置
14        Constant.CameraZ,                              //摄像机的 Z 位置
15        Constant.TargetX,                              //观测点的 X 位置
16        Constant.TargetY,                              //观测点的 Y 位置
17        Constant.TargetZ,                              //观测点的 Z 位置
18        Constant.UpX,                                  //up 向量的 X 分量
19        Constant.UpY,                                  //up 向量的 Y 分量
20        Constant.UpZ);                                 //up 向量的 Z 分量
21    }
```

- 第 1~10 行用于设置视窗大小及位置，获取屏幕高度以及宽度，设置视角的 left 值以及 top 值，计算横屏竖屏缩放比，产生透视投影矩阵。这里使用透视投影矩阵是为了更真实地模拟现实世界，产生近大远小的效果。

- 第 11~20 行用于产生摄像机的 9 参数位置矩阵，分别设置摄像机的 XYZ 位置、观测点的 XYZ 位置以及 up 向量的 XYZ 分量，这里将摄像机位置矩阵的 9 参数都存放在 Constant 类中，是为了便于壁纸左右移动时修改摄像机的位置。

（3）下面介绍上面省略的 onSurfaceCreated 方法。重写该方法，主要作用是初始化光源位置，创建纹理管理器，加载纹理，获取 ms3d 文件的输入流，加载 ms3d 模型，创建鱼类、乌龟、珍珠贝等对象，开启深度检测等。具体代码如下所示。

✎ 代码位置：见随书光盘源代码/第 2 章/wyf/lxg/mywallpaper/目录下的 MySurfaceView.Java。

```
1     public void onSurfaceCreated(GL10 gl, EGLConfig config){
2         GLES20.glClearColor(0.5f,0.5f,0.5f, 1.0f);                 //设置屏幕背景色 RGBA
3         MatrixState.setInitStack();                                //初始化矩阵
4         MatrixState.setLightLocation(0,9,13);                      //初始化光源位置
5         manager = new TextureManager(getResources());             //创建纹理管理器对象
6         dpm=initTexture(MySurfaceView.this.getResources(),"dpm.png");//加载明暗纹理
```

```
7          String name="ms3d/";                                    //获取 ms3d 文件的输入流
8          InputStream in=null;
9          ......//此处其他输入流的声明与上述相同, 故省略, 请读者自行查阅随书附带光盘的源代码
10         try{
11              in=getResources().getAssets().open(name+"fish0.ms3d");//鳐鱼
12              ......//此处其他获取输入流与上述相同, 故省略, 请读者自行查阅随书附带光盘的源代码
13         } catch(Exception e){
14              e.printStackTrace();                                //打印异常栈信息
15         }
16         ms3d = MS3DModel.load(in,manager,MySurfaceView.this);       //从输入流加载模型
17         ......//此处加载模型代码与上述相同, 故省略, 请读者自行查阅随书附带光盘的源代码
18         if(fishAl.size() ){
19         fishAl.add(new SingleFish(ms3d,dpm,        //位置、速度、力、吸引力、重力
20         new Vector3f(-7, 5, -7), new Vector3f(-0.05f, 0.02f, 0.03f),
21         new Vector3f(0, 0, 0), new Vector3f(0, 0, 0), 150));
22         ......//此处添加鱼的代码与上述相同, 故省略, 请读者自行查阅随书附带光盘的源代码
23         }
24         back=initTexture(MySurfaceView.this.getResources(),"background.png");
           //背景纹理
25         fishfood=initTexture(MySurfaceView.this.getResources(),"fishfood.png");
           //鱼食纹理
26         bubbles=initTexture(MySurfaceView.this.getResources(),"bubble.png");//气泡纹理
27         GLES20.glEnable(GLES20.GL_DEPTH_TEST);                    //打开深度检测
28         bg=new Background(MySurfaceView.this);                    //创建背景对象
29         bubble = new BubbleControl(MySurfaceView.this,bubbles);   //创建气泡对象
30         fishfoods=LoadUtil.loadFromFile("fishfood.obj",          //鱼食对象
31              MySurfaceView.this.getResources(),MySurfaceView.this);
32         singlefood=new SingleFood(fishfood,fishfoods, MySurfaceView.this);//单个鱼食对象
33         feedfish=new FeedFish(MySurfaceView.this);                //喂食
34         if (fishControl == null) {                                //创建对象鱼类的 Control 对象
35              fishControl = new FishControl(fishAl, MySurfaceView.this);
36         }
37         if (fishSchool == null) {                                 //创建鱼群对象的 Control
38         fishSchool = new FishSchoolControl(ms3d3,dpm,MySurfaceView.this,
39         new Vector3f(5, -2, 4),new Vector3f(-0.05f, 0.0f, -0.05f),50);//位置、速度、质量
40         }
41         ......//此处添加鱼群的代码与上述相同, 故省略, 请读者自行查阅随书附带光盘的源代码
42         GLES20.glDisable(GLES20.GL_CULL_FACE);                    //关闭背面剪裁
43    }
```

- 第 1~6 行为设置背景色的 RGBA 通道, 初始化矩阵, 只有初始化矩阵之后, 保护矩阵、恢复矩阵等才能起作用。初始化光源位置, 将光源置于场景的正上方。创建纹理管理器对象, 用于加载纹理图, 并且加载呈现明暗效果的纹理图。

- 第 7~23 行为获取 ms3d 文件的输入流, 从输入流中加载 ms3d 模型, 向鱼类列表中添加单条鱼、乌龟等。这里仅给出了 fish0 的加载代码, 其他种类鱼、乌龟以及珍珠贝的加载代码与此相似, 故省略, 请读者自行查阅随书附带光盘的源代码。

- 第 24~42 行为加载背景、鱼食以及气泡的纹理, 打开深度检测, 创建背景、气泡、鱼食、喂食、鱼类以及鱼群的对象。其中在创建鱼群对象时, 只给出了创建黄色小丑鱼鱼群的代码, 其他鱼群的创建代码与此相似, 故省略, 请读者自行查阅随书附带光盘的源代码。

（4）下面详细介绍上面省略的 initTexture 方法。该方法的主要作用是通过输入流从 assets 中加载图片, 生成纹理 ID, 设置纹理的拉伸方式, 设置纹理采样方式等。具体代码如下所示。

✎ 代码位置: 见随书光盘源代码/第 2 章/wyf/lxg/mywallpaper/目录下的 MySurfaceView.Java。

```
1    public int initTexture(Resources res,String pname){    //初始化纹理
2         int[] textures = new int[1];                       //生成纹理 ID
3         GLES20.glGenTextures(
4              1,                                            //产生的纹理 id 的数量
5              textures,                                     //纹理 id 的数组
6              0                                             //偏移量
7         );
8         int textureId=textures[0];
9         GLES20.glBindTexture(GLES20.GL_TEXTURE_2D, textureId);//绑定纹理
```

```
10      GLES20.glTexParameterf(GLES20.GL_TEXTURE_2D,           //最近点采样
11          GLES20.GL_TEXTURE_MIN_FILTER,GLES20.GL_NEAREST);
12      GLES20.glTexParameterf(GLES20.GL_TEXTURE_2D,           //线性纹理过滤
13          GLES20.GL_TEXTURE_MAG_FILTER,GLES20.GL_LINEAR);
14      GLES20.glTexParameterf(GLES20.GL_TEXTURE_2D,           //纵向拉伸方式
15          GLES20.GL_TEXTURE_WRAP_S,GLES20.GL_REPEAT);
16      GLES20.glTexParameterf(GLES20.GL_TEXTURE_2D,           //横向拉伸方式
17          GLES20.GL_TEXTURE_WRAP_T,GLES20.GL_REPEAT);
18      InputStream is = null;                                //创建输入流
19      String name="pic/"+pname;
20      try {
21          is = res.getAssets().open(name);                  //加载纹理图片
22      } catch (IOException e1) {
23          e1.printStackTrace();                             //异常处理
24      }
25      Bitmap bitmapTmp;                                     //创建 Bitmap 对象
26      try {
27      bitmapTmp = BitmapFactory.decodeStream(is);           //对获取的图片解码
28      } finally {
29      try {
30          is.close();                                       //关闭输入流
31      }catch(IOException e) {
32          e.printStackTrace();                              //异常处理
33      }}
34      GLUtils.texImage2D(
35          GLES20.GL_TEXTURE_2D,                             //纹理类型
36          0,                                                //纹理的层次
37          bitmapTmp,                                        //纹理图像
38          0                                                 //纹理边框尺寸
39      );
40      bitmapTmp.recycle();                                  //释放 Bitmap
41      return textureId;
42  }
```

● 第 2~17 行为定义纹理 ID、生成纹理 ID 数组、以及绑定纹理。同时设置纹理的过滤方式分别为最近点采样过滤和线性纹理过滤，设置纹理的拉伸方式为纵向拉伸方式和横向拉伸方式并且都为重复拉伸方式。

● 第 18~33 行为创建输入流，从 assets 中加载纹理图片，创建 Bitmap 对象，对获取的图片进行解码，然后关闭输入流。其中关闭输入流是非常重要的，加载完图片，一定要记得关闭输入流，否则会造成资源浪费。

● 第 34~41 行为指定纹理。首先是纹理类型，在 OpenGL ES 中必须为 GLES20.GL_TEXTURE_2D；其次是纹理的层次，0 表示基本图像层，可以理解为直接贴图；然后是纹理的图像以及边框尺寸；最后释放 Bitmap，返回纹理 ID。

2.5 辅助绘制类

上一节介绍了实现壁纸的开发，本节将对辅助绘制类的开发进行详细介绍。在绘制百纳水族馆动态壁纸中各个物体之前，必须要做好准备工作，而这些准备工作就包括辅助绘制类的开发。其中包括背景图辅助绘制类 Background，气泡辅助绘制类 Bubble，鱼类辅助绘制类 MS3DModel 以及模型辅助绘制类 LoadedObjectVertexNormalTexture，下面就对这些类的开发进行详细的介绍。

2.5.1 背景辅助绘制类——Background

本小节将对本案例的背景辅助绘制类进行详细介绍，这个类的作用是绘制百纳水族馆的背景模型，在此逼真的深海背景下，所有的鱼、珍珠贝以及气泡都在此背景前呈现，使整个百纳水族馆更加地活灵活现。

（1）首先来看本类的框架结构，本类中包括对背景图的顶点坐标及纹理坐标的初始化方法，以及对着色器初始化的 initShader()方法和 drawSelf()方法。仔细学习本类的结构，有助于读者更快地掌握本类所讲的知识，对读者有很大的帮助。其具体代码如下。

代码位置：见随书光盘源代码/第 2 章/MyWallPaper/src/wyf/lxg/background/目录下的 Background.java。

```
1     package wyf.lxg.background;                          //声明包名
2     ......//此处省略部分分类和包的引入代码，读者可自行查阅随书光盘中的源代码
3     public class Background{
4         int mProgram;                                    //自定义渲染管线程序 id
5         ......//此处省略了本类中部分成员变量的声明，读者可自行查阅随书光盘中的源代码
6         public Background(MySurfaceView mv){
7             initVertexData();                            //初始化顶点坐标与着色数据
8             initShader(mv);                              //初始化着色器
9         }
10        public void initVertexData(){                    //初始化顶点坐标与着色数据的方法
11            //顶点坐标数据的初始化
12            vCount=6;                                     //顶点的数量
13          float vertices[]=new float[] {                 //顶点坐标数据数组
14                -30f*Constant.SCREEN_SCALEX,8f*Constant.SCREEN_SCALEY,
15                 -30*Constant.SCREEN_SCALEZ,
16                 -30f*Constant.SCREEN_SCALEX,-22f*Constant.SCREEN_SCALEY,
17                 -30*Constant.SCREEN_SCALEZ,
18                 30f*Constant.SCREEN_SCALEX,8f*Constant.SCREEN_SCALEY,
19                 -30*Constant.SCREEN_SCALEZ,
20                 -30f*Constant.SCREEN_SCALEX,-22f*Constant.SCREEN_SCALEY,
21                 -30*Constant.SCREEN_SCALEZ,
22                 30f*Constant.SCREEN_SCALEX,-22f*Constant.SCREEN_SCALEY,
23                 -30*Constant.SCREEN_SCALEZ,
24                 30f*Constant.SCREEN_SCALEX,8f*Constant.SCREEN_SCALEY,
25                 -30*Constant.SCREEN_SCALEZ,
26        };
27        //创建顶点坐标数据缓冲
28            ByteBuffer vbb = ByteBuffer.allocateDirect(vertices.length*4);
29            vbb.order(ByteOrder.nativeOrder());           //设置字节顺序
30            mVertexBuffer = vbb.asFloatBuffer();          //转换为 Float 型缓冲
31            mVertexBuffer.put(vertices);                  //向缓冲区中放入顶点坐标数据
32            mVertexBuffer.position(0);                    //设置缓冲区起始位置
33            //创建纹理坐标缓冲
34        float textureCoors[]=new float[]{                 //顶点纹理 S、T 坐标值数组
35                0,0,0, 1,1,0, 0,1,1, 1,1,0};
36            //创建顶点纹理数据缓冲
37            ByteBuffer cbb = ByteBuffer.allocateDirect(textureCoors.length*4);
38            cbb.order(ByteOrder.nativeOrder());           //设置字节顺序
39            mTexCoorBuffer = cbb.asFloatBuffer();         //转换为 Float 型缓冲
40            mTexCoorBuffer.put(textureCoors);             //向缓冲区中放入顶点着色数据
41        mTexCoorBuffer.position(0);                       //设置缓冲区起始位置
42        }
43        ......//此处省略了部分源代码，将在后面的步骤中给出
44        ......//此处省略了部分源代码，将在后面的步骤中给出
45    }
```

- 第 6~9 行是这个类的构造方法，此方法调用初始化顶点坐标与着色数据的 initVertexData()方法和初始化着色器的 initShader(mv)方法。
- 第 13~32 行是对顶点坐标数据的初始化，用三角形卷绕方式创建一个背景模型，将顶点数据存到 float 类型的顶点数组中，并创建顶点坐标缓冲，同时对顶点字节进行设置，然后放入顶点坐标缓冲区，设置缓冲区的起始位置。
- 第 33~41 行是对创建好的背景模型进行纹理创建，对顶点纹理 S、T 坐标进行初始化，将顶点纹理坐标数据存入 float 类型的纹理数组中，并创建纹理坐标缓冲，对纹理坐标进行设置然后送入缓冲区并设置起始位置。

（2）读者对本类的框架掌握后，下面将为读者介绍本类中对着色器初始化的方法 initShader()

方法以及绘制矩形的 drawSelf()方法。drawSelf()方法最后为画笔指定顶点位置数据和画笔指定顶点纹理坐标数据，绘制纹理矩形。其具体代码如下。

✎ **代码位置：见随书光盘源代码/第 2 章/MyWallPaper/src/wyf/lxg/background/目录下的 Background.java。**

```
1    public void initShader(MySurfaceView mv){              //初始化着色器
2        //加载顶点着色器的脚本内容
3        mVertexShader=ShaderUtil.loadFromAssetsFile("back_vertex.sh",
         mv.getResources());
4        //加载片元着色器的脚本内容
5        mFragmentShader=ShaderUtil.loadFromAssetsFile("back_frag.sh",
         mv.getResources());
6        //基于顶点着色器与片元着色器创建程序
7        mProgram = createProgram(mVertexShader, mFragmentShader);
8        //获取程序中顶点位置属性引用 id
9        maPositionHandle = GLES20.glGetAttribLocation(mProgram, "aPosition");
10       //获取程序中顶点纹理坐标属性引用 id
11       maTexCoorHandle= GLES20.glGetAttribLocation(mProgram, "aTexCoor");
12       //获取程序中总变换矩阵引用 id
13       muMVPMatrixHandle = GLES20.glGetUniformLocation(mProgram, "uMVPMatrix");
14   }
15   public void drawSelf(int texId){
16       GLES20.glUseProgram(mProgram);                     //制定使用某套 shader 程序
17       //将最终变换矩阵传入 shader 程序
18       GLES20.glUniformMatrix4fv(muMVPMatrixHandle, 1, false, MatrixState.
         getFinalMatrix(), 0);
19       GLES20.glVertexAttribPointer( maPositionHandle, 3,   //为画笔指定顶点位置数据
20                        GLES20.GL_FLOAT, false,3*4, mVertexBuffer);
21       GLES20.glVertexAttribPointer( maTexCoorHandle,2,     //指定顶点纹理坐标数据
22                        GLES20.GL_FLOAT, false,2*4, mTexCoorBuffer );
23       GLES20.glEnableVertexAttribArray(maPositionHandle); //允许顶点位置数据数组
24       GLES20.glEnableVertexAttribArray(maTexCoorHandle);  //允许顶点纹理坐标数组
25       GLES20.glActiveTexture(GLES20.GL_TEXTURE0);         //绑定纹理
26       GLES20.glBindTexture(GLES20.GL_TEXTURE_2D, texId);
27       GLES20.glDrawArrays(GLES20.GL_TRIANGLES, 0, vCount);//绘制纹理矩形
28   }
```

● 第 1~14 行是本类中对着色器的初始化，将着色器脚本内容加载并基于其顶点与片元着色器来创建程序供显卡使用，并从程序中获取顶点位置属性、顶点纹理坐标属性、总变换矩阵属性的 id 引用来使用。

● 第 15~28 行是本类中的 drawSlef()方法，其作用是绘制矩形，根据数据画出需要的矩形。首先制定某套 shader 程序，将一些数据传入 shader 程序，最后为画笔指定顶点位置数据和为画笔指定顶点纹理坐标数据，绘制纹理矩形。

2.5.2 气泡辅助绘制类——Bubble

本小节将对案例中的气泡辅助绘制类进行详细的介绍，在该壁纸的场景中，有三处气泡位置在不断地冒出透明的气泡，这些气泡上升的高度不同，并且这些气泡随着高度的不断增加，大小也在不断变大，要绘制这些气泡，首先需要构造气泡模型，其具体代码如下所示。

✎ **代码位置：见随书光盘源代码/第 2 章/MyWallPaper/src/wyf/lxg/bubble/目录下的 Bubble.java。**

```
1    package wyf.lxg.bubble;                                //声明包名
2    ......//此处省略部分类和包的引入代码，读者可自行查阅光盘中的源代码
3    public class Bubble{
4    ......//此处省略了本类中部分成员变量的声明，读者可自行查阅随书光盘中的源代码
5        int vCount=0;                                      //顶点的数量
6        public Bubble(MySurfaceView mv){
7            initVertexData();              //调用初始化顶点数据的 initVertexData 方法
8            initShader(mv);                //调用初始化着色器的 intShader 方法
9        }
10       public void initVertexData(){                      //顶点坐标数据的初始化
```

```
11              vCount=6;                                      //顶点的数量
12              float vertices[]=new float[] {                //顶点坐标数据数组
13                      -0.15f*Constant.UNIT_SIZE,0.15f*Constant.UNIT_SIZE,0,
14                  -0.15f*Constant.UNIT_SIZE,-0.15f*Constant.UNIT_SIZE,0,
15                  0.15f*Constant.UNIT_SIZE,0.15f*Constant.UNIT_SIZE,0,
16                  -0.15f*Constant.UNIT_SIZE,-0.15f*Constant.UNIT_SIZE,0,
17                  0.15f*Constant.UNIT_SIZE,-0.15f*Constant.UNIT_SIZE,0,
18                  0.15f*Constant.UNIT_SIZE,0.15f*Constant.UNIT_SIZE,0,
19              };
20              //创建顶点坐标数据缓冲
21              ByteBuffer vbb = ByteBuffer.allocateDirect(vertices.length*4);
22              vbb.order(ByteOrder.nativeOrder());            //设置字节顺序
23              mVertexBuffer = vbb.asFloatBuffer();           //转换为 int 型缓冲
24              mVertexBuffer.put(vertices);                   //向缓冲区中放入顶点坐标数据
25              mVertexBuffer.position(0);                     //设置缓冲区起始位置
26              float textureCoors[]=new float[]{0,0,0,1,1,0, 0,1,1,1,1,0 };
                //顶点纹理 S、T 坐标值数组
27              ByteBuffer cbb = ByteBuffer.allocateDirect(textureCoors.length*4);
                //创建纹理数据缓冲
28              cbb.order(ByteOrder.nativeOrder());            //设置字节顺序
29              mTexCoorBuffer = cbb.asFloatBuffer();          //转换为 int 型缓冲
30              mTexCoorBuffer.put(textureCoors);              //向缓冲区中放入顶点着色数据
31              mTexCoorBuffer.position(0);                    //设置缓冲区起始位置
32          }
33      ......//该处省略了与上节类似的 initShader()方法，读者可自行查阅随书光盘中的源代码
34      ......// 该处省略了与上节类似的 drawSlef()方法，读者可自行查阅随书光盘中的源代码
35      }
```

● 第 6~9 行是这个类的构造方法，调用 initVertexData()方法对顶点坐标数据与顶点纹理坐标数据进行初始化，并调用 initShader(mv)方法对着色器进行初始化。

● 第 11~25 行是对气泡模型的顶点坐标数据的初始化，首先以三角形卷绕的方式组装顶点数据并将数据存放到 float 类型的数组中，并创建顶点坐标数据缓冲，对顶点数据进行设置并放入缓冲区，设置缓冲区的起始位置。

● 第 26~32 行是对气泡模型的顶点纹理坐标 S、T 进行初始化，其坐标的组装需要与顶点卷绕方式、方向一致，并将顶点纹理坐标数据存入 float 类型的数组中，创建顶点纹理坐标缓冲，设置顶点纹理坐标，放入缓冲区，并设置缓冲区的起始位置。

> 💡说明　　　因其模型辅助绘制类 LoadedObjectVertexNormalTexture 与背景图辅助绘制类 Background，气泡辅助绘制类 Bubble 中的代码类似，所以只对以上两个小节的辅助绘制类做详细介绍，其模型辅助绘制类 LoadedObjectVertexNormalTexture 读者可查看随书光盘中的源代码。

2.5.3　鱼类辅助绘制类——MS3DModel

本小节将对鱼类辅助绘制类 MS3DModel 进行详细的介绍，在该壁纸中的鱼不但可以游来游去，而且鱼的本身也是有动作的，含有动画的模型就是骨骼动画。本小节将介绍如何对有骨骼动画的 MS3D 文件类型进行加载，并存储其动画的相关数据，以及执行模型绘制的 MS3DModel 类。

（1）下面将详细介绍的是 MS3DModel 类的框架结构，这个类的主要作用是用于存储从 ms3d 文件中加载的动画相关数据，以及执行模型绘制。读者理解其代码框架，有助于更好地对本案例中鱼类的加载有更加深刻的理解。其代码框架如下。

✏ 代码位置：见随书光盘源代码/第 2 章/MyWallPaper/src/com/bn/ms3d/core/目录下的 MS3DModel.java。

```
1       package com.bn.ms3d.core;                           //声明包名
2       ......//此处省略部分类和包的引入代码，读者可自行查阅光盘中的源代码
3       public class MS3DModel{
```

```
4       public FloatBuffer[] vertexCoordingBuffer;              //顶点坐标数据缓冲
5       public FloatBuffer[] texCoordingBuffer;                 //纹理坐标数据缓冲
6       public FloatBuffer[] normalCoordingBuffer;              //顶点法向量缓冲
7       public TextureManager textureManager;                   //纹理管理器
8       public MS3DHeader header;                               //头信息
9       public MS3DVertex[] vertexs;                            //顶点信息
10      public MS3DTriangle[] triangles;                        //三角形索引
11      public MS3DGroup[] groups;                              //组信息
12      public MS3DMaterial[] materials;                        //材质信息(纹理)
13      public float fps;                                       //fps信息
14      public float current_time;                              //当前时间
15      public float totalTime;                                 //总时间
16      public float frame_count;                               //关键帧数
17      public MS3DJoint[] joints;                              //关节信息
18      ......//此处省略了本类中部分成员变量的声明,读者可自行查看随书光盘中的源代码
19      private MS3DModel(MySurfaceView mv){
20          initShader(mv);                                     //初始化着色器
21      }
22      ......//该处省略了与上节类似的initShader()方法,读者可自行查阅随书光盘中的源代码
23      public final void animate(float time,int texid){        //进行动画的方法
24          if(this.current_time != time){                     //相同时间不做更新
25              this.updateJoint(time);                        //更新关节
26              this.updateVectexs();                          //更新顶点
27              this.draw(true,texid);                         //执行绘制
28          }else{
29              this.draw(false,texid);                        //执行绘制
30      }}
31      public void updateJoint(float time){                    //更新关节的方法
32          this.current_time = time;                          //更新当前时间
33          if(this.current_time > this.totalTime){ this.current_time = 0.0f; }
            //时间超过总时间置为零
34          int size = this.joints.length;                     //获取关节数量
35          for(int i=0; i<size; i++){                         //更新每个关节
36              this.joints[i].update(this.current_time);
37      }}
38      public void draw(boolean isUpdate,int texid){           //绘制模型
39          ......//该处省略了部分代码,将在后面的步骤中给出
40      }
41      private void updateVectexs(){                           //动画中更新顶点数据
42          ......//该处省略了部分代码,将在后面的步骤中给出
43      }
44      private void updateVectex(int index){                   //更新特定顶点的方法
45          ......//该处省略了部分代码,将在后面的步骤中给出
46      }
47      public final static MS3DModel load(InputStream is,
48              TextureManager manager,MySurfaceView mv){
49          ......//该处省略了部分代码,将在后面的步骤中给出
50      }
51      private void initBuffer(){                              //初始化缓冲
52          ......//该处省略了部分代码,读者可自行查看随阅随书光盘中的源代码
53      }
54      ......//该处省略了获取动画总时间的getTotalTime方法,读者可自行查阅随书光盘中的源代码
55  }
```

- 第4~18行定义了一些本类中需要的一些成员变量,其中最为重要的是第8~17行的成员变量,这些成员变量分别对应于 ms3d 文件头信息、顶点信息、三角形索引、组信息等重要数据,读者了解后有助于更好地理解本类。

- 第23~30行为更新关节、顶点数据到动画中指定时刻及绘制模型的 animate 方法,若需要更新到的动画时刻与当前不同,则首先需要更新关节数据,再更新顶点数据,再执行模型的绘制,否则直接绘制模型。

- 第31~37行为更新关节数据的 updateJoint 方法,首先判断新的当前时间是否大于总的动画时间,若大于总的动画时间则将其设置为 0,表示一轮动画播放完毕后从头开始。接着对每个关节进行遍历,调用每个关节信息对象的 update 方法更新每个关节。

- 第38~50行为省略掉的一些重要的功能方法,将在后面的步骤中详细介绍。

（2）下面介绍的是步骤（1）中省略的 MS3DModel 类中用于绘制模型的 draw 方法，此方法是将加载 ms3d 文件中的各种数据进行组装送入缓冲区，然后进行绘制的重要功能方法，读者理解其功能，有助于读者更好地理解本类。其具体代码如下。

代码位置：见随书光盘源代码/第 2 章/MyWallPaper/src/com/bn/ms3d/core/目录下的
MS3DModel.java。

```
1    public void draw(boolean isUpdate,int texid){              //绘制模型
2         GLES20.glUseProgram(mProgram);                        //指定使用某套 shader 程序
3         MatrixState.copyMVMatrix();                           //调用 copyMVMatrix()方法复制矩阵
4         //将最终变换矩阵传入 shader 程序
5         GLES20.glUniformMatrix4fv(muMVPMatrixHandle, 1, false, MatrixState.getFinal
          Matrix(), 0);
          //将变换矩阵传入 shader 程序
6         GLES20.glUniformMatrix4fv(muMMatrixHandle, 1, false, MatrixState.getM
          Matrix(), 0);
7         //将光源位置传入着色器程序
8         GLES20.glUniform3fv(maLightLocationHandle, 1, MatrixState.lightPositionFB);
9         //将摄像机位置传入着色器程序
10        GLES20.glUniform3fv(maCameraHandle, 1, MatrixState.cameraFB);
11        int group_size = this.groups.length;                 //获取组的数量
12        MS3DTriangle triangle = null;                         //获取处理三角形信息对象引用
13        MS3DGroup group = null;                               //当前组信息引用
14        int[] indexs = null;                                  //三角形的索引数组
15        int[] vertexIndexs = null;                            //顶点索引
16        FloatBuffer buffer = null;                            //buffer 缓冲
17        MS3DMaterial material = null;                         //材质
18        for(int i=0; i<group_size; i++){
19             group = this.groups[i];                          //获取当前组信息对象
20             indexs = group.getIndicies();                    //获取组内三角形的索引数组
21             int triangleCount = indexs.length;               //获取组内三角形的数量
22             if(group.getMaterialIndex() > -1){               //有材质（需要贴纹理）
23                  material = this.materials[group.getMaterialIndex()];
24                  this.textureManager.fillTexture(material.getName());
25             GLES20.glVertexAttribPointer(maTexCoorHandle,//将纹理坐标缓冲送入渲染管线
26                  2, GLES20.GL_FLOAT,false, 2*4,this.texCoordingBuffer[i]);
27             GLES20.glEnableVertexAttribArray(maTexCoorHandle);//启用纹理坐标数组
28             }
29             if(isUpdate){//更新顶点缓冲
30                  buffer = this.vertexCoordingBuffer[i];
31                  for(int j=0; j<triangleCount; j++){         //对组内的每个三角形循环
32                       triangle = this.triangles[indexs[j]];//获取当前要处理三角形信息对象
33                       vertexIndexs = triangle.getIndexs();//获取三角形中 3 个顶点的顶点索引
34                       for(int k=0; k<3; k++){               //完成三角形的组装
35                       buffer.put(this.vertexs[vertexIndexs[k]].getCurr
                         Position().getVector3fArray());
36                  }}
37                  buffer.position(0);
38             }
39             GLES20.glVertexAttribPointer(maPositionHandle,//将顶点坐标缓冲送入渲染管线
40                  3, GLES20.GL_FLOAT,false,3*4,this.vertexCoordingBuffer[i]);
41             GLES20.glVertexAttribPointer(maNormalHandle,//将顶点法向量数据传入渲染管线
42                  3,GLES20.GL_FLOAT, false, 3*4, this.normalCoordingBuffer[i]);
43             GLES20.glEnableVertexAttribArray(maPositionHandle);//启用顶点坐标数组
44             GLES20.glEnableVertexAttribArray(maNormalHandle);  //启用顶点法向量数组
45             GLES20.glActiveTexture(GLES20.GL_TEXTURE1);        //绑定纹理
46             GLES20.glBindTexture(GLES20.GL_TEXTURE_2D, texid);
47             GLES20.glUniform1i(BenWl, 1);                      //将明暗采样纹理传入片元着色器
48             //用顶点法进行绘制
49             GLES20.glDrawArrays(GLES20.GL_TRIANGLES, 0, triangleCount * 3);
50    }}
```

● 第 2~10 行是首先指定某套 shader 程序，然后将矩阵复制。本案例中因为给鱼类加上了灯光，所以就需要把总变换矩阵、变换矩阵、摄像机位置、灯光位置传入以进行操作。这样就可以在着色器中根据灯光位置、摄像机位置来给鱼类添加灯光特效。

● 第 18~28 行是对纹理坐标数据的操作，用一轮遍历来遍历获取当前组信息对象、组内三角形的索引数组及组内三角形的数量。并根据一个标志位来判断是否有材质，来断定是否需要纹理贴图，然后将纹理坐标缓冲送入渲染管线，启用纹理坐标数组。

● 第 29~39 行是动态的计算有动画的模型的顶点数据，所以在顶点数据有更新的情况下，根据三角形组装信息（组成三角形的 3 个顶点的索引）重新填充模型顶点坐标数据缓冲，以便绘制出最新姿态的模型，并将顶点坐标缓冲送入渲染管线。

● 第 41~49 行首先将顶点法向量数据送入渲染管线，然后开启顶点坐标数据、顶点法向量数组，并将纹理绑定。因为本案例中鱼类本身有逼真的深水明暗条纹，所以需要将明暗采样纹理传入着色器以进行操作，最后用定点法进行绘制。

（3）接下来介绍的是 MS3DModel 类中省略的用于更新顶点数据的 updateVectexs 方法，以及用于更新指定索引顶点数据 updateVectex 方法，具体代码如下。

✎ **代码位置**：见随书光盘源代码/第 2 章/MyWallPaper/src/com/bn/ms3d/core/目录下的 MS3DModel.java。

```
1    private void updateVectexs(){                              //动画中更新顶点数据的方法
2        int count = this.vertexs.length;                      //获取顶点数量
3        for(int i=0; i<count; i++){                            //更新每个顶点
4            this.updateVectex(i);                             //更新顶点
5        }}
6    private void updateVectex(int index){                     //更新特定顶点的方法
7        MS3DVertex vertex = this.vertexs[index];              //获取顶点信息对象
8        if(vertex.getBone() == -1){                           //若无关节控制
9            vertex.setCurrPosition(vertex.getInitPosition()); //更新顶点数据
10       }
11       else{                                                 //若有关节控制
12           MS3DJoint joint = this.joints[vertex.getBone()];  //获取对应的关节
13           //根据关节的实时变换情况计算出顶点经关节影响后的位置
14           vertex.setCurrPosition(joint.getMatrix().transform(joint.
15           getAbsolute().invTransformAndRotate(vertex.getInitPosition())));
16       }}
```

● 第 1~5 行为更新顶点数据的 updateVectexs 方法，其中对每一个顶点进行遍历，调用 updateVectex 方法更新每一个顶点的数据。

● 第 6~16 行为更新指定索引顶点数据的 updateVectex 方法，其中对有关关节控制的顶点根据关节的实时变换情况计算出定点经关节影响后的位置。

（4）接下来介绍步骤（1）中的用于从指定 ms3d 模型文件的输入流中加载 ms3d 模型的 load 方法。该方法并不复杂，它按照 ms3d 文件数据组织格式依次加载了各部分的数据。读者理解这部分有助于提高对 ms3d 文件的认知。其具体代码如下。

✎ **代码位置**：见随书光盘源代码/第 2 章/MyWallPaper/src/com/bn/ms3d/core/目录下的 MS3DModel.java

```
1    //加载模型的方法
2    public final static MS3DModel load(InputStream is, TextureManager manager,
     MySurfaceView mv){
3        MS3DModel model = null;                               //ms3d 模型对象引用
4        SmallEndianInputStream fis = null;                    //特殊输入流对象引用
5        try{
6            fis = new SmallEndianInputStream(is);             //创建特殊输入流对象
7            model = new MS3DModel(mv);                         //创建 ms3d 模型对象
8            model.textureManager = manager;                   //纹理管理器
9            model.header = MS3DHeader.load(fis);              //加载头信息
10           model.vertexs = MS3DVertex.load(fis);            //加载顶点信息
11           model.triangles = MS3DTriangle.load(fis);        //加载三角形组装信息
12           model.groups = MS3DGroup.load(fis);              //加载组信息
13           model.materials = MS3DMaterial.load(fis, manager); //加载材质信息
```

```
14              model.fps = fis.readFloat();                    //加载帧速率信息
15              model.current_time = fis.readFloat();           //当前时间
16              model.frame_count = fis.readInt();              //关键帧数
17              model.totalTime = model.frame_count / model.fps; //计算动画总时间
18              model.joints = MS3DJoint.load(fis);             //加载关节信息
19              model.initBuffer();                             //初始化缓冲
20          }catch (IOException e){
21              e.printStackTrace();                            //打印异常
22          }
23          finally{
24              if(fis != null){                                //若输入流不为空
25                  try {
26                      fis.close();                            //关闭输入流
27                  }catch (IOException e){                      //异常处理
28                      e.printStackTrace();                    //打印异常信息
29          }}}
30          System.gc();                                        //申请垃圾回收
31          return model;                                       //返回加载的模型对象
32      }
```

● 第 3~4 行首先拿到 ms3d 模型的引用,然后再拿到特殊输入流对象 SmallEndianInputStream 的引用,为后面的模型导入做准备。

● 第 6~32 行是按照 ms3d 文件数据组织格式依次加载了各部分的数据,依次加载的数据为文件头、顶点、三角形组装、组、材质、帧速率、当前播放时间,关键帧数量关节信息,进行异常检查,保证加载的正确性,并返回模型。

> 📝 **说明**　本节中用于从输入流加载 ms3d 模型的 load 方法并不复杂,它按照 ms3d 文件格式依次加载各部分的数据。各部分数据的具体加载并不是在此方法中实现的,而是在各部分数据对应的类中实现的,读者可查看随书光盘中的源代码。另外,此方法中包含的一个输入流类——SmallEndianInputStream,并不复杂,读者可查看随书光盘中的源代码。

2.6　绘制相关类

前面详细介绍了百纳水族馆辅助绘制类的开发过程,下面将对百纳水族馆中的绘制相关类进行详细介绍,主要包括气泡绘制相关类、群鱼绘制相关类、鱼群绘制相关类以及鱼食绘制相关类,从而使读者对百纳水族馆的开发有一个更加深刻地理解。

2.6.1　气泡绘制相关类

真实的水族馆中时常会冒出一些气泡,这样使壁纸显得更加真实,更加具有观赏性。下面将详细介绍绘制气泡相关类,绘制气泡相关类分为气泡控制类 BubbleControl,以及用来控制所有气泡的绘制和单个气泡绘制类 SingleBubble。单个气泡绘制类 SingleBubble 用来对单个气泡进行绘制,开发步骤如下所示。

(1)首先介绍单个气泡绘制类 SingleBubble。在单个气泡绘制类中给出了气泡的初始位置,随机设置了气泡上升的最大高度等。绘制气泡时用到了混合技术,对对象的绘制顺序是有严格要求的,即绘制顺序是由远及近的,所以,在绘制气泡之前要根据气泡的位置进行排序,具体代码如下所示。

✏️ **代码位置:** 见随书光盘源代码/第 2 章/wyf/lxg/bubble/目录下的 SingleBubble.Java。

```
1       package wyf.lxg.bubble;
2       .....//此处省略部分类和包的导入代码,请读者自行查阅随书附带光盘的源代码
3       public class SingleBubble implements Comparable<SingleBubble>{
```

```
4          Bubble bubble;                                    //气泡对象
5          float cuerrentX=0;                                //气泡当前 X 位置
6          float cuerrentY=1;                                //气泡当前 Y 位置
7          float cuerrentZ=0;                                //气泡当前 Z 位置
8          float border;                                     //气泡的最大高度
9          int TexId;                                        //纹理 ID
10         public SingleBubble(MySurfaceView mySurfaceView,int TexId){
11             this.TexId=TexId;
12             bubble=new Bubble(mySurfaceView);             //创建气泡
13             newposition(-1);                              //初始气泡的位置
14         }
15         public void drawSelf(){
16             MatrixState.pushMatrix();                     //保护矩阵
17             MatrixState.translate(cuerrentX, cuerrentY, cuerrentZ); //移动
18             bubble.drawSelf(TexId);                       //绘制气泡
19             MatrixState.popMatrix()                       //恢复矩阵
20         }
21         public void bubbleMove(float x,float y) {
22             this.cuerrentY += Constant.BubbleMoveDistance; //气泡上下移动
23             this.cuerrentX +=(float)(0.01*y);             //气泡左右晃动
24             this.cuerrentZ +=(float)(0.015*y)+0.1;        //越来越大效果
25             if (this.cuerrentY > border) {
26                 newposition(x);                           //重置气泡位置
27         }}
28         public void newposition(float x) {
29             if(x==-1){                                    //第一处气泡的初始位置
30                 cuerrentX = 2.6f;                         //X 位置
31                 cuerrentY = -11.5f;                       //Y 位置
32                 cuerrentZ = -26.5f;                       //Z 位置
33             }else if(x==1){                               //第二处气泡的初始位置
34                 cuerrentX = 5f;                           //X 位置
35                 cuerrentY = -12.5f;                       //Y 位置
36                 cuerrentZ = -25f;                         //Z 位置
37             }else if(x==0){                               //第三处气泡的初始位置
38                 cuerrentX = -5f;                          //X 位置
39                 cuerrentY = -16f;                         //Y 位置
40                 cuerrentZ = -26.2f;                       //Z 位置
41             }
42             border = (float) (2 * Math.random() + 3);     //气泡上升的最大高度
43         }
44         public int compareTo(SingleBubble another){//重写的比较两个气泡与摄像机距离的方法
45             return ((this.cuerrentZ-another.cuerrentZ)==0)?0:((this.cuerrentZ-another.
                   cuerrentZ)>0)?1:-1;
46     }}
```

● 第 1~14 行首先声明相关变量，包括气泡的当前位置、气泡的纹理 ID、气泡的最大高度、气泡对象等，然后在构造器中第一次调用 newposition 方法，初始化百纳水族馆中三处气泡的位置，并且随机设置气泡的上升最大高度。

● 第 15~27 行首先是根据气泡的当前位置绘制气泡，设置气泡的移动速度，并修改气泡的位置，尤其是 Z 位置，Z 位置离摄像机越来越近，气泡会就产生越来越大的效果。判断气泡的位置是否大于气泡的最大高度 border，如果大于 border，则调用 newposition 方法重新设置气泡的位置。

● 第 28~46 行首先根据接收到的 x 值确定气泡出现的位置，其次随机产生气泡上升的最大高度，气泡每次消失后都会重新调用 newposition 方法，然后重写 compareTo 方法根据气泡的位置对气泡列表中的气泡对象进行排序。

（2）上面已经对单个气泡绘制类 SingleBubble 类进行了详细介绍，接下来就应该对所有气泡控制类 BubbleControl 进行介绍。气泡控制类中包括创建单个气泡对象，创建并且启动气泡移动线程，绘制气泡等。具体代码如下所示。

✎ 代码位置：见随书光盘源代码/第 2 章/wyf/lxg/bubble/目录下的 BubbleControl.Java。

```
1      package wyf.lxg.bubble;
2      .....//此处省略部分类和包的导入代码，请读者自行查阅随书附带光盘的源代码
```

```
3      public class BubbleControl {
4        public ArrayList<SingleBubble> BubbleSingle=new ArrayList<SingleBubble>();
         //气泡类的列表
5           int texId;                                         //气泡的纹理 ID
6           MySurfaceView mv;                                  //场景渲染器
7           public BubbleControl(MySurfaceView mv,int texId ) {
8               this.mv=mv;
9               this.texId = texId;                            //获取 ID
10              for (int i = 0; i <Constant.BUBBLE_NUM; i++) {  //创建多个气泡
11                  BubbleSingle.add(new SingleBubble(mv,this.texId));//添加到列表
12              }
13              BubbleThread Bgt = new BubbleThread(this);      //创建气泡移动线程
14              Bgt.start();                                    //启动气泡移动线程
15          }
16          public void drawSelf() {
17              try {
18                  Collections.sort(this.BubbleSingle);        //对气泡排序
19                  for (int i = 0; i < this.BubbleSingle.size();  i++) {
20                      MatrixState.pushMatrix();               //保护矩阵
21                      BubbleSingle.get(i).drawSelf();         //绘制气泡
22                      MatrixState.popMatrix();                //恢复矩阵
23                  }} catch (Exception e) {
24                      e.printStackTrace();                    //打印异常栈信息
25      }}}
```

- 第 1~15 行首先声明包名，创建气泡类列表，声明气泡纹理 ID 和场景渲染器，在构造器中获取纹理 ID，创建多个气泡并且将其添加到气泡列表中，然后创建并且启动气泡移动线程。其中省略部分类和包的导入代码，请读者自行查阅随书附带光盘的源代码。

- 第 16~25 行的主要作用是绘制气泡，因为采用混合技术，所以在绘制气泡之前，要先对气泡列表中的气泡进行排序，之后遍历气泡列表，保护现场，进行气泡绘制，然后恢复现场。

2.6.2　群鱼绘制相关类

群鱼是百纳水族馆的主要元素，下面将详细介绍群鱼绘制相关类。群鱼绘制相关类分为单条鱼绘制类 SingleFish，用来对单条鱼进行绘制；以及群鱼控制类 FishControl，用来控制群鱼里所有鱼的绘制，当然也包括乌龟和珍珠贝的绘制。开发步骤如下所示。

（1）首先进行的是单条鱼绘制类 SingleFish 的开发介绍。在 SingleFish 类中设置了群鱼（包括乌龟）中每个鱼的位置、速度、质量（力的缩放比）、所受到的外力、鱼食对鱼的吸引力、旋转角度等。其中动态修改鱼游动的方法 fishMove 代码较长，将在后面详细介绍。具体代码如下所示。

✏ **代码位置：见随书光盘源代码/第 2 章/wyf/lxg/fish/目录下的 SingleFish.Java。**

```
1      package wyf.lxg.fish;
2      .....//此处省略部分类和包的导入代码，请读者自行查阅随书附带光盘的源代码
3      public class SingleFish {
4      .....//此处省略相关成员变量的声明代码，请读者自行查阅随书附带光盘的源代码
5          public SingleFish(MS3DModel  mx,int texid,
6          Vector3f Position, Vector3f Speed, Vector3f force,Vector3f attractforce, float
           weight) {
7               this.md=mx;                                    //鱼的模型
8               this.texid=texid;                              //鱼的纹理 ID
9               this.position = Position;                      //鱼的位置
10              this.speed = Speed;                            //鱼的速度
11              this.force = force;                            //鱼所受外力
12              this.attractforce = attractforce;             //鱼食对鱼的吸引力
13              this.weight = weight;                          //鱼的质量
14          }
15          public void drawSelf() {
16              MatrixState.pushMatrix();                      //保护矩阵
17              MatrixState.translate(this.position.x,this.position.y,this.position.z);
                //平移
18              MatrixState.rotate(yAngle, 0, 1, 0);           //Y 轴旋转
19              MatrixState.rotate(zAngle, 0, 0, 1);           //Z 轴旋转
```

```
20                if (md != null) {
21                        this.md.animate(time,texid);          //绘制鱼
22                }
23                MatrixState.popMatrix();                      //恢复矩阵
24                        time += 0.050f;                       //更新模型动画时间
25                        if(time > this.md.getTotalTime()) {//若当前播放时间大于总的动画时间
26                        time = time - this.md.getTotalTime();
                        //播放时间等于当前播放时间减去总的动画时间
27                }}
28        public void fishMove() {
29                .....//此处省略动态修改鱼游动的代码，将在后面详细介绍
30        }}
```

● 第1~14行首先声明包名，通过构造器接收传递过来的鱼的纹理ID、鱼的位置、鱼的速度、鱼所受的外力、鱼食对鱼的吸引力等参数信息。其中此处省略了部分类和包的导入代码以及相关成员变量的声明代码，请读者自行查阅随书附带光盘的源代码。

● 第15~30行是鱼类绘制方法，当然也包括乌龟的绘制。绘制之前先保护变换矩阵再将鱼平移到指定位置，并让坐标轴旋转相应的角度，从而使鱼能以一个正确的姿态显示在屏幕上，然后再进行鱼的绘制。其中骨骼动画播放时间若大于总的动画时间，则实际播放时间等于当前播放时间减去总的动画时间。

（2）接下来详细介绍前面省略的fishMove方法，该方法的作用是根据鱼的速度矢量确定出鱼的朝向，然后计算出坐标轴相应的旋转角度；根据鱼所受到的外力和食物吸引力的作用，动态修改鱼的速度。每次计算每条鱼的受力之后，把所受的力置零。具体代码如下所示。

代码位置：见随书光盘源代码/第2章/wyf/lxg/fish/目录下的SingleFish.Java。

```
1    public void fishMove() {
2        float fz = (speed.x * speed.x + speed.y * 0 + speed.z * speed.z);//分子
3        float fm = (float) (Math.sqrt(speed.x * speed.x + speed.y * speed.y//分母
4        + speed.z * speed.z) * Math.sqrt(speed.x * speed.x + speed.z* speed.z));
5        float angle = fz / fm;                                            //cos 值
6        tempZ = (float)(180f / Math.PI) * (float) Math.acos(angle);//绕 Z 轴的旋转角度
7        fz = (speed.x * Constant.initialize.x + speed.z * Constant.initialize.z);//分子
8        fm = (float) (Math.sqrt(Constant.initialize.x * Constant.initialize.x+//分母
9        Constant.initialize.z*Constant.initialize.z)*Math.sqrt(speed.x*speed.x+
         speed.z*speed.z));
10       angle = fz / fm;                                                  //cos 值
11       tempY = (float) (180f / Math.PI) * (float) Math.acos(angle);//绕 Y 轴的旋转角度
12       if (speed.y <= 0) {               //获取夹角，根据 Speed.y 的正负性来确定夹角的正负性
13           zAngle = tempZ;
14       } else {                          //上述计算得出的角度均为正值
15           zAngle = -tempZ;
16       }
17       if (speed.z > 0) {               //获取夹角，根据 Speed.z 的正负性来确定夹角的正负性
18           yAngle = tempY;
19       } else {                          //上述计算得出的角度均为正值
20           yAngle = -tempY;
21       }
22       if (Math.abs(speed.x + force.x) < Constant.MaxSpeed) {
23           speed.x += force.x;              //动态修改鱼 X 方向的速度
24       }
25       if (Math.abs(speed.y + force.y) < Constant.MaxSpeed){
26           speed.y += force.y;              //动态修改鱼 Y 方向的速度
27       }
28       if (Math.abs(speed.z + force.z) < Constant.MaxSpeed) {
29           speed.z += force.z;              //动态修改鱼 Z 方向的速度
30       }
31       if (Math.abs(speed.x + attractforce.x) < Constant.MaxSpeed) {
32           speed.x += attractforce.x;       //动态修改鱼 X 方向的速度
33       }
34       if (Math.abs(speed.y + attractforce.y) < Constant.MaxSpeed) {
35           speed.y += attractforce.y;       //动态修改鱼 Y 方向的速度
36       }
37       if (Math.abs(speed.z + attractforce.z) < Constant.MaxSpeed) {
```

```
38                  speed.z += attractforce.z;        //动态修改鱼 Z 方向的速度
39          }
40          position.plus(speed);                     //改变鱼的位置
41          this.force.x = 0;                         //外力置为零
42          this.force.y = 0;
43          this.force.z = 0;
44          attractforce.x = 0;                       //鱼食对鱼的吸引力置为零
45          attractforce.y = 0;
46          attractforce.z = 0;
47      }
```

- 第 1~21 行为计算坐标轴相应旋转角度的方法。根据鱼的速度矢量确定出鱼的朝向，利用初等函数计算出坐标轴相应的旋转角度。因为计算出来的角度均为正值，所以需要根据 Speed.y 和 Speed.z 的正负性来确定夹角的正负性。

- 第 22~39 行为动态修改鱼速度的方法，鱼可能会受到外力（排斥力）和食物吸引力的作用，力会改变鱼的速度，当鱼的速度超过阈值时，速度不再增加。将鱼的速度矢量和位移矢量相加就会得到鱼的新位移矢量。

- 第 40~47 行为改变鱼的位置，防止鱼穿过地面，然后每次计算每条鱼的受力之后，把所受的力置零。因为每次都要重新计算鱼的受力，因此当鱼不受到力的作用时，鱼的速度就不会再改变，鱼将沿着当前的速度方向游动。

（3）前面已经对单条鱼绘制类 SingleFish 进行了介绍，下面将进行鱼群控制类 FishControl 的开发介绍。在该类中将创建群鱼列表，创建并且启动群鱼的游动线程，然后遍历群鱼列表对除鱼群以外的单条鱼（包括乌龟）进行绘制。具体代码如下所示。

✐ 代码位置：见随书光盘源代码/第 2 章/wyf/lxg/fish/目录下的 FishControl.Java。

```
1      package wyf.lxg.fish;
2      ......//此处省略部分类和包的导入代码，请读者自行查阅随书附带光盘的源代码
3      public class FishControl {
4          public ArrayList<SingleFish> fishAl;        //群鱼列表
5          FishGoThread fgt;                           //鱼 Go 线程
6          public MySurfaceView My;                    //渲染器
7          public FishControl(ArrayList<SingleFish> fishAl,MySurfaceView my){
8              this.fishAl = fishAl;                   //群鱼列表
9              this.My=my;
10             fgt= new FishGoThread(this);            //创建鱼移动线程对象
11             fgt.start();                            //启动鱼的移动线程
12         }
13         public void drawSelf(){
14             try {
15              for(int i=0;i<this.fishAl.size();i++){  //循环绘制每一条鱼
16                 MatrixState.pushMatrix();            //保护矩阵
17                 fishAl.get(i).drawSelf();            //绘制鱼
18                 MatrixState.popMatrix();             //恢复矩阵
19             }}catch (Exception e) {
20                 e.printStackTrace();                 //打印异常栈信息
21     }}}
```

- 第 1~12 行为声明群鱼列表、鱼游动线程以及场景渲染器等相关变量，通过构造方法接收群鱼列表，创建鱼游动线程对象并且启动鱼的游动线程。此处省略部分类和包的导入代码，请读者自行查阅随书附带光盘的源代码。

- 第 13~21 行为绘制鱼的方法。首先保护变换矩阵，其次遍历群鱼列表，循环绘制除鱼群以外的单条鱼以及乌龟，最后恢复变换矩阵，进行异常处理。

2.6.3　鱼群绘制相关类

前面已经详细介绍了群鱼的绘制相关类，下面将对鱼群绘制相关类的开发进行详细介绍。鱼群绘制相关类分为单条鱼绘制类 SingleFishSchool，用来对鱼群中单条鱼进行绘制；以及鱼群控制

类 FishSchoolControl，用来控制鱼群里所有鱼的绘制。开发步骤如下所示。

（1）首先对鱼群中单个鱼的绘制类 SingleFishSchool 的开发进行详细的介绍。在单个鱼绘制类中设置鱼的位置，鱼的速度，鱼的质量，鱼受到的外力，鱼受到的向心力（第一条鱼不受到向心力作用）以及鱼的旋转角度，具体代码如下所示。

✎ **代码位置：见随书光盘源代码/第 2 章/wyf/lxg/fishschool/目录下的 SingleFishSchool.Java。**

```
1    package wyf.lxg.fishschool;
2    .....//此处省略部分类和包的导入代码，请读者自行查阅随书附带光盘的源代码
3    public class SingleFishSchool {
4    .....//此处省略相关成员变量的声明代码，请读者自行查阅随书附带光盘的源代码
5        public SingleFishSchool(MS3DModel md,int texid,Vector3f Position,
6        Vector3f Speed, Vector3f force,Vector3f ConstantForce, float weight) {
7                    this.texid=texid;                //鱼的纹理 ID
8                    this.position = Position;        //鱼的位置
9                    this.speed = Speed;              //鱼的速度
10                   this.force = force;             //鱼所受到的外力
11                   this.weight = weight;           //鱼的质量
12                   this.mt=md;                     //鱼的模型
13                   this.ConstantPosition.x = Position.x; //X 位移
14                   this.ConstantPosition.y = Position.y; //Y 位移
15                   this.ConstantPosition.z = Position.z; //Z 位移
16                   this.ConstantForce = ConstantForce;   //鱼受到的向心力
17        }
18       public void drawSelf() {
19                   MatrixState.pushMatrix();          //保护矩阵
20                   MatrixState.translate(this.position.x, this.position.y, this.
                     position.z);
21                   MatrixState.rotate(yAngle, 0, 1, 0); //绕 Y 轴旋转相应角度
22                   MatrixState.rotate(zAngle, 0, 0, 1); //绕 Z 轴旋转相应角度
23                   if (mt != null) {
24                       this.mt.animate(time,texid);     //播放动画，绘制鱼
25                   }
26                   MatrixState.popMatrix();             //恢复矩阵
27                   .....//此处省略动画更新时间的代码，请读者自行查阅随书附带光盘的源代码
28       }
29       public void fishschoolMove() {  //根据鱼类的位置以及速度来计算鱼的下一个位置
30            if (speed.x == 0 && speed.z == 0 && speed.y > 0){   //Y 轴速度大于 0
31                tempZ = -90;
32                tempY = 0;
33            } else if (speed.x == 0 && speed.z == 0 && speed.y < 0){//Y 轴速度小于 0
34                tempZ = 90;
35                tempY = 0;
36            } else if (speed.x == 0 && speed.z == 0 && speed.y == 0){//Y 轴速度等于 0
37                tempZ = 90;
38                tempY = 0;
39            } else {
40       .....//此处与前面的 fishMove 方法相似，故省略，请读者自行查阅随书附带光盘的源代码
41    }}
```

● 第 1~17 行通过构造器接收鱼的纹理 ID，鱼的初始位置，鱼的初始速度，鱼所受到的外力，鱼受到的向心力等。此处省略了部分类和包的导入代码以及相关成员变量的声明代码，请读者自行查阅随书附带光盘的源代码。

● 第 18~41 行为鱼的绘制方法以及修改鱼速度的方法。首先平移到指定的位置，绕 Y 轴、Z 轴旋转相应的角度，从而使鱼能以一个正确的姿态显示在屏幕上，其次进行鱼的绘制。然后根据鱼类的位置以及速度来计算鱼的下一个位置。

> ✏ **说明**　第 40 行省略的代码与群鱼绘制时单条鱼绘制类中的 fishMove 方法相似，请读者自行查阅随书附带光盘的源代码。但是鱼群中第一条鱼是不会受到向心力的作用的，且只有其他鱼超出阈值之后才会受到向心力的作用。

（2）前面已经完成了对鱼群中单个鱼的绘制类 SingleFishSchool 的详细介绍，接下来进行鱼群控制类 FishSchoolControl 的开发介绍。在鱼群控制类中创建了鱼群列表，并将单条鱼对象以及单条鱼的相关信息添加进鱼群列表，同时创建了鱼群游动线程并启动。具体代码如下所示。

代码位置：见随书光盘源代码/第 2 章/wyf/lxg/fishschool/目录下的 FishSchoolControl.Java。

```
1    package wyf.lxg.fishschool;
2    ......//此处省略部分类和包的导入代码，请读者自行查阅随书附带光盘的源代码
3    public class FishSchoolControl {
4    ......//此处省略相关成员变量的声明代码，请读者自行查阅随书附带光盘的源代码
5        public FishSchoolControl(MS3DModel md,int texid,
6            MySurfaceView tr,Vector3f weizhi,Vector3f sudu,float weight) {
7            this.Tr = tr;                              //场景渲染器
8            this.texid=texid;                          //纹理 ID
9            if(sudu.x>0){                              //根据第一条鱼的速度
10               x=sudu.x-0.01f;                        //计算鱼的 X、Z 方向速度
11           }else{
12               x=sudu.x+0.01f;                        //计算鱼的 X、Z 方向速度
13           }
14           fishSchool.add(new SingleFishSchool(md,this.texid,        //第一条鱼
15               weizhi, sudu,new Vector3f(0, 0, 0), new Vector3f(0, 0, 0), weight));
16           fishSchool.add(new SingleFishSchool(md,this.texid,        //第二条鱼
17               new Vector3f(weizhi.x, weizhi.y, -Constant.Radius), new Vector3f(x,
18               0.00f, x), new Vector3f(0, 0, 0), new Vector3f(0,0, 0), weight));
                 //方向吸引力重力
19           fishSchool.add(new SingleFishSchool(md,this.texid,        //第三条鱼
20               new Vector3f(Constant.Radius, weizhi.y, weizhi.z), new Vector3f(x,
21               0.00f, x), new Vector3f(0, 0, 0), new Vector3f(0,0, 0), weight));
22           fishSchool.add(new SingleFishSchool(md,this.texid,        //第四条鱼
23               new Vector3f(weizhi.x, weizhi.y, Constant.Radius), new Vector3f(x,
24               0.00f, x), new Vector3f(0, 0, 0), new Vector3f(0,0, 0), weight));
25           Thread = new FishschoolThread(this);   //创建鱼群游动线程
26           hread.start();                          //启动鱼群游动线程
27       }
28       public void drawSelf() {
29           try {
30            for (int i = 0; i < this.fishSchool.size(); i++){
31               MatrixState.pushMatrix();             //保护矩阵
32               fishSchool.get(i).drawSelf();          //绘制鱼群
33               MatrixState.popMatrix();               //恢复矩阵
34           }} catch (Exception e){
35               e.printStackTrace();                   //打印异常栈信息
36   }}}
```

- 第 1~13 行通过构造器接收鱼类的纹理 ID、场景渲染器，并且同过接收到的第一条鱼的速度计算出其余 3 条鱼的 X 方向和 Z 方向速度。此处省略部分类和包的导入代码以及相关成员变量的声明代码，请读者自行查阅随书附带光盘的源代码。

- 第 14~27 行向鱼群列表中添加鱼对象，同时创建并启动鱼群游动线程。鱼群列表里的第一条鱼不受其他任何鱼的作用力，只受到墙壁的作用力，并且鱼群里面的鱼（不包括第一条鱼）在特定的条件下受到从该鱼本身指向某个位置的向心力作用。

- 第 28~36 行为绘制鱼群的方法。首先循环遍历 fishSchool 列表，绘制鱼群里面的鱼。在绘制之前要先保护变换矩阵，然后再进行鱼群的绘制，最后恢复变换矩阵。

2.6.4　鱼食绘制相关类

本小节详细介绍鱼食绘制相关类。在百纳水族馆中可以对游动的鱼进行喂食，点击地面，鱼食就会下落。并且点击地面远点时食物会相对小一些，点击地面近点时食物会相对大一些，从而产生近大远小的效果。其中鱼食的绘制相关类包括鱼食绘制类 SingleFood，用来绘制鱼食；以及鱼食控制类 FeedFish，用来控制鱼食的绘制以及鱼食的下落速度等。开发步骤如下所示。

（1）首先介绍单个鱼食的绘制类 SingleFood 的开发。SingleFood 类具体包括实例化食物移动线程和食物吸引力线程，动态改变食物的 Y 位置和 X 位置，并且启动食物移动线程和食物吸引力线程，然后进行食物的绘制等。具体代码如下所示。

代码位置：见随书光盘源代码/第 2 章/wyf/lxg/fishfood/目录下的 SingleFood.Java。

```
1    package wyf.lxg.fishfood;
2    .....//此处省略部分类和包的导入代码，请读者自行查阅随书附带光盘的源代码
3    public class SingleFood {
4        public FoodThread Ft;                                    //食物移动线程
5        public AttractThread At;                                 //吸引力线程
6        public MySurfaceView mv;                                 //场景渲染器
7        public float Ypositon =Constant.FoodPositionMax_Y;       //获取 Ypositon
8        LoadedObjectVertexNormalTexture fishFoods;               //创建鱼食对象
9        int texld;                                               //纹理 ID
10       public SingleFood(int texld,LoadedObjectVertexNormalTexture fishfoods,
         MySurfaceView mv){
11           this.texld=texld;                                    //获取纹理 ID
12           this.mv = mv;
13           fishFoods = fishfoods;                               //实例化食物
14           Ft = new FoodThread(this);                           //实例化食物移动线程
15           At = new AttractThread(this);                        //实例化吸引力线程
16       }
17       public void StartFeed(){
18           Ft.start();                                          //启动鱼食移动线程
19           At.start();                                          //启动吸引力线程
20       }
21       public void drawSelf() {
22           MatrixState.pushMatrix();                            //保护矩阵
23           MatrixState.translate(mv.Xposition,this.Ypositon,mv.Zposition);//平移
24           fishFoods.drawSelf(texld);                           //绘制鱼食
25           MatrixState.popMatrix();                             //恢复矩阵
26    }}
```

- 第 1~16 行主要获取鱼食的 Ypositon，创建鱼食对象，声明食物移动线程和吸引力线程，同时通过构造器实例化食物移动线程和吸引力线程。此处省略部分类和包的导入代码，请读者自行查阅随书附带光盘的源代码。

- 第 17~26 行首先是 StartFeed 方法，用来启动鱼食移动线程和吸引力线程。然后是 drawSelf 方法，进行鱼食的绘制，先平移到指定的位置，从而使鱼食能以一个正确的姿态显示在屏幕上，再进行鱼食的绘制。

（2）下面将对鱼食控制类 FeedFish 进行详细的介绍，具体包括设置鱼食的初始位置，根据地面的高度算出 t 值，根据 t 计算出拾取射线与近平面和远平面的交点坐标，更改鱼食移动线程和吸引力线程的标志位等，具体代码如下所示。

代码位置：见随书光盘源代码/第 2 章/wyf/lxg/fishfood/目录下的 FeedFish.Java。

```
1    package wyf.lxg.fishfood;
2    .....//此处省略部分类和包的导入代码，请读者自行查阅随书附带光盘的源代码
3    public class FeedFish {
4        MySurfaceView Tr;                                        //场景渲染器
5        boolean start;                                           //启动移动食物线程标志位
6        public FeedFish(MySurfaceView tr) {
7            start = true;                                        //启动移动食物线程
8            this.Tr = tr;
9        }
10       public void startFeed(Vector3f Start,Vector3f End) {
11           Vector3f dv=End.cutPc(Start);                       //喂食的位置
12           float t=(Constant.Y_HEIGHT -Start.y)/dv.y;          //根据地面的高度算出 t 值
13           float xd=Start.x+t*dv.x;                             //根据 t 计算出交点的 X 坐标值
14           float zd=Start.z+t*dv.z;                             //根据 t 计算出交点的 Z 坐标值
15           if(zd<=Constant.ZTouch_Min ||zd>Constant.ZTouch_Max){
16               Constant.isFeed=true;                            //超出一定范围鱼食的大小不改变
17               return;                                          //并且位置不改变，食物不重置
```

```
18              }
19              Tr.Xposition = xd;                        //食物的位置
20              Tr.Zposition = zd;
21              Tr.Fooddraw = true;                       //绘制食物的标志位
22              Tr.singlefood.Ft.Fresit = true;           //把重置Yposition的标志位变为true
23              Tr.singlefood.At.Go = true;               //将吸引力线程标志位设为true
24              Tr.singlefood.Ft.Go = true;               //将喂食线程标志位设为true
25              if (start) {                              //调用此方法开始移动食物的方法
26                  Tr.singlefood.StartFeed();            //开始喂食
27                  start = false;                        //标志位设为false
28      }}}
```

- 第 1~14 行为计算屏幕触控点的位置的算法。首先声明启动食物移动线程的标志位，再根据地面的高度算出 t 值，然后根据 t 计算出近平面和远平面与地面的交点的 X、Z 坐标值（根据 3 点共线求出与地面平面的交点）。

- 第 15~27 行先判断点击位置是否在规定范围内，如果在规定范围内则将计算的位置赋给 Xposition 和 Zposition，并把食物移动线程和吸引力线程的标志位设为 true。如果是第一次点击地面喂食还会调用 SingleFood 中的 StartFeed 方法，开启线程，开始喂食，再次点击的时候此方法不会被调用，只是不断地修改线程标志位。

2.7 线程相关类

上一节已为读者详细介绍了绘制相关类，在读者进一步了解本案例的基础上，在这一节将对线程相关类的开发进行详细的介绍。前面已经完成了对水族馆背景及水族馆中的鱼、鱼群、鱼食和气泡的绘制开发，只绘制出模型是不够的，还需要让它们动起来，从而产生更加真实的效果。

该壁纸开发中开启了多个线程，使得本案例中的场景更加活灵活现，更加逼真。线程相关类主要包括气泡移动线程类、群鱼游动线程类、鱼群游动线程类、鱼食移动线程类和吸引力线程类，下面将对线程相关类的开发进行详细的介绍。

2.7.1 气泡移动线程类——BubbleThread

前面已经完成了对 3D 水族馆中气泡的开发，但只开发出一个模型是远远不够的，这就需要让气泡移动起来，并可以让多处位置连续不断地冒出气泡来，这样场景才会更加逼真。这就是本类的作用，本类开启了一个线程定时移动气泡，并在不同位置冒出。其具体代码如下。

代码位置：见随书光盘源代码/第 2 章/MyWallPaper/src/wyf/lxg/bubble/目录下的 BubbleThread.java。

```
1   package wyf.lxg.bubble;                              //声明包名
2   ......//此处省略部分类和包的引入代码，读者可自行查阅随书光盘中的源代码
3   public class BubbleThread extends Thread {
4       float x;                                         //气泡左右移动标志位
5       float y;                                         //气泡位置标志位
6       boolean flag = true;                             //标志位
7       BubbleControl Bcl;                               //气泡的控制类
8       public BubbleThread(BubbleControl Bcl){          //构造方法
9           this.Bcl=Bcl;                                //获取气泡控制类对象
10      }
11      public void run(){
12          while (flag) {                               // 循环定时移动气泡
13            try {
14              for(int i=0;i<Bcl.BubbleSingle.size();i++){   //遍历气泡列表
15                if((i+3)%3==0){                        //将气泡的总数量，切分为 3 份
16                  if((((i+3)/3)%2==0){                 //进行奇偶判断，为气泡的 x、z 轴方向偏移做准备
17                    y=1;                               //偶数位气泡标志位
18                  }else{
19                    y=-1;                              //奇数位气泡标志位
20                  }
```

```
21                    x=1;                                    //第一处气泡位置队列
22                }
23        ......//该处省略了与第一个 if 语句中相似的两个 if 语句，读者可自行查阅随书光盘中的源代码
24                Bcl.BubbleSingle.get(i).bubbleMove(x,y);     //执行气泡移动方法
25            }} catch (Exception e) {                         //进行异常处理
26                e.printStackTrace();                         //打印异常
27            }
28            try {
29                Thread.sleep(10);                            //线程休眠 10ms
30            } catch (Exception e) {                          //异常处理
31                e.printStackTrace();                         //打印异常
32    }}}}
```

● 第 1~10 行为声明相关成员变量，通过构造器，获取 BubbleControl 的引用，为后面线程中调用 BubbleControl 类中的 bubbleMove 方法做准备。其中省略了部分类和包的引入代码，请读者自行查阅随书光盘中的源代码

● 第 11~32 行为该类中气泡移动线程方法，在该方法中遍历气泡列表 BubbleSingle。为了能够在场景中出现 3 处气泡，所以将气泡队列切分成 3 队，并根据每个队列中气泡的奇偶性来给出 y 的值，以作为气泡 x、z 轴移动的扰动变量，并调用气泡移动方法 bubbleMove，然后休眠 10ms。

2.7.2　群鱼游动线程类——FishGoThread

上小节介绍了气泡移动的线程 BubbleThread，本小节将为读者介绍群鱼游动的线程。在线程中有关于群鱼之间的受力算法，以防止两条鱼互穿；还有关于群鱼碰到鱼群的受力变化，以及群鱼和墙壁碰撞时群鱼的受力如何变化。其具体代码如下所示。

✎ **代码位置：** 见随书光盘源代码/第 2 章/MyWallPaper/src/wyf/lxg/fish/目录下的 FishGoThread.java。

```
1     package wyf.lxg.fish;                                   //声明包名
2     ......//此处省略部分类和包的引入代码，读者可自行查阅随书光盘中的源代码
3     public class FishGoThread extends Thread {
4     ......//该处省略了部分变量与构造方法代码，读者可自行查阅随书光盘中的源代码
5         public void run() {                                 //定时运动所有群鱼的线程
6             while (flag) {                                  //循环定时移动鱼类
7                 try {                                       //动态地修改鱼受到的力的大小
8                     for (int i = 0; i < fishControl.fishAl.size(); i++) {
                        //计算鱼群对该鱼产生力的大小
9                         Vector3f Vwall = null;
10                        inside: for (int j=0; j < fishControl.fishAl.size();j++){
11                            Vector3f V3 = null;
12                            if (i == j) { continue inside;}//自己不能对自己产生力
13                            V3 = fishControl.fishAl.get(i).position.cut(
                              //向量减法得到力改变方向
14                            fishControl.fishAl.get(j).position,Constant.
                              MinDistances);
15                            V3.getforce(fishControl.fishAl.get(i).weight);
                              //力与质量的比
16                            fishControl.fishAl.get(i).force.plus(V3);
                              //两条鱼之间的力
17                        }
18                        if (fishControl.My.fishSchool != null&& fishControl.My.
                          fishSchool.fishSchool
19                        .size() != 0) {
20                            Vector3f V4 = fishControl.fishAl.get(i).position.
                              cut(//力的方向
21                            fishControl.My.fishSchool.fishSchool.get(0).
                              position, Constant.MinDistances);
22                            V4.getforce(fishControl.fishAl.get(i).weight);
23                            fishControl.fishAl.get(i).force.plus(V4);
                              //两条鱼之间的力
24                        }
25                        Vwall = new Vector3f(0, 0, 0);
26                        if (fishControl.fishAl.get(i).position.x <= -8.5f) {
                          //判断鱼和左墙壁的碰撞
```

```
27                                    Vwall.x = 0.0013215f;         //撞上之后产生力的作用
28                                }
29                                if (fishControl.fishAl.get(i).position.x > 4.5f) {
                                  //判断鱼和右墙壁的碰撞
30                                    Vwall.x = -0.0013212f;        //撞上之后产生力的作用
31                                }
32                                if (fishControl.fishAl.get(i).position.y >= 4f) {
                                  //判断鱼和上墙壁的碰撞
33                                    Vwall.y = -0.0013213f;        //撞上之后产生力的作用
34                                }
35                                if (fishControl.fishAl.get(i).position.y <= -3) {
                                  //判断鱼和下墙壁的碰撞
36                                    Vwall.y = 0.002214f;          //撞上之后产生力的作用
37                                if(fishControl.fishAl.get(i).position.y <= -4){
                                  //鱼和下墙壁太近
38                                    Vwall.y =0.006428f;           //鱼所受到反向力加倍
39                                }}
40                                if (fishControl.fishAl.get(i).position.z < -20f) {
                                  //判断鱼和后墙壁的碰撞
41                                    Vwall.z = 0.0014214f;         //撞上之后产生力的作用
42                                }
43                                if (fishControl.fishAl.get(i).position.z > 2) {
                                  //判断鱼和前墙壁的碰撞
44                                    Vwall.z = -0.002213f;         //撞上之后产生力的作用
45                                }
46                                Vwall.y -= 0.000009;
47                                fishControl.fishAl.get(i).force.plus(Vwall);//二力相加
48                            }
49                            for (int i = 0; i < fishControl.fishAl.size(); i++) {
                              //定时修改鱼的速度和位移
50                                fishControl.fishAl.get(i).fishMove();//调用鱼游动方法的作用
51                        }}
52                  ......//该处省略了异常处理与线程休眠代码，读者可自行查阅随书光盘中的源代码
53          }}}
```

● 第 3~24 行首先遍历鱼群、群鱼列表，并计算单条鱼所受到的其他鱼的力和鱼群对该鱼的力。当鱼与其他单条鱼或群鱼之间的距离小于阈值后会产生力的作用，这样计算群鱼中的鱼一直游动，并不会与鱼群发生碰撞。

● 第 25~47 行是对碰壁检测处理的代码，这里计算了鱼与上、下、左、右、前、后墙壁的检测，然后判断鱼某个方向的位置是否超过了墙壁的范围，如果超过，则墙壁给一个相反方向的力，然后将鱼所受到的力与墙壁给鱼的力相加求出鱼所受到的合力。

● 第 49~50 行遍历所有鱼的速度与位移。遍历所有群鱼中的鱼，调用 fishMove 方法使之动态地修改鱼的速度与位移，并让线程睡眠后刷新群鱼，这样，群鱼在场景中就会一直的由来游去，非常酷炫。

2.7.3　鱼群游动线程类——FishSchoolThread

上一小节为读者介绍了群鱼游动的线程类，本小节将着重介绍鱼群游动的线程类——FishSchoolThread，其中计算了鱼群与群鱼之间的受力，使之不会碰撞，还计算了鱼群中鱼受到从该位置指向相对位置的力，以及鱼群与墙壁碰撞时的受力情况。

（1）首先给出了 FishSchoolThread 类的整体框架。鱼群中单条鱼受到的向心力以及群鱼碰壁检测等其他算法代码过多，将在后面详细介绍。接下来详细介绍鱼群之间的受力算法，主要是群鱼对鱼群的作用力情况等。具体代码如下所示。

✎ 代码位置：见随书光盘源代码/第 2 章/MyWallPaper/src/wyf/lxg/fishschool/目录下的 FishSchoolThread.java。

```
1        package wyf.lxg.fishschool;                                  //声明包名
2        ......//此处省略部分类和包的引入代码，读者可自行查阅随书光盘中的源代码
3        public class FishschoolThread extends Thread {
```

```
4      boolean flag = true;                                       //线程标志位
5      FishSchoolControl fishschools;                             //鱼群控制类对象
6      float Length;                                              //两条鱼之间的距离
7      public FishschoolThread(FishSchoolControl fishschools) {
8          this.fishschools = fishschools;
9      }
10     public void run() {
11         while (flag) {                                         //循环定时移动鱼类
12             try {
13                 //群鱼对鱼群里面的鱼的作用力
14                 outside: for (int i = 1; i < fishschools.fishSchool.size(); i++) {
15                     for (int j = 0;j < fishschools.Tr.fishControl.fishAl.size(); j++) {
16                         if (Length > Constant.SMinDistaces-0.5) {continue outside; }
                           //判定范围
17                         Vector3f V3 = null;
18                         V3=.cut(fishschools.Tr.fishControl.fishAl
19                             .get(j).position,Constant.SMinDistaces);//获取力的方向
20                         V3.getforce(Constant.WeightScals);           //力的缩放比
21                         fishschools.fishSchool.get(i).force.plus(V3);//两条鱼之间的力
22                     }}
23                 Vector3f Vwall = null;
24                 float Cx = fishschools.fishSchool.get(0).position.x;
                   //第零条鱼的位置
25                 float Cy = fishschools.fishSchool.get(0).position.y;
26                 float Cz = fishschools.fishSchool.get(0).position.z;
27                 int j=1;                                          //鱼群里面 3 条能动的鱼
28                 for(int i=-90;i<=90.;i=i+90){
29                     fishschools.fishSchool.get(j).ConstantPosition.x=(float)
30                         (Cx+Constant.Radius*Math.cos(i));
31                     fishschools.fishSchool.get(j).ConstantPosition.y = Cy;
32                     fishschools.fishSchool.get(j).ConstantPosition.z=(float)
33                         (Cz+Constant.Radius*Math.sin(i));
34                     j++;
35                 }
36                 ......//该处省略了群鱼需要指向初始位置的力的算法代码,将在下面介绍
37                 ......//该处省略群鱼碰壁检测算法代码,将在下面介绍
38                 for (int i = 0; i < fishschools.fishSchool.size(); i++) {
39                     fishschools.fishSchool.get(i).fishschoolMove();
40             }} catch (Exception e) {                             //异常处理
41                 e.printStackTrace();                             //打印异常
42             }try {
43                 Thread.sleep(50);                                //线程休眠
44             } catch (Exception e) {                             //异常处理
45                 e.printStackTrace();                             //打印异常
46 }}}}
```

● 第 4~9 行是本类中一些变量的声明还有构造器的初始化。将线程是否开始的标志位设置为 true,并获得鱼群控制类对象 FishSchoolControl,为下面的算法调用控制类对象中的方法,以及声明两条鱼之间的距离。

● 第 14~35 行当鱼群中的某条鱼与鱼群中的距离小于阈值后便对该鱼产生作用力。第一条鱼只受墙壁的力。鱼群中其他 3 条鱼互相没有力的作用,也没有第一条鱼的力。它们受到从该位置指向相对位置(以鱼群中第一条鱼的位置为中心,以定半径确定的球面上的一个点)的力,并受群鱼的力。

● 第 36~45 行为修改鱼群里面所有鱼的速度和位移。调用每条鱼的 fishschoolMove 方法定时修改鱼群里面鱼的速度和位移。进行异常处理,如果出现异常,则打印出异常。并让线程睡眠 50ms 后重新刷新鱼群。

(2)上面详细介绍了鱼群碰见群鱼之间的受力算法与鱼群中鱼的受力情况算法。下面将为读者详细介绍(1)中省略的鱼离开鱼群的受到恒力的算法,以及鱼群和墙壁碰撞时的鱼群受力变化的算法。这样鱼群一直是鱼群,不会被冲散。其具体代码如下所示。

代码位置：见随书光盘源代码/第 2 章/MyWallPaper/src/wyf/lxg/fishschool/目录下的
FishSchoolThread.java。

```
1    // 每条鱼受到从当前位置指向应该所在位置(Home)的力(恒力作用)
2    for (int i = 1; i < fishschools.fishSchool.size(); i++){        //遍历鱼类列表
3        Vector3f VL = null;                                          //计算恒力的中间变量
4        VL = fishschools.fishSchool.get(i).ConstantPosition
5            .cutGetforce(fishschools.fishSchool.get(i).position);
6        //得到从 Position 到 ConstantPosition 的的向量长度
7        Length = VL.Vectormodule();                                  //计算中间距离
8        if ((Length) >= Constant.SMinDistaces){
9            VL.getforce(Constant.ConstantForceScals / 8f);           //距离远，恒力增加
10           }else if (Length<= 0.3){                                 //距离<阈值不产生力
11               VL.x = VL.y = VL.z = 0;
12           } else{
13               VL.getforce(Constant.ConstantForceScals);
14           }
15       float MediaLength = fishschools.fishSchool.get(i).force.Vectormodule();
16       if (Math.abs(MediaLength) == 0) {
17           // 把计算得到的恒力赋给恒力 ConstantForce.
18           fishschools.fishSchool.get(i).ConstantForce.x = VL.x;     //x 方向
19           fishschools.fishSchool.get(i).ConstantForce.y = VL.y;     //y 方向
20           fishschools.fishSchool.get(i).ConstantForce.z = VL.z;     //z 方向
21       } else {
22           // 把计算得到的恒力赋给恒力 ConstantForce.
23           fishschools.fishSchool.get(i).ConstantForce.x = 0;
24           fishschools.fishSchool.get(i).ConstantForce.y = 0;
25           fishschools.fishSchool.get(i).ConstantForce.z = 0;
26   }}
27   //判断鱼和墙壁的碰撞
28   Vwall = new Vector3f(0, 0, 0);
29   if (fishschools.fishSchool.get(0).position.x <= -8.5f){Vwall.x = 0.0013215f;}
     //鱼与左墙壁的碰撞
30   if (fishschools.fishSchool.get(0).position.x >4.5f){ Vwall.x = -0.0013212f;}
     //鱼与右墙壁的碰撞
31   if (fishschools.fishSchool.get(0).position.y >= 7){ Vwall.y = -0.0013213f;}
     //鱼与上墙壁的碰撞
32   if (fishschools.fishSchool.get(0).position.y <= -5f) { Vwall.y = 0.002214f;}
     //鱼与下墙壁的碰撞
33   if (fishschools.fishSchool.get(0).position.z < -15) { Vwall.z = 0.0014214f;}
     //鱼与后墙壁的碰撞
34   if (fishschools.fishSchool.get(0).position.z > 3) { Vwall.z = -0.002213f; }
     //鱼与前墙壁的碰撞
35   fishschools.fishSchool.get(0).force.plus(Vwall);
```

● 第 1~26 行给离开鱼群的鱼赋予一个恒力。一旦这条鱼相对脱离了鱼群之后就会受到一个恒力使这条鱼游回鱼群，该条鱼游的距离鱼群越远这个恒力就会越大，从而使鱼群里面的鱼能够快速地回到鱼群，使鱼群一直是鱼群，不会被冲散。

● 第 27~35 行是鱼群里面第一条鱼与水族馆中的上墙壁、下墙壁、左墙壁、右墙壁、前墙壁及后墙壁的碰撞检测，碰撞时墙壁会对鱼群里面的第一条鱼产生力的作用，这样鱼群就会一直在鱼缸中游来游去。

2.7.4 鱼食移动线程类——FoodThread

上一小节详细介绍了对鱼群的移动线程控制类，读者已经了解了鱼群的移动方法。本小节将为读者详细介绍鱼食的移动线程类 FoodThread，本小节中将着重为读者介绍鱼食的移动方法，以及对鱼食标志位的设置等，具体代码如下。

代码位置：见随书光盘源代码/第 2 章/MyWallPaper/src/wyf/lxg/fishfood/目录下的 FoodThread.java。

```
1    package wyf.lxg.fishfood;                                        //声明包名
2    ......//此处省略部分类和包的引入代码，读者可自行查阅随书光盘中的源代码
3    public class FoodThread extends Thread {                         //定时运动食物的线程
4        public boolean flag1 = true;                                 //线程的标志位
```

```
5        public boolean Fresit=true;                      //食物 y 是否重置的标志位
6        boolean FxMove=true;                             //移动 x 方向的标志位
7        public boolean Go=false;                         //线程里面的算法是否走标志位
8        public  SingleFood SingleF;                      //SingleFood 对象的引用
9        public FoodThread(SingleFood singleF){
10           this.SingleF=singleF;                        //实例化 SingleFood 对象
11       }
12       public void run(){
13           while (flag1) {
14               try {
15                   if(Go){                               //如果标志位为 true
16                     if(FxMove){                         //食物晃动的标志位
17                       SingleF.mv.Xposition+=Constant.FoodMove_X;
18                        FxMove=!FxMove;                  //标志位置反
19                       }else{
20                       SingleF.mv.Xposition-=Constant.FoodMove_X;
21                       FxMove=!FxMove;                   //标志位置反
22                       }
23                       SingleF.Ypositon-=Constant.FoodSpeed;    //定时的修改 Y 坐标
24                   }}
25               catch (Exception e) {                     //异常处理
26                   e.printStackTrace();                  //打印异常
27               }try {
28                   Thread.sleep(100);                    //线程休眠
29               } catch (Exception e) {
30                   e.printStackTrace();                  //打印异常
31   }}}}
```

● 第 4~11 行是本类中一些标志位的初始化与本类中的构造。其中一些标志位的初始化有助于读者更加容易地理解本类中的逻辑关系，其构造器是拿到 SingleFood 类的引用，为后面调用其中鱼食的坐标做准备。

● 第 12~31 行是本类中鱼食移动的线程方法，本案例中的鱼食从上到下匀速运动，并且每次计算失误 y 轴所在的位置之前，会通过增加或减少食物的 x、z 坐标来使食物产生轻微的晃动效果，从而增加食物的真实感，让线程休眠 100ms 后刷新鱼食。

2.7.5　吸引力线程类——AttractThread

上一小节中介绍了食物的移动线程。本小节着重介绍鱼食对群鱼的吸引力线程类 AttractThread，本案例中群鱼是可以看到鱼食的，但是鱼群看不到鱼食，所以鱼群不会受到食物吸引力的影响。本节将详细介绍这是如何操作的。

（1）下面将为读者重点介绍本类中鱼食对群鱼的吸引力的算法，并定时对每条鱼的吸引力进行刷新。每当鱼食落下的时候，如果某条鱼看到了鱼食，这条鱼就会朝鱼食游去，将鱼食吃掉，这样使百纳水族馆壁纸更加地真实逼真。具体代码如下。

📎 **代码位置：见随书光盘源代码/第 2 章/MyWallPaper/src/wyf/lxg/fishfood/目录下的 AttractThread.java。**

```
1    package wyf.lxg.fishfood;                            //声明包名
2    ......//此处省略部分类和包的引入代码，读者可自行查阅随书光盘中的源代码
3    public class AttractThread extends Thread {
4        ......//该处省略了部分变量与构造方法代码，读者可自行查阅随书光盘中的源代码
5        public void run() {
6        while (Feeding) {                                //Feeding 为永真
7            try {
8                if (Go) {                                //添加能看到食物的鱼类列表
9                    if (Fforcefish) {                    //每次在点击喂食时要把列表清空
10                       fl.clear();                      //清空列表
11                       Fforcefish = false;              //只清空一次
12                   }
13                   if (fl != null ) {
14                       for (int i = 0; i < Sf.mv.fishAl.size(); i++) {//寻找满足条件的鱼
15                           if (Sf.mv.fishAl.get(i).position.x > Sf.mv.Xposition
```

```
16                          && Sf.mv.fishAl.get(i).speed.x < 0) {
17                      if(!fl.contains(Sf.mv.fishAl.get(i))){//判断是否满足条件
18                          fl.add(Sf.mv.fishAl.get(i));        //添加进列表
19                      }}
20                  else if (Sf.mv.fishAl.get(i).position.x < Sf.mv.Xposition
21                          && Sf.mv.fishAl.get(i).speed.x > 0) {
22                      if (!fl.contains(Sf.mv.fishAl.get(i))) {
23                          fl.add(Sf.mv.fishAl.get(i));        //添加进列表
24              }}}}
25          if (fl.size() != 0) {                    //给能看到食物的鱼加力的作用
26            for (int i = 0; i < fl.size(); i++) {
27                Vector3f VL = null;                  //计算诱惑力的中间变量
28                Vector3f Vl2 = null;                 //食物的位置信息
29                Vl2 = new Vector3f(Sf.mv.Xposition,
30                      Sf.mv.singlefood.Ypositon, Sf.mv.Zposition);
31                VL = Vl2.cutPc(fl.get(i).position); //获取需要的向量
32                Length = VL.Vectormodule();          //吸引力的模长
33                if (Length != 0){VL.ChangeStep(Length);} //将力的大小规格化
34                if (Length <= Constant.FoodFeedDistance || Sf.Ypositon
35                      < Constant.FoodPositionMin_Y) {//吃掉或者超过阈值
36                    StopAllThread();
37                }
38                VL.getforce(Constant.AttractForceScals); //诱惑力的比例
39                fl.get(i).attractforce.x = VL.x;         //给诱惑恒力
40                fl.get(i).attractforce.y = VL.y;
41                fl.get(i).attractforce.z = VL.z;
42            }}}
43          if (Sf.Ypositon < Constant.FoodPositionMin_Y) {
44              StopAllThread();                     //调用方法
45          }}
46          ......//该处省略了异常处理与线程休眠代码，读者可自行查阅随书光盘中的源代码
47      }}
48      ......//该处省略了 StopAllThread() 的 方法，将在下面介绍
49  }
```

● 第 4 行为省略掉的部分变量与构造方法代码。此代码中部分变量主要是设置线程标志位、设置清空标志位（每次喂食之前会清空列表 fl）、是否计算食物吸引力的标志位。并创建受到食物吸引力的鱼列表。

● 第 5~24 行首先判断是否需要喂食。开启喂食后寻找能看到鱼食的鱼，每喂食一次清空受到吸引力的鱼列表 fl，然后在喂食的时候重新寻找满足条件的鱼，如果满足条件把该条鱼添加到受到吸引力的鱼列表 fl 中。

● 第 25~45 行是开始喂食后，计算 fl 里面鱼受到食物吸引力的算法。能看到鱼食的鱼受到一个由该条鱼当前位置指向食物的吸引力的作用。这样当开始喂食时，一条鱼看到鱼食会自动地向鱼食游去，并将鱼食吃掉。

（2）上面介绍了当开始喂食时，如何寻找能够看到鱼食的鱼的算法，并介绍了如何操作当鱼看到鱼食后的游动问题。下面将为读者介绍如果鱼食被吃掉或者鱼食位置超过地面后，如何对鱼食进行操作的方法 StopAllThread()。

✎ **代码位置：** 见随书光盘源代码/第 2 章/MyWallPaper/src/wyf/lxg/fishfood/目录下的 AttractThread.java。

```
1   public void StopAllThread() {
2       Sf.Ypositon = Constant.FoodPositionMax_Y;    //重置 SingleY
3       this.Fforcefish = true;                      //清空受到吸引力的鱼列表
4       this.Go = false;                             //吸引力算法的标志位
5       Sf.Ft.Go = false;                            //食物移动的标志位
6       Constant.isFeed = true;                      //喂食的标志位
7       Sf.mv.Fooddraw = false;                      //绘制的标志位
8   }
```

● 第 1~8 行为 StopAllThread 方法，若鱼食位置超过地面，或者鱼食被鱼吃掉后，就会调用

此方法，把鱼食移动线程里面的计算标志位和计算群鱼是否受到的食物吸引力标志位变为 false，同时点击喂食的标志位设置为 true，从而能点击屏幕在此喂食。

2.8 壁纸中的着色器开发

前面已经对 3D 动态壁纸——百纳水族馆的相关类进行了简要的介绍。本节将对本案例中用到的相关着色器进行介绍。本案例中用到的着色器共有四对，即气泡着色器、背景着色器、鱼类着色器及珍珠贝着色器。下面就对本壁纸中用到的着色器的开发进行一一介绍。

2.8.1 气泡的着色器

气泡着色器分为顶点着色器与片元着色器，下面便分别对气泡着色器的顶点着色器和片元着色器的开发进行详细介绍。

（1）首先介绍的是气泡着色器中的顶点着色器的开发，其详细代码如下。

✎ **代码位置：**见随书光盘源代码/第 2 章/MyWallPaper/assets/shader/目录下的 bubble_vertex.sh。

```
1    uniform mat4 uMVPMatrix;                          //总变换矩阵
2    attribute vec3 aPosition;                         //顶点位置
3    attribute vec2 aTexCoor;                          //顶点纹理坐标
4    varying vec2 vTextureCoord;                       //用于传递给片元着色器的变量
5    void main(){
6        gl_Position = uMVPMatrix * vec4(aPosition,1);//根据总变换矩阵计算此次绘制的顶点位置
7        vTextureCoord = aTexCoor;                     //将接收的纹理坐标传递给片元着色器
8    }
```

● 第 1~4 行是着色器中接收数据传递数据的声明。接收 Java 代码部分的总变换矩阵、顶点位置及顶点纹理坐标。并将顶点纹理坐标从顶点着色器传递到片元着色器中。

● 第 5~8 行该顶点着色器的主要作用就是根据 Java 传递过来的模型本身的顶点位置 aPosition 与总变换矩阵计算出 gl_Position，每顶点执行一次。

（2）完成顶点着色器的开发后，下面开发的是气泡的片元着色器，其详细代码如下。

✎ **代码位置：**见随书光盘源代码/第 2 章/MyWallPaper/assets/shader/目录下的 bubble_frag.sh。

```
1    precision mediump float;
2    uniform sampler2D sTexture;                              //纹理内容数据
3    varying vec2 vTextureCoord;                              //接收从顶点着色器过来的参数
4    void main(){
5        vec4 finalColor=texture2D(sTexture, vTextureCoord); //将计算出的颜色给此片元
6        gl_FragColor = finalColor;                          //给此片元颜色值
7    }
```

● 第 1~7 行该片元着色器的作用主要为根据从顶点着色器传递过来的纹理坐标数据 vTextureCoord 和从 Java 代码部分传递过来的 sTexture 计算片元的最终颜色值，并将最终颜色值赋值给着色器内建输出变量 gl_FragColor，每片元执行一次。

> ✐ 说明　　因为背景的着色器代码与上述气泡着色器的代码基本一致，故在此不再详细介绍背景的着色器。读者可自行查看随书光盘中的源代码，其位置在项目目录 assets/shader/目录下的 back_vertex.sh 与 back_frag.sh。

2.8.2 珍珠贝的着色器

前面已经为读者介绍了珍珠贝模型的加载方法，但仅是一个带骨骼动画的珍珠贝，并不能使用户感觉真实，因为现实世界中是有阳光的，所以，我们用着色器给珍珠贝增加了灯光，这样就

会出现水族馆中真实感超强的珍珠贝。下面对珍珠贝的着色器进行详细的介绍，其具体代码如下。

（1）首先介绍的是珍珠贝着色器中的顶点着色器的开发，具体代码如下。

✏ **代码位置**：见随书光盘源代码/第 2 章/MyWallPaper/assets/shader/目录下的 vertex.sh。

```
1    uniform mat4 uMVPMatrix;                              //总变换矩阵
2    uniform mat4 uMMatrix;                                //变换矩阵
3    uniform vec3 uLightLocation;                          //光源位置
4    uniform vec3 uCamera;                                 //摄像机位置
5    attribute vec3 aPosition;                             //顶点位置
6    attribute vec3 aNormal;                               //顶点法向量
7    attribute vec2 aTexCoor;                              //顶点纹理坐标
8    varying vec4 ambient;                                 //用于传递给片元着色器的环境光
9    varying vec4 diffuse;                                 //用于传递给片元着色器的散射光
10   varying vec4 specular;                                //用于传递给片元着色器镜面反射光
11   varying vec2 vTextureCoord;                           //用于传递给片元着色器的变量
12   //定位光光照计算的方法
13   void pointLight(                                      //定位光光照计算的方法
14       in vec3 normal,                                   //法向量
15       inout vec4 ambient,                               //环境光最终强度
16       inout vec4 diffuse,                               //散射光最终强度
17       inout vec4 specular,                              //镜面光最终强度
18       in vec3 lightLocation,                            //光源位置
19       in vec4 lightAmbient,                             //环境光强度
20       in vec4 lightDiffuse,                             //散射光强度
21       in vec4 lightSpecular                             //镜面光强度
22   ){
23       ambient=lightAmbient;                             //直接得出环境光的最终强度
24       vec3 normalTarget=aPosition+normal;               //计算变换后的法向量
25       vec3 newNormal=(uMMatrix*vec4(normalTarget,1)).xyz-(uMMatrix*vec4
         (aPosition,1)).xyz;
26       newNormal=normalize(newNormal);                   //对法向量规格化
27       //计算从表面点到摄像机的向量
28       vec3 eye= normalize(uCamera-(uMMatrix*vec4(aPosition,1)).xyz);
29       //计算从表面点到光源位置的向量 vp
30       vec3 vp= normalize(lightLocation-(uMMatrix*vec4(aPosition,1)).xyz);
31       vp=normalize(vp);                                 //格式化 vp
32       vec3 halfVector=normalize(vp+eye);                //求视线与光线的半向量
33       float shininess=50.0;                             //粗糙度，越小越光滑
34       float nDotViewPosition=max(0.0,dot(newNormal,vp)); //求法向量与 vp 的点积与 0 的最大值
35       diffuse=lightDiffuse*nDotViewPosition;            //计算散射光的最终强度
36       float nDotViewHalfVector=dot(newNormal,halfVector); //法线与半向量的点积
37       float powerFactor=max(0.0,pow(nDotViewHalfVector,shininess)); //镜面反射光强度因子
38       specular=lightSpecular*powerFactor;               //计算镜面光的最终强度
39   }
40   void main(){
41       gl_Position = uMVPMatrix * vec4(aPosition,1);     //根据总变换矩阵计算此次绘制此顶点位置
42       vec4 ambientTemp, diffuseTemp, specularTemp;      //存放环境光、散射光、镜面反射光临时变量
43   pointLight(normalize(aNormal),ambientTemp,diffuseTemp,specularTemp,
     uLightLocation,vec4(0.3,0.3,0.3,1.0),vec4(0.9,0.9,0.9,1.0),vec4(0.4,0.4,0.4,1.0));
44       ambient=ambientTemp;                              //将环境光传递给片元着色器
45       diffuse=diffuseTemp;                              //将散射光传递给片元着色器
46       specular=specularTemp;                            //将镜面反射光传递给片元着色器
47       vTextureCoord = aTexCoor;                         //将接收的纹理坐标传递给片元着色器
48   }
```

● 第 1~11 行是顶点着色器中全局变量的声明，相比于气泡的顶点着色器，它主要增加了变化矩阵、光源位置、摄像机位置以及顶点法向量的引用。此处还声明了传递给片元着色器 3 种通道光的变量，分别是环境光变量、散射光变量、镜面反射光变量。

● 第 13~38 行是计算光照的 3 种光的最终强度。首先直接计算出环境光最终强度，其中最重要的是在进行计算前要对顶点法向量进行变换，将法向量变换到当前的姿态下。然后计算各种所需数据，最后计算出镜面光和镜面反射光的最终强度。

● 第 40~48 行是顶点着色器的 main 方法，其中首先调用了 pointLight 方法将 3 种通道光的强度值传递给片元着色器，并将接收到的顶点纹理坐标传递给片元着色器，以供片元着色器计算

每片片元的最后颜色值。

（2）之前介绍了珍珠贝顶点着色器的开发，下面为读者详细介绍珍珠贝着色器中片元着色器的开发。其详细代码如下。

✎ **代码位置：见随书光盘源代码/第 2 章/MyWallPaper/assets/shader/目录下的 frag.sh。**

```
1    precision mediump float;
2    varying vec2 vTextureCoord;                          //接收从顶点着色器过来的参数
3    uniform sampler2D sTexture;                          //纹理内容数据
4    varying vec4 ambient;                                //环境光
5    varying vec4 diffuse;                                //散射光
6    varying vec4 specular;                               //镜面光
7    void main() {
8        vec4 finalColorDay;                              //给此片元从纹理中采样出颜色值
9        finalColorDay= texture2D(sTexture, vTextureCoord);//给此片元从纹理中采样出颜色值
10       //综合 3 个通道光的最终强度及片元的颜色计算出最终片元的颜色并传递给管线
11       gl_FragColor=finalColorDay*ambient+finalColorDay*specular+finalColorDay*
         diffuse;
12   }
```

● 第 1~12 行是珍珠贝着色器中片元着色器的代码。它根据从顶点着色器传递过来的顶点纹理坐标，对 Java 代码部分传递过来的片元颜色值进行采样，并且接收顶点着色器传递过来的 3 个通道光值，计算出片元的最终颜色值，然后再将其传递给渲染管线。

2.8.3　鱼类的着色器

前面已为读者介绍了鱼类模型加载。单纯的一个鱼类的骨骼动画并不能使水族馆看起来真实，所以前面已为鱼类着色器传递了一张明暗纹理图为此做准备。在鱼类着色器中，我们为鱼类添加了灯光，并为鱼类本身采取了多重纹理采样绘制。

（1）首先介绍的是鱼类的顶点着色器，由于本着色器中对鱼类灯光的设置与上节中对珍珠贝的灯光设置一致，故不再赘述，请读者自行查看随书光盘中的源代码。本小节将着重介绍对多重纹理采样绘制的实现。其具体代码如下。

✎ **代码位置：见随书光盘源代码/第 2 章/MyWallPaper/assets/shader/目录下的 fish_vertex.sh。**

```
1    uniform mat4 uMVPMatrix;                             //总变换矩阵
2    uniform mat4 uMMatrix;                               //变换矩阵
3    uniform vec3 uLightLocation;                         //光源位置
4    uniform vec3 uCamera;                                //摄像机位置
5    attribute vec3 aPosition;                            //顶点位置
6    attribute vec3 aNormal;                              //顶点法向量
7    attribute vec2 aTexCoor;                             //顶点纹理坐标
8    varying vec3 vNormal;                                //将顶点法向量传给片元着色器
9    varying vec4 ambient;                                //将环境光传给片元着色器
10   varying vec4 diffuse;                                //将散射光传给片元着色器
11   varying vec4 specular;                               //将镜面反射光传给片元着色器
12   varying vec2 vTextureCoord;                          //用于传递给片元着色器的变量
13   varying vec3 vPosition;                              //将顶点传给片元着色器
14   ......//该处省略了计算定向光照的方法 pointLight，读者可自行查阅随书光盘中的源代码
15   void main(){
16       gl_Position = uMVPMatrix * vec4(aPosition,1);//根据总变换矩阵计算此次绘制的顶点位置
17       //该处省略了调用 pointLight 方法与传递 3 个光的通道变量代码，读者可自行查阅随书光盘中的源代码
18
19       vec3 normalTarget=aPosition+aNormal;            //计算变换后的法向量
20       vec3 newNormal=(uMMatrix*vec4(normalTarget,1)).xyz-(uMMatrix*vec4
         (aPosition,1)).xyz;
21       vNormal=normalize(newNormal);                   //对法向量规范化
22       vTextureCoord = aTexCoor;//将接收的纹理坐标传递给片元着色器
23       vPosition=(uMMatrix*vec4(aPosition,1)).xyz;     //计算物理世界中顶点位置
24   }
```

- 第 1~13 行是着色器中对全局变量的声明，主要包括总变换矩阵、变换矩阵、光源位置、摄像机位置、顶点位置以及顶点法向量的引用等，还有对传递给片元着色器的相关变量声明。
- 第 19~21 行是对 Java 代码部分传递过来的顶点法向量进行计算。对法向量进行变换，将法向量变换到当前的姿态下，并传递给片元着色器。
- 第 22~23 行将 Java 代码部分传递过来的顶点纹理坐标传递给片元着色器，然后根据鱼类本身的顶点计算出顶点在物理世界的坐标并传递到片元着色器。

（2）介绍完鱼类的顶点着色器后，下面将介绍鱼类的片元着色器，此片元着色器实现了鱼类身体上的明暗效果与灯光特效。下面着重介绍明暗效果的实现，其具体代码如下所示。

✎ **代码位置**：见随书光盘源代码/第 2 章/MyWallPaper/assets/shader/目录下的 fish_frag.sh。

```
1    precision mediump float;
2    varying vec2 vTextureCoord;                                //接收从顶点着色器过来的参数
3    uniform sampler2D sTexture;                                //本身纹理内容数据
4    uniform sampler2D sTextureHd;                              //明暗纹理内容数据
5    varying vec3 vNormal;                                      //接收顶点着色器的法向量
6    varying vec3 vPosition;                                    //接收顶点着色的顶点
7    varying vec4 ambient;                                      //接收顶点着色器环境光
8    varying vec4 diffuse;                                      //接收顶点着色器散射光
9    varying vec4 specular;                                     //接收顶点着色镜面光
10   void main(){
11       float f;                                               //鱼类本身纹理颜色
12       vec4 finalColorDay;                                    //采样明暗纹理颜色
13       vec4 finalColorNight;                                  //混合后的纹理颜色
14       vec4 finalColorzj;
15       finalColorDay= texture2D(sTexture, vTextureCoord);//给此片元从纹理中采样出颜色值
16       vec2 tempTexCoor=vec2((vPosition.x+20.8)/5.2,(vPosition.z+18.0)/2.5);
         //8*8 重复纹理
17       if(vNormal.y>0.2){                                          //鱼类动态相对上半身
18           finalColorNight = texture2D(sTextureHd, tempTexCoor);//采样出明暗纹理颜色值
19           f=(finalColorNight.r+finalColorNight.g+finalColorNight.b)/3.0;
             //取 3 个颜色值平均值
20       }else if(vNormal.y<=0.2&&vNormal.y>=-0.2){                  //过渡区域混合颜色值
21           if(vNormal.y>=0.0&&vNormal.y<=0.2){                     //平滑过渡
22               finalColorNight = texture2D(sTextureHd,
23                   tempTexCoor)*(1.0-2.5*(0.20-vNormal.y));//采样出过渡颜色
24               f=(finalColorNight.r+finalColorNight.g
25                   +finalColorNight.b)/3.0;                        //取 3 个颜色值平均值
26           }else if(vNormal.y<0.0&&vNormal.y>=-0.2){               //平滑过渡
27               finalColorNight = texture2D(sTextureHd,            //采样出过渡颜色
28                   tempTexCoor)*(0.5+2.5*vNormal.y);
29               f=(finalColorNight.r+finalColorNight.g
30                   +finalColorNight.b)/3.0;                        //取 3 个颜色值平均值
31       }}else if(vNormal.y<-0.2){                                  //鱼类动态相对下半身
32               f=0.0;
33       }
34       finalColorzj =finalColorDay*(1.0+f*1.5);                    //算出混合后的片元颜色
35       //综合 3 个通道光的最终强度及片元的颜色计算出最终片元的颜色并传递给管线
36       gl_FragColor=finalColorzj*ambient+finalColorzj*specular+finalColorzj*
         diffuse;
37   }
```

- 第 1~9 行接收 Java 代码部分传过来的鱼类本身纹理内容数据和鱼类明暗采样纹理内容数据，接收顶点着色器传递过来的法向量、顶点数据与环境光、散射光、镜面反射光及顶点纹理坐标数据，用于片元着色器对每一片元颜色的计算。
- 第 11~16 行首先声明一个浮点数变量 f，再声明 3 个用于采样颜色存储的浮点数向量。然后根据鱼类模型的顶点在物理世界中的坐标，计算出在 8×8 明暗采样纹理图中对应的顶点纹理坐标 S、T，为后面的采样颜色值做准备。
- 第 17~33 行根据顶点着色器传递过来的顶点法向量计算出明暗纹理的采样颜色值。当然鱼类不能全身都有明暗，因此根据其法向量规定大于 0.2 的为全部纹理明暗采样颜色值，在 -0.2~0.2

之间将明暗采样颜色值从 1 逐渐降为 0，使之平滑过渡，小于–0.2 取采样值为 0。然后计算出混合后的颜色值，再综合 3 个通道光计算出片元的最终颜色值，送入渲染管线。

2.9 壁纸的优化与改进

本章对 3D 动态壁纸——百纳水族馆进行了详细的介绍。本壁纸采用 OPENGL ES2.0 作为渲染引擎。在学习过程中，重点掌握着色器的应用、屏幕拾取算法以及鱼游动过程中鱼与鱼之间作用力的变化规律等。虽然壁纸已经开发完毕，但依然还有很多值得改进和提升的地方，笔者在此列出了以下几个方面。

- 动态壁纸界面的优化。

没有哪一个案例的运行界面是不可以更加完美和绚丽的，所以，对本案例的界面、风格，读者可以根据自己的想法进行改进，使其更加完美。如水族馆背景壁纸，鱼的骨骼动画及纹理图，珍珠贝的纹理图等都可以进一步完善，从而达到一个更加理想的效果。

- 动态壁纸物理碰撞的优化。

百纳水族馆物体之间的物理碰撞较为简单，采用的是微积分思想，对一些细节方面做得不是很好，鱼与鱼之间有时会有略微的穿透现象，读者可以自行完善，优化物理碰撞方法，使百纳水族馆动态壁纸更具真实性、观赏性。

- 动态壁纸的进一步优化。

百纳水族馆在加载模型时比较耗时，在一些机器上运行时比较缓慢，因此，读者可以将百纳水族馆动态壁纸再进一步优化，使动态壁纸的画面更加流畅。

第3章 LBS 类应用——掌上杭州

本章介绍的是 Android 应用程序掌上杭州的开发。掌上杭州主要有首页、搜索、设置三大主项，其中首页包含美食、景点、住宿、医疗、娱乐、购物；设置中包含了设置字体，关于和帮助；搜索中搜索当前应用中的信息。接下来将对掌上杭州进行详细的介绍。

3.1 应用背景及功能介绍

本节将简要介绍掌上杭州的背景及功能，主要对掌上杭州的功能架构进行简要说明。这样让读者熟悉本应用各个部分的功能，对整个掌上杭州应用有大致的了解，便于后面的学习。接下来会通过应用的运行顺序给大家简要介绍相关内容。

3.1.1 背景简介

随着生活水平的提高，现在的人们越来越喜欢出行游玩。通过调查发现，如果刚刚到达杭州市，往往会因为不了解新环境而在游玩时产生不必要的麻烦。为了减少游客在旅行杭州时遇到不必要的麻烦也为了满足游客旅行时的需求，推出了掌上杭州这一应用，掌上杭州特点如下。

- 降低成本。

将掌上杭州所需要的资源文件以特定的格式压缩为数据包加载到应用程序中，如果将数据包替换为其他城市的数据包，则掌上杭州就会成为任何一所城市。这样的设计不仅增强了程序的灵活性和通用性，而且还极大地降低了二次应用的成本。

- 方便管理。

掌上杭州中数据包的内容可以灵活修改，因此管理人员可以很方便地通过修改数据包中的信息更新相关内容。既能为用户提供正确有效的资讯，又能有效降低管理人员的工作压力，极大地提高了工作效率。

- 设置字体。

为了使字体样式不再是单一的一种模式，掌上杭州通过自定义字体成功实现了在手机屏幕呈现更多字体样式的功能，改变了千篇一律的老套路，增强了字体的美感。

- 连网与地图。

掌上杭州的美食、景点、购物、医疗、娱乐中不但有介绍这些地方的资料，还有如何到达此地点的驾车，公交，步行地图，并且在住宿这一版块，可以连网到相应酒店的主页预定房间等，极大方便了出行到杭州的游客。

3.1.2 功能概述

开发一个应用之前，需要对开发的目标和所实现的功能进行细致有效的分析，进而确定要开发的具体功能。做好应用的准备工作，这将为整个项目的开发奠定一个良好的基础。通过与游客交流及对杭州的了解，掌上杭州开发了如下功能。

- 首页。

用户可以点击美食、医疗、购物、景点、娱乐及住宿功能按钮，不但为用户带来大量的杭州的信息，还拥有地图导航，步行导航，公交搜索等功能，以便帮助用户方便快捷地找到目的地，还有网上订房，以及分享微博等功能，为用户出行杭州带来极大的快捷。

- 搜索。

在搜索版块中，我们提供了搜索建议框与本应用中的动态列表选项。在搜索框中用户可以搜索本应用中的信息，并且搜索框提供了搜索建议功能，可以快捷搜索到相应界面，在动态列表选项中用户可以左右上下滑动来翻看信息，选定指定的界面。

- 设置。

在设置版块中我们提供了设置字体、使用帮助与关于软件三个功能。用户可以根据自己的喜好自由设置字体的大小、颜色、样式，在使用帮助中快速了解本应用的使用方法，在关于软件中了解本应用的特色与功能。

根据上述的功能概述得知本应用主要包括首页、搜索、设置三大项，其功能结构如图 3-1 所示。

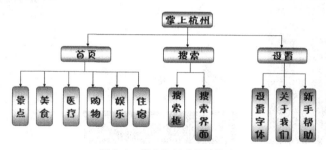

▲图 3-1　掌上杭州功能结构图

3.1.3　开发环境

开发掌上杭州应用之前，读者首先需要了解一下完成本项目的开发环境，下面将简单介绍本项目开发所需要的环境。

- Eclispe 编程软件（Eclipse IDE for Java）。

Eclispe 是一个著名的开源 Java IDE，以其开发性、高效的 GUI、先进的代码编辑器等著称，其项目包括许多各种各样的子项目组，包括 Eclipse 插件、功能部件等，主要采用 SWT 界面库，支持多种本机界面风格。

- Android 系统。

Android 系统平台的设备功能强大，此系统开源、应用程序无界限，随着 Android 手机的普及，Android 应用的需求势必越来越大，这是一个潜力巨大的市场，会吸引无数软件开发商和开发者投身其中。

3.2　功能预览及架构

本应用适合于 Android 应用使用，能够为用户提供方便快捷的各种服务，便于用户快速了解杭州。这一节将介绍掌上杭州的基本功能预览以及总架构，通过对本节的学习，读者将对掌上杭州的架构有一个大致的了解。

3.2.1　加载、美食、医疗功能预览

在这一小节将通过软件的执行顺序用图文叙述的方式详细为读者介绍加载、美食、医疗的基本功能预览。美食版块包含了多个界面，相对于其他版块而言比较重要。读者可多花点时间分析、总结。下面将一一介绍，请读者仔细阅读。

（1）打开本软件后，首先进入掌上杭州的加载界面，效果如图 3-2 所示。在加载过程中，本应用所需要的资源文件都将被解压到 SD 卡中指定位置。待加载完成后，后面对资源信息的查看便不再重新进行加载工作，避免重复性操作的问题，提高程序的运行速度。

▲图 3-2　掌上杭州加载界面

▲图 3-3　默认首页界面

▲图 3-4　动画介绍界面

（2）加载完成后进入主界面，默认首页的界面，如图 3-3 所示。可以通过点击不同的按钮，跳转到不同的模块界面。可以点击按钮上方的动画，切换到具体的介绍界面，点击介绍文本上方的图片，会放大景点的图片，可以左右滑动，如图 3-4 和图 3-5 所示。

▲图 3-5　画廊放大景点

▲图 3-6　美食主界面

▲图 3-7　分类美食界面

（3）点击首页中的美食按钮，会切换到美食主界面，如图 3-6 所示。可点击美食列表选项条浏览杭州的各种美食，也可点击动画图片到具体的介绍界面。点击风味名菜，切换到分类美食的界面（如图 3-7 所示）；点击东坡肉，切换到美食具体介绍界面（如图 3-8 所示）；点击图片，放大图片（如图 3-9 所示）。

▲图 3-8　美食具体介绍界面

▲图 3-9　放大美食图片

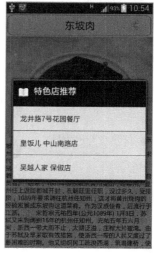

▲图 3-10　特色店对话框

（4）点击图 3-8 左上方标题栏按钮选择店面（如图 3-10 所示），点击店名，可以定位位置也可进行驾车搜索、公交搜索、步行搜索（如图 3-11 所示）。用户点击驾车搜索，会切换到路线规划界面（如图 3-12 所示），用户还可以点击模拟导航按钮或真实导航按钮在地图上显示导航动画，如图 3-13 所示。

▲图 3-11　地图

▲图 3-12　模拟导航界面

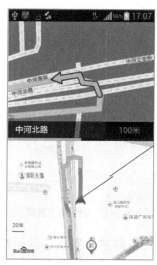

▲图 3-13　导航动画界面

（5）用户还可以点击公交搜索，切换到公交线路界面，如图 3-14 所示，显示出到达目的地的几种方案，用户还可以点击中间的文本查看具体的乘坐公交方案，如图 3-15 所示。点击左方按钮进入地图公交导航，可以点击下方的左右图标，查看线路，如图 3-16 所示。

（6）用户还可点击步行搜索，切换到步行导航界面，点击下方的左右向图标，在弹出来的对话框中查看步行线路节点提示信息，如图 3-17 所示，根据弹出的对话框提示信息可到达目的地。

▲图 3-14　公交路线界面

▲图 3-15　公交方案界面

▲图 3-16　地图公交方案界面

（7）用户可以点击首页上的医疗按钮，切换到医院的列表选项（如图 3-18 所示），选择相应的医院列表选项切换到具体介绍医院的界面（如图 3-19 所示），在这个界面上可以上下滑动介绍文本，也可以点击标题框右边的地图按钮，以提供地图导航功能。

▲图 3-17　步行导航界面

▲图 3-18　医疗列表界面

▲图 3-19　医疗介绍界面

3.2.2　购物、景点、娱乐功能预览

上一小节为读者介绍了加载、美食、医疗的基本功能预览，这一小节将为读者介绍购物、景点、娱乐功能预览。通过界面的预览，读者可能已经发现这几个板块大同小异，因此在后面的章节里读者可比较其异同。下面将一一介绍，请读者仔细阅读。

（1）用户点击首页上的购物按钮，进入购物的图标选项列表（如图 3-20 所示），可以选择点击一个购物商场，进入具体介绍商场的界面（如图 3-21 所示），在这个界面可以上下滑动介绍文本来查看介绍内容，也可以点击标题框的地图按钮进行地图导航到达此商场。

（2）用户点击首页上的娱乐按钮，则会切换到娱乐界面（如图 3-22 所示），默认的界面是 KTV 界面，在这个界面上可以点击标题框下面的 KTV、酒吧、影院、俱乐部按钮到相应的界面，也可以左右滑动到下一个界面。

（3）用户点击图 3-22 中的图表选项会切换到具体介绍的界面（如图 3-23 所示），在这个界面中含有这个娱乐场所的图片，还有文本简介，文本简介可以左右滑动，也可以点击标题框右边的地图按钮，切换到地图导航，地图导航包括驾车、公交、步行搜索，可以方便快捷地指引用户到达目的地。

▲图 3-20 购物商场界面

▲图 3-21 商场介绍界面

▲图 3-22 娱乐主界面

（4）用户点击首页中的住宿按钮，切换到住宿界面（如图 3-24 所示），点击图表选项按钮会切换到具体的酒店介绍的界面（如图 3-25 所示），这个界面有图片介绍也有文本介绍，用户点击标题框上的订房按钮，可以方便地到酒店官网预定房间（如图 3-26 所示）。

▲图 3-23 娱乐具体介绍界面

▲图 3-24 住宿界面

▲图 3-25 住宿介绍界面

（5）用户点击首页中的景点按钮，切换到景点界面（如图 3-27 所示），提供了当前景点、所有景点、锁定位置、拍照、更多与切换地图等功能按钮，本软件把杭州的西湖十景及西湖新十景显示在地图中，可以点击地图气泡，弹出窗体。

（6）用户点击景点主界面（如图 3-27 所示）中的窗体，切换到具体介绍景点的界面（如图 3-28 所示）。在具体介绍界面，用户可以上下滑动简介文本来查看景点的介绍信息，可以左右滑动图片欣赏景点的风景，也可以点击图片放大欣赏，还可以点击放大缩小按钮来调整字体大小。

（7）用户可以点击景点主页中的所有景点按钮，切换到所有景点的界面（如图 3-29 所示），在图标列表选项中可以上下滑动来查看图标选项，图表列表上可以显示图片及名字，点击图表选项按钮，切换到具体介绍界面（如图 3-28 所示）。

▲图 3-26　联网界面

▲图 3-27　景点主界面

▲图 3-28　景点介绍界面

（8）用户可以点击景点主页中的锁定位置按钮，这大大减少了游客在杭州游玩时不知道自己位置的烦恼，在户外点击锁定位置按钮就会锁定当前游客的位置，这为用户出行提供了极大的方便（如图 3-30 所示）。

▲图 3-29　所有景点界面

▲图 3-30　GPS 定位界面

（9）用户可以点击景点首页中的拍照快捷按钮，在用户出行游玩时，本软件提供了快捷拍照按钮，避免了用户在使用本软件的同时遇到美景想拍照还需打开照相机的烦恼，直接点击拍照按钮进行拍照，为用户提供了极大的方便。

（10）在本应用中为了防止用户误按下手机上的返回键而带来不必要的麻烦，我们对手机的返回监听键进行了监听，如果被点击就会弹出对话框进行询问，这样用户如果不小心点击返回键就不会误退了，如图 3-31 所示。

（11）景点的首页中（如图 3-27 所示），用户可以点击首页左下角的地图切换按钮，我们提供了两种地图模式，默认的是打开的普通地图模式，点击地图切换按钮，会切换到卫星地图模式，在这种模式下，用户可以查看地形（如图 3-32 所示）。

▲图 3-31 询问退出对话框

▲图 3-32 卫星地图界面

▲图 3-33 更多对话框界面

（12）在景点首页（如图 3-27 所示），用户还可以点击更多按钮，弹出对话框（如图 3-33 所示），点击分享，在进行微博授权后进入微博分享界面，可以选择手机相册也可拍照选择图片进行分享，如图 3-34 和图 3-35 所示。

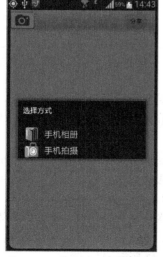

▲图 3-34 选择添加图片的方式

▲图 3-35 编辑微博分享界面

▲图 3-36 建议反馈界面

（13）在景点主页的更多对话框中，用户可以通过建议反馈功能及时将自己的意见或建议进行反馈（提醒用户最多能输入 500 个字），从而使软件不断优化，也为用户带来更加优质的服务与不一样的体验（如图 3-36 所示）。

（14）在更多对话框中（如图 3-33 所示），用户可以点击设置语言功能按钮，在本景点版块中提供了简体中文与英文两种语言选项，增强了国际化竞争的能力，默认的是简体中文，如果选中英文，则会在英文后面出现选中状态下的一个对勾（如图 3-37 所示）。

（15）景点的首页中，用户可以点击更多对话框中的关于按钮（如图 3-33 所示），它会为用户介绍本景点版块的一些简介，可以点击右上角的叉号退出关于对话框简介（如图 3-38 所示）。

▲图 3-37　语言选择对话框

▲图 3-38　关于本版块界面

▲图 3-39　查找周边搜索兴趣点界面

（16）用户点击对话框中的分享周边按钮，则会切换到城市搜索界面（如图 3-39 所示），可以在第一个与第二个编辑框中填入城市与兴趣点，点击开始，就会在地图中显示 10 个兴趣点，点击下一组，会显示另外 10 个，也可切换地图，还可以点击地图气泡显示信息。

> **说明**　在景点版块中，如果用户在户外条件下进入某个景点的范围，即可点击当前景点按钮，进入到具体介绍界面。如果没有进入某个景点的范围，点击景点按钮，则会提醒用户当前无景点，为用户提供了极大方便。

3.2.3　搜索、设置功能预览

上一小节为读者介绍了购物、景点、娱乐的基本功能预览，这一小节将为读者介绍设置、搜索模块的功能预览。其中包括搜索的滑动界面以及搜索框，还有设置中对字体大小、颜色、风格的设置。还包含了使用帮助和关于软件的展示。

（1）在本应用中的搜索版块为用户提供了可以搜索本应用信息的快捷服务，在这里用户不必频繁地点击按钮来查找服务，而可以直接在搜索框中搜索，同时搜索提供了联想搜索功能，可以左右上下滑动下方的列表来查找用户需要的信息，如图 3-40 所示。

（2）应用中的设置版块为用户提供了设置字体、使用帮助、关于软件等功能，在设置字体功能按钮中，我们可以对本软件的字体颜色、大小、样式进行设置，并且提供了多种字体颜色、大小与样式，为用户带来不一样的体验，如图 3-41、图 3-42 和图 3-43 所示。

▲图 3-40　搜索界面

▲图 3-41　设置字体大小对话框

▲图 3-42　设置字体颜色对话框

（3）在本应用中的设置版块中，用户可以点击使用帮助功能按钮在短时间内了解本软件的使用方法，从而避免一些不必要的麻烦（如图 3-44 所示），用户还可以点击"关于软件"，来了解本软件的功能特色（如图 3-45 所示）。

▲图 3-43　设置字体样式对话框

▲图 3-44　使用帮助界面

▲图 3-45　关于软件窗口

> 💡说明　以上几个小节是对掌上杭州的功能预览，读者可以对掌上杭州的功能有大致的了解，后面章节会对掌上杭州的功能做具体介绍，请读者仔细阅读。

3.2.4　项目目录结构

上一节是掌上杭州的功能展示，下面将介绍掌上杭州项目的目录结构。在进行本应用开发之前，还需要对本项目的目录结构有大致的了解，便于读者对掌上杭州整体的理解，具体内容如下。

（1）首先介绍的是掌上杭州所有的 Java 文件的目录结构，Java 文件根据内容分别放入指定包内，便于程序员对各个文件的管理和维护，具体结构如图 3-46 所示。

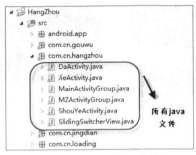

▲图 3-46　Java 文件目录结构

▲图 3-47　资源文件目录结构

（2）上面介绍的是本项目 Java 文件的目录结构，下面将介绍掌上杭州中需要的图片资源文件的目录结构，内容如图 3-47 所示。

（3）上面介绍了本项目中图片资源等的目录结构，下面将继续介绍掌上杭州的项目配置连接文件的目录结构，内容如图 3-48 所示。

（4）上面介绍了掌上杭州的项目所有配置连接文件的目录结构，下面将继续介绍本项目中项目配置文件的目录结构，内容如图 3-49 所示。

▲图 3-48　项目连接文件目录结构

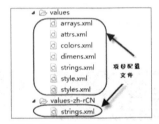

▲图 3-49　项目配置文件目录结构

（5）上面介绍了本项目所有配置连接文件的目录结构，下面将介绍本项目 libs 目录结构，该目录下存放的是百度地图与邮件开发需要的 jar 包和 so 动态库。读者在学习或开发时可根据具体情况在本项目中复制或在百度地图官网上下载，效果如图 3-50 所示。

（6）上面介绍了掌上杭州的 libs 目录结构，下面将介绍本项目存储资源目录结构，该目录下存放的是本项目所需要的资源数据包、百度导航所需的文件以及各种字体库。在使用百度导航时，assets 目录下的 BaiduNaviSDK_Resource_v1_0_0.png 和 channel 文件必须存在，效果如图 3-51 所示。

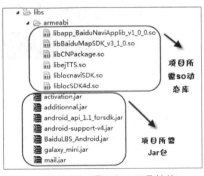

▲图 3-50　项目 libs 目录结构

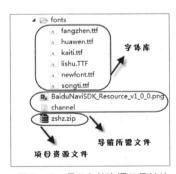

▲图 3-51　项目存储资源目录结构

（7）上面介绍了掌上杭州存储资源目录结构，下面介绍本项目 jar 包挂载。首先在项目上右键点击"Properties"，效果如图 3-52 所示。然后在弹出的窗口中找到"Java Build Path"并点击，进入如图 3-53 所示的界面。

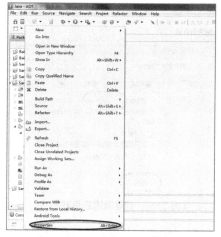

▲图 3-52　项目挂载 jar 包截图 1

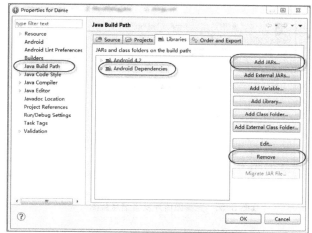

▲图 3-53　项目挂载 jar 包截图 2

（8）在图 3-53 界面中，首先选中"Android Dependencies"，点击"Remove"移除，然后点击
"Add JARs…"进入如图 3-54 所示的界面，在该界面中选中项目 libs 目录下百度地图与邮件相关
的 jar 包，再点击"OK"按钮。最后在图 3-53 中点击"Order and Export"进入如图 3-55 所示的
界面，在该界面中将相应 jar 包勾选，点击"OK"按钮。

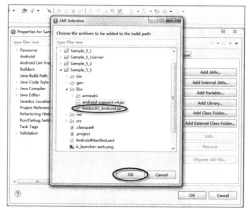

▲图 3-54　项目挂载 jar 包截图 3

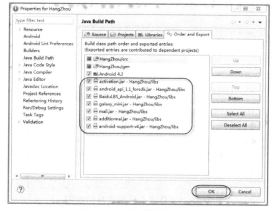

▲图 3-55　项目挂载 jar 包截图 4

✏️说明　　　上述介绍了掌上杭州的目录结构图，包括程序源代码、程序所需图片、xml 文
件和程序配置文件，使读者对掌上杭州的程序文件有清晰的了解。其中关于 jar 包
挂载部分读者可参考百度地图官网。

3.2.5　新浪微博功能开发的准备

（1）下面将为读者介绍新浪微博开发的准备工作。在微博开放平台中点击"登录"注册一个
微博账号，然后在微博开放平台页面中（http://open.weibo.com/）点击"我的应用"，然后进入到
开发者信息页面，点击"现在就去完善"按钮，然后按照步骤填写完善开发者信息，如图 3-56 所示。

（2）下面将为读者介绍的是如何创建微博应用。读者注册完个人开发信息后，就可以创建微
博应用了。在微博开放平台页面中，点击"微连接"、点击"移动应用"、点击"创建应用"，在此
页面中勾选 Android 选项，点击"创建"按钮，如图 3-57 所示。

▲图 3-56　完善微博开发者信息截图

▲图 3-57　创建微博应用截图

（3）下面将为读者介绍的是如何完善创建应用信息。在上一步骤下读者会得到自己创建应用的 app_key，读者需妥善保存（将在项目中用到），在这个页面中读者需要对应用的包名与 Android 签名进行注册，包名是 AndroidManifest.xml 文件中 package 标签所代表的内容，如图 3-58 所示。

（4）下面将为读者介绍如何下载微博开发所需资料包。在微博开放平台，读者可首先点击"文档"，其次点击"SDK 下载"，再选择"AndroidSDK"，最后选择"AndroidSDK 下载地址"，然后点击下载按钮"Download ZIP"。下载包名为"weibo_android_sdk-master.zip"的压缩包后，其解压如图 3-59 所示。

▲图 3-58　完善应用程序信息的截图

▲图 3-59　资料下载的截图

（5）下面介绍的是 Android 签名的获取及注册。首先将自己的项目 apk 安装到手机中，然后选择下载资料包中（如图 3-60 所示）app_signatures.apk 安装到手机，填入自己的 Android 包名，点击"生成"，获得 Android 签名（如图 3-61 所示）后填入注册应用程序页面中（如图 3-58 所示）的 Android 签名中。

▲图 3-60　解压缩后资料位置截图

▲图 3-61　获取 Android（MD5）签名值截图

（6）下面将为读者介绍的是注册微博应用中的授权回调页的设置。点击"我的应用"选择"应用信息"然后选择"高级信息"，必须要设置高级信息设置中的微博回调页，建议读者使用默认的微博授权回调页，如图 3-62 所示。

▲图 3-62　微博授权回调页设置的截图

▲图 3-63　导入工程 WeiboSDK 截图

（7）下面将介绍的是 WeiboSDK 工程导入。从下载的资料包中打开 demo-src（如图 3-60 所示）选择 WeiboSDK 复制到与项目同在的工作区，打开 Eclipse 点击"File"选择 mport"后点击"Existing Projects into Workspace"，再点击"Browse"选择 WeiboSDK 工程，然后点击"Finsh"完成导入，如图 3-63 所示。

（8）下面将介绍的是 WeiboSDk 的设置。导入完 WeiboSDk 后，右击工程 WeiboSDK 再点击"Properties"再点击"Android"然后勾选"Is Library"选项后，点击"Apply"，然后点击"确定"，如图 3-64 所示。

（9）在微博开放平台下载的 WeiboSDK，工程包里默认包含一个 jar 包 android-support-v4.jar，此包与本项目中包含的 android-support-v4.jar 冲突，所以读者需要在 WeiboSDK 工程中把这个 jar 包删掉，如图 3-65 所示。

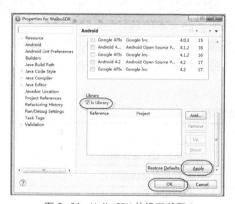

▲图 3-64　WeiboSDK 的设置截图 1

▲图 3-65　WeiboSDK 的设置截图 2

（10）下面将为读者介绍的是对 WeiboSDK 的挂载。首先打开 Eclipse 导入 WeiboSDK 工程，然后在自己的项目中添加 WeiboSDK 工程的引用，右击项目选择"properties"再点击"Android"最后点击"Add"，然后选择 WeiboSDK 工程，点击"Apply"，最后点击"确定"按钮，如图 3-66 所示。

（11）下面将为读者介绍的是 debug.keystore 的修改。把 Android 默认的 debug.keystore 替换成读者下载的资料包中的 debug.keystore（如图 3-60 所示）。其需要替换的 debug.keystore 的位置读者可右击 Eclipse 中"Window"点击"Preferences"再点击"Android"最后点击"Build"查看，

其路径如图 3-67 所示。

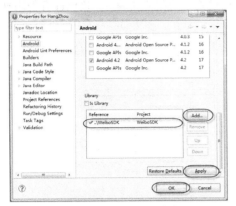

▲图 3-66　WeiboSDK 的挂载截图

▲图 3-67　debug.keystore 的路径截图

> **说明**　上述介绍的微博开发中，WeiboSDK 的编码格式是 UTF_8 格式，故读者需要将导入的工程 WeiboSDK 编码格式设置成 UTF_8 格式。

3.3　开发前的准备工作

本节将介绍该应用开发前的准备工作，主要包括文本信息的搜集、相关图片的搜集、数据包的整理以及 xml 资源文件的准备等。开发应用前，资源的准备是成功的第一步。完善的资源文件方便项目的开发以及测试，提高了工作效率。

3.3.1　信息的搜集

开发一个应用软件之前，做好资料的搜集工作是非常必要的。完善的信息数据会使测试变得相对简单，后期开发工作能够很好地进行下去，从而缩短开发周期。掌上杭州中的文本信息主要包括美食、景点、医疗、购物等，下面主要详细介绍所需的文本信息。

（1）首先介绍美食版块所用到的文本资源，该资源主要包括杭州美食特色的介绍、不同分类美食的详细介绍、特色店的推荐以及经纬度的存储。将该资源放在项目目录中的 assets 文件夹下的 zshz.zip 中，其详细情况如表 3-1 所列。

表 3-1　　　　　　　　　　　　　　杭州美食详细信息

文 件 名	大小（KB）	格　　式	用　　　途
LaoWeiDao	229	文件夹	杭州老味道详细信息
MingCai	422	文件夹	杭州名菜详细信息
NongJiaCai	191	文件夹	杭州农家菜详细信息
XiaoChi	211	文件夹	杭州小吃详细信息
jianjie	1	txt	杭州菜系的特色介绍
img	81	文件夹	杭州美食所需要的图片
jieshao	217	文件夹	杭州美食的文字介绍
foodname	1	txt	杭州美食列表
map	1	txt	杭州美食特色店的经纬度信息

（2）其次介绍购物板块用到的资源，该资源主要包括杭州各大购物商场的详细信息以及所在的经纬度。该信息存在 gouwu 文件中，其详细情况如表 3-2 所列。

表 3-2 杭州购物中心信息

文 件 名	大小（KB）	格　　式	用　　途
name	1	txt	杭州购物列表
bh	50	jpg	杭州百货大楼图片
bh	1	txt	杭州百货大楼详细介绍
Bh_map	1	txt	杭州百货大楼经纬度
ds	48	jpg	杭州大厦购物城
ds	5	txt	杭州大厦购物城简介
ds_map	4	txt	杭州大厦购物城经纬度
yt	52	jpg	银泰百货图片
yt	1	txt	银泰百货介绍
yt_map	1	txt	银泰百货经纬度

（3）接着介绍软件中景点板块用到的一些资源。该资源中有景点的图片存储，以及景点的中、英文介绍，方便不同用户的使用。以上信息存放在 jingdian 文件夹中，其详细信息存放如表 3-3 所列。

表 3-3 杭州景点概要

文 件 名	大小（KB）	格　　式	用　　途
Pic	819.2	文件夹	杭州景点图片的存储
yingn	29.5	文件夹	杭州景点的英文介绍
zhongn	41.5	文件夹	杭州景点的中文介绍
scenic	41	txt	杭州景点的中文详细介绍
scenic_english	30	txt	杭州景点的英文详细介绍

（4）下面介绍医疗板块所用的资源。该板块中主要包括医院的简介和医院的具体位置。因此，资源信息中包含了医院的简介和经纬度。该信息存储在 yiliao 文件夹中，如表 3-4 所列。

表 3-4 医疗板块资源

文 件 名	大小（KB）	格　　式	用　　途
yiliaoname	1	txt	杭州医院列表信息
hzsdirmyy	1	txt	杭州市第一人民医院简介
hzsdirmyy_map	1	txt	杭州市第一人民医院经纬度
hzsdsyy|	1	txt	杭州市第三人民医院简介
hzsdsyy|_map	1	txt	杭州市第三人民医院经纬度
hzszyyy|	1	txt	杭州市中医院简介
hzszyyy|_map	1	txt	杭州市中医院经纬度
zjyy|	1	txt	浙江医院
zjyy|_map	1	txt	浙江医院经纬度

（5）接着展示一下娱乐板块所需要的资源。本软件娱乐部分主要包含了 KTV、酒吧、影院、俱

乐部。其资源文件 yule 放在项目目录中的 assets 文件夹下的 zshz.zip 中，其详细情况如表 3-5 所列。

表 3-5　　　　　　　　　　　　　　　　娱乐板块资源

文 件 名	大小（KB）	格　式	用　途
bar	174	文件夹	酒吧的一切信息
club	150	文件夹	俱乐部的详细信息
foot	165	文件夹	影院的详细信息
ktv	149	文件夹	KTV 的详细信息
name	1	txt	列表的详细信息
dsc|	36	jpg	都市纯 K 量贩式 KTV 图片
dsc	1	txt	都市纯 K 量贩式 KTV 详细介绍
xyt	40	jpg	西雅图音乐酒吧图片
xyt	1	txt	西雅图音乐酒吧详细介绍
zy	37	jpg	中影国际影城图片
Zy	1	txt	中影国际影城详细介绍

（6）下面介绍一下软件的住宿版块中所用到的一些资源。该资源包括酒店的一些图片和简介。其资源文件 zhusu 放在项目目录中的 assets 文件夹下的 zshz.zip 中，其详细情况如表 3-6 所列。

表 3-6　　　　　　　　　　　　　　　　住宿板块资源

文 件 名	大小（KB）	格　式	用　途
name	1	txt	酒店的列表信息
ht	26	jpg	汉庭酒店图片
ht	1	txt	汉庭酒店简介
xgll	32	jpg	香格里拉酒店图片
xgll	1	txt	香格里拉酒店简介
jj	36	jpg	锦江之星酒店图片
jj	1	txt	锦江之星酒店详细介绍
qt	40	jpg	7 天连锁酒店图片
qt	1	txt	7 天连锁酒店详细介绍
rj	37	jpg	如家酒店图片
Rj	1	Txt	如家酒店详细介绍

3.3.2　数据包的整理

上述介绍了掌上杭州所需要的文本和图片，为了方便对数据包的管理与维护，掌上杭州采用了将资源文件以指定格式压缩为数据包的技术将文本和图片加载到项目。这不仅提高了程序的灵活性和通用性，而且还极大地降低了二次开发的成本。

（1）在项目开发之前，读者需要了解数据包的结构，这样方便理解从 SD 卡获取指定图片或文本的代码。首先介绍\zshz\food 文件中文本资源的目录结构，主要包括杭州美食的一些图片和详细介绍以及特色店的地址信息等，具体结构如图 3-68 示。

（2）上面介绍了掌上杭州美食版块的目录结构，下面将介绍\zshz\zhusu 文件中的文本资源的目录结构，内容如图 3-69 所示。

（3）软件中美食版块所需的图文资源比较多，接着展示一下软件中景点版块的目录结构，具体信息需读者自行查看，内容如图 3-70 所示。

▲图 3-68　美食版块所需的资源

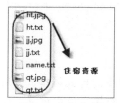

▲图 3-69　住宿资源

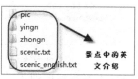

▲图 3-70　景点的图文资源

> 说明　　上面主要为读者展示的是掌上杭州所需要的文本和图片的数据包，读者可以自行查看随书的光盘中项目数据包的详细内容。

3.3.3　XML 资源文件的准备

每个 Android 项目都是由不同的布局文件搭建而成的，掌上杭州也不例外。下面将介绍掌上杭州中部分 xml 资源文件，主要有 strings.xml、styles.xml 和 colors.xml。接下来会逐一介绍配置文件的开发，请读者仔细阅读。

- strings.xml 的开发。

掌上杭州被创建后会默认在 res/values 目录下创建一个 strings.xml 文件，该 xml 文件用于存放项目在开发阶段所需要的字符串资源。将字符串存放在此文件中可以方便开发过程中的使用，规范的分类使项目结构清晰，修改方便，其实现代码如下。

📎 代码位置：见随书光盘中源代码/第 3 章/ Hongzhou/res/values 目录下的 strings.xml。

```
1     <?xml version="1.0" encoding="utf-8"?>              <!--版本号及编码方式-->
2     <resources>
3         <string name="app_name">掌上杭州</string>           <!--标题-->
4         <string name="spinner_name">特色店推荐</string>     <!-美食版块特色店推荐->
5         <string name="gw_tg">团购</string>                <!-购物版块团购->
6         <string name="gw_cx">促销</string>                <!-购物版块促销->
7         <string name="gw_pp">品牌</string>                <!-购物版块品牌->
8         <string name="str_ktv">KTV</string>             <!-娱乐版块KTV->
9         <string name="str_bar">酒吧</string>              <!-娱乐版块酒吧->
10        <string name="str_yy">影院</string>               <!-娱乐版块影院->
11        <string name="str_club">俱乐部</string>           <!-娱乐版块俱乐部->
12    </resources>
```

> 说明　　上述代码中声明了本程序需要用到的字符串，避免在布局文件中重复声明，增加了代码的可靠性和一致性，极大地提高了程序的可维护性。

- styles.xml 的开发。

styles.xml 文件被创建在项目 res/values 目录下，该 xml 文件中存放项目界面中所需的各种风格样式，作用于一系列单个控件元素的属性。本程序中的 styles.xml 文件代码用于设置整个项目的格式，部分代码如下所示。

📎 代码位置：见随书光盘中源代码/第 3 章/ Hangzhou/res/values 目录下的 styles.xml。

```
1     <resources>
2         <style name="AppBaseTheme" parent="android:Theme.Light"></style>
3         <!-- Application theme.-->
4         <style name="AppTheme" parent="AppBaseTheme"></style>   <!-- Activity 主题 -->
5         <style name="activityTheme" parent="android:Theme.Light">
```

```
6              <item name="android:windowNoTitle">true    <!--设置对话框格式为无标题模式-->
7              </item>
8              <item name="android:windowIsTranslucent">true   <!--设置对话框格式为不透明-->
9              </item>
10             <item name="android:windowContentOverlay">@null<!--窗体内容无覆盖-->
11             </item>
12          </style>
13      </resources>
```

> **说明**　上述代码用于声明程序中的样式风格，使用定义好的风格样式，方便读者在编写程序时调用。避免在各个布局文件中重复声明，增加了代码的可读性、可维护性并提高了程序的开发效率。

- colors.xml 的开发。

colors.xml 文件被创建在 res/values 目录下，该 xml 文件用于存放本项目在开发阶段所需要的颜色资源。colors.xml 中的颜色值能够满足项目界面中颜色的需要，其颜色代码实现如下。

✏️ **代码位置**：见随书光盘中源代码/第 3 章/ CampusAssistant /res/values 目录下的 colors.xml。

```
1    <?xml version="1.0" encoding="utf-8"?>              <!--版本号及编码方式-->
2    <resources>
3       <color name="red">#fd8d8d</color>                <!-文本颜色红色->
4       <color name="green">#9cfda3</color>              <!-文本颜色绿色->
5       <color name="blue">#8d9dfd</color>               <!-文本颜色蓝色->
6       <color name="white">#FFFFFF</color>              <!-背景颜色白色->
7       <color name="black">#000000</color>              <!-黑色->
8       <color name="gray">#CCCCCC</color>               <!-灰色->
9       <color name="text_num_gray">#333</color>         <!-文字颜色->
10      <color name="lightgreen">#d9ebb1</color>         <!-选中按钮颜色>
11      <color name="transparent">#00000000</color>      <!-未选中按钮颜色->
12      <color name="itemcolcor">#fff1f6fc</color>       <!-列表颜色->
13   </resources>
```

> **说明**　上述代码用于项目所需要的颜色，主要包括列表标题颜色、列表小标题颜色、按钮被选中状态颜色、按钮未被选中状态颜色以及内容背景色等，避免了在各个界面中重复声明。

3.4　辅助工具类的开发

前面已经介绍了掌上杭州功能的预览以及总体架构，下面将介绍项目所需要的工具类。工具类可被项目其他 Java 文件多次调用，从而避免了重复性开发，同时提高了程序的可维护性，可谓一劳永逸。工具类在这个项目中十分常用，请读者仔细阅读。

3.4.1　常量类的开发

本小节将向读者介绍掌上杭州中的常量类 Constant 的开发。软件内有许多地方需要重复调用常量，为了避免在 Java 文件中重复定义常量，我们将多处需要的常量放在了 Constant.java 文件中方便开发者管理和修改，其具体代码如下所示。

✏️ **代码位置**：见随书光盘源代码/第 3 章/HangZhou/src/com/cn/util 目录下的 Constant.java。

```
1    package com.cn.util;
2    public class Constant {
3        public static final String ADD_PRE="/sdcard/zshz/";         <!-文件路径->
4        public static final int WAIT_DIALOG_REPAINT=0;  <!-等待对话框刷新消息编号->
```

```
5          public static final int WAIT_DIALOG=0;              <!-等待对话框编号 ->
6          public static final int INFO_MYSQL=1;               <!-编号->
7          public static int TEXT_SIZE=16;                     <!-文字的大小->
8          public static String snzy="zhongn";                 <!-中文文本->
9          public static int COLOR=R.color.black;              <!-字体颜色->
10         public static final int PHOTOHRAPH = 1;             <!-拍照调用系统照相机时使用->
11         public static Location myLocation;                  <!-游客当前的经纬度位置->
12         public static final int SHOWMOREDIALOG=1;           <!-显示更多对话框->
13         public static final int EXIT_DIALOG=2;              <!-询问是否退出对话框->
14         public static String curSMP=null;                   <!-记录当前正在播报的景点名->
15         public static String curScenicId=null;              <!-记录当前显示景点的编号->
16         public static final int DISTANCE_SCENIC=200;        <!-景点范围的阈值->
17         public static final double EARTH_RADIUS = 6378137.0;    <!-地球半径->
18         public static final int DISTANCE_USER=100;          <!-用户移动范围的阈值->
19      }
```

> 💡 **说明**　　常量类的开发是高效完成项目的一项十分必要的准备工作，这样可以避免在不同的 Java 文件中定义常量的重复性工作，提高了代码的可维护性。如果读者在下面的类或方法中有不明白具体含义的常量，可以在本类中查找。

3.4.2　图片获取类的开发

上一小节中介绍了掌上杭州常量类的开发，本小节将介绍图片获取类的开发。软件中需要加载大量的图片，于是我们开发了从 SD 卡中加载指定图片的 BitmapIOUtil 类。BitmapIOUtil 类供其他 Java 文件调用，提高了程序的可读性和可维护性，具体代码如下。

📝 **代码位置：**见随书光盘源代码/第 3 章/HangZhou/src/com/cn/util 目录下的 BitmapIOUtil.java。

```
1     package com.cn.util;
2     ……//此处省略了本类中导入类的代码，读者可自行查阅随书光盘中的源代码
3     public class BitmapIOUtil{                                //图片获取类
4        static Bitmap bp=null;                                //Bitmap 对象加载图片
5        public static Bitmap getSBitmap(String subPath){
6           try{
7              String path=Constant.ADD_PRE+subPath;            //获取路径字符串
8              bp = BitmapFactory.decodeFile(path);             //实例化 Bitmap
9           } catch(Exception e){                               //捕获异常
10             System.out.println("出现异常!! ");                //打印字符串
11          }
12          return bp;                                          //返回 Bitmap 对象
13     }}
```

> 💡 **说明**　　此代码表示利用 BitmapFactory 类的 decodeFile(String path)方法来加载指定路径的位图，显示原图。path 表示要解码的文件路径名的完整路径名，最后返回获得的解码的位图。如果指定的文件名称 path 为 null，则不能被解码成位图，该函数返回 null。

3.4.3　解压文件类的开发

上一小节中介绍了图片获取类的开发，本小节将继续给大家介绍本应用的第三个工具类 ZipUtil，该类为解压文件类。程序在初次运行时将调用该类，用于将 HangZhou/assets 中的.zip 文件解压到 SD 卡中供程序中获取资源使用，具体代码如下。

📝 **代码位置：**见随书光盘源代码/第 3 章/HangZhou/src/com/cn/util 目录下的 ZipUtil.java。

```
1     package com.cn.util;
2     ……//此处省略了导入类的代码，读者可自行查阅随书光盘中的源代码
3     public class ZipUtil {
```

```
4        public static void unZip(Context context, String assetName,
5          String outputDirectory) throws IOException {      //解压.zip 压缩文件方法
6            File file = new File(outputDirectory);           //创建解压目标目录
7            if (!file.exists()) {                            //如果目标目录不存在,则创建
8                file.mkdirs();                               //创建目录
9            }
10           InputStream inputStream = null;
11           inputStream = context.getAssets().open(assetName); //打开压缩文件
12           ZipInputStream zipInputStream = new ZipInputStream(inputStream);
13           ZipEntry zipEntry = zipInputStream.getNextEntry(); //读取一个进入点
14           byte[] buffer = new byte[1024 * 1024];               //使用 1Mbuffer
15           int count = 0;                                       //解压时字节计数
16           while (zipEntry != null)  {//如果进入点为空说明已经遍历完所有压缩包中文件和目录
17               if (zipEntry.isDirectory()) {                    //如果是一个目录
18                   file = new File(outputDirectory + File.separator + zipEntry. getName());
19                   file.mkdir();                                //创建文件
20               } else {                                         //如果是文件
21                   file = new File(outputDirectory + File.separator  + zipEntry. getName());
22                   file.createNewFile();                        //创建该文件
23                   FileOutputStream fileOutputStream = new FileOutputStream(file);
24                   while ((count = zipInputStream.read(buffer)) > 0) {
25                       fileOutputStream.write(buffer, 0, count);
26                   }
27                   fileOutputStream.close();                    //关闭文件输出流
28               }
29               zipEntry = zipInputStream.getNextEntry();        //定位到下一个文件入口
30           }
31           zipInputStream.close();                              //关闭流
32       }}
```

- 第 6~9 行用于创建解压目标目录,并且判断目标目录是否存在,不存在则创建。
- 第 11~13 行为打开压缩文件,并创建 ZipInputStream 对象,用于读取.zip 文件中的内容。
- 第 14~15 行用于设置读取文本的 Byte 值和解压时字节计数。
- 第 16~30 行为判断进入点是否为空,若为空,说明已经遍历完所有压缩包中文件和目录,
则开始解压文本文件。
- 第 31 行为关闭 ZipInputStream 流。

3.4.4 读取文件类的开发

上一小节中介绍了解压文件类的开发,本小节将继续介绍本应用的第四个工具类 PubMethod,
该类为读取文件类。该类在程序中将多次被调用,用于获取各个界面中所需要的文本信息,极大
地提高了程序的可读性和可维护性,具体实现代码如下。

🖋 **代码位置:**见随书光盘源代码/第 3 章/HangZhou/com/cn/util 目录下的 PubMethod.java。

```
1      packagec com.cn.util;                                  //声明包
2      ……//此处省略了导入类的代码,读者可自行查阅随书光盘中的源代码
3      public class PubMethod{
4          Activity activity;                                  //创建 Activity 对象
5          public PubMethod(){}                                //无参构造器
6          public PubMethod(Activity activity){
7                  this.activity=activity;                     //赋值
8          }
9          public String loadFromFile(String fileName){        //获取文件信息
10             String result=null;
11             try{
12                 File file=new File(Constant.ADD_PRE+fileName); //创建 File 类对象
13                 int length=(int)file.length();              //获取文件长度
14                 byte[] buff=new byte[length];               //创建 byte 数组
15                 FileInputStream fin=new FileInputStream(file);//创建 FileInputStream 流对象
16                 fin.read(buff);                             //读取文本文件
17                 fin.close();                                //关闭文件流
```

```
18              result=new String(buff,"UTF-8");                    //文本字体设置为汉字
19              result=result.replaceAll("\\r\\n","\n");           //替换转行字符
20          } catch(Exception e){                                   //捕获异常
21           Toast.makeText(activity, "对不起，没有找到指定文件！", Toast.LENGTH_SHORT).show();
22          }
23          return result;                                          //返回数据
24      }}
```

- 第 6~8 行为构造函数，用于获得 Activity 对象。
- 第 12~14 行用于打开文本文件，并获得文本文件的长度，设置读取文本的 Byte 数组值。
- 第 15~17 行为创建 FileInputStream 对象，并读取文本文件，读完文本文件后则关闭文件流。
- 第 18~19 行用于将字体转换成汉字，并且将 "\r\n" 换成 "\n"。
- 第 21~22 行为提示用户该文件不存在。

3.4.5 自定义字体类的开发

上一小节中介绍了读取文件类的开发，本小节将继续介绍本应用中用到的第五个工具类 FontManager，该类为自定义字体类。该类在程序中多次被调用，用来将各个界面中的字体设置为各种用户所需的字体，使界面更具艺术性，具体实现代码如下。

✎ **代码位置：见随书光盘源代码/第 3 章/HangZhou/com/cn/util 目录下的 FontManager.java。**

```
1   package com.cn.util;                                              //声明包
2   ……//此处省略了导入类的代码，读者可自行查阅随书光盘中的源代码
3   public class FontManager{
4       public static Typeface tf =null;                             //申明字体变量
5       public static void init(Activity act,String xx){
6           if(tf==null){                                            //初始化字体
7               tf= Typeface.createFromAsset(act.getAssets(), "fonts/kaiti.ttf");
8           } else{
9               if(xx.equals("kaiti")){                              //设置楷体
10                  if(tf!=Typeface.createFromAsset(act.getAssets(),
                        "fonts/kaiti.ttf")){
11                      tf=Typeface.createFromAsset(act.getAssets(), "fonts/
                        kaiti.ttf");
12          }}
13      ……//此处省略了字体的多种类型，读者可自行查阅随书光盘中的源代码
14      }
15  public static void changeFonts(ViewGroup root,Activity act){ //转换字体
16      for (int i = 0; i < root.getChildCount(); i++){
17          View v = root.getChildAt(i);                            //获取控件
18              if (v instanceof TextView){
19          ((TextView) v).setTypeface(tf);                         //转换 TextView 控件中的字体
20              } else if (v instanceof Button){
21          ((Button) v).setTypeface(tf);                           //转换 Button 控件中的字体
22          } else if (v instanceof EditText) {
23              ((EditText) v).setTypeface(tf);                     //转换 EditText 控件中的字体
24          } else if (v instanceof ViewGroup){
25              changeFonts((ViewGroup) v, act);                    //重新调用 changeFonts()方法
26  }}}
27  public static ViewGroup getContentView(Activity act) {          //获取控件的方法
28      ViewGroup systemContent =(ViewGroup)
29      act.getWindow().getDecorView().findViewById(android.R.id.content);
30      ViewGroup content = null;                                    //创建 ViewGroup
31      if(systemContent.getChildCount() > 0 &&
32          systemContent.getChildAt(0) instanceof ViewGroup){
33              content = (ViewGroup)systemContent.getChildAt(0);//给 content 赋值
34      }
35      return content;                                              //返回获取的控件
36  }}
```

- 第 3~14 行为初始化 Typeface。第一次调用 FontManager 类时，调用 init()方法，若 Typeface 为空，则创建 Typeface 对象。

● 第 15~26 行用于转换界面中的字体。用循环遍历界面中的各个控件，并将控件中的所有字体转换为卡通字体。

● 第 27~36 行用于获得传过来的 Activity，若该 Activity 的内容大于 0 并且其中的控件属于 ViewGroup，则获取该控件并返回。

3.5 辅助功能的实现

上一节介绍了软件开发前的各种准备工作，这一节主要介绍各辅助功能的开发。辅助功能的开发是为了帮助应用中各种功能的实现。掌上杭州为用户提供了多方面的帮助，全方位地为用户考虑，下面将逐一介绍辅助功能是如何实现的。

3.5.1　加载功能的实现

下面将介绍掌上杭州 Android 应用加载界面功能模块的实现。当用户初次进入本应用时，掌上杭州需要解压 assets 文件下的数据包，因此在欢迎界面中设计了加载功能，给用户动态感，让界面不再显得呆板。下面将具体介绍加载模块的开发。

（1）本节首先介绍软件加载界面 loading.xml 框架的搭建与实现，包括布局的安排、自定义等待动画属性的设置，其具体代码如下所示。

> 📝 **代码位置**：见随书光盘源代码/第 3 章/HangZhou/res/layout-port 目录下的 loading.xml。

```
1    <?xml version="1.0" encoding="utf-8"?>                    <!--版本号及编码方式-->
2    <LinearLayout xmlns:android="http://schemas.android.com/apk/res/android"<!--线性布局-->
3        android:orientation="horizontal"
4        android:layout_width="fill_parent"
5        android:layout_height="fill_parent">
6        <LinearLayout                                        <!--线性布局-->
7            android:layout_width="300dip"
8            android:layout_height="wrap_content" >
9            <edu.heuu.campusAssistant.util.WaitAnmiSurfaceView <!-- 自定义的等待动画-->
10               android:id="@+id/wasv"
11               android:layout_width="fill_parent"           <!--设置长宽-->
12               android:layout_height="fill_parent"
13               android:layout_marginLeft="100dip"
14               android:layout_marginTop="280dip"/>
15       </LinearLayout>
16   </LinearLayout>
```

> 💡 **说明**　上述代码用于声明加载界面的线性布局，设置了 LinearLayout 宽、高的属性，并将排列方式设置为水平排列。线性布局中包括 WaitAnmiSurfaceView.java 类中绘制的加载动画，并设置了其宽、高、位置的属性。

（2）上面简要介绍了加载界面框架的搭建，接下来将介绍首次进入本应用时，解压资源文件时出现的加载界面中自定义动画的实现，具体代码如下。

> 📝 **代码位置**：见随书光盘源代码/第 3 章/ HangZhou/com/cn/loading 目录下的 LoadingActivity.java。

```
1    package com.cn.loading                                   //导入包
2    ……//此处省略导入类的代码，读者可自行查阅随书光盘中的源代码
3    public class LoadingActivity extends Activity{           //继承系统 Activity
4        ……//此处省略变量定义的代码，请自行查看源代码
5        Handler hd=new Handler(){                            //创建 Handler
6            public void handleMessage(Message msg){          //重写方法
7                switch(msg.what){
8                    case Constant.WAIT_DIALOG_REPAINT:       //等待对话框刷新
9                    wasv.repaint();                          //调用 repaint 方法绘制
```

```
10                    break;                                      //退出
11        }}};
12        public void onCreate(Bundle savedInstanceState){
13            super.onCreate(savedInstanceState);                 //调用父类方法
14            setContentView(R.layout.login);                     //切换界面
15            requestWindowFeature(Window.FEATURE_NO_TITLE);       //设置隐藏标题栏
16            showDialog(Constant.WAIT_DIALOG);                    //绘制对话框
17        }
18        public Dialog onCreateDialog(int id){
19            Dialog result=null;
20            switch(id){
21                case Constant.WAIT_DIALOG:                       //历史记录对话框的初始化
22                    AlertDialog.Builder b=new AlertDialog.Builder(this);
                      //创建 AlertDialog.Builder 类对象
23                    b.setItems(null, null);
24                    b.setCancelable(false);
25                    waitDialog=b.create();                       //创建对话框
26                    result=waitDialog;
27                    break;                                       //退出
28            }
29            return result;                                       //返回 Dialog 类对象
30        }
31        public void onPrepareDialog(int id, final Dialog dialog){
32            if(id!=Constant.WAIT_DIALOG)return;                  //若不是历史对话框则返回
33            dialog.setContentView(R.layout.loading);
34            wasv=(WaitAnmiSurfaceView)dialog.findViewById(R.id.wasv);
              //创建 WaitAnmiSurfaceView
35            new Thread(){
36                public void run(){
37                    for(int i=0;i<200;i++){                      //循环 200 次
38                        wasv.angle=wasv.angle+5;                 // angle 值加 5
39                        hd.sendEmptyMessage(Constant.WAIT_DIALOG_REPAINT);   //发送消息
40                        try{
41                            Thread.sleep(50);                    //睡眠 50 毫秒
42                        } catch(Exception e){                    //捕获异常
43                            e.printStackTrace();                 //打印栈信息
44                    }}
45                    dialog.cancel();                             //取消对话框
46                    unzipAndChange();                            //切换到另一 Activity 的方法
47            }}.start();
48        }
49        public void unzipAndChange(){
50            ……//此处省略界面切换的代码，下面将详细介绍
51    }}
```

- 第 5~10 行用于创建 Handler 对象，重写 handleMeaasge 方法，并调用父类处理消息字符串，根据消息的 what 值，执行相应的 case，开始绘制对话框里的动画。

- 第 12~16 行为在 onCreate 方法里调用父类 onCreate 方法，并设置自定义 Activity 标题栏为隐藏标题栏。

- 第 18~48 行重写 onCreateDialog、onPrepareDialog 方法，与 showDialog 共用。当对话框第一次被请求时，调用 onCreateDialog 方法，在这个方法中初始化对话框对象 Dialog。在每次显示对话框之前，调用 onPrepareDialog 方法加载动画。

> ✒️说明　　上面提到的 WaitAnmiSurfaceView 类是用来绘制加载界面动画图形的，在下面的小节会讲到，在这里就不再重述了，请读者自行查看前面小节的详细介绍。

（3）上面省略的加载界面 LoadingActivity 类的 unzipAndChange()方法具体代码如下。该方法执行的是切换到不同 Activity 和解压文本文件的操作。

🖉 **代码位置：** 见随书光盘源代码/第 3 章/HangZhou/com/cn/loading 目录下的 LoadingActivity.java。

```
1    public void unzipAndChange(){
2        try{
```

```
3            ZipUtil.unZip(LoadingActivity.this, "zshz.zip", "/sdcard/");      //解压
4       }catch(Exception e){                                        //捕获异常
5            System.out.println("解压出错！");                          //打印字符串
6       }
7       Intent intent=new Intent();                                 //创建 Intent 类对象
8       intent.setClass(LoadingActivity.this, MainActivityGroup.class);
9       startActivity(intent);                                      //启动下一个 Activity
10      finish();
11  }
```

> **说明**　　上面在 unzipAndChange()方法中调用了 ZipUtil 工具类中的 unZip 方法来将.zip 文件解压到 SD 卡中，同时启动下一个 Activity。在上面提到的欢迎界面的布局和功能与加载界面基本一致，这里因篇幅原因就不再叙述，请读者自行查阅随书光盘中的源代码。

（4）因为加载动画的操作是用画笔完成的，所以需要使用绘制图形类来实现该操作，即上面用到的 WaitAnmiSurfaceView 类，其具体代码如下。

✎ **代码位置：**见随书光盘源代码/第 3 章/HangZhou/com/cn/util 目录下的 WaitAnmiSurfaceView.java。

```
1   package com.cn.util;                                            //导入包
2   ……//此处省略导入类的代码，读者可自行查阅随书光盘中的源代码
3   public class WaitAnmiSurfaceView extends View{
4       ……//此处省略定义变量的代码，请自行查看源代码
5       public WaitAnmiSurfaceView(Context activity,AttributeSet as){
6           super(activity,as);                                    //调用构造器
7           paint = new Paint();                                   //创建画笔
8           paint.setAntiAlias(true);                              //打开抗锯齿
9           bitmapTmp=BitmapFactory.decodeResource(activity.getResources(),
            R.drawable.star);
10          picWidth=bitmapTmp.getWidth();                         //获得图片宽度
11          picHeight=bitmapTmp.getHeight();                       //获得图片高度
12      }
13      public void onDraw(Canvas canvas){
14          paint.setColor(Color.WHITE);                           //设置画笔颜色
15          float left=(viewWidth-picWidth)/2+80;                  //计算左上侧点的 x 坐标
16          float top=(viewHeight-picHeight)/2+80;                 //计算左上侧点的 y 坐标
17          Matrix m1=new Matrix();
18          m1.setTranslate(left,top);                             //平移
19          Matrix m3=new Matrix();
20          m3.setRotate(angle, viewWidth/2+80, viewHeight/2+80);  //设置旋转角度
21          Matrix mzz=new Matrix();
22          mzz.setConcat(m3, m1);
23          canvas.drawBitmap(bitmapTmp, mzz, paint);              //绘制动画
24      }
25      public void repaint(){                                     //自己为了方便开发的 repaint 方法
26          this.invalidate();
27  }}
```

> **说明**　　上述代码为重绘图片的方法，先设置画笔的颜色，将其透明度设置为 40，然后用 Canvas 的对象开始绘制该矩阵，当获得左上侧点的坐标后，将 Matrix 平移到该坐标位置上，然后设置其旋转角度，最后将两个 Matrix 对象计算并连接起来由 Canvas 始绘制自定义的动画。

3.5.2　主界面的实现

本小节主要介绍的是软件整个大框架的实现。经过加载后进入到主界面，用户可以通过点击主界面下方的菜单栏按钮，实现界面的切换。本软件有首页、搜索、设置 3 个界面的相互切换。下面详细介绍该架构的搭建与实现。

（1）下面主要向读者具体介绍主界面的搭建，包括布局的安排，按钮、水平滚动视图等控件的各个属性的设置，读者可自行查阅随书光盘代码进行学习，其具体代码如下。

📡 **代码位置：**见随书光盘源代码/第 3 章/CampusAssistant/res/layout-port 目录下的 activity_main.xml。

```xml
1    <?xml version="1.0" encoding="utf-8"?>                        <!--版本号及编码方式-->
2    <LinearLayout xmlns:android="http://schemas.android.com/apk/res/android"
3        android:layout_width="fill_parent"                       <!--线性布局-->
4        android:layout_height="fill_parent"
5        android:background="@color/black"
6        android:orientation="vertical" >
7        <LinearLayout                                            <!--线性布局-->
8            android:id="@+id/container"
9            android:layout_width="fill_parent"
10           android:layout_height="50dip"
11           android:layout_weight="1.0" />
12       <RadioGroup                                              <!--按钮组-->
13           android:gravity="center_vertical"
14           android:layout_gravity="bottom"
15           android:orientation="horizontal"
16           android:layout_width="fill_parent"
17           android:layout_height="wrap_content">
18           <RadioButton                                         <!--首页按钮-->
19               android:id="@+id/Button01"
20               android:layout_width="wrap_content"              <!--设置长宽属性-->
21               android:layout_height="wrap_content"
22               android:layout_weight="1"
23               android:gravity="center"
24               android:button="@null"
25               android:background="@drawable/bt_home" />
26           <RadioButton                                         <!--搜索按钮-->
27               android:id="@+id/Button02"
28               android:layout_width="wrap_content"              <!--设置长宽属性-->
29               android:layout_height="wrap_content"
30               android:layout_weight="1"
31               android:gravity="center"
32               android:button="@null"
33               android:background="@drawable/bt_search" />
34           <RadioButton                                         <!--设置按钮-->
35               android:id="@+id/Button03"
36               android:layout_width="wrap_content"              <!--设置长宽属性-->
37               android:layout_height="wrap_content"
38               android:layout_weight="1"
39               android:gravity="center"                         <!--设置位于中心-->
40               android:button="@null"
41               android:background="@drawable/bt_set" />
42       </RadioGroup>
43   </LinearLayout>
```

● 第 2~6 行用于声明总的线性布局，总线性布局中还包含一个线性布局。设置线性布局的宽度为自适应屏幕宽度，高度为屏幕高度，并设置了总的线性布局距屏幕顶端的距离。

● 第 7~11 行用于视图的变换，设置了 LinearLayout 宽、高，以及布局的权重比，随着下面按钮的点击切换视图。

● 第 12~43 行用于声明按钮组，包含 3 个普通按钮，并设置了 RadioGroup 宽、高、背景颜色、对齐方式以及相对布局对齐方式的属性及排列方式为水平排列和 RadioButton 宽、高、背景颜色及文本等属性。

（2）下面将介绍主界面 MainActivityGroup 类中功能的开发。主界面一开始选择首页，用户点击下面的按钮首页、搜索、设置时，将切换到相应的界面。主界面搭建的具体代码如下。

📡 **代码位置：**见随书光盘源代码/第 3 章/HangZhou/com/cn/hangzhou 目录下的 MainActivityGroup.java。

```java
1    package com.cn.hangzhou;                                     //声明包
```

```
2      ……//此处省略导入类的代码，读者可自行查阅随书光盘中的源代码
3      public class MainActivityGroup extends MZActivityGroup implements OnClickListener{
4          ……//此处省略定义变量的代码，读者可自行查看随书光盘中的源代码
5          @Override
6          protected void onCreate(Bundle savedInstanceState) {
7              setContentView(R.layout.main);                          //切换界面
8              super.onCreate(savedInstanceState);                     //调用父类方法
9              initRadioBtns();                                        //初始化按钮
10         }
11         protected ViewGroup getContainer(){                         //加载 Activity 的 View
12             return (ViewGroup) findViewById(R.id.container);
13         }
14         protected void initRadioBtns(){
15             initRadioBtn(R.id.Button01);                            //初始化首页按钮
16             initRadioBtn(R.id.Button02);                            //初始化搜索按钮
17             initRadioBtn(R.id.Button03);                            //初始化设置按钮
18         }
19         @Override
20         public void onCheckedChanged(CompoundButton buttonView, boolean isChecked){
21             if (isChecked){
22                 switch (buttonView.getId()) {                       //判断哪个按钮
23                 case R.id.Button01:
24                     setContainerView(CONTENT_ACTIVITY_NAME_0, ShouYeActivity.class);
25                     break;                                          //切换到首页界面
26                 case R.id.Button02:
27                     setContainerView(CONTENT_ACTIVITY_NAME_1, SouSuoActivity.class);
28                     break;                                          //切换到搜索界面
29                 case R.id.Button03:
30                     setContainerView(CONTENT_ACTIVITY_NAME_2, ShiZhiActivity.class);
31                     break;                                          //切换到设置界面
32                 default:
33                     break;
34     }}}}
```

● 第 6~10 行为 Activity 启动时调用的方法，在 onCreate 方法中进行了部分内容初始化的工作，并拿到了该界面的引用。

● 第 11~13 行用于加载被选中按钮下的 Activity 的 View 并返回此 View。

● 第 14~18 行用于向主界面加入所有按钮，其作为界面的菜单栏，位于界面的最下面一行，可左右切换不同的界面。

● 第 19~35 行为按钮被点击时，具体发生的变化的代码，按下按钮后，onCheckedChanged 方法获得 id 号，根据 id 号跳入到相对应的 Activity 界面。

> **✔说明**　上面提到的 MainActivityGroup 类继承了我们自己重写的 MZActivityGroup 类，MZActivityGroup 类的代码在这里省略，读者可自行查阅随书光盘中的的源代码。

3.5.3　百度地图的实现

本小节主要介绍的是掌上杭州中地图的实现。软件中美食、景点、娱乐等多个地方用到地图。此应用是一次开发，多次调用，节省了开发成本，实现了路线规划、GPS 定位以及导航等功能，方便了用户的出行。接下来详细介绍地图各功能的实现。

> **✔提示**　本模块是基于百度地图进行二次开发而成的，二次开发的功能包括路线规划、模拟导航、真实导航以及 GPS 定位等。在运行本程序之前，读者首先应该重新申请百度地图的 key 值，添加在主配置文件（AndroidManifest.xml）的 meta-data 属性中，运行即可。对这些相关操作不太熟悉的读者可以参考百度地图官网的相关资料，本书由于篇幅所限，不再一一赘述。

（1）由于地图模块的界面搭建比较单一，在这就不再细讲，读者可自行查看源代码。下面将

主要介绍地图中具体功能的开发，具体的实现代码如下。

✎ **代码位置：见随书光盘中源代码/第 3 章/HangZhou/com/cn/map 目录下的 MapActivity.java。**

```
1      package com.cn.map;                                          //声明包
2      ……//此处省略导入类的代码，读者可自行查阅随书光盘中的源代码
3      public class MapActivity extends Activity {
4          ……//此处省略定义变量的代码，读者可自行查阅随书光盘中的源代码
5          @Override
6          public void onCreate(Bundle savedInstanceState) {
7              super.onCreate(savedInstanceState);                  //调用父类方法
8              SDKInitializer.initialize(getApplicationContext());
                //SDK 各功能组件使用之前都需要调用
9              setContentView(R.layout.map_main);                   //切换界面
10             mMapView = (MapView) findViewById(R.id.bmapView);    //地图初始化
11             mBaiduMap = mMapView.getMap();
12         mBaiduMap.setMapType(BaiduMap.MAP_TYPE_NORMAL);     //设置地图为普通模式
13         mBaiduMap.setTrafficEnabled(true);
14             eX=this.getIntent().getIntExtra("longN",12016984);  //接收经纬度
15             eY=this.getIntent().getIntExtra("latN",3027673);
16             nameStr=this.getIntent().getStringExtra("name");    //接收地址名称
17             float longF=(float)(eX * 1e-5);                      //转换经纬度
18             float latF=(float)(eY * 1e-5);
19             nodeLocation=new LatLng(latF,longF);
20             bitmap = BitmapDescriptorFactory.fromResource(R.drawable.ballon);
                //构建 Marker 图标
21             OverlayOptions option = new MarkerOptions()          //构建 MarkerOption
22             position(nodeLocation) .icon(bitmap);
23             mBaiduMap.clear();                                   //清除图标
24             mBaiduMap.addOverlay(option);                        //在地图上添加 Marker，并显示
25             mBaiduMap.setMapStatus(MapStatusUpdateFactory.newLatLng
                (nodeLocation));
26             mBaiduMap.setOnMarkerClickListener(new OnMarkerClickListener(){//弹出泡泡
27             public boolean onMarkerClick(final Marker marker){
28                 Button button = new Button(getApplicationContext());
29                 button.setBackgroundResource(R.drawable.popup);//设置气泡的图片
30                 button.setText(nameStr);                         //设置文本
31                 button.setTextColor(Color.BLACK);                //设置字体颜色
32                 mInfoWindow = new InfoWindow(button, nodeLocation, null);
33                 mBaiduMap.showInfoWindow(mInfoWindow);           //将窗体设置到地图中
34                 return true;
35         }});;}
36             ……//此处省略了 3 个必须重写的方法，读者可自行查阅随书光盘中的源代码
37     }
```

● 第 6~13 行功能是为本类的变量赋值。首先调用父类 onCreate，切换主界面，然后从布局文件中获取 MapView 对象，并对此初始化，接着设置了地图的相关属性。

● 第 14~19 行接收传过来的地址名称和其经纬度，并转换经纬度的数值类型。

● 第 19~24 行根据传入的经纬度在地图上相应的位置添加气球图标。

● 第 26~35 行为点击地址图标弹出气泡，并设置气泡的图片，设置气泡中文本内容，设置字体的颜色。将其弹窗显示在地图上。

（2）接着介绍驾车搜索的实现包括初始化地图、更新指南针位置、规划路线以及导航等方法，具体代码如下。

✎ **代码位置：见随书光盘中源代码/第 3 章/Hangz/com/cn/map 目录下的 RoutePlanDemo.java。**

```
1      private void initMapView() {                                //初始化 mMGLMapView
2          if (Build.VERSION.SDK_INT < 14) {                       //版本号小于 14
3              BaiduNaviManager.getInstance().destroyNMapView();//释放导航视图，即地图
4          }
5          mMGLMapView = BaiduNaviManager.getInstance().createNMapView(this);
            //创建导航视图地图
6          BNMapController.getInstance().setLevel(14);             //设置地图放大比例尺
7          BNMapController.getInstance().setLayerMode(LayerMode.MAP_LAYER_MODE_
            BROWSE_MAP);
```

```
8            updateCompassPosition();                              //更新指南针
9            BNMapController.getInstance().locateWithAnimation(eX, eY);//设置地图的中心位置
10   }
11   private void updateCompassPosition(){                        //更新指南针位置的方法
12       int screenW = this.getResources().getDisplayMetrics().widthPixels;
             //获得屏幕宽度
13       BNMapController.getInstance().resetCompassPosition(      //设置指南针的位置
14           screenW - ScreenUtil.dip2px(this, 30),ScreenUtil.dip2px(this, 126), -1);
15   }
16   private void startCalcRoute(int netmode) {
17       ……//此处省略起止点经纬度的设置，读者可自行查阅随书光盘中的源代码
18       RoutePlanNode startNode = new RoutePlanNode(sX, sY,      //起点
19           RoutePlanNode.FROM_MAP_POINT, strFrom, strFrom);
20       RoutePlanNode endNode = new RoutePlanNode(eX, eY,               //终点
21           RoutePlanNode.FROM_MAP_POINT, strTo, strTo);
22       ArrayList<RoutePlanNode> nodeList = new ArrayList<RoutePlanNode>(2);
             //初始化 nodeList
23       nodeList.add(startNode);                                 //添加起点
24       nodeList.add(endNode);                                   //添加终点
25       BNRoutePlaner.getInstance().setObserver(new RoutePlanObserver(this, null));
26       BNRoutePlaner.getInstance().                             //设置算路方式
27       setCalcMode(NE_RoutePlan_Mode.ROUTE_PLAN_MOD_MIN_TIME);
28       BNRoutePlaner.getInstance().setRouteResultObserver(mRouteResultObserver);
29       boolean ret = BNRoutePlaner.getInstance().setPointsToCalcRoute(
             //设置起终点并算路
30           nodeList,NL_Net_Mode.NL_Net_Mode_OnLine);
31       if(!ret){
32           Toast.makeText(this, "规划失败", Toast.LENGTH_SHORT).show();//显示 Toast
33   }}
34   private void startNavi(boolean isReal) {
35       if (mRoutePlanModel == null) {                           //如果 mRoutePlanModel 为 null
36           Toast.makeText(this, "请先算路！", Toast.LENGTH_LONG).show();//显示 Toast
37           return;                                              //返回
38       }
39       RoutePlanNode startNode = mRoutePlanModel.getStartNode();//获取路线规划结果起点
40       RoutePlanNode endNode = mRoutePlanModel.getEndNode();//获取路线规划结果终点
41       if (null == startNode || null == endNode) {             //若 startNode 或 endNode 为空
42           return;                                             //返回
43       }
44       int calcMode = BNRoutePlaner.getInstance().getCalcMode();//获取路线规划算路模式
45       Bundle bundle = new Bundle();                           //创建 Bundle 对象
46       bundle.putInt(BNavConfig.KEY_ROUTEGUIDE_VIEW_MODE,      //设置 Bundle 对象
47         BNavigator.CONFIG_VIEW_MODE_INFLATE_MAP);
48       ……//此处省略 Bundle 类对象的设置，读者可自行查看源代码
49       f (!isReal) {                                           //模拟导航
50           bundle.putInt(BNavConfig.KEY_ROUTEGUIDE_LOCATE_MODE,
51               RGLocationMode.NE_Locate_Mode_RouteDemoGPS);
52       } else {                                                //GPS 导航
53           bundle.putInt(BNavConfig.KEY_ROUTEGUIDE_LOCATE_MODE,
54               RGLocationMode.NE_Locate_Mode_GPS);
55       }
56       Intent intent = new Intent(TangShanMapActivity.this, BNavigatorActivity.
         class);    //创建 Intent 对象
57       intent.putExtras(bundle);                               //添加 Bundle 对象
58       startActivity(intent);                                  //切换 Activity
59   }
```

- 第 1~10 行表示初始化 mMGLMapView 的方法。首先如果版本号小于 14，BaiduNaviManager 将释放导航视图，即释放地图，然后通过 BaiduNaviManager 创建导航视图以及设置地图层显示模式，最后更新指南针在地图上的位置以及设置地图的中心点。

- 第 11~15 行表示更新指南针位置的方法，通过获取手机屏幕的宽度来计算指南针当前的位置。

- 第 16~33 行为规划路线的方法。首先创建并初始化 RoutePlanNode 类对象 startNode 和 endNode，创建并初始化 ArrayList<RoutePlanNode>对象，用于存放路线节点；然后设置线路方式、线路结果回调以及起止点；最后在地图中进行算路。

● 第 34~40 行为开启导航的方法。如果 mRoutePlanModel 对象为空，则说明还未进行算路，无法进行导航功能；否则通过 mRoutePlanModel 对象获取路线规划结果的起点和终点。

● 第 41~55 行，如果起点和终点二者之间有一个变量为空，则无法进行导航功能，否则通过 BNRoutePlaner 对象获得路线规划算路模式，并创建 Bundle 对象，根据 isReal 变量设置导航模式，为 Bundle 对象添加键值。

● 第 56~59 行创建并初始化 Intent 对象用于切换 Activity 实现模拟导航或 GPS 导航功能。

（3）上面提到的 BNavigatorActivity 为创建导航视图并时时更新视图的类。本类中调用语音播报功能，导航过程中的语音播报是对外开放的，开发者通过回调接口可以决定使用导航自带的语音 TTS 播报，还是采用自己的 TTS 播报。具体代码如下。

代码位置：见随书光盘中源代码/第 3 章/Hangzhou/com.cn/map 目录下的 BNavigatorActivity.java。

```
1     package com.cn.map;                                          //导入包
2     ……//此处省略导入类的代码，读者可自行查阅随书光盘中的源代码
3     public class BNavigatorActivity extends Activity{            //继承系统 Activity
4         public void onCreate(Bundle savedInstanceState){
5             super.onCreate(savedInstanceState);                 //调用父类方法
6             if (Build.VERSION.SDK_INT < 14) {                   //如果版本号小于 14
7                 BaiduNaviManager.getInstance().destroyNMapView();  //销毁视图
8             }
9             MapGLSurfaceView nMapView = BaiduNaviManager.getInstance().create
              NMapView(this);
10            View navigatorView = BNavigator.getInstance().      //创建导航视图
11            init(BNavigatorActivity.this, getIntent().getExtras(), nMapView);
12            setContentView(navigatorView);                      //填充视图
13            BNavigator.getInstance().setListener(mBNavigatorListener);//添加导航监听器
14            BNavigator.getInstance().startNav();                //启动导航
15            BNTTSPlayer.initPlayer();                           //初始化 TTS 播放器
16            BNavigatorTTSPlayer.setTTSPlayerListener(new IBNTTSPlayerListener() {
17                @Override                                       //设置 TTS 播放回调
18                public int playTTSText(String arg0, int arg1) { //TTS 播报文案
19                    return BNTTSPlayer.playTTSText(arg0, arg1);
20                }
21                ……//此处省略两个重写的方法，读者可自行查阅随书光盘中的源代码
22                @Override
23                public int getTTSState() {                      //获取 TTS 当前播放状态
24                    return BNTTSPlayer.getTTSState();           //返回 0 则表示 TTS 不可用
25            }});
26            BNRoutePlaner.getInstance().setObserver(
27                new RoutePlanObserver(this, new IJumpToDownloadListener() {
28                    @Override
29                    public void onJumpToDownloadOfflineData() {
30        }}));}
31    //导航监听器
32    private IBNavigatorListener mBNavigatorListener = new IBNavigatorListener() {
33        @Override
34        public void onPageJump(int jumpTiming, Object arg) {    //页面跳转回调
35            if(IBNavigatorListener.PAGE_JUMP_WHEN_GUIDE_END == jumpTiming){
36                finish();                                       //如果导航结束，则退出导航
37            }elseif(IBNavigatorListener.PAGE_JUMP_WHEN_ROUTE_PLAN_FAIL ==
              jumpTiming){
38                finish();                                       //如果导航失败，则退出导航
39        }}
40        @Override
41        public void notifyStartNav() {                          //开始导航
42            BaiduNaviManager.getInstance().dismissWaitProgressDialog();
              //关闭等待对话框
43        }};
44        ……//此处省略 Activity 生命周期中的五个方法，读者可自行查阅随书光盘中的源代码
45    }
```

● 第 4~8 行功能为调用继承系统 Activity 的方法，如果版本号小于 14，BaiduNaviManager 将销毁导航视图。

● 第 9~15 行功能为创建 MapGLSurfaceView 对象、创建导航视图、填充视图、为视图添加导航监听器、启动导航功能以及初始化 TTS 播放器等。

● 第 16~30 行功能为通过 BNavigatorTTSPlayer 添加 TTS 监听器，重写 TTS 播报文案方法以及重写获取 TTS 当前播放状态的方法，时时更新 BNTTSPlayer。

● 第 32~43 行表示创建导航监听器，重写页面跳转回调方法和开始导航回调方法。页面跳转方法的功能为判断当前导航是否进行，如果导航结束或导航失败，视图将退出导航。如果导航开启，则关闭等待对话框。

（4）上面介绍了驾车搜索的相关实现内容，接着介绍地图中公交搜索是如何实现的。公交搜索中有不同线路的选择，包含了线路信息的展示和模拟地图步骤的显示。

✎ **代码位置：** 见随书光盘源代码/第 3 章/HangZhou/com/cn/mapl 目录下的 GetBusLineChange.java。

```java
1    package com.cn.map;                                    //声明包
2    ……//此处省略导入类的代码，读者可自行查阅随书光盘中的源代码
3    public class GetBusLineChange implements OnGetRoutePlanResultListener {
4         ……//此处省略定义变量的代码，读者可自行查阅随书光盘中的源代码
5         public GetBusLineChange(Context context, String lineStart, String lineEnd) {
6             this.lineStart =                              //城市加名字方式建立开始节点
7                 PlanNode.withCityNameAndPlaceName(Constant.CITY_NAME,lineStart);
8             this.lineEnd =                                //城市加名字方式建立终点节点
9                 PlanNode.withCityNameAndPlaceName(Constant.CITY_NAME,lineEnd);
10            this.mContext = context;
11            mSearch = RoutePlanSearch.newInstance();      //路径规划接口
12            mSearch.setOnGetRoutePlanResultListener(this);  //给接口设置监听
13            searchBusLine();                              //调用方法
14        }
15        public void searchBusLine() {
16            mTransitRouteLine = new ArrayList<TransitRouteLine>();
17            TransitRoutePlanOption myTRP = new TransitRoutePlanOption();
                 //换乘路径规划参数
18            myTRP.policy(TransitPolicy.EBUS_NO_SUBWAY);    //不含地铁
19            mSearch.transitSearch((myTRP)
20                .from(lineStart)                          //设置起点
21                .city(Constant.CITY_NAME)                 //设置所查询的城市
22                .to(lineEnd));                            //设置终点
23        }
24        public void onGetTransitRouteResult(TransitRouteResult result) {
                 //换乘路线结果回调
25          if (result == null || result.error != SearchResult.ERRORNO.NO_ERROR) {
26              Toast.makeText(mContext,                    //没有找到结果，弹出一个 Toast 提示用户
27                  "抱歉，未找到结果", Toast.LENGTH_SHORT).show();
28          }
29          if (result.error == SearchResult.ERRORNO.NO_ERROR) {      //检索结果正常返回
30              mTransitRouteLine=result.getRouteLines();//获取所有换乘路线方案给数据 List 赋值
31          }
32              isFinish=true;                             //设置完成，标志位为 true
33          }
34          ……//此处省略不需要重写的方法代码，读者可自行查阅随书光盘中的源代码
35    }
```

● 第 5~14 行为含有 3 个参数的构造函数，其中通过城市名称加起点或终点名称的方式建立了起点和终点节点。此构造函数中给线路规划接口赋值并添加了监听。

● 第 15~23 行为发起换乘路径规划的方法。其中建立了换乘路径规划参数，并为此参数赋值。因为本案例暂不支持含有地铁的路线查询，所以参数设置为不含地铁。此方法中还给换乘路径规划接口传递起点、终点和所查询城市的名称等参数发起查询。

● 第 24~35 行为换乘路线结果回调方法。若返回结果为空或者检索结果返回不正常则弹出 Toast 提示用户未找到结果，检索结果正常返回则给数据集合赋值用于后面的换乘方案查询模块。检索完成后将标志位设为 true。

美食模块的实现

美食版块在整个应用中是比较重要的一部分，所以在本节具体讲解其各功能的实现。该板块有 3 个不同的界面、包括主界面、分类界面和详细介绍美食界面。每个界面搭建用到的都是比较常见的控件。

3.6.1　美食主界面的实现

美食版块的主界面包括了标题栏、滚动的菜单、杭州美食简介和美食的不同分类。其中的滚动菜单是比较重要的一个自定义控件，在下面的小节会详细介绍。杭州的美食多种多样，各有千秋，因此在此设置了一个美食的分类，方便用户选择。

（1）下面主要具体介绍美食主界面的搭建，包括布局的安排，按钮、水平滚动视图等控件的各个属性的设置。省略部分与介绍的部分基本相似，就不再重复介绍了，读者可自行查阅随书光盘代码进行学习。其具体代码如下。

✍ **代码位置：** 见随书光盘源代码/第 3 章/HangZhou/res/layout 目录下的 meishi_main.xml。

```
1   <?xml version="1.0" encoding="utf-8"?>
2   <LinearLayout xmlns:android="http://schemas.android.com/apk/res/android" <!--版
    本号及编码方式-->
3       android:layout_width="fill_parent"
4       android:layout_height="fill_parent"
5       android:background="@drawable/main_bg"
6       android:orientation="vertical" >
7       <RelativeLayout                                  <!--线性布局-->
8           android:layout_width="fill_parent"
9           android:layout_height="60dip"
10          android:background="@drawable/biaoti_bg" >
11          <TextView                                    <!--美食界面标题-->
12              android:id="@+id/title"   android:layout_width="wrap_content"
13              android:layout_height="wrap_content" android:layout_centerInParent="true"
14              android:textColor="#FFFFF0"   android:textSize="25dip"
15              android:text="杭州美食" >
16          </TextView>
17      </RelativeLayout>
18      <com.cn.hangzhou.SlidingSwitcherView              <!--自定义的控件-->
19          android:id="@+id/slidingLayout"        myattr:auto_play="true"
20          android:layout_width="fill_parent"   android:layout_height="150dip" >
21          <LinearLayout                                 <!--线性布局-->
22              android:layout_width="fill_parent"
23              android:layout_height="fill_parent"
24              android:orientation="horizontal" >
25              <ImageButton                              <!--滚动的图片-->
26                  android:id="@+id/mb01"       android:scaleType="fitXY"
27                  android:layout_width="fill_parent"
28                  android:layout_height="fill_parent" />    <!--此处省略其他 3 个按钮-->
29          </LinearLayout>
30      </com.cn.hangzhou.SlidingSwitcherView>
31        <TextView                                       <!--杭州美食特色介绍-->
32            android:id="@+id/jianjie"   android:layout_width="fill_parent"
33            android:layout_height="wrap_content"    android:textColor=
              "@color/black">
34        </TextView>
35      <GridView                                         <!--美食分类-->
36          android:id="@+id/meishi_gv"    android:layout_width="fill_parent"
37          android:layout_height="0dp"       android:layout_weight="1.91"
38          android:horizontalSpacing="5dip"        android:stretchMode="columnWidth"
39          android:verticalSpacing="18dip" >
40      </GridView>
41  </LinearLayout>
```

● 第 7~17 行用于美食主界面的上标题的构建，设置界面的标题名，并设置标题的背景图片。

● 第 18~30 行用于自定义的滚动窗口，并设置窗口的长宽属性。在自定义的控件中加入了 4 个 ImageButton 控件，用于滚动的图片，并可点击。

● 第 31~41 行包含了 TextView 和 GridView 控件，设置了杭州美食的特色介绍以及美食的 4 种分类。根据不同分类可点击进入不同的美食界面。

（2）上面介绍了美食版块的布局搭建，接下来介绍一下上面所提到的自定义控件的实现。该自定义控件在首页和美食版块都有用到，其他地方就不再赘述。具体代码如下。

✎ **代码位置：随书光盘源代码/第 3 章/HangZhou/com/cn/hangzhou 目录下的 SlidingSwitcherView.java。**

```
1    package com.cn.hangzhou;                              //声明包
2    ……//此处省略导入类的代码，读者可自行查阅随书光盘中的源代码
3    public class SlidingSwitcherView extends RelativeLayout {
4        ……//此处省略定义变量的代码，读者可自行查阅随书光盘中的源代码
5        public SlidingSwitcherView(Context context, AttributeSet attrs) {
6            super(context, attrs);                        //继承上下文
7            TypedArray a = context.obtainStyledAttributes(attrs,R.styleable.
             SlidingSwitcherView);
8            boolean isAutoPlay = a.getBoolean(R.styleable.SlidingSwitcherView_
             auto_play, false);
9            if (isAutoPlay) {                             //用于设定自定义控件的属性值
10               startAutoPlay();
11           }
12           a.recycle();                                  //用于检索从这个结构对应于给定的属性位置的值
13       }
14       public void scrollToNext() {                      //滚动到下一个元素
15           new ScrollTask().execute(-20);
16       }
17       ……//此处省略滚动元素的代码，读者可自行查阅随书光盘中的源代码
18       private Handler handler = new Handler();          //用于在定时器当中操作 UI 界面
19       public void startAutoPlay() {                     //开启图片自动播放功能
20           new Timer().scheduleAtFixedRate(new TimerTask() {
21               @Override
22               public void run() {  //当滚动到最后一张图片的时候，会自动回滚到第一张图片
23                   if (currentItemIndex == itemsCount - 1) {
24                       currentItemIndex = 0;             //检测是否滚动到最后一张图片
25                       handler.post(new Runnable() {
26                           @Override
27                           public void run() {  //开启线程，滚动到第一张图片
28                             scrollToFirstItem();
29                             refreshDotsLayout();
30               }});;} else {                            //检测还没有滚动到最后一张图片
31                       currentItemIndex++;
32                       handler.post(new Runnable() {
33                           @Override
34                           public void run() {  //开启线程，滚动到下一张图片
35                             scrollToNext();
36                             refreshDotsLayout();
37               }});;}}
38           }, 3000, 3000);}                              //设置滚动的时间，单位毫秒
39       @Override
40       protected void onLayout(boolean changed, int l, int t, int r, int b) {
41           super.onLayout(changed, l, t, r, b);
42           if (changed) {                                //在 onLayout 中重新设定菜单元素和标签元素的参数
43               initializeItems();
44               initializeDots();
45       }}
46       private void sleep(long millis) {                 //使当前线程睡眠指定的毫秒数
47           try {
48               Thread.sleep(millis);                     //指定当前线程睡眠多久，以毫秒为单位
49           } catch (InterruptedException e) {
50               e.printStackTrace();
51   }}}
```

- 第 6~13 行用于设定自定义开发控件前的属性设置，并根据 bool 值的设定，判断控件的是否以执行线程的开启。确保调用 recycle 函数。用于检索从这个结构对应于给定的属性位置到 obtainStyledAttributes 中的值。

- 第 14~17 行用于滚动窗口的控制，设置窗口上一个、下一个还是第一个的滚动方式。根据不同的滚动方式，调用函数传入不同的参数。

- 第 18~37 行为线程的建立，开启自动播放功能。根据判断当期图片的位置，设置下一次滚动图片，主要是下一张和第一张的判断。

- 第 38~44 行是重写的一个方法，用于在 onLayout 中重新设定菜单元素和标签元素的参数。此方法在每次变换图片后调用。

- 第 45~50 行为设置当前线程睡眠时间的方法，可以在此方法中设置参数的大小，更改图片滚动的时间间隔，以毫秒为单位。

> 提示 该自定义控件类是一个封装类，包含的内容比较多，由于篇幅的限制没能在此详细介绍，省略了许多重写的方法，读者可自行查看随书光盘中的源代码。

3.6.2 介绍美食的实现

在美食版块中美食的详细介绍是必不可少的。在本应用中提供了美食的 3 张图片，以及美食的一些来源、做法、营养价值等，让用户从多方面详细了解杭州美食。在美食的介绍中，我们提供了特色店的推荐，并可导入地图进行导航。

（1）接下来介绍详细的美食介绍界面是如何搭建的。该界面包括上面的标题栏和下面的图片展示，以及最下面的文字介绍。该界面的搭建用到几个常见的控件，是比较简单的，读者可自行查阅随书光盘代码进行学习，其具体代码如下。

代码位置：见随书光盘源代码/第 3 章/HangZhou/res/layout 目录下的 meishi_detail.xml。

```
1    <?xml version="1.0" encoding="utf-8"?>                        <!--版本号及编码方式-->
2    <LinearLayout xmlns:android="http://schemas.android.com/apk/res/android"
3        android:layout_width="fill_parent"      android:layout_height="fill_parent"
4        android:background="@drawable/meishi_bg"    android:orientation="vertical" >
5        <RelativeLayout                                    <!-标题栏的布局-!>
6            android:layout_width="fill_parent"
7            android:layout_height="50dip"
8            android:background="@drawable/wenben_bg" >     <!-设置标题栏的背景-!>
9            <TextView                                      <!-设置标题-!>
10               android:id="@+id/cm"         android:layout_width="fill_parent"
11               android:layout_height="50dp"  android:gravity="center"
12               android:text="菜名"          android:textColor="#000000"
13               android:textSize="22dp" />
14           <Button                                        <!-设置特色店的按钮-!>
15               android:id="@+id/bt_xiala"        android:layout_width="40dip"
16               android:layout_height="40dip" android:layout_alignParentRight="true"
17               android:layout_centerVertical="true" android:layout_marginRight="18dp"
18               android:background="@drawable/xiala"/>
19       </RelativeLayout>
20       <Gallery                                           <!-设置图片的展示-!>
21           android:id="@+id/Gallery01"
22           android:layout_width="fill_parent"
23           android:layout_height="210dip"
24           android:spacing="2dip" />
25       <ScrollView                                        <!-用于文字介绍的滚动-!>
26           android:layout_width="fill_parent"android:layout_height="fill_parent"
27           android:scrollbars="vertical"      android:fadingEdge="vertical">
28       <LinearLayout                                      <!-线性布局!>
29           android:layout_width="fill_parent"
30           android:layout_height="fill_parent"
```

```
31              android:orientation="vertical">
32          <TextView                                    <!-详细介绍的文本-!>
33              android:id="@+id/msdetail"        android:layout_width="fill_parent"
34              android:layout_height="wrap_content"    android:text="详细介绍美食"
35              android:textColor="#000000"  />
36          </LinearLayout>
37      </ScrollView>
38  </LinearLayout>
```

● 第 5~19 行用于美食详细介绍界面的标题栏。该标题栏包括返回按钮、标题名称，还有一个特色店推荐的按钮。这里设置了控件的相关属性。

● 第 20~25 行用于 Gallery 控件的设置，包括控件的名称，长、宽大小的设置和图片间距离的设定。该控件中包含了 3 张图片。

● 第 26~38 行包含了 TextView 和 ScrollView 控件。在 ScrollView 控件下包含了 TextView 控件，这是由于详细的美食文本介绍有可能会超出屏幕的大小，因此 ScrollView 控件的设定，可以使过大的文本信息出现滚动条，方便浏览。

（2）最后介绍一下上面所出现的推荐特色店按钮的实现。通过前面软件的预览大家已经知道，点击此按钮会弹出一个新建的小窗口，列出我们所推荐的几家店名，点击店名列表会跳转到下一个界面，然返回后小窗口自动取消。其具体代码如下。

✍ 代码位置：见随书光盘源代码/第 3 章/HangZhou/com/cn/meishi 目录下的 DetailsActivity.java。

```
1   public void showDialog(){
2       LinearLayout linearlayout_list_w = new LinearLayout(this);   //创建对话框
3       linearlayout_list_w.setLayoutParams(new LinearLayout.LayoutParams(
4               LayoutParams.FILL_PARENT, LayoutParams.FILL_PARENT));
5       ListView listview = new ListView(DetailsActivity.this);      //创建列表
6       listview.setLayoutParams(new LinearLayout.LayoutParams(
7               LayoutParams.FILL_PARENT, LayoutParams.FILL_PARENT));
8       listview.setFadingEdgeLength(0);
9       linearlayout_list_w.setBackgroundColor(getResources().getColor(
10                  R.color.gray));                                   //设置弹窗的背景颜色
11      linearlayout_list_w.addView(listview);
12      final AlertDialog dialog = new AlertDialog.Builder(
13      DetailsActivity.this).create();                             //创建对话框
14      WindowManager.LayoutParams params = dialog.getWindow().getAttributes();
15      params.width = 200;                                         //设置窗口的宽度
16      params.height = 400;                                       //设置窗口的高度
17      dialog.setTitle("特色店推荐");                               //设置弹窗的标题
18      dialog.setIcon(R.drawable.tese_bg);
19      dialog.setView(linearlayout_list_w);
20      dialog.getWindow().setAttributes(params);
21      dialog.show();                                              //弹出窗口
22      BaseAdapter ba = new BaseAdapter()  {                      //设置 listview 适配器
23          LayoutInflater inflater = LayoutInflater.from(DetailsActivity.this);
24          @Override
25          public int getCount() {                                //返回列表的长度
26              return restaurant.length;
27          }
28          @Override
29          public Object getItem(int arg0)  {                     //返回该对象本身
30              return null;
31          }
32          @Override
33          public long getItemId(int arg0) {                      //返回该对象的索引
34              return 0;
35          }
36          @Override
37          public View getView(int arg0, View arg1, ViewGroup arg2) {
38              String musicName=restaurant[arg0];                 //获取列表名单
39              LinearLayout ll = (LinearLayout) inflater.inflate(R.layout.
                list_w, null);
40              TextView tv = (TextView) ll.getChildAt(0);
41              tv.setText(musicName);                             //设置列表的名称
```

```
42                    return ll;
43                }};
44                listview.setAdapter(ba);                          //将列表添加适配器
45                listview.setOnItemClickListener(new OnItemClickListener() {
46                    @Override                    // 响应 listview 中的 item 的点击事件
47                    public void onItemClick(AdapterView<?> arg0, View arg1, int arg2,
48                            long arg3) {
49                ……//此处省略跳转界面的代码，读者可自行查阅随书光盘中的源代码
50        }});;}
```

● 第 2~13 行用于设置弹窗的相关属性。首先是弹窗的创建，随后设置了弹窗的背景颜色。同时创建了店名列表，为列表获取了上下文。

● 第 14~21 行设置了弹窗的相关属性，如弹窗的背景、长度和宽度。同时设置了列表的标题。调用 show 方法，使屏幕上出现弹窗。

● 第 22~44 行用于设置 listview 的适配器，重写了构造器的四个方法，并返回了列表的长度、对象本身和索引的值。通过 getView 方法获取了列表的名单，并给列表设定了名称。将适配器添加到 ListView 中。

● 第 45~50 行为 ListView 添加了点击监听。用户可以通过选择不同的特色店跳转到相应的不同界面，此处省略了跳转代码。

3.7　景点功能开发

本节主要介绍的是景点功能的开发。打开 GPS 后进入景点的主界面，主界面包含所有景点、锁定位置、拍照、更多以及退出等功能。所有景点都会呈现在地图中，让用户可以清晰地查看游玩地点，给用户游玩带来很好的体验。

3.7.1　景点主界面的开发

本节主要介绍的是景点主界面功能的实现。主界面中除了地图的展示，还包括了最上面一排的功能选项。该版块主要介绍杭州的一些名胜、美景，方便用户出游观赏。下面将为读者介绍主界面的视图及其功能的开发，以及如何将景点显示在地图中。

（1）下面向读者具体介绍景点主界面类 JDMainActivity 的基本框架及部分代码，理解该框架有助于读者对景点主界面面开发有整体的了解，其框架代码如下。

✎ 代码位置：见随书光盘源代码/第 3 章/HangZhou/com.cn/jingdian 目录下的 JDMainActivity。

```
1    package com.cn.jingdian;                                   //声明包
2    import android.app.Activity;                               //导入相关类
3    ……//该处省略了导入相关类的代码，读者可自行查阅随书光盘中的源代码
4    public class JDMainActivity extends Activity {
5        public MapView mMapView;                               //地图界面
6        ……//该处省略其他变量声明的代码，读者可自行查阅随书光盘中的源代码
7        public void onCreate(Bundle savedInstanceState) {
8            ……//该处省略了初始化界面方法的方法，将在下面为读者介绍
9        }
10       protected void updateAndJudgement(Location location, BaiduMap mBaiduMap) {
11           ……//该处重写了判断游客位置并更新地图方法的代码，将在下面为读者介绍
12       }
13       public void addTour(Location location){               //添加游客类层
14           ……//该处省略了更新用户在地图中的位置方法的代码，将在下面为读者介绍
15       }
16       private void initGPSListener() {                      //初始化 GPS
17           ……//该处省略了初始化 GPS 的方法，将在下面为读者介绍
18       }
19       public boolean isGPSOpen(){                           //获得位置管理对象
20    LocationManager alm = (LocationManager) this.getSystemService(Context.LOCATION_
     SERVICE);
```

```
21          if(!alm.isProviderEnabled(android.location.LocationManager.GPS_
            PROVIDER)){
22              return false;                              //如果 GPS 没开,返回 false
23          } else{ return true;                           //返回 true
24      }}
25      public void gotoGPSSetting(){                      //跳到 GPS 设置界面
26          Intent intent = new Intent();                  //创建 Intent 对象
27          intent.setAction(Settings.ACTION_LOCATION_SOURCE_SETTINGS);//设置 Action
28          intent.setFlags(Intent.FLAG_ACTIVITY_NEW_TASK);    //设置 flags
29          try{
30              startActivity(intent);                     //跳转到 GPS 设置界面方法
31          }catch(Exception e) {
32              e.printStackTrace();
33      }}
34      protected Dialog onCreateDialog(int id) {
35          ……//该处省略了显示更多对话框的方法,将在下面为读者介绍
36      }
37      ……//此处省略了管理地图声明周期的三个方法,读者可自行查阅随书光盘中的源代码
38      public void mSetVisibility() {                     //隐藏、缩放按钮
39          int childCount = mMapView.getChildCount();
40          View zoom = null;
41          for (int i = 0; i < childCount; i++){          //通过 for 遍历
42              View child = mMapView.getChildAt(i);
43              if (child instanceof ZoomControls){        //是否是缩放按钮
44                  zoom = child;
45                  break;
46          }}
47          zoom.setVisibility(View.GONE);                 //设置为隐藏
48      }}
```

● 第 19~24 行用于实现判断 GPS 是否打开,首先拿到位置管理器,然后进行判断,如果 GPS 未打开则返回 false,反之返回 ture。

● 第 25~33 行用于打开手机系统 GPS 设置界面并打开 GPS,首先创建 Intent 对象,然后设置 Intent 对象的动作并设置 Intent 的 flags,最后调用手机系统的 GPS 设置界面然后打开 GPS。

● 第 38~48 行用于实现隐藏地图中的缩放按钮,首先对拿到的地图的 childCount 进行过滤,判断出是否是缩放按钮,如果是就执行隐藏。

（2）在了解了主界面的基本结构后,下面将要介绍的是景点主界面的初始化方法 onCreate,具体代码如下,对应步骤（1）中代码的第 7 行。

📝 **代码位置：见随书光盘源代码/第 3 章/HangZhou/scr/com/cn/jingdian 目录下的 JDMainActivity。**

```
1   super.onCreate(savedInstanceState);
2   requestWindowFeature(Window.FEATURE_NO_TITLE);         //去掉标题栏
3   setContentView(R.layout.jingdian_main);
4   FontManager.changeFonts(FontManager.getContentView(this),this);//用自定义的字体方法
5   ……//此处省略了获取数据的代码,读者可自行查阅随书光盘中的源代码
6   mMapView = (MapView) findViewById(R.id.bmapView);      //获取地图控件
7   mBaiduMap = mMapView.getMap();
8   mSetVisibility();                                      //调用隐藏缩放按钮方法
9   mBaiduMap.setMapType(BaiduMap.MAP_TYPE_NORMAL);        //普通地图
10  mBaiduMap.setTrafficEnabled(true);
11  LatLng nodeLocation=new LatLng(30.25046,120.15315);   //杭州市经纬度
12  mBaiduMap.setMapStatus(MapStatusUpdateFactory.newLatLng(nodeLocation));//移节点至中心
13  float mZoomLevel = 13.0f;                              //初始化地图 zoom 值
14  mBaiduMap.setMapStatus(MapStatusUpdateFactory.zoomTo(mZoomLevel));
15  if(isGPSOpen()){
16      initGPSListener();                                //若 GPS 已经打开则进入主界面
17  } else {                                              //若 GPS 未打开则进入设置界面
18      gotoGPSSetting();
19  }
20  for(int i=0;i<count;i++) {
21      LatLng llup=new LatLng(vdata[i], jdata[i]);       //获取经纬度
22      BitmapDescriptor bitmaps = BitmapDescriptorFactory.fromResource
        (R.drawable.ballon);
23      mMapView.getMap().addOverlay(new MarkerOptions()//在地图上添加该文字对象并显示
```

```
24                   .position(llup) .title(tpname[i]).icon(bitmaps));
25      }
26      OnMarkerClickListener listener = new OnMarkerClickListener(){
27          public boolean onMarkerClick(Marker arg0){
28              String ss=arg0.getTitle();                    //获取地图气泡的标题
29          for(int j=0;j<count;j++){
30                  if(ss.equals(tpname[j])){                 //对标题进行匹配判断
31                      x=j;
32              }}
33          sname=name[x];
34          LayoutInflater factory=LayoutInflater.from(JDMainActivity.this);
            //拿到一个 LayoutInflater
35          View view=(View)factory.inflate(R.layout.jingdian_pop, null);
36          ImageView iv=(ImageView)view.findViewById(R.id.pictureiv);
            //从布局中拿到控件并赋值
37          iv.setImageBitmap(BitmapIOUtil.getSBitmap("jingdian/pic/"+tpname[x]+"1.
jpg"));//设置图片
38          iv.setScaleType(ImageView.ScaleType.FIT_XY);
39          TextView showTitle=(TextView)view.findViewById(R.id.jingdian_name);
40          showTitle.setText(name[x]);                      //设置景点名称
41          TextView Title=(TextView)view.findViewById(R.id.snippet);
42          Title.setText(ftou[x]);                          //设置景点简介
43          OnInfoWindowClickListener listener = null;
44          LatLng llup=new LatLng(vdata[x]+0.002,jdata[x]);
45          if(ss.equals(tpname[x])){
46              listener = new OnInfoWindowClickListener(){   //对自定义窗体进行监听
47                  public void onInfoWindowClick(){          //完成切换界面的动作
48                      Intent intent=new Intent(JDMainActivity.this,JDNewActivity.
class);
49                      intent.putExtra("nearlyname", tpname[x]);
50                      intent.putExtra("nearlyhm", sname);
51                      startActivity(intent);               //切换 activity
52          }};}
53          mInfoWindow = new InfoWindow(view, llup, listener);//创建 InfoWindow 类对象
54          mBaiduMap.showInfoWindow(mInfoWindow);            //显示信息框
55          return false;
56      }};
57      mMapView.getMap().setOnMarkerClickListener(listener);      //添加监听
58      ……//该处省略了按钮点击监听事件的代码，读者可自行查阅随书光盘中的源代码
```

- 第 6~7 行用于实现获取地图控件的 id，并对地图控件添加百度地图。

- 第 9~14 行用于设置百度地图，设置地图为普通地图，地图的中心点是杭州市，地图的缩放的 Zoom 值为 13f。

- 第 15~19 行对打开景点主界面后手机是否打开 GPS 进行判断，如果未打开，调用方法打开，如果打开则进入景点主界面。

- 第 20~25 行用于实现将所有景点以地图 Marker 的形式显示在地图中。

- 第 26~32 行用于实现对地图中的 Marker 进行监听，响应点击地图 Marker 动作，并拿到地图 Marker 标题进行匹配判断，设置变量 id。

- 第 33~44 行用于实现拿到自定义窗体中的控件并赋值，并且创建窗体监听。

- 第 45~52 行用于响应点击窗体的动作，首先对点击的 Marker 进行判别，继而显示窗体，然后对点击窗体的动作进行响应转换到具体介绍界面。

- 第 53~55 行用于实现创建 InfoWindow 类对象，并将窗体显示在景点界面中。

（3）当用户位置发生变化时调用的更新方法 updateAndJudgement 及更新用户在地图上的显示位置的方法 addTour，其具体代码如下，分别对应步骤（1）中代码的第 10 行和第 13 行。

✎ 代码位置：见随书光盘源代码/第 3 章/HangZhou/scr/com/cn/jingdian 目录下的 JDMainActivity。

```
1       protected void updateAndJudgement(Location location, BaiduMap mBaiduMap){
2           double latitude=location.getLatitude();          //得到当前位置的纬度
3           double longitude=location.getLongitude();         //得到当前位置的经度
4           double dis;
```

```
5          Constant.myLocation=location;                         //改变存储的游客位置
6          if(Constant.myLocation==null){
7           addTour(location);                                   //添加游客图层
8          }else{                                                //计算与之前位置的距离
9             dis=Constant.jWD2M(latitude, longitude, Constant.myLocation. getLatitude(),
10                        Constant.myLocation.getLongitude());
11          if(dis>Constant.DISTANCE_USER){
12                  addTour(location);                           //改变游客图层
13          }}
14          double nearlyLong=200E6;                             //创建变量并赋初值
15          for(int i=0;i<count;i++){
16          LatLng latlng=new LatLng(vdata[i], jdata[i]);        //依次遍历景点
17          dis=Constant.jWD2M(latitude, longitude, (latlng.latitude*10000)/10000.0,
18                        (latlng.longitude*10000)/10000.0);
19          if(dis<Constant.DISTANCE_SCENIC && dis<nearlyLong){  //找到距离最近的景点
20              nearlyLong=dis;                   //将此景点距游客的距离值赋值给 nearlyLong 记录
21              nearlyname=tpname[i];
22              nearlyhm=name[i];
23          }}
24          if(!nearlyname.equals(Constant.curScenicId)&&nearlyname!=null&&nearlyhm!=
            null){
25          Intent intent=new Intent(JDMainActivity.this,JDNewActivity.class);
            //找到一个距离最近的景点
26              intent.putExtra("nearlyname", nearlyname);  //添加所进入景点名字的附加信息
27          intent.putExtra("nearlyhm", nearlyhm);          //添加所进入景点汉语名字的附加信息
28          startActivity(intent);                              //开启景点介绍界面
29          }}
30     public void addTour(Location location){                  //添加游客类层
31          LatLng latlng=new LatLng(Math.round(location.getLatitude()*10000)/10000.0,
32          Math.round(location.getLongitude()*10000)/10000.0);
33          BitmapDescriptor bitmaps = BitmapDescriptorFactory.fromResource(R.drawable.
            ballon);
34          mMapView.getMap().addOverlay(new MarkerOptions()
35              .position(latlng)                               //在地图上添加图层
36              .icon(bitmaps));
37     }
```

- 第 5~13 行为根据 GPS 定位方法获取用户当前位置，若之前没有存储用户的位置则记录用户的当前位置，若用户较之前存储的位置之间的距离大于阈值则更新位置。

- 第 15~29 行为一次遍历所有景点并判断是否到达某个景点的范围内，若已到达某个景点则开启景点介绍界面的代码，若其中两个景点距离很近则选择距离用户最近的景点。

- 第 30~37 行为显示游客位置的代码并更新游客在地图中的位置，为游客提供准确定位的功能，显示游客位置气泡。

（4）为了景点版块功能的完善，此类中还重写了 Activity 类的其他方法，以及 GPS 初始化的方法，具体代码如下，对应上面步骤（1）中代码第 17 行与第 35 行。

📝 **代码位置**：见随书光盘源代码/第 3 章/HangZhou/scr/com/cn/jingdian 目录下的 JDMainActivity。

```
1      private void initGPSListener() {                         //初始化 GPS
2          final LocationManager locationManager=(LocationManager)
3          this.getSystemService(Context.LOCATION_SERVICE);     //获取位置管理器实例
4          LocationListener ll=new LocationListener(){          //位置变化监听器
5              public void onLocationChanged(Location location){ //当位置变化时触发
6                  if(location!=null){
7                      try{
8                          Constant.myLocation=location;        //改变存储的游客位置
9                          updateAndJudgement(location,mBaiduMap);
10                     }catch(Exception e){
11                         e.printStackTrace();                 //打印异常
12                 }}}
13             public void onProviderDisabled(String provider){ }
               //Location Provider 被禁用时更新
14             public void onProviderEnabled(String provider){}
               //Location Provider 被启用时更新
```

```
15              public void onStatusChanged(String provider, int status,Bundle extras){}
16          };                                                  // 注册位置改变的监听器
17          locationManager.requestLocationUpdates(LocationManager.GPS_PROVIDER,
            5000,0,ll);
18      }
19   protected Dialog onCreateDialog(int id) {
20          Dialog dialog=null;                                 //初始化 Dialog
21          AlertDialog.Builder builder = new AlertDialog.Builder(this);
22          switch(id){                                         //判断 id
23              case Constant.SHOWMOREDIALOG:
24                  dialog=new MoreDialog(this);break;          //创建 "更多" 对话框
25              case Constant.EXIT_DIALOG:                      //代表退出对话框
26                  builder = new AlertDialog.Builder(this);    //创建对话框的 Builder
27                  builder.setMessage(getResources().getString(R.string.
                    exitdialog))//设置显示内容
28                      .setCancelable(false)
29                      .setPositiveButton(getResources().getString
                        (R.string.yes),//设置确定按钮
30                          new DialogInterface.OnClickListener() { //创建点击监听器
31                              public void onClick(DialogInterface dialog,int id) {
32                                  JDMainActivity.this.finish();    //关闭主界面
33                          }})
34                  .setNegativeButton(getString(R.string.no),new
                    DialogInterface.OnClickListener() {
35                          public void onClick(DialogInterface dialog, int id) {
36                              dialog.cancel();
37                  }});
38                  dialog = builder.create();                  //创建对话框
39              break;                                          //跳出判断
40          }
41      return dialog;                                          //返回对话框对象
42   }
```

- 第 2~3 行为获取位置监听管理器，并设置服务的类型为 GPS 获取定位。
- 第 4~12 行为设置位置变化监听器，当位置变化时触发，并对游客位置进行判断，如果存储的位置为空，则重新储存位置，并调用 updateAndJudgement 方法，进行定位。
- 第 13~16 行为位置变化监听器自带的对 GPS 打开关闭动作进行回调的三种方法。
- 第 17 行对位置变化监听器进行注册，以便对游客位置变化进行监听。
- 第 19~42 行为创建所需要的对话框的方法，通过调用方法时给出的 id 值的不同，分别创建对应的对话框对象并返回，无论调用多少次 onCreateDialog 方法，对应的对话框均只创建一次。

3.7.2 当前景点界面的开发

上一节介绍的是景点主界面的功能开发，接下来介绍当前景点界面的开发。此界面将为用户展现景点的风景图片及文本介绍，使用户更好地了解景点，其中用户还可以根据自身需要调整字体大小。下面将为读者介绍当前景点界面的功能开发，具体代码如下。

✎ **代码位置：见随书光盘源代码/第 3 章/HangZhou/scr/com/cn/jingdian 目录下的 JDNewActivity。**

```
1    package com.cn.jingdian;                                   //声明包
2    import java.io.IOException;
3    ……//该处省略了导入相关类的代码，读者可自行查阅随书光盘中的源代码
4    public class JDNewActivity extends Activity {
5        int size_index;                                        //用于记录字体大小的变量
6        ……//该处省略了声明相关变量的代码，读者可自行查阅随书光盘中的源代码
7        public void onCreate(Bundle savedInstanceState){
8            super.onCreate(savedInstanceState);
9            requestWindowFeature(Window.FEATURE_NO_TITLE); //去掉标题栏
10           SDKInitializer.initialize(getApplicationContext());
11           setContentView(R.layout.jingdian_new);
12           FontManager.changeFonts(FontManager.getContentView(this),this);
             //用自定义的字体方法
13           Intent intent=getIntent();                         //得到当前景点的 id 号
```

```
14          boolean flag=intent.getBooleanExtra("isAll", false);//是否从所有景点列表跳转来
15          nearlyname=intent.getStringExtra("nearlyname");          //获取图片名字
16          nearlyhm=intent.getStringExtra("nearlyhm");              //获取景点名字
17          imageIDs=new Bitmap[5];//初始化数组
18          for(int i=0,j=1;i<5;i++,j++){                            //确定有五张图片
19               imageIDs[i]=BitmapIOUtil.getSBitmap("jingdian/pic/"+
                 nearlyname+j+".jpg");
20          }
21     ……//该处省略了介绍过的对画廊控件的操作代码，读者可自行查阅随书光盘中的源代码
22     TextView rvName=(TextView)findViewById(R.id.showName);//获得显示景点名称的textview
23     rvName.setText(nearlyhm);                                //设置名字并显示
24     String information=PubMethod.loadFromFile("jingdian/"+szzy+"/"+nearlyname+
       ".txt");
25     rvIntro=(TextView)findViewById(R.id.showIntro);
26     rvIntro.setTextSize(Constant.TEXT_SIZES[size_index]);    //设置显示的字体大小
27     rvIntro.setText(information);                            //设置介绍文本并显示
28     rvIntro.setTextColor(JDNewActivity.this.getResources().getColor
       (Constant.COLOR));
29     ……//该处省略了介绍过的返回方法，故不在赘述，读者可自行查阅随书光盘中的源代码
30     Button bt_size_plus=(Button)findViewById(R.id.size_plus_bt);
       //获得加大字号的按钮图标
31     bt_size_plus.setOnClickListener(                        //添加监听
32          new OnClickListener() {
33          public void onClick(View v) {
34               size_index=size_index+1;                       //字体大小加 1
35               if(size_index>Constant.TEXT_SIZES.length-1){
36                    size_index=size_index-1; //如果超出最大字体大小则执行此代码
37                    Toast.makeText(JDNewActivity.this,
38                    getResources().getString(R.string.text_max),Toast.
                      LENGTH_SHORT).show();
39               }
40               rvIntro.setTextSize(Constant.TEXT_SIZES[size_index]);
                 //设置字体大小
41     }});
42     ……//该处缩小字体代码因与加大字体代码类似故省略，读者可自行查阅随书光盘中的源代码
43     }}
```

- 第 13~16 行的功能为获取两个 Activity 间传递的 Intent 内的附加值，其中 nearlyname 为当前景点的图片名字，nearlyhm 为景点名字。
- 第 18~19 行为根据获取到的 nearlyname 从数据包中获取图片。
- 第 22~28 行为获取布局中的控件并赋值，根据 nearlyhm 获取景点的介绍文本，然后显示出来，并对文本字体的大小设置变量，从而设置字体大小。
- 第 30~41 行用于设置字体大小，首先获取加大缩小按钮，然后对控件进行监听，根据设置字体大小变量来改变字体大小，并添加判断，确保不会出现字体大小越过设置字体变量中规定的大小。

3.7.3　所有景点界面的开发

上一节主要介绍的是当前景点界面的开发，接下来介绍所有景点界面的开发，此界面为用户展现所有景点的简略介绍，用户可根据自身需要点击查看相应景点的详细介绍信息。下面将为读者介绍所有景点中主界面框架及功能的开发，具体代码如下。

✎ **代码位置：**见随书光盘源代码/第 3 章/HangZhou/scr/com/cn/jingdian 目录下的 JDAllActivity。

```
1     package com.cn.jingdian;                                  //声明包名
2     import com.cn.util.BitmapIOUtil;
3     ……//该处省略了导入相关类的代码，读者可自行查阅随书光盘中的源代码
4     public class JDAllActivity extends Activity {             //继承系统的 Activity
5          public static String[] name;                         //景点名字
6          ……//该处省略了相关常量声明的代码，读者可自行查看随书光盘中的源代码
7          protected void onCreate(Bundle savedInstanceState) {
8               this.requestWindowFeature(Window.FEATURE_NO_TITLE); //设置全屏
9               super.onCreate(savedInstanceState);              //调用父类方法
```

```
10          setContentView(R.layout.jingdian_all);                  //转到景点介绍界面
11          //用自定义的字体方法
12          FontManager.changeFonts(FontManager.getContentView(this),this);
13          ……//该处省略了返回方法的代码，读者可自行查阅随书光盘中的源代码
14          intitAll();                                              //调用方法
15      }
16    public void intitAll(){
17        Constant.List=PubMethod.loadFromFile("jingdian/"+szzy+"/"+"hname.txt");
18        ……//该处省略了从数据包获取数据的相关代码，读者可自行查阅随书光盘中的源代码
19        BaseAdapter adapter = new BaseAdapter(){
20            ……//该处省略了适配器自带的3个方法代码，读者可自行查阅随书光盘中的源代码
21            public View getView(int position, View convertView, ViewGroup parent){
22                LayoutInflater factory=LayoutInflater.from(JDAllActivity.
                  this);//初始化factory
23                //将自定义的griditem.xml实例化,转换为View
24                View view=(View)factory.inflate(R.layout.listitem, null);
                  //初始化view
25                ImageView iv=(ImageView)view.findViewById(R.id.piciv);
                  //初始化iv
26      iv.setImageBitmap(BitmapIOUtil.getSBitmap("jingdian/pic/"+tpname
        [position]+1+".jpg");
27                iv.setScaleType(ImageView.ScaleType.FIT_XY);
28                TextView showTitle=(TextView)view.findViewById(R.id.
                  showTitle);
29                showTitle.setText(name[position]);                //设置景点名称
30    TextView showDistance=(TextView)view.findViewById(R.id.showDistance);
      //显示距离文本控件
31                if(Constant.myLocation!=null){
32    double dis=Constant.jWD2M(vdata[position], jdata[position], Constant.
      myLocation.getLatitude(),
33    //参数第一个是纬度，第二个是经度，而得到的数组第一个是经度，第二个是纬度
34                Constant.myLocation.getLongitude());//计算与之前位置的距离
35                if(dis<Constant.DISTANCE_SCENIC){
36                    showDistance.setText(getResources().getString
                      (R.string.curs));
37                }else{                                //显示距离文本内容
38                    showDistance.setText(dis+getResources().
                      getString(R.string.unit));
39                }else{                                //显示距离文本内容
40                    showDistance.setText(getResources().getString
                      (R.string.GPSFailed));
41                }
42                return view;
43        }};
44        GridView showS=(GridView)findViewById(R.id.lvshow);       //初始化showS
45            ……//该处省略了GrideView响应方法代码，读者可自行查阅随书光盘中的源代码
46    }}
```

- 第17~18行获取数据的代码，为下面的GrideView准备数据。

- 第19行为GrideView创建适配器，以此可以进行数据填充。

- 第21~32行先选取一个LayoutInflater，再利用其将自定义的xml文件转换为view，通过view从自定义页面中获取控件的引用，然后对其赋值。

- 第33~44行的功能为得到当前用户所处的位置与各个景点之间的距离，以便用户可以根据其距离选择最近的景点进行参观，避免用户盲目选择造成不便。

- 第46行是对GridView中的选项进行监听，如果点击，则跳转到相应景点的介绍界面，查看图片介绍及具体的文本介绍。

3.7.4 新浪微博功能的开发

在出行的时候，游客如何将自己的所见所感分享给好友呢？新浪微博就为用户提供了一个可以分享自己切身感受的选择，用户可以随时随地发表自己在旅途中的一些感受或是新鲜事，还可以拍照沿途美丽风景分享给好友。

（1）微博开发首先需要做的是接受新浪微博的授权，下面将为读者介绍微博登录授权及界面的开发，具体代码如下。

📎 代码位置：见随书光盘源代码/第 3 章/HangZhou/scr/com/cn/weibo 目录下的 WBMainActivity。

```
1    package com.cn.weibo;                                              //声明包
2    import java.text.SimpleDateFormat;
3    ……//该处省略了导入相关类的代码，读者可自行查阅随书光盘中的源代码
4    public class WBMainActivity extends Activity{
5        private TextView mTokenText;                                    //显示认证后的信息
6        ……//该处省略了相关变量的声明，读者可自行查阅随书光盘中的源代码
7        protected void onCreate(Bundle savedInstanceState){
8            super.onCreate(savedInstanceState);
9            setContentView(R.layout.weibo_main);                       //显示登录界面
10           FontManager.changeFonts(FontManager.getContentView(this),this);
             //用自定义的字体方法
11           mTokenText = (TextView) findViewById(R.id.tvToken);
12           mWeiboAuth = new WeiboAuth(this, Constants.APP_KEY,//创建微博实例
13           Constants.REDIRECT_URL, Constants.SCOPE);
14           findViewById(R.id.btnLogin).setOnClickListener(new OnClickListener() {
             //Web 授权
15               public void onClick(View v) {
16                   mWeiboAuth.anthorize(new AuthListener());          //调用方法
17           }});
18           mAccessToken = AccessTokenKeeper.readAccessToken(this);
19           if (mAccessToken.isSessionValid()){//第一次启动本应用，AccessToken 不可用
20               updateTokenView(true);
21           StarActivity();                                            //调用切换界面方法
22       }}
23       class AuthListener implements WeiboAuthListener {              //微博认证授权回调类
24           public void onComplete(Bundle values) {                    //从 Bundle 中解析 Token
25               mAccessToken = Oauth2AccessToken.parseAccessToken(values);
26               if (mAccessToken.isSessionValid()) {                   //判断是否登录成功
27                   updateTokenView(false);                            // 显示 Token
28                   AccessTokenKeeper.writeAccessToken(WBMainActivity.this,
                     mAccessToken);
29         Toast.makeText(WBMainActivity.this, "授权成功", Toast.LENGTH_SHORT).show();
30                   StarActivity();
31               } else {
32                   String code = values.getString("code");           //获取 code 信息
33                   String message = "授权失败";
34                   if (!TextUtils.isEmpty(code)) {
35                   message = message + "\nObtained the code: " + code;
                     //显示 code 信息
36                   }
37                   Toast.makeText(WBMainActivity.this, message, Toast.LENGTH_LONG).
                     show();
38           }}
39           ……//该处省略了微博回调类自带的两个简单方法，读者可自行查阅随书光盘中的源代码
40       }
41       private void updateTokenView(boolean hasExisted) {
42           String date = new SimpleDateFormat("yyyy/MM/dd HH:mm:ss").format(
             //定义 data
43           new java.util.Date(mAccessToken.getExpiresTime()));
44       String format ="Token: %1$s \n 有效期: %2$s";
45       mTokenText.setText(String.format(format, mAccessToken.getToken(), date));
         //设置信息
46       String message = String.format(format, mAccessToken.getToken(), date);
         //设置格式
47       if (hasExisted) {                                              //判断 Token
48               message = "Token 仍在有效期内，无需再次登录。" + "\n" + message;
49       }
50           mTokenText.setText(message);                               //显示信息
51       }
52       public void StarActivity() {
53           ……//该处省略转换界面的方法，读者可自行查阅随书光盘中的源代码
54   }}
```

- 第 12~13 行是用于创建微博实例，需要 APP_KEY 与 REDIRECT_URL（回调接口）等参数。
- 第 14~17 行用于获取授权按钮，并对授权按钮监听，点击调用 AuthListener 对微博实例进行授权。
- 第 18~22 行首先从 SharedPreferences 中读取上次已保存好的 AccessToken 等信息，如果存在，则直接跳转到微博分享编辑界面，并开启 updateTokenView 方法。
- 第 23~40 行是微博授权回调类，首先从 Bundle 中解析到 Token，然后判断是否授权登录成功，成功后显示信息到登录界面，并切换到微博编辑界面；反之则获取 code 并显示，在其下面的省略方法中捕捉错误并提示。
- 第 41~51 行是对是否是第一次登录授权的判断，如果不是，则在登录微博的界面中显示 AccessToken 等信息，并对有效时间判断以提醒用户。

（2）步骤（1）为读者介绍了微博登录授权功能的开发，下面介绍微博分享编辑界面功能的开发，在此界面内，读者可以编辑分享文字或图片给好友，并发送到微博。具体代码如下。

📎 **代码位置**：见随书光盘源代码/第 3 章/HangZhou/scr/com/cn/weibo 目录下的 WBShareActivity。

```
1    package com.cn.weibo;                                        //声明包
2    ……//该处省略了相关类的导入，读者可自行查阅随书光盘中的源代码
3    public class WBShareActivity extends Activity implements
4    OnClickListener,IWeiboHandler.Response{
5        ……//该处省略了相关变量的声明，读者可自行查阅随书光盘中的源代码
6        protected void onCreate(Bundle savedInstanceState) {//显示微博分享编辑界面
7            FontManager.changeFonts(FontManager.getContentView(this),this);
             //用自定义的字体方法
8            mWeiboShareAPI = WeiboShareSDK.createWeiboAPI(this, Constants.APP_KEY);
9            mWeiboShareAPI.registerApp();                        //注册到新浪微博
10           ……//该处省略了微博分享按钮的监听代码，读者可自行查阅随书光盘中的源代码
11           getPicBnt=(Button)findViewById(R.id.get_pic_button);    //获取图片按钮
12           getPicBnt.setOnClickListener(this);                     //添加监听
13           mPiclayout = (FrameLayout)findViewById(R.id.flPic);//承装图片的layout
14           if(!mWeiboShareAPI.isWeiboAppInstalled()){//未安装客户端，设置下载微博对应回调
15               mWeiboShareAPI.registerWeiboDownloadListener(new
                     IWeiboDownloadListener(){
16                   public void onCancel() {
17               Toast.makeText(WBShareActivity.this,"取消下载", Toast.LENGTH_SHORT).show();
18               }});}}
19           if (savedInstanceState != null) {
20               mWeiboShareAPI.handleWeiboResponse(getIntent(), this); //微博回调
21       }}
22       protected void onNewIntent(Intent intent) {
23           super.onNewIntent(intent);
24           mWeiboShareAPI.handleWeiboResponse(intent, this);//返回到当前应用时调用该函数
25       }
26       public void send(){                                      //分享按钮调用的方法
27           if (mWeiboShareAPI.isWeiboAppSupportAPI()){
28               int supportApi = mWeiboShareAPI.getWeiboAppSupportAPI();
29               if (supportApi >= 10351 ){               //支持同时分享多条消息的判断
30                   WeiboMultiMessage weiboMessage = new WeiboMultiMessage();
31                   weiboMessage.textObject = getTextObj();
32                   if(BZ==1){
33                       weiboMessage.imageObject = getImageObj();
34                   }
35           SendMultiMessageToWeiboRequest request = new SendMultiMessageToWeiboRequest();
36           request.transaction = String.valueOf(System.currentTimeMillis());
             //设置唯一标识一个请求
37                   request.multiMessage = weiboMessage;
38                   mWeiboShareAPI.sendRequest(request);
             //发送请求消息到微博，唤起微博分享界面
39               } else if(BZ!=1){
40                   ……//该处省略了发一条类型微博的代码，读者可自行查阅随书光盘中的源代码
41           }} else {
42           Toast.makeText(this,"微博客户端不支持 SDK 分享或微博客户端未安装或微博客户端是非
```

```
43                            官方版本。", Toast.LENGTH_SHORT).show();
44          }}
45          private TextObject getTextObj(){
46              TextObject textObject = new TextObject();            //变量初始化
47              textObject.text = getSharedText();                  //获取文本
48              return textObject;
49          }
50          ……//该处省略了一些方法，读者可自行查阅随书光盘中的源代码
51          public void onClick(View v) {
52              if(v.getId()==R.id.get_pic_button){                 //获取照片的按钮
53              SelectPicDialog spdialog=new SelectPicDialog(this);
54              spdialog.show();                                    //显示选择方式对话框
55              BZ=1;                                               //设置标志位
56          }}
57          ……//该处省略了获取照片的方法，将在下面为读者介绍
58      }
```

- 第 8~9 行用于创建微博接口实例，并将这个实例注册到新浪微博。

- 第 14~18 行对手机是否有微博客户端进行判断，如果有则不执行，没有则调用微博下载的回调。

- 第 19~21 行用于处理微博客户端发送过来的请求。

- 第 22~25 行从当前应用唤起微博并进行分享后，返回到当前应用，在此处需要调用该函数接收微博客户端返回的数据。

- 第 26~44 行是分享按钮调用的方法，首先对是否分享多类型信息进行判断，如果是则执行多条信息分享代码，并调用文本获取及图片获取方法得到信息并发送信息到微博，唤起微博分享界面。

- 第 45~49 行是回调方法，返回文本信息，在此方法获取编辑的文本信息。

- 第 51~56 行是微博编辑界面中的获取图片按钮的监听，点击该按钮创建出对话框并显示，并置标志位为 1。

（3）步骤（2）为读者介绍了微博编辑分享的功能代码，下面介绍如何获取图片及拍照的功能开发的方法 onActivityResult，对应步骤（2）中代码 57 行，具体代码如下。

✎ 代码位置：见随书光盘源代码/第 3 章/HangZhou/scr/com/cn/weibo 目录下的 WBShareActivity。

```
1   if(resultCode==RESULT_OK && requestCode==Constant.FROMALBUM && null!=data){
2       Uri selectedImage=data.getData();                   //成功返回且是从图片库返回了图片
3       String[] filePathColumn={MediaStore.Images.Media.DATA};
4       Cursor cursor=getContentResolver().query(selectedImage, filePathColumn, null,
        null, null);
5       cursor.moveToFirst();
6       int columnIndex=cursor.getColumnIndex(filePathColumn[0]);
7       this.mPicPath=cursor.getString(columnIndex);        //得到图片的路径
8       cursor.close();
9       ivImage=(ImageView)findViewById(R.id.ivImage);      //获取显示图片的控件引用
10      bitmapDrawable=(BitmapDrawable)ivImage.getDrawable();
11      if(!bitmapDrawable.getBitmap().isRecycled()){       //将此控件中之前的图片释放掉
12        bitmapDrawable.getBitmap().recycle();
13      }
14      ivImage.setImageBitmap(BitmapFactory.decodeFile(this.mPicPath));
        //将图片解析设置显示
15      mPiclayout.setVisibility(View.VISIBLE);             //设置图片可见
16  }                                                       //照相机返回的结果
17  if(resultCode==RESULT_OK && requestCode==Constant.FROMCAMERA && null!=data){
18      Bundle dataBundle=data.getExtras();                 //得到附加的值
19      tempBitmap=(Bitmap)dataBundle.get("data");          //得到图片
20      ivImage=(ImageView)findViewById(R.id.ivImage);      //获取显示图片的控件
21      bitmapDrawable=(BitmapDrawable)ivImage.getDrawable();
22      if(!bitmapDrawable.getBitmap().isRecycled()){       //释放之前的图片
23            bitmapDrawable.getBitmap().recycle();
24      }
```

```
25              ivImage.setImageBitmap(tempBitmap);                //将图片设置显示
26              mPiclayout.setVisibility(View.VISIBLE);
27              boolean isSdCardExit = Environment.getExternalStorageState().equals(
                //判断 SDcard 是否存在
28                                      android.os.Environment.MEDIA_MOUNTED);
29          if(isSdCardExit){
30              File saveImageFile = new File("/sdcard/bnguid");        //文件夹目录
31              if (!saveImageFile.exists()){                          //若无此文件夹
32                  saveImageFile.mkdir();                             //创建文件
33              }
34              String fileName = new SimpleDateFormat("yyyyMMddHHmmss");//设置文件名
35              File file=null;
36              try {
37                  file=File.createTempFile(fileName, ".png", saveImageFile);
                    //创建新文件
38              } catch (IOException e2) {
39                  e2.printStackTrace();}// TODO Auto-generated catch block
40                  if(null != file){                                  //若创建成功
41                      try {
42                      BufferedOutputStream bos = new BufferedOutputStream(new
                        FileOutputStream(file));
43                              tempBitmap.compress(Bitmap.CompressFormat.JPEG, 80, bos);
44                              this.mPicPath=file.getAbsolutePath( //存储图像的路径
45                              bos.flush();
46                              bos.close();                            //将输入流强行输出并且关闭
47                      } catch (FileNotFoundException e) {
48                      e.printStackTrace();                            //打印异常信息
49                      } catch (IOException e) {
50                          e.printStackTrace();                        //打印异常信息
51                  }}else{                                             //冒出提示
52                  Toast.makeText(this,getResources().getString
53                  (R.string.save_failed) ,Toast.LENGTH_SHORT).show();
54          }}else{                                                     //不同的提示
55              Toast.makeText(this,getResources().getString(R.string.nosdcard) ,
56                          Toast.LENGTH_SHORT).show();
57      }}
```

- 第 1 行是对对话框响应的判断，如果是相册，则成功从相册返回且从图片库返回图片。

- 第 2~8 行是从图片库中提取信息的操作，并且获得图片资源的路径。

- 第 9~13 行获取自定义布局 xml 中的控件，并且获取控件上的图片，如果有图片则释放图片。

- 第 14~16 行按获取到的图片的路径将图片解析出来，并将图片设置到控件中并显示出来。

- 第 17~33 行对手机是否有 Sdcard 进行判断，如果有则指定到文件夹目录，如果没有则提示没有 SDcard，如果没有文件夹则创建文件夹。

- 第 34~39 行设置文件名字，并创建新文件。

- 第 40~48 行首先对是否有文件进行判断，如果存在，则创建 BufferedOutputStream，设置图片，并且获取存储图片的路径，将输入流强行输出并且关闭，如果不存在文件夹在则提示保存失败。

> 提示　微博开发中，读者一定要将本项目中的 app_key 替换为自己在微博开放者平台中申请的 app_key。app_key 位置在见随书光盘源代码/第 3 章/HangZhou/scr/com/cn/weibo 目录下的 Constants 中。同时，建议读者使用微博默认的回调页。

3.7.5　搜索兴趣点功能的开发

本小节将为读者介绍城市兴趣点搜索功能的开发，用户可以根据自身需要搜索兴趣点，将兴趣点显示在地图中并可点击查看小窗体中的信息，如果这一组中的十个兴趣点没有用户所需要的，可以点击下一组按钮查看另外十个兴趣点，还可切换到卫星地图。具体代码如下。

✎ 代码位置：见随书光盘源代码/第 3 章/HangZhou/scr/com/cn/jindian 目录下的 JDSearchActivity。

```
1    package com.cn.jingdian;                                              //声明包
2    ……//该处省略了相关类的导入，读者可自行查阅随书光盘中的源代码
3    public class JDSearchActivity extends FragmentActivity implements
4    OnGetPoiSearchResultListener, OnGetSuggestionResultListener {
5        ……//该处省略了相关变量的声明，读者可自行查阅随书光盘中的源代码
6        public void onCreate(Bundle savedInstanceState) {
7            SDKInitializer.initialize(getApplicationContext());
8            requestWindowFeature(Window.FEATURE_NO_TITLE);                //去掉标题栏
9            ……//该处省略了初始化代码，读者可自行查阅随书光盘中的源代码
10           mMapView = (MapView) findViewById(R.id.bmapView);            //获取地图控件
11           mBaiduMap = mMapView.getMap();
12           ……//该处省略了地图模式设置的代码，读者可自行查阅随书光盘中的源代码
13           keyWorldsView.addTextChangedListener(new TextWatcher(){//动态更新建议列表
14               ……//该处省略了相关的两个方法，读者可自行查阅随书光盘中的源代码
15               public void onTextChanged(CharSequence cs, int arg1, int arg2,int
                 arg3) {
16                   if (cs.length() <= 0) {
17                       return;
18                   }}
19                   String city = ((EditText) findViewById(R.id.city)).getText().
                     toString();
20                   mSuggestionSearch.requestSuggestion((new
                     //结果在 onSuggestionResult()中更新
21                       SuggestionSearchOption()).keyword(cs.toString()).
                         city(city));
22               }});}
23           ……//该处省略了管理地图及 Activy 生命周期的方法，读者可自行查阅随书光盘中的源代码
24       public void searchButtonProcess(View v) {                        //影响搜索按钮点击事件
25           EditText editCity = (EditText) findViewById(R.id.city); //获取控件
26           EditText editSearchKey = (EditText) findViewById(R.id.searchkey);
                 //获取控件
27           mPoiSearch.searchInCity((new PoiCitySearchOption())
28                   .city(editCity.getText().toString())              //获取城市关键字搜索
29                   .keyword(editSearchKey.getText().toString())//获取兴趣点关键字搜索
30                   .pageNum(load_Index));                            //获取页码关键字翻页
31       }
32       ……//该处省略了翻页功能按钮的监听方法，读者可自行查阅随书光盘中的源代码
33       public void onGetPoiResult(PoiResult result) {                   //对兴趣点处理的方法
34           if (result == null || result.error == SearchResult.ERRORNO.RESULT_NOT_
             FOUND) {
35               return;//获取为空则返回空
36           }
37           if (result.error == SearchResult.ERRORNO.NO_ERROR) {
38               mBaiduMap.clear();                                       //清空地图
39               PoiOverlay overlay = new MyPoiOverlay(mBaiduMap);//创建
40               mBaiduMap.setOnMarkerClickListener(overlay);           //对气泡监听
41               overlay.setData(result);                               //对气泡转入数据
42               overlay.addToMap();                                    //添加气泡到地图
43               overlay.zoomToSpan();                                  //设置地图缩放比
44               return;
45           }
46           ……//该处省略了未搜索到处理方法的代码，读者可自行查阅随书光盘中的源代码
47       }
48       public void onGetPoiDetailResult(PoiDetailResult result) {
49           ……//该处省略了已为读者介绍过的窗体的开发，读者可自行查阅随书光盘中的源代码
50       }
51       public void onGetSuggestionResult(SuggestionResult res) {
52           ……//该处省略了更新搜索建议列表的方法，读者可自行查阅随书光盘中的源代码
53       }
54       private class MyPoiOverlay extends PoiOverlay {                  //地图气泡点击回调类
55           ……//该处省略了地图点击回调类的方法代码，读者可自行查阅随书光盘中的源代码
56       }
57       ……//该处省略了隐藏缩放按钮的方法，读者可自行查阅随书光盘中的源代码
58   }
```

- 第 10~11 行用于获取地图控件，转入数据并显示地图。
- 第 13~22 行用于对兴趣点编辑框的监听，如果用户填入兴趣点，则此方法激活，使用建议

搜索服务获取建议列表，结果在 onSuggestionResult()中更新。

● 第24~31 行是对城市搜索界面中的开始按钮的监听方法，首先获取两个编辑框中的关键字信息，在城市搜索中根据城市关键字与兴趣点关键字来搜索，并根据标志位 load_index 来实现多页兴趣点功能。

● 第33~47 行是对搜索到的兴趣点的处理方法，首先判断是否搜索到了兴趣点，如果未搜索到则放回空，否则清除地图中的气泡与其他，并创建地图气泡，对气泡监听，添加数据并显示在地图中。

● 第48~50 行是对地图气泡的监听反应方法，如果点击气泡，则显示信息窗体，此功能开发已为读者介绍过，故不再赘述。

3.7.6 语言选择功能的开发

上一节介绍的是分享微博功能的开发，下面介绍语言选择功能。本景点版块为用户提供了简体中文和英文两种语言，语言选择界面是在更多对话框中经选择而弹来的对话框，主要通过不同的语言来适应更多人群的使用，方便了人们的自主选择，其代码如下。

✎ 代码位置：见随书光盘源代码/第 3 章/HangZhou/scr/com/cn/jindian 目录下的 LanguageSelectDialog。

```
1    package com.cn.jingdian;                                        //声明包
2    import java.util.Locale;
3    ……//该处省略了相关类的导入，读者可自行查阅随书光盘中的源代码
4    public class LanguageSelectDialog extends Dialog{
5        public static final String[] LANGUAGE={"简体中文","English"};  //可选语言种类
6        Context context;
7        int index;                                                  //当前记录的选中值
8        public LanguageSelectDialog(Context context) {
9            super(context);
10           this.context=context;
11           String lan=Locale.getDefault().getLanguage();            //获取系统使用语言
12           String country=Locale.getDefault().getCountry();         //获得地区
13           if("zh".equals(lan)&&"CN".equals(country)){              //判断语言
14           index=0;                                                 //中文简体
15           }else{
16           index=1;                                                 //英文
17       }}
18       protected void onCreate(Bundle savedInstanceState) {
19           this.setTitle(R.string.LanTitle);                        //设置标题
20           setContentView(R.layout.jiandian_moredialog);            //转到语言选择布局
21           ……//该处省略了为listview创建的适配器，读者可自行查阅随书光盘中的源代码
22           ListView lv=(ListView)findViewById(R.id.showLan);        //获得语言种类列表
23           lv.setAdapter(ba);                                       //设置适配器
24           lv.setOnItemClickListener(
25               new OnItemClickListener(){
26                   public void onItemClick(AdapterView<?> arg0, View arg1,int
                     item, long arg3) {
27                   Toast.makeText(context,LANGUAGE[item],Toast.LENGTH_SHORT).
                     show();
28                       if(item==0){                                 //为简体中文
29                       Constant.snzy="zhongn";
30                       updateLanguage(Locale.SIMPLIFIED_CHINESE);
31                       }else if(item==1){                           //英语
32                       Constant.snzy="yingn";
33                       updateLanguage(Locale.ENGLISH);
34                       }
35                   dismiss();                                       //关闭
36       }});}
37       private void updateLanguage(Locale locale) {
38           ……//该处省略了改变系统语言的方法，读者可自行查阅随书光盘中的源代码
39       }}
```

● 第 8~17 行实现的是语言设置对话框的构造器，它主要获取当前系统使用的语言，并把此语言所代表的 id 号赋值给相应的变量。

● 第 21 行是为 listview 创建适配器，其中有几个需要重写的方法，分别返回对话框的长度、选中的选项、选中选项的 id 号及各选项的视图。

● 第 24~36 行主要是为 listview 的各项添加监听，选择什么语言，就调用改变系统语言的方法，同时更改数据包中相应语言的数据。

> **说明** 上述改变系统语言的设置需要在 AndroidManifest.xml 中设置相应的 android.permission.CHANGE_CONFIGURATION。

3.7.7　建议反馈界面的开发

上一节主要介绍了语言选择功能的开发，接下来将介绍的是建议反馈功能的核心代码。用户在使用本软件时可能会遇到某些问题，通过此功能用户可以针对问题提出宝贵的意见和建议，具体代码实现如下。

代码位置： 见随书光盘源代码/第 3 章/HangZhou/scr/com/cn/jindian 目录下的 JDJYActivity。

```
1    public static boolean isConnect(Context context) {      //判断网络是否连接的方法
2        try {                             //获取手机所有连接管理对象（包括对 wi-fi,net 等连接的管理）
3            ConnectivityManager connectivity = (ConnectivityManager) context
4                    .getSystemService(Context.CONNECTIVITY_SERVICE);
5            if (connectivity != null) {
6                NetworkInfo info = connectivity.getActiveNetworkInfo();
                 //获取网络连接管理的对象
7                if (info != null&& info.isConnected()) {
8                    if (info.getState() == NetworkInfo.State.CONNECTED) {
9                        return true;                //判断当前网络是否已经连接，网络已连接
10       }}}} catch (Exception e) {                    //捕获异常
11       e.printStackTrace();                         //打印异常
12       }
13       return false;                                      //网络连接失败
14   }
15   class sendThread extends Thread{                        //发送邮件的线程
16       public void run() {
17           MailSenderInfo mailInfo = new MailSenderInfo();//建立 MailSenderInfo 对象
18           mailInfo.setMailServerHost("smtp.163.com");        //发送邮件的服务器 IP
19           mailInfo.setMailServerPort("25");                  //发送邮件的端口
20           mailInfo.setValidate(true);                        //是否需要身份验证
21           mailInfo.setUserName("m18712852082@126.com");//登录邮件发送服务器用户名
22           mailInfo.setPassword("q15002233214");              //您的邮箱密码
23           mailInfo.setFromAddress("m18712852082@163.com");    //邮件发送者的地址
24           mailInfo.setToAddress("m18712852082@163.com"); //邮件接收者的地址
25           mailInfo.setSubject("");                           //邮件的主题
26           mailInfo.setContent(contentStr);                   //邮件的文本内容
27           SimpleMailSender sms = new SimpleMailSender();
28           sms.sendTextMail(mailInfo);                        //发送邮件
29   }}
```

● 第 1~14 行的功能为判断网络是否连接的方法。首先获取手机所有连接管理对象，进而获得其相应的网络连接管理对象。通过判断它的状态来返回网络的连接情况。

● 第 15~29 行为一个发送邮件的线程，首先设置邮件的主题、文本内容及发送端口等属性，然后通过调用 SimpleMailSender 类中的 sendTextMail 方法来实现发送邮件的功能。

> **说明** 上述代码是建议反馈的主要的方法，读者可以自行查看随书光盘中的辅助方法及一些开发的辅助类，这里不再大篇幅介绍。

3.8 其他模块的实现

前面的章节着重介绍了本应用中比较重要的美食、景点模块。接下来为读者介绍其他没有讲到的模块，如娱乐、住宿、搜索等。本章节包含的东西比较零散，读者一定要细看这些小模块，其中依然包含了一些比较复杂的功能。

3.8.1 娱乐、医疗、购物的实现

美食、景点包含的东西比较多，用了两节来介绍。相对而言，娱乐、医疗、购物版块包含的内容比较单一，又有几分相似，所以将这 3 个版块合并在一起讲解。读者也可对比 3 个板块之间的相似与不同之处，提高学习效率。具体情况如下所示。

（1）首先给大家介绍一下娱乐版块的滑动主界面是如何实现的。该界面最大的亮点就是界面的滚动切换。达到这种效果完全取决于 ViewPager 控件，读者可以多注意一下该控件是如何实现的。其中省略部分可自行查看代码，具体代码如下。

✎ **代码位置：**见随书光盘源代码/第 3 章/ HangZhou/res/layout 目录下的 yule_main.xml。

```xml
1    <?xml version="1.0" encoding="utf-8"?>                    <!--版本号及编码方式-->
2    <LinearLayout xmlns:android="http://schemas.android.com/apk/res/android"
3        android:layout_width="fill_parent"
4        android:layout_height="fill_parent"
5        android:background="@drawable/main_bg"                <!-设置界面的背景-!>
6        android:orientation="vertical" >
7        <RelativeLayout                                      <!-相对布局-!>
8          android:layout_width="fill_parent"
9          android:layout_height="60dip"
10         android:background="@drawable/biaoti_bg" >
11         <TextView                                          <!-设置标题-!>
12            android:id="@+id/fenlei_title"   android:layout_width="wrap_content"
13            android:layout_height="wrap_content" android:layout_centerInParent="true"
14            android:textColor="#FFFFF0"      android:textSize="25dip"
15            android:text="娱乐" >
16         </TextView>
17          <ImageButton                                      <!-设置返回按钮-!>
18            android:id="@+id/fl_back"    android:layout_width="40dip"
19            android:layout_height="40dip" android:layout_alignParentLeft="true"
20            android:layout_centerVertical="true" android:layout_marginLeft="16dp"
21            android:background="@drawable/back_bg" />
22       </RelativeLayout>
23       <LinearLayout                                        <!-线性布局-!>
24          android:layout_width="fill_parent"
25          android:layout_height="wrap_content"
26          android:background="#FFFFFF" >
27          <TextView                                         <!-设置不同的分类-!>
28             android:id="@+id/tv_ktv"      android:layout_width="wrap_content"
29             android:layout_height="wrap_content"      android:layout_weight="1"
30             android:gravity="center"     android:text="@string/str_ktv"
31             android:textColor="@color/black"
32             android:textSize="20sp" />
33          ……//此处省略其他三个 TextView，读者可自行查看随书光盘中的源代码
34       </LinearLayout>
35        <android.support.v4.view.ViewPager   android:id="@+id/viewpager"
36          android:layout_width="wrap_content" android:layout_height="wrap_content"
37          android:layout_gravity="center"   android:layout_weight="1"
38          android:background="#000000" />         <!-设置 ViewPager 的相关属性-!>
39    </LinearLayout>
```

- 第 1~6 行用于设置整个界面的线性布局，并设置了背景图片。
- 第 7~22 行是相对布局，用于设置标题栏。在此布局下又设置了文本标题和返回按钮。设置了标题栏的背景图片，设定了控件的相关属性。

- 第 23~34 行用于设置娱乐版块的 4 个不同分类，包括 ktv、酒吧、影院和俱乐部。并设置了 TextView 的长宽和文字颜色。
- 第 35~39 行用于设置本界面最重要的一个控件 ViewPager，使用该控件之前必须导入相应的 jar 包。读者可自行查看该控件的相关信息。

（2）上面提到了 ViewPager 一个不常见的控件，读者可能已经注意到了引用该控件与其他控件的不同。下面将给大家具体介绍一下该控件的使用方法。该控件的实现需要一个构造器的帮助。具体实现如 YuLeActivity.java 文件所示。

📎 代码位置：见随书光盘源代码/第 3 章/ HangZhou/com/cn/yule 目录下的 YuLeActivity.java。

```
1    package com.cn.yule;                                         //声明包
2    ……//此处省略导入类的代码，读者可自行查阅随书光盘中的源代码
3    public class YuLeActivity extends Activity implements OnPageChangeListener{
4        ……//此处省略定义变量的代码，读者可自行查阅随书光盘中的源代码
5        @Override
6        public void onCreate(Bundle savedInstanceState) {
7            super.onCreate(savedInstanceState);                 //调用父类的构造函数
8            setContentView(R.layout.yule_main);                 //切换到当前界面
9            vp=(ViewPager) findViewById(R.id.viewpager);        //拿到 ViewPager 控件
10           PagerAdapter pa=new PagerAdapter(){                 //重写构造器
11               ……//此处省略构造器重写的方法，读者可自行查阅随书光盘中的代码
12           };
13           vp.setAdapter(pa);                                  //将构造器添加到控件中
14           vp.setCurrentItem(0);                               //初始化选项
15           vp.setOnPageChangeListener(this);                   //为控件添加监听
16       }
17       @Override
18       public void onPageScrollStateChanged(int arg0) {  //此方法是在状态改变的时候调用
19       }
20       @Override
21       public void onPageScrolled(int arg0, float arg1, int arg2) {
         //当页面在滑动的时候会调用此方法
22       }
23       @Override
24       public void onPageSelected(int arg0) {       //此方法在页面跳转完成后得到调用
25           ……//此处省略实现的代码，读者可自行查看随书光盘中的源代码
26   }}
```

- 第 7~9 行调用父类的 onCreate 构造函数 savedInstanceState 保存当前 Activity 的状态信息。同时切换到当前界面，并拿到控件的引用。
- 第 10~12 行重写 PagerAdapter 构造器。该构造器需要重写 8 个方法。
- 第 13~15 行用于 ViewPager 控件的相关设置。将构造器添加到控件中，并初始化控件的界面。同时给控件添加上监听。
- 第 17~26 行是继承 OnPageChangeListener 接口所重写的方法。这 3 个方法在控件发生变化时调用。不同的切换效果可以通过这 3 个方法来实现。有兴趣的读者可以测试一下，将实现的代码放在不同的方法里面会出现怎样不同的情况。

（3）前面已经介绍了娱乐板块是如何实现的。接下来给大家详细介绍一下医疗版块的实现过程。xml 文件比较简单在此不做展示，主要讲解 java 文件是如何是实现的。代码如下。

📎 代码位置：见随书光盘源代码/第 3 章/ HangZhou/com/cn/yiliao 目录下的 YiLiaoActivity.java。

```
1    package com.cn.yiliao;                                       //声明包
2    ……//此处省略导入类的代码，读者可自行查阅随书光盘中的源代码
3    public class YiLiaoActivity extends Activity{
4        ……//此处省略定义变量的代码，读者可自行查阅随书光盘中的源代码
5        public List<? extends Map<String,?>> generateDataList() {
6            ArrayList<Map<String,Object>> list=new ArrayList<Map<String,Object>>();
7            for(int i=0;i<count;i++) {                          //遍历信息
8                HashMap<String,Object> hmp=new HashMap<String,Object>();
```

```
9                           hmp.put("col1",yy_mc[i]);                    //存储信息
10                          list.add(hmp);
11                      }
12              return list;                                             //返回信息列表
13              }
14              @Override
15              public void onCreate(Bundle savedInstanceState) {
16                  super.onCreate(savedInstanceState);
17                  setContentView(R.layout.yiliao_main);                //显示界面
18                  ……//此处省略如何获取信息，读者可自行查阅随书光盘中的源代码
19                  GridView gv=(GridView)this.findViewById(R.id.gv_yl); //获取控件
20                  SimpleAdapter sca=new SimpleAdapter (                 //设置适配器
21                          this,
22                          generateDataList(),                          //数据 List
23                          R.layout.gouwu_row,                          //行对应 layout id
24                          new String[]{"col1"},                        //列名列表
25                          new int[]{R.id.row_bt}                       //列对应控件 id 列表
26                          );
27                  gv.setAdapter(sca);
28                  gv.setOnItemClickListener(                           //为列表添加监听
29                  new OnItemClickListener(){
30                      @Override
31                      public void onItemClick(AdapterView<?> arg0,View arg1,int arg2,
                        long arg3){
32                          ……//此处省略了点击事件的处理方法，读者可自行查阅随书光盘中的源代码
33      }});;}
```

● 第 5~13 行新建一个方法，目的是通过遍历获取所有信息列表，存储在 list 中，为后面 GridView 控件的设置提供信息。

● 第 20~26 行重写 SimpleAdapter 构造器。该构造器比较简单，只需要设置几个参数即可。按顺序设置了上下文，信息列表，对应的行框架和与之相对应的 id。行框架的搭建，读者可自行查看代码，在此不再赘述。

● 第 27~32 行将构造器添加到 GridView 控件中，并为控件添加了监听。该控件的监听由 arg2 参数的值决定，相当于索引值。

> **提示** 掌上杭州中医疗和购物版块都是用 GridView 控件搭建的，为什么会出现截然不同的两个界面呢？这是由于在构造器中每一行构架不同所导致的。读者将两者进行对比，便可一目了然。这里不再叙述购物版块是如何实现的。

3.8.2 住宿版块的实现

上一节主要介绍的是娱乐、医疗和购物的开发，接下来介绍住宿版块的开发，此版块将为用户展现住宿版块的文本、图片介绍及网上订房的功能开发，使用户在游玩的同时不必因为没有住宿的地方而烦恼，为用户提供方便快捷的服务。

（1）下面向读者具体介绍住宿主界面类 ZhuSuActivity 的基本框架及部分代码，理解该框架有助于读者对住宿主界面的开发有整体的了解，其框架代码如下。

✎ **代码位置：见随书光盘源代码/第 3 章/ HangZhou/scr/com/cn/zhusu 目录下的 ZhuSuActivity。**

```
1       package com.cn.zhusu;                                           //声明包
2       import java.util.ArrayList;
3       ……//该处省略导入相关类的代码，读者可自行查阅随书光盘中的源代码
4       public class ZhuSuActivity extends Activity{
5           private String[] infor=new String[40];                     //文件内容,获取图片名和菜名
6           ……//该处省略了其他变量声明的代码，读者可自行查阅随书光盘中的源代码
7           super.onCreate(savedInstanceState);
8           setContentView(R.layout.zhusu_main);
9           FontManager.changeFonts(FontManager.getContentView(this),this);
            //用自定义的字体方法
10          String information=PubMethod.loadFromFile("zhusu/name.txt");
```

```
11          //文本内容，获取图片名和菜名
            ……//该处省略了获取图片文本资源的相关代码，读者可自行查阅随书光盘中的源代码
12          ArrayList<HashMap<String, Object>> lstImageItem = new ArrayList<HashMap
            <String, Object>>();
13       for(int i=0;i<count;i++){
14           HashMap<String, Object> map = new HashMap<String, Object>();
15           map.put("ItemImage",imgBp[i]);           //添加图像资源的 ID
16           map.put("ItemText",namePP[i]);            //按序号做 ItemText
17           lstImageItem.add(map);
18       }
19       SimpleAdapter saImageItems = new SimpleAdapter(this, //生成适配器的 ImageItem
20         lstImageItem,                               //数据来源
21         R.layout.gouwu_item,                        //night_item 的 XML 实现
22         new String[] {"ItemImage","ItemText"},      //动态数组与 ImageItem 对应的子项
23         new int[] {R.id.ItemImage,R.id.ItemText});  //控件 ID
24       saImageItems.setViewBinder(new ViewBinder(){  //实现接口
25           public boolean setViewValue(View view, Object data,String
             textRepresentation) {
26           if( (view instanceof ImageView) & (data instanceof Bitmap) ) { //获取控件
27               ImageView iv = (ImageView) view;      //获取控件
28               Bitmap bm = (Bitmap) data;            //拿到图片
29               iv.setImageBitmap(bm);                //添加图片到控件
30               return true;                          //返回 true
31           }
32               return false;
33       }});
34       gridview.setAdapter(saImageItems);            //添加并且显示
35       ImageView iback=(ImageView)this.findViewById(R.id.fl_back); //返回按钮
36       iback.setOnClickListener(new OnClickListener(){ //对按钮进行监听
37       public void onClick(View v){
38       finish();
39   }} );}
40       class ItemClickListener implements OnItemClickListener {//返回的 Item 单击事件
41           ……//该处省略了点击响应切换界面的方法的代码，将在下面为读者介绍
42   }}
```

- 第 9 行用于实现设置自定义字体样式的转换方法的调用，以实现字体转换。

- 第 12~18 行用于实现动态数组并转入数据，使数组中的文本内容与图片组装成一一对应的数据。

- 第 19~23 行用于构建适配器，获取控件，并为控件组装一一对应的图片文本数据。

- 第 24~34 行用于实现接口，对控件类型与数据类型进行判断，如果正确则获取控件并对控件添加数据并显示，否则返回 false，不添加数据。

- 第 35~39 行用于实现获取返回按钮 fl_back 的控件引用，并对控件监听，如果用户点击返回按钮，则调用方法 finish 来关闭当前界面。

（2）在了解了住宿主界面的基本结构后，下面介绍住宿主界面转换到下一级的具体转换方法。具体代码如下，对应上面步骤（1）代码中的第 43 行。

✎ **代码位置：见随书光盘源代码/第 3 章/HangZhou/scr/com/cn/zhusu 目录下的 ZhuSuActivity。**

```
1    package com.cn.zhusu; //当 AdapterView 被单击(触摸屏或者键盘)，则返回的 Item 单击事件
2    class ItemClickListener implements OnItemClickListener {
3        public void onItemClick(AdapterView<?> arg0,      //点击的 AdapterView 发生
4                     View arg1,                            //点击 AdapterView 中的视图
5                     int arg2,                             //点击 AdapterView 中的视图
6                     long arg3) {                          //点击的行 id 项
7        HashMap<String, Object> item=(HashMap<String, Object>) arg0.getItemAt
         Position(arg2);
8            Intent intent=new Intent(ZhuSuActivity.this,ZyActivity.class);
             //选中项目，跳转到下一界面
9            intent.putExtra("namePP",namePP[arg2]);     //酒店名称
10           intent.putExtra("imgPath",imgPath[arg2]);   //图片路径
11           intent.putExtra("jiePath",jiePath[arg2]);   //介绍路径
12       startActivity(intent);
13   }}
```

● 第2~6行用于实现当AdapterView中的视图被点击时所执行的方法。其中包含了3个参数，参数的意义在上面有详细解释。

● 第7~13行用于跳转下一界面所需要传递的参数。其中内容包括酒店的名称、图片和酒店详细介绍的路径。这些信息传递到下一界面接收并使用。

（3）上面介绍了住宿主界面的基本结构及功能开发，下面将要介绍的是住宿次级界面的开发，其中开发了联网功能，具体代码如下。

✎ **代码位置：见随书光盘源代码/第3章/HangZhou/scr/com/cn/zhusu目录下的ZyActivity。**

```
1    package com.cn.zhusu;                                      //导入相关类
3    ……//该处省略了导入相关类的代码，读者可自行查阅随书光盘中的源代码
4    public class ZyActivity extends Activity{
5        public String duri;                                     //定义变量
6        public void onCreate(Bundle savedInstanceState) {
7            super.onCreate(savedInstanceState);
8            requestWindowFeature(Window.FEATURE_NO_TITLE);       //设置全屏
9            setContentView(R.layout.zhusu_yx);
10           FontManager.changeFonts(FontManager.getContentView(this),this);
                 //用自定义字体方法
11           String PP_name=this.getIntent().getStringExtra("namePP");//接收品牌名称
12           String imgPath=this.getIntent().getStringExtra("imgPath");//接收图片路径
13           String jiePath=this.getIntent().getStringExtra("jiePath");//接收介绍路径
14           if(jiePath.equals("zhusu/xgll.txt")) {
15               duri="http://www.shangri-la.com/cn/";
16           }
17           ……//该处省略了与14~15行相似的判断代码，读者可自行查阅随书光盘中的源代码
18           TextView tv_name=(TextView)this.findViewById(R.id.zs_name);//设置品牌名称
19           tv_name.setText(PP_name);
20           Bitmap PP_img=BitmapIOUtil.getSBitmap(imgPath);          //设置图片
21           ImageView iv_pp=(ImageView)this.findViewById(R.id.zs_img);
22           iv_pp.setImageBitmap(PP_img);
23           TextView jie=(TextView)this.findViewById(R.id.zs_jie);   //设置介绍文本
24           String information=PubMethod.loadFromFile(jiePath);//获取美食详细介绍
25           jie.setText(information);
26           jie.setTextSize(Constant.TEXT_SIZE);                     //设置字体的大小
27           jie.setTextColor(ZyActivity.this.getResources().getColor
                 (Constant.COLOR));
28           ImageButton iback=(ImageButton)this.findViewById(R.id.fl_back); //返回按钮
29               iback.setOnClickListener(                          //对按钮进行监听
30                   new OnClickListener() {
31                       public void onClick(View v) {
32                           finish();                             //结束本Activity
33           }});
34           ImageButton ipost=(ImageButton)this.findViewById(R.id.fl_set);
                 //联网跳转按钮
35               ipost.setOnClickListener(
36                   new OnClickListener() {
37                       public void onClick(View v) {
38                           Uri uri = Uri.parse(duri);            //得到Uri并初始化
39                           Intent intent = new Intent(Intent.ACTION_VIEW, uri);
40                           startActivity(intent);               //页面开始跳转
41    }});}}
```

● 第11~13行获取住宿主界面传递过来的品牌名称、图片路径与介绍文本路径，为下面添加数组做准备。

● 第14~17行对获取的数据进行判断，匹配到相应的网址并赋值给变量duri。

● 第18~27行获取zhusu_yx.xml布局中的控件，设置界面中的标题文本、介绍图片以及文本介绍并显示。

● 第28~33行获取返回按钮并对返回按钮进行监听，结束本界面以实现返回功能。

● 第34~41行获取界面左上角的联网订房按钮id并对按钮进行监听，获取到变量duri中的数据然后跳转到订房网页。

3.8.3　搜索模块的实现

上一节介绍了住宿模块的实现，下面将介绍掌上杭州中搜索模块是如何实现的。当用户进入搜索界面时会出现常见的搜索内容，可方便用户选择。用户也可自行通过搜索框进行搜索，搜索框有联想搜索功能。下面将具体介绍搜索模块的开发。

（1）本小节首先介绍的是搜索界面 sousuo.xml 框架的搭建，包括布局的安排、控件的使用。其中有一个少见的 AutoCompleteTextView 控件，用于搜索框的设置。还有一个自定义控件，用于设置常见搜索内容的布局。其具体代码如下。

> ✎ **代码位置：**见随书光盘源代码/第 3 章/HangZhou/res/layourt 目录下的 sousuo.xml。

```
1   <?xml version="1.0" encoding="utf-8"?>                        <!--版本号及编码方式-->
2   <LinearLayout xmlns:android="http://schemas.android.com/apk/res/android"  <!--线
    性布局-->
3       android:layout_width="fill_parent"  android:layout_height="fill_parent"
4       android:orientation="vertical" >
5     <LinearLayout                                            <!--线性布局-->
6         android:id="@+id/searchL1"    android:layout_width="fill_parent"
7         android:layout_height="50dp"    android:background="@drawable/hend"
8         android:gravity="center_vertical" >
9       <RelativeLayout                                        <!--相对布局-->
10          android:id="@+id/searchL2"    android:layout_width="0.0px"
11          android:layout_height="wrap_content"
12          android:layout_weight="1.0"  >
13        <AutoCompleteTextView                                <!--搜索框控件--!>
14          android:id="@+id/search_Keywords"android:layout_width="fill_parent"
15          android:layout_height="wrap_content"android:layout_gravity="center_vertical"
16          android:background="@drawable/edittext"android:layout_marginLeft="8dp"
17          android:ellipsize="start"  android:focusable="true"
18          android:focusableInTouchMode="true"  android:imeOptions="actionDone"
19          android:maxLength="25"  android:maxLines="1"
20          android:paddingLeft="3dip"
21          android:singleLine="true" />
22        <ImageView                                           <!--设置清除按钮--!>
23            android:id="@+id/ivSButtonClear"  android:layout_width="22dip"
24            android:layout_height="22dip"android:layout_alignParentRight="true"
25            android:layout_centerVertical="true" android:layout_marginRight="12dp"
26            android:src="@drawable/bus_btn_clear" />
27      </RelativeLayout>
28      <ImageButton                                          <!--设置搜索按钮-->
29        android:id="@+id/search_button"  android:background="@drawable/search"
30        android:layout_width="wrap_content"android:layout_height="wrap_
        content"
31        android:layout_marginRight="2dp"
32        android:scaleType="fitCenter" />
33    </LinearLayout>
34    <LinearLayout                                           <!--线性布局-->
35        android:id="@+id/searchContent"    android:layout_width="fill_parent"
36        android:layout_height="fill_parent"    android:orientation="vertical"
37        android:background="@color/itemcolcor" >
38        <com.cn.sousuo.KeywordsView                          <!---自定义控件--!>
39            android:id="@+id/word"
40            android:layout_width="fill_parent"
41            android:layout_height="fill_parent"
42            android:padding="2dip" />                         <!--设置间距--!>
43    </LinearLayout>
44  </LinearLayout>
```

> ✐ **说明**　　上述代码用于设置整个搜索界面的布局。用到了线性布局和相对布局。其中使用了多个常见的控件。值得注意的是用于搜索框的 AutoCompleteTextView 控件，具有搜索联想功能。还有就是自定义控件的使用，下面的小节会详细介绍。

（2）上面简要介绍了搜索界面框架的搭建，下面将介绍上述 AutoCompleteTextView 控件是如何实现搜索框的，搜索框是怎样产生联想的，以及如何清空搜索内容。具体实现如下所示。

代码位置：见随书光盘源代码/第 3 章/HangZhou/com/cn/sousuo 目录下的 SouSuoActivity.java。

```
1    package com.cn.sousuo;                                          //声明包
2    ……//此处省略导入类的代码，读者可自行查阅随书光盘中的源代码
3    public class SouSuoActivity extends Activity implements View.OnClickListener {
4        ……//此处省略定义变量的代码，读者可自行查阅随书光盘中的源代码
5        @Override
6        protected void onCreate(Bundle savedInstanceState) {
7            super.onCreate(savedInstanceState);                     //调用父类
8            this.setContentView(R.layout.sousuo);                   //切换到当前界面
9            nl=new NameList();                                      //获取本地信息列表
10           String[] autoStrs=new String[nl.n_sum];                 //申明字符数组
11           for(int i=0;i<nl.n_sum;i++) {
12               autoStrs[i]=nl.s_name[i];                           //通过循环赋值
13           }
14           et_ss=(AutoCompleteTextView)this.findViewById(R.id.search_Keywords);
             //搜索框
15           ArrayAdapter<String> adapter = new ArrayAdapter<String>(this,
16                       android.R.layout.simple_dropdown_item_1line,autoStrs);
17           et_ss.setAdapter(adapter);                              //添加适配器
18           ImageView clear= (ImageView)this.findViewById(R.id.ivSButtonClear);
             //清除搜索框
19           clear.setOnClickListener(new OnClickListener() {        //添加监听
20               @Override
21               public void onClick(View v) {
22                   et_ss.setText("");                              //清空搜索框
23    }});;}
```

● 第 7~13 行用于界面切换的准备工作。通过 NameList 类获取本地信息的列表，同时通过循环赋值给数组，为后面的构造器做准备。

● 第 14~17 行首先获取 AutoCompleteTextView 控件，随后设置 ArrayAdapter 构造器。在构造器中使用前面所获取的数组，并设置构造器的风格。将设置完成的构造器添加到控件当中。此时已完成了搜索框的搜索联想功能。

● 第 18~23 行实现了清空搜索框内容。首先获取控件的引用，并对控件添加了监听。在监听方法里执行清空搜索框的命令。

（3）上面在搜索界面的搭建中有自定义控件的使用，接下来介绍一下，自定义控件是如何实现的。由于自定义控件类是一个封装的类，包含的内容比较多由于篇幅的限制不能一一介绍，其中省略的部分读者可自行查看代码，部分重要代码如下。

代码位置：见随书光盘源代码/第 3 章/ HangZhou/com/cn/sousuo 目录下的 KeywordsView.java。

```
1    package com.cn.sousuo;                                          //声明包
2    ……//此处省略导入类的代码，读者可自行查阅随书光盘中的源代码
3    public class KeywordsView extends FrameLayout implements OnGlobalLayoutListener {
4        ……//此处省略定义变量的代码，读者可自行查阅随书光盘中的源代码
5        public KeywordsView(Context context, AttributeSet attrs){
6            super(context,attrs);                                   //自定义控件继承父类
7            init();                                                 //初始化方法
8        }
9        ……//此处省略初始化代码，读者可自行查阅随书光盘中的源代码
10       private boolean show() {                                    //显示信息的方法
11       if(width > 0 && height > 0 && vecKeywords != null && vecKeywords.size() > 0
         && enableShow){
12           enableShow = false;
13           lastStartAnimationTime = System.currentTimeMillis();
14           int xCenter = width >> 1, yCenter = height >> 1;
15           int size = vecKeywords.size();                          //设置大小
16           int xItem = width / size , yItem = height / size;
17           LinkedList<Integer> listX = new LinkedList<Integer>(), listY = new
             LinkedList<Integer>();
```

```
18          for (int i = 0; i < size; i++) {                        //用循环添加信息
19              listX.add(i*xItem);
20              listY.add(i*yItem + (yItem >> 2));
21          }
22          LinkedList<TextView> listTxtTop = new LinkedList<TextView>();//实例化类
23          LinkedList<TextView> listTxtBottom = new LinkedList<TextView>();
            //实例化类
24          for (int i = 0; i < size; i++) {
25              String keyword = vecKeywords.get(i);
26              int ranColor =  random.nextInt(5);                    //随机颜色
27              ……//此处省略 5 种颜色的随机，读者可自行查阅随书光盘中的源代码
28              int xy[] =randomXY(random,listX,listY,xItem);          //随机位置,粗糙
29              int txtSize = TEXT_SIZE_MIN ;                          //随机字体大小
30              final TextView txt = new TextView(getContext());//实例化 Textview
31              txt.setOnClickListener(itemClickListener);            //添加监听
32              txt.setText(keyword);                                 //设置文本
33              txt.setTextColor(color);                              //设置颜色
34              txt.setTextSize(TypedValue.COMPLEX_UNIT_SP,txtSize);//设置字体大小
35              txt.setShadowLayer(2, 2, 2, 0xff696969);
36              txt.setGravity(Gravity.CENTER);                       //设置显示风格
37              txt.setEllipsize(TruncateAt.MIDDLE);
38              txt.setSingleLine(true);
39              txt.setEms(10);
40              Paint paint = txt.getPaint();                         //获取文本长度
41              ……//此处省略位置设置，读者可自行查阅随书光盘中的源代码
42              return true;
43          }
44          return false;
45      }
46      ……//此处省略部分方法，读者可自行查阅随书光盘中的源代码
47  }
```

● 第 5~8 行是自定义控件中必须调用父类方法。在该方法中调用了本类中的初始方法。

● 第 10~21 行通过判断屏幕的大小，决定信息的摆放位置。并设置文本的大小，同时通过循环将不同的信息添加到屏幕中。

● 第 22~34 行设置了文本信息的相关属性。首先创建两个列表实例，通过循环随机设置了不同颜色和字体的大小。并为文本信息添加了监听，用于产生点击效果。

● 第 35~46 行设置了文本的显示风格，在文本长于视图时显示完整视图，并在此获取文本的长度，为后面设置文本的位置做准备。省略部分通过屏幕的长宽比例和 if 判断语句决定文本信息处在屏幕中的什么位置。

3.8.4　设置模块的实现

最后介绍一下掌上杭州应用的最后一个设置模块，在这一版块中完成了用户自定义字体，包括字体的大小、颜色和风格。除了字体的设置外，还包括软件的帮助和关于。帮助和关于比较简单就不再详述了，读者可自行查看。

本小节详细介绍如何实现自定义字体。用户可以根据个人喜好设置软件中的字体，这能够满足不同用户的需求。完成该功能的核心代码位于 SheZhiZiTiActivity.java 文件中。下面会讲到其中一个重要的方法。其具体代码如下所示。

✎ 代码位置：见随书光盘源代码/第 3 章/HangZhou/com.cn.shezhi 目录下的 SheZhiZiTiActivity.java。

```
1   public Dialog onCreateDialog(int id) {
2       Dialog dialog=null;                                      //声明对话框引用
3       switch(id) {
4         case SHEZHI_DAXIAO:                                    //生成单选列表对话框的代码
5               Builder b=new AlertDialog.Builder(this);
6               b.setIcon(R.drawable.szzt);                       //设置图标
7               b.setTitle("字体大小");                            //设置标题
8               b.setSingleChoiceItems( items,   0,
9                   new DialogInterface.OnClickListener() {
```

```
10              ……//此处省略定义字体大小的代码，读者可自行查阅随书光盘中的源代码
11                    }});
12              b.setPositiveButton (                    //为对话框设置按钮
13                    "确定",
14                    new DialogInterface.OnClickListener(){    //添加监听
15                        @Override
16                        public void onClick(DialogInterface dialog, int which) {}
17                    });
18          dialog=b.create();                          //创建对话框
19      break;
20      case SHEZHI_YANSE:                              //生成单选列表对话框的代码
21          b=new AlertDialog.Builder(this);
22          b.setIcon(R.drawable.szzt);                 //设置图标
23          b.setTitle("字体颜色");                       //设置标题
24          b.setSingleChoiceItems(  yanse, 0,
25              new DialogInterface.OnClickListener() {
26                  @Override
27                  public void onClick(DialogInterface dialog, int which){
28                  ……//此处省略字体颜色的代码，读者可自行查阅随书光盘中的源代码
29              }});
30          dialog=b.create();
31      break;
32      case SHEZHI_ZITI:                               //生成单选列表对话框的代码
33          b=new AlertDialog.Builder(this);
34          b.setIcon(R.drawable.szzt);                 //设置图标
35          b.setTitle("字体样式");                       //设置标题
36          b.setSingleChoiceItems(  yanshi, 0,
37              new DialogInterface.OnClickListener(){  //对对话框添加监听
38                  @Override
39                  public void onClick(DialogInterface dialog, int which){
40                  ……//此处省略字体风格的代码，读者可自行查阅随书光盘中的源代码
41              }});
42          dialog=b.create();                          //创建对话框
43      break;
44      }
45      return dialog;
46  }
```

- 第 1~3 行为实现切换字体的核心方法。其中声明了弹出对话框的引用。方法中通过 switch 判断设置字体的大小、颜色或风格。
- 第 4~19 行用于设置字体的大小。首先生成单选列表设置其风格，设置了标题、背景。随后将字体的大小选项加入列表中。最后添加了一个确定按钮，用于判断选择的哪个选项。再点击确定按钮之后会消失。
- 第 20~31 行实现了字体颜色的设置。颜色选择列表的设置和上述的大体一致。在颜色的选择上设置了 4 种颜色供用户选择。
- 第 32~46 行实现了字体显示风格的设置。其实现过程和上述设置字体大小、颜色一致。最后该方法返回对话框，执行结束。

3.9 本章小结

本章对掌上杭州的各个功能模块及实现方式进行了简要的说明讲解。本应用包含美食、医疗、购物、景点、娱乐、住宿、搜索、设置等功能模块，本章对其中的各部分功能板块的功能与实现方式（架构）进行了简要的介绍，读者可循序渐进地学习，以学习到本案例的精髓。

本应用在实现多个功能模块的同时具体实现了公交路线的搜索导航、城市兴趣点搜索、GPS 定位、驾车导航、步行导航、微博分享、邮件反馈、联网定房等基本功能。读者可在实际开发中参考本应用，并根据自身需要优化功能或者添加功能。

第4章　理财类软件——BN 理财助手

本章将要介绍的是 Android 客户端应用程序 BN 理财助手的开发。BN 理财助手实现了日常记账，股票行情查看，备忘录，理财常识，计算器，关于助手等功能。接下来将对 BN 理财助手的应用背景及各个功能进行详细的介绍。

4.1　应用背景及功能介绍

本节将简要介绍 BN 理财助手的使用背景及功能，主要针对 BN 理财助手的功能架构进行简要说明。这样能够让读者快速熟悉本应用各个部分的具体功能，进而对整个 BN 理财助手有大致的了解，便于后面理解每个模块所具有的功能。

4.1.1　BN 理财助手功能概述

开发一个应用之前，需要对开发的目标和所实现的功能进行细致有效的分析，进而确定要开发的具体功能。做好应用的准备工作，将为整个项目的开发奠定一个良好的基础。笔者亲身体验了目前几款比较热门的个人理财软件，在参考了一些功能强大的 PC 理财软件之后，对本应用制定了如下基本功能。

- 日常记账。

用户可以按照支出（收入）的金额、类别、账户、日期、项目、成员、备注进行数据的增加。还可以查看、删除支出（收入）的账单明细。精简操作步骤，剔除了繁琐的选项，以最快的方式在日常生活中达到记账理财的目的。

- 股票行情查看。

用户可以添加日常所关心的股票到自选股列表中，对沪深股票一览无余。不仅能够对股价的跌涨波动进行实时监控，还能查看每支股票的详细信息，以及文字数据，够通过查看每只股票的 K 线图掌握股票大势。

- 理财常识。

用户可以通过点击书架上琳琅满目的书籍，来了解多种和日常生活中的理财有关的法律或常识。例如：消费者权益保护法、经济名词、金融基础、财经基础等。通过对这些常识的了解，便可以快速提高个人理财能力。

- 计算器。

用户可以对日常生活中的消费、收入等进行简单的计算。本应用体积小巧，功能简洁实用，无需再随身携带计算器，对于生活中的加减乘除四则运算完全不在话下。

- 备忘录。

用户可以通过此功能对备忘录进行数据的添加、查看、删除。它是工作和生活的好帮手，可以使用户更合理地安排时间，避免错过一些重要的事宜。用户通过查看记录合理安排时间，可以高效地完成工作，拒绝拖延症。

● 关于助手。

该界面主要介绍 BN 理财助手的基本信息，主要由版本号和功能介绍构成。版本号为应用开发的版本标记，当前版本号为 1.0.0，在对应用的功能改进后，可通过更改版本号来标志应用的状态。用户可点击功能介绍进入功能导航界面，可以左右滑动屏幕进行查看。

根据上述对 BN 理财助手的功能概述可以得知，BN 理财助手主要包括日常记账、股票行情查看、理财常识、计算器、备忘录、关于助手六大项功能，为了让读者对 BN 理财助手的功能结构有更好的了解，其功能结构如图 4-1 所示。

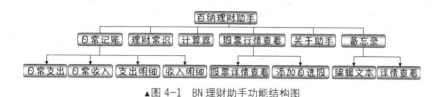

▲图 4-1　BN 理财助手功能结构图

> **说明**　图 4-1 表示的是 BN 理财助手的功能结构图，包含 BN 理财助手的日常记账、股票行情查看、理财常识、计算器、备忘录、关于助手等全部功能。认识该功能结构图有助于读者了解本程序各个功能的开发。

4.1.2　BN 理财助手开发环境

开发 BN 理财助手之前，读者需要了解完成本项目的软件环境。BN 理财助手由 Eclispe 编程软件协助开发，是运行在 Android 系统平台下的手机程序。下面将简单介绍本项目所需要的环境，请读者阅读了解即可。

● Eclispe 编程软件。

Eclispe 是一个著名的开源 Java IDE，主要是以其开放性、高效的 GUI、先进的代码编辑器等著称。其项目包括各种各样的子项目组，包括 Eclipse 插件、功能部件等，主要采用 SWT 界面库，支持多种本机界面风格。

● Android 系统。

Android 系统平台的设备功能强大，此系统开源、应用程序无界限。随着 Android 手机的普及，Android 应用的需求势必越来越大，这是一个潜力巨大的市场，会吸引无数软件开发商和开发者投身其中。

4.2　开发前的准备工作

BN 理财助手虽然比较小，但数据库设计是必不可少的。只有做好数据库的设计，后期开发工作才可以很好地进行下去，而且这有利于缩短开发时间。由于本软件对于数据库的要求并不是很高，因此采用 Android 自带的、轻量级的 Sqlite 数据库。

4.2.1　数据库的设计

项目开发前需要对整个系统的数据库进行设计。本系统总共包括 4 张表，分别为日常支出表、日常收入表、备忘录表以及股票信息表。在本系统中，表与表之间没有对应的联系，是相对独立的，所以在开发前的准备中就不需要设计数据库的结构图。接下来将详细介绍数据库中每个表的具体内容。

（1）日常支出表：用于储存和管理日常支出的信息，在该表中有 5 个字段，包含支出的 ID、支出的金额、支出的类别、支出的账户、支出的日期、支出的项目、支出的成员以及支出的备注。详细情况如表 4-1 所列。

表 4-1　　　　　　　　　　　　　　　日常支出表

字段名称	数据类型	字段大小	是否主键	说　　明
id	integer	N/A	是	支出 ID
moneypay	varchar	10	否	支出金额
categorypay	varchar	20	否	支出类别
zhanghupay	varchar	20	否	支出账户
timepay	varchar	50	否	支出日期
projectpay	varchar	20	否	支出项目
memberpay	varchar	20	否	支出成员
pspay	varchar	200	否	支出备注

建立该表的 SQL 语句如下。

✎ **代码位置**：见书中光盘源代码/第 4 章/ BN-Financial_assistant\src\com\bn\util 目录下的 DBUtil.java。

```
1     String sqlpay = "create table if not exists accountpay("+     /*日常支出表的创建*/
2         "id integer PRIMARY KEY," +                               /*支出 id*/
3         "moneypay varchar(10)," +                                 /*支出金额*/
4         "categorypay varchar(20)," +                              /*支出类别*/
5         "zhuanghupay varchar(20),"+                               /*支出账户*/
6         "timepay varchar(50)," +                                  /*支出日期*/
7         "projectpay varchar(20)," +                               /*支出项目*/
8         "memberpay varchar(20)," +                                /*支出成员*/
9         "pspay varchar(200));";                                   /*支出备注*/
10    financialData.execSQL(sqlpay);                                /*执行 SQL 语句*/
```

✐ 说明　　　上述代码表示的是日常支出表的建立，该表中包含支出 ID、支出金额、支出类别、支出账户、支出日期、支出项目、支出成员和支出备注共八个属性。支出 ID 作为该表的主键。

（2）日常收入表：用于储存和管理日常收入的信息，在该表中有 5 个字段，包含收入的 ID、收入的金额、收入的类别、收入的账户、收入的日期、收入的项目、收入的成员以及收入的备注。详细情况如表 4-2 所列。

表 4-2　　　　　　　　　　　　　　　日常收入表

字段名称	数据类型	字段大小	是否主键	说　　明
id	integer	N/A	是	收入 ID
moneyincome	varchar	10	否	收入金额
categoryincome	varchar	20	否	收入类别
zhanghuincome	varchar	20	否	收入账户
timeincome	varchar	50	否	收入日期
projeictincome	varchar	20	否	收入项目
memberincome	varchar	20	否	收入成员
psincome	varchar	200	否	收入备注

建立该表的 SQL 语句如下。

📎 **代码位置**：见书中光盘源代码/第 4 章/ BN-Financial_assistant\src\com\bn\util 目录下的 DBUtil.java。

```
1    String sqlpay = "create table if not exists accountincome("+    /*日常收入表的创建*/
2        "id integer PRIMARY KEY," +                                /*收入 id*/
3        "moneyincome varchar(10)," +                               /*收入金额*/
4        "categoryincome varchar(20)," +                            /*收入类别*/
5        "zhuanghuincome varchar(20),"+                             /*收入账户*/
6        "timeincome varchar(50)," +                                /*收入日期*/
7        "projectincome varchar(20)," +                             /*收入项目*/
8        "memberincome varchar(20)," +                              /*收入成员*/
9        "psincome varchar(200));";                                 /*收入备注*/
10   financialData.execSQL(sqlincome);                             /*执行 SQL 语句*/
```

💡 **说明**　上述代码表示的是日常收入表的建立，该表中包含收入 ID、收入金额、收入类别、收入账户、收入日期、收入项目、收入成员和收入备注共八个属性。收入 ID 作为该表的主键。

（3）备忘录表：用于储存和管理备忘录的信息，在该表中有 3 个字段，包含备忘录的 ID、记录的时间以及记录的内容。详细情况如表 4-3 所列。

表 4-3　　　　　　　　　　　　　　　　备忘录表

字段名称	数据类型	字段大小	是否主键	说　　明
id	integer	N/A	是	备忘录 ID
timenote	varchar	20	否	记录时间
contentnote	varchar	300	否	记录内容

建立该表的 SQL 语句如下。

📎 **代码位置**：见书中光盘源代码/第 4 章/ BN-Financial_assistant\src\com\bn\util 目录下的 DBUtil.java。

```
1    String sqlnote = "create table if not exists notepad(" +    /*创建备忘录表*/
2        "id integer PRIMARY KEY," +                             /*备忘录 id*/
3        "timenote varchar(20)," +                               /*记录时间*/
4        "contentnote varchar(300));";                           /*记录内容*/
5    financialData.execSQL(sqlnote);                             /*执行 SQL 语句*/
```

💡 **说明**　上述代码表示的是备忘录表的建立，该表中包含收入备忘录 ID、记录日期和记录内容共三个属性。备忘录 ID 作为该表的主键。

（4）股票信息表：用于储存和管理股票的信息，在该表中有 13 个字段，包含股票的 ID、股票的代码、股票的名称、今日开盘价、昨日最低价、当前价、今日最高价、今日最低价、交易数、交易额、日期、时间以及交易所。详细情况如表 4-4 所列。

表 4-4　　　　　　　　　　　　　　　　股票信息表

字段名称	数据类型	字段大小	是否主键	说　　明
id	Integer	N/A	是	股票 id
code	Varchar	15	否	股票代码
name	Varchar	20	否	股票名称
price_today	Varchar	15	否	今日开盘价
price_yestaday	Varchar	15	否	昨日最低价

续表

字段名称	数据类型	字段大小	是否主键	说　　明
price_now	Varchar	15	否	当前价
today_highest	Varchar	15	否	今日最高价
today_lowest	Varchar	15	否	今日最低价
trading_volume	Varchar	20	否	交易数
changing_over	Varchar	20	否	交易额
date	Varchar	20	否	日期
time	Varchar	20	否	时间
exchangehall	Varchar	20	否	交易所

建立该表的 SQL 语句如下。

📡 **代码位置**：见书中光盘源代码/第 4 章/ BN-Financial_assistant\src\com\bn\util 目录下的 DBUtil.java。

```
1    String sqlstock = "create table if not exists stockinfo("
2        + "ID integer primary key autoincrement," +          //0.ID
3        "CODE varchar(15)," +                                  //1.股票代码
4        "NAME varchar(20)," +                                  //2.股票名称
5        "PRICE_TODAY varchar(15)," +                           //3.今日开盘价
6        "PRICE_YESTADAY varchar(15)," +                        //4.昨日收盘价
7        "PRICE_NOW varchar(15)," +                             //5.当前价
8        "TODAY_HIGHEST varchar(15)," +                         //6.今日最高价
9        "TODAY_LOWEST varchar(15)," +                          //7.今日最低价
10       "TRADING_VOLUME varchar(20)," +                        //8.交易数
11       "CHANGING_OVER varchar(20)," +                         //9.交易额
12       "DATE varchar(20)," +                                  //10.日期
13       "TIME varchar(20)," +                                  //11.时间
14       "EXCHANGEHALL varchar(20))";                           //12.交易所
15       financialData.execSQL(sqlstock);                       //执行 SQL 语句
```

> 📖 **说明**　上述代码表示股票信息表的建立，该表中包含股票 ID、股票代码、股票名称、今日开盘价、昨日收盘价、当前价、今日最高价、今日最低价、交易数、交易额、日期、时间和交易所共十三个属性。股票 ID 作为该表的主键。

4.2.2　数据库工具类

前面介绍了数据库中每一张表的设计，下面将介绍这些表的创建方法与对其相应数据执行操作的方法。在 Android 平台下，所有有关数据库的操作使用，都是通过 SQLite 这个轻量级的数据库来完成实现的。

在设计好数据库后就需要将数据库工具类的框架搭建出来，并且把常用的方法写好，例如创建数据库、打开数据库、关闭数据库、数据的插入、数据的查询、数据的删除以及数据的更新等方法，具体代码如下。

📡 **代码位置**：见书中光盘源代码/第 4 章/ BN-Financial_assistant\src\com\bn\util 目录下的 DBUtil.java。

```
1    package com.bn.util;
2    ……//此处省略导入类的代码，读者可自行查阅随书附带光盘中的源代码
3    public class DBUtil {
4        public static void createTable() {
5            SQLiteDatabase financialData = null;                        //数据库类
6            financialData = SQLiteDatabase.openDatabase(                //创建数据库
7                "/data/data/com.bn.financial_assistant/financialdata",
                 //新建数据库所在路径
```

```
8                         null,                                    //CursorFactory
9                         SQLiteDatabase.OPEN_READWRITE            //对以下操作有读写权限
10                        | SQLiteDatabase.CREATE_IF_NECESSARY);   //若不存在则创建
11          ……//此处省略 SQL 语句的创建以及执行，请读者自行查阅随书光盘中的源代码
12                  financialData.close();                         //关闭数据库
13          }
14          ......//此处省略了数据库操作的部分方法代码，将在后面的步骤给出
15   }
```

- 第 6~10 行用于创建一个数据库对象，创建一个 Cursor 对象作为结果集，并且打开指定的数据库，赋予该数据库操作读写的权限。

- 第 11 行为省略的创建表并且执行建表 SQL 语句的代码，在上述数据库的设计中已经介绍，故在此省略不讲。

- 第 12 行用于关闭数据库。在不对数据库进行操作后一定要将其关闭。

4.2.3 文本信息的搜集

开发一个应用软件之前，做好资料的搜集工作是非常必要的。完善的信息数据会使测试变得相对简单，后期开发工作能够很好地进行下去，缩短开发周期。BN 理财助手中的文本信息主要包括财经基础知识等理财常识。将该资源放在项目目录中的\res\raw 文件夹下，其详细情况如表 4-5 所列。

表 4-5 理财常识文本清单

文 件 名	大小（KB）	格 式	用 途
caijingjichu	40	txt	财经基础
jingjimingci	8	txt	经济名词
jinrongjichu	41	txt	金融基础
shuiwu	18	txt	税务基础
xiaofeizhequanyibaohufa	16	txt	消费者权益保护法

4.3 功能预览及架构

前面的章节中介绍了 BN 理财助手的开发背景及开发前的准备工作，这一节将介绍 BN 理财助手的基本功能预览以及 BN 理财助手的总架构。通过对本节的学习，读者将会对 BN 理财助手有更全面深入的了解。

4.3.1 BN 理财助手功能预览

首先为读者介绍 BN 理财助手的基本功能预览。该部分主要包括欢迎界面、日常记账、股票行情查看、理财常识、备忘录、计算器、关于助手等功能的预览，对读者初步了解 BN 理财助手有所帮助。下面将一一介绍，请读者仔细阅读。

（1）手机程序菜单中点击 BN 理财助手，打开本软件后，首先进入到 BN 理财助手的欢迎界面，效果如图 4-2 所示。这个欢迎界面会停留 3 秒，在这 3 秒中界面将由亮变暗，如图 4-3 所示。当屏幕全黑后，进入下一个界面。

（2）如果是安装后首次打开 BN 理财助手，会在欢迎界面后进入 BN 理财助手的操作导航界面，如图 4-4 所示，左右滑动屏幕能切换不同的导航页面，如图 4-5 所示。滑动到最后，任意点击屏幕就能进入 BN 理财助手的程序主界面，图 4-6 所示。

▲图 4-2 BN 理财助手欢迎界面 1

▲图 4-3 BN 理财助手欢迎界面 2

▲图 4-4 操作导航界面 1

（3）如果不是首次打开 BN 理财助手或已经看完操作导航界面，则会切换到 BN 理财助手的主界面。在主界面上，可以通过点击不同的图片按钮，跳转到相对应的模块界面，或者点击左下角的退出按钮退出程序，如图 4-7 所示。

▲图 4-5 操作导航界面 2

▲图 4-6 操作导航界面 3

▲图 4-7 程序主界面

（4）点击上方的钱袋图标按钮，应用切换到日常记账界面，如图 4-8 所示。点击支出或收入图标切换输入界面，也可通过左右滑动屏幕来进行切换，如图 4-9 所示。点击各记账界面的查看账单按钮，切换到账单明细界面，如图 4-10 所示。可以点击任意一项查看该项账单的全部内容。

（5）点击右上方的柱状图标按钮，切换到股票行情查看界面，如图 4-11 所示。点击列表中的股票名称查看相应的股票最新详细信息，把右边隐藏的抽屉拉出还能查看该股票的 K 线图走势，如图 4-12 所示。点击添加自选股输入股票代码进行添加、获取新的股票信息以及最新的 K 线图，如图 4-13 所示。

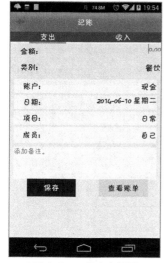

▲图 4-8 日常支出界面

▲图 4-9 日常收入界面

▲图 4-10 支出明细界面

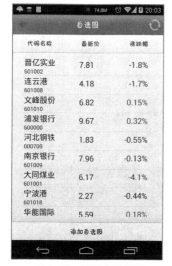

▲图 4-11 股票查看界面

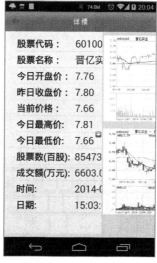

▲图 4-12 股票详细信息界面

▲图 4-13 添加自选股界面

（6）点击右下方的博士帽图标按钮，切换到理财常识界面，在此界面内点击任意书本能进入阅读界面，如图 4-14 所示。在阅读界面可以上下翻阅书籍的内容，位于屏幕下方的拖拉条可以调节当前字体的大小，如图 4-15 所示。

（7）点击下方的计算器图标按钮，切换到计算器界面，在此界面内可以对日常生活中的消费、收入等进行简单的计算。整体的字体显示风格俏皮可爱、体积小巧、功能简洁实用、无需再随身携带计算器，如图 4-16 所示。

（8）点击左上方的备忘录图标按钮，切换到备忘录的查看界面，在此界面内可以点击任意一项查看该项备忘录的全部内容，如图 4-17 所示。点击右上角的添加按钮，切换到备忘录的添加界面，在此界面，用户可以自行编辑备忘的内容，并自行生成记录日期，如图 4-18 所示。

（9）点击左下方问号图标按钮，切换到关于助手界面，该界面十分简洁，只包括两项，分别为版本号和功能介绍，如图 4-19 所示。点击功能介绍就会进入首次打开 BN 理财助手时所进入的操作导航界面。

▲图 4-14 理财常识界面

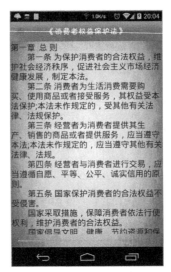

▲图 4-15 阅读界面

▲图 4-16 计算器界面

▲图 4-17 备忘录界面

▲图 4-18 添加备忘录界面

▲图 4-19 关于助手界面

> 💡说明　　通过以上对 BN 理财助手的功能预览，读者可以对 BN 理财助手的功能有大致的了解，后面章节将会对 BN 理财助手的功能做出更加具体的介绍，请读者仔细阅读。

4.3.2　BN 理财助手目录结构图

上一节是 BN 理财助手的功能展示，下面将介绍 BN 理财助手项目的目录结构。在进行本应用的开发之前，还需要对本项目的目录结构有大致的了解，便于读者对 BN 理财助手整体的理解，具体内容如图 4-20 所示。

> 💡说明　　上述介绍了进行 BN 理财助手开发的目录结构图，包括程序源代码、程序所需图片、xml 文件和程序配置文件，使读者对 BN 理财助手的程序文件有清晰的了解。

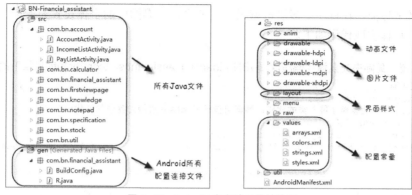

▲图 4-20　Android 客户端目录结构图

4.4　辅助工具类的开发

前面已经介绍了 BN 理财助手功能的预览以及总体架构，下面将介绍项目所需要的工具类，工具类被项目其他 Java 文件调用，避免了重复性开发，提高了程序的可维护性。工具类在这个项目中十分常用，请读者仔细阅读。

4.4.1　常量类的开发

本小节介绍 BN 理财助手的常量类 Constant。在 BN 理财助手内有许多需要重复调用的常量，为了避免重复在所有的 Java 文件中定义常量，于是开发了可供其他 Java 文件调用的常量类 Constant，具体代码如下。

✎ **代码位置：** 见随书光盘源代码/第 4 章/BN-Financial_assistant/src/com/bn/util 目录下的 Constant.java。

```
1    package com.bn.util;
2    public class Constant {
3        public static final int CODE = 0;                  //股票代码
4        public static final int NAME = 1;                  //股票名称
5        public static final int PRICE_TODAY = 2;           //今日开盘价
6        public static final int PRICE_YESTADAY = 3;        //昨日收盘价
7        public static final int PRICE_NOW = 4;             //当前价
8        public static final int TODAY_HIGHEST = 5;         //今日最高价
9        public static final int TODAY_LOWEST = 6;          //今日最低价
10       public static final int TRADING_VOLUME = 7;        //交易数
11       public static final int CHANGING_OVER = 8;         //交易额
12       public static final int DATE = 9;                  //日期
13       public static final int TIME = 10;                 //时间
14       public static final int EXCHANGEHALL = 11;         //交易所
15       public static final int GO_INDEX = 0;              //跳转主页的标志
16       public static final int GO_GUIDE = 1;              //跳转引导页的标志
17       public static final int DECREASE = -1;             //起始页闪屏的标志
18       public static final long KEEP_INDEX_TIME = 0;      //起始页停留的时间
19   }
```

✐ **说明**　常量类的开发是高效完成项目的一项十分必要的准备工作，这样可以避免在不同的 Java 文件中定义常量的重复性工作，提高了代码的可维护性。如果读者在下面的类或方法中有不明白具体含义的常量，可以在本类中查找。

4.4.2　自定义字体类的开发

上一小节中介绍了常量类的开发，本小节将继续介绍本应用中用到的第二个工具类 FontManager。

该类为自定义字体类，在程序中多次被调用，用来将各个界面中的字体设置为卡通字体，使界面更具艺术性，具体实现代码如下。

代码位置：见随书光盘源代码/第 4 章/BN-Financial_assistant\src\com\bn\util 目录下的 FontManager.java。

```
1    package com.bn.util;
2    ......//此处省略了导入类的代码，读者可自行查阅随书附带光盘中的源代码
3    public class FontManager{
4        public static Typeface tf =null;
5        public static void init(Activity act){              //初始化 Typeface
6            if(tf==null){
7                tf= Typeface.createFromAsset(act.getAssets(),"fonts/newfont.ttf");
8        }}public static void changeFonts(ViewGroup root,Activity act){    //转换字体
9            for (int i = 0; i < root.getChildCount(); i++){
10               View v = root.getChildAt(i);
11               if (v instanceof TextView){
12                   ((TextView) v).setTypeface(tf);              //转换 TextView 控件中的字体
13               }
14               else if (v instanceof Button){
15                   ((Button) v).setTypeface(tf);                //转换 Button 控件中的字体
16               }
17               else if (v instanceof EditText){
18                   ((EditText) v).setTypeface(tf);              //转换 EditText 控件中的字体
19               }
20               else if (v instanceof ViewGroup){
21                   changeFonts((ViewGroup) v, act);
22           }}}
23       public static ViewGroup getContentView(Activity act){
24         ViewGroup systemContent = (ViewGroup)act.getWindow().
25                   getDecorView().findViewById(android.R.id. content);
26         ViewGroup content = null;
27         if(systemContent.getChildCount() > 0 && systemContent.getChildAt(0)
28         instanceof ViewGroup){
29             content = (ViewGroup)systemContent.getChildAt(0);
30         }
31         return content;
32    }}
```

- 第 5~7 行为初始化 Typeface。第一次调用 FontManager 类时，调用 init 方法，若 Typeface 为空，则创建 Typeface 对象。
- 第 9~22 行用于转换界面中的字体为卡通字体。用循环遍历界面中的各个控件，并将控件中的所有字体转换为卡通字体。
- 第 24~31 行用于获得传过来的 Activity，若该 Activity 的内容大于 0 并且其中的控件属于 ViewGroup，则获取该控件并返回。

4.4.3 数据库操作类的开发

上一小节中介绍了自定义字体类的开发，本小节将继续介绍本应用中用到的第三个工具类 DBUtil。该类为数据库工具类，在前面已经简单提到并且省略了在程序中多次被调用的方法，在这里将详细介绍，具体实现代码如下。

（1）下面介绍的是添加支出账单信息的方法。因为需要读取支出表中当前最大 ID，来自动生成将要添加的支出内容的支出 ID，所以此方法获得数据库的读写权限，并判断支出的备注是否为空，来执行相对应的 SQL 语句。具体代码如下。

代码位置：见随书光盘源代码/第 4 章/BN-Financial_assistant/src/com/bn/util 目录下的 DBUtil.java。

```
1    public static boolean addPay(String[] info) {         //打开数据库，并赋予只写权限
2        SQLiteDatabase financialData = null;              //创建数据库对象
```

```
3          Cursor cur = null;                                      //创建结果集
4          financialData =SQLiteDatabase.openDatabase              //打开数据库
5              ("/data/data/com.bn.financial_assistant/financialdata",
6              null,SQLiteDatabase.OPEN_READWRITE
7              | SQLiteDatabase.CREATE_IF_NECESSARY);              //赋予读写权限
8      int payId = -1;                                             //支出 id
9      try {                                                       //自动生成支出 id 的方法
10         String sql = "select max(id) from accountpay;";//获取支出表中最大 id
11         cur = financialData.rawQuery(sql, null);               //执行并返回结果集
12         if (cur.moveToFirst()) {                               //判断结果集是否为空
13             payId = cur.getInt(0) + 1;                         // id 加 1
14         } else {
15             payId = 1;                                         //否则设置 id 为 1
16         }
17     } catch (Exception e) {
18         e.printStackTrace();                                   //打印错误报告
19     }
20     try {                                                      //插入支出账单
21         if (info[6].length() == 0) {                           //判断备注是否为空
22             String sql2 = "insert into accountpay values(";//创建插入的语句
23             sql2 += payId + ",'";                              //id
24             sql2 += info[0] + "','";                           //金额
25             sql2 += info[1] + "','";                           //类别
26             sql2 += info[2] + "','";                           //账户
27             sql2 += info[3] + "','";                           //时间
28             sql2 += info[4] + "','";                           //项目
29             sql2 += info[5] + "',";                            //成员
30             sql2 += null + ");";                               //备注
31             financialData.execSQL(sql2);                       //执行插入语句
32         } else {
33             String sql2 = "insert into accountpay values(";
34             sql2 += payId + ",'";                              //id
35             sql2 += info[0] + "','";                           //金额
36             sql2 += info[1] + "','";                           //类别
37             sql2 += info[2] + "','";                           //账户
38             sql2 += info[3] + "','";                           //时间
39             sql2 += info[4] + "','";                           //项目
40             sql2 += info[5] + "','";                           //成员
41             sql2 += info[6] + "');";                           //备注
42             financialData.execSQL(sql2);                       //执行插入语句
43         }
44         return true;                                           //返回 true
45     } catch (Exception e) {
46         e.printStackTrace();                                   //打印错误报告
47     } finally {
48         if (cur != null) {
49             cur.close();                                       //关闭结果集
50         }
51         financialData.close();                                 //关闭数据库
52     }
53     return false;                                              //方法返回 false
54 }
```

- 第 2~7 行用于创建一个数据库对象，创建一个 Cursor 对象作为结果集，并且打开指定的数据库，赋予该数据库的操作读写权限。

- 第 8~16 行声明了一个 int 的对象用于存储获取到的当前最大的支出 ID，创建获取支出表中最大的 ID 数的 SQL 语句并且执行，如果支出表中没有数据，则 ID 置为 1，否则将在表中获得的当前最大 ID 自动加 1。

- 第 21~31 行为当要添加的数据中备注项为空时，往支出表中添加支出的 ID、金额、类别、账户、时间、项目、成员和备注项设置为 null。

- 第 32~42 行为当要添加的数据中备注项不为空时，直接将所需要的信息按照用户的输入添加到支出表中。

- 第 47~52 行关闭结果集和关闭数据库。在不需要对数据库进行操作的时候要把数据库关闭。

（2）上述代码介绍的是本软件中的添加支出账单的方法，下面介绍为查看账单界面的 ListView 提供内容的方法。因为需要先获取所需要内容的数量，所以此方法获得数据库的只读权限，并声明一个 String 数组来储存获取的所有内容。具体代码如下。

代码位置：见随书光盘源代码/第 4 章/BN-Financial_assistant/src/com/bn/util 目录下的 DBUtil.java。

```
1          public static String[] getPayDateStr() {
2              SQLiteDatabase financialData = null;              //打开数据库
3              Cursor cur = null;                                //声明一个结果集
4              financialData = SQLiteDatabase.openDatabase(
5                      "/data/data/com.bn.financial_assistant/financialdata",null,
6                      SQLiteDatabase.OPEN_READONLY);
7              int tNum = -1;                                    //声明一个 int 对象
8              try {
9                  String sql = "select count(timepay) from accountpay;";//创建查询语句
10                 cur = financialData.rawQuery(sql, null);      //执行语句并返回结果集
11                 if (cur.moveToFirst()) {                      //判断结果集是否为空
12                     tNum = cur.getInt(0);                     //将结果集赋给 tNum
13                 } else {
14                     tNum = 0;}                                //否则 tNum 为 0
15                 cur = null;                                   //cur 设为 null
16             } catch (Exception e) {
17                 e.printStackTrace();}                         //打印错误报告
18             String[] payTime = new String[tNum];             //声明一个 String 数组
19             try {
20                 String sql2 = "select timepay from accountpay;";//创建第二个查询语句
21                 cur = financialData.rawQuery(sql2, null);     //执行并返回结果集
22                 int count = 0;                                //声明 int 的记数对象
23                 while (cur.moveToNext()) {                    //对结果集进行循环
24                     payTime[count++] = cur.getString(0);}     //将结果集的值放进数组
25             } catch (Exception e) {
26                 e.printStackTrace();                          //打印错误报告
27             } finally {
28                 if (cur != null) {
29                     cur.close();}                             //关闭结果集
30                 financialData.close();}                       //关闭数据库
31             return payTime;                                   //返回 String 数组
32         }
```

● 第 2~6 行用于创建一个数据库对象，创建一个 Cursor 对象作为结果集，并且打开指定的数据库，赋予该数据库的操作只读权限。

● 第 7~17 行用于获得支出表中的数据的总行数。

● 第 18~26 行为获取支出表中所有的支出时间列的内容并赋予一个 String 数组。

● 第 27~32 行为关闭结果集、关闭数据库和返回数组。在不需要对数据库进行操作的时候要把数据库关闭。

> **说明**　还有获得支出表中所有的支出类别和所有的支出金额的方法，它们都是为了给查看账单中的 ListView 提供显示内容的，与上述代码基本相似，由于篇幅有限，在这里就不再赘述了，请读者自行查看随书光盘中的源代码。

（3）上述代码介绍的是本软件中的为查看账单界面 ListView 提供内容的方法，下面介绍查看选中项支出账单全部信息的方法。因为需要获取指定的某一支出项的所有内容，所以此方法获得数据库的只读权限，当备注列内容为空时改为"无"返回。具体代码如下。

代码位置：见随书光盘源代码/第 4 章/BN-Financial_assistant/src/com/bn/util 目录下的 DBUtil.java。

```
1      public static String[] getPayListStr(String tStr, String cStr, String mStr) {
2              SQLiteDatabase financialData = null;             //打开数据库
3              Cursor cur = null;                               //声明结果集
4              String payStr[] = null;                          //声明 String 数组
5              financialData = SQLiteDatabase.openDatabase(
```

```
6                   "/data/data/com.bn.financial_assistant/financialdata", null,
7                   SQLiteDatabase.OPEN_READONLY);              //赋予只读权限
8               try {                                            //创建查询语句
9                   String sql = "select timepay,categorypay,moneypay,zhuanghupay,"
10                      +"projectpay,memberpay,pspay from accountpay "
11                      + "where timepay ='"
12                      + tStr                                   //支出时间
13                      + "' and categorypay ='"
14                      + cStr                                   //支出类别
15                      + "' and moneypay ='" + mStr + "';";     //支出金额
16                  cur = financialData.rawQuery(sql, null);     //返回结果集
17                  if (cur.moveToFirst()) {                     //判断结果集是否为空
18                      payStr = new String[cur.getColumnCount()];
19                      for(int i=0;i<cur.getColumnCount(); i++) {//对结果集进行循环
20                          payStr[i] = cur.getString(i);
21                      }
22                      if (payStr[6] == null) {                 //判断备注列是否空
23                          payStr[6] = "无";                     //备注设置为无
24                      }}
25              } catch (Exception e) {
26                  e.printStackTrace();                         //打印错误报告
27              } finally {
28                  if (cur != null) {
29                      cur.close();                             //关闭结果集
30                  }
31                  financialData.close();                       //关闭数据库
32              }
33              return payStr;                                   //返回 String 数组
34          }
```

- 第 2~7 行用于创建一个数据库对象，创建一个 Cursor 对象作为结果集，并且打开指定的数据库，赋予该数据库的操作只读权限。

- 第 8~16 行为创建查询语句，其查询条件为 ListView 中选中项的支出日期、支出类别和支出金额等三项信息，执行 SQL 语句并且返回结果集。

- 第 17~24 行为如果结果集不为空，就对结果集进行遍历，放进一个 String 数组。

- 第 27~34 行为关闭结果集、关闭数据库和返回数组。在不需要对数据库进行操作的时候要把数据库关闭。

（4）上述代码介绍的是本软件中的查看选中项支出账单全部信息的方法，下面介绍在支出表中删除选中项的方法。因为需要删除指定的某一项在表中的所有内容，所以此方法获得数据库的读写权限。具体代码如下。

✎ 代码位置：见随书光盘源代码/第 4 章/BN-Financial_assistant/src/com/bn/util 目录下的 DBUtil.java。

```
1   public static boolean deletePayListStr(String tStr, String cStr, String mStr) {
2       SQLiteDatabase financialData = null;                    //打开数据库
3       financialData = SQLiteDatabase.openDatabase(
4               "/data/data/com.bn.financial_assistant/financialdata", null,
5               SQLiteDatabase.OPEN_READWRITE
6                   | SQLiteDatabase.CREATE_IF_NECESSARY);       //赋予读写权限
7       try {
8           String sql = "delete from accountpay " + "where timepay ='" + tStr
        //创建 SQL 语句
9                   + "' and categorypay ='" + cStr + "' and moneypay ='"
10                  + mStr + "';";
11          financialData.execSQL(sql);                          //执行 SQL 语句
12          return true;                                         //返回值为 true
13      } catch (Exception e) {
14          e.printStackTrace();                                 //打印错误报告
15      } finally {
16          financialData.close();}                              //关闭数据库
17      return false;                                            //返回值为 false
18  }
```

● 第 2~6 行用于创建一个数据库对象，创建一个 Cursor 对象作为结果集，并且打开指定的数据库，赋予该数据库的操作读写权限。

● 第 7~14 行为创建并执行删除语句，其删除的条件为在 ListView 列表选中项的支出日期、支出类别和支出金额 3 项信息，执行 SQL 语句。

● 第 16 行为关闭数据库。在不需要对数据库进行操作的时候要把数据库关闭。

> 📝说明　上述代码都是对支出表的一系列操作，对收入表以及备忘录表所进行操作的方法与上述的所有方法基本相似，由于篇幅有限，在这里就不一一赘述了，请读者自行查看随书光盘中的源代码。

（5）上述代码介绍的是本软件中的删除支出账单的选中项全部信息的方法，下面介绍给股票信息表添加信息的方法。因为需要把从网络获得的股票信息添加进股票信息表中，所以此方法获得的是数据库的读写权限。具体代码如下。

📎 **代码位置**：见随书光盘源代码/第 4 章/BN-Financial_assistant/src/com/bn/util 目录下的 DBUtil.java。

```
1     // 添加股票信息
2     public static boolean addInfo(Object[] objects) {
3         boolean flag = false;                        //创建一个 Boolean 型变量，默认为 flase
4         SQLiteDatabase financialData = null;              //创建 SQLiteDataBase 对象
5         financialData = SQLiteDatabase.openDatabase(      //在数据库中打开一张表
6                 "/data/data/com.bn.financial_assistant/financialdata", null,
7                 SQLiteDatabase.OPEN_READWRITE               //设置数据库为可读可写模式
8                 | SQLiteDatabase.CREATE_IF_NECESSARY);
9         try {
10            String sql = "insert into stockinfo" +        //创建 SQL 语句
11                "(code,name,price_today,price_yestaday,price_now,today_highest," +
12                "today_lowest,TRADING_VOLUME,CHANGING_OVER,date,time, " +
13                " EXCHANGEHALL) values(?,?,?,?,?,?,?,?,?,?,?,?)";//要插入的数据的占位符
14            financialData.execSQL(sql, objects);          //执行 SQL 语句
15            flag = true;                                   //将 flag 改为 true，代表插入成功
16        } catch (Exception e) {
17            e.printStackTrace();
18        } finally {
19            if (financialData != null) {
20                financialData.close();                     //关闭 SQLiteDatabase 对象
21            }
22        }
23        return flag;                                       //返回 flag
24    }
```

● 第 4~8 行用于创建一个数据库对象，创建一个 Cursor 对象作为结果集，并且打开指定的数据库，赋予该数据库的操作读写权限。

● 第 10~15 行用于生成 SQL 语句并将其执行。SQL 语句的前半部分为要插入的项，后半部分为要插入的数据的占位符。execSQL 方法中的两个参数，分别为带有占位符的 SQL 语句和与占位符相对应的对象数组，这样才可以实现将 objects 中的值赋给对应的占位符参数。如果该方法执行成功，则会将 flag 改为 true，代表 SQL 语句执行成功。否则将会抛出异常，从而执行关闭方法。flag 仍为默认值 flase。

> 📝说明　上述代码都是对股票信息表的添加操作。对股票信息表进行删除行、删除表和更新行的操作方法与上述的添加操作实现的方法基本相似，都是用 objects，由于篇幅有限，在这里就不一一赘述了，请读者自行查看随书光盘中的源代码。

（6）上述代码介绍的是本软件中的给股票信息表添加信息的方法，下面介绍根据股票代码获取信息的方法。因为需要获取指定的某一股票的全部信息，所以此方法获得数据库的只读权限，

其中还对获取信息的所有列进行否为空的判断。具体代码如下。

代码位置：见随书光盘源代码/第 4 章/BN-Financial_assistant/src/com/bn/util 目录下的 DBUtil.java。

```
1    // 根据股票代码获取所有信息
2    public static Map<String, String> viewInfo(String[] strings) {
3        Map<String, String> map = new LinkedHashMap<String, String>();//创建 Map 对象
4        SQLiteDatabase financialData = null;                       //financialData
5        financialData = SQLiteDatabase.openDatabase(               //在数据库中打开一张表
6                "/data/data/com.bn.financial_assistant/financialdata", null,
7                SQLiteDatabase.OPEN_READONLY);                     //设置数据库为只读模式
8        try {
9            String sql = "select * from stockinfo where code =? ";  //创建 SQL 语句
10           Cursor cursor = financialData.rawQuery(sql, strings);//创建 Cursor 对象
11           int colums = cursor.getColumnCount();                 //获取游标列的总数
12           while (cursor.moveToNext()) {                         //对游标进行遍历
13               for (int i = 0; i < colums; i++) {
14                   String cols_name = cursor.getColumnName(i);
                     //从给定的索引 i 返回列名
15                   String cols_values = cursor.getString(//根据列名获取对应的值
16                           cursor.getColumnIndex(cols_name));
17                   if (cols_values == null) {
18                       cols_values = "";
19                   }
20                   map.put(cols_name, cols_values);             //键值对存入 Map 对象中
21               }}
22       } catch (Exception e) {
23           e.printStackTrace();
24       } finally {
25           if (financialData != null) {
26               financialData.close();                           //关闭数据库
27           }}
28       return map;
29   }
```

● 第 9~10 行用于创建一个数据库对象，创建一个 Cursor 对象作为结果集，并且打开指定的数据库，赋予该数据库的操作只读权限。

● 第 12~21 行用于对游标进行遍历。如果 cursor.moveToNext 方法的返回值为 ture，则表示游标中还有内容，就要进行循环遍历，从给定的索引返回列名，再根据列名获取对应的值，这样就构成了一个键值对。最后将这个键值对存入 Map 对象中，关闭 SQLiteDatabase 对象。

> 说明
> 上述代码都是根据股票代码获得信息的操作，获取所有股票信息的操作方法与其基本相似。由于篇幅有限，在这里就不一一赘述了，请读者自行查看随书光盘中的源代码。

4.5 欢迎功能模块的实现

上一节介绍了辅助工具类的开发，下面介绍 BN 理财助手首次启动时的欢迎界面及引导页的实现。当用户进入应用时，会看到本应用的欢迎界面，如果用户是首次进入本应用，则会看到一系列的功能介绍图片，并且这些图片是可以左右滑动的。

进入应用，首先进入的是带有"BN 理财助手"字样的欢迎界面，欢迎界面的亮度会随着时间逐渐变暗，直至全黑时跳转到其他界面。若是第一次进入本应用，则会看到由一系列的功能介绍图片组成的引导页，并且图片是可滑动的。当这组图片滑动到最后时，点击屏幕上任意地方，可进入应用的主界面。

4.5.1 BN 理财助手欢迎界面模块的实现

（1）本节首先介绍欢迎界面 welcome.xml 布局文件框架的搭建，主要使用了 ViewPager 滑动页卡来实现引导图片滑动的功能。整个欢迎界面的搭建包括布局的安排、图片视图 ImageView 的属性设置，具体代码如下。

✎ **代码位置：**见随书光盘源代码/第 4 章/BN-Financial_assistant/res/layout 目录下的 welcome.xml。

```
1    <?xml version="1.0" encoding="utf-8"?>                  <!-- 版本号及编码方式 -->
2    <RelativeLayout xmlns:android="http://schemas.android.com/apk/res/android"
3        xmlns:tools="http://schemas.android.com/tools"
4        android:layout_width="match_parent"
5        android:layout_height="match_parent"
6        tools:context=".SplashActivity" >
7        <ImageView                                           <!--图片域-->
8            android:id="@+id/iv_welcome"
9            android:layout_width="match_parent"
10           android:layout_height="match_parent"
11           android:adjustViewBounds="true"
12           android:background="@drawable/welcome_android"<!--设置背景-->
13           android:scaleType="centerCrop" />
14   </RelativeLayout>
```

📝 **说明**　上述代码用于声明欢迎界面的相对布局，设置了 RelativeLayout 宽、高的属性。相对布局中的 ImageView 加载了欢迎界面的图片，并设置其宽、高均为 match_parent。

（2）为了增加欢迎界面的美观，添加了一个界面由明逐渐变暗的效果，下面将介绍进入本应用时所遇到的欢迎界面由明到暗的闪屏变化效果的实现，具体代码如下。

✎ **代码位置：**见随书光盘源代码/第 4 章/ BN-Financial_assistant/src/com/bn/firstviewpage 目录下的 WelcomePageActivity.java。

```
1    package com.bn.firstviewpage;
2    ……//此处省略导入类的代码，读者可自行查阅随书附带光盘中的源代码
3    public class WelcomePageActivity extends Activity {
4        ……//此处省略定义变量的代码，请自行查看源代码
5        @Override
6        protected void onCreate(Bundle savedInstanceState) {
7            super.onCreate(savedInstanceState);
8            requestWindowFeature(Window.FEATURE_NO_TITLE);         //设置界面无标题
9            setRequestedOrientation(ActivityInfo.SCREEN_ORIENTATION_PORTRAIT);
             //强制竖屏
10           setContentView(R.layout.welcome_page);
11           bmp=BitmapFactory.decodeResource(this.getBaseContext().
             getResources(),R.drawable.welcome_android);//从资源获取图片的Bitmap
12           iv = (ImageView) this.findViewById(R.id.iv_welcome);
13           mHandler = new Handler(){                     // Handler 构造器
14               @Override                                 //重写 handleMeaasge 方法
15               public void handleMessage(Message msg) {
16                   switch (msg.what) {                   //判断消息的 what 值
17                   case DECREASE:                        //执行使图片变暗的语句
18                       brightness -= everycut * 1.05;        //减小亮度参数的值
19                       brightChanged(brightness, bmp, iv);//设置图片亮度为新的值
20                       break;
21                   case GO_INDEX:                        //执行跳转到首页的方法
22                       goIndex();
23                       break;
24                   case GO_GUIDE:                        //执行跳转到引导页的方法
25                       goGuide();
26                       break;
27                   }
28                   super.handleMessage(msg);             //执行父类中的方法
```

```
29                    }};
30                    new Thread() {                                    //开启改变图片亮度参数的线程
31                        public void run() {
32                            while (true) {
33                                mHandler.sendEmptyMessage(DECREASE);//  Handler 发出请求
34                                if(brightness < LOWBRIGHTNESS) {//判断亮度是否小于定义的最小值
35                                    init();        //亮度小于定义的最小值，就执行初始化方法
36                                    break;                //结束线程
37                                }try {
38                                    Thread.sleep(50);        //当前线程休眠 50 毫秒
39                                } catch (Exception e) {
40                                    e.printStackTrace();
41                    }}}}.start();
42                    FontManager.initTypeFace(this);            //设置字体为方正卡通
43                    ViewGroup vg = FontManager.getContentView(this);
44                    FontManager.changeFonts(vg, this);
45            }
46            ……//此处省略了欢迎界面初始化方法的相关代码，具体方法将在下面具体介绍
47            ……//此处省略了改变欢迎界面亮度的方法的相关代码，具体方法将在下面具体介绍
48    }
```

● 第 7~10 行为在 onCreate 方法里调用父类 onCreate 方法，并设置自定义 Activity 标题栏为隐藏的标题栏。

● 第 13~29 行用于创建 Handler 对象，重写 handleMeaasge 方法，并调用父类处理消息字符串，根据消息的 what 值，执行相应的 case。

● 第 30~41 行用于开启一个线程，并且重写 run 方法。通过线程的休眠方法，来实现每 50 毫秒改变一次亮度参数 brightness 的值，并发出消息。如果亮度值小于自定义的阈值，线程结束，然后调用初始化方法。

> ✔说明　　上面提到的改变字体的具体实现方法，在前面辅助工具类的开发中已经讲过，在这里就不再重述了，请读者自行查看。

（3）上面省略了 init 方法，该方法判断本应用是否为第一次被打开。如果应用是第一次被打开，则会切换到引导界面，之后向用户展示一系列的功能引导页；如果不是第一次被打开，则会切换到应用的首页。具体代码如下。

🖑 **代码位置：** 见随书光盘源代码/第 4 章/ BN-Financial_assistant/src/com/bn/firstviewpage 目录下的 WelcomePageActivity.java。

```
1    private void init() {                                    //初始化方法
2        SharedPreferences preferences = getSharedPreferences(
3                SHAREDPREFERENCES_NAME,                //存储时的名称
4                MODE_PRIVATE);                        //存储模式为私有数据
5        isFirstIn = preferences.getBoolean("isFirstIn", true);//获取存储数据中相应的值
6        if (!isFirstIn) {
7            mHandler.sendEmptyMessageDelayed(GO_INDEX, KEEP_INDEX_TIME);
8                    //发送要跳转到应用的首页消息，发送消息的延迟时间为 100 毫秒
9        } else {
10            mHandler.sendEmptyMessageDelayed(GO_GUIDE, KEEP_INDEX_TIME);
11                    //发送要跳转到应用的引导页消息，发送消息的延迟时间为 100 毫秒
12        }
13    }
```

● 第 5 行用于获取数据存储中 isFirstIn 的值。true 为默认值。

● 第 6~12 行用于判断程序将进入哪一个界面。根据变量 isFirstIn 的值来判断，如果是第一次进入本应用，则会切换到引导页，反之切换到主页。sendEmptyMessageDelayed 是用来实现延迟发送消息的方法，其中的 KEEP_INDEX_TIME 参数为要延迟的时间，该参数的值是在前面介绍的常量类中定义的。

> **说明**　在上面所述的 init 方法中，使用 Android 平台为我们提供了一个 SharedPreferences 类，它是一个轻量级应用程序内部轻量级的存储方案，适合用于保存软件的配置参数等。这里，使用存储记录程序的使用次数的参数 isFirstIn，通过 getBoolean 方法取得相应的值，如果没有该值，说明还未写入，用 true 作为默认值。

（4）在重写 handleMeaasge 方法中使用到 brightChanged 方法，该方法执行的是通过设置图片颜色矩阵中的部分会影响亮度的参数，来改变图片的滤镜效果，进而实现了对图片亮度的改变。具体代码如下。

📝 **代码位置：** 见随书光盘源代码/第 4 章/ BN-Financial_assistant/src/com/bn/firstviewpage 目录下的 WelcomePageActivity.java。

```
1    public void brightChanged(                                //改变图片亮度的方法
2            int brightness,                                   //图片的亮度参数
3            Bitmap bitmap,                                    //图片的 Bitmap 对象
4            ImageView iv) {                                   //存放图片的 ImageView
5      int imgHeight = bitmap.getHeight();                     //获取图片的高
6      int imgWidth = bitmap.getWidth();                       //获取图片的宽
7      Bitmap bmp = Bitmap.createBitmap(                       //创建一个 Bitmap 对象
8            imgWidth,                                         //对象的宽度
9            imgHeight,                                        //对象的高度
10           Config.ARGB_8888)                                //色彩模式
11     ColorMatrix cMatrix = new ColorMatrix();               //创建颜色矩阵
12     cMatrix.set(new float[] {                              //设置亮度
13           1, 0, 0, 0, brightness,
14           0, 1, 0, 0, brightness,
15           0, 0, 1, 0, brightness,
16           0, 0, 0, 1, 0 });
17     Paint paint = new Paint();                                          //创建画笔
18     paint.setColorFilter(new ColorMatrixColorFilter(cMatrix));//设置画笔的滤镜效果
19     Canvas canvas = new Canvas(bmp);                //以 Bitmap 对象创建画布
20     canvas.drawBitmap(srcBitmap, 0, 0, paint);  //在画布上绘制一个已经存在的 Bitmap
21     iv.setImageBitmap(bmp);                         //在 ImageView 中加载图片
22   }}
```

- 第 2~4 行为该方法的 3 个参数，分别为图片的亮度参数、图片的 Bitmap 对象和存放图片的 ImageView。该方法实现的是利用 ImageView 中的指定图片的 Bitmap 对象来设置亮度参数。
- 第 12~16 行用于改变图片的颜色矩阵中的值。其中的 brightness 为传入的亮度参数。

> **说明**　上述代码为改变图片亮度的方法代码，其 3 个参数分别为目标图片要设置的亮度、目标图片的 Bitmap 对象和存放目标图片的 ImageView。关于颜色矩阵中每个参数的含义，这里不作具体说明。在此方法中，以 Bitmap 对象创建画布，需要使画布的大小和位置均与 ImageView 相同。

4.5.2　BN 理财助手引导页模块的实现

（1）在介绍完欢迎界面的搭建以及由明逐渐变暗效果的实现后，下面将介绍引导页模块框架的搭建，这个界面是为初次使用的用户简单展现 BN 理财助手操作的引导，展示本应用的功能特色，用户可以通过左右滑动切换引导页。具体代码如下。

📝 **代码位置：** 见随书光盘源代码/第 4 章/BN-Financial_assistant/res/layout 目录下的 guide.xml。

```
1    <?xml version="1.0" encoding="utf-8"?>
2    <RelativeLayout xmlns:android="http://schemas.android.com/apk/res/android"
     <!--相对布局-->
3        android:layout_width="match_parent"
4        android:layout_height="match_parent"
5        android:orientation="vertical" >
```

```
 6        <android.support.v4.view.ViewPager              <!--ViewPager 页卡-->
 7            android:id="@+id/viewpager"
 8            android:layout_width="match_parent"
 9            android:layout_height="match_parent" />
10        <LinearLayout                                    <!--线性布局-->
11            android:id="@+id/ll"
12            android:layout_width="wrap_content"
13            android:layout_height="wrap_content"
14            android:layout_alignParentBottom="true"
15            android:layout_centerHorizontal="true"
16            android:layout_marginBottom="24.0dp"
17            android:orientation="horizontal" >          <!--设置水平-->
18            <ImageView                                   <!--图片域-->
19                android:layout_width="wrap_content"
20                android:layout_height="wrap_content"
21                android:layout_gravity="center_vertical"
22                android:clickable="true"
23                android:padding="15.0dip"
24                android:src="@drawable/dot" />          <!--设置背景-->
25            ……<!--此处 ImageView 与上述相似, 故省略, 读者可自行查阅随书光盘中的源代码-->
26        </LinearLayout>
27    </RelativeLayout>
```

- 第 2~5 行用于声明引导页框架总的相对布局。总相对布局中还包含一个 ViewPager 控件和一个线性布局。设置相对布局的宽度为适应屏幕宽度,高度为屏幕高度。

- 第 6~9 行用于声明页卡 ViewPager,ViewPager 的宽度为适应屏幕宽度,高度为屏幕高度。ViewPager 是 google SDK 中自带的一个附加包 android-support-v4.jar 的一个类,可以用来实现屏幕间的切换。android-support-v4.jar 包需要读者自行下载最新版本到项目的 libs 文件夹下。

- 第 10~25 行用于声明一个水平的线性布局,其中包含四个 ImageView。每个 ImageView 都加载了 drawable 文件夹下的 dot.xml 文件,dot.xml 由两幅不同效果的小圆点状的图片构成。ImageView 图片填充为上下左右相距 15 个独立像素。ImageView 的 clickable 属性为 true,即可以点击。

(2)上面简要介绍了引导界面框架的搭建,下面将介绍自定义引导页功能的适配器。在该适配器中重写了获取界面总数的方法、初始化的方法、销毁界面的方法、判断是否由对象生成界面等方法。具体代码如下。

✎ 代码位置:见随书光盘中源代码/第 4 章/BN-Financial_assistant/src/com/bn/firstviewpage 目录下的 ViewPagerAdapter.java。

```
 1    package com.bn.firstviewpage;
 2    ……//此处省略导入类的代码, 读者可自行查阅随书附带光盘中的源代码
 3    public class ViewPagerAdapter extends PagerAdapter {
 4        ……//此处省略定义变量的代码, 请自行查看源代码
 5        public ViewPagerAdapter(List<View> views, Activity activity) {//构造器
 6            this.views = views;                          //给类中的 views 赋值
 7            this.activity = activity;                    //给类中的 activity 赋值
 8        }
 9        @Override
10        public void destroyItem(View arg0, int arg1, Object arg2) {  //重写销毁方法
11            ((ViewPager) arg0).removeView(views.get(arg1)); //销毁 arg1 位置的界面
12        }
13        @Override
14        public int getCount() {                          //重写获取总数方法
15            if (views != null) {
16                return views.size();                     //获得当前界面数
17            }
18            return 0;                                    //如果没有界面则返回 0
19        }
20        @Override                                        //初始化 arg1 位置的界面
21        public Object instantiateItem(View arg0, int arg1) {
22            ((ViewPager) arg0).addView(views.get(arg1), 0);
23            if (arg1 == views.size() - 1) {              //判断是否到达了最后一页
24                ImageView StartImageButton = (ImageView) arg0.findViewById
                   (R.id.iv_start);
```

```
25                    StartImageButton.setOnClickListener(          //添加按钮监听
26                    new OnClickListener() {
27                        @Override
28                        public void onClick(View v) {              //重写按钮的点击功能
29                            setNoGuide();                          //设置不需要再引导
30                            goIndex();                             //跳转到应用的主界面
31                        }});}
32                return views.get(arg1);
33            }
34        private void goIndex() {                                   //跳转到应用首页的方法
35            Intent intent = new Intent(activity, MainActivity.class);//创建 Intent 对象
36            activity.startActivity(intent);                        //调用新的 Activity
37            activity.finish();                                     //结束当前 Activity
38        }
39        private void setNoGuide() {                                //设置不需要再引导的方法
40            SharedPreferences preferences = activity.getSharedPreferences(
41                SHAREDPREFERENCES_NAME, Context.MODE_PRIVATE);
42            Editor editor = preferences.edit();                   //创建 Editor 对象
43            editor.putBoolean("isFirstIn", false);                //存入数据
44            editor.commit();                                      //提交修改
45        }
46        @Override                                                 //判断是否由对象生成界面
47        public boolean isViewFromObject(View arg0, Object arg1) {
48            return (arg0 == arg1);
49        }
50        ……//此处省略与此功能无关的代码，请自行查看源代码
51    }
```

- 第 5~8 行为适配器的构造器。给类中的各个变量进行赋值。
- 第 9~19 行为重写销毁方法。在一页 ViewPage 被移出屏幕后将其销毁，以节省内存资源。
- 第 20~33 行为重写 instantiateItem 方法。实现的是判断引导页是否到达最后一页，如果到达了，就定义一个 ImageView，并添加点击的监听。ImageView 被点击后，首先调用 setNoGuide 方法设置不需要再引导，然后将界面切换到应用的首页。
- 第 34~38 行为跳转到应用首页的方法。
- 第 39~45 行为设置不需要再引导的方法。当应用首次被打开后，改变数据存储中的 "isFirstIn" 的值为 false，最后提交更改。

（3）上面介绍了自定义引导页功能的 PagerAdapter 适配器，该适配器是为实现引导页的功能而存在的，下面将详细介绍如何初始化整个引导页以及引导页的相关功能和底部小点标志效果的实现方法。具体代码如下。

📡 代码位置：见随书光盘中源代码/第 4 章/BN-Financial_assistant/src/com/bn/firstviewpage 目录下的 GuideActivity.java。

```
1    package com.bn.firstviewpage;
2    ……//此处省略导入类的代码，读者可自行查阅随书附带光盘中的源代码
3    public class GuideActivity extends Activity implements OnPageChangeListener {
4        ……//此处省略定义变量的代码，请自行查看源代码
5        @Override
6        protected void onCreate(Bundle savedInstanceState) {
7            super.onCreate(savedInstanceState);                    //调用父类的构造函数
8            requestWindowFeature(Window.FEATURE_NO_TITLE);
9            setRequestedOrientation(ActivityInfo.SCREEN_ORIENTATION_PORTRAIT);
10           setContentView(R.layout.guide);
11           initViews();                                          //初始化页面
12           initDots();                                           //初始化底部小点
13       }
14       private void initViews() {                                //初始化页面方法
15           LayoutInflater inflater = LayoutInflater.from(this);
             //从 this 中获取 LayoutInflater 实例
16           views = new ArrayList<View>();
17           views.add(inflater.inflate(R.layout.viewpager_one, null));
             //初始化引导图片列表
18           views.add(inflater.inflate(R.layout.viewpager_two, null));
```

```
19        views.add(inflater.inflate(R.layout.viewpager_three, null));
20        views.add(inflater.inflate(R.layout.viewpager_four, null));
21        vpAdapter = new ViewPagerAdapter(views, this); //初始化 Adapter
22        vp = (ViewPager) findViewById(R.id.viewpager);
23        vp.setAdapter(vpAdapter);                        //将适配器加入 ViewPager
24        vp.setOnPageChangeListener(this);                //绑定回调
25    }
26    private void initDots() {                            //初始化底部小点方法
27        LinearLayout ll = (LinearLayout) findViewById(R.id.ll);//创建一个线性布局
28        dots = new ImageView[views.size()];
29        for (int i = 0; i < views.size(); i++) {         //循环取得小点图片
30            dots[i] = (ImageView) ll.getChildAt(i);      //为图片数组添加元素
31            dots[i].setEnabled(true);                    //都设为灰色
32        }
33        currentIndex = 0;
34        dots[currentIndex].setEnabled(false);
          //将第 currentIndex 个小点设置为白色，即当前选中
35    }
36    private void setCurrentDot(int position) {           //改变底部小点状态的方法
37        if (position < 0 || position > views.size() - 1|| currentIndex == position)
          {
38            return;
39        }
40        dots[position].setEnabled(false);                //设置小点颜色为白色
41        dots[currentIndex].setEnabled(true);             //设置小点颜色为灰色
42        currentIndex = position;
43    }
44    ……//此处省略与此功能无关的代码，请自行查看源代码
45    @Override
46    public void onPageSelected(int arg0) {               //当新的页面被选中时调用
47        setCurrentDot(arg0);                             //设置底部小点选中状态
48    }
49 }
```

- 第 8~9 行用于设置无标题模式和强制竖屏。

- 第 14~25 行是用于初始化页面的方法。从 this 中获取 LayoutInflater 实例，从资源文件中加载引导页图片，然后送入自定义适配器对象中，最后将适配器加入 ViewPager。

- 第 26~35 行是用于初始化底部小圆点的方法。需要创建一个线性布局的对象，把已经布置好的布局文件添加进来。之后为线性布局中的 ImageView 一一添加图片，通过 setEnable 方法来改变小圆点的颜色。参数为 flase 的话为白色，为 true 的话为黑色。

- 第 36~43 行是改变底部小点状态的方法。在改变颜色后，应将原先的为白色的点的序号赋给灰色的点的序号。

- 第 45~48 行是对 setCurrentDot 方法的调用。当新的页面被选中时，将新的序号传入 setCurrentDot 方法，便可以改变小点的选中状态。

✎ 说明　　上述代码为改变图片亮度的方法代码，其 3 个参数分别为目标图片要设置的亮度、目标图片的 Bitmap 对象和存放目标图片的 ImageView。

4.6　各个功能模块的实现

上一节介绍了 BN 理财助手的欢迎界面和引导模块的开发，这一节主要介绍主界面上的各功能模块的开发，包括日常记账、股票行情查看、理财常识查看、计算器、备忘录以及关于助手等功能。下面将逐一介绍这些功能的实现。

4.6.1　BN 理财助手主界面模块的实现

本小节主要介绍主界面功能的实现。经过加载界面后进入到主界面，可以通过点击主界面下

方的菜单栏按钮，实现界面的切换。主要是查看日常记账、股票行情查看、理财常识、计算器、备忘录以及关于助手等相关内容。

下面将介绍主界面 MainActivity 功能的开发。这个界面是整个软件的核心，在主界面上点击不同功能按钮将切换到与其相对应的功能界面。剩余其他界面的实现代码将在后面的章节为读者逐一详细介绍。具体代码如下。

✎ **代码位置**：见随书光盘源代码/第 4 章/ BN-Financial_assistant /src/com/bn/ financial_assistant 目录下的 MainActivity.java。

```
1    package com.bn.financial_assistant;
2    ……//此处省略导入类的代码，读者可自行查阅随书附带光盘中的源代码
3    public class MainActivity extends Activity {
4        ……//此处省略了部分成员变量，读者可自行查阅随书附带光盘中的源代码
5        @Override
6        protected void onCreate(Bundle savedInstanceState) {
7            super.onCreate(savedInstanceState);                    //调用父类的构造函数
8            setContentView(R.layout.activity_main);                //设置显示界面
9            DBUtil.createTable();                                  //数据库建表方法
10           setRequestedOrientation(ActivityInfo.SCREEN_ORIENTATION_PORTRAIT);
             //竖屏
11           bn_account = (Button) this.findViewById(R.id.layout_main_bn_account);
12           bn_account.setOnClickListener(new OnClickListener() {//记账按钮监听
13               @Override
14               public void onClick(View v) {
15                   // TODO Auto-generated method stub
16                   Intent intent = new Intent();                 //声明一个 intent 对象
17                   intent.setClass(MainActivity.this, AccountActivity.class);
18                   startActivity(intent);
19                   overridePendingTransition(R.anim.add_go, R.anim.main_go);
20                   MainActivity.this.finish();}}});
21           ……//此处省略了部分相似按键监听，读者可自行查阅随书附带光盘中的源代码
22           bn_exit = (Button)this.findViewById(R.id.layout_main_bn_exit);
             //获得 Button 对象
23           bn_exit.setOnClickListener(                           //退出按钮监听
24               new OnClickListener() {
25                   @Override
26                   public void onClick(View v) {
27                       // TODO Auto-generated method stub
28                       dialog();}});                             //调用 dialog 方法
29           FontManager.initTypeFace(this);                       //设置字体为方正卡通
30           ViewGroup vg = FontManager.getContentView(this);
31           FontManager.changeFonts(vg, this);
32       }
33       @Override
34       public boolean onCreateOptionsMenu(Menu menu) {          //重写菜单 Menu 方法
35           // Inflate the menu; this adds items to the action bar if it is present.
36           getMenuInflater().inflate(R.menu.activity_main, menu);
37           return true;}                                        //返回值为 true
38       @Override
39       public boolean onKeyDown(int keyCode, KeyEvent event) {  //重写返回键方法
40           if (keyCode == KeyEvent.KEYCODE_BACK                 //判断按下的是返回键
41                   || keyCode == KeyEvent.KEYCODE_HOME
42                   && event.getRepeatCount() == 0) {
43               dialog();                                        //调用 dialog 方法
44               return false;}                                   //返回值为 false
45           return false;}                                       //返回值为 false
46       protected void dialog() {                                //创建显示对话框方法
47           AlertDialog.Builder builder = new Builder(MainActivity.this);
             //声明 Builder 对象
48           builder.setMessage("确定要退出吗?");                   //设置提示框的内容
49           builder.setTitle("提示");                             //设置提示框的标题
50           builder.setPositiveButton("确认",                     //设置按钮名称
51           new android.content.DialogInterface.OnClickListener() { //设置监听
52               @Override
53               public void onClick(DialogInterface dialog, int which) {
54                   dialog.dismiss();                            //释放对话框
```

```
55                       MainActivity.this.finish();}});        //MainActivity 结束
56                   builder.setNegativeButton("取消",              //设置按钮名称
57                   new android.content.DialogInterface.OnClickListener() { //设置监听
58                       @Override
59                       public void onClick(DialogInterface dialog, int which) {
60                           dialog.dismiss();}});                 //释放对话框
61                   builder.create().show();}}                   //创建显示 builder
```

- 第 6~21 行为 Activity 启动时调用的方法，在 onCreate 方法中进行了显示界面的初始化，调用数据库操作类建表方法并给日常记账、股票行情查看、理财常识、计算器、备忘录、关于助手等功能按钮设置监听方法，在这里由于篇幅的原因，只介绍了日常记账按钮的监听方法。

- 第 22~28 行为获得一个 Button 对象，并且为退出按钮添加监听，按下后弹出询问的对话框，询问是否退出。

- 第 29~31 行为将字体修改成方正卡通。

- 第 33~45 行重写了菜单 Menu 方法和按下键盘的返回键的方法。按下返回键，弹出退出提示对话框，询问是否退出程序。

- 第 46~61 行创建了一个退出提示对话框的方法。对话框上有确认和取消两个按钮，并且为两个按钮添加了监听方法，按下确认退出程序，按下取消对话框关闭回到软件的主界面。

4.6.2 日常记账模块的实现

上一小节介绍了主界面模块的实现，本小节将介绍日常记账模块的开发。通过点击中心上方的钱袋图标按钮可进行日常支出、收入记账以及查看各个账单明细的操作，在账单明细界面中可以选中任一项查看选中项的全部信息，后面将详细介绍。

（1）下面介绍日常记账的主界面 AccountActivity 类中实现整个界面的初始化和所有按钮功能的开发，该界面主要由一个 viewpager 加上两个子界面构成，是日常记账功能中最重要的部分，请读者仔细阅读，如有不理解的地方可自行查阅随书光盘中的源代码。具体代码如下。

✎ **代码位置：见随书光盘中源代码/第 4 章/BN-Financial_assistant/src/com/bn/account 目录下的 AccountActivity.java。**

```
1    package com.bn.account;
2    ......//此处省略导入类的代码，读者可自行查阅随书光盘中的源代码
3    public class AccountActivity extends Activity {
4        ......//此处省略变量定义的代码，请自行查看源代码
5        @Override
6        protected void onCreate(Bundle savedInstanceState) {
7            super.onCreate(savedInstanceState);              //调用父类的构造函数
8            setContentView(R.layout.account_main);           //设置显示界面
9            InitImageView();                                 //初始化标记位的图片
10           InitTextView();                                  //初始化头标
11           InitViewPager();                                 //初始化 viewpager
12           back = (Button) this.findViewById(R.id.layout_account_bn_back);
                                                              //获得 Button 对象
13           back.setOnClickListener(new OnClickListener() {       //设置监听
14               @Override
15               public void onClick(View v) {
16                   Intent intent = new Intent();            //声明 intent 对象
17                   intent.setClass(AccountActivity.this, MainActivity.class);
18                   startActivity(intent);
19                   overridePendingTransition(R.anim.main_back,
                     R.anim.add_back);
20                   AccountActivity.this.finish();}});
21           pay_saveBtn.setOnClickListener(new OnClickListener() {//支出保存键监听
22               @Override
23               public void onClick(View v) {
24                   String[]pay_content =
25                       new String[] {pay_money.getText().toString(),//支出金额
26                       payCategoryStr,                      //支出类别
```

```
27                                payZhanghuStr,pay_time.getText().toString(), //支出账户
28                                payProjectStr,payMemberStr,           //支出项目、成员
29                                pay_ps.getText().toString() };        //备注
30                    if (pay_money.getText().toString().length() == 0){
                      //判断金额是否为空
31                    Toast toast = Toast.makeText(getApplicationContext(),
                      //声明一个 Toast 对象
32                    "请输入消费金额", Toast.LENGTH_SHORT);
33                                toast.setGravity(Gravity.CENTER,0,0);//设置在屏幕中心显示
34                                toast.show();
35                                return;}
36                      else {
37                                flag = DBUtil.addPay(pay_content);  //把数据添加进数据库
38                                Toast toast;                         //显示提示
39                                if (flag) {
40                                    toast = Toast.makeText(getApplicationContext(),
                                      //设置 Toast
41                                    "添加成功",Toast.LENGTH_SHORT);
42                                    toast.setGravity(Gravity.CENTER,0,0);//设置居中显示
43                                    toast.show();
44                                    pay_money.setText("");           //就金额设为空
45                                    payCategorySp.setSelection(0,true);
                                      //设置下拉条的默认值
46                      ……//此处省略部分代码，与上述代码基本相同，不再赘述
47                                    pay_ps.setText("");              //将备注设为空
48                                } else {
49                                    toast = Toast.makeText(getApplicationContext(),
                                      //设置 Toast
50                                    "添加失败",Toast.LENGTH_SHORT);
51                                    toast.setGravity(Gravity.CENTER,0,0);//设置居中显示
52                                    toast.show();}}}});
53              income_saveBtn.setOnClickListener(new OnClickListener() {//收入保存键监听
54                  ……//此处省略部分代码，与上述代码基本相同，不再赘述});
55          pay_check.setOnClickListener(new OnClickListener() {     //支出账单查看
56                  @Override
57                  public void onClick(View v) {
58                      Intent intent = new Intent();                 //声明 intent 对象
59                      intent.setClass(AccountActivity.this,
                        PayListActivity.class);
60                      startActivity(intent);
61                      AccountActivity.this.finish();}});
62          income_check.setOnClickListener(new OnClickListener() { //收入账单查看
63                  ……//此处省略部分代码，与上述代码基本相同，不再赘述});
64          FontManager.changeFonts(FontManager.getContentView(this), this);
65          FontManager.changeFonts(pViewGroup, this);
66          FontManager.changeFonts(iViewGroup, this);}            //修改字体为方正卡通
67      ……//此处省略部分方法的内容，将在下面进行介绍
68  }
```

- 第 9~11 行为初始化标记位的图片、ViewPager 的头标以及 ViewPager 的页卡的方法，在此暂且先省略，下面章节中会详细介绍。

- 第 12~20 行为获得返回按钮的 Button 对象，并且为返回按钮设置返回本软件主界面的监听。

- 第 21~52 行为获得保存按钮的 Button 对象，并设置监听，支出保存按钮、收入保存按钮、支出账单查看键与收入账单查看键相似，故只介绍一个。在保存按钮的监听中还进行了对输入内容的判断，没有输入支出金额，则提示添加失败。在添加成功之后，把支出金额文本框清空，支出类别、支出账户、支出项目以及支出成员等下拉框的属性值设置为第一项，备注文本框清空。

- 第 53~63 行为获得账单查看按钮的 Button 对象，并且为账单查看按钮设置跳转到账单明细界面的监听。收入的账单查看与支出的账单查看监听基本相似，故省略。

- 第 59~61 行为修改字体为方正卡通。

（2）下面介绍初始化页卡以及 ViewPager 功能的开发，用户可以通过左右滑动屏幕或者点击头标栏上的支出、收入头标就能切换到相应的界面。本段代码是日常记账界面 ViewPager 页面切换视觉效果的代码实现。

🐝 **代码位置：见随书光盘中源代码/第 4 章/BN-Financial_assistant/src/com/bn/account 目录下的 AccountActivity.java。**

```
1     private void InitViewPager() {
2         viewPager = (ViewPager) findViewById(R.id.vPager);
3         views = new ArrayList<View>();                      //新建一个 ArrayList<view>的集合
4         LayoutInflater inflater = getLayoutInflater();    //新建一个 LayoutInflater
5         pView = inflater.inflate(R.layout.account_pay, null);  //实例化 inflater
6         ......//此处省略部分获取对象的代码，读者可自行查阅随书光盘中的源代码
7         InitpayCategorySp();                              //初始化类别 Spinner
8         InitpayZhanghuSp();                               //初始化账户 Spinner
9         InitpayProjectSp();                               //初始化项目 Spinner
10        InitpayTimetv();                                  //初始化时间文本框
11        InitpayMemberSp();                                //初始化成员 Spinner
12        ......//此处省略初始化收入页卡的部分代码，与上述初始化支出页卡代码基本相同，不再赘述
13        OnDateSetListener = new DatePickerDialog.OnDateSetListener() {//日期按键监听
14            public void onDateSet(DatePicker paramDatePicker,
15                int paramInt1,int paramInt2, int paramInt3) {
16                String sTime = paramInt1 + "-" + (paramInt2 + 1) + "-"+ paramInt3;
                  //获得日期
17                SimpleDateFormat format = new SimpleDateFormat("yyyy-MM-dd");
                  //设置日期格式
18                Calendar c = Calendar.getInstance();          //声明一个 Calendar 对象
19                try {
20                    c.setTime(format.parse(sTime));           //按照格式设置显示日期
21                } catch (java.text.ParseException e) {
22                    e.printStackTrace();                      //打印错误报告
23                }String Week = "星期";                        //声明一个 String 对象
24                if (c.get(Calendar.DAY_OF_WEEK) == 1) {       //星期天
25                    Week += "日";
26                }
27                ......//此处省略其他情况，与上述代码基本相同，不再赘述
28                income_time.setText(sTime + " " + Week);//把系统日期赋值给 TextView
29                pay_time.setText(sTime + " " + Week);}};
30        views.add(pView);                                 //把支出页卡添加进 ArrayList
31        views.add(iView);                                 //把收入页卡添加进 ArrayList
32        viewPager.setAdapter(new MyViewPagerAdapter(views));//设置适配器
33        Bundle bundle = this.getIntent().getExtras();     //声明一个 Bundle 并接收
34        if (bundle != null) {                             //bundle 不为空
35            viewitem = bundle.getInt("viewItem");}        //获得 bundle 信息
36        viewPager.setCurrentItem(viewitem);               //设置页卡
37        viewPager.setOnPageChangeListener
38            (new MyOnPageChangeListener());}              //设置页卡头标点击方法
39    public class MyViewPagerAdapter extends PagerAdapter {     //继承 ViewPager 适配器
40        ......//此处省略此方法的代码，会在下面介绍}
41    public class MyOnPageChangeListener implements OnPageChangeListener {
42        ......//此处省略此方法的代码，会在下面介绍}
```

● 第 7~12 行为初始化支出和收入两个页卡中 Spinner 下拉框和日期 TextView 两种控件的方法，因为两部分代码相似就只介绍其中支出页卡的初始化方法。

● 第 13~29 行为设置两个页卡中日期栏的点击监听。用户能自行修改日期栏，并且把修改后的日期显示在日期的 TextView 中。

● 第 30~31 行为把支出和收入两个子界面添加进 ViewPager 中。

● 第 32~38 行为 ViewPager 设置了自己继承重写的 ViewPager 适配器、当前页等属性以及处理 ViewPager 左右滑动事件的方法。并且接收 Bundle 所传送的消息，根据 Bundle 所传送的消息来设置当前应该显示的页面。

● 第 39~42 行为 ViewPager 适配器和处理滑动事件的方法，此处省略在下面会介绍。

（3）上面介绍了初始化页卡以及 ViewPager 功能的开发，下面将详细介绍上面省略的 ViewPager 的左右滑动效果以及头标点击效果的实现，其需要继承 PagerAdapter 类和实现 OnPageChangeListener 的接口，并重写其中的方法来实现，具体代码如下。

✎ 代码位置：见随书光盘中源代码/第 4 章/BN-Financial_assistant/src/com/bn/firstviewpage 目录下的
ViewPagerAdapter.java。

```
1    public class MyViewPagerAdapter extends PagerAdapter {        //继承 ViewPager 适配器
2        private List<View> mListViews;                            //声明一个集合框架
3        public MyViewPagerAdapter(List<View> mListViews) {
4            this.mListViews = mListViews;}                        //获取 mListViews
5        @Override
6        public void destroyItem(ViewGroup container, int position, Object object) {
7            container.removeView(mListViews.get(position));}      //移除 View
8        @Override
9        public Object instantiateItem(ViewGroup container, int position) {
10           container.addView(mListViews.get(position), 0);       //添加 View
11           return mListViews.get(position);}                     //返回 mListViews 选中值
12       @Override
13       public int getCount() {
14           return mListViews.size();}                            //返回 mListViews 的大小
15       @Override
16       public boolean isViewFromObject(View arg0, Object arg1) {
17           return arg0 == arg1;}}                                //返回值
18   public class MyOnPageChangeListener implements OnPageChangeListener {
19       int one = offset * 2 + bmpW;                              //页卡1->页卡2 偏移量
20       public void onPageScrollStateChanged(int arg0) {}         //状态改变调用方法
21       public void onPageScrolled(int arg0, float arg1, int arg2) {}//页面滑动调用方法
22       public void onPageSelected(int arg0) {                    //页面跳转调用方法
23           Animation animation =
24               new TranslateAnimation(one * currIndex, one* arg0, 0, 0);//创建动画
25           currIndex = arg0;
26           animation.setFillAfter(true);                         //true：图片停在动画结束位置
27           animation.setDuration(300);                           //设置动画播放速度
28           imageView.startAnimation(animation);}}                //播放动画
```

- 第 6~11 行为设置当 ViewPager 的属性值改变，一张页卡移动出屏幕后就将其移除销毁的方法，以及每次进入日常记账界面默认显示的页卡并且返回该默认值，以便节省空间资源。

- 第 22~27 行为在设置页面跳转时，ViewPager 页卡滑动的动画。计算了页卡 1 到页卡 2 之间的偏移量，并且创建了一个动画对象，设置标志图片移动到动画结束的位置以及设置了整个动画播放的速度为 300 毫秒。

（4）下面介绍支出页卡里 Spinner 下拉框的初始化方法，由于 Spinner 下拉框的初始化方法都基本相同，在这里就不一一赘述，只介绍支出类别 Spinner 下拉框的初始化方法。其余的请读者自行查阅随书光盘中的源代码。具体代码如下。

✎ 代码位置：见随书光盘中源代码/第 4 章/BN-Financial_assistant/src/com/bn/account 目录下的
AccountActivity.java。

```
1    private void InitpayCategorySp() {                           //初始化支出页卡的类别
2        payCategorySp =
3            (Spinner) pView.findViewById(R.id.paycategory_sp);   //获取 Spinner 对象
4            adapterPayCate = ArrayAdapter.createFromResource(this,
5                    R.array.pay_Category,                        //实例化了 ArrayAdapter
6        adapterPayCate.setDropDownViewResource                   //设置下拉框样式
7                (android.R.layout.simple_spinner_dropdown_item);
8        payCategorySp.setAdapter(adapterPayCate);                //设置适配器
9        payCategorySp.setOnItemSelectedListener(new OnItemSelectedListener() {
10           @Override                                            //设置选项选中监听
11           public void onItemSelected(AdapterView<?> arg0, View arg1,
12                   int arg2, long arg3) {
13               TextView tv =(TextView) arg1;                    //获得 TextView 对象
14               tv.setTypeface(FontManager.tf);                  //修改 TextView 的字体
15               payCategoryStr = arg0.getItemAtPosition(arg2).toString();}
16           //设置 payCategoryStr 的属性值
17           @Override
18           public void onNothingSelected(AdapterView<?> arg0) {
19           }});}
```

- 第 2~5 行为获取一个 Spinner 对象并把 array.xml 里的对应数组内容实例化到系统默认的数组适配器中，为 Spinner 设置该数字适配器。
- 第 9~19 行为设置下拉框 Spinner 选项选中后的监听，并且设置 Spinner 显示的字体为方正卡通，把选项内容传给一个 String 对象。

（5）上面介绍了支出页卡中 Spinner 的初始化方法，下面介绍日常记账主界面其他控件的初始化方法和一些上面被省略的方法以及键盘返回键的监听。这部分代码是整个日常记账主界面操作功能的细节部分的完善。具体代码如下。

✎ **代码位置**：见随书光盘中源代码/第 4 章/BN-Financial_assistant/src/com/bn/account 目录下的 AccountActivity.java。

```
1    private void InitTextView() {                                     //初始化头标
2        textpView = (TextView) findViewById(R.id.text1);            //获得一个 TextView 对象
3        textiView = (TextView) findViewById(R.id.text2);            //获得一个 TextView 对象
4        textpView.setOnClickListener(new MyOnClickListener(0));
         //为 TextView 设置一个点击监听
5        textiView.setOnClickListener(new MyOnClickListener(1));}
         //为 TextView 设置一个点击监听
6    private void InitImageView() {                                   //初始化标志图片
7        imageView = (ImageView) findViewById(R.id.cursor);         //获得 ImageView 对象
8        bmpW = BitmapFactory.decodeResource(getResources(),
9                R.drawable.select_flag).getWidth();                //获得图片宽度
10       DisplayMetrics dm = new DisplayMetrics();                  //获取分辨率
11       getWindowManager().getDefaultDisplay().getMetrics(dm);
12       int screenW = dm.widthPixels;                              //获取分辨率的宽度
13       offset = (screenW / 2 - bmpW) / 2;                         //计算偏移量
14       Intent intent = getIntent();                               //声明 intent 并接收
15       int info = intent.getIntExtra("double", 0);                //提取消息
16       if (info == 1) {                                           //info 为 1
17           int one = offset * 4;                                  //设置偏移量为 4 倍 offset
18           Animation animation =
19               new TranslateAnimation(one * currIndex, one,0, 0);  //创建一个动画
20           animation.setFillAfter(true);                         //true: 图片停在动画结束位置
21           animation.setDuration(0);                              //设置动画播放时间
22           imageView.startAnimation(animation);}
23       Matrix matrix = new Matrix();                              //声明矩阵对象
24       matrix.postTranslate(offset, 0);                          //设置矩阵
25       imageView.setImageMatrix(matrix);                         //设置动画初始位置
26   }
27   private class MyOnClickListener implements OnClickListener {    //设置头标监听
28       private int index = 0;                                     //声明 int 对象
29       public MyOnClickListener(int i) {
30           index = i;}                                            //index 赋值为 i
31       public void onClick(View v) {
32           viewPager.setCurrentItem(index);}}                    //设置当前页卡
33   protected Dialog onCreateDialog(int paramInt) {               //日期选项框
34       Calendar localCalendar = Calendar.getInstance();          //声明 Calendar 对象
35       int i = localCalendar.get(Calendar.YEAR);                 //获得年份
36       int j = localCalendar.get(Calendar.MONTH);                //获得月份
37       int k = localCalendar.get(Calendar.DAY_OF_MONTH);         //获得天数
38       switch (paramInt) {
39       default:
40           return null;
41       case 1:
42           }return new DatePickerDialog(this, this.OnDateSetListener, i, j, k);}//返回值
43   class DateOnClick implements View.OnClickListener {
44       DateOnClick() {}                                          //日期点击事件
45       public void onClick(View paramView) {
46           showDialog(1);}}                                      //显示对话框
47   @Override
48   public boolean onKeyDown(int keyCode, KeyEvent event) {       //重写键盘返回键方法
49       if (keyCode == KeyEvent.KEYCODE_BACK&& event.getRepeatCount() == 0) {
50           Intent intent = new Intent();                         //声明 intent 对象
51           intent.setClass(AccountActivity.this, MainActivity.class);
52           startActivity(intent);
```

```
53                     AccountActivity.this.finish();
54                     return false;}                           //返回值为 false
55            return false;}                                    //返回值为 false
```

- 第 2~5 行为获得两个头标的 TextView 对象，并且为他们设置了点击监听。
- 第 6~26 行为获得标志位的图片 ImageView 对象，通过获取图片的分辨率计算其宽度并设置在头标的正下方。当程序从收入明细界面切换回主界面时，需要判断 intent 对象所传过来的值是否为 1。为 1，设置向右滑动的动画的偏移量为 4 倍的 offset，并且动画的播放时间设置为零；不为 1，则按原来的默认值执行。
- 第 27~32 行为实现了点击监听的接口，实现了点击头标切换页面的功能。
- 第 33~46 行为创建系统日期对话框，实现用户可以自主设置日期的代码。本软件使用的是系统默认的日期对话框，所以显示的风格将由系统决定。
- 第 47~55 行为设置键盘上的返回键监听，从日常记账界面切换回本软件的主界面。

（6）账单明细的界面主要由一个 ListView 列表构成。因为我们需要在一行里显示多个内容，所以要为 ListView 设置样式布局。ListView 布局样式是由 3 个 TextView 共同搭建实现的，接下来将介绍 account_paylist 的子布局 list_item.xml 的开发，具体代码如下。

✎ **代码位置：** 见随书光盘源代码/第 4 章/BN-Financial_assistant/res/layout 目录下的 list_item.xml。

```
1    <?xml version="1.0" encoding="utf-8"?>                  <!--版本号及编码方式-->
2    <LinearLayout xmlns:android="http://schemas.android.com/apk/res/android"   <!--
     线性布局-->
3        android:layout_width="match_parent"
4        android:layout_height="wrap_content"
5        android:orientation="vertical">"
6        <TextView                                           <!--文本域-->
7            android:id="@+id/list_time"
8            android:layout_width="wrap_content"
9            android:layout_height="wrap_content"
10           android:text="时间"/>                            <!--设置内容-->
11       <LinearLayout                                       <!--版本线性布局-->
12         android:id="@+id/list_1"
13         android:layout_width="match_parent"
14         android:layout_height="wrap_content"
15         android:orientation="horizontal">
16         <TextView                                         <!--文本域-->
17             android:id="@+id/list_category"
18             android:layout_width="100dp"
19             android:layout_height="wrap_content"
20             android:text="类别"
21             android:textSize="23dp" />                     <!--设置内容-->
22         <TextView                                         <!--文本域-->
23             android:id="@+id/list_money"
24             android:layout_width="wrap_content"
25             android:layout_height="wrap_content"
26             android:layout_marginLeft="200dp"
27             android:layout_gravity="right"
28             android:text="金额"                            <!--设置内容-->
29             android:textSize="20dp" />
30       </LinearLayout>
31   </LinearLayout>
```

✎ 说明　总线性布局中包含 TextView 控件和一个线性布局，并设置了总线性布局的 ID、宽、高、位置的属性和 TextView 的 ID、宽、高、显示的内容、大小等属性；线性布局中又包含两个 TextView 控件，设置了 LinearLayout 的 ID、宽、高、位置的属性，排列方式为垂直排列和 TextView 的 ID、宽、高、位置、需要显示的内容等属性。

（7）上面介绍完了账单明细界面的搭建，下面介绍日常记账中的账单明细界面的功能实现。

该界面向用户显示所有的账单项目，列表中显示的是账单的简略信息，单击其中一项能查看该项账单的全部信息。实现的具体代码如下。

📎 **代码位置：** 见随书光盘中源代码/第 4 章/BN-Financial_assistant/src/com/bn/account 目录下的 PayListActivity.java

```
1    package com.bn.account;
2    ……//此处省略导入类的代码，读者可自行查阅随书附带光盘中的源代码
3    public class PayListActivity extends Activity {
4        ……//此处省略定义变量的代码，请自行查看源代码
5        @Override
6        public void onCreate(Bundle saveInstanceState) {
7            super.onCreate(saveInstanceState);                //调用父类的构造函数
8            setRequestedOrientation
9                (ActivityInfo.SCREEN_ORIENTATION_PORTRAIT);    //设置为竖屏
10           if (pTime.length == 0) {                          //判断列表中有无内容
11               setContentView(R.layout.paylistnothing);  //无内容显示一幅提示图片
12           } else {
13               setContentView(R.layout.account_paylist); //有内容显示列表内容
14               List<Map<String, Object>> payListItems = new ArrayList<Map<String,
                 Object>>();
15               for (int i = 0; i < pTime.length; i++) {
16                   Map<String, Object> payListItem = new HashMap<String,
                     Object>();
17                   payListItem.put("pTime", pTime[i]);            //添加日期
18                   payListItem.put("pCategory", pCategory[i])x;   //添加类别
19                   payListItem.put("pMoney", pMoney[i]);          //添加金额
20                   payListItems.add(payListItem);                //把 Map 添加进集合中
21               }
22               SimpleAdapter simpleAdapter = new SimpleAdapter(this,
                 payListItems,
23                       R.layout.list_item, new String[] { "pTime", "pCategory",
24                           "pMoney" }, new int[] { R.id.list_time,
25                           R.id.list_category, R.id.list_money });
                           //声明一个 SimpleAdapter
26               payList = (ListView) findViewById(R.id.paylist_list);
                 //获得 ListView 对象
27               payList.setOnItemClickListener(new OnItemClickListener() {
28                   @Override                              //为 ListView 设置单击监听
29                   public void onItemClick(AdapterView<?> arg0, View arg1,
30                           int arg2, long arg3) {
31                       String[] payStr = DBUtil.getPayListStr(pTime[arg2],
32                       pCategory[arg2], pMoney[arg2]);
                         //把选中项信息传给 DBUtil 工具类
33                       listDialog(payStr);}});               //显示对话框
34               payList.setOnCreateContextMenuListener(new
                 OnCreateContextMenuListener() {
35                   @Override                  //为 ListView 设置一个上下文菜单监听
36                   public void onCreateContextMenu(ContextMenu menu, View v,
37                           ContextMenuInfo menuInfo) {
38                       menu.setHeaderTitle("执行操作"); //设置菜单 title
39                       menu.add(0, 0, 0, "删除");}});  //设置菜单按钮
40               payList.setAdapter(simpleAdapter);}         //ListView 设置适配器
41           btn_newPayList = (Button) findViewById(R.id.btn_paylist_new);
             //新建按钮监听
42           btn_newPayList.setOnClickListener(new OnClickListener() {
43               @Override
44               public void onClick(View v) {
45                   Intent intent = new Intent();           //声明 intent 对象
46                   Bundle bundle = new Bundle();            //声明 Bundle 对象
47                   bundle.putInt("viewItem", 0);            //添加消息
48                   intent.putExtras(bundle);                //bundle 放进 intent
49                   intent.setClass(PayListActivity.this, AccountActivity
                     .class);
50                   startActivity(intent);
51                   PayListActivity.this.finish();}}});   //PayListActivity 结束
52           btn_payback = (Button) findViewById(R.id.btn_paylist_back);
             //获得 Button 对象
```

```
53            btn_payback.setOnClickListener(new OnClickListener() {  //添加监听
54                @Override
55                public void onClick(View v) {
56                    Intent intent = new Intent();                //声明 intent 对象
57                    intent.setClass(PayListActivity.this, AccountActivity.
                        class);
58                    startActivity(intent);
59                    PayListActivity.this.finish();}});    //PayListActivity 结束
60        ……//此处省略修改字体的代码,上面的内容里已经介绍
61        ……//此处省略部分方法的代码,将在下面内容里说明
62        }
```

- 第 9~13 行用于通过判断 ListView 中有无内容来选择调用所需要初始化的界面。
- 第 13~20 行为通过两个集合框架向 ListView 中添加支出的日期、支出的类别以及支出的金额 3 项内容,在 ListView 列表中按子布局文件的格式显示。
- 第 22~25 行用于声明一个 SimpleAdapter 适配器,并把支出日期、支出类别以及支出金额按顺序设置进去。
- 第 26~46 行用于获得 ListView 对象,并且初始化 ListView,再为 ListView 设置 SimpleAdapter 适配器、ListView 的选项点击监听器以及一个上下文的菜单监听,上下文菜单监听里的具体方法在此暂且省略,将在下面具体介绍。
- 第 41~51 行为获得一个 Button 对象,添加新建按钮监听。在点击监听方法中声明一个 Bundle 对象,把需要显示的页卡的消息放进 Bundle 里进行传送。
- 第 52~59 行为获得一个 Button 对象,添加返回按钮监听。返回按钮监听是需要返回的日常记账功能的主界面。
- 第 60 行修改字体为方正卡通。在前面章节中已经介绍过,在此就不再介绍。

(8)上面介绍了日常记账中的账单明细界面基本的代码实现,接着下面将详细介绍上述被省略的键盘返回键点击回调的方法、上下文菜单长按回调的方法以及创建显示指定项所包含全部内容的对话框的方法。具体代码如下。

📎 **代码位置:见随书光盘中源代码/第 4 章/BN-Financial_assistant/src/com/bn/account 目录下的 PayListActivity.java。**

```
1    @Override
2    public boolean onKeyDown(int keyCode, KeyEvent event) {  //返回键点击回调方法
3    ……//此处省略重写返回键点击回调的代码,上面的内容里已经介绍。
4    }
5    @Override
6    public boolean onContextItemSelected(MenuItem item) {//上下文菜单点击回调方法
7        AdapterView.AdapterContextMenuInfo contextMenuInfo =
8                    (AdapterContextMenuInfo) item.getMenuInfo();
9        int position = contextMenuInfo.position;          //获取选中值
10       switch (item.getItemId()) {
11       case 0:
12           delPayFlag=DBUtil.deletePayListStr(pTime[position],//判断删除是否成功
13                   pCategory[position], pMoney[position]);
14           if (delPayFlag) {                            //删除成功
15               Toast toast = Toast.makeText(getApplicationContext(),"删除成功",
16                       Toast.LENGTH_SHORT);
17               toast.setGravity(Gravity.CENTER, 0, 0);  //设置 toast 居中显示
18               toast.show();
19           } else {                                      //删除失败
20               Toast toast = Toast.makeText(getApplicationContext(),"删除失败",
21                       Toast.LENGTH_SHORT);
22               toast.setGravity(Gravity.CENTER, 0, 0);  //设置 toast 居中显示
23               toast.show();}
24           Intent intent = new Intent();                //声明 intent 对象
25           intent.setClass(PayListActivity.this, PayListActivity.class);
26           startActivity(intent);
27           PayListActivity.this.finish();               //PayListActivity 结束
```

```
28                     break;
29                 default:
30                     break;}
31             return super.onContextItemSelected(item);}        //返回属性值
32         private void listDialog(String[] info) {              //显示全部账单信息对话框
33             new AlertDialog.Builder(this).setTitle("详细信息").
34                 setMessage(info[0] + "\n\n 类型:\t" + info[1] + "\n 金额:\t" + info[2]
35                     + "元" + "\n 消费账户:" + info[3] + "\n 消费项目:\t"
36                     + info[4] + "\n 消费成员:\t" + info[5] + "\n\n 备注: "+ info[6])
37                 .setPositiveButton("确定",new DialogInterface.OnClickListener() {
38                     public void onClick(DialogInterface paramDialogInterface,
39                         int paramInt) {}                        //设置对话框按钮监听
40                 }).show();}
```

● 第 2 行为重写键盘上的返回键的点击回调的方法。按下返回键，界面会切换到日常记账界面，功能与返回按钮相同，具体代码实现在上面小节中已经介绍，在此不重复说明。

● 第 5~31 行为重写上下文菜单选项点击回调的方法。长按 ListView 列表中的某一项则弹出操作菜单，点击删除则把要删除的选中项的内容传给数据库工具类中的 deletePayListStr 方法，如果方法的返回值为 true 则表示删除成功并弹出提示框，否则表示删除失败并弹出提示框。若需要停止操作菜单，则点击屏幕的其他地方关闭操作菜单。

● 第 32~40 行为创建显示账单全部信息对话框的方法，把从数据库中获得的信息按照设置的格式显示在对话框中，按下确定关闭对话框。

📝 **说明**　在日常记账中日常收入、收入账单明细与日常支出、支出账单明细基本一致，在这里就不再重复叙述了，请读者自行查阅随书光盘中的源代码。

4.6.3　自选股模块的实现

本小节将介绍 BN 理财助手的自选股模块的各功能实现，主要包括自选股一览、自选股详情以及自选股添加功能实现。点击应用首页的自选股图标，可切换到自选股界面。该界面实现了对自选股的查阅功能，显示了每支股票的名称、代码、最新价、涨跌幅等有效信息，做到实时掌握最新的股票动态。

（1）下面简要介绍自选股主界面的搭建，该界面的搭建包括每个布局的安排、TextView 控件和 ListView 控件的 ID、宽、高、背景以及位置等属性设置，读者可自行查看随书光盘源代码进行学习，具体代码如下。

✍ **代码位置：**见随书光盘中源代码/第 4 章/BN-Financial_assistant/res/layout 目录下的 activity_stock_main.xml。

```
1     <?xml version = "1.0" encoding = "utf-8"?>                <!--版本号及编码方式-->
2     <RelativeLayout xmlns:android="http://schemas.android.com/apk/res/android"
      <!--相对布局-->
3         android:layout_width="match_parent"
4         android:layout_height="wrap_content"
5         android:layout_gravity="center"
6         android:background="@drawable/bg_180787"
7         android:orientation="vertical" >
8         <RelativeLayout                                        <!--相对布局-->
9             android:id="@+id/stock_main_topbar"
10            android:layout_width="match_parent"
11            android:layout_height="50dp"
12            android:background="@drawable/yh_main_of_navigation_bg"
13            android:gravity="center_vertical" >
14            <TextView                                          <!--文本域-->
15                android:id="@+id/stock_main_tv1"
16                android:layout_width="wrap_content"
17                android:layout_height="wrap_content"
18                android:text="@string/stock_main_name"          <!--设置内容-->
```

```
19              android:textColor="@color/white"
20              android:textSize="20sp" />
21      ……<!--此处按钮格式与上述相似，故省略，请自行查阅随书光盘中的源代码-->
22      </RelativeLayout>
23      <LinearLayout                                      <!--线性布局-->
24          android:id="@+id/stock_main_linearlayout1"
25          android:layout_width="match_parent"
26          android:layout_height="match_parent"
27          android:layout_below="@+id/stock_main_topbar"
28          android:orientation="vertical" >
29          <LinearLayout                                  <!--线性布局-->
30              android:layout_width="match_parent"
31              android:layout_height="46dp"
32              android:background="@drawable/yh_main_bottom_bar_bg"
33              android:gravity="center" >
34              <TextView                                  <!--文本域-->
35                  android:id="@+id/stock_main_textView1"
36                  android:layout_width="wrap_content"
37                  android:layout_height="wrap_content"
38                  android:text="代码名称"                <!--设置内容-->
39                  android:textColor="@color/paper"
40                  android:textSize="16sp" />
41          ……<!--此处文本域与上述相似，故省略，请自行查阅随书光盘中的源代码-->
42          </LinearLayout>
43          <ListView                                      <!--列表视图-->
44              android:id="@+id/stock_main_listView1"
45              android:layout_width="match_parent"
46              android:layout_height="16dp"
47              android:layout_weight="0.43"
48              android:background="@drawable/read_adress_bg"   <!--设置背景-->
49              android:scrollbars="none" >
50          </ListView>
51      ……<!--此处的底栏与上述顶栏相似，故省略，请自行查阅随书光盘中的源代码-->
52      </LinearLayout>
53  </RelativeLayout>
```

> **说明**　相对布局中包含一个子相对布局和一个子线性布局。子相对布局为界面的顶栏，子线性布局下包括一个线性布局、一个 ListView 和底栏。设置了总的相对布局宽、高、位置的属性，也设置了各个子布局宽、高、位置的属性。由于应用采用统一风格的设计，上述代码中顶栏的布局格式与在其他界面中的相似，故省略，读者可自行查阅随书光盘中的源代码。

（2）上述布局中的 ListView 布局样式是由多个不同的 TextView 共同搭建实现的，在列表中的每一行显示股票的名称、股票的代码、最新价以及涨跌幅，就需要开发一个子布局，接下来介绍包含 TextView 的子布局 strock_row.xml 的开发，具体代码如下。

🖊 **代码位置：** 见随书光盘中源代码/第 4 章/BN-Financial_assistant/res/layout 目录下的 stock_row.xml。

```
1   <?xml version="1.0" encoding="utf-8"?>              <!--版本号及编码方式-->
2   <LinearLayout xmlns:android="http://schemas.android.com/apk/res/android"    <!--
    线性布局-->
3       android:id="@+id/LinearLayout_row"
4       android:layout_width="match_parent"
5       android:layout_height="match_parent"
6       android:orientation="horizontal" >
7       <LinearLayout                                      <!--线性布局-->
8           android:layout_width="match_parent"
9           android:layout_height="wrap_content"
10          android:layout_gravity="center_horizontal"
11          android:layout_weight="1"
12          android:gravity="center"
13          android:orientation="vertical" >
14          <TextView                                      <!--文本域-->
15              android:id="@+id/row_textView1"
```

```
16              android:layout_width="103dp"
17              android:layout_height="wrap_content"
18              android:text="TextView"                      <!--设置内容-->
19              android:textSize="20sp" />
20      ……<!--此处文本域与上述相似，故省略，请自行查阅随书光盘中的源代码-->
21      </LinearLayout>
22      ……<!--此处文本域与上述相似，故省略，请自行查阅随书光盘中的源代码-->
23  </LinearLayout>
```

> ✒️ 说明　　　线性布局中包含一个子线性布局和两个 TextView 控件，子线性布局下包含了两个 TextView。设置了总的线性布局宽、高、位置的属性，排列方式为水平排列，也设置了各个 TextView 的宽、高、位置的属性。

（3）上面介绍了自选股一览界面的搭建，下面将介绍自选股查看功能的实现。该界面主要实现的是向用户展示已被添加进数据库的股票的最新行情，用户可根据展示的信息，实时掌握股票动态。具体实现代码如下。

✎ **代码位置：** 见随书光盘中源代码/第 4 章/BN-Financial_assistant/src/com/bn/stock 目录下的 StockMainActivity.java。

```java
1   package com.bn.stock;
2   ……//此处省略导入类的代码，读者可自行查阅随书附带光盘中的源代码
3   public class StockMainActivity extends Activity {
4       ……//此处省略定义变量的代码，请自行查看源代码
5       @Override
6       protected void onCreate(Bundle savedInstanceState) {
7           super.onCreate(savedInstanceState);
8           ……//此处省略设置全屏和强制竖屏的代码，请自行查看源代码
9           setContentView(R.layout.activity_stock_main);
10          initStockList();                                //初始化股票列表
11          bn_add = (Button) this.findViewById(R.id.stock_main_add);
12          bn_add.setOnClickListener(new OnClickListener() {  //添加添加按钮监听
13              @Override
14              public void onClick(View v) {
15                  Intent intent = new Intent();              //创建 Intent 对象
16                  intent.setClass(StockMainActivity.this,StockSearchActivity.
                    class);
17                  startActivity(intent);                     //调用新的 Activity
18                  overridePendingTransition(R.anim.add_go, R.anim.main_go);
                    //切换的动画效果
19                  StockMainActivity.this.finish();        //结束当前的 Activity
20          }});
21          lv_info_click = (ListView) this.findViewById(R.id.stock_main_
            listView1);
22          lv_info_click.setOnItemClickListener(new OnItemClickListener() {
            //添加消息列表监听
23              @Override
24              public void onItemClick(AdapterView<?> arg0, View arg1, int
                arg2,long arg3) {
25                  Intent intent = new Intent();     //创建 Intent 对象
26                  Bundle bundle = new Bundle();     //创建 Bundle 对象
27                  bundle.putInt("position", arg2);//通过 bundle 对象来封装数据
28                  intent.putExtras(bundle);          //把 bundle 值放到 intent 里面
29                  ……//此处切换界面方法代码与上述方法基本一致，请自行查看源代码
30          }});
31          lv_info_click.setOnCreateContextMenuListener(new
            OnCreateContextMenuListener() {
32              @Override
33              public void onCreateContextMenu(ContextMenu menu, View v,
34                          ContextMenuInfo menuInfo) {
35                  menu.setHeaderTitle("执行操作");        //上下文菜单的标题
36                  menu.add(0, MENU_LOOK, 0, "查看");     //上下文菜单的选项
37                  menu.add(0, MENU_DELETE, 0, "删除");
38          }});
39          bn_refresh = (Button) this.findViewById(R.id.stock_main_bn_refresh);
```

```
40          bn_refresh.setOnClickListener(new OnClickListener() {//添加刷新按钮的监听
41              @Override
42              public void onClick(View v) {
43                  refresh();                        //刷新方法
44          }});
45          ……//此处关于返回按钮监听与上述基本一致，请自行查看源代码
46          });
47      ……//此处省略重写键盘按键方法以及上下文菜单的选择方法，下面将详细介绍
48      }
49  ……//此处省略初始化方法以及刷新方法，下面将详细介绍
50  }
```

- 第 10 行为加载数据库中的信息到列表视图上的初始化方法。

- 第 12~20 行为添加返回按钮的动作监听。返回键的功能是切换到上一个界面，调用其 Activity，实现 Activity 控制权的移交。主要实现方法为创建一个 Intent 对象，通过其 setClass 方法来实现 Activity 的切换。之后通过 startActivity 方法调用新的 Activity。最后结束当前的 Activity。此外，还可以通过 overridePendingTransition 方法，来自定义切换时的动画。

- 第 22~30 行用于为列表视图添加点击事件的监听。点击列表中的任意一支股票，就可以跳转到详情界面查看其详情。通过 Bundle 来封装被点击的项目在列表中的序号，再将 Bundle 对象加入 Intent 中，在切换界面时一同传递过去。Bundle 对象针对不同类型的数据提供了许多方法。这里不做叙述，请读者自行查询相关资料。

- 第 31~38 行用于为列表视图添加长按时弹出对话框的功能监听。长按列表中的任意一支股票就会弹出一个执行操作的对话框，可依据不同的选项执行不同的功能。

> 说明　当为系统添加新的 Activity 时，必须在 AndroidManifest.xml 文件中定义一个新的 Activity 与之对应，否则系统将会因为找不到 Activity 而报错。此外，在切换 Activity 的方法中，最后都调用了 finish 方法，此方法代表当前的 Activity 已经不再需要，要执行关闭命令，所以执行此方法后，点击设备上的返回键将不再返回上一个界面。由此可知，在执行切换 Activity 时，并非为实现两个 Activity 的切换，而是在调用新的 Activity 后，结束当前 Activity。

（4）下面将介绍上述代码中省略的股票列表信息初始化的 initStockList 方法，该方法实现了获取数据库全部信息，对所获取信息进行处理，并且为 ListView 准备内容适配器，以及显示在 ListView 中，具体代码如下。

📝 **代码位置：见随书光盘中源代码/第 4 章/BN-Financial_assistant/src/com/bn/stock 目录下的 StockMainActivity.java。**

```
1    public void initStockList() {
2        final String[][] stock_all = ToolClass.selectAll(getBaseContext());
         //获取库中全部信息给二维数组
3        final int stockCount = stock_all.length;            //获取数据库中股票的数量
4        BaseAdapter badapter = new BaseAdapter() {          //为 ListView 准备内容适配器
5            LayoutInflater inflater = LayoutInflater.from(StockMainActivity.this);
6            @Override
7            public int getCount() {
8                return stockCount;                           //总共 stockCount 个选项
9            }
10           @Override
11           public View getView(int arg0, View arg1, ViewGroup arg2) {
12               RelativeLayout ll = (RelativeLayout) arg1;    //声明一个相对布局
13               if (ll == null) {
14                   ll = (RelativeLayout) (inflater.inflate(R.layout.main_stock_
                     info, null).//自定义布局
15                   findViewById(R.id.main_stock_info2));//自定义布局文件中的子布局
16               }
17               TextView tv=(TextView)ll.getChildAt(0);//创建 TexeView 为子布局中控件的引用
```

```
18              tv.setText(stock_all[arg0][1]);              //设置文本框内容
19              ……//此处 TextView 对象的创建与上述相似,省略,请自行查阅随书光盘中的源代码
20              float fvalue = (Float.parseFloat(stock_all[arg0][4]) -
                Float.parseFloat(stock_all[arg0][3]))
21                      / Float.parseFloat(stock_all[arg0][3]) * 100;//计算涨跌幅
22              float result = ToolClass.round(fvalue, 2,RoundingMode.HALF_DOWN);
                //控制结果精度
23              if (fvalue > 0) {                              //判断涨跌幅数值的正负
24                  tv4.setTextColor(Color.RED);              //大于零为涨,以红色显示
25                  tv4.setText(Float.toString(result) + "%");
26              } else if (fvalue < 0) {
27                      tv4.setTextColor(Color.rgb(0, 96, 0));//小于零为跌,以绿色显示
28                      tv4.setText(Float.toString(result) + "%");
29              } else {
30                      tv4.setTextColor(Color.BLACK);        //等于零为无变化,以黑色显示
31                      tv4.setText(Float.toString(result) + "%");
32              }
33              return ll;                                    //返回自定义好的相对布局
34      }}
35          ……//此处省略的方法不需要重写,故省略,读者可自行查阅随书光盘中的源代码
36      ListView lv = (ListView) this.findViewById(R.id.stock_main_listView1);
37      lv.setAdapter(badapter);                              //将自定义的适配器添加到 ListView 中
38  }
```

● 第 4~34 行用于为 ListView 准备内容适配器。其中重写的 getView 方法,实现了自定义 ListView 中的元素的功能。将当前的 View 赋给自定义的相对布局,然后通过 getChildAt 方法创建自定义布局中控件的引用。

● 第 20~22 行用于计算涨跌幅,即(今日收盘价–昨日开盘价)/昨日开盘价*100%,所得结果通过 ToolClass.round 方法来改变小数点后的位数。

● 第 36~37 行用于创建 ListView 对象,然后将自定义的构造器添加到 ListView 中。

> **说明** 使用此方法可以实现 ListView 中的元素在离开屏幕视野后被销毁,从而节省内存,故在浏览海量数据时也不会出现因内存溢出而导致应用崩溃的现象。

(5)下面将介绍上述代码中省略的股票列表信息的刷新 refresh 方法。该方法的初始化方法不同,它利用网络下载将数据库中已存在的股票信息全部更新为最新。刷新完成后可调用初始化方法为 ListView 重新加载最新的股票信息,具体代码如下。

代码位置:见随书光盘中源代码/第 4 章/BN-Financial_assistant/src/com/bn/stock 目录下的 StockMainActivity.java。

```
1   public void refresh() {                              //刷新方法
2       final String[][] stock_all = ToolClass.selectAll(getBaseContext());
        //获取库中全部信息给二维数组
3       myHandler = new Handler() {                      //创建一个新的消息处理器实例
4       @Override
5       public void handleMessage(Message msg) {        //重写接收消息方法
6           switch (msg.what) {
7           case 0:
8               Bundle b = msg.getData();               //获取消息内的信息
9               msgs = b.getString("msg");              //获取信息内容字符串
10              if (msgs != null) {
11                      String[] newInfo = ToolClass.CutMsgs(msgs); //切分字符串
12                      Object[] objects = { newInfo[CODE], newInfo[NAME], newInfo
                        [PRICE_TODAY],
13                  newInfo[PRICE_YESTADAY], newInfo[PRICE_NOW], newInfo[TODAY_HIGHEST],
14                  newInfo[TODAY_LOWEST], newInfo[TRADING_VOLUME], newInfo
                    [CHANGING_OVER],
15                  newInfo[DATE],newInfo[TIME], newInfo[EXCHANGEHALL], newInfo[CODE] };
16                      boolean flag = DBUtil.updateInfo(objects);}//更新数据库对应股票的信息
17              break;
18      }}};
19      for (int i = 0; i < stock_all.length; i++) {
```

```
20            StringBuilder sb = new StringBuilder();
21            sb.append(stock_all[i][EXCHANGEHALL]);          //将交易所编号加入
22            sb.append(stock_all[i][CODE]);                 //将股票代码加入
23            final String URLcode = sb.toString();
24            final String exchangeHall = stock_all[i][EXCHANGEHALL];
25            final String stockcode = stock_all[i][CODE];
26            new Thread() {
27              public void run() {
28                try {
29                    StringBuilder sb=new StringBuilder("http://hq.sinajs.cn/list=");
                      //URL 的固定部分
30                    sb.append(URLcode);                    //URL 可改变部分
31                    String urlStr = new String(sb.toString().getBytes(),"gbk");
32                    URL url = new URL(urlStr);              //创建 URL 对象
33                    URLConnection uc = url.openConnection();//创建 URLConnection 对象
34                    InputStream in = uc.getInputStream();   //创建 InputStream 对象
35                    int ch = 0;
36                    ByteArrayOutputStream baos = new ByteArrayOutputStream();
37                    while ((ch = in.read()) != -1) {
38                      baos.write(ch);}
39                    byte[] bb = baos.toByteArray();
40                    baos.close();                          //关闭 ByteArrayOutputStream
41                    in.close();                            //关闭 InputStream
42                    String jSonStr=new String(bb,"gbk");//获取从网络获得的消息字符串
43                    jSonStr = jSonStr+ ("," + exchangeHall + "," + stockcode);
44                    Bundle b = new Bundle();               //创建 Bundle 对象
45                    b.putString("msg", jSonStr);           //将内容字符串放进 Bundle 中
46                    Message msg = new Message();           //创建消息对象
47                    msg.setData(b);                        //设置 Bundle 数据放到消息中
48                    msg.what = 0;                          //设置消息的 what 值
49                    myHandler.sendMessage(msg);            //发送消息
50                } catch (Exception e) {                    //异常捕获
51                    e.printStackTrace();
52    }}}.start();}}
```

- 第 3~18 行用于创建一个 Handler 对象，Handler 对象用于接收含有新下载的字符串的 Message 对象，并将其所携带的字符串切割后存入数据库实现后台信息的更新。

- 第 24~25 行用于获取对应股票的股票代码和交易所编号。

- 第 26~52 行为下载股票信息字符串的线程。利用新浪股票提供的数据接口，将固定网址字符串与股票代码组合，再把所构成的 URL 字符串送入服务器，最终获取到服务器返回的字符串。将内容字符串放进 Bundle 中，再将 Bundle 字符串封装到 Message 对象中，设置好消息的 what 值后，发送消息，等待 Handler 对象的接收。Handler 对象在接收到 Message 对象后，利用 what 值来从中获取需要的信息。

（6）下面介绍之前省略的自选股显示类中的重写键盘按键方法。该方法实现了对设备上自带按键功能的自定义，这里要自定义的是设备的返回键。当点击设备上的返回键时，将实现与界面上返回按钮相同的效果，具体代码如下。

📎 **代码位置：见随书光盘中源代码/第 4 章/BN-Financial_assistant/src/com/bn/stock 目录下的 StockMainActivity.java。**

```
1     @Override
2     public boolean onKeyDown(int keyCode, KeyEvent event) {
3         if (keyCode == KeyEvent.KEYCODE_BACK &&        //判断是否点击了返回键
4                        event.getRepeatCount() == 0) {//判断是否多次点击
5             Intent intent = new Intent();              //创建 Intent 对象
6             intent.setClass(StockMainActivity.this, MainActivity.class);
7             startActivity(intent);                     //调用新的 Activity
8             StockMainActivity.this.finish();           //结束当前的 Activity
9             return false;
10        }
11        return false;
12    }
```

● 第 3~4 行是实现按键返回的条件。如果按键事件的 keyCode 值为 KEYCODE_BACK，即返回键，便可以执行界面切换的相关代码。此外，在判断按键事件的来源时，通过 getRepeatCount 方法来实现点击后退键时，防止因点得过快，而触发两次后退事件。

● 第 5~9 行用于将界面切换到上一个界面。调用其 Activity，实现 Activity 控制权的移交。主要实现方法为创建一个 Intent 对象，通过其 setClass 方法来实现 Activity 的切换。之后通过 startActivity 方法调用新的 Activity。最后结束当前的 Activity。此外，还可以通过 overridePendingTransition 方法，来自定义切换时的动画。

> 📌 **说明**　如果需要对设备上的其他按键进行事件处理，可以通过 keyCode 的值来判断与之对应的按键，并添加自定义功能。

（7）下面介绍之前省略的上下文菜单的选择方法。长按 ListView 中的任意一个元素，系统就会弹出一个对话框，在该对话框上可以进行查看操作和删除操作。点击查看，界面会切换到该支股票对应的详情界面。点击删除，则会将该支股票从数据库中删除。具体代码如下。

🖎 **代码位置：** 见随书光盘中源代码/第 4 章/BN-Financial_assistant/src/com/bn/stock 目录下的 StockMainActivity.java。

```
1    @Override
2    public boolean onContextItemSelected(MenuItem item) {
3        AdapterView.AdapterContextMenuInfo contextMenuInfo =
4            (AdapterContextMenuInfo) item.getMenuInfo();   //创建上下文菜单对象
5        int position = contextMenuInfo.position;      //记录被长按的股票在列表中的序号
6        String allInfo[][] = ToolClass.selectAll(getBaseContext());//获取表中全部信息
7        switch (item.getItemId()) {
8        case MENU_LOOK:                                //查看事件
9            ……//此处查看功能与上述中列表的点击事件相同，故省略，请自行查阅随书光盘中的源代码
10           break;
11       case MENU_DELETE:                              //删除事件
12           Object[] objects = { allInfo[position][0] };
             //在二维数组中找到股票对应的代码作为删除的条件
13           boolean flag = DBUtil.deleteInfo(objects);   //执行删除语句
14           initStockList();                            //重新初始化
15           break;
16       default:
17           break;
18       }
19       return super.onContextItemSelected(item);
20   }
```

● 第 6 行用于获取股票信息表中全部的信息，并将值赋给一个二维数组。

● 第 12 行用于为 Object 对象添加删除语句的条件，即股票代码。

● 第 13~14 行用于执行删除语句，并重新初始化列表信息。

> 📌 **说明**　deleteInfo 方法在 com.bn.util 文件夹下的 DBUtil.java 中。selectAll 方法在 com.bn.util 文件夹下的 ToolClass.java 中。这些内容会另作详细介绍，故此处省略，请自行查阅随书光盘中的源代码。

（8）上面介绍了自选股的主界面各项功能及实现的方法，下面将介绍搜索添加界面的功能。点击自选股主界面屏幕下方的添加按钮，屏幕界面切换到添加界面，在添加界面下，可以实现新股票的查询和添加功能。具体代码如下。

🖎 **代码位置：** 见随书光盘中源代码/第 4 章/BN-Financial_assistant/src/com/bn/stock 目录下的 StockSearchActivity.java。

```
1    package com.bn.stock;
```

```
2        ……//此处省略导入类的代码，读者可自行查阅随书附带光盘中的源代码
3        public class StockSearchActivity extends Activity {
4        ……//此处省略定义变量的代码，请自行查看源代码
5            @Override
6            protected void onCreate(Bundle savedInstanceState) {
7                super.onCreate(savedInstanceState);
8                ……//此处省略设置全屏和强制竖屏的代码，请自行查看源代码
9                setContentView(R.layout.activity_stock_search);
10               ……//此处的返回方法与上述相似，故省略，请自行查阅随书光盘中的源代码
11               myHandler = new Handler() {                     //自定义的消息处理器
12                   @Override
13                   public void handleMessage(Message msg) {  //重写接收消息方法
14                       switch (msg.what) {                   //判断 msg 的值
15                       case 0:
16                           Bundle b = msg.getData();        //创建 Bundle 对象
17                           msgs = b.getString("msg"); //从 Bundle 中获取消息字符串
18                           if (msgs != null) {
19               ……//此处对消息的处理与上述相似，故省略，请自行查阅随书光盘中的源代码
20                           }
21                           break;
22               ……//此处不同的 case 下的处理与上述相似，故省略，请自行查阅随书光盘中的源代码
23               }}}};
24               bn_search.setOnClickListener(new OnClickListener() {//搜索按钮的监听
25                 @Override
26                   public void onClick(View arg0) {
27                     if (et.getText().toString() != null) {
28                         stock_code = et.getText().toString();
                          //将输入的代码字符串赋给对应变量
29                         new Thread() {                      //开启一个线程从网络下载字符串
30                         @Override
31                         public void run() {                 //重写 run 方法
32                             try {
33                                 ……//此处通过 URL 获取消息字符串方法与上述相似，故省略
34                                 Message msg = new Message();
35                                 jSonStr = new String(bb, "gbk");
36                                 if (jSonStr.length() > 25) {
37                                   Bundle b = new Bundle(); //创建 Bundle 对象
38                                   b.putString("msg", jSonStr);
                                    //将内容字符串封装到 Bundle 中
39                                   msg.setData(b);        //把 Bundle 数据放到消息中
40                                   msg.what = 0;           //设置消息的 what 值
41                                   myHandler.sendMessage(msg);  //发送消息
42                                 }
43                                 ……//此处的其他情况下处理与上述相似，故省略
44                             } catch (Exception e) {
45                                 e.printStackTrace();
46               }}}.start();
47               ……//此处开启线程方法与上述相似，故省略，请自行查阅随书光盘中的源代码
48                     } else {
49                         Toast.makeText(StockSearchActivity.this, "您还没有输入股票代码！",
                          200).show();
50               }}}});
51               ……//此处省添加新股票的方法，下面将详细介绍
52           }}}}}});
53       ……//此处重写 onKeyDown 方法与上述相似，故省略，请自行查阅随书光盘中的源代码
54       }
```

- 第 11~23 行用于自定义消息处理器 Handler。通过创建 Bundle 对象，从 Bundle 中获取消息字符串，消息处理器根据获取到的信息对 UI 进行更新，对 UI 进行设置的代码请自行查阅随书光盘中的源代码。

- 第 37~41 行用于创建 Bundle 对象，并将内容字符串封装到 Bundle 中，然后把 Bundle 数据放到消息中，在设置消息的 what 值后调用 sendMessage 方法发送消息。

- 第 49 行是发送 Toast 提示。Toast 是一种简易的消息提示框，Toast 在设备屏幕上向用户显示一条信息，一段时间后信息会自动消失。信息可以是简单的文本，也可以是复杂的图片及其他内容，在应用程序中显示为浮动，它永远不会获得焦点，也无法被点击。这里的 Toast 仅为一段

字符串，提示的显示时间为 200ms。

（9）下面介绍之前省略的股票添加按钮及其监听。在搜索到正确的股票信息后，点击添加按钮，就可将新股票信息按特定方法进行处理，之后调用 addInfo 方法将其添加入数据库，并且切换界面回自选股主界面。具体代码如下。

✏️ **代码位置：见随书光盘中源代码/第 4 章/BN-Financial_assistant/src/com/bn/stock 目录下的**
StockSearchActivity.java。

```
1    bn_add = (Button) this.findViewById(R.id.stock_search_bn_add);
2    bn_add.setOnClickListener(new OnClickListener() {
3      @Override
4      public void onClick(View v) {
5        if (existflag == true) {
6          Toast.makeText(StockSearchActivity.this, "此股票在自选股中已存在! ",500).show();
7        } else {
8          if (addflag == 1) {                              //创建 Object 对象，并对其赋值
9                  Object[] objects = { FinalArray[CODE],FinalArray[NAME],
10                     FinalArray[PRICE_TODAY],FinalArray[PRICE_YESTADAY],
11                     FinalArray[PRICE_NOW],FinalArray[TODAY_HIGHEST],
12                     FinalArray[TODAY_LOWEST],FinalArray[TRADING_VOLUME],
13                     FinalArray[CHANGING_OVER], FinalArray[DATE],
                       FinalArray[TIME],
14                     FinalArray[EXCHANGEHALL] };
15                boolean flag=DBUtil.addInfo(objects);//将object的值存入数据库
16                Toast.makeText(StockSearchActivity.this, "添加成功! ", 2000).
                   show();
17                if (flag == true) {
18                    addflag = 2;                      //将标志位改为2，即添加数据库成功
19                }
20                ……//此处切换界面方法代码与上述方法基本一致，请自行查看源代码
21          } else {
22            switch (addflag) {
23            case 0:
24            Toast.makeText(StockSearchActivity.this,"股票信息获取失败! ", 2000).
               show();
25                et = (EditText) findViewById(R.id.stock_search_et_code);
26                et.setText("");
27            break;
28            ……//此处的其他情况下处理与上述相似，故省略，请自行查看源代码
29    }}}}});
```

- 第 9~14 行用于给 Object 对象赋值。Objects 中的值要与数据库中的列相对应，才能正缺插入新数据。
- 第 15~16 行用于将 Objects 的值存入数据库，即在数据库中添加了一条新的信息。
- 第 17~19 行用于更改 addflag 的值。不同的 addflag 标识着不同的含义，0 为标志不能添加；1 为标志成功获取字符串，可添加到数据库；2 为标志添加数据库成功。在完成不同工作后，可以通过更改 addflag 的值来标志状态，从而进行不同的 Toast 提示。

（10）上面介绍了股票添加界面的搜索和添加功能的实现。下面将介绍股票详情界面的各项功能的实现，主要包括查看选中股票的详细信息，通过抽拉屏幕左侧隐藏的"抽屉"查看选中股票的实时走势图和近期走势图。下面将介绍"抽屉"的自定义适配器的实现，具体代码如下。

✏️ **代码位置：见随书光盘中源代码/第 4 章/BN-Financial_assistant/src/com/bn/stock 目录下的**
MyAdapter.java。

```
1    package com.bn.stock;
2    ……//此处省略导入类的代码，读者可自行查阅随书附带光盘中的源代码
3    public class MyAdapter extends BaseAdapter {
4      ……//此处省略定义变量的代码，请自行查看源代码
5      public MyAdapter(Context context, String[]items,Bitmap[]bm_array){//构造器
6        this.context = context;                        //给类中上下文赋值
7        this.items = items;                            //给类中字符数组赋值
```

```
8              this.bm_array = bm_array;                         //给类中图片数组赋值
9          }
10         @Override
11         public int getCount() {                               //重写返获取总数方法
12             return items.length;
13         }
14         @Override
15         public Object getItem(int position) {                 //重写返回该对象方法
16             return items[position];
17         }
18         @Override
19         public long getItemId(int position) {                 //重写返回该对象的索引方法
20             return position;
21         }
22         @Override
23         public View getView(int position, View onvertView, ViewGroup parent) {
24             LayoutInflater factory = LayoutInflater.from(context);
               //创建 LayoutInflater 对象
25             View v = (View) factory.inflate(R.layout.images, null); //创建 View 对象
26             ImageView iv = (ImageView) v.findViewById(R.id.imageView1);
               //取得 ImageView
27             TextView tv = (TextView) v.findViewById(R.id.textView1); //取得 TextView
28             iv.setImageBitmap(bm_array[position]);             //设置显示的图片
29             tv.setText(items[position]);                       //设置显示的文字
30             return v;                                          //返回 View 对象
31     }}
```

- 第 5~9 行为适配器的构造器，给类中的各个变量进行赋值。
- 第 10~21 行用于重写 getCount、getItem 和 getItemId 方法。
- 第 22~30 行用于重写 getView 方法。使用自定义的布局文件 images.xml 为每一个 item 布局，取得 images.xml 布局中已经定义好的 ImageView 和 TextView，再分别设置其要显示的内容，最后返回 View 对象。

（11）上面介绍了自定义的 BaseAdapter 适配器。下面将介绍股票详情界面的主要功能的实现，包括查看列表中的详细信息，以及在拉出屏幕右侧隐藏的"抽屉"后，查看抽屉上的股票实时 K 线图和近期走势图。具体代码如下。

✎ **代码位置：见随书光盘中源代码/第 4 章/BN-Financial_assistant/src/com/bn/stock 目录下的 StockDetailActivity.java。**

```
1      package com.bn.stock;
2      ……//此处省略导入类的代码，读者可自行查阅随书附带光盘中的源代码
3      public class StockDetailActivity extends Activity {
4          ……//此处省略定义变量的代码，请自行查看源代码
5          @Override
6          protected void onCreate(Bundle savedInstanceState) {
7              super.onCreate(savedInstanceState);
8              ……//此处省略设置全屏和强制竖屏的代码，请自行查看源代码
9              setContentView(R.layout.activity_stock_detail);
10             Bitmap nonePic = BitmapFactory.decodeResource(        //加载默认图片
11                 this.getBaseContext().getResources(),
                   R.drawable.skin_loading_icon);
12             bm_array[0] = nonePic;                                //赋给图片数组默认值
13             bm_array[1] = nonePic;                                //赋给图片数组默认值
14             gv = (GridView) findViewById(R.id.myContent1);
15             im = (ImageView) findViewById(R.id.myImage1);
16             Bundle bundel = this.getIntent().getExtras();//取得 Intent 中的 Bundle 对象
17             choosePosition = bundel.getInt("position");//取得 Bundle 对象中的内容
18             final String[][] stock_all = ToolClass.selectAll(getBaseContext());
19                                     // 获取表中的所有信息，存储在一个二维数组中
20             final MyAdapter adapter = new MyAdapter(StockDetailActivity.this,items,
               bm_array);
21             Threads(stock_all[choosePosition][11], stock_all[choosePosition][0]);
               //启动线程
22             Handlers(adapter);                          //启动 Handler 消息循环方法
23             lv_info = (ListView) this.findViewById(R.id.stock_detail_listView1);
```

```
24              ……//此处返回按钮的功能与上述相似，故省略，请自行查阅随书光盘中的源代码
25              stock_Items = getResources().getStringArray(R.array.items);
                //获取资源文件中的数组
26              final int stockCount = stock_Items.length;
27              stock_Info = stock_all[choosePosition];
28              BaseAdapter badapter = new BaseAdapter() { //为 ListView 准备内容适配器
29              ……//此处适配器的内容与上述相似，故省略，请自行查阅随书光盘中的源代码
30              }};
31              lv_info.setAdapter(badapter);                    //为 ListView 添加适配器
32              ……//此处更改字体的方法与上述相似，故省略，请自行查阅随书光盘中的源代码
33          }
34      ……//此处多个方法与上述相似，故省略，请自行查阅随书光盘中的源代码
35  }}
```

- 第 10~13 行用于加载资源文件中的图片 skin_loading_icon.bmp 作为默认图片，将此图片的 Bitmap 赋给声明好的 Bitmap 型数组 bm_array[]。这样实现了应用在没有从服务器获取图片时，ImageView 上有默认的提示图。

- 第 20 行用于声明自定义的适配器对象，并将参数传入。

- 第 21~22 行用于调用自己写好的方法。具体功能同样是用于开启从服务器获取消息的线程，和启动接收消息的 Handler 方法。

- 第 28~30 行用于为 ListView 准备内容适配器。

（12）上面介绍了股票详情界面的功能的实现。由于从服务器获取的图片大小与自定义的"抽屉"不适应，因此需要更改图片的大小，可通过图片的 Bitmap 来改变图片的大小。下面将介绍改变图片大小的 sizeChanged 方法。具体代码如下。

> 代码位置：见随书光盘中源代码/第 4 章/BN-Financial_assistant/src/com/bn/stock 目录下的 StockDetailActivity.java。

```
1   public Bitmap sizeChanged(Bitmap bm,                    //图片的 Bitmap
2           int newWidth,                                  //需要得到的宽度
3           int newHeight                                  //需要得到的高度
4   ) {
5       int width = bm.getWidth();                         //获得图片的宽
6       int height = bm.getHeight();                       //获得图片的高
7       float scaleWidth = ((float) newWidth) / width;     //计算宽度的缩放比例
8       float scaleHeight = ((float) newHeight) / height;     //计算高度的缩放比例
9       Matrix matrix = new Matrix();                      //取得想要缩放的 matrix 参数
10      matrix.postScale(scaleWidth, scaleHeight);
11      Bitmap newbitmap = Bitmap.createBitmap(            //得到新的图片
12          bm, 0, 0, width, height, matrix,true);
13      return newbitmap;                                  //返回新的图片
14  }
```

- 第 1~3 行为调用 sizeChanged 方法时需要传入的 3 个参数，原始图片的 Bitmap、新的宽度值和新的高度值。

- 第 11~13 行用于根据已得到的条件创建一个新的 Bitmap 对象，并将其返回。

（13）上述介绍了自选股模块全部界面的相关方法及功能的实现。为了便于修改，避免代码冗长，可将其中使用频率较高的工具方法写在工具类中，便于维护与调用。下面将具体介绍工具类中的主要工具方法。首先介绍切分字符串为数组的方法，具体代码如下。

> 代码位置：见随书光盘中源代码/第 4 章/BN-Financial_assistant/src/com/bn/stock 目录下的 ToolClass.java。

```
1   public static String[] CutMsgs(String msgs) {
2       String[] ListArray = new String[12];
3       String stocks[];
4       stocks = msgs.split("\\,");                         //以 "," 来分割字符串
5       String[] stock_name1;                               //创建一个临时的数组
6       stock_name1 = stocks[0].split("\"");                //以双引号来分割 stocks[0]
7       stocks[0] = stock_name1[1];                         //将切割后的有用数据重新值赋给 stocks[0]
```

```
8        int changeNUM = (int) (Float.parseFloat(stocks[8])) / 100;
         //将字符串转换为浮点型并除以 10^2
9        String StrchangeNUM = Float.toString(changeNUM);//将浮点型数据转换为字符串
10       int changeVAL = (int) (Float.parseFloat(stocks[9])) / 10000;
         //将字符串转换为浮点型并除以 10^5
11       String StrchangeVAL = Float.toString(changeVAL); //将浮点型数据转换为字符串
12       ListArray[CODE] = stocks[34];              //股票代码
13       ListArray[NAME] = stocks[0];               //股票名称
14       ListArray[PRICE_TODAY] = stocks[1];        //今日开盘价
15       ListArray[PRICE_YESTADAY] = stocks[2];     //昨日收盘价
16       ListArray[PRICE_NOW] = stocks[3];          //当前价
17       ListArray[TODAY_HIGHEST] = stocks[4];      //今日最高价
18       ListArray[TODAY_LOWEST] = stocks[5] ;      //今日最低价
19       ListArray[TRADING_VOLUME] = StrchangeNUM;  //交易数
20       ListArray[CHANGING_OVER] = StrchangeVAL;   //交易额
21       ListArray[DATE] = stocks[30];              //日期
22       ListArray[TIME] = stocks[31];              //时间
23       ListArray[EXCHANGEHALL] = stocks[33];      //交易所
24       return ListArray;                          //返回被赋值的数组
25   }
```

- 第 2~3 行用于声明要返回的数组和接收字符串被切割后的股票信息数组。

- 第 4~7 行用于切割字符串。首先以 "," 为标志切割字符串，因为原始字符串包含与股票信息无关的字符，所以在第一次切割后，数组的第一个元素中包含了无关的字符，因此需要再次以 """切割，将有用部分赋给数组的第一个元素。

- 第 8~11 行用于改变交易量和交易额的单位。由于服务器传回的交易量以 "股" 为单位，但是在股票交易中以一百股为基本单位，因此需要将交易量除以 100。因为原始的交易量为一个字符串，所以需要使用 Float.parseFloat 方法将交易量转换成 float 型数组，除以 100 后再通过 Float.toString 方法转换回字符型。同理，服务器传回的交易额以 "元" 为单位，而在股票交易时以 "万元" 为基本单位，所以要通过同样的方法来实现。

- 第 12~24 行用于将切割后的有用消息——对应地赋给 ListArray[]数组，由于 ListArray[]数组和 stocks[]数组中的值没有逻辑联系，所以要逐个进行赋值。全部赋值完成后返回 ListArray[]。

（14）上面介绍了切割字符串的方法，下面将介绍与数据库相关联的单条数据的查询方法。以股票的代码作为查询的条件来获得数据库中对应的一条信息，并且对信息进行处理，最终以 String 数组的形式返回。具体代码如下。

✎ **代码位置：** 见随书光盘中源代码/第 4 章/BN-Financial_assistant/src/com/bn/stock 目录下的 ToolClass.java。

```
1    public static String[] selectOne(String code, Context context) {
2        String[] codes = { code };
3        Map<String, String> map = DBUtil.viewInfo(codes);   //创建 Map 对象
4        Set<String> set = map.keySet();              //将 Map 中所有的键存入到 set 集合中
5        Iterator<String> it = set.iterator();   //创建迭代器对象，并将 set 存放入迭代器
6        String[] ss = new String[map.size()];
7        for (int i = 0; i < map.size(); i++) {          //对迭代器进行循环遍历
8            String item = it.next();                    //遍历下一项
9            ss[i] = map.get(item);                      //通过关系对象获取对应的键值
10       }
11       String[] DetailInfo = new String[12];
12       for (int i = 0; i < ss.length - 1; i++) {       //对 Detailnfo 数组进行赋值
13           DetailInfo[i] = ss[i + 1];
14       }
15       return DetailInfo;                              //返回 Detailnfo 数组
16   }
```

- 第 3~5 行用于从数据库中获取消息，并创建 Map 对象来储存消息，之后将 Map 中所有的键存入到 set 集合中。最后创建迭代器对象，将 set 存放入迭代器中，以便被遍历。

- 第 6~10 行用于对 Map 对象的遍历,通过关系对象获取对应的键值赋给已声明的数组对象。

- 第 11~15 行用于为要返回的数组赋值。

> **说明** 在工具类中，所有信息的查询方法 selectAll 与单条信息的查询方法类似，故不再赘述，请读者自行查阅随书光盘中的源代码。

（15）上面介绍了数据库中单条信息的查询方法，下面将介绍改变 float 数值精度的方法。由于 float 类型数据占据 4 个字节，故在显示时占用的屏幕空间较大，有时不利于信息完整地显示，所以需要减小其数值精度。具体代码如下。

📎 **代码位置**：见随书光盘中源代码/第 4 章/BN-Financial_assistant/src/com/bn/stock 目录下的 ToolClass.java。

```
1    public static float round(float value,                    //需要确定精度的数
2                int scale,                                      //精度
3                RoundingMode roundingMode                       //取舍模式
4    ) {
5        MathContext mc=new MathContext(scale, roundingMode);//创建一个 MathContext 对象
6        BigDecimal fvalue = new BigDecimal(value);          //创建一个大数字对象
7        BigDecimal divisor = new BigDecimal(1.0);
8        float result = fvalue.divide(divisor, mc).floatValue();//根据精度进行四舍五入
9        return result;
10   }
```

- 第 1~3 行是调用 round 方法时需要传入的三个参数。
- 第 5 行用于创建一个 MathContext 对象，其包含的信息是使结果保留有 scale 个小数位，roundingMode 表示的是保留模式。
- 第 8 行用于获取结果。需要用一个 BigDecimal 对象 value 除以另一个相同类型的除数后的结果，并且要求这个结果不变。这里只是为了保留原数，所以使其除以 1，即不会影响结果的数值。

> **说明** RoundingMode 对象为取舍模式，系统提供的取舍模式有很多种，这里不再一一赘述，请读者通过自行查询来了解。

4.6.4 理财常识的实现

（1）上面介绍了自选股模块的全部功能以及实现。下面将介绍理财常识模块下各个功能的实现。首先介绍理财常识首页的功能实现，主要包括理财常识所包含的内容展示以及对理财常识中各个文档的查看，具体代码如下。

📎 **代码位置**：见随书光盘中源代码/第 4 章/BN-Financial_assistant/src/com/bn/knowlegde 目录下的 KnowledgeActivity.java。

```
1    package com.bn.knowledge;
2    ……//此处省略导入类的代码，读者可自行查阅随书附带光盘中的源代码
3    public class KnowledgeActivity extends Activity {
4    ……//此处省略定义变量的代码，请自行查看源代码
5        @Override
6        protected void onCreate(Bundle savedInstanceState) {
7            super.onCreate(savedInstanceState);                //调用父类的构造函数
8            requestWindowFeature(Window.FEATURE_NO_TITLE);      //设置无标题
9            ……//此处省略设置全屏和强制竖屏的代码，请自行查看源代码
10           bn_book1 = (Button) this.findViewById(R.id.know_Button1);
                 //获得一个 Button 对象
11           ……//此处按钮对象的创建与上述相似，故省略，请自行查阅随书光盘中的源代码
12           bn_book1.setOnClickListener(new OnClickListener() {
13               @Override
14               public void onClick(View v) {
15                   int name = R.raw.xiaofeizhequanyibaohufa;//获取资源文件中文档的值
16                   String title = "《消费者权益保护法》";  //更改当前的标题
```

```
17                              Intent intent = new Intent();          //创建 Intent 对象
18                              intent.setClass(KnowledgeActivity.this,Knowledge
                                DetailActivity.class);
19                              Bundle bundle = new Bundle();           //创建 Bundle 对象
20                              bundle.putInt("name", name);         //将要传递的数据传入 bundle
21                              bundle.putString("title", title);//将要传递的数据传入 bundle
22                              intent.putExtras(bundle);         //将 Bundle 对象传给 Intent
23                              ……//此处切换界面方法与上述相似，故省略，请自行查阅随书光盘中的源代码
24                      }}));
25                  ……//此处按钮的功能与上述相似，故省略，请自行查阅随书光盘中的源代码
26                  ……//此处字体更改方法与上述相似，故省略，请自行查阅随书光盘中的源代码
27              }
28          ……//此处重写 onKeyDown 方法与上述相似，故省略，请自行查阅随书光盘中的源代码
29      }
```

- 第 15~16 行用于获取当前按钮对应的资源文件的值以及对应文档的名称。
- 第 17~18 行用于创建一个 Intent 对象，并切换界面。
- 第 19~23 行用于实现跨 Activity 传递消息和切换界面。将之前获取的资源文件的整型的值和字符串类型界面标题封装到 Bundle 对象中，再将 Bundle 对象传入 Intent 对象里，等待界面切换后在其他 Activity 中被获取。

（2）上面介绍了理财常识功能首页的功能实现。下面介绍切换后的阅读界面上查看功能的实现。点击首页上的任意图书按钮，界面切换到阅读界面，阅读界面上将显示与被点击的按钮相对应的文档信息，屏幕下方的拖拉条能调整字体的大小。具体代码如下。

✎ **代码位置：** 见随书光盘中源代码/第 4 章/BN-Financial_assistant/src/com/bn/knowlegde 目录下的 KnowledgeDetailActivity.java。

```
1       package com.bn.knowledge;
2       ……//此处省略导入类的代码，读者可自行查阅随书附带光盘中的源代码
3       public class KnowledgeDetailActivity extends Activity {
4       ……//此处省略定义变量的代码，请自行查看源代码
5           @Override
6           protected void onCreate(Bundle savedInstanceState) {
7               super.onCreate(savedInstanceState);          //调用父类的构造函数
8               requestWindowFeature(Window.FEATURE_NO_TITLE); //设置无标题
9               ……//此处省略设置全屏和强制竖屏的代码，请自行查看源代码
10              Bundle bundle = this.getIntent().getExtras();   //创建 Bundle 对象
11              bookname = bundle.getInt("name");              //从 Bundle 对象中获取数据
12              title = bundle.getString("title");             //从 Bundle 对象中获取数据
13              tv_title = (TextView) this.findViewById(R.id.knoww_detail_tv_title);
14              tv_title.setText(title);
15              tv_text = (TextView) this.findViewById(R.id.txt_textView);
16              try {
17                  InputStream is = getResources().openRawResource(bookname);
                    //打开资源文件
18                  String text = TxtReader.getText(is);  //从输入流中获取文本内容
19                  tv_text.setText(text);               //将文本内容放入 TextView 中
20                  is.close();                          //关闭输入流
21              } catch (Exception e) {
22                  e.printStackTrace();                 //打印错误报告
23              }
24              sb=(SeekBar)this.findViewById(R.id.txt_seekBar);//获得一个 SeekBar 对象
25              sb.setOnSeekBarChangeListener(new OnSeekBarChangeListener() {
26                ……//此处省略的方法不需要重写，故省略，读者可自行查阅随书光盘中的源代码
27                @Override
28                public void onProgressChanged(SeekBar seekBar, int progress,boolean
                  fromUser) {
29                    tv_text.setTextSize(progress + 10);   //根据拖动条的值来改变字体大小
30              }});
31              ……//此处按钮的功能与上述相似，故省略，请自行查阅随书光盘中的源代码
32              ……//此处字体更改方法与上述相似，故省略，请自行查阅随书光盘中的源代码
33          }
34      ……//此处重写 onKeyDown 方法与上述相似，故省略，请自行查阅随书光盘中的源代码
35      }
```

- 第 10~12 行用于创建 Bundle 对象和获取信息。通过 Bundle 对象的 getXXX 方法，可实现对 Bundle 中不同类型数据的获取。

- 第 17~20 行用于为 TextView 添加内容。首先创建输入流对象以获取资源文件，再从输入流中获取文本内容，之后将文本内容放入 TextView 中，最后关闭输入流。

- 第 24~30 行用于实现文本框中字体大小的改变。拖动拖动条上的按钮，来改变拖动条的值，在重写 onProgressChanged 方法中，根据拖动条的值来改变字体大小。

> 📣 **说明**　使用 InputStream 流之后一定要关闭它，否则文件就会被占用，在使用某些操作的时候会发生异常。对于其他 I/O 而言，在使用完毕后也需要进行关闭操作。

（3）上面介绍了阅读界面上查看功能的实现，下面将介绍在阅读界面查看功能中被使用的 TxtReader.getText 方法。该方法以字节流读取内容，再把字节流转换成字符流返回输出，用于按行读取资源文件中的文本文件，并以字符串的形式返回。具体代码如下。

📝 **代码位置：见随书光盘中源代码/第 4 章/BN-Financial_assistant/src/com/bn/knowlegde 目录下的 TxtReader.java。**

```
1    package com.bn.knowledge;
2    public class TxtReader {                              //读取文本文件的方法
3        public static String getText(InputStream inputStream){
4            InputStreamReader inputStreamReader = null;   //创建字节读取流的对象
5            try{
6                inputStreamReader = new InputStreamReader(inputStream,"gbk");
7            }catch(UnsupportedEncodingException e){
8                e.printStackTrace();
9            }
10           BufferedReader bufferedReader=new BufferedReader(inputStreamReader);
11                                                         //字节流转字符流
12           StringBuffer sb = new StringBuffer("");       //创建 StringBuffer 对象
13           String line;
14           try{
15               while((line = bufferedReader.readLine())!=null){
16                   sb.append(line);                      //添加文本一行信息
17                   sb.append("\n");                      //添加换行符
18               }
19           }catch(IOException e){
20               e.printStackTrace();
21           }
22           return sb.toString();                         //返回读取到文档全部内容的字符串
23    }}
```

- 第 4~9 行用于创建字节读取流。利用传入的字节输入流参数 inputStream 来创建使用 GBK 字符集的读取流对象。

- 第 10~21 行用于创建一个缓冲字符输入流。将文档中的文本信息按行读取，并赋给 StringBuffer 对象。在每赋一行的值后，都需要在后面添加转义字符 "\n" 来实现在 TextView 中的换行操作。

- 第 22 行用于返回读取到文档全部内容的字符串。

4.6.5　备忘录的实现

上一小节介绍的是理财常识模块功能的实现，本小节主要介绍备忘录功能的实现。该界面的设计比较简单，是由一个 ListView 和几个简单控件构成的，由于章节篇幅有限，请读者自行查看随书附带光盘中的源代码。

（1）上面简单提到了备忘录界面的搭建，下面介绍备忘录功能的实现。该部分主要实现备忘录的查看、删除以及添加，每一行只显示备忘录内容的前 20 个字，该效果在 DBUtil 中获取数据时实现，请读者自行查阅源代码。具体实现代码如下。

📎 **代码位置：见随书光盘中源代码/第 4 章/BN-Financial_assistant/src/com/bn/notepad 目录下的 NotepadActivity.java。**

```
1    package com.bn.notepad;
2    ……//此处省略导入类的代码，读者可自行查阅随书附带光盘中的源代码
3    public class NotepadActivity extends Activity {
4    ……//此处省略定义变量的代码，请自行查看源代码
5        @Override
6        protected void onCreate(Bundle savedInstanceState) {
7            super.onCreate(savedInstanceState);          //调用父类的构造函数
8            setRequestedOrientation(ActivityInfo.SCREEN_ORIENTATION_PORTRAIT);
             //竖屏
9            if (nTime.length == 0) {                     //判断 ListView 里有无内容
10               setContentView(R.layout.notepadlistnothing); //设置显示界面
11           } else {
12               setContentView(R.layout.notepad_main);       //设置显示界面
13               List<Map<String,Object>> noteListItems=new ArrayList<Map<String,
                 Object>>();
14               for (int i = 0; i < nTime.length; i++) {
15                   Map<String, Object> noteListItem = new HashMap<String,
                     Object>();
16                   noteListItem.put("nTime", nTime[i]);      //添加日期
17                   noteListItem.put("nContent", nContent[i]);//添加备注
18                   noteListItems.add(noteListItem);          //把 Map 放进集合
19               }
20               SimpleAdapter simpleAdapter = new SimpleAdapter(this,
21                   noteListItems, R.layout.notepad_list_item, new String[] {
                     //设置适配器属性
22                       "nTime", "nContent" }, new int[] {
23                   R.id.notelist_time, R.id.notelist_content });
                     //声明一个 SimpleAdapter 适配器
24               noteList = (ListView) findViewById(R.id.note_main_list);
                 //获得一个 ListView 对象
25               noteList.setAdapter(simpleAdapter);    //为 ListView 设置适配器
26
27               noteList.setOnItemClickListener(new OnItemClickListener() {
28                   @Override                          //为 ListView 设置选项点击监听
29                   public void onItemClick(AdapterView<?> arg0, View arg1,
30                           int arg2, long arg3) {
31                       String[] noteStr = DBUtil.getNotepadListStr(nTime[arg2],
32                           nContent[arg2]);            //获取备忘录内容
33                       listDialog(noteStr);}          //显示内容对话框
34               });
35               noteList.setOnCreateContextMenuListener(new
                 OnCreateContextMenuListener() {
36               });                                    //为 ListView 设置上下文菜单监听
37           ……//此处省略修改字体的代码，请自行查看源代码
38           notepadBack =
39               (Button)findViewById(R.id.notepad_main_back_btn);//获得 Button 对象
40           notepadBack.setOnClickListener(new OnClickListener() {  //添加监听
41               @Override
42               public void onClick(View v) {
43                   Intent intent = new Intent();                  //声明 intent 对象
44                   intent.setClass(NotepadActivity.this, MainActivity.class);
45                   startActivity(intent);
46                   overridePendingTransition(R.anim.main_back,
                     R.anim.add_back);
47                   NotepadActivity.this.finish();}            //NotepadActivity 结束
48           });
49           notepadNew = (Button) findViewById(R.id.notepad_main_new);
             //获得一个 Button 对象
50           notepadNew.setOnClickListener(new OnClickListener() {   //添加监听
51               @Override
52               public void onClick(View v) {
53                   Intent intent = new Intent();                 //声明 intent 对象
54                   intent.setClass(NotepadActivity.this,
                     NotepadEditActivity.class);
```

```
55                          startActivity(intent);
56                          NotepadActivity.this.finish();        //NotepadActivity 结束
57                  }});}
58      ……//此处省略部分在前面已经提到的方法的代码，读者可自行查阅随书附带光盘中的源代码
59      }
```

- 第 7~12 行为通过判断 ListView 中有无内容来选择调用需要初始化的界面。
- 第 13~24 行把需要在备忘录列表中显示的内容添加进集合框架中，并且声明一个 SimpleAdapter 对象，把设置好的集合框架放入 SimpleAdapter 适配器中。
- 第 25~37 行获得一个 ListView 对象，并且为 ListView 列表设置 SimpleAdapter 适配器、监听器以及一个上下文菜单监听，上下文的监听方法的具体实现在上面的账单明细中已经详细介绍过了，在此不再重复。
- 第 37 行修改字体为方正卡通。这在前面章节中已经介绍过，在此不再介绍。
- 第 38~48 行为获得一个 Button 对象，并且为返回按钮添加监听，监听中还设置了平滑切换的动画来返回到本软件的主界面。
- 第 49~57 行为获得一个 Button 对象，并且为新建按钮添加监听，从备忘录的查看界面切换到备忘录的新建界面。

（2）上面介绍了备忘录主界面功能的代码实现，下面介绍备忘录添加界面功能的实现，这是用户编辑备忘录内容的代码实现。此段代码不仅实现了把数据添加进数据库的操作，还在传送数据前对编辑文本框中的内容进行是否为空的判断，无论添加成功与否都弹出提示。具体代码如下。

✎ **代码位置**：见随书光盘中源代码/第 4 章/BN-Financial_assistant/src/com/bn/notepad 目录下的 NotepadEditActivity.java。

```
1       package com.bn.notepad;
2       ……//此处省略导入类的代码，读者可自行查阅随书附带光盘中的源代码
3       public class NotepadEditActivity extends Activity {
4       ……//此处省略定义变量的代码，请自行查看源代码
5           @Override
6           protected void onCreate(Bundle savedInstanceState) {
7               super.onCreate(savedInstanceState);                //调用父类的构造函数
8               setRequestedOrientation(ActivityInfo.SCREEN_ORIENTATION_PORTRAIT);
                //竖屏
9               setContentView(R.layout.notepad_edit);             //设置显示界面
10              setNoteTime();                                     // 自动设置添加时间
11              noteContent = (EditText) findViewById(R.id.notepad_edit_et);
                //获得一个 EditText 对象
12              noteSave = (Button) findViewById(R.id.notepad_edit_save);
                //获得一个 Button 对象
13              noteSave.setOnClickListener(new OnClickListener() {    //添加监听
14                  String nTime = noteTime.getText().toString();
15                  @Override
16                  public void onClick(View v) {
17                      String[] content = new String[] { nTime,
18                              noteContent.getText().toString()};//声明 String 数组
19                      if (noteContent.getText().toString().length() == 0) {
                        //文本框内容为空出提示
20                          Toast toast = Toast.makeText(getApplicationContext(),
21                                  "文本内容不能为空", Toast.LENGTH_SHORT);
22                          toast.setGravity(Gravity.CENTER, 0, 0); //设置居中显示
23                          toast.show();
24                          return;                                //返回
25                      } else {                                   //文本框不为空就添加
26                          flag = DBUtil.addNotepad(content);    //判断添加是否成功
27                          Toast toast;                           //声明 Toast
28                          if (flag) {                            //成功
29                              toast = Toast.makeText(getApplicationContext(),
30                                  "添加成功",Toast.LENGTH_SHORT);
31                              toast.setGravity(Gravity.CENTER,0,0);//设置居中显示
```

```
32                                         toast.show();
33                           } else {                                      //失败
34                                 toast = Toast.makeText(getApplicationContext(),
35                                 "添加失败",Toast.LENGTH_SHORT);
36                                 toast.setGravity(Gravity.CENTER,0,0);//设置居中显示
37                                 toast.show();
38                           }}
39                       Intent intent = new Intent();                    //声明 intent 对象
40                       intent.setClass(NotepadEditActivity.this,
                         NotepadActivity.class);
41                       startActivity(intent);
42                       NotepadEditActivity.this.finish();}  //NotepadActivity 结束
43              });
44         noteBack=(Button)findViewById(R.id.notepad_edit_back);//获得一个 Button 对象
45         noteBack.setOnClickListener(new OnClickListener() {//添加监听
46              @Override
47              public void onClick(View v) {
48                   Intent intent = new Intent();                        //声明 intent 对象
49                   intent.setClass(NotepadEditActivity.this,
                     NotepadActivity.class);
50                   startActivity(intent);
51                   NotepadEditActivity.this.finish();}  //NotepadActivity 结束
52              });
53         ……//此处省略修改字体的代码，读者可自行查阅随书附带光盘中的源代码
54    }
55    private void setNoteTime() {                          // 设置日期框内容为系统当前日期
56         noteTime = (TextView) findViewById(R.id.notepad_edit_time);
           //获得一个 TextView 对象
57         Calendar c = Calendar.getInstance();                     //声明 Calendar 对象
58         try {
59              c.setTime(format.parse(date));                      //获得系统日期
60         } catch (java.text.ParseException e) {
61              e.printStackTrace();}                               //打印错误报告
62         noteTime.setText(date);                                  //为文本框设置内容
63    }
64    @Override
65    public boolean onKeyDown(int keyCode, KeyEvent event) {
66    ……//此处省略键盘返回键的代码，读者可自行查阅随书附带光盘中的源代码
67  }}
```

- 第 10~43 行为获得一个 Button 对象，并且为保存按钮添加监听事件。在保存按钮的监听中对备忘录文本框中内容是否为空进行了判断，为空就弹出提示框备注内容框不允许为空，不为空就调用数据库中的 **addNotepad** 方法把内容添加进数据库中。方法的返回值为 true，则添加成功并弹出提示框，否则添加失败并弹出提示。

- 第 44 到 52 行为获得一个 Button 对象，并且为返回按钮添加监听事件。返回备忘录的主界面。

- 第 53 行修改字体为方正卡通。

- 第 55~63 行为在日期框内设置系统当前日期的方法，获取系统时间，并且设置为 TextView 中的文本内容。

- 第 65~66 行为键盘返回键的方法，已经多次介绍过，在此不再重复。

4.6.6　计算器功能的实现

上一小节介绍了备忘录功能的实现，本小节将介绍计算器功能的开发。该界面由多个 Button 按钮和 TextView 等控件构成，实现了简单的加减乘除四则运算等功能。由于篇幅有限，请读者自行查看随书附带光盘中的源代码。

（1）计算器功能的界面搭建代码比较单一繁琐，这里不再做详细介绍，下面将主要介绍每一个按钮的初始化，以及按钮监听中的每个判断方法的开发，实现的具体代码如下。

🖎 **代码位置**：见随书光盘中源代码/第 4 章/BN-Financial_assistant/src/com/bn/calculator 目录下的
CalculatorActivity.Java。

```
1      package com.bn.calculator;
2      ……//此处省略导入类的代码，读者可自行查阅随书附带光盘中的源代码
3      public class CalculatorActivity extends Activity implements OnClickListener {
4          ……//此处省略定义变量的代码，请自行查看源代码
5          private void init() {
6              ……//此处省略按钮对象获得以及添加监听器的代码，请自行查看源代码}
7          @Override
8          public void onCreate(Bundle savedInstanceState) {
9              super.onCreate(savedInstanceState);              //调用父类的构造函数
10             setContentView(R.layout.activity_calculator_main); //设置显示界面
11             this.init();                                     //按钮初始化方法
12             FontManager.initTypeFace(this);                  //修改字体为方正卡通
13             ViewGroup vg = FontManager.getContentView(this);
14             FontManager.changeFonts(vg, this);}
15         @Override
16         public void onClick(View v) {
17             if ("error".equals(btnt1.getText().toString()) //判断返回的是否为error
18                 || "∞".equals(btnt1.getText().toString())) {
19                 string = "0";}                              //error，string为0
20             if (v == this.btn0) {                           //按钮0的点击事件
21                 string=judge.digit_judge(string,"0",flag);  //调用judge.java的方法
22                 flag = false;                               //置标志位flag为false
23                 btnt1.setText(string);}                     //设置TextView内容
24             ……//此处省略部分数字键点击事件，与上述btn0的代码基本相似，请自行查看源代码
25             else if (v == this.btneq) {                     //等于按钮的点击事件
26                 btnt0.setText(string + "=");
27                 string = getValue.alg_dispose(string);      //调用getValue的方法
28                 string = judge.digit_dispose(string);       //调用judge的方法
29                 flag = true;                                //置标志位flag为true
30                 btnt1.setText(string);
31             } else if (v == this.btnc) {                    //清除按钮的点击事件
32                 string = "";                                //string为空
33                 btnt0.setText(string);                      //设为btnt0的内容
34                 string = "0";                               //string为0
35                 btnt1.setText(string);                      //设为btnt1的内容
36                 flag = false;                               //标志位为false
37             } else if (v == this.btnpoint) {                //小数点按钮的点击事件
38                 string = judge.judge1(string);              //string设成judge1的值
39                 flag = false;                               //标志位为false
40                 btnt1.setText(string);                      //设为btnt1的内容
41             } else if (v == this.btndel) {                  //回删按钮的点击事件
42                 if (!"0".equals(string)) {                  //string为0的情况
43                     string = string.substring(0, string.length() - 1);
44                     if (0 == string.length())               //string长度为0
45                         string = "0";}                      //string为0
46                 flag = false;                               //标志位为false
47                 btnt1.setText(string);                      //设为btnt1的内容
48             } else if (v == this.btnadd) {                  //加法按钮的点击事件
49                 string = judge.judge(string, "+");          //string设成judge1的值
50                 flag = false;                               //标志位为false
51                 btnt1.setText(string);                      //设为btnt1的内容
52             } ……//此处省略部分的代码，与上述btnadd的代码基本相似，请自行查看源代码
53             } else if (v == this.btnback) {                 //返回按钮的点击事件
54                 Intent intent = new Intent();               //声明intent对象
55                 intent.setClass(CalculatorActivity.this, MainActivity.class);
56                 startActivity(intent);
57                 overridePendingTransition(R.anim.main_back, R.anim.add_back);
58                 CalculatorActivity.this.finish();     //CalculatorActivity结束
59             }}
60         @Override
61         public boolean onKeyDown(int keyCode, KeyEvent event) {
62             ……//此处省略该方法的的代码，请自行查看随书光盘中的源代码
63     }}
```

● 第 11~14 行初始化所有 Button 对象和修改字体为方正卡通。初始化方法中的内容重复单一，在此省略不谈，请读者自行查阅随书光盘中的源代码。

- 第 17~19 行为判断输入的内容是否合理。合理的，在 TextView 中添加显示；否则，TextView 显示 0 或者保持不变。

- 第 20~24 行为数字按钮的点击事件。由于其他数字按钮点击事件的相似度极高，故只介绍按钮 0 的点击事件。按下数字按钮要调用 Judge 中的 judge 方法进行判断。

- 第 25~47 行为等于按钮、清除按钮、小数点按钮和回删按钮的点击事件。通过调用 getValue 中的方法进行运算和 Judge 中的方法进行显示处理。

- 第 48~52 行为加号按钮、减号按钮、乘号按钮和除号按钮的点击事件。通过调用 Judge 中的方法来进行显示处理。

- 第 61~63 行为键盘上返回键的监听，已提到过，在这里不再重复介绍。

（2）上面在介绍按钮点击事件中有提到回调 Judge 类里面的方法，这个类包含按钮按下后在 TextView 文本框中显示的判断以及对 String 字符处理的所有方法，接下来就介绍这个辅助类的代码实现，具体代码如下。

✎ 代码位置：见随书光盘中源代码/第 4 章/BN-Financial_assistant/src/com/bn/calculator 目录下的 Judge.Java。

```
1     package com.bn.calculator;
2     public class Judge {
3         public String judge(String string, String c) {        //判断输入的是否为+-*/
4             switch (string.charAt(string.length() - 1)) {      //判断 string 的检索值
5             case '+':                                           //加号
6             case '-':                                           //减号
7             case '×':                                           //乘号
8             case '÷':                                           //除号
9                 string = string.substring(0, string.length() - 1) + c;
                  //是就把运算符号接着后面
10                break;
11            default:
12                string += c;                                    //将字符串 c 加在 string 上
13                break;}
14            return string;                                      //返回 string
15        }
16        public static String dispose(String string) {          //等于号的判断方法
17            int leng = string.length() - 1;                     //获得 string 长度
18            Character character;                                //声明 Character 对象
19            if (0 == leng) {                                    //运算式长度为零，返回 error
20                return "error";}                                //返回 "error"
21            for (int i = 0; i < leng; i++) {                    //遍历整个运算式
22                character = string.charAt(i);                   //获得 string 的检索值
23                if (Character.isLetter(character)){//如果运算式中有字符，返回 error
24                    return "error";}}                           //返回 "error"
25            return string;                                      //返回 string
26        }
27        public String judge1(String string) {                  //判断能否输入小数点
28            int p = string.length() - 1;                        //获得 string 的长度
29            boolean flag = true;                                //声明一个标志位并为 true
30            Character tmp = string.charAt(p);                   //获得 string 的检索值
31
32            if (0 == p)                                         //如果前一字符串为 0，加上小数点
33                string += ".";                                  //加上小数点
34            if (Character.isDigit(tmp) && 0 != p) {             //标志位为 true
35                while (flag) {                                  //标志位为 true
36                    if (!Character.isDigit(tmp)) {              //如果截取段字符串不是数字组成
37                        flag = false;                           //标志位置为 false
38                        if (tmp != '.')                         //如果截取段字符串不是小数点
39                            string += ".";}                      //在后面加上小数点
40                    if(0==--p && (tmp != '.')){//string 长度为 0 且检索值不为小数点
41                        string += ".";                          //加上小数点
42                        break;}
43                    tmp = string.charAt(p);                     //获得 string 的检索值
44                }}
```

```
45              return string;                          //返回 string
46      }
47      public static boolean paiduan(Character c){//判断输入的是否为运算符，是就返回 TRUE
48          switch (c) {
49          case '+':                                   //加号
50          case '-':                                   //减号
51          case '×':                                   //乘号
52          case '÷':                                   //除号
53              return true;                            //返回 true
54          default:
55              return false;                           //返回 false
56      }}
57      public String digit_judge(String string, String c, boolean flag){
        //判断输入的是否为数字
58          if ("0".equals(string)) {                   //string 为 0
59              string = c;                             //string 设为字符串 c
60          } else if (flag) {                          //flag 为 true
61              string = c;                             //string 设为字符串 c
62          } else                                      //否则
63              string += c;
64          return string;                              //返回 string
65      }
66      public String digit_dispose(String string) {   //结果返回判断
67          if ("error".equals(string)) {              //有错误就返回 error
68              return string;                          //返回 string
69          }
70          Double double1 = new Double(string);        //把字符串换成 Double 型
71          if (double1 > 999999999999999.0)            //设置最大阈值
72              return "∞";
73          long l = (long) (double1 * 1e4);            //声明长整型
74          double1 = (Double) (l / 1e4);               //强制类型转换
75          string = "" + double1;                      //string 设为 double1
76          return string;                              //返回 string
77  }}
```

● 第 3~15 行为判断之前输入的是否为+-*/四个运算符，是则在字符串减一后把运算符加上，不是则在字符串后直接加上运算符，并设置为文本内容来显示。

● 第 16~26 行是等于号前的内容是否合理的判断。合理就计算运算式并且返回结果字符串，否则就按 error 的情况返回字符串。

● 第 27~46 行为判断能否输入小数点。返回值为 true 就添加小数点，否则就不添加，因为小数点不能在已经存在或者不合理的情况下输入。

● 第 47~56 行为返回值是 boolean 型的运算符判断方法，并且修改 CalculatorActivity 中 flag 标志位的返回值。

● 第 57~65 行检查输入的是否为数字字符串。在 TextView 里输入的数据是 String 类型，这就需要检查输入的是不是数字。

● 第 66~77 行为计算结果的返回值判断，将返回数字控制在小数点后最多 4 位。String 字符串不等于 error 就判断是否在阈值 999999999999999.0 之内，并且按照要求格式来返回结果字符串，否则按 error 的情况返回结果字符串。

> **说明**　在 CalculatorActivity.Java 还用到 GetValue 类，它是算法运算方法类，由于篇幅有限就不详细介绍了，读者可自行查阅随书附带光盘中的源代码。

4.6.7　其他功能的开发

上面的介绍中省略了关于助手的模块开发，该部分功能虽然简单，但对于完全实现整个程序还是很有必要的,请读者自行查看随书光盘中第 4 章/BN-Financial_assistant/src/com/bn/specification 目录下的 SprcificationActivity.java 的源代码。

4.7 本章小结

　　本章对 BN 理财助手 Android 客户端的功能及实现方式进行了简要讲解。本应用实现了日常记账、股票行情查看、备忘录、理财常识、计算器和关于助手等基本功能，读者在实际项目开发中可以参考本应用，对项目的功能进行优化，并根据实际需要加入其他相关功能。

> **说明**　　鉴于本书宗旨为主要介绍 Android 项目开发的相关知识，因此，本章主要详细介绍了 Android 客户端的开发，不熟悉的读者请进一步参考其他的相关资料或书籍。

第5章　LBS 交通软件——百纳公交小助手

本章将介绍的是 Android 应用程序百纳公交小助手的开发。百纳公交小助手实现了北京、上海、广州、深圳以及唐山这五个城市的公交线路查询、换乘查询、定位附近站点以及语音导航等功能，接下来将对百纳公交小助手进行详细介绍。

5.1　系统背景及功能介绍

本小节将简要地介绍 Android 应用程序百纳公交小助手的开发背景、功能及应用开发环境，主要针对百纳公交小助手的功能架构进行简要说明，结合百纳公交小助手功能结构图，使读者熟悉本应用各部分的功能，对整个百纳公交小助手应用有一个大致的了解。

5.1.1　背景简介

出行是一个永恒的话题，为了方便出行，让大家能够快速查询所在地附近的公交站点，更好地进行路线规划，百纳公交小助手应运而生。百纳公交小助手的特点如下。

- 语音导航。

当用户外出时，大多数情况下用户需要搜寻自己所在地附近的公交站点并且想要了解如何到达想要去的公交站点。百纳公交小助手很好地解决了这一问题，本应用提供了语音导航，不仅规划路线，并且全程进行语音播报，提示用户已进入哪条路，接近哪个小区等。

- 降低成本。

将百纳公交小助手所需要的资源文件按城市分别建成数据库，如果将所需城市的源文件单独建成数据库，将城市名称添加到城市列表中，那么百纳公交小助手就会适合于所添加城市了。这样的设计不仅增强了程序的灵活性和通用性，而且还极大地降低了二次应用的成本。

5.1.2　模块与界面概览

开发一个应用之前，需要对开发的目标和所实现的功能进行细致有效的分析，进而确定开发方向，做好系统分析工作，为整个项目开发奠定一个良好的基础。经过对公交线路、站点的细致了解，以及和周围人进行一段时间的交流和沟通之后，总结出本应用的功能结构如图 5-1 所示。

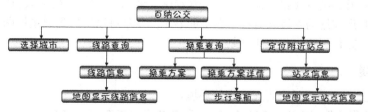

▲图 5-1　百纳公交小助手功能结构图

根据上述的功能结构图可以得知本应用主要包括选择城市、线路查询、换乘查询和定位附近站点四个功能模块，每个功能模块包含不同的界面，下面将对各个界面的功能特点进行简要介绍。

- 选择城市界面。

点击主界面的菜单按钮，用户可进入选择城市界面，就可看到北京、上海、广州、深圳、唐山这五个城市的列表，点击城市名称就可切换到已选城市，并且返回到该城市的线路查询界面。其后的一切操作都将基于当前城市进行。

- 线路查询界面。

显示公交线路类型分组项以及每一类型公交线路数量，用户可点击任一项，在所选分组展开之后，就可以点击自己想要查询的线路名称；然后就会进入线路信息界面，亦可点击查询按钮或者当前默认线路的编辑框进入线路查询输入界面。

- 线路查询输入界面。

用户可以在线路查询主界面通过点击显示默认线路的编辑框或查询按钮进入线路查询输入界面，在显示的对话框里输入自己想要查询的线路名称，如 99 路，然后就可以得到 99 路的全程站点个数及站点名称、首末发车时间等信息。

- 线路信息界面。

用户可查看某条线路的始末站、首发车时间、末发车时间、站点个数以及站点名称等信息，可点击某一站点进入站点信息界面，也可点击返回按钮回到线路查询主界面。

- 换乘查询界面。

用户可通过点击查询按钮进入输入界面，然后可点击编辑框尾按钮清除编辑框内默认内容，在第一个编辑框内输入换乘查询的起点，在第二个编辑框内输入换乘查询的终点，点击查询按钮就可看到换乘方案列表，点击任意方案可进入单个换乘显示界面。

- 换乘方案界面。

用户可看到由起点到终点之间的换乘站点以及下车站点距换乘站点的步行距离。点击呼吸图标可进入语音导航界面，点击返回按钮可进入换乘输入界面。

- 步行导航界面。

当用户点击且有呼吸灯效果的按钮后，可在弹出对话框中选择真实导航或者模拟导航。进入导航界面然后进行语音播报，模拟导航界面在导航结束后，倒计时 5 秒或者用户点击确定按钮返回换乘方案界面，真实导航在点击返回按钮之后返回换乘方案界面。

- 附近站点界面。

用户可看到其所在地附近 1000 米范围内的所有站点及站点与用户所在地的距离的列表。点击任意站点可进入站点信息界面进而查询路过此站点的所有线路，点击地图按钮可进入地图显示界面。点击最下方的显示框可进行地点重新定位。

- 站点信息界面。

用户可查看到通过某站点的所有公交线路列表，用户可根据自身需求选择公交路线。点击设置起点按钮可将此站点设为换乘查询的起点,点击设置终点按钮可将此站点设为换乘查询的终点，点击返回按钮返回线路信息界面。

- 地图显示界面。

用户地图上可看到某条线路全程站点的个数和站点名称，通过某个站点的所有公交线路，用户所在地以及用户所在地的附近站点在地图上的显示；并且可以切换到卫星地图，进而更加直观地显示各项信息，方便用户进行线路规划。

5.1.3　开发环境

开发百纳公交小助手需要用到如下软件环境。

- Eclispe 编程软件（Eclipse IDE for Java 和 Eclispe IDE for Java EE）。

Eclispe 是一个著名的开源 Java IDE，其项目有各种各样的子项目组，包括 Eclipse 插件、功能部件等，主要采用 SWT 界面库，支持多种本机界面风格。

- JDK 1.6 及其以上版本。

JDK 即 Java 语言的软件开发工具包，系统选 JDK1.6 作为开发环境，因为 JDK1.6 版本是目前 JDK 最常用的版本，有许多开发者用得到的功能，读者可以通过不同的操作系统平台在官方网站上免费下载。

- SQLite 数据库。

SQLite 是一款轻型的数据库，是遵守 ACID 的关系型数据库管理系统，它是嵌入式的并且占用资源非常的低。它能够支持 Windows/Linux/Unix 等主流操作系统，同时能够跟很多程序语言相结合，还有 ODBC 接口，处理速度比 MySQL、PostgreSQL 快。

- Android 系统。

随着 Android 手机的普及，Android 应用的需求势必越来越大，这是一个潜力巨大的市场，会吸引无数软件开发商和开发者投身其中。

5.2 功能预览及框架

百纳公交小助手适用于 Android 手机用户，该项目能够为用户提供查询公交线路信息、查询换乘方案和定位附近公交站点等功能，方便用户出行。这一小节将介绍此应用的基本功能预览及总体架构，通过对本小节的学习，读者将对百纳公交小助手的功能及架构有一个大致的了解。

5.2.1 项目功能预览

这一小节将为读者介绍百纳公交小助手的基本功能预览，主要包括公交线路查询、线路站点信息、线路地图展示、站点地图展示、换乘方案查询、换乘方案展示、步行导航和定位附近站点等功能。其中线路查询、换乘查询和附近站点为本应用的核心部分。具体功能如下。

（1）打开百纳公交小助手后，首先播放开始动画，动画结束后进入线路查询界面。此界面可浏览本市所有公交线路，线路根据不同的类型分组，用户可根据需要进入分组选择线路，效果如图 5-2 所示。点击查询按钮进入线路查询输入界面，可在文本框内输入想要查询的线路名称，应用会根据输入的内容检索出相似的结果供用户选择，如图 5-3 所示。

（2）通过点击线路查询左上角的菜单按钮进入选择城市界面。目前支持北京、上海、广州、深圳和唐山五个城市。点击相应城市名称设置为当前城市并自动返回主界面。之后的其他所有功能都以该城市为当前城市，如图 5-4 所示。

▲图 5-2　线路查询界面

▲图 5-3　线路查询输入界面

▲图 5-4　选择城市界面

（3）在线路查询界面或线路查询输入界面点击需要线路后，进入线路信息界面。本界面显示线路的名称、首末班车发车时间和全程的所有站点。可根据需要查看去程或返程信息，效果如图 5-5 所示。点击本界面右上角的地图按钮进入线路地图界面，通过点击线路上的节点可查看线路通过的站点名称，也可以通过屏幕下方按钮顺序查看站点名称，如图 5-6 所示。

（4）在线路信息界面点击相应站点后进入站点信息界面。本界面可查看通过该站点的所有公交线路，点击公交线路后可进入到相应的线路信息界面。通过设置起点或设置终点按钮，可把当前站点设置为换乘查询的起点或终点，如图 5-7 所示。

▲图 5-5　线路信息界面

▲图 5-6　线路地图界面

▲图 5-7　站点信息界面

（5）点击站点信息界面右上角的地图按钮后可进入站点地图界面。进入本界面后应用将自动显示当前站点在地图上的所在位置。点击右下角卫星小图标可将地图模式在普通模式和卫星模式之间转换。界面效果如图 5-8 所示。

（6）在线路查询主界面向左滑动界面，可切换到换乘查询主界面，如图 5-9 所示。点击查询后进入换乘查询输入界面，输入起点和终点后点击查询，可在下方显示换乘方案，若没查到结果则弹出提示框提示用户，如图 5-10 所示。

▲图 5-8　站点地图界面

▲图 5-9　换乘查询主界面

▲图 5-10　换乘查询输入界面

（7）点击某个具体换乘方案后进入到换乘方案界面，本界面具体地展示了换乘方案。包括该换乘方案的起点，步行路段，公交路段和换乘方案的终点。其中若有步行路段则在后面显示一个有呼吸灯效果的导航按钮，效果如图 5-11 所示。

（8）步行导航选择界面，在换乘方案界面点击有呼吸灯效果的步行导航按钮会弹出对话框选择导航模式。导航模式分为真实导航和模拟导航，用户可根据需要选择，选择所需模式后进入到步行导航界面，界面效果如图 5-12 所示。

（9）步行导航界面，进入本界面后系统将自动播报语音提示用户，用户可根据语音提示信息步行到相应的目的地。若为模拟导航模式，应用将会模拟用户在路上步行的方式，不断导航到终点，让用户对整个线路一目了然，如图 5-13 所示。

▲图 5-11　换乘方案界面

▲图 5-12　步行导航选择界面

▲图 5-13　步行导航界面

（10）在换乘查询主界面向左滑动可切换到附近站点界面。进入该界面应用将自动定位并获得附近的公交站点。在计算出该站点与定位位置的距离后，应用将站点信息以由近到远的顺序显示在界面上。点击界面下方的灰色按钮可进行重新定位，如图 5-14 所示。

（11）在附近站点界面点击地图按钮进入到附近站点地图界面。地图上蓝色点位置为用户当前所在的位置，红色气球为附近站点的位置。点击右下角卫星小图标可将地图模式在普通模式和卫星模式之间转换，效果如图 5-15 所示。

（12）在附近站点地图界面，红色气球为附近站点的位置，点击红色气球后弹出一个窗口显示该站点的名称和通过该站点的所用公交线路。点击右下角卫星小图标可将地图模式在普通模式和卫星模式之间转换，如图 5-16 所示。

> 说明　以上是百纳公交小助手的功能预览，读者可以对此项目的功能有大致的了解，后面的章节会对百纳公交小助手的各个功能做具体介绍，请读者仔细阅读。

5.2.2　项目目录结构

上一小节是对百纳公交小助手的大致功能进行展示，下面将具体介绍本项目的目录结构。在进行本项目开发之前，还需要对项目的目录结构有大致的了解，便于读者对百纳公交小助手的整体有更好的理解，具体内容如下。

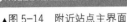

▲图 5-14　附近站点主界面　　▲图 5-15　附近站点地图界面　　▲图 5-16　附近站点信息地图界面

（1）首先介绍的是百纳公交小助手所有 Java 文件的目录结构，Java 文件根据内容分别放入指定包内，便于对各个文件的管理和维护，具体结构如图 5-17 所示。

（2）上面介绍的是本项目 Java 文件的目录结构，下面将介绍百纳公交小助手中图片资源的目录结构，效果如图 5-18 所示。

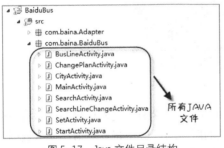

▲图 5-17　Java 文件目录结构

▲图 5-18　资源文件目录结构

（3）上面介绍了本项目中图片资源等目录结构，下面将继续介绍百纳公交小助手的项目配置连接文件的目录结构，效果如图 5-19 所示。

（4）上面介绍了百纳公交小助手的项目所有配置连接文件的目录结构。下面将介绍本项目中项目配置文件的目录结构，效果如图 5-20 所示。

▲图 5-19　项目连接文件目录结构

▲图 5-20　项目配置文件目录结构

（5）上面介绍了百纳公交小助手的配置文件的目录结构。下面将介绍本项目 libs 目录结构，该目录下存放的是百度地图开发必须的 jar 包和 So 动态库。读者在学习或开发时可根据具体情况在本项目中复制或在百度地图官网上下载，效果如图 5-21 所示。

（6）上面介绍了百纳公交小助手的 libs 目录结构。下面将介绍本项目存储资源目录结构，该目录下存放的是本项目所支持的城市公交线路数据和百度导航所需的文件。在使用到百度导航时 assets 目录下的 BaiduNaviSDK_Resource_v1_0_0.png 和 channel 文件必须存在，请读者注意，效果如图 5-22 所示。

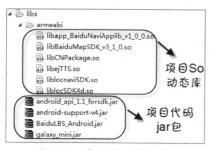

▲图 5-21　项目 libs 目录结构

▲图 5-22　项目存储资源目录结构

（7）上面介绍了百纳公交小助手存储资源目录结构，下面介绍本项目 jar 包挂载。在 libs 目录下的 jar 包必须挂载到项目上。首先在项目上右键点击 Properties，效果如图 5-23 所示。然后在弹出的窗口中找到 Java Build Path 后点击 Add JARs…，效果如图 5-24 所示。选择项目中的 jar 包点击 OK 按钮，如图 5-25 所示。最后在该界面找到 Order and Export 将 Android Dependencies 和相应 jar 包勾选，点击 OK 按钮，效果如图 5-26 所示。

▲图 5-23　项目 jar 包挂载图 1

▲图 5-24　项目 jar 包挂载图 2

▲图 5-25　项目 jar 包挂载图 3

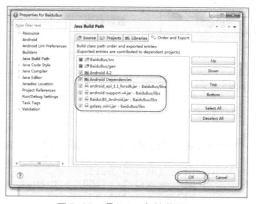

▲图 5-26　项目 jar 包挂载图 4

> **说明**　上述介绍了百纳公交小助手的目录结构图，包括程序源代码、程序所需图片、XML 文件和程序配置文件，使读者对百纳公交小助手的程序文件有清晰的了解，其中关于 jar 包挂载部分读者可参考百度地图官网。

5.3 开发前的准备工作

本节将介绍应用开发前的一些准备工作，主要包括数据库中表的设计、百度地图键值的申请和 XML 资源文件的准备等。完善的资源文件方便项目的开发测试，可以提高测试效率。

5.3.1 数据库表的设计

开发一个应用之前，做好数据库表的设计是非常必要的。良好的数据库表的设计，会使开发变得相对简单，后期开发工作能够很好地进行下去，缩短开发周期。

该应用包括 2 张表，分别为公交类型表和公交线路表。这 2 张表实现了百纳公交小助手信息的存储和读取功能。下面将一一进行介绍。

（1）公交类型表：该表用于存储公交类型信息。其中包含两个字段，分别是类型 ID 和类型名称，详细情况如表 5-1 所列。

表 5-1　　　　　　　　　　　　　　　　　公交类型表

字段名称	数据类型	字段大小	是否主键	说　　明
btId	int		是	类型 ID
btName	varchar	100	否	类型名称

建立该表的 SQL 语句如下。

📎 **代码位置**：见随书光盘中源代码/第 5 章/BaiduBus/com.baina.SqlLite/BjSQLiteOpenHelper.java。

```
1    create table if not exists bus_type        /*公交类型表*/
2    ( btId int not null,                        /*类型 ID*/
3      btName varchar(100) not null,             /*类型名称*/
4      primary key(btId)
5    );
```

（2）公交线路表：用于存储公交线路信息。该表有 3 个字段，包括公交线路 ID、公交线路名称、公交类型 ID，详细情况如表 5-2 所列。

表 5-2　　　　　　　　　　　　　　　　　公交线路表

字段名称	数据类型	字段大小	是否主键	说　　明
blId	int		是	公交线路 ID
blType	int		否	公交类型 ID
blName	varchar	100	否	公交线路名称

建立该表的 SQL 语句如下。

📎 **代码位置**：见随书光盘中源代码/第 5 章/BaiduBus/com.baina.SqlLite/BjSQLiteOpenHelper.java。

```
1    create table if not exists bus_lines
2    ( blId int not null,                              /*公交线路 Id*/
3      blName varchar(100) not null ,                  /*公交线路名称*/
4      blType int not null,                            /*公交类型 Id */
5      primary key(blId),                              /*设为主键 */
6      foreign key(blType) references bus_type(btId)    /*公交类型 Id 设为外键*/
```

```
7        on update cascade on delete restrict
8    );
```

5.3.2 百度地图键值的申请

对于线路、站点在地图上的显示来说，最重要的部分就是获取所需的地图信息。本应用采取的是利用百度 SDK 开放平台获取地图信息的方法，所以了解、学习百度地图键值（亦称 ak 值）的申请过程，对于读者来说是十分必要的，下面即百度地图 ak 值申请的详细步骤。

（1）在 ak 值之前要先获取读者所用电脑的安全码，每一台电脑的安全码是唯一的，因此只需获取一次。首先打开命令提示符，输入"path=本机 jdk 下 bin 的安装目录 keytool -list -v -keystore "C:\Users\Administrator\.android\debug.keystore" -alias androiddebugkey -storepass android -keypass android –v"，回车即可获得安全码，如图 5-27 所示。

> **提示**　"C:\Users\Administrator\.android\debug.keystore"是默认操作系统装于 C 盘的路径，读者可根据自身计算机操作系统的安装路径进行更改。

（2）打开浏览器，在地址栏输入 www.baidu.com，回车进入"百度一下，你就知道"界面，如果有百度账号，则点击右上方的"登录"，如果没有百度账号，则点击右上方的"注册"，如图 5-28 所示。注册百度账号界面如图 5-29 所示。

▲图 5-27　获取安全码界面

▲图 5-28　百度界面

▲图 5-29　注册百度账号界面

▲图 5-30　登录界面

（3）注册成功后，即可进行登录，如图 5-30 所示，登录成功后，在地址栏输入"http://developer.baidu.com/map/index.php?title=androidsdk"，进入百度地图 LBS 开放平台界面后，点击获取密钥，如图 5-31 所示。

（4）如果刚才没有登录，点击申请密钥后也可进行登录。进入"我的应用"界面，点击"创建应用"，如图 5-32 所示。

▲图 5-31　申请密钥界面

▲图 5-32　创建应用界面

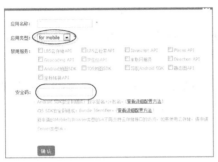

▲图 5-33　输入安全码界面

应用名称	访问应用(ak)
station	yhaOwYnTs6NGercrd6ZXI4z4
	4f3e1d66aceac7f01739254c31587940
station	OtsNW7kj4EP4rtjfUfxqyZ1S
Station	OXjUnXXymfrdlZayYvc50OcV
station	khF7rX1dMAO8wCWXngLdbG6f
station	tB0P6hF0xseVALDjUHF4UBw8
ceshi	mGg1WF9OwO42evGNmVX4HvoM
sation	MuRDeCzTuBTnkmDZVVBEAorA

▲图 5-34　获取 ak 界面

（5）在创建应用界面内，添加应用名称，应用类型选取 for mobile，在安全码框中输入安全码 +"；"+应用包名，如图 5-33 所示。点击确认以后，获得访问百度地图的 ak 值，在程序相应的位置使用此 ak 值即可，如图 5-34 所示。

5.3.3　百度地图的显示

接下来将介绍百度地图显示的准备工作，百度地图 SDK 为开发者提供了便捷地显示百度地图数据的接口，只需要在应用的 AndroidManifest.xml 中添加相应的开发密钥以及相应的 Android 权限，在地图布局 xml 文件中添加地图控件即可。下面即是添加开发密钥、Android 权限和地图控件的具体步骤。

（1）在 AndroidManifest.xml 中的 application 中添加开发密钥，其中开发密钥即是百度地图键值（亦称 ak 值），添加键值的位置如下所示。

```
1   <application>
2      <meta-data
3          android:name="com.baidu.lbsapi.API_KEY"
4          android:value="百度地图键值" />
5   </application>
```

（2）添加所需权限，在 Android 开发中我们使用百度地图会涉及到许多 Android 权限配置，也就是 Android 开发百度地图时候的 AndroidManifest.xml 中配置的权限。下面列出了本应用中百度地图开发所涉及到的权限，请读者根据自身需要进行更改。

```
1   <uses-permission  android:name="android.permission.GET_ACCOUNTS"  tools:ignore=
    "ManifestOrder"/>
2   <uses-permission android:name="android.permission.USE_CREDENTIALS" />
3   <uses-permission android:name="android.permission.MANAGE_ACCOUNTS" />
4   <uses-permission android:name="android.permission.AUTHENTICATE_ACCOUNTS" />
5   <uses-permission android:name="android.permission.ACCESS_NETWORK_STATE" />
6   <uses-permission android:name="android.permission.INTERNET" />
7   <uses-permission android:name="com.android.launcher.permission.READ_SETTINGS" />
```

```
8      <uses-permission android:name="android.permission.CHANGE_WIFI_STATE" />
9      <uses-permission android:name="android.permission.ACCESS_WIFI_STATE" />
10     <uses-permission android:name="android.permission.READ_PHONE_STATE" />
11     <uses-permission android:name="android.permission.WRITE_EXTERNAL_STORAGE" />
12     <uses-permission android:name="android.permission.BROADCAST_STICKY" />
13     <uses-permission android:name="android.permission.WRITE_SETTINGS" />
14     <uses-permission android:name="android.permission.READ_PHONE_STATE" />
15     <uses-permission android:name="android.permission.ACCESS_COARSE_LOCATION" />
16     <uses-permission android:name="android.permission.ACCESS_FINE_LOCATION" />
17     <uses-permission android:name="android.permission.MOUNT_UNMOUNT_FILESYSTEMS" />
18     <uses-permission android:name="android.permission.BAIDU_LOCATION_SERVICE" />
19     <uses-permission android:name="android.permission.ACCESS_NETWORK_STATE" />
20     <uses-permission android:name="android.permission.ACCESS_COARSE_LOCATION" />
21     <uses-permission android:name="android.permission.INTERNET" />
22     <uses-permission android:name="android.permission.ACCES_MOCK_LOCATION" />
23     <uses-permission android:name="android.permission.ACCESS_FINE_LOCATION" />
24     <uses-permission android:name="com.android.launcher.permission.READ_SETTINGS" />
25     <uses-permission android:name="android.permission.WAKE_LOCK" />
26     <uses-permission android:name="android.permission.CHANGE_WIFI_STATE" />
27     <uses-permission android:name="android.permission.ACCESS_WIFI_STATE" />
28     <uses-permission android:name="android.permission.ACCESS_GPS" />
29     <uses-permission android:name="android.permission.GET_TASKS" />
30     <uses-permission android:name="android.permission.WRITE_EXTERNAL_STORAGE" />
31     <uses-permission android:name="android.permission.BROADCAST_STICKY" />
32     <uses-permission android:name="android.permission.WRITE_SETTINGS" />
33     <uses-permission android:name="android.permission.PROCESS_OUTGOING_CALLS" />
34     <uses-permission android:name="android.permission.READ_PHONE_STATE" />
35     <uses-permission android:name="android.permission.MODIFY_AUDIO_SETTINGS" />
36     <uses-permission android:name="android.permission.RECORD_AUDIO" />
```

提示　以上权限含义由于篇幅所限，在此不再一一赘述，若读者有不明白的地方，请登录百度地图官方网站，进行详细了解。

（3）地图控件对于地图的显示是必不可少的，因此需要在应用中所有显示地图的布局 XML 文件中添加地图控件，以下即是地图控件的相关内容。

```
1      <com.baidu.mapapi.map.MapView
2              android:id="@+id/bmapView"
3              android:layout_width="fill_parent"
4              android:layout_height="fill_parent"
5              android:clickable="true" />
```

说明　其中包括控件的 id、控件的大小以及地图是否可以点击等属性。若读者需要在自己的应用中进行百度地图开发，只需将上面内容原封不动地复制到需要显示地图的布局 XML 文件中即可。

5.3.4　XML 资源文件的准备

每个 Android 项目都是由不同的布局文件搭建而成的，百纳公交小助手的各个界面也是由不同的布局文件搭建而成的。下面将介绍百纳公交小助手中的部分 XML 资源文件，主要有 strings.xml、colors.xml 和 style.xml，请读者仔细阅读。

- strings.xml 的开发。

百纳公交小助手被创建后会默认在 res/values 目录下创建一个 strings.xml，该 XML 文件用于存放项目在开发阶段所需要的字符串资源，其具体代码如下。

✎ 代码位置：见随书光盘中源代码/第 5 章/BaiduBus/res/values 目录下的 strings.xml。

```
1      <?xml version="1.0" encoding="utf-8" ?>            <!--版本号及编码方式-->
2      <resources>
```

```
3     <string name="app_name">百纳公交小助手</string>              <!--标题-->
4     <string name="btQuCheng">去程</string>                    <!--线路信息界面字符串-->
5     <string name="btFanCheng">返程</string>                   <!--线路信息界面字符串-->
6     <string name="selectCity">选择城市</string>                <!--选择城市界面字符串-->
7     <string name="dangQianCity">当前城市为：</string>          <!--选择城市界面字符串-->
8     <string name="searchBusLine">线路查询</string>             <!--线路查询主界面字符串-->
9     <string name="busHelper">公交助手</string>                 <!--主界面字符串-->
10    <string name="busLine">线路</string>                      <!--主界面字符串-->
11    <string name="change">换乘</string>                       <!--主界面字符串-->
12    <string name="station">站点</string>                      <!--主界面字符串-->
13    <string name="keyNaem">请输入关键字</string>               <!--线路查询输入界面字符串-->
14    <string name="searchChange">换乘查询</string>              <!--换乘查询界面字符串-->
15    <string name="search">查询</string>                       <!--查询按钮字符串-->
16    <string name="setStart">设置起点</string>                  <!--站点信息界面字符串-->
17    <string name="setEnd">设置终点</string>                    <!--站点信息界面字符串-->
18    <string name="busLineMap">线路地图</string>                <!--线路信息界面字符串-->
19    <string name="stationMap">站点地图</string>                <!--站点信息界面字符串-->
20    <string name="searchNavi">选择导航模式：</string>          <!--步行导航界面字符串-->
21    <string name="trueNavi">真实导航</string>                  <!--步行导航界面字符串-->
22    <string name="falseNavi">模拟导航</string>                 <!--步行导航界面字符串-->
23    <string name="dataLoading">数据加载中……</string>           <!--动画加载字符串-->
24    <string name="nearStation">附近站点</string>               <!--附近站点界面字符串-->
25    <string name="map">地图</string>                          <!--附近站点界面字符串-->
26    <string name="start">请输入起点</string>                   <!--换乘查询界面字符串-->
27    <string name="end">请输入终点</string>                     <!--换乘查询界面字符串-->
28    </resources>
```

> **说明**　上述代码中声明了本程序需要用到的部分字符串，避免在布局文件中重复声明，增加了代码的可靠性和一致性，极大地提高了程序的可维护性。

- colors.xml 的开发。

colors.xml 文件被创建在 res/values 目录下，该 XML 文件用于存放本项目在开发阶段所需要的颜色资源。colors.xml 中的颜色值能够满足项目界面中颜色的需要，其颜色代码实现如下。

📎 **代码位置**：见随书光盘中源代码/第 5 章/BaiduBus/res/values 目录下的 colors.xml。

```
1     <?xml version="1.0" encoding="utf-8" ?>              <!--版本号及编码方式-->
2     <resources>
3     <color name="bg_color">#fffbfbfb</color>            <!-- 背景颜色 -->
4     <color name="bg_text">#b5b5b5</color>               <!-- 文本框颜色-->
5     <color name="text_color">#ff999999</color>          <!-- 字体颜色-->
6     <color name="white">#ffffffff</color>               <!-- 自定义白色-->
7     <color name="gray">#C1C1C1</color>                  <!-- 自定义灰色-->
8     <color name="black">#000000</color>                 <!-- 自定义黑色-->
9     <color name="near_item_press">#ffe5eff9</color>     <!-- 列表项颜色-->
10    </resources>
```

> **说明**　上述代码用于项目所需要的部分颜色，主要包括字体的自定义颜色、查询按钮和地图按钮被选中状态颜色、查询按钮和地图按钮未被选中状态颜色等，避免了在各个界面中重复声明。

- style.xml 的开发。

style.xml 文件被创建在 res/values 目录下，该 XML 文件用于存放本项目在开发阶段所需要的对话框的格式。其格式代码实现如下。

📎 **代码位置**：见随书光盘中源代码/第 5 章/BaiduBus/res/values 目录下的 style.xml。

```
1     <resources>
2       <style name="AppBaseTheme" parent="android:Theme.Light">
3       </style>                                     <!-- Application theme. -->
4       <style name="AppTheme" parent="AppBaseTheme"> </style>
```

```
5          <style name="loading_dialog" parent="android:style/Theme.Dialog">
6          <item name="android:windowFrame">@null
7          </item>                                      <!-- Dialog 的 windowFrame 框为无-->
8          <item name="android:windowNoTitle">true</item>    <!-- 没标题-->
9          <item name="android:windowBackground">@drawable/bg_btn_more</item> <!--背景图片-->
10         <item name="android:windowIsFloating">true</item> <!-- 是否漂在 activity 上-->
11         <item name="android:windowContentOverlay">@null</item><!-- 对话框是否有遮盖-->
12         </style>
13     </resources>
```

> 📝 **说明**　上述代码用于项目所需要的对话框格式的设置，这样对对话框格式进行统一设置，避免了在各个界面中重复声明对话框格式。

5.4 辅助工具类的开发

前面已经介绍了百纳公交小助手功能的预览以及总体架构，下面将介绍此项目所需要的辅助工具类，此类被项目其他 Java 文件调用，避免了重复开发，提高了程序的可维护性。工具类在这个项目中十分常用，请读者仔细阅读。

5.4.1 常量类的开发

本小节将向读者介绍百纳公交小助手常量类 Constant 的开发。在进行正式开发之前，需要对即将用到的主要常量进行提前设置，供其他 Java 文件使用，这样避免了开发过程中的反复定义，这就是常量类的意义所在，常量类的具体代码如下。

✂ **代码位置：**见随书光盘源代码/第 5 章/BaiduBus /src/com/baina/Constant 目录下的 Constant.java。

```
1      package com.baina.Constant;
2      public class Constant {
3          public static final String DB_PATH =                     //唐山数据库路径
4                  "/data/data/com.baina.BaiduBus/databases/gongjiao.db";
5          public static final String BJDB_PATH =                   //北京数据库路径
6                  "/data/data/com.baina.BaiduBus/databases/bjgongjiao.db";
7          public static final String SHDB_PATH =                   //上海数据库路径
8                  "/data/data/com.baina.BaiduBus/databases/shgongjiao.db";
9          public static final String GZDB_PATH =                   //广州数据库路径
10                 "/data/data/com.baina.BaiduBus/databases/gzgongjiao.db";
11         public static final String SZDB_PATH =                   //深圳数据库路径
12                 "/data/data/com.baina.BaiduBus/databases/szgongjiao.db";
13         public static final int INFO_MYSQL=1;                    //数据库完成标志
14         public static final int INFO_NEARBYSTATIO=2;             //数据库已经存在标志
15         public static final int COLOR_BLACK=0xff999999;          //颜色 黑
16         public static final int COLOR_BLUE=0xaa000099;           //颜色 蓝
17         public static  LatLng myLatlng=null;                     //定位点坐标
18         public static String CITY_NAME="唐山";                   //当前城市名称默认为唐山
19         public static String START_STATION="";                  //规划线路的起点
20         public static String END_STATION="";                    //规划线路的终点
21     }
```

> 📝 **说明**　常量类的开发是高效完成项目十分必要的准备工作，这样可以避免在不同的 Java 文件中定义常量的重复性工作，提高了代码的可维护性。如果读者在下面的类或方法中有不明白具体含义的常量，可以在本类中查找。

5.4.2 工具类的开发

本小节将介绍百纳公交小助手工具类 ConstantTool 的开发，此类中的功能方法经常被项目其他 Java 文件调用。为了方便使用和避免重复性工作，把这些方法集中到 ConstantTool 类中。读者在其他 Java 文件中有不明白具体含义的方法可在本类中查找，此类具体代码如下。

✎ **代码位置：见随书光盘源代码/第 5 章/BaiduBus /src/com/baina/Util 目录下的 ConstantTool.java。**

```
1    package com.baina.Util;
2    ......//此处省略导入类的代码，读者可自行查阅随书附带光盘中的源代码
3    public class ConstantTool {
4        public static void toActivity(Context context,Class cla) {
5            Intent intent = new Intent(context,cla);              //建立一个新的消息
6            ((Activity)context).startActivity(intent);           //执行 Intent
7            ((Activity)context).finish();                        //结束本界面
8        }
9        public static void toActivity(Context context,Class cla,String[] keyArray,
         String[] valueArray ) {
10           Intent intent = new Intent(context,cla);              //建立一个新的消息
11           for(int i=0;i<keyArray.length;i++){
12               intent.putExtra(keyArray[i], valueArray[i]);      //添加内容
13           }
14           ((Activity)context).startActivity(intent);           //执行 Intent
15           ((Activity)context).finish();                        //结束本界面
16       }
17       public static boolean ifNull(String s) {                 //判断字符串是否为空
18           if (s == null || s.equals("")) { return false; }     //字符串是否为空
19           return true;
20       }
21       public static String getTime(String time) {              //获得时间的函数
22           if(time.indexOf(" ")==-1){ return time; }
23           String[] strs = time.split(" ");                     //切分时间字符串
24           return strs[3].substring(0,strs[3].length()-3);//返回需要的时间字符串部分
25       }
26       public static void setListViewHeightBasedOnChildren(ListView listView) {
27           ListAdapter listAdapter=listView.getAdapter();//获取 ListView 对应的 Adapter
28           if (listAdapter == null) {return;}
29           int totalHeight = 0;
30           for (int i = 0, len = listAdapter.getCount(); i < len; i++) {
31               View listItem =                                  //返回数据项的数目
32                   listAdapter.getView(i, null, listView);
33               listItem.measure(0, 0);                          //计算子项 View 的宽高
34               totalHeight += listItem.getMeasuredHeight();//统计所有子项的总高度
35           }
36           ViewGroup.LayoutParams params = listView.getLayoutParams();
37           params.height =                                      //重新设置高度属性
38               totalHeight+ (listView.getDividerHeight() * (listAdapter.
                 getCount() - 1));
39           listView.setLayoutParams(params);
40       }}
```

● 第 4~8 行为 Activity 间的跳转方法，此方法用于没有数据传输的 Activity 间跳转使用。百纳公交小助手中有很多 Activity，没有数据传递的 Activity 间跳转都要用到此方法。

● 第 9~16 行也是 Activity 间的跳转方法，与上一方法不同的是，此方法用于有数据传递的 Activity 间跳转使用。此方法的形参包含了两个字符串数组，在方法中用一个循环把字符串数组中的值加入到消息中，传递到目标 Activity。

● 第 17~25 行首先是判断一个字符串是否为空的方法，百纳公交小助手项目中有大量的字符串处理，接收或处理后的字符串往往要判断是否为空。然后是处理接收到的时间字符串方法，根据该字符串的特定格式拆分出需要的部分。

● 第 26~40 行用于配置特殊的 ListView，当一个 ListView 位于一个 ScrollView 中时，ListView 只能显示一行。笔者使用的解决方法是在代码中重新计算和配置该 ListView 的一些属性，其中包括计算子项 View 的宽高，统计所有子项的总高度再重新配置 ListView 的属性。

5.4.3　换乘路径规划工具类的开发

本小节将介绍换乘路径规划类的开发，此类为百纳公交小助手项目的核心功能换乘方案查询

提供了数据。如换乘功能中的步行路段信息，乘车路段信息等都是由本类提供的。因此该类是本项目的核心类。请读者仔细阅读，具体代码如下。

📎 **代码位置：见随书光盘源代码/第 5 章/BaiduBus /src/com/baina/Util 目录下的**
GetBusLineChange.java。

```
1    package com.baina.Util;
2    ......//此处省略导入类的代码，读者可自行查阅随书附带光盘中的源代码
3    public class GetBusLineChange implements OnGetRoutePlanResultListener {
4        ......//此处省略定义变量的代码，读者可自行查阅随书附带光盘中的源代码
5        public GetBusLineChange(Context context, String lineStart, String lineEnd) {
6            this.lineStart =                          //城市加名字方式建立开始节点
7                PlanNode.withCityNameAndPlaceName(Constant.CITY_NAME,
                     lineStart);
8            this.lineEnd =                            //城市加名字方式建立终点节点
9                PlanNode.withCityNameAndPlaceName(Constant.CITY_NAME,lineEnd);
10           this.mContext = context;
11           mSearch = RoutePlanSearch.newInstance();   //路径规划接口
12           mSearch.setOnGetRoutePlanResultListener(this); //给接口设置监听
13           searchBusLine();
14       }
15       public void searchBusLine() {
16           mTransitRouteLine = new ArrayList<TransitRouteLine>();
17           TransitRoutePlanOption myTRP=new TransitRoutePlanOption();
                 //换乘路径规划参数
18           myTRP.policy(TransitPolicy.EBUS_NO_SUBWAY);    //不含地铁
19           mSearch.transitSearch((myTRP)
20               .from(lineStart)                          //设置起点
21               .city(Constant.CITY_NAME)                 //设置所查询的城市
22               .to(lineEnd));                            //设置终点
23       }
24       public void onGetTransitRouteResult(TransitRouteResult result) {
             //换乘路线结果回调
25         if (result == null || result.error != SearchResult.ERRORNO.NO_ERROR) {
26             Toast.makeText(mContext,            //没有找到结果，弹出一个 Toast 提示用户
27                 "抱歉，未找到结果", Toast.LENGTH_SHORT).show();
28         }
29         if (result.error == SearchResult.ERRORNO.NO_ERROR) {  //检索结果正常返回
30             mTransitRouteLine=result.getRouteLines();//获取所有换乘路线方案给数据List赋值
31         }
32             isFinish=true;                        //设置完成，标志位为 true
33       }
34   ......//此处省略不需要重写的方法代码，读者可自行查阅随书附带光盘中的源代码
35   }
```

● 第 5~14 行为含有 3 个参数的构造函数，其中通过城市名称加起点或终点名称的方式建立了起点和终点节点。此构造函数中给线路规划接口赋值并添加了监听。

● 第 15~23 行为发起换乘路径规划的方法。其中建立了换乘路径规划参数，并为此参数赋值。因为本案例暂不支持含有地铁的路线查询，所以参数设置为不含地铁。此方法中还给换乘路径规划接口传递起点、终点和所查询城市的名称等参数发起查询。

● 第 24~35 行为换乘路线结果回调方法。若返回结果为空或者检索结果返回不正常则弹出 Toast 提示用户未找到结果。检索结果正常返回则给数据集合赋值用于后面的换乘方案查询模块中。检索完成后将标志位设为 true。

5.4.4 定位和获取附近公交站工具类的开发

本小节将介绍定位和获取附近公交站工具类的开发。本项目有获取附近公交站的功能，而想要获取附近的公交站点必须要先定位。定位完成后再通过百度提供的 POI 检索接口检索用户定位点附近的公交站点数据。获得数据后再通过文字和地图的方式反馈给用户。此工具类非常重要，请读者仔细阅读。具体代码如下。

📡 **代码位置：见随书光盘源代码/第 5 章/BaiduBus /src/com/baina/Util 目录下的 GetBusStationData.java。**

```
1      package com.baina.Util;
2      ......//此处省略导入类的代码，读者可自行查阅随书附带光盘中的源代码
3      public class GetBusStationData implements OnGetPoiSearchResultListener{
4      ......//此处省略定义变量的代码，读者可自行查阅随书附带光盘中的源代码
5          public GetBusStationData(Context context){
6              this.mContext=context;                          //设置上下文
7              isFinsh=false;                                  //标志位设置为false
8              mLocationClient = new LocationClient(mContext);//声明LocationClient类
9              mMyLocationListener = new MyLocationListener();
10             mLocationClient.registerLocationListener(mMyLocationListener);//注册监听函数
11             LocationClientOption option =                   //新建定位方式类
12                          new LocationClientOption();
13             option.setLocationMode(LocationMode.Hight_Accuracy);//定位模式为高精度
14             option.setCoorType(tempcoor);                   //结果类型为百度经纬度
15             option.setIsNeedAddress(true);                  //结果包含地址信息
16             mLocationClient.setLocOption(option);           //设置定位方式
17             mLocationClient.start();                        //开始定位
18             mPoiSearch = PoiSearch.newInstance();           //获得Poi接口
19             mPoiSearch.setOnGetPoiSearchResultListener(this);  //设置结果监听
20             mPoiIfo = new ArrayList<PoiInfo>();
21             mPoiIfo.clear();
22             startLocation();
23         }
24     ......//此处省略判断定位是否完成代码，读者可自行查阅随书附带光盘中的源代码
25         public void searchButtonProcess() {                 //发起Poi检索
26             mPoiSearch.searchNearby(new PoiNearbySearchOption()
27                          .keyword("公交站")                  //检索关键字为公交站
28                          .location(new LatLng(mBDLocation.getLatitude(),
                     //检索位置设置为定位点
29                              mBDLocation.getLongitude())))
30                          .pageCapacity(10)                   //设置每页容量为10条
31                          .radius(1000)                       //检索半径为1000米
32                          .pageNum(load_Index));              //当前分页编号
33         }
34         public void goToNextPage() {
35             load_Index++;                                   //当前页号加1
36             searchButtonProcess();                          //再次发起检索
37         }
38         @Override
39         public void onGetPoiResult(PoiResult result) {
40             if (result == null|| result.error == SearchResult.ERRORNO.RESULT_NOT_
                   FOUND) {
41                                                             //检索结果为空或没有找到结果
42                 isFinsh = true;                             //将检索完成标志位设置为true
43                 return;
44             }
45             if (result.error == SearchResult.ERRORNO.NO_ERROR) {//检索结果正常返回
46                 if(((result.getCurrentPageNum() < result.getTotalPageNum()-1))){
47                                                             //检索结果页数不是最后一页
48                     List<PoiInfo> mPoi = result.getAllPoi(); //获得所有检索结果
49                     for (PoiInfo poiInfo : mPoi) {
50                         mPoiIfo.add(poiInfo);
51                 ......//此处省略重写排序规则代码，读者可自行查阅随书附带光盘中的源代码
52                         num_Index++;                        //Poi检索结果序号加1
53                     }
54                     goToNextPage();                         //获得下一页结果
55                 }
56                 return;
57         }}
59         public class MyLocationListener implements BDLocationListener {
           //LocationClient监听
60             @Override
61             public void onReceiveLocation(BDLocation location) {
62                 mBDLocation=location;                       //接收返回结果
```

```
63                  }}
65        ......//此处省略无关代码，读者可自行查阅随书附带光盘中的源代码
66    }
```

● 第 5~23 行为此类的构造函数，此构造函数通过参数获得上下文为变量 mContext 赋值并设置完成标志位为 false。同时获得了 Poi 检索和定位功能的必要接口并为这些接口设置了监听。这些接口将用于返回定位点附近站点数据。

● 第 25~33 行为发起 Poi 检索的方法。此方法为 Poi 检索接口传递参数，其中包括检索关键字、检索地点坐标、检索半径、检索返回结果每页容量和当前检索结果页号。其中检索关键字为公交站，检索地点坐标为定位点坐标，检索半径为 1000 米。

● 第 34~37 行首先将当前检索结果页号加一然后再次发起检索。由于每一次检索只能返回固定的容量，因此，为了数据完整需要多次发起检索直到检索到所需的全部信息。

● 第 38~58 行为 Poi 检索回调方法。此方法中首先判断返回结果是否正确，如果返回结果不正确则直接将标志位设置为 true 结束此方法。反之则获得检索结果加入到自己的数据集合中，重新排序后将用于附近站点查询模块中。

● 第 59~66 行为自定义的类，此类实现了 BDLocationListener 接口，重写了 onReceiveLocation 方法，通过该方法获得定位结果。

> **说明**　com/baina/Util 目录下还包括 GetType.Java 和 MyDialog.Java 两个工具类，这两个类和上述省略的一些方法中的代码都非常简单易懂。这里由于篇幅有限就不再一一赘述，请读者自行查看随书光盘中的源代码进行学习。

5.5 各个功能模块的实现

上一节介绍了辅助工具类的开发，这一节主要介绍百纳公交各功能模块的开发，该项目中主要包括选择城市界面模块、主界面模块、线路查询模块、换乘查询模块和附近站点定位模块。下面将从选择城市界面开始逐一介绍其功能的实现。

5.5.1　选择城市界面模块的实现

本小节主要介绍的是选择城市界面模块的实现。当用户进入本应用时默认城市为唐山，用户可根据需要切换到相应城市。以便制定符合用户自身的出行方案。若用户首次选择某城市，应用会在用户选择后自动建立此城市的数据库，以便再次使用。

（1）本小节首先介绍选择城市界面 activity_city.xml 框架的搭建，包括布局的安排、控件的属性设置等。该界面包含一个导航条和一个列表视图组件，其中导航条由一个返回按钮和一个文本框组成。此界面的布局代码如下。

代码位置：见随书光盘源代码/第 5 章/BaiduBus /res/layout 目录下的 activity_city.xml。

```
1    <?xml version="1.0" encoding="utf-8"?>                    <!--版本号及编码方式-->
2    <LinearLayout xmlns:android="http://schemas.android.com/apk/res/android"   <!--
     线性布局-->
3        android:layout_width="match_parent"
4        android:layout_height="match_parent"
5        android:orientation="vertical" >
6        <RelativeLayout                                      <!--相对布局-->
7            android:id="@+id/rlTop"
8            android:layout_width="match_parent"
9            android:layout_height="50dip"
10           android:background="@drawable/title_bg" >
11           <Button                                          <!--返回按钮-->
```

```
12              android:id="@+id/btCityBack"
13              android:layout_width="50dip"
14              android:layout_height="wrap_content"
15              android:layout_alignParentLeft="true"
16              android:layout_centerVertical="true"
17              android:background="@drawable/fanhui_bt"
18              android:gravity="center" />                      <!--线性布局-->
19          <LinearLayout
20              android:id="@+id/llxlqk"
21              android:layout_width="wrap_content"
22              android:layout_height="wrap_content"
23              android:layout_centerInParent="true"
24              android:gravity="center"
25              android:orientation="horizontal" >              <!--文本域-->
26              <TextView
27                  android:id="@+id/tvBLTitle"
28                  android:layout_width="wrap_content"
29                  android:layout_height="wrap_content"
30                  android:textColor="@color/white"
31                  android:textSize="15.0sp" />
32          </LinearLayout>
33          ......<!--此处文本域定义与上述相似，故省略，读者可自行查阅随书附带光盘中的源代码-->
34      </RelativeLayout>
35      <ListView                                                <!--列表视图组件-->
36          android:id="@+id/lvCity"
37          android:layout_width="fill_parent"
38          android:layout_height="fill_parent"
39          android:layout_marginTop="10dip"
40          android:background="@color/bg_color"
41          android:dividerHeight="5dip" />
42  </LinearLayout>
```

● 第 2~5 行为声明了选择城市界面的总的线性布局，设置了其宽、高均为适应屏幕宽度和高度，排列方式为垂直排列。

● 第 6~10 行为声明一个 RelativeLayout 相对布局，并设置了相对布局的 id、宽、高等属性，如将其宽度设置为自适应屏幕的宽度，高度设置为 50。

● 第 11~18 行声明了一个普通按钮，设置了其 id、宽度、高度、相对位置信息、背景图片和此按钮中的文字的相对位置属性。

● 第 19~25 行声明了一个线性布局，设置其宽、高均为包裹内容的宽度和高度、相对位置居中、内容居中、排列方式为水平排列。

● 第 26~31 行声明了一个文本框，设置了其 id、宽度和高度均为包裹内容、文本颜色为自定义白色和字体大小为 15sp。

● 第 35~41 行声明了一个 ListView，设置了其 id、宽、高、距离顶部距离、背景颜色和 ListView 分割线的高度等属性。

（2）上面简要介绍了选择城市界面模块框架的搭建，下面将介绍的是该界面功能的开发。在选择城市界面，首先看到的是顶部导航条内显示的当前城市。然后用户可以通过点击 ListView 中列出的城市，选择所需城市。实现的代码如下。

💾 代码位置：见随书光盘源代码/第 5 章/BaiduBus /src/com/baina/BaiduBus 目录下的 CityActivity.java。

```
1   package com.baina.BaiduBus;
2   ......//此处省略导入类的代码，读者可自行查阅随书附带光盘中的源代码
3   public class CityActivity extends Activity {
4       ......//此处省略定义变量的代码，读者可自行查阅随书附带光盘中的源代码
5       protected void onCreate(Bundle savedInstanceState) {
6           super.onCreate(savedInstanceState);
7           requestWindowFeature(Window.FEATURE_NO_TITLE);          //设置全屏工作
8           getWindow().setFlags(WindowManager.LayoutParams.FLAG_FULLSCREEN,
9           WindowManager.LayoutParams.FLAG_FULLSCREEN);
10          setContentView(R.layout.activity_city);
```

```
11              mInflater = getLayoutInflater();
12              cityList = new ArrayList<String>();                    //支持的城市名称集合
13              cityList.add("北京");                                   //添加城市，北京
14              ......//此处添加其他城市的代码，读者可自行查阅随书附带光盘中的源代码
15              cityListView = (ListView) this.findViewById(R.id.lvCity);
                //获得城市 ListView 引用
16              BaseAdapter ba = new BaseAdapter() {              //建立 ListView 适配器
17                  @Override
18                  public View getView(int position, View convertView, ViewGroup
                    parent) {
19                      ViewHolder holder;                        //声明静态类 ViewHolder
20                      if (convertView == null) {
21                          convertView =                         //引入自定义文本框的布局
22                              mInflater.inflate(R.layout.view_text,
                                parent, false);
23                          holder = new ViewHolder();            //定义静态类 ViewHolder
24                          holder.mCityText =                    //获得文本框的引用
25                              (TextView) convertView.findViewById
                                (R.id.mTextView);
26                          convertView.setTag(holder);
27                      } else {
28                          holder = (ViewHolder) convertView.getTag();
29                      }
30                      holder.mCityText.setText(cityList.get(position)); //设置文字
31                      return convertView;                       //返回设置完成的 convertView
32                  }
33                  ......//此处方法不需要重写，故省略，请自行查阅随书光盘中的源代码
34                  public int getCount() { return cityList.size();}};//返回 ListView 列个数
35                  static class ViewHolder { TextView mCityText;} //声明一个文本框
36              cityListView.setAdapter(ba);                      //设置适配器
37              cityListView.setOnItemClickListener(new OnItemClickListener(){//添加监听
38                  @Override
39                  public void onItemClick(AdapterView<?> arg0, View arg1,int position,
                    long arg3) {
40                      Constant.CITY_NAME = cityList.get(position);//将城市设为选择城市
41                      GetBusStationData.isFinsh = false;        //清除完成标志位
42                      ProvideContent.busLine=null;              //清除线路信息
43                      ProvideContent.busLineName=null;          //清除线路名称
44                      ProvideContent.busLineTypeArray=null;     //清除线路类型数组
45                      ConstantTool.toActivity(CityActivity.this,
                        MainActivity.class);//跳转到主界面
46              }});
47              Button btCityBack = (Button) this.findViewById(R.id.btCityBack);
                //获得返回按钮引用
48              btCityBack.setOnClickListener(new OnClickListener(){//给返回按钮添加监听
49                  public void onClick(View v) {
50                      ConstantTool.toActivity(CityActivity.this,
                        MainActivity.class);//跳转到主界面
51              }});
52              TextView tvTitle = (TextView) this.findViewById(R.id.tvBLTitle);
                //获取标题文本框引用
53              tvTitle.setText(Constant.CITY_NAME);              //设置标题
54          }}
```

● 第 6~9 行为设置全屏工作。每一个 Activity 中都会出现这段代码，由于代码比较固定简单，因此在后面的介绍中会省略此段代码，读者可自行查阅随书光盘中的源代码。

● 第 12~14 行为建立城市名称集合。其中包括北京、上海、广州、深圳和唐山五个城市，该集合将用于城市 ListView 中。

● 第 15~36 行为获得城市 ListView 引用并为其添加适配器。其中引入自定义文本框，获得该文本框引用并赋相应值后添加到 convertView 中。最后通过获得上面介绍的城市名称集合的长度返回 ListView 列的个数。

● 第 37~46 行为给 ListView 中的 Item 添加监听。点击具体的 Item 后将 Constant 中的城市名称设置为所选城市，并清除上一个城市遗留下来的信息，如完成标志位、路线信息、路线名称和

路线类型数组。最后跳转回主界面。

● 第 47~54 行首先获得返回按钮引用并为其添加监听，点击该按钮后应用将跳转回主界面。然后获取标题文本框引用，并设置标题内容为当前城市名称。

5.5.2　主界面模块的实现

上一小节介绍的是选择城市界面功能的实现，下面将介绍主界面功能的实现。进入主界面后可通过已经介绍的选择城市模块选择所需城市。点击该界面内的线路、换乘或站点按钮可在线路查询、换乘查询和附近站点定位功能间切换，或者通过左右滑动切换到相应功能。

（1）下面主要向读者具体介绍主界面的搭建，包括布局的安排，按钮、ViewPager 等控件的各个属性的设置，省略部分与已经介绍的部分基本相似，就不再重复介绍了，读者可自行查阅随书光盘代码进行学习，具体代码如下。

✎ **代码位置：见随书光盘源代码/第 5 章/BaiduBus /res/layout 目录下的 activity_main.xml。**

```
1    <LinearLayout xmlns:android="http://schemas.android.com/apk/res/android" <!--线
     性布局-->
2        android:layout_width="match_parent"
3        android:layout_height="match_parent"
4        android:background="@color/bg_color"
5        android:orientation="vertical" >
6        ......<!--此处为导航条相对布局已经介绍，故省略，读者可自行查阅随书附带光盘中的源代码-->
7        <LinearLayout                                       <!--线性布局-->
8            android:id="@+id/llMainItemName"
9            android:layout_width="match_parent"
10           android:layout_height="50dip" >
11           <TextView                                       <!--文本域-->
12               android:id="@+id/tvBusLine"
13               android:layout_width="match_parent"
14               android:layout_height="match_parent"
15               android:layout_weight="1.0"
16               android:gravity="center"
17               android:text="@string/busLine"
18               android:textColor="@color/text_color"
19               android:textSize="15.0sp" />
20           <ImageView                                      <!--图片域-->
21               android:layout_width="wrap_content"
22               android:layout_height="fill_parent"
23               android:src="@drawable/sub_tab_line" />
24       ......<!--此处文本域和图片域定义与上述相似，故省略，读者可自行查阅随书附带光盘中的源代码-->
25           </LinearLayout>
26           <LinearLayout                                   <!--文本域-->
27               android:layout_width="fill_parent"
28               android:layout_height="wrap_content"
29               android:background="#ffd9d9d9"
30               android:orientation="horizontal" >
31               <ImageView                                  <!--图片域-->
32                   android:id="@+id/ivUnderLine"
33                   android:layout_width="95dip"
34                   android:layout_height="wrap_content"
35                   android:layout_marginLeft="10dip"
36                   android:background="@drawable/sub_tab_hover_line"/>
37           ......<!--此处图片域定义与上述相似，故省略，读者可自行查阅随书附带光盘中的源代码-->
38           </LinearLayout>
39           <android.support.v4.view.ViewPager              <!--ViewPager-->
40               android:id="@+id/vpItemLayout"
41               android:layout_width="wrap_content"
42               android:layout_height="wrap_content"
43               android:layout_gravity="center"
44               android:layout_weight="1.0"
45               android:background="@color/bg_color"/>
46   </LinearLayout>
```

- 第 1~5 行用于声明的总线性布局,总线性布局中还包含了两个线性布局。设置线性布局的宽度和高度均设置为屏幕宽度,并且设置了总的线性布局的排列方式为垂直排列。

- 第 7~10 行用于声明线性布局,线性布局中包含三个文本域和两个图片域。设置线性布局的宽度为屏幕宽度,高度为 50dip。

- 第 11~19 行用于声明文本域控件,并设置了文本域的 id、宽、高、文字内容、文字大小、文字颜色、宽度比重以及文字相对布局的对齐方式等属性。

- 第 20~23 行为声明一个 ImageView 图像域来分割不同的文本域控件,并设置了其宽度、高度以及图片信息等属性。

- 第 26~30 行用于声明线性布局,该线性布局中包含三个图片域。设置了线性布局的背景颜色、宽度和高度。其中宽度为屏幕宽度,高度为自适应内容的高度。并且设置了该布局的排列方式为水平排列。

- 第 31~36 行为声明 ImageView 图像域控件,并设置了其 id、宽度、高度、背景图片以及距离屏幕左端长度等属性。

- 第 39~45 行用于声明一个自定义的 ViewPager,设置了 ViewPager 的 id、宽、高、比重及位置等属性,该控件可通过左右滑动或者点击按钮来切换界面。

(2)下面介绍主界面 MainActivity 类中 ViewPager 功能的开发。此界面主要由线路查询构成,用户在左右滑动屏幕或点击换乘、站点等任一内容时,将切换到相应的界面。上述界面将在下面的章节逐个介绍,ViewPager 功能具体代码如下。

✎ **代码位置:见随书光盘源代码/第 5 章/BaiduBus /src/com/baina/BaiduBus 目录下的 MainActivity.java。**

```
1    private void initImageView() {
2        underLine = (ImageView) findViewById(R.id.ivUnderLine);  //获得图片资源
3        DisplayMetrics dm = new DisplayMetrics();               //获得屏幕分辨率
4        getWindowManager().getDefaultDisplay().getMetrics(dm);
5        int screenW = dm.widthPixels;                           //获得屏幕宽度
6        tabW = screenW / layoutList.size();                     //求出每个条目的宽度
7        offset = 0;                                             //设置偏移量为 0
8    }
9    private void initViewPage() {
10       myPager = (ViewPager) this.findViewById(R.id.vpItemLayout);
         //获得 ViewPager 引用
11       layoutList = new ArrayList<View>();
12       LayoutInflater lif = getLayoutInflater();
13       layoutList.add(lif.inflate(R.layout.viewpager_busline, null));
         //导入线路布局
14       layoutList.add(lif.inflate(R.layout.viewpager_change, null));
         //导入换乘布局
15       layoutList.add(lif.inflate(R.layout.viewpager_busstation, null));
         //导入站点布局
16       myPager.setAdapter(new MyPagerAdapter(layoutList));  //给 ViewPager 设置适配器
17       myPager.setCurrentItem(0);                           //设置初始化界面
18       myPager.setOnPageChangeListener(
19           new OnPageChangeListener() {                     //设置 ViewPager 监听器
20               @Override
21               public void onPageSelected(int arg0) {
22                 Animation animation =                      //定义下划线动画
23                     new TranslateAnimation(tabW * pagerIndex+ offset, tabW * arg0
                         + offset, 0, 0);
24                 pagerIndex = arg0;                         //设置当前页号
25                 if (arg0 == 0) {                           //根据不同的页面设置标题颜色
26                     busLine.setTextColor(Constant.COLOR_BLUE);
                         //线路文字设为蓝色
27                     change.setTextColor(Constant.COLOR_BLACK);
28                     busStation.setTextColor(Constant.COLOR_BLACK);
29                     mainType.setText("路线查询");          //设置导航标题
```

```
30                                           }
31                       ......//此处代码与上述相似，故省略，读者可自行查阅随书附带光盘中的源代码
32                       animation.setFillAfter(true);        //设置动画终止时停留在最后一帧
33                       animation.setDuration(350);                //设置动画时长
34                       underLine.startAnimation(animation);        //下划线执行动画
35                   }
36                   ......//此处省略的方法不需要重写，故省略，读者可自行查阅随书光盘中的源代码
37       });}
38       public class MyPagerAdapter extends PagerAdapter {
39           public List<View> myLV;
40           public MyPagerAdapter(List<View> myLV) {this.myLV = myLV;}//构造函数
41           @Override
42           public void destroyItem(View arg0, int arg1, Object arg2) {
43               ((ViewPager)arg0).removeView(myLV.get(arg1));//转移到指定标号的页面
44           }
45           @Override
46           public int getCount() { return myLV.size();}             //返回页面个数
47           @Override
48           public Object instantiateItem(View arg0, int arg1) {
49               ((ViewPager) arg0).addView(myLV.get(arg1), 0);
50               return myLV.get(arg1);                               //添加当前页面
51           }
52           @Override
53           public boolean isViewFromObject(View arg0, Object arg1) {
54               return arg0 == arg1;
55           }
56           ......//此处省略的方法不需要重写，故省略，读者可自行查阅随书光盘中的源代码
57       }
```

- 第 1~8 行为初始化下划线并计算出相关参数。其中包括获得下划线图片资源，获得屏幕分辨率后计算每个条目的宽度并设置偏移量为零。

- 第 9~17 行为导入 ViewPager 中的布局。建立布局集合，引入线路、换乘和站点布局。并为 ViewPager 添加适配器，设置初始页面。

- 第 18~37 行为给 ViewPager 添加监听器方法。该方法内定义了下划线动画，设置了动画终止时停留在最后一帧，动画执行的时间长度为 350 毫秒并为下划线添加了该动画。该方法还根据不同的页面设置当前页面标题的颜色。

- 第 38~57 行为 ViewPager 适配器类。其中包括的 destroyItem 方法为滑动界面时，从 ViewPager 中移除当前页面。getCount 方法返回页面总个数。instantiateItem 方法用于向 ViewPager 中添加选中的页面，并返回从布局集合中获得的选中页面。

📝 说明　　本小节介绍了主界面的布局搭建和 MainActivity 类中 ViewPager 的功能。主界面中还嵌套了一些具体模块的功能，在后面具体模块中将详细介绍，这里不再赘述。

5.5.3　线路查询模块的实现

本节将介绍线路查询模块的实现。进入此界面，点击选择城市获得目的城市的线路情况，点击此界面的查询按钮或者编辑框进入线路查询输入界面，在编辑框内输入想要查询的线路，即可进入线路信息界面，点击任意站点名称进入站点信息界面。点击地图图标就可以在地图上查看相关站点和相关线路信息，亦可在线路查询界面点击线路类型折叠列表，选择想要查询的公交线路。

（1）下面主要介绍的是线路查询界面的搭建，包括布局的安排，文本框、图片视图等控件的属性设置，省略部分与介绍的部分相似，在此不再赘述，读者可自行查阅随书附带光盘中的源代码进行学习，具体的实现代码如下。

✂ 代码位置：见随书光盘源代码/第 5 章/BaiduBus/res/layout 目录下的 viewpager_busline.xml。

```
1     <?xml version="1.0" encoding="utf-8"?>              <!--版本号及编码方式-->
2     <LinearLayout                                       <!--线性布局-->
```

```
3          xmlns:android="http://schemas.android.com/apk/res/android"
4          android:layout_width="match_parent"
5          android:layout_height="match_parent"
6          android:background="#fffbfbfb"
7          android:orientation="vertical" >
8          <LinearLayout                              <!--线性布局-->
9              android:layout_width="match_parent"
10             android:layout_height="80dp"
11             android:background="#fffbfbfb"
12             android:focusable="true"
13             android:focusableInTouchMode="true"
14             android:orientation="horizontal" >
15             <TextView                              <!--文本域-->
16                 android:id="@+id/tvBusLineName"
17                 android:layout_width="match_parent"
18                 android:layout_height="50dip"
19                 android:layout_marginBottom="15dip"
20                 android:layout_marginLeft="15dip"
21                 android:layout_marginRight="10dip"
22                 android:layout_marginTop="15dip"
23                 android:layout_weight="1.0"
24                 android:background="@drawable/input_bar_bg"
25                 android:gravity="center_vertical"
26                 android:hint="  输入线路名称，如 1 路"
27                 android:singleLine="true"
28                 android:textColor="#ff999999"
29                 android:textSize="16dip" />
30             <Button                                <!--普通按钮-->
31                 android:id="@+id/btInquiryBusLine"
32                 android:layout_width="match_parent"
33                 android:layout_height="50dip"
34                 android:layout_marginBottom="15dip"
35                 android:layout_marginRight="15dip"
36                 android:layout_marginTop="15dip"
37                 android:layout_weight="3.0"
38                 android:background="@drawable/chaxun_bt"
39                 android:text="查询" />
40         </LinearLayout>
41         <ImageView                                 <!--图片域-->
42             android:layout_width="fill_parent"
43             android:layout_height="1dip"
44             android:background="#55000000" />
45         <ExpandableListView                        <!--列表区-->
46             android:id="@+id/elBusLineName"
47             android:layout_width="fill_parent"
48             android:layout_height="wrap_content"
49             android:layout_marginTop="10dip"
50             android:layout_marginLeft="10dip"
51             android:layout_marginRight="10dip"
52             android:divider="#ff666666"
53             android:background="#ffeeeeee" >
54         </ExpandableListView>
55     </LinearLayout>
```

● 第 2~7 行用于声明线路查询界面的总线性布局，总线性布局中还包含了一个线性布局。设置线性布局的宽度为自适应屏幕宽度、高度为自适应屏幕高度、排列方式为水平排列。

● 第 8~14 行定义了一个线性布局，线性布局中包含一个文本域控件和一个按钮控件。设置线性布局的宽度为自适应屏幕宽度，高度为 80 像素，排列方式为垂直排列。

● 第 15~29 行用于声明文本域控件，并设置了文本域的 id、提示信息、文本的颜色、文本的大小、文本输入模式为单行、宽度为自适应父控件宽度、高度为 50 个像素，还设置了距离上下左右的长度，且位置为水平居中。此文本域用于输入线路查询关键字。

● 第 30~39 行定义了一个按钮控件，设置了按钮的 id、按钮的大小、按钮的名称、按钮的背景以及距离上下右的长度，点击此按扭即可进入线路查询输入界面。

● 第 45~54 行定义了一个 ExpandableListView，设置了 ExpandableListView 的 id、宽度、高度、分隔符颜色、背景颜色以及距离左右上的长度。此列表用于显示公交线路类型。

（2）下面将介绍主界面 MainActivity 类中线路查询界面初始化的方法。路线查询界面主要展示当前城市的公交类型信息，并可以通过点击切换城市查看其他城市的公交信息，同时可查询公交线路的具体信息。具体代码如下。

代码位置：见随书光盘源代码/第 5 章/BaiduBus/src/com/baina/BaiduBus 目录下的 MainActivity.java。

```
1    private void initBusLineNameList() {
2        pc = new ProvideContent(MainActivity.this);
3        BaseExpandableListAdapter adapter =              //设置给主界面线路的 ListView
4        new ExpandableAdapter(layoutList .get(0).getContext(),
5        ProvideContent.busLineTypeArray,ProvideContent.busLineName);
6        View v = layoutList.get(0);                      //获取当前页面索引
7        elistview = (ExpandableListView)                 //获取线路类型列表的 id
8         v.findViewById(R.id.elBusLineName);
9        elistview.setGroupIndicator(null);               //将控件默认的左边箭头去掉
10       elistview.setAdapter(adapter);                   //设置适配器
11       elistview.setOnGroupExpandListener(
12           new OnGroupExpandListener() {                //设置展开和折叠事件
13           @Override
14           public void onGroupExpand(int groupPosition) {
15               for(int i=0;i<ProvideContent.busLineTypeArray.size();i++){
                 //遍历 grouplist
16                   if (groupPosition != i) {
17                       elistview.collapseGroup(i);       //默认所有 group 都不展开
18       }}}});
19       elistview.setOnChildClickListener(new OnChildClickListener() {
20           @Override                                    //设置点击子项目的监听事件
21           public boolean onChildClick(ExpandableListView parent,
22               View v,int groupPosition, int childPosition, long id) {
23               String[] keyArray = { "busLineName" };    //需要传递的名称的集合
24               String[] valueArray = { ProvideContent   //需要传递的内容集合
25                   .busLineName.get(groupPosition).get(childPosition) };
26               ConstantTool.toActivity(MainActivity.this,  //跳转到线路信息界面
27                   BusLineActivity.class, keyArray, valueArray);
28                return true;
29        }});
30       tvBusLineName=(TextView)v.findViewById(R.id.tvBusLineName);//获取编辑的 id
31       tvBusLineName.setText(ProvideContent.busLineSName);//设置编辑框默认信息
32       tvBusLineName.setOnClickListener(new OnClickListener(){//设置编辑框点击监听
33          @Override
34          public void onClick(View v) {                 //跳转到线路查询输入界面
35            ConstantTool.toActivity(MainActivity.this, SearchActivity.class);
36          }});
37       btInquiryBusLine = (Button) v.findViewById(R.id.btInquiryBusLine);
         //获取查询按钮的 id
38       btInquiryBusLine.setOnClickListener(new OnClickListener(){//设置点击按钮监听
39       @Override
40       public void onClick(View v) {
41         if (pc.isBusLine(tvBusLineName.getText().toString().trim())) {
           //判断编辑框中的内容
42           String[] keyArray = { "busLineName" };              //需要传递的名称集合
43           String[] valueArray = { tvBusLineName.getText().toString().trim() };
             //需要传递的内容集合
44           ConstantTool.toActivity(MainActivity.this,    //跳转到线路信息界面
45               BusLineActivity.class, keyArray, valueArray);
46         } else {
47             ConstantTool.toActivity(MainActivity.this, //跳转到线路查询输入界面
48                 SearchActivity.class);
49       }}});
50   }
```

● 第 7~10 行为 ExpandableListView 设置相关属性，ExpandableListView 的 setGroupIndicator 属性非常重要，此属性可将其默认左边箭头改变位置，亦可将默认箭头去掉，将其置空即可，也

可以自定义用户喜欢的图标。

- 第 11~29 行为 ExpandableListView 设置展开和折叠事件以及点击子项监听事件，默认所有 group 都不展开，点击之后展开，点击其他组时当前组折叠。点击公交线路名称之后要跳转到线路信息界面，要将所需的线路名称、线路信息传递给 BusLineActivity。

- 第 38~49 行为查询按钮设置点击监听事件，首先判断文本编辑框中的内容，如果编辑框中内容为线路名称，则将相关信息传递给 BusLineActivity，且跳转到线路信息界面；如果编辑框中的内容不为线路名称，则跳转到线路查询输入界面。

（3）上面介绍了线路查询界面的初始化功能，下面将介绍的是线路信息界面的搭建，包括布局的安排、按钮的属性设置等，读者可自行查看随书光盘源代码进行学习，具体代码如下。

✎ **代码位置：见随书光盘中源代码/第 5 章/BaiduBus/res/layout 目录下的 activity_busline。**

```
1   <?xml version="1.0" encoding="utf-8"?>        <!--版本号及编码方式-->
2   <LinearLayout xmlns:                           <!--线性布局-->
3       android="http://schemas.android.com/apk/res/android"
4       android:layout_width="match_parent"
5       android:layout_height="match_parent"
6       android:background="#fffbfbfb"
7       android:orientation="vertical" >
8   ......<!--此处省略导航条相对布局的代码，请读者自行查阅随书附带光盘中的源代码-->
9       <ScrollView                                 <!--滚动视图-->
10          android:layout_width="fill_parent"
11          android:layout_height="fill_parent"
12          android:scrollbars="vertical" >
13          <LinearLayout                           <!--线性布局-->
14              android:layout_width="match_parent"
15              android:layout_height="wrap_content"
16              android:orientation="vertical" >
17              <TextView                           <!--文本域-->
18                  android:id="@+id/tvSummary"
19                  android:layout_width="match_parent"
20                  android:layout_height="wrap_content"
21                  android:layout_marginBottom="5dip"
22                  android:layout_marginLeft="10dip"
23                  android:layout_marginRight="10dip"
24                  android:layout_marginTop="5dip"
25                  android:background="@drawable/input_bar_bg" >
26              </TextView>
27              <LinearLayout                       <!--线性布局-->
28                  android:layout_width="match_parent"
29                  android:layout_height="wrap_content" >
30                  <Button                         <!--普通按钮-->
31                      android:id="@+id/btQuCheng"
32                      android:layout_width="fill_parent"
33                      android:layout_height="40dip"
34                      android:layout_marginLeft="10dip"
35                      android:layout_weight="1.0"
36                      android:background="@drawable/list_sort_hv"
37                      android:gravity="center"
38                      android:text="去程" >
39                  </Button>
40          ...... <!--此处省略定义其他按钮的代码，请读者自行查阅随书附带光盘中的源代码-->
41              </LinearLayout>
42              <ListView                           <!--列表区-->
43                  android:id="@+id/lvBusLineStation"
44                  android:layout_width="fill_parent"
45                  android:layout_height="wrap_content"
46                  android:layout_marginLeft="10dip"
47                  android:layout_marginRight="10dip" >
48              </ListView>
49          </LinearLayout>
50      </ScrollView>
51  </LinearLayout>
```

● 第 2~7 行声明了总的线性布局，设置了其宽度和高度为自适应屏幕的宽度、高度，排列方式为垂直排列，此布局中包含一个相对布局和一个滚动视图。相对布局为界面的导航条与前面介绍相似，故省略，请读者自行查阅随书附带光盘中的源代码。

● 第 9~12 行声明了一个滚动视图，设置了其宽度、高度以及滚动方式，其中包含了两个线性布局和一个列表区，此滚动视图主要是为了用户能方便地查看线路信息。

● 第 17~26 行定义了一个文本域，设置了其 id、宽度、高度、距离屏幕左右的长度以及距离上下控件的长度等相关属性，此文本域用来显示当前线路的名称、首末发车时间等相关信息。

● 第 27~41 行声明了一个线性布局，其排列方式为水平排列，其中包含两个普通按钮和一个 View，两个按钮分别是去程和返程，点击去程按钮，则 ListView 显示当前线路从起点到终点的相关站点；点击返程按钮，则 ListView 显示当前线路从终点到起点的相关站点。

● 第 42~48 行定义了一个 ListView，设置了其 id、宽度、高度以及距离屏幕左右的长度，此 ListView 用来显示当前线路的各个站点名称，点击任何一个站点名称即可进入站点信息界面。

（4）下面将介绍的是线路查询界面 BusLineActivity 类中通过 Poi 检索获得用户想要查询的公交线路的各个站点信息以及首末发车时间的实现方法。具体代码如下。

提示　　Poi（Point of Interest），中文可以翻译为"兴趣点"。在地理信息系统中，一个 Poi 可以是一栋房子、一个商铺或一个公交站等。

代码位置：见随书光盘源代码/第 5 章/BaiduBus/src/com/baina/BaiduBus 目录下 BuslineActivity.java。

```
1    package com.baina.BaiduBus;   //声明包名
2    ......//此处省略导入类的代码，读者可自行查阅随书附带光盘中的源代码
3    public class BusLineActivity extends Activity implements
4        OnGetPoiSearchResultListener, OnGetBusLineSearchResultListener {
5        ......//此处省略定义变量的代码，请读者自行查阅随书附带光盘中的源代码
6        protected void onCreate(Bundle savedInstanceState) {
7            super.onCreate(savedInstanceState);
8            //在使用 SDK 各组件之前初始化 context 信息，传入 ApplicationContext
9            SDKInitializer .initialize(this.getApplication());
10           ......//此处省略设置全屏的代码，请读者自行查阅随书附带光盘中的源代码
11           setContentView(R.layout.activity_busline);  //设置当前 activity 显示界面
12           extras = getIntent().getExtras();            //接收消息
13           busLineName = extras.getString("busLineName"); //获得线路名称
14           stationStartUid = new ArrayList<String>();     //去程站点 uid 集合
15           stationEndUid = new ArrayList<String>();       //返程站点 uid 集合
16           ProvideContent.busLineSName = busLineName;//设置 ProvideContent 类的线路名称
17           busStartArray = new ArrayList<String>();       //去程站点名称集合
18           busEndArray = new ArrayList<String>();         //返程站点名称集合
19           mSearch = PoiSearch.newInstance();             //Poi 检索接口
20           mSearch.setOnGetPoiSearchResultListener(this); //设置 Poi 检索监听
21           mBusLineSearch = BusLineSearch.newInstance();  //线路检索接口
22           mBusLineSearch.setOnGetBusLineSearchResultListener(this);//设置线路接口监听
23           busLineIDList = new ArrayList<String>();
24           ......//此处省略加载对话框的代码，请读者自行查阅随书附带光盘中的源代码
25       }
26       ......//此处省略加载界面控件及设置监听事件的代码，请读者自行查阅随书附带光盘中的源代码
27       public void searchBusLine() {                      //搜索线路
28           busLineIDList.clear();
29           busLineIndex = 0;                              //索引置为 0
30           mSearch.searchInCity((new PoiCitySearchOption()) //设置城市检索参数
31           .city( Constant.CITY_NAME).keyword(busLineName)); //名称和关键字
32       }
33       public void SearchNextBusline() {                   //搜索下一条线路
34           if (busLineIndex >= busLineIDList.size()) {
35               busLineIndex = 0;                          //索引置为 0
36           }
37           if (busLineIndex >= 0 && busLineIndex < busLineIDList.size()
38               && busLineIDList.size() > 0) {             //判断线路 id 集合
```

```
39              mBusLineSearch.searchBusLine((new BusLineSearchOption()
40                  .city(Constant.CITY_NAME)                    //设置城市名
41                  .uid(busLineIDList.get(busLineIndex)))); //设置线路uid
42                  busLineIndex++;
43          }}
44      @Override
45      public void onGetBusLineResult(BusLineResult result) {
46      ......//此处省略获取线路结果的方法，将在后面详细介绍
47      }
48      @Override
49      public void onGetPoiResult(PoiResult result) {
50      ......//此处省略获取Poi搜索结果的方法，将在后面详细介绍
51      }
52  }
```

● 第 12~23 行首先获取来自主界面的消息，然后声明线路 id，线路站点 id，线路站点名称等集合，并且创建 Poi 搜索实例，实现 Poi 搜索监听，为下面线路搜索做准备。

● 第 27~32 行进行线路搜索，主要是 searchInCity 方法，此方法是百度地图 SDK 中提供的 Poi 检索中的城市检索方法，需要给出城市名称、需要搜索的关键字。此外还有设置搜索页最大容量等其他相关属性，请读者自行学习。

● 第 31~34 行为城市公交信息（包含地铁信息）查询，mBusLineSearch 是 BusLineSearch 的实例，该接口用于查询整条公交线路信息，searchBusLine 公交检索入口，成功发起检索返回 true，失败返回 false，抛出 java.lang.IllegalStateException 和 java.lang.IllegalArgumentException 异常。

（5）上面介绍了线路搜索的方法，下面将详细介绍上面省略的 onGetBusLineResult 方法，该方法用来获取线路的详细信息。具体代码如下。

📎 **代码位置：** 见随书光盘源代码/第 5 章/BaiduBus/src/com/baina/BaiduBus 目录下
BuslineActivity.java。

```
1   public void onGetBusLineResult(BusLineResult result) {
2       if (result == null || result.error != SearchResult.ERRORNO.NO_ERROR) {
        //没有搜到结果
3       Toast.makeText(BusLineActivity.this,"抱歉，未找到结果",Toast.LENGTH_LONG).show();
4         dialog.dismiss();                           //关闭提示控件
5         ConstantTool.toActivity(BusLineActivity.this, MainActivity.class);
        //返回主界面
6               return;
7           }
8       route = result;          //获取结果
9       try{
10        busStartTime =                      //获得首班发车时间
11              ConstantTool.getTime(route.getStartTime().toString());
12        busEndTime =                        //获得末班发车时间
13              ConstantTool.getTime(route.getEndTime().toString());
14      }catch(Exception e){
15          e.printStackTrace();                //打印异常栈信息
16          busStartTime = "暂无时间信息";    //没有取得则是指默认值
17          busEndTime ="暂无时间信息";
18      }
19      if (flag == true) {                            //完成标志位为true
20          busEndStation = route.getStations();
21          for (BusStation busStation : busEndStation) {       //遍历站点集合
22            busEndArray.add(busStation.getTitle().toString());//返程集合添加数据
23      }}
24      if (flag == false) {                           //完成标志位为false
25          busStartStation = route.getStations();         //获取线路站点
26          ProvideContent.mWayPoints = busStartStation;
27          for (BusStation busStation : busStartStation) {   //遍历站点集合
28            busStartArray.add(busStation.getTitle().toLowerCase());
              //获取站点名
29            stationStartUid.add(busStation.getUid());    //获取站点uid
30          }
31          SearchNextBusline();                       //搜索下两个站点之间的路线
```

```
32                      flag = true;                          //设置完成标志位为 true
33               }
34          }
```

- 第 2~7 行判断是否检索到结果，如果没有检索到用户需要的信息，则出现提示信息，并且跳转到主界面，请用户重新查询。
- 第 8~33 行获取公交信息查询结果，BusLineResult 是公共交通信息查询结果，BusLineResult 包含公交公司名称、公交线路名称、公交线路末班车时间、公交线路首班车时间、公交线路所有站点信息、公交路线分段信息、公交线路 uid 等公交线路相关信息。

（6）下面将介绍线路地图界面框架的搭建，包括布局的安排。文本视图、按钮等控件的属性设置，省略部分与介绍的部分相似，读者可自行查阅随书光盘代码进行学习。具体代码如下。

✎ **代码位置：** 见随书光盘源代码/第 5 章/BaiduBus/src/com/baina/BaiduBus 目录下 BuslineActivity.java。

```
1      @Override
2        public void onGetPoiResult(PoiResult result) {        //获取 Poi 搜索结果
3          if (result == null || result.error != SearchResult.ERRORNO.NO_ERROR) {
4          Toast.makeText(BusLineActivity.this,"抱歉,未找到结果",Toast.LENGTH_LONG).
           show();
5           dialog.dismiss();                                //关闭提示信息
6          ConstantTool.toActivity(BusLineActivity.this, MainActivity.class);
           //没有找到结果直接返回
7              return;
8          }
9          busLineIDList.clear();                            //清除线路 id 集合
10         for (PoiInfo poi : result.getAllPoi()){//遍历所有 Poi，找到类型为公交线路的 Poi
11             if (poi.type == PoiInfo.POITYPE.BUS_LINE
12                 || poi.type == PoiInfo.POITYPE.SUBWAY_LINE) {
13                 busLineIDList.add(poi.uid);   //将线路 id 放进集合
14         }}
15         SearchNextBusline();                             //检索下一条线路
16             route = null;
17     }
```

- 第 3~8 行判断是否获取到相关的 Poi 搜索结果，如果没找到，则出现提示信息，并且返回到主界面，请用户重新搜索。
- 第 9~17 行将公交类型的信息全部取出，getAllPoi()获取所有 Poi 查询结果，将 PoiInfo 的类型设为公交类型，即可获取当前城市的公交线路信息。

✏ 说明　第 9 行代码在使用百度地图以及百度地图所提供的各种接口、方法时非常重要，这行代码在使用 SDK 各组件之前初始化 context 信息，传入 ApplicationContext，建议放在 setContentView 之前。

（7）下面将介绍线路地图界面框架的搭建，包括布局的安排。文本视图、按钮等控件的属性设置，省略部分与介绍的部分相似，读者可自行查阅随书光盘代码进行学习。具体代码如下。

✎ **代码位置：** 见随书光盘源代码/第 5 章/BaiduBus/res/layout 目录下的 map_busline.xml。

```
1      <?xml version="1.0" encoding="utf-8"?>                <!--版本号及编码方式-->
2      <LinearLayout xmlns:android="http://schemas.android.com/apk/res/android"
3          android:layout_width="fill_parent"
4          android:layout_height="fill_parent"
5          android:orientation="vertical">
6          ......<!--此处省略页面导航条相对布局的代码，请读者自行查阅随书附带光盘中的源代码-->
7          <RelativeLayout                                   <!--相对布局-->
8              xmlns:android="http://schemas.android.com/apk/res/android"
9              android:layout_width="match_parent"
10             android:layout_height="match_parent" >
11             <com.baidu.mapapi.map.MapView                 <!--地图域-->
```

```
12              android:id="@+id/bmapView"
13              android:layout_width="fill_parent"
14              android:layout_height="fill_parent"
15              android:clickable="true" />
16          <LinearLayout                               <!--线性布局-->
17              xmlns:android="http://schemas.android.com/apk/res/android"
18              android:id="@+id/linearLayout1"
19              android:layout_width="wrap_content"
20              android:layout_height="wrap_content"
21              android:layout_alignParentBottom="true"
22              android:layout_alignWithParentIfMissing="false"
23              android:layout_centerHorizontal="true"
24              android:layout_centerVertical="false"
25              android:layout_marginBottom="10dip" >
26              <Button                                 <!--普通按钮-->
27                  android:id="@+id/pre"
28                  android:layout_width="fill_parent"
29                  android:layout_height="fill_parent"
30                  android:layout_marginLeft="2dip"
31                  android:layout_marginRight="2dip"
32                  android:layout_weight="1.0"
33                  android:background="@drawable/pre_"
34                  android:onClick="nodeClick" />
35          ......<!--此处组件的布局代码与上述相似，故省略，请读者自行查阅随书附带光盘中的源代码-->
36          </LinearLayout>
37          <Button                                     <!--普通按钮-->
38              android:id="@+id/mapType"
39              android:layout_width="50dip"
40              android:layout_height="50dip"
41              android:layout_above="@id/linearLayout1"
42              android:layout_alignParentRight="true"
43              android:layout_marginRight="20dip"
44              android:background="@drawable/bt_map_style_type" />
45      </RelativeLayout>
46  </LinearLayout>
```

- 第 2~5 行用于声明总的线性布局，总线性布局中包含两个相对布局。设置线性布局的宽度为充满整个屏幕宽度，高度为充满整个屏幕高度。其中第一个相对布局即省略部分用来设置此界面标题部分；另一个相对布局用来控制地图显示部分。

- 第 11~15 行为地图控件，设置了地图的 id，地图的宽度和高度分别充满父控件的宽度、高度，并且设置了地图可点击属性为 true。此段代码是实现百度地图所必须的。

- 第 16~36 行声明了一个线性布局，设置了其 id、宽度、高度、位置等相关属性。其中包含了两个按钮控件，分别为向前和向后两个按钮，点击向前按钮则对话框出现在当前路线当前站点的前一个站点上；点击向后按钮对话框出现在当前路线当前站点的后一个站点上。

- 第 37~44 行定义了一个普通按钮，设置了按钮的 id，按钮的宽度和高度都为 50 个像素，还设置了按钮的位置以及透明度，点击此按扭即可实现普通地图和卫星地图之间的切换。

（8）上面介绍了通过 POI 检索获取公交线路信息、站点信息，下面将介绍在地图上显示当前线路的方法，用户在地图上不仅可以清晰直观地查看整条线路信息还可以具体地查看当前线路各个站点的名称、位置等。具体代码如下。

📎 **代码位置：**见随书光盘中源代码/第 5 章/BaiduBus/src/com/baina/Map 目录下的 BusLineMap.java。

```
1   package com.baina.Map;
2   ......//此处省略导入类的代码，读者可自行查阅随书附带光盘中的源代码
3   public class BusLineMap extends FragmentActivity implements
4       OnGetPoiSearchResultListener, OnGetBusLineSearchResultListener,
5       BaiduMap.OnMapClickListener {
6           ......//此处省略定义变量的代码，请读者自行查阅随书附带光盘中的源代码
7           protected void onCreate(Bundle savedInstanceState) {
8               super.onCreate(savedInstanceState);
9               //在使用 SDK 各组件之前初始化 context 信息，传入 ApplicationContext
10              SDKInitializer.initialize(this.getApplication());
```

```
11              ......//此处省略设置全屏的代码,请读者自行查阅随书附带光盘中的源代码
12              setContentView(R.layout.map_busline);        //加载当前 activity 显示界面
13              mMapView=(MapView) this.findViewById(R.id.bmapView);//获取地图显示的 id
14              ......//此处省略加载按钮的代码,请读者自行查阅随书附带光盘中的源代码
15              mBaiduMap = mMapView.getMap();                //加载地图
16              float mZoomLevel = 15.0f;
17              mBaiduMap.setMapStatus(                       //初始化地图 zoom 值
18                  MapStatusUpdateFactory.zoomTo(mZoomLevel));
19              mBaiduMap.setOnMapClickListener(this);        //添加地图监听
20              ......//此处省略获取 POI 搜索引用代码,请读者自行查阅随书附带光盘中的源代码
21              Button mapType =                             //加载切换地图类型按钮
22                  (Button) this.findViewById(R.id.mapType);
23              mapType.setOnClickListener(                   //设置切换地图类型按钮监听事件
24                      new OnClickListener() {
25                      @Override
26                      public void onClick(View v) {
27                          if (mBaiduMap.getMapType() ==     //判断当前地图模式
28                          BaiduMap.MAP_TYPE_NORMAL) {        //切换到卫星模式
29                              mBaiduMap.setMapType(BaiduMap.MAP_TYPE_SATELLITE);
30                          } else {                          //切换到普通模式
31                              mBaiduMap.setMapType(BaiduMap.MAP_TYPE_NORMAL);
32                          }}
33              ......//此处省略加载文本控件及搜索的代码,请读者自行查阅随书附带光盘中的源代码
34          }
35          public void nodeClick(View v) {
36              if (nodeIndex < -1 || route == null          //判断当前是否有站点信息
37                      || nodeIndex >= route.getStations().size())
38                  return;
39              View viewBt = getLayoutInflater().inflate(R.layout.view_button,
            null); //添加布局
40              Button btStation = (Button) viewBt.findViewById(R.id.btStation);
            //获取按钮 id
41              if (mBtnPre.equals(v) && nodeIndex > 0) {     //上一个节点
42                  nodeIndex--;                              //索引减
43                  mBaiduMap.setMapStatus(MapStatusUpdateFactory//移动到指定索引的坐标
44                  .newLatLng(route.getStations().get(nodeIndex).getLocation()));
45                  btStation.setText((nodeIndex + 1)         //设置显示内容
46                      + "."+ route.getStations().get(nodeIndex).getTitle());
47                  mBaiduMap.showInfoWindow(new InfoWindow(btStation,    //弹出泡泡
48                      route.getStations().get(nodeIndex).getLocation(), null));
49              }
50              ......//此处省略添加弹出窗口代码与上面相似,请读者自行查阅随书附带光盘中的源代码
51          }
52      ......//此处省略 onGetBusLineResult 方法的代码,请读者自行查阅随书附带光盘中的源代码
53  }
```

- 第 13~20 行获取地图 id,加载百度地图,初始化地图 zoom 值,添加地图监听,创建 POI 搜索实例,为用户所查线路在地图上显示做准备。其中获取 POI 引用及为其添加监听事件的代码与前面相似,故省略,请读者自行查阅随书附带光盘中的源代码。

- 第 21~32 行为加载地图类型切换按钮,并且添加点击监听事件。首次点击按钮时地图由普通地图模式切换为卫星地图模式,再次点击地图由卫星模式切换为普通地图模式。

- 第 35~51 行为在地图上弹出泡泡,当点击向前或向后按钮时会在当前站点的前一站或后一站弹出泡泡,用来显示相关站点信息。首先通过 setMapStatus 方法将坐标移到要显示的位置,然后获得相关站点信息,并将信息设置在泡泡中,最后通过 showInfoWindow 弹出泡泡。

5.5.4　换乘方案查询模块的实现

上一小节介绍的是线路查询模块的实现,本小节将介绍换乘方案模块的实现。在主界面点击换乘按钮或者左右滑动到换乘后点击查询,进入换乘方案查询界面。在该界面输入起点和终点,点击查询按钮应用将会列出符合要求的换乘方案。点击具体的方案名称进入换乘方案界面,此界面将展示换乘方案的起点,步行路段及公交路段等信息。其中步行路段后的呼吸灯点击后可进入

步行导航。

（1）下面介绍搭建换乘方案查询界面的主布局 activity_searchbuslinechange.xml 的开发，包括布局的安排和控件的基本属性设置，实现的具体代码如下。

代码位置：见随书光盘源代码/第 5 章/BaiduBus /res/layout 目录下的 activity_searchbuslinechange.xml。

```xml
1    <?xml version="1.0" encoding="utf-8"?>                     <!--版本号及编码方式-->
2    <LinearLayout xmlns:android="http://schemas.android.com/apk/res/android"    <!--线性布局-->
3        android:layout_width="match_parent"
4        android:layout_height="match_parent"
5        android:orientation="vertical" >
6        ......<!--此处为导航条相对布局已经介绍，故省略，读者可自行查阅随书附带光盘中的源代码-->
7        <LinearLayout                                          <!--线性布局-->
8            android:layout_width="match_parent"
9            android:layout_height="180dip"
10           android:background="#ffeeeeee"
11           android:orientation="vertical" >
12           ......<!--此处相对布局与上述相似，故省略，读者可自行查阅随书附带光盘中的源代码-->
13           <RelativeLayout                                    <!--相对布局-->
14               android:layout_width="match_parent"
15               android:layout_height="40dip"
16               android:layout_marginTop="10dip" >
17               <EditText                                      <!--编辑文本域-->
18                   android:id="@+id/etStart"
19                   android:layout_width="match_parent"
20                   android:layout_height="40dip"
21                   android:layout_marginLeft="10dip"
22                   android:layout_marginRight="10dip"
23                   android:textColor="@color/text_color"
24                   android:textSize="16sp" />
25               <ImageView                                     <!--图片域-->
26                   android:id="@+id/ivSButtonClear"
27                   android:layout_width="22dip"
28                   android:layout_height="22dip"
29                   android:layout_alignParentRight="true"
30                   android:layout_centerVertical="true"
31                   android:layout_marginRight="18dp"
32                   android:src="@drawable/bus_btn_clear" />
33           </RelativeLayout>
34           ......<!--此处相对布局与上述相似，故省略，读者可自行查阅随书附带光盘中的源代码-->
35           </LinearLayout>
36           <Button                                            <!--普通按钮-->
37               android:id="@+id/btSearchBusLineChange"
38               android:layout_width="match_parent"
39               android:layout_height="40dip"
40               android:layout_marginBottom="5dip"
41               android:layout_marginLeft="20dip"
42               android:layout_marginRight="20dip"
43               android:layout_marginTop="5dip"
44               android:background="@drawable/chaxun_bt"
45               android:text="@string/search" />
46       </LinearLayout>
47       <View                                                  <!--自定义 View-->
48           android:layout_width="match_parent"
49           android:layout_height="1.0dip"
50           android:background="@color/text_color" />
51       <ListView                                              <!--列表视图组件-->
52           android:id="@+id/lvChangeFangAn"
53           android:background="@color/white"
54           android:layout_width="fill_parent"
55           android:layout_height="wrap_content"
56           android:layout_marginLeft="10dip"
57           android:layout_marginRight="10dip" />
58   </LinearLayout>
```

- 第 2~5 行声明了换乘方案查询界面的总的线性布局，设置了其宽、高均为适应屏幕的宽度和高度，排列方式为垂直排列。
- 第 7~10 行声明了一个线性布局，设置其宽度为适应屏幕宽度，高度为 180，背景颜色为自定义颜色并设置排列方式为垂直排列。
- 第 13~16 行声明了一个相对布局，设置相对布局宽为适应屏幕宽度，高度为 40，距离父视图顶端长度为 10。
- 第 17~24 行声明了一个编辑文本框，设置了其 id、宽度为适应屏幕宽度、高度为 40、背景颜色为自定义颜色、字体大小为 16 及距离父控件左右端长度均为 10。
- 第 25~32 行声明了一个图片域，设置了 ImageView 的 id、相对位置信息以及背景图片等属性，并设置其宽度和高度均为 22。
- 第 37~45 行声明了一个普通按钮用于发起查询指令，设置此 Button 宽度为适应屏幕宽度、高度为 40、距离父控件的上下方为 5、距离父控件左右端为 20 以及背景图片和文字等属性。
- 第 47~50 行声明了一个自定义的 View，该 View 用于向界面内加入分割线。
- 第 51~57 行声明了一个 ListView，设置了其 id，并设置其宽度与父视图相同，高度为包裹内容，距离父视图左右端的距离均为 10，同时背景颜色设置为自定义白色。

（2）上面介绍了换乘方案查询界面的搭建，下面将介绍此界面功能的实现。此界面的主要功能是用户输入起点和终点信息,输入完成后点击查询按钮该界面将列出所有符合要求的换乘方案,用户可根据自身需要选择合适的方案。具体代码如下。

✐ **代码位置：见随书光盘源代码/第 5 章/BaiduBus/src/com/baina/BaiduBus 目录下的 SearchLineChangeActivity.java。**

```
1    package com.baina.BaiduBus;
2    ......//此处省略导入类的代码，读者可自行查阅随书附带光盘中的源代码
3    public class SearchLineChangeActivity extends Activity {
4        ......//此处省略定义变量的代码，请读者自行查看源代码
5        @Override
6        protected void onCreate(Bundle savedInstanceState) {
7            super.onCreate(savedInstanceState);
8        ......//此处为设置全屏工作代码已经介绍，故省略，读者可自行查阅随书附带光盘中的源代码
9            mDialog = MyDialog.                              //建立加载提示对话框
10                       createLoadingDialog(this, "信息正在加载，请稍候……");
11           ......//此处省略 Handler 的内容，将在下面进行详细介绍
12           etStart = (EditText) findViewById(R.id.etStart);//获取起点编辑文本框引用
13           if(!Constant.START_STATION.equals("")){
14               etStart.setText(Constant.START_STATION);    //设置起点编辑文本框内容
15           }
16           etEnd = (EditText) findViewById(R.id.etEnd);     //获取终点编辑文本框引用
17           if(!Constant.END_STATION.equals("")){
18               etEnd.setText(Constant.END_STATION);        //设置终点编辑文本框内容
19           }
20           btSearchLine = (Button) this.                   //获取查询按钮引用
21                   findViewById(R.id.btSearchBusLineChange);
22           btSearchLine.setOnClickListener(new OnClickListener(){//给查询按钮添加监听
23               @Override
24               public void onClick(View v) {
25                   ......//此处发起查询的内容，将在下面进行详细介绍
26                   mDialog.show();                         //显示提示信息对话框
27                   ......//此处省略线程的内容，将在下面进行详细介绍
28                   }
29           }});
30           ImageView clearStart = (ImageView)this.         //获取起点清除图标引用
31                       findViewById(R.id.ivSButtonClear);
32           clearStart.setOnClickListener(new OnClickListener(){//起点清除图标添加监听
33               @Override
34               public void onClick(View v) {
35                   etStart.setText("");                    //设置起点编辑文本框为空
```

```
36                          }});
37          ......//此处为终点清除图标代码与上述代码基本相似，读者可自行查阅随书附带光盘中的源代码
38                      });
39                      TextView tvTitle = (TextView) this.findViewById(R.id.tvsblTitle);
                        //获取标题文本框引用
40                      tvTitle.setText(Constant.CITY_NAME);              //设置标题
41                      Button btCityBack = (Button) this.findViewById(R.id.btBack);
                        //获取返回按钮引用
42                      btCityBack.setOnClickListener(new OnClickListener(){//给返回按钮添加监听
43                          @Override
44                          public void onClick(View v) {              //返回到主界面
45                              ConstantTool.toActivity(SearchLineChangeActivity.this,
                                MainActivity.class);
46                      }});
47              }
48          public void initLineChangeData() {
49          ......//此处省略该方法的内容，将在下面进行详细介绍
50              }
51          public void initListView(){
52          ......//此处方法内容非常简单，故省略，读者可自行查阅随书附带光盘中的源代码
53              }
54      }
```

- 第 9~10 行为建立加载提示对话框，并为此对话框设置提示信息"信息正在加载，请稍候……"，此对话框用于应用在进行耗时操作的时候弹出提示用户等待。如创建数据库、检索公交线路信息以及定位附近站点等。

- 第 11~39 行首先获取起点和终点编辑文本框引用。获取引用后判断常量类中是否存在起点和终点信息，若此信息存在则为编辑文本框设置内容。最后获取查询按钮引用，并添加监听。

- 第 30~38 行为获得起点清除图标引用并为此图标添加监听，点击此图标后起点编辑文本框的内容设为空。省略的终点清除图标的代码和功能与起点基本相似，读者可自行查阅随书光盘中的源代码，这里不再一一赘述。

- 第 39~47 行为获得标题文本框和返回按钮的引用，并为标题文本框设置内容。同时给返回按钮添加监听，点击该按钮应用将返回主界面。

（3）上面介绍了换乘方案查询界面功能实现，下面将介绍该界面内发起方案查询的步骤。首先判断起点和终点编辑文本框内是否存在内容，根据不同情况提示用户输入相应信息。然后建立 GetBusLineChange 类设置相关参数后发起查询。具体代码如下。

代码位置：见随书光盘源代码/第 5 章/BaiduBus/src/com/baina/BaiduBus 目录下的 SearchLineChangeActivity.java。

```
1       if (etStart.getText().toString().equals("")              //起点为空终点不为空
2                   && !etEnd.getText().toString().equals("")) {
3           Toast.makeText(SearchLineChangeActivity.this, "请输入起点",
4                   Toast.LENGTH_SHORT).show();
5       } else if (!etStart.getText().toString().equals("")  //起点不为空终点为空
6                   && etEnd.getText().toString().equals("")) {
7           Toast.makeText(SearchLineChangeActivity.this, "请输入终点",
8                   Toast.LENGTH_SHORT).show();
9       } else {
10      endStation = etEnd.getText().toString();                 //获取终点字符串
11      startStation = etStart.getText().toString();             //获取起点字符串
12      Constant.START_STATION=startStation;                     //设置常量类起点
13      Constant.END_STATION=endStation;                         //设置常量类终点
14      GetBusLineChange busLineProvide = new GetBusLineChange(
15                  SearchLineChangeActivity.this, etStart.getText().toString(),
16                  etEnd.getText().toString());                 //设置起点和终点 40
```

- 第 1~9 行判断起点和终点文本框内是否存在内容，并根据不同情况提示用户输入相应信息。例如起点文本框为空终点文本框不为空时，弹出 Tosat 提示用户输入起点。

- 第 10~16 行首先获取起点和终点编辑文本框的内容并为常量类中的起点和终点字符串赋

值。这两个字符串用于下一次进入该界面时，自动填入起点和终点文本框。然后建立 GetBusLineChange 对象并为其传递参数发起查询。

（4）上面介绍了发起方案查询的步骤，下面将介绍该界面内的 Handler 和自定义线程。该线程用于判断 GetBusLineChange 类获得数据是否完成，完成后线程会向 Handler 发送消息，Handler 根据消息的 what 值，执行相应的 case。具体代码如下。

📡 **代码位置：见随书光盘源代码/第 5 章/BaiduBus/src/com/baina/BaiduBus 目录下的 SearchLineChangeActivity.java。**

```
1          handler = new Handler() {                              //新建 Handler
2              @Override
3              public void handleMessage(Message msg) {          //接收消息
4                  super.handleMessage(msg);
5                  switch (msg.what) {
6                  case Constant.INFO_NEARBYSTATIO:
7                      mDialog.dismiss();                        //关闭提示对话框
8                      initLineChangeData();                     //执行初始化换乘信息方法
9                      break;                                    //返回
10                 }}};
13         new Thread(new Runnable() {                            //创建新的线程判断返回数据是否完成
14             @Override
15             public void run() {
16                 boolean bz = true;                            //设置标志位为 true
17                 while (bz) {
18                     if (GetBusLineChange.isFinish) {
19                         Message message = new Message();       //新建一个消息
20                         message.what =                         //添加消息内容
21                             Constant.INFO_NEARBYSTATIO;
22                         handler.sendMessage(message);//向 Handler 发送消息
23                         bz = false;                            //设置标志位为 false
24                     }
25                     try {
26                         Thread.sleep(5);                       //每 5 毫秒检查一次
27                     } catch (Exception e) {                    //捕获异常
28                         e.printStackTrace();                   //打印异常信息
29                 }}}}).start();                                 //启动线程
```

● 第 1~12 行用于创建 Handler 对象，重写 handleMeaasge 方法，并调用父类处理消息字符串，根据消息的 what 值，执行相应的 case。此 Handler 中只有一个 case 所以执行关闭提示对话框，对话框关闭后开始执行 initLineChangeData 方法。

● 第 13~29 行为新建一个线程用于判断获取数据是否完成。此线程的 run 方法内首先建立标志位，通过循环每 5 毫秒判断一次 GetBusLineChange 类获取数据是否完成。若获取数据完成，则建立一个新的消息发送到 Handler 再将标志位设置为 false 停止判断。

（5）上面介绍了换乘方案查询界面的 Handler 和自定义线程，下面介绍 initLineChangeData 方法。此方法用于处理 GetBusLineChange 类获得的换乘方案数据，根据数据的具体格式拆分出换乘方案查询界面所需的部分，如线路名、起点和终点等信息。具体代码如下。

📡 **代码位置：见随书光盘源代码/第 5 章/BaiduBus/src/com/baina/BaiduBus 目录下的 SearchLineChangeActivity.java。**

```
1          public void initLineChangeData() {
2              myMapArray=new ArrayList<HashMap<String,String>>();//建立存储数据的 List 集合
3              List<TransitRouteLine> mRouteLine =                 //检索结果换乘路线集合
4                          GetBusLineChange.mTransitRouteLine;
5              for (int index = 0; index < mRouteLine.size(); index++) {
6                  ......//此处省略定义变量的代码，请读者自行查看源代码
7                  TransitRouteLine line=mRouteLine.get(index);//取出编号为 index 的数据
8                  ArrayList<TransitStep> steps =                  //获取所有节点信息
9                              (ArrayList<TransitStep>) line.getAllStep();
10                 for (TransitStep step : steps) {
11                     str = str + step.getInstructions() + "->";
```

```
12          String instructions = step.getInstructions().toString();
            //获取该路段换乘说明
13    station = station+ instructions.substring(//获得到达的站点
14        instructions.indexOf("到达") + 2,instructions.
          length());
15    if (stepsIndex != steps.size() - 1) {
16        station = station + "->";          //在站点间加入箭头
17    }
18    if (step.getStepType() == TransitRouteStepType.BUSLINE) {
19        allStation =allStation+ Integer.parseInt(
          //获得公交路段经过的站点
20    instructions.substring(instructions.indexOf("经过")+ 2,
21            (instructions.indexOf(",",
                instructions.indexOf("经过") + 2) - 1)));
22        if (instructions.indexOf(")") != -1) {
23            bus =bus+ instructions.substring(
              //获得乘坐的直达线路名称
24                instructions.indexOf("乘坐") + 2,
                  instructions.indexOf(")") + 1);
25        } else {
26            bus =bus+ instructions.substring(
              //获得乘坐的换乘线路名称
27                instructions.indexOf("乘坐") + 2,
                  instructions.indexOf(","));
28        }
29        if (stepsIndex != steps.size() - 1) {
30            bus = bus + "->";          //在站点间加入箭头
31        }
32        change++;
33    }
34    stepsIndex++;
35    }
36    myMap.put("station", station);          //站点数据加入集合
37    myMap.put("bus", bus);          //线路数据加入集合
38    myMap.put("change", change + "");          //换乘数据加入集合
39    myMap.put("allStation", allStation + ""); //所有站点数据加入集合
40    myMapArray.add(myMap);
41    }
42    initListView();                    //执行初始化ListView方法
43    }
```

- 第2~9行首先建立存储数据的 List 集合，然后从 GetBusLineChange 类取出检索结果，最后获取集合为 index 的换乘方案，取得此方案后通过 getAllStep 方法取出方案内全部节点为后面切分具体信息提供数据。

- 第10~43行，取出具体节点后通过 getInstructions 获得该节点路段换乘说明，根据说明的具体格式拆分出起点、终点和线路名称等信息。拆分完成后将站点数据、线路数据、换乘数据以所有站点数量数据加入到集合中，为后面初始化 ListView 提供数据。

（6）上面介绍了换乘方案查询界面的搭建和功能实现，下面介绍该界面的子界面换乘方案展示界面。首先介绍此界面布局 activity_change_plan.xml 的开发，包括布局的安排、控件的基本属性设置等，实现的具体代码如下。

✎ 代码位置：见随书光盘源代码/第 5 章/BaiduBus /res/layout 目录下的 activity_change_plan.xml。

```
1    <?xml version="1.0" encoding="utf-8"?>                    <!--版本号及编码方式-->
2    <LinearLayout xmlns:android="http://schemas.android.com/apk/res/android"    <!--
     线性布局-->
3        android:id="@+id/llPar"
4        android:layout_width="match_parent"
5        android:layout_height="match_parent"
6        android:background="#ffeeeeee"
7        android:orientation="vertical" >
8        ......<!--此处为导航条相对布局已经介绍，故省略，读者可自行查阅随书附带光盘中的源代码-->
9    <LinearLayout                                        <!--线性布局-->
```

```
10          android:layout_width="fill_parent"
11          android:layout_height="40dip" >
12          <TextView                                              <!--文本域-->
13              android:id="@+id/tvPlanTitle"
14              android:layout_width="fill_parent"
15              android:layout_height="40dip"
16              android:background="@color/bg_text"
17              android:gravity="center_vertical" />
18      </LinearLayout>
19      <LinearLayout                                              <!--线性布局-->
20          android:id="@+id/llParent"
21          android:layout_width="fill_parent"
22          android:layout_height="wrap_content"
23          android:orientation="horizontal" >
24          <RelativeLayout                                        <!--相对布局-->
25              android:id="@+id/rlLayout"
26              android:layout_width="wrap_content"
27              android:layout_height="50dip"
28              android:layout_marginLeft="20dip" >
29              <ImageView                                         <!--图片域-->
30                  android:id="@+id/ivStart"
31                  android:layout_width="wrap_content"
32                  android:layout_height="wrap_content"
33                  android:background="@drawable/ico_start" />
34                  ......<!--此处图片域定义与上述相似，读者可自行查阅随书附带光盘中的源代码->
35          </RelativeLayout>
36          <LinearLayout                                          <!--线性布局-->
37              android:id="@+id/llChangePlan"
38              android:layout_width="fill_parent"
39              android:layout_height="wrap_content"
40              android:layout_marginLeft="10dip"
41              android:layout_marginRight="20dip"
42              android:layout_marginTop="20dip"
43              android:orientation="vertical" >
44          </LinearLayout>
45      </LinearLayout>
46  </LinearLayout>
```

- 第 2~7 行声明了换乘方案展示界面的总的线性布局，设置了其 id，并设置其宽、高均为适应屏幕的宽度和高度，背景颜色为自定义颜色，排列方式为垂直排列。

- 第 9~18 行声明了一个线性布局，其中包裹了一个文本域，设置了文本域的 id，并设置其宽度与父视图相同，高度为 40，背景颜色为自定义灰色，相对位置信息为垂直居中。此文本框用于显示起点和终点信息。

- 第 19~23 行为声明一个线性布局，设置了其 id，并设置其宽度与父视图相同，高度为自适应内容高度，排列方式为垂直排列。

- 第 24~28 行为声明一个相对布局，设置了其 id，并设置此布局宽度与父视图相同，高度为自适应内容宽度，距离父视图左端长度为 20。

- 第 29~33 行声明了一个图片域，设置了其 id，宽度、高度均为适应内容的宽度和高度，背景图片为 ico_start。包含此图片域的相对布局同时包含另外两个图片域，因与此图片域相似，故省略，请读者自行查看源代码。

- 第 36~44 行为声明一个线性布局，设置了其 id，并设置其宽度与父视图相同，高度为自适应内容高度，此布局距离父视图的左端、右端和顶端长度分别为 10、20 和 20，排列方式为垂直排列。此线性布局用于显示具体的换乘方案。

（7）上面介绍了换乘方案展示界面的布局搭建，下面将介绍此界面的功能实现。此界面主要用于展示具体的换乘方案信息，其中包括起点、终点、步行路段、公交路段和步行导航等。这里主要介绍与导航有关的代码。具体代码如下。

> **说明**　由于换乘方案展示界面的一些功能与已经介绍过的大致相同就不再一一赘述，读者可自行查阅随书附带光盘中的源代码。

代码位置：见随书光盘源代码/第 5 章/BaiduBus/src/com/baina/BaiduBus 目录下的 ChangePlanActivity.java。

```java
1    BaiduNaviManager.getInstance().initEngine(this, getSdcardDir(),//初始化导航引擎
2            mNaviEngineInitListener, new LBSAuthManagerListener() { //验证 key 值
3                    @Override
4                    public void onAuthResult(int status, String msg) {
5                        String str = null;
6                        if (0 == status) {
7                            str = "key校验成功!";         //设置提示字符
8                        } else {
9                            str="key校验失败,"+msg;//设置提示字符和错误原因
10                       }
11                       Toast.makeText(                //弹出 Toast 提示用户
12                           ChangePlanActivity.this,
13                           str,Toast.LENGTH_LONG).show();
                           }});
15   private NaviEngineInitListener mNaviEngineInitListener = new
         NaviEngineInitListener() {
16       public void engineInitSuccess() {
17           mIsEngineInitSuccess = true;//导航初始化标志位，为 true 时才能发起导航
18       }
19       ......//此处省略两个重写的方法，读者可自行查阅随书附带光盘中的源代码
20   };
21   private String getSdcardDir() {              //用于初始化导航
22       if (Environment.getExternalStorageState().equalsIgnoreCase(
23               Environment.MEDIA_MOUNTED)) {
24           return Environment.getExternalStorageDirectory().toString();
25       }
26       return null;
27   }
28   private void launchNavigator2(int index, String stationName) {
29       TransitStep mStep = stepsWalk.get(index);        //获得换乘路段
30       BNaviPoint startPoint = new BNaviPoint(          //建立起点节点
31           mStep.getEntrace().getLocation().longitude, mStep.getEntrace()
32           .getLocation().latitude, "",BNaviPoint.CoordinateType.BD09_MC);
33       BNaviPoint endPoint = new BNaviPoint(          //建立终点节点
34           mStep.getExit().getLocation().longitude, mStep.getExit()
35           .getLocation().latitude, stationName,BNaviPoint.CoordinateType.
             BD09_MC);
36       BaiduNaviManager.getInstance().launchNavigator(        //启动导航
37           this,                                    //启动导航所在的Activity
38           startPoint,                              //起点
39           endPoint,                               //终点
40           NE_RoutePlan_Mode.ROUTE_PLAN_MOD_MIN_TIME,   //算路方式
41           navigatorType,                  //true 为真实导航 false 为模拟导航
42           BaiduNaviManager.STRATEGY_FORCE_ONLINE_PRIORITY,  //在离线策略
43           new OnStartNavigationListener() {          //跳转监听
44               @Override
45               public void onJumpToNavigator(Bundle configParams) {
46                   Intent intent = new Intent(          //跳转到导航界面
47                           ChangePlanActivity.this,
                           BNavigatorActivity.class);
48                   intent.putExtras(configParams);     //添加信息
49                   startActivity(intent);              //切换到导航界面
50               }
51               ......//此处省略重写的方法，读者可自行查阅随书附带光盘中的源代码
52       });}
```

● 第 1~27 行为初始化导航引擎。导航初始化是异步的，需要一小段时间，以 mIsEngineInitSuccess 为标志来识别引擎是否初始化成功，此标志为 true 时才能发起导航。其中 onAuthResult 是用来验证 key 值的方法，根据该方法的返回值来判断 key 值是否校验成功并通过 Toast 提示用户。

● 第 28~35 行首先获得相应的换乘路段信息。然后建立起点和终点节点，并通过获取到的换乘路段信息为节点设置坐标、名称和坐标类型参数。

● 第 36~52 行为启动导航。首先设置启动导航所在的 Activity、起点、终点、算路方式、导航方式以及离线策略等参数。用户可在应用弹出的对话框中根据需要选择导航方式，然后通过 onJumpToNavigator 方法跳转到导航界面。

（8）上面用到的 BNavigatorActivity 为创建导航视图并时时更新视图的类。本类中调用语音播报功能，导航过程中的语音播报是对外开放的，开发者通过回调接口可以决定使用导航自带的语音 TTS 播报，还是采用自己的 TTS 播报。具体代码如下。

代码位置：见随书光盘源代码/第 5 章/BaiduBus/src/com/baina/BaiduBus 目录下的 BNavigatorActivity.java。

```
1    package edu.heuu.campusAssistant.map;                          //导入包
2    ......//此处省略导入类的代码，读者可自行查阅随书附带光盘中的源代码
3    public class BNavigatorActivity extends Activity{              //继承系统 Activity
4        public void onCreate(Bundle savedInstanceState){
5            super.onCreate(savedInstanceState);                   //调用父类方法
6            if (Build.VERSION.SDK_INT < 14) {                     //如果版本号小于 14
7                BaiduNaviManager.getInstance().destroyNMapView(); //销毁视图
8            }
9            MapGLSurfaceView nMapView = BaiduNaviManager.getInstance().
             createNMapView(this);
10           View navigatorView = BNavigator.getInstance().        //创建导航视图
11               init(BNavigatorActivity.this, getIntent().getExtras(), nMapView);
12           setContentView(navigatorView);                        //填充视图
13           BNavigator.getInstance().setListener(mBNavigatorListener);//添加导航监听器
14           BNavigator.getInstance().startNav();                  //启动导航
15           BNTTSPlayer.initPlayer();                             //初始化 TTS 播放器
16           BNavigatorTTSPlayer.setTTSPlayerListener(new IBNTTSPlayerListener() {
17               @Override                                         //设置 TTS 播放回调
18               public int playTTSText(String arg0, int arg1) {   //TTS 播报文案
19                   return BNTTSPlayer.playTTSText(arg0, arg1);
20               }
21               ......//此处省略两个重写的方法，读者可自行查阅随书附带光盘中的源代码
22               @Override
23               public int getTTSState() {                        //获取 TTS 当前播放状态
24                   return BNTTSPlayer.getTTSState();             //返回 0 则表示 TTS 不可用
25           }});
26           BNRoutePlaner.getInstance().setObserver(
27               new RoutePlanObserver(this, new IJumpToDownloadListener() {
28                   @Override
29                   public void onJumpToDownloadOfflineData() {
30           }}));}
31       private IBNavigatorListener mBNavigatorListener = new IBNavigatorListener() {
                                                                   //导航监听器
32       @Override
33           public void onPageJump(int jumpTiming, Object arg) {  //页面跳转回调
34               if (IBNavigatorListener.PAGE_JUMP_WHEN_GUIDE_END == jumpTiming
35                   ||IBNavigatorListener.PAGE_JUMP_WHEN_ROUTE_PLAN_FAIL ==
                     jumpTiming) {
36                   backActivty();
37           }}
38           @Override
39           public void notifyStartNav() {                        //开始导航
40               BaiduNaviManager.getInstance().dismissWaitProgressDialog();
                 //关闭等待对话框
41       }};
42       ......//此处省略 Activity 生命周期中的五个方法，读者可自行查阅随书附带光盘中的源代码
43   }
```

● 第 4~8 行的功能为调用继承系统 Activity 的方法，如果版本号小于 14，则 BaiduNaviManager 将销毁导航视图。

● 第 9~15 行的功能为创建 MapGLSurfaceView 对象、创建导航视图、填充视图、为视图添加导航监听器、启动导航功能以及初始化 TTS 播放器等。

● 第 16~30 行的功能为通过 BNavigatorTTSPlayer 添加 TTS 监听器，重写 TTS 播报文案方法以及重写获取 TTS 当前播放状态的方法，时时更新 BNTTSPlayer。

● 第 31~41 行表示创建导航监听器，重写页面跳转回调方法和开始导航回调方法。页面跳转方法的功能为判断当前导航是否进行，如果导航结束或导航失败，则视图将退出导航。如果导航开启，则关闭等待对话框。

5.5.5　定位附近站点模块的开发

本小节将介绍定位附近站点功能模块的具体实现，通过向右滑动主界面可切换到定位附近站点界面进行操作。点击站点列表中任一站点名称即可进入站点信息界面，点击地图按钮即可进入百度地图界面，从而在地图上查看用户所在地附近 1000 米范围内的所有公交站点。

> 提示　本模块的站点信息搜索、地图显示是基于百度地图的二次开发，相关 key 值、配置文件和相关权限不太熟悉的读者可以参考百度地图官网的相关资料，本书由于篇幅所限，不再一一赘述。

（1）下面将介绍定位附近站点界面框架的搭建，包括布局的安排，文本视图、按钮等控件的属性设置，省略部分与介绍的部分相似，读者可自行查阅随书光盘代码进行学习，具体代码如下。

✎ 代码位置：见随书光盘源代码/第 5 章/BaiduBus/res/layout 目录下的 viewpager_busstation.xml

```xml
1    <?xml version="1.0" encoding="utf-8"?>          <!--版本号及编码方式-->
2    <LinearLayout                                   <!--线性布局-->
3        xmlns:android="http://schemas.android.com/apk/res/android"
4        android:layout_width="match_parent"
5        android:layout_height="match_parent"
6        android:background="#ffeeeeee"
7        android:orientation="vertical" >
8        <LinearLayout                               <!--线性布局-->
9            android:layout_width="match_parent"
10           android:layout_height="50dip"
11           android:background="#ffeeeeee"
12           android:focusable="true"
13           android:focusableInTouchMode="true"
14           android:orientation="horizontal" >
15           <TextView                               <!--文本域-->
16               android:layout_width="match_parent"
17               android:layout_height="wrap_content"
18               android:layout_marginBottom="10dip"
19               android:layout_marginLeft="15dip"
20               android:layout_marginTop="10dip"
21               android:layout_weight="6.0"
22               android:hint="附近站点"
23               android:singleLine="true"
24               android:textColor="#ff999999"
25               android:textSize="20dip" />
26           <Button                                 <!--普通按钮-->
27               android:id="@+id/btMapBusStation"
28               android:layout_width="wrap_content"
29               android:layout_height="wrap_content"
30               android:layout_marginBottom="10dip"
31               android:layout_marginRight="15dip"
32               android:layout_marginTop="10dip"
33               android:layout_weight="1.0"
34               android:background="@drawable/chaxun_bt"
35               android:text="地图" />
36       </LinearLayout>
37       <ListView                                   <!--列表区-->
```

```
38              android:id="@+id/lvNearbyStation"
39              android:layout_width="fill_parent"
40              android:layout_height="fill_parent"
41              android:layout_marginBottom="10dip"
42              android:layout_marginLeft="10dip"
43              android:layout_marginRight="10dip"
44              android:layout_marginTop="5dip"
45              android:layout_weight="15"
46              android:background="#fffbfbfb" >
47      </ListView>
48      ......  <!--此处省略声明了线性布局的代码,请读者自行查阅随书附带光盘中的源代码-->
49  </LinearLayout>
```

- 第 2~7 行用于声明总的线性布局,总线性布局中还包含两个线性布局。设置线性布局的宽度为自适应屏幕宽度,高度为自适应屏幕高度,排列方式为垂直排列。

- 第 8~36 行用于声明一个线性布局,设置线性布局的宽度为自适应父控件宽度,高度为 50个像素,排列方式为水平排列。此线性布局包含一个文本域和一个普通按钮,文本域显示"附近站点",用来提示用户;按钮为地图按钮,点击进入百度地图界面,显示当前用户所在地附近 1000米范围内的所有公交站点。

- 第 37~47 行定义了一个 ListView,设置 ListView 的 id 为 lvNearbyStation、宽度和高度分别为充满父控件的宽度和高度,此 ListView 用来显示附近站点的站点名称,按距离用户所在地远近排列,并将距离显示在站点名称后面,点击任一站点名称进入站点信息界面。

（2）上面介绍了定位附近站点界面的布局搭建,下面将介绍主界面 MainActivity 类中定位附近站点界面初始化的方法。定位附近站点界面主要显示当前用户所在地附近 1000 米范围内的所有公交站点,点击地图按钮即可进入地图界面,在地图上查看附近站点信息。具体代码如下。

📎 **代码位置:**见随书光盘源代码/第 5 章/BaiduBus/src/com/baina/BaiduBus 目录下的 MainActivity.java。

```
1   public void initNearStation(View rLocation) {
2       View v = layoutList.get(2);                          //界面切换到定位附近站点界面
3       llRLocation=(LinearLayout)v.findViewById(R.id.llRenvateLocation);//加载重定位
4       if (mGetData == null && rLocation == null) {
5           mGetData = new GetBusStationData(v.getContext());//创建定位对象提供数据
6       }
7       if (rLocation != null &&            // 如果是通过 llRenvateLocation 点击
8           rLocation.getId() == R.id.llRenvateLocation) {
9           new GetBusStationData(v.getContext());           //则重新创建定位对象
10      }
11      tvLocationName =                                     //显示定位地点名称
12          (TextView) v.findViewById(R.id.tvLocationName);
13      tvLocationName.setText("正在定位。。。 ");            //设置提示信息
14      ......//此处省略判断结果是否获取完全的代码,请读者自行查阅随书附带光盘中的源代码
15      }
16  public void initNearStationView() {
17          mPoiIfo = GetBusStationData.mPoiIfo;             //获得返回的数据
18          View v = layoutList.get(2);
19          Button map = (Button) v.findViewById(R.id.btMapBusStation);
            //加载 map 按钮
20          ListView lv = (ListView) v.findViewById(R.id.lvNearbyStation);
            //加载 ListView
21          NearStationAdapter mNearStation =               //给 ListView 添加适配器
22           new NearStationAdapter( v.getContext(), mPoiIfo);
23          lv.setAdapter(mNearStation);
24          lv.setOnItemClickListener(new OnItemClickListener() {//添加点击监听事件
25          @Override
26           public void onItemClick(AdapterView<?> arg0, View arg1,
27              int position, long arg3) {
28              String busLineName = mPoiIfo.get(position).name; //获取站点名称
29              String uid = mPoiIfo.get(position).uid;          //获取站点 uid
30              Constant.myLatlng = mPoiIfo.get(position).location;
31              String[] keyArray =                              //需要传递的 key 集合
32               { "busLineName", "busStationName","busStationNum", "stationUid" };
```

```
33              String[] valueArray =                      //需要传递的 key 值集合
34                { "null", busLineName, "null", uid };
35              ConstantTool.toActivity(MainActivity.this,   //跳转到信息站点界面
36                      SetActivity.class,keyArray, valueArray);
37          }});
38          map.setOnClickListener(                          //给 map 按钮添加监听
39            new OnClickListener() {
40            @Override
41            public void onClick(View v) {                  //转换到附近站点的 Map
42             ConstantTool.toActivity(MainActivity.this,PoiSearchStationMap.
                 class);
43          }});
44          tvLocationName.setText(                          //设置当前定位的位置信息
45          GetBusStationData.mBDLocation.getAddrStr());
46          llRLocation.setOnClickListener(new OnClickListener() {//添加点击监听事件
47            @Override
48            public void onClick(View v){initNearStation(v);}//初始化定位附近站点界面
49          });
50      }
```

- 第 3~15 行为加载重定位控件，获取 id，设置监听事件。如果首次定位则创建定位对象，获取相关数据，在文本框中显示当前用户位置；如果是用户点击重定位控件则重新创建定位对象，重新获取相关数据。并且单独创建一个线程，用来检查返回数据是否完成。

- 第 18~25 行为获取 POI 搜索返回的结果，加载本界面的地图按钮以及用来显示站点名称的 listview 等控件，为 listview 设置适配器，添加点击监听事件。

- 第 29~37 行为获取当前站点的名称、id 等信息，并将当前站点的相关信息传递给站点信息界面，当点击事件发生时，由本界面跳转到站点信息界面。

- 第 38~49 行为地图按钮和重定位控件添加点击监听事件，点击地图按钮则跳转到百度地图界面，用户可在地图上查看附近站点情况；点击重定位控件则执行 initNearStation(view)方法，进行重新定位，并将用户所在地信息返回。

说明   listview 不仅显示当前用户所在地 1000 米范围内的所有公交站点，而且显示出站点与用户所在地之间的距离，并且按升序排列。请读者运行本书附带光盘中的案例自行查看。

（3）上面介绍了定位附近站点界面的实现，下面将介绍站点信息界面框架的搭建，包括布局的安排，文本视图、按钮等控件的属性设置。省略部分与介绍的部分相似，读者可自行查阅随书光盘代码进行学习。具体代码如下。

代码位置：见随书光盘源代码/第 5 章/BaiduBus/res/layout 目录下的 activity_set.xml。

```
1   <?xml version="1.0" encoding="utf-8"?>              <!--版本号及编码方式-->
2   <LinearLayout xmlns:                                <!--线性布局-->
3       android="http://schemas.android.com/apk/res/android"
4       android:layout_width="match_parent"
5       android:layout_height="match_parent"
6       android:background="#ffeeeeee"
7       android:orientation="vertical" >
8       ......<!--此处省略页面导航条的布局，请读者自行查阅随书附带光盘中的源代码-->
9       <LinearLayout                                  <!--线性布局-->
10        android:layout_width="fill_parent"
11        android:layout_height="50dip"
12        android:layout_marginLeft="10dip"
13        android:layout_marginRight="10dip"
14        android:layout_marginTop="10dip"
15        android:background="#ffffff"
16        android:orientation="horizontal" >
17        <ImageView                                   <!--图片域-->
18          android:layout_width="wrap_content"
19          android:layout_height="fill_parent"
```

```
20          android:src="@drawable/ico_start" />
21       <Button                                        <!--普通按钮-->
22          android:id="@+id/btSeZhiQiDian"
23          android:layout_width="fill_parent"
24          android:layout_height="40dip"
25          android:layout_marginTop="5dip"
26          android:layout_weight="1.0"
27          android:background="@drawable/zdbutton"
28          android:text="设置起点"
29          android:textColor="#000000" />
30       ......<!--此部分与前面介绍的部分相似，故省略，请读者自行查阅随书附带光盘中的源代码-->
31    </LinearLayout>
32    <ListView                                          <!--列表区-->
33       android:id="@+id/lvzsszxl"
34       android:layout_width="fill_parent"
35       android:layout_height="wrap_content"
36       android:layout_marginLeft="10dip"
37       android:layout_marginRight="10dip"
38       android:layout_marginTop="10dip"
39       android:dividerHeight="20dip"
40       android:background="#fffbfbfb" >
41    </ListView>
42 </LinearLayout>
```

- 第 2~7 行用于声明总的线性布局，总线性布局中还包含了一个线性布局和一个相对布局。设置线性布局的宽度为自适应屏幕宽度，高度为自适应屏幕高度，排列方式为垂直排列。

- 第 9~16 行声明了一个线性布局，设置此布局的宽度充满父控件的宽度，高度为 50 个像素，距离屏幕左右的距离为 10 个像素，排列方式为水平排列。

- 第 21~29 行定义了一个普通按钮，设置了按钮的 id、背景、颜色、内容以及按钮的宽度为充满父控件，按钮的高度为 40 个像素。点击按钮则将当前站点设为换乘查询的起点。

- 第 33~41 行定义了一个 ListView，设置了 ListView 的 id、高度、宽度、左右留白等相关属性，此 ListView 用来显示通过当前站点的所有公交路线。

（4）下面将介绍站点信息界面的实现代码，站点信息界面主要显示通过当前站点的所有公交路线，同时点击"设为起点"或"设为终点"按钮可将当前站点设为换乘查询的起点或终点。具体代码如下。

✏ **代码位置：** 见随书光盘源代码/第 5 章/BaiduBus/src/com/baina/BaiduBus 目录下的 SetActivity.java

```
1    package com.baina.BaiduBus;
2    ......//此处省略导入类的代码，读者可自行查阅随书附带光盘中的源代码
3    public class SetActivity extends Activity implements
4      OnGetPoiSearchResultListener {
5       ......//此处省略定义变量的代码，请读者自行查阅随书附带光盘中的源代码
6      @Override
7       protected void onCreate(Bundle savedInstanceState) {
8           super.onCreate(savedInstanceState);
9           ......//此处省略设置全屏的代码，请读者自行查阅随书附带光盘中的源代码
10          setContentView(R.layout.activity_set);
11          mPoiSearch = PoiSearch.newInstance();                   //poi 检索接口
12          mPoiSearch.setOnGetPoiSearchResultListener(this);       //设置结果监听
13          ......//此处省略获取信息的代码，请读者自行查阅随书附带光盘中的源代码
14          ......//此处省略 hundler 发送消息的代码，请读者自行查阅随书附带光盘中的源代码
15          lv=(ListView) this.findViewById(R.id.lvzsszxl);         //获取 ListView 引用
16          witeStation();//判断是否获取到搜索结果，请读者自行查阅随书附带光盘中的源代码
17        }
18       public void searchStation() {                     //搜索站点信息
19         mPoiSearch.searchPoiDetail((new PoiDetailSearchOption())
20           .poiUid(stationUid));                         //设置poi 检索参数站点 uid
21       }
22       public void init() {
23         ......//此处省略加载控件的代码，请读者自行查阅随书附带光盘中的源代码
24         BaseAdapter ba=new BaseAdapter() {              //建立站点 ListView 适配器
25         @Override
```

```
26      public View getView(int position,View convertView, ViewGroup parent) {
27         TextView tv=new TextView(SetActivity.this);//新建 TextView
28         tv.setTextSize(20);                        //设置字体大小
29         tv.setTextColor(Color.BLACK);              //设置字体颜色
30         tv.setText(stationBus.get(position));      //设置文字
31         return tv;
32      }
33      ......//此处省略适配器其他相关方法，请读者自行查阅随书附带光盘中的源代码
34   };
35   lv.setAdapter(ba);
36   lv.setOnItemClickListener(                     //添加 ListViewItem 监听
37      new OnItemClickListener() {
38   @Override
39   public void onItemClick(AdapterView<?>arg0,View arg1,int position,long arg3){
40      String busLineName=stationBus.get(position).trim();     //获取线路信息
41      String[] keyArray = { "busLineName" };     //要传递的 key
42      String[] valueArray = { busLineName };     //要传递的 key 值
43      ConstantTool.toActivity(SetActivity.this, //转到公交线路信息界面
44         BusLineActivity.class, keyArray, valueArray);
45   }});
46      ......//此处省略返回按钮的监听事件，请读者自行查阅随书附带光盘中的源代码
47   Button setStart=(Button) this.findViewById(R.id.btSeZhiQiDian);  //加载引用
48   Button setEnd=(Button)this.findViewById(R.id.btSeZhiZhongDian);//加载引用
49   setStart.setOnClickListener(new OnClickListener() {         //设置监听
50   @Override
51   public void onClick(View v) {
52   Constant.START_STATION=busStation;   //设置起点并且跳转到查询界面
53   ConstantTool.toActivity(SetActivity.this, SearchLineChangeActivity.class);
54   }});
55      ......//此处省略设为终点按钮的监听事件的代码，请读者自行查阅随书附带光盘中的源代码
56   }
57      ......//此处省略获取 Poi 搜索结果的方法的代码，请读者自行查阅随书附带光盘中的源代码
58   }
```

- 第 11~15 行获取 Poi 搜索接口，并对其设置监听事件，获取来自其他界面的线路信息和站点信息，获取本界面的 ListView 的引用等。

- 第 18~21 行为 Poi 搜索站点信息的方法，searchPoiDetail 是按照 Poi 的 id 查找 Poi 详细信息的方法，返回相应的 PoiItemDetail，抛出 AMapServicesException。

- 第 24~45 行为创建适配器并为 ListView 添加适配器，新建 TestView，设置 TestView 的字体大小、字体颜色等相关属性。点击 ListView 中的任一项，则进入线路信息界面。

- 第 48~54 行为加载"设为起点"按钮和"设为终点"按钮，并为两个按钮添加点击监听事件。点击"设为起点"按钮，则将当前站点设为换乘查询的起点并跳转到换乘查询输入界面；点击"设为终点"按钮，则将当前站点设为换乘查询的终点并跳转到换乘查询输入界面。

（5）上面介绍了站点信息界面的实现，下面将介绍定位附件站点地图界面的开发，在定位附近站点界面点击地图按钮即可进入地图界面。在地图上不仅会显示当前用户所在地，还会显示 1000 米范围内的所有公交站点，点击站点图标则会显示出当前站点相关信息。具体代码如下。

✏提示 ┊ 此界面的框架搭建与前面的地图界面相似，故省略，请读者自行查阅源代码。

📎 代码位置：见随书光盘源代码/第 5 章/BaiduBus/src/com/baina/Map 目录下
PoiSearchStationMap.java。

```
1   package com.baina.Map;
2   ......//此处省略导入类的代码，读者可自行查阅随书附带光盘中的源代码
3   public class PoiSearchStationMap
4         extends FragmentActivity implements OnGetPoiSearchResultListener {
5         ......//此处省略定义变量的代码，请读者自行查阅随书附带光盘中的源代码
6      @Override
7   protected void onCreate(Bundle savedInstanceState) {
8      super.onCreate(savedInstanceState);
9         //在使用 SDK 各组件之前初始化 context 信息，传入 ApplicationContext
```

```
10          SDKInitializer.initialize(this.getApplication());
11            ......//此处省略设置全屏的代码,请读者自行查阅随书附带光盘中的源代码
12          setContentView(R.layout.map_near_station);     //加载当前activity显示界面
13          mMapView=                                      //获取地图显示引用
14                (MapView) this.findViewById(R.id.mapNear);
15          mBaiduMap = mMapView.getMap();                 //加载地图
16          mSetVisibility();                              //隐藏地图缩放按钮
17          mBaiduMap.setMyLocationEnabled(true);          //开启图层定位
18          float mZoomLevel = 16.0f;                      //设置地图缩放比
19          mBaiduMap.setMapStatus(MapStatusUpdateFactory.zoomTo(mZoomLevel));
20          mBaiduMap.setMapStatus(                        //设置地图中心点
21                MapStatusUpdateFactory.newLatLng(GetBusStationData.
                  locationLanLng));
22          mPoiSearch = PoiSearch.newInstance();          //获取POI搜索引用
23          mPoiSearch.setOnGetPoiSearchResultListener(this); //设置结果监听
24          mBDLocation = GetBusStationData.mBDLocation;   //获取定位
25          mPoiIfo = new ArrayList<PoiInfo>();
26          mBaiduMap.setOnMarkerClickListener(
27          new OnMarkerClickListener() {                  //添加气球监听
28          @Override
29          public boolean onMarkerClick(Marker marker) {
30              marker.setIcon(bitMapS);                   //设置气球图片
31           if (markerTop != marker && markerTop != null) {
32             markerTop.setIcon(bitMapN);                //设置气球图片
33           }
34           presentIndex = Integer.parseInt(marker.getTitle()) - 1;   //设置索引
35           PoiInfo poi = mPoiIfo.get(presentIndex);
36           mPoiSearch.searchPoiDetail(                   //查询POI的具体信息
37               (new PoiDetailSearchOption()).poiUid(poi.uid));
38             mBaiduMap.setMapStatus(                     //把地图移动到气球位置
39             MapStatusUpdateFactory.newLatLng(mPoiIfo.get(presentIndex).
               location));
40             markerTop = marker;
41             return true;
42           }});
43          bitMapN = BitmapDescriptorFactory.fromResource(R.drawable.point_n);
            //加载图片
44          bitMapS = BitmapDescriptorFactory.fromResource(R.drawable.point_s);
            //加载图片
45            ......//此处省略切换地图类型的代码,请读者自行查阅源代码
46          addMarker();                                   //添加气球
47          }
48          public void addMarker() {
49            ......//此处省略添加气球的代码,将在后面详细介绍
50          }
51          ....... //此处省略获取POI搜索结果的代码,请读者自行查阅源代码
52          ......//此处省略隐藏地图缩放按钮的代码,请读者自行查阅源代码
53      }
```

● 第 13~21 行为获取地图显示引用,加载百度地图,隐藏地图缩放按钮,设置地图显示的中心点,设置地图缩放比,开启图层定位,为后续地图显示做准备。

● 第 24~44 行为获取定位,加载图片,设置气球图片并添加气球点击监听,未点击气球之前,气球为红色;点击气球之后,气球为蓝色。

> 说明　其中在获取定位信息之前,一定要先开启定位图层。第 52 行省略的为隐藏地图上缩放按钮的方法,其中设置 View 可见与不可见共有 3 种设置,分别为 View.GONE(隐藏控件且不保留 View 控件所占有的空间)、View.INVISIBLE(控件不可见,界面保留了 View 控件所占有的空间)和 View.VISIBLE 控件可见,读者可根据自身需要对控件进行相关设置。

（6）下面将详细介绍上面省略的 addMarker()方法,该方法是定位附近站点地图界面的核心部分,包含添加 Overlay,获取定位数据以及将获取的数据显示到地图上等。具体代码如下。

📎 **代码位置：见随书光盘源代码/第 5 章/BaiduBus/src/com/baina/Map 目录下
PoiSearchStationMap.java。**

```
1    public void addMarker() {
2      if (!GetBusStationData.mPoiIfo.isEmpty()) {    //判断当前是否获取到搜索结果
3        for (PoiInfo poiInfo : GetBusStationData.mPoiIfo) {
4          mPoiIfo.add(poiInfo);
5          OverlayOptions mOverlay = new MarkerOptions()  //创建 MarkerOptions 对象
6              .position(poiInfo.location)      //设置当前 MarkerOptions 对象的经纬度
7              .icon(bitMapN)                   //设置当前 MarkerOptions 对象的自定义图标
8              .zIndex(9).perspective(true)     //设置为近大远小效果
9              .title(num_Index + "");          //设置 Marker 的标题
10       mBaiduMap.addOverlay(mOverlay);        //向地图添加 Overlay
11       num_Index++;
12     }
13     MyLocationData locData = new MyLocationData.Builder()      //加入定位图标
14         .accuracy(mBDLocation.getRadius())                    //设置定位精度
15         .direction(mBDLocation.describeContents())//此处设置方向信息，顺时针 0° ~360°
16         .latitude(mBDLocation.getLatitude())                  //百度纬度坐标
17         .longitude(mBDLocation.getLongitude()).build();       //百度经度坐标
18     mBaiduMap.setMyLocationData(locData);                     //设置定位数据
19     if (isFirstLoc) {
20       isFirstLoc = false;
21       LatLng ll = new LatLng(                                 //获取定位坐标
22           mBDLocation.getLatitude(),mBDLocation.getLongitude());
23       MapStatusUpdate u = MapStatusUpdateFactory.newLatLng(ll);//定位图标设置
24       mBaiduMap.animateMapStatus(u);      //以动画方式更新地图状态，动画耗时 300 ms
25     } else {
26       Toast.makeText(PoiSearchStationMap.this,                //显示提示信息
27         "抱歉未找到结果",Toast.LENGTH_LONG).show();
28     }
29   }
```

- 第 5~10 行为向地图添加一个 Overlay，OverlayOptions 为地图覆盖物选型基类，MarkerOptions 为定义了一个 Marker 选项，MarkerOptions 自带很多方法用来设置 Marker 选项，本处用到了设置 MarkerOptions 对象的经纬度、自定义图标、标题以及近大远小的效果等相关属性。

- 第 13~18 行为获取定位数据，MyLocationData.Builder 为定位数据建造器，该方法可以设置定位数据的精度信息、定位数据的方向信息、定位数据的经度和纬度、定位数据的卫星个数以及定位数据的速度等有关定位数据的相关属性。

- 第 19~27 行将定位信息显示到地图上，animateMapStatus(MapStatusUpdate update)方法设置地图以动画方式更新，默认耗时 300 ms，还可以通过 animateMapStatus(MapStatusUpdate update，int durationMs)自定义设置动画时间。

5.6 本章小结

本章对 Android 应用百纳公交小助手的功能及实现方式进行了简要的讲解。本应用实现了公交线路查询、线路地图展示、站点地图展示、换乘方案查询、步行导航和定位附近站点等基本功能，读者在实际项目开发中可以参考本应用，对项目的功能进行优化，并根据实际需要加入其他相关功能。

> 📝 **说明**　鉴于本书宗旨为主要介绍 Android 项目开发的相关知识，因此，本章主要详细介绍了 Android 客户端的开发，不熟悉的读者请进一步参考其他的相关资料或书籍。

第6章 学生个人辅助软件——天气课程表

本章将介绍的是 Android 应用程序天气课程表的开发。本应用以天气预报和课程表为模板，由天气课程表和桌面小挂件 Widget 两部分组成。

天气课程表实现了显示全国主要城市的天气情况以及查看课程安排的功能，添加在桌面上的小挂件 Widget 则实现了呈现已选择城市的当天的天气情况和查看当天课程安排的功能。在接下来的介绍中，首先介绍的是天气课程表的天气预报部分和课程表部分，最后介绍 Widget 部分。

6.1 系统背景及功能介绍

本节将简要介绍天气课程表的背景及功能，主要针对天气课程表的功能架构进行简要说明，使读者熟悉本应用各部分的功能，对整个天气课程表应用有一个大致的了解。

6.1.1 天气课程表背景简介

上课和学习是学生最主要的任务，为了方便学生了解自己本学期的课程安排，提早进行课程的预习和合理分配课余时间，天气课程表应运而生。天气课程表在课程表的基础上增添了天气预报功能，为学生制定计划提供了天气方面的考虑因素，使计划更有执行力。天气课程表的特点如下。

- 切换城市。

由于不同地方的用户天气预报的目的城市不同，天气课程表的天气预报部分添加了切换城市的功能，用户可以根据自己的需求查看某一城市的天气情况。

- 添加 Widget 小挂件。

为了方便用户快速地浏览当天的天气情况和课程安排，天气课程表在桌面上添加了 Widget 小挂件，用户点击桌面 Widget 即可进入应用。

6.1.2 天气课程表功能概述

（1）开发一个应用之前，需要对开发的目标和所实现的功能进行细致有效的分析，进而确定开发方向，做好系统分析工作，为整个项目开发奠定一个良好的基础。

经过对天气预报和课程表的细致了解，以及和学生进行一段时间的交流和沟通之后，总结出本系统需要的功能如下所示。

- 输入学期开始时间界面。

用户可以通过点击默认时间为当前日期的编辑框，在弹出的对话框里选择自己学校的学期开始时间，创建属于自己的天气课程表。

- 天气课程表主界面。

用户可自由选择要关注的城市天气情况，也可点击添课按钮进行课程的添加和整周按钮查看一整周的课程安排，或者点击选择课程周数的下拉列表查看某一周的课程安排，或者点击课程查看该课程的具体安排，或者点击菜单键进行皮肤设置。

- 天气课程表添课界面。

用户可根据界面所列项和编辑框里的提示文字自行添加课程，但同一时间只允许添加一门课程。点击界面上方的确认按钮提交课程信息，将添加的课程信息存储到数据库，并进行相应的提示，然后点击返回键返回课程单日界面。

- 天气课程表点击查看界面。

用户可看到某一课程的老师、上课地点、节数、周数和星期等信息，可以点击编辑按钮进入编辑界面，也可点击返回按钮返回到课程单日界面。

- 天气课程表编辑界面。

用户可修改课程的所列信息，点击界面上方的确定按钮提交修改后的课程信息，存入数据库并进行相应提示，或者点击返回键返回查看界面。

- 天气课程表课程整周界面。

用户可以查看到某一周的课程安排，点击选择课程周数的下拉列表选择周数，或者点击单日按钮切换到课程单日界面，或者点击皮肤按钮设置皮肤。

- 天气课程表 Widget 界面。

用户可以通过添加在桌面上的 Widget 界面查看当日的天气和课程，也可以点击 Widget 界面进入天气课程表应用程序。

（2）根据上述的功能概述可以得知本应用主要包括对城市天气情况的查看，课程的添加、查看、编辑和 Widget 界面的显示，其功能结构如图 6-1 所示。

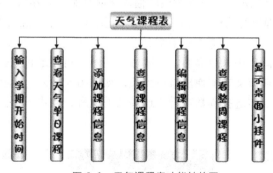

▲图 6-1　天气课程表功能结构图

> 💡说明　　图 6-1 表示的是天气课程表的功能结构图，它包含天气课程表的全部功能。认识该功能结构图有助于读者了解本应用的开发。

6.1.3　天气课程表开发环境

开发此天气课程表需要用到如下软件环境。

- Eclispe 编程软件（Eclipse IDE for Java 和 Eclispe IDE for Java EE）。

Eclispe 是一个著名的开源 Java IDE，主要以其开发性、高效的 GUI、先进的代码编辑器等著称，其项目中有各种各样的子项目组，包括 Eclipse 插件、功能部件等，主要采用 SWT 界面库，支持多种本机界面风格。

- JDK 1.6 及其以上版本。

系统选 JDK1.6 作为开发环境，因为 JDK1.6 版本是目前 JDK 最常用的版本，有许多开发者用到的功能，读者可以通过不同的操作系统平台在官方网站上免费下载。

● SQLite 数据库。

SQLite 是一款轻型的数据库，是遵守 ACID 的关系型数据库管理系统，它是嵌入式的并且占用资源非常的低。它能够支持 Windows/Linux/Unix 等主流的操作系统，同时能够跟很多程序语言相结合，还有 ODBC 接口，处理速度比 MySQL、PostgreSQL 快。

● Android 系统。

Android 系统平台的设备功能强大，此系统开元、应用程序无界限。随着 Android 手机的普及，Android 应用的需求势必越来越大，这是一个潜力巨大的市场，会吸引无数软件开发商和开发者投身其中。

6.2　功能预览及框架

本天气课程表适合于 Android 手机使用，能够为学生提供清晰的天气预报和课程安排，便于学生更好地学习和计划。这一节将介绍天气课程表的基本功能预览及总体架构，通过对本小节的学习，读者将对天气课程表的架构有一个大致的了解。

6.2.1　天气课程表功能预览

这一小节将为读者介绍天气课程表的基本功能预览，主要包括输入学期开始时间、查看天气和单日课程、添加课程信息、查看课程信息、编辑课程信息、查看整周课程和显示桌面小挂件等功能。其中查看天气和单日课程界面为本应用的主界面。下面将一一介绍，请读者仔细阅读。

（1）打开本软件后，首先进入天气课程表的输入学期开始时间界面，效果如图 6-2 所示。显示的初始时间为当前日期，弹出对话框即可修改时间，如图 6-3 所示。点击下一步按钮进入天气课程表的主界面。程序再次运行时，如果数据库存储的学期开始时间不为空，则程序将直接进入主界面。

（2）输入学期开始时间后进入主界面，如图 6-4 所示。可以通过点击功能按钮跳转到不同的功能界面，也可点击切换城市文本框弹出城市列表，如图 6-5 所示，选择北京即切换为北京的天气情况，如图 6-6 所示。点击选择周数查看所选周数的课程，点击一至七查看每天的课程，点击菜单键设置皮肤。

▲图 6-2　输入学期开始时间界面

▲图 6-3　学期开始时间选择界面

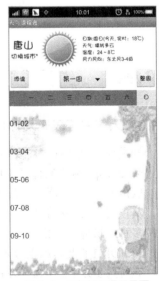
▲图 6-4　天气单日课程界面

（3）点击主界面的添课按钮，切换到添加课程信息界面，如图 6-7 所示。根据界面里的所列项和编辑框里的提示文字填写要添加的课程信息，点击确认按钮提交并提示相应信息，如图 6-8 所示。点击返回键返回主界面，如图 6-9 所示。

（4）点击主界面下方的课程信息，进入查看课程信息界面，如图 6-10 所示。信息如需修改，则可以点击编辑按钮进入课程编辑界面修改课程信息。

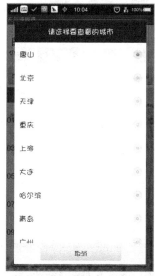

▲图 6-5　天气城市选择界面

▲图 6-6　天气城市切换界面

▲图 6-7　添加课程信息界面

▲图 6-8　课程添加成功提示界面

▲图 6-9　显示单日课程安排界面

▲图 6-10　查看课程信息界面

（5）点击查看课程信息界面里的编辑按钮，切换到编辑课程信息界面，进行课程信息的修改，如图 6-11 所示。点击编辑项修改信息完成后，点击确认按钮提交并提示相应信息，如图 6-12 所示。点击返回键返回主界面，如图 6-13 所示。

（6）点击天气单日界面的整周按钮，切换到查看课程整周界面，如图 6-14 所示。点击皮肤按钮弹出皮肤列表，如图 6-15 所示，设置皮肤为菊花，如图 6-16 所示。点击选择周数的 Spinner 弹出周数列表，如图 6-17 所示。点击查看不同周数的课程安排，如图 6-18 所示。点击单日按钮切换到主界面。

（7）退出程序后，点击菜单键添加桌面小挂件 Widget，可以查看天气和当日课程安排，如图 6-19 所示。点击 Widget 则会进入主程序。

▲图 6-11　编辑课程信息界面

▲图 6-12　课程修改成功提示界面

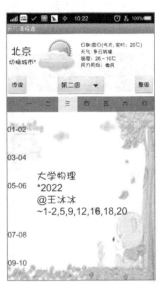

▲图 6-13　显示新的单日课程界面

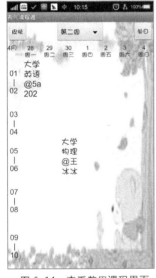

▲图 6-14　查看整周课程界面

▲图 6-15　设置皮肤界面

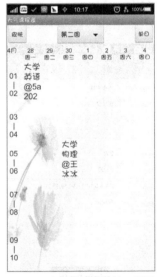

▲图 6-16　设置皮肤的单日界面

📝说明　以上是对本天气课程表的功能预览，读者可以对天气课程表的功能有大致的了解，后面的章节会对天气课程表的各个功能做具体介绍，请读者仔细阅读。

6.2.2　天气课程表目录结构图

上一节是对天气课程表的大致功能进行展示，下面将具体介绍天气课程表项目的目录结构。在进行本应用开发之前，还需要对本项目的目录结构有大致的了解，便于读者对天气课程表的整体有更好的理解，具体内容如下。

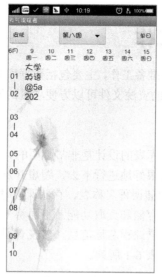

▲图 6-17 Spinner 选择周数界面　　▲图 6-18 显示整周课程安排界面　　▲图 6-19 Widget 显示天气和课程

（1）首先介绍的是天气课程表所有的 Java 文件的目录结构，Java 文件根据内容分别放入指定包内，便于对各个文件的管理和维护，具体结构如图 6-20 所示。

（2）上面介绍的是本项目 Java 文件的目录结构，下面将介绍天气课程表中图片资源的目录结构，如图 6-21 所示。

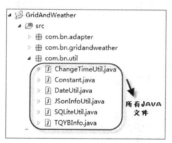
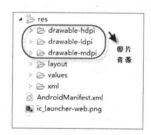

▲图 6-20 Java 文件目录结构　　　　　▲图 6-21 资源文件目录结构

（3）上面介绍了本项目中图片资源等目录结构，下面将继续介绍天气课程表的项目配置连接文件的目录结构，如图 6-22 所示。

▲图 6-22 项目连接文件目录结构　　　　▲图 6-23 项目配置文件目录结构

（4）上面介绍了本项目所有配置连接文件的目录结构。下面将介绍本项目中项目配置文件的目录结构，如图 6-23 所示。

说明　　上述介绍了天气课程表的目录结构图，包括程序源代码、程序所需图片、XML 文件和程序配置文件，使读者对天气课程表的程序文件有清晰的了解。

6.3　开发前的准备工作

本节将介绍应用开发前的一些准备工作，主要包括数据库中表的设计、天气预报 ak 值的申请和 XML 资源文件的准备等。完善的资源文件可以方便项目的开发测试，提高测试效率。

6.3.1　数据库表的设计

开发一个应用之前，做好数据库表的设计是非常必要的。良好的数据库表的设计，会使开发变得相对简单，后期开发工作能够很好地进行下去，缩短开发周期。

该应用包括 3 张表，分别为存储课程名称表、存储课程时间表和记录学期开始时间表。这 3 张表实现了天气课程表课程信息的存储和读取功能。下面将一一进行介绍。

（1）存储课程名称表：用于存储课程名称信息。该表有四个字段，包括课程 ID、课程名称、任课教师和上课地点，详细情况如表 6-1 所列。

表 6-1　　　　　　　　　　　　　　　　　存储课程名称表

字段名称	数据类型	字段大小	是否主键	说　　明
ccid	char	6	是	课程 ID
coursename	varchar	20	否	课程名称
cteacher	varchar	20	否	任课教师
place	varchar	50	否	上课地点

建立该表的 SQL 语句如下。

代码位置：见随书光盘中源代码/第 6 章/sql/create.sql。

```
1    create table if not exists course          /*课程名称表*/
2    (
3         ccid char(6)primary key,               /*课程 ID*/
4         coursename varchar(20),                 /*课程名称*/
5         cteacher varchar(20),                   /*任课教师*/
6         place varchar(50)                       /*上课地点*/
7    );
```

（2）存储课程时间表：用于存储课程时间信息。该表有 5 个字段，包括课程 ID、时间 ID、节数、周数和星期，详细情况如表 6-2 所列。

表 6-2　　　　　　　　　　　　　　　　　存储课程信息表

字段名称	数据类型	字段大小	是否主键	说　　明
ccid	char	6	否	课程 ID
tid	char	6	是	时间 ID
cnum	varchar	20	否	节数
cweeks	varchar	20	否	周数
cweek	varchar	20	否	星期

建立该表的 SQL 语句如下。

代码位置：见随书光盘中源代码/第 6 章/sql/create.sql。

```
1    create table if not exists coursetime                      /*课程时间表*/
2    (
3         ccid char(6),                                          /*课程 ID*/
```

```
4        tid char(6)primary key,                              /*课程时间ID*/
5        cnum varchar(20),                                    /*上课节数*/
6        cweeks varchar(20),                                  /*上课周数*/
7        cweek varchar(20),                                   /*上课星期*/
8        constraint fk_mid foreign key(ccid) references course(ccid)/*课程ID的外键*/
9    );
```

（3）记录学期开始时间表：用于存储学期开始的时间，该表只有两个字段，即学期开始时间ID和学期开始时间，详细情况如表6-3所列。

表6-3　　　　　　　　　　　　　　　　记录学期开始时间表

字段名称	数据类型	字段大小	是否主键	说　　明
fid	char	6	是	学期开始时间ID
ftime	varchar	20	否	学期开始时间

建立该表的SQL语句如下。

代码位置：见随书光盘中源代码/第6章/sql/create.sql。

```
1    create table if not exists firsttime                 /*学期开始时间表*/
2    (
3        fid char(6)primary key,                          /*学期开始时间ID*/
4        ftime varchar(20)                                /*开始时间信息*/
5    );
```

6.3.2　天气预报ak值的申请

对于天气预报的显示来说，最重要的部分就是获取所需的天气信息。本应用利用百度LBS开放平台获取天气信息，因此了解、学习天气预报ak值的申请过程，对于读者来说是十分必要的，下面介绍天气预报ak值申请的详细步骤。

（1）打开浏览器，在地址栏输入www.baidu.com，回车进入。

（2）进入"百度一下，你就知道"界面，如果有百度账号，则点击右上方的"登录"，如果没有百度账号，则点击右上方的"注册"，如图6-24所示。

（3）点击注册后，进入注册百度账号界面，如图6-25所示。

▲图6-24　百度界面

▲图6-25　注册百度账号界面

（4）注册成功后，即可进行登录，如图6-26所示。

（5）登录成功后，点击"百度一下，你就知道"界面中的"更多"，如图6-27所示。

（6）进入更多界面后，下拉列表，选择"站长与开发者服务"下的搜索开放平台，如图6-28所示。

（7）点击搜索开放平台后，选择百度LBS开放平台，如图6-29所示。

▲图 6-26 登录界面

▲图 6-27 百度界面

▲图 6-28 更多界面

▲图 6-29 搜索开放平台界面

（8）点击进入百度地图 LBS 开放平台界面后，点击申请密钥，如图 6-30 所示。

（9）如果刚才没有登录，点击申请密钥后也可进行登录。进入"我的应用"界面，点击"创建应用"，如图 6-31 所示。

▲图 6-30 申请密钥界面

▲图 6-31 创建应用界面

（10）在创建应用界面内，应用名称随意取，应用类型选取 for sever，禁用服务不用选择，请求校验方式为 IP 白名单校验，如果不想对 IP 进行任何限制，则设置为 0.0.0.0/0，如图 6-32 所示。

（11）点击确认以后，获得 24 位的访问应用（ak），在程序相应的位置使用此 ak 值即可。可以通过点击"我的服务"查看各项服务的请求次数。车联网 API 服务仅限 5000 次/天，如图 6-33 所示。

▲图 6-32　创建应用界面　　　　　　　　　　　　▲图 6-33　查看请求次数界面

6.3.3　XML 资源文件的准备

每个 Android 项目都是由不同的布局文件搭建而成的，天气课程表的各个界面也是如此。下面将介绍天气课程表中的部分 XML 资源文件，主要有 strings.xml、colors.xml 和 dimens.xml，请读者仔细阅读。

- strings.xml 的开发。

天气课程表被创建后会默认在 res/values 目录下创建一个 strings.xml，该 XML 文件用于存放项目在开发阶段所需要的字符串资源，其实现代码如下。

📝 **代码位置：** 见随书光盘中源代码/第 6 章/GridAndWeather/res/values 目录下的 strings.xml。

```
1   <?xml version="1.0" encoding="utf-8"?>              <!--版本号及编码方式-->
2   <resources>
3     <string name="app_name">天气课程表</string>       <!--标题-->
4     <string name="tip">请输入课程开始时间：</string>   <!--输入学期开始时间界面的字符串-->
5     <string name="next">下一步>></string>             <!--输入学期开始时间界面的字符串-->
6     <string name="addcourse">添课</string>           <!--查看天气单日课程界面的字符串 -->
7     <string name="delete">删除本节课</string>         <!--查看课程信息界面的字符串-->
8     <string name="odddays">单日</string>             <!--查看单日课程界面的字符串-->
9   </resources>
```

✏️ **说明**　　上述代码中声明了本程序需要用到的部分字符串，它避免了在布局文件中重复声明，增加了代码的可靠性和一致性，极大地提高了程序的可维护性。

- colors.xml 的开发。

colors.xml 文件被创建在 res/values 目录下，该 XML 文件用于存放本项目在开发阶段所需要的颜色资源。colors.xml 中的颜色值能够满足项目界面中颜色的需要，其颜色代码实现如下。

📝 **代码位置：** 见随书光盘中源代码/第 6 章/GridAndWeather/res/values 目录下的 colors.xml。

```
1    <?xml version="1.0" encoding="utf-8"?>           <!--版本号及编码方式-->
2    <resources>
3      <color name="dblue">#b9ddfc</color>           <!--星期按钮的默认颜色-->
4      <color name="sblue">#d9ecfd</color>           <!--星期按钮的选中颜色-->
5      <color name="red">#ff6347</color>             <!--自定义红色-->
6      <color name="green">#9cfda3</color>           <!--自定义绿色-->
7      <color name="blue">#8d9dfd</color>           <!--自定义蓝色-->
8      <color name="white">#FFFFFF</color>           <!--自定义白色-->
9      <color name="black">#000000</color>           <!--自定义黑色-->
10     <color name="gray">#050505</color>           <!--自定义灰色-->
11   </resources>
```

> 📝 **说明**　上述代码用于项目所需要的部分颜色，主要包括字体的自定义颜色、星期按钮被选中状态颜色和星期按钮未被选中状态颜色等，避免了在各个界面中重复声明。

- dimens.xml 的开发。

dimens.xml 文件被创建在 res/values 目录下，该 XML 文件用于存放本项目在开发阶段所需要的字体大小资源。dimens.xml 中的自定义字体大小值能够满足项目界面中字体大小的设置需要，其字体大小代码实现如下。

> 🐾 **代码位置：**见随书光盘中源代码/第 6 章/GridAndWeather/res/values 目录下的 dimens.xml。

```
1    <?xml version="1.0" encoding="utf-8"?>        <!--版本号及编码方式-->
2    <resources>
3        <dimen name="size25dp">25dp</dimen>         <!--自定义字体大小-->
4        <dimen name="size19dp">19dp</dimen>         <!--自定义字体大小-->
5    </resources>
```

> 📝 **说明**　上述代码用于项目所需要的自定义字体大小，自定义字体大小方便了项目开发中对不同字体大小的要求，且避免了在各个界面中重复声明。

6.4　辅助工具类的开发

前面已经介绍了天气课程表功能的预览以及总体架构，下面将介绍项目所需要的工具类。工具类可以被项目其他 Java 文件调用，避免了重复性开发，提高了程序的可维护性。工具类在这个项目中十分常用，请读者仔细阅读。

6.4.1　常量类的开发

本小节介绍的是常量类 Constant 的开发。在进行正式开发之前，需要对即将用到的主要常量进行提前设置，这样避免了开发过程中的反复定义，这就是常量类的意义所在。常量类的具体代码如下。

> 🐾 **代码位置：**见随书光盘源代码/第 6 章/GridAndWeather/src/com/bn/util 目录下的 Constant.java。

```
1    package com.bn.util;
2    public class Constant {                          //定义主类 Constant
3        public static int spinnerSelection=0;        //Spinner 的默认值
4        public static int skinsSelection=-1;         //皮肤选择编号
5        public static String showWeeks="";           //查看界面显示的课程名称
6        public static String editText="";            //编辑界面的选择的周数
7        public static int weeksNum=-1;               //Spinner 显示周数
8        public static int weeksNum2=-1;              //课程周数
9        public static int currtWeeksNum=0;           //当前日期所在周数
10       public static String[] skins={"默认","蒲公英","菊花","风车","小熊","蝴蝶","绿色"};
         //皮肤
11       public static String[] nums={"01-02","03-04","05-06","07-08","09-10"};
         //课程节数
12       public static String[] week={"星期一","星期二","星期三","星期四","星期五","星期六","星期日"};
13       ......//此处省略常量类的部分代码，读者可自行查阅随书附带光盘中的源代码
14   }
```

> 📝 **说明**　常量类的开发是一项十分必要的准备工作，它可以避免在程序中重复不必要的定义工作，提高代码的可维护性。读者如果有不知道具体作用的常量，可以到这个类中查找。

6.4.2 天气预报工具类的开发

本小节介绍天气课程表的天气预报工具类 **JSonInfoUtil**。在程序运行主界面中，有天气预报和课程表两个部分，天气预报是从百度车联网 **API** 获得的。下面将介绍如何从百度获得天气预报的相关信息，并把它解读成需要信息的代码，具体代码如下。

代码位置：见随书光盘源代码/第 6 章/GridAndWeather/src/com/bn/util 目录下的 JSonInfoUtil.java。

```
1    package com.bn.util;                                              //声明包名
2    ......//此处省略导入类的代码，读者可自行查阅随书附带光盘中的源代码
3    public class JSonInfoUtil{
4        //从网络上获取指定城市名称天气预报 JSon 字符串的方法
5        public static String getJSonStr(String cityName) throws Exception{
6            String jSonStr=null;
7            StringBuilder sb=new StringBuilder("http://api.map.baidu.com/
                 telematics/v3/weather?location=");
8            String str=URLEncoder.encode(cityName, "UTF-8");           //城市名称
9            sb.append(str);
10           sb.append("&output=json&ak=RBP3TTKEPsxxQ0iGxLzLowoA");
11           String urlStr=null;
12           urlStr=new String(sb.toString().getBytes());              //转换成字符串格式
13           URL url=new URL(urlStr);
14           URLConnection uc=url.openConnection();                    //打开网址
15           uc.setRequestProperty("accept-language", "zh_CN");        //设置为中文
16           InputStream in=uc.getInputStream();
17           int ch=0;
18           ByteArrayOutputStream baos = new ByteArrayOutputStream();
19           while((ch=in.read())!=-1){
20               baos.write(ch);                                        //以字符的形式读进来
21               }
22           byte[] bb=baos.toByteArray();                             //转换成 byte 数组
23           baos.close();
24           in.close();
25           jSonStr=new String(bb);                                   //将 byte 数组转换成字符串
26           return UnicodeToString(jSonStr);                          //将 unicode 转换成中文
27       }
28       //解析 JSon 字符串，得到应用程序需要的城市名称、天气描述、温度、风力风向、图片
29       public static TQYBInfo parseJSon(String jSonStr) throws Exception{
30           TQYBInfo result=new TQYBInfo();                           //定义 TQYBInfo 对象
31           JSONObject json = new JSONObject(jSonStr);
32           JSONArray obj = json.getJSONArray("results");
33           JSONObject temp = new JSONObject(obj.getString(0));
34           result.city=temp.getString("currentCity");               //得到城市名称
35           JSONArray obj3 = temp.getJSONArray("weather_data");       //得到天气数据
36           JSONObject temp2 = new JSONObject(obj3.getString(0));
37           result.date=temp2.getString("date");                     //得到日期
38           result.tqms=temp2.getString("weather");                  //得到天气
39           result.wd=temp2.getString("temperature");                //得到温度
40           result.flfx=temp2.getString("wind");                     //得到风力风向
41           result.pic=getChangePicID(temp2.getString("dayPictureUrl"));//得到天气图片
42           return result;
43       }
44       public static int getChangePicID(String img){//将从网络上获取的图片替换成本地的图片
45           String[] group=img.split("/");
46           int id = 0;
47           if(group[group.length-1].equals("qing.png")){            //晴
48               id=R.drawable.qing;}
49           ......//此处省略其他天气情况时转换天气图片的代码，与上述相似，请读者自行查看源代码
50       }
51       public static String UnicodeToString(String str){    //将 unicode 转换成中文
52           Pattern pattern = Pattern.compile("(\\\\u(\\p{XDigit}{4}))");
53           Matcher matcher = pattern.matcher(str);
54           char ch;
55           while (matcher.find()){
56               ch=(char) Integer.parseInt(matcher.group(2), 16);//转换成单个字符
57               str = str.replace(matcher.group(1), ch + "");  //转换成字符串
58           }
```

```
59              return str;                                  //返回结果字符串
60      }}
```

● 第 5~27 行为从网络上获取指定城市名称天气预报 JSon 字符串的方法，输入指定城市后，将指定网址打开（ak 值的申请在前面已经进行了详细介绍），将网页内容用输出流写出，转换成 byte 数组，最后将得到的 unicode 转换成字符串。

● 第 28~43 行为解析 JSon 字符串的方法，得到应用程序需要的城市名称、天气描述、温度、风力风向、图片等信息。首先创建 JSONObject 对象，如果此对象下有多项内容，则先将其转换成 JSONArray，再创建 JSONObject 对象。如果只有单个内容，则根据想要内容的类型直接获得信息，赋值给 TQYB 类。

● 第 44~50 行为根据获得的天气预报图片信息更改图片的方法，由于给出的图片不太符合要求，因此将得到的图片进行了相应的转换。

● 第 51~60 行将从网络上获取到的天气信息 unicode 格式转换成中文格式，以便显示和查看，此方法可以作为一个工具方法使用。

> 说明　TQYBInfo 类里定义了 String 和 int 型的变量，在解析 JSon 字符串给其赋值后，可以供各个类调用，由于代码简单，这里不再赘述，读者可自行查阅随书附带光盘中的源代码。

6.4.3　本地数据库的开发

由于本天气课程表软件涉及到将课程信息保存到本地的功能，因此需用到 SQLite 数据库对课程信息进行管理，如对课程信息进行保存、查询、修改等操作。

（1）Android 中通过 SQLiteDataBase 类的对象操作 SQLite 数据库。在每次使用数据库之前需调用其静态方法 openDataBase 创建或打开 SQLite 数据库，具体代码如下。

代码位置：见随书光盘源代码/第 6 章/GridAndWeather/src/com/bn/util 目录下的 SQLiteUtil.java。

```
1    public static void createFirstTime(){                    //创建第一周时间表
2        try{
3            sld=SQLiteDatabase.openDatabase(
4                    "/data/data/com.bn.gridandweather/mydb", //数据库所在路径
5                    null,                                    //CursorFactory
6                    SQLiteDatabase.OPEN_READWRITE|SQLiteDatabase.
7                        CREATE_IF_NECESSARY                  //读写、若不存在则创建
8            );
9            sql="create table if not exists firsttime"
10               +"("
11                   +"fid char(6)primary key,"              //设置学期开始时间 ID 为主键
12                   +"ftime varchar(20)"
13               +");";
14           sld.execSQL(sql);
15       }catch(Exception e){
16           e.printStackTrace();
17       }}
18   public static void createCource(){                       //创建或打开数据库中 course 表
19       try{
20           sld=SQLiteDatabase.openDatabase(
21                   "/data/data/com.bn.gridandweather/mydb",//数据库所在路径
22                   null,                                   //CursorFactory
23                   SQLiteDatabase.OPEN_READWRITE|SQLiteDatabase.
24                       CREATE_IF_NECESSARY                 //读写、若不存在则创建
25           );
26           sql="create table if not exists course"
27               +"("
28                   +"ccid char(6)primary key,"             //设置课程名 ID 为主键
29                   +"coursename varchar(20),"              //声明课程名
30                   +"cteacher varchar(20),"               //声明任课教师
```

```
31                          +"place varchar(50)"                      //声明上课地点
32                      +");";
33              sld.execSQL(sql);
34          }catch(Exception e){
35              e.printStackTrace();
36  }}
37  public static void createCourceTime(){          //创建或打开数据库中 coursetime 表
38      try{
39          sld=SQLiteDatabase.openDatabase(
40                      "/data/data/com.bn.gridandweather/mydb", //数据库所在路径
41                      null,                                  //CursorFactory
42                      SQLiteDatabase.OPEN_READWRITE|SQLiteDatabase.
43                          CREATE_IF_NECESSARY              //读写、若不存在则创建
44                      );
45          sql="create table if not exists coursetime"
46              +"("
47                  +"ccid char(6),"
48                  +"tid char(6)primary key,"              //设置课程时间 ID 为主键
49                  +"cnum varchar(20),"                    //声明上课节数
50                  +"cweeks varchar(20),"                  //声明上课周数
51                  +"cweek varchar(20),"                   //声明上课星期
52                  +"constraint fk_mid foreign key(ccid) references
                    course(ccid)"    //约束主外键
53              +");";
54          sld.execSQL(sql);
55      }catch(Exception e){
56          e.printStackTrace();
57  }}
```

● 第 1~17 行为创建课程信息的第一周时间表，获得一学期开始的第一天的日期。首先若数据库存在则直接打开，不然先创建一个数据库，然后用 SQLiteDatabase 的对象调用 execSQL()方法执行相应的 SQL 语句。

● 第 18~36 行为创建打开数据库中 course 表，用于管理课程信息表中课程名、教师、上课地点等详细信息，然后用 SQLiteDatabase 的对象调用 execSQL()方法执行对应的 SQL 语句。

● 第 37~57 行为管理课程时间标志中上课时间的全部信息，如上课节数、周数及星期。添加主-外键约束条件于 course 表和 coursetime，即 course 为主表，coursetime 为子表，外键于 course 表中的主键，只有当具体课程存在时才能向对应的课程时间表中添加上课时间。

（2）上一小节介绍了创建或打开 SQLite 数据库的代码实现，下面将简要介绍 SQLiteUtil 类中一些实现插入、查询课程信息等操作的功能开发，具体代码如下。

✎ 代码位置：见随书光盘源代码/第 6 章/GridAndWeather/src/com/bn/util 目录下的 SQLiteUtil.java。

```
1   public static String[] QueryOneCourceMess(String cname){//根据课程名称查询课程信息
2       String str[]=new String[3];
3       try{
4           sql="select coursename,cteacher,place from course where
            coursename='"+cname+"';";
5           cur=sld.rawQuery(sql, null, null);              //执行 sql 语句
6           while(cur.moveToNext()){                        //如果数据库中有记录
7               str[0]=cur.getString(0);                    //获得课程名称
8               str[1]=cur.getString(1);                    //获得任课教师
9               str[2]=cur.getString(2);                    //获得课程地点
10          }
11          cur.close();                                    //关闭游标
12      }catch(Exception e){
13          e.printStackTrace();
14      }
15      return str;                                         //返回结果
16  }
17  public static void insertCourceTime(String cname,String str[]){
    //向课程时间表插入各项时间
18      String id=NextCourceTimeID();                       //获得插入记录的 ID
19      String cid=GetCourceIDByName(cname);                //获得 ID 对应的课程名称
20      try{
```

```
21              sql="insert into coursetime values('"+cid+"','"+id+"','"+str[0]+"',
                '"+str[1]+"','"+str[2]+"');";
22              sld.execSQL(sql);                              //执行 sql 语句
23          }catch(Exception e){
24              e.printStackTrace();
25   }}
26   public static boolean QueryCourseIfExist(String cname){//查询要添加的课程是否已经存在
27          boolean bb=true;                                  //初始为 true
28          sql="select * from course where coursename='"+cname+"';";
29          cur=sld.rawQuery(sql, null);                      //执行 sql 语句
30          if(cur.moveToNext()){                             //如果数据库中有记录
31              bb=false;                                     //设为 false
32          }else{
33              bb=true;                                      //否则为 true
34          }
35          return bb;                                        //返回结果
36   }
```

● 第 1~16 行为根据课程名获得相应的课程名、任课教师、上课地点信息，将 Cursor 向前移动一行，若移到了结果集之外则返回 false，停止移动。

● 第 17~25 行为向课程时间表插入上课的各项时间，通过一系列的格式转换获得需添加课程时间的课程 ID，然后调用 execSQL()方法执行对应的 SQL 语句。

● 第 26~35 行为判断要添加的课程是否已经存在，通过调用 rawQuery ()方法执行对应的 SQL 语句，判断是否存在相应的课程名的课程信息，若存在返回 false，否则返回 true。

> **说明**　SQLiteUtil 类中还有许多实现对课程信息进行添加、查询、修改等操作的方法，在这里由于篇幅原因就不再一一叙述，请读者自行查看随书光盘中的源代码进行学习。

6.4.4　获得整周显示日期工具类的开发

因为在本应用的查看整周课程界面需要显示周一至周日所对应的日期，所以需要 DateUtil 来提供学期的某一周所对应的日期、当前的年月日、当前日期前几天或后几天的日期和当前日期与学期开始日期的时间差等功能方法，具体代码如下。

代码位置：见随书光盘源代码/第 6 章/GridAndWeather/src/com/bn/util 目录下的 DateUtil.java。

```
1    package com.bn.util;                                    //声明包名
2    ......//此处省略导入类的代码，读者可自行查阅随书附带光盘中的源代码
3    public class DateUtil{
4      static SimpleDateFormat format=new SimpleDateFormat("yyyy<#>MM<#>dd");
       //指定输出格式
5      private static void dateDiff(String startTime, String endTime,
6                      String format){                        //计算当前日期与学期开始日期时间差
7        SimpleDateFormat sf = new SimpleDateFormat(format); //按照传入格式生成对象
8        long nd = 1000 * 24 * 60 * 60;                       //一天的毫秒数
9        long diff;
10       try {
11           diff = sf.parse(endTime).getTime() - sf.parse(startTime).getTime();
12       long day = diff / nd;                                //计算差多少天
13       dateDiff=Math.abs(day);}                             //差值的绝对值
14       catch (ParseException e){
15           e.printStackTrace();
16     }}
17     public static Date getDateAfter(Date d,int day){       //获得某日期后 n 天的日期
18         Calendar now =Calendar.getInstance();
19         now.setTime(d);
20         now.set(Calendar.DATE,now.get(Calendar.DATE)+day);
21         return now.getTime();
22     }
23     public static void getNowTime(){                       //获得当前的年月日星期
24         final Calendar c = Calendar.getInstance();
25         c.setTimeZone(TimeZone.getTimeZone("GMT+8:00"));
```

```
26    now_year = Integer.parseInt(String.valueOf(c.get(Calendar.YEAR)));
      //获取当前年份
27    now_month = Integer.parseInt(String.valueOf(c.get(Calendar.MONTH) + 1));
      //获取当前月份
28    now_day = Integer.parseInt(String.valueOf(c.get(Calendar.DAY_OF_MONTH)));
      //获取当前日期
29    now_week= Integer.parseInt(String.valueOf(c.get(Calendar.DAY_OF_WEEK)));
      //获取当前星期数
30    }}
```

● 第5~16行为计算当前日期与学期开始日期的时间差。用当前日期减去学期开始日期获得时间差，并获得时间差的绝对值。

● 第17~22行为获得当前日期前几天或后几天的日期。传入获取当前日期的 Date 对象和时间差，获得前一天的日期时时间差为−1，获得后一天的日期时时间差为 1。

● 第23~30行为获得当前的年月日星期。创建 Calendar 的实例对象，并设置时区为东八区。将当前的年月日星期字符串转化为整数。

> 📎说明　　DateUtil 类中还包括上面省略的获得整周日期、获得第 n 周的日期和获得学期的真正开始时间的工具方法，这里由于篇幅有限就不再一一赘述，请读者自行查看随书光盘中的源代码进行学习。

6.5　各个功能模块的实现

上一节介绍了辅助工具类的开发，这一节主要介绍天气课程表各功能模块的开发，包括输入学期开始时间、查看天气单日课程、添加课程信息、查看课程信息、编辑课程信息、查看整周课程和显示桌面小挂件等。下面将逐一介绍其功能的实现。

6.5.1　输入学期开始时间模块的开发

本小节主要介绍的是天气课程表输入学期开始时间模块的实现。当用户初次进入本应用时，用户需要输入学期的开始时间，因此在进入主界面之前设计了输入学期开始时间功能，以便制定符合用户自身需求的课程表，让用户的学习更方便。

（1）本小节首先介绍输入学期开始时间界面 landing.xml 框架的搭建，包括布局的安排、控件的属性设置等，具体代码如下。

📎 **代码位置：**见随书光盘源代码/第 6 章/GridAndWeather/res/layout 目录下的 landing.xml。

```
1     <?xml version="1.0" encoding="utf-8"?>                        <!--版本号及编码方式-->
2     <LinearLayoutxmlns:android=http://schemas.android.com/apk/res/android  <!--线性
      布局-->
3         android:layout_width="match_parent"
4         android:layout_height="match_parent"
5         android:orientation="vertical"
6         android:background="@drawable/fense">"
7         <TextView                                                 <!--文本域-->
8             android:id="@+id/tip"
9             android:layout_width="wrap_content"
10            android:layout_height="wrap_content"
11            android:text="@string/tip"
12            android:textSize="25dp"/>
13        <EditText                                                 <!--编辑文本域-->
14            android:id="@+id/starttime"
15            android:layout_width="match_parent"
16            android:layout_height="wrap_content"
17            android:textSize="25dp"/>
18        <Button                                                   <!--普通按钮-->
```

```
19              android:id="@+id/next"
20              android:layout_width="120dp"
21              android:layout_height="wrap_content"
22              android:layout_marginLeft="240dp"
23              android:layout_marginTop="5sp"
24              android:text="@string/next"
25              android:textSize="20dp" />
26      </LinearLayout>
```

● 第 2~6 行声明了输入学期开始时间界面的总的线性布局，设置了其宽、高均为适应屏幕宽度和高度，排列方式为垂直排列。

● 第 7~12 行定义了一个文本框，设置了其 id、文本内容、字体大小、宽度和高度均为包裹文本，用来显示提示信息。

● 第 13~17 行定义了一个编辑文本框，并设置其 id、宽度和高度均为适应屏幕，字体大小为 25dp，用来显示默认的时间，即当前日期。

● 第 18~25 行定义了一个按钮，设置了其 id、宽度和高度、距离屏幕左端和上部的长度、显示名称、字体大小。

（2）上面简要介绍了输入学期开始时间界面框架的搭建，下面将介绍的是输入学期开始时间界面功能的开发。在输入学期开始时间界面，首先点击默认时间为当前日期的编辑框选择学期开始时间，然后点击下一步进入主界面，实现的代码如下。

📝 **代码位置：**见随书光盘源代码/第 6 章/GridAndWeather/src/com/bn/gridandweather 目录下的 LandingActivity.java。

```
1       package com.bn.gridandweather;                          //声明包名
2       ......//此处省略导入类的代码，读者可自行查阅随书附带光盘中的源代码
3       public class LandingActivity extends Activity{
4           public void onCreate(Bundle savedInstanceState){
5               super.onCreate(savedInstanceState);
6               setContentView(R.layout.landing);
7               SQLiteUtil.createCource();                       //创建课程名表
8               SQLiteUtil.createCourceTime();                   //创建时间表
9               SQLiteUtil.createFirstTime();                    //创建学期开始时间表
10              if(!SQLiteUtil.QueryFTime().equals("")){         //判断是否已经存入学期开始时间
11                  Intent intent = new Intent();
12                  intent.setClass(LandingActivity.this,OddDaysActivity.class);
                    //指定 intent 要启动的类
13                  LandingActivity.this.startActivity(intent);//启动一个新的 Activity
14                  LandingActivity.this.finish();               //关闭当前的 Activity
15              }else{
16                  DateUtil.getNowTime();                        //获得当前日期
17                  starttime=(EditText)this.findViewById(R.id.starttime);
                    //获得 EditText 的引用
18                  starttime.setBackgroundColor(Color.TRANSPARENT);
                    //设置 EditText 的背景为透明
19                  starttime.setText(DateUtil.now_year+"年"+DateUtil.now_month
20                          +"月"+DateUtil.now_day+"日");
                                                    //设置提示框的默认内容
21                  dateInfo=DateUtil.now_year+"<#>"+DateUtil.now_month+"<#>"
22                          +DateUtil.now_day+"<#>";//将学期开学时间存入字符串
23                  starttime.setOnTouchListener(                //为 EditText 添加监听
24                      new OnTouchListener(){
25                          @SuppressWarnings("deprecation")
26                          @Override
27                          public boolean onTouch(View v, MotionEvent event) {
28                              showDialog(DATE_DIALOG);    //显示日期对话框
29                              return false;
30                  }});
31                  Button next=(Button)this.findViewById(R.id.next);//获得按钮的引用
32                  next.setOnClickListener(                     //为按钮添加监听
33                      new OnClickListener(){
34                          @Override
35                          public void onClick(View v){         //重写 onClick 方法
```

```
36                                SQLiteUtil.InsertFTime(dateInfo);//存入数据库
37                                Intent intent = new Intent();
38                                intent.setClass(LandingActivity.this,
                                  OddDaysActivity.class);
39                                LandingActivity.this.startActivity(intent);
40                                LandingActivity.this.finish();
41          }});}}
42          @Override
43          public Dialog onCreateDialog(int id){              //创建时间对话框
44              Dialog dialog=null;
45              switch(id){
46                  case DATE_DIALOG:                          //生成日期对话框的代码
47                  c=Calendar.getInstance();                  //获取日期对象
48                  dialog=new DatePickerDialog(
49                      this,
50                      new DatePickerDialog.OnDateSetListener(){//为对话框添加监听
51                          @Override
52                          public void onDateSet(DatePicker arg0, int arg1, int
                            arg2,int arg3){
53                              arg2=arg2+1;                    //月份+1
54                              dateInfo=arg1+"<#>"+arg2+"<#>"+arg3;
                              //将学期开始时间存入字符串
55                              starttime.setText(arg1+"年"+arg2+"月"+arg3+"日
                              ");//显示选中的时间
56                      }},
57                      c.get(Calendar.YEAR),                  //获得年份
58                      c.get(Calendar.MONTH),                 //获得月份
59                      c.get(Calendar.DAY_OF_MONTH)           //获得日期
60                  );
61                  break;                                     //结束switch
62              }
63              return dialog;                                 //返回对话框对象
64      }}
```

● 第7~9行为创建数据表。包括存储课程名称的名称表，存储时间信息的时间表和记录学期开始的时间表。只有创建了数据表才可以在程序中进行课程的添加和读取。

● 第10~14行为判断学期开始时间字符串否为空。记录学期开始时间字符串为空时，直接切换到查看天气单日课程界面，即主界面。

● 第15~22行为判断学期开始时间字符串是否为空。记录学期开始时间字符串不为空时，获得当前日期，设置为编辑框里的时间提示文字，并将用户输入的时间放入字符串存到数据库里。

● 第23~41行为控件添加监听，包括为编辑框添加触摸监听、为下一步按钮添加点击监听。点击编辑框弹出时间对话框，进行时间的选择。点击下一步则切换到主界面。

● 第42~64行为创建时间对话框，选中时间后设置编辑框的内容，并存入dateinfo字符串。最后返回对话框对象。

✏️说明   初次进入应用，首先要判断数据库里学期开始时间是否为空，若为空则直接切换到主界面，不为空则输入学期开始时间，存入数据库，并切换到应用主界面。

6.5.2 天气课程表主界面模块的实现

上一小节介绍的是输入学期开始时间界面功能的实现，下面将介绍主界面功能的实现。进入主界面，点击切换城市获得目的城市的天气情况，点击主界面的添课按钮实现课程的添加，点击整周按钮查看各周的课程，点击选择周数查看所选周数的课程，点击一至七可以查看周一至周日每天的课程。

（1）下面主要介绍的是主界面内天气预报界面的搭建，包括布局的安排，文本框、图片视图等控件的属性设置。省略部分与介绍的部分相似，在此不再赘述，读者可自行查阅随书附带光盘中的源代码进行学习。具体的实现代码如下。

代码位置：见随书光盘源代码/第 6 章/GridAndWeather/res/layout 目录下的 odd_days.xml。

```
1    <LinearLayout                                              <!--线性布局-->
2        android:id="@+id/LinearLayout01"
3        android:orientation="horizontal"
4        android:gravity="center"
5        android:layout_width="fill_parent"
6        android:layout_height="wrap_content">
7        <LinearLayout                                          <!--线性布局-->
8            android:id="@+id/LinearLayout02"
9            android:orientation="vertical"
10           android:gravity="center"
11           android:layout_width="wrap_content"
12           android:layout_height="wrap_content">
13           <TextView                                          <!--文本域-->
14               android:id="@+id/city"
15               android:layout_width="wrap_content"
16               android:layout_height="wrap_content"
17               android:textColor="@color/black"
18               android:textSize="25sp"
19               android:gravity="left"
20               android:text="@string/city"/>
21           <TextView                                          <!--文本域-->
22               android:id="@+id/changecity"
23               android:layout_width="wrap_content"
24               android:layout_height="wrap_content"
25               android:textColor="@color/black"
26               android:textSize="15sp"
27               android:gravity="right"
28               android:layout_marginLeft="3sp"
29               android:text="@string/changecity"/>
30       </LinearLayout>
31       <ImageView                                             <!--图片域-->
32           android:id="@+id/ImageView01"
33           android:layout_width="100dip"
34           android:paddingLeft="5dip"
35           android:layout_height="100dip">
36       </ImageView>
37       ......<!--此处文本域定义与上述相似，故省略，请读者自行查看源代码-->
38   </LinearLayout>
```

● 第 1~6 行用于声明天气预报界面的总线性布局，总线性布局中还包含了两个线性布局。设置线性布局的宽度为屏幕宽度，高度为自适应内容高度，并且设置了总的线性布局的排列方式为水平排列。

● 第 7~12 行用于声明线性布局，线性布局中包含两个文本域控件。设置线性布局的宽度为屏幕宽度，高度为自适应内容高度，排列方式为垂直排列。

● 第 13~30 行用于声明两个文本域控件，并设置了文本域的 id、宽、高、文字内容、文字大小、文字颜色以及文字相对布局的对齐方式等属性。

● 第 31~36 行为声明一个 ImageView 图像域来显示当天的天气情况，并设置了其 id、宽度、高度以及距左边控件的距离等属性。

（2）下面将介绍主界面 OddDaysActivity 类中天气预报功能开发的方法。天气预报主要是显示选中城市的天气图片、当天日期、天气描述、温度以及风力风向等，并可以通过点击切换城市查看其他部分城市的天气预报，同时将城市及相关天气内容发广播给 Widget，具体代码如下。

代码位置：见随书光盘源代码/第 6 章/GridAndWeather/src/com/bn/gridandweather 目录下的 OddDaysActivity.java。

```
1    public void initCityList(String city) throws Exception{
2        TQYBInfo info=null;
3        TQYBInfo info=JSonInfoUtil.parseJSon(jStr);//解析读取 JSon 字符串得到天气预报信息
4        try{
5                //获取并设置天气预报图标
```

```
6        ImageView iv=(ImageView)findViewById(R.id.ImageView01);
7        res=this.getResources();
8        bitmap=BitmapFactory.decodeResource(res, info.pic);
9        iv.setImageBitmap(bitmap);
10       tv=(TextView)this.findViewById(R.id.date);         //获取并设置日期
11       tv.setText("日期:"+info.date);
12       str[0]=tv.getText().toString();
13       cweek=str[0].substring(3, 5);                      //获得当前是星期几
14       tv=(TextView)this.findViewById(R.id.weather);      //获取并设置天气描述
15       tv.setText("天气:"+info.tqms);
16       str[1]=tv.getText().toString();
17       tv=(TextView)this.findViewById(R.id.temperature);  //获取并设置温度
18       tv.setText("温度: "+info.wd);
19       str[2]=tv.getText().toString();
20       tv=(TextView)this.findViewById(R.id.wind);         //获取并设置风力风向
21       tv.setText("风力风向: "+info.flfx);
22       str[3]=tv.getText().toString();
23       initCourseWidget();                                //刷新Widget
24    }catch(Exception e){
25        String msg="当前此城市天气信息不可用! \n请检验网络连接是否正常! ";
26        Toast.makeText(OddDaysActivity.this, msg, Toast.LENGTH_LONG).show();
27    }
28    //若正常获取到天气信息则发送Intent修改Widget中的内容
29    Intent intent1 = new Intent("wyf.action.msg1");
30    intent1.putExtra("xxq1", str[0]);
31    OddDaysActivity.this.sendBroadcast(intent1);          //发送日期信息
32    Intent intent2 = new Intent("wyf.action.msg2");
33    intent2.putExtra("xxq2", str[1]);
34    OddDaysActivity.this.sendBroadcast(intent2);          //发送天气描述
35    Intent intent3 = new Intent("wyf.action.msg3");
36    intent3.putExtra("xxq3", str[2]);
37    OddDaysActivity.this.sendBroadcast(intent3);          //发送温度信息
38 }
```

- 第2~3行为根据城市的名称得到相关天气信息的JSon字符串,将此JSon字符串转换成所需要的各项天气预报信息。由于得到JSon字符串以及解析JSon字符串的相关代码在前面已经详细介绍,此处不再赘述,读者可自行查阅随书附带光盘中的源代码。

- 第4~24行将解析当前城市后的各项天气预报信息显示到主界面上,并将其记录,同时调用方法,刷新桌面上的Widget。

- 第29~37行为将已经记录的各项天气预报内容通过OddDaysActivity类发送广播到Widget,在Widget接收消息后,将其天气预报内容进行相应的修改。

(3)上面介绍了天气预报界面的初始化功能,下面将继续介绍在点击切换城市时,改变天气预报信息的监听方法,具体代码如下。

✎ 代码位置:见随书光盘中源代码/第6章/GridAndWeather/src/com/bn/gridandweather 目录下的 OddDaysActivity.java。

```
1   city=(TextView)this.findViewById(R.id.city);           //获取城市名称文本框
2   changeCity=(TextView)this.findViewById(R.id.changecity); //获取切换城市的文本框
3       changeCity.setOnClickListener(                     //切换城市的监听方法
4           new OnClickListener(){
5               @Override
6               public void onClick(View v){
7                   new AlertDialog.Builder(OddDaysActivity.this)//弹出选择城市对话框
8                   .setTitle("请选择要查看的城市")            //设置标题
9                   .setIcon(android.R.drawable.ic_dialog_info)   //设置图标
10                  .setSingleChoiceItems(cities, index,     //设置默认选中值
11                    new DialogInterface.OnClickListener(){  //添加监听
12                        public void onClick(DialogInterface dialog, int which){
13                            index=which;                    //修改默认选中值
14                            city.setText(cities[which]);//将城市名改为选中城市
15                            msg=city.getText().toString();
16                            Intent intents = new Intent("wyf.action.city");
17                            intents.putExtra("ccity", msg);
```

```
18                              OddDaysActivity.this.sendBroadcast(intents);
                                //发 Intent
19                              try{
20                                  initThread();              //从网络获取天气信息
21                              }catch(Exception e){
22                                  e.printStackTrace();
23                              }
24                              dialog.dismiss();              //自动关闭对话框
25                      }})
26                      .setNegativeButton("取消", null)       //添加取消按钮
27                      .show();                              //显示此对话框
28          }});
```

● 第 1~2 行为在当前上下文中获得显示城市名称和切换城市的 TextView 控件的 id，将其强制类型转换为 TextView 类型后赋给对应的 TextView 变量。

● 第 3~28 行为给切换城市文本框添加监听方法，点击切换城市后，会弹出选择城市对话框，可自行选择部分城市，查看天气信息。天气信息界面会自动刷新。

> 📙 **说明**　初始化选中城市名称的天气信息方法在前面的小节中已经进行了详细的介绍，在这里不再赘述，读者可通过上小节对这个方法进行理解。

（4）下面将介绍的是主界面内课程单日界面的搭建，包括布局的安排、按钮的属性设置，读者可自行查看随书光盘源代码进行学习，具体代码如下。

✍ **代码位置**：见随书光盘源代码/第 6 章/GridAndWeather/res/layout 目录下的 odd_days.xml。

```
1    <RelativeLayout                                         <!--相对布局-->
2        android:id="@+id/linearLayout1"
3        android:layout_width="match_parent"
4        android:layout_height="wrap_content" >
5        <Button                                            <!--添课按钮-->
6            android:id="@+id/addclass"
7            android:layout_width="wrap_content"
8            android:layout_height="wrap_content"
9            android:layout_alignParentLeft="true"
10           android:layout_alignParentTop="true"
11           android:text="@string/addcourse" />
12       ......//此处省略定义其他按钮的代码，与上述相似，请读者自行查看源代码
13       <Spinner                                           <!--下拉列表-->
14           android:id="@+id/spinner1"
15           android:layout_width="120dp"
16           android:layout_height="50dp"
17           android:layout_alignParentTop="true"
18           android:layout_centerHorizontal="true" />
19   </RelativeLayout>
20   <LinearLayout                                          <!--线性布局-->
21       android:layout_width="match_parent"
22       android:layout_height="wrap_content"
23       android:paddingLeft="30dp"
24       android:background="@color/blue1" >
25       ......//此处省略按钮定义的代码，与上述相似，请读者自行查看源代码
26   </LinearLayout>                                        <!--线性布局-->
27   <View                                                 <!--直线-->
28       android:layout_width="fill_parent"
29       android:layout_height="1dp"
30       android:background="?android:attr/listDivider"/>
31   <android.support.v4.view.ViewPager                    <!--ViewPager-->
32       android:id="@+id/viewpager"
33       android:layout_width="fill_parent"
34       android:layout_height="wrap_content"/>
```

● 第 1~4 行为声明一个 RelativeLayout 相对布局，并设置了相对布局的 id、宽、高等属性，如将其宽度设置为自适应屏幕的宽度。

● 第 5~18 行用于声明相对布局下的普通按钮和下拉列表，设置了 Button 的 id、宽、高及

Spinner 的 id、宽、高、相对位置等属性。

- 第 20~26 行用于声明线性布局和若干普通按钮，设置了线性布局的宽、高、背景颜色、距左边的距离以及按钮的 id、宽、高、比重等属性。

- 第 31~34 行用于声明一个自定义的 ViewPager，设置了 ViewPager 的 id、宽、高及位置的属性，通过左右滑动或者点击按钮来切换界面。

（5）上面介绍了课程单日界面的搭建，下面介绍主界面 OddDaysActivity 类中课程单日界面各项功能的开发，用户在左右滑动屏幕或点击一至七等任一内容时，将切换到相应的界面。并可通过点击添课按钮进行课程的添加，点击整周按钮查看课程表整周界面，点击选择周数会进行相应课程的显示等，上述功能将会在下面一一介绍，现在则介绍课程单日界面功能的开发，具体代码如下。

📎 **代码位置**：见随书光盘中源代码/第 6 章/GridAndWeather/src/com/bn/gridandweather 目录下的 OddDaysActivity.java。

```
1     package com.bn.gridandweather;                          //声明包名
2     ......//此处省略导入类的代码，读者可自行查阅随书附带光盘中的源代码
3     public class OddDaysActivity extends Activity{
4         ......//此处省略定义变量的代码，请读者自行查看源代码
5         protected void onCreate(Bundle savedInstanceState){
6             super.onCreate(savedInstanceState);
7             setContentView(R.layout.odd_days);
8             SQLiteUtil.createCource();                       //创建课程表
9             SQLiteUtil.createCourceTime();                   //创建课程时间表
10            initCourseWidget();                              //初始化课程表格
11            initSkin();                                      //初始化皮肤
12            initWeek();                                      //初始化星期
13            initWeeksButton();                               //初始化星期按钮
14            initFunctionButton();                            //初始化功能按钮
15            initPagerViewer();                               //初始化 ViewPager
16        }
17        public void initSkin(){....../*此处省略初始化皮肤方法的代码，将在下面详细介绍*/}
18        public void initWeek(){....../*此处省略初始化星期方法的代码，将在下面详细介绍*/}
19        public void initCourseWidget(){....../*此处省略初始化 Widget 界面的代码，将在下面
          详细介绍*/}
20        public void initFunctionButton(){                    //初始化功能按钮方法
21          addCourse=(Button)this.findViewById(R.id.addclass);   //添课按钮
22          addCourse.setOnClickListener(                       //给添课按钮添加监听
23            new OnClickListener(){
24                public void onClick(View v){
25                    Intent intent=new Intent();
26                    intent.setClass(OddDaysActivity.this, AddCourseActivity.class);
27                    OddDaysActivity.this.startActivity(intent); //切换到添课界面
28          }});
29          wholeWeek=(Button)this.findViewById(R.id.oneweek);      //获得整周按钮引用
30          wholeWeek.setOnClickListener(                       //给整周按钮添加监听
31            new OnClickListener(){
32                public void onClick(View v){
33                    Intent intent=new Intent();
34                    intent.setClass(OddDaysActivity.this,
                      WholeWeekActivity.class);
35                    OddDaysActivity.this.startActivity(intent);//切换到课程表整周界面
36          }});
37          spinner=(Spinner)this.findViewById(R.id.spinner1);
38          adapter.setDropDownViewResource(android.R.layout.simple_spinner_
            dropdown_item);
39          spinner.setAdapter(adapter);                       //给 Spinner 添加适配器
40          spinner.setSelection(Constant.spinnerSelection);   //给 Spinner 设置默认值
41          spinner.setOnItemSelectedListener(                 //给 Spinner 添加监听
42            new OnItemSelectedListener(){
43                @Override
44                public void onItemSelected(AdapterView<?> arg0, View arg1,int arg2,
                  long arg3){
```

```
45                         switch(arg2){
46                             case 0:Constant.weeksNum=1;break;      //选择第一周
47                             case 1:Constant.weeksNum=2;break;      //选择第二周
48                             ......//第 3~20 周的代码与上述相似,故省略,请读者自行查看源代码
49                         }
50                         Constant.spinnerSelection=Constant.weeksNum-1;      //赋值
51                         MondayActivity.listview.setAdapter(new MyBaseAdapter(context,"星
    期一"));
52                         ......//其他天添加适配器的代码与上述相似,故省略,请读者自行查看源代码
53                     }
54                     public void onNothingSelected(AdapterView<?> arg0){}
55             });}
56     private void initPagerViewer(){        //将 Activity 放在 list 中,并传到其适配器中
57         list = new ArrayList<View>();
58         intent = new Intent(context, MondayActivity.class);      //周一
59         list.add(getView("MondayActivity", intent));
60         intent2 = new Intent(context, TuesdayActivity.class);   //周二
61         list.add(getView("TuesdayActivity", intent2));
62         ......//此处省略将其他天放在 list 中的代码,与上述相似,请读者自行查看源代码
63         pager.setAdapter(new MyPagerAdapter(list));      //将 list 传到其适配器中
64         pager.setCurrentItem(week);                      //设置当前默认选中的周数
65         pager.setOnPageChangeListener(          //给自定义的 ViewPager 添加滑动监听方法
66             new OnPageChangeListener(){
67                 public void onPageScrollStateChanged(int arg0){}
68                 public void onPageScrolled(int arg0, float arg1, int arg2){}
69                 public void onPageSelected(int arg0) {
70                         initCourseWidget();
71                         changeButton(arg0);                      //改变选中按钮颜色
72             }}));}
73     private View getView(String id, Intent intent){
74             return manager.startActivity(id, intent).getDecorView();}//启动 activity
75     public boolean onCreateOptionsMenu(Menu menu){
76             ....../*此处省略创建菜单项的方法,将在下面详细介绍*/}
77     public void initWeeksButton(){....../*此处省略初始化周一到周日按钮的方法,将在下面
    详细介绍*/}
78     public static void changeButton(int i){....../*此处省略改变按钮颜色的代码,将在
    下面详细介绍*/}
```

- 第 5~16 行为程序在运行时需要调用的方法,在这个方法中,进行了基本的准备工作,如变量的定义、各种初始化方法的调用等。由于篇幅有限,部分初始化方法将在下面的小节中进行详细介绍,这里只对部分方法、部分功能进行介绍。

- 第 17~19 行为初始化皮肤、初始化星期和初始化 Widget 界面的方法,由于篇幅有限,这些方法在这里不再赘述,将在下面详细介绍。

- 第 21~28 行为获得添课按钮后,给添课按钮添加监听,在点击添课按钮后,界面将切换到添课界面,在此界面可以进行课程的添加,下面将详细介绍。

- 第 29~36 行为获得整周按钮后,给整周按钮添加监听,在点击整周按钮后,界面将切换到课程表整周界面,在此界面可以进行选择课程,下面将详细介绍。

- 第 37~55 行为获得 Spinner 后,给 Spinner 添加监听,在点击 Spinner 后,弹出选择周数的对话框,选择周数后,将刷新课程表单日界面内的周一到周日所有课程。

- 第 56~72 行为初始化 ViewPager 方法。将周一到周日 7 个类和对应的 Intent 添加到 ArrayList 中,并将 list 传到 ViewPager 的适配器中,用于显示这 7 个界面。设置其默认选中值为当前星期,同时给 ViewPager 添加滑动监听方法。改变选中按钮的方法将在下面介绍。

- 第 75~78 行为初始化菜单项、初始化星期按钮、改变按钮颜色 3 个方法,这里由于篇幅原因,不能一一介绍,这些方法都将在下面的小节中介绍。

(6)上面介绍了主界面内课程单日界面部分功能的开发,由于篇幅原因,没有能全部介绍,下面将介绍初始化皮肤、初始化默认选中星期、初始化菜单项 3 个方法的开发。具体代码如下。

代码位置：见随书光盘中源代码/第 6 章/GridAndWeather/src/com/bn/gridandweather 目录下的 OddDaysActivity.java。

```
1    public void initSkin(){                                          //初始化皮肤
2        switch(Constant.skinsSelection){                            //选择皮肤
3            case 0:pager.setBackgroundResource(R.color.white);break;//背景为白色
4            case 1:pager.setBackgroundResource(R.drawable.netskin);break;
             //背景为蒲公英
5            ......//此处省略显示其他背景图片的代码，与上述相似，请读者自行查看源代码
6        }
7    }
8    public void initWeek(){                                          //初始化默认选中星期
9        final Calendar c = Calendar.getInstance();                  //定义 Calendar 对象
10       c.setTimeZone(TimeZone.getTimeZone("GMT+8:00"));
11       xingqi=Integer.parseInt(String.valueOf(c.get(Calendar.DAY_OF_WEEK)));
         //获得当前星期
12       switch(xingqi){
13       case 1:week=6;break;                                        //周日
14       case 2:week=0;break;                                        //周一
15       ......//此处省略当前星期是其他的代码，与上述相似，请读者自行查看源代码
16       }
17   }
18   public boolean onCreateOptionsMenu(Menu menu){                  //初始化菜单项
19       MenuItem ok=menu.add(0, 0, 0,"设置皮肤");                    //定义 MenuItem
20       OnMenuItemClickListener lsn=new OnMenuItemClickListener(){//菜单项点击添加监听
21           @Override
22           public boolean onMenuItemClick(MenuItem item){
23             new AlertDialog.Builder(OddDaysActivity.this)
24               .setTitle("皮肤")                                    //设置标题
25               .setIcon(android.R.drawable.ic_dialog_info)         //设置图标
26               .setSingleChoiceItems(Constant.skins, 0,            //设置默认选中项
27                 new DialogInterface.OnClickListener(){
28                     public void onClick(DialogInterface dialog, int which){
29                         try{
30                             switch(which){
31                                 case 0:pager.setBackgroundResource(R.color.white);
32                                     Constant.skinsSelection=0;break;
33                     ......//此处省略选择其他背景图片的代码，与上述相似，请读者自行查看源代码
34                             }}catch(Exception e){
35                                 e.printStackTrace();
36                             }
37                             dialog.dismiss();                      //自动关闭对话框
38                 }})
39               .setNegativeButton("取消", null)                     //添加取消按钮
40               .show();                                            //弹出对话框
41             return true;
42       }};
43       ok.setOnMenuItemClickListener(lsn);                         //给确定菜单项添加监听
44       return true;
45   }
```

● 第 1~7 行为初始化皮肤方法，根据在选择皮肤的对话框中选择的行数，在课程表单日界面和课程整周界面显示相应的背景图片。

● 第 8~17 行为初始化默认选中星期方法的代码，其中定义了一个 Calendar 对象，根据时区获取当前星期，并同时进行记录，用来设置颜色以便区分。

● 第 18~45 行为初始化菜单项方法，定义 Menu 对象后，设置了其名称、图标等，并给其添加监听方法，用户在点击手机菜单键时，即可弹出选择皮肤对话框。根据用户所选择的皮肤，课程表单日界面和整周界面将会显示相对应的背景图片。

（7）上面介绍了课程单日界面内部分功能的开发，下面将介绍的是从数据库中获得当日的课程信息并把课程信息显示到桌面 Widget 的代码，具体代码如下。

✎ 代码位置：见随书光盘中源代码/第 6 章/GridAndWeather/src/com/bn/gridandweather 目录下的
OddDaysActivity.java。

```
1    public void initCourseWidget(){
2        String cnums=DateUtil.currtWeeks()+"";              //获得当前是第几周
3        for(int i=0;i<week1.length;i++){                    //转换星期信息格式
4            if(cweek.equals(week1[i])){
5                cweek=week2[i];
6        }}
7        List<String[]> list=SQLiteUtil.QueryWidgetMess(cweek,cnums);
         //从数据库获得相应课程信息
8        if(list!=null){                                     //如果有相应课程信息
9         String[][] mess = new String[list.size()][list.get(0).length];
10        int k=0;
11        int x=0;
12        for(String[] s:list){                          //循环 List
13            String[] aa=new String[4];
14            for(String ss:s){
15                aa[k]=ss;                              //将 List<String[]>转化成一维数组
16                k++;
17            }
18            k=0;                                       //赋值为 0
19            String[] divide=aa[3].split(",");          //将周数信息转换成需要的格式
20            for(int z=0;z<divide.length;z++){
21                if(cnums.equals(divide[z])){           //如果得到周数与选择的周数相等
22                    mess[x]=aa;
23                    x++;
24        }}}
25        int a=0;                                           //定义变量
26        for(int i=0;i<mess.length;i++){                    //将课程信息赋值
27            int b=0;
28            for(int j=0;j<mess[i].length;j++){
29                if(mess[i][j]!=null){                      //如果不是空
30                    allmess[a][b]=mess[i][j];              //赋值
31                    b++;
32            }}
33            a++;
34        }
35        for(int i=0;i<allmess.length;i++){                 //将一维数组全部设置为空字符
36            for(int j=0;j<allmess[i].length;j++){
37                if(allmess[i][j]==null){
38                    allmess[i][j]="";
39        }}}
40        for(int i=1;i<=5;i++){                             //依次发送课程信息的 Intent
41            Intent intentm = new Intent("wyf.action.tc"+i+""); //发送课程名称
42            intentm.putExtra("tc"+i+"",allmess[i-1][1]);
43            OddDaysActivity.this.sendBroadcast(intentm);
44            Intent intentn = new Intent("wyf.action.tnum"+i+"");   //发送课程节数
45            intentn.putExtra("tnum"+i+"",allmess[i-1][0]);
46            OddDaysActivity.this.sendBroadcast(intentn);
47            Intent intentp = new Intent("wyf.action.tp"+i+"");  //发送课程地点
48            intentp.putExtra("tp"+i+"",allmess[i-1][2]);
49            OddDaysActivity.this.sendBroadcast(intentp);
50        }}else{                                            //若该天没课，则显示"还没添加任何课程"
51            String[] mess=new String[5];
52            for(int i=0;i<mess.length;i++){
53                mess[i]="还没添加任何课程";                 //添加提示信息
54            }
55            for(int i=1;i<=mess.length;i++){
56                Intent intentm = new Intent("wyf.action.tc"+i+""); //发送空信息
57                intentm.putExtra("tc"+i+"",mess[i-1]);
58                OddDaysActivity.this.sendBroadcast(intentm);       //发广播
59    }}}
```

● 第 2~7 行先获得当前是第几周，然后通过 for 循环语句将获得的当前处于一周中星期几的
时间信息转换成需要的格式，再根据周数和星期信息从数据库中获得当天的所有课程信息，包括
课程名、任课教师以及上课地点。

● 第 8~24 行为若当天的课程信息不为空时，则通过一系列的转换获得相应的课程信息，在获得周数时，根据"，"将周数信息转换成需要的格式并存入到数组中。

● 第 40~59 行为在当前的上下文中向桌面 Widget 发送课程信息的 Intent，当没有任何课时则发送五个"还没添加任何课程"的课程名信息。

> **说明** 该 initCourseWidget 方法主要获得显示在桌面 Widget 上的课程信息，由于每天需要同时更新天气和课程信息，因此将该方法写在 OddDaysActivity 类中，并且切换到天气课程表单日界面或初始化 initPagerViewer 时刷新当天课程信息。

（8）上一小节介绍了将课程信息显示到桌面 Widget 方法的开发，下面介绍初始化星期按钮和改变星期按钮颜色两个方法，主要是根据当前星期设置各个按钮的背景颜色，具体代码如下。

代码位置：见随书光盘源代码/第 6 章/GridAndWeather/src/com/bn/gridandweather 目录下的 OddDaysActivity.java。

```
1    public void initWeeksButton(){                                    //初始化星期按钮
2        pager=(ViewPager)this.findViewById(R.id.viewpager);
3        //得到周一到周日按钮的引用
4        bt1=(Button)this.findViewById(R.id.button1);
5        bt2=(Button)this.findViewById(R.id.button2);
6        ......//此处省略定义其他按钮的代码，与上述相似，请读者自行查看源代码
7        //初始化按钮背景色
8        bt1.setBackgroundColor(context.getResources().getColor(R.color.blue1));
9        bt2.setBackgroundColor(context.getResources().getColor(R.color.blue1));
10       ......//此处省略设置其他按钮背景色的代码，与上述相似，请读者自行查看源代码
11       switch(week){
12           case 0:bt1.setBackgroundColor(context.getResources().getColor(R.color.
                  dblue));break;
13           case 1:bt2.setBackgroundColor(context.getResources().getColor(R.color.
                  dblue));break;
14            ......//此处省略设置其他按钮背景的代码，与上述相似，请读者自行查看源代码
15       }
16       bt1.setOnClickListener(                                        //给周一按钮添加监听
17          new OnClickListener(){
18              public void onClick(View v){
19                  changeButton(0);                                   //改变按钮颜色
20       }});
21       ......//此处省略给其他按钮添加监听的方法，与上述代码相似，请读者自行查看源代码
22   }
23   public static void changeButton(int i){                           //改变按钮背景颜色
24       switch(i){                                                     //根据点击的按钮的值
25           case 0:bt1.setBackgroundColor(context.getResources().getColor(R.color.dblue));
26                  bt2.setBackgroundColor(context.getResources().getColor(R.color.blue1));
27                  bt3.setBackgroundColor(context.getResources().getColor(R.color.blue1));
28                  bt4.setBackgroundColor(context.getResources().getColor(R.color.blue1));
29                  bt5.setBackgroundColor(context.getResources().getColor(R.color.blue1));
30                  bt6.setBackgroundColor(context.getResources().getColor(R.color.blue1));
31                  bt7.setBackgroundColor(context.getResources().getColor(R.color.blue1));
32       break;
33       ......//此处省略点击其他按钮时背景色变化代码，与上述相似，请读者自行查看源代码
34       pager.setCurrentItem(i);                                       //ViewPager 设置选中值
35   }
```

● 第 2~6 行根据 id 通过强制类型转换获得 ViewPager 以及周一到周日的按钮的引用，为下面的操作奠定基础。

● 第 7~15 行首先将周一到周日七个按钮初始化背景颜色，再通过前面的方法确定当前星期后，利用当前星期对按钮进行背景颜色的改变。

● 第 16~22 行为周一到周日七个按钮添加监听方法，在点击不同按钮时，调用 ChangeButton 方法，并将其在 ViewPager 中的位置传过去，以便改变对应按钮的颜色，同时 ViewPager 将直接显示到选中的界面。

● 第 23~35 行为改变按钮背景颜色的方法，根据点击按钮的不同，设置选中按钮与其他按钮的背景颜色，以便区分，同时 ViewPager 将直接显示选中按钮对应的界面。

（9）上面已经将整个课程表单日界面内的主要功能开发的代码介绍完毕，由于 ViewPager 的适配器没有特殊作用，因此这里不再介绍，读者可自行查阅随书光盘中的源代码。下面将介绍的是添加到 ViewPager 中的七个主类的布局文件，七个主类共用一个布局文件，具体代码如下。

代码位置： 见随书光盘源代码/第 6 章/GridAndWeather/res/layout 目录下的 listview_activity.xml。

```
1    <?xml version="1.0" encoding="utf-8"?>              <!--版本号及编码方式-->
2    <LinearLayout xmlns:android="http://schemas.android.com/apk/res/android"   <!--
     线性布局-->
3        android:layout_width="match_parent"
4        android:layout_height="match_parent"
5        android:orientation="vertical" >
6        <ListView                                       <!--列表视图组件-->
7            android:id="@+id/listView1"
8            android:layout_width="match_parent"
9            android:layout_height="wrap_content" >
10       </ListView>
11   </LinearLayout>
```

> **说明**　此布局文件中声明了一个线性布局，设置了其宽度和高度均为自适应屏幕大小，排列方式为垂直排列。此线性布局中定义了一个 ListView，设置了其 id、宽、高等属性。

（10）上面介绍了添加到 ViewPager 中的七个主类的布局文件，下面将介绍七个主类的搭建代码，由于代码大部分相同，在这里只介绍周一 MondayAcitivity 类的代码，具体代码如下。

代码位置： 见随书光盘源代码/第 6 章/GridAndWeather/src/com/bn/gridandweather 目录下的 MondayActivity.java。

```
1    package com.bn.gridandweather;                          //声明包名
2    ......//此处省略导入类的代码，读者可自行查阅随书附带光盘中的源代码
3    public class MondayActivity extends Activity{
4        ......//此处省略定义变量的代码，请读者自行查看源代码
5        protected void onCreate(Bundle savedInstanceState){
6            super.onCreate(savedInstanceState);
7            setContentView(R.layout.listview_activity);
8            context=MondayActivity.this;                     //获得当前的上下文
9            listview=(ListView)this.findViewById(R.id.listView1);//获得 ListView 引用
10           listview.setAdapter(new MyBaseAdapter(context,"星期一"));
11           listview.setOnItemClickListener(                 //ListView 添加监听
12               new OnItemClickListener(){
13                   @Override                                //重写选项被单击的处理方法
14                   public void onItemClick(AdapterView<?> arg0, View arg1, int
                     arg2,long arg3){
15                       String msg=MyBaseAdapter.allinfo[arg2];
16                       if(msg==null||msg.trim().equals("")){
17                           Toast.makeText(MondayActivity.this,"此时间段没有课程!",
18                               Toast.LENGTH_SHORT).show();//提示信息
19                       }else{
20                           Intent intent=new Intent();//切换到查看课程信息界面
21                           intent.setClass(MondayActivity.this,
                             OddListSelectedActivity.class);
22                           intent.putExtra("info",msg);//intent 传递字符串信息
23                           MondayActivity.this.startActivity(intent);//切换界面
24               }}});
25   }}
```

● 第 6~10 行为定义 Context 对象和 ListView 对象，同时给 ListView 添加适配器 MyBaseAdapter 类，由于篇幅原因，这个类将在下面详细介绍。

● 第 11~24 行为给 ListView 添加监听方法。首先根据点击值获取课程信息，接下来判断课程信息是否为空，如果没有课程信息，则出现提示信息，若获得相应的课程信息，则发送 Intent 到查看课程具体信息界面。

（11）上面介绍了 ViewPager 中部分主类的代码，下面介绍主类需要添加的适配器 MyBaseAdapter 类的代码，由于篇幅原因，部分方法将在后面介绍，具体代码如下。

代码位置：见随书光盘中源代码/第 6 章/GridAndWeather/src/com/bn/adapter 目录下的 MyBaseAdapter.java。

```
1    package com.bn.adapter;                                      //声明包名
2    ......//此处省略导入类的代码，读者可自行查阅随书附带光盘中的源代码
3    public class MyBaseAdapter extends BaseAdapter{
4         ......//此处省略定义变量的代码，请读者自行查看源代码
5         public MyBaseAdapter(Context context,String week){    //构造器
6              this.context=context;
7              this.week=week;
8              if(Constant.weeksNum!=-1){                          //如果当前选择了任一周数
9              list=SQLiteUtil.QueryAllCourceMess(Constant.weeksNum+"");
                  //根据周数获得课程信息
10             }
11             if(list==null){                                    //如果没有得到任何课程
12                  for(int j=0;j<5;j++){                          //将各项内容通通置空
13                       content[j]="";
14                       allinfo[j]="";                            //星期一下课程信息置空
15                       allinfo1[j]="";                           //星期二下课程信息置空
16                       allinfo2[j]="";                           //星期三下课程信息置空
17                       allinfo3[j]="";                           //星期四下课程信息置空
18                       allinfo4[j]="";                           //星期五下课程信息置空
19                       allinfo5[j]="";                           //星期六下课程信息置空
20                       allinfo6[j]="";                           //星期日下课程信息置空
21             }}else{                                             //如果得到了相应课程信息
22                  int i=0;
23                  for(String[] s:list){//将List<String[]>内容转换成一维数组进行记录
24                       String[] aa=new String[6];
25                       for(String ss:s){
26                       aa[i]=ss;
27                       i++;                                      //变量自加
28                  }
29                  oddlistselected=aa[5];                         //将课程节数赋值
30                  String[] divide=aa[4].split(",");      //将得到的课程周数进行分割
31                  for(int z=0;z<divide.length;z++){
32                       if((Constant.weeksNum+"").equals(divide[z])) {
                         //如果所选周数与课程周数相同
33                            count++;                             //计数器加1
34                            aa[4]=AddCourseActivity.DivideString(aa[4]);
                              //转换字符串格式
35                            JudgeIfShowInSingle(s,aa);
                              //判断是否将得到的课程显示在单日界面内
36                       }else{
37                            if(count==0&&z==divide.length-1){
                              //如果整个数组内都没有相同周数
38                                 for(int j=0;j<5;j++){
39             ......//此处省略将各项内容置空的代码，与上述相似，请读者自行查看源代码
40             }}}}}}
41             inflater=LayoutInflater.from(context);             //获得相应布局
42        }
43        public void JudgeIfShowInSingle(String[] s,String[] aa) {
44             ......//此处省略判断课程的代码，下面将详细介绍
45        }
46        @Override
47        public int getCount() {return Constant.nums.length;}     //每天五节课
48        @Override
49        public Object getItem(int position) {return null;}
50        @Override
51        public long getItemId(int position) {return 0;}
52        public View getView(int arg0, View convertView, ViewGroup parent){//返回布局
```

```
53              LinearLayout ll=(LinearLayout)convertView;
54              if(ll==null){
55                      ll=(LinearLayout)(inflater.inflate(R.layout.list,null).
                        findViewById(R.id.list));
56              }
57              TextView tv1=(TextView)ll.getChildAt(0);        //获得布局里的第一个对象
58              TextView tv2=(TextView)ll.getChildAt(1);        //获得布局里的第二个对象
59              tv1.setText("\n"+Constant.nums[arg0]+"\n");     //显示节数
60              tv1.setTextSize(18);                            //设置字体大小
61              tv1.setGravity(Gravity.LEFT);                   //设置位置
62              tv2.setTextSize(24);                            //设置字体大小
63              tv2.setText(content[arg0]);                     //显示课程
64              tv2.setGravity(Gravity.LEFT);
65              return ll;                                      //返回 LinearLayout 对象
66      }}
```

● 第 6~10 行为赋值给 Context 和 Week 对象，同时判断如果已经在课程表单日界面内选择了周数，则根据周数从数据库获得相应的课程信息。

● 第 11~40 行首先判断从数据库获得的课程信息是否为空，如果没有课程信息，则将所有内容都置空，如果有相应的课程信息，则将其转换成一维数组并记录；同时判断每个课程的周数与所选择的周数是否相等，如果相等，则可以进一步判断将课程信息显示在哪里，如果不等，则将全部内容置空，不再进行判断和显示。

● 第 43~45 行为判断课程具体应该显示在哪一周、哪一节，并且其中也调用了一个方法，由于篇幅原因，这些方法将在下面的小节中进行介绍。

● 第 46~66 行为继承类 BaseAdapter 后需重写的全部方法。在获得子布局文件后，将节数和课程信息通过文本框显示到 ListView 中。

📝说明　　在判断了从数据库得到的课程周数与选择周数相同后，还需要进一步的判断课程具体应该显示到哪里，这些方法将在下面介绍，这里不再赘述。

（12）上面介绍了给 ViewPager 添加适配器的 MyBaseAdapter 类的代码，由于篇幅原因，上面有些方法没能详细介绍，下面则着重介绍这两个方法，具体代码如下。

✎ **代码位置：**见随书光盘源代码/第 6 章/GridAndWeather/src/com/bn/adapter 目录下的
MyBaseAdapter.java。

```
1       public void JudgeIfShowInSingle(String[] s,String[] aa){
        //判断得到的课程是否显示在单日界面上
2               if(oddlistselected.equals("星期一")){                      //如果课程星期是星期一
3                       allinfo=GetSelectedInfo(Constant.weeksNum+"","星期一");
                        //获得选择周数星期一的课程
4               }else if(oddlistselected.equals("星期二")){                //如果课程星期是星期二
5                       allinfo1=GetSelectedInfo(Constant.weeksNum+"","星期二");
                        //获得选择周数星期二的课程
6               ......//此处省略其他课程星期的代码，与上述相似，请读者自行查看源代码
7               if(s[s.length-1].equals(week)){                 //如果得到课程的星期与当前星期相同
8                       if(s[3].equals(Constant.nums[0])){      //如果是 01-02 节
9                               content[0]=aa[0]+"\n*"+aa[1]+"\n@"+aa[2]+"\n~"+aa[4];
                                //得到课程部分信息用来显示
10                      }
11                      else if(s[3].equals(Constant.nums[1])){    //如果是 03-04 节
12                              content[1]=aa[0]+"\n*"+aa[1]+"\n@"+aa[2]+"\n~"+aa[4];
13                      }
14                      ......//此处省略其他课程节数的代码，与上述相似，请读者自行查看源代码
15      }}
16      public static String[] GetSelectedInfo(String num,String week){
        //根据指定周数和星期获得字符数组
17              int[] x=new int[5];
18              for(int z=0;z<5;z++){
19                      x[z]=-1;                                //首先数组全部赋值为-1
20              }
```

```
21          String[] result=new String[5];                          //定义一维数组
22          String[] temp=new String[100];
23          ls=SQLiteUtil.GetCourceByWeeks(num, week);              //指定周数和星期获得课程
24          if(ls==null){                                           //如果没有课程
25              for(int j=0;j<5;j++){                               //将内容置空
26                  result[j]="";
27                  temp[j]="";
28              }
29          }else{                                                  //如果获得相应课程
30              for(int j=0;j<5;j++){                               //先将内容置空
31                  result[j]="";
32                  temp[j]="";
33              }
34              for(String[] ok:ls){
35                  for(int h=0;h<ok.length;h++){
36                      if(h==3){
37                          if(ok[3].equals(Constant.nums[0])){ //如果是 01-02
38                              x[0]=0;                             //赋值为 0
39                          }if(ok[3].equals(Constant.nums[1])){//如果是 03-04
40                              x[1]=1;                             //赋值为 1
41                          }if(ok[3].equals(Constant.nums[2])){//如果是 05-06
42                              x[2]=2;                             //赋值为 2
43                          }if(ok[3].equals(Constant.nums[3])){//如果是 07-08
44                              x[3]=3;                             //赋值为 3
45                          }if(ok[3].equals(Constant.nums[4])){//如果是 09-10
46                              x[4]=4;                             //赋值为 4
47          }}}}
48              int k=0;
49              for(String[] group:ls){
50                  String[] divide=group[4].split(",");  //将周数按照逗号切分成数组
51                  for(int z=0;z<divide.length;z++){
52                      if((Constant.weeksNum+"").equals(divide[z])){
                        //如果选择周数等于课程周数
53                          for(String str:group){
54                              temp[k]+=str+"<#>";          //循环赋值
55                  }}}
56                  k++;
57              }
58              int s=0;
59              for(int a=0;a<5;a++){
60                  if(x[a]>=0){
61                      result[a]=temp[s];                          //根据课程节数间接赋值
62                      s++;                                        //变量自加
63          }}}
64      return result;
65  }
```

- 第 2~15 行用于判断从数据库得到的课程信息是周几的课程，并进一步获得此周的课程和从数据库得到的课程信息是否符合当前周数，再进一步判断此课程具体是哪一节数，以便 ViewPager 中的 7 个主类调用并显示到课程单日界面内的 ListView 中。

- 第 17~23 行为定义字符串数组和整型数组，整型数组全部赋值为-1，并根据给定的周数和星期从数据库获得相应的课程信息。

- 第 24~47 行为判断从数据库获得的课程信息是否为空，如果没有课程信息，则将字符串数组置空。如果有相应的课程信息，则首先将字符串数组先置空，然后判断课程节数是哪一节数，将对应的整型数组赋值。

- 第 48~65 行为将周数按照"，"分割成数组，并判断课程周数是否与当前周数相等，如果相等，则给字符串数组赋值。循环结束后，根据课程节数给需要返回的字符串数组间接赋值，以便 ViewPager 中的七个主类调用时使用。

6.5.3 添加课程信息界面模块的开发

上一小节介绍了天气课程表主界面的功能开发，下面将介绍添课界面功能的具体实现，通过

点击主界面里的添课按钮,将切换到添课界面进行添课操作。

(1)下面将介绍添课界面框架的搭建,包括布局的安排,文本视图、按钮等控件的属性设置。省略部分与介绍的部分相似,读者可自行查阅随书光盘代码进行学习。具体代码如下。

✎ **代码位置:**见随书光盘源代码/第 6 章/GridAndWeather/res/layout 目录下的 addcource_activity.xml。

```
1    <LinearLayout xmlns:android="http://schemas.android.com/apk/res/android"    <!--
     线性布局-->
2        xmlns:tools="http://schemas.android.com/tools"
3        android:id="@+id/ll1"
4        android:layout_width="fill_parent"
5        android:layout_height="fill_parent"
6        android:orientation="vertical" >
7        <LinearLayout                                                <!--线性布局-->
8          android:layout_width="fill_parent"
9          android:layout_height="wrap_content"
10         android:gravity="center"
11         android:background="@color/blue1">
12         <TextView                                                  <!--文本域-->
13             android:id="@+id/textView1"
14             android:layout_width="wrap_content"
15             android:layout_height="wrap_content"
16             android:layout_gravity="center"
17             android:textSize="15sp"
18             android:layout_marginLeft="100dp"
19             android:layout_marginRight="100dp"
20             android:text="@string/createcource"/>
21         <Button                                                    <!--普通按钮-->
22             android:id="@+id/button1"
23             android:layout_width="wrap_content"
24             android:layout_height="35dp"
25             android:layout_gravity="left"
26             android:textSize="15sp"
27             android:text="@string/ok" />
28         </LinearLayout>
29         <LinearLayout                                              <!--线性布局-->
30             android:id="@+id/toplayout"
31             android:layout_width="fill_parent"
32             android:layout_height="wrap_content"
33             android:layout_marginBottom="80dp"
34             android:orientation="vertical" >
35             <LinearLayout                                          <!--线性布局-->
36                 android:layout_width="fill_parent"
37                 android:layout_height="wrap_content">
38                 <TextView                                          <!--文本域-->
39                 android:id="@+id/textView2"
40                 android:layout_width="75dp"
41                 android:layout_height="wrap_content"
42                 android:text="@string/courcename"
43                 android:layout_marginTop="5dp"
44                 android:layout_marginRight="20dp"
45                 android:textSize="15sp"
46                 android:focusable="false"/>
47                 <EditText                                          <!--文本编辑-->
48                 android:id="@+id/editText1"
49                 android:layout_width="wrap_content"
50                 android:layout_height="wrap_content"
51                 android:layout_weight="1"
52                 android:textSize="15sp"
53                 android:text="@string/pleasecourcename"
54                 android:ems="10" >
55                 <requestFocus />                                   <!--请求获取焦点-->
56                 </EditText>
57             </LinearLayout>
58             ......<!--此处组件的布局代码与上述相似,故省略,请读者自行查看源代码-->
59         </LinearLayout>
60    </LinearLayout>
```

● 第 2~28 行用于声明总的线性布局，总线性布局中还包含一个线性布局。设置线性布局的宽度为充满整个屏幕宽度，高度为自适应屏幕高度。子的线性布局里包括一个文本域和一个按钮控件，并设置了该子布局中所有控件的基本属性。

● 第 29~34 行用于声明一个 id 为 toplayout 的线性布局，设置线性布局的宽度为充满整个屏幕宽度，高度为自适应屏幕高度，排列方式为垂直排列。

● 第 35~58 行为在 id 为 toplayout 的线性布局中声明一个子线性布局，该子布局中包括一个文本域和一个文本编辑组件，设置了其位置、字体大小、组件宽度及是否获得焦点等属性。

（2）上面介绍了添课界面的布局搭建，下面将介绍具体功能的代码实现。此处先简要介绍该 AddCourseActivity 类中的方法基本架构，其具体内容将在后面的章节中一一介绍。

✎ 代码位置：见随书光盘源代码/第 6 章/GridAndWeather/src/com/bn/gridandweather 目录下的 AddCourseActivity.java

```
1    package com.bn.gridandweather;
2    ......//此处省略导入类的代码，读者可自行查阅随书光盘中的源代码
3    public class AddCourseActivity extends Activity{
4        ......//此处省略变量定义的代码，请读者自行查看源代码
5        @Override
6        protected void onCreate(Bundle savedInstanceState){
7            super.onCreate(savedInstanceState);
8            setContentView(R.layout.addcource_activity);
9            initEdit();                          //初始化添课的各项信息方法
10           initButton();                        //初始化功能按钮方法
11       }
12       public void initButton(){}               //点击确认添课按钮后需要进行的相应操作
13       public void initEdit(){}                 //初始化添课的各项信息
14       public void initWeeksSpinner(final LayoutInflater inflater){}//获得上课周数
15       public void initDaysSpinner(final LayoutInflater inflater){} //获得星期
16       public void initCource(final LayoutInflater inflater){}      //获得上课节数
17       public static String DivideString(String msg){} //将带,的字符串改成带-的字符串
18       public Dialog onCreateDialog(int id){}           //弹出各项对话框
19   }
20   class MyOnClickListener implements OnClickListener{  //自定义按钮点击的监听类
21       AddCourseActivity ta;                            //声明AddCourseActivity的对象
22       int kk=0;
23       public MyOnClickListener(AddCourseActivity ta,int kk){
24           this.ta=ta;                                  //赋值
25           this.kk=kk;
26       }
27       @Override
28       public void onClick(View v){                     //设置选中周数TextView的颜色变化
29           ta.click[kk]++;
30           if(ta.click[kk]%2!=0){                       //当点击奇数次时设置为选中状态
31               ta.bt[kk].setBackgroundResource(R.color.yellow1);
32               ta.info[kk]=ta.bt[kk].getText().toString();
33           }else{                                       //当点击偶数次时设置为未选中状态
34               ta.bt[kk].setBackgroundResource(R.color.white);
35               ta.info[kk]="";
36   }}}
```

● 第 4 行省略了一些变量定义的代码，这些变量在 AddCourseActivity 类中起着极其重要的作用，如定义一个 String 数组来管理插入的课程节数、周数和星期的信息等。

● 第 12~18 行为省略的一些初始化各项课程信息的方法，其方法的具体内容将在接下来的章节中逐一叙述，同时，也请读者参考随书附带的光盘中的源代码辅助学习。

● 第 20~36 行为自定义按钮点击的监听类，在此类中通过设置选中周数 TextView 文本颜色的变化来获得被选中上课的具体周数。当点击奇数次时设置为选中状态，相反地，点击偶数次时设置为未选中状态。

（3）上面介绍了添课界面 AddCourseActivity 类的基本架构，下面将具体介绍一些上面省略了

的方法。此处先简要介绍 initButton 方法的具体功能实现，具体代码如下。

代码位置：见随书光盘源代码/第 6 章/GridAndWeather/src/com/bn/gridandweather 目录下的
AddCourseActivity.java。

```
1    public void initButton(){
2        for(int i=0;i<3;i++){
3            insertCourse[i]="";                        //先将获得的全部课程置为空
4            insertTime[i]="";
5        }
6        Button bt=(Button)this.findViewById(R.id.button1);    //获得添课按钮引用
7          bt.setOnClickListener(                         //给添课按钮添加监听
8            new OnClickListener(){
9              @Override
10             public void onClick(View v){
11                   bb1=false;                            //初始赋值为 false
12                   bb2=false;
13                   insertCourse=new String[3];           //定义一维数组
14                   insertCourse[0]=et1.getText().toString();    //获得课程名称
15                   insertCourse[1]=et2.getText().toString();    //获得课程教师
16                   insertCourse[2]=et3.getText().toString();    //获得课程地点
17                   if(SQLiteUtil.QueryCourseIfExist(insertCourse[0])||
18                       ((!insertCourse[0].trim().equals("")&&(!insertCourse[1].
                         trim().equals(""))&&
19                       (!insertCourse[2].trim().equals("")))){
                         //如果添加的课程不存在并且每项内容不为空
20                           SQLiteUtil.insertCourceMess(insertCourse);
                             //添加此课程进数据库
21                           bb1=true;
22                   }
23                   insertTime=new String[3];             //定义一维数组
24                   insertTime[0]=et4.getText().toString();    //获得课程节数
25                   insertTime[1]=Constant.editText;           //获得课程周数
26                   insertTime[2]=et6.getText().toString();    //获得课程星期
27                   if(insertTime[0].trim().equals("请输入上课节数")||insertTime[1].
28                   trim().equals("请输入上课周数")||insertTime[2].trim().equals
                     ("请输入上课星期")
29                       ||insertTime[0].trim().equals("")||insertTime[1].trim().
30                       equals("")||insertTime[2].trim().equals("")){
31                           Toast.makeText(AddCourseActivity.this,"添加的课程不符合要求，
32                               请重新添加! ", Toast.LENGTH_SHORT).show();
33                           bb2=false;
34                   }else {
35                       if(SQLiteUtil.QueryTimeIfExist(insertCourse[0],
                             insertTime)&&SQLiteUtil.
36                           QueryCourseIfRepeat(insertTime)){
                             //如果此课程的此时间段没有添加
37                           SQLiteUtil.insertCourceTime(insertCourse[0],
                             insertTime);
38                           bb2=true;
39                   }}if(bb1&&bb2){
40                       Toast.makeText(AddCourseActivity.this,"此课程添加成功! ",
41                           Toast.LENGTH_SHORT).show();
42                   }else{
43                       Toast.makeText(AddCourseActivity.this, "添加的课程不符合要求，
44                           请重新添加! ",Toast.LENGTH_SHORT).show();
45                   }
46                   MondayActivity.listview.setAdapter(new MyBaseAdapter(
47                           AddCourseActivity.this,"星期一"));    //给星期一添加适配器
48                   TuesdayActivity.listview.setAdapter(new MyBaseAdapter(/
49                           AddCourseActivity.this,"星期二"));    //给星期二添加适配器
50                   WednesdayActivity.listview.setAdapter(new MyBaseAdapter(
51                           AddCourseActivity.this,"星期三"));    //给星期三添加适配器
52                   ThursdayActivity.listview.setAdapter(new MyBaseAdapter(
53                           AddCourseActivity.this,"星期四"));    //给星期四添加适配器
54                   FridayActivity.listview.setAdapter(new MyBaseAdapter(
55                           AddCourseActivity.this,"星期五"));    //给星期五添加适配器
56                   SaturdayActivity.listview.setAdapter(new MyBaseAdapter(
```

```
57                        AddCourseActivity.this,"星期六"));    //给星期六添加适配器
58              SundayActivity.listview.setAdapter(new MyBaseAdapter(
59                        AddCourseActivity.this,"星期日"));    //给星期日添加适配器
60      }}});}
```

● 第 11~22 行，在添课按钮的点击监听方法中先将 b1,b2 两个标志位设置为 false，将从 EditText 中获得的文本编辑内容赋值给 insertCourse 数组，通过调用 SQlite 数据库中的方法，判断是否存在该课程，若不存在，则将该课程的全部信息添加到数据库中，然后将 b1 设置为 true。

● 第 23~38 行为获得课程的全部上课时间，将从 EditText 中获得的文本编辑内容赋值给 insertTime 数组，如果此课程的此时间段没有添加，则将课程时间信息添加到数据中，并将 b2 设置为 false，若输入的时间信息不符合要求则出 Toast 提示："添加的课程不符合要求，请重新添加！"

● 第 39~45 行，若 b1、b2 都为 true，则 Toast 提示"此课程添加成功"，反之，提示："添加的课程不符合要求，请重新添加！"

● 第 46~60 行为分别给周一到周日的 Activity 中的 Listview 添加适配器。并在 MyBaseAdapter 类的构造器获得不同星期的上下文以及星期时间的字符串。

（4）上面介绍了 initButton 方法的具体功能实现，下面将继续介绍先前省略的 AddCourseActivity 类中 initEdit 方法的代码开发，具体代码如下。

代码位置：见随书光盘源代码/第 6 章/GridAndWeather/src/com/bn/gridandweather 目录下的 AddCourseActivity.java。

```
1    public void initEdit(){
2        et1=(EditText)this.findViewById(R.id.editText1);//获得课程名文本框的引用
3        et2=(EditText)this.findViewById(R.id.editText2);//获得任课教师文本框的引用
4        et3=(EditText)this.findViewById(R.id.editText3);//获得上课地点文本框的引用
5        et4=(EditText)this.findViewById(R.id.editText4);//获得课程节数文本框的引用
6        et5=(EditText)this.findViewById(R.id.editText5);  //获得课程周数文本框的引用
7        et6=(EditText)this.findViewById(R.id.editText6);  //获得课程星期文本框的引用
8        et1.setOnTouchListener(                     //课程名称文本框添加监听
8        et1.setOnTouchListener(                     //课程名称文本框添加监听
9                new OnTouchListener(){
10                   @Override
11                   public boolean onTouch(View v, MotionEvent event) {
12                       et1.setText("");              //文本框清空
13                       return false;
14               }});
15       et2.setOnTouchListener(                     //课程教师文本框添加监听
16               new OnTouchListener(){
17                   @Override
18                   public boolean onTouch(View v, MotionEvent event){
19                       et2.setText("");              //文本框清空
20                       return false;
21               }});
22       et3.setOnTouchListener(                     //课程地点文本框添加监听
23               new OnTouchListener(){
24                   @Override
25                   public boolean onTouch(View v, MotionEvent event) {
26                       et3.setText("");              //文本框清空
27                       return false;
28               }});
29       et4.setOnTouchListener(                     //课程节数文本框添加监听
30               new OnTouchListener(){
31                   @Override
32                   public boolean onTouch(View v, MotionEvent event){
33                       et4.setText("");              //文本框清空
34                       showDialog(COMMON_DIALOG0);   //显示第一个对话框
35                   return false;
36               }});
37       et5.setOnTouchListener(                     //课程周数文本框添加监听
```

```
38                     new OnTouchListener(){
39                             @Override
40                     public boolean onTouch(View v, MotionEvent event){
41                         et5.setText("");                    //文本框清空
42                         showDialog(COMMON_DIALOG1);          //显示第一个对话框
43                         return false;
44                     }});
45             et6.setOnTouchListener(                          //课程星期文本框添加监听
46                     new OnTouchListener(){
47                             @Override
48                     public boolean onTouch(View v, MotionEvent event){
49                         et6.setText("");                    //文本框清空
50                         showDialog(COMMON_DIALOG2);          //显示第一个对话框
51                         return false;
52     }});}
```

● 第 2~7 行在当前的上下文中找到对应 id 的 EditText 控件，将其全部强制类型转换为
EditText 类型后分别赋给 EditText 声明的 6 个变量。

● 第 8~28 行在 EditText 文本编辑域中分别输入对应的课程名、任课教师以及上课地点。
在进行输入操作前，先将文本内容置空。将重写的 onTouch 方法返回 false 是为了能向文本编辑域
进行除了触摸外的其他操作。

● 第 29~51 行在 EditText 文本编辑域中分别输入对应课程的上课节数、星期以及周数。在
触摸这 3 个文本编辑域后分别弹出对应的对话框来输入相应的课程时间信息。

（5）上面介绍了 initEdit 方法的代码开发，下面将继续介绍先前省略的 AddCourseActivity 类
中 initWeeksSpinner 方法的具体功能实现，具体代码如下。

📝 **代码位置**：见随书光盘源代码/第 6 章/GridAndWeather/src/com/bn/gridandweather 目录下的
AddCourseActivity.java。

```
1      public void initWeeksSpinner(final LayoutInflater inflater){
2          for(int i=0;i<bt.length;i++){
3              bt[i].setOnClickListener(
4                  new MyOnClickListener(this,i)            //自定义按钮点击监听方法
5          );}
6          singleB.setOnClickListener(                      //单周按钮添加监听
7              new OnClickListener(){
8                      @Override
9                  public void onClick(View v){
10                     for(int j=0;j<click.length;j++){     //将一维变量清空
11                         click[j]=0;
12                     }for(int k=0;k<bt.length;k++){
13                         if(k%2==0){                      //点击按钮的编号为奇数时
14                             click[k]++;                  //点击此处按钮的次数加 1
15                             bt[k].setBackgroundResource(R.color.yellow1);
16                             info[k]=bt[k].getText().toString();
                             //获得点击按钮的数字
17                         }else{
18                             bt[k].setBackgroundResource(R.color.white);
19                             info[k]="";                  //将信息清空
20     }}}});
21         doubleB.setOnClickListener(                      //双周按钮添加监听
22             new OnClickListener(){
23                     @Override
24                 public void onClick(View v) {
25                     for(int j=0;j<click.length;j++){     //将一维变量清空
26                         click[j]=0;
27                     }for(int k=0;k<bt.length;k++){
28                         if(k%2==0){
29                             bt[k].setBackgroundResource(R.color.white);
30                             info[k]="";
31                         }else{                           //点击按钮的编号为偶数时
32                             click[k]++;                  //点击此按钮的次数加 1
33                             bt[k].setBackgroundResource(R.color.yellow1);
                             //设为选中色
```

```
34                                      info[k]=bt[k].getText().toString();
                                        //获得点击按钮的数字
35              }}}});
36              allB.setOnClickListener(                       //全选按钮添加监听
37                  new OnClickListener(){
38                      @Override
39                      public void onClick(View v) {
40                          for(int j=0;j<click.length;j++){    //将一维变量清空
41                              click[j]=0;
42                          }for(int k=0;k<bt.length;k++){
43                              click[k]++;                      //所有按钮次数加 1
44                              bt[k].setBackgroundResource(R.color.yellow1);//均设为选中色
45                              info[k]=bt[k].getText().toString(); //获得所有按钮的数字
46      }}});}
```

● 第 6~20 行为在选择上课周数时选择周数为奇数的上课时间，将 Button 按钮显示的周数为奇数的背景色设置为选中色，并获得选中的周数文本内容。

● 第 21~35 行为在选择上课周数时选择周数为偶数的上课时间，将 Button 按钮显示的周数为偶的背景色设置为选中色，并获得选中的周数文本内容。

● 第 36~45 行为在点击全选按钮时，将全部的 Button 按钮的背景色设置为选中色，并获得全部的上课周数文本内容。

（6）上面介绍了 initWeeksSpinner 方法的代码开发，下面将继续介绍先前省略的 AddCourseActivity 类中 initDaysSpinner 方法的具体功能实现，具体代码如下。

✎ 代码位置：见随书光盘源代码/第 6 章/GridAndWeather/src/com/bn/gridandweather 目录下的 AddCourseActivity.java。

```
1      public void initDaysSpinner(final LayoutInflater inflater){
2          BaseAdapter ba1=new BaseAdapter() {               //为 Spinner 准备内容适配器
3              @Override
4              public int getCount() {
5                  return Constant.weekId.length;             //长度为 7
6              }
7              @Override
8              public Object getItem(int arg0) { return null; }
9              @Override
10             public long getItemId(int arg0) { return 0; }
11             @Override
12             public View getView(int arg0, View arg1, ViewGroup arg2) {//获得布局 View
13                 LinearLayout ll=(LinearLayout)arg1;
14                 if(ll==null){                              //如果获得布局为空
15                     ll=(LinearLayout)(inflater.inflate(R.layout.spinnertext1,
16                         null).findViewById(R.id.listlayout));
17                 }
18                 TextView tv=(TextView)ll.getChildAt(0);    //初始化 TextView
19                 tv.setTextSize(20);                        //设置字体大小
20                 tv.setText(Constant.weekId[arg0]);         //设置内容
21                 return ll;
22             }};
23         sp4.setAdapter(ba1);                              //为 Spinner 设置内容适配器
24         sp4.setOnItemSelectedListener(                    //设置星期选项选中的监听器
25             new OnItemSelectedListener() {
26                 @Override
27                 public void onItemSelected(AdapterView<?> arg0, View arg1,
28                     int arg2, long arg3) {                 //重写选项被选中事件的处理方法
29                     selectWeek=getResources().getText(Constant.weekId[arg2])+"";//选择课程名
30                 }
31                 @Override
32                 public void onNothingSelected(AdapterView<?> arg0) { }
33     });}
```

● 第 2~22 行为给获得星期的 Spinner 准备内容适配器，重写 BaseAdapter 中的一系列方法，如获得 Spinner 总共有 7 个 Items，在 getView 方法中获得 spinnertext1 XML 中 id 为 listlayout 的布

局，初始化该布局中 TextView 的文本内容。

● 第 23~32 行为给 Spinner 设置内容适配器，并给该星期选项添加监听器，在重写的
onItemSelected 方法中获得相应的星期时间。

（7）上面介绍了 initDaysSpinner 方法的具体功能实现，下面将继续介绍先前省略的
AddCourseActivity 类中 DivideString 周数内容格式转换方法的代码开发，具体代码如下。

　　代码位置：见随书光盘源代码/第 6 章/GridAndWeather/src/com/bn/gridandweather 目录下的
AddCourseActivity.java。

```
1    public static String DivideString(String msg){      //将带，的字符串改成带-的字符串
2        String result="";                                //定义返回结果的变量
3        String[] group=msg.split(",");                   //将传过来的字符串分割
4        int last = Integer.parseInt(group[0]);           //初始化首端值和次端值
5        int first = last;
6        for(int i=1;i<group.length;i++){
7            if(Integer.parseInt(group[i]) != last + 1){//当次端值不等于前端值时加一
8                if(first!=last){                         //当次端不处于首端
9                    result+=first+"-"+group[i - 1]+",";//将结果添加至结果字符串
10               }else{
11                   result+=first+",";                   //无连接的单个数
12               }
13               first = Integer.parseInt(group[i]);      //重置首端值
14           }
15           last = Integer.parseInt(group[i]);           //重置次端值
16       }
17       if(first!=last){                                 //末端处理
18           result+=first + "-" + group[group.length - 1];
19       }else{
20           result+=first;
21       }
22       return result;                                   //返回结果字符串
23   }
```

> 　　该 DivideString 方法为将带"，"的字符串改成带"-"的字符串的工具方法，
> 说明　在选择上课周数后将所选的周数按照一定的格式显示在相应的 EditText 文本编辑域
> 　　中，如选择了连续两周以上的周数时，其周数之间用"-"连接并显示出来。

（8）在该添课界面中课程时间信息都是通过弹出相应的对话框来初始化时间信息的，下面将
继续介绍先前省略的 AddCourseActivity 类中 onCreateDialog 方法的具体功能实现，具体代码如下。

　　代码位置：见随书光盘源代码/第 6 章/GridAndWeather/src/com/bn/gridandweather 目录下的
AddCourseActivity.java。

```
1    public Dialog onCreateDialog(int id){
2        Dialog dialog=null;
3        final LayoutInflater inflater = LayoutInflater.from(AddCourseActivity.this);
4        switch(id){
5            case COMMON_DIALOG0:                                    //选择课程节数
6                builder = new Builder(this);                        //获得当前的 Builder
7                View viewDialog0 = inflater.inflate(R.layout.courcespinner,null);
8                sp3=(Spinner)viewDialog0.findViewById(R.id.spinner1);
9                builder.setView(viewDialog0);
10               builder.setTitle("请选择课程时间安排");              //设置标题
11               builder.setNegativeButton("取消",null);
12               builder.setPositiveButton("确认", new DialogInterface.OnClickListener(){
13                   @Override
14                   public void onClick(DialogInterface arg0, int arg1){
15                       et4.setText(selectNum);                     //显示课程节数
16               }});
17               initCource(inflater);                               //初始化对话框
18               dialog=builder.create();                            //弹出对话框
19           break;
```

```
20              case COMMON_DIALOG1:                              //选择课程周数
21                  builder = new Builder(this);
22                  View viewDialog1= inflater.inflate(R.layout.tableweekslayout,null);
23                  singleB=(Button)viewDialog1.findViewById(R.id.danzhou); //获得单周引用
24                  doubleB=(Button)viewDialog1.findViewById(R.id.shuangzhou);//获得双周引用
25                  allB=(Button)viewDialog1.findViewById(R.id.quanxuan);    //获得全选引用
26                  for(int j=0;j<bt.length;j++){
27                      bt[j]=(Button)viewDialog1.findViewById(Constant.buttonId[j]);
                        //获得20个按钮引用
28                      click[j]=0;                               //初始化赋值为0
29                      info[j]="";                               //初始化内容为空
30                  }
31                  builder.setView(viewDialog1);                 //设置对话框View
32                  builder.setTitle("请选择周数安排");            //设置标题
33                  builder.setNegativeButton("取消",null);
34                  builder.setPositiveButton("确认", new DialogInterface.
                    OnClickListener(){
35                      @Override
36                      public void onClick(DialogInterface arg0, int arg1) {
37                          Constant.editText="";
38                          for(int i=0;i<info.length;i++){
39                              if(!info[i].equals("")){          //如果获得的内容不为空
40                                  Constant.editText+=info[i].trim()+",";
                                    //获得选中按钮内容
41                              }}
42                          if(Constant.editText.length() != 0){  //如果内容不为空
43                              Constant.editText=Constant.editText.substring(0,Constant.
                                editText.length()-1);
44                              Constant.showWeeks=DivideString(Constant.editText);
45                          }
46                          et5.setText(Constant.showWeeks);      //显示课程周数
47                  }});
48                  initWeeksSpinner(inflater);                   //初始化周数对话框
49                  dialog=builder.create();
50              break;
51              ......//此处省略选择其他星期,其代码实现与课程节数类似,故省略,请读者自行查看源代码
52      }
```

- 第 5~19 行为显示选择课程节数的 Dialog,在该对话框相应的布局文件中获得对应 id 的 Spinner 控件,然后为该对话框设置标题,添加一个取消按钮,在添加的确定按钮的监听方法中,将获得的课程节数信息显示到对应的文本编辑框中。

- 第 20~30 行为显示选择课程周数的 Dialog,在该对话框相应的布局文件中有选择单周、双周及全部周数的按钮,通过循环来获得显示 1-20 周的相应组件的 id。

- 第 31~50 行为给选择课程周数的对话框设置相应的属性,在确认按钮的监听方法中,通过一系列的格式转换获得上课的周数并将其显示到对应的文本编辑框中。

> ✔说明　　上面简要介绍的一些方法构成了 AddCourseActivity 类的基本架构,在 onCreateDialog 方法中由于篇幅有限,与显示选择课程节数对话框类似的选择课程星期对话框的 case 语句的代码实现就不再叙述,请读者自行查阅随书光盘中的源代码进行学习。

6.5.4　查看课程信息界面模块的实现

上一小节介绍的是天气课程表添加课程界面模块的开发代码,本小节将介绍的是查看课程信息界面模块的实现代码。点击任意一门课程,则将进入查看课程信息界面,查看此课程的详细信息。如果没有课程,则会弹出相应提示。

（1）下面介绍搭建查看课程信息界面的主布局 odd_list_selected.xml 的开发,包括布局的安排、控件的基本属性设置,实现的具体代码如下。

代码位置：见随书光盘源代码/第 6 章/GridAndWeather/res/layout 目录下的 odd_list_selected.xml。

```
1    <?xml version="1.0" encoding="utf-8"?>                          <!--版本号及编码方式-->
2    <LinearLayout xmlns:android="http://schemas.android.com/apk/res/android"
     <!--线性布局-->
3        android:layout_width="match_parent"
4        android:layout_height="match_parent"
5        android:orientation="vertical" >
6        <RelativeLayout                                             <!--相对布局-->
7            android:layout_width="wrap_content"
8            android:layout_height="wrap_content">
9            ......//此处省略普通按钮的定义，与上述代码相似，请读者自行查看源代码
10       </RelativeLayout>
11       <LinearLayout                                               <!--线性布局-->
12           android:layout_width="fill_parent"
13           android:layout_height="wrap_content"
14           android:orientation="vertical">
15           <LinearLayout                                           <!--线性布局-->
16               android:orientation="horizontal"
17               android:layout_width="match_parent"
18               android:layout_height="wrap_content" >
19               <ImageView                                          <!--图片域-->
20                   android:layout_marginTop="5dp"
21                   android:layout_marginRight="5dp"
22                   android:layout_width="15dp"
23                   android:layout_height="15dp"
24                   android:src="@drawable/cn" />
25               <TextView                                           <!--文本域-->
26                   android:id="@+id/nameT01"
27                   android:layout_width="wrap_content"
28                   android:layout_height="wrap_content"
29                   android:text="@string/courcename"
30                   android:textSize="20sp"/>
31           </LinearLayout>
32           ....../*此处省略代码与上述类似，故省略，请读者自行查看源代码*/
33       </LinearLayout>
34   </LinearLayout>
```

● 第 1~10 行声明了一个线性布局，并设置了其宽度和高度为自适应屏幕宽度和高度，排列方式为垂直排列。线性布局下还定义了一个相对布局，也设置了其宽高，相对布局下定义按钮的代码省略，与上述布局文件中代码基本相同，所以不再赘述。

● 第 11~31 行声明了线性布局，设置其宽度为屏幕宽度，高度为自适应内容高度，排列方式为垂直排列，线性布局下还定义了一个线性布局，排列方式为横向排列，其中包括了若干个图片域和文本域，并设置了其宽、高等属性。

（2）上面介绍了查看课程信息界面的搭建，下面介绍查看课程信息界面功能的实现。该界面主要实现显示选择课程详细信息的功能，具体代码如下。

代码位置：见随书光盘中源代码/第 6 章/GridAndWeather/src/com/bn/gridandweather 目录下的 OddListSelectedActivity.java。

```
1    package com.bn.gridandweather;                                 //声明包名
2    ......//此处省略导入类的代码，读者可自行查阅随书附带光盘中的源代码
3    public class OddListSelectedActivity extends Activity{
4        ......//此处省略定义变量的代码，请读者自行查看源代码
5        public void onCreate(Bundle savedInstanceState){
6            super.onCreate(savedInstanceState);
7            setContentView(R.layout.odd_list_selected);
8            initButton();                                          //初始化按钮
9            initTextView();                                        //初始化 TextView
10       }
11       public void initButton(){                                  //初始化按钮
12           edit=(Button)this.findViewById(R.id.edit);            //编辑按钮
13           back=(Button)this.findViewById(R.id.back);            //返回按钮
14           delete=(Button)this.findViewById(R.id.delete);       //删除按钮
15           edit.setOnClickListener(                               //给编辑按钮添加监听
16               new OnClickListener(){
```

```
17                        public void onClick(View v){
18                            Intent intent=new Intent();       //切换到编辑课程信息界面
19                            intent.setClass(OddListSelectedActivity.this,
                                 EditCourseActivity.class);
20                            intent.putExtra("name",value);
21                            OddListSelectedActivity.this.startActivity(intent);
22                    }});
23              back.setOnClickListener(                          //给返回按钮添加监听
24                  new OnClickListener(){
25                        public void onClick(View v){
26                            Intent intent=new Intent();       //切换到主界面
27                            intent.setClass(OddListSelectedActivity.this,
                                 OddDaysActivity.class);
28                            OddListSelectedActivity.this.startActivity(intent);
29                    }});
30              delete.setOnClickListener(                        //给删除本节课按钮添加监听
31                  new OnClickListener(){
32                        public void onClick(View v){
33                            SQLiteUtil.DeleteCourse(names);//调用数据库方法删除记录
34                            Intent intent=new Intent();          //切换到主界面
35                            intent.setClass(OddListSelectedActivity.this,
                                 OddDaysActivity.class);
36                            OddListSelectedActivity.this.startActivity(intent);
37                            MondayActivity.listview.setAdapter(new MyBaseAdapter(
38                                OddListSelectedActivity.this,"星期一"));
39                            TuesdayActivity.listview.setAdapter(new
                                 MyBaseAdapter(
40                                OddListSelectedActivity.this,"星期二"));
41                            WednesdayActivity.listview.setAdapter(new
                                 MyBaseAdapter(
42                                OddListSelectedActivity.this,"星期三"));
43                            ThursdayActivity.listview.setAdapter(new
                                 MyBaseAdapter(
44                                OddListSelectedActivity.this,"星期四"));
45                            FridayActivity.listview.setAdapter(new MyBaseAdapter(
46                                OddListSelectedActivity.this,"星期五"));
47                            SaturdayActivity.listview.setAdapter(new
                                 MyBaseAdapter(
48                                OddListSelectedActivity.this,"星期六"));
49                            SundayActivity.listview.setAdapter(new MyBaseAdapter(
50                                OddListSelectedActivity.this,"星期日"));
51                    }});}
52          public void initTextView(){
53              title=(TextView)this.findViewById(R.id.textshow);
54              .....//此处省略获得其他文本域引用的代码，与上述相似，请读者自行查看源代码
55              Intent intent=this.getIntent();
56              Bundle bundle=intent.getExtras();
57              value=bundle.getString("info");                    //获得选中项的编号
58              names=value.split("<#>");                           //分割字符串
59              Constant.showWeeks=AddCourseActivity.DivideString(names[4]);
60              title.setText(names[0]);                            //设置标题
61              ......//此处省略设置其他文本域内容的代码，与上述相似，请读者自行查看源代码
62    }}
```

● 第5~10行为程序运行时调用的方法，在这个方法中，进行一些准备工作，如将查看课程信息界面的按钮与文本域初始化等。

● 第11~51行为初始化按钮方法，首先获得了编辑按钮、返回按钮和删除按钮的引用，然后给3个按钮添加了监听方法。在点击编辑按钮时，将会进入课程编辑界面，可以对选中课程进行修改。在点击返回按钮时，将直接返回到课程表主界面。在点击删除本节课按钮时，将会将这条记录从数据中删除，并且在返回主界面的同时，刷新周一到周日的ListView。

● 第52~61行为初始化文本方法。首先获得文本框的引用，然后在课程表主界面中任意点击一个课程，将会进入此查看课程信息界面，如果没有课程，将会进行相应的提示，不会进入此界面。此方法通过Intent获得点击课程的详细信息，并将这些信息显示到查看课程信息界面中的文本框中，以便查看。

6.5.5　编辑课程信息界面模块的开发

上面介绍了查看课程信息界面的功能开发,下面将介绍课程信息编辑界面的具体功能的实现。通过点击课程详细信息查看界面的编辑按钮,即可进入到课程信息编辑界面。

(1)下面将介绍课程信息编辑界面框架的搭建,包括布局的安排,文本视图、按钮等控件的属性设置。省略部分与上节添课界面类似,读者可自行查阅随书光盘代码进行学习。具体代码如下。

📝 代码位置：见随书光盘源代码/第 6 章/GridAndWeather/res/layout 目录下的 edit_course.xml。

```
1   <?xml version="1.0" encoding="utf-8"?>                    <!--版本号及编码方式-->
2   <LinearLayout xmlns:android="http://schemas.android.com/apk/res/android"
    <!--线性布局-->
3       android:layout_width="match_parent"
4       android:layout_height="match_parent"
5       android:orientation="vertical" >
6       <LinearLayout                                         <!--线性布局-->
7           android:layout_width="match_parent"
8           android:background="@color/blue1"
9           android:layout_height="wrap_content" >
10          <Button                                           <!--普通按钮-->
11              android:id="@+id/back"
12              android:layout_marginTop="5dp"
13              android:layout_width="40dp"
14              android:layout_height="40dp"
15              android:layout_weight="0.15"
16              android:text="@string/back" />
17          <TextView                                         <!--文本域-->
18              android:id="@+id/edit_title"
19              android:layout_marginTop="5dp"
20              android:textSize="20sp"
21              android:layout_width="wrap_content"
22              android:layout_height="wrap_content"
23              android:layout_weight="1.0"
24              android:gravity="center"
25              android:text="@string/edit_title" />
26          <Button                                           <!--普通按钮-->
27              android:id="@+id/ok"
28              android:layout_marginTop="5dp"
29              android:layout_width="40dp"
30              android:layout_height="40dp"
31              android:layout_weight="0.15"
32              android:text="@string/sure" />
33      </LinearLayout>
34      ......<!--此处组件的布局代码与添课界面相似,故省略,请读者自行查看源代码->
35  </LinearLayout>
```

● 第 10~16 行为声明一个普通按钮用于监听返回天气课程表主界面,设置此 Button 距最上方为 5,宽高度为 40,所占 LinearLayout 里的宽度比重为 0.15。

● 第 17~32 行为声明一个 TextView 对象,该对象为课程信息编辑界面,还声明了一个 Button 对象来确认将修改过后的课程信息添加到数据库中,并分别设置了其大小、背景颜色及文本内容等基本属性。

📝 说明　　由于课程信息编辑界面与添课界面的框架类似,所以在此省略了一些布局文件的实现代码,读者可自行查看上节添课界面的布局文件的搭建,或查看随书光盘中相应的源代码进行了解和学习。

(2)上面介绍了课程信息编辑界面的布局搭建,下面将介绍具体功能的代码实现。由于该模块的功能实现与添课界面的大多类似,下面将只简要介绍 EditCourseActivity 类中与添课模块实现不同功能的代码开发,其他的功能实现请读者自行查阅随书光盘中的源代码进行了解和学习。

📝 **代码位置**：见随书光盘源代码/第 6 章/GridAndWeather/src/com/bn/gridandweather 目录下的 EditCourseActivity.java。

```
1      package com.bn.gridandweather;
2      ......//此处省略导入类的代码，读者可自行查阅随书附带光盘中的源代码
3      public class EditCourseActivity extends Activity{
4          ......//此处省略变量定义的代码，请读者自行查看源代码
5          protected void onCreate(Bundle savedInstanceState){
6              super.onCreate(savedInstanceState);              //调用父类的 onCreate 方法
7              setContentView(R.layout.edit_course);
8              context=EditCourseActivity.this;                 //获得 Context 引用
9              Intent intent=this.getIntent();
10             Bundle bundle=intent.getExtras();
11             String value=bundle.getString("name");           //获得选中项的编号
12             ii=value.split("<#>");
13             initEditText();                                  //初始化课程信息
14             initButton();                                    //初始化功能按钮
15         }
16         public void initEditText(){
17             firstName=ii[0];                                 //没有改变之前的课程名称
18             Constant.editText=ii[4];                         //选择的周数
19             Constant.showWeeks=AddCourseActivity.DivideString(ii[4]);
                //转换成需要的字符串
20             et1=(EditText)this.findViewById(R.id.editText1);
21             et1.setText(ii[0]);                              //显示课程名称
22             et2=(EditText)this.findViewById(R.id.editText2);
23             et2.setText(ii[1]);                              //显示课程教师
24             et3=(EditText)this.findViewById(R.id.editText3);
25             et3.setText(ii[2]);                              //显示课程地点
26             et4=(EditText)this.findViewById(R.id.editText4);
27             et4.setText(ii[3]);                              //显示课程节数
28             et5=(EditText)this.findViewById(R.id.editText5);
29             et5.setText(Constant.showWeeks);                 //显示课程周数
30             et6=(EditText)this.findViewById(R.id.editText6);
31             et6.setText(ii[5]);                              //显示课程星期
32             ......//此处省略的代码与添加课程模块的类似，故省略，请读者自行查看源代码
33     }}
```

- 第 6~15 行为先切换到课程信息编辑界面，获得当前的上下文赋给变量 context，然后声明一个 Intent 引用，将上一个 Activity 启动的 Intent 赋给先前创建的 Intent 对象，然后将 Intent 发过来的消息传给 Bundle，最后通过 Bundle 获得需要修改的课程信息。

- 第 16~31 行为初始化 EditText 文本编辑框中的内容，将需要修改的课程信息显示到对应的文本编辑框中，在显示周数时通过相应的格式转换获得需要的周数信息。

📙 说明
> 课程信息编辑界面模块的实现功能与添课界面模块大同小异，只有在初始化 EditText 文本编辑框里的内容时有所不同，在上面已一一列出，请读者详细地阅读。其他的内容由于篇幅原因就不再赘述，读者可自行查阅随书光盘中的源代码进行了解和学习。

6.5.6 查看课程整周界面模块的实现

上一小节介绍的是编辑课程信息界面的开发代码，本小节将介绍的是天气课程表课程整周界面模块的实现代码，在主界面点击整周按钮，将进入此界面。此界面主要用来显示所选周数的周一至周日的所有课程的部分信息。

（1）下面介绍的是课程整周界面的总布局的搭建，包括布局的安排，文本框、按钮等控件的属性设置。省略部分与介绍的部分相似，读者可自行查阅随书光盘代码进行学习。具体代码如下。

📝 **代码位置**：见随书光盘中源代码/第 6 章/GridAndWeather/res/layout 目录下的 whole_week.xml。

```
1      <?xml version="1.0" encoding="utf-8"?>                          <!--版本号-->
```

```
2       <LinearLayout xmlns:android="http://schemas.android.com/apk/res/android"
<!--线性布局-->
3           android:id="@+id/layout"
4           android:layout_width="match_parent"
5           android:layout_height="match_parent"
6           android:orientation="vertical" >
7           <RelativeLayout                                         <!--相对布局-->
8               android:layout_width="match_parent"
9               android:layout_height="wrap_content">"
10              <Button                                             <!--单日按钮-->
11              android:id="@+id/odddays"
12              android:layout_width="wrap_content"
13              android:layout_height="wrap_content"
14              android:layout_alignParentRight="true"
15              android:layout_alignParentTop="true"
16              android:text="@string/odddays" />
17              <Spinner                                            <!--下拉列表-->
18              android:id="@+id/spinner1"
19              android:layout_width="120dp"
20              android:layout_height="50dp"
21              android:layout_centerHorizontal="true"
22              android:layout_centerVertical="true" />
23              ......//此处省略皮肤按钮的定义代码，与上述相似，请读者自行查看源代码
24          </RelativeLayout>
25          <LinearLayout                                           <!--线性布局-->
26              android:layout_width="match_parent"
27              android:layout_height="wrap_content">
28              <TextView                                           <!--文本域-->
29              android:id="@+id/month"
30              android:layout_width="wrap_content"
31              android:layout_height="wrap_content"
32              android:gravity="center"
33              android:textSize="15dp" />
34              ......//此处省略其他文本框定义代码，与上述相似，请读者自行查看源代码
35          </LinearLayout>
36          <ListView                                               <!--列表视图组件-->
37              android:id="@+id/listView1"
38              android:layout_width="match_parent"
39              android:layout_height="346dp" >
40          </ListView>
41      </LinearLayout>
```

● 第 2~6 行声明了一个总的线性布局，设置了其 id 和宽、高均为适应屏幕宽度和高度，排列方式为垂直排列。

● 第 7~24 行声明了一个相对布局，设置了其宽度为自适应屏幕宽度、高度为自适应内容高度，在此相对布局下，定义了按钮和下拉列表，并设置了其 id、长、宽等属性。

● 第 25~35 行声明了一个线性布局，设置了其宽度为自适应屏幕宽度，高度为自适应内容高度。在此线性布局下，定义了若干文本框，设置了其 id、宽、高、字体大小等属性。

● 第 36~40 行为定义 ListView，设置了其 id、宽、高等属性，在此布局文件下，还有一个子布局文件，是为 ListView 服务的，下面将详细介绍。

（2）上面介绍的是课程整周界面的总布局的搭建，还有一个布局文件为总布局里的 ListView 服务，属于子布局文件。子布局里面的所有内容将显示在每一个 Item 中。具体代码如下。

　代码位置：见随书光盘中源代码/第 6 章/GridAndWeather/res/layout 目录下的 wholeweek_detail.xml。

```
1       <?xml version="1.0" encoding="utf-8"?>                       <!--版本号-->
2       <LinearLayout xmlns:android="http://schemas.android.com/apk/res/android"
<!--线性布局-->
3           android:layout_width="match_parent"
4           android:layout_height="match_parent"
5           android:orientation="horizontal"
6           android:id="@+id/list" >
7           <TextView                                               <!--文本域-->
8               android:id="@+id/textView1"
```

```
9              android:layout_width="wrap_content"
10             android:layout_height="wrap_content"></TextView>"
11     ......//此处省略其他文本框的定义,与上述代码类似,请读者自行查看源代码
12  </LinearLayout>
```

> 📌**说明**　　　此布局文件是为 ListView 服务的,里面包括七个文本框,在为 ListView 准备适配器的时候,赋值给这七个文本框,即可显示在 ListView 上。

（3）上面介绍了天气课程表课程整周界面的搭建,下面将介绍的是课程整周界面功能的开发。课程整周界面可以显示当前选择周数的所有课程,实现的代码如下。

📡 **代码位置:** 见随书光盘中源代码/第 6 章/GridAndWeather/src/com/bn/gridandweather 目录下的 WholeWeekActivity.java。

```
1     package com.bn.gridandweather;                              //声明包名
2     ......//此处省略的是导入类的代码,读者可自行查阅随书附带光盘中的源代码
3     public class WholeWeekActivity extends Activity{
4         ......//此处省略的是定义变量的代码,请读者自行查看源代码
5         public void onCreate(Bundle savedInstanceState){
6             super.onCreate(savedInstanceState);
7             setContentView(R.layout.whole_week);
8             rtlayout=(LinearLayout)this.findViewById(R.id.layout);//获得线性布局的引用
9             initFace();                                          //初始化皮肤
10            initButton();                                        //初始化功能按钮
11            changeTimes();                                       //定期的改变时间
12            initListView();                                      //初始化 ListView
13        }
14        public void initFace(){
15            ....../*此处省略的是更换皮肤的代码,在课程表单日界面中已经介绍,这里不再赘述*/}
16        public void initButton(){                                //初始化按钮
17            oddDays=(Button)this.findViewById(R.id.odddays);     //获得单日按钮的引用
18            oddDays.setOnClickListener(                          //给单日按钮添加监听
19                new OnClickListener(){
20                    public void onClick(View v){
21                        Intent intent=new Intent();
22                        intent.setClass(WholeWeekActivity.this,
                             OddDaysActivity.class);
23                        WholeWeekActivity.this.startActivity(intent);
                         //切换到单日界面
24            }});
25            changeFace=(Button)this.findViewById(R.id.changeFace);//获得皮肤按钮引用
26            changeFace.setOnClickListener(                        //给皮肤按钮添加监听
27                new OnClickListener(){
28                    public void onClick(View v){
29                        new AlertDialog.Builder(WholeWeekActivity.this)
30                            .setTitle("皮肤")                       //设置标题
31                            .setIcon(android.R.drawable.ic_dialog_info)
                             //设置图标
32                            .setSingleChoiceItems(Constant.skins, index,
                             //设置默认选中值
33                              new DialogInterface.OnClickListener(){
34                                public void onClick(DialogInterface dialog,
                                 int which){
35                                  index=which;
36                                  try{
37                                    switch(which){
38                                        case 0:rtlayout.setBackgroundResource
                                         (R.color.white);
39                                        Constant.skinsSelection=0;break;
40            ......//此处省略的代码与上述代码大致相同,请自行查看源代码
41                                    }
42                                  }catch(Exception e){
43                                    e.printStackTrace();
44                                  }
45                                  dialog.dismiss();               //取消对话框
46            }})
```

```
47                              .setNegativeButton("取消", null)
48                              .show();                          //弹出对话框
49                      }}});
50              spinner=(Spinner)this.findViewById(R.id.spinner1); //选择周数
51              ArrayAdapter<String>adapter=
52              newArrayAdapter<String>(this,android.R.layout.simple_spinner_item,
                Constant.spinnerInfo);
53              adapter.setDropDownViewResource(android.R.layout.simple_spinner_
                dropdown_item);
54              spinner.setAdapter(adapter);                      //给 Spinner 添加适配器
55              spinner.setSelection(Constant.spinnerSelection);
56              spinner.setOnItemSelectedListener(                //给 Spinner 添加监听
57                  new OnItemSelectedListener(){
58                      @Override
59                      public void onItemSelected(AdapterView<?> arg0, View arg1,int
                        arg2, long arg3){
60                              switch(arg2){
61                                  case 0:Constant.weeksNum2=1;break;
62                                  ......//此处省略代码与上述代码大致相同，请读者自行查看源代码
63                              }
64                              Constant.spinnerSelection=Constant.weeksNum2-1;
65                              changeTimes();                    //改变显示日期
66                              listview.setAdapter(new WholeWeekAdapter
                                (WholeWeekActivity.this));
67                          }
68                          @Override
69                          public void onNothingSelected(AdapterView<?> arg0) {}
70              });}
71          public void changeTimes(){....../*此处省略定期改变日期的方法,下面将详细介绍*/}
72          public void initListView(){
73              listview=(ListView)this.findViewById(R.id.listView1);//获得ListView引用
74              listview.setAdapter(new WholeWeekAdapter(WholeWeekActivity.this));
75      }}
```

- 第 5~13 行为程序运行时需要调用的方法，在这个方法中，进行了定义变量、初始化内容等工作。初始化皮肤的方法在课程单日界面中已经进行了详细的介绍，由于篇幅有限，初始化日期的方法将在下面详细介绍。

- 第 14~15 行为更换皮肤的方法，由于此方法与课程单日界面中的方法基本相同，所以这里不再进行赘述，读者可自行查阅随书附带光盘中的源代码。

- 第 17~24 行为获得单日按钮的引用，并给单日按钮添加监听，在课程整周界面内点击单日按钮时，会切换到天气课程表主界面。

- 第 25~49 行为获得皮肤按钮的引用，并给皮肤按钮添加监听，在课程整周界面内点击皮肤按钮时，可以对皮肤进行选择，整周界面将会进行相应的显示。

- 第 50~70 行为获得选择周数的下拉列表引用后，给下拉列表添加适配器，并添加监听方法，在选择了周数之后，会进行日期的改变和 ListView 的刷新。

- 第 71~75 行为改变日期方法和初始化 ListView 方法。由于篇幅原因，改变日期的方法将在下面详细介绍。初始化 ListView 的方法中，在获得 ListView 的引用后，给其添加自定义的 WholeWeekAdapter 类适配器，这个类将在下面详细介绍。

（4）上面介绍了课程整周界面功能的开发，由于篇幅原因，部分方法没能介绍。下面将介绍的是改变日期的方法，具体代码如下。

代码位置：见随书光盘中源代码/第 6 章/GridAndWeather/src/com/bn/gridandweather 目录下的 WholeWeekActivity.java。

```
1       public void changeTimes(){
2           curmonth=(TextView)this.findViewById(R.id.month);        //获得月份的引用
3           monday=(TextView)this.findViewById(R.id.textView1);      //获得星期一的引用
4           ......//此处省略获得其他星期引用的代码，与上述相似，读者自行查看源代码
5           monday.setText("");                                      //清空原有日期
```

```
6        ......//此处省略清空其他日期的代码，与上述相似，请读者自行查看源代码
7        int[] WholeWeekDate=DateUtil.wholeWeekDate(Constant.spinnerSelection+1);
         //获得整周日期
8        //设置月份和周一~周日的日期
9        curmonth.setText(WholeWeekDate[0]+"月");                    //设置月份
10       monday.setText(WholeWeekDate[1]+"\n"+"周一");               //设置星期一内容
11       tuesday.setText(WholeWeekDate[2]+"\n"+"周二");              //设置星期二内容
12       wednesday.setText(WholeWeekDate[3]+"\n"+"周三");            //设置星期三内容
13       thursday.setText(WholeWeekDate[4]+"\n"+"周四");             //设置星期四内容
14       friday.setText(WholeWeekDate[5]+"\n"+"周五");               //设置星期五内容
15       saturday.setText(WholeWeekDate[6]+"\n"+"周六");             //设置星期六内容
16       sunday.setText(WholeWeekDate[7]+"\n"+"周日");               //设置星期日内容
17       //当前周数显示周几
18       if(Constant.spinnerSelection+1==Constant.currtWeeksNum){
19           switch(DateUtil.now_week){                             //获得当前日期为周几
20               case 1:sunday.setBackgroundColor(Color.GRAY);break;//周日设为选中色
21               ......//此处省略其他情况的代码，与上述相似，请读者自行查看源代码
22       }}else{                                                    //不为当前周，设置背景为透明
23           curmonth.setBackgroundColor(Color.TRANSPARENT);        //月份设为透明色
24           ......//此处省略设置其他日期背景的代码，与上述相似，请读者自行查看源代码
25       }}
```

● 第2~6行，根据id通过强制类型转换获得月份和日期的文本框引用后，首先要做的是将月份和日期的内容全部清空。

● 第7~17行利用DateUtil工具类获得整周的日期，并将得到的数组添加到获得的引用中。工具类在上面已经介绍，这里不再赘述。

● 第18~25行为判断选择的周数是否与当前周数相同，如果相同的话，则根据当前星期设置为选中颜色，如果不相同，则全部设置为透明色。

（5）上面介绍了课程整周界面基本功能的开发，下面将介绍的是给WholeWeekActivity类中的ListView添加的自定义适配器类，具体代码如下。

✎ 代码位置：见随书光盘中源代码/第6章/GridAndWeather/src/com/bn/adapter目录下的 WholeWeekAdapter.java。

```
1    package com.bn.adapter;                                        //声明包名
2    ......//此处省略导入类的代码，读者可自行查阅随书附带光盘中的代码
3    public class WholeWeekAdapter extends BaseAdapter{
4        ......//此处省略定义变量的代码，请读者自行查看源代码
5        public WholeWeekAdapter(Context context){
6            this.context=context;                                 //获得上下文引用
7            inflater=LayoutInflater.from(context);
8            if(Constant.weeksNum2!=-1){                            //没有选择任何周数
9
     courseList=SQLiteUtil.QueryAllCourceMess(Constant.weeksNum2+"");
10           }
11           if(courseList==null){                                 //如果本周没有课程信息
12               for(int i=0;i<5;i++){
13                   content[i]="";
14           ......//此处省略其他数组清空的代码，与上述相似，请读者自行查看源代码
15           }}else{                                               //如果本周有课程信息
16               for(String[] temp:courseList){
17                   String[] divide=temp[4].split(",");  //将周数用 "," 分隔开
18                   for(int z=0;z<divide.length;z++){
19                       if((Constant.weeksNum2+"").equals(divide[z])){
                             //如果周数有相同
20                           JudgeIfShowInWhole(temp);//判断是否显示在整周界面上
21           }}}}}
22       public void JudgeIfShowInWhole(String[] temp){  //判断得到的课程的显示位置
23           if(temp[temp.length-1].equals(Constant.week[0])){  //如果是星期一
24               content=MyBaseAdapter.GetSelectedInfo(Constant.weeksNum2+"",
                 Constant.week[0]);
25               content1=SelectLocation(content);
26           }
27           ......//此处省略其他星期情况的代码，与上述相似，请读者自行查看源代码
```

```
28              }
29          public String[] SelectLocation(String[] content){        //显示课程部分信息
30              for(int i=0;i<temp.length;i++){
31                  result[i]="";                                    //将数组清空
32                  temp[i]="";
33              }
34              for(int i=0;i<content.length;i++){
35                  if(!content[i].equals("")){                      //如果课程信息不为空
36                      temp=content[i].split("<#>");
37                      result[i]=temp[0]+"@"+temp[2];               //将课程名称和课程地点赋值
38                  }}
39              return result;
40          }
41          @Override
42          public int getCount() {return 5;}                        //每天五节课
43          @Override
44          public Object getItem(int position) {return null;}
45          @Override
46          public long getItemId(int position) {return 0;}
47          @Override
48          public View getView(int arg0, View convertView, ViewGroup parent) {
49              LinearLayout ll=(LinearLayout)convertView;
50              if(ll==null){                                        //如果没有获得此布局
51                  ll=(LinearLayout)(inflater.inflate
52                  (R.layout.wholeweek_detail,null).findViewById(R.id.
                    WholeWeekLinearLayout));
53              }
54              TextView tv=(TextView)ll.getChildAt(0);              //显示节数
55              tv.setText(day[arg0]);                               //显示节数
56              tv.setTextSize(18);                                  //设置字体大小
57              tv.setGravity(Gravity.LEFT);
58              tv=(TextView)ll.getChildAt(1);
59              tv.setText(content1[arg0]);                          //显示课程信息
60              tv.setGravity(Gravity.LEFT);
61              tv.setTextSize(20);                                  //设置字体大小
62              tv.setSingleLine(false);                             //允许多行
63              ......//此处省略设置其他文本框的代码，与上述相似，请读者自行查看源代码
64              return ll;
65      }}
```

- 第 5~21 行为程序运行时调用的方法，如果当前已经选择任何周数，则根据周数从数据库获得对应的课程信息。如果课程信息为空，则将所有显示内容的数组清空，如果课程信息不为空，则判断从数据库获得的课程信息中存储的周数与当前选择周数是否有相同的值，如果相同，则判断此课程应具体显示在哪个位置。判断位置的方法在下面介绍。

- 第 22~28 行为判断得到的课程信息应该显示的具体位置。首先判断当前课程的星期，再进一步判断当前课程的节数，然后将所有课程信息传到下一个方法中。

- 第 29~40 行为返回给定课程的课程名称和课程教师。首先将所有内容清空，再利用给定的数组，将课程名称和教师名称赋值给数组，并作为结果返回。

- 第 41~65 行为重写继承 Adapter 类的全部方法。获得 ListView 的子布局文件后，分别获得各项文本框的引用，并给其设置内容、字体大小等。

6.5.7　桌面 Widget 模块的开发

本小节将介绍天气课程表中将信息显示到桌面功能的开发。通过 Android 手机添加小挂件的设置将天气课程表中的 Widget—"我的课程表"挂件显示到桌面上，可通过点击该 Widget 所属屏幕的任一区域进入到天气课程表主界面。

（1）下面介绍该 Widget 的外观布局文件，首先介绍该布局文件中显示城市及天气信息的布局安排，包括文本视图、图片视图等控件的属性设置，具体代码如下。

🐾 **代码位置：** 见随书光盘源代码/第 6 章/GridAndWeather/res/layout 目录下的 widgetlayout.xml。

```
1    <LinearLayout                                              <!--线性布局-->
2        android:layout_width="fill_parent"
3        android:layout_height="wrap_content"
4        android:paddingLeft="10dp"
5        android:orientation="horizontal">
6        <LinearLayout                                          <!--线性布局-->
7            android:orientation="vertical"
8            android:layout_marginTop="30dp"
9            android:layout_width="wrap_content"
10           android:layout_height="wrap_content">
11           <TextView                                          <!--文本域-->
12               android:id="@+id/cityw"
13               android:layout_width="wrap_content"
14               android:layout_height="wrap_content"
15               android:text="唐山"
16               android:textColor="@color/black"
17               android:textSize="20sp" />
18           <ImageView                                         <!--图像域-->
19               android:layout_width="wrap_content"
20               android:layout_height="wrap_content"
21               android:id="@+id/addpic"
22               android:background="@drawable/sitting"
23               android:layout_marginLeft="7dp"/>
24       </LinearLayout>
25       <ImageView                                             <!--图像域-->
26           android:id="@+id/pic"
27           android:layout_marginLeft="2dp"
28           android:layout_marginTop="10dp"
29           android:layout_height="80dp"
30           android:layout_width="80dp"/>
31       <LinearLayout                                          <!--线性布局-->
32           android:orientation="vertical"
33           android:layout_marginTop="22dp"
34           android:layout_marginLeft="10dp"
35           android:layout_width="wrap_content"
36           android:layout_height="wrap_content">
37           <TextView                                          <!--文本域-->
38               android:id="@+id/date"
39               android:layout_width="fill_parent"
40               android:layout_height="wrap_content"
41               android:textSize="15sp"
42               android:textColor="@color/black"/>
43           <TextView                                          <!--文本域-->
44               android:id="@+id/weather"
45               android:layout_width="fill_parent"
46               android:layout_height="wrap_content"
47               android:textSize="15sp"
48               android:textColor="@color/black"/>
49           <TextView                                          <!--文本域-->
50               android:id="@+id/temperature"
51               android:layout_width="fill_parent"
52               android:layout_height="wrap_content"
53               android:textSize="15sp"
54               android:textColor="@color/black"/>
55       </LinearLayout>
56   </LinearLayout>
```

● 第 6~24 行为声明一个线性布局，其排列方式为垂直排列，距最上方的距离为 30，该布局中包括一个文本域和一个图像域。然后设置这两个组件的大小、位置、字体颜色等基本属性。

● 第 25~30 行为声明一个 ImageView 图像域来显示当天的天气，设置其图片宽高度分别为 80，并距离最上方 10，左边为 2。

● 第 31~56 行为声明一个显示天气基本信息的布局文件，该文件中包括 3 个文本域，分别设置这 3 个文本域的字体大小及颜色，其组件宽度分别为充满外 LinearLayout 布局的宽度。

（2）下面将继续介绍上一小节中该 Widget 显示课程信息未介绍完的布局文件，包括文本视图、图片视图等控件的属性设置，具体代码如下。

代码位置：见随书光盘源代码/第 6 章/GridAndWeather/res/layout 目录下的 widgetlayout.xml。

```
1    <TextView                                              <!--文本域-->
2        android:id="@+id/TextView02"
3        android:paddingLeft="10dp"
4        android:layout_width="fill_parent"
5        android:layout_height="wrap_content"
6        android:textColor="@color/black"
7        android:textSize="20dip"/>
8    <LinearLayout                                          <!--线性布局-->
9        android:layout_width="fill_parent"
10       android:layout_height="wrap_content"
11       android:orientation="vertical"
12       android:layout_marginTop="10dp"
13       android:id="@+id/lefttext">
14       <LinearLayout                                      <!--线性布局-->
15           android:layout_width="fill_parent"
16       android:layout_height="wrap_content"
17       android:orientation="horizontal"
18       android:layout_marginTop="10dp">
19           <TextView                                      <!--文本域-->
20               android:id="@+id/tnum1"
21               android:paddingLeft="20dp"
22               android:layout_width="80dp"
23               android:textColor="@color/black"
24               android:layout_height="wrap_content"
25               android:text="" />
26           <TextView                                      <!--文本域-->
27               android:id="@+id/tc1"
28               android:layout_marginLeft="10dp"
29               android:layout_width="130dp"
30               android:layout_height="wrap_content"
31               android:textColor="@color/black"
32               android:text="" />
33           <ImageView                                     <!--图像域-->
34               android:id="@+id/imageView1"
35               android:layout_marginLeft="5dp"
36               android:layout_marginTop="2dp"
37               android:layout_width="15dp"
38               android:layout_height="15dp"/>
39           <TextView                                      <!--文本域-->
40               android:id="@+id/tp1"
41               android:layout_width="110dp"
42               android:layout_height="wrap_content"
43               android:textColor="@color/black"
44               android:text="" />
45       </LinearLayout>
46       ......<!--此处组件的布局代码与上述相似，故省略，请读者自行查看源代码-->
47   </LinearLayout>
```

● 第 1~7 行为声明一个显示当前时间的 TextView 文本域，设置其里面的文本内容距最左边为 10，并将其字体大小设置为 20，颜色为黑色。

● 第 14~45 行为声明一个线性布局，该布局包括 3 个 TextView 文本域和一个 ImageView 图像域，并设置此布局文件中所有控件的位置、大小等基本属性，该图像域内显示图片，图像域右边的 TextView 里的内容为上课地点信息。

（3）上面介绍了天气课程表中 Widget 外观布局文件的开发，接下来将介绍显示桌面 Widget 界面的元布局文件，显示具体代码如下。

代码位置：见随书光盘源代码/第 6 章/GridAndWeather/res/xml 目录下的 widgetprovider.xml。

```
1    <?xml version="1.0" encoding="UTF-8"?>                 <!--版本号及编码方式-->
2    <appwidget-provider xmlns:android="http://schemas.android.com/apk/res/android"
3        android:minWidth="280dip"                          <!--最小宽度-->
```

```
4            android:minHeight="300dip"                    <!--最小高度-->
5            android:initialLayout="@layout/widgetlayout">  <!--初始 Layout-->
6     </appwidget-provider>
```

> 💡说明　这里定义了最小宽度 minWidth、最小高度 minHeight 和初始 Layout——initialLayout，用来在 AppWidgetProvider 还未通过 RemoteView 提供数据之前，AppWidgetHost 就能够获知需要为该 AppWidget 预留大概的位置。

（4）上面介绍了显示桌面 Widget 界面的元布局文件，下面将介绍当天气课程表中的 Widget 显示在桌面上时，定时更新时间的功能实现，具体代码如下。

🔖 **代码位置：** 见随书光盘源代码/第 6 章/GridAndWeather/src/com/bn/gridandweather 目录下的 TimeService.java。

```java
1    package com.bn.gridandweather;
2    ......//此处省略导入类的代码，读者可自行查阅随书附带光盘中的源代码
3    public class TimeService extends Service {
4        ......//此处省略变量定义的代码，请读者自行查看源代码
5        @Override
6        public IBinder onBind(Intent arg0) {
7            return null;                              //因为本例用不到 Bind 功能，因此直接返回 null
8        }
9        @Override
10       public void onCreate(){
11           super.onCreate();
12           task=new Thread(){                       //创建定时更新时间的任务线程
13               public void run(){
14                   while(flag){
15                       Intent intent = new Intent("wyf.action.time_upadte");
                         //定时发送 Intent 更新时间
16                       mWay=StringData();           //获得时间信息
17                       intent.putExtra("time", mWay);
18                       //定时发送 Intent 更新时间，并给整个桌面 View 添加监听器
19                       TimeService.this.sendBroadcast(intent);
20                       intent = new Intent("wyf.action.load_xq");
21                       TimeService.this.sendBroadcast(intent);   //发送时间广播
22                       try {
23                           Thread.sleep(500);        //休息 0.5s
24                       } catch (InterruptedException e) {
25                           e.printStackTrace();
26       }}}};}
27       @Override
28       public void onStart(Intent intent, int id){
29           task.start();                            //启动任务线程
30       }
31       @Override
32       public void onDestroy(){
33           flag=false;                              //关闭定时更新时间的任务线程
34       }
35       public static String StringData(){
36           final Calendar c = Calendar.getInstance();   //获得 Calendar 的引用
37           c.setTimeZone(TimeZone.getTimeZone("GMT+8:00"));
38           mYear = String.valueOf(c.get(Calendar.YEAR));   //获取当前年份
39           mMonth = String.valueOf(c.get(Calendar.MONTH) + 1);//获取当前月份
40           mDay = String.valueOf(c.get(Calendar.DAY_OF_MONTH));//获取当前月份的日期号
41           mHour=(c.get(Calendar.HOUR_OF_DAY)<10?"0":"")+String.valueOf
42                   (c.get(Calendar.HOUR_OF_DAY));
43           mMinute=(c.get(Calendar.MINUTE)<10?"0":"")+String.valueOf(c.get
             (Calendar.MINUTE));
44           return mYear + "年" + mMonth + "月" + mDay+"日 \t\t"+mHour+":"+mMinute;
45    }}
```

● 第 9~26 行在重写的 onCreate()方法中创建定时更新时间的任务线程，在该线程中定时发送 Intent 更新时间，发送"wyf.action.load_xq"这一 Intent 是为了在点击整个 Widget 切换屏幕时，防止

切屏后 Widget 不工作。

● 第 27~34 行为重写 Service 中的 onStart()和 onDestroy()方法，分别在启动和关闭 Service 时调用，在 onStart()方法中为启动定时更新时间的任务线程，在 onDestroy()方法中为关闭定时更新时间的任务线程，将更新时间的标志位设为 false。

● 第 35~45 行通过 Calendar 来获得标准的北京时间，如获得当前的年份、月份、日期号和当前的时间，并且当时间小于 10 时将其转换为一定的格式。

> 💡 说明　由于 TimeService 类中发送的只是定时更新桌面上显示时间的 Intent，而桌面显示的课程信息是由 OddDaysActivity 类中发送出来的，所以请读者自行查看之前已介绍了的天气课程表单日课程界面模块，或查看随书光盘中相应的源代码进行了解和学习。

（5）下面将介绍实现桌面 Widget 具体功能的代码开发，该 Widget 里的内容是与天气课程表单日界面里的具体信息关联的，即在 AppWidgetProvider 类中接收的关于天气和课程信息的 Intent 都是由 OddDaysActivity 类发送的，具体代码如下。

✎ 代码位置：见随书光盘源代码/第 6 章/GridAndWeather/src/com/bn/gridandweather 目录下的 DayMessProvider.java。

```
1    package com.bn.gridandweather;
2    ......//此处省略导入类的代码，读者可自行查阅随书附带光盘中的源代码
3    public class DayMessProvider extends AppWidgetProvider{
4        RemoteViews rv;                              //获得自定义通知的布局资源
5        TQYBInfo info;                               //获得天气的具体信息
6        String msg="唐山";                           //默认为唐山当地天气
7        public DayMessProvider(){
8            Log.d("MyWidgetProvider","============");
9        }
10       @Override
11       public void onDisabled(Context context) {        //若为最后一个实例
12           //删除时停止后台定时更新 Widget 时间的 Service
13           context.stopService(new Intent(context,TimeService.class));
14       }
15       @Override
16       public void onEnabled (Context context) {        //若为第一个实例则打开服务
17           //启动后台定时更新时间的 Service
18           context.startService(new Intent(context,TimeService.class));
19       }
20       @Override
21     public void onUpdate(Context context, AppWidgetManager appWidgetManager,
22                 int[]appWidgetIds){//onUpdate 为组件在桌面上生成时调用,并更新组件 UI
23           ……//此处省略 onUpdate()方法的代码，将在下面详细介绍
24       }
25       @Override
26       public void onReceive(Context context, Intent intent){
       //onReceiver 为接收广播时调用更新 UI
27           ……//此处省略 onReceive()方法的代码，将在下面详细介绍
28   }}
```

● 第 10~19 行分别为重写的 onDisabled 和 onEnabled 方法。在 onDisabled 中，当删除时停止后台定时更新 Widget 时间的 Service；在 onEnabled 中，则在第一次启动时定时更新时间。

● 第 20~28 行为重写的 onUpdate 和 onReceive 方法，其方法实现的具体功能将在接下来的章节中逐一介绍，读者可自行查阅随书光盘中的源代码辅助学习。

> 💡 说明　若在第一次运行主程序的同时添加天气课程表小挂件到桌面上，时间会自动更新，倘若此后关闭主程序线程，则桌面上的 Widget 时间得不到更新。但在未打开主程序时添加桌面小挂件，其时间会一直得到更新。

（6）下面将简要介绍先前省略的 onUpdate 方法的代码开发，该 onUpdate 方法为组件在桌面上生成时调用，并更新组件 UI，具体代码如下。

📎 **代码位置：** 见随书光盘源代码/第 6 章/GridAndWeather/src/com/bn/gridandweather 目录下的
DayMessProvider.java。

```
1    public void onUpdate(Context context, AppWidgetManager appWidgetManager,int[]
     appWidgetIds){
2        rv = new RemoteViews(context.getPackageName(), R.layout.widgetlayout);
         //创建 RemoteViews
3        Intent intent = new Intent(context,OddDaysActivity.class);
         //创建启动课程信息的 Activity 的 Intent
4        PendingIntent pendingIntent=PendingIntent.getActivity(
         //创建包裹此 Intent 的 PendingIntent
5            context,
6            0,
7        intent,
8            PendingIntent.FLAG_UPDATE_CURRENT
9        );
10       SharedPreferences scity=context.getSharedPreferences("cct",
11           Context.MODE_PRIVATE);                    //获得 widget 中显示的城市信息
12       String ccity=scity.getString (
13           "cty",                                     //键值
14            null                                      //默认值
15       );
16       if(ccity!=null){              //第一次显示桌面时，当发过来的城市名不为空时，引用该信息
17           msg=ccity;
18       }
19       try{
20           String jStr=JSonInfoUtil.getJSonStr(msg);  //获得该城市的天气信息
21           Log.d("MyWidgetProvider",jStr);
22           info=JSonInfoUtil.parseJSon(jStr);         //解析读取需要的天气预报信息
23       }catch(Exception e){
24           e.printStackTrace();
25       }
26       if(ccity!=null){
27           rv.setTextViewText(R.id.cityw, ccity);     //设置内容
28       }
29       rv.setImageViewResource(R.id.pic,info.pic);    //绘制桌面显示的天气图片
30       rv.setOnClickPendingIntent(R.id.courselayout1,
31           pendingIntent);             //设置按下 Widget 界面发送此 PendingIntent
32       SharedPreferences sp1=context.getSharedPreferences("xqsj1",
33           Context.MODE_PRIVATE);                    //right1 获得当前日期
34       String date=sp1.getString(
35       "dt",                                          //键值
36       null                                           //默认值
37       );
38       if(date!=null){
39           rv.setTextViewText(R.id.date, date);
40       }
41       SharedPreferences tc1=context.getSharedPreferences("ttc1",
42           Context.MODE_PRIVATE);                    //middle 1   获得课程名信息
43       String tcourse1=tc1.getString(
44       "tcs1",                                        //键值
45           null                                       //默认值
46       );
47       if(tcourse1!=null) {
48           rv.setTextViewText(R.id.tc1, tcourse1);
49       }
50       appWidgetManager.updateAppWidget(appWidgetIds, rv); //更新 Widget
51   }
```

● 第 2~9 行先创建一个 RemoteViews 用来获得自定义通知的布局资源，然后再创建启动天气课程表中单日界面 Activity 的 Intent，最后将 Intent 用创建的 PendingIntent 包裹起来。

● 第 10~31 行先声明一个轻量级存储的对象，从上下文中获得相应的需要显示的信息，如城市信息，若不为空，则将获得的信息显示到相对应的桌面上。

- 第 29~31 行为在每次显示天气状况时需解析并读取对应的天气信息，并将对应的天气图片显示到桌面上，在点击 Widget 界面时发送 PendingIntent 后切换到天气课程表中的单日界面。

（7）下面将简要介绍先前省略的 onReceiver 方法的代码开发，该 onReceiver 方法为接收广播时调用更新 UI，具体代码如下。

代码位置：见随书光盘源代码/第 6 章/GridAndWeather/src/com/bn/gridandweather 目录下的 DayMessProvider.java。

```
1    public void onReceive(Context context, Intent intent){
     //onReceiver 为接收广播时调用更新 UI
2      super.onReceive(context, intent);
3      if (rv == null){                                        //创建 RemoteViews
4          rv = new RemoteViews(context.getPackageName(), R.layout.widgetlayout);
5      }
6      if(intent.getAction().equals("wyf.action.time_upadte")){//收到更新时间则更新时间
7          rv.setTextViewText(R.id.TextView02,intent.getStringExtra("time"));
8      }else if (intent.getAction().equals("wyf.action.city")) {
     //收到更新城市信息则更新城市名
9          rv.setTextViewText(R.id.cityw, intent.getStringExtra("ccity"));
10         SharedPreferences sp=context.getSharedPreferences("cct",
11             Context.MODE_PRIVATE);                    //向 Preferences 中写入城市信息
12         SharedPreferences.Editor editor=sp.edit();        //获取编辑器
13         editor.putString("cty",intent.getStringExtra("ccity"));
14         msg=intent.getStringExtra("ccity");               //获得该键所对应的值
15         try{
16             String jStr=JSonInfoUtil.getJSonStr(msg);
17             info=JSonInfoUtil.parseJSon(jStr);            //解析读取需要的天气预报信息
18         }catch(Exception e){
19             e.printStackTrace();
20         }
21         rv.setImageViewResource(R.id.pic,info.pic);       //设置天气图片资源
22         editor.commit();
23     }else if (intent.getAction().equals("wyf.action.load_xq")){
     //收到切屏服务,并同步更新时间
24         Intent intentTemp = new Intent(context,OddDaysActivity.class);
25         PendingIntent pendingIntent=PendingIntent.getActivity(
     //创建包裹此 Intent 的 PendingIntent
26             context,                                      //当前的上下文
27             0,
28             intentTemp,
29             PendingIntent.FLAG_UPDATE_CURRENT //所对应的 intentTemp 里的值为最新的
30         );
31         rv.setOnClickPendingIntent(R.id.courselayout1,
32             pendingIntent);                   //设置按下 Widget 界面发送此 PendingIntent
33     }
34     AppWidgetManager appWidgetManger = AppWidgetManager.getInstance(context);
35     int[] appIds = appWidgetManger.getAppWidgetIds(
36             new ComponentName(
37             context,
38             DayMessProvider.class
39         ));
40      appWidgetManger.updateAppWidget(appIds, rv);    //真正更新 Widget
41  }
```

- 第 2~5 行为先调用父类的 onReceive 方法，当创建的 RemoteViews 引用为空时，将创建的新的 RemoteViews 对象赋给该 rv 以便获得自定义通知的布局资源。
- 第 6~7 行为，收到的是更新时间的 Action 则更新时间；收到的是更新城市信息的 Action 则更新城市名。在更新城市信息时通过 SharedPreferences 的对象来获得编辑器，然后用该编辑器将将对应键的值存放进去，当解析读取天气信息完成后，提交修改。
- 第 23~41 行，当收到的是切屏（横竖屏切换）服务时，在切换到天气课程表的单日界面时同步更新时间，最后通过 appWidgetManger 来更新 Widget 组。

说明　上面的onUpdate和onReceive方法中还有许多类似以上方式将信息显示到桌面的实现代码，这里由于篇幅原因就不全部列举出来了，读者可自行查阅随书光盘中的源代码进行了解和学习。

6.6 本章小结

本章对 Android 软件天气课程表的功能及实现方式进行了简要的讲解。本应用实现了显示天气预报、呈现单日和整周的课程安排、添加桌面小挂件等基本功能，读者在实际项目开发中可以参考本应用，对项目的功能进行优化，并根据实际需要加入其他相关功能。

说明　鉴于本书宗旨为主要介绍 Android 项目开发的相关知识，因此，本章主要详细介绍了 Android 客户端的开发，不熟悉的读者请进一步参考其他的相关资料或书籍。

第 7 章　校园辅助软件——新生小助手

本章将介绍的是 Android 客户端应用程序新生小助手的开发。本应用是以河北联合大学为模板进行设计和构思的。新生小助手实现了认识联大、唐山简介、报到流程、唐山导航、校园导航和更多信息等功能，接下来将对新生小助手进行详细的介绍。

7.1　应用背景及功能介绍

本节将简要介绍新生小助手的背景及功能，主要针对新生小助手的功能架构进行简要说明，使读者熟悉本应用各个部分的功能，对整个新生小助手有大致的了解。

7.1.1　新生小助手背景简介

随着全国各大高校的扩招，接受高等教育的人数越来越多。通过调查发现，在初次进入大学报到时，往往会因为不了解新环境而在报到时产生不必要的麻烦。无论是相关学校还是网络都没有提供辅助学生报到的应用。学校为了满足学生的需求推出了新生小助手这一应用，新生小助手的特点如下。

- 降低成本。

将新生小助手所需的资源文件以特定的格式压缩为数据包加载到应用程序中，如果将数据包替换为其他学校的数据包，则新生小助手就会成为适合于任何一所学校的新生小助手。这样的设计不仅增强了程序的灵活性和通用性，而且还极大地降低了二次应用的成本。

- 方便管理。

新生小助手中数据包的内容可以灵活地修改，因此学校管理人员可以很方便地通过修改数据包中的信息更新相关内容。既能为用户提供正确有效的资讯，又能有效降低学校管理人员的工作压力，极大地提高了工作效率。

- 自定义字体。

为了使字体更加卡通化、幽默化，新生小助手通过自定义字体成功实现更改该应用在手机屏幕呈现卡通化字体的功能，改变了千篇一律的老套路，增强了字体的美感。

7.1.2　新生小助手功能概述

开发一个应用之前，需要对开发的目标和所实现的功能进行细致有效的分析，进而确定要开发的具体功能。做好应用的准备工作，将为整个项目的开发奠定一个良好的基础。通过对河北联合大学的深入了解以及与校方负责人的交流，对新生小助手制定了如下基本功能。

- 查看认识联大。

用户可以通过点击认识联大按钮查看学校概况、学院信息及唐山介绍等相关信息，方便用户快速了解学校的方针政策、发展历史以及唐山的旅游景点等资讯。

● 查看报到流程。

用户可以点击报到流程按钮查看新生报到的流程介绍，该功能为用户详细地介绍了在报到过程中应该注意的事项，起到了为用户提供方便快捷的报到服务的目的，体现人性化的思想。

● 进入唐山导航。

用户可以点击唐山导航按钮查看地图，点击界面中查找按钮显示选项小菜单。通过在小菜单中选择起始点名称，并点击小菜单中对应的功能按钮，在地图上就可以显示起始位置、路线图、模拟导航、GPS 导航以及用户的 GPS 定位等。

● 查看校园导航。

用户既可以通过选择列表中指定建筑物的名称在平面图上定位，也可以在平面图上指定位置进行点击定位。无论是哪一种方式的定位，在平面图上都会显示当前选中建筑的边框。

● 查看更多信息。

该界面主要介绍新生小助手的基本信息，主要由关于和帮助构成，用户既可点击两个按钮查看，也可以左右滑动屏幕查看。这一选项的设置主要是方便用户查看该新生小助手的相关信息。

根据上述的功能概述得知本应用主要包括认识联大、唐山导航、校园导航、报到流程和更多信息五大项，其功能结构如图 7-1 所示。

▲图 7-1 新生小助手功能结构图

✐说明　　图 7-1 表示的是新生小助手的功能结构图，包含新生小助手的认识联大、报到流程、导航等全部功能。认识该功能结构图有助于读者了解本程序的开发。

7.1.3 新生小助手开发环境

开发新生小助手之前，读者需要了解完成本项目的软件环境，下面将简单介绍本项目所需要的环境，请读者阅读了解即可。

● Eclispe 编程软件（Eclipse IDE for Java 和 Eclispe IDE for Java EE）。

Eclispe 是一个著名的开源 Java IDE，主要是以其开发性、高效的 GUI、先进的代码编辑器等著称，其项目包括各种各样的子项目组，如 Eclipse 插件、功能部件等，主要采用 SWT 界面库，支持多种本机界面风格。

● Android 系统。

Android 系统平台的设备功能强大，此系统开元、应用程序无界限。随着 Android 手机的普及，Android 应用的需求势必越来越大，这是一个潜力巨大的市场，会吸引无数软件开发商和开发者投身其中。

7.2 功能预览及架构

本新生小助手只适合于 Android 客户端使用，能够为用户提供方便快捷的报到服务，便于用户快速了解河北联合大学。这一节将介绍新生小助手的基本功能预览以及总架构，通过对本节的学习，读者将对新生小助手的架构有一个大致的了解。

7.2.1　新生小助手功能预览

　　这一小节将为读者介绍新生小助手的基本功能预览，主要包括加载资源、认识联大、报到流程、唐山导航、校园导航、更多信息等功能，下面将一一介绍，请读者仔细阅读。

　　（1）打开本软件后，首先进入新生小助手的加载界面，效果如图 7-2 所示。在加载过程中，本应用所需要的资源文件都将被解压到 SD 卡中指定位置。待加载完成后，后面对资源信息的查看便不再重新进行加载工作，避免重复性操作的问题，提高程序的运行速度。

　　（2）加载完成后进入本应用的主界面，默认为在认识联大选项中的学校概况界面，如图 7-3 所示。可以通过点击标题栏不同的按钮，跳转到不同的模块界面，也可以左右滑动屏幕更换到不同的模块界面。在学校概况界面中，点击列表选项浏览具体的内容。例如，点击轻工学院查看具体内容，如图 7-4 所示。

　　（3）点击标题栏的唐山介绍按钮，切换到查看唐山介绍界面，如图 7-5 所示。点击不同的列表选项查看唐山风景图、特色小吃、海洋特产以及著名人物等详细内容。例如，点击唐山简介、特色美食、风景区和著名人物等查看具体信息。效果如图 7-6、图 7-7、图 7-8 和图 7-9 所示。

▲图 7-2　新生小助手加载界面

▲图 7-3　默认学校概况界面

▲图 7-4　轻工学院界面

▲图 7-5　唐山介绍界面

▲图 7-6　唐山简介界面

▲图 7-7　特色美食画廊界面

▲图 7-8　风景图界面

▲图 7-9　著名人物界面

▲图 7-10　学院信息界面

（4）滑动屏幕进入学院信息界面，该界面主要介绍河北联合大学本部部分学院，如图 7-10 所示。点击不同的选项查看相应的学院的具体内容，例如点击查看机械工程学院的领导简介、发展历史等具体内容。如图 7-11 和图 7-12 所示。

（5）点击屏幕下方主菜单中的报到流程按钮，切换到新生小助手流程介绍的查看界面，如图 7-13 所示。本流程介绍目的在于为用户提供方便的报到服务，缩短报到时间，提高报到效率。

▲图 7-11　领导简介界面

▲图 7-12　发展历史界面

▲图 7-13　报到流程界面

（6）点击屏幕下方主菜单中的唐山导航按钮，切换到唐山导航的查看界面。用户可以选择起点、终点，通过点击路线规划按钮在地图上显示起始点位置以及两点之间的路线图，如图 7-14 所示。用户还可以点击模拟导航按钮或真实导航按钮在地图上显示导航动画，如图 7-15 所示，本应用也可以在户外进行 GPS 定位，效果如图 7-16 所示。

（7）点击屏幕下方主菜单中的校园导航按钮，切换到校园导航的查看界面，如图 7-17、图 7-18、图 7-19 和图 7-20 所示。用户可以通过在列表中查找位置名称在河北联合大学平面图上定位，也可以直接在平面图上找到相应的位置点击定位。无论通过哪一种方式在平面图中定位，在平面图上都将显示选中建筑的边框。

▲图 7-14 路线规划界面

▲图 7-15 模拟导航界面

▲图 7-16 GPS 定位界面

▲图 7-17 校园导航界面 1

▲图 7-18 校园导航界面 2

▲图 7-19 校园导航界面 3

（8）点击屏幕下方主菜单中的更多信息按钮，切换到新生小助手更多信息的查看界面，如图 7-21 和图 7-22 所示。该界面中包括两项，分别为帮助和关于，主要为用户提供新生小助手的基本信息。

> 📢 说明　以上是对新生小助手的功能预览，读者可以对新生小助手的功能有大致的了解，后面章节会对新生小助手的功能做具体介绍，请读者仔细阅读。

7.2.2　新生小助手目录结构图

上一节是新生小助手的功能展示，下面将介绍新生小助手项目的目录结构。在进行本应用开发之前，还需要对本项目的目录结构有大致的了解，便于读者对新生小助手整体功能的理解，具体内容如下。

▲图 7-20　校园导航界面 4

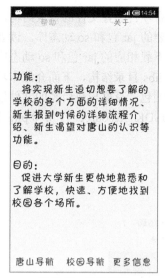

▲图 7-21　帮助界面

▲图 7-22　关于界面

（1）首先介绍的是新生小助手所有 Java 文件的目录结构，Java 文件根据内容分别放入指定包内，便于程序员对各个文件的管理和维护，具体结构如图 7-23 所示。

（2）上面介绍了本项目 Java 文件的目录结构，下面介绍新生小助手中图片资源以及不同分辨率配置文件的目录结构，该目录下用于存放图片资源和不同分辨率的 XML 文件，具体结构如图 7-24 所示。

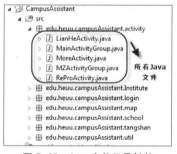

▲图 7-23　Java 文件目录结构

▲图 7-24　资源文件目录结构

（3）上面介绍了本项目中图片资源等文件的目录结构，下面介绍新生小助手的项目连接文件的目录结构，具体结构如图 7-25 所示。

▲图 7-25　项目连接文件目录结构

▲图 7-26　项目配置文件目录结构

（4）上面介绍了新生小助手所有项目连接文件的目录结构，下面介绍所有项目配置文件的目录结构，该目录下存放的是 colors.xml 文件、strings.xml 文件和 styles.xml 文件，具体结构如图 7-26 所示。

（5）上面介绍了新生小助手所有项目配置文件的目录结构，下面介绍本项目 libs 目录结构，该目录下存放的是百度地图开发需要的 jar 包和 so 动态库。读者在学习或开发时可根据具体情况在项目中复制或在百度地图官网上下载相应的 jar 包和 so 动态库，效果如图 7-27 所示。

（6）上面介绍了新生小助手的 libs 目录结构，下面介绍本项目的存储资源目录结构，该目录下存放的是本项目所需要的资源压缩包、百度导航所需的文件以及方正卡通字库等。在使用百度导航时，assets 目录下的 BaiduNaviSDK_Resource_v1_0_0.png 和 channel 文件必须存在，效果如图 7-28 所示。

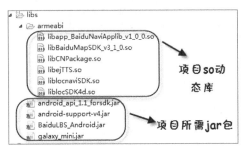

▲图 7-27　项目 libs 目录结构

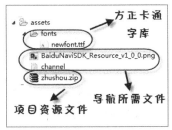

▲图 7-28　项目存储资源目录结构

（7）上面介绍了新生小助手存储资源目录结构，下面将介绍新生小助手 jar 包挂载的操作步骤。首先在项目上右键点击"Properties"，效果如图 7-29 所示。然后在弹出的窗口中找到"Java Build Path"并点击，进入如图 7-30 所示的界面。

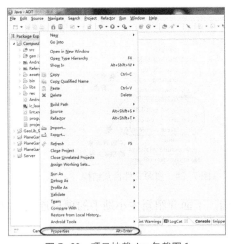

▲图 7-29　项目挂载 jar 包截图 1

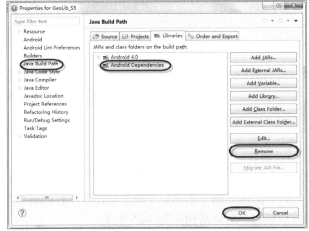

▲图 7-30　项目挂载 jar 包截图 2

（8）在图 7-30 界面中，首先选中"Android Dependencies"，点击"Remove"将其移除，再点击"Add JARs…"进入如图 7-31 所示的界面，在该界面中选中本项目 libs 目录下的 jar 包，再点击"OK"。最后在图 7-30 界面中点击"Order and Export"进入如图 7-32 所示的界面，在该界面中勾选相应 jar 包，点击"OK"按钮。

> 💡说明　　上述介绍了新生小助手的目录结构图以及挂载 jar 包的操作步骤，包括程序源代码、程序所需资源、xml 文件和程序配置文件等，使读者对新生小助手项目有清晰的了解。其中关于 jar 包挂载的部分，读者还可以参考百度地图官网。

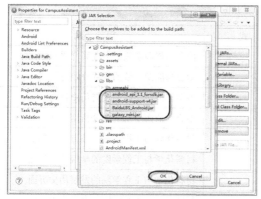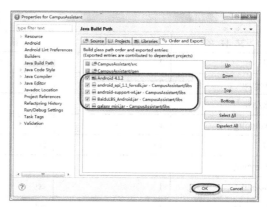

▲图 7-31　项目挂载 jar 包截图 3　　　　　　　▲图 7-32　项目挂载 jar 包截图 4

7.3 **开发前的准备工作**

　　本节将介绍该应用开发前的准备工作，主要包括文本信息的搜集、相关图片的搜集、数据包的整理以及 xml 资源文件的准备等。完善的资源文件方便项目的开发以及测试，提高了测试效率。

7.3.1　文本信息的搜集

　　开发一个应用软件之前，做好资料的搜集工作是非常必要的。完善的信息数据会使测试变得相对简单，后期开发工作能够很好地进行下去，缩短开发周期。新生小助手中的文本信息主要包括各分校简介、河北联合大学本部各学院信息、唐山简介等，下面将详细介绍各个界面所需要的文本信息。

　　（1）首先介绍学校概况界面用到的文本资源，该资源主要包括学校的基本概况、主要领导和学校的分校轻工学院、冀唐学院、迁安学院等，并且将该资源放在项目目录中的 assets 文件夹下的 **zhushou.zip** 中，其详细情况如表 7-1 所列。

表 7-1　　　　　　　　　　　　　　学校概况文本清单

文 件 名	大小（KB）	格　　式	用　　途
school	1	txt	学校概况界面列表
gk	9	txt	学校基本概况介绍界面内容
ld	1	txt	学校主要领导界面内容
qg	4	txt	学校分校轻工学院界面信息
jt	4	txt	学校分校冀唐学院界面信息
qa	5	txt	学校分校迁安学院界面信息
fs	4	txt	学校附属医院界面信息

　　（2）下面介绍学院信息界面用到的文本资源，该资源包含了各个学院的学院简介、领导介绍、办公指南以及发展历史等，并且将该资源放在项目目录中的 assets 文件夹下的 zhushou.zip 中，其详细情况如表 7-2 所列。

表 7-2　　　　　　　　　　　　　　学院信息文本清单

文 件 名	大小（KB）	格　　式	用　　途
xueyuanlist	1	txt	学院信息界面列表信息

续表

文件名	大小（KB）	格式	用途
yj	2	Txt	冶金与能源学院的学院简介界面
lingdao	2	txt	冶金与能源学院的领导介绍界面
fazhan	1	txt	冶金与能源学院的发展历史界面
bangong	1	txt	冶金与能源学院的办公指南界面
cl	13	txt	材料化学与工程学院的领导介绍界面
xueyuan	2	txt	材料化学与工程学院的学院简介界面
fazhan	1	txt	材料化学与工程学院的发展历史界面
bangong	1	txt	材料化学与工程学院的办公指南界面
hx	2	txt	化学工程学院的学院简介界面
lingdao	7	txt	化学工程学院的领导介绍界面
fazhan	1	txt	化学工程学院的发展历史界面
bangong	1	txt	化学工程学院的办公指南界面
jg	1	txt	建筑工程学院的办公指南界面
fazhan	1	txt	建筑工程学院的发展历史界面
lingdao	4	txt	建筑工程学院的领导介绍界面
xueyuan	2	txt	建筑工程学院的学院简介界面
jx	1	txt	机械工程学院的办公指南界面
xueyuan	1	Txt	机械工程学院的学院简介界面
fazhan	2	txt	机械工程学院的发展历史界面
lingdao	1	txt	机械工程学院的领导介绍界面
jxjy	1	txt	继续教育学院的领导介绍界面
bangong	1	txt	继续教育学院的办公指南界面
fazhan	1	txt	继续教育学院的发展历史界面
xueyuan	4	txt	继续教育学院的学院简介界面
ky	5	txt	矿业工程学院的领导介绍界面
xueyuan	4	txt	矿业工程学院的学院简介界面
bangong	1	txt	矿业工程学院的办公指南界面
fazhan	1	txt	矿业工程学院的发展历史界面
lxy	1	txt	理学院的办公指南界面
fazhan	1	txt	理学院的发展历史界面
lingdao	1	txt	理学院的领导介绍界面
xueyuan	3	txt	理学院的学院简介界面
ys	5	txt	以升基地学院的领导介绍界面
xueyuan	2	txt	以升基地学院的学院简介界面
bangong	1	txt	以升基地学院的办公指南界面
fazhan	1	txt	以升基地学院的发展历史界面

（3）上面介绍了学院信息界面的文本资源，下面将介绍唐山介绍界面用到的文本资源。该资源主要包括了唐山简介、建制沿革、游玩景区风景图、特色小吃、著名人物、风景区和海洋特产

等，并将该资源放在项目目录中的 assets 文件夹下的 zhushou.zip 中，其详细情况如表 7-3 所列。

表 7-3　　　　　　　　　　　　　　唐山介绍文本清单

文　件　名	大小（KB）	格　　式	用　　途
tangshanlist	1	txt	唐山介绍界面列表
ts	1	txt	唐山简介界面
jz	1	txt	建制沿革界面
fjj	1	txt	游玩景区风景图界面
ms	1	txt	特色小吃界面
hy	1	txt	海洋特产界面
mss	1	txt	特色美食图界面
rw	2	txt	著名人物界面
fj	1	txt	风景区界面
hyy	1	txt	海鲜特色美食图界面

（4）下面介绍校内导航界面用到的文本资源，该资源包含了学校内各个建筑物的名称、边框坐标、包围盒组、气球点等，并且将该资源放在项目目录中的 assets 文件夹下的 zhushou.zip 中，其详细情况如表 7-4 所列。

表 7-4　　　　　　　　　　　　　　校内导航文本清单

文　件　名	大小（KB）	格　　式	用　　途
mapList	1	txt	校内导航界面主列表中的建筑名
classroom	1	txt	校内导航界面子列表中的教学楼名
xueyuan	1	txt	校内导航界面子列表中的学院楼名
room	1	txt	校内导航界面子列表中的宿舍楼名
other	1	txt	校内导航界面子列表中的其他建筑物名
schoolmap	1	txt	各个建筑物的名称
schoolab	2	txt	各个建筑物的包围盒组
schoolbk	4	txt	各个建筑物的边框
schoolzx	1	txt	各个建筑物的气球点

（5）最后介绍其他界面用到的文本资源，该资源包括报到流程界面中的流程步骤、更多信息界面中的帮助文本以及关于文本等，并且将该资源放在项目目录中的 assets 文件夹下的 zhushou.zip 中，其详细情况如表 7-5 所列。

表 7-5　　　　　　　　　　　　　　其他界面文本清单

文　本　名	大小（KB）	格　　式	用　　途
liucheng	1	txt	报到流程界面内容
help	1	txt	更多信息界面的帮助界面
about	1	txt	更多信息界面的关于界面

7.3.2　相关图片的采集

上一小节介绍的是新生小助手文本信息的搜集，接下来介绍的是新生小助手相关图片的搜集。

该应用用到了大量的图片资源，为了让该软件更具有可靠性，图片资源大多数都是从河北联合大学的校园网上获取的，让用户通过图片更加熟悉新的学校、新的城市。下面将介绍各个界面所需要的图片资源。

（1）首先介绍学校概况界面用到的图片资源，将该资源放在项目目录中的 assets 文件夹下的 zhushou.zip 压缩文件下的 img 中，其详细情况如表 7-6 所列。

表 7-6　　　　　　　　　　　　学校概况界面的图片资源清单

图 片 名	大小（KB）	像素（w×h）	用　　途
hb.jpg	140	454×300	学校概况界面列表中的学校基本概况介绍
ld.jpg	12.9	332×220	学校概况界面列表中的学校主要领导
qg.jpg	6.6	207×143	学校概况界面列表中学校分校轻工学院
jt.jpg	22	454×300	学校概况界面列表中学校分校冀唐学院
qa.jpg	69.2	440×280	学校概况界面列表中学校分校迁安学院
fs.jpg	15.7	329×220	学校概况界面列表中学校附属医院

（2）下面介绍学院信息界面中用到的图片资源，将该资源放在项目目录中的 assets 文件夹下的 zhushou.zip 压缩文件下的 img 中，其详细情况如表 7-7 所列。

表 7-7　　　　　　　　　　　　学院信息界面的图片资源清单

yj.jpg	108	1772×271	学院信息界面列表中冶金与能源学院
cl.jpg	133	1772×312	学院信息界面列表中材料化学与工程学院
hx.jpg	85.4	1772×282	学院信息界面列表中化学工程学院
jg.jpg	155	1872×473	学院信息界面列表中建筑工程学院
jx.jpg	123	1772×357	学院信息界面列表中机械工程学院
jxjy.jpg	64.8	1772×208	学院信息界面列表中继续教育学院
ky.jpg	93.9	1772×215	学院信息界面列表中矿业工程学院
lxy.jpg	127	1772×297	学院信息界面列表中理学院
ys.jpg	82.9	1772×273	学院信息界面列表中以升基地

（3）下面介绍唐山介绍界面中用到的图片资源，将该资源放在项目目录中的 assets 文件夹下的 zhushou.zip 压缩文件下的 img 中，其详细情况如表 7-8 所列。

表 7-8　　　　　　　　　　　　唐山介绍界面的图片资源清单

tangshan.jpg	27.2	121×140	唐山介绍界面列表中唐山简介
jz.jpg	27.2	121×140	唐山介绍界面列表中建制沿革
fj1.jpg	17.2	350×233	唐山介绍界面列表中游玩景区风景图
ms.jpg	11.9	200×150	唐山介绍界面列表中特色小吃
hy.jpg	8.95	200×130	唐山介绍界面列表中海洋特产
ms1.jpg	21.2	425×352	唐山介绍界面列表中特色美食图
rw.jpg	11.4	240×285	唐山介绍界面列表中著名人物
fj.jpg	21.9	396×300	唐山介绍界面列表中风景区
hy1.jpg	19.6	451×300	唐山介绍界面列表中海鲜特色美食图
hf.jpg	7.49	200×150	唐山简介界面中现代唐山
tm.jpg	5.09	200×160	唐山简介界面中唐山港码头

续表

td.jpg	13.6	200×194	唐山简介界面中唐山地理位置
tjz1.jpg	6.66	200×150	建制沿革界面中历史建筑
tjz2.jpg	7.90	227×150	建制沿革界面中唐山抗震纪念碑
tjz3.jpg	16.5	308×220	建制沿革界面中立体交通
fj2.jpg	14.1	350×234	游玩景区风景图界面中的南湖藕雕塑
fj3.jpg	13.2	330×220	游玩景区风景图界面中的唐人街
fj4.jpg	12.9	293×220	游玩景区风景图界面中的天宫寺
mm.jpg	8.71	200×150	特色小吃界面中的鸿宴肘子
my.jpg	6.71	200×134	特色小吃界面中的京东小酥鱼
mj.jpg	8.34	200×150	特色小吃界面中的鸡蛋摊面条鱼
mr.jpg	7.7	200×133	特色小吃界面中的肉烧冬笋
ppx.jpg	11.8	200×185	海洋特产界面中的大虾
dx.jpg	11.1	200×188	海洋特产界面中的对虾
mx.jpg	5.91	200×150	海洋特产界面中的面条鱼
ht.jpg	10.2	200×132	海洋特产界面中的海洋特产
ms2.jpg	25.6	435×308	特色美食图界面中的开平大麻花
ms3.jpg	18.1	435×326	特色美食图界面中的棋子烧饼
ms4.jpg	26.7	435×331	特色美食图界面中的花生酥糖
ms5.jpg	27.1	435×500	特色美食图界面中的刘美烧鸡
rz.jpg	56.6	350×466	著名人物界面中的张庆伟
zc.jpg	10.5	164×220	著名人物界面中的闫肃
xs.jpg	8.71	220×152	著名人物界面中的闫怀礼
jjx.jpg	19.6	350×244	著名人物界面中的姜文、姜武两兄弟
al.jpg	13.1	237×300	著名人物界面中的张爱玲
fjh.jpg	20.6	350×234	风景区界面中的唐山南湖公园
fjt.jpg	16.8	398×220	风景区界面中的黑天鹅落户唐山南湖公园
fjg.jpg	390	375×220	风景区界面中的滦州古城
fjj.jpg	16.6	339×220	风景区界面中的丰南运河唐人街
hy2.jpg	12.6	350×171	海鲜特色美食图界面中的大蚌美食
hy3.jpg	14.3	472×300	海鲜特色美食图界面中的大脚虾

（4）最后介绍其他界面中用到的图片资源，将该资源放在项目目录中的 assets 文件夹下的 zhushou.zip 压缩文件下的 img 中，其详细情况如表 7-9 所列。

表 7-9　　　　　　　　　　　其他界面的图片资源清单

st.png	397	2999×2094	校内导航界面中的学校平面图
aj.png	6.67	108×108	放大按钮
ajj.png	3.58	108×108	缩小按钮
tb.png	3.58	108×108	方向图标
star.png	30.4	200×200	加载图标
xl.png	6.25	84×88	下拉图标

7.3.3　数据包的整理

上述介绍了新生小助手所需要的文本和图片。为了方便对数据包的管理与维护，新生小助手采用了将资源文件以指定格式压缩为数据包的技术将文本和图片加载到项目，这不仅提高了程序的灵活性和通用性，而且还极大地降低了二次开发的成本。

（1）在项目开发之前，读者需要了解数据包的结构，这样方便理解从 SD 卡获取指定图片或文本的代码。首先介绍\zhushou\map 文件中文本资源的目录结构，主要包括校园导航界面中河北联合大学平面图各个建筑物的名称、位置数据等，具体结构如图 7-33 示。

（2）上面介绍了河北联合大学平面图中数据信息的目录结构，下面将介绍\zhushou\school 文件中学校概况文本资源的目录结构，内容如图 7-34 所示。

▲图 7-33　校园导航中的文本资源

▲图 7-34　学校介绍的文本资源

（3）上面介绍了新生小助手资源数据包中学校概况的文本资源目录结构，下面将继续为读者介绍数据包中\zhushou\tangshan 文件中唐山介绍文本资源的目录结构，内容如图 7-35 所示。

（4）上面介绍了本项目数据包中唐山介绍文本资源的目录结构，下面将继续为读者介绍数据包中最后一个目录结构——学院简介文本资源的目录结构，内容如图 7-36 所示。

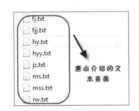

▲图 7-35　唐山介绍中的文本资源

▲图 7-36　学院简介中的文本资源

📝说明　上面主要为读者展示的是新生小助手所需要的文本和图片的数据包，读者可以自行查看随书附带的光盘中项目数据包的详细内容。

7.3.4　XML 资源文件的准备

每个 Android 项目都是由不同的布局文件搭建而成的，新生小助手也是如此。下面将介绍新生小助手中部分 xml 资源文件，主要有 strings.xml、styles.xml 和 colors.xml。

- strings.xml 的开发。

新生小助手被创建后会默认在 res/values 目录下创建一个 strings.xml，该 xml 文件用于存放项目在开发阶段所需要的字符串资源，其实现代码如下。

✒ **代码位置**：见随书光盘中源代码/第 7 章/ CampusAssistant/res/values 目录下的 strings.xml。

```
1    <?xml version="1.0" encoding="utf-8"?>        <!--版本号及编码方式-->
2    <resources>
3        <string name="app_name">新生小助手</string>      <!--标题-->
4        <string name="help">帮助</string>               <!--更多信息界面中用到的字符串-->
5        <string name="about">关于</string>              <!--更多信息界面中用到的字符串-->
```

```
6          <string name="back">&lt;&lt;&lt;</string>         <!--学校概况子界面中用到的字符串-->
7          <string name="xueyuan">&lt;学院信息</string>         <!--学院信息界面中用到的字符串-->
8      </resources>
```

> **说明**　　　上述代码中声明了本程序需要用到的字符串。避免了在布局文件中重复声明，增加了代码的可靠性和一致性，极大地提高了程序的可维护性。

- styles.xml 的开发。

styles.xml 文件被创建在项目 res/values 目录下，该 xml 文件中存放项目所需的各种风格样式，作用于一系列单个控件元素的属性。本程序中的 styles.xml 文件代码用于设置整个项目的格式，部分代码如下所示。

代码位置： 见随书光盘中源代码/第 7 章/ CampusAssistant /res/values 目录下的 styles.xml。

```
1      <resources>
2          <style name="AppBaseTheme" parent="android:Theme.Light"></style>
3          <!-- Application theme.-->
4          <style name="AppTheme" parent="AppBaseTheme"></style>
5          <!-- Activity主题 -->
6          <style name="activityTheme" parent="android:Theme.Light">
7              <item name="android:windowNoTitle">true         <!--设置对话框格式为无标题模式-->
8              </item>
9              <item name="android:windowIsTranslucent">true     <!--设置对话框格式为不透明-->
10             </item>
11             <item name="android:windowContentOverlay">@null<!--窗体内容无覆盖-->
12             </item>
13         </style>
14     </resources>
```

> **说明**　　　上述代码用于声明程序中的样式风格，使用定义好的风格样式，方便读者在编写程序时调用。避免在各个布局文件中重复声明，增加了代码的可读性、可维护性并提高了程序的开发效率。

- colors.xml 的开发。

colors.xml 文件被创建在 res/values 目录下，该 xml 文件用于存放本项目在开发阶段所需要的颜色资源。colors.xml 中的颜色值能够满足项目界面中颜色的需要，其颜色代码实现如下。

代码位置： 见随书光盘中源代码/第 7 章/ CampusAssistant /res/values 目录下的 colors.xml。

```
1      <?xml version="1.0" encoding="utf-8"?>                 <!--版本号及编码方式-->
2      <resources>
3          <color name="red">##fd8d8d</color>                 <!--表示红色-->
4          <color name="text">##f0f0f0</color>                 <!--内容背景色-->
5          <color name="ziti1">##878787</color>                 <!--按钮未被选中时的颜色-->
6          <color name="blue">##2b61c0</color>                 <!--表示蓝色-->
7          <color name="ziti2">##141414</color>                 <!--列表标题的颜色-->
8          <color name="gray">##e0e6f0</color>                 <!--按钮被选中时的背景颜色-->
9          <color name="black">##484848</color>                 <!--表示黑色-->
10         <color name="title">##f5f5f5</color>                 <!--按钮未被选中时的背景颜色-->
11         <color name="ziti">##9cb4de</color>                 <!--按钮被选中时的颜色-->
12         <color name="ziti3">##999999</color>                 <!--列表小标题的颜色-->
13         <color name="back">##41342f</color>
14     </resources>
```

> **说明**　　　上述代码用于项目所需要的颜色，主要包括列表标题颜色、列表小标题颜色、按钮被选中状态颜色、按钮未被选中状态颜色以及内容背景色等，避免了在各个界面中重复声明。

7.4　辅助工具类的开发

前面已经介绍了新生小助手功能的预览以及总体架构，下面将介绍项目所需要的工具类，工具类被项目其他 Java 文件调用，避免了重复性开发，提高了程序的可维护性。工具类在这个项目中十分常用，请读者仔细阅读。

7.4.1　常量类的开发

本小节将向读者介绍新生小助手的常量类 Constant 的开发。新生小助手内有许多需要重复调用的常量，为了避免重复在 Java 文件中定义常量，开发了供其他 Java 文件调用的常量类 Constant，具体代码如下。

　　代码位置：见随书光盘源代码/第 7 章/CampusAssistant/src/edu/heuu/campusAssistant/util 目录下的 Constant.java。

```
1      package edu.heuu.campusAssistant.util;
2      public class Constant {
3          public static final String ADD_PRE="/sdcard/zhushou/";    //文件路径的字符串
4          public static  String[] ListArray;                        //字符串数组变量
5          public static  String List;                               //文件内容的字符串
6          public static final int WAIT_DIALOG=0;                     //等待对话框编号
7              public static final int WAIT_DIALOG_REPAINT=0;//等待对话框刷新消息编号
8              public static final int DRAW_MAP=0;                    //绘制平面图
9              public static final int DISPLAY_TOAST=0;               //显示 Toast 的消息编号
10             public static final int ADD_LINE=1;                    //添加路线的消息编号
11             public static final int CENTER_TO=2;                   //移动到指定中心点的消息编号
12             public static final int ADD_DH_MARK=3;                 //添加导航气球的消息编号
13             public static final int TEXT_DH_MARK=4;                //修改导航气球内容的消息编号
14         public static final int DH_DH_FINISH=5;                    //导航动画结束工作的消息编号
15     }
```

　　说明　　常量类的开发是高效完成项目的一项十分必要的准备工作，这样可以避免在不同的 Java 文件中定义常量的重复性工作，提高了代码的可维护性。如果读者在下面的类或方法中有不明白具体含义的常量，可以在本类中查找。

7.4.2　图片获取类的开发

上一小节中介绍了新生小助手常量类的开发，本小节将介绍图片获取类的开发。新生小助手中需要加载大量的图片，于是我们开发了从 SD 卡中加载指定的图片的 BitmapIOUtil 类。BitmapIOUtil 类供其他 Java 文件调用，提高了程序的可读性和可维护性，具体代码如下。

　　代码位置：见随书光盘源代码/第 7 章/CampusAssistant/src/edu/heuu/campusAssistant/util 目录下的 BitmapIOUtil.java。

```
1      package edu.heuu.campusAssistant.util;
2      ...//此处省略了本类中导入类的代码，读者可自行查阅随书附带光盘中的源代码
3      public class BitmapIOUtil{                                      //图片获取类
4          static Bitmap bp=null;                                      //Bitmap 对象加载图片
5          public static Bitmap getSBitmap(String subPath){
6              try{
7                  String path=Constant.ADD_PRE+subPath;               //获取路径字符串
8                  bp = BitmapFactory.decodeFile(path);                //实例化 Bitmap
9              }
10             catch(Exception e){                                     //捕获异常
11                 System.out.println("出现异常!! ");                  //打印字符串
12             }
```

```
13              return bp;                                     //返回 Bitmap 对象
14    }}
```

> **说明**　上述代码表示利用 BitmapFactory 类的 decodeFile（String path）方法来加载指定路径的位图，显示原图。path 表示要解码的文件路径名的完整路径名，最后返回获得的解码的位图。如果指定的文件名称 path 为 null，则不能被解码成位图，该函数返回 null。

7.4.3　解压文件类的开发

上一小节中介绍了图片获取类的开发，本小节将继续介绍本应用的第三个工具类 ZipUtil，该类为解压文件类。程序在初次运行时将调用该类，用于将 CampusAssistant/assets 中的.zip 文件解压到 SD 卡中供程序使用，具体代码如下。

📝 **代码位置**：见随书光盘源代码/第 7 章/CampusAssistant/src/edu/heuu/campusAssistant/util 目录下的 ZipUtil.java。

```
1     package edu.heuu.campusAssistant.util;
2     ......//此处省略了导入类的代码，读者可自行查阅随书附带光盘中的源代码
3     public class ZipUtil {
4         public static void unZip(Context context, String assetName,
5             String outputDirectory) throws IOException {   //解压.zip 压缩文件方法
6             File file = new File(outputDirectory);          //创建解压目标目录
7             if (!file.exists()) {                           //如果目标目录不存在，则创建
8                 file.mkdirs();                              //创建目录
9             }
10            InputStream inputStream = null;
11            inputStream = context.getAssets().open(assetName);   //打开压缩文件
12            ZipInputStream zipInputStream = new ZipInputStream(inputStream);
13            ZipEntry zipEntry = zipInputStream.getNextEntry();   //读取一个进入点
14            byte[] buffer = new byte[1024 * 1024];          //使用 1Mbuffer
15            int count = 0;                                  //解压时字节计数
16            while (zipEntry != null)  {//如果进入点为空说明已经遍历完所有压缩包中文件和目录
17                if (zipEntry.isDirectory()) {                      //如果是一个目录
18                    file = new File(outputDirectory + File.separator + zipEntry.
                      getName());
19                    file.mkdir();                           //创建文件
20                }
21                else {                                      //如果是文件
22                    file = new File(outputDirectory + File.separator  + zipEntry.
                      getName());
23                    file.createNewFile();                   //创建该文件
24                    FileOutputStream fileOutputStream = new FileOutputStream(file);
25                    while ((count = zipInputStream.read(buffer)) > 0) {
26                        fileOutputStream.write(buffer, 0, count);
27                    }
28                    fileOutputStream.close();               //关闭文件输出流
29                }
30                zipEntry = zipInputStream.getNextEntry();   //定位到下一个文件入口
31            }
32            zipInputStream.close();                         //关闭流
33    }}
```

- 第 6~8 行用于创建解压目标目录，并且判断目标目录是否存在，不存在则创建。
- 第 11~13 行为打开压缩文件，并创建 ZipInputStream 对象，用于读取.zip 文件中的内容。
- 第 14~15 行用于设置读取文本的 Byte 值和解压时字节计数。
- 第 16~30 行判断进入点是否为空，若为空，说明已经遍历完所有压缩包中的文件和目录，则开始进行解压文本文件。
- 第 32 行为关闭 ZipInputStream 流。

7.4.4　读取文件类的开发

上一小节中介绍了解压文件类的开发，本小节将继续介绍本应用的第四个工具类 PubMethod，该类为读取文件类。该类在程序中将多次被调用，用于获取各个界面中所需的文本信息，极大地提高了程序的可读性和可维护性，具体实现代码如下。

代码位置： 见随书光盘源代码/第 7 章/CampusAssistant/src/edu/heuu/campusAssistant/util 目录下的 PubMethod.java。

```
1     package edu.heuu.campusAssistant.util;
2     ......//此处省略了导入类的代码，读者可自行查阅随书附带光盘中的源代码
3     public class PubMethod{
4         Activity activity;                                  //创建 Activity 对象
5         public PubMethod(){}                                //无参构造器
6         public PubMethod(Activity activity){
7             this.activity=activity;                         //赋值
8         }
9         public String loadFromFile(String fileName){        //获取文件信息
10            String result=null;
11            try{
12                File file=new File(Constant.ADD_PRE+fileName);  //创建 File 类对象
13                int length=(int)file.length();              //获取文件长度
14                byte[] buff=new byte[length];               //创建 byte 数组
15                FileInputStream fin=new FileInputStream(file);//创建 FileInputStream 流对象
16                fin.read(buff);                             //读取文本文件
17                fin.close();                                //关闭文件流
18                result=new String(buff,"UTF-8");            //文本字体设置为汉字
19                result=result.replaceAll("\\r\\n","\n");    //替换转行字符
20            }
21            catch(Exception e){                             //捕获异常
22                Toast.makeText(activity,"对不起，没有找到指定文件！",Toast.LENGTH_SHORT).show();
23            }
24            return result;
25    }}
```

- 第 6~8 行为构造函数，用于获得 Activity 对象。
- 第 12~14 行用于打开文本文件，并获得文本文件的长度，设置读取文本的 Byte 数组值。
- 第 15~17 行为创建 FileInputStream 对象，并读取文本文件，读完文本文件后则关闭文件流。
- 第 18~19 行用于将字体转换成汉字，并且将"\r\n"换成"\n"。
- 第 21~22 行为提示用户该文件不存在。

7.4.5　自定义字体类的开发

上一小节中介绍了读取文件类的开发，本小节将继续介绍本应用中用到的第五个工具类 FontManager，该类为自定义字体类。该类在程序中多次被调用，用来将各个界面中的字体设置为卡通字体，使界面更具艺术性，具体实现代码如下。

代码位置： 见随书光盘源代码/第 7 章/CampusAssistant/src/edu/heuu/campusAssistant/util 目录下的 FontManager.java。

```
1     package edu.heuu.campusAssistant.util;
2     ......//此处省略了导入类的代码，读者可自行查阅随书附带光盘中的源代码
3     public class FontManager{
4         public static Typeface tf =null;                   //声明静态常量
5         public static void init(Activity act){             //初始化 Typeface 方法
6             if(tf==null){
7                 tf= Typeface.createFromAsset(act.getAssets(),"fonts/newfont.ttf");
                  //创建 Typeface
8         }}
9         public static void changeFonts(ViewGroup root,Activity act){    //转换字体
10            for (int i = 0; i < root.getChildCount(); i++){
```

```
11              View v = root.getChildAt(i);                    //获取控件
12              if (v instanceof TextView){
13                  ((TextView) v).setTypeface(tf);              //转换 TextView 控件中的字体
14              }
15              else if (v instanceof Button){
16                  ((Button) v).setTypeface(tf);                //转换 Button 控件中的字体
17              }
18              else if (v instanceof EditText){
19                  ((EditText) v).setTypeface(tf);              //转换 EditText 控件中的字体
20              }
21              else if (v instanceof ViewGroup){
22                  changeFonts((ViewGroup) v, act);             //重新调用 changeFonts()方法
23      }}}
24      public static ViewGroup getContentView(Activity act){ //获取控件的方法
25        ViewGroup systemContent = (ViewGroup)act.getWindow().
26                          getDecorView().findViewById(android.R.id.content);
27        ViewGroup content = null;                             //创建 ViewGroup
28        if(systemContent.getChildCount() > 0 && systemContent.getChildAt(0) instanceof
          ViewGroup){
29            content = (ViewGroup)systemContent.getChildAt(0);//给 content 赋值
30        }
31        return content;                                       //返回获取的控件
32      }}
```

● 第 5~7 行为初始化 Typeface。第一次调用 FontManager 类时，调用 init()方法，若 Typeface 为空，则创建 Typeface 对象。

● 第 9~22 行用于转换界面中的字体为卡通字体。用循环遍历界面中的各个控件，并将控件中的所有字体转换为卡通字体。

● 第 24~31 行用于获得传过来的 Activity，若该 Activity 的内容大于 0 并且其中的控件属于 ViewGroup，则获取该控件并返回。

7.4.6 平面图数据类的开发

上一小节中介绍了自定义字体类的开发，本小节将继续为读者介绍本应用中要用到的自定义平面图工具类的开发，包含了平面地图类 BNMapView，获取平面图数据类 MapSQData 以及获得建筑物的 id 号类 MapSQUtil，下面将分别介绍各个自定义平面图的工具类，请读者仔细阅读。

（1）在校园导航界面中设有河北联合大学的平面图，对于屏幕的触控需要开发继承自 View 的 BNMapView 类来完成，该类实现了平面图的触控、添加气球以及平面图的放大缩小等功能，下面将详细介绍该类，其具体代码如下。

✎ 代码位置：见随书光盘源代码/第 7 章/CampusAssistant/src/edu/heuu/campusAssistant/util 目录下的 BNMapView.java。

```
1   package edu.heuu.campusAssistant.util;
2   ......//此处省略导入类的代码，读者可自行查阅随书光盘中的源代码
3   public class BNMapView extends View{
4       ......//此处省略变量定义的代码，请自行查看源代码
5       public BNMapView(Context context){                  //构造器
6           super(context);                                 //调用父类构造器
7       }
8       public BNMapView(Context context,AttributeSet art){    //构造器
9           super(context,art);
10          this.setFocusable(true);                        //设置当前 View 拥有控制焦点
11          this.setFocusableInTouchMode(true);             //设置当前 View 拥有触摸事件
12          paint = new Paint();                            //创建画笔
13          paint.setAntiAlias(true);                       //打开抗锯齿
14          paint1= new Paint();                            //创建画笔
15          paint1.setAntiAlias(true);                      //打开抗锯齿
16          initBitmap();                                   //初始化 Bitmap
17      }
18      public void initBitmap(){                           //初始化图片方法
```

```
19              .....//此处省略该方法的代码，后面将详细介绍，请读者仔细阅读
20          }
21      public void gotoBuilding(int id){              //跳到指定建筑物处的方法
22              .....//此处省略该方法的代码，后面将详细介绍，请读者仔细阅读
23          }
24      public void onDraw(Canvas canvas){                 //绘制方法
25          viewWidth=this.getWidth();                     //获取 View 宽度
26          viewHeight=this.getHeight();                   //获取 View 高度
27          paint1.setColor(Color.BLACK);                  //设置画笔为黑色
28          paint1.setStyle(Style.STROKE);                 //设置画笔样式为空心
29          paint1.setStrokeWidth(4);                      //设置空心线宽为 4
30          canvas.drawARGB(0, 0, 0, 0);                   //设置画布颜色
31          canvas.save();                                 //用来保存 Canvas 的状态
32          canvas.translate(pyx,pyy);                     //平移
33          canvas.scale(scale, scale);                    //缩放
34          canvas.drawBitmap(bmMap, 0,0, paint1);         //加载图片
35          if(selectedId!=-1){                            //绘制选中的建筑物边框
36              paint.setColor(new Color().argb(75, 9, 36, 196));   //设置画笔颜色
37              paint.setStyle(Style.STROKE);              //设置画笔样式为空心
38              paint.setStrokeWidth(6);                   //设置空心线宽为 6
39              canvas.drawPath(bpath, paint);             //画笔路线颜色填充
40          }
41          canvas.restore();                              //用来恢复 Canvas 之前保存的状态
42          if(selectedId!=-1){                            //绘制选中气球
43           .....//此处的代码实现与绘制边框类似，故省略，请读者自行查阅随书光盘中的源代码
44          }
45          //放大缩小按钮位置
46          canvas.drawBitmap(bmFD,viewWidth-bmFDWidth-20,viewHeight-bmFDWidth-140,
            paint1);
47          canvas.drawBitmap(bmSX,viewWidth-bmSXWidth-20,viewHeight-bmSXWidth-40,
            paint1);
48          canvas.drawBitmap(bmTB,15,10, paint1);
49          canvas.drawLine(0, 0, viewWidth, 0, paint1);        //绘制平面图上边缘线
50          canvas.drawLine(0, viewHeight, viewWidth, viewHeight, paint1);
            //绘制平面图下边缘线
51      }
52      .....//此处省略变量定义的代码，请读者自行查看随书附带的光盘中的源代码
53      public boolean onTouchEvent(MotionEvent event){     //触控方法
54          .....//此处省略该方法的内容，后面将为读者仔细介绍
55  }}
```

- 第 5~7 行表示该类的含有一个参数的构造器，并调用父类构造器。
- 第 8~17 行表示该类的含有两个参数的构造器，调用父类含两个参数的构造器。此外，设置 View 的焦点与触碰的属性，创建画笔，并打开抗锯齿。
- 第 25~26 行表示获取 View 的高度和宽度。
- 第 27~29 行表示设置画笔 paint1 的基本属性，包括颜色、样式风格和线宽等。
- 第 30~34 行表示设置画布 canvas 的属性，包括设置画布颜色、保存画布当前的状态以及画布的旋转、缩放等。
- 第 35~40 行表示当选中建筑物时，通过设置画笔颜色、画笔风格以及画笔的空心变宽等绘制选中建筑物的边框。
- 第 46~48 行表示在画布中加载放大、缩小以及指示图标的图片。
- 第 49~50 行表示在加载平面图 View 的上下边缘绘制分割线。

（2）上述平面地图类 BNMapView 中省略的 initBitmap()方法的代码主要用于完成校园导航界面中各个图片的加载以及设置。该方法可以方便程序员对校园导航中的各个图片进行管理，提高了程序的灵活性和维护性，其具体代码如下。

📎 代码位置：见随书光盘源代码/第 7 章/CampusAssistant/src/edu/heuu/campusAssistant/util 目录下的 BNMapView.java。

```
1   public void initBitmap(){
2       if(isLoaded)return;                            //如果正在加载平面图数据则返回
```

```
3          isLoaded=true;
4          bmMap=BitmapIOUtil.getSBitmap("img/st.png");  //加载图片
5          mapWidth=bmMap.getWidth();                      //获取图片的宽度
6          mapHeight=bmMap.getHeight();                    //获取图片的高度
7          ......//此处加载图片的代码实现与之前的类似，故省略，请读者自行查阅随书光盘中的源代码
8      }
```

- 第 2~3 行判断平面图数据是否正在加载，如果正在加载数据则返回，否则加载河北联合大学的平面图。
- 第 4~6 行表示加载平面图，并获取平面图的宽度和高度。

（3）上述平面地图类 BNMapView 中省略的 gotoBuilding(int id)方法中的代码主要用来获取平面图上各个建筑物的 id 号，并将屏幕中央滚动到对应建筑物的位置，实现了平面图上建筑物的定位，其具体代码如下，请读者仔细阅读。

✎ 代码位置：见随书光盘源代码/第 7 章/CampusAssistant/src/edu/heuu/campusAssistant/util 目录下的 BNMapView.java。

```
1    public void gotoBuilding(int id){                        //屏幕中央滚动到指定id的建筑物
2          selectedId=id;                                       //获取建筑物的id号
3          int[] bwz=MapSQData.buildingBallon[id];              //获取指定建筑物的id
4          pyx=viewWidth/2-bwz[0]*scale;                        //计算偏移量
5          pyy=viewHeight/2-bwz[1]*scale;
6          if(selectedId!=-1){                                  //如果id号不为-1时
7              int[] pdata=msd.buildingBorder[selectedId];//获取边框数据
8              bpath=new Path();
9              bpath.moveTo(pdata[0], pdata[1]);               //移动位置
10             for(int i=1;i<pdata.length/2;i++){
11                 bpath.lineTo(pdata[i*2], pdata[i*2+1]); //记录边框的各个点
12             }
13             bpath.lineTo(pdata[0], pdata[1]);               //记录该建筑物的中心点
14    }}
```

- 第 3~5 行表示获取指定建筑物的 id，并保存计算出的移动偏移量。
- 第 7~13 行表示获取选中建筑物的边框数据，将其存放在 int 型数组并将平面图中心移动到指定建筑物的中心。

（4）上面介绍了平面地图类 BNMapView 中获取指定建筑物的 id 号的方法，下面将向读者具体介绍平面图上触控的详细内容，即 onTouchEvent(MotionEvent event)方法。请读者仔细阅读该内容，其具体代码如下。

✎ 代码位置：见随书光盘源代码/第 7 章/CampusAssistant/src/edu/heuu/campusAssistant/util 目录下的 BNMapView.java。

```
1    public boolean onTouchEvent(MotionEvent event){
2          float tx=(int)event.getX();          //获取触碰点的x值
3          float ty=(int)event.getY();          //获取触碰点的y值
4          switch (event.getAction()){
5              case MotionEvent.ACTION_DOWN:    //ACTION_DOWN是指按下触摸屏
6                  preX=tx;                      //将当前触碰点的x坐标记录
7                  preY=ty;                      //将当前触碰点的y坐标记录
8                  isMove=false;                 //不移动
9                  break;
10             case MotionEvent.ACTION_MOVE: // ACTION_MOVE是指按下触摸屏后移动受力点
11                 if(Math.abs(tx-preX)>40||Math.abs(ty-preY)>40){
12                     isMove=true;             //若当前位置距离上一个位置的距离大于40时表示移动
13                 }
14                 if(isMove){                   //如果移动时
15                     pyx+=tx-preX;             //若移动则记录移动的距离
16                     pyy+=ty-preY;
17                     preX=tx;                  //记录当前位置x
18                     preY=ty;                  //记录当前位置y
19                 }
20                 break;
21             case MotionEvent.ACTION_UP:                  // ACTION_UP则是指松开触摸屏
```

```
22                          if(!isMove){
23                              if(tx>=(viewWidth-bmFDWidth-20)&&tx<=(viewWidth-20)
24                                  &&ty>=(viewHeight-bmFDWidth-140)&&ty<=(viewHeight-140)){
                                //放大按钮
25                                  scale=scale+0.1f;               //计算表示缩放的变量
26                                  if(scale>3){
27                                      scale=3;                    //赋予固定值
28                              }}
29                              else if(tx>=(viewWidth-bmSXWidth-20)&&tx<=(viewWidth-20)
30                                      &&ty>=(viewHeight-bmSXWidth-40)&&ty<=(viewHeight-40)){
                                    //缩小按钮
31                                  scale=scale-0.1f;               //计算表示缩放的变量
32                                  if(scale<1){
33                                      scale=1;                    //赋予固定值
34                              }}
35                              else{              //点击拾取，并计算出在当前情况下相当于点击的原图哪里
36                                  sqx=(tx-pyx)/scale;             //计算平面图被缩放后的坐标
37                                  sqy=(ty-pyy)/scale;
                                //根据 sqx、sqy，判断建筑物被选中
38
39                                  selectedId=MapSQUtil.getSelectBuildingID(sqx, sqy);
                                //获取建筑物的 id 号
40                                  if(selectedId!=-1){
41                                      int[] pdata=msd.buildingBorder[selectedId];
                                    //获取选中建筑物的边框
42                                      bpath=new Path();           //path 用来描述画笔的路径
43                                      bpath.moveTo(pdata[0],pdata[1]);//将平面图的中心移动到指定位置
44                                      for(int i=1;i<pdata.length/2;i++){
45                                          bpath.lineTo(pdata[i*2], pdata[i*2+1]); //两点连成直线
46                                      }
47                                      bpath.lineTo(pdata[0], pdata[1]);   //两点连成直线
48                              }}}
49                          break;                                  //跳出
50                      }
51                  verifyPY();                                     //检查坐标范围
52                  this.postInvalidate();                         //刷新界面
53                  return true;
54          }}
```

- 第 5~9 行表示按下触摸屏时，记录当前点的位置坐标。当第二次执行时，第一次结束调用的坐标值将作为第二次调用的初始坐标值。

- 第 10~20 行表示若按下触摸屏后移动受力点。如果当前位置与上一个位置之间的距离大于 40 时移动受力点，并记录当前位置的坐标。

- 第 21~34 行表示松开触摸屏时的动作，分别包括放大按钮、缩小按钮等。当触摸放大按钮图标时，控制放大平面图倍数的变量值增大。当触摸缩小按钮图标时，控制缩小平面图倍数的变量值减小。当放大或缩小到一定值后，控制缩放的变量会被赋予一个常量值。

- 第 35~48 行表示点击拾取，并计算出当前建筑物在平面图中的位置。如果当前建筑物未被选中，则通过 buildingBorder 方法获取指定建筑物的边框数据并存入数组 pdata。通过创建 Path 类对象 bpath，将边框中的点数据依次连成直线，便得到当前选中建筑物的边框。

（5）上面详细介绍了平面地图类 BNMapView 中重写的屏幕事件处理方法 onTouchEvent (MotionEvent event)，下面将向读者详细介绍检查图片是否移动出范围的方法 verifyPY()，请读者仔细阅读，其具体代码如下。

📝 **代码位置：** 见随书光盘源代码/第 7 章/CampusAssistant/src/edu/heuu/campusAssistant/util 目录下的 BNMapView.java。

```
1       public void verifyPY(){                                 //检查坐标范围
2           if(pyx>0){                                          //图片 x 坐标没有移出屏幕范围时
3               pyx=0;                                          //将 pyx 赋值为 0
4           }
5           else if(pyx<viewWidth-mapWidth*scale){//图片不能移动出范围，因此计算弯腰限制坐标范围
6               pyx=viewWidth-mapWidth*scale;                   //计算弯腰限制坐标 x 的范围
7           }
```

```
8              if(pyy>0){                                      //图片 y 坐标没有移出屏幕范围时
9                 pyy=0;                                       //将 pyy 赋值为 0
10             }
11             else if(pyy<viewHeight-mapHeight*scale){
               //图片不能移动出范围,因此计算弯腰限制坐标范围
12                pyy=viewHeight-mapHeight*scale;            //计算弯腰限制坐标 y 的范围
13     }}
```

> **说明**　上述方法表示用于判断平面图是否移出手机屏幕。如果不能移出手机屏幕范围则计算弯腰限制坐标范围。在限定坐标范围后,若移动到平面图的边缘,则平面图不能继续沿原方向移动。

（6）上面介绍了设置平面图的 BNMapView 类,下面将向读者详细介绍 MapSQData 的开发,它主要完成获取各个建筑物的名称、各个建筑物的包围盒组、各个建筑物的边框以及各个建筑物的气球点,其具体实现代码如下。

📎 **代码位置**：见随书光盘源代码/第 7 章/CampusAssistant/src/edu/heuu/campusAssistant/util 目录下的 MapSQData.java。

```
1      package edu.heuu.campusAssistant.util;
2      public class MapSQData{
3          PubMethod pub=new PubMethod();                    //创建 PubMethod 对象
4          public static String[] buildingName;              //存放建筑物名的字符串数组
5          public static int[][][] AABB;                     //建筑物的包围盒组
6          ......//此处省略定义各种变量的代码,请自行查看源代码
7          public MapSQData(){
8              String ss1=pub.loadFromFile("school/schoolmap.txt");   //各个建筑物的名称
9              buildingName=ss1.split(", ");                 //用","分割字符串
10             String ss2=pub.loadFromFile("school/schoolab.txt");//各个建筑物的包围盒组
11             String[] st1=ss2.split("/");                  //用"/"分割字符串
12             AABB=new int[st1.length][][];                 //创建 int 型数组
13             for(int i=0;i<st1.length;i++){
14                 String[] st2=st1[i].split(";");    //用","分割字符串,并存放到字符串数组
15                 AABB[i]=new int[st2.length][];
16                 for(int j=0;j<st2.length;j++){
17                     String[] st3=st2[j].split(",");//用","分割字符串,并存放在字符串数组
18                     AABB[i][j]=new int[st3.length-1];
19                     for(int t=0;t<st3.length-1;t++){
20                         AABB[i][j][t]=Integer.parseInt(st3[t+1].trim());
                           //为建筑物的包围盒组赋值
21             }}}
22             .....//此处从 SD 卡读取信息的代码与之前的类似故省略,请自行查阅随书光盘中的源代码
23     }}
```

- 第 3~5 行表示创建对象 pub,并声明本类所需要的变量 buildingName 和 AABB。
- 第 8~9 行表示从 SD 卡中提取各个建筑物的名称,并将其用","分割后存放在数组中。
- 第 10~12 行表示从 SD 卡中提取各个建筑物的包围盒组,用"/"分割后存放在数组中,并创建 int 型三维数组用于存放建筑物坐标和 id 编号。
- 第 13~21 行表示遍历各个建筑物的包围盒组,获取各个建筑物的坐标数据。

（7）上面介绍了获取平面图数据的工具类 MapSQData,下面将详细介绍 MapSQUtil 类的开发,该类的主要功能是遍历所有建筑物的 id 编号,并返回指定建筑物的 id,如果不存在则返回-1。具体代码如下,请读者仔细阅读。

📎 **代码位置**：见随书光盘源代码/第 7 章/CampusAssistant/src/edu/heuu/campusAssistant/util 目录下的 MapSQUtil.java。

```
1      package edu.heuu.campusAssistant.util;                //导入包
2      public class MapSQUtil{
3          static MapSQData msd=new MapSQData();             //创建 MapSQData 对象
4          public static int getSelectBuildingID(float tx,float ty){//获取建筑物的 id 号方法
```

```
5          for(int i=0;i<MapSQData.AABB.length;i++){
6              int[][] aabbs=MapSQData.AABB[i];//遍历 MapSQData.AABB，将数据存放在数组中
7              for(int[] aabb:aabbs){                    //遍历 aabbs 数组
8                  if(tx>aabb[0]&&tx<aabb[2]&&ty>aabb[1]&&ty<aabb[3]){
9                      return i;                          //返回建筑物 id
10         }}}
11         return -1;                                     //如果不存在，则返回-1
12     }}
```

> 说明　　上述代码中 getSelectBuildingID()方法表示遍历包围盒组，并将数据存放在二维数组 aabbs 中。遍历二维数组 aabbs 搜索指定位置的 id，如果存在指定的 id 则返回，否则返回-1。

7.5　加载功能模块的实现

上一节介绍了辅助工具类的开发，下面将介绍新生小助手 Android 客户端加载界面功能模块的实现。当用户初次进入本应用时，新生小助手需要解压 assets 文件下的数据包，因此在欢迎界面中设计了加载功能，给用户动态感，让界面不再显得呆板。下面将具体介绍加载模块的开发。

（1）本节首先介绍加载界面 loading.xml 框架的搭建，包括布局的安排、自定义等待动画属性的设置，其具体代码如下。

> 代码位置：见随书光盘源代码/第 7 章/CampusAssistant/res/layout-port 目录下的 loading.xml。

```xml
1      <?xml version="1.0" encoding="utf-8"?>                    <!--版本号及编码方式-->
2      <LinearLayout xmlns:android="http://schemas.android.com/apk/res/android"    <!--
线性布局-->
3          android:orientation="horizontal"
4          android:layout_width="fill_parent"
5          android:layout_height="fill_parent">
6          <LinearLayout                                        <!--线性布局-->
7              android:layout_width="300dip"
8              android:layout_height="wrap_content" >
9              <edu.heuu.campusAssistant.util.WaitAnmiSurfaceView <!-- 自定义的等待动画-->
10                 android:id="@+id/wasv"
11                 android:layout_width="fill_parent"
12                 android:layout_height="fill_parent"
13                 android:layout_marginLeft="100dip"
14                 android:layout_marginTop="280dip"/>
15         </LinearLayout>
16     </LinearLayout>
```

> 说明　　上述代码用于声明加载界面的线性布局，设置了 LinearLayout 宽、高的属性，并将排列方式设置为水平排列。线性布局中包括 WaitAnmiSurfaceView.java 类中绘制的加载动画，并设置了其宽、高、位置的属性。

（2）上面简要介绍了加载界面框架的搭建，下面将介绍首次进入本应用时加载界面中自定义动画的实现，具体代码如下。

> 代码位置：见随书光盘源代码/第 7 章/ CampusAssistant /src/edu/heuu/campusAssistant/login 目录下的 LoadingActivity.java。

```java
1      package edu.heuu.campusAssistant.login;                  //导入包
2      ......//此处省略导入类的代码，读者可自行查阅随书附带光盘中的源代码
3      public class LoadingActivity extends Activity{           //继承系统 Activity
4          ......//此处省略变量定义的代码，请自行查看源代码
5          Handler hd=new Handler(){
6              public void handleMessage(Message msg){          //重写方法
```

```
7                 switch(msg.what){
8                     case Constant.WAIT_DIALOG_REPAINT:      //等待对话框刷新
9                         wasv.repaint();                      //调用 repaint 方法绘制
10                        break;                               //退出
11          }}};
12      public void onCreate(Bundle savedInstanceState){
13          super.onCreate(savedInstanceState);             //调用父类方法
14          setContentView(R.layout.login);                 //切换界面
15          requestWindowFeature(Window.FEATURE_NO_TITLE);  //设置隐藏标题栏
16          showDialog(Constant.WAIT_DIALOG);               //绘制对话框
17      }
18      public Dialog onCreateDialog(int id){
19          Dialog result=null;
20          switch(id){
21              case Constant.WAIT_DIALOG:              //历史记录对话框的初始化
22              AlertDialog.Builder b=new AlertDialog.Builder(this);
                //创建 AlertDialog.Builder 类对象
23              b.setItems(null, null);
24              b.setCancelable(false);
25              waitDialog=b.create();                  //创建对话框
26              result=waitDialog;
27              break;                                  //退出
28          }
29          return result;                              //返回 Dialog 类对象
30      }
31      public void onPrepareDialog(int id, final Dialog dialog){
32          if(id!=Constant.WAIT_DIALOG)return;         //若不是历史对话框则返回
33          dialog.setContentView(R.layout.loading);
34          wasv=(WaitAnmiSurfaceView)dialog.findViewById(R.id.wasv);
                //创建 WaitAnmiSurfaceView
35          new Thread(){
36              public void run(){
37                  for(int i=0;i<200;i++){             //循环 200 次
38                      wasv.angle=wasv.angle+5;        // angle 值加 5
39                      hd.sendEmptyMessage(Constant.WAIT_DIALOG_REPAINT);//发送消息
40                      try{
41                          Thread.sleep(50);            //睡眠 50 毫秒
42                      }
43                      catch(Exception e){              //捕获异常
44                          e.printStackTrace();         //打印栈信息
45                  }}
46                  dialog.cancel();                    //取消对话框
47                  unzipAndChange();                   //切换到另一 Activity 的方法
48          }}.start();
49      }
50      public void unzipAndChange(){
51          ......//此处省略界面切换的代码，下面将详细介绍
52  }}
```

- 第5~10行用于创建 Handler 对象，重写 handleMeaasge 方法，并调用父类处理消息字符串，根据消息的 what 值，执行相应的 case，开始绘制对话框里的动画。

- 第12~16行为在 onCreate 方法里调用父类 onCreate 方法，并设置自定义 Activity 标题栏为隐藏标题栏。

- 第18~48行重写 onCreateDialog、onPrepareDialog 方法，与 showDialog 共用。当对话框第一次被请求时，调用 onCreateDialog 方法，在这个方法中初始化对话框对象 Dialog。在每次显示对话框之前，调用 onPrepareDialog 方法加载动画。

> 说明　　上面提到的 WaitAnmiSurfaceView 类是用来绘制加载界面动画图形的，在前面辅助工具类的开发小节中已经讲过，这里就不再重述了，请读者自行查看前面辅助工具类的开发小节。

（3）上面省略的加载界面 LoadingActivity 类的 unzipAndChange()方法具体代码如下。该方法执行的是切换到不同 Activity 和解压文本文件的操作。

代码位置：见随书光盘源代码/第 7 章/ CampusAssistant /src/edu/heuu/campusAssistant/login 目录下的 LoadingActivity.java。

```
1    public void unzipAndChange(){
2        try{
3            ZipUtil.unZip(LoadingActivity.this, "zhushou.zip", "/sdcard/"); //解压
4        }
5        catch(Exception e){                                      //捕获异常
6            System.out.println("解压出错! ");                    //打印字符串
7        }
8        Intent intent=new Intent();                             //创建 Intent 类对象
9        intent.setClass(LoadingActivity.this, MainActivityGroup.class);
10       startActivity(intent);                                  //启动下一个 Activity
11       finish();
12   }
```

说明　上面在 unzipAndChange()方法中调用了 ZipUtil 工具类中的 unZip 方法来将.zip 文件解压到 SD 卡中，同时启动下一个 Activity。在上面提到的欢迎界面的布局和功能与加载界面基本一致，这里因篇幅原因就不再叙述，请读者自行查阅随书光盘中的源代码。

（4）因为加载动画的操作是用画笔完成的，所以需使用绘制图形类来实现该操作，即上面用到的 WaitAnmiSurfaceView 类，具体代码如下。

代码位置：见随书光盘源代码/第 7 章/ CampusAssistant /src/edu/heuu/campusAssistant/util 目录下的 WaitAnmiSurfaceView.java。

```
1    package edu.heuu.campusAssistant.util;                     //导入包
2    ......//此处省略导入类的代码，读者可自行查阅随书附带光盘中的源代码
3    public class WaitAnmiSurfaceView extends View{
4        ......//此处省略定义变量的代码，请自行查看源代码
5        public WaitAnmiSurfaceView(Context activity,AttributeSet as){
6            super(activity,as);                                 //调用构造器
7            paint = new Paint();                                //创建画笔
8            paint.setAntiAlias(true);                           //打开抗锯齿
9            bitmapTmp=BitmapFactory.decodeResource(activity.getResources(),
             R.drawable.star);
10           picWidth=bitmapTmp.getWidth();                      //获得图片宽度
11           picHeight=bitmapTmp.getHeight();                    //获得图片高度
12       }
13       public void onDraw(Canvas canvas){
14           paint.setColor(Color.WHITE);                        //设置画笔颜色
15           float left=(viewWidth-picWidth)/2+80;               //计算左上侧点的 x 坐标
16           float top=(viewHeight-picHeight)/2+80;              //计算左上侧点的 y 坐标
17           Matrix m1=new Matrix();
18           m1.setTranslate(left,top);                          //平移
19           Matrix m3=new Matrix();
20           m3.setRotate(angle, viewWidth/2+80, viewHeight/2+80);   //设置旋转角度
21           Matrix mzz=new Matrix();
22           mzz.setConcat(m3, m1);
23           canvas.drawBitmap(bitmapTmp, mzz, paint);           //绘制动画
24       }
25       public void repaint(){                                  //自己为了方便开发的 repaint 方法
26           this.invalidate();
27   }}
```

说明　上述代码为重绘图片的方法。先设置画笔的颜色，将其透明度设置为 40，然后用 Canvas 的对象开始绘制该矩阵，当获得左上侧点的坐标后，将 Matrix 平移到该坐标位置上，然后设置其旋转角度，最后将两个 Matrix 对象计算并连接起来由 Canvas 始绘制自定义的动画。

7.6 各个功能模块的实现

上一节介绍了加载界面，这一节主要介绍加载完后呈现在主界面的各功能模块的开发，包括认识联大、报到流程、唐山导航、校园导航以及更多信息等功能。新生小助手为用户提供了了解唐山和河北联合大学的平台。下面将逐一介绍功能的实现。

7.6.1 新生小助手主界面模块的实现

本小节主要介绍的是主界面功能的实现。经过加载界面后进入到主界面，可以通过点击主界面下方的菜单栏按钮，实现界面的切换。主要查看认识联大、报到流程、唐山导航、校园导航以及更多信息等相关内容。

（1）下面主要向读者具体介绍主界面的搭建，包括布局的安排，按钮、水平滚动视图等控件的各个属性的设置。省略部分与介绍的部分基本相似，就不再重复介绍了，读者可自行查阅随书光盘代码进行学习。其具体代码如下。

代码位置： 见随书光盘源代码/第 7 章/CampusAssistant/res/layout-port 目录下的 activity_main.xml。

```
1    <?xml version="1.0" encoding="utf-8"?>                <!--版本号及编码方式-->
2    <LinearLayout xmlns:android="http://schemas.android.com/apk/res/android" <!--线
     性布局-->
3        android:layout_width="fill_parent"
4        android:layout_height="fill_parent"
5        android:layout_marginTop="0.0px">
6        <LinearLayout                                    <!--线性布局-->
7            android:orientation="vertical"
8            android:layout_width="fill_parent"
9            android:layout_height="fill_parent">
10           <LinearLayout                                <!--线性布局-->
11               android:id="@+id/container"
12               android:layout_width="fill_parent"
13               android:layout_height="50dip"
14               android:layout_weight="1.0"
15               android:background="@color/text"/>
16           <HorizontalScrollView                        <!--水平滚动视图-->
17               android:layout_width="fill_parent"
18               android:layout_height="wrap_content"
19               android:background="@color/title"
20               android:scrollbars="none">
21               <RadioGroup                              <!--按钮组-->
22                   android:gravity="center_vertical"
23                   android:layout_gravity="bottom"
24                   android:orientation="horizontal"
25                   android:layout_width="fill_parent"
26                   android:layout_height="50dip"
27                   android:background="@color/title">
28                   <RadioButton                         <!--普通按钮-->
29                       android:id="@+id/radio_button0"
30                       android:layout_marginLeft="4.0dip"
31                       android:layout_width="120dip"
32                       android:layout_height="50dip"
33                       android:button="@null"
34                       android:text="  认识联大"
35                       android:textSize="24dp"
36                       android:textColor="@color/black"
37                       android:background="@drawable/radio"/>
38               ......<!--此处普通按钮与上述相似，故省略，读者可自行查阅随书光盘中的源代码-->
39               </RadioGroup>
40           </HorizontalScrollView>
41       </LinearLayout>
42   </LinearLayout>
```

- 第 2~5 行用于声明总的线性布局，总线性布局中还包含一个线性布局。设置线性布局的宽度为自适应屏幕宽度，高度为屏幕高度，并设置了总的线性布局距屏幕顶端的距离。

- 第 6~15 行用于声明线性布局，线性布局中包含一个线性布局和一个水平滑动视图控件。设置线性布局的宽度为自适应屏幕宽度，高度为屏幕高度，排列方式为垂直排列。

- 第 16~20 行用于声明水平滑动视图，设置了 HorizontalScrollView 宽、高、背景颜色以及是否显示滚动条的属性。

- 第 21~37 行用于声明按钮组，包含五个普通按钮，并设置了 RadioGroup 宽、高、背景颜色、对齐方式以及相对布局对齐方式的属性及排列方式为水平排列和 RadioButton 宽、高、背景颜色及文本等属性。

（2）下面将介绍主界面 MainActivityGroup 类中 HorizontalScrollView 功能的开发。主界面主要是由认识联大界面构成，用户在左右滑动并点击认识联大、报到流程、唐山导航、校内导航、更多信息等任一内容时，将切换到相应的界面。主界面搭建的具体代码如下。

📎 代码位置：见随书光盘源代码/第 7 章/ CampusAssistant /src/edu/heuu/campusAssistant/activity 目录下的 MainActivityGroup.java。

```
1    package edu.heuu.campusAssistant.activity;
2    ......//此处省略导入类的代码，读者可自行查阅随书附带光盘中的源代码
3    public class ActivityGroup extends MainActivityGroup {
4        ......//此处省略定义变量的代码，请自行查看源代码
5        @Override
6        protected void onCreate(Bundle savedInstanceState) {
7            setContentView(R.layout.activity_main);              //切换界面
8            super.onCreate(savedInstanceState);                  //调用父类方法
9            FontManager.init(this);                              //初始化 TypeFace
10           FontManager.changeFonts(FontManager.getContentView(this),this);
                 //用自定义的字体方法
11           initRadioBtns();                                     //初始化所有的按钮
12           ((RadioButton)findViewById(R.id.radio_button0)).setChecked(true);
                 //默认的选中按钮
13       }
14       protected ViewGroup getContainer(){                      //加载 Activity 的 View
15           return (ViewGroup) findViewById(R.id.container);
16       }
17       protected void initRadioBtns() {                         //初始化按钮
18           initRadioBtn(R.id.radio_button0);
19           initRadioBtn(R.id.radio_button1);
20           initRadioBtn(R.id.radio_button2);
21           initRadioBtn(R.id.radio_button3);
22           initRadioBtn(R.id.radio_button4);
23       }
24       @Override
25       public void onCheckedChanged(CompoundButton buttonView, boolean isChecked) {
26           if (isChecked) {
27               switch (buttonView.getId()) {
28                   case R.id.radio_button0:
29                       setContainerView(CONTENT_ACTIVITY_NAME_0,     //加载 LianHeActivity
30                               LianHeActivity.class);
31                       break;
32                   case R.id.radio_button1:
33                       setContainerView(CONTENT_ACTIVITY_NAME_1,     //加载 ReProActivity
34                               ReProActivity.class);
35                       break;
36                   case R.id.radio_button2:
37                       setContainerView(CONTENT_ACTIVITY_NAME_2, //加载 TangShanMapActivity
38                               TangShanMapActivity.class);
39                       break;
40                   case R.id.radio_button3:
41                       setContainerView(CONTENT_ACTIVITY_NAME_3,  //加载 SchoolMapActivity
42                               SchoolMapActivity.class);
43                       break;
```

```
44                  case R.id.radio_button4:
45                    setContainerView(CONTENT_ACTIVITY_NAME_4,    //加载 MoreActivity
46                              MoreActivity.class);
47                  break;
48                  default:
49                  break;
50    }}}}
```

- 第 6~13 行为 Activity 启动时调用的方法，在 **onCreate** 方法中进行了部分内容初始化的工作，并将字体设为方正卡通形式。

- 第 14~16 行用于加载被选中按钮下的 Activity 的 View 并返回此 View。

- 第 17~23 行用于向主界面加入所有按钮，作为界面的菜单栏，它们位于界面的最下面一行，可左右滑动菜单栏。

- 第 24~49 行为按钮被点击时，具体发生变化的代码，按下按钮后，**onCheckedChanged** 方法获得 id 号，根据 id 号跳入到相对应的 Activity 界面。

📝 **说明**　　上面提到的 MainActivityGroup 类继承了我们自己重写的 MZActivityGroup 类，MZActivityGroup 类的代码在这里省略，读者可自行查阅随书附带光盘中的源代码。

7.6.2　认识联大模块的实现

上一小节介绍了主界面模块的实现，本小节将向读者详细介绍认识联大模块的开发。用户可以通过左右滑动屏幕或者点击标题栏中的文本查看学校概况、学院信息、唐山介绍等界面的详细信息，后面将详细介绍。

（1）下面简要介绍认识联大首界面的搭建，包括布局的安排、按钮各个属性的设置以及自定义 ViewPager 的设置。其中省略的部分与介绍的部分基本相似，就不再重复介绍了，读者可自行查看随书光盘源代码进行学习，其具体代码如下。

✍ **代码位置：** 见随书光盘源代码/第 7 章/ CampusAssistant/res/layout-port 目录下的 main.xml。

```
1     <?xml version="1.0" encoding="utf-8"?>                    <!--版本号及编码方式-->
2     <LinearLayout xmlns:android="http://schemas.android.com/apk/res/android" <!--线
      性布局-->
3         android:layout_width="fill_parent"
4         android:layout_height="fill_parent"
5         android:orientation="vertical" >
6         <LinearLayout                                         <!--线性布局-->
7           android:layout_width="fill_parent"
8           android:layout_height="wrap_content"
9           android:background="@color/title">
10          <Button                                            <!--普通按钮-->
11            android:id="@+id/Button01"
12            android:layout_width="60dip"
13            android:layout_height="wrap_content"
14            android:text="学校概况"
15            android:textColor="@color/ziti"
16            android:background="@color/gray"
17            android:textSize="18dp"
18            android:layout_weight="1"/>
19     ......<!--此处普通按钮与上述相似，故省略，读者可自行查阅随书光盘中的源代码-->
20        </LinearLayout>
21        <View
22            android:layout_width="fill_parent"
23            android:layout_height="1px"
24            android:background="?android:attr/listDivider"/>
25        <android.support.v4.view.ViewPager                   <!--自定义的 ViewPager-->
26            android:id="@+id/viewpager"
27            android:layout_width="fill_parent"
```

```
28                android:layout_height="wrap_content"/>
29     </LinearLayout>
```

- 第 10~18 行用于声明普通按钮，设置了 Button 宽、高、比重及文本等属性。

- 第 21~24 行用于声明一个 View 视图，设置了 View 宽、高及背景色的属性，用于放置认识联大的子界面，下面将详细介绍。

- 第 25~28 行用于声明一个 ViewPager，设置了 ViewPager 宽、高及位置的属性，左右滑动来切换界面。

（2）上面介绍了认识联大界面的搭建，下面介绍主界面 LianHeActivity 类中 ViewPager 功能的开发，主界面主要由学校概况构成，用户在左右滑动屏幕或点击学校概况、学院信息、唐山介绍等任一内容时，将切换到相应的界面。上述界面将在下面的章节逐个介绍，主界面搭建的具体代码如下。

📎 **代码位置：**见随书光盘中源代码/第 7 章/CampusAssistant/src/edu/heuu/campusAssistant/activity
目录下的 LianHeActivity.java。

```
1      package edu.heuu.campusAssistant.activity;
2      ......//此处省略导入类的代码，读者可自行查阅随书光盘中的源代码
3      public class LianHeActivity extends Activity {
4          ......//此处省略变量定义的代码，请自行查看源代码
5          @Override
6          protected void onCreate(Bundle savedInstanceState){
7              super.onCreate(savedInstanceState);                      //调用父类方法
8              setContentView(R.layout.main);                           //切换界面
9              FontManager.changeFonts(FontManager.getContentView(this),this);
                   //使用自定义字体
10             manager=new LocalActivityManager(this,true);//创建 LocalActivityManager 类对象
11             manager.dispatchCreate(savedInstanceState);
12             m_vp=(ViewPager)LianHeActivity.this.findViewById(R.id.viewpager);
13             final Button bn0= (Button) findViewById(R.id.Button01);//获取 Button 对象
14             final Button bn1 = (Button) findViewById(R.id.Button02);
15             final Button bn2 = (Button) findViewById(R.id.Button03);
16             bn0.setOnClickListener(                                  //设置按钮监听
17                 new OnClickListener(){
18                     @Override
19                     public void onClick(View v){
20                     changeText(bn0,bn1,bn2,0);
21             }});
22             ......//此处省略给其他按钮设置监听，与上述操作基本相同，不再赘述
23             list=new ArrayList<View>();                              //创建 List 对象
24             Intent intent1=new Intent(this,SchoolActivity.class);//创建 Intent 对象
25             list.add(getView("SchoolActivity",intent1));            //添加 List 成员
26             Intent intent2=new Intent(this,InstituteActivity.class);
27             list.add(getView("InstituteActivity",intent2));
28             Intent intent3=new Intent(this,TangShanActivity.class);
29             list.add(getView("TangShanActivity",intent3));
30             PagerAdapter fa=new PagerAdapter(                       //准备 PagerAdapter 适配器
31                 ......//适配器里的具体方法将在下面具体介绍
32             };
33             m_vp.setAdapter(fa);                                     //为 ViewPager 设置内容适配器
34             m_vp.setCurrentItem(0);                                  //默认选择 id0 页面
35             m_vp.setOnPageChangeListener(                           //添加监听
36                 new OnPageChangeListener(){
37                     @Override
38                 public void onPageScrollStateChanged(int arg0){ }
39                 @Override
40                 public void onPageScrolled(int arg0, float arg1, int arg2){ }
41                 @Override
42                 public void onPageSelected(int arg0){
43                     changeText(bn0,bn1,bn2,arg0);
44             }});
45         }
46         private View getView(String string, Intent intent){
47             return manager.startActivity(string, intent).getDecorView();
```

```
48            }
49        public void changeText(Button bn1,Button bn2,Button bn3,int count){//页面翻转方法
50            ......//此处省略该方法的内容，将在下面进行介绍
51    }}
```

- 第 9 行为使用自定义的字体，将字体设置为方正卡通形式。
- 第 13~21 行用于初始化三大按钮，并设置监听，按下按钮后则调用 changeText()方法来切换到相应的界面并且按钮的一些属性也发生变化，下面将会详细介绍。
- 第 23~29 行为创建 List，向其中加入该界面中包含的三大子界面，分别为学校概况界面、学院信息界面以及唐山介绍界面。
- 第 30~32 行为给 ViewPager 添加适配器的代码，在这里方法的代码省略，下面将详细介绍。
- 第 33~44 行为给 ViewPager 设置内容适配器，并添加监听，当前默认 id 为 0 的学校概况页面，滑动界面则调用 changeText()方法来切换界面。
- 第 49~50 行为页面和按钮切换时的代码，在这里方法的代码省略，下面将详细介绍。

（3）在滑动 ViewPager 时，须使用 PagerAdapter 来实现左右滑动和调用 LianHeActivity 类的 changeText 方法来实现按钮内容和颜色的改变等功能，即上述代码中省略的 PagerAdapter 适配器的代码，其实现的具体代码如下。

代码位置：见随书光盘中源代码/第 7 章/CampusAssistant/src/edu/heuu/campusAssistant/activity 目录下的 LianHeActivity.java。

```
1     PagerAdapter fa=new PagerAdapter(){
2         @Override
3         public void destroyItem(ViewGroup container, int position,Object object){
4              ViewPager pViewPager = ((ViewPager) container);
5              pViewPager.removeView(list.get(position));        //移除当前页面
6         }
7         @Override
8         public int getCount(){
9             return list.size();                              //ViewPager 中按钮的个数
10        }
11        @Override
12        public boolean isViewFromObject(View arg0, Object arg1){
13            return arg0==arg1;
14        }
15        @Override
16        public Object instantiateItem(View arg0, int arg1){
17            ViewPager pViewPager = ((ViewPager) arg0);
18          pViewPager.addView(list.get(arg1));                //添加当前页面
19            return list.get(arg1);
20    }};
21    public void changeText(Button bn1,Button bn2,Button bn3,int count){
22        switch(count){
23        case 0:{
24            bn1.setBackgroundColor(
25            LianHeActivity.this.getResources().getColor(R.color.gray));
                //设置被选中按钮的背景色
26            bn2.setBackgroundColor(
27            LianHeActivity.this.getResources().getColor(R.color.title));
                //设置未被选中按钮的背景色
28            bn3.setBackgroundColor(
29        LianHeActivity.this.getResources().getColor(R.color.title));
30            bn1.setTextColor(
31        LianHeActivity.this.getResources().getColor(R.color.ziti));
                //设置被选中按钮的字体颜色
32         bn2.setTextColor(
33            LianHeActivity.this.getResources().getColor(R.color.ziti1));
                //设置未被选中按钮的字体颜色
34            bn3.setTextColor(
35            LianHeActivity.this.getResources().getColor(R.color.ziti1));
36        }
37        break;
```

```
38           ......//此处省略其他情况，与上述代码基本相同，不再赘述
39       }
40       m_vp.setCurrentItem(count);                        //页面选中
41   }
```

- 第 3~6 行为滑动界面时，从 ViewPager 中移除当前页面的方法。
- 第 7~10 行为返回 ViewPager 中页面或按钮的个数。
- 第 15~19 行用于左右滑动界面时，向 ViewPager 中添加选中的页面，并返回从 List 列表中获得的选中页面。
- 第 21~40 行为页面切换时所引起的改变的方法。先获得被选中按钮的 id 号，再根据 id 号将被选中按钮的背景色设置为一种颜色，未被选中的按钮设置为另一种颜色，字体的颜色也做相应的改变，同时切换到相应的页面。

（4）下面介绍认识联大界面中的学校概况界面的搭建，包括布局的安排、列表、图片视图等控件的属性设置，具体代码如下。

✎ **代码位置：见随书光盘源代码/第 7 章/CampusAssistant/res/layout-port 目录下的 school.xml。**

```
1    <?xml version="1.0" encoding="utf-8"?>              <!--版本号及编码方式-->
2    <LinearLayout xmlns:android="http://schemas.android.com/apk/res/android" <!--线
     性布局-->
3        xmlns:tools="http://schemas.android.com/tools"
4        android:layout_width="fill_parent"
5        android:layout_height="fill_parent"
6        android:orientation="vertical"
7        android:background="@color/text"
8        tools:context=".SchoolActivity" >
9        <ImageView                                         <!--图像域-->
10           android:id="@+id/ImageView01"
11           android:layout_width="fill_parent"
12           android:layout_height="120dip"/>
13       <ListView                                          <!--列表视图组件-->
14           android:id="@+id/listView01"
15           android:layout_width="fill_parent"
16           android:layout_height="wrap_content"
17           android:choiceMode="singleChoice"/>
18   </LinearLayout>
```

- 第 9~12 行用于声明图片域，设置了 ImageView 宽、高以及 id 号的属性。
- 第 13~17 行用于声明一个 ListView 列表视图组件，设置了 ListView 宽、高及 id 的属性，然后将其列表设置为单选模式。

（5）ListView 布局样式是由 TextView、ImageView 共同搭建实现的，接下来将介绍该子布局 row.xml 的开发，具体代码如下。

✎ **代码位置：见随书光盘源代码/第 7 章/CampusAssistant/res/layout-port 目录下的 row.xml。**

```
1    <?xml version="1.0" encoding="utf-8"?>              <!--版本号及编码方式-->
2    <LinearLayout xmlns:android="http://schemas.android.com/apk/res/android" <!--线
     性布局-->
3        android:id="@+id/listLinearLayout01"
4        android:layout_width="fill_parent"
5        android:layout_height="fill_parent"
6        android:background="@color/text"
7        android:orientation="horizontal">
8        <ImageView                                         <!--图像域-->
9            android:id="@+id/listImageView01"
10           android:layout_width="100dp"
11           android:layout_height="80dp"/>
12       <LinearLayout xmlns:android="http://schemas.android.com/apk/res/android"<!--
     线性布局-->
13           android:id="@+id/listLinearLayout01"
14           android:layout_width="wrap_content"
15           android:layout_height="wrap_content"
```

```
16                  android:orientation="vertical">
17              <TextView                                        <!--文本域-->
18                  android:id="@+id/listTextView01"
19                  android:layout_width="wrap_content"
20                  android:layout_height="wrap_content"/>
21          ......<!--此处 TextView 与上述相似，故省略，读者可自行查阅随书光盘中的源代码-->
22          </LinearLayout>
23      </LinearLayout>
```

> **说明**　　总线性布局中包含一个线性布局和 ImageView 控件，并设置了总线性布局宽、高、位置的属性和 ImageView 宽、高、内容、大小等属性；线性布局中又包含两个 TextView 控件，设置了 LinearLayout 宽、高、id 位置的属性，排列方式为垂直排列和 TextView 宽、高、位置等属性。

（6）下面介绍认识联大界面中的学校概况界面，该界面向客户展示了河北联合大学的基本信息，由图片与列表构成，使界面不再呆板和枯燥，实现的具体代码如下。

✒ **代码位置：**见随书光盘中源代码/第 7 章/CampusAssistant/src/edu/heuu/campusAssistant/school 目录下的 SchoolActivity.java。

```
1       package edu.heuu.campusAssistant.school;
2       ......//此处省略导入类的代码，读者可自行查阅随书附带光盘中的源代码
3       public class SchoolActivity extends Activity{
4           ......//此处省略定义变量的代码，请自行查看源代码
5           public void onCreate(Bundle savedInstanceState){
6           super.onCreate(savedInstanceState);
7           setContentView(R.layout.school);
8           FontManager.changeFonts(FontManager.getContentView(this),this);//用自定义的字体方法
9           ImageView iv=(ImageView)SchoolActivity.this.findViewById(R.id.ImageView01);
10          Drawable d=Drawable.createFromPath("/sdcard/zhushou/img/xiaomen.jpg");//获取图片
11          iv.setBackground(d);
12          initSchoolList();                                       //初始化学校概况列表
13      }
14      public void initSchoolList(){                              //初始化学校简介菜单
15          final LayoutInflater inflater=LayoutInflater.from(SchoolActivity.this);
16          Constant.List=pub.loadFromFile("school/school.txt");   //根据路径读取文本中信息
17          Constant.ListArray=Constant.List.split("\\|");
18          final int count=Constant.ListArray.length/4;          //获取数组长度
19          for(int i=0;i<6;i++){                                  //获得所有图片的路径
20          imgSubPath[i]="img/"+Constant.ListArray[i*4+2];
21          }
22          BaseAdapter ba=new BaseAdapter(){                     //为 ListView 准备适配器
23          ......//适配器里的具体方法将在下面具体介绍
24          };
25          ListView lv=(ListView)SchoolActivity.this.findViewById(R.id.listView01);
26          lv.setAdapter(ba);
27          lv.setOnItemClickListener(                            //设置选项被单击的监听器
28              new OnItemClickListener(){
29                  @Override
30                  public void onItemClick(AdapterView<?> arg0, View arg1,int arg2, long arg3){
31                  Intent intent=new Intent();
32                  Bundle b=new Bundle();
33                  String textPath="school/"+Constant.ListArray[arg2*4+3].toString();
                    //子路径
34                  b.putString("txt", textPath);
35                  intent.putExtras(b);
36                  String title=Constant.ListArray[arg2*4].toString();//将标题传递过去
37                  b.putString("title", title);
38                  intent.putExtras(b);
39                  String imgPath="img/"+Constant.ListArray[arg2*4+2].toString();
                    //图片路径
40                  b.putString("img", imgPath);
41                  intent.putExtras(b);
42                  intent.setClass(SchoolActivity.this, SchoolDetialActivity.class);
```

```
43              startActivity(intent);
44          }}});
45      }}
```

- 第 9~11 行为向 ImageView 对象中加载图片。

- 第 15~20 行为先创建了一个 LayoutInflater 对象 inflater；再从 SD 卡中读取相应文本和图片路径，供后面的适配器使用。

- 第 25~43 行先初始化 ListView，再为其添加适配器和监听器，适配器里的具体方法将在下面具体介绍，监听器中代码的功能主要是向下一个界面传递信息。

> **说明**　　认识联大界面中的学院信息和唐山介绍界面的布局和功能与学校概况界面基本一致，在这里就不再重复叙述了，请读者自行查阅随书光盘中的源代码。

（7）上面介绍了学校概况界面，下面介绍学校概况界面下的子界面的搭建，包括布局的安排，文本视图、滚动视图、图片视图等控件的属性设置，具体代码如下。

代码位置：见随书光盘源代码/第 7 章/CampusAssistant/res/layout-port 目录下的 schooldetail.xml。

```
1   <?xml version="1.0" encoding="utf-8"?>                      <!--版本号及编码方式-->
2   <ScrollView xmlns:android="http://schemas.android.com/apk/res/android"<!--滚动视图-->
3       android:id="@+id/ScrollView01"
4       android:layout_width="fill_parent"
5       android:layout_height="fill_parent">
6       <LinearLayout                                          <!--线性布局-->
7           android:layout_width="fill_parent"
8           android:layout_height="wrap_content"
9           android:background="@color/text"
10          android:orientation="vertical" >
11          <LinearLayout                                      <!--线性布局-->
12              android:layout_width="fill_parent"
13              android:layout_height="wrap_content"
14              android:orientation="horizontal">
15              <TextView                                      <!--文本域-->
16                  android:layout_width="wrap_content"
17                  android:layout_height="wrap_content"
18                  android:text="@string/back"
19                  android:id="@+id/ButtonBack"
20                  android:textSize="20dip"
21                  android:textColor="@color/gray"
22                  android:gravity="left"/>
23              ......<!--此处文本域与上述相似，故省略，读者可自行查阅随书光盘中的源代码-->
24          </LinearLayout>
25          <View                                              <!--自定义 View-->
26              android:layout_width="fill_parent"
27              android:layout_height="1px"
28              android:background="?android:attr/listDivider"/> <!--设置分割线-->
29          <ImageView                                         <!--图片域-->
30              android:id="@+id/ImageView003"
31              android:layout_width="fill_parent"
32              android:layout_height="wrap_content"/>
33          < FrameLayout                                      <!--帧布局-->
34              android:id="@+id/fl_desc"
35              android:layout_width="fill_parent"
36              android:layout_height="wrap_content"
37              android:fadingEdge="horizontal"
38              android:fadingEdgeLength="5dp" >
39              ......<!--此处文本域与上述相似，故省略，读者可自行查阅随书光盘中的源代码-->
40          </FrameLayout>
41          ......<!--此处 TextView 与上述相似，故省略，读者可自行查阅随书光盘中的源代码-->
42      </LinearLayout>
43  </ScrollView>
```

- 第 2~5 行用于声明滚动视图，设置 ScrollView 的宽度为自适应屏幕宽度，高度为屏幕高度，使界面能上下滚动。

- 第 6~10 行用于声明一个线性布局，布局中包含线性布局、View 视图控件、ImageView 控件、帧布局以及 TextView 控件即上面所省略的，并设置了线性布局宽、高、位置、背景色的属性，排列方式为垂直排列。

- 第 25~28 行用于声明自定义的 View，向界面加入分割线。

- 第 33~39 行用于声明一个帧布局，帧布局中包含了两个 TextView 控件，同时还设置了 FrameLayout 宽、高、位置的属性，排列方式为垂直排列。

（8）下面介绍学校概况界面下子界面的功能实现，包括图片、文字信息展示以及收起、展开文本的功能，它使界面别具一格，具体实现代码如下。

代码位置：见随书光盘中源代码/第 7 章/CampusAssistant/src/edu/heuu/campusAssistant/school 目录下的 SchoolDetialActivity.java。

```
1    package edu.heuu.campusAssistant.school;                       //导入包
2    ......//此处省略导入类的代码，读者可自行查阅随书附带光盘中的源代码
3    public class SchoolDetialActivity extends Activity{             //继承系统 Activity
4        ......//此处省略变量定义的代码，请自行查看源代码
5        @Override
6        public void onCreate(Bundle savedInstanceState){
7            super.onCreate(savedInstanceState);                    //调用父类方法
8            setContentView(R.layout.schooldetail);
9            FontManager.changeFonts(FontManager.getContentView(this),this)
             //用自定义的字体方法
10           initSchoolDetail();                                    //初始化界面
11       }
12       public void initSchoolDetail(){                            //初始化界面方法
13           ck=(TextView)SchoolDetialActivity.
14           this.findViewById(R.id.ckwy);                          //表示查看全文的控件
15           ck.setTextSize(15);
16           Intent intent = this.getIntent();                     //获得当前的 Intent
17           Bundle bundle = intent.getExtras();                   //获得全部数据
18           String value = bundle.getString("txt");               //获得名为 txt 的路径值
19           String txtInf=pub.loadFromFile(value);                //具体文本内容
20           String imgValue=bundle.getString("img");              //加载图片
21           ImageView iv=(ImageView)SchoolDetialActivity.
22                   this.findViewById(R.id.ImageView003);//获取 ImageView 对象
23           iv.setImageBitmap(BitmapIOUtil.getSBitmap(imgValue));
24           String title=bundle.getString("title");               //设置标题
25           TextView tvTitle=(TextView)SchoolDetialActivity.
26                   this.findViewById(R.id.TextViewSchoolDetail02);
                     //获取 TextView 对象
27           tvTitle.setText(title);                               //设置文本内容
28           tvTitle.setTextSize(29);                              //文本属性设置
29           tvTitle.setTypeface(FontManager.tf);
30           tvTitle.setGravity(Gravity.CENTER_VERTICAL|Gravity.CENTER_HORIZONTAL);
31           initTextView(txtInf.trim());                          //加载文本信息
32           ck.setGravity(Gravity.CENTER_HORIZONTAL);             //查看全文设置
33           ck.setOnClickListener(                                //设置监听
34               new View.OnClickListener(){
35                   @Override
36                   public void onClick(View v){
37                       if(ck.getText().equals("查看全文")){
38                           tvTxt_long.setVisibility(View.VISIBLE);   //设置可见
39                           tvTxt_short.setVisibility(View.GONE);     //设置不可见
40                           ck.setText("收起");
41                       }
42                       else if(ck.getText().equals("收起")){
43                           tvTxt_long.setVisibility(View.GONE);      //设置不可见
44                           tvTxt_short.setVisibility(View.VISIBLE);  //设置可见
45                           ck.setText("查看全文");
46                       }
47                       ck.setTextSize(15);                           //设置字体大小
48               }});
49       }
50       public void initTextView(String txtInf){                  //初始化 TextView 文本信息
```

```
51        tvTxt_short=(TextView)SchoolDetialActivity.this.findViewById
          (R.id.TextView_short);
52        tvTxt_long=(TextView)SchoolDetialActivity.this.findViewById
          (R.id.TextView_long);
53        tvTxt_long.setText(txtInf.trim());              //设置子图
54        tvTxt_short.setText(txtInf.trim());
55        tvTxt_long.setVisibility(View.GONE);            //设置不可见
56        tvTxt_short.setVisibility(View.VISIBLE);        //设置可见
57    }}
```

● 第 9~10 行设置了该界面中字体为自定义字体和初始化界面。

● 第 13~15 行定义了一个 TextView 对象，控制界面文本内容的收缩，设置字体为 15 号字体。

● 第 16~17 行为获得当前的 Intent，并通过 Bundle 获得从 SchoolActivity 类传过来的路径数据，用于获得文本和图片。

● 第 18~29 行通过获得文本和图片路径，获取具体文本内容和图片，加入到 TextView 和 ImageView 控件中显示出来。

● 第 33~48 行用于实现文本内容的收起与展开的功能，按下查看全文，长文本将显示，短文本则隐藏，并设置了字体的大小为 15 号。

● 第 50~56 行初始化 TextView 文本信息，有两个 TextView 文本，一个长文本和一个短文本，都设置了文本的内容以及是否可见的属性，起始默认的是显示短文本，隐藏长文本。

（9）上面介绍完了学校概况界面，下面介绍学院信息界面下子界面的搭建，包括布局的安排，文本视图、滚动视图、图片视图等控件的属性设置，具体代码如下。

✍ **代码位置：见随书光盘源代码/第 7 章/CampusAssistant/res/layout-port 目录下的 institutemain.xml。**

```
1     <?xml version="1.0" encoding="utf-8"?>             <!--版本号及编码方式-->
2     <ScrollView xmlns:android="http://schemas.android.com/apk/res/android"<!--滚动视
      图-->
3         android:id="@+id/ScrollView01"
4         android:layout_width="fill_parent"
5         android:layout_height="fill_parent">
6         <LinearLayout                                  <!--线性布局-->
7             android:id="@+id/instituteLinear01"
8             android:layout_width="fill_parent"
9             android:layout_height="fill_parent"
10            android:background="@color/text"
11            android:orientation="vertical">
12            <TextView                                  <!--文本域-->
13                android:id="@+id/TextView"
14                android:text="@string/xueyuan"
15                android:textColor="@color/black"
16                android:textSize="20dip"
17                android:layout_gravity="center_vertical"
18                android:layout_width="fill_parent"
19                android:layout_height="wrap_content"/>
20            ......<!--此处文本域与上述相似，故省略，读者可自行查阅随书光盘中的源代码-->
21            <ImageView                                 <!--图片域-->
22                android:id="@+id/ImageView01"
23                android:layout_width="360dip"
24                android:layout_height="120dip"/>
25            <TextView                                  <!--文本域-->
26                android:id="@+id/TextView1"
27                android:layout_width="fill_parent"
28                android:layout_height="wrap_content"/>
29            ......<!--此处文本域与上述相似，故省略，读者可自行查阅随书光盘中的源代码-->
30        </LinearLayout>
31    </ScrollView>
```

● 第 2~5 行用于声明滚动视图，设置了 ScrollView 的宽度为自适应屏幕宽度，高度为屏幕高度。

● 第 6~29 行声明了一个线性布局，包含了 8 个 TextView 控件和一个 ImageView 控件，设置了线性布局的宽、高及位置等属性，此外还设置了 ImageView 宽、高及相对位置的属性和 TextView

宽、高、字体大小、颜色以及位置等属性。

说明　　上面提到的 8 个 TextView 控件，代码中只列了 2 个，其他的与上述相似，故省略，读者可自行查阅随书光盘中的源代码。

（10）下面介绍学院信息界面下子界面的功能实现，包括图片、文字信息展示以及收起、展开文本的功能，它使界面别具一格，具体实现代码如下。

代码位置：见随书光盘中源代码/第 7 章/CampusAssistant/src/edu/heuu/campusAssistant/Institute
目录下的 InstituteDetailActivity.java。

```
1    package edu.heuu.campusAssistant.Institute;                       //导入包
2    ......//此处省略导入类的代码，读者可自行查阅随书附带光盘中的源代码
3    public class InstituteDetailActivity extends Activity {            //继承系统 Activity
4        ......//此处省略定义变量的代码，请自行查看源代码
5        @Override
6        protected void onCreate(Bundle savedInstanceState) {
7            super.onCreate(savedInstanceState);                       //调用父类方法
8            setContentView(R.layout.institutemain);                   //切换界面
9            FontManager.changeFonts(FontManager.getContentView(this),this);
             //用自定义的字体方法
10           init();                                                   //初始化界面信息
11       }
12       public void init(){                                           //初始化界面信息方法
13           Intent intent=this.getIntent();                          //获取 Intent
14           Bundle bundle=intent.getExtras();                        //获取 Bundle 对象的值对象
15           String textPath=bundle.getString("name");
16           String information=pub.loadFromFile("xueyuan/"+textPath);//获取信息路径
17           infor=information.split("\\|");                          //切分字符串
18           TextView tv=(TextView)InstituteDetailActivity.           //创建 TextView 对象
19                           this.findViewById(R.id.TextView01);
20           tv.setTextColor(InstituteDetailActivity.this.getResources().getColor
             (R.color.ziti2));
21           tv.setText(infor[0].trim());
22           tv.setTextSize(22);                                       //设置字体大小
23           tv.setPadding(0, 2, 2, 1);                                //设置留白
24           ImageView iv=(ImageView)InstituteDetailActivity.this.findViewById
             (R.id.ImageView01);
25           iv.setImageBitmap(BitmapIOUtil.getSBitmap("img/"+infor[1]));    //加载图片
26           tv=(TextView)InstituteDetailActivity.
             this.findViewById(R.id.TextView1);//创建 TextView 对象
27           tv.setTextColor(InstituteDetailActivity.this.getResources().getColor
             (R.color.ziti2));
28           tv.setText(infor[2].trim());
29           tv.setTextSize(18);                                       //设置字体大小
30           tv.setPadding(0, 1, 0, 1);                                //设置留白
31           ......//此处省略剩下 TextView 的创建，与上述代码基本相同，不再赘述
32           tv=(TextView)InstituteDetailActivity.this.findViewById(R.id.TextView4);
             //创建 TextView 对象
33           tv.setTextColor(InstituteDetailActivity.this.getResources().
             getColor(R.color.ziti2));
34           tv.setText(infor[4].trim());
35           tv.setPadding(16, 1, 0, 4);                               //设置留白
36           tv.setTextSize(18);                                       //设置字体大小
37           tv.setOnClickListener(
38               new OnClickListener(){
39                   @Override
40                    public void onClick(View v){
41                       changeText(5);
42           }});
43           ......//此处省略 TextView 的创建，与上述代码基本相同，不再赘述
44       }
45       public void changeText(int id){                              //界面更新
46           Intent intent=new Intent();                              //创建 Intent 对象
47           Bundle bundle=new Bundle();
48           bundle.putString("name",infor[id].toString());           //添加键值对象
49           intent.putExtras(bundle);
50           intent.setClass(InstituteDetailActivity.this,
```

```
51              InstituteDetailActivity.class);
52      startActivity(intent);                              //启动 intent
53      finish();
    }}
```

- 第 9~10 行设置界面中字体为自定义字体，并调用初始化界面信息方法。
- 第 13~14 行用于获取 Intent，再通过 Intent 获取 Bundle 对象的值对象，该值为文件和图片路径。
- 第 15~17 行先通过 String 获得文本信息，再以"/"符分割字符串，得到各个 TextView 所需的信息和 ImageView 要设置的图片。
- 第 18~23 行用于创建 TextView 对象，并设置了内容、字体大小以及留白，用于显示学院名。
- 第 24~25 行用于创建 ImageView 对象，放置学院图标。
- 第 26~30 行用于创建 TextView 对象，并设置了内容、字体大小、留白和将字体颜色设置为自定义颜色，用于显示学院的详细信息。
- 第 32~41 行创建 TextView 对象，设置内容、字体大小以及留白，显示学院相关信息，并为其添加了监听。
- 第 45~52 行是学院信息界面中子界面的列表被点击后子界面内容更新的方法。

（11）上面介绍了学校概况界面和学院信息界面下的子界面，下面介绍唐山介绍界面下的子界面。唐山介绍界面下的子界面有两种，现在介绍其中的一个子界面的搭建，包括布局的安排，文本视图、图片视图等控件的属性设置，它们构成了一个画廊，具体代码如下。

代码位置：见随书光盘源代码/第 7 章/CampusAssistant/res/layout-port 目录下的 information.xml。

```
1   <?xml version="1.0" encoding="utf-8"?>                   <!--版本号及编码方式-->
2   <LinearLayout xmlns:android="http://schemas.android.com/apk/res/android"   <!--线性布局-->
3       android:layout_width="fill_parent"
4       android:layout_height="fill_parent"
5       android:background="@color/text"
6       android:orientation="vertical">
7       <TextView                                           <!--文本域-->
8           android:id="@+id/TextView01"
9           android:layout_width="fill_parent"
10          android:layout_height="30dip"
11          android:textSize="25dip"
12          android:text="唐山信息"
13          android:layout_gravity="center"/>
14      <Gallery                                            <!--画廊控件-->
15          android:id="@+id/Gallery01"
16          android:layout_width="fill_parent"
17          android:layout_height="fill_parent"
18          android:background="@color/black"
19          android:gravity="center_vertical"/>
20  </LinearLayout>
```

说明　线性布局中包含 TextView 和 Gallery 控件，并设置了 LinearLayout 排列方式为垂直排列，宽、高、背景色的属性；设置 TextView 宽、高、内容、字体大小、相对位置等属性和 Gallery 宽、高、背景色、相对位置等属性。

（12）下面介绍唐山介绍界面下的子界面画廊功能的实现，它以多张图片为背景，每张图片最下方标有文字说明，给用户视觉上的享受，具体实现代码如下。

代码位置：见随书光盘中源代码/第 7 章/CampusAssistant/src/edu/heuu/campusAssistant/tangshan 目录下的 TangShanInfor2Activity.java。

```
1   package edu.heuu.campusAssistant.tangshan;              //导入包
```

```
2        ......//此处省略导入类的代码，读者可自行查阅随书附带光盘中的源代码
3        public class TangShanInfor2Activity extends Activity{            //继承系统Activity
4            ......//此处省略定义变量的代码，请自行查看源代码
5            @Override
6            protected void onCreate(Bundle savedInstanceState){
7                super.onCreate(savedInstanceState);                     //调用父类方法
8                setContentView(R.layout.information);                   //切换界面
9                FontManager.changeFonts(FontManager.getContentView(this),this);
                 //用自定义的字体方法
10               initListView();                                        //初始化界面
11           }
12           public void initListView(){                                //初始化唐山信息界面
13               Intent intent = this.getIntent();                      //获得当前的Intent
14               Bundle bundle=intent.getExtras();                      //获得全部数据
15               String information= bundle.getString("name");
16               String infor=pub.loadFromFile("tangshan/"+information);
17               final String[] content=infor.split("\\|");
18               BaseAdapter ba=new BaseAdapter(){                      //适配器
19                   @Override
20                   public int getCount(){
21                       return content.length/2;
22                   }
23                   ......//此处省略的方法不需要重写，故省略，读者可自行查阅随书光盘中的源代码
24                   @Override
25                   public View getView(int arg0, View arg1, ViewGroup arg2){
26                       LinearLayout ll=(LinearLayout)arg1;
27                       if(ll==null){
28                           ll=new LinearLayout(TangShanInfor2Activity.this);
29                           ll.setOrientation(LinearLayout.VERTICAL);      //设置朝向
30                           ll.setPadding(0,1,0,1);                        //设置四周留白
31                       }
32                       Drawable d=Drawable.createFromPath("/sdcard/zhushou/img/"+content
                         [arg0*2+1]);
33                       ll.setBackgroundDrawable(d);                       //布局背景图片
34                       ll.setPadding(0, 2, 0, 2);
35                       ll.setLayoutParams(new Gallery.LayoutParams(720,540));//图片相对位置
36                       TextView tv=new TextView(TangShanInfor2Activity.this);//创建TextView对象
37                       tv.setText(content[arg0*2]);
38                       tv.setTextSize(20);                                //设置字体大小
39                       tv.setTextColor(TangShanInfor2Activity.this.getResources().
                         getColor(R.color.blue));
40                       tv.setGravity(Gravity.BOTTOM);
41                       tv.setPadding(4, 440, 4, 0);
42                       tv.setTypeface(FontManager.tf);                    //使用自定义字体
43                       ll.addView(tv);                                    //设置字体留白
44                       return ll;
45                   }};
46               Gallery gl=(Gallery)this.findViewById(R.id.Gallery01);
47               gl.setAdapter(ba);
48               gl.setBackgroundColor(this.getResources().getColor(R.color.back));
49       }}
```

- 第9~10行设置界面中字体为自定义字体，并调用初始化界面信息方法。

- 第13~17行用于获取Intent，通过Bundle获得上一界面传递的路径信息，再根据路径从SD卡中获取相应文本信息并用"/"符分割文本。

- 第18~45行用于为Grallery准备内容适配器，返回图片的个数，适配器中加入了一个线性布局，布局中包含一个TextView控件，并设置布局的背景图、朝向和TextView内容、字体大小、颜色、相对位置等，构建成画廊。

- 第46~48行创建Gallery对象，背景色设置为自定义颜色和添加适配器。

📝说明　　上面在BaseAdapter中省略的方法是BaseAdapter自带的，不需要修改，故省略，读者可自行查阅随书附带光盘中的的源代码。

（13）上面介绍了唐山介绍界面下的画廊界面，下面介绍唐山介绍界面下的另一种子界面的搭

建，包括布局的安排，文本视图、列表视图等控件的属性设置，具体代码如下。

✎ **代码位置：见随书光盘源代码/第 7 章/CampusAssistant/res/layout-port 目录下的 tangshaninfor.xml。**

```
1    <?xml version="1.0" encoding="utf-8"?>                    <!--版本号及编码方式-->
2    <LinearLayout xmlns:android="http://schemas.android.com/apk/res/android"<!--线性
     布局-->
3        android:id="@+id/LinearLayout1"
4        android:orientation="vertical"
5        android:layout_width="fill_parent"
6        android:layout_height="wrap_content"
7        android:background="@color/text">
8        <LinearLayout                                           <!--线性布局-->
9            android:orientation="horizontal"
10           android:layout_width="fill_parent"
11           android:layout_height="wrap_content">
12           <TextView                                           <!--文本域-->
13               android:id="@+id/TextView01"
14               android:layout_width="fill_parent"
15               android:layout_height="24dip"
16               android:text="唐山信息"
17               android:textSize="20dp"
18               android:layout_gravity="center_horizontal"
19               android:gravity="left"/>
20       </LinearLayout>
21       <View
22           android:layout_width="fill_parent"
23           android:layout_height="1px"
24           android:background="?android:attr/listDivider"/>
25       ......<!--此处 LinearLayout 与上述相似，故省略，读者可自行查阅随书光盘中的源代码-->
26       <ListView                                               <!--列表视图组件-->
27           android:id="@+id/ListView01"
28           android:layout_width="fill_parent"
29           android:layout_height="fill_parent"/>
30       </LinearLayout>
31   </LinearLayout>
```

● 第 2~7 行用于声明总线性布局，包含 2 个子线性布局和 View 控件，并设置了总线性布局宽、高、背景色、id 等属性，排列方式为垂直排列。

● 第 8~19 行用于声明一个线性布局，包含 TextView 控件，设置了线性布局、宽、高属性和 TextView 宽、高、内容、字体大小、相对位置等属性。

● 第 21~24 行用于声明自定义的 View，向界面加入分割线。

● 第 26~29 行用于声明一个 ListView 列表视图组件，设置了 ListView 宽、高及 id 的属性。

（14）由于 ListView 布局样式是由 TextView 控件和 ImageView 控件共同搭建实现的，那么接下来将介绍该子布局 tangshan1.xml 的开发，具体代码如下。

✎ **代码位置：见随书光盘源代码/第 7 章/CampusAssistant/res/layout-port 目录下的 tangshan1.xml。**

```
1    <?xml version="1.0" encoding="utf-8"?>                    <!--版本号及编码方式-->
2    <LinearLayout xmlns:android="http://schemas.android.com/apk/res/android"   <!--
     线性布局-->
3        android:id="@+id/linearLayout1"
4        android:layout_width="fill_parent"
5        android:layout_height="fill_parent"
6        android:background="@color/text"
7        android:orientation="vertical" >
8        <ImageView                                              <!--图片域-->
9            android:id="@+id/ImageView01"
10           android:layout_width="300dip"
11           android:layout_height="140dip"/>
12       <TextView                                               <!--文本域-->
13           android:id="@+id/TextView01"
14           android:layout_width="fill_parent"
15           android:layout_height="wrap_content"/>
16   </LinearLayout>
```

✏️ 说明	线性布局中包含一个 ImageView 控件和一个 TextView 控件，设置了线性布局宽、高、位置、背景色的属性，排列方式为垂直排列，也设置了 ImageView 宽、高、位置的属性和 TextView 宽、高、位置等属性。

（15）下面介绍唐山介绍界面下该子界面功能的实现，它以图片与文字相结合的方式循环呈现各个信息，让界面滚动起来，给用户视觉上的享受，具体实现代码如下。

✍ **代码位置：**见随书光盘中源代码/第 7 章/CampusAssistant/src/edu/heuu/campusAssistant/tangshan 目录下的 TangShanInforActivity.java。

```
1    package edu.heuu.campusAssistant.tangshan;              //导入包
2    ......//此处省略导入类的代码，读者可自行查阅随书附带光盘中的源代码
3    public class TangShanInforActivity extends Activity {
4        ......//此处省略定义变量的代码，请自行查看源代码
5        @Override
6        protected void onCreate(Bundle savedInstanceState){
7            super.onCreate(savedInstanceState);              //调用父类方法
8            setContentView(R.layout.tangshaninfor);          //切换界面
9            FontManager.changeFonts(FontManager.getContentView(this),this);
             //用自定义的字体方法
10           initList();                                      //初始化界面
11       }
12       public void initList(){                              //初始化唐山信息子界面
13           Intent intent = this.getIntent();               //获得当前的 Intent
14           Bundle bundle = intent.getExtras();             //获得全部数据
15           String value = bundle.getString("name");        //获得名为 name 的路径名
16           String information=pub.loadFromFile("tangshan/"+value);
17           infor=information.split("\\|");                  //切分字符串
18           final int count=infor.length/2;
19           for(int i=0;i<count;i++){                        //获取图片路径
20               imgPath[i]="img/"+infor[i*2+1];
21           }
22           BaseAdapter ba=new BaseAdapter(){               //为 ListView 准备内容适配器
23               LayoutInflater inflater=LayoutInflater.from(TangShanInforActivity.
                 this);
24               @Override
25               public int getCount(){
26                   return count;                           //总共选项
27               }
28               ......//此处方法不需要重写，故省略，请自行查阅随书光盘中的源代码
29               @Override
30               public View getView(int arg0, View arg1, ViewGroup arg2){
31                   LinearLayout ll=(LinearLayout)arg1;
32                   if (ll == null){
33                       ll = (LinearLayout)(inflater.inflate(R.layout.tangshan1, null)
34                           .findViewById(R.id.linearLayout1));
35                   }
36                   ImageView  ii=(ImageView)ll.getChildAt(0);  //初始化 ImageView
37                   ii.setImageBitmap(BitmapIOUtil.getSBitmap(imgPath[arg0]));//设置图片
38                   TextView tv=(TextView)ll.getChildAt(1);     //初始化 TextView
39                   tv.setText(infor[arg0*2]);
40                   tv.setTextSize(20);                         //设置字体大小
41                   tv.setTextColor(TangShanInforActivity.this.getResources().
                     getColor(R.color.ziti3));
42                   tv.setGravity(Gravity.LEFT);
43                   tv.setTypeface(FontManager.tf);             //使用自定义字体
44                   return ll;
45               }};
46           ListView lv=(ListView)TangShanInforActivity. this.findViewById(R.id.List
             View01);
47           lv.setAdapter(ba);
48           lv.setBackgroundColor(TangShanInforActivity.this.getResources().
             getColor(R.color.text));
49       }}
```

- 第 9~10 行设置界面中字体为自定义字体，并调用初始化界面信息方法。
- 第 13~17 行用于获取 Intent，通过 Bundle 获得上一界面传递过来的路径，再用该路径从 SD 卡中获取相应文本信息并用 "/" 符分割文本。
- 第 18~21 行用于取得列表的行数和获取各个图片的路径。
- 第 24~27 行为返回列表行数的方法。
- 第 30~44 行为获得视图的方法，视图中包含一个线性布局，线性布局中有一个 ImageView 和 TextView 对象；若线性布局已经被创建则不需要再次创建，大大节省了内存空间；同时，也设置了 TextView 的内容、字体大小、位置等，字体设置成自定义字体。
- 第 46~48 行用于创建 ListView，为其添加了适配器和设置背景色为自定义颜色。

7.6.3　报到流程模块的实现

上一小节介绍的是认识联大模块的实现，本小节主要介绍在点击菜单栏的报到流程按钮时，所显示的报到流程界面。该界面设计比较简单，只有一个视图，且只由 TextView 构成，主要是对新生报到的各个步骤进行详细的介绍，让新生对报到的各个流程更加熟识。

（1）下面首先向读者具体介绍报到流程界面搭建的主布局 baodao.xml 的开发，报到流程界面的主布局包括了线性布局的安排，控件的各个基本属性的设置，其实现的具体代码如下。

> 代码位置：见随书光盘源代码/第 7 章/CampusAssistant/res/layout-port 目录下的 baodao.xml。

```
1    <?xml version="1.0" encoding="utf-8"?>              <!--版本号及编码方式-->
2    <ScrollView  xmlns:android="http://schemas.android.com/apk/res/android"<!--滚动视图-->
3      android:layout_width="fill_parent"
4      android:layout_height="wrap_content"
5      <LinearLayout                                     <!--线性布局-->
6        android:layout_width="fill_parent"
7        android:layout_height="fill_parent"
8        android:background="@color/text"
9        android:orientation="vertical">
10       <TextView                                       <!--文本域-->
11           android:id="@+id/textView01"
12           android:layout_width="fill_parent"
13           android:layout_height="wrap_content"/>
14     ......<!--此处 TextView 对象的创建与上述相似，故省略，读者可自行查阅随书光盘中的源代码-->
15     </LinearLayout>
16   </ScrollView>
```

> **说明**　滚动视图中包含一个线性布局，线性布局包含 2 个 TextView 控件，设置了 ScrollView 的宽为屏幕宽度，高为紧紧包裹内容，也设置了线性布局宽、高、位置、背景色的属性，排列方式为垂直排列，设置了 TextView 宽、高、位置的属性。

（2）上面介绍了报到流程界面的搭建，下面将向读者具体介绍报到流程界面功能的实现。该界面主要实现的是向用户展示报到的各个具体步骤的功能，用户在报到时可查看该模块中的信息，具体了解报到的流程，其具体实现代码如下。

> 代码位置：见随书光盘中源代码/第 7 章/CampusAssistant/src/edu/heuu/campusAssistant/activity 目录下的 ReProActivity.java。

```
1    package edu.heuu.campusAssistant.activity;          //导入包
2    ......//此处省略导入类的代码，读者可自行查阅随书附带光盘中的源代码
3    public class ReProActivity extends Activity{
4      ......//此处省略定义变量的代码，请自行查看源代码
5      public void onCreate(Bundle savedInstanceState){
6        super.onCreate(savedInstanceState);            //调用父类方法
```

```
7    setContentView(R.layout.baodao);                    //切换界面
8    FontManager.changeFonts(FontManager.getContentView(this),this);
     //用自定义的字体方法
9    initListView();                                      //初始界面
10   }
11   public void initListView(){                          //初始化界面
12       String information=pub.loadFromFile("txt/liucheng.txt");//获取文本中的信息
13       String[] title=information.split("\\|");
14       TextView tv=(TextView)ReProActivity.this.findViewById(R.id.textView01);
15       tv.setText(title[0]);                            //设置内容
16       tv.setTextSize(24);                              //设置字体大小
17       tv.setPadding(2, 2, 2, 0);                       //设置留白
18       ......//此处 TextView 对象的创建与上述相似，故省略，请自行查阅随书光盘中的源代码
19   }}
```

● 第 8~9 行设置界面中字体为自定义字体，并调用初始化界面信息方法。

● 第 11~18 行为初始化界面方法，通过前面 3 小节中讲到的 loadFromFile（）方法获得该界面所需要的文本，用"/"符分割文本，得到标题和内容两部分，加入到 TextView 中显示出来。

7.6.4　校内导航模块的实现

上一小节介绍了报到导航模块的实现，本小节将介绍校内导航模块的开发。通过点击菜单栏的校内导航按钮，切换到校内地图界面。该界面实现了校内定位搜索以及等比例放大缩小平面的功能，做到了与真实平面图接轨，让新生更加熟识校园。

（1）由于校内导航模块的界面搭建代码与上述界面搭建的代码大致相似，这里就不再一一介绍。下面将主要介绍该模块具体功能的开发，该模块实现了在校园平面图上对校园中各个建筑物的定位以及对校园平面图的等比例放大缩小等功能，其具体实现代码如下。

📎 **代码位置：** 见随书光盘中源代码/第 7 章/CampusAssistant/src/edu/heuu/campusAssistant/map 目录下的 SchoolMapActivity.java。

```
1    package edu.heuu.campusAssistant.map;               //导入包
2    ......//此处省略导入类的代码，读者可自行查阅随书附带光盘中的源代码
3    public class SchoolMapActivity extends Activity{
4        ......//此处省略定义变量的代码，请自行查看源代码
5        public void onCreate(Bundle savedInstanceState){
6            super.onCreate(savedInstanceState);           //调用父类方法
7            setContentView(R.layout.schoolmap);           //切换界面
8            FontManager.changeFonts(FontManager.getContentView(this),this);//用自定义字体
9            lv=(ListView)SchoolMapActivity.this.findViewById(R.id.ListView1);
10           ......//此处省略其他 ListView 的创建，请自行查看源代码
11           initListView();                               //加载 ListView 信息
12           Toast.makeText(this, "目前本导航只支持联合大学本部。",Toast.LENGTH_LONG).show();
13           iv=(ImageView)SchoolMapActivity.this.findViewById(R.id.ImageView1);
             //初始化 ImageView
14           iv.setOnClickListener(
15               new OnClickListener(){
16                   @Override
17                   public void onClick(View v){
18                   lv1.setVisibility(View.GONE);         //设置不可见
19                   lv2.setVisibility(View.VISIBLE);
20                   iv.setVisibility(View.GONE);          //设置不可见
21                   initDetialList2(textPath);
22           }});
23       }
24       public void initListView(){
25           ......//此处省略初始化 ListView 的代码，下面将详细介绍
26       }
27           ......//此处方法代码与上述方法基本一致，请自行查看源代码
28   }
```

● 第 8~12 行用于自定义字体，将字体设置为方正卡通形式，创建了 ListView 对象，调用 initListView()方法，并以 Toast 的形式向用户声明了该界面只适用于河北联合大学本部。

● 第 13~22 行为创建了 ImageView 对象来显示下拉图标，并为其添加监听，在监听中实现了 ListView 的显现或隐藏等功能。

（2）下面将具体介绍上面省略的 initListView()方法。initListView()方法的主要功能有为列表 ListView 添加适配器以及监听，使之在校内导航界面中显示学校的各个建筑名称，并且通过点击其中的建筑名称使该建筑在平面图中定位，其具体代码如下。

✎ **代码位置：**见随书光盘中源代码/第 7 章/CampusAssistant/src/edu/heuu/campusAssistant/map 目录下的 SchoolMapActivity.java。

```
1    public void initListView(){
2        Constant.List=pub.loadFromFile("map/mapList.txt");
3        final String[] title=Constant.List.split("\\|");    //ListView 的目录
4        BaseAdapter ba=new BaseAdapter(){                    //为 ListView 准备内容适配器
5            public int getCount(){
6                return title.length/2;
7            }
8            ......//此处方法不需要重写，故省略，读者可自行查阅随书光盘中的源代码
9            public View getView(int arg0, View arg1, ViewGroup arg2){
10               LinearLayout ll=new LinearLayout(SchoolMapActivity.this);
11               TextView tv=new TextView(SchoolMapActivity.this);
12               tv.setText(title[arg0*2].trim());            //设置内容
13               tv.setTextSize(22);                          //设置字体大小
14               tv.setPadding(4, 0, 4, 0);                   //设置留白
15               tv.setGravity(Gravity.LEFT);
16               tv.setTypeface(FontManager.tf);
17               ll.addView(tv);                              //添加 TextView
18               return ll;
19           }};
20       lv.setAdapter(ba);                                   //初始化 ListView
21       lv.setOnItemClickListener(                           //设置选项被单击的监听器
22           new OnItemClickListener(){
23               @Override
24               public void onItemClick(AdapterView<?> arg0, View arg1,int arg2, long arg3){
25                   lv2.setVisibility(View.GONE);            //lv2 列表隐藏
26                   lv1.setVisibility(View.VISIBLE);         //lv2 列表显现
27                   iv.setVisibility(View.VISIBLE);          //设置可见
28                   initDetialList(title[arg2*2+1]);
29           }});
30       lv2.setVisibility(View.GONE);                        //设置不可见
31       lv1.setVisibility(View.VISIBLE);
32       initDetialList(title[1]);                            //默认子 ListView 列表
33       view=(BNMapView)SchoolMapActivity.this.findViewById(R.id.View01);
34       view.gotoBuilding(27);                               //标记相应建筑
35       view.postInvalidate();
36   }
```

● 第 2~3 行用于从 SD 卡中获取学校建筑名文本，并用"/"符分割该文本获得各个建筑名称，添加到下面的 ListView 列表中。

● 第 5~7 行用于返回列表的行数。

● 第 9~19 行为设置列表中每行的内容，设置了 TextView 的内容、字体大小以及留白，并且字体为自定义字体。

● 第 21~28 行用于给 ListView 添加监听，在监听中实现了各个列表是否显示的功能。

● 第 30~35 行设置初始时列表为收缩状态，下拉图标显示，并且在校园平面图上选中第二教学楼。

7.6.5　唐山导航模块的实现

上一小节介绍了报到流程模块的实现，本小节将介绍唐山导航模块的开发。该界面由百度地图、按钮、TextView 等构成，实现了路线规划、GPS 定位以及导航等功能。搜索时按钮可收起或

展开。同时在寻找路线时，可选择浮动列表中的地址名称。

> **提示** 本模块基于百度地图进行二次开发而成，二次开发的功能包括路线规划、模拟导航、真实导航以及 GPS 定位等。在运行本程序之前，读者首先应该重新申请百度地图键值（亦称 ak 值），添加在主配置文件（AndroidManifest.xml）的 meta-data 属性中，运行即可。对这些相关操作不太熟悉的读者可以参考百度地图官网的相关资料，本书由于篇幅所限，不能一一赘述。

（1）由于唐山导航模块的界面搭建代码与上述界面搭建的代码大致相似，这里就不再一一介绍，下面将主要介绍具体功能的开发，实现的具体代码如下。

📝 **代码位置**：见随书光盘中源代码/第 7 章/CampusAssistant/src/edu/heuu/campusAssistant/map 目录下的 TangShanMapActivity.java。

```
1    package edu.heuu.campusAssistant.map;                        //导入包
2    ......//此处省略导入类的代码，读者可自行查阅随书附带光盘中的源代码
3    public class TangShanMapActivity extends Activity {
4        ......//此处省略定义变量的代码，读者可自行查阅随书附带光盘中的源代码
5        protected void onCreate(Bundle savedInstanceState){//继承 Activity 必须重写的方法
6            super.onCreate(savedInstanceState);              //调用父类方法
7            setContentView(R.layout.ditu);                   //切换到主界面
8            eX=this.getIntent().getIntExtra("longN",(int)(118.164013f*1E5));//经度
9            eY=this.getIntent().getIntExtra("latN",(int)(39.625656f*1E5));//纬度
10           final Button bStart=(Button)TangShanMapActivity.this.findViewById
             (R.id.b01);
11           final LinearLayout ll1=(LinearLayout)TangShanMapActivity.this.
             findViewById(R.id.l1);
12           ll1.setVisibility(View.GONE);                    //设为不可见
13           ......//此处省略设置查找按钮和 LinearLayout 的代码，可自行查阅随书附带光盘中的源代码
14           findViewById(R.id.online_calc_btn).setOnClickListener(new
             OnClickListener() {
15               @Override
16               public void onClick(View arg0) {             //为规划路线按钮添加监听
17                   startCalcRoute(NL_Net_Mode.NL_Net_Mode_OnLine);//规划路线方法
18           }});
19           findViewById(R.id.simulate_btn).setOnClickListener(new
             OnClickListener() {
20               @Override
21               public void onClick(View arg0) {             //模拟导航按钮监听
22                   startNavi(false);                        //导航方法
23           }});
24           ......//此处省略真实导航按钮和定位按钮的设置，读者可自行查阅随书附带光盘中的源代码
25       }
26       @Override
27       public void onDestroy() {                            //销毁
28           super.onDestroy();                               //调用父类方法
29       }
30       @Override
31       public void onPause() {
32           super.onPause();                                 //调用父类方法
33           BNRoutePlaner.getInstance().setRouteResultObserver(null);//设置路线观察者
34           ((ViewGroup)(findViewById(R.id.mapview_layout))).removeAllViews();//清除
35           BNMapController.getInstance().onPause();
36       }
37       @Override
38       public void onResume() {
39           super.onResume();super.onPause();                //调用父类方法
40           initMapView();                                   //初始化地图
41           ((ViewGroup)(findViewById(R.id.mapview_layout))).addView
             (mMGLMapView);//添加视图
42           BNMapController.getInstance().onResume();
43       }
44       ......//此处省略初始化下拉列表、按钮方法的代码，下面将详细介绍
```

```
45              private IRouteResultObserver mRouteResultObserver = new
         IRouteResultObserver() {
46                  @Override
47                  public void onRoutePlanSuccess() {                //必须重写的方法
48                      BNMapController.getInstance().setLayerMode(//设置地图层模式
49                          LayerMode.MAP_LAYER_MODE_ROUTE_DETAIL);
50                      mRoutePlanModel = (RoutePlanModel) NaviDataEngine.getInstance()
                    //设置路线模型
51                          .getModel(ModelName.ROUTE_PLAN);
52                  }
53                  ......//此处省略了五个内部类必须重写的方法，读者可自行查阅随书附带光盘中的源代码
54              }
55              ......//此处省略初始化地图、更新指南针位置、规划路线以及导航等方法的代码，下面将详细介绍
56          }
```

- 第 6~10 行的功能是为本类的变量赋值。首先调用父类 onCreate，切换主界面，然后获取 intent 传递的变量并为 eX、eY 赋值，最后从布局文件中获取 Button 对象。

- 第 11~13 行为初始化 LinearLayout 对象，并将 LinearLayout 设置为隐藏。

- 第 14~18 行功能为从布局文件中获取表示路线规划的 Button 对象，并为其添加监听。如果点击该按钮，将调用 startCalcRoute 方法在地图中进行线路规划。

- 第 19~23 行功能为从布局文件中获取表示 GPS 定位的 Button 对象，并为其添加监听。当该按钮被点击时，将调用 startNavi 方法在地图中开启导航功能。

- 第 26~29 行表示继承系统 Activity 所重写的方法 onDestory，该方法用于释放本程序所有的资源。

- 第 30~36 行表示继承系统 Activity 所重写的方法 onPause，该方法主要是在当前 Activity 被其他 Activity 覆盖或者锁屏时被调用。在本类中的功能为置空路线观察者对象，并清除视图对象。

- 第 37~43 行功能为继承系统Activity 所重写的方法onResume，该方法主要是在当前 Activity 由覆盖状态回到前台或者解屏时被调用，在本类中的功能为初始化地图，并添加导航视图。

- 第 45~52 行功能为设置算路结果监听器 IRouteResultObserver，获取算路的结果。通过重写父类方法设置地图层的模式以及设置路线的显示模式。

（2）上面省略的唐山导航界面类中初始化的 3 个方法，分别表示在主界面中初始化下拉列表、初始化按钮以及初始化 Map 对象，其具体代码如下。

✎ 代码位置：见随书光盘中源代码/第 7 章/CampusAssistant/src/edu/heuu/campusAssistant/map 目录下的 TangShanMapActivity.Java。

```
1    public  void  initSpinner(final  Button  bStart,final  LinearLayout  lll,final
    LinearLayout ll2,
2                          final LinearLayout ll3){             //初始化下拉列表
3        bStart.setVisibility(View.GONE);                      //设置不可见
4        setView(bStart,lll,ll2,ll3);
5        String[] stations={"唐山站","唐山北","唐山西站汽车站","唐山东站汽车站"};
    //创建字符串数组
6        String[] location={"河北联合大学本部","河北联合大学建设路校区",
7            "河北联合大学轻工学院","河北联合大学冀唐学院","河北联合大学北校区"};
8        initHashMap();                                        //调用 initHashMap 方法
9        final Spinner spinner1=(Spinner)this.findViewById(R.id.spinner01);
    //初始化 Spinner 对象
10       final Spinner spinner2=(Spinner)this.findViewById(R.id.spinner02);
    //初始化 Spinner 对象
11       ArrayAdapter<String> adapter=new ArrayAdapter<String>
12           (TangShanMapActivity.this,android.R.layout.simple_spinner_item,
            stations);
13       ArrayAdapter<String> adapter2=new ArrayAdapter<String>
14           (TangShanMapActivity.this,android.R.layout.simple_spinner_item,
            location);
15       adapter.setDropDownViewResource(android.R.layout.simple_list_item_
    single_choice);
16       adapter2.setDropDownViewResource(android.R.layout.simple_list_item_single_
```

```
17          choice);
            spinner1.setAdapter(adapter);                           //为spinner1添加适配器
18          spinner2.setAdapter(adapter2);                          //为spinner2添加适配器
19          spinner1.setVisibility(View.VISIBLE);                   //设置可视
20          spinner2.setVisibility(View.VISIBLE);                   //设置可视
21          spinner1.setOnItemSelectedListener(new OnItemSelectedListener() {
            //为spinner1添加监听
22              @Override
23              public void onItemSelected(AdapterView<?> arg0, View arg1,int arg2, long
                arg3) {
24                  strFrom=spinner1.getSelectedItem().toString();//获得路线起点字符串
25                  tart=myMap.get(strFrom);                        //获得起点的经纬度
26              }
27              @Override
28              public void onNothingSelected(AdapterView<?> arg0) {}
29          });
30          spinner2.setOnItemSelectedListener(new OnItemSelectedListener() {
            //为spinner2添加监听
31              @Override
32              public void onItemSelected(AdapterView<?> arg0, View arg1,int arg2, long
                arg3) {
33                  strTo=spinner2.getSelectedItem().toString();    //获得路线终点字符串
34                  end=myMap.get(strTo);                           //获得终点的经纬度
35              }
36              @Override
37              public void onNothingSelected(AdapterView<?> arg0) {}
38          });
39          Button bend=(Button)TangShanMapActivity.this.findViewById(R.id.gps_btn);
40          bend.setOnClickListener(new View.OnClickListener(){      //为按钮添加监听
41              @Override
42              public void onClick(View arg0) {
43                  bStart.setVisibility(View.VISIBLE);              //设置该按钮为可见
44                  setView(bStart,ll1,ll2,ll3);                     //调用setView()方法
45          }});;}
46          //初始化搜索按钮、ll1、ll2以及搜索路线按钮
47          public void setView(Button v1,LinearLayout v2,LinearLayout v3,LinearLayout v4){
48              if(v1.getVisibility()==0){                           //v1可见
49                  v2.setVisibility(View.GONE);                     //设置该v2为不可见
50                  v3.setVisibility(View.GONE);                     //设置该v3为不可见
51                  v4.setVisibility(View.GONE);                     //设置该v4为不可见
52              }else if(v1.getVisibility()==8){                     //v1不可见
53                  ......//此处各个按钮变化与上述基本一致，读者可自行查看源代码
54          }}
```

- 第5~8行表示创建并初始化stations和location字符串数组。initHashMap()表示初始化地图对象引用，方法中的具体代码，请自行参考随书附带光盘中的源代码。

- 第9~10行表示从布局文件中获取下拉列表对象spinner1和spinner2。

- 第11~14行表示创建并初始化ArrayAdapter<String>对象adapter1和adapter2。

- 第15~20行功能为设置下拉列表对象spinner1和spinner2的风格并为其添加适配器，此外设置spinner1和spinner2为可见。

- 第28~38行表示为下拉列表对象spinner1和spinner2添加监听器，根据下拉列表被选中的元素获得地图路线的起点和终点，并获取起止点对应的经纬度。

- 第39~45行表示根据按钮对象bend的可见性来设置是否显示地图的小菜单。

（3）上面省略的唐山导航界面类中初始化地图、更新指南针位置、规划路线以及导航等方法，在此将为读者进行详细的介绍，具体代码如下。

📎 **代码位置：** 见随书光盘中源代码/第7章/CampusAssistant/src/edu/heuu/campusAssistant/map 目录下的 TangShanMapActivity.java。

```
1       private void initMapView() {                                //初始化mMGLMapView
2           if (Build.VERSION.SDK_INT < 14) {                       //版本号小于14
3               BaiduNaviManager.getInstance().destroyNMapView();//释放导航视图，即地图
```

```
4              }
5              mMGLMapView = BaiduNaviManager.getInstance().createNMapView(this);//创建导航视图
6              BNMapController.getInstance().setLevel(14);        //设置地图放大比例尺
7              BNMapController.getInstance().setLayerMode(LayerMode.MAP_LAYER_MODE_
               BROWSE_MAP);
8              updateCompassPosition();                           //更新指南针
9              BNMapController.getInstance().locateWithAnimation(eX, eY);//设置地图的中心位置
10      }
11      private void updateCompassPosition(){                //更新指南针位置的的方法
12              int screenW = this.getResources().getDisplayMetrics().widthPixels;
               //获得屏幕宽度
13              BNMapController.getInstance().resetCompassPosition( //设置指南针的位置
14                  screenW - ScreenUtil.dip2px(this, 30),ScreenUtil.dip2px(this, 126), -1);
15      }
16      private void startCalcRoute(int netmode) {
17              ......//此处省略起止点经纬度的设置，读者可自行查看源代码
18              RoutePlanNode startNode = new RoutePlanNode(sX, sY,        //起点
19                  RoutePlanNode.FROM_MAP_POINT, strFrom, strFrom);
20              RoutePlanNode endNode = new RoutePlanNode(eX, eY,          //终点
21                  RoutePlanNode.FROM_MAP_POINT, strTo, strTo);
22              ArrayList<RoutePlanNode> nodeList = new ArrayList<RoutePlanNode>(2);
               //创建 nodeList
23              nodeList.add(startNode);                                    //添加起点
24              nodeList.add(endNode);                                      //添加终点
25              BNRoutePlaner.getInstance().setObserver(new RoutePlanObserver(this, null));
26              BNRoutePlaner.getInstance().                          //设置算路方式
27                  setCalcMode(NE_RoutePlan_Mode.ROUTE_PLAN_MOD_MIN_TIME);
28      BNRoutePlaner.getInstance().setRouteResultObserver(mRouteResultObserver);
        //设置算路结果回调
29              boolean ret = BNRoutePlaner.getInstance().setPointsToCalcRoute(
               //设置起终点并算路
30                  nodeList,NL_Net_Mode.NL_Net_Mode_OnLine);
31              if(!ret){
32                  Toast.makeText(this, "规划失败", Toast.LENGTH_SHORT).show();//显示 Toast
33      }}
34      private void startNavi(boolean isReal) {
35              if (mRoutePlanModel == null) {               //如果 mRoutePlanModel 为 null
36                  Toast.makeText(this, "请先算路! ", Toast.LENGTH_LONG).show();//显示 Toast
37                  return;                                  //返回
38              }
39              RoutePlanNode startNode = mRoutePlanModel.getStartNode();//获取路线规划结果起点
40              RoutePlanNode endNode = mRoutePlanModel.getEndNode(); //获取路线规划结果终点
41              if (null == startNode || null == endNode) {      //若 startNode 或 endNode 为空
42                  return;                                  //返回
43              }
44              int calcMode = BNRoutePlaner.getInstance().getCalcMode();//获取路线规划算路模式
45              Bundle bundle = new Bundle();                    //创建 Bundle 对象
46              bundle.putInt(BNavConfig.KEY_ROUTEGUIDE_VIEW_MODE,   //设置 Bundle 对象
47                  BNavigator.CONFIG_VIEW_MODE_INFLATE_MAP);
48              ......//此处省略 Bundle 类对象的设置，读者可自行查看源代码
49              f (!isReal) {                                    //模拟导航
50                  bundle.putInt(BNavConfig.KEY_ROUTEGUIDE_LOCATE_MODE,
51                      RGLocationMode.NE_Locate_Mode_RouteDemoGPS);
52              } else {                                         //GPS 导航
53                  bundle.putInt(BNavConfig.KEY_ROUTEGUIDE_LOCATE_MODE,
54                      RGLocationMode.NE_Locate_Mode_GPS);
55              }
56              Intent intent = new Intent(TangShanMapActivity.this, BNavigatorActivity.
               class);
57              intent.putExtras(bundle);                        //添加 Bundle 对象
58              startActivity(intent);                           //切换 Activity
59      }
```

- 第 1~10 行表示初始化 mMGLMapView 的方法，首先如果版本号小于 14 时，BaiduNaviManager 将释放导航视图，即释放地图。然后通过 BaiduNaviManager 创建导航视图以及设置地图层显示模式，最后更新指南针在地图上的位置以及设置地图的中心点。

- 第 11~15 行表示更新指南针位置的方法，通过获取手机屏幕的宽度来计算指南针当前的位置。

- 第 16~33 行为规划路线的方法，首先创建并初始化 RoutePlanNode 类对象 startNode 和 endNode，创建并初始化 ArrayList<RoutePlanNode>对象，用于存放路线节点。然后设置线路方式、线路结果回调以及起止点，最后在地图中进行算路。

- 第 34~40 行为开启导航的方法。如果 mRoutePlanModel 对象为空，则说明还未进行算路，无法进行导航功能；否则通过 mRoutePlanModel 对象获取路线规划结果起点和终点。

- 第 41~55 行，如果起点和终点二者之间有一个变量为空，则无法进行导航功能，否则通过 BNRoutePlaner 对象获得路线规划算路模式，并创建 Bundle 对象，根据 isReal 变量设置导航模式，为 Bundle 对象添加键值。

- 第 56~59 创建并初始化 Intent 对象用于切换 Activity 实现模拟导航或 GPS 导航功能。

（4）上面提到的 BNavigatorActivity 为创建导航视图并时时更新视图的类。本类中调用语音播报功能，导航过程中的语音播报是对外开放的，开发者通过回调接口可以决定使用导航自带的语音 TTS 播报，还是采用自己的 TTS 播报。具体代码如下。

代码位置：见随书光盘中源代码/第 7 章/CampusAssistant/src/edu/heuu/campusAssistant/map 目录下的 BNavigatorActivity.java。

```
1    package edu.heuu.campusAssistant.map;                        //导入包
2    ......//此处省略导入类的代码，读者可自行查阅随书附带光盘中的源代码
3    public class BNavigatorActivity extends Activity{             //继承系统Activity
4        public void onCreate(Bundle savedInstanceState) {
5            super.onCreate(savedInstanceState);                  //调用父类方法
6            if (Build.VERSION.SDK_INT < 14) {                    //如果版本号小于14
7                BaiduNaviManager.getInstance().destroyNMapView(); //销毁视图
8            }
9            MapGLSurfaceView nMapView = BaiduNaviManager.getInstance().
             createNMapView(this);
10           View navigatorView = BNavigator.getInstance().       //创建导航视图
11               init(BNavigatorActivity.this, getIntent().getExtras(), nMapView);
12           setContentView(navigatorView);                       //填充视图
13           BNavigator.getInstance().setListener(mBNavigatorListener);//添加导航监听器
14           BNavigator.getInstance().startNav();                 //启动导航
15           BNTTSPlayer.initPlayer();                            //初始化TTS播放器
16           BNavigatorTTSPlayer.setTTSPlayerListener(new IBNTTSPlayerListener() {
17               @Override                                        //设置TTS播放回调
18               public int playTTSText(String arg0, int arg1) {  //TTS播报文案
19                   return BNTTSPlayer.playTTSText(arg0, arg1);
20               }
21               ......//此处省略两个重写的方法，读者可自行查阅随书附带光盘中的源代码
22               @Override
23               public int getTTSState() {                       //获取TTS当前播放状态
24                   return BNTTSPlayer.getTTSState();            //返回0则表示TTS不可用
25           }});
26           BNRoutePlaner.getInstance().setObserver(
27               new RoutePlanObserver(this, new IJumpToDownloadListener() {
28                   @Override
29                   public void onJumpToDownloadOfflineData() {
30           }}));}}
31    //导航监听器
32    private IBNavigatorListener mBNavigatorListener = new IBNavigatorListener()
{
33        @Override
34        public void onPageJump(int jumpTiming, Object arg) {//页面跳转回调
35            if(IBNavigatorListener.PAGE_JUMP_WHEN_GUIDE_END == jumpTiming){
36                finish();                                    //如果导航结束，则退出导航
37            }elseif(IBNavigatorListener.PAGE_JUMP_WHEN_ROUTE_PLAN_FAIL ==
38            jumpTiming){finish();}                           //如果导航失败，则退出导航
39        }}
40        @Override
41        public void notifyStartNav() {                       //开始导航
42            BaiduNaviManager.getInstance().dismissWaitProgressDialog();
             //关闭等待对话框
```

```
43              }};
44              ......//此处省略Activity生命周期中的五个方法，读者可自行查阅随书附带光盘中的源代码
45      }
```

- 第 4~8 行功能为调用继承系统 Activity 的方法，如果版本号小于 14 时，BaiduNaviManager
将销毁导航视图。

- 第 9~15 行功能为创建 MapGLSurfaceView 对象、创建导航视图、填充视图、为视图添加
导航监听器、启动导航功能以及初始化 TTS 播放器等。

- 第 16~30 行功能为通过 BNavigatorTTSPlayer 添加 TTS 监听器，重写 TTS 播报文案方法
以及重写获取 TTS 当前播放状态的方法，时时更新 BNTTSPlayer。

- 第 32~43 行表示创建导航监听器，重写页面跳转回调方法和开始导航回调方法。页面跳转
方法的功能为判断当前导航是否进行，如果导航结束或导航失败，视图将退出导航。如果导航开
启，则关闭等待对话框。

（5）上面省略的唐山界面类中还涉及到 GPS 定位的功能，本功能通过 LocationActivity 来实
现。本类中自定义初始化 GPS、判断 GPS 是否打开以及跳转至开启 GPS 界面的方法，具体代码
如下。

代码位置：见随书光盘中源代码/第 7 章/CampusAssistant/src/edu/heuu/campusAssistant/map 目录
下的 LocationActivity.java。

```
1       package edu.heuu.campusAssistant.map;                    //导入包
2       ......//此处省略导入类的代码，读者可自行查阅随书附带光盘中的源代码
3       public class LocationActivity extends Activity {          //继承系统 Activity
4              ......//此处省略声明成员变量的代码，读者自行查看源代码
5              @Override
6              public void onCreate(Bundle savedInstanceState) {
7                      ......//此处省略切换界面以及初始化 mMapView 和 mBaiduMap 的方法，读者自行查看源代码
8                      if(isGPSOpen()){                           //若 GPS 已经打开则进入主界面
9                              initGPSListener();
10                     }else{                                    //若 GPS 未打开则进入设置界面
11                             gotoGPSSetting();
12                     }}
13             private void initGPSListener() {                  //初始化 GPS
14                     final LocationManager locationManager=(LocationManager)
15                             this.getSystemService(Context.LOCATION_SERVICE);//获取位置管理器实例
16                     LocationListener ll=new LocationListener(){    //位置变化监听器
17                             @Override                         //当位置变化时触发
18                             public void onLocationChanged(Location location){
19                                     if(location!=null){
20                                             try{
21                                                     double latitude=location.getLatitude();//获得经度
22                                                     double longitude=location.getLongitude();  //获得纬度
23                                                     LatLng nodeLocation=new LatLng(latitude,longitude);
24                                                     bitmap = BitmapDescriptorFactory.fromResource
                                                        (R.drawable.ballon);
25                                                     OverlayOptions option=new        //构建 MarkerOption
26                                                             MarkerOptions().position(nodeLocation).
                                                                icon(bitmap);
27                                                     mBaiduMap.clear();               //清除图标
28                                                     mBaiduMap.addOverlay(option);
                                                    //在地图上添加 Marker，并显示
29                                             mBaiduMap.setMapStatus(MapStatusUpdateFactory.newLatLng
                                                (nodeLocation));
30                                             }catch(Exception e){                    //捕获异常
31                                                     e.printStackTrace();             //打印栈信息
32                                     }}}
33                             ......//此处方法不需要重写，故省略，请自行查看源代码
34                             };
35                     locationManager.requestLocationUpdates(LocationManager.GPS_PROVIDER,
                        5000,0,ll);
36             }
37             public boolean isGPSOpen(){                        //判断 GPS 是否打开
```

```
38            LocationManager alm = (LocationManager)
39                    this.getSystemService(Context.LOCATION_SERVICE);//获得位置管理对象
40            if(!alm.isProviderEnabled(android.location.LocationManager.
              GPS_PROVIDER)){
41                    return false;                        //如果GPS没开,返回false
42            }else return true;                           //否则返回true
43        }
44        public void gotoGPSSetting(){                     //跳到GPS设置界面
45            Intent intent = new Intent();                //创建Intent对象
46            intent.setAction(Settings.ACTION_LOCATION_SOURCE_SETTINGS);
47            intent.setFlags(Intent.FLAG_ACTIVITY_NEW_TASK); //设置Intent的flags
48            try{
49                startActivity(intent);                   //跳转到GPS设置界面方法
50            }catch(Exception e){                          //捕获异常
51                e.printStackTrace();                     //打印栈信息
52        }}
53        ......//此处省略继承系统Activity的3个方法,读者可自行查看源代码
54    }
```

- 第 4 行和第 7 行表示声明成员变量并为成员变量赋值,由于篇幅原因,在此不再进行详细的介绍,读者可自行查看随书附带的光盘中的源代码。

- 第 8~12 行表示判断是否打开 GPS,如果没有打开 GPS,则跳到 GPS 设置界面进行设置。

- 第 14~15 行表示通过 getSystemService 方法获得定位服务的引用,然后将这个引用将添加到新创建的 LocationManager 实例中。

- 第 18~32 行表示重写方法 onLocationChanged,当位置发生变化时该方法被触发。首先获得当前位置的经纬度,创建并初始化 LatLng,并从 res 文件下获取图片资源用于构建 Marker 图标。然后创建用于在地图上添加 Marker 的 MarkerOption 类对象。最后在地图上添加 Marker 后将移动节点移至屏幕中心。

- 第 37~42 行功能为通过获得位置管理对象判断是否打开 GPS,如果 GPS 未开启,则返回 false;否则返回 true。

- 第 44~52 行功能为跳到 GPS 设置界面设置 GPS 的方法,它通过创建 Intent 对象并调用 startActivity 切换至 GPS 设置界面。如果抛出异常,后台会打印出现异常的栈信息。

7.6.6　更多信息模块的实现

上一小节介绍了校内导航模块的实现,本小节主要向读者介绍点击菜单栏的更多信息按钮时,显示的更多信息界面。该界面主要介绍了该软件的帮助和关于的基本信息,用户可左右滑动或点击标题来查看该界面中相应的文本信息。

由于更多信息模块的界面搭建代码与上面介绍的其他模块界面搭建的代码大致相似,所以,在这里就不再向读者一一介绍了。下面将主要向读者介绍更多信息模块的具体功能的开发,使读者具体了解该模块的功能,其具体实现代码如下。

✎ **代码位置:见随书光盘中源代码/第 7 章/CampusAssistant/src/edu/heuu/campusAssistant/activity 目录下的 MoreActivity.java。**

```
1    package edu.heuu.campusAssistant.activity;              //导入包
2    ......//此处省略导入类的代码,读者可自行查阅随书附带光盘中的源代码
3    public class MoreActivity extends Activity{
4        ......//此处省略定义变量的代码,请自行查看源代码
5        protected void onCreate(Bundle savedInstanceState) {
6            super.onCreate(savedInstanceState);               //调用父类方法
7            FontManager.changeFonts(FontManager.getContentView(this),this);
                                                               //用自定义的字体方法
8            final Button bHelp=(Button)MoreActivity.this.findViewById(R.id.Button1);
9            final Button bAbout=(Button)MoreActivity.this.findViewById(R.id.Button2);
10           final String[] text=new String[2];                //创建字符串数组
11           text[0]=pub.loadFromFile("txt/help.txt");
```

```
12              text[1]=pub.loadFromFile("txt/about.txt");
13              BaseAdapter ba=new BaseAdapter(){                        //适配器
14                  public int getCount(){
15                      return 2;
16                  }
17                  ......//此处方法不需要重写，故省略，请自行查看源代码
18                  public View getView(int arg0, View arg1, ViewGroup arg2){
19                      TextView tv=new TextView(MoreActivity.this);
20                      tv.setText(text[arg0]);
21                      tv.setTextSize(26);                             //设置字体大小
22                      tv.setTextColor(MoreActivity.this.getResources().getColor
                        (R.color.ziti2));
23                      tv.setGravity(Gravity.LEFT);
24                      tv.setTypeface(FontManager.tf);                 //使用自定义字体
25                      tv.setPadding(6, 6, 6, 6);                      //设置四周留白
26                      return tv;
27                  }};
28              final Gallery gl=(Gallery)this.findViewById(R.id.Gallery01);
                //创建 Gallery 类对象
29              gl.setAdapter(ba);                                      //添加适配器
30              gl.setSelection(0);
31              bHelp.setOnClickListener(                               //添加监听
32                  new View.OnClickListener(){
33                      public void onClick(View v){
34                          changeButton(bHelp,bAbout,gl,0);           //调用 changeButton()方法
35                  }});
36                  ......//此处关于按钮监听与上述基本一致，请自行查看源代码
37              gl.setOnItemSelectedListener(                           //添加监听器
38                  new OnItemSelectedListener(){
39                      public void onItemSelected(AdapterView<?> arg0, View arg1,int arg2,
                        long arg3){
40                          changeButton(bHelp,bAbout,gl,arg2);
41                  }});
42          }
43      public void changeButton(Button bn1,Button bn2,Gallery gl,int id){//按钮交换方法
44          if(id==0){
45              bn1.setBackgroundColor(MoreActivity.this.getResources().getColor
                (R.color.gray));
46              bn2.setBackgroundColor(MoreActivity.this.getResources().getColor
                (R.color.title));
47              bn1.setTextColor(MoreActivity.this.getResources().getColor
                (R.color.ziti));
48              bn2.setTextColor(MoreActivity.this.getResources().getColor
                (R.color.ziti1));
49          }
50          else{
51              ......//此处关于按钮变化与上述基本一致，请自行查看源代码
52          }
53          gl.setSelection(id);
54  }}
```

- 第 7~9 行使用自定义的字体，并创建帮助和关于按钮对象。

- 第 10~12 行从 SD 卡中获取帮助和关于的文本内容。

- 第 13~27 行用于准备 Gallery 内容适配器，适配器中添加 TextView 对象，并设置其内容、字体大小、颜色、位置等属性，并且字体设置为自定义字体。

- 第 28~35 行用于创建 Gallery 对象，并为其添加适配器和默认选中帮助按钮；同时也为帮助按钮添加了监听，在监听中调用 changeButton()方法来改变选中按钮的背景色和字体颜色。

- 第 37~41 行为给 Gallery 对象添加监听，在滑动屏幕时，则调用 changeButton()方法来改变屏幕中的内容和对应的按钮的背景色与字体颜色。

- 第 43~53 行为按钮交换方法,在该方法中实现了改变选中按钮的背景色和字体颜色以及界面内容信息。

7.7 本章小结

本章对新生小助手 Android 客户端的功能及实现方式进行了简要地讲解。本应用实现了路线的搜索、GPS 定位、学校定位等基本功能，读者在实际项目开发中可以参考本应用，对项目的功能进行优化，并根据实际需要加入其他相关功能。

> 📝 说明 鉴于本书宗旨为主要介绍 Android 项目开发的相关知识，因此，本章主要详细介绍了 Android 客户端的开发，不熟悉的读者请进一步参考其他的相关资料或书籍。

第8章 餐饮行业移动管理系统——Pad 点菜系统

本章主要介绍 Pad 点菜系统的开发。本点菜系统包括 PC 端、服务器端和 Pad 手持端 3 部分。PC 端主要实现对饭店资源以及订单的管理功能，服务器端实现数据的传输以及对数据库的操作，Pad 手持端实现员工的登录注销、开台点菜和查看订单的功能。在接下来的介绍中，首先介绍的是 PC 端和服务器端，然后介绍 Pad 手持端。

8.1 系统背景及功能概述

本节将简要介绍 Pad 点菜系统的背景以及功能，主要是对 PC 管理端、服务器端和 Pad 手持端的功能架构进行简要说明，使读者熟悉系统各部分所完成的功能，对整个系统有大致的了解。

8.1.1 背景简介

随着各种服务行业的不断发展，饭店和快餐厅等服务行业的信息量和工作量日益增大，这使得传统的纸制菜谱和手写点菜的方式很难满足现代饭店的服务需求。

Pad 点菜系统是每个大型饭店都必须拥有的服务系统。以前客户点菜必须翻看纸质菜谱，然后让服务员手写点菜，十分耗时。通过本系统，客户可以进行方便快捷的点菜操作，其特点如下。

- 降低成本。

传统纸制菜谱如果修改了菜品价格，或者添加新菜品，店方就需要重新印制新的纸制菜谱。而使用本系统，就可以随时更新、修改菜谱，操作更加方便快捷，有效降低了菜单制作成本。

- 改善服务质量。

本系统简单易懂，只需手指轻轻划过点击屏幕操作，就可以完成自由灵活的点菜过程，给客人创造一个轻松、愉快的点菜气氛，使点菜变为一种享受。

- 方便管理。

员工可以通过 PC 端方便地查询或管理饭店信息，及时更新信息，在保证饭店正常、高效运营的同时，不需要耗费太多的精力，大大降低了饭店管理人员的工作压力。

8.1.2 功能概述

开发一个系统之前，需要对系统开发的目标和所实现的功能有细致的分析，进而确定开发方向。做好系统分析阶段工作，为整个项目开发奠定一个良好的基础。

经过对 Pad 点菜系统流程的细致了解，以及和某饭店管理部门的一些工作人员进行一段时间的交流和沟通之后，总结出本系统需要的功能如下所示。

1. PC 端功能

- 管理菜谱信息。

管理员可以使用 PC 端进行菜谱信息管理，如更改主类信息、类别信息、菜系信息、计量单位信息、规格信息、菜品详细信息，对其进行添加、修改、删除菜品等操作。

- 管理餐厅信息。

管理员可以查看各层楼的餐台信息，查询餐台类型、停用状态、餐桌人数、是否有人等，可以进行添加、删除、修改等操作，及时更新信息，便于管理。

- 管理员工信息。

管理员可以查询每个员工的员工 ID、姓名、密码、性别、角色。可以按照 ID 查询，也可以按姓名查询。同时管理员可以进行添加员工、删除员工、更改员工信息等操作。

- 管理订单信息。

管理员可以概览各个餐台的订单信息，也可以根据餐桌名称查询指定餐桌的订单号、顾客人数、订菜时间、服务员 ID、订单总价等信息，进行结账等操作。

2. 服务器端功能

- 收发数据。

服务器端利用服务线程循环接收 Pad 端传送过来的数据，经过处理后发送给 PC 端，这样就能将 Pad 端和 PC 端联系起来，形成一个共同协作的整体。

- 操作数据库。

可以利用 MySQL 这个关系型数据库管理系统对数据进行管理。服务器端根据 PC 端和 Pad 端发过来的请求调用相应的方法，通过这些方法对数据库进行相应的操作，保证数据的实时更新。

3. Pad 手持端功能

- 登录注销、修改密码。

每一个服务员只能同时在一个 Pad 上登录。在登录之前需要进行系统设置和测试连接，连接成功后才可以进行有效操作。登录后可以修改员工密码，在完成点菜后应及时注销，方便工作交接。

- 开台。

服务员可以根据 Pad 端显示的实时信息快速查询到各个餐台的使用状态，从而进行开台操作，根据客户需求设置好餐台人数。开台之后才可以进行点菜操作。

- 点菜。

用户可以方便轻松地根据菜品类别查询菜品的详细信息，包括图片、文字介绍等，然后根据需要轻轻一点即可点菜下单。用餐过程中可根据需要进行加菜退菜等操作。

- 查询订单。

利用 Pad，用户可以快速直观地查看到本桌订单中所有菜品的名称、数量，单价以及总价格。本书主要对 Pad 手持端的功能进行细致的讲解和分析。

根据上述的功能概述得知本系统主要包括饭店各项资源基本信息、订单处理的基本信息等部分，其系统结构如图 8-1 所示。

✓ 说明　　图 8-1 表示的是本 Pad 点菜系统的功能结构图，包含本系统的全部功能。认识该系统功能结构图有助于读者了解本程序的开发，希望读者认真阅读。

8.1.3 开发环境和目标平台

本节将对该系统的开发环境进行简单的介绍。

1. 开发环境

开发此 Pad 点菜系统需要用到如下软件环境。

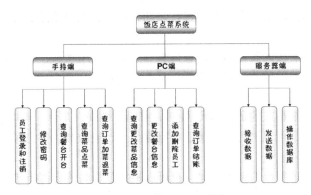

▲图 8-1　Pad 点菜系统功能结构图

- Eclipse 编程软件（Eclipse IDE for Java 和 Eclipse IDE for Java EE）。

Eclipse 是一个相当著名的开源 Java IDE，主要以其开放性、极为高效的 GUI、先进的代码编辑器等著称，其项目包括许多各种各样的子项目组，包括 Eclipse 插件、功能部件等，主要采用 SWT 界面库，支持多种本机界面风格。

- JDK 1.6 及其以上版本。

系统选此作为开发环境，是因为 JDK 1.6 版本是目前 JDK 最常用的版本，有许多开发者用到的功能，读者可以通过不同的操作系统平台在官方网站上免费下载使用。

- MySQL 5.0S 数据库。

MySQL 是一个关系型数据库管理系统，目前广泛应用于中小型应用开发中。MySQL 从 5.0 版本开始支持事务，进一步提高了数据的完整性和安全性。

- Navicat for MySQL。

Navicat for MySQL 是一款强大的 MySQL 数据库管理和开发工具，它基于 Windows 平台，为 MySQL 量身订作，提供类似于 MySQL 的用户管理界面工具。

- Android 系统。

Android 系统平台的设备功能强大，此系统开源、应用程序无界限，随着 Android 手机的普及，Android 应用的需求势必会越来越大，这是一个潜力巨大的市场，会吸引无数软件开发商和开发者投身其中。

2. 目标平台

开发此 Pad 点菜系统需要的目标平台如下。

- Windows 系统（建议使用 XP 及以上版本）。
- Pad 手持端为 Android 3.0 或者更高的版本。

8.2　开发前的准备工作

本节将介绍系统开发前的一些准备工作，主要包括数据库的设计，数据库中表的创建及 Navicat for MySQL 与 MySQL 建立联系的基本操作等。

8.2.1　数据库设计

开发一个系统之前，做好数据库分析和设计是非常必要的。良好的数据库设计，会使开发变得相对简单，后期开发工作能够很好地进行下去，缩短开发周期。

该系统总共包括 18 张表，分别为权限表、角色——权限对应表、类别表、计量单位表、主类表、点菜确认单表、订单表、餐台表、餐台类型表、角色表、餐厅表、结账流水表、菜品信息表、菜品图片表、菜品规格表、菜品系别表、员工信息表和员工负责餐桌表。各表在数据库中的关系如图 8-2 所示。

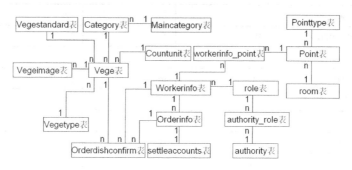

▲图 8-2　数据库各表关系图

由于篇幅有限，下面主要介绍点菜确认单表、菜品信息表、餐台表、结账流水表和员工信息表。这几个表实现了本 Pad 点菜系统的主要功能。

> 💡提示　　其他表也同样重要，所有 18 张表紧密结合才构成了本系统的完整数据库。请读者查阅随书光盘中源代码/第 8 章/sql/orderdish.sql。

● 点菜确认单表。

表名为 Orderdishconfirm，用于查询实时订单。该表有 9 个字段，包含所点菜品 ID、服务时间、菜品价格、订单 ID、删除标记、菜品数量、备注、编号和服务员 ID。

● 菜品信息表。

表名为 vege，用于管理菜品信息。该表有 9 个字段，分别是菜品 ID、菜品名称、价格、停用标记、介绍、计量单位、类别、菜系和规格。

● 餐台表。

表名为 point，用于传餐台信息。该表有 9 个字段，分别是餐台 ID、餐台编号、餐台名称、餐台类型 ID、餐厅 ID、餐台状态、删除标记、餐台人数和停用标记。

● 结账流水表。

表名为 settleaccounts，用于查询结账订单。该表有 9 个字段，分别是流水 ID、订单 ID、创建时间、创建员工 ID、应收金额、实收金额、找零金额、发票标记和备注。

● 员工信息表。

表名为 workerinfo，用于记录员工的基本信息。该表有 8 个字段，包含了员工 ID、员工姓名、密码、性别、删除标记、状态标记、角色 ID 和登录标记。

> 💡说明　　上面只介绍了本数据库中的 5 张表，其他表也同样重要。由于后面的开发部分全部是基于该数据库做的，因此，请读者认真阅读本数据库的设计。

8.2.2　数据库表设计

上述小节介绍的是 Pad 点菜系统数据库的结构，接下来介绍数据库中相关表的具体属性。由于本系统建表较多，下面只详细介绍点菜确认单表、菜品信息表、餐台表、结账流水表和员工信息表。其他表请读者查阅随书光盘中源代码/第 8 章/sql/orderdish.sql。

（1）点菜确认单表：用于查询实时订单。该表有 9 个字段，包含所点菜品 ID、服务时间、菜品价格、订单 ID、删除标记、菜品数量、备注、编号和服务员 ID，详细情况如表 8-1 所示。

表 8-1　　　　　　　　　　　　点菜确认单表

字段名称	数据类型	字段大小	是否主键	是否允许为空	说　　明
odc_vege_id	char	10	是	否	所点菜品 ID
odc_serverTime	datetime	0	否	是	服务时间
odc_vegePri	float	6	否	是	菜品价格
odc_orderid	char	30	是	否	订单 ID
odc_delflg	char	1	否	否	删除标记
odc_vegeQua	float	11	否	是	菜品数量
odc_remark	varchar	50	否	是	订单备注
odc_code	char	10	是	否	订单编号
odc_user_id	char	10	是	否	服务员 ID

建立该表的 SQL 语句如下。

代码位置：见随书光盘中源代码/第 8 章/sql/orderdish.sql。

```
1   create table Orderdishconfirm(              /*点菜确认单表 Orderdishconfirm 的创建*/
2     odc_vege_id char(10) not null,            /*菜品 ID*/
3     odc_serveTime datetime default null ,     /*服务时间*/
4     odc_vegePri float(6,1) default null ,     /*菜品价格*/
5     odc_orderId char(10) not null default 0,  /*订单 ID*/
6     odc_delFlg char(1) default 0,             /*删除标记*/
7     odc_vegeQua float(11,1) default null,     /*菜品数量*/
8     odc_remark varchar(50) default null,      /*备注*/
9     odc_code  char(10) not null default 0 ,   /*编号*/
10    odc _user_id char(10) not null ,          /*提交员工 ID*/
11    primary key(odc_code,odc_vege_id,odc_user_id,odc_orderId),/*将订单 ID 添加为主键*/
12    constraint fk_odc_vege foreign key(odc_vege_id) references Vege(vege_id),
      /*为菜品 ID 添加外键*/
13    constraint fk_odc_user foreign key(odc_user_id) references User(user_id),
      /*为员工 ID 添加外键*/
14    constraint fk_odc_order foreign key(odc_orderId) references OrderInfo(o_id)) ;
      /*为订单 ID 添加外键*/
```

说明　　上述代码为点菜确认单表的创建，该表中主要包含所点菜品 ID、服务时间、菜品价格、订单 ID、删除标记、菜品数量、备注、编号和服务员 ID 9 个属性。

（2）菜品信息表：用于管理菜品信息。该表有 9 个字段，分别是菜品 ID、菜品名称、价格、停用标记、介绍、计量单位、类别、菜系和规格，具体情况如表 8-2 所示。

表 8-2　　　　　　　　　　　　菜品信息表

字段名称	数据类型	字段大小	是否主键	是否允许为空	说　　明
vege_id	char	10	是	否	菜品 ID
vege_name	varchar	20	否	否	菜品名称
vege_vegeprice	float	6	否	否	菜品价格
vege_useflg	char	1	否	是	使用标记
vege_intro	varchar	500	否	是	介绍
unit_id	char	10	否	是	计量单位

续表

字段名称	数据类型	字段大小	是否主键	是否允许为空	说　　明
cate_id	char	10	否	是	类别
vt_id	char	10	否	是	菜系
vs_id	char	10	否	是	规格

建立该表的 SQL 语句如下。

🐝 **代码位置：见随书光盘中源代码/第 8 章/sql/orderdish.sql。**

```
1  create table Vege (                                          /*菜品信息表 Vege 的创建*/
2    vege_id char(10) primary key,                              /*菜品 ID*/
3    vege_name varchar(20) not null,                            /*菜品名称*/
4    vege_vegeprice float(6,2) not null,                        /*菜品价格*/
5    vege_use flgchar(1) default1,                              /*停用标记*/
6    vege_intro varchar(500) default null,                      /*菜品介绍*/
7    unit_id char(10) default null,                             /*单位 ID*/
8    cate_id char(10) default null,                             /*类别 ID*/
9    vt_id char(10) default null,                               /*菜系 ID*/
10   vs_id char(10) default null,                               /*规格 ID*/
11   constraint fk_unit_vege foreign key(unit_id) references CountUnit(unit_id ),
       /*为单位 ID 创建外键*/
12   constraint fk_cate_vege foreign key(cate_id) references Category(cate_id),
       /*为类别 ID 创建外键*/
13   constraint fk_type_vege foreign key(vt_id) references VegeType(vt_id) ,
       /*为菜系 ID 创建外键*/
14   constraint fk_veges_vege foreign key(vs_id) references VegeStandard(vs_id)) ;
       /*为规格 ID 创建外键*/
```

✏️ 说明　　上述代码表示的是菜品信息表的创建，该表主要包括菜品 ID、菜品名称、价格、停用标记、介绍、计量单位、类别、菜系和规格 9 个属性。

（3）餐台表：用于传餐台信息。该表有 9 个字段，分别是餐台 ID、餐台编号、餐台名称、餐台类型 ID、餐厅 ID、餐台状态、删除标记、餐台人数和停用标记，具体各字段情况如表 8-3 所示。

表 8-3　　　　　　　　　　　　　　　　餐台表

字段名称	数据类型	字段大小	是否主键	是否允许为空	说　　明
point_id	char	10	是	否	餐台 ID
point_no	varchar	10	否	是	餐台编号
potin_name	varchar	10	否	是	餐台名称
ptype_id	char	10	否	是	餐台类型
room_id	char	10	否	是	餐厅 ID
point_state	char	1	否	是	餐台状态
point_delflg	char	1	否	是	删除标记
point_num	Int	11	否	否	餐台人数
Point_stopflg	Char	1	否	是	停用标记

建立该表的 SQL 语句如下。

🐝 **代码位置：见随书光盘中源代码/第 8 章/sql/orderdish.sql。**

```
1  create table Point(                                          /*餐台表 Point 的创建*/
2    point_id char(10) primary key,                             /*餐台 ID*/
3    point_no varchar(10) default null,                         /*餐台编号*/
```

```
4     point_name varchar(10 default null),          /*餐台名称*/
5     ptype_id char(10) default null,               /*餐台类型 ID*/
6     room_id char(10) default null,                /*餐厅 ID*/
7     point_state char(1) default 0 ,               /*当前状态*/
8     point_delflg char(1) default 0,               /*删除标记*/
9     point_num int not null default 0,             /*容纳人数*/
10    point_stopflg char(1) default 0,              /*停用标记*/
11    constraint fk_r_point foreign key(room_id) references Room(room_id),
      /*为餐厅 ID 创建外键*/
12    constraint fk_ptype_point foreign key(ptype_id) references PointType(ptype_id));
      /*类型 ID 的外键*/
```

> **说明**　上述代码表示的是餐台表的创建，该表中主要包括餐台 ID、餐台编号、餐台名称、餐台类型、餐厅 ID、餐台状态、删除标记、餐台人数和停用标记 9 个属性。

　　（4）结账流水表：用于查询结账订单。该表有 9 个字段，分别是流水 ID、订单 ID、创建时间、创建员工 ID、应收金额、实收金额、找零金额、发票标记和备注，具体情况如表 8-4 所示。

表 8-4　　　　　　　　　　　　　　结账流水表

字段名称	数据类型	字段大小	是否主键	是否允许为空	说　　明
sa_streamID	char	10	是	否	流水 ID
sa_OrderId	char	30	否	是	订单 ID
sa_createtime	datetime	0	否	是	创建时间
createw_id	char	10	否	是	创建员工 ID
sa_requestReceive	float	7	否	是	应收金额
sa_factReceive	float	7	否	是	实收金额
sa_ZLMoney	float	6	否	是	找零金额
sa_giveBillflg	char	1	否	是	发票标记
sa_remark	varchar	50	否	是	备注

　　建立该表的 SQL 语句如下。

代码位置：见随书光盘中源代码/第 8 章/sql/orderdish.sql。

```
1   create table settleaccounts(                    /*结账流水表 settleaccounts 的创建*/
2     sa_streamID char(30) primary key,             /*流水 ID*/
3     sa_orderId char(10) default null,             /*订单 ID*/
4     sa_createtime datetime default null,          /*创建时间*/
5     createw_id char(10) default null,             /*创建员工 ID*/
6     sa_requestReceive float(7,1) default null ,   /*应收金额*/
7     sa_factReceive float(7,1) default null ,      /*实收金额*/
8     sa_ZLMoney float(6,1) default null ,          /*找零金额*/
9     sa_giveBillflg char(1) default 0 ,            /*开具发票标记*/
10    sa_remark varchar(50) default null,           /*备注*/
11    constraint fk_gc_order foreign key(sa_OrderId) references OrderInfo(o_id) ,
      /*订单 ID 的外键*/
12    constraint fk_createw_id foreign key(createw_id) references WorkerInfo(w_id));
      /*员工 ID 的外键*/
```

> **说明**　上述代码表示的是结账流水表的创建，该表中主要包括流水 ID、订单 ID、创建时间、创建员工 ID、应收金额、实收金额、找零金额、发票标记和备注 9 个属性。

　　（5）员工信息表：用于记录员工的基本信息。该表有 8 个字段，包含了员工 ID、员工姓名、密码、性别、删除标记、状态标记、角色 ID 和登录标记，详细情况如表 8-5 所示。

表 8-5　　　　　　　　　　　　　　　员工信息表

字段名称	数据类型	字段大小	是否主键	是否允许为空	说明
w_id	Char	10	是	否	员工 ID
w_name	Varchar	10	否	否	员工姓名
w_password	Varchar	10	否	是	密码
w_sex	Varchar	2	否	是	性别
w_delflg	Char	1	否	是	删除标记
w_stateflg	Char	1	否	是	状态标记
role_id	Char	10	否	是	角色 ID
is_loginflg	Char	1	否	否	登录标记

建立本表的 SQL 语句如下。

代码位置：见随书光盘中源代码/第 8 章/sql/orderdish.sql。

```
1  create table WorkerInfo(                                        /*员工信息表 WorkerInfo 的创建*/
2      w_id char(10) primary key,                                  /*全局员工 ID*/
3      w_name varchar(10) not null,                                /*员工姓名*/
4      w_password varchar(10) default 8888,                        /*登录密码*/
5      w_sex varchar(2) default null,                              /*性别*/
6      w_delflg char(1) default 0,                                 /*删除标记*/
7      w_stateflg char(1) default 0 ,                              /*启用状态 */
8      role_id char(10) default null,                              /*角色 ID*/
9      is_loginflg char(1) default 0,                              /*登录标记*/
10     constraint fk_role_w foreign key(role_id) references Role(role_id));
/*为角色 ID 创建外键*/
```

> **说明**　　上述代码表示的是员工信息表的创建，该表中主要包括员工 ID、员工姓名、密码、性别、删除标记、状态标记、角色 ID 和登录标记 8 个属性。

8.2.3　使用 Navicat for MySQL 创建表并插入初始数据

本 Pad 点菜系统后台数据库采用的是 MySQL，开发时使用 Navicat for MySQL 实现对 MySQL 数据库的操作。Navicat for MySQL 的使用方法比较简单，本节将介绍如何使用其链接 MySQL 数据库并进行相关的初始化操作，具体步骤如下。

（1）开启软件，创建连接。设置连接名以及密码（密码同 MySQL 密码），如图 8-3 所示。

> **提示**　　在进行上述步骤之前必须首先在机器上安装好 MySQL 数据库并启动数据库服务，同时还需要安装好 Navicat for MySQL 软件。MySQL 数据库以及 Navicat for MySQL 软件都是免费的，读者可以自行从网络上下载安装。同时，由于本书不是专门讨论 MySQL 数据库的，因此对于软件的安装与配置这里不做介绍，请读者自行参考其他资料或书籍。

（2）在建好的连接上点击右键，选择打开连接，然后选择创建数据库。键入数据库名为"orderdish"，字符集选择"utf8 -- UTF-8 Unicode"，如图 8-4 所示。

（3）在创建好的 orderdish 数据库上点击右键，选择打开，然后选择右键菜单中的运行批次任务文件，找到随书光盘中源代码/第 8 章/sql 目录下的 orderdish.sql 脚本。点击开始，完成后关闭即可。

▲图 8-3　创建新连接图

▲图 8-4　创建新数据库

（4）此时再双击 orderdish 数据库，其中的所有表会呈现在右侧的子界面中，如图 8-5 所示。

▲图 8-5　创建连接完成效果图

> 💡说明
>
> 　　创建成功后读者可以尝试通过 Navicat for MySQL 操作一下数据库，例如进行简单的数据插入、删除等操作。当然，读者也可使用 MySQL 自带的客户端软件登录 MySQL 并运行随书光盘中源代码/第 8 章/sql 目录下的 orderdish.sql 脚本文件以创建表并插入初始数据。因篇幅有限，且本书不是专门讨论 MySQL 数据库的，故在这里不一一说明，如有疑问，请读者自行查阅其他相关资料或书籍。

8.3　系统功能预览及总体架构

　　本系统由 PC 端、服务器和 Pad 手持端三部分组成，这一节将介绍 Pad 点菜系统的基本功能，使读者对 PC 端和 Pad 手持端的总体架构有一个大致的了解。

8.3.1　PC 端预览

　　系统 PC 端主要负责处理订单、管理饭店信息。本节将对 PC 端进行简单介绍。PC 端管理主要包括订单处理、饭店信息管理等操作。

　　（1）管理人员可以对与菜品有关的信息进行实时操作，例如添加、修改、删除等，如图 8-6 所示。

▲图 8-6　菜品管理

（2）PC 端可以实现对餐厅餐台的添加、修改、删除和查询等操作，如图 8-7 所示。

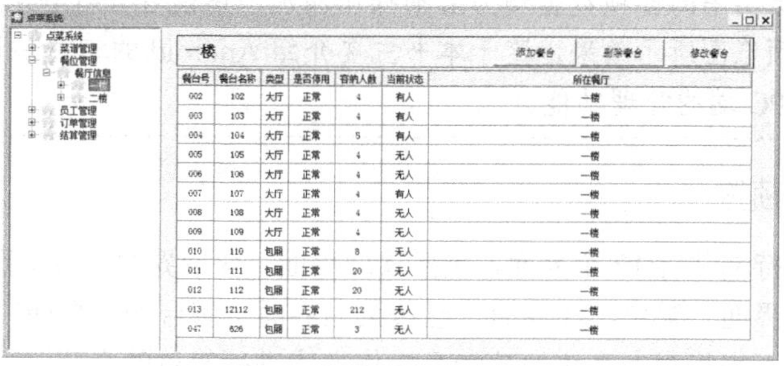

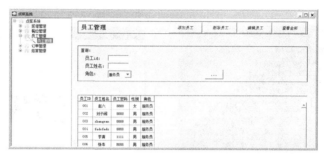

▲图 8-7 餐厅信息

（3）在员工管理中，管理员可以对员工进行查询、添加、修改、删除等操作，如图 8-8 所示。

▲图 8-8 员工管理

（4）在订单管理中，管理员可以根据餐台号查询对应的详细订单，如图 8-9 所示。

▲图 8-9 订单管理

（5）PC 端的结算管理中，可以根据餐台查询账单并完成结账操作，如图 8-10 所示。

▲图 8-10 结算管理

> **说明**　以上是对整个系统 PC 端功能的概述，请读者仔细阅读，以对 PC 端有大致了解。预览图中的各项数据均为后期操作添加，请读者自行登录 PC 端后尝试操作，以达到预览图所示效果。鉴于本书主要介绍 Android 的相关知识，故只以少量篇幅来介绍 PC 端的管理功能。

8.3.2　Pad 端功能预览

本系统的 Pad 手持端共有 12 个界面，包括欢迎界面、登录界面、系统设置界面、密码设置界面、点菜界面、开台界面、餐台选择界面、已选菜品界面、餐台加菜界面、订单管理界面、注销界面和退出界面。接下来将对本系统的功能及操作方式进行简单的介绍。

（1）打开本软件后，首先进入欢迎界面，效果如图 8-11 所示。

（2）点击设置，选择测试连接可以进入系统设置界面，输入 PC 端的 IP 地址和端口号即可测试连接，如图 8-12 所示。

▲图 8-11　欢迎界面

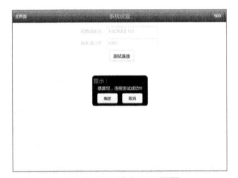
▲图 8-12　系统设置界面

（3）在设置中点击修改密码，即可对员工密码进行修改。密码修改界面如图 8-13 所示。

（4）点击点菜，便会弹出登录对话框，输入员工 ID 和密码即可登录，如图 8-14 所示。这里勾选记住按钮即可保存该员工，在未注销的前提下退出系统后再进入仍为该员工，免去了多次登录的烦恼。

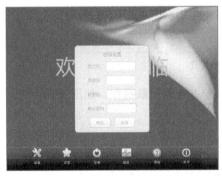
▲图 8-13　密码修改界面

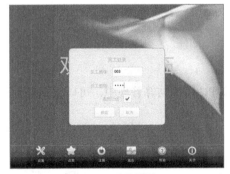
▲图 8-14　登录界面

（5）登录后进入点菜界面，这里可以根据菜品类型查询对应菜品，每个菜品配有图片和单价信息，一目了然，若点击菜品图片即弹出菜品大图，点击右下角的按钮可以查看菜品介绍。点菜界面如图 8-15 所示。

（6）在点菜之前必须先开台，点击开台按钮弹出开台界面。输入餐台名称和顾客人数，即可完成开台操作，如图 8-16 所示。

▲图 8-15 点菜界面

▲图 8-16 开台界面

（7）在开台时可以手动输入餐台号，也可以点击"餐台选择"按钮进入餐台选择界面，根据各个餐台的具体情况来选择可用餐台。餐台选择界面如图 8-17 所示。

（8）开台成功后即可进行点菜。勾选菜品图左上角的按钮即可点菜，点菜后可以点击"已选菜品"按钮查询已经点的菜品。在已选菜品界面可以看到当前订单的总价格，可以对菜品的数量进行更改，也可以删除菜品。完成点菜后点击"下单"按钮即可，如图 8-18 所示。

▲图 8-17 餐台选择界面

▲图 8-18 已选菜品界面

（9）点击餐台加菜按钮后弹出餐台加菜界面。在此页面中员工可以在有人的餐台中选择需要加菜的餐台，然后进行加菜操作，如图 8-19 所示。

（10）点击账单查询按钮后弹出当前餐台的详细账单，可以看到订单 ID、下单时间，菜品的名称、数量和价格以及订单总价格。在这里可以通过修改菜品数量或者删除菜品进行退菜，如图 8-20 所示。

▲图 8-19 餐台加菜界面

▲图 8-20 订单管理界面

（11）工作完成后返回欢迎界面点击注销按钮弹出注销对话框，输入当前操作人的员工 ID 和密码即可注销，如图 8-21 所示。

（12）点击退出按钮即可退出本系统。若之前没有注销，则会弹出注销提示框，如图 8-22 所示。

▲图 8-21　注销界面

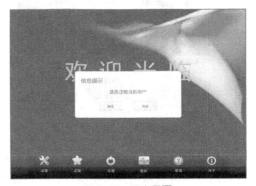
▲图 8-22　退出界面

> 说明　以上功能预览图中的菜品、餐台等数据均为后期通过操作 PC 端添加得以呈现，请读者按个人喜好自行操作，以达到预览图所示效果。以上介绍主要是对本系统 Pad 端功能的概述，读者可以对本系统的 Pad 端功能有大致的了解，接下来的介绍中会一一实现其对应的功能。

8.3.3　系统 Pad 端目录结构图

上一节介绍的是 Pad 点菜系统的主要功能，接下来介绍系统目录的结构。在进行系统开发之前，还需要对系统的目录结构有大致的了解，该结构如图 8-23 所示。

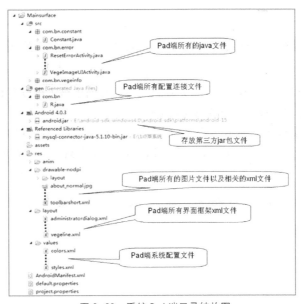
▲图 8-23　系统 Pad 端目录结构图

> 说明　图 8-23 为 Pad 端程序目录结构图，包括程序源代码、程序所需图片、xml 文件和程序配置文件，使读者对 Andriod 端程序文件有清晰的了解。

8.4 PC 端的界面搭建与功能实现

　　前面介绍了系统功能的预览及总体架构，下面我们来介绍具体代码，先从 PC 端开始。PC 端主要用来实现对饭店信息与员工信息的管理与更新，本节主要介绍 PC 端对菜品相关信息的管理，员工信息的管理，订单、结账等功能的实现。

8.4.1　用户登录功能的开发

　　下面将介绍用户登录功能的开发。打开 PC 端的登录界面，需要输入用户编号与密码，通过数据库中的信息查询输入的编号与密码是否正确，并且判断此用户是否拥有登录权限，如果符合以上条件，就可以进入 PC 端管理界面。

　　（1）用户登录的界面是搭建在主界面内部的子界面，因此搭建用户登录界面的代码需要写在搭建主界面的代码里。首先给出的是主界面类 MainUI 的代码框架，具体代码如下。

📎 **代码位置：见随书光盘中源代码/第 8 章/OrderDishPC\src\com\bn\pcinfo 目录下的 MainUI.java。**

```
1    ......//此处省略导入的类，读者可自行查阅随书附带光盘中的源代码
2    public class MainUI extends JFrame{
3        ......//此处省略搭建主界面各种控件即变量的定义的代码，读者可自行查阅随书附带光盘中的源代码
4        public MainUI(){/*省略此处代码，后面详细介绍*/ }                              //搭建主界面方法
5        public void getScreen(){/*省略此处代码，读者可自行查阅随书附带光盘中源代码*/}//设置各种尺寸
6        public void CreateTree(){/*省略此处代码，后面详细介绍*/ }                     //生成树
7        //设置 table 的列宽随内容调整
8        public void FitTableColumns(JTable myTable) {
9            /*省略此处代码，读者可自行查阅随书附带光盘中源代码*/ }
10       public static void createJTable(Vector<Vector<String>> list, final Vector<String> title
11           ,int x,int y,int width,int height){/*省略此处代码，后面详细介绍*/ }//生成右侧 JTable
12       //根据所点的节点显示对应的内容
13       public void createRight(DefaultMutableTreeNode curenode){/*省略此处代码，后面详细介绍*/ }
14       //树监听（根据点击的节点来调用右侧的布局）
15       private class MainUIListener implements TreeSelectionListener{/*省略此处代码，后面详细介绍*/ }
16       //内部类删除按钮的监听
17       private class DelButtonListener implements ActionListener{
18           /*省略此处代码，读者可自行查阅随书附带光盘中源代码*/ }
19       //更新按钮的监听
20       private class UpdateButtonListener implements ActionListener{
21           /*省略此处代码，读者可自行查阅随书附带光盘中源代码*/ }
22       //添加按钮的监听
23       private class AddButtonListener implements ActionListener{
24           /*省略此处代码，读者可自行查阅随书附带光盘中源代码*/ }
25       public static void main(String[] args){//主方法
26           /*省略此处代码，读者可自行查阅随书附带光盘中源代码*/ }}
```

✏ **说明**　以上代码为 MainUI 类中的各种方法与内部类，由于篇幅有限，在这里无法一一介绍，某些方法会出现在后面的内容中，到时会进行详细介绍。

　　（2）下面要介绍的是上述主界面类中的搭建主界面的方法 MainUI 的代码框架，以及登录界面中各种控件的定义与添加监听方法，具体代码如下。

📎 **代码位置：见随书光盘中源代码/第 8 章/OrderDishPC\src\com\bn\pcinfo 目录下的 MainUI.java。**

```
1    public MainUI(){
2        ......//此处省略主界面中其他控件的定义方法，读者可自行查阅随书附带光盘中的源代码
3        final JPanel jplogin=new JPanel() ;              //定义登录 JPanel
4        jplogin.setBounds(150,100,400,300);              //设置 JPanel 的位置及大小
```

```
5       jplogin.setLayout(null) ;                      //设置此容器的布局管理器为空
6       jp.setLayout(null);
7       JLabel jtitle=new JLabel("员工登录");            //设置标题为 "员工登录"
8       JLabel jllogin[]={new JLabel("编号: "),
9           new JLabel("密码: ")} ;                     //定义 JLabel 数组,包括编号、密码
10      final JTextField jtflogin=new JTextField("") ;  //定义编号输入框
11      final JPasswordField jtfpw=new JPasswordField("") ;//定义密码输入框
12      jtitle.setFont(new Font("宋体",Font.BOLD,24)) ; //定义标题的字体
13      jplogin.add(jtitle);                            //将标题添加到登录 Jpanel 中
14      jtitle.setBounds(150,30,200, 40) ;              //设置标题的位置与大小
15      for(int i=0;i<jllogin.length;i++){              //用循环语句将编号,密码添加到登录 Jpanel 中
16          jllogin[i].setBounds(80,80+i*60,80,40);
17          jllogin[i].setFont(fonttitle);
18          jplogin.add(jllogin[i]); }
19      jtflogin.setBounds(160,80,120,40);              //设置编号输入框的位置与大小
20      jtflogin.setFont(font);                         //设置编号的字体
21      jplogin.add(jtflogin);                          //将编号输入框添加到登录 Jpanel 中
22      jtfpw.setBounds(160,140,120,40) ;               //设置密码输入框的位置与大小
23      jtfpw.setFont(font);                            //设置密码的字体
24      jplogin.add(jtfpw);                             //将密码输入框添加到登录 Jpanel 中
25      final JButton jok=new JButton("确定");           //定义 "确定" 按钮
26      JButton jreset=new JButton("取消");              //定义 "取消" 按钮
27      jok.setBounds(100,220,80,40) ;                  //设置 "确定" 按钮的位置与大小
28      jreset.setBounds(200,220,80,40);                //设置 "取消" 按钮的位置与大小
29      jplogin.add(jok) ;                              //将 "确定" 按钮添加到登录 Jpanel 中
30      jplogin.add(jreset);                            //将 "取消" 按钮添加到登录 Jpanel 中
31      jplogin.setBorder(BorderFactory.createLineBorder(Color.black));
        //设置登录 Jpanel 的边框
32      jp.add(jplogin);                                //将登录 Jpanel 添加到主界面 Jpanel 中
33      jtflogin.addActionListener (                    //给编号输入框添加监听
34          new ActionListener(){
35            @Override
36            public void actionPerformed(ActionEvent e){
37                jtfpw.requestFocus();}}) ;            //获得焦点
38      jtfpw.addActionListener(                        //给密码输入框添加监听
39          new ActionListener(){
40            @Override
41             public void actionPerformed(ActionEvent e){
42                jok.requestFocus();}});               //获得焦点
43      ....../*此处省略登录界面中按钮的监听方法的实现,后面详细介绍*/}
```

● 第 3~32 为定义登录 JPanel,定义用户编号、密码输入框,并将用户编号、密码输入框添加到 JPanel 中,并设置其格式。

● 第 33~42 行为给编号输入框添加监听,同时密码输入框获得焦点。给密码输入框添加监听,同时确定按钮获得焦点。

(3)在员工登录界面搭建好之后,接下来要进行的工作就是给界面中的两个按钮添加监听,即上述代码中省略的给界面中的按钮添加监听的方法,具体代码如下。

代码位置:见随书光盘中源代码/第 8 章/OrderDishPC\src\com\bn\pcinfo 目录下的 MainUI.java。

```
1    jok.addActionListener(                               //确定按钮添加监听
2      new ActionListener(){
3        @Override
4        public void actionPerformed(ActionEvent e){       //重写 actionPerformed 方法
5          String userid=jtflogin.getText().toString();    //将编号输入框的值赋给 userid
6          @SuppressWarnings("deprecation")               //表示不检测过期的方法
7          String userpw=jtfpw.getText().toString() ;      //将密码输入框的值赋给 userpw
8          System.out.println("tttt"+userid+userpw);
9          //通过调用 SocketClient 的 ConnectSevert 方法,将输入框中的用户编号与密码传到服务器
10         SocketClient.ConnectSevert(Constant.SURE_WAITER+userid
11             +Constant.SURE_WAITER+userpw);
12         if(SocketClient.readinfo.equals("ok")) {        //如果返回 "ok"
13             int i=0;
14             //将用户编号传给服务器
15           SocketClient.ConnectSevert(Constant.GET_LOGINAUTH+userid);
16             //通过用户编号获得此用户的权限信息
```

```
17              String authoryinfo[][]=TypeExchangeUtil.getString(SocketClient.readinfo);
18              for(i=0;i<authoryinfo.length;i++){
19                if(authoryinfo[i][0].equals("登录")){          //如果权限中有"登录"权限
20                  jt.setEnabled(true);                        //将树设置为可用
21                  jplogin.setVisible(false) ;                 //使登录 Jpanel 不可见
22                  JOptionPane.showMessageDialog (             //出现提示信息"登录成功"
23                    MainUI.this,
24                    "登录成功",
25                    "提示",
26                    JOptionPane.INFORMATION_MESSAGE );
27                  //查看是否有预定餐台把所有预定餐台置为忙
28                  String todaytime=TypeExchangeUtil.gettime() ;     //取得当前的时间
29                  String times[]=todaytime.split(" ");
30                  for(int j=0;j<times.length;j++){
31                    System.out.println("time="+times[j]); }
32                  SocketClient.ConnectSevert(UPDATE_TODAY_POINTSTATE+times[0]);
33                  Constant.operator=userid;                   //记录操作人
34                  break;          }}
35              if(i>=authoryinfo.length) {                     //如果权限中无"登录"
36                JOptionPane.showMessageDialog(                //出现提示信息"无权限登录"
37                  MainUI.this,
38                  "您无登录权限",
39                  "提示",
40                  JOptionPane.INFORMATION_MESSAGE );
41                jtflogin.setText("");                         //将编号输入框置空
42                jtfpw.setText("") ;                           //将密码输入框置空
43                jtflogin.requestFocusInWindow() ;}}           //登录输入框获得焦点
44            else{
45                JOptionPane.showMessageDialog (               //否则出现提示信息
46                  MainUI.this,
47                  "请您输入正确的用户和密码",
48                  "提示",
49                  JOptionPane.INFORMATION_MESSAGE );
50                jtflogin.setText("");                         //将编号输入框置空
51                jtfpw.setText("") ;                           //将密码输入框置空
52                jtflogin.requestFocusInWindow();}}});          //登录输入框获得焦点
53      jreset.addActionListener (                             //取消按钮的监听
54          new ActionListener(){
55            @Override
56            public void actionPerformed(ActionEvent e){  //重写 actionPerformed 方法
57              jtflogin.setText("");                         //将编号输入框置空
58              jtfpw.setText("");      }});                  //将密码输入框置空
```

- 第 1~11 行为添加"确定"按钮的监听，并且从输入框中取得输入的用户编号与密码，然后传给服务器进行判断操作。

- 第 12~52 行为判断用户输入的编号所对应的用户是否拥有登录权限。如果有，就提示"登录成功"，记录当前的时间与操作人；反之则提示"无登录权限"，清空输入框。

- 第 53~58 行为添加"取消"按钮的监听，重写 actionPerformed 方法，将编号与密码输入框置空。

8.4.2 菜品信息管理功能的开发

在介绍完员工登录功能之后，要介绍的是如何对菜品的信息进行管理。菜品的信息包括：主类、类别、菜系、计量单位、规格、价格、介绍等。由于对菜品主类、类别、菜系等信息的操作基本相同，因此在此只介绍主类管理这一项功能，其他功能的实现读者可自行查阅随书附带光盘中的源代码。

（1）首先要介绍的是在点击"主类管理"节点时，在主类管理界面建立主类管理表的操作，这一操作需要用 MainUIListener 内部类来将主类的信息及建表要用到的标题传给建表方法，在这里详细介绍 MainUIListener 的代码框架，具体代码如下。

🐝 **代码位置：**见随书光盘中源代码/第 8 章/ OrderDishPC\src\com\bn\pcinfo 目录下的 MainUI.java。

```
1   private class MainUIListener implements TreeSelectionListener{
2      private TreePath tp;
3      @SuppressWarnings({ "rawtypes", "unchecked" })              //压制警告
4      @Override
5      public void valueChanged(TreeSelectionEvent e) {           //重写 valueChanged 方法
6        tp=e.getNewLeadSelectionPath() ;                         //返回当前前导路径
7       if(tp!=null){                                             //获取选中的节点
8          curnode=(DefaultMutableTreeNode) tp.getLastPathComponent();
9          //如果是主类
10         if(curnode.equals(Constant.vegenode[0])){              //通过服务器获得主类
11           SocketClient.ConnectSevert(GET_MCG);
12           String getinfo=SocketClient.readinfo;
13           title=new Vector() ;{                                //主类表的标题
14             title.add("主类 ID");title.add("名称"); }
15      if(getinfo.equals("fail")){        //如果返回 "fail"，弹出提示信息"获取信息失败"
16          JOptionPane.showMessageDialog(
17            MainUI.this,
18            "获取信息失败",
19            "提示",
20          JOptionPane.INFORMATION_MESSAGE );}
21      else{      //否则将数据、标题传给 createJTable，建表
22          data=TypeExchangeUtil.strToVector(getinfo);
23          createJTable(data,title,20,topheight,midwidth,buttomheight);
24          createRight(curnode); }}
25      ....../*在其他节点下的操作与上述操作基本相同，不再进行赘述，读者可自行查阅源代码*/}}}
```

> ✒ **说明**　　以上代码为在 MainUIListener 中重写 valueChanged 方法，通过点击节点，将节点信息传递到服务器，从服务器获得主类的信息，与主类表的标题一起传给 createJTable 方法，进行建表操作。

（2）在主类管理界面搭建好之后，对主类信息进行编辑就更为方便。编辑的方式包括添加、更新与删除等。这里着重介绍的是 MainCateGoryUI（即添加主类）类的代码框架，具体代码如下。

🐝 **代码位置：**见随书光盘中源代码/第 8 章/ OrderDishPC\src\com\bn\vege 目录下的
MainCateGoryUI.java。

```
1   package com.bn.vege;                                        //声明包名
2   ......//此处省略导入类的代码，读者可自行查阅随书附带光盘中的源代码
3   public class MainCateGoryUI implements ActionListener{
4      ......//此处省略定义变量与界面尺寸的代码，读者可自行查阅随书附带光盘中的源代码
5      @Override
6      public void actionPerformed(ActionEvent e){              //重写 actionPerformed 方法
7        SocketClient.ConnectSevert(GET_MCGMAXNO);              //连接服务器
8        String index=SocketClient.readinfo;                    //获得主类 ID
9        strinfo=((Integer.parseInt(index)+1)<10)?("00"+(Integer.parseInt(index)+1)):
10         (((Integer.parseInt(index)+1)<100)?("0"+(Integer.parseInt(index)+1)):
11         ((Integer.parseInt(index)+1)+""));
12       addMainCateGory addmcg=new addMainCateGory(mui);
13       addmcg.setVisible(true);  }                            //跳到添加主类界面，并设为可见
14        @SuppressWarnings("serial")
15        class addMainCateGory extends JFrame{
16         ......//此处省略定义节点，界面与控件尺寸及控件摆放位置的代码，
17           jbok.addActionListener(                             //按钮添加监听
18             new ActionListener(){
19               @SuppressWarnings({ "unchecked", "static-access" })    //压制警告
20               @Override
21               public void actionPerformed(ActionEvent e){//重写 actionPerformed 方法
22                 if(jetcgname.getText().equals("")){
23                   JOptionPane.showMessageDialog(addMainCateGory.this,"主类名称不能为空，
24                       请输入", "提示",JOptionPane.INFORMATION_MESSAGE);  }
25                 else {
26                   String pmcgname=jetcgname.getText().toString();    //获得主类名称
27                   String msg= ADD_CMG+strinfo+ ADD_CMG+pmcgname;
28                   SocketClient.ConnectSevert(msg);               //将主类信息传给服务器
```

```
29              String readinfo=SocketClient.readinfo;
30              if(readinfo.equals("ok")){
31                JOptionPane.showMessageDialog(addMainCateGory.this,
32                  "入库信息添加成功","提示",JOptionPane.INFORMATION_MESSAGE);
33                  title=new Vector();{                    //标题
34                    title.add("主类ID");title.add("名称");}
35            SocketClient.ConnectSevert(GET_MCG);          //获得主类信息
36            String getinfo=SocketClient.readinfo;
37            if(getinfo.equals("fail")){
38                JOptionPane.showMessageDialog(addMainCateGory.this,
39                  "获取信息失败", "提示",JOptionPane.INFORMATION_MESSAGE); }
40            else{                                         //重新建表
41                //将菜品主类的值转换成vector型
42                Vector<Vector<String>> data=TypeExchangeUtil.strToVector(getinfo);
43          ......//此处省定义界面中表的尺寸的代码，读者可自行查阅随书附带光盘中的源代码
44        mainui.createJTable(data,title,20,topwidth,midwidth,buttomheight);//建表
45        mainui.createRight(curenode);  }
46        addMainCateGory.this.setVisible(false) ;  }        //设置添加主类界面不可见
47          else{
48            JOptionPane.showMessageDialog(addMainCateGory.this, "入库信息添加失败",
49                  "提示",JOptionPane.INFORMATION_MESSAGE);
50            addMainCateGory.this.setVisible(false); }}}}); //关闭添加主类界面
51      ......//此处省略取消按钮的定义及添加监听的代码，读者可自行查阅随书附带光盘中的源代码
52      ....../*此处省略设置界面属性的代码，读者可自行查阅随书附带光盘中的源代码*/}}
```

- 第 6~13 行为在 MainCateGoryUI 类中重写 actionPerformed 方法，通过服务器获得要添加的主类的 ID，并且跳到添加主类界面。

- 第 17~29 行为添加 "确定" 按钮的监听方法，并判断输入的主类名称是否为空。如不为空，则将输入的主类信息传给服务器，提示入库成功。

- 第 30~45 行为通过服务器获得的主类信息，与主类表的标题一起传给 createJTable 方法，在主类管理界面中重新建表。

8.4.3　菜品图片管理功能的开发

上一节介绍的是对菜品的文字信息进行管理,本节详细介绍如何对菜品的图片信息进行管理,其操作包括查看、添加等。这里的菜品图片资源需要读者手动添加,将随书光盘源代码/第 8 章目录下的 pic 文件夹复制到 F 盘根目录下。

（1）首先介绍点击 "查看菜品详情" 按钮时，需要用到的 VegeInfo（即菜品信息）类的代码框架，其相关代码如下。

📎 **代码位置：见随书光盘中源代码/第 8 章/OrderDishPC\src\com\bn\vege 目录下的 VegeInfo.java。**

```
1  ......//此处省略导入此类中的类，读者可自行查阅随书附带光盘中源代码
2  public class VegeInfo extends JFrame{
3      public VegeInfo(final String[] s){
4        ......//此处省略菜品详情界面搭建方法，与上述菜品主类界面大同小异，读者可自行查阅源代码
5        List<byte[]> imagelist=new ArrayList<byte[]>;      //定义List,存放菜品图片
6        //根据菜品ID得到菜品主图的大图
7        SocketClient.ConnectSevert(GET_MBIMAGE+s[0]);      //连接服务器
8        final String vegemainbigpath=SocketClient.readinfo;  //获得菜品主图路径
9        SocketClient.ConnectSevert(GET_IMAGE+vegemainbigpath);//将菜品主图路径传给服务器
10       byte mainbigimagemsg[] =SocketClient.data;         //获得菜品主图图片信息
11       imagelist.add(mainbigimagemsg);                    //将图片添加imagelist中
12       //根据菜品ID得到菜品子图片路径
13       SocketClient.ConnectSevert(GET_ZBIMAGE+s[0]) ;     //连接服务器
14       String vegechildpath=SocketClient.readinfo;        //获得菜品子图路径
15       if(!vegechildpath.equals("")){
16         String[] path=vegechildpath.split(",") ;         //用正则式将路径分开存储到数组中
17         for(int i=0;i<path.length;i++){
18           SocketClient.ConnectSevert(GET_IMAGE+path[i]);//将菜品子图路径传给服务器
19           byte imagemsg[] =SocketClient.data ;           //获得菜品子图图片信息,存到数组中
20           imagelist.add(imagemsg); }}                    //将图片添加到imagelist中
21       ....../*此处省略界面布局代码，读者可自行查阅随书附带光盘*/}}
```

	以上代码为将菜品 ID 传给服务器，从而得到菜品主图的大图与菜品子图，并且添加到 imagelist 中，显示在菜品信息的图片区域中。
💡说明	

（2）介绍完查看菜品图片操作之后，接下来要介绍的是添加菜品图片的操作，这里将要介绍 AddMainImage（即添加主图）类的代码框架，具体代码如下。

🔍 **代码位置：见随书光盘中源代码/第 8 章/OrderDishPC\src\com\bn\vege 目录下的 AddMainImage.java。**

```
1  package com.bn.vege;                              //声明包名
2  ......//此处省略导入此类的类，读者可自行查阅随书附带光盘中源代码
3  public class AddMainImage extends JFrame{
4     ......//此处省略定义界面尺寸与定义控件代码，读者可自行查阅随书附带光盘中源代码
5     public AddMainImage(final MainUI mainui, final String vegeId){
6        ......//此处省略定义界面中控件位置及尺寸代码，读者可自行查阅随书附带光盘中源代码
7        buttonAdd.addActionListener(                  //为 "浏览" 按钮添加监听
8          new ActionListener(){
9            @Override
10           public void actionPerformed(ActionEvent arg0){//重写 actionPerformed 方法
11             JFileChooser jfc=new JFileChooser("c:\\");  //设置默认目录为 c:\\
12             jfc.showOpenDialog(buttonAdd) ;             //弹出文件选择框
13             jfc.setCurrentDirectory(null) ;             //设置当前目录为空
14             File file=jfc.getSelectedFile() ;           //定义文件为选中的文件
15             String path="" ;                            //定义空路径
16             try{
17              path=file.getAbsolutePath().toString() ;        //返回文件路径
18              jText.setText(path);
19              if(!(file.exists()&&file.isFile()&&file.getName().endsWith(".jpg"))){
                 //判断文件格式
20                 JOptionPane.showMessageDialog(
21                   AddMainImage.this,
22                   "选择文件错误，请重新选择一个正确的文件。","提示",
23                   JOptionPane.INFORMATION_MESSAGE  );}
24              else{
25                Image image = getToolkit().getImage(path) ;        //得到菜品主图
26              //创建图片的缩放版本
27                image = image.getScaledInstance(imageWidth,imageHeight,
28                  Image.SCALE_DEFAULT);
29                jImage.setIcon(new ImageIcon(image)) ;    //设置图片区域的图标
30                imageByte=TypeExchangeUtil.filetobyte(file);
                 //将文件传给 TypeExchangeUtil 方法
31              }}
32            catch(Exception e){
33              System.out.println("Exception: the path is null"); }}});
34   ....../*此处省略添加菜品子图按钮监听方法的代码，读者可自行查阅随书附带光盘中源代码*/}}
```

	以上代码为添加 "浏览" 按钮监听，并设置文件选择器。当点击 "按钮" 时，弹出文件选择框，选择正确格式的图片文件，然后得到菜品主图的缩放版本，放到图片区域。
💡说明	

8.4.4　员工信息管理功能的开发

在 PC 端的管理系统中，菜品的管理功能固然重要，但员工信息的管理同样不可或缺。本节要介绍的就是如何对员工的信息进行管理，主要介绍添加员工信息与根据员工信息查询员工这两种操作。

（1）首先介绍添加员工信息的操作，添加员工信息的界面与上述添加主类界面架构方式基本相同，就不进行赘述了，主要介绍添加员工信息需要用到的 AddWorkerInfo（即添加员工信息）类的代码框架，执行代码如下。

📎 代码位置：见随书光盘中源代码/第 8 章/OrderDishPC\src\com\bn\worker 目录下的 AddWorkerInfo.java。

```
1   package com.bn.worker;                                    //声明包名
2   ......//此处省略导入此类中的类，读者可自行查阅随书附带光盘中的源代码
3   public class AddWorkerInfo extends JFrame{
4       ......//此处省略定义界面尺寸与控件的代码，读者可自行查阅随书附带光盘中源代码
5       public AddWorkerInfo(final MainUI mainUI,final Vector<String> title) {
    //添加员工信息方法
6          ......//此处省略设置界面属性与定义控件格式的代码，读者可自行查阅随书附带光盘中源代码
7       submit.addActionListener(                              //提交按钮添加监听
8         new ActionListener(){
9          @SuppressWarnings("static-access")                 //压制警告
10         @Override
11          public void actionPerformed(ActionEvent arg0){//重写 actionPerformed 方法
12             ......//此处省略赋值语句，读者可自行查阅随书附带光盘中的源代码
13             ......//此处省略判断输入的值格式是否正确的判断语句
14             //读者可自行查阅随书附带光盘中的源代码
15             else{
16              StringBuffer submitContent = new StringBuffer() ;      //定义服务器
17              for(int i=0; i<value.length; i++){
18                submitContent.append(ADD_WORKERINFO+value[i]);}//将信息添加到字符串中
19              SocketClient.ConnectSevert(submitContent.toString()) ;
                //将员工信息传给服务器
20              String readinfo=SocketClient.readinfo;
21              if(readinfo.equals("ok")) {                   //如果返回"ok"
22                JOptionPane.showMessageDialog(AddWorkerInfo.this,"员工信息添加成功",
23                  "提示",JOptionPane.INFORMATION_MESSAGE);
24                SocketClient.ConnectSevert(GET_WORKERINFO) ;  //连接服务器
25                String getinfo=SocketClient.readinfo;         //获得员工信息
26              //将员工信息存入 data 中
27                Vector<Vector<String>> data = WorkerInfoTransform.Transform (getinfo);
28                mainUI.createJTable(data,title,20,250,midwidth,400); //建表
29                mainUI.createRight(curenode);
30                AddWorkerInfo.this.setVisible(false); }      //添加员工信息界面关闭
31              else{
32                JOptionPane.showMessageDialog(AddWorkerInfo.this,"员工信息添加失败",
33                "提示",JOptionPane.INFORMATION_MESSAGE);
34                AddWorkerInfo.this.setVisible(false); }}}});
35         close.addActionListener(                            //取消按钮监听
36             new ActionListener(){
37               @Override
38               public void actionPerformed(ActionEvent arg0){
                  //重写 actionPerformed 方法
39                   AddWorkerInfo.this.setVisible(false) ; }});} }    //界面关闭
```

● 第 7~23 行为添加"提交"按钮监听，点击"提交"按钮后，连接服务器，将存放员工信息的字符串添加到服务器中，如果返回 ok，则提示添加成功。

● 第 24~39 行为通过服务器获得最新的员工信息与员工表的标题一起传给 createJTable 方法，重新建表，并且添加"取消"按钮的监听。

（2）接下来要介绍的是对员工信息的另一操作，查询员工信息。着重介绍 QueryWorkerInfo（即查询员工信息）类的代码框架，执行代码如下。

📎 代码位置：见随书光盘中源代码/第 8 章/OrderDishPC\src\com\bn\vege 目录下的 QueryWorkerInfo.java。

```
1   package com.bn.worker ;                                   //声明包名
2   ......//此处省略导入此类中的类，读者可自行查阅随书附带光盘中源代码
3   //根据选择的条件查询对应的员工信息
4   public class QueryWorkerInfo {
5       @SuppressWarnings({ "rawtypes", "unchecked" })
6        public QueryWorkerInfo(TableRowSorter sorter,Map map){
7            ArrayList andList = new ArrayList();  //定义 ArrayList
8            RowFilter rfAnd = null;                //定义过滤条目为空
```

```
9       if(map.get("tfWId")!=null){                  //如果输入的 ID 不为空，返回过滤器
10        RowFilter rfId = RowFilter.regexFilter(((String)map.get("tfWId")).
          trim(),0);
11        andList.add(rfId);    }                     //将过滤器添加到 ArrayList 中
12      if(map.get("tfWName")!=null){                 //如果输入姓名不为空，返回过滤器
13        RowFilter rfName = RowFilter.regexFilter(((String)map.get
          ("tfWName")).trim(),1);
14        andList.add(rfName)      }                   //将过滤器添加到 ArrayList 中
15      if(map.get("JRole")!=null){                   //如果输入角色不为空，返回过滤器
16        RowFilter rfRole = RowFilter.regexFilter(((String)map.get("JRole")).
          trim(),4);
17        andList.add(rfRole) ;        }               //将过滤器添加到 ArrayList 中
18      if(!andList.isEmpty()){                        //如果 ArrayList 不为空
19   //返回一个包含所提供的过滤器的条目的 RowFilter
20        rfAnd = RowFilter.andFilter(andList); }
21      sorter.setRowFilter(rfAnd); }}
```

> 💡 **说明**　以上代码为根据输入框中输入的员工条件查询员工的方法，查询条件之间的关系是"与"的关系。即若在员工 ID 输入"001"，在员工姓名输入"李清"，则会查询这两个条件都符合的员工。这样解决了同名情况的干扰。

8.4.5　订单管理与结账功能的开发

介绍完菜品、员工信息的管理操作后，要介绍的是订单的管理以及结账的功能。在 Pad 手持端进行点菜、下单后，可在 PC 端查询未结账的账单并且结账。

（1）首先介绍点击"订单管理"节点时，界面布局搭建所要调用的 MainUI 类中的 createRight 方法，即上述代码中省略的订单信息的代码，执行代码如下。

✍ **代码位置：见随书光盘中源代码/第 8 章/OrderDishPC\src\com\bn\pcinfo 目录下的 MainUI.java。**

```
1     else if(curenode.toString().equals("订单信息")){   //如果当前节点是"订单信息"
2     ......//此处省略定义界面尺寸与控件格式代码，读者可自行查阅随书附带光盘中源代码
3         jtfadd.addActionListener(                    //按 enter 让查询按钮获取焦点
4           new ActionListener(){
5             @Override
6             public void actionPerformed(ActionEvent e){
7               jsearch.requestFocus();}}) ;          // "查找订单" 按钮获得焦点
8         jsearch.addActionListener(                   // "查找订单" 按钮添加监听
9           new ActionListener(){
10            @Override
11            public void actionPerformed(ActionEvent e){//重写 actionPerformed 方法
12              String pointid=jtfadd.getText();       //将输入框中的值赋给 pointid
13              if(pointid.equals("")) {               //如果为空，出提示信息 "请输入餐台号"
14                JOptionPane.showMessageDialog(
15                        MainUI.this,
16                        "请输入餐台号",
17                        "提示",
18                        JOptionPane.INFORMATION_MESSAGE);}
19              else{
20              //否则，就将餐台号传给服务器，并获得此餐台的订单信息
21                SocketClient.ConnectSevert(SEARCH_ORDER+pointid);
22                String list=SocketClient.readinfo;
23                title=new Vector();{   //定义标题
24                  title.add("餐台");title.add("订单号");title.add("顾客人数");
25                  title.add("订菜时间");title.add("服务员id");title.add("总价格"); }
26              if(list.length()==0){      //如果订单信息为空，出提示信息 "此餐桌暂无订单"
27                JOptionPane.showMessageDialog(
28                        MainUI.this,
29                        "此餐桌暂无订单",
30                        "提示",
31                        JOptionPane.INFORMATION_MESSAGE );
32                jtfadd.setText(""); }                 //将输入框置空
33              else{
```

```
34                        //否则就将订单的信息与标题传给 createJTable 方法，建表
35                        data=TypeExchangeUtil.strToVector(list);
36                        createJTable(data,title,20,topheight+80,midwidth+100,
                          buttomheight);
37                        createRight(curnode); }}}});
38   ......//此处省略定义其他监听方法的代码，读者可自行查阅随书附带光盘中的源代码
```

● 第 1~18 行为按"enter"键让查询订单按钮获得焦点，方便员工使用。还为"查找订单"按钮添加监听，判断输入的餐桌号是否为空。

● 第 21~38 行为将餐台号传给服务器，从而获得订单信息，与订单表的标题一起传给 createJTable 方法，重新建表。

（2）在订单管理界面中可以看到未结账的订单，选中未结账订单后，点击"查看详细订单"按钮，可以查看未结账订单的详细信息，接下来要介绍的是 GetConfirmOrder（即订单详情）类的代码框架，具体代码如下。

✎ 代码位置：见随书光盘中源代码/第 8 章/OrderDishPC\src\com\bn\order 目录下的 GetConfirmOrder.java。

```
1   package com.bn.order;//声明包名
2   ......//此处省略导入的类的代码，读者可自行查阅随书附带光盘中的源代码
3   public class GetConfirmOrder extends JFrame {
4       String order;
5       String xxorder;
6       JLabel jtitle=new JLabel("订单详情");        //定义"订单详情"JLabel
7       JLabel jl[]={                              //定义 JLabel 数组
8         new JLabel("主餐台"),new JLabel("订单"),new JLabel("人数"),
9         new JLabel("服务员id"),new JLabel("总价格：")};
10      JTextField jtf[]={                         //定义 JTextField 数组
11        new JTextField(""),new JTextField(""),new JTextField(""),
12        new JTextField(""),new JTextField("")};
13      @SuppressWarnings({ "unchecked", "rawtypes" })
14      Vector<String> title=new Vector();{        //标题向量
15        title.add("菜品名称");
16        title.add("餐台名称");
17        title.add("菜品数量");
18        title.add("菜品价格");
19        title.add("备注"); }
20      public GetConfirmOrder(String order,String xxorder) {        //订单确认方法
21        Image image=this.getToolkit().getImage("src/com/bn/image/tb1.jpg");//定义图片
22        this.setIconImage(image);                              //设置图标
23        this.order=order;
24        this.xxorder=xxorder;
25        if(order.length()==0) {        //如果订单信息为空，出提示"此餐桌暂无订单"
26          JOptionPane.showMessageDialog(GetConfirmOrder.this, "此餐桌暂无订单",
27          "提示",JOptionPane.INFORMATION_MESSAGE }
28        else{                                //初始化界面
29          Vector<Vector<String>> orderinfo=TypeExchangeUtil.strToVector(xxorder);
30          DefaultTableModel dtmtable=new DefaultTableModel(orderinfo,title);//建表模型
31          JTable table=new JTable(dtmtable) ;        //建表
32          table.setAutoResizeMode(JTable.AUTO_RESIZE_OFF);//设置表自动调整尺寸关
33          table.setRowHeight(25) ;                //设置行高 25
34          String str[][]=TypeExchangeUtil.getString(order);    //将订单信息存入数组中
35          JScrollPane jspt=new JScrollPane(table);        //定义表中的分隔条
36          jspt.setBounds(20,100,800,380) ;        //定义分隔条的位置与大小
37          jtitle.setBounds(400, 5,200,50) ;        //定义标题的位置与大小
38          jtitle.setFont(new Font("宋体",Font.BOLD,24));    //设置标题的字体
39          this.setLayout(null) ;                //设置界面布局器为默认
40          for(int i=0;i<jl.length;i++){
41            //设置 JLabel 的字体、JTextField 的值，并添加到界面中，设置 JTextField 为不可编辑
42            jl[i].setFont(new Font("宋体",Font.BOLD,12));
43            jtf[i].setText(str[0][i]);
44            this.add(jl[i]);
45            this.add(jtf[i]);
46            jtf[i].setEditable(false); }
47          //设置 JLabel、JTextField 的位置与大小
```

```
48          jl[0].setBounds(20,60,60,30);jtf[0].setBounds(60,60,60,30);
49          jl[1].setBounds(130,60,30,30);jtf[1].setBounds(160,60,80,30);
50          jl[2].setBounds(240,60,30,30);jtf[2].setBounds(270,60,60,30);
51          jl[3].setBounds(330,60,80,30);jtf[3].setBounds(400,60,150,30);
52          jl[4].setBounds(560,60,80,30);jtf[4].setBounds(630,60,80,30);
53          this.add(jtitle);                          //将标题添加到界面中
54          this.add(jspt) ;                           //将分给条添加到界面中
55          this.setVisible(true);                     //设置界面可用
56          this.setTitle("菜品详细信息");               //设置界面标题
57          this.setBounds(300, 100, 850,550); }       //设置界面位置与大小
```

● 第 4~19 行为定义一些变量、搭建"订单详情"界面需要用到的控件以及定义订单详情界面中的订单详情表的标题。

● 第 29~57 行在订单确认方法里首先判断选中的订单是否为空，如不为空，就进行初始化界面的操作，在订单详情界面中，搭建各种控件以及建立订单详情表，设置界面属性等。

（3）接下来要介绍的是对订单进行的最后一项操作：结账。下面着重介绍进行未结账订单的结账操作所要用到得 AccountOrder（即结账）类的代码框架，具体代码如下。

代码位置：见随书光盘中源代码/第 8 章/OrderDishPC\src\com\bn\account 目录下的 AccountOrder.java。

```
1   ......//此处省略导入此类中的类，读者可自行查阅随书附带光盘中源代码
2   public class AccountOrder extends JFrame {
3   ......//此处省略设置界面属性与定义控件的代码，读者可自行查阅随书附带光盘中源代码
4       public AccountOrder(String order,String xxorder,final MainUI mainui){
5           ......//此处省略设置界面中控件格式的代码，读者可自行查阅随书附带光盘中的源代码
6           jok.addActionListener(                          //确定按钮添加监听
7               new ActionListener(){
8                 @Override
9                 public void actionPerformed(ActionEvent e){ //重写 actionPerformed 方法
10                    String isfpflg;
11                    if(isfp.isSelected()){                  //是否开发票
12                        isfpflg="1";}
13                    else{ isfpflg="0";}
14                    String info=Constant.INSERT_ACCOUNT_VEGE+str[0][1];    //订单
15                    //获取钱数信息
16                    for(int i=0;i<jtf.length;i++){
17                      String infot=jtf[i].getText().toString();
18                      if(infot.equals("")){
19                          infot="0";}
20                    info=info+Constant.INSERT_ACCOUNT_VEGE+infot; }
21               info=info+Constant.INSERT_ACCOUNT_VEGE+Constant.operator;   //操作人
22               info=info+Constant.INSERT_ACCOUNT_VEGE+isfpflg;            //打发票标识
23               String allmoney=jtf[2].getText().toString();//将 jtf[2]的值赋给 allmoney
24               //如果钱数格式不匹配，出提示
25                if(allmoney.equals("")||!pattern.matcher(allmoney).matches()){
26                    JOptionPane.showMessageDialog(AccountOrder.this,"请输入数值钱数",
27                            "消息",JOptionPane.INFORMATION_MESSAGE);}
28                else{                                      //将信息传给服务器
29                    SocketClient.ConnectSevert(info);
30                    if(SocketClient.readinfo.equals("ok")){//如果返回"ok",出提示"保存成功"
31                    JOptionPane.showMessageDialog(
32                       AccountOrder.this,"保存成功",
33                       "消息",
34                       JOptionPane.INFORMATION_MESSAGE );
35                     AccountOrder.this.dispose() ; }       //结账界面关闭
36                  else{
37                  JOptionPane.showMessageDialog(           //否则出提示"请检查信息"
38                     AccountOrder.this,"请检查信息", "消息",
39                     JOptionPane.INFORMATION_MESSAGE );}
40                  SocketClient.ConnectSevert(GET_ORDER);   //从服务器获取订单信息
41                  String getinfo=SocketClient.readinfo;
42                  Vector<String>title=new Vector<String>() ;{  //标题
43                      title.add("餐台名称");title.add("订单号");title.add("顾客人数");
44                      title.add("订菜时间");title.add("服务员id");title.add("总价格");}
45                      ......//此处省略提示信息若干，读者可自行查阅随书附带光盘中的源代码
```

```
46                  data=TypeExchangeUtil.strToVector(getinfo);
47                      //将数据、标题传给 createJTable 方法，建表
48                  MainUI.createJTable(data,title,20,MainUI.topheight+80,
49                  MainUI.midwidth+100,MainUI.buttomheight);
50                  mainui.createRight(curenode1);   }}}});}}
```

● 第 6~13 行为添加 "结账" 按钮的监听与重写 actionPerformed 方法，判断是否在结账时开发票。

● 第 16~35 行为从订单表中获得订单的详细信息，包括钱数、操作人、发票标识等。将这些信息上传到服务器，并提示 "保存成功"，关闭结账界面。

● 第 40~50 行为在结账后连接服务器，获取现有的未结账的订单信息，与订单表的标题一起传给 createJTable 方法，重新建表。

8.4.6　其他方法的开发

由于篇幅有限，本节只介绍了每个功能模块中的一部分方法，省略了部分代码，但是想要完整实现各功能是需要所有方法合作的。这些省略的方法并不是不重要，只是篇幅有限，无法一一详细介绍，请读者自行查看随书光盘中的源代码。

8.5　服务器端的实现

上一节介绍了 PC 端的界面搭建与功能实现，这一节我们来介绍服务器端的实现方法。服务器端主要用来实现 Pad 端、PC 端与数据库的连接，从而实现其对数据库的操作。本节主要介绍服务线程、DB 处理、流处理、图片处理等功能的实现。

8.5.1　常量类的开发

首先我们来介绍常量类 Constant 的开发。在进行正式开发之前，需要对即将用到的主要常量进行提前设置，这样便免除了开发过程中反复定义的烦恼，这就是常量类的作用。常量类的具体代码如下。

📎 **代码位置：见随书光盘中源代码/第 8 章/OrderDishesServer/src/com/bn/serverinfo 目录下的 Constant.java。**

```
1      package com.bn.serverinfo ;                          //声明包语句
2      public class Constant {                              //定义主类 Constant
3          public static final String IMAGE_PATH="pic/";        //定义图片路径的字符串
4          public static final String IMAGE_NULLNAME="1.jpg";//定义无图时显示的图片名称字符串
5          public static final String IMAGE_NULLBIGNAME="0.jpg";
6              //定义无图时显示的大图片名称字符串
6          public static boolean flag=true;                 //定义 boolean 类型的标志位
7          public static final int width=400 ;                  //定义宽度
8          public static final int height=300 ;                 //定义高度
9          public static final int xwidth=260 ;                 //定义单位宽度
10         public static final String TESTCONNECT="TESTCONNECT";    //定义测试连接字符串
11             //主类别
12         public static final String GET_MCG="GET_MCG" ;          //得到主类
13         public static final String GET_MCGMAXNO="GET_MCGMAXNO";  //得到主类最大数
14         public static final String UPDATE_CMG="UPDATE_CMG" ;     //更新主类
15         public static final String ADD_CMG="ADD_CMG";            //添加主类
16         public static final String DEL_CMG="DEL_CMG" ;          //删除主类
17             //菜品类别
18         public static final String GET_CG="GET_CG";             //得到类别
19         public static final String GET_CGMAXNO="GET_CGMAXNO";    //得到类别最大数
20         public static final String ADD_CG="ADD_CG" ;            //添加类别
21         public static final String DEL_CG="DEL_CG";             //删除类别
22         public static final String UPDATE_CG="UPDATE_CG" ;      //更新类别
```

```
23                //菜系
24        public static final String GET_VT="GET_VT" ;                //得到菜系
25        public static final String GET_VTMAXNO="GET_VTMAXNO";         //得到菜系最大数
26        public static final String UPDATE_VT="UPDATE_VT" ;           //更新菜系
27        public static final String DEL_VT="DEL_VT";                  //删除菜系
28        ......//由于服务器端定义的常量过多，在此不列举全部，请读者自行查阅随书光盘中的源代码}
```

> 📝 **说明**　　常量类的开发是一个准备工作，读者在下面的类或方法中如果有不知道作用的常量，可以来这个类中查找。

8.5.2　服务线程的开发

上一节介绍了服务器端常量类的开发，下面我们来介绍服务线程的开发。服务主线程接收 Pad 端和 PC 端发来的请求，将请求交给代理线程处理，代理线程通过调用 DB 处理类中的方法对数据库进行操作，然后将操作结果通过流反馈给 Pad 端或 PC 端。

（1）下面我们首先来为大家介绍一下主线程类 ServerThread 的开发，主线程类部分的代码比较短，却是服务器端最重要的一部分，是实现服务器功能的基础，具体代码如下。

🔖 **代码位置：**见随书光盘中源代码/第 8 章/OrderDishesServer/src/com/bn/serverinfo 目录下的 ServerThread.java。

```
1        package com.bn.serverinfo ;                      //声明包语句
2        ...... //这里省略引入相关类的代码，请读者自行查看源代码
3        public class ServerThread extends Thread {   //创建一个叫 ServerThread 的继承线程的类
4           public ServerSocket ss;                      //定义一个 ServerSocket 对象
5           @Override
6           public void run(){                           //重写 run 方法
7             try{                                       //因用到网络，需要进行异常处理
8                 //创建一个绑定到端口 9999 上的 ServerSocket 对象
9                 ss=new ServerSocket(9999);
10                System.out.println("Socket success :9999");      //打印提示信息
11             }catch(Exception e) {                     //捕获异常
12                e.printStackTrace();}
13           while(flag) {                               //开启 While 循环
14             try{
15                 //接收客户端的连接请求，若有连接请求返回连接对应的 Socket 对象
16                 Socket sc=ss.accept();
17                 System.out.println("客户端请求到达: "+sc.getInetAddress());//打印提示信息
18                 ServerAgentThread sat=new ServerAgentThread(sc);//创建一个代理服务线程
19                 sat.start() ; }                       //开启代理服务线程
20             catch(Exception e){
21                 e.printStackTrace();}}}               //捕获异常
22           public static void main(String args[]){     //编写主方法
23             (new ServerThread()).start();} }          //创建一个服务线程并启动
```

- 第 6~12 行为创建连接端口的方法，首先创建一个绑定到端口 9999 上的 ServerSocket 对象，然后打印连接成功的提示信息。这里注意应该进行异常处理。

- 第 13~23 行为开启线程的方法，该方法将接收客户端请求 Socket，成功后提示"客户端请求到达"，然后调用并启动代理线程对接收的请求进行具体的处理。

（2）经过上面的介绍，我们已经了解了服务器端主线程类的开发方式，下面我们来为大家介绍代理线程 ServerAgentThread 的开发，具体代码如下。

🔖 **代码位置：**见随书光盘中源代码/第 8 章/OrderDishesServer/src/com/bn/serverinfo 目录下的 ServerAgentThread.java。

```
1        package com.bn.serverinfo;                       //声明包语句
2        ......//此处省略了本类中导入类的代码，读者可以自行查阅随书光盘中的源代码
3        public class ServerAgentThread extends Thread{
4        ......//此处省略变量定义的代码，请自行查看源代码
5          public ServerAgentThread(Socket sc){           //定义构造器
```

```
6          try{
7              this.sc=sc;                                    //接收 Socket
8              in=new DataInputStream(sc.getInputStream()) ;  //创建新数据输入流
9              out=new DataOutputStream(sc.getOutputStream()); //创建新数据输出流
10         }catch(Exception e){
11             e.printStackTrace() ;  } }                     //捕获异常
12      public void run(){                                    //重写 run 方法
13             try{
14                 //将流中读取的数据放入字符串中
15                 String readinfo=IOUtil.readStr(in);
16                 System.out.println("readinfo==="+readinfo);//打印从流中读取的数据
17             if(readinfo.equals(GET_CU)){                   //得到计量单位的信息
18                 List<String[]> list=DBUtil.getCU();//调用得到计量单位信息的方法
19                 String strinfo=TypeExchangeUtil.listToString(list);
20                 //进行数据类型转换
20                 IOUtil.writeStr(out, MyConverter.escape(strinfo)); }
                   //将得到的信息写入流
21             else if(readinfo.equals(GET_CUMAXNO)){  //得到计量单位的最大编号
22                 String maxno=DBUtil.getCUMaxNO() ;  //调用方法
23                 IOUtil.writeStr(out, MyConverter.escape(maxno)); }
                   //将得到的信息写入流
24             ......//由于其他 readinfo 动作代码与上述相似，故省略，读者可自行查阅源代码
25      public String gettime(){                              //创建时间获取方法
26             //使用默认时区和语言环境获得一个日历
27             Calendar c = Calendar.getInstance();
28             //使用给定的 Date 设置此 Calendar 的时间
29             c.setTime(new java.util.Date()) ;
30             int year = c.get(Calendar.YEAR) ;             //返回给定日历年字段的值
31             int month = c.get(Calendar.MONTH)+1 ;         //返回给定日历月字段的值
32             int day = c.get(Calendar.DAY_OF_MONTH);       //返回给定日历日字段的值
33             int hour = c.get(Calendar.HOUR_OF_DAY) ;      //返回给定日历时字段的值
34             int minute = c.get(Calendar.MINUTE);          //返回给定日历分字段的值
35             int second = c.get(Calendar.SECOND) ;         //返回给定日历秒字段的值
36             return year+"-"+month+"-"+day+" "+hour+":"+minute+":"+second; }}
```

● 第 17~20 行为取得计量单位信息的方法，该方法将调用 DBUtil 的 getCU 方法来处理数据库并得到返回的列表信息，然后将列表信息转换为字符串类型，最后将字符串信息写入流回馈至 PC 端或 Pad 端。

● 第 21~23 行为取得计量单位最大编号的方法，通过调用 DBUtil 的 getCUMaxNO 方法实现，然后将得到的信息通过 MyConverter 类进行编码后写入流。

● 第 25~36 行为创建时间获取的方法。通过调用 getInstance 方法得到系统的时间信息，然后使用给定的 Date 设置此时间，再将设置好的时间信息转换成需要的格式输出。

8.5.3 DB 处理类的开发

上一节介绍了服务器线程的开发，下面我们来介绍 DBUtil 类的开发。DBUtil 是服务器端一个很重要的类，它包括了所有 Pad 端和 PC 端需要的方法。通过与数据库建立连接后执行 SQL 语句，然后将得到的数据库信息处理成相应的格式，具体代码如下。

✎ 代码位置：见随书光盘中源代码/第 8 章/OrderDishesServer/src/com/bn/serverinfo 目录下的 DBUtil.java。

```
1      package com.bn.serverinfo ;                           //声明包语句
2      ......//此处省略了本类中导入类的代码，读者可以自行查阅随书光盘中的源代码
3      public class DBUtil {                                 //创建主类
4         public static Connection getConnection(){          //编写与数据库建立连接的方法
5         Connection con = null;                             //声明连接
6            try{
7                   Class.forName("org.gjt.mm.mysql.Driver");   //声明驱动
8                   //得到连接（数据库名，编码形式，数据库用户名，数据库密码）
9                   con = DriverManager.getConnection("jdbc:mysql://localhost/
                    orderdish?
10                        useUnicode=true&characterEncoding=UTF-8","root","");
```

```
11              }catch(Exception e){
12                  e.printStackTrace() ; }                    //捕获异常
13                  return con ; }                             //返回连接
14      public static String getWorkeridByname(String string){//根据员工的姓名得到 ID
15              Connection con = getConnection();              //与数据库建立连接
16              Statement st = null ;                          //创建接口
17              ResultSet rs = null;                           //结果集
18              String str = null;                             //字符串常量
19          try{
20                  st = con.createStatement();     //创建一个对象来将 SQL 语句发送到数据库
21                  //编写 SQL 语句
22                  String task = "select w_id from WorkerInfo where w_name='"+string+
                    "';";
23                  rs = st.executeQuery(task);                //执行 SQL 语句
24                  rs.next();                                 //遍历执行
25                  str=rs.getString(1);               //将查询得到的员工 ID 放入字符串常量
26               }catch(Exception e){
27                  e.printStackTrace();                       //捕获异常，返回空值
28                  return null; }
29          finally{
30                  try {rs.close();} catch (SQLException e) {e.printStackTrace();}
                    //关闭结果集
31                  try {st.close();} catch (SQLException e) {e.printStackTrace();}
                    //关闭接口
32                  try {con.close();} catch (SQLException e) {e.printStackTrace();}}
                    //关闭连接
33                  return str; }                                        //返回员工 ID
34      ....../*由于其他方法代码与上述十分相似，该处省略，读者可自行查阅随书光盘中源代码*/}
```

● 第 4~13 行为编写与数据库建立连接的方法，选择驱动后建立连接，然后返回连接。这里注意建立连接时各数据库属性依读者自己的 MySQL 设置而定。

● 第 14~33 行为根据员工的姓名得到 ID 的方法。先与数据库建立连接，然后编写正确的 SQL 语句并执行，得到员工 ID 后赋值给字符串变量，关闭相关的结果集、接口、连接。最后返回员工 ID 的字符串。

8.5.4　流处理类的开发

上一节介绍了 DB 处理类的开发，这一节我们来介绍流处理类的相关开发。流处理是服务器端很重要的一个环节，服务器处理后的所有数据最终都会经过流反馈给 Pad 端或 PC 端，所以，没有流处理，服务器的功能就不完整。流处理的具体作用是将字符串（或字节）写入（或读取），通过写入读取的过程完成数据的传输。下面介绍流处理类的具体代码。

（1）首先我们来介绍读取流的方法 readBytes 和 readStr 的开发，它们分别以字节和字符串的形式进行读取流的操作，具体代码如下。

代码位置：见随书光盘中源代码/第 8 章/OrderDishesServer/src/com/bn/serverinfo 目录下的 IOUtil.java。

```
1       package com.bn.serverinfo ;                            //声明包语句
2       ......//这里省略导入类的代码，读者可自行查看源代码
3       public class IOUtil{                                   //创建主类
4        public static byte[] readBytes(DataInputStream din) {       //从流中读取字节
5               byte[] data=null;                              //声明字节数组
6               //创建一个新的缓冲输出流，指定缓冲区大小为 1024 比特
7               ByteArrayOutputStream out= new ByteArrayOutputStream(1024);
8           try {                                              //循环接收数据
9               int len =0,temRev=0,size;
10              len =din.readInt()                             //得到数据输入流的长度
11              System.out.println("len======"+len) ;          //打印长度
12              byte[ ] buf=new byte[len-temRev] ;             //创建另一个字节数组
13                while ((size = din.read(buf)) != -1){        //若有读取内容
14                  temRev+=size;
15                  out.write(buf, 0, size);                   //写入输出流
```

```
16                    if(temRev>=len){                            //若接收长度大于流长度
17                        break; }                                //停止接收
18                      buf = new byte[len-temRev] ; }            //给 buf 重新赋值，以此进行循环
19                    data = out.toByteArray() ;
20                    }catch (IOException e) {                    //捕获 IO 异常
21                        e.printStackTrace();
22                    }finally{
23                        try {out.close();} catch (IOException e) {e.printStackTrace();} }
                         //关闭流并捕获异常
24                    return data ; }                             //返回字节数组
25        public static String readStr(DataInputStream din){     //读取数据输入流
26                    String str=null;                            //声明字符串常量
27                    byte[] data=null;
28                    ByteArrayOutputStream out= new ByteArrayOutputStream(1024);
29            try {                                               //循环接收数据
30                    int len =0,temRev =0,size;
31                    len =din.readInt() ;                        //得到数据输入流的长度
32                    byte[] buf = new byte[len-temRev];          //创建另一个字节数组
33                    while ((size = din.read(buf)) != -1){       //若有读取内容
34                        temRev+=size;
35                        out.write(buf, 0, size);                //写入输出流
36                        if(temRev>=len){                        //若接收长度大于流长度
37                        break; }                                //停止接收
38                        buf = new byte[len-temRev];}            //给 buf 重新赋值，以此进行循环
39                    data = out.toByteArray();
40                    str= new String(data,0,len,"utf-8");        //以 UTF-8 编码将数据字节流存入字符串
41                    str=MyConverter.unescape(str) ;             //将字符串译码
42                    }catch (IOException e){                     //捕获 IO 异常
43                        e.printStackTrace();
44                        }finally{
45                    //关闭流并捕获 IO 异常
46                        try {out.close();} catch (IOException e) {e.printStackTrace();} }
47            return str; }                                       //返回字符串
48    public static void writeStr(DataOutputStream dout,String str){
49    /*向流中写入字符串,此处省略将在下面介绍*/}
50    public static void writeBytes(DataOutputStream dout,byte[] data){
51    /*向流中写入字节,此处省略将在下面介绍*/}}
```

- 第 4~24 行为从流中读取字节的方法。以字节数组的形式循环接收流的数据直到流为空，打印出数组长度，然后将接收到的数据存入 data 中并返回。

- 第 25~47 行为从流中读取字符串的方法。循环读取流中的信息，然后将从流中接收到的信息以字节数组的形式赋值给 data，再以 UTF-8 编码将 data 存入字符串中并译码。

（2）通过上面的介绍，我们已经了解了读取流的方法，下面我们来介绍写入流的方法 writeStr 和 writeBytes 的开发，它们分别以字符串和字节的方式进行写入流的操作，具体代码如下。

📝 代码位置：见随书光盘中源代码/第 8 章/OrderDishesServer/src/com/bn/serverinfo 目录下的 IOUtil.java。

```
1     public static void writeStr(DataOutputStream dout,String str){//向流中写入字符串
2         try{
3         dout.writeUTF("STR") ;                   //使用 UTF-8 修改版编码将 STR 写入输出流
4         dout.writeInt(str.length());             //写入长度为字符串长度
5         dout.write(str.getBytes());              //写入内容为字符串的比特形式
6         dout.flush();}                           //刷新并输出此输出流
7         catch(Exception e){                      //捕获异常
8             e.printStackTrace();
9             }finally{
10            try{dout.flush();}catch(Exception e){e.printStackTrace();}}}
              //必须刷新并输出流
11    public static void writeBytes(DataOutputStream dout,byte[] data) {
      //向流中写入字节
12        try{
13        dout.writeUTF("BYTE");                   //使用 UTF-8 修改版编码将 BYTE 写入输出流
14        dout.writeInt(data.length) ;             //写入长度为字节长度
15        dout.write(data) ;                       //写入内容为字节数组
16        dout.flush() ;                           //刷新并输出此输出流
```

```
17              }catch(Exception e){                        //捕获异常
18                  e.printStackTrace();
19              }finally{
20                  try{dout.flush();}catch(Exception e){e.printStackTrace();}}}
                //必须刷新并输出清空流
```

> ✒说明
>
> 　　向流中写入时需使用 UTF-8 修改版编码。根据写入长度和写入类型完成写入的工作，当完成写入后必须刷新并输出清空流，这样才能保证完成全部内容的写入。

8.5.5　图片处理类

　　上一节主要介绍了服务器用到的流的处理代码，下面介绍图片处理类。Pad 端和 PC 端都会进行图片处理，包括获得图片、缩放图片、保存图片等操作，这些操作都可以通过这个类中的方法完成。下面是图片处理类的代码。

　　（1）首先为大家介绍缩放图片的方法 scaledImg、按宽度等比例缩放图片的方法 scaledImgByWid 和按高度等比例缩放图片的方法 scaledImgByHei 的开发，具体代码如下。

　📡 **代码位置**：见随书光盘中源代码/第 8 章/OrderDishesServer/src/com/bn/serverinfo 目录下的 PicScaleUtil.java。

```
1    package com.bn.serverinfo;                              //声明包语句
2    ......//此处省略类的导入，请读者自行查看源代码
3    public class PicScaleUtil {
4        //缩放图片
5        public static BufferedImage scaledImg(byte[ ]pic,int width,int height) throws
         IOException{
6            ByteArrayInputStream bis = new ByteArrayInputStream(pic);//byte-->图片
7            BufferedImage bi = ImageIO.read(bis);              //创建图片
8            Image img = bi.getScaledInstance(width, height, Image.SCALE_SMOOTH);
             //缩放图片
9        //将图片信息放入图片缓冲
10           BufferedImage bufImg=new BufferedImage
11               (img.getWidth(null),img.getHeight(null),BufferedImage.
                 TYPE_INT_RGB);
12           bufImg.getGraphics().drawImage(img,0,0,null);    //绘制图片
13           bis.close() ;                                     //关闭流
14           return bufImg ; }                                 //返回图片
15       //按宽度等比例缩放图片
16       public static BufferedImage scaledImgByWid(BufferedImage bi, int width) throws
         IOException{
17           double primaryWid = 0;
18           double primaryHei = 0;
19           int height = 0 ;                                  //待缩放的高度
20           double proportion = 0;
21           primaryWid = bi.getWidth();                       //得到图片宽度
22           primaryHei = bi.getHeight() ;                     //得到图片高度
23           proportion = width/primaryWid;
24           System.out.println("proportion="+proportion);     //打印单位宽度
25           height = (int)(primaryHei*proportion) ;           //定义高度
26           Image img = bi.getScaledInstance(width, height, Image.SCALE_SMOOTH) ;
             //缩放图片
27       //将图片信息放入图片缓冲
28           BufferedImage bufImg=new BufferedImage
29               (img.getWidth(null),img.getHeight(null),BufferedImage.TYPE_
                 INT_RGB);
30           bufImg.getGraphics().drawImage(img,0,0,null);    //绘制图片
31           return bufImg;}                                   //返回图片
32       //按高度等比例缩放图片
33       public static BufferedImage scaledImgByHei(BufferedImage bi, int height) throws
         IOException{
34           double primaryWid = 0;
35           double primaryHei = 0;
36           int width = 0;                                    //待缩放的高度
```

```
37              double proportion = 0;                        //声明单位
38              primaryWid = bi.getWidth();                   //得到图片宽度
39              primaryHei = bi.getHeight();                  //得到图片高度
40              proportion = height/primaryWid;
41              System.out.println("proportion="+proportion); //打印单位宽度
42              width = (int)(primaryHei*proportion);         //定义高度
43              Image img = bi.getScaledInstance(width, height, Image.SCALE_SMOOTH);
                //缩放图片
44              //将图片信息放入图片缓冲
45              BufferedImage bufImg=new BufferedImage
46                   (img.getWidth(null),img.getHeight(null),BufferedImage.
                     TYPE_INT_RGB);
47              bufImg.getGraphics().drawImage(img,0,0,null);  //绘制图片
48              return bufImg;}                                //返回图片
49    public static void saveImage(BufferedImage img,String path) throws IOException{
50    /*保存图片，将在下面介绍*/}
51    public static byte[ ]getPic(String path) {/*从磁盘获取图片，将在下面介绍*/}}}
```

- 第 5~14 行为缩放图片的方法。将图片的比特数组信息放入数据流，然后读取流中的数据创建图片，按需要的大小进行缩放后放入图片缓冲并重绘。

- 第 16~31 行为按宽度等比例缩放图片的方法。定义好图片的格式之后利用图片缓冲的 getScaledInstance 方法缩放图片，再将图片信息放入图片缓冲中按格式重绘。

- 第 33~48 行为按高度等比例缩放图片的方法，与按宽度等比例缩放相似。

（2）下面我们来为大家介绍一下上面省略的保存图片的方法 saveImage 和从磁盘获得图片的方法 getPic 的开发，具体代码如下。

✎ **代码位置：**见随书光盘中源代码/第 8 章/OrderDishesServer/src/com/bn/serverinfo 目录下的 PicScaleUtil.java。

```
1     public static void saveImage(BufferedImage img,String path) throws IOException{
      //保存图片
2          //通过将给定路径 path 转换为抽象路径名来创建一个新 File 实例
3          File f=new File(path);
4          FileImageOutputStream imgout=new FileImageOutputStream(f);
           //将 File 实例放入输出流
5          ImageIO.write(img,"JPEG",f);                      //将实例写入图片流
6          imgout.close() ; }                                //关闭图片流
7     public static byte[]getPic(String path){              //从磁盘获得图片
8          byte[] pic =null;                                 //声明图片比特数组
9          try {
10             //根据路径创建输入流
11             BufferedInputStream in = new BufferedInputStream(new FileInputStream (path));
12             //创建一个新的缓冲输出流，指定缓冲区大小为 1024Byte
13             ByteArrayOutputStream out = new ByteArrayOutputStream(1024);
14             byte[] temp = new byte[1024];                 //创建大小为 1024 的比特数组
15             int size = 0;                                 //定义大小常量
16             try {
17                 while ((size = in.read(temp)) != -1) {    //若有内容读出
18                     out.write(temp, 0, size) ; }          //写入比特数组
19                     in.close();                           //关闭流
20             } catch (IOException e){                      //捕获流异常
21                 e.printStackTrace();}
22             pic= out.toByteArray();       //将图片信息以比特数组形式读出并赋值给图片比特数组
23             } catch (Exception e1) {  //捕获异常
24                 e1.printStackTrace();}
25             return pic ; }}                //返回图片比特数组
```

> ✐ **说明**　通过流对图片进行操作。从磁盘中获得图片的方法是根据图片路径将图片信息放入输入流中，通过循环读取输入流的信息并写入输出流。然后以字节数组的形式读取输出流的信息并返回。

8.5.6　辅助工具类

上面主要介绍了服务器端各功能的具体方法，在服务器中的类调用方法的时候，需要用到两个工具类，即数据类型转换类和编译码类。下面将分别介绍这两个工具类。工具类在各项目中十分常用，请读者仔细阅读。

1.　数据类型转换类

在 DB 处理类执行方法时，需要把指定的数据转换成字符串数组的形式然后再进行处理。在代理线程方法中，经过 DB 处理返回的列表数据又需要经过数据转换变为字符串才能写入流。下面我们来介绍数据类型转换类的代码。

（1）首先我们来为大家介绍一下数据类型转换类 TypeExchangeUtil 的开发，具体代码如下。

📝 **代码位置：** 见随书光盘中源代码/第 8 章/OrderDishesServer/src/com/bn/serverinfo 目录下的
TypeExchangeUtil.java。

```
1   package com.bn.serverinfo;                                //声明包语句
2   ......//这里省略导入类的代码，读者可自行查看源代码
3   public class TypeExchangeUtil{
4       //把列表数据转换成字符串类型
5    public static String listToString(List<String[]> list){
6          StringBuffer sb=new StringBuffer();                //创建一个字符串变量 StringBuufer
7          if(list!=null) {                                   //如果列表为空
8              for(int i=0;i<list.size();i++){                //遍历列表
9                  String str[]=list.get(i);                  //将列表的值赋给字符串
10                 for(int j=0;j<str.length;j++){             //遍历字符串数组
11                     sb.append(str[j]+"η"); }               //将字符串放入 StringBuffer
12                 sb.substring(0,sb.length()-1);            //返回整个字符串
13                 sb.append("#") ; }}                        //在 StringBuffer 后加#符号
14             return sb.toString() ;}                        //将 StringBuffer 以字符串形式返回
15      //把字符串转换成 List<String[]>类型
16   public static List<String[]> strToList(String msg){
17       List<String[]> list =new ArrayList<String[]>() ;     //创建一个新列表
18       String []str=msg.split("#");                         //将字符串数组以#为界分割开
19       for(int i=0;i<str.length;i++){                       //遍历字符串数组
20           if(str[i].length()>0)                            //若字符串长度大于零
21               list.add(str[i].split("η")); }               //将字符串以 η 分割并添加入列表中
22       return list ; }                                      //返回列表
23      //用来将一组图片的 List<byte[]>转换为 String
24   public static String ByteToString(byte[] list){
25               StringBuffer sb = new StringBuffer();        //创建一个新的字符串变量
26               byte str[]=list;                             //用比特数组接收列表信息
27               try {
28                   //使用 ISO-8859-1 解码，构造一个新的 String
29                   String imagestr=new String(str,"ISO-8859-1");
30                   //将图片信息后加#符号并添加到字符串变量后
31                   sb.append(imagestr+"#");
32                   sb.substring(0, sb.length()-1) ;         //返回整个字符串
33               } catch (UnsupportedEncodingException e){    //捕获编码异常错误
34                           e.printStackTrace();}
35                   return sb.toString();}                   //将字符串变量以字符串的形式返回
36      //将列表以字符串输出
37   public static String listString(List<String> list){
38           StringBuffer sb=new StringBuffer() ;            //创建一个字符串变量 StringBuffer
39           if(list.size()!=0) {                            //若列表的长度不为零
40               for(int i=0;i<list.size();i++) { //遍历列表
41                //将列表元素后加#符号后添加到字符串变量后
42                   sb.append(list.get(i)+"#"); }
43                   sb.substring(0, sb.length()-1) ;}        //返回整个字符串
44               return sb.toString();}                       //将字符串变量以字符串形式返回
45       public static String getCurTime(){/*获取当前时间的方法将在下面介绍*/}
46       public static String stringArrayToString(String str[]){/*将字符串数组转换成字符串
         将在下面介绍*/}}
```

- 第 5~14 行为将列表数据转换为字符串类型的方法，首先创建一个字符串缓冲，然后遍历列表为 StringBuffer 赋值，利用"#"将 StringBuffer 分割后以字符串的形式返回。

- 第 16~22 行为把字符串转换成 List<String[]>类型的方法，通过 split 方法将字符串数组以#为界分割开，然后循环遍历整个字符串数组并赋值给列表。

- 第 24~35 行为将一组图片的 List<byte[]>转换为 String 的方法，使用 ISO-8859-1 解码，构造一个新的 String，在图片信息后加#符号并添加到字符串变量，然后返回整个字符串。

- 第 37~44 行为将列表以字符串输出的方法，通过循环遍历列表将列表元素后加#符号后添加到字符串变量，然后以字符串的形式返回。

（2）下面为大家介绍一下上面省略的获取时间的方法 getCurTime 的开发，具体代码如下。

✎ 代码位置：见随书光盘中源代码/第 8 章/OrderDishesServer/src/com/bn/serverinfo 目录下的 TypeExchangeUtil.java。

```
1    public static String getCurTime(){                          //获取当前时间
2            String curtime=null;                                //声明当前时间常量字符串
3        //使用默认时区和语言环境获得一个日历
4            Calendar  c=Calendar.getInstance();
5        //使用给定的 Date 设置此 Calendar 的时间
6        c.setTime(new  java.util.Date());
7            int  year=c.get(Calendar.YEAR);                      //返回给定日历年字段的值
8            String  month=c.get(Calendar.MONTH)+1+"" ;           //返回给定日历月字段的值
9            String  day=c.get(Calendar.DAY_OF_MONTH)+"";
10           int  hour=c.get(Calendar.HOUR_OF_DAY);
11           int  minute=c.get(Calendar.MINUTE) ;
12           int  second=c.get(Calendar.SECOND);
13           month=Integer.parseInt(month)<10?("0"+month):month; //不足位补零
14           day=Integer.parseInt(day)<10?("0"+day):day;         //不足位补零
15       //将得到的时间信息赋值给 curtime
16       curtime=year+"-"+month+"-"+day+" "+hour+":"+minute+":"+second;
17           return curtime; }                                   //返回时间常量字符串
```

✏ 说明　计算机拥有自己默认格式的一个日历，若需要使用到日历相关的信息可以先通过 getInstacnce()方法获取这个默认的日历，然后再根据自身的需要进行格式的更改。

（3）经过上面的介绍，大家已经了解了几种数据类型转换的方法以及获取时间的方法，接下来为大家介绍将字符串数组转换成字符串的方法 stringArrayToString 的开发，具体代码如下。

✎ 代码位置：见随书光盘中源代码/第 8 章/OrderDishesServer/src/com/bn/serverinfo 目录下的 TypeExchangeUtil.java。

```
1         public static String stringArrayToString(String str[]){
2             StringBuffer sb = new StringBuffer(); //创建一个新的字符串变量
3             if(str!=null){                        //若字符串数组为空
4                 for(String strr : str) {          //遍历字符串数组
5                     sb.append(strr+"#");} }        //在字符串后加#并添加到字符串变量后
6         return sb.toString() ; } }                //将字符串变量以字符串形式返回
```

✏ 说明　上述数据类型转换的方法应用的地方比较多，在很多其他项目中亦可见到。请读者仔细研读，理解其中的逻辑方式，以后便可直接拿来使用。

2. 编译码类

上一小节中介绍了数据类型转换类的开发，本小节介绍本服务器端第二个工具类，编译码类。

代理线程通过调用 DB 处理类中的方法对数据库进行操作后，将得到并转换后的操作结果通过流反馈给 Pad 端或 PC 端，这些操作结果必须经过编译码类中的方法编码后才能写入流，读取时必须先解码，这样保证了数据传输的正确性。由于篇幅有限，请读者自行查看随书光盘中的源代码/第 8 章/OrderDishesServer/src/com/bn/serverinfo 目录下的 MyConverter.java。

8.5.7　其他方法的开发

在上面的介绍中，省略了 DB 处理类中的一部分方法和其他类中的一些变量的定义，但是想要完整实现各功能是需要所有方法合作的。这些省略的方法并不是不重要，只是篇幅有限，无法一一详细介绍，请读者自行查看随书光盘中的源代码。

8.6　Android 端的准备工作

前面的章节中介绍了点菜系统 PC 端和服务器端的功能实现，在开始进行 Android 端的开发工作之前，需要进行相关的准备工作。这一节主要介绍 Pad 端的图片资源、xml 资源文件。

8.6.1　图片资源的准备

在 Eclipse 中，新建一个 Android 项目 Mainsurface。在进行开发之前需要准备程序中要用到的图片资源，包括背景图片、图形按钮的图片。本系统用到的图片资源如图 8-24 所示。

▲图 8-24　Pad 点菜系统 Android Pad 手持端用到的资源图片

> 说明　将图 8-24 中的图片资源放在项目文件夹下的 res\drawable-nodpi 目录下。在使用该文件夹中的某一图片时，只需调用该图片对应的 ID 即可。

8.6.2　xml 资源文件的准备

下面介绍本系统中 Android 客户端部分 xml 资源文件，主要有 colors.xml、strings.xml 和 styles.xml。

1．colors.xml 的开发

colors.xml 中存放了一些预先定义好的颜色，这些颜色将会在程序代码和 XML 布局文件中被调用。在项目中的 res/values 目录下创建此文件，并输入如下代码。

📎 **代码位置：** 见随书光盘中源代码/第 8 章/Mainsurface/res/values 目录下的 colors.xml。

```
1    <?xml version="1.0" encoding="utf-8"?>        <!--版本号及编码方式  -->
2    <resources>
```

```
3       <color name="red">#fd8d8d</color>              <!--红色，用于设置字体颜色-->
4       <color name="blue">#8d9dfd</color>             <!--蓝色，用于设置字体颜色-->
5       <color name="white">#FFFFFF</color>           <!--白色，用于设置字体颜色和背景颜色-->
6       <color name="black">#000000 </color>          <!--黑色，用于设置字体颜色和背景颜色-->
7       <color name="white_yellow">#FFFFDD </color>    <!--白黄，用于设置背景颜色-->
8       <color name="orange">#F19F32 </color>          <!--橙色，用于设置字体颜色-->
9       <color name="red_yellow">#CC6600</color>       <!--红黄色，用于设置字体颜色-->
10   </resources>
```

> **说明**　上述代码声明了程序中需要用到的颜色信息的设置，在之后的程序开发中读者直接调用即可。这样可以增加程序的可维护性、一致性和可靠性。

2. strings.xml 的开发

strings.xml 文件用于存放字符串资源，项目创建后默认会在 res/values 目录下创建一个 strigs.xml，用于存放开发阶段所需要的字符串资源，实现代码如下。

代码位置：见随书光盘中源代码/第 8 章/Mainsurface/res/values 目录下的 strings.xml。

```
1    <?xml version="1.0" encoding="utf-8"?>              <!--版本号及编码方式  -->
2    <resources>
3       <string name="hello">Hello World, MainUIActivity!</string>
4       <string name="app_name">服务员手持端</string>        <!--标题-->
5       <string name="loginbs">员工登录</string>             <!--登录界面用到的字符串-->
6       <string name="workerid">员工编号:</string>           <!--登录界面用到的字符串-->
7       <string name="password">员工密码:</string>           <!--登录界面用到的字符串-->
8       <string name="isrem">是否记住: </string>             <!--登录界面用到的字符串-->
9       <string name="ok" >确定</string>                    <!--对话框用到的字符串-->
10      <string name="reset" >取消</string>                 <!--弹出对话框用到的字符串-->
11      <string name="back">返回</string >                  <!--返回 Pad 点餐界面用到的字符串-->
12      <string name="ydcp" >已点菜品</string>              <!--对话框用到的字符串-->
13      <string name="num">数量</string>                    <!--已选菜品界面用到的字符串-->
14      <string name="xd">下单</string >                    <!--已选菜品界面用到的字符串-->
15      <string name="deskid">桌台号: </string>             <!--已选菜品、账单查询界面用到的字符串-->
16      <string name="deskname">桌名: </string >            <!--已选菜品、账单查询界面用到的字符串-->
17      <string name="allmoney">总金额: </string>           <!--已选菜品、账单查询界面用到的字符串-->
18      <string name="pointinfo">餐台信息</string>          <!--餐台信息界面用到的字符串-->
19      <string name="allpointinfo">全部</string>           <!--餐台信息界面用到的字符串-->
20      <string name="pointselect">区域选择</string>        <!--餐台信息界面用到的字符串-->
21      <string name="dt">大厅</string>                     <!--餐台信息界面用到的字符串-->
22      <string name="bx" >包厢</string>                    <!--餐台信息界面用到的字符串-->
23      <string name="waiterno">服务员编号: </string>        <!--账单查询界面用到的字符串-->
24      <string name="orderid">订单 ID: </string>           <!--账单查询界面用到的字符串-->
25      <string name="ordertime">下单时间: </string>         <!--账单查询界面用到的字符串-->
26      <string name= "vegename">菜品名称</string>          <!--账单查询界面用到的字符串-->
27      <string name="vegecount">菜品数量</string>          <!--账单查询界面用到的字符串-->
28      <string name= "vegeprice">菜品价格</string>         <!--账单查询界面用到的字符串-->
29      <string name= "opentable">开台</string>            <!--开台信息用到的字符串-->
30      <string name ="refrush">更新</string >             <!--餐台加菜界面用到的字符串-->
31   </resources>
```

> **说明**　上述代码中声明了程序中需要用到的固定字符串。重复使用代码可避免编写新的代码，增加了代码的可靠性并提高了一致性。

3. styles.xml 的开发

在项目 res/values 目录下新建 styles.xml，该文件中存放一些定义好的风格样式，作用于一系列单个控件元素的属性，本程序中的 styles.xml 文件代码用于设置对话框的格式，部分代码如下所示。

🐝 **代码位置：** 见随书光盘中源代码/第 8 章/Mainsurface/res/values 目录下的 styles.xml。

```
1    <?xml version="1.0" encoding="utf-8" ?>              <!--版本号及编码方式-->
2    <resources>
3        <style name="logindialog" parent="@android:style/Theme.Dialog">
4                                                         <!--登录对话框的样式-->
5            <!--Dialog 的窗口框架设置为无-->
6        <item name="android:windowFrame">@null </item>
7          <item name="android:windowIsFloating">true</item><!--设置对话框为浮动-->
8          <item name="android:windowIsTranslucent">false </item> <!--设置对话框为
             不透明-->
9            <!--设置对话框格式为无标题模式-->
10       <item name="android:windowNoTitle">true </item>
11          <item name="android:windowBackground">@drawable/shapecorner</item>
12     <!--设置对话框窗口背景-->
13       <item name="android:backgroundDimEnabled">false</item>    <!--去背景遮盖-->
14   </style>
15   </resources>
```

✏️ 说明 ┊ 上述代码用于声明程序中对话框的样式，使用定义好的风格样式，方便读者在写程序时调用。其余代码作用类似，读者可以根据上述代码注释看懂，在这里就不再赘述。

8.7　欢迎界面功能模块的实现

上一节介绍了 Pad 端图片以及 xml 资源的准备，下面章节将会介绍 Pad 点菜系统 Android Pad 手持端欢迎界面功能模块的实现。本节主要讲解员工登录及设置 IP 和密码等相关功能的实现，连接服务器端完成登录、设置、注销和退出等功能。

8.7.1　欢迎界面的开发

单击进入 Pad 点菜系统，首先进入的是欢迎界面，在欢迎界面添加一些按钮并进行相应的设置，以实现相关的操作。搭建的欢迎界面 main.xml 的具体代码如下。

🐝 **代码位置：** 见随书光盘中源代码/第 8 章/Mainsurface/res/layout 目录下的 main.xml。

```
1    <?xml version="1.0" encoding="utf-8"?>              <!--版本号及编码方式-->
2    <!--此帧式布局包含两个线性布局-->
3    <FrameLayout  xmlns:android="http://schemas.android.com/apk/res/android "<!--帧
     式布局 -->
4        android:layout_width="fill_parent"
5        android:layout_height="fill_parent"
6        android:background="@drawable/mainback"
7        android:orientation="vertical">
8        <LinearLayout                                  <!--线性布局-->
9        android:layout_width="fill_parent"
10       android:layout_height="wrap_content"
11       android:layout_marginTop="210dip"
12       android:gravity="center"
13       android:orientation="horizontal">
14       <TextView                                      <!--文本域-->
15         android:layout_width="wrap_content"
16         android:layout_height="wrap_content"
17         android:text="欢 迎 光 临"
18         android:textSize="100dip">
19       </TextView>
20       </LinearLayout>
21       <LinearLayout                                  <!--线性布局-->
22         android:layout_width="fill_parent"
23         android:layout_height="wrap_content"
24         android:layout_gravity="bottom">
```

```
25              <com.bn.main.ButtonListBar            <!--添加画的按钮-->
26              android:layout_width="fill_parent"
27              android:layout_height="109dip"
28              android:id="@+id/bbar"/>
29      </LinearLayout>
30      </FrameLayout>
```

● 第3~7行用于声明总的帧式布局，帧式布局中包含两个线性布局。设置帧式布局的宽度为屏幕宽度，高度为屏幕高度，排列方式为垂直排列，并设置总的帧式布局背景颜色。

● 第8~20行用于声明线性布局，线性布局中包含一个 TextView 控件，并设置了 LinearLayout 宽、高、位置的属性和 TextView 宽、高、内容、大小的属性。

● 第21~29行用于声明线性布局，线性布局中包含 ButtonListBar.java 类中绘制的按钮控件，并设置了 LinearLayout 宽、高、位置的属性和 ButtonListBar 宽、高的属性。

8.7.2　员工登录功能的开发

上一小节主要介绍了欢迎界面的开发，在 Pad 手持端的欢迎界面点击了点菜按钮之后，进入员工登录界面，员工输入员工编号和密码通过服务器的验证之后方可进入点菜系统。

（1）首先介绍员工登录界面搭建 loginui.xml 的开发，具体代码如下。

✒ **代码位置：** 见随书光盘中源代码/第 8 章/Mainsurface/res/layout 目录下的 loginui.xml。

```
1    <?xml version="1.0" encoding="utf-8"?>          <!--版本号及编码方式-->
2    <LinearLayout
3      xmlns:android=" http://schemas.android.com/apk/res/android"   <!--线性布局-->
4      android:layout_width="fill_parent"
5      android:layout_height="fill_parent"
6      android:id="@+id/logindialog"
7      android:orientation="vertical">
8    <LinearLayout                                    <!--线性布局-->
9      android:layout_width="450dip"
10     android:layout_height="350dip"
11     android:id="@+id/logindialog"
12     android:orientation="vertical"
13     android:gravity="center">
14     <TextView                                      <!--文本域-->
15     android:layout_width="fill_parent"
16     android:layout_height="wrap_content"
17     android:text="@string/loginbs"
18     android:textStyle="bold"
19     android:textSize="22dip"
20     android:layout_marginTop="5dip"
21     android:textColor="@color/orange"
22     android:gravity="center">
23     </TextView>
24     ……//此处文本域和文本编辑域与上述相似，故省略，读者可自行查阅随书光盘中的源代码
25     <ToggleButton                                  <!--双状态按钮-->
26      android:layout_width="wrap_content"
27      android:layout_height="wrap_content"
28      android:background="@drawable/ischeck"
29      android:id="@+id/login_imagebutton"
30      android:textOn=""
31      android:textOff=""
32      android:checked="true"></ToggleButton>
33     ……//此处按钮与上述相似，故省略，读者可自行查阅随书光盘中的源代码
34     </LinearLayout>
35   </LinearLayout>
```

● 第2~7行用于声明总的线性布局。设置帧式布局的宽度为屏幕宽度，高度为屏幕高度，排列方式为垂直排列，并进行 ID 的设置。

● 第8~23行用于声明线性布局，线性布局中包含一个 TextView 控件，并设置了 LinearLayout 宽、高、位置的属性和 TextView 宽、高、内容、大小等属性。

● 第 25~32 行用于声明线性布局中 ToggleButton 按钮的属性，包含 ToggleButton 背景等属性的设置。

（2）下面介绍员工登录界面 LoginActivity 中按钮功能的开发。登录界面的按钮在获取了员工的编号以及密码之后，根据不同的情况做出不同的操作并给出不同的提示信息。其他按钮的功能读者可自行参照随书光盘进行学习，具体代码如下。

代码位置：见随书光盘中源代码/第 8 章/Mainsurface/src/com/bn/login 目录下的 LoginActivity.java。

```
1    ......//此处省略声明包语句以及类的导入，请读者自行查看源代码
2    public class LoginActivity extends Activity {
3      ......//此处省略变量的定义，请读者自行查看源代码
4      ......//此处省略 Handler 的方法，将在下面进行介绍
5      public void onCreate(Bundle savedInstanceState){
6        ......//此处省略界面搭建以及获取按钮的代码，请读自行查看源代码
7        bok.setOnClickListener (                              //登录按钮的监听
8          new OnClickListener( ){                            //匿名内部类
9            public void onClick(View v) {                    //重写 onClick 方法
10             userid=loginid.getText().toString( );          //获取输入的员工编号
11             userpw=loginpw.getText().toString( );          //获取输入的员工密码
12             //获取 SharedPreferences
13             sp=LoginActivity.this.getSharedPreferences("info",Context.
                 MODE_PRIVATE);
14             did=sp.getString("user", null);                //获取用户名
15             if(did!=null&&userid.equals(did)) {            //当前操作用户
16               Toast.makeText(LoginActivity.this, did+"为当前使用用户无需登录",
17                   Toast.LENGTH_SHORT).show( );            //当前状况显示的信息内容
18               LoginActivity.this.finish( );                //结束当前 activity
19               return;                                      //结束当前方法
20             }if(did!=null&&!(userid.equals(did))){          //已登录用户
21               Toast.makeText(LoginActivity.this, "当前已经有用户，请先注销",
22                   Toast.LENGTH_SHORT).show( );            //当前状况显示的信息内容
23               LoginActivity.this.finish( );                //结束当前 activity
24               return;                                      //结束当前方法
25             }if(userid.equals("")) {                       //用户编号为空
26               Toast.makeText(LoginActivity.this, "请输入用户编号!!!",
27                   Toast.LENGTH_SHORT).show( );            //当前状况显示的信息内容
28               return;                                      //结束当前方法
29             }if(userpw.equals("")) {                       //用户密码为空
30               //当前状况显示的信息内容
31               Toast.makeText(LoginActivity.this, "请输入密码!!!",
32                   Toast.LENGTH_SHORT) .show( );
33               return;
34             }validateThread();}}) ;                        //登录线程
35        breset.setOnClickListener(                          //取消按钮监听
36          new OnClickListener(){                            //匿名内部类
37            public void onClick(View v){                    //重写 onClick 方法
38              LoginActivity.this.finish( ); }});}           //结束当前 activity
39      //把需要做的内容都放入一个线程中开启线程进行判断
40      public void validateThread(){
41        new Thread(){                                      //发送数据
42        @Override
43          public void run( ){                              //重写 run 方法
44            try {
45              //根据员工 ID 查看是否有登录权限
46              DataUtil.loginValidate(userid, userpw,handler) ;
47            }catch (Exception e){                           //如果捕获到异常就发送 handler
48              Message msg=new Message( );                  //创建一个 msg 对象
49              //设置消息的 what 值
50              msg.what=LoginConstant.SHOW_AUTH_TOST_MESSAGE;
51              Bundle b=new Bundle();
52              //将内容字符处放进 Bundle 中
53              b.putString("msg","网络未连接，请检查您的网络后重新登录");
54              msg.setData(b);                               //设置数据 Bundle
55              handler.sendMessage(msg);                     //发送信息
56              return ;
57      }}}.start();}}                                         //启动线程
```

- 第 7~34 行为登录界面的确定按钮添加监听器，获取当前员工的员工编号、密码和用户名，并根据填写的状况和内容给出相应的 Toast 提示信息，并调用登录线程判断该员工是否有登录权限。

- 第 35~38 行为登录界面的取消按钮添加监听器，单击后退出登录对话框回到主界面。

- 第 40~57 行新建一个线程，调用 DataUtil.java 类中的 loginValidate 方法将参数上传，判断该员工是否有登录权限。创建一个 Bundle 对象，将网络未连接的信息放入 Bundle 中。同时创建一个 Message 对象，将消息中的数据设置为 Bundle 中的值，开启线程后员工信息发送给服务器端。

（3）上面省略的登录界面类 LoginActivity 的 Handler 具体代码如下。Android Pad 手持端通过 Handler 消息处理器，根据消息的 what 值执行相应的代码，接收服务器返回的字符串，并根据接收到字符串的不同进行相应的操作并给出不同的提示信息。

代码位置：见随书光盘中源代码/第 8 章/Mainsurface/src/ com/bn/login 目录下的 LoginActivity.java。

```
1    Handler handler=new Handler(){                         //创建一个新的Handler实例
2        public void handleMessage(Message msg) {
3            switch(msg.what){                              //得到当前信息，并进行信息处理
4                    //无权登录信息提示
5                    case SHOW_AUTH_TOST_MESSAGE:
6                    b=msg.getData();                        //获取msg传递过来的数据
7                     String showmessage=b.getString("msg");//接受msg传递过来的参数
8                    //消息提示框设置
9                        Toast.makeText(LoginActivity.this,showmessage,
10                        Toast.LENGTH_LONG).show();
11                   loginid.setText("");                    //登录ID文本框置空
12                       loginpw.setText("") ;               //登录密码文本框置空
13                   break;
14                       //当权限出现错误时打开错误对话框
15                   case SHOW_AUTH_ERROR_MESSAGE:
16                       b=msg.getData();                    //获取msg传递过来的数据
17                       //获取msg传递过来的数据
18                   ResetErrorActivity.errorMsg=b.getString("msg");
19                       ResetErrorActivity.errorFlg="LoginActivityFlg";
20                       //错误标志位设置
21                   Intent intent=new Intent(LoginActivity.this,ResetError
                     Activity.class);
22                       startActivity(intent);
23                       LoginActivity.this.finish();
24                       overridePendingTransition(R.anim.in_from_left,
                         R.anim.out_to_right);
25                   break;
26                   //登录成功信息提示
27                   case LOGIN_SUCCESS:
28                       b=msg.getData();                    //获取msg传递过来的数据
29                       String showm=b.getString("msg");//获取msg传递过来的数据
30                       if(isrem.isChecked()){ //是否记住标记选中
31                           if(did==null) {   //如果获取当前操作员标号为空存入
32                               SharedPreferences.Editor editor=sp.edit();
33                                   editor.putString("user",userid);
34                                   editor.commit();      }}
35                       //进入初始化九宫格的进度条
36                       String action=b.getString("action");
37                       //设置进度条intent
38                   intent=new Intent(LoginActivity.this,ProgressBarActivity.
                     class);
39                       intent.putExtra("resource", "login");
40                        intent.putExtra("Action", action);
41                       startActivity(intent);
42                       LoginActivity.this.finish();        //结束登录界面
43                   Toast.makeText(LoginActivity.this,showm,
44                       Toast.LENGTH_LONG).show();
                     break; }}};
```

- 第 1~2 行用于创建 Handler 对象，重写 handleMessage 方法，并调用父类处理消息字符串。

- 第 3~44 行根据消息的 what 值，执行相应的 case，并根据接收字符串内容的不同，进行相应的操作，然后根据具体情况给出不同的 Toast 信息。

8.7.3　设置功能的开发

上一节主要介绍了员工登录功能的开发代码，在欢迎界面中第一个选项为设置选项，这一节将为大家介绍相关知识。在 Pad 手持端的欢迎界面点击了设置按钮之后，进入设置的登录界面进行密码输入，只有密码输入正确才可以进行相关信息 IP 和密码的修改，很大程度地提高了信息的安全性。

1. 设置登录界面搭建的代码与提示信息

设置界面的搭建与员工登录界面的搭建代码类似这里就不再赘述，读者可以根据需要查看随书光盘。只有在设置的登录界面输入正确的密码，才可以对相关信息 IP 和密码进行设置，这提高了对员工信息的保护。设置界面的按钮监听代码如下。

✎ **代码位置**：见随书光盘中源代码/第 8 章/Mainsurface/src/com/bn/resetlogin 目录下的
ResetLoginActivity.java。

```
1    ......//该处省略包语句的声明和类的引入代码，读者可自行查看随书光盘的源代码
2    public class ResetLoginActivity extends Activity {
3      String userpw ;                                    //记录登录人的 ID 和密码
4      EditText loginpw;                                  //需要使用的控件
5      @Override
6      public void onCreate(Bundle savedInstanceState){
7        ......//此处省略界面搭建以及按钮获取的代码，请读者自行查看源代码
8       bok.setOnClickListener(                           //登录按钮的监听
9        new OnClickListener(){                           //匿名内部类
10         public void onClick(View v){                    //重写 onClick 方法
11           userpw=loginpw.getText().toString();          //获取输入信息
12       if(userpw.equals("")) {                          //输入密码为空
13       //给出 toast 提示信息
14       Toast.makeText(ResetLoginActivity.this,"请输入密码!!!",Toast.LENGTH_SHORT).
         show();
15       }else{                                           //输入密码不为空
16       if(userpw.equals(Constant.RESETPASSWORD)){       //密码输入正确
17         Intent intent=new Intent(ResetLoginActivity.this,ResetDialogActivity.
         class);
18         startActivity(intent);                          //实现 activity 的跳转
19         ResetLoginActivity.this.finish() ;              //结束当前 activity
20         overridePendingTransition(R.anim.in_from_left,R.anim.out_to_right);
         //设置过渡动画
21       }else{                                           //密码输入错误
22         ResetErrorActivity.errorMsg="密码输入错误，请您重新输入!!! " ;  //错误提示信息
23         ResetErrorActivity.errorFlg="ResetLoginActivityFlg";     //错误标志位
24         Intent intent=new Intent(ResetLoginActivity.this,ResetErrorActivity.
         class) ;
25         startActivity(intent);                          //实现 activity 的跳转
26         ResetLoginActivity.this.finish() ;              //结束当前 activity
27         overridePendingTransition(R.anim.in_from_left,R.anim.out_to_
         right); }}}});
28      breset.setOnClickListener (                        //取消按钮监听
29        new OnClickListener(){
30            public void onClick(View v){
31                ResetLoginActivity.this.finish();}});}}
```

- 第 10~27 行为设置登录按钮的监听。先获取按钮和密码文本框，然后重写 onClick 方法。当输入密码为空时，提示"请输入密码"；当输入密码正确时，跳转到设置对话框；当输入密码错误时，提示"密码输入错误，请您重新输入!!!"。

- 第 28~31 行为取消按钮监听的方法。当登录完成后，取消此界面的按钮监听。

2. IP 设置

上面介绍了设置界面与提示信息的开发，这一小节将为大家介绍 IP 设置按钮功能的实现。进行 IP 设置并进行测试连接可以保证 Pad 手持端在正常情况下工作，使得工作人员可以提前检查好

自己的设备，保证工作的正常进行。

（1）在设置界面单击 IP 设置按钮，进入 IP 设置界面以完成输入当前 IP 测试连接是否成功的功能，下面将介绍 IP 设置功能的实现，具体代码如下。

📎 **代码位置**：见随书光盘中源代码/第 8 章/Mainsurface/src/com/bn/reset 目录下的 ResetUIActivity.java。

```
1    ......//该处省略包语句的声明和类的引入代码，读者可自行查看随书光盘的源代码
2    public class ResetUIActivity extends Activity{
3      ......//此处省略 Handler 的相关代码，在下面会进行介绍
4      public void onCreate(Bundle savedInstanceState){
5          //将 IP 设置界面添加到主界面
6          MainActivity.al.add(this);
7          super.onCreate(savedInstanceState);                      //保存实例状态
8          this.setRequestedOrientation(ActivityInfo.SCREEN_ORIENTATION_LANDSCAPE);
9          this.requestWindowFeature(Window.FEATURE_NO_TITLE);      //设置隐藏标题栏
10         this.getWindow().setFlags(WindowManager.LayoutParams.FLAG_FULLSCREEN,
11             WindowManager.LayoutParams.FLAG_FULLSCREEN);          //设置全屏
12         getWindow().getDecorView().setSystemUiVisibility(4);     //隐藏屏幕下方状态栏
13         setContentView(R.layout.reseat);
14         initReset();}                                            //初始化
15     private void initReset(){
16       //设置共享参数为 IP 和端口
17       spipandpoint=this.getSharedPreferences("ipandpoint", Context.MODE_PRIVATE);
18       IP=spipandpoint.getString("ip", ip);                       //设置 IP
19       POINT=spipandpoint.getInt("point", point);                 //设置端口号
20       ......//此处省略界面中获取控件的引用的代码，读者可自行查阅源代码
21       //设置主界面的返回按钮
22       bmain.setOnClickListener(
23         new OnClickListener(){
24           public void onClick(View v) {                          //重写 onClick 方法
25             Intent intent=new Intent(ResetUIActivity.this,MainActivity.class);
                 //定义 intent
26             startActivity(intent);
27             ResetUIActivity.this.finish();
28             //设置界面切换方式
29             overridePendingTransition(R.anim.in_from_left,R.anim.out_to_right); }});
30     //设置系统设置的 textview
31     tvset.setTextSize(wh[0]/40);
32     //设置保存按钮
33     bsave.setOnClickListener(
34       new OnClickListener(){
35           public void onClick(View v) {                          //重写 onClick 方法
36             //将 IP 和 point 存入 preferences 中
37             String ip=etip.getText().toString();
38             int point=Integer.parseInt(etpoint.getText().toString());
39             SharedPreferences.Editor editor=spipandpoint.edit();
40             //删除 preferences 中的 ip 和 point
41             editor.remove("ip");
42             editor.remove("point");
43             //将新的 IP 和 POINT 存入 preferences 中
44             editor.putString("ip", ip);
45             editor.putInt("point", point);
46             editor.commit();
47             Intent intent=new Intent(ResetUIActivity.this,MainActivity.class);
48             startActivity(intent);
49             ResetUIActivity.this.finish();                       //关闭界面
50             //设置界面切换方式
51             overridePendingTransition(R.anim.in_from_left,R.anim.out_to_right) ; }});
52     ......//由于其他搭建代码相似，这里省略，请读者自行查看源代码
53     btest.setOnClickListener(
54       new OnClickListener(){
55           public void onClick(View v) {                          //重写 onClick 方法
56             IP=etip.getText().toString();
57             POINT=Integer.parseInt(etpoint.getText().toString());
58             DataUtil.testConnect(handler); }});}}                //测试连接
```

- 第 4~14 行为创建 IP 设置。在创建 IP 设置时，应保存各个实例的状态，设置时隐藏标题栏和屏幕下方状态栏，将窗口置为全屏显示。

- 第 16~19 行为定义 getSharedPreferences，将 IP 与 POINT 存储到其中。

- 第 22~29 行为给返回按钮添加监听。设置从设置界面到欢迎界面的 intent，当点击返回按钮后，结束设置界面，按从左至右的切入方式切入到欢迎界面。

- 第 33~51 行为给保存按钮添加监听。当点击保存按钮后将新的 IP 和 POINT 存入 preferences 中，然后关闭设置界面，返回到欢迎界面。

- 第 53~58 行为重写 onClick 方法，得到 IP 和 POINT 端口设置之后，调用实现测试连接的方法以实现测试连接。

（2）下面为大家介绍上面省略的设置界面类 ResetUIActivity 的 Handler 的开发，具体代码如下。

✎ **代码位置：见随书光盘中源代码/第 8 章/Mainsurface/src/com/bn/reset 目录下的 ResetUIActivity.java。**

```
1   Handler handler=new Handler(){                          //创建新 Handler 消息传递器
2      Bundle b;
3      public void handleMessage(Message msg) {
4          super.handleMessage(msg);
5          switch(msg.what){                                //根据信息不同做出不同的处理
6              case ResetConstant.TESTCONNECT :             //若连接成功
7                  //获取消息中的数据
8                  b=msg.getData();
9                  //获取内容字符串
10                 gettestmsg=b.getString("msg");           //获得 Bundle 中的消息
11                 if(gettestmsg.equals("success")) {       //若获得成功
12                     ResetErrorActivity.errorMsg="恭喜您，连接测试成功!!!";
13                     ResetErrorActivity.errorFlg="ResetUIActivityFlg";
14                     Intent intent=new Intent(ResetUIActivity.this,
                           ResetErrorActivity.class);
15                     startActivity(intent);
16                     overridePendingTransition(R.anim.in_from_left,
17                         R.anim.out_to_right);}            //设置过渡动画
18                 break;
19             case ResetConstant.TESTCONNECTERROR:         //若连接失败
20                 ResetErrorActivity.errorMsg="对不起，连接测试失败，请重新设置!!!";
21                 ResetErrorActivity.errorFlg="ResetUIActivityFlg";
22                 Intent intent=new Intent(ResetUIActivity.this,ResetErrorActivity.
                       class);
23                 startActivity(intent);
24                 overridePendingTransition(R.anim.in_from_left,R.anim.
                       out_to_right);
25             break; }}});
```

✎ 说明　　IP 设置测试连接通过 Handler 消息处理器，根据消息的 what 值执行相应的代码，接收服务器返回的字符串，并根据接收到字符串的不同进行相应的操作并给出不同的提示信息，步骤与上述介绍的 Handler 相似。读者可对照学习，这里就不再赘述。

3. 密码设置

上面介绍了 IP 设置的开发，下面将介绍设置界面的第二个功能模块——密码设置的开发。密码设置的界面搭建与上述登录界面搭建的代码类似，这里就不再赘述，读者可以根据需要查看随书光盘。密码设置使得员工可以设置自己的密码，不但方便了员工更提高了对个人信息安全的保护。

（1）在设置界面点击密码设置按钮，可进入密码设置界面进行密码的修改操作。下面介绍密码设置功能的实现，具体代码如下。

✎ **代码位置：** 见随书光盘中源代码/第 8 章/Mainsurface/src/com/bn/resetpw 目录下的
ResetPassWord.java。

```
1  ......//此处省略声明包语句以及类的导入，请读者自行查看源代码
2  public class ResetPassWord extends Activity{
3    ......//此处省略 Handler 的相关代码，在下面会进行介绍
4   Button bok=(Button)this.findViewById(R.id.resetpw_ok) ;        //获取确定按钮的引用
5   Button breset=(Button)this.findViewById(R.id.resetpw_reset) ;  //获取取消按钮的引用
6   bok.setOnClickListener(                                        //创建确定按钮监听
7      new OnClickListener(){
8         @Override
9         public void onClick(View v) {                            //重写 onClick 方法
10           String oldpassword=oldpw.getText().toString();        //获取原始密码
11           String newpassword=newpw.getText().toString();        //获取新密码
12           String truepassword=truepw.getText().toString() ;     //获取确认密码
13           String wid=userid.getText().toString();               //获取员工 ID
14           if(!truepassword.equals(newpassword)) {               //若新密码与确认密码不同
15              //提示 toast 信息
16                 Toast.makeText(ResetPassWord.this,"两次密码输入不同请重新输入",
17                      Toast.LENGTH_LONG).show();
18              truepw.setText("");                                //确认密码框置空
19              newpw.setText("") ;                                //新密码框置空
20              return; }
21           //若相同，则将新密码信息发送
22            DataUtil.resetPassWord(wid,oldpassword,newpassword,handler); }});
23      breset.setOnClickListener  (                               //创建取消按钮监听
24          new OnClickListener(){
25             @Override
26             public void onClick(View v ){                       //重写 onClick 方法
27                ResetPassWord.this.finish();}}) ;                //结束密码设置对话框
```

- 第 9~22 行为重写 onClick 方法。获取员工 ID、原始密码、新密码、确认密码后，进行判断。若新密码与确认密码不同，则提示"两次密码输入不同请重新输入"；若相同，则更新密码。

- 第 23~27 行为创建取消按钮的监听方法。若点击取消按钮，则退出密码设置对话框。

（2）下面为大家介绍上面省略的密码设置界面类 ResetPassWord 的 Handler 开发，具体代码如下。

✎ **代码位置：** 见随书光盘中源代码/第 8 章/Mainsurface/src/com/bn/resetpw 目录下的
ResetPassWord.java。

```
1  Handler handler=new Handler(){                                 //创建新 Handler 消息传递器
2     public void handleMessage(Message msg) {
3         switch(msg.what){                                       //根据信息不同做出不同的处理
4            case ResetPassWordConstant.RESET_PASSWORD_MESSAGE://若密码错误
5                 b=msg.getData();
6                 String showmessage=b.getString("msg");
7                Toast.makeText(ResetPassWord.this,showmessage,
8                     Toast.LENGTH_LONG).show();                   //给出提示 toast
9                 break;
10           case ResetPassWordConstant.RESET_PASSWORD_SUCCESS: //若密码正确
11                b=msg.getData();
12                String message=b.getString("msg");
13                Toast.makeText(ResetPassWord.this,message,
14                     Toast.LENGTH_LONG).show();
15                ResetPassWord.this.finish();                     //关闭密码设置界面
16                break; }}};
```

✐ **提示**　这里介绍的密码设置界面类 ResetPassWord 的 Handler 信息与上述介绍的设置界面类 ResetUIActivity 的 Handler 相似，读者可对照学习，这里就不再赘述。

8.7.4　员工注销功能的开发

前面介绍了设置功能的开发，本小节将介绍 Pad 点菜系统注销功能的实现，员工想要更换账号或退出系统时，为了实现对自己信息的保护要进行注销操作。

（1）首先为大家介绍员工注销界面的开发。在欢迎界面点击注销按钮之后进入员工注销界面，填入员工的相关信息之后根据信息的正误进行相关的操作，具体代码如下。

📎 **代码位置：**见随书光盘中源代码/第 8 章/Mainsurface/src/com/bn/logout 目录下的 LogoutActivity.java。

```
1    package com.bn.logout;
2    ......//此处省略类的导入，请读者自行查看源代码
3      public class LogoutActivity extends Activity{
4      ......//此处省略 Handler 的相关代码以及判断线程的方法，将在下面进行介绍
5        public void onCreate(Bundle savedInstanceState){
6          ......//此处省略界面的搭建和按钮的相关引用，请读者自行查看源代码
7          blogoutok.setOnClickListener(                         //注销按钮的监听
8            new OnClickListener(){
9              public void onClick(View v){                      //重写 onClick 方法
10                 //获取输入信息
11                 userid=logoutid.getText().toString();
12                 userpw=logoutpw.getText().toString();
13                 //判断登录密码和权限
14                     if(userid.equals("")){                    //若输入 ID 为空
15               //提示输入用户编号
16               Toast.makeText(LogoutActivity.this, "请输入用户编号!!!",
17                             Toast.LENGTH_SHORT).show();}
18                 else if(userpw.equals("")){                   //若输入密码为空
19               //提示输入密码
20               Toast.makeText(LogoutActivity.this, "请输入密码!!!",
21                             Toast.LENGTH_SHORT).show();}
22                 else{
23                   validateThread();}}});
24         //取消按钮监听
25         blogoutreset.setOnClickListener (
26             new OnClickListener(){
27                 public void onClick(View v){
28                 LogoutActivity.this.finish();}});}
29       public void validateThread(){....../*判断线程在此省略，将在下面进行介绍*/}}
```

● 第 7~23 行为注销按钮的监听方法。取得编辑文本中的员工 ID 和员工密码后，进行判断。若员工 ID 为空，提示"请输入用户编号"；若密码为空，提示"请输入密码"。

● 第 25~28 行为取消按钮的监听方法。当点击"取消"按钮时，结束当前界面。

（2）下面介绍上面省略的判断线程的开发，具体代码如下。

📎 **代码位置：**见随书光盘中源代码/第 8 章/Mainsurface/src/com/bn/logout 目录下的 LogoutActivity.java。

```
1      public void validateThread( ){                          //开启线程进行判断
2        new Thread(){
3          public void run() {                                 //重写 run 方法
4            this.setName("validateThread---LogoutActivity"); //设置名称
5            boolean isHasLoginAuth;                           //定义是否拥有登录权限的变量
6          try {
7              isHasLoginAuth = DataUtil.logoutValidate(userid, userpw,handler);
8              //判断登录权限
9              if(isHasLoginAuth==false){
10                 //如果没有登录权限发送 handler
11                 Message msg=new Message();
12                 msg.what=LogoutConstant.SHOW_AUTH_TOST_MESSAGE;
13                 Bundle b=new Bundle();
14                 b.putString("msg","  对不起您的密码错误  ");   //提示密码错误
15                 msg.setData(b);
16                 handler.sendMessage(msg);                    //发送 handler
```

```
16                        }else{
17                            //如果正确发送注销确认对话框
18                            sp=getSharedPreferences("info",Context.MODE_PRIVATE);
19                            if(sp.getString("user",null).equals(userid)){
20                                Message msg=new Message();
21                                msg.what=LogoutConstant.CANCEL_LOGIN_MESSAGE;
22                                Bundle b=new Bundle();
23                                b.putString("msg","   您确定要注销!!!   ");        //提示信息
24                                msg.setData(b);
25                                handler.sendMessage(msg);//发送 handler
26                            }else{
27                                Message msg=new Message();
28                                msg.what=LogoutConstant.SHOW_AUTH_TOST_MESSAGE;
29                                Bundle b=new Bundle();
30                                b.putString("msg","您未登录无需注销!!! ");
31                                msg.setData(b);
32                                handler.sendMessage(msg); }}}
33                        catch (Exception e){
34                            e.printStackTrace();
35                            Message msg=new Message();
36                            msg.what=LogoutConstant.SHOW_AUTH_TOST_MESSAGE;
37                            Bundle b=new Bundle();
38                            b.putString("msg","网络出问题，请检查是否连接后重试");
39                            msg.setData(b);
40                            handler.sendMessage(msg);
41                }}}.start();}
```

> ✏️ 说明　　在注销前注意判断权限以及是否已登录的信息。若无权限则不能注销，若当前
> 未登录也不能注销。根据具体情况给出相应的提示信息。

（3）接下来继续介绍上述省略的员工注销界面类 LogoutActivity 的 Handler 开发，具体代码
如下。

📡 代码位置：见随书光盘中源代码/第 8 章/Mainsurface/src/com/bn/logout 目录下的
LogoutActivity.java。

```
1  Handler handler=new Handler(){                          //创建新 Handler 消息传递器
2     public void handleMessage(Message msg){
3        switch(msg.what){                                 //根据信息不同做出不同的处理
4           //无权登录信息提示
5           case SHOW_AUTH_TOST_MESSAGE:
6              Bundle b=msg.getData();
7              String showmessage=b.getString("msg");
8              Toast.makeText(LogoutActivity.this,showmessage,
9              Toast.LENGTH_LONG).show();                  //toast 信息提示
10             LogoutActivity.this.finish();               //关闭注销界面
11             break;
12          //打开注销对话框
13          case CANCEL_LOGIN_MESSAGE:
14             b=msg.getData();
15             ResetErrorActivity.errorMsg=b.getString("msg");
16             ResetErrorActivity.errorFlg="CancelLogoutActivityFlg";
17             intent=new Intent(LogoutActivity.this,ResetErrorActivity.class);
18             startActivity(intent);
19             LogoutActivity.this.finish();
20             overridePendingTransition(R.anim.in_from_left,R.anim.out_
               to_right);
21             break;
22          case SHOW_AUTH_ERROR_MESSAGE:
23             //获取消息中的数据
24             b=msg.getData();
25             ResetErrorActivity.errorMsg=b.getString("msg");
26             ResetErrorActivity.errorFlg="LogoutActivityFlg";
27             Intent intent=new Intent(LogoutActivity.this,ResetErrorActivity.
               class);
28             startActivity(intent);
```

```
29                      LogoutActivity.this.finish();
30                      overridePendingTransition(R.anim.in_from_left,R.anim.
                        out_to_right);
31                      break; }}};
```

说明　这里介绍的员工注销界面类 LogoutActivity 的 Handler 信息与上述介绍的设置界面类 ResetUIActivity 的 Handler 相似，读者可对照学习，这里就不再赘述。

8.8 Pad 手持端各功能模块的实现

上一节我们已经介绍了 Pad 手持端登录界面的功能，这一节将介绍员工登录成功之后进入 Pad 点餐界面后要完成的各功能模块的开发，包括开台、点菜、餐台加菜、已选菜品查询及账单查询等功能，实现对菜品信息查询、已选菜品、订单修改及下单操作的完成，下面我们逐一介绍这部分功能的实现。

8.8.1　Pad 手持端点菜模块的实现

本小节我们将介绍 Pad 点餐功能模块的实现。Pad 点餐界面的搭建与欢迎界面搭建的代码类似，这里就不再赘述，读者可以根据需要查看随书光盘。在 Pad 点餐界面可以根据点击位置的不同获取不同的信息并进行操作，例如查看菜品信息、不同类别的菜品选择等操作的实现都是在 Pad 手持端点菜模块来实现的。下面我们将介绍这部分功能的开发。

（1）首先介绍 Pad 点餐界面菜品信息、菜品图片的获取及点击菜品图片不同位置实现不同功能的开发，具体代码如下。

📝 代码位置：见随书光盘中源代码/第 8 章/Mainsurface/src/com/bn/selectvege 目录下的 SelectVegeActivity.java。

```
1     package com.bn.selectvege;
2     ......//此处省略类的导入，请读者自行查看源代码
3     public class SelectVegeActivity extends Activity {
4     ......//此处省略 Handler 的相关代码，请读者自行查看源代码
5         //对自定义控件添加监听
6         vegeImageGrid.addVegeImageGridListener(
7             new VegeImageGridListener() {
8                 public void onItemClick(int index,int sum) {   //重写 onItemClick 方法
9                 //当发生点击并且点的是图片左上角的勾时（1 代表勾，0 代表图片）
10                    if(onclickflag&&sum==1){
11                        //若该菜品不在已选菜品中，则将菜品信息添加到已选菜品
12                        if(!vegeFlg.get(childcateVege)[index]){
13                            String str[]=new String[8];
14                            str[0]=vegeInfo.get(index)[1];  //菜品名称
15                            str[1]=vegeInfo.get(index)[2];  //菜品价格
16                            str[2]="1";                     //菜品数量
17                            str[3]="";                      //要求
18                            str[4]=vegeInfo.get(index)[0];  //菜品 ID
19                            str[6]=childcateVege ;          //菜品子类
20                            str[7]=index+"";
21                            //将字符串数组添加到点菜信息中
22                            Constant.dcvegemsg.add(str);
23                            vegeFlg.get(childcateVege)[index]=true;
24                            initGridThread();               //初始化线程
25                        }else{
26                        //若已在已选菜品中，则将按钮置空，将已选菜品中该菜品数量加 1
27                            vegeFlg.get(childcateVege)[index]=false;
28                            for(int i=0;i<Constant.dcvegemsg.size();i++){
29                                if(Constant.dcvegemsg.get(i)[4].equals(vegeInfo.
                                   get(index)[0])){
30                                    Constant.dcvegemsg.remove(i);
```

```
31                                                    i--;}}
32                                  initGridThread();
33            }}else if(onclickflag) {                          //若点击的是图片，不是勾
34                inde=index;
35                    VegeImageUIActivity.indexno=index;  //将菜品 ID 传递到图片界面
36                    //将图片置为不可点，防止二次点击弹出两个图片
37                onclickflag=false;
38                    childcateVege=vegeInfo.get(index)[4];          //得到菜品 ID
39                    intent=new Intent(SelectVegeActivity.this,VegeImage
                       UIActivity.class);
40                    startActivity(intent);
41                    overridePendingTransition(R.anim.in_from_left,
                       R.anim.out_to_right);
42                    SelectVegeActivity.this.finish();
43    ....../*此处省略界面按钮的监听，下面会进行介绍*/}}}});}}
```

> **说明**　　　点菜主界面的图片区域包括两部分，即左上角勾选项和图片本身。点击勾选项能够进行点菜操作，点击图片本身会进入菜品具体介绍界面。这里主要注意在第一次点击图片后要把图片设置为不可点，防止多次点击造成菜品详细图片多次弹出而出现卡屏的情况。

（2）下面将介绍 Pad 点餐界面中点击不同按钮实现的不同功能，这里主要以已选菜品为例进行介绍，其他按钮的功能读者可自行参照随书光盘进行学习，具体代码如下。

📄 **代码位置：**见随书光盘中源代码/第 8 章/Mainsurface/src/com/bn/selectvege 目录下的 SelectVegeActivity.java。

```
1  package com.bn.selectvege;
2  ......//此处省略类的导入，请读者自行查看源代码
3  public class SelectVegeActivity extends Activity {
4  ......//此处省略 Handler 的相关代码以及自定义控件的监听，请读者自行查看源代码
5    protected void onCreate(Bundle savedInstanceState){
6      Button bt_order=(Button)findViewById(R.id.vege_showorder);
          //获得已选菜品按钮的引用
7       bt_order.setOnClickListener (
8           new OnClickListener() {
9               @Override
10              public void onClick(View v){              //重写 onClick 方法
11                  //将已选的菜品放入订单数组
12              //从点菜界面到已选菜品界面的 intent
13                  Intent intent = new Intent(SelectVegeActivity.this,
                       ShowOrderActivity.class);
14                  startActivity(intent);
15                  SelectVegeActivity.this.finish();
16                  overridePendingTransition(R.anim.out_to_left,R.anim.
                       in_from_right); }});
17          tvtableid=(TextView) this.findViewById(R.id.vege_tablebt) ;
              //获得查询对话框的引用
18          if(Constant.deskName==null){                  //若桌名为空
19              tvtableid.setText("未开台");                //弹出提示信息
20          }else{
21            tvtableid.append(Constant.deskName);        //添加餐台名
22            //将当前餐台名设为选择的餐台名
23            Constant.defaultDeskName=Constant.deskName; }
24      //设置菜品类别控件的监听
25      //当展开主类选项卡时
26      vegeCateExpLV.setOnGroupExpandListener(new OnGroupExpandListener(){
27              @Override
28              public void onGroupExpand(int groupPosition) {
29              //设置打开点菜界面时所选中的主类
30                  mainCateStack[groupPosition]=true; }});
31      //关闭选项卡时
32      vegeCateExpLV.setOnGroupCollapseListener( new OnGroupCollapseListener(){
33              @Override
34              public void onGroupCollapse(int groupPosition) {
```

```
35                        mainCateStack[groupPosition]=false; }});
36        ......./*其他按钮监听与已选菜品类似，请读者自行查阅源代码*/}
```

> **说明**　设置按钮时注意各部分之间的联系。如离开点菜界面后应记录离开时展开的主类选项卡及类别选项卡，记录菜品的选中状态等，当回到点菜界面后应自动显示部分保留信息。

8.8.2　Pad 手持端开台模块的实现

上一节主要介绍了 Pad 手持端点菜模块的实现，本节将介绍在 Pad 手持端进行开台的操作，此操作在点菜前后进行均可，界面搭建的代码与上述界面大同小异，就不进行一一介绍了，主要介绍开台、取消按钮的监听方法，以及点击餐台后进行的操作与执行的方法，具体代码如下。

📎 **代码位置**：见随书光盘中源代码/第 8 章/Mainsurface/src/com/bn/table 目录下的 OpenTableActivity.java。

```
1  package com.bn.table;
2  ......//此处省略类的导入，请读者自行查看源代码
3  public class OpenTableActivity extends Activity {
4      ......//此处省略 Handler 和界面中空间的引用及设置代码，读者可自行查阅随书附带光盘中的源代码
5      public void onCreate(Bundle savedInstanceState) {
6        Intent intent=this.getIntent();//定义 intent
7        resource=intent.getStringExtra("resource");          //接收传来的信息
8        if(resource.equals("selectTable")){
9          getResult(intent);
10         tidET.setText(tablename); }
11     //选择餐台按钮的监听
12     but_select.setOnClickListener(
13       new OnClickListener(){
14          @Override
15            public void onClick(View v){               //重写 onClick 方法
16            new Thread(){
17              public void run(){
18                SelectTableActivity.operState=0;         //开台标记为 0
19                SelectTableActivity.ishasPerson=Constant.NOPERSON;    //餐桌无人
20                DataUtil.openTableInfo(handler);
21         }}.start();}});
22     //开台按钮添加监听
23     but_submit.setOnClickListener(
24       new OnClickListener(){
25          @Override
26          public void onClick(View v){                      //重写 onClick 方法
27            tablename=tidET.getText().toString();           //餐桌名称
28            curguestNum=(guestNumET.getText().toString()==null)?0:Integer.
29            parseInt(guestNumET.getText().toString()) ;     //获取当前操作人
30     ......//此处省略判断操作人点菜权限的代码，读者可自行查阅随书附带光盘中的源代码
31     //已经开台并且又开台
32     if(Constant.dcvegemsg.size()!=0&&Constant.dcvegemsg!=null&&Constant.deskName!=null){
33        if(Constant.allpointvegeinfo.containsKey(Constant.deskName)){//记录当前菜品
34          Constant.allpointvegeinfo.remove(Constant.deskName)}//移除餐桌
35        List<String[]> list=new ArrayList<String[]>();               //定义 list
36        //定义 map，存放菜品名称和菜品标记
37        Map<String,boolean[]> curVegeFlgMap=new HashMap<String,boolean[]>();
38        for(int i=0;i<Constant.dcvegemsg.size();i++){
39          //将已点菜品添加到 list 中
40          list.add(Constant.dcvegemsg.get(i)); }
41        for(int i=0;i<SelectVegeActivity.vegeFlg.size();i++){
42          curVegeFlgMap.putAll(SelectVegeActivity.vegeFlg); }       //添加菜品标记
43        Constant.allpointvegeinfo.put(Constant.deskName,list);
44        Constant.vegeMap.put(Constant.deskName, curVegeFlgMap);
45        Constant.dcvegemsg.clear() ;                          //已点菜品标记清空
46        SelectVegeActivity.vegeFlg.clear();}                  //菜品标记清空
47     //开台
```

```
48        new Thread(){
49          public void run(){
50              DataUtil.openTableUpdate(tablename,curguestNum+"",handler);
51        }}.start();}});
52     //关闭按钮监听
53     but_close.setOnClickListener(
54        new OnClickListener(){
55           @Override
56           public void onClick(View v) {                              //重写 onClick 方法
57              OpenTableActivity.this.finish();}});}}                  //关闭开台界面
```

● 第 12~21 行为添加选择餐台按钮的监听。重写 onClick 方法，开启线程，开台标记为 0，餐桌无人时，调用 DataUtile 中的开台方法，将 Handler 的信息传递进去。

● 第 23~57 行为添加开台按钮的监听，更新餐台、菜品的信息与标记，并开启线程，传递信息。

8.8.3 Pad 手持端已选菜品模块的实现

上一节介绍了开台模块的实现方法，本节介绍 Pad 点菜系统 Android Pad 手持端选好菜品之后进入已选菜品界面的实现，在该界面对已选菜品信息可以进行查看、数量的修改、下单等操作。

（1）下面简要介绍已选菜品界面的搭建，包括布局的安排，按钮、文本框的属性设置，省略部分与介绍的部分类似，读者可自行查看随书光盘源代码进行学习，具体代码如下。

📎 代码位置：见随书光盘中源代码/第 8 章/Mainsurface/res/layout 目录下的 showorder.xml。

```
1    <?xml version="1.0" encoding="utf-8"?>                          <!--版本号及编码方式-->
2    <FrameLayout xmlns:android="http://schemas.android.com/apk/res/android " <!--帧式布局-->
3        android:layout_width="wrap_content"
4        android:layout_height="fill_parent"
5        android:background="#ffffdd"
6        android:orientation="vertical" >
7        < LinearLayout                                              <!--线性布局-->
8            android:layout_width="fill_parent"
9            android:layout_height="wrap_content"
10           android:orientation="horizontal"
11           android:background="@drawable/toolbarbkimage"
12           android:layout_gravity="top">
13           < Button                                                <!--普通按钮-->
14              android:layout_width="wrap_content"
15              android:layout_height="wrap_content"
16              android:background="@drawable/toolbarbutton"
17              android:text="@string/back"
18              android:textSize="16dip"
19              android:textColor="@color/white"
20              android:id="@+id/showorder_back"
21              ></Button>
22           < TextView                                              <!--文本域-->
23              android:layout_width="250dip"
24              android:layout_height="wrap_content"
25              android:text="已选菜品"
26              android:textSize="22dip"
27              android:textColor="@color/white"
28              android:layout_marginLeft="380dip"
29              ></TextView>
30     ......//此处文本域和文本编辑域与上述相似，故省略，读者可自行查阅随书光盘中的源代码。
31        </LinearLayout>
32    </FrameLayout>
```

📝 说明　这里介绍的布局文件的信息与上述介绍的相似，读者可对照学习，这里就不再赘述。

（2）上面介绍了已选菜品界面的搭建，下面介绍具体功能的实现。员工为客户选好菜品之后进入已选菜品界面进行信息的确认，并根据客户的需要进行已选菜品数量的修改及下单的操作，具体代码如下。

✎ **代码位置：**见随书光盘中源代码/第 8 章/Mainsurface/src/com/bn/showorder 目录下的 ShowOrderActivity.java。

```
1   package com.bn.showorder;                                    //声明包语句
2   ......//此处省略类的导入，请读者自行查看源代码
3     public class ShowOrderActivity extends Activity{
4     ......//此处省略 Handler 的相关代码，请读者自行查看源代码
5         protected void onCreate(Bundle savedInstanceState){
6       Button bt_back=(Button)findViewById(R.id.showorder_back);//获取返回按钮的引用
7       bt_back.setOnClickListener(                              //返回按钮的注册监听
8           new OnClickListener(){                              //匿名内部类
9               @Override
10              public void onClick(View v){                    //重写 onClick 方法
11              //创建 intent，从本界面传回到点菜主界面
12                  Intent intent =new Intent(ShowOrderActivity.this,
                    SelectVegeActivity.class);
13                  startActivity(intent);
14                  ShowOrderActivity.this.finish();            //结束当前 activity
15
    overridePendingTransition(R.anim.in_from_left,R.anim.out_to_right);
16                  initListViewBar();}});                       //初始化按钮组
17      Button bt_sub=(Button)findViewById(R.id.showorder_xd) ;//获取下单按钮的引用
18      bt_sub.setOnClickListener(                              //提交订单按钮的注册监听
19          new OnClickListener() {                             //匿名内部类
20              @Override
21              public void onClick(View v){                    //重写 onClick 方法
22                  if(Constant.deskName==null){                //若餐台名为空
23                    Toast.makeText(ShowOrderActivity.this,"您未开台,先请选择餐台",
24                      Toast.LENGTH_LONG).show() ;  //Toast 提示信息
25                  }else{
26                          String userid=sp.getString("user", null);//取得员工 ID
27                          if(userid!=null) {          //若员工 ID 为空
28                  //将 intent 传送到输入数字类
29                          Intent intent=new Intent(ShowOrderActivity.this,
30                            InPutNumber.class);
31                              //将密码加入到 intent
32                          intent.putExtra("resource","PassWord");
33                              //将提示信息加入 intent
34                          intent.putExtra("pointinfo", "请输入密码:");
35                          startActivity(intent); }}}});
36      listViewBar=(ListViewBar)this.findViewById(R.id.listviewbar);//取得按钮组
37      initListViewBar() ;                                     //初始化按钮组
38      listViewBar.addTableListener(                           //按钮组添加监听
39          new ListViewBarListener(){
40              @Override
41              public void onItemClick(int index, int num){//重写 onItemClick 方法
42                number=index;
43                //num 有 5 个值，-1 为减，0 为不做任何事，1 为加，2 为删除，3 为数字输入
44              if(num<2){
45                  //若菜品数量大于 0
46                  if((Double.parseDouble(orderList.get(index)[2])+num)>0){
47                      //进行减或加的操作
48                      orderList.get(index)[2]=Double.parseDouble(orderList.
49                              get(index)[2])+num+"";
50                  }}else{
51                      if(num==2) {                            //删除指令
52                      boolean removeFlg=true;                 //删除标志位
53                      for(int i=0;i<orderList.size();i++){
54                //判断订单 List 中是否有相同菜品的不同记录
55                      if((i!=index)&&orderList.get(i)[4].equals
                        (orderList.get(index)[4])){
56                //若有，则 SelectVegeActivity 中对选中的菜品图片的标记不必更改
```

```
57                            //若无，则 SelectVegeActivity 中对选中的菜品图片的标记要更改
58                                removeFlg=false; }}    //不可移除已点标记
59                            if(removeFlg){     //若删除标志位为真，则进行删除操作
60                    SelectVegeActivity.vegeFlg.get(orderList.get(index)[6])
61                    [Integer.parseInt(orderList.get(index)[7])]=false;}
62                            orderList.remove(index); }}
63                            initListViewBar();}});          //初始化按钮组
64      TextView tv_deskid=(TextView)findViewById(R.id.showorder_deskid);//取得餐台 ID
65      tv_deskid.setText(Constant.deskName); }                  //设置餐台名称
```

- 第 10~16 行为重写返回按钮的 onClick 方法。当点击返回时，创建 intent，从本界面传回到点菜主界面，结束当前 Activity。

- 第 18~35 行为重写下单按钮的 onClick 方法。若餐台名称为空，则提示"请选择餐台"；若员工 ID 不为空，则允许下单。

- 第 38~63 行为重写已选菜品界面按钮组的 onClick 方法。当点击"-"或"+"按钮时，则对菜品数量进行相应的加减操作。当点击删除按钮时，则判断订单 List 中是否有相同菜品的不同记录，若有，则对选中的菜品图片的标记不必更改，若无，则对选中的菜品图片的标记进行更改。仅当删除标记为 1 时，才可以进行删除操作。

8.8.4 Pad 手持端餐台加菜模块的实现

在 Pad 手持端进行餐台加菜这一功能，是在用户开台、点菜、下单之后，又有其他需求时，所要进行的操作。这一功能的实现，需要先得到已开的餐台，选择已开的餐台进行加菜操作，完成后再点击下单按钮，这样就完成了餐台的加菜操作。

（1）餐台加菜按钮的定义。"餐台加菜"按钮定义在 SelectVegeActivity 类中，首先介绍 SelectVegeActivity（即选择菜品）类的代码框架，具体代码如下。

代码位置：见随书光盘中源代码/第 8 章/Mainsurface/src/com/bn/selectvege 目录下的 SelectVegeActivity.java。

```
1  package com.bn.selectvege;                              //声明包名
2  ......//此处省略导入类的代码，读者可自行查阅随书附带光盘中的源代码
3  public class SelectVegeActivity extends Activity{
4      ......//此处省略定义各种变量的代码，读者可自行查阅随书附带光盘中的源代码
5      ......//此处省略与 Handler 相关的代码，读者可自行查阅随书附带光盘中的源代码
6   protected void onCreate(Bundle savedInstanceState){
7      ......//此处省略设置界面格式及其他添加按钮引用、监听方法，读者可自行查阅源代码
8      //添加"餐台加菜"按钮的引用
9      Button addvege=(Button) this.findViewById(R.id.vege_addorder);
10     addvege.setOnClickListener(       //"餐台加菜"按钮添加监听
11       new OnClickListener(){
12         @Override
13         public void onClick(View v){                         //重写 onClick 方法
14           new Thread(){                                      //定义一个线程
15             public void run(){
16               this.setName("addvege Thread");
17               SelectTableActivity.operState=5 ;              //添加菜品选择餐台
18               SelectTableActivity.ishasPerson=Constant.HASPERSON;//餐台标记为有人
19               DataUtil.searchTableState(handler,Constant.HASPERSON); //传递信息
20           }}.start();}});} }                                 //开启线程
```

说明　以上代码为添加"餐台加菜"按钮的引用，并且添加"餐台加菜"按钮的监听方法，实现"餐台加菜"按钮的功能，并将餐台标记信息传递到其他方法。

（2）在获得餐台信息后，通过 Handler 发送到 OpenTabelActivity 中，然后通过 intent 传递到 SelectTableActivity 来选择已经有人的餐台，所以要介绍 SelectTableActivity 类的代码框架，具体

代码如下。

✎ **代码位置：见随书光盘中源代码/第 8 章/Mainsurface/src/com/bn/table 目录下的 SelectTableActivity.java。**

```
1    package com.bn.table;//声明包名
2    ......//此处省略导入的类的代码,读者可自行查阅随书附带光盘中的源代码
3    public class SelectTableActivity extends Activity{
4      ......//此处省略定义变量及其他方法的代码,读者可自行查阅随书附带光盘中的源代码
5      protected void onCreate(Bundle savedInstanceState){
6        ......//此处省略定义界面中控件与设置界面属性的代码,读者可自行查阅随书附带光盘中的源代码
7        if(roomIdName==null||pointType==null||initTableInfo==null){
8        Toast.makeText(SelectTableActivity.this,"暂无餐厅餐台信息",
9          Toast.LENGTH_SHORT).show();}
10       else{
11         ......//此处省略选择餐台时进行的其他操作,读者可自行查阅随书附带光盘中的源代码
12         switch(operState){
13           ......//此处省略 operState 的其他选项,读者可自行查阅随书附带光盘中的源代码
14           case 5://给某个餐台加菜
15               //如果所点菜品与餐台号不为空
16             if(Constant.dcvegemsg.size()!=0&&Constant.deskName!=null){
17               if(Constant.allpointvegeinfo.containsKey(Constant.deskName)){//记录当前菜品
18                 //从 allpointvegeinfo 中移除此餐桌号
19                 Constant.allpointvegeinfo.remove(Constant.deskName);
20                 Constant.vegeMap.remove(Constant.deskName);}//从 vegemap 中移除此餐桌号
21               List<String[]> list=new ArrayList<String[]>();      //定义 ArrayList
22               //定义 map
23               Map<String,boolean[]> curVegeFlgMap=new HashMap<String,boolean[]>();
24               for(int i=0;i<Constant.dcvegemsg.size();i++){    //将已点菜品添加到 list 中
25                 list.add(Constant.dcvegemsg.get(i));  }
26               for(int i=0;i<SelectVegeActivity.vegeFlg.size();i++){
27                 //将已选标志位添加到 map 中
27                 curVegeFlgMap.putAll(SelectVegeActivity.vegeFlg);  }
28             Constant.dcvegemsg.clear();                          //已点菜品清空
29             //将餐桌号添加到 allpointvegeinfo 中
30             Constant.allpointvegeinfo.put(Constant.deskName,list);
31             //将餐桌号添加到 vegemap 中
32             Constant.vegeMap.put(Constant.deskName, curVegeFlgMap);
33             SelectVegeActivity.vegeFlg.clear() ; }              //已选标志位清空
34           Constant.deskId=curtinfo[0] ;                          //获得餐台 ID
35           Constant.deskName=curtinfo[2];                          //获得餐台名称
36           Constant.defaultDeskName=curtinfo[2];
37           //如果 allpointvegeinfo 包括餐台名称
38           List<String[]> list=Constant.allpointvegeinfo.get(curtinfo[2]);
39           Constant.dcvegemsg=list; }
40           //如果 vegemap 包括餐台名称
41           SelectVegeActivity.vegeFlg=Constant.vegeMap.get(Constant.deskName); }
42           //如果之前没有下单,人数需要重新获取
43           if(sp.contains(curtinfo[2])){
44             Constant.guestNum=sp.getInt(curtinfo[2], 0);
45             editor.remove(curtinfo[2]);
46             editor.commit();}
47           //跳转到选菜界面
48           Intent intent=new Intent(SelectTableActivity.this,SelectVegeActivity.
           class);
49           startActivity(intent);
50           SelectTableActivity.this.finish();  break; }}}); }}}}      //关闭选台界面
```

● 第 16~33 行为将已点的餐桌从所有餐桌信息中移除,并且从菜品 map 中移除并清空标志位。

● 第 34~50 行为进入餐台加菜界面进行的操作,首先获得已经有人的餐台名称与标志位,显示选择餐台界面,在点击餐台之后,通过 intent 跳转到选菜界面。

8.8.5　Pad 手持端账单查询模块的实现

在 Pad 手持端进行开台、点菜、下单等一系列操作后,每个餐桌就会产生一个订单,用户可

以在点菜界面点击"账单查询"按钮来查看订单的详情，并且可以对订单进行修改等操作。

　　首先介绍的是 Pad 手持端通过 Handler 消息处理器，根据消息的 what 值执行相应的代码，接收服务器返回的字符串。下面介绍的是 OrderManageActivity（即订单管理）类的代码框架，具体代码如下。

代码位置：见随书光盘中源代码/第 8 章/Mainsurface/src/com/bn/manageorder 目录下的 OrderManageActivity.java。

```
1   package com.bn.manageorder;                                    //声明包名
2   ......//此处省略导入的类的代码，读者可自行查阅随书附带光盘中的源代码
3   public class OrderManageActivity extends Activity{
4      Handler handler=new Handler( ){                             //内部类
5        @Override
6        public void handleMessage(Message msg) {                  //重写 handleMessage 方法
7          Intent intent=null;                                     //定义 intent 为空
8          Bundle bundle=null ;                                    //定义 bundle 为空
9          switch(msg.what){                                       //消息对应的值
10          case INIT_ORDERMANAGE:                                 //初始化订单管理
11            if(orderDishConfirm!=null && orderDishConfirm.size()!=0){  //订单不为空
12              myOrderManageAdapter=new MyOrderManageAdapter();
                //创建 myOrderManageAdapter 对象
13              orderInfoLV.setAdapter(myOrderManageAdapter);      //适配器的设置
14              tv_waiterno.setText(orderDishConfirm.get(0)[0]) ;  //设置服务员编号
15              tv_orderid.setText(orderDishConfirm.get(0)[1]);    //设置订单 ID
16              tv_ordertime.setText(orderDishConfirm.get(0)[2]);  //设置订单时间
17              tv_deskName.setText( currentDeskName) ;            //设置当前桌子名
18              float allMoney=0 ;                                 //定义 allMoney
19              for(String[] str:orderDishConfirm) {               //循环计算总金额
20                allMoney=allMoney+Float.parseFloat(str[5])*Float.parseFloat
                  (str[4]); }
21              tv_allMoney.setText(allMoney+""); }                //设置填写金额的文本框
22          break;
23          case TOAST_HINT:
24            bundle=msg.getData( );                               //获取消息中的数据
25            String hintMsg=bundle.getString("hint");            //获取字符串内容
26            Toast.makeText(OrderManageActivity.this,hintMsg,
              Toast.LENGTH_SHORT).show();
27          break;
28          case FRESH_ADAPTER_DATA:
29            float allMoney=0 ;                                   //定义 allMoney
30            if(orderDishConfirm!=null && orderDishConfirm.size()!=0){//订单不为空
31              for(String[] str:orderDishConfirm) {               //循环计算总金额
32                allMoney=allMoney+Float.parseFloat(str[5])*Float.
                  parseFloat(str[4]);
33              }}
34            tv_allMoney.setText(allMoney+"") ;                   //设置填写金额的文本框
35            orderInfoLV.setAdapter(myOrderManageAdapter);        //适配器的设置
36          break;
37          case ADD_SUB_DEL_RESULT_HANDLE :                       //对增删改的处理
38            bundle=msg.getData( );                               //获取消息中的数据
39            String action=bundle.getString("action") ;          //获取字符串内容
40            if(action.equals("DELETE")) {                        //删除操作
41              if(tempModifiedPosi<=orderDishConfirm.size()-1){
42                orderDishConfirm.remove(tempModifiedPosi);//从菜品信息中删除该菜品
43                handler.sendEmptyMessage(FRESH_ADAPTER_DATA); //发送消息更新数据
44            }}else if(action.equals("SUB")) {                    //减少菜品数量
45              //得到当前的菜品数量
46              float vegeCount=Float.parseFloat(orderDishConfirm.get
                (tempModifiedPosi)[4]);
47              if(vegeCount>1){                                   //限制数量为 1 时不可以再减
48                orderDishConfirm.get(tempModifiedPosi)[4]=vegeCount-1+"";}
                //菜品数量减 1
49              handler.sendEmptyMessage(FRESH_ADAPTER_DATA);//发送消息更新数据
50            }else if(action.equals("ADD")){                      //增加菜品数量
51              //得到当前的菜品数量
52              float vegeCount=Float.parseFloat(orderDishConfirm.get
                (tempModifiedPosi)[4]);
```

```
53                        orderDishConfirm.get(tempModifiedPosi)[4]=vegeCount+1+"";
                          //菜品数量加154
54                        handler.sendEmptyMessage(FRESH_ADAPTER_DATA);//发送消息更新数据
55            }break;
56            case OPEN_ERROR_DIALOG_MESSAGE :                        //异常处理对话框
57                bundle=msg.getData();                              //获取消息中的数据
58                String excepHint=bundle.getString("msg");         //获取字符串内容
59                curExcepSource=bundle.getInt("excepFlg");
60                intent=new Intent(OrderManageActivity.this,ExceptionHandleDialog.
                  class);
61                intent.putExtra("excepHint", excepHint);          //为 intent 添加额外信息
62                startActivityForResult(intent,4);                 //返回数据之前的activity
63            break;}}};
64      ....../*此处省略其他方法的实现，读者可自行查阅随书附带光盘中的源代码*/}
```

- 第 4~8 行为定义 Handler，重写 handleMessage 方法，接收传来的 Handler 信息。
- 第 9~22 行为根据传来的 Handler 信息，进行餐台的初始化操作，包括餐台的编号、名称、订单总金额等。
- 第 28~36 行为更新餐台信息的操作，更新订单总金额等信息。
- 第 37~63 行为点击订单详情中的删除、添加、减少按钮时所要进行的操作与异常处理对话框的内容与跳转。

8.9 Pad 手持端与服务器连接的实现

上面章节我们已经介绍了 Pad 手持端登录功能模块及各功能模块的实现，这一节我们将继续介绍上述功能模块与服务器连接的开发，包括服务器对员工登录权限的验证、设置 IP 测试连接功能的验证等，读者可以根据需要查看随书光盘了解更多信息。

8.9.1 Pad 手持端与服务器连接各类的功能

这一小节我们将介绍 Pad 手持端与服务器连接的各类的功能实现所利用的工具类的代码，首先给出的是工具类 DataUtil 的代码框架，具体代码如下。

✎ 代码位置：见随书光盘中源代码/第 8 章/Mainsurface/src/com/bn/util 目录下的 DataUtil.java。

```
1   package com.bn.util;
2   ......//此处省略了类的导入，请读者自行查看随书光盘的源代码
3   /* DataUtil 工具类，用来封装耗时的工作 */
4   public class DataUtil{
5    public static void resetPassWord(final String userid,final String password,
6        final String newpw,final Handler handler){ /*通过餐厅 ID 初始化类别及主类别信息*/}
7    public static void initCateInfoByRoomId(String roomId,final Handler handler){
8        /*根据类别名称查询所有菜品信息，再根据菜品图片获取图片显示*/}
9    public static void getVegeInfo(final String str,final Handler handler){
10       /*根据查询的菜品的类别，查询该类别中的所有菜品信息*/}
11   public static void loginValidate(String userid,String userpw,Handler
     handler)throws Exception{
12       /*登录界面根据员工 ID 查看是否有登录权限*/}
13   public static boolean logoutValidate(String userid,String userpw,Handler handler)
14      throws Exception{/*注销界面根据员工 ID 查看是否有登录权限*/}
15   public static void updateLoginFlg(String userid){ /*更新登录标记*/}
16   public static void openTableInfo(final Handler handler){ /*打开餐台信息*/}
17   public static void setNewOrder(final String userid,final String password,final
     Handler handler){
18       /*创建新订单*/}
19   public static void getPointInfo(String roomid,String ptypeid,String
     ishasperson,Handler handler){
20       /*根据所点的餐厅类型和餐台类型查询所对应的餐台*/}
21   public static void openTableUpdate(String tname,String guestnum,Handler handler){
22       /*修改餐台的状态（开台）*/}
23   public static void searchTableState(final Handler handler,final String
```

```
24        ishasperson){
               /*在点菜界面中直接初始化餐台界面*/}
25        public static void newTableInfo(Handler handler){ /*餐台显示无人餐台信息*/}
26        public static void oldTableInfo(final Handler handler){ /*有人餐台显示餐台信息*/}
27        public static void getVegeIntro(final String vegeid,final Handler handler){ /*根
          据菜品 ID 得到菜品信息*/}
28        public static void testConnect(final Handler handler){ /*发送测试,是否连接得上服务
          器*/}
29        public static int guestNumByDeskId(final String deskname,final Handler handler){
30               /*根据餐台号得到人数*/}
31        public static void sendHandlerMsg(int msgwhat,String errorpoint,int
          excepFlg,Handler h){
32               /*发送错误 handler 信息*/}
33        public static void initOrderManageInfo(String deskName,Handler handler){ /*初始化
          订单管理信息*/}
34        public static String deleteVegeInfo(String[] vegeInfo){ /*删除点菜确认单中的菜品*/}
35        public static String addVegeCount(String[] vegeInfo){ /*添加菜品数量*/}
36        public static String subVegeCount(String[] vegeInfo){ /*减少菜品数量*/}
37        public static void uploadvege(final Handler handler) {/*加载菜品信息并存入 sqlite 数
          据库*/}}
```

> **说明**　　DataUtil 工具类,用来封装耗时的工作。上述是完成不同功能的方法概述,下面我们将继续进行部分方法的开发介绍。其他方法读者可根据随书光盘自行查看。

8.9.2 Pad 手持端与服务器连接各类的功能的开发

上一小节已经介绍了 Pad 手持端与服务器连接的各类功能实现的工具类代码框架,接下来我们将继续上述功能的具体开发。

(1)下面我们介绍上一节省略的登录界面根据员工 ID 查看是否有登录权限的方法 loginValidate 的开发。服务器端接收 Android Pad 手持端传过来的用户名和密码之后,对用户名和密码进行匹配判定,只有匹配成功之后方可进入 Pad 点餐界面,否则返回相应的提示信息,实现的具体代码如下。

代码位置: 见随书光盘中源代码/第 8 章/Mainsurface/src/com/bn/util 目录下的 DataUtil.java。

```
1  public static void loginValidate(String userid,String userpw,Handler handler)throws
Exception{
2       DataGetUtilSimple.ConnectSevert(Constant.SURE_WAITER+userid+
3       Constant.SURE_WAITER+userpw);
4           if(DataGetUtilSimple.readinfo.equals("ok")){
5               //先判断此员工是否在其他地方登录
6               DataGetUtilSimple.ConnectSevert(Constant.IS_HASlOGIN+userid);
7               if(DataGetUtilSimple.readinfo.equals("0")) {  //若当前未登录
8                 int i=0;
9                 DataGetUtilSimple.ConnectSevert(Constant.GET_LOGINAUTH+userid);
                  //检查权限
10                String authoryinfo[][]=TypeExchangeUtil.getString(DataGetUtilSimple.
                  readinfo);
11                    for(i=0;i<authoryinfo.length;i++){
12                          if(authoryinfo[i][0].equals("登录")) {
13                      //若有登录权限,则将登录标志位置1
14                      DataGetUtilSimple.ConnectSevert(Constant.UPDATE_LOGINFLG+
15                                      userid+Constant.UPDATE_LOGINFLG+"1");
16                        Message msg=new Message();
17                        Bundle b=new Bundle();
18                        msg.what=LoginConstant.LOGIN_SUCCESS;
19                        b.putString("msg","登录成功");  //打印提示信息
20                        b.putString("action","INIT_VEGEIMAGEGRID");
21                        msg.setData(b);
22                        handler.sendMessage(msg);
23                      } break; }
24                    if(i>=authoryinfo.length) {                    //若无登录权限
25                        sendHandlerMsg(
```

```
26                               LoginConstant.SHOW_AUTH_TOST_MESSAGE,
27                               "您无登录权限!!! ",        //打印提示信息
28                               Constant.Excep,
29                               Handler ); }}
30                  else{                                  //若当前已登录
31              sendHandlerMsg (
32                  LoginConstant.SHOW_AUTH_TOST_MESSAGE,
33                  "您在其他地方已经登录请先注销!!! ",      //打印提示信息
34                  Constant.Excep,
35                  handler);}}
36          else {          //若用户名和密码不正确
37              sendHandlerMsg (
38                  LoginConstant.SHOW_AUTH_TOST_MESSAGE,
39                  "您输入的密码与用户名不符合!!! ",       //打印提示信息
40                  Constant.Excep,
41                  handler);}}
```

> 📌 说明　员工登录时注意登录权限的判断和登录状态标志位的更改。在当前未登录的情况下检查权限，若有登录权限则将登录标志位置 1，并提示登录。若当前已登录，则提示已登录。

（2）下面介绍 DataUtil 框架中省略的测试连接功能 testConnect 的开发，具体代码如下。

📎 代码位置：见随书光盘中源代码/第 8 章/Mainsurface/src/com/bn/util 目录下的 DataUtil.java。

```
1    public static void testConnect(final Handler handler){//发送测试，是否连接得上服务器
2        final Message msg=new Message();
3        final Bundle b=new Bundle();
4        msg.what=ResetConstant.TESTCONNECT;                  //设置返回消息编号为 0
5        new Thread(){
6            public void run(){
7                try{
8                    DataGetUtilSimple.ConnectSevert(Constant.TESTCONNECT);
9                    String testmsg=DataGetUtilSimple.readinfo;
10                   b.putString("msg",testmsg);          //将测试信息添加到 Bundle 中
11                   msg.setData(b);
12                   handler.sendMessage(msg);            //发送信息
13               }catch(UnknownHostException e){          //捕获丢失主机异常
14                   e.printStackTrace();
15                   handler.sendEmptyMessage(ResetConstant.TESTCONNECTERROR);
16               }catch(SocketException e){               //捕获 SocketException 异常
17                   e.printStackTrace();
18                   //开启错误对话框
19                   handler.sendEmptyMessage(ResetConstant.TESTCONNECTERROR);
20               }catch (Exception e) {
21                   e.printStackTrace();
22                   //开启错误对话框
23                   handler.sendEmptyMessage(ResetConstant.
                     TESTCONNECTERROR); }}
24       }.start();}
```

> 📌 说明　上述代码介绍了测试连接功能的实现。在线程中通过调用 DataGetUtilSimple 的 ConnectSevert 方法得到连接测试的结果信息，然后通过 Handler 开启对话框将信息反馈给用户。ConnectSevert 方法请读者自行查看源代码/第 8 章/Mainsurface/src/com/bn/util 目录下的 DataGetUtilSimple.java。

（3）下面介绍 DataUtil 框架中省略的密码设置功能 resetPassWord 的开发，具体代码如下。

📎 代码位置：见随书光盘中源代码/第 8 章/Mainsurface/src/com/bn/util 目录下的 DataUtil.java。

```
1  public static void resetPassWord(final String userid,final String password,
2    final String newpw,final Handler handler){
```

```
3        new Thread(){
4          public void run(){                                    //重写 run 方法
5              try{
6                  //判断员工 ID 和密码是否正确
7                  DataGetUtilSimple.ConnectSevert(Constant.SURE_WAITER
8                          +userid+Constant.SURE_WAITER+password);
9                      if(DataGetUtilSimple.readinfo.equals("ok")){      //若正确
10                 //判断输入的两次新密码是否一致
11                 DataGetUtilSimple.ConnectSevert(Constant.RESET_PASSWORD+
12                         userid+Constant.RESET_PASSWORD+newpw);
13                     if(DataGetUtilSimple.readinfo.equals("ok")){
14                         sendHandlerMsg (
15                             ResetPassWordConstant.RESET_PASSWORD_SUCCESS,
16                             "修改成功",                           //打印提示信息
17                             Constant.ToastMessage,
18                             handler );}
19                     else{
20                         sendHandlerMsg (
21                         ResetPassWordConstant.RESET_PASSWORD_MESSAGE,
22                         "修改失败!! 请检查网络",                   //打印提示信息
23                         Constant.ToastMessage,
24                         handler); }}
25                     else{                                       //若用户名和密码不正确
26                         sendHandlerMsg (
27                         ResetPassWordConstant.RESET_PASSWORD_MESSAGE,
28                         "密码用户输入错误!!",
29                         Constant.ToastMessage,
30                         handler); }}
31             catch(Exception e){                                 //捕获异常
32                 sendHandlerMsg (
33                 ResetPassWordConstant.RESET_PASSWORD_MESSAGE,
34                 "更新失败!! ",//打印提示信息
35                 Constant.UnknownHost,
36                 handler);}}
37         }.start();}
```

> **说明**　在进行密码设置时先判断原始的员工 ID 和密码是否正确，再判断两次输入的新密码是否一致，根据不同的情况给出不同的提示信息。

（4）下面介绍 DataUtil 框架中省略的检查权限方法 logoutValidate 的开发，具体代码如下。

代码位置： 见随书光盘中源代码/第 8 章/Mainsurface/src/com/bn/util 目录下的 DataUtil.java。

```
1  public static boolean logoutValidate(String userid,String userpw,Handler
   handler)throws Exception{
2      //判断输入的密码和用户 ID 是否合法
3      DataGetUtilSimple.ConnectSevert(Constant.SURE_WAITER+
4              userid+Constant.SURE_WAITER+userpw);
5          if(DataGetUtilSimple.readinfo.equals("ok")){          //若 ID 和密码正确
6              int i=0;
7          //获取该员工权限
8          DataGetUtilSimple.ConnectSevert(Constant.GET_LOGINAUTH+userid);
9          String authoryinfo[][]=TypeExchangeUtil.getString(DataGetUtilSimple.
           readinfo);
10             for(i=0;i<authoryinfo.length;i++) {              //遍历该员工的所有权限
11                 if(authoryinfo[i][0].equals("登录")){         //若有登录权限返回 true
12                     return true; } }
13         if(i>=authoryinfo.length) {                          //若无登录权限返回 false
14             return false;
15         }}else{                                              //若 ID 和密码不正确返回 false
16             return false; }                                  //若发生其他异常返回 false
17     return false;}
```

> **说明**　在检查权限时先根据正确的 ID 和密码组合查找对应的员工所具有的所有权限，然后遍历权限查找是否有登录权限。根据具体情况给出相应的提示信息。

（5）接下来介绍 DataUtil 框架中省略的初始化订单信息的方法 initOrderManageInfo 的开发，具体代码如下。

✎ **代码位置：见随书光盘中源代码/第 8 章/Mainsurface/src/com/bn/util 目录下的 DataUtil.java。**

```
1    //初始化订单管理信息
2    //if 语句的判断和异常处理机制应该结合使用
3    public static void initOrderManageInfo(String deskName,Handler handler){
4        try{
5            //判断当前是否开台，没有开台则给出提示
6            if(deskName==null) {
7                Message msg=new Message() ;                    //定义 message
8                Bundle bundle=new Bundle();                    //定义 Bundle
9                msg.what=OrderManageConstant.TOAST_HINT ;      //toast 提示信息
10               bundle.putString("hint", "未开台，请点击查询按钮查询订单");
11               msg.setData(bundle);
12               handler.sendMessage(msg);                      //handler 传递信息
13               return; }
14           //根据餐台 ID,获取相应的点菜确认单中的信息
15           DataGetUtilSimple.ConnectSevert(Constant.GET_W_ORDERDISHCONFIRM+deskName);
16           String orderDishConfirmInfo=DataGetUtilSimple.readinfo;
17           //对开台但没有下单的情况进行判断
18       if(orderDishConfirmInfo.length()==0) {
19           //根据桌子名查询的结果如果为 null，说明当前的桌子无订单
20           Message msg=new Message() ;                        //定义 message
21           Bundle bundle=new Bundle();                        //定义 bundle
22       msg.what=OrderManageConstant.TOAST_HINT ;             //toast 提示信息
23           if( (OrderManageActivity.tv_orderid!=null && OrderManageActivity.
24               tv_orderid.length()!=0)) {
25               bundle.putString("hint", "当前桌子订单中无菜品信息");
26               OrderManageActivity.vegeInforesult=null;
27               OrderManageActivity.orderDishConfirm=null;
28               handler.sendEmptyMessage(OrderManageConstant.FRESH_ADAPTER_DATA); }
29           else{
30               bundle.putString("hint", "当前桌子无订单");}
31           msg.setData(bundle);
32           handler.sendMessage(msg);                          //handler 传递信息
33           return;}
34           //点菜确认单中的信息
35           List<String[]> orderDishConfirm = TypeExchangeUtil.strToList(orderDish
             ConfirmInfo);
36           OrderManageActivity.vegeInforesult=orderDishConfirm; }
37       catch(UnknownHostException e) {
38           e.printStackTrace();
39           //开启错误对话框
40           sendHandlerMsg(
41                   OrderManageConstant.OPEN_ERROR_DIALOG_MESSAGE,
42                   "连接服务器失败，请查看网络配置重新尝试",
43                   OrderManageConstant.INIT_ORDERMANAGE_EXCEP,
44                   handler); }
```

- 第 4~13 行用 if 语句判断当前是否已经开台，如果没有，则给出未开台的 Toast 提示信息。
- 第 15~36 行对已开台的餐台根据餐台 ID，获取相应的订单的信息，对餐台是否下单的情况进行判断，并且给出相应的 Toast 提示信息。
- 第 37~44 行为可能出现的网络配置问题的异常处理，并根据捕获到的不同异常给出相应的提示信息，以便工作人员进行相应的处理。

8.9.3　其他方法的开发

上面的介绍中省略了 DataUtil 中的一部分方法和其他类中的一些变量的定义，但是想要完整实现各功能是需要所有方法合作的。这些省略的方法并不是不重要，只是篇幅有限，无法一一详细介绍，请读者自行查看随书光盘中的源代码。

8.10　本章小结

　　本章对餐饮行业移动管理系统 PC 端、服务器端和 Pad 端的功能及实现方式进行了简要的讲解。本系统实现了饭店点菜以及饭店资源管理的基础功能，读者在实际项目开发中可以参考本系统，对系统的功能进行优化，并根据实际需要加入其他相关功能。

　　　　提示　　　鉴于本书宗旨主要为介绍 Android 项目开发的相关知识，因此本章主要详细介绍了 Android Pad 端的开发，对数据库、服务端、PC 端的介绍比较简略，不熟悉的读者请进一步参考其他的相关资料或书籍。

第9章　音乐休闲软件——百纳网络音乐播放器

本章将介绍的是百纳网络音乐播放器的开发。本系统实现了音乐播放器中的基本功能，由 PC 端、服务器端和 Android 客户端 3 部分构成。

PC 端实现了对歌手、歌曲以及专辑的增加、删除、修改功能。服务器端实现了数据传输及数据库的操作。Android 客户端实现了本地音乐的扫描及播放、网络音乐的查找及下载和音乐播放过程中的可视化效果。

9.1　系统的功能介绍

本节将简要介绍百纳网络音乐播放器的功能，主要是对 PC 端、服务器端和 Android 客户端的功能架构进行简要的说明以及对音乐播放器的开发环境和目标平台进行简单的描述，使读者熟悉系统各部分功能和开发环境和目标平台，进而对整个系统有大致的了解。

9.1.1　百纳音乐播放器功能概述

开发一个系统之前，需要对系统开发的目标和所实现的功能进行细致有效的分析，进而确定开发方向。做好系统分析工作，将为整个项目开发奠定一个良好的基础。

对于手机音乐播放器，几乎所有人都用过，而且不止一款。每款音乐播放器都有各自的特点，笔者亲身体验了多款音乐播放器，并和一些用户进行一段时间的交流和沟通之后，总结出本系统需要的功能如下。

1．PC 端功能

● 登录界面。

管理员可以通过输入自己的用户名和密码进入管理界面对网络音乐进行管理，当管理员输入正确的用户名和密码后弹出"登录成功！"的消息对话框。

● 歌手管理信息。

管理员可以查看歌手的基本信息，可以按歌手的性别、国籍、类别 3 方面进行条件查看，可以对每一个歌手的信息进行编辑，还可以进行添加歌手等操作。

● 歌曲管理信息。

管理员可以查看歌曲和歌词的基本信息，可以按歌手名、专辑名、歌词有无 3 方面进行条件查看，可以根据歌手名和专辑名添加新的歌曲，可以为已有歌曲添加歌词以及更新歌词信息，还可以对每一条歌曲信息进行编辑和删除等操作。

● 专辑管理信息。

管理员可以查看专辑和图片的基本信息，可以根据歌手名添加专辑信息，可以添加或更新指定专辑的图片信息，还可以对专辑信息和图片信息进行编辑等操作。

2. 服务器端功能

● 收发数据。

服务器端利用服务线程循环接受 Android 客户端传过来的数据，经过处理后发给 PC 端。这样能将 Android 客户端和 PC 端联系起来，形成一个共同协作的整体。

● 操作数据库。

利用 MySQL 这个关系型数据库管理系统对数据进行管理，服务器端根据 Android 客户端和 PC 端发送的请求调用相应的方法，通过这些方法对数据库进行相应的操作，保证数据实时有效。

3. Android 客户端功能

● 本地音乐的扫描及播放。

用户可以通过扫描本地 SD 卡，将音乐添加进 Android 客户端，并进行后台播放。同时用户可以将所有音乐循环播放，可以选择喜欢的音乐单曲循环播放，还可以将音乐添加进不同的播放列表播放。

● 网络音乐的搜索及下载。

用户可以通过 Android 客户端连到服务器端，查看与音乐有关的最新动态，同时可以对网络音乐进行搜索和下载，下载完成后则立即播放。

● 音乐播放的可视化效果。

用户可以在音乐播放时，通过 Android 客户端查看音乐的信息、进度、播放状态、即时歌词及频谱。并且，在桌面上也有相应的控件进行显示。

根据上述的功能概述可以得知本系统主要包括对本地音乐、网络音乐的基本操作，其系统结构如图 9-1 所示。

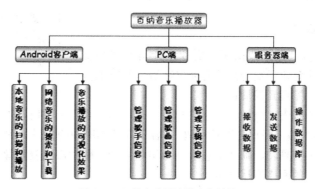

▲图 9-1　百纳音乐播放器功能结构图

💡说明　　图 9-1 表示的是百纳音乐播放器的功能结构图，包含音乐播放器的全部功能。认识该功能结构图有助于读者了解本程序的开发。

9.1.2　百纳音乐播放器开发环境和目标平台

1. 开发环境

开发此音乐播放器需要用到如下软件环境。

● Eclipse 编程软件（Eclipse IDE for Java 和 Eclipse IDE for Java EE）。

Eclispe 是一个著名的开源 Java IDE，以其开发性、高效的 GUI、先进的代码编辑器等著称，其项目包括各种各样的子项目组，包括 Eclipse 插件、功能部件等，主要采用 SWT 界面库，支持多种本机界面风格。

- JDK 1.6 及其以上版本。

系统选择 JDK1.6 作为开发环境，因为 JDK1.6 版本是目前 JDK 最常用的版本，有许多开发者用到的功能，读者可以通过不同的操作系统平台在官方网站上免费下载。

- Navicat for MySQL。

Navicat for MySQL 是一款强大的 MySQL 数据库管理和开发工具，它基于 Windows 平台，为 MySQL 量身定做，提供类似于 MySQL 的用户管理界面。

- Android 系统。

随着 Android 手机的普及，Android 应用的需求势必越来越大，这是一个潜力巨大的市场，会吸引无数软件开发商和开发者投身其中。

2. 目标平台

百纳音乐播放器需要的目标平台如下。

- 服务器端工作在 Windows 操作系统（建议使用 Windows XP 及以上版本）的平台。
- PC 端工作在 Windows 操作系统（建议使用 Windows XP 及以上版本）的平台。
- Android 客户端工作在 Android 2.3 及以上版本的手机平台。

9.2　开发前的准备工作

本节将介绍系统开发前的一些准备工作，主要包括对数据库表的设计，数据库中表的创建，以及 Navicat for MySQL 与 MySQL 建立联系等基本操作。

9.2.1　数据库表的设计

开发一个系统之前，做好数据库分析和设计是非常必要的。良好的数据库设计会使开发变得相对简单，后期开发工作能够很好地进行下去，缩短开发周期。

▲图 9-2　数据库各表关系图

该系统总共包括 5 张表，分别为歌手信息表、歌曲信息表、专辑信息表、图片信息表、管理人员信息表（包括用户 ID、用户名以及密码）。各表在数据库中的关系如图 9-2 所示。

下面分别介绍歌手信息表、歌曲信息表、专辑信息表、图片信息表和管理人员信息表。这几个表实现了音乐播放器的网络音乐功能。

- 歌手信息表。

表名为 signers，用于管理歌手的基本信息，该表有 5 个字段，分别为歌手 ID、歌手姓名、歌手国籍、歌手性别以及歌手的音乐类别。歌手 ID 作为该表的主键。

- 歌曲信息表。

表名为 song，用于管理歌曲的基本信息，该表有 6 个字段，分别为文件名、歌曲名、歌手名、歌手 ID、专辑名、歌词信息（用来显示歌词有无）。歌手表的歌手 ID 作为该表的外键，因此在添加歌曲时只能添加歌手表中已有歌手的歌曲信息。

- 专辑信息表。

表名为 albums，用来管理专辑的基本信息，该表有 4 个字段，分别为专辑名、歌手名、歌手 ID、专辑 ID。歌手表的歌手 ID 作为该表的外键，因此在添加专辑时只能添加歌手表中已有歌手的专辑信息。

- 图片信息表。

表名为 picture，用来管理专辑的图片信息，该表有 3 个字段，分别为专辑 ID、图片 ID、图片名称。在 PC 端一个专辑只能添加一张图片，如果向已有图片的专辑添加图片则会替代以前的图片。

- 管理人员信息表。

表名为 user，用于管理 PC 端管理人员的基本信息，该表有 3 个字段，分别为用户 ID、用户名和密码。当管理人员在登录界面输入与之匹配的用户名和密码时提示登录成功。

> **说明**　　上面将本数据库中的表大概梳理了一遍，由于后面的网络音乐开发全部是基于数据库做的，因此，请读者认真阅读本数据库的设计。

9.2.2　数据库表的创建

上述介绍的是百纳音乐播放器网络音乐数据库的结构，接下来介绍数据库中相关表的具体属性。由于篇幅有限，着重介绍歌手表、歌曲表、专辑表和图片表。其他表格请读者结合随书光盘中源代码/第 9 章/sql/create.sql 理解。

（1）歌手表：用于管理歌手信息，该表中有 5 个字段，包含歌手 ID、歌手姓名、歌手国籍、歌手性别以及歌手类别。详细情况如表 9-1 所列。

表 9-1　　　　　　　　　　　　　　　　　　歌手表

字段名称	数据类型	字段大小	是否主键	说　　明
sId	char	5	是	歌手 ID
SingerName	varchar	20	否	歌手姓名
Nation	varchar	20	否	歌手国籍
Gender	varchar	5	否	歌手性别
Gategory	varchar	20	否	歌手类别

建立该表的 SQL 语句如下。

> **代码位置：见书中光盘源代码/第 9 章/sql/creat.sql。**

```
1    create table Singers(                        /*歌手表 Singers 的创建*/
2        sId char(5) primary key,                 /*歌手 ID*/
3        SingerName varchar(20) not null,         /*歌手姓名*/
4        Nation varchar(20),                      /*歌手国籍*/
5        Gender varchar(5),                       /*歌手性别*/
6        Category varchar(20)                     /*歌手类别*/
7    );
```

> **说明**　　上述代码表示的是歌手表的建立，该表中包含歌手 ID、歌手姓名、歌手国籍、歌手性别、歌手类别共 5 个属性。歌手 ID 作为该表的主键。

（2）歌曲表：用于管理歌曲信息，该表中有 6 个字段，包括歌曲的文件名、歌曲名、歌手姓名、歌手 ID、专辑名和歌词信息（用来显示歌词有无）。详细情况如表 9-2 所列。

表 9-2　　　　　　　　　　　　　　　　　　歌曲表

字段名称	数据类型	字段大小	是否主键	说　　明
FileName	varchar	40	是	文件名
SongName	varchar	30	否	歌曲名
SingerName	varchar	20	否	歌手名

续表

字段名称	数据类型	字段大小	是否主键	说　明
ssId	char	5	否	歌手 ID
Album	varchar	30	否	专辑名
Lyric	char	5	否	歌词信息

建立该表的 SQL 语句如下。

🎙️ **代码位置：**见书中光盘源代码/第 9 章/sql/creat.sql。

```
1    create table Song(                                       /*歌曲表 Song 的创建*/
2        FileName varchar(40) primary key,                    /*文件名*/
3        SongName varchar(30) not null,                       /*歌曲名*/
4        SingerName varchar(20) not null,                     /*歌手姓名*/
5        ssId char(5),                                        /*歌手 ID*/
6        Album varchar(30),                                   /*专辑名*/
7        Lyric char(5),                                       /*歌词信息*/
8        constraint fk_ssId foreign key(ssId) references Singers(sId)
         /*歌手表中的歌手 ID 做此表的主键*/
9    );
```

📏 **说明**　　上述代码表示的是歌曲表的建立，该表中包含歌曲的文件名、歌曲名、歌手姓名、歌手 ID、专辑名以及歌词信息（用来显示歌词有无）共 6 个属性。歌手表的歌手 ID 作为该表的外键，因此在添加歌曲时只能添加歌手表中已有歌手的歌曲信息。

（3）专辑表：用于管理专辑信息，该表有 4 个字段，分别为专辑名、歌手姓名、歌手 ID 和专辑 ID。详细情况如表 9-3 所列。

表 9-3　　　　　　　　　　　　　　　　专辑表

字段名称	数据类型	字段大小	是否主键	说　明
AlbumName	varchar	30	否	专辑名
SingerName	varchar	20	否	歌手名
sID	char	5	否	歌手 ID
Aid	char	5	是	专辑 ID

建立该表的 SQL 语句如下。

🎙️ **代码位置：**见书中光盘源代码/第 9 章/sql/creat.sql。

```
1    create table Albums(                                     /*专辑表 Albums 的创建*/
2        AlbumName varchar(30) not null,                      /*专辑名*/
3        SingerName varchar(20) not null,                     /*歌手姓名*/
4        sID char(5) not null,                                /*歌手 ID*/
5        Aid char(5) primary key,                             /*专辑 ID*/
6        constraint fk_sID foreign key(sID) references Singers(sId)
         /*歌手表中的歌手 ID 做此表的外键*/
7    );
```

📏 **说明**　　上述代码表示的是专辑表的建立，该表中包含专辑名、歌手姓名、歌手 ID 和专辑 ID 共 4 个属性。歌手表的歌手 ID 作为该表的外键，因此在添加专辑时只能添加歌手表中已有歌手的专辑信息。

（4）图片表：用于管理专辑的图片信息，该表有 3 个字段，分别为专辑 ID、图片 ID 和图片名称。详细情况如表 9-4 所列。

字段名称	数据类型	字段大小	是否主键	说　　明
Aid	char	5	是	专辑 ID
picID	char	5	否	图片 ID
picName	varchar	50	否	图片名称

表 9-4 　　　　　　　　　　　　　　图片表

建立该表的 SQL 语句如下。

🐰 **代码位置：见书中光盘源代码/第 9 章/sql/creat.sql。**

```
1    create table Picture(                            /*图片表 Picture 的创建*/
2        aid char(5) primary key,                     /*专辑 ID*/
3        picID char(5),                               /*图片 ID*/
4        picName varchar(50) not null                 /*图片名称*/
5    );
```

📎 说明　　　上述代码表示的是图片表的建立，该表中包含专辑 ID、图片 ID 和图片名称共 3 个属性。专辑 ID 作为该表的主键，所以一个专辑只能添加一张图片，如果向已有图片的专辑添加图片则会替代以前的图片。

9.2.3 使用 Navicat for MySQL 创建表并插入初始数据

百纳音乐播放器后台数据库采用的是 MySQL，开发时使用 Navicat for MySQL 实现对 MySQL 数据库的操作。Navicat for MySQL 的使用方法比较简单，本节将介绍如何使用其连接 MySQL 数据库并进行相关的初始化操作，具体步骤如下。

（1）开启软件，创建连接。设置连接名（密码可以不设置），如图 9-3 所示。

📎 说明　　　在进行上述步骤之前，必须首先在机器上安装好 MySQL 数据库并启动数据库服务，同时还需要安装好 Navicat for MySQL 软件。MySQL 数据库以及 Navicat for MySQL 软件是免费的，读者可以自行从网络上下载安装。由于本书不是专门讨论 MySQL 数据库的，因此，对于软件的安装与配置这里不做介绍，需要的读者请自行参考其他资料或书籍。

（2）在建好的连接上单击鼠标右键，选择打开连接，然后选择创建数据库。键入数据库名为"musicbase"，字符集选择"utf8--UTF-8 Unicode"，整理为"utf8_general_ci"，如图 9-4 所示。

▲图 9-3 创建新连接图

▲图 9-4 创建新的数据库

（3）在创建好的 musicbase 数据库上单击鼠标右键，选择打开，然后选择右键菜单中的运行批次任务文件，找到随书光盘中源代码/第 9 章/sql/create.sql 脚本。单击此脚本开始运行，完成后关闭即可。

（4）此时再双击 musicbase 数据库，其中的所有表会呈现在右侧的子界面中，如图 9-5 所示。

▲图 9-5　创建连接完成效果图

（5）当数据库创建成功后，读者需通过 Navicat for MySQL 运行随书光盘中源代码/第 9 章/sql/insert.sql 里与 user 表相关的脚本文件来插入初始数据（用户名和密码），具体插入初始数据代码如下。

✎ **代码位置**：见书中光盘源代码/第 9 章/sql/insert.sql。

```
1    insert into user values('u1001','admin','123');
```

✐ 说明

由于用户在使用本系统 PC 端时需在登录界面输入与之匹配的用户名和密码后才能对与百纳音乐播放器网络音乐相关的信息进行管理，因此先得运行随书光盘中源代码/第 9 章/sql/ insert.sql 里与 user 表相关的脚本文件来插入初始数据（用户名和密码）。

9.3　系统功能预览及总体架构

9.3.1　PC 端预览

PC 端负责管理百纳音乐播放器的网络音乐。本节将对 PC 端进行简单介绍，PC 端管理主要包括管理歌手信息、歌曲信息、歌词信息、专辑信息以及专辑图片等操作。

▲图 9-6　PC 端登录界面

（1）管理人员在使用 PC 端对百纳音乐播放器的网络音乐进行管理之前，需输入与之匹配的用户名和密码来登录管理界面，如图 9-6 所示。

（2）管理人员可以对歌手的信息进行实时操作。例如，查看歌手的基本信息，可以按歌手的性别、歌手的国籍、歌手的类别三方面进行条件查看，可以对每一个歌手的信息进行编辑，还可以进行添加歌手等操作，如图 9-7 所示。

序号	姓名	性别	国籍	类别	
10001	张惠妹	女	中国台湾	流行	编辑
10002	陈奕迅	男	中国香港	流行	编辑
10003	周杰伦	男	中国台湾	流行	编辑
10004	邓紫棋	女	中国香港	创作	编辑
10005	王菲	女	中国大陆	流行	编辑
10006	那英	女	中国大陆	流行	编辑
10008	羽泉	男	中国大陆	流行	编辑
10009	王力宏	男	中国香港	流行	编辑
10010	蔡依林	男	中国台湾	流行	编辑
10011	Lady Gaga	女	美国	摇滚	编辑
10012	张学友	男	中国大陆	流行	编辑
10013	黄征	男	中国台湾	流行	编辑
10014	大张伟	男	中国大陆	流行	编辑
10015	孙宇	男	中国台湾	创作	编辑
10016	韩磊	男	中国大陆	创作	编辑
10017	周笔畅	女	中国大陆	流行	编辑
10018	范玮琪	女	中国台湾	流行	编辑

▲图 9-7　歌手管理

（3）管理人员可以对歌曲的信息进行实时操作。例如，查看歌曲和歌词的基本信息，可以按歌手名、专辑名、歌词有无3方面进行条件查看，可以添加新的歌曲，可以为已有歌曲添加歌词，还可以对每一条歌曲信息进行编辑和删除等操作，如图9-8所示。

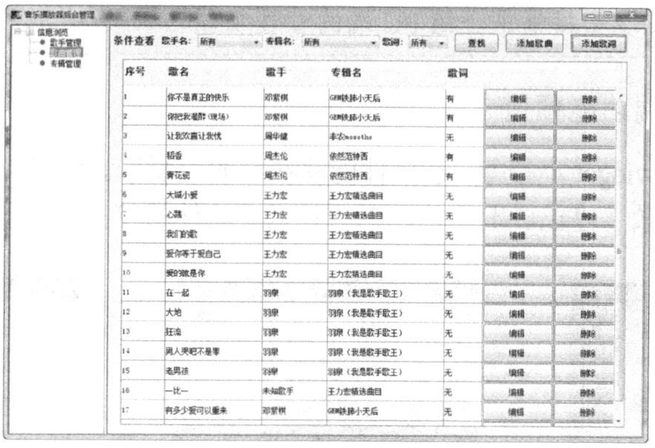

▲图9-8　歌曲管理

（4）管理人员可以对专辑的信息进行操作。例如，管理员可以查看专辑和图片的基本信息，可以添加专辑信息，可以添加和更新指定专辑的图片信息，还可以对专辑信息和图片信息进行编辑等操作，如图9-9所示。

▲图9-9　专辑管理

（5）管理人员可以对专辑的图片进行放大查看。点击专辑表中的小图片，将弹出一个新的窗口显示此专辑的图片，如图9-10所示。

▲图9-10　放大专辑图片

> 说明　以上是对整个 PC 端功能的概述，请读者仔细阅读，以对 PC 端有大致的了解。预览图中的各项数据均为后期操作添加，若不添加，Android 客户端网络功能则无法运行，请读者自行登录 PC 端后尝试操作。鉴于本书主要介绍 Android 的相关知识，故只以少量篇幅来介绍 PC 端的管理功能。

9.3.2　Android 客户端功能预览

（1）本软件有一个 widget 小控件，小控件能够在桌面上显示。如图 9-11 所示，用户可以通过小控件来控制音乐的播放、停止、上一首、下一首以及软件的打开。

▲图 9-11　桌面控件

▲图 9-12　播放器主界面

▲图 9-13　本地音乐界面

（2）进入本软件的主界面后，可以跳转到各功能的操作界面。如图 9-12 所示，主界面仅能控制音乐的播放暂停，其他功能均需进入其他操作界面。

（3）点击进入本地音乐界面。此界面功能为显示所有本地音乐，用户第一次运行时需要点击右上角菜单键中的扫描本地音乐按钮来添加音乐，达到如图 9-13 所示的效果。

（4）扫描本地音乐时显示扫描进度，效果如图 9-14 所示，用户可以直观地了解扫描到的音乐数量，也可以点击取消键终止扫描。

（5）主界面中本地音乐的下方是我喜欢、我的歌单、下载管理以及最近播放 4 个按键。用户可以按用户的喜好以及音乐的风格将音乐添加到我喜欢或者不同的歌单中。下载管理显示从服务器端下载到本地的音乐。最近播放则存储最近播放的歌曲。4 个界面布局均如图 9-15 所示。

▲图 9-14　音乐扫描界面

▲图 9-15　最近播放界面

▲图 9-16　乐库界面

（6）乐库和歌手组成了本软件的网络部分。点击进入乐库，如图9-16所示，用户可以浏览热门专辑及热门歌手，并点击各个专辑、歌手来进一步查看所涵盖的歌曲，同时用户点击上方的歌曲、歌手、专辑可分别进入各个专页。在主界面点击歌手则进入歌手专页。

（7）此页面为歌曲的下载页面，如图9-17所示，用户可以点击音乐名称并根据提示来进行音乐的下载。音乐下载过程中显示进度条，下载完成后则跳转到主界面同时自动播放歌曲。

（8）主界面最下方有播放控制条，可以控制音乐播放的进度以及播放状态。点击播放控制条，可以进入音乐的播放界面。如图9-18和图9-19所示，用户能够在此界面查看音乐的频谱，以及音乐的歌词。

▲图 9-17　歌曲下载

▲图 9-18　频谱界面

▲图 9-19　歌词界面

说明　以上功能中，网络部分的数据需要用户自行在 PC 端上添加，以达到预览图所示效果。以上介绍主要是对本系统 Android 客户端功能的概述，使读者对本系统的 Android 客户端有大致的了解，接下来的介绍中会一一实现对应的功能。

9.3.3　Android 客户端目录结构图

上一节介绍的是 Android 客户端的主要功能，接下来介绍系统目录结构。在进行系统开发之前，还需要对系统的目录结构有大致的了解，该结构如图9-20所示。

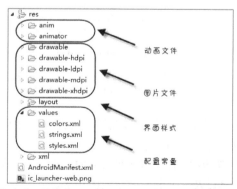
▲图 9-20　Android 客户端目录结构图

说明　图 9-20 所示为 Android 客户端程序目录结构图，包括程序源代码、程序所需图片、xml 文件和程序配置文件，使读者对 Android 客户端程序文件有清晰的了解。

9.4 PC 端的界面搭建与功能实现

前面已经介绍了百纳音乐播放器功能的预览以及总体架构，下面介绍具体代码的实现，先从 PC 端开始。PC 端主要用来实现对百纳音乐播放器网络音乐的管理与更新，本节主要介绍 PC 端对歌手、歌曲、专辑以及专辑图片等相关信息的管理。

9.4.1　用户登录功能的开发

下面将介绍用户登录功能的开发。打开 PC 端的登录界面，需要输入用户名与密码，当点击登录按钮时将用户名和密码存入字符串中，上传字符串到服务器判断用户输入的信息是否正确。若正确，即可进入 PC 端管理界面。

（1）首先介绍的是用户登录界面的搭建及其相关功能的实现，给出实现其界面的 LoginFrame 类的代码框架，具体代码如下。

📎 **代码位置**：见随书光盘源代码/第 9 章/Mymusic/src/com/bn/frame 目录下的 LoginFrame.java。

```
1    package com.bn.frame;
2    ……//此处省略导入类的代码，读者可自行查阅随书附带光盘中的源代码
3    public class LoginFrame extends JFrame{                          //用户登录界面
4        JLoginPanel jLoginPanel=new JLoginPanel();                  //创建登录 JPanel 对象
5        static LoginFrame login;                                    //创建登录界面的对象，进行显示
6        JLabel jLoginPicL=new JLabel();                             //创建放背景图片的 JLabel
7        String lookAndFeel;                                         //定义界面风格字符串
8        ImageIcon imgBackground;                                    //创建 ImageIcon 对象
9        public LoginFrame(){
10           imgBackground=new ImageIcon( "resource/pic/bg.jpg");//将图片加载到 ImageIcon 中
11           this.setTitle("登录界面");                             //设置标题
12           this.add(jLoginPicL,-1);                              //添加背景图片
13           jLoginPicL.setIcon(imgBackground);                    //设置背景图片
14           jLoginPicL.setBounds(0,0,500,350);                    //设置图片大小
15           this.add(jLoginPanel,0);                        //将 JPanel 对象添加到登录界面中
16           jLoginPanel.setOpaque(false);                   //设置 JPanel 透明
17           imgBackground.setImage(imgBackground.getImage().   //保证图片不会被拉伸
18           getScaledInstance(500,350, Image.SCALE_DEFAULT));
19           this.setBounds(400,170,500,350);                      //设置界面大小
20           this.setVisible(true);                                //设置可见
21           try{
22               lookAndFeel="com.sun.java.swing.plaf.windows.WindowsLook
                 AndFeel";
23               UIManager.setLookAndFeel(lookAndFeel);//设置外观风格
24           }catch(Exception e){
25               e.printStackTrace();
26           }
27           this.setIconImage(imgBackground.getImage());//设置界面左上方的图标
28       }
29       public static void main(String args[]){                //打开用户登录界面的 Main 方法
30           login=new LoginFrame();
31    }}
```

- 第 4~8 行为创建登录界面的 JPanel 对象，创建显示背景图片的 JLabel 对象，创建 ImageIcon 对象以及定义界面风格的字符串。
- 第 9~28 行为搭建登录界面，设置登录界面的一些基本属性，如标题、大小、背景图片、外观风格以及定义其左上角的图标等。
- 第 29~30 行为在 main 方法中创建一个 LoginFrame 对象来显示登录界面，然后在显示主管理界面后将 LoginFrame 窗体释放掉。

（2）上面已介绍了界面类 LoginFrame 的基本框架，接下来要介绍的是用来搭建登录界面类的各种控件的定义与其监听的添加，具体代码如下。

代码位置：见随书光盘源代码/第 9 章/Mymusic/src/com/bn/ loginpanel 目录下的 JLoginPanel.java。

```
1    package com.bn.loginpanel;
2    ……//此处省略导入类的代码，读者可自行查阅随书附带光盘中的源代码
3    public class JLoginPanel extends JPanel
4    implements ActionListener{
5        JLabel jTitle=new JLabel("音乐播放器后台管理");//创建登录标题
6        JLabel jAdminL=new JLabel("用户名:");         //创建用户名标签
7        JLabel jPasswordL=new JLabel("密码:");        //创建密码标签
8        JLabel jWarningL=new JLabel();               //创建提示标签
9        JTextField jAdminT=new JTextField();         //创建用户名输入框
10       JPasswordField jPasswordT=new JPasswordField();//创建密码输入框
11       JButton jLoginOk=new JButton("登录");         //创建登录按钮
12       JButton jLoginRe=new JButton("重置");         //创建重置按钮
13       public JLoginPanel(){
14           this.setLayout(null);                    //不使用任何布局
15           this.add(jTitle);                        //添加标题
16           jTitle.setFont(new Font("宋体",Font.BOLD,25)); //设置标题字体,大小
17           jTitle.setBounds(120,20,300, 50);
18           this.add(jAdminL);                       //添加用户名标签到登录 JPanel 中
19           jAdminL.setBounds(100,100,70,30);
20           this.add(jAdminT);                       //添加用户的输入框到登录 JPanel 中
21           jAdminT.setBounds(170,100,200,30);
22           this.add(jPasswordL);                    //添加密码标签到登录 JPanel 中
23           jPasswordL.setBounds(100,150,70,30);
24           this.add(jPasswordT);                    //添加密码输入框到登录 JPanel 中
25           jPasswordT.setBounds(170,150,200,30);
26           this.add(jWarningL);                     //添加警告标签到登录 JPanel 中
27           jWarningL.setBounds(150,200,200,30);
28           this.add(jLoginOk);                      //添加确定按钮到登录 JPanel 中
29           jLoginOk.setBounds(150,250,70,30);
30           this.add(jLoginRe);                      //添加重置按钮到登录 JPanel 中
31           jLoginRe.setBounds(250,250,70,30);
32           jLoginOk.addActionListener(this);        //给登录按钮添加监听
33           jLoginRe.addActionListener(this);        //给重置按钮添加监听
34       }
35       ……//此处省略登录界面中按钮的监听方法的实现，后面详细介绍
36   }
```

● 第 5~12 行为创建登录 JPanel 时需要创建的各个变量，包括标题标签、用户名标签、密码标签、用户名输入框、密码输入框、提示标签、重置按钮以及登录按钮等对象。

● 第 14~31 行为设置此 JPanel 为空布局，将标题标签、用户名标签、密码标签、用户名输入框、密码输入框、提示标签、重置按钮以及登录按钮等添加到 JPanel 中，并设置其在登录界面的位置、大小以及字体等。

● 第 32~33 行为登录按钮和重置按钮添加监听方法，监听方法在此省略，后面将进行详细介绍，读者可自行查阅随书附带光盘中的源代码。

（3）在登录界面搭建好之后，接下来要进行的工作就是给界面中的两个按钮添加监听，即上述代码中省略的给界面中的按钮添加监听的方法，具体代码如下。

代码位置：见随书光盘源代码/第 9 章/Mymusic/src/com/bn/ loginpanel 目录下的 JLoginPanel.java。

```
1    @Override
2    public void actionPerformed(ActionEvent e)          //登录/重置按钮添加监听
3    {
4        if(e.getSource()==jLoginRe){                    //点击重置按钮
5            jAdminT.setText("");                        //用户名输入框内容清空
6            jPasswordT.setText("");                     //密码输入框内容清空
7            jWarningL.setText("提示: 请输入用户名，密码!");   //设置提示标签内容
8        }else if(e.getSource()==jLoginOk){              //点击登录按钮
9            String user=jAdminT.getText()+"<#>";        //添加用户名、密码到字符串中
10           user+=jPasswordT.getText();
11           if(NetInfoUtil.isUser(user)){               //上传输入信息判断是否为用户
12               new PrimaryFrame();                     //打开 PC 主管理界面
13               JOptionPane.showMessageDialog(null, "登录成功!");
```

```
14              }else {
15                  jWarningL.setText("提示:用户名或者密码错误!!!");//设置提示标签内容
16                  jAdminT.setText("");              //用户名输入框内容清空
17                  jPasswordT.setText("");           //密码输入框内容清空
18      }}}
```

● 第 4~7 行为给 "重置" 按钮添加监听，将用户名和密码输入框内容都置为空，提示标签则显示 "请重新输入用户名，密码!" 的提示信息。

● 第 10~18 行为给 "登录" 按钮添加监听，从输入框中获取输入的用户名和密码，然后与从服务器传来的用户名和密码进行比较。若信息正确，就弹出 "登录成功!" 的消息对话框，反之在界面下方显示 "输入错误" 登录失败的信息。

9.4.2 主管理界面功能的开发

在介绍完登录界面之后，将要介绍的是主管理界面功能的开发。登录成功后，将进入主管理界面，对百纳音乐播放器的网络音乐的相关信息进行管理。

（1）首先要介绍的是用来搭建主管理界面的树结构模型 PrimaryTree 类，树结构模型主要由一个节点构成，下面有 3 个子节点，具体代码如下。

📎 **代码位置：** 见随书光盘源代码/第 9 章/Mymusic/src/com/bn/ frame 目录下的 PrimaryTree.java。

```
1       package com.bn.frame;
2       ……//此处省略导入类的代码，读者可自行查阅随书附带光盘中的源代码
3       public class PrimaryTree
4       implements TreeSelectionListener{
5           JTree jt=new JTree();                    //创建一个树形结构对象
6           ……//此处省略定义各个树节点的代码，读者可自行查阅随书附带光盘中源代码
7           public PrimaryTree(){
8               DefaultMutableTreeNode top=
9                   new DefaultMutableTreeNode("信息浏览");//创建一个音乐播放器主节点对象
10              TreeModel all=new DefaultTreeModel(top);   //将主节点添加到树模型
11              top.add(node_singer);                    //将歌手管理添加到主节点中
12              top.add(node_music);                     //将歌曲管理添加到主节点中
13              top.add(node_album);                     //将专辑管理添加到主节点中
14              jt.setModel(all);                        //JTree 设置模型
15              jt.setShowsRootHandles(true);            //设置显示根节点的控制图表
16              jt.addTreeSelectionListener(this);       //给 JTree 添加监听
17              ……//此处省略各个树节点添加监听方法的代码，后面将详细介绍
18      }}
```

● 第 5~6 行为定义的各个树节点的代码，这里由于篇幅原因没有一一列出，读者可自行查阅随书附带光盘中的源代码。

● 第 8~18 行为将各个有子节点的主节点添加到树模型上，并将创建的树对象的模型进行设置。给创建的树对象的各个节点添加监听，监听代码在此处省略，下面将详细介绍。

（2）在主界面搭建好之后，接下来要进行的工作就是给界面中的树节点添加监听，即上述操作中省略的给树节点添加监听的方法，具体代码如下。

📎 **代码位置：** 见随书光盘源代码/第 9 章/Mymusic/src/com/bn/ frame 目录下的 PrimaryTree.java。

```
1       @Override
2       public void valueChanged(TreeSelectionEvent e) {
3           DefaultMutableTreeNode node=(DefaultMutableTreeNode)jt.getLastSelected
            PathComponent();
4           if(node.equals(node_singer)){                //点击歌手管理节点
5               JMakeSingerTable.s=0;                     //设置显示全部歌手
6               new JMakeSingerTable();                   //为显示歌手信息创建表格
7               PrimaryFrame.cl.show(PrimaryFrame.jall,"jsingermanage");//显示歌手界面
8           }else  if(node.equals(node_music)){          //点击歌曲管理节点
9               JMakeMusicTable.s=0;                      //设置显示全部歌曲
10              new JMakeMusicTable();                    //为显示歌曲信息创建表格
11              PrimaryFrame.cl.show(PrimaryFrame.jall, "jmusicmanage");//显示歌曲界面
```

```
12              }
13              ……//在其他节点下的操作与上述操作基本相同，不再进行赘述，读者可自行查阅源代码
14          }
```

> 💡 **说明**　上述为给树节点添加监听的方法。实现了每个功能模块管理界面的显示。由于具体代码的实现大致相似，在这里只列举对歌手、歌曲菜单按钮的监听的实现代码，其余的不再进行赘述，读者可自行查阅随书附带光盘中的源代码。

9.4.3　歌手管理功能的开发

在介绍主界面功能的开发之后，本小节将介绍如何对歌手信息进行管理。其中主要的功能有 3 项：添加歌手、编辑歌手以及按条件查看歌手信息。

（1）在点击"歌手管理"节点时，需要为歌手管理界面创建表格以及加载工具条，工具条中查看按钮、添加歌手按钮后面将进行详细介绍，这里将着重介绍有关歌手管理界面创建表格的相关代码的开发，具体代码如下。

🖎 **代码位置：**见随书光盘源代码/第 9 章/Mymusic/src/com/bn/ singerpanel 目录下的 JLookSingerPanel.java。

```java
1       package com.bn.singerpanel;
2       ……//此处省略导入类的代码，读者可自行查阅随书附带光盘中的源代码
3       public class JMakeSingerTable {
4           public static String[][] content;              //定义一个 String 二维数组
5           public static int s;                           //定义一个 int 判断搜索类型
6           public JMakeSingerTable(){
7               String []title={"序号","姓名","性别","国籍","类别",""};
                //定义一个 String 对象作为表格标题
8               List<String[]> ls=new ArrayList<String[]>();//定义一个 List<String[]>对象
9               if(s==0){                                  //加载全部歌手信息
10                  ls=NetInfoUtil.getSingerList();        //获得所有歌手信息
11              }else if(s==1){                            //加载部分歌手信息
12                  ls=NetInfoUtil.
13                  conditionalSearch(JLookSingerPanel.search);
                    //把条件上传服务器，获得歌手信息
14              }
15              content=new String[ls.size()][ls.get(0).length];//定义表格内容行、列
16              for(int i=0;i<ls.size();i++){
17                  for(int j=0;j<ls.get(i).length;j++){
18                      content[i][j]=ls.get(i)[j];
19              }}
20              JLookSingerPanel.dtm_Singer.setDataVector(content, title);
                //设置表格标题、内容
21              JLookSingerPanel.jt_Singer.getTableHeader().setFont
22                      (new Font("宋体",Font.BOLD,15));        //设置表格标题大小、字体
23              int size=JLookSingerPanel.jt_Singer.getColumnCount();//获得歌手信息表格列数
24              //自定义表格绘制器以及编辑器，在表格内添加按钮以及对按钮添加监听
25              JLookSingerPanel.jt_Singer.getColumnModel().getColumn(size-1).
26              setCellEditor (new MyLookSingerCellEditor());
27              JLookSingerPanel.jt_Singer.getColumnModel().getColumn(size-1).
28              setCellRenderer (new MyLookSingerCellRenderer());
29              ……//此处省略定义表格每列固定宽度的代码，读者可自行查阅随书附带光盘中的源代码
30      }}}}
```

● 第 4~22 行为创建表格时需要定义的各个变量。将从服务器端获取的歌手信息添加到二维数组中，将标题数组和歌手信息数组添加到表格中并设置表格标题的字体及大小。

● 第 24~28 行为如果歌手表中有歌手信息，则给歌手管理的表格添加一列编辑按钮，同时分别为这一列按钮添加绘制器和编辑器。

● 第 29 行为定义表格每列固定宽度的代码。由于篇幅原因，在这里不再进行介绍，读者可

自行查阅随书附带光盘中的源代码。

✏️ 说明　　　　上述代码中出现的对歌手信息编辑按钮添加绘制器类和编辑器类的代码在此处省略，在后面将进行详细介绍。

（2）构建歌手管理表格之后，表格中会出现一列"编辑"按钮，通过设置表格添加绘制器来显示这些按钮，通过设置表格添加编辑器来对这些按钮添加监听。下面将介绍实现绘制器类的代码框架，具体代码如下。

📝 **代码位置：见随书光盘源代码/第 9 章/Mymusic/src/com/bn/renderer 目录下的 MyLookSingerCellRenderer.java。**

```
1    package com.bn.render;
2    ……//此处省略导入类的代码，读者可自行查阅随书附带光盘中的源代码
3    public class MyLookSingerCellRenderer
4    implements TableCellRenderer {                        //实现绘制当前 Cell 单元数值内容接口
5        @Override
6        public Component getTableCellRendererComponent(JTable table, Object value,
7            boolean isSelected, boolean hasFocus, int row, int column) {
8            JButton jlooksingerrender_editor=new JButton("编辑");//创建一个编辑的按钮对象
9            return jlooksingerrender_editor;            //将当前的单元格设置为编辑按钮
10    }}
```

✏️ 说明　　　　上述代码是编辑按钮的绘制器类，重写 getTableCellRendererComponent 方法，返回一个按钮对象，显示在表格中。由于歌曲表格和专辑表格的编辑按钮的绘制器类和上述操作基本相同，因此下面不再进行赘述，读者可自行查阅随书附带光盘中的源代码。

（3）介绍完给表格添加的绘制器类之后，则介绍给表格添加的编辑器类的操作，即 MyLookSingerCellEditor 类的代码框架，具体代码如下。

📝 **代码位置：见随书光盘源代码/第 9 章/Mymusic/src/com/bn/renderer 目录下的 MyLookSingerCellEditor.java。**

```
1    package com.bn.render;
2    ……//此处省略导入类的代码，读者可自行查阅随书附带光盘中的源代码
3    public class MyLookSingerCellEditor
4    implements TableCellEditor, ActionListener {
5        //当被编辑时，编辑器将替代绘制器进行显示
6        JButton jlooksingereditor=new JButton("编辑");    //定义一个按钮
7        String edit="edit";                              //定义一个字符串
8        public MyLookSingerCellEditor(){
9            jlooksingereditor.addActionListener(this); //添加监听，显示编辑歌手界面
10           jlooksingereditor.setActionCommand(edit);
11       }
12       @Override
13       public Component getTableCellEditorComponent(JTable table,
14       Object value,boolean isSelected, int row, int column){
15           return jlooksingereditor;                    //将当前单元格的内容设置为编辑按钮
16       }
17       @Override
18       public void actionPerformed(ActionEvent e){
19           new JLookSingerEditFrame();                  //显示编辑歌手界面
20       }
21       @Override
22       public boolean stopCellEditing(){
23           return true;                                 //结束单元格的编辑状态
24       }
25       ……//此处省略的是需重写的实现 TableCellEditor 接口的部分方法，请自行查看源代码
26   }
```

- 第 12~16 行为重写 getTableCellEditorComponent 方法，当表格里的按钮需要被编辑时，编辑器类将代替绘制器类显示。

- 第 17~20 行为重写 actionPerformed 方法，即给表格内的编辑按钮添加监听，当点击编辑按钮时，弹出一个新的编辑窗口，显示当前行歌手信息。

- 第 21~24 行为当点击 table 时，首先检查 table 是不是还有 cell 在编辑，如果还有 cell 的编辑，则调用 editor 的 stopCellEditing 方法。

> 📝 说明　上述代码是编辑按钮的编辑器类，歌曲表格和专辑表格的编辑按钮的编辑器代码与上述操作基本相同，此处不再进行赘述，读者可自行查阅随书附带光盘中的源代码。

（4）上面介绍了歌手管理界面创建表格方法的实现，下面介绍工具条中的条件查看按钮，添加歌手按键功能的实现，实现的具体代码如下。

📡 **代码位置：** 见随书光盘源代码/第 9 章/Mymusic/src/com/bn/singerpanel 目录下的 JLookSingerPanel.java。

```
1      package com.bn.singerpanel;
2      ……//此处省略导入类的代码，读者可自行查阅随书附带光盘中的源代码
3      public class JLookSingerPanel extends JPanel
4      implements ActionListener {
5      ……//此处省略定义变量与界面尺寸的代码，请自行查看源代码
6          @Override
7          public void actionPerformed(ActionEvent e) {
8              if(e.getSource()==jaddsinger){                    //点击添加歌手按钮
9                  new JAddSingerFrame();                        //显示添加歌手界面
10             }else if(e.getSource()==jsearch){                 //点击查找按钮
11                 if(jsexC.getSelectedItem().equals("所有")&&jnationC.getSelected
                   Item().equals("所有")
12                 &&jsortC.getSelectedItem().equals("所有")){   //判断查看条件
13                     JMakeSingerTable.s=0;          //设置所有歌手信息
14                     new JMakeSingerTable();                //重新加载歌手信息到表格中
15                 }else {
16                     search=jsexC.getSelectedItem()+"<#>";//把搜索条件添加到字符串中
17                     search+=jnationC.getSelectedItem()+"<#>";
18                     search+=jsortC.getSelectedItem();
19                     JMakeSingerTable.s=1;              //设置条件查看歌手信息
20                     new JMakeSingerTable();                //重新加载歌手信息到表格中
21     }}}}
```

- 第 5 行为定义各个变量与设置界面大小等的代码，由于篇幅原因，在这里不再进行介绍，读者可自行查阅随书附带光盘中的源代码。

- 第 8~21 行为添加歌手和按条件查看歌手信息。当点击添加歌手按钮，自动弹出添加歌手的窗口，后面将进行详细介绍。当点击查找按钮时，如果没有选择条件，则默认添加全部的歌手信息，否则把条件发送给服务器，获取按条件检索后的歌手信息。

（5）上面介绍了按条件查看功能的实现，接下来介绍一下添加歌手按钮的功能实现，实现的代码具体如下。

📡 **代码位置：** 见随书光盘源代码/第 9 章/Mymusic/src/com/bn/singerpanel 目录下的 JAddSingerPanel.java。

```
1      package com.bn.singerpanel;
2      ……//此处省略导入类的代码，读者可自行查阅随书附带光盘中的源代码
3      public class JAddSingerPanel extends JPanel
4      implements ActionListener{
5      ……//此处省略定义变量与界面尺寸的代码，请自行查看源代码
6          @Override
7          public void actionPerformed(ActionEvent e){
```

```
8              if(e.getSource()==jadd){                          //点击确定按钮
9                  if(j_singername.getText().equals("")){        //如果歌手输入框为空
10                     JOptionPane.showMessageDialog(null, "请输入歌手姓名");
11                 }else{
12                     String all=j_singername.getText()+"<#>";//将歌手姓名添加到字符串中
13                     all+=j_sexC.getSelectedItem()+"<#>";//将选择的性别添加到字符串中
14                     all+=j_sort.getSelectedItem()+"<#>";//将选择的类别添加到字符串中
15                     all+=j_nation.getSelectedItem();//将选择的国籍添加到字符串中
16                     String singername=j_singername.getText();
                       //将歌手姓名添加到字符串中
17                     Boolean bb=NetInfoUtil.addSinger(all);
                       //上传到数据库，返回是否添加成功
18                     if(bb){                                    //如果添加成功
19                     JOptionPane.showMessageDialog(null, "数据库已经成功接收！");
20                     JAddMusicPanel.j_singerC.addItem(singername);
                       //把歌手姓名添加到下拉列表
21                     JLookMusicPanel.j_singerC.addItem(singername);
                       //把歌手姓名添加到下拉列表
22                     JAddAlbumpanel.j_singerC.addItem(singername);
                       //把歌手姓名添加到下拉列表
23                     }else{                                     //如果添加失败
24                         JOptionPane.showMessageDialog(null,"数据库没有接收信息！");
25     }}}}}
```

- 第 5 行为定义各个变量与设置界面大小等的代码，由于篇幅原因，在这里不再进行介绍，读者可自行查阅随书附带光盘中的源代码。

- 第 9~25 行为如果没有添加歌手姓名，则弹出对话框提示没有输入歌手姓名。把歌手信息上传到服务器端，返回歌手信息是否添加成功。如果添加成功，提示数据库已经成功接收；如果添加失败，提示数据库没有接收信息。

9.4.4 歌曲管理功能的开发

上一节已经详细介绍了对歌手信息的管理，本节将介绍歌曲信息管理功能的开发。歌曲信息管理大致有 3 项：按条件查看歌曲信息，添加歌曲信息，添加歌词信息。由于按条件查看歌曲与按条件查看歌手，添加歌曲和添加歌词操作基本相同，所以相同的地方本节将不再赘述，读者可自行查阅随书附带的光盘中的源代码。

点击添加歌曲按钮后，显示添加歌曲的窗口，需要点击打开文件按钮去选择要添加的歌曲文件名，选择一个歌曲后，点击确定按钮上传歌曲信息到服务器端，具体代码如下。

✎ **代码位置：见随书光盘源代码/第 9 章/Mymusic/src/com/bn/musicpanel 目录下的 JAddMusicPanel.java。**

```
1      package com.bn.musicpanel;
2      ……//此处省略导入类的代码，读者可自行查阅随书附带光盘中的源代码
3      public class JAddMusicPanel extends JPanel
4      implements ActionListener{
5          ……/*此处省略定义变量与界面尺寸的代码，请自行查看源代码*/
6          @Override
7          public void actionPerformed(ActionEvent e) {
8              if(e.getSource()==jOpen){                          //点击打开文件按钮
9                  //只显示后缀是 MP3 格式的文件
10                 FileNameExtensionFilter filter = new FileNameExtensionFilter("MP3
                   Music", "mp3");
11                 jchooser.setFileFilter(filter);
12                 int returnVal = jchooser.showOpenDialog(this);//判断是否选择了文件
13                 if(returnVal == JFileChooser.APPROVE_OPTION){ //如果选择了文件
14                 //输入框中添加文件名
15                 j_filename.setText(jchooser.getSelectedFile().getName());
16             }}else if(e.getSource()==jadd){                    //点击确定按钮
17                 if(j_filename.getText().equals("")){           //判断输入框是否为空
18                     JOptionPane.showMessageDialog(null, "请选择要添加的歌曲");
19                 }else{
```

```
20          String []song=j_filename.getText().split("-|\\.");
            //从文件名中截取歌曲名
21          String all=j_singerC.getSelectedItem()+"<#>";
            //创建字符串收集添加的歌曲信息
22          all+=j_albumC.getSelectedItem()+"<#>";//将专辑名添加到字符串中
23          all+=song[1].trim()+"<#>";              //将歌曲名添加到字符串中
24          all+=j_filename.getText();              //将文件名添加到字符串中
25          //获得歌曲文件路径及歌曲文件名
26          File file=new File(jchooser.getCurrentDirectory()+"\\"+
27          jchooser.getSelectedFile().getName());
28          Boolean bb=NetInfoUtil.addSong(file,all);
            //上传服务器，返回是否添加成功
29          if(bb){                                      //如果上传成功
30              JOptionPane.showMessageDialog(null,"数据库已经成功接收！");
31              JAddLyricPanel.jlookfilenameC.addItem(j_filename.
                getText());
32          }else{
33              JOptionPane.showMessageDialog(null,"数据库没有接收信息！");
34  }}}}}
```

- 第 5 行为定义各个变量与设置界面大小等的代码，由于篇幅原因，在这里不再进行介绍，读者可自行查阅随书附带光盘中的源代码。

- 第 8~15 行为点击打开文件按钮时，只显示后缀是 MP3 格式的文件，进行歌曲文件的选择，当选择后在输入框中添加歌曲文件名。

- 第 25~34 行为获取歌曲文件路径及歌曲文件名并上传歌曲文件和添加歌曲的信息到服务器中。如果上传成功，提示数据库已经成功接收信息并添加文件名到添加歌词的下拉列表中。如果上传失败，提示数据库没有接收信息。

✍说明　　添加歌词和添加歌曲的操作基本相同，所以相同的地方本节将不再赘述，读者可自行查阅随书附带的光盘中的源代码。

9.4.5 专辑功能的开发

上一节已经介绍了歌曲信息管理，本节主要介绍专辑信息管理功能的开发。专辑信息管理大致有 3 项：添加专辑，添加专辑图片，编辑专辑信息。由于专辑表中有显示图片的列，所以自定义了专辑表格模型。由于添加专辑与添加歌手，编辑专辑信息和编辑歌手信息的操作基本相同，所以相同的地方本节将不再赘述。本节将主要介绍添加图片功能的实现、自定义表格模型的开发以及表格控件的添加。

（1）首先介绍的是自定义表格模型的开发以及表格控件的添加，具体代码如下。

✎ 代码位置：见随书光盘源代码/第 9 章/Mymusic/src/com/bn/albumpanel 目录下的
MyTableModel.java。

```
1   package com.bn.albumpanel;
2   ……//此处省略导入类的代码，读者可自行查阅随书附带光盘中的源代码
3   public class MyTableModel
4   extends AbstractTableModel{
5       private ImageIcon src;                              //定义一个图片
6       public static Object[][] data;                      //创建表格内容数组
7       String head[]={"序号","专辑名","歌手","图片",""};    //创建列表题字符串数组
8       //创建表示各个列类型的类型数组
9       Class[] typeArray={String.class,String.class,String.class,Icon.class,
        Object.class};
10      public MyTableModel(){
11          List<String[]>ls=new ArrayList<String[]>();//定义一个List<String[]>类型
12          ls=NetInfoUtil.getAlbumsList();              //获得专辑列表的信息
13          data=new Object[ls.size()][ls.get(0).length+2];
14          for(int i=0;i<ls.size();i++){               //向数组导入获得的专辑信息
15              for(int j=0;j<ls.get(i).length-1;j++){
```

```
16                          data[i][j+1]=ls.get(i)[j];
17              }}
18          for(int i=0;i<ls.size();i++){
19              data[i][0]=i+1+"";                          //添加表格编号
20              if(!ls.get(i)[2].equals("null")){          //如果有图片信息
21                  src=new ImageIcon(ls.get(i)[2]);        //获得图片
22                  //固定图片的大小
23                  src.setImage(src.getImage().getScaledInstance(40,30,
                    Image.SCALE_DEFAULT));
24                  data[i][3]=src;                          //添加图片到数组中
25          }}}
26          ……//此处省略表格模型重写方法的代码,读者可自行查阅随书附带光盘中的源代码
27  }}
```

- 第 6~9 行为创建表格的标题数组,创建表格的内容数组,创建表格列类型的类型数组,其中表格列中有图片类型,用于存放专辑图片。

- 第 10~25 行为获取专辑信息的方法。首先添加专辑信息到数组中,根据每一个专辑信息判断有无图片,有图片则获取图片,固定图片的大小,将图片添加到数组中。

- 第 26 行为表格模型重写方法的代码。由于篇幅原因,在这里不再进行介绍,读者可自行查阅随书附带光盘中的源代码。

(2) 上面介绍了自定义表格模型的开发以及表格控件的添加,接下来介绍添加图片功能的实现。在点击添加图片按钮时,将弹出一个新的添加图片的界面。下面将详细介绍添加图片功能的实现,具体代码如下。

📎 **代码位置:** 见随书光盘源代码/第 9 章/Mymusic/src/com/bn/ picpanel 目录下的 JAddPicPanel.java。

```
1   package com.bn.picpanel;
2   ……//此处省略导入类的代码,读者可自行查阅随书附带光盘中的源代码
3   public class JAddPicPanel extends JPanel
4   implements ActionListener{
5   ……/*此处省略定义变量与界面尺寸的代码,请自行查看源代码*/
6       @Override
7       public void actionPerformed(ActionEvent e) {
8           if(e.getSource()==jOpen) {                          //点击打开文件按钮
9               //只显示文件名后缀是 JPG,GIF,PNG 的文件
10              FileNameExtensionFilter filter
11              =new FileNameExtensionFilter("JPG & GIF & PNG Images", "jpg",
                "gif","png");
12              chooser.setFileFilter(filter);
13              int returnVal = chooser.showOpenDialog(this); //判断是否选择了文件
14              if(returnVal == JFileChooser.APPROVE_OPTION){ //如果选择了图片文件
15                  File file=chooser.getSelectedFile();        //获得文件名
16                  BufferedImage bi=null;                      //定义一个图片
17                  try{
18                      bi=ImageIO.read(file);                  //读取选中的图片文件
19                      double picHeight=bi.getHeight();        //获得图片的高
20                      double picWidth=bi.getWidth();          //获得图片的宽
21                      if(picHeight>600||picWidth>800){//如果高大于 600 或宽大于 800
22                          JOptionPane.showMessageDialog(null,"图片高宽不能大
                            于 600,800");
23                      }else if(!(picHeight/3==picWidth/4)){//如果宽高比例不为 4:3
24                          JOptionPane.showMessageDialog(null, "图片宽高比例
                            应为 4:3");
25                      }else{                                  //满足宽高大小及比例
26                          //添加图片文件名到输入框
27                          jAddPicT.setText(chooser.getSelectedFile().
                            getName());
28                  }}catch(Exception e1){
29                      e1.printStackTrace();
30          }}}else if(e.getSource()==jAddPicOK){            //点击确定按钮
31              if(jAddPicT.getText().equals("")){              //如果输入框为空
32                  JOptionPane.showMessageDialog(null, "请选择图片");
33              }else{
34                  String newsContent=j_albumC.getSelectedItem()+"<#>";
```

```
35          //添加专辑名到字符串
            newsContent+=jAddPicT.getText();        //添加文件名到字符串中
36          //获得文件路径及文件名
37          File f=new File(chooser.getCurrentDirectory()+"\\"+
38              chooser.getSelectedFile().getName());
39          FileInputStream fis = null;
40          byte[] data = null;                     //定义一个byte数组
41          try {
42              fis = new FileInputStream(f);
43              data = new byte[fis.available()];
44              StringBuilder str = new StringBuilder();
45              fis.read(data);
46              for (byte bs : data) {
47                  str.append(Integer.toBinaryString(bs));
48              }
49          } catch (Exception e1) {
50              e1.printStackTrace();
51          }
52          NetInfoUtil.addPicture(data, newsContent);
            //上传文件和专辑信息到服务器
53          JOptionPane.showMessageDialog(null, "数据库已经成功接收！");
54   }}}}
```

● 第 5 行为定义各个变量与设置界面大小等的代码，由于篇幅原因，在这里不再进行介绍，读者可自行查阅随书附带光盘中的源代码。

● 第 8~29 行为点击打开文件按钮时，设置只显示文件名后缀是 JPG、GIF、PNG 的文件，从弹出的对话框中选择要添加的专辑图片。当获取图片的宽高不满足要求时，则提示图片不满足要求，请重新选择图片；当图片满足宽度不大于 800 和高度不大于 600 且图片的宽高比例符合 4:3 时，将图片的文件名添加到输入框中。

● 第 30~53 行为点击确认按钮时，如果输入框为空则提示"请选择图片"，如果不为空，则获取图片文件路径，根据路径获取图片文件的数据存入到 byte 数组中，然后读入到文件流中，最后将图片数据和专辑信息上传到服务器，并提示上传成功。

9.5 服务器端的实现

上一节介绍了 PC 端的界面搭建与功能实现，这一节介绍服务器端的实现方法。服务器端主要用来实现 Android 客户端、PC 端与数据库的连接，从而实现其对数据库的操作。本节主要介绍服务线程、DB 处理、流处理、图片处理、歌曲处理和歌词处理等功能的实现。

9.5.1 常量类的开发

首先介绍常量类 Constant 的开发。在进行正式开发之前，需要对即将用到的主要常量进行提前设置，这样避免了开发过程中的反复定义，这就是常量类的意义所在，常量类的具体代码如下。

✎ 代码位置：见随书光盘源代码/第 9 章/mServer/src/com/bn/util 目录下的 Constant.java。

```
1    package com.bn;
2    public class Constant {                                          //定义主类Constant
3        public static String GetPicture="<#GET_PICTURE#>";          //获得专辑图片
4        public static String GetSongList="<#GET_SONGLIST#>";        //获得歌曲列表
5        public static String GetSongPath="<#GET_SONGPATH#>";        //获得本地歌曲
6        public static String GetAlbumList="<#GET_ALBUMLIST#>";      //获得专辑列表
7        public static String GetSingerList="<#GET_SINGERLIST#>";    //获得歌手列表
8        public static String GetAlbumListTop="<#GET_ALBUMLISTTOP#>"; //获得前三专辑
9        public static String GetSingerListTop="<#GET_SINGERLISTTOP#>";//获得前三歌手
10       public static String GetManagePicture="<#GET_MANAGEPICTURE#>";//获得本地图片
11       public static String GetSingerForList="<#GET_SINGERNAMEFORLIST#>";
         //获得歌手下拉条
12       public static String GetSongForList="<#GET_SONGFILENAMEFORLIST#>";
```

```
13              //获得歌曲下拉条
                ……//由于服务器端定义的常量过多，在此不一一列举
14       }
```

> **说明**　常量类的开发是一项十分必要的准备工作，可以避免在程序中重复不必要的定义工作，提高代码的可维护性，读者在下面的类或方法中如果有不知道其具体作用的常量，可以到这个类中查找。

9.5.2　服务线程的开发

上一节介绍了服务器端常量类的开发，下面介绍服务线程的开发。服务主线程接收 Android 客户端和 PC 端发来的请求，将请求交给代理线程处理，代理线程通过调用 DB 处理类中的方法对数据库进行操作，然后将操作结果通过流反馈给 Android 客户端或 PC 端。

（1）下面首先介绍一下主线程类 ServerThread 的开发，主线程类部分的代码比较短，是服务器端最重要的一部分，也是实现服务器功能的基础，具体代码如下。

代码位置： 见随书光盘源代码/第 9 章/mServer/src/com/bn/server 目录下的 ServerThread.java。

```
1     package com.bn;
2     ……//此处省略了导入类的代码，读者可自行查阅随书附带光盘中的源代码
3     public class ServerThread extends Thread{              //创建一个 ServerThread 线程
4         ServerSocket ss;                                   //定义一个 ServerSocket 对象
5         @Override
6         public void run(){                                 //重写 run 方法
7             try{                                           //因用到网络，需要进行异常处理
8                 //创建一个绑定到端口 8888 的 ServerSocket 对象
9                 ss = new ServerSocket(8888);
10                System.out.println("listen on 8888..");    //打印提示信息
11                while(Constant.flag){                      //开启 While 循环
12                    //接收客户端的连接请求，若有连接请求返回连接对应的 Socket 对象
13                    Socket sc = ss.accept();
14                    new ServerAgentThread(sc).start();     //创建并开启一个代理线程
15                }}catch(Exception e){                      //捕获异常
16                e.printStackTrace();
17            }}
18        public static void main(String args[]){            //编写主方法
19            new ServerThread().start();                    //创建一个服务线程并启动
20    }}
```

- 第 8~10 行为创建连接端口的方法，首先创建一个绑定端口到端口 8888 上的 ServerSocket 对象，然后打印连接成功的提示信息。

- 第 11~19 行为开启线程的方法，该方法将接收客户端请求 Socket，成功后调用并启动代理线程对接收的请求进行具体的处理。

（2）经过上面的介绍，已经了解了服务器端主线程类的开发方式，下面介绍代理线程 ServerAgentThread 的开发，具体代码如下。

代码位置： 见随书光盘源代码/第 9 章/mServer/src/com/bn/server 目录下的 ServerAgentThread.java。

```
1     package com.bn;
2     ……//此处省略了导入类的代码，读者可自行查阅随书附带光盘中的源代码
3     public class ServerAgentThread extends Thread{
4         ……//此处省略变量定义的代码，请自行查看源代码
5         public ServerAgentThread(Socket sc){               //定义构造器
6             this.sc=sc;
7         }                                                  //接收 Socket
8         public void run(){                                 //重写 run 方法
9             try{
10                din=new DataInputStream(sc.getInputStream()); //创建数据输入流
```

```
11              dout=new DataOutputStream(sc.getOutputStream());//创建数据输出流
12              msg=din.readUTF();                              //将数据放入字符串
13              File fpath=new File("resource");              //获得resource的文件
14              songPath=fpath.getAbsolutePath()+"\\SONG\\";//添加歌曲路径到字符串中
15              picPath=fpath.getAbsolutePath()+"\\IMG\\";  //添加图片路径到字符串中
16              lyrPath=fpath.getAbsolutePath()+"\\LYRIC\\";//添加歌词路径到字符串中
17              if(msg.startsWith(Constant.GetSongList)){      //获得歌曲列表
18                      ls=DBUtil.getSongList();               //获得歌曲信息
19                      mess=StrListChange.ListToStr(ls);      //转化成字符串
20                      dout.writeUTF(mess);                   //将得到的信息写入流
21              }else if(msg.startsWith(Constant.GetAlbumList)){//获得专辑列表
22                      ls=DBUtil.getAlbumsList();             //获得专辑信息
23                      mess=StrListChange.ListToStr(ls);      //转化成字符串
24                      dout.writeUTF(mess);                   //将得到的信息写入流
25              }
26              ……//由于其他msg动作代码与上述相似，故省略，读者可自行查阅源代码
27          }catch(Exception e){                               //捕获异常
28          e.printStackTrace();
29  }}}
```

● 第13~16行为获取resource文件的绝对路径，将歌曲、歌词、专辑图片的路径存到相应字符串中，以便于后面上传或下载歌曲、歌词和专辑图片。

● 第17~20行为获取歌曲信息的方法，通过调用DBUtil的getSongList方法，从数据库中获取歌曲信息，然后将歌曲信息返回到Android客户端或PC端。

● 第21~24行为获取专辑信息的方法，通过调用DBUtil的getAlbumsListt方法，从数据库中获取专辑信息，然后将专辑信息返回到Android客户端或PC端。

9.5.3 DB处理类的开发

上一节介绍了服务器线程的开发，下面介绍DBUtil类的开发。DBUtil是服务器端一个很重要的类，它包括了所有Android客户端和PC端需要的方法。DBUtil类主要包含了建立数据库、对数据进行增、删、改、查的操作，具体代码如下。

✎ **代码位置**：见随书光盘源代码/第9章/mServer/src/com/bn/db目录下的DBUtil.java。

```
1   package com.bn.db;
2   ……//此处省略了导入类的代码，读者可以自行查阅随书光盘中的源代码
3   public class DBUtil {                                      //创建主类
4       public static Connection getConnection(){             //编写与数据库连接的方法
5       Connection con = null;                                //声明连接
6       try{
7               Class.forName("org.gjt.mm.mysql.Driver");     //声明驱动
8               //得到连接(数据库名、编码形式、数据库用户名、数据库密码)
9               con = DriverManager.getConnection("jdbc:mysql://localhost:3306/"+
10                  "musicbase?useUnicode=true&characterEncoding=UTF-8", "root","");
11      }catch(Exception e){
12          e.printStackTrace();}                             //捕获异常
13      return con;                                           //返回连接
14      }
15      public static List<String[]> searchSong(String info){//搜索歌曲
16          Connection con = getConnection();                //与数据库建立连接
17          Statement st = null;                             //创建接口
18          ResultSet rs = null;                             //创建结果集
19          List<String[]> lstr=new ArrayList<String[]>(); //定义列表
20          try{
21                  st = con.createStatement();             //创建对象将SQL语句发送到数据库
22          String sql =
23          "select SongName,SingerName,Album,Lyric,FileName from Song where
24          SingerName='"+info+"' or SongName='"+info+"' or Album='"+info+'";";
25          rs = st.executeQuery(sql);                       //执行SQL语句
26          while(rs.next()){                                //遍历结果
27                  String[] str=new String[5];             //定义字符串数组
```

```
28                  for(int i=0;i<5;i++){
29                      str[i]=rs.getString(i+1);              //收集结果集
30                  }
31                  lstr.add(str);                             //添加结果集到列表中
32              }}catch(Exception e){
33                  e.printStackTrace();}
34          finally{
35              try{rs.close();} catch(Exception e){e.printStackTrace();}
                //关闭结果集
36              try{st.close();} catch(Exception e){e.printStackTrace();}
                //关闭接口
37              try{con.close();} catch(Exception e){e.printStackTrace();}
                //关闭连接
38          }
39          return lstr;                                       //返回列表
40      }
41      ……/*由于其他方法代码与上述相似，该处省略，读者可自行查阅源代码*/
42  }
```

● 第 4~14 行为编写与数据库建立连接的方法，选择驱动后建立连接，然后返回连接。这里注意建立连接时各数据库属性以读者自己的 MySQL 设置而定且保持网络连接。

● 第 15~40 行为搜索歌曲的方法，根据歌手名、歌曲名或者专辑名在歌曲表中检索与之有联系的歌曲信息。先与数据库建立连接，创建结果集，定义收集检索结果的列表，然后编写正确的 SQL 语句并执行，关闭相关的结果集、接口、连接，最后返回歌曲信息的列表。

● 第 41 行为其他方法。由于篇幅原因且与搜索歌曲的方法相似，在这里不再进行介绍，读者可自行查阅随书附带光盘中的源代码。

> 📝说明　　DB 处理类是服务器端的重要组成部分，DB 处理类的开发使对数据库的操作变得简单明了，使用者只要调用相关方法即可，可以很大程度地提高团队的合作效率。

9.5.4　图片处理类

上一节主要介绍了 DB 处理类的开发，下面将介绍图片处理类。Android 客户端和 PC 端都会进行图片处理，包括添加图片、查看图片等操作，这些操作都可以通过这个类中的方法完成。下面是图片处理类的代码实现。

✎ **代码位置：**见随书光盘源代码/第 9 章/mServer/src/com/bn/util 目录下的 ImageUtil.java。

```
1   public static void saveImage(byte[] data,String path) throws IOException{
2       File file = new File(path);                          //创建文件
3       FileOutputStream fos = new FileOutputStream(file);   //将 File 实例放入输出流
4       fos.write(data);                                     //将实例数据写入输入流
5       fos.flush();                                         //清空缓存区数据
6       fos.close();                                         //关闭文件流
7   }
8   public static byte[] readBytes(DataInputStream din){     //获得图片
9       byte[] data=null;                                    //声明图片比特数组
10      //创建新的缓冲输出流，指定缓存区为 4096Byte
11      ByteArrayOutputStream out= new ByteArrayOutputStream(4096);
12      try {
13          int length=0,temRev =0,size;                     //定义三个大小长度
14          length=din.readInt();                            //获得输入流长度
15          byte[] buf=new byte[length-temRev];              //定义 byte 数组
16          while ((size = din.read(buf))!=-1){              //若有内容读出
17              temRev+=size;                                //记录缓存长度
18              out.write(buf, 0, size);                     //写入小于 size 的比特数组
19              if(temRev>=length){                          //如果缓存的长度大于文件的总长
20                  break;}                                  //终止写入
21              buf = new byte[length-temRev];               //定义 byte 数组
22          }
23          data=out.toByteArray();         //将图片信息以比特数组形式读出并赋值给图片比特数组
24          out.close();                                     //关闭输出流
```

```
25              } catch (IOException e){
26                  e.printStackTrace();
27              }
28          return data;                    //返回比特数组
29      }
```

● 第 1~7 行为将图片存入指定路径目录下的文件夹里的方法，先创建一个文件，然后将 File
实例放入输入流中，再将其数据写入到文件流中，最后关闭文件流。

● 第 8~29 行为从指定路径目录下的文件夹里获取图片数据的方法，将图片信息放入指定的
缓冲输出流中，然后关闭输出流，最后以比特数组的形式返回。

📗说明　　　　通过流对图片进行操作，从磁盘中获得图片的方法是根据图片路径将图片信息
放入输入流中，通过循环读取输入流的信息并写入输出流，然后以字节数组的形式
读取输出流的信息并返回。

9.5.5　辅助工具类

上面主要介绍了服务器端各功能的具体方法，在服务器中的类调用方法的时候，需要用到一
个工具类，即数据类型转换类。工具类在这个项目中十分常用，请读者仔细阅读。

在 DB 处理类执行方法时，需要把指定的数据转换成字符串数组的形式然后再进行处理。在
代理线程方法中，经过 DB 处理返回的列表数据又需要经过数据转换为字符串才能写入流。下面
将介绍数据类型转换类 StrListChange 的开发，具体代码如下。

🔖 **代码位置**：见随书光盘源代码/第 9 章/mServer/src/com/bn/util 目录下的 StrListChange.java。

```
1       package com.bn;
2       ……//此处省略了本类中导入类的代码，读者可自行查阅随书附带光盘中的源代码
3       public class StrListChange {
4           //将字符串转换成列表数据
5           public static List<String[]> StrToList(String info){
6               List<String[]> list = new ArrayList<String[]>();//创建一个新列表
7               String[] s = info.split("\\|");                 //将字符串以 "|" 为界分隔开
8               int num = 0;                                     //定义大小常量
9               for(String ss:s){                               //遍历数组
10                  num = 0;                                     //计数器
11                  String[] temp = ss.split("<#>");            //将字符串以"<#>"为界分隔开
12                  String[] midd = new String[temp.length];    //创建临时数组
13                  for(String a:temp){                          //遍历数组
14                      midd[num++] = a;
15                  }
16                  list.add(midd);                              //将字符串加入列表
17              }
18              return list;                                     //返回列表
19          }
20          //将字符串转换成数组
21          public static String[] StrToArray(String info){
22              int num = 0;                                     //定义大小常量
23              String[] first = info.split("\\|");             //将字符串以 "|" 为界分隔开
24              for(int i=0;i<first.length;i++){                 //遍历字符串数组
25                  String[] temp1 = first[i].split("<#>");     //将字符串以"<#>"分隔开
26                  num+=temp1.length;
27              }
28              String[] temp2=new String[num];                 //创建临时数组
29              num=0;                                           //计数器清零
30              for(String second:first){                       //遍历数组
31                  String[] temp3=second.split("<#>");         //将字符串以"<#>"分隔开
32                  for(String third:temp3){                    //遍历数组
33                      temp2[num]=third;                        //给临时数组赋值
34                      num++;                                   //计时器递增
35                  }}
36              return temp2;                                     //返回临时数组
37          }
```

```
38              //将 List 转换成字符串
39              public static String ListToStr(List<String[]> list){
40                      String mess="";                                      //定义字符串常量
41                      List<String[]> ls=new ArrayList<String[]>();          //创建一个新的列表
42                      ls=list;                                             //给列表赋值
43                      for(int i=0;i<ls.size();i++){                         //遍历列表
44                              String[] ss=ls.get(i);                       //将列表的值赋给字符串
45                              for(String s:ss){                            //遍历字符串
46                                      mess+=s+"<#>";                       //更新字符串
47                              }
48                              mess+="|";                                   //字符串末尾加"|"
49                      }
50                      return mess;                                        //返回字符串
51      }}
```

- 第 5~19 行为将字符串转换为 List<String[]>类型的方法，通过 split 方法将字符串数组以 "<#>" 为界分割开，然后循环遍历整个字符串数组并赋值给列表。

- 第 20~37 行为将字符串转换成字符串数组的方法，通过 split 方法将字符串分别以 "|" 和 "<#>" 为界分割开并赋值给字符串数组，然后返回整个字符串数组。

- 第 38~50 行为将列表数据转换为字符串类型的方法，通过创建一个字符串将列表遍历赋值给这个 String，利用 "<#>" 将 String 分割后以字符串的形式返回。

> 说明　上述数据类型转换的方法应用的地方比较多，在本项目其他端中亦可见到。请读者仔细研读，理解其中的逻辑方式，以后便可以直接拿来用。

9.5.6　其他方法的开发

在上面的介绍中，省略了 DB 处理类中的一部分方法和其他类中的一些变量定义，但是想要完整实现各功能是需要所有方法合作的。这些省略的方法并不是不重要，只是篇幅有限，无法一一详细介绍，请读者自行查看随书光盘中的源代码。

9.6　Android 客户端的准备工作

前面的章节中介绍了 PC 端和服务器端的功能实现，接下来将介绍 Android 端的主要功能。在开始进行 Android 客户端的开发工作之前，需要进行相关的准备工作。Android 客户端的准备工作涉及图片资源、xml 资源文件和数据库等。

9.6.1　图片资源的准备

在 Eclipse 中，新建一个 Android 项目 BNMusic，系统将自动在 res 目录下建立图片资源文件夹 drawable。在进行开发之前将图片资源拷贝进图片资源文件夹，图片资源包括背景图片和图形按钮。本软件用到的图片资源如图 9-21 所示。

> 说明　将图 9-21 中的图片资源放在项目文件夹目录下的 res\drawable-mdpi 目录下。编程过程中，在需要使用图片时，调用此文件夹中该图片对应的 ID 即可。

9.6.2　xml 资源文件的准备

每个 Android 项目都由众多不同的布局文件搭建而成。下面介绍 Android 客户端的部分 XML 资源文件，主要是对于 strings.xml 的介绍。strings.xml 文件用于存放字符串资源，由系统在项目创建后默认生成到 res/values 目录下，用于存放开发阶段所需要的字符串资源，实现代码如下。

▲图 9-21　百纳音乐播放器 Android 客户端用到的资源图片

✎ 代码位置：见随书光盘中源代码/第 9 章/BNMusic/res/values 目录下的 strings.xml。

```
1   <?xml version="1.0" encoding="utf-8"?>              <!-- 版本号及编码方式 -->
2   <resources>
3       <string name="app_name">BNMusic</string>          <!-- 软件标题 -->
4       <string name="main_singer">传播好声音</string>      <!-- 主界面用到的字符串 -->
5       <string name="main_song">百纳音乐</string>          <!-- 主界面用到的字符串 -->
6       <string name="main_local">本地音乐</string>        <!-- 主界面用到的字符串 -->
7       <string name="main_ilike">我喜欢</string>          <!-- 主界面用到的字符串 -->
8       <string name="main_mylist">我的歌单</string>        <!-- 主界面用到的字符串 -->
9       <string name="main_download">下载 管理</string>     <!-- 主界面用到的字符串 -->
10      <string name="main_lastplay">最近播放</string>      <!-- 主界面用到的字符串 -->
11      <string name="main_search">默认搜索</string>        <!--主界面用到的字符串-->
12      <string name="playlist_create">创建歌单</string>    <!--歌单界面用到的字符串-->
13      <string name="player_lyric">百纳，传播好声音</string><!--播放音乐用到的字符串-->
14      <string name="player_song">百纳音乐</string>        <!--播放音乐用到的字符串-->
15      <string name="player_singer">有你，还有你想的他（她）</string><!--播放音乐用到的字
        符串-->
16      <string name="search">搜索        </string>        <!--搜索用到的字符串-->
17      <string name="load">正在努力加载……</string>        <!--加载用到的字符串-->
18      <string name="scan">扫描歌曲</string>              <!--扫描音乐用到的字符串-->
19      <string name="scan_complete">扫描完成</string>      <!--扫描音乐用到的字符串-->
20      <string name="scan_complete_button">完成</string>   <!--扫描音乐用到的字符串-->
21      <string name="scan_before">已扫描到</string>        <!--扫描音乐用到的字符串-->
22      <string name="scan_after">首音乐&#8230;</string>    <!--扫描音乐用到的字符串-->
23      <string name="scan_all">全部扫描</string>          <!--扫描音乐用到的字符串-->
24      <string name="localmusic_random">随机播放</string>  <!--本地音乐用到的字符串-->
25      <string name="localmusic_scan">扫描本地音乐</string><!--本地音乐用到的字符串-->
26      <string name="localmusic_menu">菜单</string>        <!--本地音乐用到的字符串-->
27      <string name="localmusic_title">  本地音乐</string> <!--本地音乐用到的字符串-->
28      <string name="list_title_w">播放队列</string>      <!--播放列表用到的字符串-->
29      <string name="web_song">歌曲</string>              <!--网络功能用到的字符串-->
30      <string name="web_singer">歌手</string>            <!--网络功能用到的字符串-->
31      <string name="web_singertop">歌手 TOP3</string>    <!--网络功能用到的字符串-->
32      <string name="web_album">专辑</string>             <!--网络功能用到的字符串-->
33      <string name="web_albumtop">专辑 TOP3</string>     <!--网络功能用到的字符串-->
34  </resources>
```

✐说明　上述代码中声明了程序中需要用到的固定字符串，重复使用代码可避免编写新的代码，增加了代码的可靠性并提高了一致性。

9.6.3　本地数据库的准备

Android 客户端需要用到数据库的基本知识。数据库可以将音乐的基本信息保存起来，以便于客户端播放列表的加载以及对音乐的管理。在 Android 客户端中用到的是 SQLite 数据库，本节

将介绍数据库的设计以及数据库中表的创建。

1. 数据库的设计

本软件总共分为 5 个表，分别为音乐表、播放历史表、下载历史表、歌单表和歌单歌曲表。各表在数据库中的关系如图 9-22 所示。

▲图 9-22　数据库各表关系图

下面将分别介绍这几个表的功能用途。这几个表实现了本音乐播放器的功能。

● 音乐表。

表名 musicdata，用于管理全部本地音乐，该表有 8 个字段，包含音乐 id、音乐文件名、音乐名、歌手名、音乐路径、歌词名、歌词路径以及是否为我喜欢的标志位。此表记录了所有歌曲以及歌曲的全部信息。其他表仅仅提供音乐 id，通过 id 查询本表获取信息。

● 播放历史表。

表名 lastplay，用于保存最新播放的音乐 id，该表仅有 1 个音乐 id 字段。当音乐被播放时，将音乐记录进本表。首先将播放的音乐添加进 List 集合，再将表中音乐依次添加。如果表中有此音乐，则跳过此音乐；如果表内容超过 10 个，则只将前十个添加。最后将集合记入表中。

● 下载历史表。

表名 download，用于保存下载到本地的音乐 id，该表也仅有 1 个音乐 id 字段。当音乐被从服务器端下载时，将音乐加入音乐表并得到音乐 id，再将音乐 id 加入此表。用户可以通过下载管理界面来查询下载的音乐，能将此表作为播放列表进行播放。

● 歌单表。

表名 playlist，用于保存用户自己创建的歌单，该表有 2 个字段，分别为歌单 id 和歌单名称。此表保存了歌单的 id 和名称，id 用来和音乐 id 建立联系，名称用来显示给用户。此表为用户提供自建歌单的功能，使用户可以方便地按自己喜好播放歌曲。

● 歌单歌曲表。

表名 listinfo，用于记录各歌单名下涵盖的歌曲，该表有 2 个字段，分别为歌单 id 和音乐 id。同一歌单含有多首音乐，同一音乐也能存在于多个歌单。此表用来记录歌单与歌曲之间的关系，通过歌单 id 来筛选得到音乐 id，从而达到获得歌单内音乐的功能。

> 📝 说明　　上面将本数据库中的表大概梳理了一遍，由于音乐播放器的数据全部保存在该数据库中，因此，请读者认真阅读本数据库的设计。

2. 数据库表的设计

上述小节介绍的是 Android 客户端数据库的结构，接下来讲解数据库中相关表的具体属性。音乐表是本程序中最重要的表，包含了音乐的全部信息，所以着重介绍。因篇幅所限，其他表请读者结合随书光盘中源代码/第 9 章/sql/SQLiteDatabase.sql 进行理解。

音乐表：用于管理全部本地音乐，该表有 8 个字段，包含音乐 id、音乐文件名、音乐名、歌手名、音乐路径、歌词名、歌词路径以及是否为我喜欢的标志位。详细情况如表 9-5 所列。

表 9-5   音乐表

字段名称	数据类型	字段大小	是否主键	说　明
id	integer	0	是	音乐 ID
file	varchar	100	否	音乐文件的名称
music	varchar	50	否	音乐的名称
singer	varchar	50	否	歌手的名字
path	varchar	200	否	音乐的路径
lyric	varchar	100	否	歌词的名称
lpath	varchar	200	否	歌词的路径
ilike	integer	0	否	标志是否为我喜欢

建立该表的 SQL 语句如下。

📎 **代码位置：**见书中光盘源代码/第 9 章/sql/SQLDatabase.sql。

```
1    create table if not exists musicdata(          /*音乐表的创建*/
2         id integer PRIMARY KEY,                    /*音乐 ID,设置为主键*/
3         file varchar(100),                         /*音乐文件的名称*/
4         music varchar(50),                         /*音乐的名称*/
5         singer varchar(50),                        /*歌手的名称*/
6         path varchar(200),                         /*音乐的路径*/
7         lyric varchar(100),                        /*歌词的名称*/
8         lpath varchar(200),                        /*歌词的路径*/
9         ilike integer                              /*设置音乐是否为我喜欢标志位*/
10   );
```

> 🖊 **说明**　　上述代码为音乐表的创建，该表包含音乐 id、音乐文件名、音乐名、歌手名、音乐路径、歌词名、歌词路径以及是否为我喜欢的标志位 8 个属性。

9.6.4　常量类的准备

本小节介绍常量类 Constant 的开发。在进行开发之前或者进行开发的过程中，需要对用到的主要常量进行设置。这样既方便了对常量的更改设置，又避免了开发过程中的反复定义，这就是常量类的意义所在。常量类的具体代码如下。

📎 **代码位置：**见随书光盘源代码/第 9 章/BNMusic/src/com/example/util 目录下的 Constant.java。

```
1    package com.example.util;
2    public class Constant {//定义主类 Constant
3         public static final int COMMAND_PLAY = 0; // 播放命令
4         public static final int COMMAND_PAUSE = 1; // 暂停命令
5         public static final int COMMAND_PROGRESS = 3; // 设置播放位置
6         public static final int COMMAND_STOP = 15; // 停止命令
7         public static final int COMMAND_GO = 7;
8         public static final int COMMAND_START = 8;
9         public static final int COMMAND_PLAYMODE=9;
10        ……//由于定义的常量过多，在此不一一列举
11   }
```

> 🖊 **说明**　　常量类的开发是一项十分必要的准备工作，可以避免在程序中重复不必要的定义工作，提高代码的可维护性，读者在下面的类或方法中如果有不知道其具体作用的常量，可以到这个类中查找。

9.7　Android 客户端基本构架的开发

上一节介绍 Android 客户端图片以及 XML 资源的准备，这一节介绍音乐播放器的核心构架。其中 Activity 实现了音乐的控制，Service 实现了音乐的播放，BroadcastReceiver 实现了 Activity 与 Service 的沟通。下面来看各个功能的实现方法。

9.7.1　音乐播放器的基本构架

首先来介绍一下播放器的基本构架。音乐播放器不同于其他单机应用，它需要在后台执行任务，Service 和 Activity 如何进行通信是一大重点。下面来讲解音乐播放器如何运行，各模块之间如何进行通信，具体构架如图 9-23 所示。

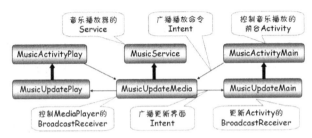

▲图 9-23　音乐播放器的基本构架

- MusicService 为 Service 模块，其构建十分简单，主要用来为音乐的后台播放提供运行环境。有关于播放器的监听也在此初始化，例如频谱与加速度传感器。
- MusicUpdateMedia 为更新播放器的模块，用来接收 Activity 发出的指令并更新 MediaPlayer 的状态和设置。任何对 MediaPlayer 进行的操作均在此进行，包括对音乐的播放、暂停控制，对频谱、加速度传感器的注册以及音乐播放完成后的操作。
- MusicActivityMain 与 MusicActivityiPLay 功能相同，均为继承自 Activity，用来向用户展示歌曲的相关信息，并提供给用户操作歌曲的按钮的界面。界面的内容随歌曲的播放而改变，改变界面的方法由广播接收器 BroadcastReceiver 执行。
- MusicUpdateMain 与 MusicUpdatePlay 功能相同，均为广播接收器，用来接收 MediaPlayer 发出的指令并更新界面 UI。其中包括了更换播放与暂停的按钮，刷新音乐播放的进度，更改音乐名称与歌手名，以及更新歌词的方法。

9.7.2　音乐播放模块的开发

上一节总述了音乐播放器基本构架的各个模块，首先来讲解音乐播放模块。音乐播放模块由 Service 和注册在 Service 上的 BroadcastReceiver 构成，其中 Service 保证了 MediaPlayer 能在系统后台正常工作并且响应控制，BroadcastReceiver 实现了对音乐的控制管理。

（1）第一个要介绍的是 Service，通过将含有 MediaPlayer 实例的广播接收器绑定在 Service 上实现了后台播放音乐的功能。而后台播放音乐是音乐播放器的灵魂，没有任何一个用户想在听歌的时候傻傻地看着界面。本功能不涉及界面布局，具体代码如下。

✎ **代码位置：**见随书光盘中的源代码/第 9 章/BNMusic/src/com/example/service 目录下的 MusicService.java。

```
1    package com.example.service;
```

```
2      ……//此处省略导入类的代码，读者可自行查阅随书附带光盘中的源代码
3      public class MusicService extends Service {
4          @Override
5          public void onCreate() {
6              super.onCreate();
7              mc = new MusicUpdateMedia(this);
8              mc.mp = new MediaPlayer();
9              IntentFilter filter = new IntentFilter();
10             filter.addAction(Constant.MUSIC_CONTROL);
11             this.registerReceiver(mc, filter);//为 Service 注册广播接收器 MusicUpdateMedia
12         }
13         @Override
14         public void onStart(Intent intent, int id) {
15             mc.UpdateUI(this.getApplicationContext()); //更新界面
16         }
17         @Override
18         public void onDestroy() {
19             super.onDestroy();
20             if(mc.mp!=null){
21                 mc.mp.release();                        //释放播放器
22             }
23             this.unregisterReceiver(mc);                //注销广播接收器
24     }}
```

- 第 4~12 行在 Service 创建时执行，注册广播接收器。
- 第 13~16 行在 Service 开始时执行，发送更新 UI 界面的广播。
- 第 17~24 行在 Service 销毁时执行，释放 MediaPlayer，注销广播接收器。

> **✍说明** 　　上述代码完成了 Service 各种状态下所进行的操作，目的是在 Service 运行时保证 MediaPlayer 存在，而在 Service 被停止时使 MediaPlayer 销毁。Service 在后台持续运行。

（2）上面说明了 Service 的实现，这一小节讲解的是注册并依存在 Service 上的 BroadcastReceiver。主要介绍播放、暂停、停止音乐的功能，具体代码如下。

📡 **代码位置**：见随书光盘中的源代码/第 9 章/BNMusic/src/com/example/receiver 目录下的 MusicUpdateMedia.java。

```
1      package com.example.receiver;
2      ……//此处省略导入类的代码，读者可自行查阅随书附带光盘中的源代码
3      public class MusicUpdateMedia extends BroadcastReceiver {
4          @Override
5          public void onReceive(Context context, Intent intent) {
6              switch (intent.getIntExtra("cmd", -1)) {
7              case Constant.COMMAND_PLAYMODE:                    //更换播放模式
8                  playMode = intent.getIntExtra("playmode",Constant.PLAYMODE_
                     SEQUENCE);
9                  break;
10             case Constant.COMMAND_START:                       //Media 初始化
11                 ……//此处技术与 commandPlay 方法相同
12             case Constant.COMMAND_PLAY:                        //播放命令
13                 String path = intent.getStringExtra("path");
14                 if (path != null) {         //如果路径为空则表示歌曲从暂停状态到播放状态
15                     commandPlay(path);  //设置 MediaPlayer
16                 }
17                 else{                              //否则表示播放一首新歌
18                     ……//此处代码与下文播放歌曲代码类似，故省略
19                 }}
20                 status = Constant.STATUS_PLAY;         //更改播放状态
21                 break;
22             case Constant.COMMAND_STOP:                    //停止命令
23                 NumberRandom(); //为播放线程随机设置一个编号，通过编号的改变来结束线程
24                 status = Constant.STATUS_STOP;
25                 if(mp!=null){
26                     mp.release();
```

```
27                          }
28                          ms.canalSensor();
29                          break;
30                      case Constant.COMMAND_PAUSE:                    //暂停命令
31                          status = Constant.STATUS_PAUSE;
32                          mp.pause();
33                          ms.canalSensor();
34                          break;
35                      case Constant.COMMAND_PROGRESS:                 //设置播放进度
36                          int current = intent.getIntExtra("current", 0);
37                          mp.seekTo(current);
38                          break;
39                  }
40                  UpdateUI();                                         //发送 Intent 更新 Activity 的方法
41          }
42          private void commandPlay(String path) {        //播放音乐的方法
43          ……//此处省略音乐播放的相关代码，下面将详细介绍
44      }}
```

- 第 7~9 行读取当前设置的播放模式。
- 第 12~21 行进行音乐播放的操作，分为两种情况，一种是由暂停状态到播放状态，另一种是由停止状态到播放状态。第一种只需要设置 MediaPlayer 为播放状态，第二种需要执行播放一首新音乐的代码。
- 第 22~29 行为将播放器设置为停止状态的操作，同时注册传感器监听。
- 第 30~34 行为将播放器设置为暂停状态的操作，同时注销传感器监听。
- 第 35~38 行为更改音乐播放的进度。

| 说明 | 上述代码基本实现了播放音乐的操作，读者可自行查阅随书附带光盘中的的源代码。其中关于频谱和传感器的操作，将在后文为大家详细展示。 |

（3）上面的内容省略了音乐播放的相关代码，此部分代码包括了对 MediaPlayer 的设置、频谱的注册与注销以及对发生异常的处理，其具体代码如下。

📝 **代码位置：见随书光盘中的源代码/第 9 章/BNMusic/src/com/example/receiver 目录下的 MusicUpdateMedia.java。**

```
1       private void commandPlay(String path) {
2           NumberRandom();
3           if (mp != null) {
4               mp.release();
5           }
6           ms.canalVisualizer();                                       //注销频谱监听
7           mp = new MediaPlayer();
8           mp.setOnCompletionListener(new OnCompletionListener(){      //添加播放完成监听
9               @Override
10              public void onCompletion(MediaPlayer mp){
11                  NumberRandom();
12                  onComplete(mp);
13                  UpdateUI();
14          }});
15          try {
16              mp.setDataSource(path);                                 //设置播放路径
17              mp.prepare();
18              mp.start();
19              ms.initVisualizer(mp);                                  //初始化频谱监听
20              new MusicPlayerThread(this, context, threadNumber).start();
21          } catch (Exception e) {
22              e.printStackTrace();
23              NumberRandom();
24              ms.canalVisualizer();
25          }
26          status = Constant.STATUS_PLAY;                              //更改播放状态
27      }
```

- 第 2~7 行为播放新的歌曲做准备，首先更改编号使旧的播放线程停止，然后释放旧的 MediaPlayer 并且注销频谱的监听，最后创建新的 MediaPlayer。

- 第 8~14 行为播放器添加音乐播放完成后的监听。

- 第 15~20 行为播放新音乐的操作，其中包括设置音乐路径，准备播放器，开始播放，注册频谱监听器和开始新的播放线程。

- 第 22~24 行为异常处理，目的是防止因 SD 卡被拔出等意外情况导致程序崩溃。

（4）上一小节讲解了 MediaPlayer 如何响应播放、暂停、停止音乐的操作，这一小节将介绍如何发送播放、暂停、停止音乐的命令。发送命令一般由 Activity 的按钮实现，下面从 MusicActivityMain.java 中选择实现了此项功能的一段代码，具体代码如下。

✎ 代码位置：见随书光盘中的源代码/第 9 章/BNMusic/src/com/example/Activity 目录下的 MusicActivtiyMain.java。

```
1    ImageView iv_play = (ImageView) findViewById(R.id.imageview_play);
2    iv_play.setOnClickListener(new OnClickListener() {
3        @Override
4        public void onClick(View v) {
5            int musicid=getShared(Constant.SHARED_ID);
6            if (musicid == -1) {
7                Intent intent = new Intent(Constant.MUSIC_CONTROL);
8                intent.putExtra("cmd", Constant.COMMAND_STOP);
9                MusicActivityMain.this.sendBroadcast(intent);
10               Toast.makeText(getApplicationContext(), "歌曲不存在",Toast.
                 LENGTH_LONG).show();
11               return;
12           }
13           if (musicid != -1) {
14               if (MusicUpdateMain.status == Constant.STATUS_PLAY) {
15                   Intent intent = new Intent(Constant.MUSIC_CONTROL);
16                   intent.putExtra("cmd", Constant.COMMAND_PAUSE);
17                   MusicActivityMain.this.sendBroadcast(intent);
18           ……//暂停和停止状态与播放的代码相似，此处不作说明
19    }}}});
```

- 第 6~12 行用来判断音乐 id 是否为-1，如果为-1 则表示列表里没有歌曲可以播放，同时发送停止播放的命令并弹出歌曲不存在的提示。

- 第 13~18 行为发送播放状态的操作。当前为播放状态时发送暂停命令、为暂停状态时发送播放命令、为停止状态时发送播放命令并发送将要播放歌曲的地址。

9.7.3　音乐切换模块的开发

上一节基本实现了音乐播放的功能。本节主要介绍音乐切换功能的开发，其中包括点击按键的音乐切换、音乐播放完成后的音乐切换以及摇一摇切歌。其中摇一摇切歌用到了传感器这项技术，请读者用心阅读代码，学习传感器灵活的利用方式，并将其彻底掌握。

（1）3 种音乐切换的触发方式不同，但切换的方式大体相同。触发方式将在下一个小节讲解。本小节用音乐播放完成后的音乐切换来介绍音乐切换的方式。

✎ 代码位置：见随书光盘中的源代码/第 9 章/BNMusic/src/com/example/receiver 目录下的 MusicUpdateMedia.java。

```
1    public void onComplete(MediaPlayer mp) {
2        SharedPreferences sp = ms.getSharedPreferences("music",
3            Context.MODE_MULTI_PROCESS);           //获取 SharedPreferences 的引用
4        int musicid = sp.getInt(Constant.SHARED_ID, -1);    //获得正在播放的音乐 id
5        int playMode = sp.getInt("playmode", Constant.PLAYMODE_SEQUENCE);
         //获取当前播放模式
6        int list=sp.getInt(Constant.SHARED_LIST, Constant.LIST_ALLMUSIC);
         //获得当前播放列表
```

```
7         ArrayList<Integer> musicList = DBUtil.getMusicList(list);//获得歌曲播放列表
8         if(musicid==-1){                              //如果当前播放歌曲不存在则返回
9             return;
10        }
11        if(musicList.size()==0){                      //如果播放列表为空则返回
12            return;
13        }
14        String playpath;
15        switch (playMode){
16        case Constant.PLAYMODE_REPEATSINGLE:          //单曲循环模式
17            playpath = DBUtil.getMusicPath(musicid);  //获得歌曲地址
18            commandPlay(playpath);
19            break;
20        case Constant.PLAYMODE_REPEATALL:             //列表循环模式
21            musicid = DBUtil.getNextMusic(musicList,musicid);  //获得下一首歌曲
22            playpath = DBUtil.getMusicPath(musicid);
23            commandPlay(playpath);
24            break;
25        case Constant.PLAYMODE_SEQUENCE:              //列表播放模式
26            if (musicList.get(musicList.size() - 1) == musicid){
              //判断是否为播放列表的最后一首
27                ms.canalSensor();
28                ms.canalVisualizer();
29                mp.release();
30                status = Constant.STATUS_STOP;
31                Toast.makeText(context, "已到达播放列表的最后，请重新选歌"
32                    , Toast.LENGTH_LONG).show();
33            } else {
34                musicid = DBUtil.getNextMusic(musicList,musicid);
35                playpath = DBUtil.getMusicPath(musicid);
36                commandPlay(playpath);
37            }
38            break;
39        case Constant.PLAYMODE_RANDOM:                //随机播放模式
40            musicid = DBUtil.getRandomMusic(musicList, musicid);//获得随机音乐id
41            playpath = DBUtil.getMusicPath(musicid);
42            commandPlay(playpath);
43            break;
44        }
45        SharedPreferences.Editor spEditor = sp.edit();//获得编辑SharedPreferences的引用
46        spEditor.putInt(Constant.SHARED_ID, musicid);//保存音乐id
47        spEditor.commit();
48        UpdateUI();
49    }
```

- 第 2~14 行为切换歌曲前的准备工作，获取当前播放的音乐、播放列表以及播放模式。
- 第 15~19 行为单曲循环模式，用当前播放音乐的 id 重新获取音乐路径。
- 第 20~24 行为列表循环模式，遍历播放列表，寻找到当前播放音乐的 id 并获取下一首音乐的 id，如果当前播放音乐 id 为最后一个，则选择列表里第一个 id 返回。
- 第 25~38 行为列表播放模式，与列表循环类似。
- 第 39~44 行为随机播放的操作，需要利用随机数获得随机的音乐 id。
- 第 45~48 行为改变播放音乐后的保存工作。

> **说明**　　获得音乐 id 的一系列方法均通过读取数据库的内容来实现。方法是通过数据库获取当前播放列表，然后通过当前播放音乐的 id 获取此 id 在列表中的位置，最终获得目标音乐 id。读者可自行查阅随书附带光盘中的源代码。

　　（2）本节讲解音乐切换的触发方式。点击按键的音乐切换通过注册 OnClickListener 实现。音乐播放完成后的音乐切换通过注册 OnCompletionListener 实现。以上两种方式的触发十分简单，而摇一摇切歌需要用到加速度传感器，下面将介绍摇一摇切歌功能的实现。

✎ **代码位置：** 见随书光盘中的源代码/第 9 章/BNMusic/src/com/example/service 目录下的
MusicService.java。

```
1    public void initSensor(){                                        //获取加速度传感器引用
2        mySensorManager = (SensorManager)getSystemService(Context.SENSOR_SERVICE);
3        mySensor = mySensorManager.getDefaultSensor(Sensor.TYPE_ACCELEROMETER);
4    }
5    private SensorEventListener mySel=new SensorEventListener(){
6        @Override
7        public void onAccuracyChanged(Sensor sensor, int accuracy) {}//精度改变时响应
8        @Override
9        public void onSensorChanged(SensorEvent event){ //传感器数值改变时响应
10            currentTime = System.currentTimeMillis();
              //返回从 1970 年 1 月 1 日午夜开始经过的毫秒数
11            duration = currentTime - lastTime;
12            duration2 = currentTime - lastTime2;
13            if(duration2 < SPACE_TIME){                            //每隔 0.2s 响应
14                return;
15            }
16            if(duration < SPACE_MUSIC){                            //切歌后隔 2s 再次开始响应
17                return;
18            }
19            lastTime2 = currentTime;
20            float x = event.values[0];
21            float y = event.values[1];
22            float z = event.values[2];
              //计算加速度的平方,10 为用于平衡重力的偏移量
24            double speed =Math.abs(Math.sqrt(x*x+y*y+z*z)-10);
25            if(speed > SPEED_SHRESHOLD){
26                lastTime=currentTime;
27                mc.NumberRandom();
                  //如果响应切歌,执行歌曲播放完成时执行的代码,代码重用,减少代码量
29                mc.onComplete(mc.mp);
30                mc.UpdateUI();                                    //更新 UI 界面
31    }}};
32    public void startSensor() {                                     //注册加速度传感器
33        mySensorManager.registerListener(mySel, mySensor, SensorManager.SENSOR_
          DELAY_UI);
34    }
```

- 第 1~4 行获取加速度传感器引用的方法。获取系统服务，选择加速度传感器。

- 第 10~18 行设置响应频率，并且增加每次响应后的延时设置。

- 第 20~30 行获取手机 x，y，z 3 个方向的加速度值，通过计算获得一个加速度，如果加速度超过阈值则触发切换音乐的操作。

- 第 32~34 行将传感器监听和传感器引用注册。

✐ 说明　　摇一摇切歌的基本原理是当任一方向的加速度超过阈值响应切换音乐的命令。由于默认有重力加速度 g 的影响，所以在第 26 行要减去一个偏移量。

9.8　Android 客户端功能模块的实现

上一节介绍了 Android 核心功能歌曲控制的开发，这一节介绍呈现在主界面上的各功能模块的开发。其中包括对本地音乐的扫描、音乐列表的实现、播放模式的更改以及网络音乐的获取。除此之外，还有歌词频谱界面的绘制。下面将逐一介绍这部分功能的实现。

9.8.1　主界面的实现

首先介绍播放器主界面的搭建，Android 客户端主界面几乎不涉及具体功能，仅提供简单的音乐控制和进入各个功能的接口，具体功能将在各个子界面中实现。本小节将重点介绍主界面的搭建、fragment 的使用和切换动画的开发。

（1）主界面的搭建，包括布局的安排，按钮、文本框等控件的属性设置。省略部分与介绍的部分相似，读者可自行查阅随书光盘代码进行学习。具体代码如下。

代码位置：见随书光盘源代码/第 9 章/BNMusic/res/layout 目录下的 fragment_main.xml。

```
1   <?xml version="1.0" encoding="utf-8"?>                            <!--版本号及编码方式-->
2   <ScrollView xmlns:android="http://schemas.android.com/apk/res/android"    <!--
    滚动条-->
3       android:id="@+id/main_scrollview"
4       android:layout_width="fill_parent"
5       android:layout_height="fill_parent"
6       android:background="@drawable/main_skin_l"
7       android:fadingEdge="vertical"
8       android:scrollbars="none" >
9       <LinearLayout                                                <!--线性布局-->
10          android:layout_width="fill_parent"
11          android:layout_height="fill_parent"
12          android:layout_margin="7dip"
13          android:alpha="1"
14          android:orientation="vertical" >
15          <LinearLayout
16              android:layout_width="fill_parent"
17              android:layout_height="50dip"
18              android:background="@color/a_black"
19              android:orientation="horizontal" >
20              <EditText                                            <!--文本域-->
21                  android:id="@+id/main_edittext_search"
22                  android:layout_width="fill_parent"
23                  android:layout_height="fill_parent"
24                  android:layout_marginLeft="5dip"                 <!--控件外围左侧留白-->
25                  android:layout_weight="1"                        <!--设置宽度占比-->
26                  android:background="@color/none"
27                  android:gravity="center_vertical"               <!--垂直居中-->
28                  android:singleLine="true"                        <!--只允许一行文本-->
29                  android:text="@string/main_search"
30                  android:textColor="@color/gray" />
31              <ImageView                                           <!--图像域-->
32                  android:id="@+id/main_imageview_search"
33                  android:layout_width="fill_parent"
34                  android:layout_height="fill_parent"
35                  android:layout_margin="5dip"
36                  android:layout_weight="5"
37                  android:background="@drawable/main_colorchange_l"
38                  android:clickable="true"                         <!--设置点击属性-->
39                  android:gravity="center_vertical"
40                  android:src="@drawable/main_search" />
41          </LinearLayout>
42      </LinearLayout>
43      ……<!--此处与上述布局相似，故省略，读者可自行查阅随书光盘中的源代码-->
44  </ScrollView>
```

● 第 2~14 行用于声明总的滚动视图和滚动视图中包含的一个线性布局。设置滚动视图的宽度为自适应屏幕宽度，高度为屏幕高度，滚动方式为垂直滚动，并设置背景图片。

● 第 15~19 行用于声明线性布局，线性布局中包含 EditText 和 ImageView，同时还设置了LinearLayout 宽、高、位置、排列方式的属性。

● 第 20~30 行用于声明文本编辑域，设置了 EditText 宽的比例、高、背景颜色，以及显示的图片的属性。

● 第 31~40 行用于声明图像域，设置了 ImageView 宽的比例、高、背景颜色、能响应点击事件以及显示的图片的属性。

说明　主界面布局代码较多，因篇幅所限不能再次一一列举，故仅选择有代表性的一段代码讲解。其他代码读者可自行查阅随书光盘中的源代码。

（2）为了方便用户能在执行查看音乐、歌单等操作的同时操作歌曲，本软件利用 fragment 实现了下方固定播放栏的效果。基本原理是将界面分为一个播放栏模块和一个 fragment 模块。在切换不同界面时只需要切换 fragment，保证了播放栏的固定存在。具体代码如下。

📎 **代码位置：** 见随书光盘中的源代码/第 9 章/BNMusic/src/com/example/Activity 目录下的 MusicActivtiyMain.java。

```
1    package com.example.activity;
2    ……//此处省略导入类的代码，读者可自行查阅随书附带光盘中的源代码
3    public class MusicActivityMain extends FragmentActivity {
4        ……//此处省略了声明变量的代码，读者可自行查阅随书附带光盘中的源代码
5        @Override
6        protected void onCreate(Bundle savedInstanceState) {
7            super.onCreate(savedInstanceState);
8            setContentView(R.layout.activity_main);
9            DBUtil.createTable();                        //数据库不存在则创建
10           mu = new MusicUpdateMain(this);              //注册服务器
11           ……//此处省略了添加各个按键监听的代码，读者可自行查阅随书附带光盘中的源代码
12           IntentFilter filter = new IntentFilter();  //注册广播接收器
13           filter.addAction(Constant.UPDATE_STATUS);
14           this.registerReceiver(mu, filter);
15           FragmentManager fragmentManager = this.getFragmentManager();
16           FragmentTransaction fragmentTransaction = fragmentManager.
             beginTransaction();
17           MusicFragmentMain fragment = new MusicFragmentMain();
18           fragmentTransaction.setCustomAnimations(   //设置 fragment 切换动画
19                   R.animator.click_enter,
20                   R.animator.click_exit,
21                   R.animator.back_enter,
22                   R.animator.back_exit);
23           fragmentTransaction.add(R.id.main_linearlayout_l, fragment);
             //将 fragment 添加到 Activity 中
24           fragmentTransaction.addToBackStack(null);
25           mainFragmentId=fragmentTransaction.commit();//将操作保存，用于回到主界面
26    }}
```

● 第 7~14 行为初始化音乐播放器的操作，包括对 Service 和 Activity 的初始化。程序涉及到数据库的应用，为了保障数据库的存在，要在程序运行的第一时间尝试创建数据库。如果 Service 未启动，则启动新的 Service，并给 Service 注册广播接收器。

● 第 15~26 行为添加 fragment 的操作。依次执行拿到 fragment 管理者、拿到 fragment 引用、设置动画、将新的 fragment 添加到 Activity、将旧的 fragment 添加到回退栈。

📎 **说明** 主界面各个按钮的监听已在上文介绍，本节不再详述。

（3）最后讲解切换动画的开发。动画分为 Property 和 Tween 两种，分别存储在 animator 与 anim 中。fragment 的切换使用的是 Property 动画。具体代码如下。

📎 **代码位置：** 见随书光盘中的源代码/第 9 章/BNMusic/res/animator 目录下的 back_enter.xml。

```
1    <set xmlns:android="http://schemas.android.com/apk/res/android" >
2        <!-- X 方向伸缩 -->
3        <objectAnimator
4            android:duration="400"
5            android:interpolator="@android:anim/linear_interpolator"
6            android:propertyName="scaleX"
7            android:valueFrom="0.4"
8            android:valueTo="1"
9            android:valueType="floatType" />
10       ……<!-- Y 方向伸缩、与 X 方向伸缩类似，故省略，读者可自行查阅随书光盘中的源代码-->
11   </set>
```

说明 动画的参数值在 0 到 1 之间，interpolator 为插值器，可以选择匀速或者加速等模式播放动画。其他 3 种动画与本动画的实现基本相同，这里不再赘述。

9.8.2　扫描音乐的实现

上一节介绍了音乐播放器主界面的实现，本节将介绍如何将本地的音乐读取。点击本地音乐右上角菜单中的扫描本地音乐，切换到音乐扫描界面。接下来点击开始按钮，等待系统扫描 SD卡。系统扫描完成之后将信息存入数据库，并显示扫描完成的字样。

（1）首先简要介绍扫描音乐界面的搭建，包括布局的安排、文本的属性设置，读者可自行查看随书光盘源代码进行学习，具体代码如下。

代码位置：见随书光盘源代码/第 9 章/BNMusic/res/layout 目录下的 activity_scan_before.xml。

```
1    <?xml version="1.0" encoding="utf-8"?>                        <!--版本号及编码方式-->
2    <RelativeLayout xmlns:android="http://schemas.android.com/apk/res/android" <!--相对布局-->
3        android:id="@+id/scan_linearlayout_before"
4        android:layout_width="match_parent"
5        android:layout_height="match_parent"
6        android:background="@color/white" >
7        ……<!--此处与上述布局相似，故省略，读者可自行查阅随书光盘中的源代码-->
8        <ImageView                                              <!--图片域-->
9            android:layout_width="fill_parent"
10           android:layout_height="360dp"
11           android:layout_centerInParent="true"
12           android:background="@color/white"
13           android:paddingBottom="100dp"
14           android:paddingLeft="80dip"
15           android:paddingRight="80dip"
16           android:scaleType="centerInside"
17           android:src="@drawable/scan_prepare" />
18       ……<!--此处与上述布局相似，故省略，读者可自行查阅随书光盘中的源代码-->
19   </RelativeLayout>
```

● 第 2~6 行用于声明总的相对布局，并将相对布局分为上、中、下 3 个部分，同时设置了布局的宽、高以及背景颜色。

● 第 8~17 行用于声明图片域，设置了 ImageView 宽、高、背景颜色。同时为了适应多种分辨率，将图片按原来的 size 居中显示并上移一段距离。

（2）上一小节介绍了扫描音乐界面的布局，接下来讲解如何实现扫描并记录存储在 SD 卡中的音乐文件。具体代码如下。

代码位置：见随书光盘中的源代码/第 9 章/BNMusic/src/com/example/Activity 目录下的 MusicActivtiyScan.java。

```
1    public void scanMp3List(File sdcardFile, int max) {
2        if (sdcardFile.listFiles() != null){
3            File[] files = sdcardFile.listFiles();
4            for (File filetemp : files) {              //遍历当前文件夹中的内容
5                if(!thread_flag){                      //如果点击取消按钮则停止扫描
6                    return;
7                }
8                int min = max / files.length;          //计算进度条的位置
9                if (filetemp.isDirectory()) {
10                   scanMp3List(filetemp, min);         //进入下一层文件夹
11               }else{
12                   String filepath = filetemp.getAbsolutePath().toString();
13                   if (filepath.endsWith(".mp3")){//如果是以 mp3 为结尾的文件则记录
14                       String filename = filetemp.getName();
15                       File fileTemp=new File(filepath);
16                       if(fileTemp.length()<10){ //如果文件大小小于一定值
```

```
17                              continue;
18                          }
19                          System.out.println(filename);
20                          String[] fileinfo = filename.split("-");
                            //将文件名从 "-" 处分割
21                          if (fileinfo.length != 1) {
22                              music_number++;
23                              Music_bianhao.add(music_number + "");
24                              Music_wenjian.add(filename.substring(0,
                                filename.length() - 4));
25                              Music_gequ.add(fileinfo[1].substring(0,fileinfo
                                [1].length() - 4).trim());
26                              Music_geshou.add(fileinfo[0].trim());
27                              Music_lujing.add(filepath);
28                      }}
29                      if (filepath.endsWith(".lrc")){//如果是以 lrc 为结尾的文件则记录
30                          String filename = filetemp.getName();
31                          geci.add(filename);
32                          gecilujing.add(filepath);
33                      }
34                      scanPath = filepath;
35                      progress += min;                //更改搜索进度
36                      handler.sendEmptyMessage(Constant.PROGRESS_UPDATE);//更新UI界面
37      }}}}
```

- 第 2~11 行用于遍历当前文件夹全部内容的操作。
- 第 13~28 行用于读取以.mp3 为结尾的音频文件，并筛选掉一些过短的音频文件，同时给读取到的音频文件编号，并将文件名分割得到歌名、歌手名的信息。最后将音乐编号、音乐文件名、音乐名、歌手名、音乐路径存进各自的 list，便于之后将信息录入数据库。
- 第 29~33 行用于读取以.lrc 为结尾的歌词文件，将歌词文件名、歌词路径存进相应的列表中。
- 第 34~37 行用于计算搜索进度，并调用 handler 发送信息更新 UI 界面。

📎 说明　　此模块使用了深度优先算法以及递归调用的技术，有兴趣的读者可自行查阅相关内容。

9.8.3　音乐列表的实现

上一节介绍了扫描音乐的实现，本节将主要介绍音乐列表的实现。其中包括对音乐列表的展示、对音乐的相关操作以及对正在播放的音乐列表的更换。用户可以通过歌单、我喜欢等界面，按照自己的喜好选择歌曲进行播放。

（1）下面将以我喜欢界面的搭建为例，具体介绍音乐列表的实现，包括布局的安排、文本的属性设置，读者可自行查看随书光盘源代码进行学习，具体代码如下。

✏️ 代码位置：见随书光盘源代码/第 9 章/BNMusic/res/layout 目录下的 fragment_four.xml。

```
1   <?xml version="1.0" encoding="utf-8"?>                <!--版本号及编码方式-->
2   <LinearLayout xmlns:android="http://schemas.android.com/apk/res/android"  <!--
    线性布局-->
3       android:layout_width="match_parent"
4       android:layout_height="match_parent"
5       android:background="@color/black"
6       android:orientation="vertical" >
7       <LinearLayout
8           android:layout_width="fill_parent"
9           android:layout_height="50dp"
10          android:background="@color/blue"
11          android:orientation="horizontal" >
12          <ImageButton                                    <!--图像域-->
13              android:id="@+id/four_imagebutton_back_l"
14              android:layout_width="fill_parent"
15              android:layout_height="fill_parent"
```

```
16              android:layout_gravity="center_vertical"
17              android:layout_weight="1"
18              android:background="@drawable/local_colorchange_l"
19              android:scaleType="centerInside"
20              android:src="@drawable/main_title_back_l" />
21          <TextView                                  <!--文本域-->
22              android:id="@+id/four_textview_title_l"
23              android:layout_width="fill_parent"
24              android:layout_height="fill_parent"
25              android:layout_weight="0.3"
26              android:gravity="center"
27              android:text=""
28              android:textColor="@color/white"
29              android:textSize="20dip"
30              android:textStyle="bold" />
31          <ImageButton                               <!--图像域-->
32              android:id="@+id/four_imagebutton_search_l"
33              android:layout_width="fill_parent"
34              android:layout_height="fill_parent"
35              android:layout_gravity="center_vertical"
36              android:layout_weight="1"
37              android:background="@drawable/local_colorchange_l"
38              android:scaleType="centerInside"
39              android:src="@drawable/main_title_search_l" />
40      </LinearLayout>
41      <LinearLayout
42          android:layout_width="fill_parent"
43          android:layout_height="fill_parent"
44          android:layout_marginTop="1dip"
45          android:background="@color/white"
46          android:orientation="vertical" >
47          <ListView xmlns:android="http://schemas.android.com/apk/res/android"
48              android:id="@+id/web_listview_music"
49              android:layout_width="fill_parent"
50              android:layout_height="fill_parent"
51              android:background="@color/white"
52              android:divider="@color/gray_background"
53              android:dividerHeight="1dp" >
54          </ListView>
55      </LinearLayout>
56  </LinearLayout>
```

● 第 2~6 行用于声明总的线性布局。设置线性布局的宽度与高度为充满屏幕，排列方式为垂直排列，并设置背景颜色为黑色。

● 第 7~11 行用于声明标题栏的线性布局。

● 第 12~20 行用于声明后退按钮的图像域，设置图片居中显示，保持原来长宽比。同时设置控件的高度与宽度为充满屏幕。

● 第 21~30 行用于声明文本域，设置了 TextView 高度、宽度以及宽度的占比，并设置了文字的字号、颜色以及文字的样式。

● 第 31~40 行用于声明查询按钮的图像域，设置与后退按钮的设置相同。

● 第 41~55 行用于声明一个列出音乐的列表控件，设置控件的宽度、高度、背景颜色以及分割线的高度和颜色。

> 说明　　本软件中所有的音乐列表的展示布局均与此布局类似，后文将不再赘述。

（2）由于 ListView 中每行的格局完全相同，由 ImageView、TextView 共同构成，因此开发了子布局，具体代码如下。

✎ 代码位置：见随书光盘源代码/第 9 章/BNMusic/res/layout 目录下的
fragment_localmusic_listview_row.xml。

```
1      <?xml version="1.0" encoding="utf-8"?>
```

```
2    <LinearLayout xmlns:android="http://schemas.android.com/apk/res/android"
3        android:id="@+id/LinearLayout_row"
4        android:layout_width="fill_parent"
5        android:layout_height="50dip"
6        android:background="@drawable/main_colorchange_l"
7        android:orientation="horizontal" >
8        <ImageView
9            android:id="@+id/imageView_row">
10       </ImageView>
11       <TextView
12           android:id="@+id/TextView_row"
13           />
14   </LinearLayout>
```

📎 说明　　　ListView 里每一行的线性布局中包含了 TextView 和 ImageView 控件，并设置了 LinearLayout 宽、高、位置的属性和 TextView、ImageView 宽、高、内容、大小等属性。ImageView 中放置音乐的图片，TextView 中放置歌曲名。

（3）内容不能直接显示在 ListView 中，需要编写一个适配器 Adapter 来容纳。Adapter 可以设置行数，每一行的 id、样式以及内容。下面介绍 BaseAdapter 的实现，具体代码如下。

✍ **代码位置：** 见随书光盘中的源代码/第 9 章/BNMusic/src/com/example/fragment 目录下的 MusicFragmentFour.java。

```
1    new BaseAdapter(){
2        LayoutInflater inflater=LayoutInflater.from(getActivity());//获取载入布局的引用
3        @Override
4        public int getCount() {return musiclist.size() + 1;}
5        @Override
6        public Object getItem(int arg0) {return null;}
7        @Override
8        public long getItemId(int arg0) {return 0;}
9        @Override
10       public View getView(int arg0, View arg1, ViewGroup arg2) {
11           if (arg0 == musiclist.size()){
12               LinearLayout lll = (LinearLayout) inflater.inflate(//获取 xml 布局
13                   R.layout.listview_count, null).findViewById(R.id.
                     linearlayout_null);
14               TextView tv_sum = (TextView) lll.getChildAt(0);
15               tv_sum.setText("共有" + musiclist.size() + "首歌曲\n\n\n");
16               return lll;
17           }
18           String musicName = DBUtil.getMusicInfo(musiclist.get(arg0)).get(2);
19           musicName+="-"+DBUtil.getMusicInfo(musiclist.get(arg0)).get(1);
20           LinearLayout ll = (LinearLayout) inflater.inflate( //获取 xml 布局
21               R.layout.fragment_localmusic_listview_row,null).findViewById
                 (R.id.LinearLayout_row);
22           TextView tv = (TextView) ll.getChildAt(1);
23           tv.setText(musicName);
24           return ll;
25   }};
```

- 第 2~9 行为 BaseAdapter 的前 3 个方法，包括了设置 BaseAdapter 的行数以及返回每行对象或者索引的方法。
- 第 10~17 行用来返回列表末行的 LinearLayout 对象。首先当前行是否为 BaseAdapter 的最后一行，结果为真则设置该行显示此列表中有多少首音乐。
- 第 18~24 行用来返回列表每行的 LinearLayout 对象。将音乐列表中每首音乐的信息转换为"歌手-歌曲"的形式依次加载进 BaseAdapter 中。

（4）音乐列表不仅仅能够展示音乐，还应该能对音乐进行基本的操作。例如，选择音乐播放、删除或者可以将音乐加入歌单，这些功能需要通过注册点击监听实现，具体代码如下。

代码位置：见随书光盘中的源代码/第 9 章/BNMusic/src/com/example/fragment 目录下的 MusicFragmentFour.java。

```
1    new OnItemLongClickListener(){
2        @Override
3        public boolean onItemLongClick(AdapterView<?> arg0, View arg1,int arg2, long
         arg3) {
4            final int selectTemp = arg2;
5            AlertDialog.Builder builder = new Builder(getActivity());
6            builder.setTitle("更多功能");
7            builder.setItems(new String[]{"从歌单中删除"}, new DialogInterface.
             OnClickListener() {
8                @Override
9                public void onClick(DialogInterface dialog, int which) {
10                   dialog.dismiss();
11                   DBUtil.deleteMusicInList(musiclist.get(selectTemp),
                     playlistNumber);
12                   musiclist = DBUtil.getMusicList(playlistNumber);
13                   ba.notifyDataSetChanged();
14           }}).create().show();
15           return false;
16   }}
```

> 说明
>
> 　　本段代码实现了通过长按音乐名弹出对话框来从歌单中删除音乐的功能。首先设置对话框的标题，然后创建一个数组来命名每个菜单项，最后注册对话框的点击监听。在点击监听中，获取被点击音乐的 id，调用从列表中删除音乐的方法，之后重新读取音乐信息并刷新 Adapter。

9.8.4　播放界面的实现

　　上一小节介绍了音乐列表的实现，本小节介绍音乐播放界面的实现。点击界面底端的音乐播放栏进入音乐播放界面。音乐播放界面涵盖了音乐的控制以及音乐播放器的可视化效果。其中包括歌词的显示、频谱的显示以及播放模式的切换。

1. 播放界面的设计

　　本节讲解播放界面的搭建，其中有两个自建控件将在之后进行讲解。

　　（1）本界面布局的安排以及各控件的属性设置与前文类似，故只对背景色渐变的实现进行介绍，具体内容如下。

代码位置：见随书光盘源代码/第 9 章/BNMusic/res/drawable 目录下的 player_jianbian_back_w。

```
1    <?xml version="1.0" encoding="utf-8"?>
2    <shape xmlns:android="http://schemas.android.com/apk/res/android"
3        android:shape="rectangle" >
4        <gradient
5            android:angle="270"
6            android:endColor="#00888888"
7            android:startColor="#5f000000" >
8        </gradient>
9    </shape>
```

> 说明
>
> 　　背景色渐变的原理是将一个颜色渐变的矩形贴到控件里。gradient 表示颜色渐变，其中设置了渐变的方向、开始的颜色与结束的颜色。

　　（2）下面介绍播放列表对话框的实现。点击右上角右边第二个按钮，弹出一个当前播放列表的对话框。下面讲解如何实现将 ListView 填入 Dialog 中，具体代码如下。

代码位置：见随书光盘中的源代码/第 9 章/BNMusic/src/com/example/activity 目录下的 MusicActivityPlay.java。

```
1    public void showDialog() {
2        //创建对话框
3        musiclist = DBUtil.getMusicList(this.getShared(Constant.SHARED_LIST));
4        LinearLayout linearlayout_list_w = new LinearLayout(this);
5        linearlayout_list_w.setLayoutParams(new LinearLayout.LayoutParams(
6                LayoutParams.FILL_PARENT, LayoutParams.FILL_PARENT));
7        linearlayout_list_w.setLayoutDirection(0);
8        ListView listview = new ListView(MusicActivityPlay.this);
9        listview.setLayoutParams(new LinearLayout.LayoutParams(
10               LayoutParams.FILL_PARENT, LayoutParams.FILL_PARENT));
11       listview.setFadingEdgeLength(0);
12       linearlayout_list_w.setBackgroundColor(getResources().getColor(
13               R.color.gray_shen));
14       linearlayout_list_w.addView(listview);
15       final AlertDialog dialog = new AlertDialog.Builder(
16               MusicActivityPlay.this).create();
17       WindowManager.LayoutParams params = dialog.getWindow().getAttributes();
18       params.width = 200;
19       params.height = 400;
20       dialog.setTitle("播放列表(" + musiclist.size() + ")");//
21       dialog.setIcon(R.drawable.player_current_playlist_w);
22       dialog.setView(linearlayout_list_w);
23       dialog.getWindow().setAttributes(params);
24       dialog.show();
25   }
```

● 第 3~14 行获取当前的播放列表，同时创建了 LinearLayout 和其中包含的 ListView，并将这两个控件的样式均设为充满父控件。

● 第 15~24 行创建了一个 Dialog，设置了 Dialog 的高度、宽度、图标、标题，并将 LinearLayout 放入其中，最后让 Dialog 显示。

> **说明** 其中 ListView 的 Adapter 与上文的实现方法类似，读者可自行查阅随书光盘中的源代码。

2. 频谱控件的设计

前面介绍了播放界面的基本布局，下面将介绍频谱控件的实现。频谱现已成为播放器的标准配置，不仅可以美化播放器，更可以给用户带来直观的音乐感受。频谱的实现十分简单，首先给播放器注册频谱的监听器，将数据发送 Intent 给 Activity，最后将其绘制。

（1）除了绘制模块，要想实现频谱的功能还需要注册频谱的监听。具体代码如下。

代码位置：见随书光盘中的源代码/第 9 章/BNMusic/src/com/example/service 目录下的 MusicService.java。

```
1    public void initVisualizer(MediaPlayer mp) {                        // 初始化频谱
2        mEqualizer = new Equalizer(0, mp.getAudioSessionId());         // 创建均衡器
3        mVisualizer = new Visualizer(mp.getAudioSessionId());          // 创建频谱分析器
4        mVisualizer.setCaptureSize(512);                               // 设置采样率
5        mVisualizer.setDataCaptureListener(new Visualizer.OnDataCaptureListener() {
6            public void onWaveFormDataCapture(Visualizer visualizer,   // 时域频谱
7                    byte[] bytes,int samplingRate) {
8                Intent intent = new Intent(Constant.UPDATE_VISUALIZER);
9                intent.putExtra("visualizerwave", bytes);
10               MusicService.this.sendBroadcast(intent);
11           }
12           public void onFftDataCapture(Visualizer visualizer,// 频域频谱
13                   byte[] bytes, int samplingRate) {
14               byte[] byt = new byte[RECT_COUNT];
15               for (int i = 0; i < RECT_COUNT; i++) {
16                   byt[i] = (byte) Math.hypot(bytes[2 * (i + 1)],bytes[2 * (i +
```

```
1) + 1]);
17                          }
18                          Intent intent = new Intent(Constant.UPDATE_VISUALIZER);
19                          intent.putExtra("visualizerfft", byt);
20                          MusicService.this.sendBroadcast(intent);
21                      }
22                  }, Visualizer.getMaxCaptureRate() / 2, true, true);
                    //更新频率、时域频谱、频域频谱是否启用
23          startVisualizer();
24          startSensor();
25      }
```

- 第 2~4 行创建频谱和均衡器，均衡器用来保证在手机音量为 0 时也能正确分析频谱数据。采样率为采集多少个数据，表示数据的数组大小。

- 第 6~11 行创建时域频谱的监听，实时将数据通过发送 Intent 传给 View。

- 第 12~21 行创建频域频谱的监听，根据频域频谱的原理，取数据的实部和虚部进行平方计算，选取合适的值发送广播。

（2）频谱的实现涉及到自定义控件的开发。首先来看控件的初始化，具体代码如下。

📎 **代码位置：见随书光盘中的源代码/第 9 章/BNMusic/src/com/example/view 目录下的 VisualizerView.java。**

```
1       package com.example.view;
2       ……//此处省略导入类的代码，读者可自行查阅随书附带光盘中的源代码
3       public class VisualizerView extends View{
4           ……//此处省略了声明变量的代码，读者可自行查阅随书附带光盘中的源代码
5           public void initView(){
6               viewHeight=getHeight();//
7               viewWidth=getWidth();
8               contentWidth=viewWidth-2*paddingLeft;
9               contentHeight=3*contentWidth/8;
10              paddingTop=(int) ((viewHeight-contentHeight)/2);
11              setBackgroundResource(R.color.none);
12              paintRect.setStyle(Style.FILL_AND_STROKE); //设置画笔格式为绘制边框并填充
13              paintRect.setStrokeWidth(2f);                    //设置边框大小
14              paintRect.setAntiAlias(true);                    //设置抗锯齿
15              paint.setStyle(Style.FILL_AND_STROKE);
16              paint.setStrokeWidth(2f);
17              paint.setAntiAlias(true);
18              int colorFrom=Color.RED;
19              int colorTo=Color.YELLOW;
20              LinearGradient lg=new LinearGradient(paddingLeft,paddingTop,
                    contentWidth+paddingLeft,
21                  contentHeight+paddingTop,colorFrom,colorTo,TileMode.CLAMP);
22              paint.setShader(lg);
23          }
24          public void updateVisualizer(byte[] bytes,boolean visualizerMode){
25              this.visualizerMode=visualizerMode;
26              if(visualizerMode){
27                  myBytesWave=bytes;
28              }else{
29                  myBytesFft=bytes;
30              }
31              invalidate();
32          }
33          @Override
34          protected void onDraw(Canvas canvas){
35              ……//此处省略定义绘制自定义控件的代码，下面将详细介绍
36      }}
```

- 第 5~11 行设置了界面的大小和背景颜色。为了能适应各种分辨率，首先获取控件的高度和宽度，宽度减去界面左右留白预设值得到显示内容区域的宽度。高度由宽度控制，占宽度的 3/8，并计算界面上下留白。最后设置界面背景色为透明。

- 第 12~17 行设置了不同画笔的基本样式并打开抗锯齿。

- 第18~23行设置了画笔的颜色，从红色到黄色。在此运用了一种线性渲染的技术，可以得到颜色渐变的最终效果。参数为绘制区域左上角坐标，右下角坐标，颜色初始值，颜色结束值以及渲染模式。

- 第24~32行为改变控件内容的更新方法。获取频谱模式、频谱内容以及重绘控件。Wave为时域，Fft为频域。

（3）接下来讲解如何绘制频谱的基本操作，具体代码如下。

✎ 代码位置：见随书光盘中的源代码/第9章/BNMusic/src/com/example/view 目录下的 VisualizerView.java。

```
1    @Override
2    protected void onDraw(Canvas canvas){
3         super.onDraw(canvas);
4         initView();//初始化
5         if(myBytesFft==null){
6              return;
7         }
8         if(myOldBytesTop==null){
9              myOldBytesTop=new byte[myBytesFft.length];
10        }
11        if(myOldBytesBottom==null){
12             myOldBytesBottom=new byte[myBytesFft.length];
13        }
14        for(int i=0;i<myBytesFft.length;i++){
15             if(myBytesFft[i]>myOldBytesTop[i]){
16                  myOldBytesTop[i] = (byte) ((myBytesFft[i] / 3) * 3 + 3);
17                  myOldBytesBottom[i] = (byte) ((myBytesFft[i] / 3) * 3);
18             }else{
19                  if(myOldBytesTop[i]>9){
20                       myOldBytesTop[i]-=3;
21                  }else{
22                       myOldBytesTop[i]=6;
23                  }
24                  if(myOldBytesBottom[i]>6){
25                       myOldBytesBottom[i]-=6;
26                  }else{
27                       myOldBytesBottom[i]=3;
28                  }
29             }
30             paintRect.setARGB(200, 255, 255*i/myBytesFft.length, 0);
31             myFftPoints[0]=paddingLeft+paddingLeftRect+contentWidth*i/
                 (myBytesFft.length);
32             myFftPoints[1]=viewHeight-paddingTop-(myOldBytesTop[i]*2-2)*
                 contentHeight/256;
33             myFftPoints[2]=paddingLeft-paddingLeftRect+contentWidth*(i+1)/
                 (myBytesFft.length);
34             myFftPoints[3]=viewHeight-paddingTop-(myOldBytesTop[i]*2-4)*
                 contentHeight/256;
35             canvas.drawRect(myFftPoints[0], myFftPoints[1], myFftPoints[2],
                 myFftPoints[3], paintRect);
36             for(int j=1;j<=myOldBytesBottom[i]*2/3;j+=2){
37                  myFftPoints[0]=paddingLeft+paddingLeftRect+contentWidth*i/
                      (myBytesFft.length);
38                  myFftPoints[1]=viewHeight-paddingTop-j*3*contentHeight/256;
39                  myFftPoints[2]=paddingLeft-paddingLeftRect+contentWidth*(i+1)/
                      (myBytesFft.length);
40                  myFftPoints[3]=viewHeight-paddingTop-(j*3-2)*contentHeight/256;
41                  canvas.drawRect(myFftPoints[0],myFftPoints[1],myFftPoints[2],
                      myFftPoints[3], paintRect);
42    }}}
```

- 第5~13行验证数据是否成功传入，引用是否指向一个已经实例化的对象，以此来保证控件不会弹出空指针的错误而使程序崩溃。

- 第15~29行计算传入的数据是否大于本地数据，如果大于则将新传入的数据格式化并覆盖本地数据，由此来实现频谱的柱子慢慢落下的效果。紧接着计算每个柱子的下移量并将顶端小矩形的下移量减半。

- 第 30~35 行绘制每列柱子顶端的小矩形。因为每列柱子顶端小矩形的降落速度略慢于下方所有小矩形，所以需要单独绘制。

- 第 36~41 行通过柱子的高度来计算小矩形的多少，并依次绘制。小矩形的宽度为显示界面宽度除以数据总量的值减去每列左右留白的预设值。高度为显示界面高度乘以当前数值占最大数值的比例，再减去预设的间距。

📝 **说明**　其中时域频谱的绘制相对简单，读者可自行查阅随书光盘中的源代码。

3. 歌词控件的设计

除了频谱界面，歌词界面也不可或缺。下面来介绍歌词控件的设计。歌词控件的绘制模块与频谱的绘制类似，所以在此不详细讲解，有需要的读者可自行查阅随书光盘中的源代码。本节主要介绍控件初始化以及逻辑计算。具体代码如下。

🐾 **代码位置**：见随书光盘中的源代码/第 9 章/BNMusic/src/com/example/view 目录下的 LyricView.java。

```
1    package com.example.view;
2    ……//此处省略导入类的代码，读者可自行查阅随书附带光盘中的源代码
3    public class LyricView extends View {
4        ……//此处省略了声明变量的代码，读者可自行查阅随书附带光盘中的源代码
5        public void initView() {                         //初始化控件参数
6            viewHeight = getHeight();//获得控件高度
7            viewWidth = getWidth();//获得控件宽度
8            lineHeight = viewHeight / (lineCount + 2);     //根据行数计算行高
9            paddingTop = (viewHeight - lineCount * lineHeight) / 2;
             //计算歌词上下预留的空白区域
10           lyricSpeed = viewHeight / lyricTime;
11           otherLyricSize = (int) (lineHeight * 0.6);
12           nowLyricSize = (int) (lineHeight * 0.85);
13           paddingTop += lineHeight*1/4;
14       }
15       public int now() {                               //根据时间计算歌词位置
16           int now = 0;
17           for (int i = 0; i < lyric.size(); i++) {    //遍历歌词数组
18               String lyric1[] = lyric.get(i);
19               int time1 = (Integer.parseInt(lyric1[0]) * 60 +
                 Integer.parseInt(lyric1[1])) * 1000;
20               String lyric2[] = { "", "", "" };
21               int time2;
22               if (i != lyric.size() - 1) {            //判断歌词是否为最后一句
23                   lyric2 = lyric.get(i + 1);
24                   time2 = (Integer.parseInt(lyric2[0]) * 60 + Integer.
                     parseInt(lyric2[1])) * 1000;
25               }else {
26                   time2 = duration;
27               }
28               if (current<(Integer.parseInt(lyric.get(0)[0])*60+Integer.
                 parseInt(lyric.get(0)[1]))*1000) {
29                   break;
30               }
31               if (current > time1 && current < time2) {
32                   now = i;
33                   break;
34               }
35           }
36           return now;                                 //返回当前歌词位置
37       }
38       public void initLayout() {                       //初始化歌词
39           lyrictemp = new String[lineCount];           //建立长度为歌曲行数的数组来存放歌词
40           int iTemp = lyrictemp.length;
```

```
41              if (lyric == null){                          //如果没有歌词。则剧中显示百纳好音乐
42                  for (int i = 0; i < iTemp; i++) {
43                      if (i == iTemp / 2) {
44                          lyrictemp[i] = "百纳好音乐";
45                      } else {
46                          lyrictemp[i] = "";
47                  }}
48                  return;
49              }
50              int j = now();
51              j = j - iTemp / 2;
52              for (int i = 0; i < iTemp; i++, j++) {
53                  try {
54                      lyrictemp[i] = lyric.get(j)[2];
55                  } catch (Exception e) {              //如果找不到数据则返回空值
56                      lyrictemp[i] = "";
57  }}}}
```

- 第 5~14 行为设置空间参数的初始化方法。获得控件高度和宽度，计算每行歌词占据的空间大小，歌词滑动的速度，当前播放歌词的大小，其他歌词的大小以及歌词位置的偏移量。

- 第 15~37 行为正在播放歌词的计算方法。按顺序获取每句歌词的时间点，判断播放进度是否在两句歌词点之间，结果为真则返回第一个时间点所属的歌词在数组中的位置。如果第一个时间点所属的歌词为最后一句歌词，则将第二个时间点设为歌曲总时长。

- 第 38~56 行为计算歌词的初始化方法。新建立一个长度为歌曲行数的绘制数组来存放将要绘制的歌词，其中数组中间位置存放着播放中的歌词。然后判断歌词是否存在，如果不存在则将"百纳好音乐"放入数组中间位置，其他位置设为空。

> 🔊说明　　当播放中的歌词为整首歌的前几句或后几句时，会取到负数或者超出歌词数组的下标，所以根据实际情况加入容错处理，使无法读取到歌词数据的那一行为空。

9.8.5　网络界面的实现

上一小节介绍了播放界面，本小节将介绍网络界面的实现。用户可以在乐库中浏览热门音乐并挑选喜爱的音乐进行下载。网络界面的布局与大部分功能均已在上文中介绍过，因篇幅有限，本小节不再涉及，只选取界面加载效果的实现加以讲解。具体代码如下。

📝 代码位置：见随书光盘中的源代码/第 9 章/BNMusic/src/com/example/fragment 目录下的 MusicFragmentWeb.java。

```
1   handle = new Handler() {
2       public void handleMessage(Message msg) {
3           super.handleMessage(msg);
4           switch (msg.what) {
5           case Constant.LOAD_COMPLETE:                 //加载完成则显示内容界面
6               ll_web.removeViewAt(1);                  //移除等待页面
7               ll_web.addView(sv_content);              //加载内容页面
8               break;
9           case Constant.LOAD_ERROR:                    //加载失败则显示失败界面
10              ll_web.removeViewAt(1);
11              ll_error.setLayoutParams(new LayoutParams(LayoutParams.MATCH_
                PARENT,
12                  LayoutParams.MATCH_PARENT));         //设置界面的大小
13              ll_web.addView(ll_error);                //加载失败界面
14              break;
15      }}};
16  new Thread() {
17      @SuppressWarnings("deprecation")
18      public void run() {
19          ……//此处省略了数据加载的相关内容，读者可自行查阅随书附带光盘中的源代码
20          handle.sendEmptyMessage(Constant.LOAD_COMPLETE);
21  }}.start();
```

- 第 1~15 行创建一个新的 Handler，当 Handler 收到不同编号的消息时，执行不同的任务。Handler 还能接收数据，通过将数据放入 Bundle 再用 Handler 发送消息来实现。
- 第 16~21 行创建数据加载线程。等到将数据全部获取后，发送更新界面的 Message 给 Handler。

> 📝 说明　　　联网获取数据是阻塞线程，为了防止程序失去响应，必须将其操作放在一个单独的线程中。更改界面的操作只能在主线程中运行，所以需要通过 Handler 来处理。

9.9 Android 客户端与服务器连接的实现

之前已经介绍了 Android 客户端各个功能模块的实现，这一节将介绍上述功能模块与服务区连接的开发，包括设置 IP 测试连接功能的验证等，读者可以根据需要查看随书光盘了解更多信息。

9.9.1 Android 客户端与服务器连接各类功能

首先介绍 Android 客户端与服务器连接的各类功能实现所利用的工具类的代码实现，然后给出工具类 NetInfoUtil 的部分代码框架，具体代码如下。

> ✏️ 代码位置：见随书光盘源代码/第 9 章/BNMusic/src/com/bn/util 目录下的 NetInfoUtil.java。

```
1     package com.example.util;
2     ……//此处省略导入类的代码，读者可自行查阅随书附带光盘中的的源代码
3     public class NetInfoUtil{
4         ……//此处省略变量定义的代码，请自行查看源代码
5         public static void connect() throws Exception{/*通信建立*/}
6         public static void disConnect(){/*通信关闭*/}
7         public static List<String[]> searchSong(String info){/*搜索歌曲*/}
8         public static List<String[]> getSongListWithAlbum(String info){/*根据专辑名
          获得歌曲*/}
9         public static List<String[]> getSongListWithSinger(String info){/*根据歌手名
          获得歌曲名*/}
10        public static byte[] getPicture(String aid){/*获得专辑图片*/}
11        public static List<String[]> getSongList(){/*获得歌曲信息*/}
12        public static List<String[]> getSingerList(){/*获得歌手信息*/}
13        public static List<String[]> getAlbumsList(){/*获得专辑信息*/}
14        public static List<String[]> getSingerListTop(){/*获得前三名歌手信息*/}
15        public static List<String[]> getAlbumsListTop(){/*获得前三名专辑信息*/}
16    }
```

> 📝 说明　　　NetInfoUtil 工具类，用来封装耗时的工作。通过封装的工作，能让程序更加有序、易读。上述方法是完成不同功能的部分方法，下面将会继续进行部分方法的开发介绍，其他方法读者可根据随书光盘自行查看。

9.9.2 Android 客户端与服务器连接各类功能的开发

上一小节已经介绍了 Android 客户端与服务器连接的各类的功能实现的工具类的代码框架，接下来将继续上述功能的具体开发。

（1）下面介绍上一节省略的通信的建立和关闭方法，将 Socket 的连接和关闭写入单独的方法，避免了代码的重复，实现的具体代码如下。

> ✏️ 代码位置：见随书光盘源代码/第 9 章/BNMusic/src/com/bn/util 目录下的 NetInfoUtil.java。

```
1    public static void connect() throws Exception{        //通信建立
2        ss = new Socket();                                //创建一个 ServerSocket 对象
```

```
3          SocketAddress socketAddress =
4              new InetSocketAddress(MusicApplication.socketIp, 8888);
               //绑定到指定 IP 和端口
5          ss.connect(socketAddress, 5000);                     //设置连接超时时间
6          din=new DataInputStream(ss.getInputStream());        //创建新数据输入流
7          dos=new DataOutputStream(ss.getOutputStream());      //创建新数据输出流
8      }
9      public static void disConnect(){                         //通信关闭
10         if(dos!=null)                                        //判断输出流是否为空
11             try{dos.flush();}catch(Exception e){e.printStackTrace();}  //清缓冲
12         if(din!=null)                                        //判断输入流是否为空
13             try{din.close();}catch(Exception e){e.printStackTrace();}//关闭输入流
14         if(ss!=null)                                         //ServerSocket 对象是否为空
15             try{ss.close();}catch(Exception e){e.printStackTrace();}
               //关闭 ServerSocket 连接
16     }
```

- 第 1~8 行为建立与服务器端通信的连接方法。首先新建一个 socket，之后为 socket 设置 IP、端口和连接超时时间，其中超时时间单位为毫秒。最后创建数据的输入流和输出流，为之后与服务器端进行数据交互做准备。

- 第 9~16 行为断开与服务器端通信的注销方法。判断输入输出流与 socket 是否存在，如果存在则清理缓冲并且关闭。

> 💡说明　任何与服务器端的通信都要在代码首尾分别执行这两个方法。其次，播放器的默认 IP 为 10.16.189.156。读者在运行百纳音乐播放器网络音乐的功能之前，需点击主界面右上角 IP 按钮，将地址改为服务器端所在局域网的 IP 地址。

（2）下面介绍 NetInfoUtil 框架搜索歌曲功能 searchSong、根据专辑名获取歌曲名功能 getSongListWithAlbum 和根据歌手名获取歌曲名功能 getSongListWithSinger 的开发。

📝 **代码位置**：见随书光盘源代码/第 9 章/BNmusic/src/com/bn/util 目录下的 NetInfoUtil.java。

```
1      public static List<String[]> searchSong(String info) {        //搜索歌曲信息
2          try {
3              connect();                                      //通信的连接
4              dos.writeUTF("<#SEARCH_SONG#>" + info);          //将信息写入流
5              message = din.readUTF();                         //将流中读取的数据放入字符串中
6          }catch (Exception e){
7              e.printStackTrace();}
8           finally {
9              disConnect();                                   //通信的关闭
10         }
11         return StrListChange.StrToList(message);            //返回搜索到的歌曲信息列表
12     }
13     public static List<String[]> getSingerListTop(){        //获得前三名歌手信息
14         try{
15             connect();                                      //通信的连接
16             dos.writeUTF("<#GET_SINGERLISTTOP#>");           //将信息写入流
17             message=din.readUTF();                          //将流中读取的数据放入字符串中
18         }catch(Exception e){
19             e.printStackTrace();}
20         finally{
21             disConnect();                                   //通信的关闭
22         }
23         return StrListChange.StrToList(message);            //返回前三名歌手信息列表
24     }
25     public static List<String[]> getAlbumsListTop(){        //获得前三名专辑信息
26         try{
27             connect();                                      //通信的连接
28             dos.writeUTF("<#GET_ALBUMLISTTOP#>");            //将信息写入流
29             message=din.readUTF();                          //将流中读取的数据放入字符串中
30         }
31         catch(Exception e){
32             e.printStackTrace();}
```

```
33          finally{
34              disConnect();                               //通信的关闭
35          }
36          return StrListChange.StrToList(message);        //返回前三名专辑信息列表
37      }
```

- 第 1~12 行为搜索歌曲信息功能的方法，根据给的歌手名、歌曲名或是专辑名判断是否有对应的歌曲信息，如果有歌曲则返回相应的歌曲信息列表。

- 第 13~24 行为获取前三名歌曲信息功能的方法，检索歌曲表中前三名歌曲的信息，返回相应的歌曲信息列表。

- 第 25~37 行为获取前三名歌手信息功能的方法，检索歌手表中前三名歌手的信息，返回相应的歌手信息列表。

（3）获取歌手信息功能、获取专辑信息功能和获取歌曲信息功能相似，代码基本相同，此处就不做介绍了。下面介绍 NetInfoUtil 框架获取歌曲信息功能 getSongList 和获取专辑图片功能 getPicture 的开发。

✎ **代码位置：见随书光盘源代码/第 9 章/BNmusic/src/com/bn/util 目录下的 NetInfoUtil.java。**

```
1   public static List<String[]> getSongList(){             //获得歌曲目录
2       try{
3           connect();                                      //通信的连接
4           dos.writeUTF("<#GET_SONGLIST#>");               //将信息写入流
5           message=din.readUTF();                          //将流中读取的信息放入字符串中
6       }catch(Exception e){
7           e.printStackTrace();}
8       finally{
9           disConnect();                                   //通信的关闭
10      }
11      return StrListChange.StrToList(message);            //返回歌曲信息列表
12  }
13  public static byte[] getPicture(String aid){            //获得专辑图片
14      try{
15          connect();                                      //通信的连接
16          dos.writeUTF("<#GET_PICTURE#>"+aid);            //将信息写入流
17          data=IOUtil.readBytes(din);                     //将流中读取的信息放入字符串中
18      }catch(Exception e){
19          e.printStackTrace();}
20      finally{
21          disConnect();                                   //通信的关闭
22      }
23      return data;                                        //返回 byte 数组
24  }
```

- 第 1~12 行为获取歌曲目录信息功能的方法，获取歌曲表的所有歌曲信息，以列表的形式返回所有的歌曲信息。

- 第 13~24 行为获取专辑图片功能的方法，根据传来的专辑名称获取此专辑的图片信息，如果此专辑有图片，则返回专辑图片的 byte 数组。

> 📝 说明　上述代码介绍了测试连接功能的实现，调用 connect()方法后，通过 writeUTF() 方法将信息写入流中，然后通过 readUTF()方法将从流中读取的数据放入相应的字符串中，最后通过工具类转换成需要的格式并返回。

9.9.3　其他方法的开发

上面的介绍中省略了 NetInfoUtil 中的一部分方法和其他类中的一些变量的定义，但是想要完整实现各功能是需要所有方法合作的。这些省略的方法并不是不重要，只是篇幅有限，无法一一详细介绍，请读者自行查看随书光盘中的源代码。

9.10　本章小结

　　本章对百纳音乐播放器 PC 端、服务器端和 Android 客户端的功能及实现方式进行了简要的讲解。本系统实现音乐播放器管理的基本功能，读者在实际项目开发中可以参考本系统，对系统的功能进行优化，并根据实际需要加入其他相关功能。

> 说明　　鉴于本书宗旨为主要介绍 Android 项目开发的相关知识，因此，本章主要详细介绍了 Android 客户端的开发，对数据库、服务器端、PC 端的介绍比较简略，不熟悉的读者请进一步参考其他的相关资料或书籍。

第 10 章　休闲类游戏——3D 保龄球

　　由于生活节奏越来越快，因而可以缓解生活以及工作压力的手机休闲类游戏越来越受到广大玩家朋友们的青睐。所谓休闲类游戏是指一些玩家可以轻松上手，持续时间短，可随时停止的小型游戏，该类游戏具有较高的娱乐性和趣味性，可以让玩家在短时间内放松紧张的心情。

　　本章将介绍笔者自己开发的一个休闲类游戏——3D 保龄球。通过介绍该游戏在 Android 手机平台下的设计与实现，使读者对 Android 平台下使用 OpenGL ES 2.0 渲染技术开发 3D 游戏的步骤有更加深入的了解，并学会基本的 3D 游戏开发，从而在以后的游戏开发中有进一步的提高。

10.1　游戏的背景及功能概述

　　开发"3D 保龄球"游戏之前，读者首先需要了解一下该 3D 游戏的开发背景和功能。本节将主要围绕该游戏的开发背景和游戏功能来进行简单介绍。希望通过笔者的介绍可以使读者对该 3D 游戏有一个整体、基本的了解，进而为之后的游戏的开发做好准备。

10.1.1　背景描述

　　首先向读者介绍一些市面上比较流行的休闲类游戏，比如开心消消乐，纪念碑谷和 3D 街头篮球等，如图 10-1、图 10-2 和图 10-3 所示为游戏中的截图。其中 3D 街头篮球为 3D 休闲类游戏。这几款游戏的玩法以及内容虽然不同，但都是非常容易上手的休闲类游戏，同时都具有很强的可玩性。

▲图 10-1　开心消消乐游戏截图　　　▲图 10-2　纪念碑谷游戏截图　　　▲图 10-3　3D 街头篮球游戏截图

　　在本章中，笔者将使用 OpenGL ES 2.0 渲染技术开发手机平台上的一款 3D 休闲类趣味小游戏。本游戏的玩法简单，同时游戏中还增加了利用 OpenGL ES 2.0 渲染技术渲染的各种酷炫的特效及录像技术，极大地丰富了游戏的视觉效果，增强了用户体验。

10.1.2 功能介绍

"3D 保龄球"游戏主要包括资源加载界面、主界面、场景选择界面、帮助界面和游戏界面。接下来将对该游戏的部分界面以及运行效果进行简单的介绍。

（1）运行该游戏，进入资源加载界面。该界面主要通过向前奔跑的人物来显示游戏资源的加载过程，如图 10-4 所示。游戏资源加载完毕后，人物停止奔跑，并进入游戏主界面。

（2）进入游戏主界面后，可以看到背景图上方有"3D 保龄球"的图标，下面则并列 3 个选择按钮，分别是快速游戏按钮、场景按钮和帮助按钮，如图 10-5 所示。

（3）游戏主界面内点击场景按钮后，即可进入场景选择界面，本游戏中提供了 3 个不同的场景供玩家选择，分别是太空场景、科幻场景和沙漠场景，通过手指滑动可以看到第三个场景。如果点击了该界面的返回按钮，则返回到该游戏的主界面，如图 10-6 和图 10-7 所示。

▲图 10-4 加载界面

▲图 10-5 主界面

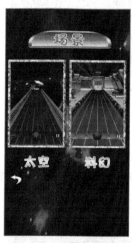

▲图 10-6 场景选择界面 1

（4）点击帮助按钮后，即可进入帮助界面，帮助界面内主要包括操作方式与选项、选择保龄球和球以及保龄球基本规则 3 项，由于帮助界面内要介绍的内容比较多，因此可以通过手指上下滑动查看该游戏的全部需要注意的内容，如图 10-8 和图 10-9 所示。

▲图 10-7 场景选择界面 2

▲图 10-8 帮助界面 1

▲图 10-9 帮助界面 2

（5）点击快速游戏按钮后，随机选择场景进入游戏界面。上面已经介绍了本游戏共有 3 个场景，分别是太空场景、科幻场景和沙漠场景，快速游戏比场景选择界面只少了选择场景这一项，即直接开始游戏，进入后的游戏界面如图 10-10、图 10-11 以及图 10-12 所示。

▲图 10-10　太空游戏场景

▲图 10-11　科幻游戏场景

▲图 10-12　沙漠游戏场景

（6）由于本游戏有 3 个游戏场景但玩法相同，所以这里只选择沙漠场景进行介绍。在游戏界面内，用手滑动球即可让保龄球开始滚动，球尾喷出火焰，摄像机跟随球的运动向前运动，如图 10-13 所示。

（7）还有一种情况，即设置摄像机不跟随，那么在保龄球向前走的过程中，摄像机不随球向前移动，如图 10-14 所示。到达边线后，摄像机停止跟随，保龄球将球瓶击倒在地，如图 10-15 所示。

▲图 10-13　游戏场景 1

▲图 10-14　游戏场景 2

▲图 10-15　球瓶倒地

提示　　图 10-13 和图 10-14 为保龄球在运动过程中，有火焰粒子跟随在球尾，图 10-13 中的摄像机跟随球的运动而向前移动，建议读者用真机运行此案例进行观察，效果更好。

（8）根据保龄球将球瓶击倒在地的情况，获得对应的游戏分数，游戏界面内会有提示显示本次的得分，如果是全中，则会提示"STRIKE"，如图10-16所示。如果是补中，则会提示"SPARE"，如图10-17所示。如果不是以上情况，则直接显示，如图10-18所示。显示的球瓶索引值也会发生变化。

▲图10-16 STRIKE

▲图10-17 SPARE

▲图10-18 显示分数

（9）游戏界面左下角有录制手机游戏的图标，点击该图标，手机屏幕下方提示"开始录制游戏视频！！！"如图10-19所示。如果想要停止录像，则再次点击该图标，手机屏幕下方则提示"结束录制游戏视频！！！"如图10-20所示。此时手机屏幕弹出提示框，是否要上传录像，如果选择"否"，则直接返回到游戏界面，如果选择"是"，则进入到录像上传界面，如图10-21所示。

▲图10-19 开始录制视频

▲图10-20 结束录制视频

▲图10-21 上传视频

（10）游戏界面右下角有暂停游戏的图标，如果点击该图标，则会弹出选项框，分别有选择球瓶纹理、选择保龄球纹理、设置和回到主界面4个选项，如图10-22所示。

（11）暂停界面内点击选择球瓶纹理的图标，则进入选择瓶子纹理的界面，共有六种纹理可供选择，点击返回按钮可以返回游戏界面，如图10-23所示。点击选择保龄球纹理的图标，则进入选择保龄球纹理的界面，同样有6种纹理可供选择，如图10-24所示。

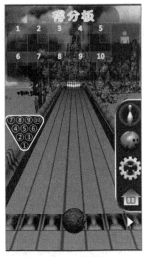

▲图 10-22　暂停界面

▲图 10-23　选择球瓶纹理

▲图 10-24　选择保龄球纹理

（12）暂停界面内点击设置图标，则进入设置界面，可以设置开关音乐、开关音效和摄像机是否跟随，如图 10-25 和图 10-26 所示。点击回到主界面图标，则弹出提示框，"想要退出当前游戏吗？"，如果点击否，则返回到游戏界面，如果点击"是"，则返回到选择游戏场景界面，如图 10-27 所示。

▲图 10-25　设置界面 1

▲图 10-26　设置界面 2

▲图 10-27　提示框

（13）玩家在游戏过程中，如果第十轮在前两次投球过程中，能够将球瓶全部击倒，则意味着能够进行第 3 次投球。第十轮结束以后，会播放烟花的粒子特效，如图 10-28 和图 10-29 所示，最后则会弹出界面显示本次游戏的相关信息，如图 10-30 所示。

10.2　游戏的策划及准备工作

上一节中向读者介绍了本游戏的开发背景及基本功能。对其有了一定了解之后，本节将着重向读者介绍在开发本游戏时的前期准备工作，主要包括游戏策划中的游戏类型定位、呈现技术、操作方式、音效设计等工作的确定和游戏开发中所需 3D 模型、着色器资源、图片资源、声音资源的准备工作。

▲图 10-28　烟花粒子特效 1　　　　▲图 10-29　烟花粒子特效 2　　　　▲图 10-30　分数界面

10.2.1　游戏的策划

本小节是对游戏的策划这一准备工作的简单介绍。这在实际的游戏开发过程中会涉及到很多方面，而本游戏的策划主要包括对游戏类型定位、运行的目标平台、采用的呈现技术、操作方式和游戏中音效设计等工作的确定。下面将向读者一一介绍。

- 游戏类型定位。

本游戏是一款用 OpenGL ES 2.0 渲染的 3D 手机游戏，属于休闲类游戏。资源加载结束以后，即可选择喜欢的场景进入游戏界面，在游戏界面内滑动保龄球，保龄球根据滑动的方向，向前移动，并且将球瓶击倒在地，根据球瓶倒地的情况，可以获得相应的分数。

- 运行的目标平台。

本游戏目标平台为 Android 4.0 或者更高版本，同时手机必须有 GPU（显卡），因为使用 OpenGL ES 2.0 的绘制工作是在 GPU 上完成的。

- 采用的呈现技术。

本游戏以 OpenGL ES 2.0 作为游戏呈现技术，同时添加了火焰特效、烟花特效和声音特效，使得游戏更吸引玩家。游戏中的音效、火焰粒子特效极大地增加了游戏的真实感以及玩家的游戏体验。

- 操作方式。

本游戏中所有操作均为触屏，操作简单，容易上手。玩家在选择自己喜欢的场景后，即可进入游戏界面开始游戏。通过手指滑动，让保龄球向前移动，保龄球尾有火焰产生，并且摄像机跟随，到边线后，摄像机停止跟随，保龄球将球瓶击倒在地，玩家完成十轮击打以后，游戏结束。

- 音效设计。

为了增加玩家的体验，本游戏根据游戏的效果添加了适当的音效，例如，保龄球和球瓶碰撞的音效、球瓶撞到墙的音效、每个场景的背景音乐等。玩家在游戏界面内可以选择暂停，在暂停界面内选择设置，进入到设置界面控制音乐和音效的开关。

10.2.2　手机平台下游戏的准备工作

上一小节向读者介绍了游戏的策划，本小节将向读者介绍在开发之前应做的一些准备工作，其中主要包括搜集和制作图片、声音、设计和制作 3D 模型以及着色器等，其具体步骤如下。

（1）首先为读者介绍的是本游戏中用到的图片资源，系统将所有图片资源都放在项目文件下的 assets 目录下的 pic 文件夹下，如表 10-1 所列。

表 10-1　　　　　　　　　　　　　　图片清单

图片名	大小（KB）	像素（w*h）	用　　途	图片名	大小（KB）	像素（w*h）	用　　途
bowling1	109	512*512	加载界面图标	helptext.png	96	512*1024	帮助界面显示的内容
lu.png	6.48	256*16	加载过程	shezhi.png	164	512*512	设置界面
load0-15.png	11.2	256*64	加载人物动画	lugou1.png	11.3	64*64	对勾 1
jiemian.png	632	512*1024	主界面背景	queren.png	248	512*512	回到主界面提示框
kuang.png	19.3	512*128	主界面按钮框	hongcha1.png	11.1	64*64	红叉 1
danrenyouxi.png	12.3	256*128	主界面快速游戏按钮	gou2.png	5.97	64*64	对勾 2
changjing.png	8.69	256*128	主界面场景按钮	ping1-6.png	4.16	64*128	球瓶的纹理图
bangzhu.png	8.24	256*128	主界面帮助按钮	ball1-6.png	137	256*256	保龄球纹理图
Back.png	371	512*512	场景选择界面背景	white0-9.png	3.16	128*128	0-9 白色数字
kuang2.png	12.2	128*64	场景选择界面按钮框	whitex.png	5.86	128*128	表示全中的 X
backto.png	5.83	64*64	返回按钮	whitexie.png	5.07	128*128	表示补中的/
space.png	192	256*512	太空场景	yellow1-10.png	3.17	64*64	表示轮数的黄色数字
science.png	192	256*512	科幻场景	green0-9.png	6.12	128*128	表示总分的蓝色数字
desert.png	207	256*512	沙漠场景	fire.png	0.705	32*32	火焰特效纹理
taikong.png	8.83	256*128	太空艺术字	pingzi0-6.png	86.9	256*256	可选的球瓶纹理
kehuan.png	9.68	256*128	科幻艺术字	qiu0-6.png	104	256*256	可选的保龄球纹理
shamo.png	10.2	256*128	沙漠艺术字	quannumbers.png	42	512*64	显示球瓶索引值的数字
zh.png	1105.92	1024*1024	科技馆纹理图	spare.png	45.8	256*128	表示补中的图标
guidao.png	65.1	256*512	科技馆轨道纹理图	strike.png	44.0	256*128	表示全中的图标
pingzi.png	2.58	64*128	球瓶默认纹理图	stars.png	5.87	64*64	粒子特效纹理 1
sand.png	3.60	128*128	沙子纹理图	star2.png	1.05	32*32	粒子特效纹理 2
tree1.png	131	256*256	树纹理图 1	tree3.png	82.2	256*128	树纹理图 2
smguidao.png	82.6	256*512	沙漠轨道纹理图	yanshi.png	665	512*512	岩石纹理图
sky_cloud.png	246	1024*256	蓝天白云纹理图	background.png	371	512*512	星空背景图
guidao2.png	48.8	256*256	太空轨道纹理图	feixingwu1-2.png	61.7	256*256	飞行物纹理
earth.png	123	512*256	地球白天纹理图	earthn.png	131	512*256	地球黑夜纹理图
moon.png	147	512*256	月球纹理图	qiu2.png	796	1024*512	星球纹理图
btmguidao.png	58.9	256*512	科技馆轨道半透明纹理图	btmsmguidao.png	82.7	256*512	沙漠轨道半透明纹理
btmguidao2.png	48.8	256*256	太空轨道半透明纹理	scorekuang.png	147	512*256	显示成绩的背景图
wanjia.png	4.89	32*64	玩家图标	player.png	10.6	256*128	得分板
triangle.png	8.01	256*256	倒三角纹理图	showscore.png	21.7	256*256	显示当前分数
quanzhong.png	7.65	256*128	全中	buzhong.png	8.14	256*128	补中文字图片
luogouqiu.png	13.0	256*128	落沟球	backb.png	24.8	128*128	重新开始游戏
houseb.png	24.3	128*128	回到主界面图标	camera.png	7.86	128*128	录像图标
camerakuang.png	167	512*512	上传录像提示框	pause.png	8.61	64*64	暂停游戏图标
start.png	9.25	64*64	继续游戏图标	zanting.png	124	256*512	暂停界面
helpback.png	164	512*1024	帮助界面背景图				

（2）接下来介绍本游戏中需要用到的声音资源，笔者将声音资源拷贝在项目文件下的 res 目录下的 raw 文件夹中，其详细具体音效资源文件信息如表 10-2 所列。

表 10-2　　　　　　　　　　　　　声音清单

声音文件名	大小（KB）	格式	用　途	声音文件名	大小（KB）	格式	用　途
applause.mp3	27.4	mp3	表示全中音效	puckWallSound.mp3	4.96	mp3	保龄球碰到墙音效
ballroll.mp3	22.9	mp3	保龄球在木板滚动音效	beach.mp3	513	mp3	主界面背景音乐
bt_press.mp3	3.67	mp3	按钮按下音效	desert_beijing_music.mp3	362	mp3	沙漠场景背景音乐
initbottole.mp3	11.8	mp3	初始化球瓶音效	kjg_beijing_music.mp3	589	mp3	科技馆场景背景音乐
poolballhit.mp3	12.4	mp3	保龄球和球瓶撞击音效	xk_beijing_music.mp3	563	mp3	太空场景背景音乐

（3）接下来介绍本游戏中需要用到的 3D 模型，笔者将模型资源拷贝在项目文件下的 assets 目录下的 model 文件夹中，其详细具体模型资源文件信息如表 10-3 所列。

表 10-3　　　　　　　　　　　　　模型清单

模型文件名	大小（KB）	格式	用　途	模型文件名	大小（KB）	格式	用　途
ball.obj	23.7	obj	保龄球模型	sky.obj	42.6	obj	天空模型
dimian.obj	0.538	obj	沙漠地面模型	smguidao.obj	87.2	obj	沙漠轨道模型
feixingwu1.obj	199	obj	飞行物模型 1	tree1.obj	32.5	obj	树模型 1
feixingwu2.obj	199	obj	飞行物模型 2	tree2.obj	26.5	obj	树模型 2
feixingwu3.obj	143	obj	飞行物模型 3	tree3.obj	152	obj	树模型 3
guidao.obj	87.9	obj	轨道模型	xkguidao.obj	89.0	obj	太空轨道模型
kjg.obj	438	obj	科技馆模型	yanshi.obj	1085.44	obj	岩石模型
pingzi2.obj	72.8	obj	球瓶模型				

（4）最后介绍本游戏中需要用到的着色器资源，笔者将着色器资源拷贝在项目文件下的 assets 目录下的 shader 文件夹中，其详细具体着色器资源文件信息如表 10-4 所列。

表 10-4　　　　　　　　　　　　　着色器清单

着色器文件名	大小（字节）	格式	用　途	着色器文件名	大小（字节）	格式	用　途
frag_2d.sh	297	sh	绘制 2D 内容	vertex_2d.sh	408	sh	绘制 2D 内容
frag_earth.sh	959	sh	绘制地球	vertex_earth.sh	2437.12	sh	绘制地球
frag_moon.sh	476	sh	绘制月球	vertex_moon.sh	2437.12	sh	绘制月球
frag_shadow.sh	1136.64	sh	绘制阴影	vertex_shadow.sh	2877.44	sh	绘制阴影
frag_snow.sh	690	sh	绘制粒子系统	vertex_snow.sh	436	sh	绘制粒子系统

10.2.3　手机游戏录像的准备工作

由于本游戏提供了在游戏过程中允许录像的功能，因此需要提前做一些准备工作，才能保证程序能够正常的运行。下面将介绍实现手机录像功能的详细步骤。

（1）打开浏览器，在地址栏输入 http://mob.com，回车进入。

（2）进入移动开发者服务平台，如果已经有账号，则直接点击网页左上端的登录即可，如果没有账号，则点击左上端的注册，注册之后登录即可，如图 10-31 所示。

（3）登录成功后，就会进入用户管理界面。在本游戏中，由于只使用了手机录像功能，因此只需要点击"下载 SDK"下面的"ShareRec 手游录像分享",如图 10-32 所示。

▲图 10-31 登录界面

▲图 10-32 用户界面

(4)点击"ShareRec 手游录像分享"后,即可进入下载界面,向下拉找到"ShareREC For Android",并且点击"下载 Android SDK",如图 10-33 所示。

(5)点击"下载 Android SDK"后,弹出下载界面,直接下载到桌面即可,下载之后直接解压到桌面。复制 Custom 目录下的"assets"、ShareRec 目录下的"res"和"libs"到项目中,会发现项目中存在刚才复制的内容,由于内容较多,只显示了其中一部分,如图 10-34 所示。

▲图 10-33 下载 SDK

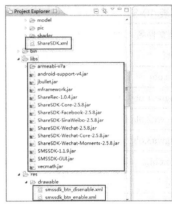

▲图 10-34 复制的部分内容

(6)修改"AndroidManifest.xml"文件,在其中添加 ShareRec 的权限和 activity,如图 10-35 所示。

(7)将上面这些内容全部添加完毕后,就要再次回到用户界面,选择左下的方框,即 "ShareRec",点击进入之后,点击左上角的 App,即可创建自己应用的 AppKey 值,如图 10-36 所示。

▲图 10-35 权限添加

▲图 10-36 创建 AppKey 值

(8)点击了"添加应用"后,在弹出的对话框内输入自己的应用名称即可,如图 10-37 所示。

(9)创建应用以后,即可获得应用的 AppKey 值,如图 10-38 所示。找到项目中 GLSurfaceView

的子类，将其父类修改为 SrecGLSurfaceView，并重写其 getShareRecAppkey 方法，返回刚刚申请过的应用的 AppKey 值即可。下面就可以进行录像功能的开发了，开发的代码将在下面的游戏界面内进行介绍。

▲图 10-37　添加应用名

▲图 10-38　AppKey 值

10.3　游戏的架构

上一节介绍了本游戏的策划和前期的准备工作，本节将对游戏"3D 保龄球"的整体架构进行简单介绍，主要包括对各个类的简要介绍和游戏框架简介。通过对本节的学习，读者对本游戏的设计思路及架构会有一个整体的把握和了解，便于后面介绍游戏的具体开发代码。

10.3.1　各个类的简要介绍

为了让读者能够更好地理解本游戏中各个类具体有什么作用，本小节将其简单分成显示界面类、物理引擎相关类、工具类、物理线程类、绘制相关类、粒子系统相关类和着色器 7 部分进行简单的功能介绍，各个类的详细代码将在下面的章节中相继进行介绍。

1. 显示界面类

● 显示界面类 MySurfaceView。

该类是本游戏的显示界面类，由于本游戏有录像功能，因此其继承自 SrecGLSurfaceView。该类的主要作用是实现当前界面的触摸事件、进行当前界面的绘制工作、监听手机返回键并对其进行相应的处理和显示提示信息等，该类主要对当前界面进行处理。同时该类是本游戏中非常重要的显示界面类。

● 加载界面类 LoadView。

该类为本游戏的加载界面类，主要是加载游戏中所要用到的所有图片资源、3D 模型资源以及初始化各个显示界面类。在该界面中，作者用向前奔跑的人物来代表资源加载的进程，人物走到尽头，即游戏资源加载完毕。这样就避免了游戏开始后因资源加载而浪费时间，导致游戏出现卡顿。

● 主界面 MainView。

该类为本游戏的主界面类。在该界面中主要包括"3D 保龄球"游戏名称标识以及快速游戏、场景和帮助 3 个按钮。点击场景按钮则进入场景选择界面，本游戏共有 3 个场景供选择。点击帮助按钮则进入帮助界面，可以查看该游戏的游戏规则和玩法。点击快速游戏按钮则随机进入场景开始游戏。

● 场景选择界面 OptionView。

该类为本游戏的场景选择界面。本游戏共提供了 3 个场景，分别是太空场景、科幻场景和沙漠场景，每个场景都有专属于自己的背景音乐。玩家可以通过自己的喜好选择不同的场景，并开始游戏。该界面提供了返回按钮，可以直接返回到游戏的主界面，手机的返回键同样适用。

● 帮助界面 HelpView。

该类为本游戏的帮助界面类，该界面主要介绍了游戏的操作方式与选项、选择保龄球和球以及保龄球的基本规则。由于内容稍微多一些，所以读者可以通过手指向上或者向下滑动查看帮助界面的内容。该界面同样提供了返回按钮，可以直接返回到游戏的主界面，手机的返回键同样适用。

- 游戏界面 GameView。

该类为本游戏最核心的界面类，即游戏界面类。通过点击主界面的快速游戏或者场景选择界面内的任何一个场景均可进入到游戏界面。在游戏界面内，主要包括专门为游戏设计的游戏场景、一个保龄球、十个球瓶、得分板、显示球瓶索引值的倒三角形、录像按钮以及游戏暂停按钮等。

游戏过程中，手指通过向前滑动保龄球即可给予保龄球一定速度，保龄球向前滑动。在向前滑动过程中，摄像机默认跟随，并且球尾有火焰产生，保龄球和球瓶相撞以后，球瓶会被保龄球击倒在地，根据球瓶倒地的情况，获得对应的游戏分数。

- 暂停界面 PauseView。

该类为本游戏的暂停界面类。在游戏界面内，如果保龄球处于向前滑动过程中，则不允许点击暂停按钮，其他情况均可。点击暂停按钮后，右侧滑动出暂停菜单，一共有更换球瓶纹理、更换保龄球纹理、设置和回到主界面 4 个按钮供玩家选择。

如果点击菜单内的第三个按钮，则可以设置音乐、音效和摄像机跟随的开关，如果点击菜单内的第四个按钮，则会提示是否想要回到主界面，如果选择是，则回到场景选择界面，否则返回游戏界面。再次点击暂停按钮，则暂停菜单消失。

- 选择球瓶纹理界面 SelectPZView。

该类为本游戏的选择球瓶纹理界面类。在暂停界面点击第一个按钮即可进入到该界面。在这里，共提供了 6 幅纹理图供玩家选择。玩家选中一幅纹理图后，点击该界面的返回按钮即可回到游戏界面，并且会观察到，球瓶的纹理在下轮游戏中将会更换，接下来可以继续游戏。

- 选择保龄球纹理界面 SelectQiuView。

该类为本游戏的选择保龄球纹理界面类。在暂停界面点击第二个按钮即可进入到该界面。在这里，同样提供 6 幅纹理图供玩家选择。玩家选中一幅纹理图后，点击该界面的返回按钮即可回到游戏界面，并且会观察到，保龄球的纹理在下一球游戏中将会更换，可以继续游戏。

2. 物理引擎封装类 PhyCaulate

该类为物理引擎的封装类，其中共包括初始化物理世界的 initWorld 方法、在物理世界创建单个刚体的 createBody 方法、在物理世界中初始化所有球瓶的 initWorldBottles 方法和在物理世界初始化保龄球的 initWorldBall 方法等。

3. 工具类

- 加载 obj 模型的工具类 LoadUtil。

该类为从 obj 文件中加载携带顶点信息的物体，并自动计算每个顶点的平均法向量的工具类。该类主要是从存放在项目下的 obj 文件中读入物体的顶点坐标、纹理坐标并计算出其平均法向量，然后创建 LoadedObjectVertexNormalTexture 类的对象并返回。该类是实现加载 3D 物体的重要工具类。

- 着色器加载工具类 ShaderUtil。

该类为每个用 Open GL ES 2.0 渲染的游戏均用得到的着色器加载工具类。该类中主要包括创建 shaderProgram 程序、创建 shader、检查每一步操作是否有错误、用 IO 从 Assets 目录下读取文件 4 个方法。在适当的时候调用这些方法，即可加载不同的着色器，并应用到游戏中。

- 坐标转化工具类 IntersectantUtil。

该类封装了从屏幕坐标到世界坐标系的对应方法。该类首先通过在屏幕上的触控位置，计算对应的近平面上坐标，以便求出 AB 两点在摄像机坐标系中的坐标，然后求得 AB 两点在世界坐标系中的坐标，从而实现屏幕触控位置到世界坐标系中对应坐标的转化。

- 计算游戏得分工具类 CalculateScore。

该类封装了存储每一次游戏得分的方法。通过从物理世界获得球瓶倒地的个数，传给该类的 calculateScore 方法，即可存储当前游戏的每一次的比分。通过调用该类的 TotalPoints 方法即可获得到目前为止游戏的总分。重新开始游戏时，还需要调用此类的 restart 方法，清除记录，重新计分。

- 其他辅助类。

该游戏中不仅用到了上述工具类，还用到了许多辅助类来帮助实现该游戏的各个功能。如创建物体的 AABB 包围盒的 AABB3 类、计算法向量的 Normal 类、将四元数转换为角度及转轴向量的 SYSUtil 类和用于存储点或向量的 Vector3f3D 类。

4. 物理线程类 PhysicsThread

该类是本游戏的物理线程类。其主要作用是不断地进行物理模拟，如果线程的帧速率过快，会让线程进行 5 毫秒的休息，之后则在本次物理模拟之后和下次物理模拟之前，进行删除过期刚体、及时更新场景并且向物理世界中添加新刚体的工作，并且还需要实现实时的获取保龄球和球瓶的状态等功能。

5. 绘制相关类

- 自定义绘制矩形物体类 BN2DObject。

该类封装了初始化矩形物体的顶点数据和纹理坐标数据的方法、初始化着色器的方法、绘制固定位置物体以及绘制平移物体四个方法。初始化数据方法里分两种方式初始化纹理坐标数据，一种是整张纹理图的初始化，另一种是一张图分为若干张纹理图的初始化。

- 自定义 3D 物体绘制类 GameObject。

该类为单个保龄球和球瓶模型的绘制类。该类的构造器中，通过传入的参数，生成对应的组合性状，并将其添加到 HashMap 中，等待一次物理模拟之后，将其添加到物理世界中。绘制的方法主要是通过创建 LoadedObjectVertexNormalTexture 类对象，然后调用该类的 drawSelf 方法进行 3D 物体的绘制。

6. 粒子系统相关类

粒子系统相关类包括常量类 ParticleDataConstant 类、绘制类 ParticleForDraw 类、代表单个粒子的 ParticleSingle 类以及粒子总控制类 ParticleSystem 类。这些类中将矩形物体的绘制与粒子的产生进行封装。通过对粒子最大生命周期、生命期步进、起始颜色、终止颜色、目标混合因子、初始位置和更新物理线程休息时间等属性的设置，并初始化顶点数据和纹理数据进行绘制，实现火焰和烟花的效果。

7. 着色器

由于本游戏的画面绘制使用的是 OpenGL ES 2.0 渲染技术，所以需要着色器的开发，本游戏共提供了五套不同的着色器。着色器包括顶点着色器和片元着色器，在绘制画面前首先要加载着色器，加载完着色器的脚本内容并放进集合，根据绘制物体的不同来选择对应的着色器。

10.3.2　游戏框架简介

上一小节已经对该游戏中所用到的类进行了简单介绍，可能读者还没有理解游戏的架构以及游戏的运行过程。接下来将从游戏的整体架构上进行介绍，使读者对本游戏有更进一步的了解，首先给出的是游戏框架图，如图 10-39 所示。

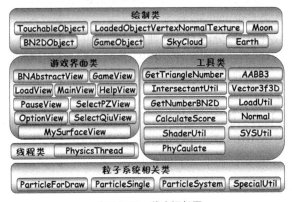

▲图 10-39　游戏框架图

　图 10-39 是 "3D 保龄球" 游戏框架图，通过该图可以看出游戏主要由游戏界面、工具类、线程类、绘制类及火焰、烟花粒子系统相关类等构成，其各自功能后续将向读者详细介绍。

接下来按照程序运行的顺序逐步介绍各个类的作用以及整体的运行框架，使读者更好地掌握本游戏的开发步骤，其详细开发步骤如下。

（1）启动游戏。首先在 MainActivity 类中设置屏幕为全屏且为竖屏模式，然后初始化声音管理类 SoundManager 的对象并且初始化主布景类 MySurfaceView 的对象，最后跳转到MySurfaceView 类。

（2）进入 MySurfaceView 类。由于该游戏有录像功能，因此主布景类需要继承自定义的SrecGLSurfaceView 类，可以进行各个界面的触控。之后便创建场景渲染器，在其场景渲染器内，进行各个界面的绘制，且需要重写 onSurfaceCreated 方法和 onSurfaceChanged 方法。

（3）进入游戏的资源加载界面。在该界面中，除了显示游戏的图标之外，作者用一个向前奔跑的人物代表资源的加载过程。当人物走到尽头，即加载游戏中所用到的图片资源、3D 模型资源以及界面的初始化工作完毕，将跳转到游戏的主界面。

（4）在游戏主界面中，会有 "3D 保龄球" 的艺术文字，下面并列着 3 个按钮，即快速游戏按钮、场景按钮和帮助按钮。点击场景按钮后，即可进入场景选择界面。点击帮助按钮后，即可进入帮助界面。点击快速游戏后，会自动为玩家选择场景直接开始游戏。

（5）在玩家点击了场景按钮后，即可进入场景选择界面，本游戏提供了太空场景、科幻场景和沙漠场景供玩家选择。玩家可以根据自己的喜好，选择喜欢的场景，进入游戏并开始游戏。该界面同样有返回按钮，点击之后，即可跳转到游戏的主界面，手机的返回键同样可以达到这样的目的。

（6）在玩家点击了帮助按钮后，即可进入帮助界面。在帮助界面内，主要提供了游戏的操作方式与选项、选择保龄球和球以及保龄球的基本规则。由于内容稍多，所以玩家可以通过手指的上下滑动查看全部内容，同样可以点击返回按钮，跳转到游戏的主界面。

（7）玩家在点击了快速游戏之后，即可开始游戏。在游戏界面中，有保龄球和十个球瓶，玩家可以通过手指向前滑动保龄球，给予保龄球一定的速度，保龄球向前运动，并且球尾会喷出火焰，摄像机默认跟随保龄球向前运动，击倒球瓶后，根据球瓶倒地的情况，获得该局分数，并显示在得分板上。

（8）游戏界面内除了得分板外，左下角有录制视频的按钮，玩家在点击该按钮后，会自动弹出提示，再次点击该按钮，即可停止录制视频，这时，会弹出对话框询问"是否上传录像？"如果玩家选择"是"，则会跳转到游戏视频的上传界面，一旦上传成功，在手机的 sdcard 中可以找到并观看该视频。如果玩家选择"否"，则直接返回到游戏界面，继续游戏。

（9）游戏界面的右下角则是暂停游戏的按钮。在保龄球向前滑动的过程中，暂停按钮不显示，即不可以暂停。其他情况下，如果点击了暂停按钮，则会弹出选择框，玩家可以通过点击四个不同的按钮，进入不同的设置界面，再次点击暂停按钮，暂停界面即消失。

（10）进行了十轮游戏之后，意味着游戏即将结束，当游戏结束后，会自动播放烟花粒子特效，在粒子特效播放完毕后，则会显示本次游戏的全中球数量、补中球数量、落沟球数量和总得分。该界面同样有两个按钮，点击左边的按钮即可回到场景选择界面，点击右边的按钮即可返回游戏界面，重新开始。

10.4 显示界面类

本节将介绍本游戏界面相关类的开发。由于本游戏的界面显示类很多，因此这里选择几个具有代表性界面类进行简单介绍，主要包括显示界面类 MySurfaceView、加载界面类 LoadView、场景选择界面类 OptionView、游戏界面类 GameView 以及暂停界面类 PauseView 等。

10.4.1　显示界面类 MySurfaceView

本小节介绍的是该游戏的显示界面类 MySurfaceView，该类的主要作用是实现当前界面的触控事件、进行当前界面的绘制工作和监听手机返回键等。此外本类继承自 SrecGLSurfaceView 类，并重写了 getShareRecAppkey 方法用于返回 ShareRec 的 Appkey 值，具体代码如下。

代码位置：见随书光盘中源代码/第 10 章/Bowling/src/com/bn/bowling 目录下的 MySurfaceView.java。

```
1    package com.bn.bowling;                                    //声明包名
2    ......//此处省略了导入类的代码，读者可自行查阅随书附带光盘中的源代码
3    public class MySurfaceView extends SrecGLSurfaceView{
4        private SceneRenderer mRenderer;                        //场景渲染器
5        ......//此处省略了定义其他变量的代码，读者可自行查阅随书附带光盘中的源代码
6        public MySurfaceView(MainActivity activity){
7            super(activity);
8            this.activity=activity;                            //对 Activity 对象进行赋值
9            this.setEGLContextClientVersion(2);                //设置使用 OPENGL ES2.0
10           mRenderer = new SceneRenderer();                   //创建场景渲染器
11           setRenderer(mRenderer);                            //设置渲染器
12           setRenderMode(GLSurfaceView.RENDERMODE_CONTINUOUSLY); //主动渲染
13       }
14       public boolean onTouchEvent(MotionEvent e){            //触控回调方法
15           if(currView==null){return false;}                  //如果当前界面为空,则不进行触摸
16           return currView.onTouchEvent(e);                   //否则返回当前界面的触控方法
17       }
18       public boolean onKeyDown(int keyCode, KeyEvent event){ //监听按键的方法
19           if (keyCode == KeyEvent.KEYCODE_BACK){             //若点击手机返回键
20               if(SourceConstant.ShangChuanView){             //如果在进行上传录像
21                   currView=gameView;                         //将当前界面设为 gameView
22                   SourceConstant.ShangChuanView=false;
23               }else if(currView==optionView){                //若当前界面为场景选择界面
24                   currView=mainView;                         //返回主界面
25                   ......//此处省略返回其他界面的代码，读者可自行查阅随书附带光盘中的源代码
26               }else if(currView==mainView){                  //若当前界面为主界面
27                   exit();                                    //则退出游戏
28               }
29               return true;
```

```
30                  }
31                  return super.onKeyDown(keyCode, event);
32          }
33          private void exit(){                            //退出游戏方法
34              if (isExit == false) {                      //如果允许退出的标志位为 false
35                  isExit = true;                          //  准备退出
36          Toast.makeText(this.getContext(),"再按一次退出游戏", Toast.LENGTH_SHORT).
            show();
37                  new Handler().postDelayed(new Runnable(){
38                      public void run(){isExit = false;}
39                  }, 2500);                               //显示提示框
40              }else{
41                  android.os.Process.killProcess(android.os.Process.myPid());
                    //退出游戏
42          }}
43          ......//此处省略了创建 Handler 对象的代码，读者可自行查阅随书附带光盘中的源代码
44          private class SceneRenderer implements GLSurfaceView.Renderer{//场景渲染器
45              public void onDrawFrame(GL10 gl) {
46                  GLES20.glClear( GLES20.GL_DEPTH_BUFFER_BIT
47                      | GLES20.GL_COLOR_BUFFER_BIT);      //清除深度缓冲与颜色缓冲
48                  if(currView != null){                   //如果当前界面不为空
49                      currView.drawView(gl);              //绘制界面信息
50              }}
51              public void onSurfaceChanged(GL10 gl, int width, int height){
                //设置视窗大小及位置
52                  ......//此处省略设置视窗大小及位置等代码，读者可自行查阅
53              }
54              public void onSurfaceCreated(GL10 gl, EGLConfig config){
55                  recorder=MySurfaceView.this.getRecorder();
                    //初始化 GLRecorder 对象，用于录像
56                  ......//此处省略初始化着色器、设置背景颜色以及自定义线程等代码，读者可自行查阅
57          }}
58          protected String getShareRecAppkey() {
59              return "65b839a5b2c8";        // 返回 ShareRec 的 Appkey ，每个应用的 key 值不同
60  }}
```

- 第 6~13 行为显示界面类 MySurfaceView 的含参构造器。在此构造器中，调用父类构造器，并为 Activity 对象赋值，同时设置使用 OpenGL ES 2.0，然后创建并设置了场景渲染器，设置渲染模式为主动渲染。

- 第 14~17 行为 MySurfaceView 类的触控事件的回调方法 onTouchEvent，主要对当前界面类的触控事件进行处理，如果当前界面为空，则直接返回 false；否则返回当前界面的触控方法。下面将会介绍部分界面的触摸方法的代码。

- 第 18~32 行为给手机的返回键添加监听的方法。如果点击了手机的返回键，则返回到当前界面的上一界面。例如若当前处于场景选择界面，点击返回键后则直接返回到主界面等。

- 第 33~42 行为退出游戏的方法，如果当前界面为主界面，当在 2500 毫秒内连续两次点击手机的返回键，则会出现相应的提示并直接退出游戏。

- 第 44~57 行为实现内部场景渲染器的私有类，通过重写 onDrawFrame 方法实现当前界面的绘制工作。由于篇幅有限，重写 onSurfaceChanged 方法和 onSurfaceCreated 方法的代码不再赘述，读者可自行查阅随书附带的光盘。

- 第 58~60 行为重写的 getShareRecAppkey 方法，该方法的作用为用于返回 ShareRec 的 Appkey 值。

10.4.2　加载界面类 LoadView

上一小节主要介绍了本游戏的显示界面类 MySurfaceView，通过该类可实现当前界面的绘制工作和当前界面中触控事件的回调方法。本小节将要介绍的是加载界面类 LoadView，该类主要通过人物奔跑的动画来分步加载整个游戏中用到的所有图片资源和模型资源，其具体代码如下。

🐟 **代码位置：见随书光盘中源代码/第 10 章/ Bowling/src/com/bn/view 目录下的 LoadView.java。**

```
1     package com.bn.view;                                      //声明包名
2     ......//此处省略了导入类的代码，读者可自行查阅随书附带光盘中的源代码
3     public class LoadView extends BNAbstractView{
4         List<BN2DObject> al=new ArrayList<BN2DObject>();        //存放 BNObject 对象
5         ......//此处省略了定义其他变量的代码，读者可自行查阅随书附带光盘中的源代码
6         public LoadView(MySurfaceView mv){
7             this.mv=mv;                                        //给 MySurfaceView 类对象赋值
8             initView();                                        //初始化图片资源
9         }
10        public void initView() {                               //初始化图片资源的方法
11            TextureManager.loadingTexture(this.mv, 33, 18);//游戏加载界面图片资源
12            al2.add(new BN2DObject(540,960,1124,1124,  //背景图片
13                TextureManager.getTextures("bowling1.png"),ShaderManager.
                  getShader(0))) ;
14            al2.add(new BN2DObject(540,1690,1300,60,   //人物奔跑的图片
15                TextureManager.getTextures("lu.png"),ShaderManager.
                  getShader(0))) ;
16            ......//此处省略了加载人物奔跑图片的代码，读者可自行查阅随书附带光盘中的源代码
17        }
18        public boolean onTouchEvent(MotionEvent e) {return false;}   //不能触控屏幕
19        public void initBNView(int index){                     //加载其他资源及界面等
20            switch(index){
21                case 0:TextureManager.loadingTexture(this.mv, 0, 5);break;
                  //主界面图片资源
22                case 1:TextureManager.loadingTexture(this.mv, 5, 9);break;
                  //场景界面图片资源
23                ......//此处省略加载其他界面的代码，读者可自行查阅
24            case 307:mv.isInitOver = true;          //初始化资源完毕
25                mv.currView=mv.mainView;            //资源和界面加载完毕，则跳转到主界面
26                reSetData();
27                break;
28        }}
29        public void drawView(GL10 gl) {                        //绘制界面中的元素
30            for(BN2DObject temp:al2){
31                temp.drawSelf();                               //进行单个元素的绘制
32            }
33            if(!mv.isInitOver){                                //资源未加载完毕时
34                if(index>=al.size()){                          //当 index 大于等于元素个数时
35                    index=0;                                   //重新赋值
36                }
37                al.get(index).setX(150+initIndex*2 );//图片移动
38                al.get(index).drawSelf();                      //在当前位置绘制元素
39                index++;                                       //图片索引值加 1
40                initBNView(initIndex);                         //初始化界面资源
41                if(initIndex<308){
42                    initIndex++;                               //图片索引加 1
43        }}}
44        public void initSound(){                               //初始化声音资源
45            if(!musicOff){                                     //如果开启背景音乐
46                if(MainActivity.sound.mp!=null){               //若 MediaPlayer 对象不为空
47                    MainActivity.sound.mp.pause();             //释放 MediaPlayer 资源
48                    MainActivity.sound.mp=null;                //将 MediaPlayer 对象置为空
49        }}}
50        public void reSetData(){                               //重置数据的方法
51            this.initIndex=0;                                  //初始化资源变量置为 0
52            this.index=0;                                      //图片索引值置为 0
53            mv.isInitOver = false;                             //初始化资源的标志位置为 false
54    }}
```

- 第 4~9 行为定义加载界面的变量及其构造器，构造器中主要调用了加载资源的 initView 方法。该游戏中的每个界面都继承于 BNAbstractView 类，便于本游戏所有图片资源和模型资源的加载和管理。由于父类 BNAbstractView 类的代码比较简短，有兴趣的读者可自行查阅随书附带光盘中的源代码。

- 第 10~17 行为加载界面的初始化图片资源的方法，在该方法中的主要任务为加载一定数量

的图片以及创建 BN2DObject 对象以便进行绘制。

- 第 19~28 行为加载其他界面资源的方法，在 initBNView 方法中，首先加载了所有界面的纹理资源，之后加载每个场景所需的模型资源。待所有的资源加载完毕后，当前界面跳转至主界面，并调用 reSetData 方法重置数据。
- 第 29~43 行为加载界面的绘制方法，在 drawView 方法中，遍历列表 al 进行绘制。
- 第 50~54 行为重置数据的方法，包括图片索引值、初始化资源的标志位等。

10.4.3　场景选择界面类 OptionView

上一小节主要为读者介绍了游戏的加载界面类 LoadView，在该类中主要进行了所有界面纹理和模型资源的加载以及各个界面的初始化等工作，本小节将要介绍的是本游戏的场景选择界面类 OptionView，该类中主要包括左右滑动查看场景，并选择指定的场景进入游戏，其具体内容如下。

（1）首先为读者介绍的是场景选择界面类 OptionView 的基本框架，主要包括含参构造器、初始化资源的方法 initView、绘制所有界面元素的 drawView 方法和初始化声音资源的 initSound 方法，其具体代码如下。

✎ **代码位置：见随书光盘中源代码/第 10 章/Bowling/src/com/bn/view 目录下的 OptionView.java。**

```
1    package com.bn.view;                                           //声明包名
2    ......//此处省略了导入类的代码，读者可自行查阅随书附带光盘中的源代码
3    public class OptionView extends BNAbstractView{
4        ......//此处省略了定义变量的代码，读者可自行查阅随书附带光盘中的源代码
5        public OptionView(MySurfaceView mv){
6            this.mv=mv;                                             //为 MySurfaceView 类对象赋值
7            initView();                                            //初始化图片资源
8        }
9        public void initView(){                                    //创建 BN2Dobject 对象的方法
10           al.add(new BN2DObject(540,960,1080,1920,   //场景界面背景
11               TextureManager.getTextures("Back.png"),
12               ShaderManager.getShader(0)));
13           al.add(new BN2DObject(540,250,750,160,     //边框图片
14               TextureManager.getTextures("kuang2.png"),
15               ShaderManager.getShader(0)));
16       ......//此处省略了创建其他 BN2DObject 对象的代码，读者可自行查阅随书附带光盘中的源代码
17       }
18       public boolean onTouchEvent(MotionEvent e){                //触控回调方法
19           ......//此处省略了触控回调方法的具体代码，将在下面进行详细介绍
20           return true;
21       }
22       ......//此处省略了 changePic 方法的代码，读者可自行查阅随书附带光盘中的源代码
23       public void drawView(GL10 gl){                             //绘制方法
24           synchronized(lock){                                    //获取锁资源
25               for(BN2DObject bo:al){                             //遍历列表
26                   bo.drawSelf();                                 //绘制单个元素
27       }}}
28       public void initSound(){                                   //初始化声音资源的方法
29           if(!musicOff){                                         //如果开启背景音乐
30               if(MainActivity.sound.mp!=null){                   //若 MediaPlayer 对象不为空
31                   MainActivity.sound.mp.pause();                 //释放 MediaPlayer 资源
32                   MainActivity.sound.mp =null;                   //将 MediaPlayer 对象置为空
33               }
34               MainActivity.sound.mp = MediaPlayer.create(mv.activity, R.raw.
beach);
35               MainActivity.sound.mp.setVolume(0.2f, 0.2f);       //设置左右声道音量
36               MainActivity.sound.mp.setLooping(true);            //循环播放
37               MainActivity.sound.mp.start();                     //开始播放音乐
38       }}
         ......//此处省略了重置数据 reSetData 方法的代码，读者可自行查阅随书附带光盘中的源代码
     }
```

- 第 4~8 行为声明场景选择界面的成员变量及其构造器，构造器中主要是给 MySurfaceView

类对象赋值，并调用了 initView 方法创建 BN2DObject 对象便于绘制。

● 第 9~15 行为创建 BN2DObject 对象的 initView 方法，主要通过创建各个 BN2DObject 类对象并添加进列表中，方便进行本界面的绘制工作。

● 第 16~19 行为场景选择界面触摸事件的回调方法。在该方法中，首先获得标准屏幕下触摸点的坐标值，然后判断手的动作，进行相应的处理。具体内容，将在下面详细地为读者进行介绍。

● 第 21~25 行为场景选择界面类的绘制方法，主要是对 BN2DObject 对象的绘制。

● 第 26~36 行为本类中的初始化声音资源的方法，如果允许开启背景音乐，则创建 MediaPlayer 对象，并设置左右声道音量、设置循环播放等。

（2）上面介绍了场景选择界面类 OptionView 的基本框架，接下来将要为读者介绍的是本类触控回调事件的方法，其主要根据触控事件的不同动作执行不同的处理。当触控动作为按下时，获取触点坐标并判断所在的区域进行界面跳转等；当动作为抬起或移动时，移动图片或跳转界面。其具体代码如下。

代码位置：见随书光盘中源代码/第 10 章/Bowling/src/com/bn/view 目录下的 OptionView.java。

```
1    public boolean onTouchEvent(MotionEvent e){
2        switch(e.getAction()){
3            case MotionEvent.ACTION_DOWN:                   //当触控事件为按下时
4                x=Constant.fromRealScreenXToStandardScreenX(e.getX());
5                y=Constant.fromRealScreenYToStandardScreenY(e.getY());
6                down=true;                                  //按下标志位置为 true
7                if(x>=25&&x<=175&&y>=1375&&y<=1525){        //点击返回上一界面按钮
8                    if(!effictOff){                         //如果开启音效
9                        MainActivity.sound.playMusic(Constant.BUTTON_PRESS, 0);
10                   }
11                   reSetData();                            //重置数据
12                   mv.currView=mv.mainView;                //跳转至主界面
13                   ......//此处省略了跳转其他场景的代码，读者可自行查阅随书附带光盘中的源代码
14               }
15               break;
16           case MotionEvent.ACTION_MOVE:                   //当触控事件为滑动时
17               float mx=Constant.fromRealScreenXToStandardScreenX(e.getX());
18               if(x!=mx){                                  //滑动时
19                   move=true;                              //标志位置为 true
20                   changePic(SCENE1_X-(x-mx),SCENE2_X-(x-mx),SCENE3_X-(x-mx));
21                   NOW1_X=SCENE1_X-(x-mx);                  //重新为 NOW1_X 赋值
22                   NOW2_X=SCENE2_X-(x-mx);                  //重新为 NOW2_X 赋值
23                   NOW3_X=SCENE3_X-(x-mx);                  //重新为 NOW3_X 赋值
24               }else{
25                   go=true;                                //go 标志位置为 true
26               }
27               break;
28           case MotionEvent.ACTION_UP:                     //当触控事件为抬起时
29               if(NOW1_X>=270){                            //判断是否滑动到最左边的边界
30                   SCENE1_X=270;SCENE2_X=800;SCENE3_X=1330; //重新赋值
31                   NOW1_X=270;NOW2_X=800;NOW3_X=1330;
32                   changePic(270,800,1330);                //在新位置创建图片
33               }else if(NOW3_X<=800){                      //如果滑动到最右边的边界
34                   SCENE1_X=-260;SCENE2_X=270;SCENE3_X=800;
35                   NOW1_X=-260;NOW2_X=270;NOW3_X=800;       //重新赋值
36                   changePic(-260,270,800);                //在新位置创建图片
37               }
38               if((down&&go&&!move)||(down&&!move)){
39                   mv.gameView.initSound();                //初始化声音资源
40                   if(sceneIndex==1){                      //切换到太空场景进行游戏
41                       mv.currView=mv.gameView;
42                   }else if(sceneIndex==2){                //切换到科幻场景进行游戏
43                       mv.currView=mv.gameView;
44                   }else{                                  //切换到沙漠场景进行游戏
45                       mv.currView=mv.gameView;
46                   }}
47               down=false; go=false; move=false; break;
```

```
48              }
49          return true;
50      }
```

- 第 3~15 行为当触控事件为按下时进行的相应处理。首先获取当前触控点的坐标，并将其转化为标准分辨率下的坐标，然后根据触控点所在的区域执行相应的操作。例如，当手机点击的是返回上一界面的按钮时，则当前界面跳转至主界面。

- 第 16~27 行为当触控事件为滑动时，进行滑动处理。首先获取滑动时的当前 x 坐标，如果当前 x 坐标与按下时的 x 坐标不相等，表示允许滑动，并在新位置调用 changePic 方法创建 BN2DObject 类对象。

- 第 28~47 行为当触控事件为抬起时，进行相应的操作处理。当滑动至最左或者最右边界时，在边界处调用 changePic 方法创建 BN2DObject 类对象。当手指选中某一场景时，当前界面将跳转至游戏界面，开始游戏。

10.4.4　游戏界面类 GameView

上一小节主要介绍了游戏的场景选择界面类 OptionView，该类主要通过玩家左右滑动查看相应场景，并通过点击进入相应的游戏界面。接下来将介绍本游戏中最重要的一个界面类，即游戏界面类，在该类中，实现了游戏界面内各个物体的绘制，玩家控制的保龄球的移动等，实现的具体步骤如下。

（1）首先介绍的是游戏界面类 GameView 的大致框架，由于该类的代码比较长，因此各个方法的功能代码将在下面进行简单的介绍，框架的具体代码如下。

✎ 代码位置：见随书光盘中源代码/第 10 章/Bowling/src/com/bn/view 目录下的 GameView.java。

```
1      package com.bn.view;                                      //声明包名
2      ......//此处省略了导入类的代码，读者可自行查阅随书附带光盘中的源代码
3      public class GameView extends BNAbstractView{
4          ......//此处省略了定义变量的代码，读者可自行查阅随书附带光盘中的源代码
5          public GameView(MySurfaceView viewManager){          //构造器
6              this.viewManager=viewManager;                    //为 MySurfaceView 对象赋值
7              initView();                                      //初始化资源方法
8          }
9          public void initView() {
10             BottleId=TextureManager.getTextures("ping5.png");//初始化瓶子的纹理 id
11             kjgId=TextureManager.getTextures("zh.png");      //初始化科幻场景纹理 id
12             ......//此处省略了初始化其他纹理 id 的代码，读者可自行查阅随书附带光盘中的源代码
13             phc=new PhyCaulate();                            //创建 PhyCaulate 类对象
14             phc.initWorld();                                 //初始化物理世界
15             phc.createBody(viewManager, 0, planeShape, 0,FLOOR_Y,0);    //创建地面
16             phc.createBody(viewManager, 0, boxShape3, 0,FLOOR_Y+GUIDAO_HALF_Y,0);
                 //台子
17             phc.createBody(viewManager, 0, capsuleShape2, 4.3f,0.5f,-20f);
                 //轨道右边胶囊
18             phc.createBody(viewManager, 0, capsuleShape2, -4.3f,0.5f,-20f);
                 //轨道左边胶囊
19             wall=phc.createBody(viewManager, 0, boxShape2, 0, WANG_HALF_Y-4, -66);
                 //创建网
20             pt=new PhysicsThread(this.viewManager);          //创建物理线程
21             pt.setFlag(true);                                //设置物理线程的标志位
22             pt.start();                                      //启动物理线程
23             ......//此处省略了初始化分数、按钮等二维元素的代码，读者可自行查阅
24         }
25         public boolean onTouchEvent(MotionEvent e){/*此处省略触摸回调方法的代码，下面将介绍*/}
26         public void moveCameraToBack(){/*此处省略摄像机向后移动的代码，下面将介绍*/}
27         public void moveCameraToFront(){/*此处省略摄像机向前跟随移动的代码，下面将介绍*/}
28         public void noMoveCameraToFront(){/*此处省略摄像机不跟随移动的代码，下面将介绍*/}
29         public void drawGame(){ /*此处省略绘制场景保龄球和球瓶的代码，下面将介绍*/}
30         public void drawGameMirror(){ /*此处省略绘制场景保龄球和球瓶倒影的代码，下面将介绍*/}
31         public void drawScienceFictionScene(){/*此处省略绘制科幻场景的代码，读者可自行查阅*/}
```

```
32       public void drawBTMScienceFictionGD(){/*此处省略绘制科幻轨道的代码，读者可自行查阅*/}
33       public void drawDesertScene(){/*此处省略绘制沙漠场景的代码，读者可自行查阅*/}
34       public void drawBTMDesertGD(){/*此处省略绘制半透明沙漠轨道的代码，读者可自行查阅*/}
35       public void updateBottlesDatas(){/*此处省略获取球瓶最新位置姿态的代码，读者可自行查阅*/}
36       public void updateBallDatas(){/*此处省略获取球移动时最新位置姿态的代码，下面将介绍*/}
37       public void initFirstBall(){/*此处省略获取球未移动时最新位置姿态的代码，读者可自行查阅*/}
38       public void initSound(){/*此处省略初始化场景背景音乐的代码，读者可自行查阅*/}
39       public void drawView(GL10 gl){ /*此处省略绘制方法的代码，下面将简单介绍*/}
40       public void drawGameOver(){ /*此处省略绘制游戏结束对象的代码，读者可自行查阅*/}
41       public void draw2DBN2Dobejct(){ /*此处省略绘制得分榜等的代码，读者可自行查阅*/}
42       public void reSetData(){ /*此处省略重置变量的代码，读者可自行查阅*/}
43       public void drawSkyScene(){/*此处省略绘制星空场景的代码，读者可自行查阅*/}
44       public void drawBTMSkyGD(){/*此处省略绘制星空半透明轨道的代码，读者可自行查阅*/}
45   }
```

说明　上面给出的是游戏界面类 GameView 的代码框架，该类中主要包括初始化资源方法、触摸回调方法、摄像机向后移动的方法、摄像机跟随的方法、摄像机不跟随的方法、绘制保龄球和球瓶的方法以及绘制相应倒影和影子的方法、绘制科幻场景的方法、绘制沙漠场景的方法、绘制星空场景的方法、更新球瓶的方法以及本类总绘制方法等，由于篇幅有限，故进行了部分省略，读者可自行查阅随书附带光盘中的源代码。

（2）上面主要介绍了游戏界面类 GameView 的代码框架，下面则将对部分省略了代码的方法进行简单的介绍，首先介绍的是游戏界面类 GameView 触控事件的回调方法 onTouchEvent，主要用来处理游戏界面内的触控事件，并进行相应的处理，其具体代码如下。

代码位置：见随书光盘中源代码/第 10 章/Bowling/src/com/bn/view 目录下的 GameView.java。

```
1    public boolean onTouchEvent(MotionEvent e){
2        float x=Constant.fromRealScreenXToStandardScreenX(e.getX());//获取触控点的 x 坐标
3        float y=Constant.fromRealScreenYToStandardScreenY(e.getY());//获取触控点的 y 坐标
4        ArrayList<GameObject>tempBall=new ArrayList<GameObject>();//创建临时 ArrayList 对象
5        synchronized(lockBall){tempBall.addAll(alGBall);}//获取列表中的所有的 GameObject 对象
6        if(tempBall.size()<=0){return false;}  //当临时列表长度小于等于 0 时，不能进行触控
7        switch (e.getAction()){
8        case MotionEvent.ACTION_DOWN:           //处理屏幕被按下的事件
9                curr=null;
10               if(!isMoveFlag&&x>=Pause_left&&x<=Pause_right&&
11                   y>=Pause_top&&y<=Pause_bottom){             //点击暂停按钮
12                   ......//此处省略点击暂停按钮的代码，读者可自行查阅
13               }
14               ......//此处省略了点击暂停按钮、返回游戏界面等的代码，读者可自行查阅
15               float[] AB=IntersectantUtil.calculateABPosition(x, y, SCREEN_
                     WIDTH_STANDARD,
16                   SCREEN_HEIGHT_STANDARD, LEFT,TOP,NEAR, FAR); //计算 AB 两点的位置
17               Vector3f3D start = new Vector3f3D(AB[0], AB[1], AB[2]);//起点
18               Vector3f3D end = new Vector3f3D(AB[3], AB[4], AB[5]);    //终点
19               Vector3f3D dir = end.minus(start);                  //长度和方向
20               float minTime=1;                //记录列表中所有物体与 AB 相交的最短时间
21               AABB3 box=tempBall.get(0).lovnt.getCurrBox();//获得物体 AABB 包围盒
22               float t = box.rayIntersect(start, dir, null); //计算相交时间
23               if (t <= minTime) {
24                   minTime = t;                            //记录最小值
25                   curr=tempBall.get(0);                   //为当前 GameObject 对象赋值
26                   touchX=x;touchY=y;                      //记录当前点
27               }
28               ......//此处省略点击录像按钮进行录像和上传视频的代码，下面将简单介绍
29               break;
30           case MotionEvent.ACTION_MOVE:{/*此处省略滑动代码，读者可自行查阅*/}break;
31           case MotionEvent.ACTION_UP:
32               ......//此处省略判断是否发球的代码，读者可自行查阅
33               if(!isMoveFlag&&curr!=null){
34                   float dx=x-touchX;                        //获取 x 偏移量
```

```
35                              float dy=y-touchY;                        //获取 y 偏移量
36                              float vx=dx*0.03f;float vy=dy*0.4f;
37                              if(Math.abs(vx)<0.3f){vx=0.0f;}            //设置速度阈值
38                              vx=(vx>2.56f)?2.56f:vx;                    //设置 vx 的边界速度值
39                              vx=(vx<(-2.56f))?(-2.56f):vx;
40                              vy=(vy>(-15))?(-15):vy;                    //设置 vy 的边界速度值
41                              vy=(vy<(-35))?(-35):vy;
42                              if(((vy/vx)<-18)||(vy/vx)>18){
43                                  vx=(float) (vx*(Math.random()*0.3f));//计算最终的 vx 值
44                              }else{
45                                  vx=(float) (vx*(Math.random()*0.7f));//计算最终的 vx 值
46                              }
47                              ......//此处省略设置部分状态值或标志位等的代码，读者可自行查阅
48                              synchronized(lockV){qf.offer(new float[]{vx,0,vy});
                                //将速度值存进队列
49                                  tempBall.get(0).body.activate();      //激活刚体
50                              }
51                          if(!effictOff){                               //开启音效
52                              MainActivity.sound.playMusic(Constant.BALL_ROLL,0);//球滚音效
53                          }}
54                          break;
55                      }
56                  preX=x;preY=y;                                        //记录触控点
57                  if(isPause){return pv.onTouchEvent(e);}               //调用暂停界面触控方法
58                  return true;
59          }
```

- 第 2~3 行为获取触控点的 x、y 坐标，并将其转化为标准分辨率下的坐标。

- 第 4~6 行为创建 ArrayList 临时列表对象 tempBall，并将列表 alGBall 中的所有对象存储进 tempBall。若 tempBall 的长度小于等于 0，则不允许触控。

- 第 8~29 行为当触控事件为按下时，执行的一系列操作。其中最重要的部分是，判断当前按下的是否为保龄球对应的对象。首先根据触控点计算仿真变换后 A、B 两点在世界坐标系中的坐标，接着计算射线线段 AB 与保龄球对象变换后包围盒 AABB 的相交时间，并记录最短时间。

- 第 31~54 行为当触控事件为抬起时计算发球速度的操作。首先判断发球轮数是否大于最大轮数 10，若大于 10，则不允许发球。然后在球还未移动且当前 curr 不为空时，根据 x、y 偏移量计算球在 x、z 方向上的分速度，并将其添加进记录速度的队列 qf 中，与此同时激活球刚体。

- 第 57 行为当点击暂停按钮时，执行暂停的触控回调方法。

（3）上面主要介绍了游戏界面类 GameView 的触控回调方法 onTouchEvent，接下来将对 GameView 类中设置向后移动摄像机的方法 moveCameraToBack，摄像机是否跟随的方法 moveCameraToFront 和不跟随的方法 noMoveCameraToFront，其具体代码如下。

✎ 代码位置：见随书光盘中源代码/第 10 章/Bowling/src/com/bn/view 目录下的 GameView.java。

```
1   public void moveCameraToBack(){                                      //向后移动摄像机
2       if(sceneIndex!=1){                                               //如果不是第一个场景
3           if(viewManager.isMoveCameraBack){                            //摄像机向后移动
4               count++;                                                 //计数器加 1
5               if(EYE_Z<CAMERA_LIMIT_MAX){                              //向后移动
6                   if(count%2==0){
7                       EYE_Z+=CAMERA_SPAN;                              //计算摄像机相关参数
8                       TARGET_Z+=CAMERA_SPAN;
9                   }}else{                                              //后移动标志位置为 false
10                      viewManager.isMoveCameraBack=false;
11              }}else{                                                  //摄像机不向后移动时
12                  count=0;
13          }}else if(sceneIndex==1&&!viewManager.isMoveCameraFront){     //第一个场景时
14              EYE_Z=24;                                                //重置摄像机相关参数
15              TARGET_Z=0;
16      }}
17  public void moveCameraToFront(){                                     //摄像机跟随方法
18      if(viewManager.isMoveCameraFront){                               //摄像机向前移动
19          if(EYE_Z>(CAMERA_LIMIT1_MIN-CAMERA_LIMIT_SPAN)               //在指定区域内
```

```
20                        &&ez>(CAMERA_LIMIT1_MIN-CAMERA_LIMIT_SPAN)){
21                        EYE_Z=ez;                                   //更新相关摄像机参数
22                        TARGET_Z=tz;
23                    }else if(EYE_Z<(CAMERA_LIMIT1_MIN+CAMERA_LIMIT_SPAN)
24                        &&EYE_Z>(CAMERA_LIMIT2_MIN)){                //减速过程
25                        if((a-CAMERA_A_SPAN)>0){
26                            a-=CAMERA_A_SPAN;                        //移动步进逐步减小
27                            EYE_Z-=a;
28                            TARGET_Z-=a;
29                        }
30                        isScoreDown=false;                           //将分数框向上滑
31                    }else{
32                        a=saveA;                                     //重新初始化移动步进
33                        isDrawFire=false;                            //不绘制球尾粒子特效
34                        viewManager.isMoveCameraFront=false;         //前移标志位置为false
35    }}}
36    public void noMoveCameraToFront(){                               //摄像机不跟随
37        if(ballA!=null&&ballA.length>0){
38            if(ballA[2]<(-35)&&ballA[2]>(-38)){                      //当保龄球移动到指定位置时
39                EYE_Z=ballA[2];                                      //调整摄像机参数
40                TARGET_Z=EYE_Z-24;
41                isScoreDown=false;                                   //将分数框向上滑
42                isDrawFire=false;                                    //不绘制球尾粒子特效
43    }}}
```

- 第1~12行为游戏界面类中向后移动摄像机的方法。在当前场景为科幻场景或沙漠场景时，才会向后移动摄像机。因此，首先需要判断是否是以上两个场景，然后判断是否需要向后移动摄像机，若需要移动，则将摄像机观察者z坐标和目标点z坐标的值不断增大，直到最大值。

- 第13~16行为若不是科幻场景或沙漠场景，则直接将摄像机参数设定到指定值。

- 第17~35行为摄像机跟随保龄球移动的方法，该方法分为两部分。第一部分是摄像机根据保龄球位置的改变而改变；第二部分是缓冲区，保龄球移动的步进逐渐减小，指导步进为0时静止。

- 第36~43行为摄像机不跟随保龄球移动的方法，当保龄球移动到指定区域时，设置摄像机观察者z坐标和目标点z坐标的最终值，并将绘制球尾粒子特效等标志位置为false。

（4）上面主要介绍了游戏界面类GameView的向后移动摄像机的方法以及摄像机是否跟随的方法，接下来将介绍GameView类中绘制保龄球和球瓶的方法drawGame。在该方法中，首先从存储球和球瓶位置、姿态的队列中获取其最新数据，然后绘制保龄球和球瓶，其具体代码如下。

✎ **代码位置：** 见随书光盘中源代码/第10章/Bowling/src/com/bn/view目录下的GameView.java。

```
1     public void drawGame(){                                        //绘制保龄球和球瓶的方法
2         ArrayList<GameObject> tempBall=new ArrayList<GameObject> ();//创建临时变量
3         synchronized(lockBall){                                    //获取锁资源
4             tempBall.addAll(alGBall);                              //获取alGBall列表中的全部对象
5         }
6         if(tempBall.size()<=0){return;}                           //当tempBall的长度小于等于0时，返回
7         if(ballA!=null){                                          //当球的位置、姿态数据不为空时
8             MatrixState3D.pushMatrix();                           //保护现场
9             MatrixState3D.translate(ballA[0],ballA[1],ballA[2]);  //进行平移变换
10            MatrixState3D.rotate(ballA[3],ballA[4],ballA[5],ballA[6]);
                                                                    //绕旋转轴旋转指定角度
11            tempBall.get(0).drawSelfBall(0,0);                    //绘制球
12            MatrixState3D.popMatrix();                            //恢复现场
13        }
14        if(tempBall.get(0)!=null&&tempBall.get(0).body!=null){    //当球对象不为空时
15        Vector3f v=tempBall.get(0).body.getLinearVelocity(new Vector3f());//获取速度
16            if(v.z!=0){                                           //如果球的z方向速度不为0，则向前移动摄像机
17            this.viewManager.isMoveCameraFront=true;              //标志位置为true
18            }
19            if(isCastBall&&(ballA[0]>GUIDAO_MAX_RIGHT||ballA[0]
                 <GUIDAO_MIN_LEFT)){
20                isCastBall=false;                                 //表示投球结束
21                luoGouCount++;                                    //记录落沟球数
22        }}
```

```
23        synchronized(lockAll){                              //获取锁资源
24            hmTemp1.clear();
25            hmTemp1.putAll(hm);                              //获取全部的球瓶对象
26        }
27        updateBottlesDatas();                               //获取所有球瓶的最新数据
28        if(resultA==null){return;}              //当球瓶的位置、姿态数据为空时,不绘制球瓶
29        for(int i=0;i<resultA.length;i++){                  //绘制球瓶
30            if(resultA[i]!=null&&resultA[i].length>0&&hmTemp1.get(i+1)!=null){
31                MatrixState3D.pushMatrix();                 //保护现场
32                MatrixState3D.translate(resultA[i][0],resultA[i][1],
                  resultA[i][2]);//进行平移变换
33
    MatrixState3D.rotate(resultA[i][3],resultA[i][4],resultA[i][5],resultA[i][6]);
34                hmTemp1.get(i+1).drawSelf(0,0);             //绘制瓶子
35                MatrixState3D.popMatrix();                  //恢复现场
36    }}}
```

- 第 2~6 行为创建临时 ArrayList 对象 tempBall,并存储 alGBall 中的所有对象。如果 tempBall 的长度小于等于 0,则不进行以下物体的绘制。

- 第 7~13 行为当存储保龄球位置、姿态数据的数组不为空时,绘制保龄球。

- 第 14~22 行为当保龄球对象不为空时,获取球刚体的速度。当速度不为 0 时,设置摄像机向前移动的标志位 isMoveCameraFront 为 true,并计算落沟球的个数。

- 第 23~36 行为获取所有的球瓶对象,并调用 updateBottlesDatas 方法获取所有球瓶的位置、姿态数据,然后在游戏中绘制所有的球瓶。

（5）上面主要介绍了游戏界面类 GameView 中绘制保龄球和球瓶的方法 drawGame,接下来将介绍与绘制保龄球和球瓶类似的方法 drawGameMirror,该方法为根据保龄球和球瓶的最新位置、姿态绘制保龄球和球瓶的倒影与阴影。在此只给出与 drawGame 方法不同的几处,其具体代码如下。

✎ 代码位置:见随书光盘中源代码/第 10 章/Bowling/src/com/bn/view 目录下的 GameView.java。

```
1    public void drawGameMirror(){                           //绘制物体倒影和影子
2        ......//此处省略获取保龄球对象的代码,读者可自行查阅
3        if(ballA!=null){
4            if(ballA[2]>-53f&&Math.abs(ballA[0])<5){       //在指定区域中绘制
5            GLES20.glFrontFace(GLES20.GL_CW);               //说明顺时针多边形为正面
6            MatrixState3D.pushMatrix();                     //保护现场
7                MatrixState3D.translate(ballA[0],-ballA[1],ballA[2]);//进行平移变换
8                MatrixState3D.scale(1, -1, 1);              //将 y 轴反向
9                MatrixState3D.rotate(ballA[3],ballA[4],ballA[5],ballA[6]);
                 //绕旋转轴旋转
10               tempBall.get(0).drawSelfBall(0,0);          //绘制倒影
11               MatrixState3D.popMatrix();                  //恢复现场
12           GLES20.glFrontFace(GLES20.GL_CCW);              //说明逆时针多边形为正面
13           MatrixState3D.pushMatrix();                     //保护现场
14               MatrixState3D.translate(ballA[0],ballA[1],ballA[2]);//进行平移变换
15               MatrixState3D.rotate(ballA[3],ballA[4],ballA[5],ballA[6]);
                 //绕旋转轴旋转
16               tempBall.get(0).drawSelfBall(1,0);          //绘制影子
17               MatrixState3D.popMatrix();                  //恢复现场
18       }}
19       ......//此处省略与上面类似的绘制球瓶倒影和影子的代码,读者可自行查阅
20    }
```

✐ 说明
该方法为绘制保龄球和球瓶倒影与阴影的方法,绘制保龄球倒影时,首先将保龄球平移关于 x 轴对称的位置,然后调用 scale 方法将 y 轴反向,再绕指定旋转轴旋转一定角度,最后绘制保龄球,形成倒影。绘制保龄球阴影的部分与绘制保龄球的相似,不同之处是调用的着色器不同。由于绘制球瓶倒影和阴影的部分与保龄球的相似,因此不再赘述,需要的读者可自行查看随书光盘中的源代码。

（6）上面主要介绍了游戏界面类 GameView 中绘制保龄球和球瓶倒影和阴影的方法 drawGameMirror。下面将要介绍的是更新保龄球最新位置和姿态的方法 updateBallDatas，该方法主要的任务是从位置姿态队列中获取保龄球最新的数据，便于进一步绘制，其具体代码如下。

代码位置：见随书光盘中源代码/第 10 章/Bowling/src/com/bn/view 目录下的 GameView.java。

```
1    public void updateBallDatas(){                          //获取球的最新数据
2        float[] ballB=null;                                 //创建临时数组 ballB
3        synchronized(lockBallTransform){                    //获取锁资源
4            while(ballTransform.size()>0){                  //当队列长度大于 0 时
5                ballB=ballTransform.poll();                 //获取队列中的数据
6        }}
7        if(ballB!=null){ballA=ballB;}                       //记录数据，用于缓冲
8        if(ballA!=null){
9            ez=ballA[2]+BALL_TO_EYE;                        //计算摄像机的参数值
10           tz=ballA[2]-BALL_TO_TARGET;
11   }}
```

说明　上述为获取保龄球最新位置姿态数据的方法。首先申请临时数组 ballB，当队列 ballTransform 的长度大于 0 时，一直读取队列中的数据，直到最后一组数据（即保龄球最新的位置、姿态数据）为止，然后根据保龄球的位置计算摄像机的相关参数。

（7）上面介绍了游戏界面类 GameView 中获取保龄球最新位置、姿态数据的方法 updateBallDatas，接下来将要介绍本类的总绘制方法 drawView，在该方法中绘制整个场景以及场景中的物体、得分榜等，其具体代码如下。

代码位置：见随书光盘中源代码/第 10 章/Bowling/src/com/bn/view 目录下的 GameView.java。

```
1    public void drawView(GL10 gl) {
2        GLES20.glClear(GLES20.GL_COLOR_BUFFER_BIT           //清除颜色缓存与深度缓存
3            | GLES20.GL_DEPTH_BUFFER_BIT);
4        MatrixState3D.setProjectFrustum(-LEFT, RIGHT, -TOP, BOTTOM, NEAR, FAR);
                                                            //设置透视投影
5        ......//此处省略获取保龄球最新姿态数据的代码，读者可自行查阅随书附带光盘中的源代码
6        moveCameraToBack();                                 //向后移动摄像机
7        if(isCameraMove){
8            moveCameraToFront();                            //摄像机跟随
9        }else{
10           noMoveCameraToFront();                          //摄像机不跟随
11       }
12       MatrixState3D.setCamera(EYE_X,EYE_Y,EYE_Z,TARGET_X,//设置摄像机参数
13           TARGET_Y,TARGET_Z,UP_X,UP_Y,UP_Z);
14       MatrixState3D.setLightLocation(0, 80, 50);          //设置光源位置
15       GLES20.glEnable(GLES20.GL_DEPTH_TEST);              //启用深度测试
16       if(sceneIndex==2) {
17           drawScienceFictionScene();                      //绘制科幻场景
18       }else if(sceneIndex==3) {
19           drawDesertScene();                              //绘制沙漠场景
20       }else if(sceneIndex==1) {
21           drawSkyScene();                                 //绘制星空
22       }
23       GLES20.glDisable(GLES20.GL_DEPTH_TEST);             //关闭深度测试
24       drawGameMirror();                                   //绘制倒影和影子
25       ......//此处省略绘制半透明轨道的代码，读者可自行查阅随书附带光盘中的源代码
26       GLES20.glEnable(GLES20.GL_DEPTH_TEST);              //启用深度测试
27       drawGame();                                         //绘制保龄球和球瓶
28       GLES20.glDisable(GLES20.GL_DEPTH_TEST);             //关闭深度测试
29       draw2DBN2DObejct();
30       if(isDrawFireOver&&CalculateScore.GameOver){
31           drawGameOver();                                 //绘制游戏结束的元素
32       }
```

```
33          MatrixState3D.pushMatrix();                            //保护现场
34      special.drawSpecial();                                     //绘制粒子系统
35      MatrixState3D.popMatrix();                                 //恢复现场
36      if((sceneIndex==1&&!isMoveGuiDaoFlag&&initObect)||(sceneIndex!=1&&
37          !this.viewManager.isMoveCameraBack&&initObect)){
38          if(!effictOff){
39              MainActivity.sound.playMusic(Constant.INIT_BOTTLE, 0);
40          }                                                      //初始化瓶子音效
41          initObect=false;
42          phc.initAllObject(viewManager);                        //初始化场景物体
43      }
44      if(isPause){pv.drawView();}                                //绘制暂停菜单
45      if(isDrawAN){                                               //绘制暂停按钮
46      MatrixState2D.pushMatrix();                                //保护现场
47          Pause.drawSelf();                                      //暂停按钮
48          MatrixState2D.popMatrix();                             //恢复现场
49      }
50      MatrixState2D.pushMatrix();                                //保护现场
51      camera[0].drawSelf();                                      //绘制录像按钮
52      if(drawCameraTip){                                         //绘制是否上传录像提示框
53          camera[1].drawSelf();
54      }
55      MatrixState2D.popMatrix();                                 //恢复现场
56  }
```

- 第 2~4 行功能为清除颜色缓冲和深度缓冲以及设置投影模式为透视投影。
- 第 6~13 行功能为计算摄像机相关参数，并设置摄像机九个参数。
- 第 14~24 行功能为设置光源位置，并开启深度检测，然后根据玩家选择的场景绘制相应的场景，并关闭深度检测，绘制保龄球和球瓶的倒影与影子。
- 第 26~28 行功能为先开启深度检测，然后绘制保龄球和球瓶，最后关闭深度检测。
- 第 29~35 行为绘制绘制得分榜、绘制粒子系统以及绘制本局游戏结束的界面。
- 第 36~43 行功能为如果允许开启音效，则播放初始化十个球瓶的音效，并重新初始化场景中的物体，最后将初始化物体的标志位置为 false，表示物体已创建完毕。
- 第 44~49 行功能为绘制暂停按钮以及绘制点击暂停按钮呈现的菜单界面。
- 第 50~55 行功能为绘制录像按钮，当录像结束后，绘制是否上传录像的提示框。

> **说明**　游戏界面内用到了许多工具类方法，比如计算 AB 两点坐标的工具类 IntersectantUtil 等，这些工具类将会在下面进行简单介绍。由于游戏界面内的绘制方法非常多，这里只选择了部分方法进行介绍，其余的代码大致相似，读者可自行查阅随书附带光盘中的源代码。

（8）上面主要介绍的是本类的总绘制方法 drawView。下面将介绍在上面进行省略了的实现手机录像功能的代码，需要做的准备工作在上面已经做了简单的介绍，具体代码如下。

🔖 **代码位置**：见随书光盘中源代码/第 10 章/Bowling/src/com/bn/view 目录下的 GameView.java。

```
1   if(x>=CAMERA_START_LEFT&&x<=CAMERA_START_RIGHT
2       &&y>=CAMERA_START_TOP&&y<=CAMERA_START_BOTTOM){          //点击录像按钮
3       startRecorder=!startRecorder;                            //开始或者结束录像
4       isRecorder=viewManager.recorder.isAvailable();          //是否支持录制视频
5       if(isRecorder){                                          //如果支持录制
6           if(startRecorder){                                  //开始录制
7               viewManager.handler.sendEmptyMessage(0);        //提示开始录制视频
8               viewManager.recorder.startRecorder();           //调用开始录像方法
9           }else{                                              //结束录制
10              viewManager.handler.sendEmptyMessage(1);        //提示结束录制视频
11              viewManager.recorder.stopRecorder();            //调用结束录制视频
12              drawCameraTip=true;                             //是否上传录像
13  }}}}
```

```
14    if(drawCameraTip&&x>=CAMERA_TIP_NO_LEFT&&x<=CAMERA_TIP_NO_RIGHT&&
15            y>=CAMERA_TIP_NO_TOP&&y<=CAMERA_TIP_NO_BOTTOM){        //不上传录像
16        drawCameraTip=false;                                    //不再绘制，放弃此视频
17    }else if(drawCameraTip&&x>=CAMERA_TIP_YES_LEFT&&x<=CAMERA_TIP_YES_RIGHT&&
18            y>=CAMERA_TIP_YES_TOP&&y<=CAMERA_TIP_YES_BOTTOM){//上传录像
19        ShangChuanView=true;
20        drawCameraTip=false;                                    //不再绘制
21        viewManager.recorder.showShare();                       //调用上传视频方法
22    }
```

> 📖 说明　　上面主要介绍的是调用 ShareRec SDK 自带的开始录制视频方法、结束录制视频方法和上传录制视频方法实现手机游戏的录像功能。首先需要在 MySurfaceView 中创建 GLRecorder 对象，在游戏界面内，如果需要录制视频，则利用 GLRecorder 对象直接调用相应的方法即可实现。如果想要上传视频（此功能必须联网），则需要在上传视频界面点击上传按钮，即可在手机的 sdcard 中找到录像。

10.4.5 暂停界面类 PauseView

上一小节介绍的是游戏界面类 GameView，该类主要实现了游戏界面的触控回调方法、摄像机移动的方法以及总绘制方法等，本小节将介绍本游戏中另一个界面类——暂停界面类 PauseView。在该类中，主要实现了绘制选择保龄球按钮、球瓶按钮、设置按钮以及返回场景选择界面的按钮，其具体代码如下。

✍ 代码位置：见随书光盘中源代码/第 10 章/Bowling/src/com/bn/view 目录下的 PauseView.java。

```
1     package com.bn.view;                                       //声明包名
2     ......//此处省略了导入类的代码，读者可自行查阅随书附带光盘中的源代码
3     public class PauseView{
4         ......//此处省略了定义变量的代码，读者可自行查阅随书附带光盘中的源代码
5         public PauseView(GameView gv){                         //构造器
6             this.gv=gv;                                        //给 GameView 类对象赋值
7             initView();                                        //初始化资源方法
8         }
9         public void initView() {
10            ......//此处省略了加载暂停界面图片资源的代码，读者可自行查阅随书附带光盘中的源代码
11        }
12        public boolean onTouchEvent(MotionEvent e) {
13            float x=Constant.fromRealScreenXToStandardScreenX(e.getX());//获取触控点 x 坐标
14            float y=Constant.fromRealScreenYToStandardScreenY(e.getY());//获取触控点 y 坐标
15            switch (e.getAction()){                            //判断触控操作
16              case MotionEvent.ACTION_UP:                      //当动作为抬起时
17                  if(x>Selectpz_Left&&x<Selectpz_Right&&        //如果点击瓶子按钮
18                          y>Selectpz_Top&&y<Selectpz_Bottom){
19                      gv.Pause=new BN2DObject(980, 1700, 130, 130,
20                      TextureManager.getTextures("pause.png"),ShaderManager.
                        getShader(0));
21                      gv.viewManager.currView=gv.viewManager.SelcetpzView;
                        //跳转至选择球瓶界面
22                  }else if(x>Selectqiu_Left&&x<Selectqiu_Right&&y>Selectqiu_Top&&
23                      y<Selectqiu_Bottom){                     //选择保龄球界面
24                      ......//此处省略了点击保龄球、设置按钮等的代码，读者可自行查阅
25                  }
26                  ......//此处省略了在返回场景选择界面时点击是或否的代码，读者可自行查阅
27                  if(isSheZhi&&x>SheZhiback_Left&&x<SheZhiback_Right&&
28                      y>SheZhiback_Top&&y<SheZhiback_Bottom){ //从设置界面返回游戏场景
29                      isSheZhi=false;                          //不绘制设置界面
30                      isPause=false;                           //不暂停物理模拟，且不绘制暂停时菜单
31                      isDrawAN=true;                           //绘制是否暂停的按钮
32                      isDrawScore=true;                        //绘制得分
33                      isScoreDown=true;                        //得分榜缓慢下降
34                      gv.distance=0;                           //暂停菜单不出现
35                      gv.Pause=new BN2DObject(980,1700,130,130,//重新创建 BN2DObject 对象
```

```
36                         TextureManager.getTextures("pause.png"), ShaderManager.
                           getShader(0)));
37                         pauseView=MyHHData.pauseView();
38                     }
39                     if(isSheZhi){                              //如果在设置界面
40                         ......//此处省略了在设置界面部分操控的代码，读者可自行查阅
41                     }
42                     break;
43                 }
44             return true;
45         }
46         public void drawView() {                           //暂停界面的总绘制方法
47             synchronized(lock){                            //获取锁资源
48                 for(BN2DObject pause:pauseView){           //遍历列表
49                     pause.drawSelf(960+10*distance,1280);//在指定位置绘制图片
50             }}
51             if(distance>0){                                //变量自减
52                 distance--;                                //表示图片从右至左缓慢出现
53             }
54             drawShezhiView();                              //绘制设置界面的图片
55             drawBackMainView();                            //绘制返回场景选择界面时的图片
56         }
57         ......//此处省略了 drawShezhiView 方法和 drawBackMainView 方法的代码，读者可自行查阅
58 }
```

- 第 5~11 行为暂停界面类 PauseView 的含参构造器和初始化图片资源的方法。构造器的任务是为 GameView 对象赋值，并调用初始化图片资源的方法，加载本类所需的图片以便于绘制。initView 方法与前面游戏界面类中的方法功能相同，故在此不再重复介绍。

- 第 12~21 行为 PauseView 类的触控回调方法。首先获取当前触控点的坐标，并将其转化为标准分辨率下的坐标。当动作为抬起时，如果手指点中的区域为球瓶，则跳转至选择球瓶纹理界面。

- 第 22~25 行为如果手指点中的区域为保龄球，则跳转至选择保龄球纹理界面。当在设置界面点击返回按钮时，则当前界面跳转至游戏界面，并将绘制得分榜、绘制得分等的标志位重新设置。

- 第 46~56 行为当点击暂停按钮时，绘制小菜单的方法。首先获取锁资源，然后遍历 pauseView 列表在指定位置绘制图片。此外，小菜单是从屏幕右侧缓慢向左移动，最后停止在指定位置的。

10.5 辅助工具类

上一节主要介绍了该游戏的部分界面类，本节将要介绍的是游戏的辅助相关工具类。其中主要包括工具类、辅助类、自定义管理器类和线程类。工具类主要是用来记录常量和坐标转换方法等，辅助类主要是用来辅助游戏的进一步开发，如计算交点坐标等，线程类主要用来实现物理模拟。

10.5.1 工具类

本小节将要介绍的是游戏界面的工具类，主要包括常量工具类和资源工具类以及物理封装类。其中常量工具类主要是记录物理世界中的刚体尺寸等，资源工具类主要声明列表对象、队列对象以及纹理 id 等。物理封装类主要用于在物理世界创建刚体等。由于篇幅原因，只对以上类进行简单的介绍。

1. 常量工具类

下面主要介绍的是该游戏的常量工具类，主要包括游戏中摄像机的参数、项目所用锁资源以及实现屏幕自适应功能的常量类 Constant 和实现火焰粒子特效功能的属性设置常量类 ParticleDataConstant。下面将对 Constant 类和 ParticleDataConstant 类的开发进行简单的介绍。

（1）首先向读者介绍的是游戏的常量类 Constant，该类封装了游戏中用到的常量，将常量封装到一个常量类的好处是便于管理，它主要包括摄像机的参数和屏幕自适应的方法等，其具体代码如下。

📎 **代码位置：见随书光盘中源代码/第 10 章/Bowling/src/com/bn/util/constant 目录下的 Constant.java。**

```
1    package com.bn.util.constant;                                   //声明包名
2    ......//此处省略了导入类的代码，读者可自行查阅随书附带光盘中的源代码
3    public class Constant {
4        public static boolean musicOff = false;                    //是否关闭背景音乐标志位
5        public static boolean effectOff = false;                   //是否关闭音效标志位
6        ......//此处省略了其他相关常量的声明，读者可自行查阅随书附带光盘中的源代码
7        public final static float UNIT_SIZE=0.5f;                   //基本尺寸单元
8        public final static float TIME_STEP=1.0f/60;               //模拟的周期
9        public final static int MAX_SUB_STEPS=5;                    //最大的子步数
10       public static float EYE_X=0;                                //观察者的位置 x
11       public static float EYE_Y=6;                                //观察者的位置 y
12       public static float EYE_Z=0;                                //观察者的位置 z
13       public static float TARGET_X=0;                             //目标的位置 X
14       public static float TARGET_Y=0;                            //目的位置 Y
15       public static float TARGET_Z=-24f;                         //目标的位置 Z
16       public static float UP_X=0;                                 //摄像机 up 向量 x 值
17       public static float UP_Y=0.9728f;                          //摄像机 up 向量 y 值
18       public static float UP_Z=-0.233f;                          //摄像机 up 向量 z 值
19       public static Object lockAdd = new Object();               //向物理世界添加刚体的锁
20       ......//此处省略了其他锁对象的声明，读者可自行查阅随书附带光盘中的源代码
21       public static float SCREEN_WIDTH_STANDARD = 1080;//720;    //屏幕标准宽度
22       public static float SCREEN_HEIGHT_STANDARD = 1920;//1280;  //屏幕标准高度
23       public static float RATIO = SCREEN_WIDTH_STANDARD/SCREEN_HEIGHT_STANDARD;
24       public static ScreenScaleResult ssr;                       //屏幕自适应对象
25       ......//此处省略了部分刚体尺寸常量的声明，读者可自行查阅随书附带光盘中的源代码
26       public static float fromPixSizeToNearSize(float size){     //屏幕尺寸到视口尺寸
27           return size*2/SCREEN_HEIGHT_STANDARD;
28       }
29       public static float fromScreenXToNearX(float x){           //屏幕 x 坐标到视口 x 坐标
30           return (x-SCREEN_WIDTH_STANDARD/2)/(SCREEN_HEIGHT_STANDARD/2);
31       }
32       public static float fromScreenYToNearY(float y){           //屏幕 y 坐标到视口 y 坐标
33           return -(y-SCREEN_HEIGHT_STANDARD/2)/(SCREEN_HEIGHT_STANDARD/2);
34       }
35       public static float fromRealScreenXToStandardScreenX(float rx){
36           return (rx-ssr.lucX)/ssr.ratio;        //实际屏幕 x 坐标到标准屏幕 x 坐标
37       }
38       public static float fromRealScreenYToStandardScreenY(float ry){
39           return (ry-ssr.lucY)/ssr.ratio;        //实际屏幕 y 坐标到标准屏幕 y 坐标
40       }
41       public static float fromStandardScreenXToRealScreenX(float tx){
42           return tx*ssr.ratio+ssr.lucX;          //从标准屏幕到实际屏幕 x 坐标
43       }
44       public static float fromStandardScreenYToRealScreenY(float ty){
45           return ty*ssr.ratio+ssr.lucY;          //从标准屏幕到实际屏幕 y 坐标
46       }
47       public static float fromStandardScreenSizeToRealScreenSize(float size){
48           return size*ssr.ratio;                 //从标准屏幕尺寸到实际屏幕尺寸
49   }}
```

> ✏️ **说明**　上面介绍的是常量工具类 Constant，主要包括设置摄像机观察者、目标点以及 up 向量的九个参数、屏幕标准宽度和标准高度、程序所需锁资源以及标准屏幕到实际屏幕坐标的转换、实际屏幕坐标到标准屏幕坐标的转换、屏幕到视口坐标的转换等。由于篇幅有限，且大部分的代码都十分相似，故省略，读者可自行查阅随书附带光盘中的源代码。

（2）上面主要介绍了该游戏的常量类 Constant，接下来给出的是游戏界面中保龄球移动时在

球尾产生粒子特效以及保龄球撞击墙壁时产生粒子特效用到的常量类 ParticleDataConstant，该类主要是对粒子系统中粒子的混合方式、颜色、最大生命周期等属性进行了设置。实现的具体代码如下。

✎ **代码位置**：见随书光盘中源代码/第 10 章/Bowling/src/com/bn/util/constant 目录下的 ParticleDataConstant.java。

```
1    package com.bn.util.constant;                                    //声明包名
2    ......//此处省略了导入类的代码，读者可自行查阅随书附带光盘中的源代码
3    public class ParticleDataConstant {
4        ......//此处省略了部分静态常量声明的代码，读者可自行查阅随书附带光盘中的源代码
5        public static final float[][] START_COLOR={                   //起始颜色
6            {0.7569f,0.2471f,0.1176f,1.0f},                          //0-普通火焰
7            {0.9882f,0.9765f,0.0118f,1.0f},                          //黄色
8            {0.9804f,0.9804f,0.9804f,1.0f},                          //白色
9            ......//此处省略了其他起始颜色的代码，读者可自行查阅
10       };
11       public static final float[][] END_COLOR={                     //终止颜色
12           {0.0f,0.0f,0.0f,0.0f},                                   //0-普通火焰
13           {0.0f,0.0f,0.0f,0.0f},                                   //黑色
14           {0.0f,0.0f,0.0f,0.0f},
15           ......//此处省略了其他终止颜色的代码，读者可自行查阅
16       };
17       public static final int[] SRC_BLEND={                         //源混合因子
18           GLES20.GL_SRC_ALPHA,GLES20.GL_SRC_ALPHA,GLES20.GL_SRC_ALPHA,
19           GLES20.GL_SRC_ALPHA,GLES20.GL_SRC_ALPHA,GLES20.GL_SRC_ALPHA};
20       public static final int[] DST_BLEND={                         //目标混合因子
21           GLES20.GL_ONE,GLES20.GL_ONE,GLES20.GL_ONE,
22           GLES20.GL_ONE,GLES20.GL_ONE,GLES20.GL_ONE};
23       public static final int[] BLEND_FUNC={                        //混合方式
24           GLES20.GL_FUNC_ADD,GLES20.GL_FUNC_ADD,GLES20.GL_FUNC_ADD,
25           GLES20.GL_FUNC_ADD,GLES20.GL_FUNC_ADD,GLES20.GL_FUNC_ADD};
26       public static final float[] RADIS={0.4f,0.3f,0.3f,0.2f,0.15f,0.15f};
              //单个粒子半径
27       public static final float[] MAX_LIFE_SPAN= {5.0f,2f,2f,4f,4f,4f };
              //粒子最大生命期
28       public static final float[] LIFE_SPAN_STEP={0.2f,0.1f,0.1f,0.03f,0.03f,
          0.03f};//粒子生命周期步进
29       public static final float[] X_RANGE={0.05f,1f,1f,0.8f,0.8f,0.8f};
              //粒子发射的 X 左右范围
30       public static final float[] Y_RANGE={1f, 0.8f,0.8f,1.8f,1.8f,1.8f};
              //粒子发射的 Y 上下范围
31       public static final int[] GROUP_COUNT={10,1,1,5,4,6};//每次喷发发射的数量
32       public static final float[] VY={0.08f,0.02f,0.02f,0.015f,0.015f,0.015f};
              //粒子 Y 方向升腾的速度
33       public static final int[] THREAD_SLEEP= {15,16,16,15,15,15};
              //粒子更新物理线程休息时间
34   }
```

> 🖊 **说明**　　该类主要是游戏界面内碰撞或保龄球移动产生粒子特效时用到的粒子系统的常量类，其中包括对粒子最大生命周期、生命周期步进、粒子发射范围、单个粒子半径、混合方式、目标混合因子、起始颜色、终止颜色、当前索引、初始位置和粒子更新物理线程休息时间等属性的声明。

2. 物理封装类

上一部分主要介绍的是该游戏用到的部分常量工具类，下面主要介绍的是该游戏中使用到的物理封装类 PhyCaulate，该类的主要功能为初始化物理世界、创建保龄球以及对应的球刚体、创建球瓶以及球瓶对应的刚体等，其开发步骤如下。

（1）首先为读者介绍的是物理封装类 PhyCaulate 的总框架以及部分方法的详细开发代码，主

要包括初始化物理世界的方法 initWorld、初始化保龄球对象的方法 initWorldBall 以及创建单个刚体的方法 createBody 等，其具体代码如下。

✎ **代码位置：**见随书光盘中源代码/第 10 章/Bowling/src/com/bn/util/tool 目录下的 PhyCaulate.java。

```
1    package com.bn.util.tool;                              //声明包名
2    ......//此处省略了导入类的代码，读者可自行查阅随书附带光盘中的源代码
3    public class PhyCaulate {
4        public void initWorld(){                           //初始化物理世界的方法
5            CollisionConfiguration collisionConfiguration = new
6                DefaultCollisionConfiguration();           //创建碰撞检测配置信息对象
7            //创建碰撞检测算法分配者对象
8            CollisionDispatcher dispatcher = new CollisionDispatcher(collision
             Configuration);
9            //设置整个物理世界的边界信息
10           Vector3f worldAabbMin = new Vector3f(-10000,-10000,-10000);//边界最小值
11           Vector3f worldAabbMax = new Vector3f(10000, 10000, 10000);//边界最大值
12           int maxProxies = 1024;                         //最大代理数量
13           AxisSweep3 overlappingPairCache =new    //创建碰撞检测粗测阶段的加速算法对象
14               AxisSweep3(worldAabbMin, worldAabbMax, maxProxies);
15           //创建推动约束解决者对象
16           SequentialImpulseConstraintSolver solver = new SequentialImpulse
             ConstraintSolver();
17           dynamicsWorld = new DiscreteDynamicsWorld(      //创建物理世界对象
18               dispatcher, overlappingPairCache, solver,collisionConfiguration);
19           dynamicsWorld.setGravity(new Vector3f(0, -10, 0)); //设置重力加速度
20           capsuleShape=new CapsuleShape(CAPSULE_RADIUS,CAPSULE_HEIGHT);//组合体
21           sphereShape=new SphereShape(BOTTOM_BALL_RADIUS);   //组合体球型
22           boxShape=new BoxShape(new Vector3f(BOX_HALF_WIDTH,
23               BOX_HALF_HEIGHT,BOX_HALF_WIDTH));           //组合体长方体盒子
24           planeShape=new StaticPlaneShape(new Vector3f(0,1,0),0);//创建共用的平面形状
25           capsuleShape2=new CapsuleShapeZ(CAPSULE_RADIUS2,CAPSULE_HEIGHT2);
26           boxShape2=new BoxShape(new Vector3f(WANG_HALF_X,
27               ,WANG_HALF_Y,WANG_HALF_Z));                 //网
28           boxShape3=new BoxShape(new Vector3f(GUIDAO_HALF_X,
29               GUIDAO_HALF_Y,GUIDAO_HALF_Z));              //台子
30           csa[2]=capsuleShape;                           //创建共用的形状数组
31           csa[1]=sphereShape;
32           csa[0]=boxShape;
33       }
34       ......//此处省略了创建十个球瓶的 initWorldBottles 方法的代码，读者可自行查阅
35       public  void initWorldBall(MySurfaceView viewManager){   //初始化保龄球的方法
36           ArrayList<GameObject> tempBall=new ArrayList<GameObject>();
             //创建临时列表对象
37           synchronized(lockBall){                        //获取锁资源
38               tempBall.addAll(alGBall);                  //获取所有的保龄球对象
39           }
40           synchronized (lockDelete){                     //获取锁资源
41               for(GameObject go:tempBall){
42                   deleteBottles.add(go.body);            //添加删除刚体对象
43               }
44               tempBall.clear();                          //清除临时列表对象
45           }
46           sphereShape=null;
47           sphereShape=new SphereShape(BALL_RADISU);      //共用的球体形状
48           float BALL_X=0.0f;                             //球的 x 坐标
49           float BALL_Y=FLOOR_Y+GUIDAO_HALF_Y*2+BALL_RADISU;//球的 y 坐标
50           float BALL_Z=BOWLING_BALL_Z;                   //球的 z 坐标
51           GameObject ball=new GameObject(viewManager,ball_model,BallId,
52               sphereShape,dynamicsWorld,BALL_QUALITY,BALL_X,BALL_Y,BALL_Z);
53           ball.body.forceActivationState(RigidBody.WANTS_DEACTIVATION);//静止
54           ball.body.setLinearVelocity(new Vector3f(0,0,0));  //球直线运动的速度
55           ball.body.setAngularVelocity(new Vector3f(0,0,0)); //球自身旋转的速度
56           tempBall.add(ball);                            //添加进临时列表
57           synchronized(lockBall){                        //获取锁资源
58               alGBall.clear();
59               alGBall.addAll(tempBall);                  //将临时列表中的对象添加进总列表
60       }}
```

```
61            ......//此处省略了创建单个刚体的createBody方法的代码，将在下面介绍
62      }
```

- 第 5~19 行为初始化物理世界的方法，包括创建世界信息、创建物理世界对象、设置物理世界加速度等。
- 第 20~32 行为创建球瓶组合体的球型、长方体盒子和胶囊形状，以及共用地平面等。
- 第 36~45 行为创建临时列表对象 tempBall，并在获取锁资源的情况下，将所有的保龄球对象存储进 tempBall，并删除保龄球对象在物理世界对应的刚体。
- 第 46~59 行为创建球体形状的对象 sphereShape，并计算保龄球在物理世界中的位置，最后创建 GameObject 对象，并设置其运动状态，将其存储进总列表。

> 📖 说明　　本游戏中的球瓶采用的是复合碰撞形状，最底部是小长方体，长方体之上是球体形状，最上面是指定长度的胶囊形状。球瓶的复合碰撞形状与球瓶的契合度越高，物理世界的碰撞越准确。由于篇幅有限，且创建球瓶刚体的代码与保龄球的大致相同，故对创建球瓶及对应刚体的代码进行了省略，读者可自行查阅。

（2）上面主要介绍了物理封装类 PhyCaulate 中初始化物理世界和创建保龄球对象及刚体的方法，下面将继续介绍 PhyCaulate 类中省略的方法 createBody，该方法的主要功能仅仅是在物理世界中创建单个刚体，实现的具体代码如下。

> 🖊 代码位置：见随书光盘中源代码/第 10 章/Bowling/src/com/bn/util/tool 目录下的 PhyCaulate.java。

```
1   public RigidBody createBody(MySurfaceView mv,float mass,CollisionShape colShape,
2       float cx,float cy,float cz){                        //创建单个刚体
3       boolean isDynamic = (mass != 0f);                   //物体是否可以运动
4       Vector3f localInertia = new Vector3f(0, 0, 0);      //惯性向量
5       if(isDynamic){                                      //如果物体可以运动
6           colShape.calculateLocalInertia(mass, localInertia);   //计算惯性
7       }
8       Transform startTransform = new Transform();         //创建刚体的初始变换对象
9       startTransform.setIdentity();                       //变换初始化
10      startTransform.origin.set(new Vector3f(cx, cy, cz));//设置初始的位置
11      DefaultMotionState myMotionState = new DefaultMotionState(
12          startTransform);                                //创建刚体的运动状态对象
13      RigidBodyConstructionInfo rbInfo = new RigidBodyConstructionInfo(
                                                            //创建刚体信息对象
14          mass, myMotionState, colShape, localInertia);
15      RigidBody body = new RigidBody(rbInfo);             //创建刚体
16      body.setRestitution(0.1f);                          //设置反弹系数
17      body.setFriction(0.45f);                            //设置摩擦系数
18      synchronized(lockAdd){                              //获取锁资源
19          SourceConstant.Bottles.add(body);              //添加刚体
20      }
21      return body;                                        //返回刚体对象
22  }
```

> 📖 说明　　上面介绍了在物理世界创建单个刚体的方法 createBody，并进行了设置刚体的运动状态、刚体恢复系数、摩擦系数等初始化工作，最后获取锁资源将创建的刚体添加进刚体列表中，便于将刚体添加进物理世界以备模拟时使用。

10.5.2　辅助类

上一小节主要介绍了该游戏中用到的常量工具类和物理封装类，本小节将要介绍的是该游戏中用到的计算交点坐标辅助类 IntersectantUtil、加载模型辅助类 LoadUtil、计算得分辅助类 CalculateScore 和获取分数绘制对象辅助类 GetNumberBN2D 等。由于篇幅原因，下面只对以上类进行简单的介绍。

1.　计算交点坐标辅助类 IntersectantUtil

下面主要介绍计算交点坐标的辅助类 IntersectantUtil，该类主要根据屏幕上的触控坐标和摄像机确定的拾取射线，计算射线与近平面交点 A 和远平面交点 B 在摄像机坐标系中的坐标，再将此坐标乘以摄像机矩阵的逆矩阵，求出 A、B 两点在世界坐标系中的坐标，实现的具体代码如下。

✎ **代码位置**：见随书光盘中源代码/第 10 章/Bowling/src/com/bn/util/tool 目录下的 IntersectantUtil.java。

```
1    package com.bn.util.tool;                                    //声明包名
2    public class IntersectantUtil {                              //计算交点工具类
3        public static float[] calculateABPosition(
4            float x,float y,                                     //触屏 x、y 坐标
5            float w,float h,                                     //屏幕宽度和高度
6            float left,float top,                                //视角 left 值、top 值
7            float near,float far){                               //视角 near 值、far 值
8            float x0=x-w/2;                          //求视口的坐标中心在原点时，触控点的坐标
9            float y0=h/2-y;
10           float xNear=2*x0*left/w;                 //计算对应的 near 面上的 x 坐标
11           float yNear=2*y0*top/h;                  //计算对应的 near 面上的 y 坐标
12           float ratio=far/near;
13           float xFar=ratio*xNear;                  //计算对应的 far 面上的 x 坐标
14           float yFar=ratio*yNear;                  //计算对应的 far 面上的 y 坐标
15           float ax=xNear;                          //摄像机坐标系中 A 的 x 坐标
16           float ay=yNear;                          //摄像机坐标系中 A 的 y 坐标
17           float az=-near;                          //摄像机坐标系中 A 的 z 坐标
18           float bx=xFar;                           //摄像机坐标系中 B 的 x 坐标
19           float by=yFar;                           //摄像机坐标系中 B 的 y 坐标
20           float bz=-far;                           //摄像机坐标系中 B 的 z 坐标
21           float[] A = MatrixState3D.fromPtoPreP(new float[] { ax, ay, az });
             //求世界坐标系坐标
22           float[] B = MatrixState3D.fromPtoPreP(new float[] { bx, by, bz });
23           return new float[] {                     //返回最终的 AB 两点坐标
24               A[0],A[1],A[2],B[0],B[1],B[2]};
25    }}
```

✐ 说明　　上面介绍的是计算交点坐标的工具类 IntersectantUtil，在该类中主要通过屏幕上的触控位置坐标和摄像机确定的射线计算与近平面、远平面相交的坐标 A 点、B 点，然后将 AB 两点在摄像机坐标系中的坐标乘以摄像机矩阵的逆矩阵，最后求得 AB 两点在世界坐标系中的坐标。

2.　加载模型辅助类 LoadUtil

上一部分主要介绍的是计算交点坐标的辅助类 IntersectantUtil，接下来将介绍的是加载模型的辅助类 LoadUtil，该类主要是从 obj 文件中加载携带顶点信息的物体，并自动计算每个顶点的平均法向量，最后返回 3D 物体对象用来绘制，实现的具体代码如下。

✎ **代码位置**：见随书光盘中源代码/第 10 章/Bowling/src/com/bn/util/tool 目录下的 LoadUtil.java。

```
1    package com.bn.util.tool;                                    //声明包名
2    ......//此处省略了导入类的代码，读者可自行查阅随书附带光盘中的源代码
3    public class LoadUtil {
4        public static float[] getCrossProduct(float x1,float y1,float z1,float
         x2,float y2,float z2){
5            //求出两个矢量叉积矢量在 XYZ 轴的分量 ABC
6            float A=y1*z2-y2*z1;float B=z1*x2-z2*x1;float C=x1*y2-x2*y1;
7            return new float[]{A,B,C};                           //返回两个向量的叉积
8        }
9        public static float[] vectorNormal(float[] vector){      //向量规格化的方法
10           float module=(float)Math.sqrt(vector[0]*vector[0]+vector[1]*
             vector[1]+vector[2]*vector[2]);
11           return new float[]{vector[0]/module,vector[1]/module,vector[2]/
```

```
                    module};//返回规格化的向量
12              }
13         public static LoadedObjectVertexNormalTexture loadFromFile
           //从 obj 文件中加载物体方法
14              (String fname, Resources r,MySurfaceView mv) {
15              ......//此处省略的是局部变量定义的代码，读者可自行查阅随书附带光盘中的源代码
16              try{
17                      InputStream in=r.getAssets().open(path);
18                      InputStreamReader isr=new InputStreamReader(in);
19                      BufferedReader br=new BufferedReader(isr);
20                      String temps=null;
21                      while((temps=br.readLine())!=null){
                        //扫描文件，根据行类型的不同执行不同的处理
22                          String[] tempsa=temps.split("[ ]+");//用空格分割行中的各个组成部分
23                      if(tempsa[0].trim().equals("v")){            //此行为顶点坐标
24                          alv.add(Float.parseFloat(tempsa[1]));//将 x 坐标加进顶点列表中
25                          alv.add(Float.parseFloat(tempsa[2]));//将 y 坐标加进顶点列表中
26                          alv.add(Float.parseFloat(tempsa[3]));//将 z 坐标加进顶点列表中
27                      }else if(tempsa[0].trim().equals("vt")){   //此行为纹理坐标行
28                          alt.add(Float.parseFloat(tempsa[1]));//将 s 坐标加进纹理列表中
29                          alt.add(1-Float.parseFloat(tempsa[2]));//将 t 坐标加进纹理列表中
30                      }else if(tempsa[0].trim().equals("f")) {   //此行为三角形面
31                          int[] index=new int[3];         //创建三个顶点索引值的数组
32                          index[0]=Integer.parseInt(tempsa[1].split("/")[0])-1;
                            //计算第 0 个顶点的索引
33                          float x0=alv.get(3*index[0]);            //获取此顶点的 x 坐标
34                          float y0=alv.get(3*index[0]+1);         //获取此顶点的 y 坐标
35                          float z0=alv.get(3*index[0]+2);         //获取此顶点的 z 坐标
36                          alvResult.add(x0);                      //将 x 坐标添加进列表中
37                          alvResult.add(y0);                      //将 y 坐标添加进列表中
38                          alvResult.add(z0);                      //将 z 坐标添加进列表中
39                          ......//此处省略计算第 1 和 2 个顶点的代码，读者可自行查阅
40                          //记录此面的顶点索引
41                          alFaceIndex.add(index[0]);
42                          alFaceIndex.add(index[1]);
43                          alFaceIndex.add(index[2]);
44                          float vxa=x1-x0;                        //求 0 号点到 1 号点的向量
45                          float vya=y1-y0;
46                          float vza=z1-z0;
47                          float vxb=x2-x0;                        //求 0 号点到 2 号点的向量
48                          float vyb=y2-y0;
49                          float vzb=z2-z0;
50                          //通过求两个向量的叉积计算法向量
51                          float[] vNormal=vectorNormal(getCrossProduct(vxa,vya,vza,
                            vxb,vyb,vzb));
52                              ......//此处省略将法向量放进 HsahMap 的代码，读者可自行查阅
53                          int indexTex=Integer.parseInt(tempsa[1].split("/")[1])-1;
                            //顶点纹理索引
54                          altResult.add(alt.get(indexTex*2));
55                          altResult.add(alt.get(indexTex*2+1));
56                              ......//此处省略计算第 1 和 2 纹理坐标的代码，读者可自行查阅
57                      }}
58              ......//此处省略生成顶点数组、法向量数组和纹理数组的代码，读者可自行查阅
59                  lo=new LoadedObjectVertexNormalTexture(
60                      mv,vXYZ,nXYZ,tST,ShaderManager.getShader(4));
60          }catch(Exception e){e.printStackTrace();}
61          return lo;                                              //返回 3D 物体
62     }}
```

- 第 4~8 行为将两个向量进行叉积并返回结果最终向量的方法。

- 第 9~12 行为将指定向量规格化的方法，首先计算向量的模长，将指定向量的 x、y、z 分量分别除以模长，最后返回规格化后的向量。

- 第 13~29 行为加载 3D 模型的方法，首先要扫描整个文件，根据行类型的不同执行不同的处理逻辑，若为顶点坐标行则提取出此顶点的 XYZ 坐标添加到原始顶点坐标列表中，若为纹理坐标行则提取 ST 坐标并添加进原始纹理坐标列表中。由于篇幅有限，对声明变量的代码进行了

省略，读者可自行查阅。

● 第 30~57 行为若此行为三角形面，则计算第 0 个、第 1 个和第 2 个顶点的索引，并获取此顶点的 XYZ 3 个坐标，然后将坐标添加进列表中，并将顶点索引值添加进索引列表 alFaceIndex 中。再通过三角形面两个边向量求叉积，得到此面的法向量。由于篇幅有限，对部分代码进行了省略，读者可自行查阅。

● 第 58~60 行为生成顶点数组、纹理坐标数组、法向量坐标数组，最后创建 3D 物体对象，并返回。由于篇幅有限，对相似的代码进行了省略，读者可自行查阅随书附带光盘中的源代码。

3. 计算得分辅助类 CalculateScore

上一部分主要介绍的是加载模型辅助类 LoadUtil，下面主要介绍游戏界面内用到的计算得分辅助类 CalculateScore。每局游戏包含十轮，每轮拥有两个投球的机会，每次投球结束后，游戏都会进行得分的计算，并将其绘制到屏幕上方的得分板中，实现的具体步骤如下。

（1）首先介绍的是 CalculateScore 类的记录每一次比赛得分的 calculateScore 方法。由于游戏每次比赛的得分都需要记录，所以将分数依次加入到 ArrayList 中，具体代码如下。

代码位置：见随书光盘中源代码/第 10 章/Bowling/src/com/bn/util/tool 目录下的 CalculateScore.java。

```
1      package com.bn.util.tool;                                    //声明包名
2      ......//此处省略了导入类的代码，读者可自行查阅随书附带光盘中的源代码
3      public class CalculateScore{                                  //计算得分工具类
4          public static void restart(){/*此处省略重新开始计算分数的方法，读者可自行查阅源代码*/}
5          public static void calculateScore(int ballDownNumber){
6              if(roundIndex!=10){                                  //第 1-9 轮比赛
7                  if(timesIndex==1){                              //如果是每轮比赛的第一次投球
8                      if(ballDownNumber==10){                     //如果十个球瓶全部击倒
9                          otherScores[0]="x";                     //用 x 表示一次全中
10                         otherScores[1]="空";
11                         score.put(roundIndex,new String[]{otherScores[0],
                               otherScores[1]});
12                         otherListScores[0]=roundIndex+"#"+otherScores[0];
                               //将轮数和分数隔开
13                         otherListScores[1]=roundIndex+"#"+otherScores[1];
14                         scoreList.add(otherListScores[0]);
                               //将第一次比赛的分数加入到列表中
15                         scoreList.add(otherListScores[1]);
                               //将第二次比赛的分数加入到列表中
16                         strikeCount++;                          //全中的数量加 1
17                         timesIndex=1;                           //进入到下一轮的第一次
18                         roundIndex++;                           //进入到下一轮
19                     }else{                                      //如果没有全部推倒
20                         otherScores[0]=ballDownNumber+"";       //记录该次比分
21                         otherListScores[0]=roundIndex+"#"+otherScores[0];
22                         scoreList.add(otherListScores[0]);      //将分数加到列表中
23                         timesIndex++;                           //进入到本轮的第二次
24                 }}else if(timesIndex==2){                       //如果是每轮比赛的第二次投球
25                     if(ballDownNumber+Integer.parseInt(otherScores[0])==10){
                           //两次将球全部击倒
26                         otherScores[1]="/";spareCount++;        //补中的数量加 1
27                     }else{otherScores[1]=ballDownNumber+"";}}//记录该次比分
28                     score.put(roundIndex,new String[]{otherScores[0],
                           otherScores[1]});
29                     otherListScores[1]=roundIndex+"#"+otherScores[1];
30                     scoreList.add(otherListScores[1]);          //将本次分数加入到列表中
31                     timesIndex=1;roundIndex++;                  //进入到下一轮的第一次比赛
32             }}else if(roundIndex==10){                          //进入到第十轮比赛
33                 if(timesIndex==1){/*此处省略记录第十轮第一次比赛的得分代码，读者自行查阅*/}
34                 else if(timesIndex==2){                         //第十轮的第二次游戏
35                     if(TwiceRestartGame){/*此处省略第十轮第二次重新开始记录分数的代码*/}
36                     else{/*此处省略记录第十轮第二次继续第一次游戏的分数的代码*/}
37                 }else if(timesIndex==3){        //第十轮第三次游戏，前两次必须全部推倒
```

```
38                           if(ThirdRestartGame){   //第三次如果是重新开始游戏
39                               if(ballDownNumber==10){/*此处省略第三次开始游戏全中的代码*/}
40                               else{/*此处省略第三次开始游戏没有全中的代码*/}
41                           }else if(TwiceRestartGame&&!ThirdRestartGame){
42                               if(ballDownNumber+Integer.parseInt(tenScores[1]) ==10){
43                                   ......//此处省略第三次继续第二次游戏的代码
44                               }else{/*此处省略没有第三次机会的代码，读者可自行查阅*/}}}}
45                   TotalPoints();                           //计算总分的方法
46                   for(int j=0;j<=roundIndex-2;j++){         //遍历已经对数组进行赋值过的内容
47                       if(everyPoints[j]!=null&&!everyPoints[j].equals("空")&&!every
                           Points[j].equals("斜"))
48                           if(!changePoints[j]&&j==0){       //首先将总分赋值为第一轮的分数
49                               totalPoints=Integer.parseInt(everyPoints[j]);
50                               changePoints[j]=true;  //第一个值已经被修改
51                           }
52                           if(!changePoints[j]){             //判断该值是否被修改过
53                               totalPoints+=Integer.parseInt(everyPoints[j]);
54                               everyPoints[j]=totalPoints+"";//将分数与前面的分数进行相加
55                               changePoints[j]=true;  //该值已经被修改
56       }}}}
57       public static void TotalPoints(){/*此处省略计算游戏每一轮分数和总分的代码，下面将
         简单介绍*/}
58   }
```

- 第 5~23 行为游戏开始记录前九轮分数的方法。由于每一轮游戏都有两次投球的机会，所以应该分别记录每一轮游戏的两次分数。如果在该轮的第一次游戏时，保龄球将球全部击倒在地，则代表全中，用 x 表示，该轮将不再进行第二次游戏，直接开始下一轮游戏。

- 第 24~31 行为如在再该轮的第二次游戏时，将球瓶全部击倒在地，则代表补中，用/表示。如果两次都没有全部击倒，则根据球瓶倒地的情况，直接记录分数，而不用特别表示。

- 第 32~44 行为游戏开始后记录第十轮分数的方法。由于游戏的第十轮有三次投球的机会，因此要特别注意。如果在第十轮的前两次中能够将球全部击倒，则代表获得了第三次的投球机会，这样就可以再次进行投球，获得更多的比分。如果不能全部击倒，则第二次之后就结束游戏。

- 第 45~56 行为根据计算后的每一轮的分数，而求得游戏总得分的代码。如果每一轮的分数不为空，并且没有进行过修改，则将当前分数与之前计算的总分进行相加，获得当前游戏的总分。

> 说明　计算得分的 CalculateScore 辅助类中共有 3 个方法，记录每轮比赛得分的 calculateScore 方法在上面已经进行了简单的介绍，计算游戏每一轮分数的 TotalPoints 方法将在下面进行简单介绍。重新开始记录游戏分数的 restart 方法由于比较简单，所以进行了代码的省略，读者可自行查阅源代码。

（2）上面已经简单介绍了记录每一次比赛得分的 calculateScore 方法，下面即将介绍的是计算每一轮游戏的得分的 TotalPoints 方法。实现的具体代码如下。

✍ 代码位置：见随书光盘中源代码/第 10 章/Bowling/src/com/bn/util/tool 目录下的 CalculateScore.java。

```
1    public static void TotalPoints(){                         //计算本轮分数
2        if(score.size()>0){                                  //如果列表中有内容
3            if(roundIndex!=11){                              //前九轮比赛的每轮比赛成绩
4                points=score.get(roundIndex-1);              //取出每轮比赛的成绩
5                if(points[0].equals("x")){                   //如果第一次就全部推倒
6                    everyPoints[roundIndex-2]="空";          //将字符串赋值为空
7                }else if(!points[0].equals("x")){            //如果第一次没有全部推倒
8                    if(points[1].equals("/")){               //如果第二次全部推倒
9                        everyPoints[roundIndex-2]="斜";      //将字符串赋值为斜
10                   }else if(!points[1].equals("/")){        //如果都没有推倒
11                       if(!changePoints[roundIndex-2]){//如果没有被修改过
12                           everyPoints[roundIndex-2]=Integer.parseInt
                             (points[0])
13                               +Integer.parseInt(points[1])+"";
                             //将两次成绩直接相加
```

```
14                         }}}
15                         for(int i=0;i<=(roundIndex-2);i++){   //遍历数组,对空字符串进行赋值
16                             if(everyPoints[i].equals("空")){//如果当前字符串的值是空
17                                 if(everyPoints[i+1]!=null){       //如果下一位不为空
18                                     if(everyPoints[i+1].equals("空")){
                                     //如果下一位字符串的值是空
19                                         if(everyPoints[i+2]!=null){//如果下两位不为空
20                                             if(everyPoints[i+2].equals("空")){
                                             //如果下两位值是空
21                                                 everyPoints[i]=10+10+10+"";
                                                 //全部都是 10 分
22                                             }else if(!everyPoints[i+2].equals
                                             ("空")){
23                                                 everyPoints[i]=10+10+Integer.
                                                 parseInt(points[0])+"";
24                                     }}}else if(!everyPoints[i+1].equals("空")){
                                     //如果下一位字符串为数字
25                                         if(everyPoints[i+1].contains("斜")){
                                         //下一位中含有斜字
26                                             everyPoints[i]=10+10+"";//则加上满分 10 分
27                                         }else{       //如果不为斜,则直接加上下次的分数
28                                             everyPoints[i]=10+Integer.parseInt
                                             (everyPoints[i+1])+"";
29                                     }}}}else if(everyPoints[i].equals("斜")){//如果当前字符串为斜
30                                         if(everyPoints[i+1]!=null){
31                                             if(everyPoints[i+1].equals("空")){//下一位数字为空
32                                                 everyPoints[i]=10+10+"";  //则加上满分 10 分
33                                             }else if(!everyPoints[i+1].equals("空")){
                                             //否则直接加上得分
34                                                 everyPoints[i]=10+Integer.parseInt
                                                 (points[0])+"";
35                         }}}}}else if(roundIndex==11){/*此处省略计算第十轮比赛总分的代码,读者可自行查阅*/}
36     }
```

- 第 1~14 行为遍历记录每次比赛分数的列表,并根据其值赋对应的值给数组。如果第一次的比赛分数记录为 x,则将字符串的值赋为空;如果第二次的比赛分数记录为/,则将字符串的值赋为斜;如果不是以上的情况,则直接将本轮的第一次和第二次的分数直接相加,赋给字符串。

- 第 15~34 行为遍历字符串数组,并进行相应的计算。在前九轮比赛中,如果当前的字符串内容为空,则要看下面两位的字符串的值,如果下面两位的字符串都有相应的值,则进行相加计算。如果当前的字符串内容为斜,则要看下面一位的字符串的值,如果有值,同样相加。

📝说明　　上面简单介绍了 CalculateScore 辅助类的计算每轮得分的 TotalPoints 方法,这里只介绍了计算前九轮分数的代码,由于代码大致相同,第十轮只不过是两次或者 3 次游戏分数的相加,所以这里不再进行赘述,读者可自行查阅随书附带光盘中的源代码。

4.　获得分数绘制对象辅助类 GetNumberBN2D

上一部分主要介绍的是计算得分辅助类 CalculateScore,下面主要介绍游戏界面内用到的获得分数绘制对象的辅助类 GetNumberBN2D,该类主要根据计算后的分数,转换成相应的分数绘制对象,以便于在游戏界面中进行绘制,实现的具体代码如下。

✍ 代码位置:见随书光盘中源代码/第 10 章/Bowling/src/com/bn/util/tool 目录下的 GetNumberBN2D.java。

```
1      package com.bn.util.tool;                                //声明包名
2      ......//此处省略了导入类的代码,读者可自行查阅随书附带光盘中的源代码
3      public class GetNumberBN2D{                              //获取游戏总分等绘制对象工具类
4          ......//此处省略了定义变量的代码,读者可自行查阅随书附带光盘中的源代码
5          public GetNumberBN2D(){                              //构造器方法
```

```
6              numberData=initBN2DObject();                    //初始化数字列表
7          }
8          public ArrayList<BN2DObject[]> initBN2DObject(){//初始化不同颜色的数字列表
9              for(int i=0;i<10;i++){
10                 String path="green"+i+".png";              //加载绿色的数字绘制对象
11                 BN2DObject bn=new BN2DObject(0,0,80,80, TextureManager.get
12                 Textures(path), ShaderManager.getShader(0));
13                 data1[0][i]=bn;                             //赋值给数组
14                 ......//此处省略的是加载其他颜色的数字绘制对象,读者可自行查阅
15             }
16             TimerData.add(data1[0]);                        //将绿色的数字绘制对象添加到列表中
17             ......//此处省略的是添加其他绘制对象的代码,读者可自行查阅
18             return TimerData;                               //将列表返回
19         }
20         public void getNumberBN2D(){                        //获得分数的绘制对象
21             for(int i=0;i<CalculateScore.everyPoints.length;i++){//遍历每轮分数的列表
22                 if(CalculateScore.everyPoints[i]==null||CalculateScore.
                   everyPoints[i].equals("空")
23                         ||CalculateScore.everyPoints[i].equals("斜"))
24                 {break;}                                    //不绘制
25                 if(CalculateScore.everyPoints[i]!=null&&
26                         !CalculateScore.everyPoints[i].equals("不再取了")){
27                     score=Integer.parseInt(CalculateScore.everyPoints[i]);
                       //得到分数
28                     CalculateScore.everyPoints[i]="不再取了"; //将其赋值为不再取
29                 if(score/100!=0){                           //如果分数大于100
30                     numberBN2D[0]=numberData.get(0)[score/100];
                       //则将其分离成3个数字
31                     int extraNumber=score%100;              //获得十位和个位
32                     numberBN2D[1]=numberData.get(0)[extraNumber/10];
                       //获得十位的绘制对象
33                     numberBN2D[2]=numberData.get(0)[extraNumber%10];
                       //获得个位的绘制对象
34                     ......//此处省略将分数赋值给绘制对象的代码,读者可自行查阅
35                 }else if(score/100==0){                     //如果分数小于100
36                     ......//此处省略分数小于100的代码,与上述代码相似,读者可自行查阅源代码
37                 }
38             currBlueNumber.add(newBN2DObject[]{numberBN2D[0],numberBN2D[1],
               numberBN2D[2]});
39         }}}
40         public void getStrikeAndSpareCount(){/*此处省略获得全中等数量的绘制对象的方法*/}
41         public void getEveryTimeScore(){/*此处省略获得每次比赛分数的绘制对象的方法*/}
42         public void restart(){/*此处省略初始化全部变量的方法,读者可自行查阅*/}
43     }
```

- 第 5~19 行为该类的构造器方法和初始化不同颜色数字列表的方法。在该类的构造器方法中，调用初始化不同颜色数字列表的方法，根据数字颜色的不同，创建相应的数字绘制对象，并将其添加进列表中，以便下面的方法中能够直接调用。

- 第 20~39 行为获得每轮分数的绘制对象的方法。在该方法中，根据计算得分工具类内的分数列表，获得每一轮的游戏分数，并判断其是否大于 100 分，如果大于 100 分，则有 3 个对象绘制该分数。如果小于 100 分，则只有一个或者两个对象绘制其分数。

> 💡说明　在上面的获得分数绘制对象辅助类中，由于篇幅有限，获得全中、补中等数量绘制对象的方法、获得每次比赛分数绘制对象的方法以及重新记录绘制对象的方法没有介绍。其代码和上面的代码基本相同，感兴趣的读者可以自行查阅随书附带光盘中的源代码。

10.5.3　自定义管理器类

上一小节主要介绍的是该游戏用到的辅助工具类，本小节将主要介绍该游戏中用到的自定义

管理器类，主要包含着色器管理器类 ShaderManager、声音管理器类 SoundManager 和纹理管理器类 TextureManager。

1. 着色器管理器类 ShaderManager

首先介绍着色器管理器类 ShaderManager，该类将所有着色器统一管理起来，主要通过创建包含所有着色器名称的字符串数组，来加载着色器程序，并且获取指定着色器程序，以便在本游戏的各个绘制界面能够直接使用，实现的具体代码如下。

📝 **代码位置：** 见随书光盘中源代码/第 10 章/Bowling/src/com/bn/util/manager 目录下的 ShaderManager.java。

```
1     package com.bn.util.manager;                              //声明包名
2     ......//此处省略了导入类的代码，读者可自行查阅随书附带光盘中的源代码
3     public class ShaderManager {
4         static String[][] programs={                          //所有着色器的名称
5             {"vertex_2d.sh","frag_2d.sh"},
6             {"vertex_snow.sh","frag_snow.sh"},
7             {"vertex_earth.sh","frag_earth.sh"},{"vertex_moon.sh","frag_moon.sh"},
8             {"vertex_shadow.sh","frag_shadow.sh"}};
9         static HashMap<Integer,Integer> list=new HashMap<Integer,Integer>();
10        public static void loadingShader(MySurfaceView mv){    //加载着色器
11            for(int i=0;i<programs.length;i++){
12                String mVertexShader=ShaderUtil.loadFromAssetsFile(
13                    programs[i][0], mv.getResources());//加载顶点着色器的脚本内容
14                String mFragmentShader=ShaderUtil.loadFromAssetsFile(
15                    programs[i][1],mv.getResources());//加载片元着色器的脚本内容
16                //基于顶点着色器与片元着色器创建程序
17                int mProgram = ShaderUtil.createProgram(mVertexShader,
                      mFragmentShader);
18                list.put(i, mProgram);
19            }}
20        public static int getShader(int index){               //获得某套程序
21            int result=0;
22            if(list.get(index)!=null){                         //如果列表中有此套程序
23                result=list.get(index);                        //获取指定着色器
24            }
25            return result;                                     //返回最终结果
26    }}
```

> ✏️ **说明** 该类为着色器程序管理类，创建了包含所有着色器名称的字符串数组，并提供了加载着色器脚本字符串方法以及返回指定着色器程序的方法，在使用时直接调用指定功能程序即可。

2. 声音管理器类 SoundManager

上一部分介绍了本游戏用到的着色器管理器类 ShaderManager，接下来将要介绍本游戏用到的声音管理器类 SoundManager，该类统一管理了本游戏中用到的多种即时音效，包括初始化声音资源、播放即时音效等，其具体开发代码如下。

📝 **代码位置：** 见随书光盘中源代码/第 10 章/Bowling/src/com/bn/util/manager 目录下的 SoundManager.java。

```
1     package com.bn.util.manager;                              //声明包名
2     ......//此处省略了导入类的代码，读者可自行查阅随书附带光盘中的源代码
3     public class SoundManager{
4         ......//此处省略了声明成员变量的代码，读者可自行查阅随书附带光盘中的源代码
5         public SoundManager(MainActivity activity){           //含参构造器
6             this.activity = activity;                          //为 MainActivity 对象赋值
7             initSound();                                       //初始化即时音效
```

```
8            }
9        public void initSound(){                          //初始化音效的方法
10           sp = new SoundPool(4,                          //创建声音池
11               AudioManager.STREAM_MUSIC, 100);
12           hm = new HashMap<Integer, Integer>();          //创建 HashMap 对象
13           hm.put(Constant.BALL_BATTLE_BEATER, sp.load(activity,R.raw.
             poolballhit, 1));
14           hm.put(Constant.BALL_WALL_SOUND, sp.load(activity, R.raw.
             puckwallsound,1));
15           hm.put(Constant.BUTTON_PRESS, sp.load(activity, R.raw.bt_press, 1));
             //点击按钮音效
16           hm.put(Constant.APPLAUSE, sp.load(activity, R.raw.applause, 1));//鼓掌音效
17           hm.put(Constant.BALL_ROLL, sp.load(activity, R.raw.ballroll, 1));//滚动音效
18           hm.put(Constant.INIT_BOTTLE, sp.load(activity, R.raw.initbottle, 1));
             //初始化球瓶音效
19       }
20       public void playMusic(int sound,int loop){         //播放即时音效的方法
21           AudioManager am = (AudioManager)activity.getSystemService(activity.
             AUDIO_SERVICE);
22           float steamVolumCurrent = am.getStreamVolume(AudioManager.
             STREAM_MUSIC);
23           float steamVolumMax = am.getStreamMaxVolume(AudioManager.STREAM_
             MUSIC);
24           float volum = steamVolumCurrent/steamVolumMax;
25           sp.play(hm.get(sound), volum, volum, 1, loop, 1);   //播放指定音效
26       }
27       public void stopGameMusic(int sound){//停止播放即时音效
28           sp.pause(sound);
29           sp.stop(sound);
30           sp.setVolume(sound, 0, 0);
31   }}
```

- 第 5~8 行为声音管理器类的含参构造器，主要任务是为 MainActivity 类对象赋值，并调用初始化声音资源的方法初始化所有的即时音效资源。

- 第 9~19 行为声音管理器类的初始化声音资源的方法。首先创建声音池对象和 HashMap 对象，并将鼓掌音效、保龄球滚动音效、初始化十个球瓶音效等的声音资源 id 存放进 HashMap 对象。

- 第 20~26 行为播放即时音效的方法。首先获取系统的 AudioManager 对象，获取系统当前音量和最大音量，并播放指定音效。

- 第 27~30 行为停止播放即时音效的方法，暂停声音池的声音资源，并将音量置为 0。

3. 纹理管理器类 TextureManager

上一部分介绍了本游戏用到的声音管理器类 SoundManager，接下来将要介绍本游戏用到的纹理管理器类 TextureManager，该类主要包括生成纹理 id 的方法、加载所有纹理图的方法以及获取指定纹理的方法，其具体代码如下。

✎ 代码位置：见随书光盘中源代码/第 10 章/Bowling/src/com/bn/util/manager 目录下的 TextureManager.java。

```
1        package com.bn.util.manager;                        //声明包名
2        ......//此处省略了导入类的代码，读者可自行查阅随书附带光盘中的源代码
3        public class TextureManager{
4            ......//此处省略了声明成员变量的代码，读者可自行查阅随书附带光盘中的源代码
5            public static int initTexture(MySurfaceView mv,String texName,boolean
             isRepeat){
6                int[] textures=new int[1];                   //生成纹理 id
7                GLES20.glGenTextures(1,textures,0);
8                GLES20.glBindTexture(GLES20.GL_TEXTURE_2D, textures[0]);//绑定纹理 id
9                GLES20.glTexParameterf(GLES20.GL_TEXTURE_2D,     //设置 MAG 时为线性采样
10                   GLES20.GL_TEXTURE_MAG_FILTER,GLES20.GL_LINEAR);
11               GLES20.glTexParameterf(GLES20.GL_TEXTURE_2D,     //设置 MIN 时为最近点采样
12                   GLES20.GL_TEXTURE_MIN_FILTER, GLES20.GL_NEAREST);
13               if(isRepeat){                                   //如果重复
```

```
14                GLES20.glTexParameterf(GLES20.GL_TEXTURE_2D,   //设置S轴重复拉伸
15                    GLES20.GL_TEXTURE_WRAP_S, GLES20.GL_REPEAT);
16                GLES20.glTexParameterf(GLES20.GL_TEXTURE_2D,   //设置T轴重复拉伸
17                    GLES20.GL_TEXTURE_WRAP_T,GLES20.GL_REPEAT);
18            }else{
19                GLES20.glTexParameterf(GLES20.GL_TEXTURE_2D,   //设置S轴为截取
20                    GLES20.GL_TEXTURE_WRAP_S,GLES20.GL_CLAMP_TO_EDGE);
21                GLES20.glTexParameterf(GLES20.GL_TEXTURE_2D,   //设置T轴为截取
22                    GLES20.GL_TEXTURE_WRAP_T, GLES20.GL_CLAMP_TO_EDGE);
23            }
24            String path="pic/"+texName;                        //定义图片路径
25            InputStream in = null;
26            try {
27                in = mv.getResources().getAssets().open(path);//建立指向纹理图的流
28            }catch (IOException e) {e.printStackTrace();}
29            Bitmap bitmap=BitmapFactory.decodeStream(in);      //从流中加载图片内容
30            GLUtils.texImage2D(GLES20.GL_TEXTURE_2D,0,bitmap,0);//实际加载纹理进显存
31            bitmap.recycle();                          //纹理加载成功后释放内存中的纹理图
32            return textures[0];
33        }
34    ......//此处省略了加载所有纹理图的代码，读者可自行查阅随书附带光盘中的源代码
35        public static int getTextures(String texName){         //获得纹理图
36            int result=0;
37            if(texList.get(texName)!=null){                    //如果列表中有此纹理图
38                result=texList.get(texName);                   //获取纹理图
39            }else{result=-1; }
40            return result;                                     //返回最终的纹理图
41    }}
```

- 第 5~24 行为初始化纹理的 initTexture 方法，首先从系统获取分配的纹理 id，然后设置此 id 对应纹理的采样方式，之后设置拉伸方法。当需要重复时，设置 ST 轴拉伸方式为重复拉伸；否则设置 ST 轴的拉伸方式为截取。

- 第 25~33 行为通过流将纹理图加载进内存，最后将纹理图加载进显存并释放内存中的副本。另外需要注意的是，在纹理加载结束之后必须释放内存中的副本，否则在纹理较多的项目中可能引起内存崩溃。

- 第 35~41 行为获取指定纹理图的方法，当加载结束后的纹理列表中存在指定纹理时，返回指定纹理，否则返回-1，表示不存在该纹理。

10.5.4　线程类

上一小节主要介绍的是该游戏用到的辅助工具类，本小节将主要介绍该游戏中用到的物理线程类 PhysicsThread。该类中主要实现了定时物理模拟的功能，在物理进行一次模拟后，及时地处理不同事务，以便下一次的正确模拟，其开发步骤如下。

（1）首先给出的是物理线程类 PhysicsThread 的基本框架，包括重写的 run 方法、向物理世界增加刚体和删除刚体的方法、更新场景的方法、计算保龄球击倒球瓶的方法、更新保龄球速度的方法以及更新保龄球和球瓶位置姿态的方法等，其具体代码如下。

💉 **代码位置：** 见随书光盘中源代码/第 10 章/Bowling/src/com/bn/util/thread 目录下的 PhysicsThread.java。

```
1     package com.bn.util.thread;                             //声明包名
2     ......//此处省略了导入类的代码，读者可自行查阅随书附带光盘中的源代码
3     public class PhysicsThread extends Thread{
4         ......//此处省略了声明成员变量的代码，读者可自行查阅随书附带光盘中的源代码
5         public PhysicsThread(MySurfaceView mv){                //构造器
6             this.mv=mv;                                        //初始化界面显示类的引用
7             this.phc=new PhyCaulate();
8             getNumberBN2D=new GetNumberBN2D();                 //获取分数绘制对象
9             getTriangleNumber=new GetTriangleNumber();         //获取球瓶索引值绘制对象
10            for(int i=0;i<ballIndex.length;i++){
```

```
11                        ballIndex[i]=0;                              //获取球瓶的索引值
12              }}
13          public void setFlag(boolean flag){this.flag = flag;}//改变标志位
14          public void run(){                                       //重写 run 方法
15              while(flag){                                  //如果标志位为 true,启动线程
16                  if(isPause||drawCameraTip||ShangChuanView){//设置是否物理模拟的标志位
17                      worldStep=false;
18                  }else{
19                      worldStep=true;
20                  }
21                  if(worldStep){                                   //如果进行物理模拟
22                      ......//此处省略了线程休眠的相关代码,读者可自行查阅随书附带光盘中的源代码
23                      dynamicsWorld.stepSimulation(TIME_STEP, MAX_SUB_STEPS);
                        //开始模拟
24                      deleteBody();                           //从物理世界中删除刚体的方法
25                      updateScene();                          //更新场景
26                      addBody();                              //向物理世界中添加刚体的方法
27                      synchronized(lockAll){                  //获取锁资源
28                          if(hm.size()>0){
29                              hmIG.clear();
30                              hmIG.putAll(hm);                //获取所有的球瓶对象
31                          }}
32                      updateDrawBallData();                   //更新保龄球数据
33                      updateDrawBottlesData();                //更新球瓶数据
34                      updateBodyVer();                        //更新保龄球的速度
35              }}}
36          public void updateScene(){/*此处省略了更新场景物体的相关代码,将在下面介绍*/}
37          public void addBody(){/*此处省略了增加刚体的相关代码,将在下面介绍*/}
38          public void deleteBody(){/*此处省略了删除刚体的相关代码,读者可自行查阅*/}
39          public void updateBodyVer(){/*此处省略了保龄球速度的相关代码,将在下面介绍*/}
40          public void calBottlesNumber(){/*此处省略了计算撞到球瓶个数的方法,将在下面介绍*/}
41          public void playBeaterBottleSound(){    /*此处省略了播放撞击球瓶音效的方法,将在下面介绍*/}
42          public void updateDrawBallData(){/*此处省略了获取保龄球位置姿态的方法,将在下面介绍*/}
43          public void updateDrawBottlesData(){/*此处省略了获取球瓶位置姿态的方法,读者可自行查阅*/}
44      }
```

- 第 5~12 行为物理线程类的含参构造器,主要任务是为 MySurfaceView 类对象赋值,创建 PhyCaulate 类对象、GetNumberBN2D 类对象、GetTriangleNumber 类对象,并初始化十个球瓶的索引值,将初始值赋为 0。

- 第 14~20 行为物理线程类继承自 Thread 类重写的 run 方法,该线程一旦开启,即循环运行,如果游戏处于胜利或者暂停界面时,即可不再进行物理模拟。

- 第 21~35 行为当进入了物理模拟循环后,若发现线程速度过快,可以根据移动设备的性能进行休眠。一次模拟结束后,进行增加刚体、删除刚体、更新场景、更新保龄球速度等一系列事务。

- 第 36~43 行声明了在 run 方法中用到的方法,省略的部分代码将在后面为读者详细地介绍。

(2)上面介绍了物理线程类 PhysicsThread 的基本框架,接下来将要为读者介绍的是物理线程类中省略的部分方法,包含在物理世界中增加刚体的方法 addBody 和更新保龄球速度的方法 updateBodyVer。由于删除刚体的方法与增加刚体的方法类似,故不再重复赘述,其具体代码如下。

✎ 代码位置:见随书光盘中源代码/第 10 章/Bowling/src/com/bn/util/thread 目录下的 PhysicsThread.java。

```
1       public void addBody(){                                  //向物理世界中添加刚体的方法
2           if(Bottles.size()<=0){return;}                      //存放要添加的刚体对象列表为空时
3           synchronized (lockAdd){                             //加锁
4               addBottles.addAll(Bottles);                     //为临时存放要添加的刚体列表赋值
5               Bottles.clear();                                //清空存放要添加的刚体对象列表
6           }
7           for(int i=0;i<addBottles.size();i++){               //循环遍历临时存放要添加的刚体列表
8               dynamicsWorld.addRigidBody(addBottles.get(i));  //将刚体添加进物理世界
9           }
10          addBottles.clear();                                 //清空临时存放要添加的刚体列表
11      }
```

```
12      public void updateBodyVer(){                              //更新球刚体速度
13          ArrayList<GameObject>  tempBall=new ArrayList<GameObject> ();
14          synchronized(lockBall){tempBall.addAll(alGBall);}    //获取保龄球对象
15          if(tempBall.size()<=0){return;}
16          float[] tempA=null;
17          if(qf.size()<=0){return;}                            //返回
18          synchronized(lockV){                                 //获取锁资源
19              while(qf.size()>0){
20                  tempA=qf.poll();                             //获取队列中的数据
21          }}
22          if(tempA!=null){ tempB=tempA;}                       //缓存数据
23          if(tempB==null){return;}
24          tempBall.get(0).body.activate();                     //激活刚体
25          tempBall.get(0).body.setLinearVelocity(new Vector3f(tempB[0]*1f,tempB[1],
            tempB[2]));
26          tempBall.get(0).body.setAngularVelocity(new Vector3f(0,0,0));//设置角速度
27      }
```

- 第1~11行为向物理世界添加刚体的方法，当刚体列表中的刚体数量为0时，不在物理世界中添加任何刚体；否则获取所有的刚体对象，分别将其添加进物理世界。

- 第12~27行为更新保龄球速度的方法，首先获取保龄球对象，当速度队列中，不存在任何数据时，不进行物理世界中球体速度的更新；否则，获取速度队列中最新的速度值，并将速度值缓存在本地，然后激活刚体，设置其线速度和角速度。

（3）上面介绍了在物理世界添加刚体的方法和更新保龄球速度的方法，接下来将要介绍的是calBottlesNumber方法和playBeaterBottleSound方法。calBottlesNumber方法用于计算投出一个保龄球击倒球瓶的个数，playBeaterBottleSound 方法用于播放保龄球与球瓶撞击的音效，其具体代码如下。

📝 **代码位置**：见随书光盘中源代码/第10章/Bowling/src/com/bn/util/thread目录下的
PhysicsThread.java。

```
1       public void calBottlesNumber(){                          //计算击倒球瓶个数的方法
2           if(hmIG.size()<=0||countTurn>10){return;}            //如果球瓶不存在或超过十轮，返回
3           int[] temp={0,0,0,0,0,0,0,0,0,0};                    //球瓶标识，0表示未击倒
4           ArrayList<RigidBody> delBody=new ArrayList<RigidBody>(); //记录待删除的刚体
5           for(Entry<Integer, GameObject> entry: hmIG.entrySet()){ //遍历每一个球瓶
6               GameObject tt=hmIG.get(entry.getKey());          //获取球瓶对象
7               Transform t=tt.body.getMotionState().getWorldTransform(new Transform());
8               if(Math.abs(t.origin.x)>2.7f||t.origin.z<=-52f||t.origin.y<=
                RANGE_MAX||t.origin.z>(-45)){
9                   delBody.add(tt.body);                        //将球瓶刚体添加进待删除刚体列表
10                  temp[entry.getKey()-1]=entry.getKey();       //记录被撞到的球瓶索引值
11                  ballNumber[entry.getKey()-1]=0;              //将被击倒的球瓶标识置为0
12          }}
13          for(int i=0;i<temp.length;i++){
14              if(temp[i]!=0){                                  //如果temp[i]!=0
15                  hmIG.remove(temp[i]);                        //将球瓶删除
16          }}
17          synchronized(lockAll){                               //获取锁资源
18              hm.clear();
19              hm.putAll(hmIG);                                 //获取剩余的球瓶
20          }
21          result=delBody.size();                               //获取此次撞到的瓶子数
22          BALL_SUM-=result;                                    //记录剩余球瓶的个数
23          if(BALL_SUM==0&&ballCount==1){                       //如果一次全部击倒
24              if(!effictOff){                                  //开启音效
25                  MainActivity.sound.playMusic(Constant.APPLAUSE, 0);//播放鼓掌音效
26          }}
27          synchronized (lockDelete){                           //获取锁资源
28              deleteBottles.addAll(delBody);                   //删除撞到的瓶子刚体
29          }
30          CalculateScore.calculateScore(result);              //计算本球的得分
31          getNumberBN2D.getEveryTimeScore();                  //获取每个球的得分
32          getNumberBN2D.getNumberBN2D();
```

```
33              firstStartGame=false;                          //表示非第一次开始游戏
34              ballIndex=getTriangleNumber.getDrawBallIndex(ballNumber);
35      }
36      public void playBeaterBottleSound(){                    //播放撞击瓶子的音效
37          ArrayList<GameObject> tempBall=new ArrayList<GameObject> ();
38          synchronized(lockBall){tempBall.addAll(alGBall);}       //获取所有的保龄球对象
39          if(tempBall.size()<=0||hmIG.size()<=0){return;}  //如果球或者球瓶不存在，则返回
40          Transform ballTran=tempBall.get(0).body.getMotionState().
                getWorldTransform(new Transform());
41          for(Entry<Integer, GameObject> entry: hmIG.entrySet()){  //遍历每个球瓶
42              GameObject tempBottle=hmIG.get(entry.getKey());      //获取球瓶对象
43              Vector3f aabbMin=new Vector3f();                     //球瓶包围盒的最小边界
44              Vector3f aabbMax=new Vector3f();                     //球瓶包围盒的最大边界
45              tempBottle.body.getAabb(aabbMin, aabbMax);           //获取球瓶的边界
46              if(ballTran.origin.x>= aabbMin.x&&ballTran.origin.x<=aabbMax.x&&
47                  ballTran.origin.z>= aabbMin.z&&ballTran.origin.z<=aabbMax.z){
48                  if(!effictOff){                                 //开启音效
49                      MainActivity.sound.playMusic(Constant.BALL_BATTLE_BEATER, 0);
50      }}}}
```

● 第 1~7 行计算每次投出保龄球击倒球瓶的个数。首先判断球瓶是否存在或是否不超过最大轮数，否则不进行后面的计算。然后遍历每一个球瓶，获取每个球瓶的位置及姿态。

● 第 8~35 行为当球瓶的位置超过指定区域或球瓶重心低于指定值时，表示球瓶被击倒，并将被击倒的球瓶的索引值记录在数组中，将被击倒的球瓶及其刚体删除，记录本次投球的得分。如果一次击倒十个球瓶，则在开启音效的情况下，播放鼓掌的音效。

● 第 36~50 行为播放保龄球与球瓶撞击音效的方法。首先获取保龄球对象，然后遍历每一个球瓶，并获取球瓶的最小最大边界，如果保龄球的位置处于球瓶最大最小区域内，则在允许开启音效的情况下，播放保龄球与球瓶撞击的音效。

（4）上面介绍了计算投出一次保龄球击倒球瓶个数的方法和播放球瓶与保龄球撞击音效的方法，接下来将要介绍的是初始化场景中保龄球和十个球瓶的方法 updateScene，该方法首先判断当前轮数是否小于等于最大轮数，然后根据指定的规则初始化场景中的物体，其具体代码如下。

📎 **代码位置：见随书光盘中源代码/第 10 章/Bowling/src/com/bn/util/thread 目录下的 PhysicsThread.java。**

```
1       public void updateScene(){                              //更新场景物体的方法
2           if(countTurn>maxCount||wall==null){return;}         //总轮数大于 10 时
3           ArrayList<GameObject> tempBall=new ArrayList<GameObject> ();
4           synchronized(lockBall){tempBall.addAll(alGBall);}   //获取所有的保龄球对象
5           if(tempBall.size()<=0){return;}
6           ......//此处省略了播放撞击墙壁和球瓶音效的代码，读者可自行查阅随书附带光盘中的源代码
7           if((posi.origin.z-posi2.origin.z)<0.8f||posi.origin.y<0.1f){status=1;}
                //更新状态值
8           if(status!=1||countTurn>maxCount){return;}          //球移动中或达到 10 轮，返回
9           updateCount++;                                      //计数器自加
10          if(updateCount<=260){return;}
11          calBottlesNumber();                                 //计算撞到的瓶子个数
12          if(countTurn<maxCount){                             //小于 10 轮
13              if(BALL_SUM>0&&ballCount==1){                   //如果第一球未全部击倒
14                  phc.initWorldBall(mv);                      //重新创建球，开始第二球
15              }else if((BALL_SUM==0&&ballCount==1)||(ballCount==2&&countTurn
                    <maxCount)){
16                  countTurn++;                                //轮数加 1
17                  updateRound=true;
18                  ......//此处省略了初始化球瓶音效的代码，读者可自行查阅随书带光盘中的源代码
19                  ballCount=0;                                //记录每轮的次数
20                  phc.initAllObject(mv);                      //初始化保龄球和十个球瓶
21                  deleteBody();                               //删除上一轮中的所有刚体
22                  restartTriangle=true;
23              }
24              isCrashWall=false;                              //投球结束
25          }else{                                              //最后一轮
26              if(ballCount==1&&BALL_SUM==0){                   //若第一球全部击倒
```

```
27        ......//此处省略了初始化球瓶音效的代码,读者可自行查阅随书附带光盘中的源代码
28                phc.initAllObject(mv);              //进行第二球
29                deleteBody();                       //删除上一轮中的所有刚体
30                isFristThird=true;                  //允许第三球标志位
31            }else if(ballCount==1&&BALL_SUM>0){
32                phc.initWorldBall(mv);              //重新创建球,进行第二球
33            }else if(ballCount==2&&BALL_SUM==0){
34        ......//此处省略了初始化球瓶音效的代码,读者可自行查阅随书附带光盘中的源代码
35                phc.initAllObject(mv);              //允许第三球
36                deleteBody();                       //删除上一轮中的所有刚体
37                isFristThird=false;                 //标志位置为false
38            }else if(ballCount==2&&BALL_SUM>0){
39                if(!isFristThird){
40                    countTurn++;                    //第十轮结束
41                }else{
42        ......//此处省略了初始化球瓶音效的代码,读者可自行查阅随书附带光盘中的源代码
43                    phc.initAllObject(mv);          //允许第三球
44                    deleteBody();                   //删除上一轮中的所有刚体
45                    isFristThird=false;             //标志位置为false
46            }}else if(ballCount==3){
47                countTurn++;                        //第十轮结束
48            }
49            if(countTurn>maxCount){                 //如果十轮已经结束
50                isGamePlay=false;                   //标志位置为false
51        }}
52        ......//此处省略了设置标志位的相关代码,读者可自行查阅随书附带光盘中的源代码
53    }
```

- 第 2 行为当轨道尽头的墙壁为空或十轮投球全部结束时,不再初始化保龄球和球瓶。

- 第 3~11 行首先创建临时列表 tempBall,并获取锁资源,将所有的保龄球对象添加进 tempBall 中,如果本游戏中不存在保龄球对象,则不进行下面的工作。然后更新游戏的状态值 status,当 status=1 并且在变量 updateCount 大于 260 时,计算本次投球所击倒的球瓶的数量。

- 第 12~24 行为在进行第一轮至第九轮投球时,若第一球未全部击倒,则初始化保龄球进行 第二球的投球;如果第一球全部击倒或者第二球投球结束,则初始化保龄球和所有的球瓶,为第 二球或下一轮做准备。

- 第 25~32 行为第十轮第一次投球时的处理。当第十轮第一球全部击倒时,初始化保龄球和 十个球瓶进行第二球,并将允许第三球的标志 isFristThird 置为 true;若第一球未全部击倒,则仅 初始化保龄球进行第二球;

- 第 33~51 行为若第十轮第二球全部击倒,则初始化保龄球和十个球瓶进行第三球,并将标 志置为 false;若第二球未全部击倒且 isFristThird 为 false 时,表示第十轮结束,否则初始化所有 物体进行第三球的投球。当第十轮结束后,将表示游戏进行与否的标识 isGamePlay 置为 false。

（5）上面介绍了物理线程类 PhysicsThread 中最重要的方法 updateScene,该方法用于初始化 场景中的保龄球和十个球瓶,接下来将要介绍的是从物理世界获取保龄球对应刚体位置及姿态数 据的方法 updateDrawBallData,其具体代码如下。

📎 **代码位置**：见随书光盘中源代码/第 10 章/Bowling/src/com/bn/util/thread 目录下的 PhysicsThread.java。

```
1     public void updateDrawBallData(){
2         ArrayList<GameObject> tempBall=new ArrayList<GameObject>();//创建临时列表对象
3         synchronized(lockBall){tempBall.addAll(alGBall);}    //获取所有的保龄球对象
4         if(tempBall.size()<=0){return;}                      //如果不存在保龄球,则返回
5         float[] bPosi=new float[7];                          //创建存储位置及姿态的数组
6         Transform trans=tempBall.get(0).body.getMotionState().getWorldTransform
          (new Transform());
7         bPosi[0]=trans.origin.x;                             //记录刚体的 x 坐标
8         bPosi[1]=trans.origin.y;                             //记录刚体的 y 坐标
9         bPosi[2]=trans.origin.z;                             //记录刚体的 z 坐标
10        for(int j=3;j<7;j++){                                //将姿态值初始为 1
```

```
11                  bPosi[j]=1.0f;
12          }
13          Quat4f ro=trans.getRotation(new Quat4f());    //获取当前变换的旋转信息
14          if(ro.x!=0||ro.y!=0||ro.z!=0){                //若四元数 3 个轴的分量不都是 0
15                  float[] fa=SYSUtil.fromSYStoAXYZ(ro);  //将四元数转换成 AXYZ 的形式
16                  if(fa[0]!=0){                          //如果旋转角度不为 0
17                          bPosi[3]=fa[0];                //记录第 i 个瓶子的旋转角度
18                          bPosi[4]=fa[1];                //记录第 i 个瓶子的旋转信息
19                          bPosi[5]=fa[2];                //记录第 i 个瓶子的旋转信息
20                          bPosi[6]=fa[3];                //记录第 i 个瓶子的旋转信息
21          }}
22          synchronized(lockBallTransform){              //获取锁资源
23                  ballTransform.offer(bPosi);           //将数据添加进队列
24  }}
```

> 📝 说明　上面介绍的方法为从物理世界获取保龄球对应刚体的位置及姿态数据的方法，首先从保龄球对应的刚体中获取保龄球当前的位置与姿态信息，然后根据获取的信息进行相应的计算。若获取的当前旋转信息 3 个轴的分量不都是 0 且刚体的旋转角度不是 0 时，记录刚体的姿态信息，并将信息数组添加进数据队列 ballTransform 中，便于绘制保龄球时使用。

10.6　绘制相关类

前面已经对整个游戏用到的界面显示类、工具辅助类以及线程类的开发进行了简单的介绍，本节将对游戏界面的绘制模块进行简单介绍，包括 3D 模型的绘制类 LoadedObjectVertexNormalTexture 类、GameObject 类以及 BN2DObject 类，具体内容如下。

10.6.1　3D 模型绘制类的开发

本小节主要介绍的是 3D 模型绘制类 LoadedObjectVertexNormalTexture，该类由 5 个不同参数的构造器、一个初始化顶点数据的方法、一个初始化着色器的方法和一个实现图形绘制的方法组成，这里由于篇幅原因，只对部分方法进行介绍，具体步骤如下。

（1）首先介绍的是 LoadedObjectVertexNormalTexture 类中的构造器方法、初始化顶点数据的方法和初始化着色器的方法，绘制方法将在下面进行介绍，实现的具体代码如下。

✍ **代码位置：**见随书光盘源代码/第 10 章/Bowling/src/com/bn/object 目录下的 LoadedObjectVertexNormalTexture.java。

```
1   package com.bn.object;                               //声明包名
2   ......//此处省略了导入类的代码，读者可自行查阅随书附带光盘中的源代码
3   public class LoadedObjectVertexNormalTexture extends TouchableObject{
4       ......//此处省略了定义变量的代码，读者可自行查阅随书附带光盘中的源代码
5       public LoadedObjectVertexNormalTexture(MySurfaceView mv,float[] vertices,
        float[] normals,
6           float texCoors[],int mProgram){              //含参构造器
7           initVertexData(vertices,normals,texCoors);   //初始化顶点坐标与着色数据
8           this.mProgram=mProgram;                      //赋值
9           preBox=new AABB3(vertices);                  //创建 AABB3 对象
10      }
11      public void initVertexData(float[] vertices,float[] normals,float
        texCoors[]){    //初始化顶点数据方法
12          vCount=vertices.length/3;
13          ByteBuffer vbb = ByteBuffer.allocateDirect(vertices.length*4);
14          vbb.order(ByteOrder.nativeOrder());          //设置字节顺序
15          mVertexBuffer = vbb.asFloatBuffer();         //转换为 Float 型缓冲
16          mVertexBuffer.put(vertices);                 //向缓冲区中放入顶点坐标数据
17          mVertexBuffer.position(0);                   //设置缓冲区起始位置
```

```
18          ByteBuffer cbb = ByteBuffer.allocateDirect(normals.length*4);
19          cbb.order(ByteOrder.nativeOrder());        //设置字节顺序
20          mNormalBuffer = cbb.asFloatBuffer();        //转换为 Float 型缓冲
21          mNormalBuffer.put(normals);                //向缓冲区中放入顶点法向量数据
22          mNormalBuffer.position(0);                  //设置缓冲区起始位置
23          ByteBuffer tbb = ByteBuffer.allocateDirect(texCoors.length*4);
24          tbb.order(ByteOrder.nativeOrder());        //设置字节顺序
25          mTexCoorBuffer = tbb.asFloatBuffer();      //转换为 Float 型缓冲
26          mTexCoorBuffer.put(texCoors);              //向缓冲区中放入顶点纹理坐标数据
27          mTexCoorBuffer.position(0);                 //设置缓冲区起始位置
28      }
29      public void initShader() {                      //初始化 shader
30          maPositionHandle = GLES20.glGetAttribLocation(mProgram, "aPosition");
            //顶点位置属性
31      maNormalHandle= GLES20.glGetAttribLocation(mProgram,"aNormal");//顶点颜色属性
32          muMVPMatrixHandle = GLES20.glGetUniformLocation(mProgram, "uMVPMatrix");
33          muMMatrixHandle = GLES20.glGetUniformLocation(mProgram, "uMMatrix");
            //旋转矩阵
34          maLightLocationHandle=GLES20.glGetUniformLocation(mProgram,
            "uLightLocation");
35          maTexCoorHandle= GLES20.glGetAttribLocation(mProgram, "aTexCoor");
            //顶点纹理属性
36          maCameraHandle=GLES20.glGetUniformLocation(mProgram, "uCamera");
            //摄像机位置
37          muIsShadow=GLES20.glGetUniformLocation(mProgram, "isShadow");
            //是否绘制阴影
38          maShadowPosition=GLES20.glGetUniformLocation(mProgram,
            "shadowPosition");
39          muProjCameraMatrixHandle=GLES20.glGetUniformLocation(mProgram,
40                  "uMProjCameraMatrix");        //获取程序中投影、摄像机组合矩阵引用
41      }
42      public void drawSelf(int texId,int isShadow,float shadowPosition){
43          /*此处省略绘制方法，下面将简单介绍*/}
44  }}
```

- 第 5~10 行为 LoadedObjectVertexNormalTexture 类的构造器，通过传入的 MySurfaceView 类的对象、顶点坐标数据、顶点法向量数据、顶点纹理坐标以及渲染管线着色器程序 id 等参数，在构造器方法中，调用了初始化顶点与着色数据的方法，并创建 AABB3 对象，用于记录包围盒。

- 第 11~28 行为初始化顶点与着色数据的方法，首先计算出顶点个数，然后创建顶点坐标数据缓冲，通过设置字节顺序、转换为 Float 型缓冲、向缓冲区放入顶点坐标数据以及设置缓冲区起始位置完成顶点坐标数据的初始化，顶点纹理数据和顶点法向量数据的初始化与前面相似。

- 第 29~41 行为初始化着色器的方法，该方法中主要获取顶点位置属性引用、顶点颜色属性引用、程序中总变换矩阵引用、位置、旋转变换矩阵引用、光源位置引用、顶点纹理坐标属性引用、摄像机位置引用以及是否绘制阴影属性引用等。

（2）上面主要介绍的是 LoadedObjectVertexNormalTexture 类的构造器方法、初始化顶点数据方法以及初始化着色器的方法，下面介绍该类的绘制方法 drawSelf，其主要利用初始化着色器时初始的变量来进行 3D 模型的绘制工作，具体代码如下。

✎ 代码位置：见随书光盘源代码/第 10 章/Bowling/src/com/bn/object 目录下的 LoadedObjectVertexNormalTexture.java。

```
1   public void drawSelf(int texId,int isShadow,float shadowPosition){
2       if(!initFlag){                              //如果标志位为 false
3           initShader();                           //初始化着色器
4           initFlag=true;                          //标志位设为 true
5       }
6       copyM();                                    //赋值变换矩阵
7       GLES20.glUseProgram(mProgram);              //制定使用某套着色器程序
8       MatrixState3D.pushMatrix();                 //保护现场
9       GLES20.glEnable(GLES20.GL_BLEND);           //打开混合
10      GLES20.glBlendFunc(GLES20.GL_SRC_ALPHA,GLES20.GL_ONE_MINUS_SRC_ALPHA);
11      GLES20.glUniformMatrix4fv(muMVPMatrixHandle, 1, false, MatrixState3D.
```

```
12        getFinalMatrix(), 0);
          GLES20.glUniformMatrix4fv(muMMatrixHandle, 1, false, MatrixState3D.
          getMMatrix(), 0);
13        GLES20.glUniform3fv(maLightLocationHandle, 1, MatrixState3D.
          lightPositionFB);
14        GLES20.glUniform3fv(maCameraHandle, 1, MatrixState3D.cameraFB);
15        GLES20.glUniform1i(muIsShadow, isShadow);  //将是否绘制阴影属性传入着色器程序
16            GLES20.glUniform1f(maShadowPosition, shadowPosition);
              //将阴影位置属性传入程序
17        GLES20.glUniformMatrix4fv(                //将投影、摄像机组合矩阵传入着色器程序
18            muProjCameraMatrixHandle,1,false,MatrixState3D.getViewProjMatrix(),0);
19        GLES20.glVertexAttribPointer(             //将顶点位置数据传入渲染管线
20            maPositionHandle,3, GLES20.GL_FLOAT, false,3*4,mVertexBuffer);
21        GLES20.glVertexAttribPointer(             //将顶点法向量数据传入渲染管线
22            maNormalHandle,3,GLES20.GL_FLOAT, false,3*4,mNormalBuffer);
23        GLES20.glVertexAttribPointer(             //为画笔指定顶点纹理坐标数据
24            maTexCoorHandle, 2,GLES20.GL_FLOAT, false,2*4,mTexCoorBuffer);
25        GLES20.glEnableVertexAttribArray(maPositionHandle);  //启用顶点位置数据
26        GLES20.glEnableVertexAttribArray(maNormalHandle);    //启用顶点法向量数据
27        GLES20.glEnableVertexAttribArray(maTexCoorHandle);   //启用顶点纹理坐标数据
28        GLES20.glActiveTexture(GLES20.GL_TEXTURE0);          //绑定纹理
29        GLES20.glBindTexture(GLES20.GL_TEXTURE_2D, texId);
30        GLES20.glDrawArrays(GLES20.GL_TRIANGLES, 0, vCount);//绘制加载的物体
31        GLES20.glDisable(GLES20.GL_BLEND);                   //关闭混合
32        MatrixState3D.popMatrix();                           //恢复现场
33    }
```

- 第 1~16 行为 LoadedObjectVertexNormalTexture 类的绘制方法。进行绘制工作之前,首先调用初始化着色器方法进行着色器的初始化,然后指定使用哪一套着色器程序,保护现场后,打开混合方式,设置混合因子,将最终变换矩阵、位置旋转变换矩阵等属性传入着色器程序。

- 第 17~33 行为将投影、摄像机组合矩阵、顶点位置数据、顶点法向量数据以及顶点纹理坐标数据等内容传入渲染管线,并启用顶点数据、法向量数据和纹理坐标数据,最后绑定纹理,绘制已经加载的 3D 模型,关闭混合后并恢复场景。

10.6.2 GameObject 绘制类的开发

上一小节主要介绍了 LoadedObjectVertexNormalTexture 绘制类的部分方法,本小节将要对 GameObject 绘制类进行简单介绍。该类包括两个构造器和两个绘制方法,该方法主要根据物理世界刚体的状态绘制 3D 模型对象。由于篇幅原因,只选择其中部分方法进行介绍,具体代码如下。

✎ 代码位置:见随书光盘源代码/第 10 章/Bowling/src/com/bn/object 目录下的 GameObject.java。

```
1     package com.bn.object;                              //声明包名
2     ......//此处省略了导入类的代码,读者可自行查阅随书附带光盘中的源代码
3     public class GameObject{
4         ......//此处省略了定义变量的代码,读者可自行查阅随书附带光盘中的源代码
5         public GameObject(MySurfaceView mv,LoadedObjectVertexNormalTexture lovnt,
6             int texId,CollisionShape[] colShape,DiscreteDynamicsWorld dynamicsWorld,
7             float r,float halfWidth,float halfHeight,float rCapsule,float
8             heightCapsule,float mass,float cx,float cy,float cz){   //含参构造器
9             CompoundShape comShape=new CompoundShape();       //创建组合形状
10            Transform localTransform = new Transform();       //创建变换对象
11            localTransform.setIdentity();                     //初始化变换
12            localTransform.origin.set(new Vector3f(0, -(halfHeight+r*2), 0));
              //设置变换的起点
13            comShape.addChildShape(localTransform, colShape[0]);   //添加子形状
14            localTransform.setIdentity();                     //初始化变换
15            localTransform.origin.set(new Vector3f(0, -r, 0)); //设置变换的起点
16            comShape.addChildShape(localTransform, colShape[1]);//添加子形状
17            localTransform.setIdentity();                     //初始化变换
18            localTransform.origin.set(new Vector3f(0, (heightCapsule/2+rCapsule),
              0)); //设置起点
```

```
19          comShape.addChildShape(localTransform, colShape[2]);//添加子形状
20          boolean isDynamic = (mass != 0f);                    //判断刚体是否可运动
21          Vector3f localInertia = new Vector3f(0, 0, 0);       //创建惯性向量
22          if (isDynamic) {                                     //如果刚体可以运动
23              comShape.calculateLocalInertia(mass, localInertia);//计算刚体的惯性
24          }
25          Transform startTransform = new Transform();      //创建刚体的初始变换对象
26          startTransform.setIdentity();                        //初始化变换对象
27          startTransform.origin.set(new Vector3f(cx, cy, cz));//设置变换的起点
28          DefaultMotionState myMotionState = new DefaultMotionState
            (startTransform);
29          RigidBodyConstructionInfo rbInfo = new RigidBodyConstructionInfo(
            //创建刚体信息对象
30                  mass, myMotionState, comShape, localInertia);
31          body = new RigidBody(rbInfo);                       //创建刚体对象
32          body.setRestitution(0.05f);                         //设置恢复系数
33          body.setFriction(0.93f);                            //设置摩擦系数
34          body.setAngularVelocity(new Vector3f(0,0,0));
35          synchronized (lockAdd){SourceConstant.Bottles.add(body);}//添加刚体
36          this.mv=mv;
37          this.lovnt=lovnt;
38          this.texId=texId;
39      }
40      ......//此处省略了另一个构造器方法的代码，读者可自行查阅随书附带光盘中的源代码
41      public void drawSelf(int isShadow,float shadowPosition){ //绘制球瓶的方法
42          MatrixState3D.pushMatrix();                         //保护现场
43          MatrixState3D.translate(0,-(BOX_HALF_HEIGHT*2+BOTTOM_BALL_RADIUS*2), 0);
44          if(lovnt!=null){
45              lovnt.drawSelf(texId,isShadow,shadowPosition);//绘制物体
46          }
47          MatrixState3D.popMatrix();                          //恢复现场
48      }
49      ......//此处省略了绘制保龄球drawSelfBall方法的代码，读者可自行查阅
50  }
```

- 第5~8行为GameObject绘制类的构造器方法。该方法传入MySurfaceView对象、3D模型对象、子形状组合、物理世界对象、刚体的尺寸以及位置坐标等参数。

- 第9~19行为创建组合形状，按照指定的顺序在指定的位置添加子形状。此处创建的是球瓶的组合体，最底部是长方体盒子，之上是球体形状，最上面是胶囊形状。

- 第20~39行设置复合刚体的运动状态、复合刚体摩擦系数以及恢复系数等，最后将创建完成的刚体添加进刚体列表中，以便于进一步添加进物理世界。

- 第41~48行为该绘制类的绘制方法。该方法比较简单，保护现场，将坐标系平移到指定位置，如果需要绘制的3D模型对象不为空时，绘制物体，最后恢复现场。由于绘制保龄球的方法drawSelfBall与绘制球瓶的方法类似，故不再重复赘述，需要的读者可自行查阅随书附带的光盘。

10.6.3 BN2DObject绘制类的开发

上一小节主要介绍了GameObject绘制类的开发，本小节将要对BN2DObject绘制类进行简单介绍，该类用于绘制平面中的物体，即2D对象。该类主要包括两个构造器、一个初始化顶点数据的方法和两个绘制方法等。由于篇幅原因，只选择其中部分方法进行介绍，其具体代码如下。

📎 **代码位置：见随书光盘源代码/第10章/Bowling/src/com/bn/object目录下的BN2DObject.java。**

```
1   package com.bn.object;                                   //声明包名
2   ......//此处省略了导入类的代码，读者可自行查阅随书附带光盘中的源代码
3   public class BN2DObject{
4       ......//此处省略了定义变量的代码，读者可自行查阅随书附带光盘中的源代码
5       public BN2DObject(float x,float y,float picWidth,float picHeight,int
        texId,int programId){
6           this.x=Constant.fromScreenXToNearX(x);          //将屏幕x转换成视口x坐标
7           this.y=Constant.fromScreenYToNearY(y);          //将屏幕y转换成视口y坐标
8           this.texId=texId;
```

```
9              this.programId=programId;
10             initVertexData(picWidth,picHeight);          //初始化顶点数据
11         }
12     public BN2DObject(int num,int texId,int programId,float width,float height){
13             /*此处省略初始化有参着色器方法,读者可自行查阅*/}
14     public void initVertexData(float width,float height){//初始化顶点数据
15             vCount=4;                                     //顶点个数
16             width=Constant.fromPixSizeToNearSize(width);  //屏幕宽度转换成视口宽度
17             height=Constant.fromPixSizeToNearSize(height); //屏幕高度转换成视口高度
18             float vertices[]=new float[]{                 //初始化顶点坐标数据
19                 -width/2,height/2,0,-width/2,-height/2,0,width/2,height/
                   2,0,width/2,-height/2,0};
20             ByteBuffer vbb=ByteBuffer.allocateDirect(vertices.length*4);
                //创建顶点坐标数据缓冲
21             vbb.order(ByteOrder.nativeOrder());           //设置字节顺序
22             mVertexBuffer=vbb.asFloatBuffer();            //转换为 Float 型缓冲
23             mVertexBuffer.put(vertices);                  //向缓冲区中放入顶点坐标数据
24             mVertexBuffer.position(0);                    //设置缓冲区起始位置
25             float[] texCoor=new float[12];                //初始化纹理坐标数据
26             if(!isGrade){                                 //计算单个纹理图的纹理坐标
27                 texCoor=new float[]{0,0,0,1,1,0,1,1,1,0,0,1};
28             }else{                                        //计算整幅纹理图的纹理坐标
29                 float rate=0.1f*num;
30             texCoor=new float[]{0+rate,0,0+rate,1,1*0.1f+rate,0,1*0.1f+rate,1,1*
                0.1f+rate,0,0+rate,1};
31             }
32             ByteBuffer cbb=ByteBuffer.allocateDirect(texCoor.length*4);
                //创建顶点纹理坐标数据缓冲
33             cbb.order(ByteOrder.nativeOrder());           //设置字节顺序
34             mTexCoorBuffer=cbb.asFloatBuffer();           //转换为 Float 型缓冲
35             mTexCoorBuffer.put(texCoor);                  //向缓冲区中放入顶点着色数据
36             mTexCoorBuffer.position(0);                   //设置缓冲区起始位置
37     }
38     public void initShader(){                             //初始化着色器
39      maPositionHandle = GLES20.glGetAttribLocation(programId, "aPosition");
        //获取位置属性 id
40      maTexCoorHandle= GLES20.glGetAttribLocation(programId, "aTexCoor");
        //获取纹理属性 id
41      muMVPMatrixHandle = GLES20.glGetUniformLocation(programId, "uMVPMatrix");
42      }
43     ......//此处省略了设置 xy 坐标的方法的代码,读者可自行查阅随书附带光盘中的源代码
44     public void drawSelf(){/*此处的绘制方法与 3D 模型绘制类的绘制方法类似,故省略*/}
45     public void drawSelf(float lx,float ly){/*此处省略了绘制方法,读者可自行查阅*/}
46     }
```

● 第 5~11 行为 BN2DObject 类的构造器,传入的参数有 BN2Dobject 对象中心点的坐标,BN2DObject 类对象的宽度和高度、纹理 id 以及着色器程序 id,根据传入的参数初始化顶点数据。

● 第 14~17 行为 BN2DObject 类初始化顶点数据的方法,首先记录顶点数量,将 BN2DObject 类对象的屏幕宽度和屏幕高度转换为视口内的宽度与高度。

● 第 18~24 行功能为初始化顶点坐标数据,创建顶点坐标缓冲,设置字节顺序,转换缓冲区类型等,最后将顶点坐标数据送入指定的缓冲区。

● 第 26~37 行为初始化顶点纹理坐标数据。首先计算纹理坐标,此处计算纹理坐标包含两种方式,分为计算单个纹理图的纹理坐标和计算整幅纹理图的纹理坐标,即一副纹理图中是否有多幅大小相同的小纹理组成。然后设置缓冲区,设置字节顺序等。

● 第 38~42 行为初始化主色器的方法,根据指定的着色器程序 id,获取程序中顶点位置属性引用 id、纹理坐标属性应用 id 以及总变换矩阵引用 id。

> 说明
>
> 该游戏的绘制类到这里已经基本介绍完毕,在这里主要选择了 3 个绘制类进行了简单的介绍,如果读者感兴趣的话,可以查阅随书附带的光盘查看其他绘制类进行学习。

10.7　粒子系统的开发

很多游戏场景中都会采用火焰或烟花等作为点缀，以增强游戏的真实性来吸引吸玩家。而目前最流行的实现火焰、烟花等效果的方法就是粒子系统技术。本游戏中选项界面里就有利用粒子系统开发的非常真实酷炫的粒子特效，本节将向读者介绍如何开发粒子系统。

10.7.1　基本原理

粒子系统的基本思想非常简单，即将碰撞特效看作由一系列运动的粒子叠加而成。系统定时在固定的区域内生成新的粒子，粒子生成后不断按照一定的规律运动并改变自身的颜色。当粒子运动满足一定条件后，粒子消亡。对单个粒子而言，其生命周期过程如图 10-40 所示。

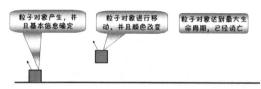

▲图 10-40　粒子对象的生命过程

实际粒子系统的开发中，开发人员需要根据目标特效的需求设置粒子的各项属性，实现真实地模拟出火焰、烟雾、下雪等不同的效果。例如，本游戏中火焰和烟花特效的开发，只有给定粒子合适的初始位置、运动速度、尺寸、最大生命期等属性，才可以实现真实的火焰效果。

10.7.2　开发步骤

上一小节介绍了用粒子系统实现火焰特效的基本原理，本小节将对其基本开发步骤进行简要的介绍。火焰特效主要包括总控制类 ParticleSystem、单个粒子的 ParticleSingle 类、常量类 ParticleDataConstant、和绘制类 ParticleForDraw。本小节将主要介绍 ParticleSystem 类和 ParticleSingle 类，具体内容如下。

（1）首先介绍的是粒子系统的总控制类 ParticleSystem。由于每个 ParticleSystem 类的对象代表一个粒子系统，所以以本类中用一系列的成员变量来存储对应粒子系统的各项信息。这里由于篇幅原因，只对 drawSelf 方法和 update 方法进行介绍，具体代码实现如下。

✎ **代码位置：见随书光盘源代码/第 10 章/Bowling/src/com/bn/util/special 目录下的 ParticleSystem.java。**

```
1    public void drawSelf(){                                     //绘制方法
2        alFspForDrawTemp.clear();                                //清空列表
3        synchronized(lock){                                      //加锁
4            for(int i=0;i<alFspForDraw.size();i++){             //遍历列表
5                alFspForDrawTemp.add(alFspForDraw.get(i));
6        }}
7        MatrixState3D.pushMatrix();                              //保护场景
8        GLES20.glEnable(GLES20.GL_BLEND);                        //开启混合
9        GLES20.glBlendEquation(blendFunc);                      //设置混合方式
10       GLES20.glBlendFunc(srcBlend,dstBlend);                  //设置混合因子
11       if(SourceConstant.particleIndex==1){                    //如果是烟花特效
12           MatrixState3D.translate(positionX, positionY, positionZ);    //平移
13       }
14       for(ParticleSingle fsp:alFspForDrawTemp){               //遍历列表
15           fsp.drawSelf(startColor,endColor,maxLifeSpan);      //绘制
16       }
17       GLES20.glDisable(GLES20.GL_BLEND);                      //关闭混合
18       MatrixState3D.popMatrix();                              //恢复现场
19   }
```

> **说明**　上面主要介绍了粒子系统的总控制类 ParticleSystem 的绘制方法。首先开启混合，然后根据初始化得到的混合方式与混合因子进行混合相关参数的设置。将转存粒子列表中的粒子复制进直接服务于绘制工作的粒子列表。要特别注意的是，为防止两个不同的线程同时对一个列表执行读写，这里采用同步互斥技术。最后遍历整个直接服务于绘制工作的粒子列表，绘制其中的每个粒子。

（2）介绍完总控制类 ParticleSystem 中的绘制方法，接下来将对更新整个粒子系统的所有信息的 update 方法进行开发，具体代码的实现如下。

> **代码位置：**见随书光盘源代码/第 10 章/Bowling/src/com/bn/util/special 目录下的
ParticleSystem.java。

```
1     public void update(){                                        //喷发新粒子
2         for(int i=0;i<groupCount;i++){
3             if(SourceConstant.particleIndex==1){                 //如果产生烟花特效
4                 double elevation=Math.random()*Math.PI/12+Math.PI*2/12;//获得仰角
5                 double direction=Math.random()*Math.PI*2;        //获得方位角
6                 float vy=(float)(2f*Math.sin(elevation));        //获得 x 方向速度
7                 float vx=(float)(2f*Math.cos(elevation)*Math.cos(direction));
                  //获得 y 方向速度
8                 float vz=(float)(2f*Math.cos(elevation)*Math.sin(direction));
                  //获得 z 方向速度
9                 ParticleSingle fsp=new ParticleSingle(vx,vy,vz,fpfd);
                  //创建单个粒子系统
10                alFsp.add(fsp);                                  //添加进列表中
11            }else if(SourceConstant.particleIndex==0){          //如果产生火焰特效
12                if(GameView.ballA!=null){
13                    sx=GameView.ballA[0];                       //获得保龄球的 x 位移
14                    sy=GameView.ballA[2]+Constant.BALL_RADISU;  //获得 z 位移
15                }
16                if(sx==0&&sy==0){return;}                       //不产生粒子
17                float px=(float)(sx+xRange*(Math.random()*2-1.0f)); //产生粒子的 x 位置
18                float py=(float)(sy+yRange*(Math.random()*2-1.0f)); //产生粒子的 z 位置
19                float vx=(sx-px)/150;
20                ParticleSingle fsp=new ParticleSingle(px,py,vx,vy,fpfd);//创建单个粒子
21                alFsp.add(fsp);                                 //添加进列表中
22            }}
23            alFspForDel.clear();                                //清空粒子
24            for(ParticleSingle fsp:alFsp){
25                fsp.go(lifeSpanStep);                           //对每个粒子执行运动操作
26                if(fsp.lifeSpan>this.maxLifeSpan){alFspForDel.add(fsp);}
27            }
28            for(ParticleSingle fsp:alFspForDel){                //删除过期粒子
29                alFsp.remove(fsp);
30            }
31            synchronized(lock){                                 //加锁
32                alFspForDraw.clear();
33                for(int i=0;i<alFsp.size();i++){
34                    alFspForDraw.add(alFsp.get(i));             //更新绘制列表
35    }}}
```

> **说明**　上面介绍的是总控制类 ParticleSystem 类的更新粒子信息的方法，在本游戏中，共有两种不同的粒子系统，分别是火焰和烟花。由于形态不同，所以产生新粒子的位置的方法也不相同。粒子的初始位置在指定的中心点附近随机产生，根据粒子初始位置确定粒子 x、z 方向的速度。然后删除超过生命期上限的全部粒子，最后将更新后的所有粒子列表中的粒子复制进转存粒子列表，形成粒子数据从计算线程到绘制线程的流水线，这样就可以产生非常真实的粒子系统。

（3）下面介绍的是代表单个粒子的 ParticleSingle 类，其负责存储单个特定粒子的信息。这里由于篇幅原因，只对 go 方法和 drawSelf 方法进行介绍。具体代码开发如下。

🖋 **代码位置**：见随书光盘源代码/第 10 章/Bowling/src/com/bn/util/special 目录下的 ParticleSingle.java。

```
1   public void go(float lifeSpanStep){                              //粒子运动的方法
2       if(SourceConstant.particleIndex==0){                         //火焰向前运动
3           x1=x1+vx1;y1=y1+vy1;
4       }else if(SourceConstant.particleIndex==1){                   //烟花向外扩散
5           x2=vx2*lifeSpan;                                         //x 运动的位移
6           z2=vz2*lifeSpan;                                         //z 运动的位移
7           y2=(vy2*lifeSpan-0.5f*lifeSpan*lifeSpan*1.0f);           //y 运动的位移
8       }
9       lifeSpan+=lifeSpanStep;                                      //生命周期
10  }
11  public void drawSelf(float[] startColor,float[] endColor,float maxLifeSpan){
    //绘制方法
12      MatrixState3D.pushMatrix();                                  //保护现场
13      if(SourceConstant.particleIndex==0){                         //如果是火焰
14          MatrixState3D.translate(x1, 0, y1);                      //只平移 x 和 z 值
15      }else if(SourceConstant.particleIndex==1){                   //如果是烟花
16          MatrixState3D.translate(x2, y2, z2);                     //则需要全部都平移
17      }
18      float sj=(maxLifeSpan-lifeSpan)/maxLifeSpan;                 //衰减因子变小
19      fpfd.drawSelf(sj,startColor,endColor);                       //绘制单个粒子
20      MatrixState3D.popMatrix();                                   //恢复现场
21  }
```

● 第 1~10 行为定时调用用以运动粒子及增大粒子生命期的 go 方法。

● 第 11~21 行为绘制单个粒子的 drawSelf 方法，首先根据粒子当前的生命期与最大允许生命周期计算出总衰减因子，然后调用粒子绘制对象的 drawSelf 方法完成粒子的绘制。

📝 说明　本小节关于碰撞特效的实现借助了 ParticleForDraw 和 ParticleDataConstant 两个工具类。ParticleForDraw 类为最基本的火焰粒子绘制类，与之前介绍的 BN2DObject 类的功能实现类似，这里由于篇幅原因，不再进行赘述，而 ParticleDataConstant 常量类在上面已经进行了介绍。

10.8 本游戏中的着色器

在本节之前，该游戏的功能和所用技术已基本介绍完毕，本节将对游戏中用到的相关着色器进行介绍。本游戏一共使用了五套着色器，主要包括进行基本绘制的着色器、绘制粒子系统的着色器、绘制物体及其阴影的着色器以及绘制地球的着色器和绘制月球的着色器。下面选择其中的一部分进行简单介绍。

（1）着色器分为顶点着色器和片元着色器。顶点着色器是一个可编程的处理单元，功能为执行顶点的变换、光照、材质的应用与计算等顶点的相关操作，其每个顶点执行一次。接下来首先介绍的是基本图形绘制的顶点着色器，其详细代码如下。

🖋 **代码位置**：见随书光盘源代码/第 10 章/Bowling/assets/shader 目录下的 vertex_2d.sh。

```
1   uniform mat4 uMVPMatrix;                          //总变换矩阵
2   attribute vec3 aPosition;                         //顶点位置
3   attribute vec2 aTexCoor;                          //顶点纹理坐标
4   varying vec2 vTextureCoord;                       //用于传递给片元着色器的变量
5   void main(){
6       gl_Position=uMVPMatrix*vec4(aPosition,1);     //根据总变换矩阵计算此次绘制此顶点位置
7       vTextureCoord = aTexCoor;                     //将接收的纹理坐标传递给片元着色器
8   }
```

> **说明**　　　　该顶点着色器的作用主要为根据顶点位置和总变换矩阵计算此次绘制此顶点位置 gl_Position，每顶点执行一次，并将接收的纹理坐标传递给片元着色器。

（2）介绍完基本图形绘制的顶点着色器的开发后，接下来将介绍基本图形绘制的片元着色器的开发。片元着色器是用于处理片元值及其相关数据的可编程片元，它可以执行纹理的采样、颜色的汇总、计算雾的颜色等操作，每片元执行一次。具体代码实现如下。

📝 **代码位置**：见随书光盘源代码/第 10 章/Bowling/assets/shader 目录下的 frag_2d.sh。

```
1    precision mediump float;                        //给出浮点精度
2    varying vec2 vTextureCoord;                     //接收从顶点着色器过来的参数
3    uniform sampler2D sTexture;                     //纹理内容数据
4    void main(){
5        gl_FragColor=texture2D(sTexture,vTextureCoord);//给此片元从纹理中采样出颜色值
6    }
```

> **说明**　　　　该片元着色器的作用主要为根据从顶点着色器传递过来的参数 vTextureCoord 和从 Java 代码部分传递过来的 sTexture 来计算片元的最终颜色值，每片元执行一次。

（3）上面主要介绍的是一套基本图形绘制的着色器，下面将介绍能够实现绘制物体及其阴影的功能的一套着色器。首先介绍的是顶点着色器，该着色器中由计算定位光光照的方法和主方法组成，根据传入的值的不同判断绘制物体或是阴影，具体代码如下。

📝 **代码位置**：见随书光盘源代码/第 10 章/Bowling/assets/shader 目录下的 vertex_shadow.sh。

```
1    ......//此处省略变量定义的代码，读者可自行查阅随书附带光盘中的源代码
2    void pointLight(                                //定位光光照计算的方法
3        in vec3 normal,                             //法向量
4        inout vec4 ambient,                         //环境光最终强度
5        inout vec4 diffuse,                         //散射光最终强度
6        inout vec4 specular,                        //镜面光最终强度
7        in vec3 lightLocation,                      //光源位置
8        in vec4 lightAmbient,                       //环境光强度
9        in vec4 lightDiffuse,                       //散射光强度
10       in vec4 lightSpecular                       //镜面光强度
11   ){
12       ambient=lightAmbient;                       //直接得出环境光的最终强度
13       vec3 normalTarget=aPosition+normal;         //计算变换后的法向量
14       vec3 newNormal=(uMMatrix*vec4(normalTarget,1)).xyz-(uMMatrix*vec4
         (aPosition,1)).xyz;
15       newNormal=normalize(newNormal);             //对法向量规格化
16       vec3 eye= normalize(uCamera-(uMMatrix*vec4(aPosition,1)).xyz);
         //计算从表面点到摄像机向量
17       vec3 vp= normalize(lightLocation-(uMMatrix*vec4(aPosition,1)).xyz);
18       vp=normalize(vp);                           //格式化 vp
19       vec3 halfVector=normalize(vp+eye);          //求视线与光线的半向量
20       float shininess=50.0;                       //粗糙度，越小越光滑
21       float nDotViewPosition=max(0.0,dot(newNormal,vp));//求法向量与 vp 的点积与 0 的最大值
22       diffuse=lightDiffuse*nDotViewPosition;      //计算散射光的最终强度
23       float nDotViewHalfVector=dot(newNormal,halfVector); //法线与半向量的点积
24       float powerFactor=max(0.0,pow(nDotViewHalfVector,shininess));//镜面反射光强度因子
25       specular=lightSpecular*powerFactor;         //计算镜面光的最终强度
26   }
27   void main(){
28       if(isShadow==1) {                           //绘制本影，计算阴影顶点位置
29           vec3 A=vec3(0.0,shadowPosition,0.0);
30           vec3 n=vec3(0.0,1.0,0.0);               //投影平面法向量
31           vec3 S=uLightLocation;                  //光源位置
32           vec3 V=(uMMatrix*vec4(aPosition,1)).xyz;  //经过平移和旋转变换后的点的坐标
33           vec3 VL=S+(V-S)*(dot(n,(A-S))/dot(n,(V-S)));//求得的投影点坐标
34           gl_Position = uMProjCameraMatrix*vec4(VL,1);
```

```
                 //根据总变换矩阵计算此次绘制此顶点位置
35      pointLight(normalize(aNormal),ambient,diffuse,specular,
36      uLightLocation,vec4(0.3,0.3,0.3,0.3),vec4(0.7,0.7,0.7,0.3),
        vec4(0.3,0.3, 0.3,0.3));
37    }else{
38      gl_Position = uMVPMatrix * vec4(aPosition,1);
                 //根据总变换矩阵计算此次绘制此顶点位置
39      pointLight(normalize(aNormal),ambient,diffuse,specular,
40      uLightLocation,vec4(0.3,0.3,0.3,1.0),vec4(0.7,0.7,0.7,1.0),
        vec4(0.3, 0.3,0.3,1.0));
41    }
42    vTextureCoord = aTexCoor;                //将接收的纹理坐标传递给片元着色器
43  }
```

● 第 2~11 行为定位光光照计算的方法的参数列表，其中主要传入的参数有法向量、环境光最终强度、散射光最终强度、镜面光最终强度、光源位置、环境光强度、散射光强度和镜面光强度。

● 第 12~26 行为定位光光照计算的方法。首先直接即可得出环境光的最终强度，然后通过计算变换后的法向量，对法向量进行规格化，计算从表面点到摄像机的向量、计算从表面点到光源位置的向量 vp，求法向量与 vp 的点积与 0 的最大值，即可获得散射光的最终强度。最后通过法线与半向量的点积计算出镜面光的最终强度。

● 第 27~43 行为顶点着色器的主方法。如果传入的索引值为 1，即通过投影平面法向量、光源位置、经过变换后的点的坐标计算投影点坐标，根据变换矩阵计算此次绘制此顶点位置。如果传入的索引值不为 1，则根据总变换矩阵计算此次绘制此顶点位置，最后将纹理坐标传递给片元着色器。

（4）上面主要介绍了能够实现绘制物体及其阴影功能的顶点着色器，下面将介绍该整套着色器的另一部分，即片元着色器，实现的具体代码如下。

✎ **代码位置**：见随书光盘源代码/第 10 章/Bowling/assets/shader 目录下的 frag_shadow.sh。

```
1   precision mediump float;                        //给出默认的浮点精度
2   uniform highp int isShadow;                     //阴影绘制标志
3   uniform sampler2D sTexture;                     //纹理内容数据
4   varying vec4 ambient;             //从顶点着色器传递过来的环境光最终强度
5   varying vec4 diffuse;             //从顶点着色器传递过来的散射光最终强度
6   varying vec4 specular;            //从顶点着色器传递过来的镜面光最终强度
7   varying vec2 vTextureCoord;
8   void main(){
9       if(isShadow==0){                            //绘制物体本身
10          vec4 finalColor=texture2D(sTexture, vTextureCoord);   //物体本身的颜色
11          //综合三个通道光的最终强度及片元的颜色计算出最终片元的颜色并传递给管线
12          gl_FragColor = finalColor*ambient+finalColor*specular+finalColor* diffuse;
13      }else{                                      //绘制阴影
14          gl_FragColor = vec4(0.2,0.2,0.2,0.5);   //片元最终颜色为阴影的颜色
15  }}
```

✏ 说明　该片元着色器主要的变量有阴影是否绘制的标志、纹理内容数据、环境光的最终强度、散射光的最终强度和镜面光的最终强度。在主方法中，如果传入的索引值为 0，即绘制物体本身，需要传递给管线的片元的颜色要综合 3 个通道光的最终强度及片元的颜色计算出来，而如果索引值不为 0，即绘制物体的阴影，片元的最终的颜色，即为引用的颜色，在这里是给定的。

（5）上面主要介绍的是一套绘制物体及其阴影的着色器，下面将介绍绘制地球的一套着色器。该套着色器实现的功能是阳光照耀的区域使用的是白天纹理，照不到的区域使用的是夜晚万家灯火，首先给出顶点着色器的的开发，具体代码如下。

📎 **代码位置：见随书光盘源代码/第 10 章/Bowling/assets/shader 目录下的 vertex_earth.sh。**

```
1    ......//此处省略变量定义的代码，读者可自行查阅随书附带光盘中的源代码
2    void pointLight(in vec3 normal,inout vec4 ambient, inout vec4 diffuse, inout vec4
     specular
3        ,in vec3 lightLocation,in vec4 lightAmbient, in vec4 lightDiffuse,in vec4
         lightSpecular){
4        ......//该方法已在上面详细介绍，这里不再赘述，读者可自行查阅随书附带光盘中的源代码
5    }
7    void main(){                                         //主方法
7        gl_Position=uMVPMatrix*vec4(aPosition,1);//根据总变换矩阵计算此次绘制此顶点位置
8        vec4 ambientTemp=vec4(0.0,0.0,0.0,0.0);          //初始化环境光
9        vec4 diffuseTemp=vec4(0.0,0.0,0.0,0.0);          //初始化散射光
10       vec4 specularTemp=vec4(0.0,0.0,0.0,0.0);         //初始化镜面光
11       pointLight(normalize(aNormal),ambientTemp,diffuseTemp,specularTemp,
12           uLightLocationSun,vec4(0.35,0.35,0.35,1.0),
13           vec4(1.0,1.0,1.0,1.0),vec4(0.3,0.3,0.3,1.0));
14       vAmbient=ambientTemp;                            //将环境光的计算结果赋给 vAmbient
15       vDiffuse=diffuseTemp;                            //将散射光的计算结果赋给 vDiffuse
16       vSpecular=specularTemp;                          //将镜面光的计算结果赋给 vSpecular
17       vTextureCoord=aTexCoor;                          //将顶点的纹理坐标传给片元着色器
18   }
```

📝 **说明**　此处介绍的顶点着色器和绘制物体及阴影的顶点着色器类似，不同之处是，此处通过顶点着色器初始化环境光、散射光与镜面光，然后直接将 3 种光照的计算结果传递给片元着色器。此外，该着色器也将顶点的纹理坐标传给片元着色器。

（6）上面主要介绍的是绘制地球的顶点着色器的开发，接下来将要介绍的是用于绘制地球的具有多重纹理、过程纹理功能的片元着色器的开发，其具体代码如下。

📎 **代码位置：见随书光盘源代码/第 10 章/Bowling/assets/shader 目录下的 frag_earth.sh。**

```
1    precision mediump float;                      //给出浮点经度
2    varying vec2 vTextureCoord;                   //接收从顶点着色器过来的纹理坐标信息
3    varying vec4 vAmbient;                        //接收从顶点着色器过来的环境光最终强度
4    varying vec4 vDiffuse;                        //接收从顶点着色器过来的散射光最终强度
5    varying vec4 vSpecular;                       //接收从顶点着色器过来的镜面光最终强度
6    uniform sampler2D sTextureDay;                //白天纹理内容数据
7    uniform sampler2D sTextureNight;              //夜晚纹理内容数据
8    void main(){
9        vec4 finalColorDay;                       //从白天纹理中采样出颜色值
10       vec4 finalColorNight;                     //从夜晚纹理中采样出颜色值
11       finalColorDay= texture2D(sTextureDay, vTextureCoord);//采样出白天纹理的颜色值
12       finalColorDay = finalColorDay*vAmbient+finalColorDay*vSpecular+final
         ColorDay*vDiffuse;
13       finalColorNight=texture2D(sTextureNight,vTextureCoord);//采样出夜晚纹理的颜色值
14       finalColorNight=finalColorNight*vec4(0.5,0.5,0.5,1.0);//计算出该片元的夜晚颜色值
15       if(vDiffuse.x>0.21){                      //当散射光分量大于 0.21 时
16           gl_FragColor=finalColorDay;           //采用白天纹理
17       } else if(vDiffuse.x<0.05){               //当散射光分量小于 0.05
18       gl_FragColor=finalColorNight;             //采用夜晚纹理
19       }else{
20       float t=(vDiffuse.x-0.05)/0.16;           //计算白天纹理应占纹理过渡阶段的百分比
21       gl_FragColor=t*finalColorDay+(1.0-t)*finalColorNight;//计算过渡阶段的颜色值
22   }}
```

📝 **说明**　该片元着色器的变量主要有接收来自顶点着色器的环境光、散射光、镜面光、纹理坐标数据等，在主方法中，分别对白天纹理和夜晚纹理进行采样，并分别计算该片元为白天或夜晚时的颜色值。最后，当散射光亮度大于 0.21 时，此片元采用白天的颜色值；当散射光亮度小于 0.05 时，此片元采用夜晚的颜色值；其他情况时，根据白天与夜晚的颜色加权计算最终的片元颜色值，即过程纹理技术。本节主要介绍的着色器已经结束，感兴趣的读者可以自行查阅随书附带光盘中的源代码进行学习。

10.9 游戏的优化及改进

到此为止，休闲类游戏——3D 保龄球，已经基本开发完成，实现了最初设计的使用 OpenGL ES 2.0 渲染、火焰特效、声音特效等。但是通过多次试玩测试发现，游戏中仍然存在一些需要优化和改进的地方，下面列举了笔者想到需要改善的一些方面。

● 优化游戏界面。

任何一款游戏都拥有使界面更加丰富和绚丽的进步空间，因此对于本游戏的界面，读者可以不断扩充想法自行改进，例如可以在游戏界面保龄球与球瓶撞击时添加更多出彩的动作特效，使其更加完美。此外，在太空场景中可以多添加几种飞行物或者为飞行物添加尾部火焰等，使场景更酷炫。

● 修复游戏 bug。

众多的手机游戏在公测之后也有很多的 bug，需要玩家不断地发现以此来改进游戏。笔者已经将目前发现的所有 bug 修复完全，但是还有很多 bug 是需要玩家发现和改进的，只有不断的进步，才可以大大提高游戏的可玩性。

● 完善游戏玩法。

此游戏的玩法还是比较单一，仅仅停留在发射保龄球、击倒球瓶得分获得胜利的层面上，读者可以自行完善，例如设置一些游戏道具等，增加更多的玩法使其更具吸引力。在此基础上读者也可以进行创新来给玩家焕然一新的感觉，充分发掘这款游戏的潜力。

● 增强游戏体验。

为了满足更好的用户体验，游戏中保龄球的速度、球尾火焰等细节的一系列参数读者可以自行调整，合适的参数会极大地增加游戏的可玩性。读者还可在切换场景时增加更加炫丽的效果，使玩家对本款游戏印象深刻，使游戏更具有可玩性。

10.10 本章小结

本章借开发"3D 保龄球"游戏为主题，向读者介绍了使用 OpenGL ES 2.0 渲染技术开发休闲类 3D 游戏的全过程。学习完本章并结合本章光盘中对应的游戏项目之后，读者应该对该类游戏的开发有比较深刻的了解，为以后的开发工作打下坚实的基础。

第 11 章　益智类游戏——污水征服者

近年来水污染现象越来越严重，而人们对保护水资源的意识并不是很高，为了让大家能在娱乐中学习到保护水源的重要性，故开发了此款游戏，真正做到了寓教于乐。

本章将开发一款基于 Android 平台的益智类游戏——污水征服者，通过本章的学习，读者将会对 Android 平台下 3D 游戏的开发步骤有深入的了解，下面就带领读者详细地了解该益智类游戏的开发过程。

11.1　游戏背景及功能概述

本小节将对污水征服者游戏的背景及功能进行简单的介绍，使读者对本游戏的开发有一个整体的认知，方便读者快速理解并掌握本游戏的开发技术。

11.1.1　背景概述

水是生命之源，而随着经济的发展，水污染问题日益突出，严重影响了人们的生活。提高人们保护水资源的意识尤为重要，但是大家已经没有更多的时间去听讲座、看公益广告之类的宣传。那么如何去普及这些知识呢？本游戏就利用了玩家娱乐的时间，使玩家在娱乐的同时学习到保护水源的重要性。

本游戏利用了实时流体仿真计算引擎，模拟的水流形象十分逼真，而玩法非常简单，通过体感操控控制污水的速度和方向并躲避火焰的灼烧，最终将污水收集到固定的容器中。

11.1.2　功能介绍

本节将对污水征服者游戏的功能以及操作方法进行简单介绍，使读者对本游戏有一个整体的了解，方便读者对后面章节知识的深入学习，下面将分步骤介绍该游戏的简单玩法。

（1）运行本游戏，首先进入加载界面，"百纳科技"四个字中的水渐渐上涨，如图 11-1 所示。

（2）当游戏的加载界面结束后，进入游戏的欢迎界面，在欢迎界面中会看到水落下后荡漾的效果，欢迎界面下方会出现"触摸开始"的提示按钮，点击欢迎界面任意位置，即可进入主菜单界面，如图 11-2 所示。

▲图 11-1　加载界面

▲图 11-2　欢迎界面

（3）在主菜单界面中点击相应的浮动按钮，可以暂停该按钮，再次点击暂停的按钮，即可进入相应的界面，该界面右侧管道的火苗是由粒子系统模拟的，如图 11-3 所示。

（4）在主菜单界面单击"设置"按钮进入设置界面，该界面可以设置游戏的音乐和音效，如图 11-4 所示，单击界面中的音效和音乐键可以控制游戏的游戏音效以及背景音乐的开关。

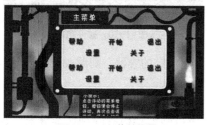

▲图 11-3　主菜单界面

▲图 11-4　设置界面

（5）在主菜单界面单击"帮助"按钮进入游戏的帮助界面，如图 11-5 所示。该界面中介绍了本游戏的玩法，单击下一页键可以参看下一页的帮助内容。

（6）在主菜单界面单击"关于"按钮进入游戏的关于界面，如图 11-6 所示。该界面中介绍了游戏的制作单位。

▲图 11-5　帮助界面

▲图 11-6　关于界面

（7）在菜单界面单击"开始"按钮进入选关界面，如图 11-7 所示。该界面左上角滚动相应关卡的情节，下方显示该关卡的分数，选关界面中发光的地方为可以选择的关卡，点击后发光亮度增加，然后点击右上方的"开始游戏"按钮，即可进入游戏界面。

（8）进入游戏界面后，通过左右晃动手机控制水流的速度和方向，并避免火焰的灼烧，火焰每喷 3 秒钟就会熄灭六秒，如图 11-8 所示。

▲图 11-7　选关界面

▲图 11-8　游戏界面

（9）游戏界面中，点击游戏中阻挡水流前进的障碍物可以消除障碍物，使水流前进，越过喷火区域，如果被火焰烧到，手机就会发出震动警告，如图 11-9 所示。

（10）游戏界面中，点击界面右上角的计时区域可以暂停游戏，再次点击游戏继续，如图 11-10 所示。

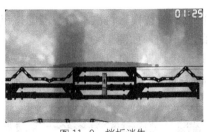

▲图 11-9　挡板消失

▲图 11-10　暂停功能

（11）在游戏时，如果水流在规定的时间内没有到达指定的容器，则游戏失败，会出现失败界面，如图 11-11 所示。

（12）在游戏失败时，点击失败界面上的"确定"按钮，会进入失败后的展示界面，该界面会展示一些关于水污染的图片，点击该界面右下角的"返回"按钮会回到选关界面，如图 11-12 所示。

▲图 11-11　失败界面

▲图 11-12　失败展示界面

（13）在游戏时，如果水流在规定的时间内到达指定的容器并且达到规定的数量，游戏胜利，会出现胜利界面，如果分数打破记录则提示记录被打破，如果未打破记录则提示未破记录，如图 11-13 所示。

（14）在游戏胜利时，点击胜利界面上的"确定"按钮，会进入胜利后的展示界面，该界面会展示一些关于青山绿水的图片，点击该界面上右下角的"返回"按钮会回到选关界面，如图 11-14 所示。

▲图 11-13　胜利界面

▲图 11-14　胜利展示界面

11.2　游戏的策划及准备工作

　　读者对本游戏的背景和基本功能有一定了解后，本节将着重讲解游戏开发的前期准备工作，这里主要包含游戏的策划和游戏中资源的准备。

11.2.1　游戏的策划

　　本游戏的策划主要包含游戏类型定位、呈现技术以及目标平台的确定等工作。

- 游戏类型。

该游戏的操作为触屏和体感相互结合，通过左右晃动手机引导水流前进，并且在恰当的时机触摸消除阻挡水流前进的障碍物，使水流到达指定的容器，增加了游戏的可玩性，属于休闲益智类游戏。

- 运行目标平台。

游戏目标平台为 Android2.2 及以上版本。由于本游戏中计算量比较大，CPU 运算速度较慢的设备运行游戏时游戏效果会比较差。

- 操作方式。

本游戏所有关于游戏的操作为触屏和体感相结合，玩家可以晃动设备引导水流前进，同时触摸阻挡水流前进的障碍物使其消失，最终取得游戏的胜利。

- 呈现技术。

游戏完全采用 OpenGL ES 2.0 技术进行 2D 的绘制，由于计算量很大，因此采用 3D 技术进行计算和绘制，当前的设备可能无法承担，但在将来的升级版本可以考虑进行 3D 绘制，增强玩家的游戏体验。

- 算法。

游戏采用流体 MPM（Material Point Method 物质点法）算法来完成流体的仿真计算，不但计算速度快，而且效果逼真自然，仿真程度很高。

11.2.2 安卓平台下游戏开发的准备工作

上面了解了游戏策划，本节将做一些开发前的准备工作，包括搜集和制作图片、声音等，其详细开发步骤如下。

（1）首先为读者介绍的是本游戏中除游戏界面外所要用到的图片资源，系统将所有图片资源都放在项目文件下的 assets 文件夹下，如表 11-1 所列。

表 11-1 其他界面图片清单

图 片 名	大小（KB）	像素（wxh）	用 途
about.png	3.59	128*64	关于按钮
about1.png	3.59	128*64	关于按钮
about2.png	3.59	128*64	关于按钮
abouttext.png	53.9	512*256	关于游戏界面文字
chilun.png	12.7	64*64	齿轮
dx.png	1.52	32*64	时间冒号
exit1.png	5.18	128*64	退出按钮
exit2.png	5.18	128*64	退出按钮
failed.png	33.1	512*256	失败图片
failedtext.png	110	256*1024	失败的文字
fire.png	1.0	32*32	火
gamepause.png	2.87	128*128	游戏暂停按钮
gameplay.png	3.65	128*128	游戏继续按钮
help.png	3.91	128*64	帮助按钮
help1.png	3.91	128*64	帮助按钮
help2.png	3.91	128*64	帮助按钮

续表

图 片 名	大小（KB）	像素（wxh）	用　　途
helpt1.png	144	512*256	帮助界面文字
helpt2.png	144	512*256	帮助界面文字
helpt3png	144	512*256	帮助界面文字
helpt4.png	144	512*256	帮助界面文字
helpt5.png	144	512*256	帮助界面文字
highscore.png	9.64	128*32	最高得分
icon.png	4.19	72*72	游戏图标
load1.png	24.2	512*128	加载界面
mainmenu.png	4	128*64	主菜单
menubg.png	223	1024*512	主菜单背景
menubgf.png	222	1024*512	主菜单背景
menutext.png	18.8	256*128	主菜单文字
music_off.png	13.1	512*64	关闭音乐
music_on.png	13.1	512*64	打开音乐
nextpage.png	8.21	128*32	下一页按钮
return.png	9.07	128*32	返回按钮
selectbg.png	350	1024*512	选关界面背景
selectname1.png	9.44	256*256	剧情提示板
selectname2.png	9.44	256*256	剧情提示板
selectview.png	90.4	1024*512	选关界面
set.png	3.93	128*64	设置按钮
set1.png	3.93	128*64	设置按钮
set2.png	3.93	128*64	设置按钮
sound_off.png	14.1	512*64	打开音效按钮
sound_on.png	14.1	512*64	打开音乐按钮
startbutton.png	10.3	128*32	开始游戏按钮
startgame1.png	4.19	128*32	开始按钮
startgame2.png	4.19	128*32	开始按钮
swu.png	3.16	32*64	"无" 图片
text1.png	38.8	256*256	展示界面文字
text2.png	38.8	256*256	展示界面文字
vectorytext.png	108	256*1024	胜利文字
victory11.png	41.7	512*256	打破记录
victory22.png	41.7	512*256	未破纪录
welcomecpks.png	10.2	256*64	文字提示
welcomeview.png	260	1024*512	欢迎界面背景
xiangkuang.png	77	1024*512	相框图片

（2）接下来为读者介绍游戏中所要见到的图片资源，系统将该部分图片资源放在项目文件下的 assets 文件夹下，如表 11-2 所列。

表 11-2　　　　　　　　　　　　　游戏界面图片清单

图 片 名	大小（KB）	像素（wxh）	用 途
part1-1.png	9.79	256*512	游戏场景部件
part1-2.png	4.32	128*128	游戏场景部件
part1-3.png	2.93	32*128	游戏场景部件
part1-4.png	4.26	128*128	游戏场景部件
part1-5.png	3.35	64*512	游戏场景部件
part1-6-1.png	3.93	128*32	游戏场景部件
part1-6-2.png	5.4	128*64	游戏场景部件
part1-6-3.png	5.86	128*64	游戏场景部件
part1-6-4.png	5.82	128*64	游戏场景部件
part1-6-5.png	4.59	128*32	游戏场景部件
part1-6-6.png	4.52	128*32	游戏场景部件
part1-6-7.png	3.47	64*32	游戏场景部件
part1-6-8.png	6.75	32*256	游戏场景部件
part1-6-9.png	5.26	128*64	游戏场景部件
part1-7.png	26.2	512*512	游戏场景部件
part1-8.png	2.84	128*32	游戏场景部件
part1-8-2.png	2.82	256*16	游戏场景部件
part1-9.png	26.1	512*512	游戏场景部件
part1-10.png	16	128*512	游戏场景部件
part1-11.png	10	128*512	游戏场景部件
part1-12.png	62.9	128*256	游戏场景部件
part1-13.png	13.2	32*256	游戏场景部件
part1-14.png	10.3	64*64	游戏场景部件
part1-15.png	10	128*128	游戏场景部件
part1-16.png	22.9	256*256	游戏场景部件
part1-17.png	12.7	64*64	游戏场景部件
part1-18.png	13.5	256*256	游戏场景部件
part1-19.png	19.7	128*128	游戏场景部件
part2-1.png	12.9	256*64	游戏场景部件
part2-2.png	13.6	64*256	游戏场景部件
part2-3.png	35.8	256*256	游戏场景部件
part2-4.png	23.9	256*128	游戏场景部件
part2-5.png	10.8	64*128	游戏场景部件
part2-6.png	17.4	256*64	游戏场景部件
part2-7.png	34.6	256*256	游戏场景部件

续表

图 片 名	大小（KB）	像素（wxh）	用 途
part2-8.png	21.8	256*128	游戏场景部件
part2-9.png	9.43	256*256	游戏场景部件
part2-10.png	4.32	256*64	游戏场景部件
part2-13.png	6.59	256*128	游戏场景部件
part2-16.png	59.2	256*256	游戏场景部件
part2-17.png	37.0	128*256	游戏场景部件
part2-18.png	39.9	256*256	游戏场景部件
part2-19.png	53.9	256*128	游戏场景部件
part2-21.png	8.97	32*128	游戏场景部件
part2-22.png	19.8	512*128	游戏场景部件
part2-23.png	10.0	128*128	游戏场景部件
part2-24.Png	9.86	128*128	游戏场景部件
part2-25.png	4.15	256*256	游戏场景部件
part2-26.png	15.1	256*128	游戏场景部件
part2-27.png	31	256*1024	游戏场景部件
part2-28.png	115	256*512	游戏场景部件
part2-29.png	4.63	64*128	游戏场景部件
s0-s9.png	3.2	32*64	游戏场景部件
scorenumber0-9.png	5.25	32*64	游戏场景部件
selectchizi.png	2.75	16*64	游戏场景部件
selectfc.png	5.24	64*64	游戏场景部件
selectgame1.png	14.6	256*256	游戏场景部件
selectgame2.Png	17.9	256*128	游戏场景部件
selectgame3.png	10.8	256*256	游戏场景部件
selectgame3.png	10.8	256*256	游戏场景部件
selectgame4.png	16.8	256*128	游戏场景部件
www.png	1.05	64*64	游戏场景部件

（3）接下来介绍游戏中用到的声音资源，系统将声音资源放在项目目录中的 res/raw 文件夹下，其详细情况如表 11-3 所列。

表 11-3　　　　　　　　　　　声音清单

声音文件名	大小（KB）	格　式	用　途
bn_gameover.mp3	50.5	mp3	游戏失败声音
bn_swish.mp3	7.44	mp3	按钮声音
bnbg_music.mp3	1640	mp3	背景音乐
bnbt_press.mp3	3.67	mp3	按钮声音
vectory.mp3	112	mp3	胜利声音

11.3　游戏的架构

上一小节实现了游戏的策划和前期准备工作，本节将对该游戏的架构进行简单介绍，包括核心算法、界面相关类、辅助线程类和工具类，使读者对本游戏的开发有更深层次的认识。

11.3.1　各个类的简要介绍

为了让读者能够更好地理解各个类的作用，下面将其分成 5 部分进行介绍，而各个类的详细代码将在后面的章节中相继开发。

1．框架类及核心类

- Activity 的实现类 WaterActivity。

该类是通过扩展 Activity 得到的，是整个游戏的控制器，也是整个游戏的程序入口。

- 游戏核心算法 PhyCaulate 类。

该类是应用流体 MPM 算法编写的，用于流体的仿真计算，从而实现流体逼真自然的效果，是该游戏开发的核心类。

2．界面相关类

- 总界面管理类 ViewManager。

该类为游戏程序中呈现界面最主要的类，主要负责游戏资源的加载、整个游戏画面的绘制和游戏触控事件的处理。

- 自定义的 View 接口类 ViewInterface。

该类为游戏程序中自定义 View 的接口类，自定义 View 通过实现 ViewInterface 接口，复写接口中的方法，方便 ViewManager 的管理和调用。

- 自定义游戏欢迎界面类 BNWelcomeView。

该类为游戏加载完资源后展示的"欢迎"界面，界面中玩家会看到"水流"下落的荡漾的效果，界面下方会出现"触屏开始"的闪动字样。

- 自定义游戏设置界面类 BNSetView。

该类为游戏中设置是否需要打开游戏音效和背景音乐的界面类，玩家通过点击相应按钮可以打开或者关闭音乐、音效。

- 自定义游戏选关界面类 BNSelectView。

该类为游戏中选关类，玩家通过点击界面中不同的发光建筑物来查看不同的剧情及相应的最高得分。关卡选中后，点击界面右上角的"开始游戏"按钮进入不同的游戏。

- 自定义游戏主菜单界面类 BNMenuView。

该类为游戏主菜单界面类，玩家通过点击屏幕中不同功能的按钮切换到不同的界面，查看相应界面的功能。

- 自定义游戏帮助界面类 BNHelpView。

该类为游戏帮助类，玩家通过切换帮助卡片来了解游戏中要注意的事项以及取得游戏胜利的方法。

- 自定义游戏界面类 BNGameView1、BNGameView2。

该类为游戏界面类，不同的界面会出现不同的道具元素，玩家通过恰当的操作来取得游戏的胜利。

- 自定义游戏展示界面类 BNDisplayView。

该类为游戏胜利或者失败后的展示界面类，通过向玩家普及保护水资源的知识来达到游戏的目的。

- 自定义游戏关于界面类 BNAboutView。

该类简单介绍了游戏的制作团队。

3. 线程辅助类

- UpdateThread 类。

继承自 Thread 类，用于调用 PhyCaulate 中 update 方法对流体进行仿真模拟计算，产生存储流体粒子位置的数组。

- CalculateFloatBufferThread 类。

继承自 Thread 类，用来将 UpdateThread 类产生的位置数组换算成流体粒子位置缓冲数组，方便 OpenGL ES 2.0 的绘制。

- FireUpdateThread 类。

继承自 Thread 类，用来模拟场景中动态火的计算，从而达到逼真自然的效果。

- SmokeUpdateThread 类。

继承自 Thread 类，用来模拟场景中动态烟的计算，从而达到逼真自然的效果。

4. 烟火粒子系统相关类

- FireSingleParticle 类。

单个烟火粒子类，通过封装单个烟火粒子的相关计算信息，方便粒子系统的调用以及绘制。

- FireParticleSystem 类。

存储火粒子的火粒子系统类，通过 update 方法不断地发射火粒子，精确地模拟仿真火粒子的运动。通过调用 drawSelf 方法，逼真地绘制火粒子运动的效果。

- SmokeParticleSystem 类。

存储烟粒子的烟粒子系统类，通过 update 方法不断地发射烟粒子，精确地模拟仿真烟粒子的运动。通过调用 drawSelf 方法，逼真地绘制烟粒子运动的效果。

5. 工具及常量类

- 缓冲池工具类 BN1FloatArrayPool、BN2FloatArrayPool、BNBufferPool。
为了避免重复开辟内存降低游戏的性能而创建的工具类。

- 常量类 Constant、SourceConstant。
用来存放整个游戏过程中用到的常量及 12 个关卡的地图数据的类。

- 游戏自适应屏幕。
ScreenScaleResult、ScreenScaleUtil 两个类完成对其他分辨率设备的自适应，使游戏可以运行于不同分辨率的安卓设备。

- 初始化图片类 InitPictureUtil。
该类用于初始化游戏中用到的所有的图片资源，将图片加载进设备显存，方便 OpenGL ES 2.0 绘制的调用。

- 线段工具类 Line2Dutil。
Utils 类用来计算两条线段是否相交、点到线段的距离、已知线段的两点求线段方程的系数方程等一系列工具方法。通过封装工具方法，极大地降低了游戏开发的成本。

- 矩阵工具类 MatrixState。

该类中封装了一系列 OpenGL ES 2.0 系统中矩阵操作的相关方法，通过将复杂的系统方法封装成简单的接口，方便开发人员的调用，提高了游戏的开发速度。

- 坐标系转换工具类 PointTransformUtil。

该类中定义了许多常用的坐标转换方法，包括将 2D 坐标转换成 3D 世界坐标、将 2D 物体坐标转换成 3D 物体坐标、将 2D 物体尺寸转换成 3D 物体尺寸、将 3D 物体坐标转换成 2D 物体坐标等工具方法，使坐标转换变得简单明了。

- 着色器编译工具类 ShaderUtil。

该类中封装了用 IO 从 Assets 目录下读取文件、检查每一步是否有错误、创建 Shader、创建 shaderProgram 等一系列的方法，屏蔽了复杂的系统方法。通过简单地调用工具类中的方法即可对着色器进行编译，对提高游戏开发速度有很大的帮助。

- 声音工具类 SoundUtil。

初始化游戏中的声音资源的工具类，方便游戏中声音的调用。

- 水粒子工具类 WaterParticleUtil、格子工具类 GridUtil。

WaterParticleUtil 用于动态计算水粒子列表的顶点缓冲和纹理缓冲，GridUtil 为用于计算游戏中水粒子所在格子的工具类。

6. 游戏元素绘制类

- 烟火绘制类 FireSmokeParticleForDraw。

定义特殊的着色器用于进行烟火粒子的绘制类。

- 其他元素绘制类。

游戏中需要用到很多特殊的着色器，不同的着色器对应着不同的绘制类。由于绘制类较多，这里就不再一一的进行介绍了，读者可以自行查看源代码。

11.3.2 游戏框架简介

上一小节已经对该游戏中所用到的类进行了简单介绍，可能读者还没有理解游戏的架构以及游戏的运行过程，接下来本小节将从游戏的整体架构上进行介绍，使读者对本游戏有更好的理解，其框架如图 11-15、图 11-16 和图 11-17 所示。

> 💡说明　　图 11-15 中列出的是常量类及 Activity 类、游戏界面类、游戏核心计算类和线程辅助类，其各自功能后续将详细介绍，读者这里不必深究。

图 11-16 是本游戏开发中用到的工具类，这些类用于加载图片、坐标系转换、控制游戏声音、自适应屏幕、重力感应矫正等一系列操作。

▲图 11-15　游戏框架图

▲图 11-16　工具类

图 11-17 是本游戏开发中用到的绘制类以及烟火相关类，每个绘制类都由特殊的着色器实现，包括烟火绘制类、游戏胜利界面绘制类、渐变图片绘制类和闪屏界面绘制类等。

接下来按照程序运行的顺序逐步介绍各个类的作用以及整体的运行框架，使读者更好地掌握本游戏的开发步骤，其详细步骤如下。

（1）启动游戏，首先创建 WaterActivity，显现整个游戏的资源加载界面。

（2）资源加载完毕后，程序会跳转到欢迎界面，在欢迎界面玩家会看到从高处下落的水流并在屏幕中间荡漾。玩家可以根据界面下方的提示，触摸欢迎界面切换到主菜单界面。

▲图 11-17　实体对象绘制类和烟火相关类

（3）在主菜单界面玩家会看到五个自上而下滚动的菜单按钮：帮助、设置、开始、关于和退出，单击不同按钮程序会切换到相应的界面。

（4）玩家单击开始按钮进入游戏关卡选择界面 BNSelectView；玩家单击帮助按钮进入游戏的帮助界面 BNHelpView；玩家单击关于按钮，系统进入游戏关于界面 BNAboutView；如果单击设置按钮就会进入游戏设置界面 BNSetView；当玩家单击退出按钮后，游戏会退出。

（5）当进入关卡选择界面时，玩家可以通过点击不同的发光建筑物来查看不同的关卡，界面左上角显示该关卡的剧情，界面下方显示相应的最高分数。关卡选定后，玩家可以点击界面右上方的"开始游戏"进入相应的关卡进行游戏。

（6）进入游戏界面后，玩家可以通过左右晃动手机引导水流的前进，并在恰当的时机点击阻挡水流前进的障碍物同时避免火焰的灼烧。当在规定的时间内收集到规定数量的水滴时游戏胜利，否则游戏失败。

（7）游戏胜利或者失败后，游戏界面会弹出胜利或者失败的对话框，点击对话框中的"确定"按钮，进入"展示界面"。展示界面左边普及水资源的相关知识，右方显示胜利或者失败后的渐变图片。玩家点击界面右下角的"返回"按钮，程序会跳转到选关界面，重新选择关卡进行游戏。

11.4　常量及公共类

从此节开始正式进入游戏的开发过程，本节主要介绍本游戏的公共类和常量类，WaterActivity、Constant 与 SourceConstant，其中 WaterActivity 为本游戏的入口类而 Constant 为本游戏的常量类，SourceConstant 类比较简单，此处不在赘述，请读者自行查看随书光盘中的源代码。下面将分别向读者进行介绍。

11.4.1　游戏主控类 WaterActivity

首先介绍的是游戏的控制器 WaterActivity 类，该类的主要作用是在适当的时间初始化相应的界面，并根据其他界面发送回来的消息切换到用户所需的界面，其具体的开发步骤如下。

（1）首先开发的是 WaterActivity 的框架，其详细代码如下。

📝 **代码位置**：见本书随书光盘中源代码/第 11 章/WSZFZ/src/com/bn/WaterActivity 目录下的 WaterActivity.java。

```
1    package com.bn.WaterActivity;
2    ……//此处省略了部分类的导入代码，读者可自行查看随书光盘中的源代码
3    public class WaterActivity extends Activity{
4        public SensorManager mySensorManager;                //SensorManager 的引用
```

```
5           public Sensor myAccelerometer;                           //传感器类型
6           public static int currView;                              //当前界面是闪屏界面
7           ViewManager viewManager;                                 //创建界面管理器的引用
8           public static SoundUtil sound;                           //游戏音乐
9           public AudioManager audio;                               //游戏中控制音量工具对象
10          public static Vibrator vibrator;                         //震动器
11          public static SharedPreferences sharedPreferences;//用于简单的数据存储的引用
12          public static SharedPreferences.Editor editor;  //用于编辑保存数据的引用
13      @Override
14      public void onCreate(Bundle savedInstanceState){
15              super.onCreate(savedInstanceState);
16              DefaultOrientationUtil.calDefaultOrientation(this);
17              sharedPreferences = this.getSharedPreferences("bn",Context.MODE_
                PRIVATE);
18              editor = sharedPreferences.edit();
19              String first = sharedPreferences.getString("first", null);
                //存储是否是第一次玩游戏
20              if(first == null){                                  //判断是否是第一次玩游戏
21                      editor.putLong("time1", 0);                 //将第一关的时间置0并存入
22                      editor.commit();                            //提交
23                      editor.putLong("time2", 0);                 //将第二关的时间置0并存入
24                      editor.commit();                            //提交
25              editor.putString("first", "notFirst");              //设置为不是第一次进入游戏
26                      editor.commit();                            //提交
27              }
28              requestWindowFeature(Window.FEATURE_NO_TITLE);      //设置为全屏
29              getWindow().setFlags(WindowManager.LayoutParams.FLAG_FULLSCREEN,
30              WindowManager.LayoutParams.FLAG_FULLSCREEN);
31              setRequestedOrientation(ActivityInfo.SCREEN_ORIENTATION_
                LANDSCAPE);//强制横屏
32              getWindow().addFlags(                               //禁止设备自动锁屏
33              WindowManager.LayoutParams.FLAG_KEEP_SCREEN_ON);
34              setVolumeControlStream(AudioManager.STREAM_MUSIC);//只允许调整多媒体音量
35              audio=(AudioManager) getSystemService(Service.AUDIO_SERVICE);
36              sound = new SoundUtil(this);                        //创建 Sound 对象
37              vibrator=(Vibrator)getSystemService(VIBRATOR_SERVICE);//手机震动的初始化
38              mySensorManager =                                   //获得 SensorManager 对象
39                  (SensorManager)getSystemService(SENSOR_SERVICE);
40              myAccelerometer=                                    //设置传感器类型
41                  mySensorManager.getDefaultSensor(Sensor.TYPE_ACCELEROMETER);
42          viewManager = new ViewManager(this);                    //创建 ViewManager 对象
43          setContentView(viewManager);                            //跳转到闪屏界面
44          DisplayMetrics dm = new DisplayMetrics();               //创建 DisplayMetrics 对象
45          getWindowManager().getDefaultDisplay().getMetrics(dm);//获取设备的屏幕尺寸
46          Constant.ssr=ScreenScaleUtil.calScale(dm.widthPixels, dm.heightPixels);
            //计算屏幕缩放比
47      }
48  public Handler myHandler = new Handler(){                        //创建 Handler 对象
49          public void handleMessage(Message msg){                 //Handler 用于接收消息的方法
50  ……//此处省略了用于接收消息的 Handler 的部分代码，读者可自行查看随书光盘中的源代码
51  }}
52  public void toMainView(){                                        //跳转到主菜单界面
53          viewManager.toViewCuror = viewManager.menuView;//下一界面的引用为主菜单界面
54          viewManager.viewCuror.closeThread();                    //关闭当前界面的线程
55          viewManager.toViewCuror.reLoadThread();                 //初始化主菜单界面所需要的数据
56          currView = Constant.MENU_VIEW;                          //为记录当前界面的变量赋值
57          viewManager.viewCuror = viewManager.menuView;//当前界面的引用为主菜单界面
58      }
59  ……//此处省略了跳转到其他界面的方法的代码，读者可自行查看随书光盘中的源代码
60  @Override
61  public boolean onKeyDown(int keyCode, KeyEvent event){
62  ……//此处省略了对键盘监听的部分代码，读者可自行查看随书光盘中的源代码
63  }
64  public SensorEventListener mySensorListener = new SensorEventListener(){
65  ……//此处省略了实现对传感器监听的部分代码，将在下面进行详细介绍
66  }
67  @Override
68  protected void onResume() {                                      //重写 onResume 方法
69          super.onResume();
```

```
70          Constant.isPause = false;                         //游戏暂停标志位设为false
71          mySensorManager.registerListener(
72                  mySensorListener,                         //添加监听
73                  myAccelerometer,                          //传感器类型
74                  SensorManager.SENSOR_DELAY_NORMAL         //传感器事件传递的频度
75                  );
76          if(WaterActivity.sound.mp!=null){
77                  WaterActivity.sound.mp.start();            //开启背景音乐
78      }}
79      @Override
80      protected void onPause(){                              //重写onPause方法
81          super.onPause();
82          Constant.isPause = true;                           //游戏暂停标志位设为true
83          mySensorManager.unregisterListener(mySensorListener);  //取消注册监听器
84          if(WaterActivity.sound.mp!=null){
85                  WaterActivity.sound.mp.pause();            //暂停背景音乐
86      }}
87      @Override
88      protected void onStop(){                               //重写onStop方法
89          System.exit(0);                                    //退出
90      }}
```

● 第 14~47 行为重写 onCreate 方法。当运行该类时，首先调用此方法，在此方法中首先进行声音、轻型数据存储、传感器和屏幕分辨率的初始化，将游戏设置为横屏模式，然后跳转到闪屏界面。

● 第 48~51 行为 Handler 接收消息的方法，用于接收从其他类发过来的消息，通过判断所发消息进行界面跳转。

● 第 52~58 行为跳转到其他界面的方法，在跳转界面时会调用该方法，关闭当前界面的相关线程，并初始化下一个界面所需要的数据。由于跳转到其他界面的方法与本方法相似，故此处不在赘述。

● 第 61~63 行为实现了对键盘的监听，本游戏主要是对返回键的监听，每次按返回键都会跳转到上一个界面。

● 第 68~90 行分别为重写的 onResume 方法、onPause 方法和 onStop 方法。在 onResume 方法中对传感器注册监听，并取消游戏和音乐的暂停，在 onPause 方法中对传感器取消注册监听，并暂停游戏和音乐，在 onStop 方法中直接退出游戏。

（2）接下来开发 WaterActivity 中对传感器监听的代码，其详细开发代码如下。

代码位置：见本书随书光盘中源代码/第 11 章/WSZFZ/src/com/bn/WaterActivity 目录下的 WaterActivity.java。

```
1   public SensorEventListener mySensorListener = new SensorEventListener(){
    //创建传感器对象
2       public void onAccuracyChanged(Sensor sensor, int accuracy){
3       }
4       public void onSensorChanged(SensorEvent event){
5           float []values=event.values;                   //获取三个轴方向上的加速度值
6           if(currView == Constant.SELECT_VIEW){
7               return;                      //当前界面为选关界面时无重力感应
8           }
9           if(currView == Constant.WELCOME_VIEW){
10              if(!Constant.contral){
11                  return;                  //当前界面为欢迎界面且重力感应未生效时无重力感应
12          }}
13          if(currView == Constant.GAME_VIEW){
14              if(!Constant.contral){
15                  return;                  //当前界面为游戏界面且重力感应未生效时无重力感应
16          }}
17          if(DefaultOrientationUtil.defaultOrientation
18             ==DefaultOrientation.PORTRAIT){   //当设备为手机时
19              float sgxTemp=Math.min(Math.abs(values[1]), 1.8f);
                //设置重力感应的最大值
```

```
20                     if(values[1]>0.5f){                    //当 Y 轴上的加速度分量大于阈值时
21                         Constant.SGX = sgxTemp;            //给水流 X 方向上的速度赋值
22                     }else if(values[1]<-0.5f){             //当 Y 轴上的加速度分量小于阈值时
23                         Constant.SGX = -sgxTemp;           //给水流 X 方向上的速度赋值
24                     }else{                                 //在阈值范围内
25                         Constant.SGX=0.0f;                 //水流 X 方向上的速度为 0
26                 }}
27             else{                                          //当设备为 PAD 时
28                     float sgxTemp=Math.min(Math.abs(values[0]), 1.8f);
                    //设置重力感应的最大值
29                     if(values[0]>0.5f){                    //当 X 轴上的加速度分量大于阈值时
30                         Constant.SGX = -sgxTemp;           //给水流 X 方向上的速度赋值
31                     }else if(values[0]<-0.5f){             //当 X 轴上的加速度分量小于阈值时
32                         Constant.SGX = sgxTemp;            //给水流 X 方向上的速度赋值
33                     }else{                                 //在阈值范围内
34                         Constant.SGX=0.0f;                 //水流 X 方向上的速度为 0
35     }}}};
```

说明　　　该方法主要实现了对加速度传感器的监听。由于有一些 PAD 和手机的加速度的坐标轴方向相反，因此在对传感器进行监听时，首先要判断设备是手机还是 PAD，如果是手机则水流的 X 方向上的速度为 Y 轴上的加速度分量，如果是 PAD 则水流的 X 方向上的速度为 X 轴上的加速度分量。

11.4.2　游戏常量类 Constant

本类是常量类，用来存放本项目的大部分的静态变量，以供其他类方便地调用这些公共变量，其中部分静态变量的声明由于篇幅问题在此省略，读者可自行查看光盘中的源代码。下面进行详细介绍。

下面开发的便是 Constant 类，其详细代码如下。

代码位置：见本书随书光盘中源代码/第 11 章/WSZFZ/src/com/bn/ constant 目录下的 Constant.java。

```
1      package com.bn.constant;
2      ……//此处省略了部分类的导入代码，读者可自行查看随书光盘中的源代码
3      public class Constant{
4          public static long phyTick=0;                           //物理帧刷帧计数器
5          public static float SCREEN_WIDTH_STANDARD = 1280;       //屏幕标准宽度
6          public static float SCREEN_HEIGHT_STANDARD = 720;       //屏幕标准高度
7          public static float RATIO =                             //屏幕宽高比
8      SCREEN_WIDTH_STANDARD/SCREEN_HEIGHT_STANDARD;
9          public static ScreenScaleResult ssr;                    //ScreenScaleResult 的引用
10         public static Object lockA = new Object();              //线程锁 A
11         public static Object lockB = new Object();              //线程锁 B
12         public static Queue<float[][]> queueA = new LinkedList<float[][]>();
           //水粒子位置存储队列
13         public static Queue<FloatBuffer> queueB = new LinkedList<FloatBuffer>();
           //水缓冲存储队列
14         public static int timeCount = 30;                       //每秒刷的物理帧
15         public static long ms = 119000;                         //初始化每关时间
16         public static long msl = 59000;                         //绘制秒
17         public static long[] COLLISION_SOUND_PATTERN={01,301};//震动开始时间和时长
18         public static Object lockFire = new Object();//火灼烧的时候不进行物理计算的锁
19         public static Object touch = new Object();              //触控消失物体的锁
20         public static float WATER_PARTICLE_SIZE = 28f;          //水粒子绘制时的大小
21         public final static float WATER_PARTICLE_SIZE_3D =//水粒子在 3D 坐标系下的大小
22     WATER_PARTICLE_SIZE/(Constant.SCREEN_HEIGHT_STANDARD/2);
23         public static float SGX = 0;                            //水粒子在 X 方向上的受力
24         public static float SGY = 6;                            //水粒子在 Y 方向上的受力
25         public static boolean contral = false;                 //欢迎界面重力感应生效标志位
26         public static boolean isPause = false;                  //游戏暂停的标志位
27         public static boolean isFire = true;                    //当前是否在喷火的标志位
28         public static int pengTicks=90;                         //喷火的时间
29         public static int buPengTicks=180;                      //熄灭的时间
```

```
30          public static long youXiTime = 120000;                      //每一关的游戏时间
31          public static final float WELCOME_WIDTH = 278*0.8f;          //图片的宽
32          public static final float WELCOME_HEIGHT = 85*0.8f;          //图片的高
33          public static final float WELCOME_X = 620;               //图片左上角在屏幕位置的 X 坐标
34          public static final float WELCOME_Y = 635;               //图片左上角在屏幕位置的 Y 坐标
35          public static final float nameWidth =                    //图片在 3D 坐标系下的宽
36          PointTransformUtil.from2DObjectTo3DObjectWidth(Constant.NAME_WIDTH);
37          public static final float nameHeight =                   //图片在 3D 坐标系下的高
38          PointTransformUtil.from2DObjectTo3DObjectHeight(Constant.NAME_HEIGHT);
39          public static final float nameX = PointTransformUtil.from2DWordTo3DwordX
            (Constant.NAME_X);
40          public static final float nameY = PointTransformUtil.from2DWordTo3DwordY
            (Constant.NAME_Y);
41          ……//此处省略了常量类中其他图片大小和位置的部分代码，读者可自行查看随书光盘中的源代码
42      }
```

> **说明**　该类主要存放本游戏所用到的一些静态变量，存到该类中方便日后修改。主要存放有线程锁、与计时相关的变量、水粒子的相关参数以及游戏中用到的图片的位置。第 31~34 行为决定图片大小和位置的变量，第 35~40 行为把图片的大小和位置参数转换为 3D 坐标系下的大小和位置。

11.5　界面相关类

前面的章节介绍了游戏的常量及公共类，本节将为读者介绍本游戏界面相关类，其中界面管理类继承自 GLSurfaceView，其他类均实现了一个自定义接口 ViewInterface，并利用的 OpenGL ES 2.0 的 3D 绘制技术绘制了 2D 界面，这些类实现了游戏的所有界面。下面将为读者详细介绍部分界面类的开发过程，其他界面与之相似，此处不再介绍。

11.5.1　游戏界面管理类 ViewManager

现在开始介绍界面管理类 ViewManager 的开发，该类主要管理项目中的其他界面类，并绘制实现了闪屏界面，下面将分步骤进行开发。

（1）首先介绍 ViewManager 类的框架，其详细代码如下。

✎ 代码位置：见本书随书光盘中源代码/第 11 章/WSZFZ/src/com/bn/views 目录下的
ViewManager.java。

```
1       package com.bn.views;
2       ……//此处省略了部分类的导入代码，读者可自行查看随书光盘中的源代码
3       public class ViewManager extends GLSurfaceView{
4           WaterActivity activity;                           //WaterActivity 的引用
5           private SceneRenderer mRenderer;                  //场景渲染器
6           Resources resources;                              //创建 Resources 的引用
7           public ViewInterface menuView;                    //主界面的引用
8           public ViewInterface aboutView;                   //关于界面的引用
9           public ViewInterface selectView;                  //选关界面的引用
10          public ViewInterface welcomeView;                 //欢迎界面的引用
11          public ViewInterface helpView;                    //帮助界面的引用
12          public ViewInterface setView;                     //设置界面的引用
13          public ViewInterface shanPingView;                //闪屏界面的引用
14          public ViewInterface displayView;                 //展示界面的引用
15          public ViewInterface gameView1;                   //关卡 1 的引用
16          public ViewInterface gameView2;                   //关卡 2 的引用
17          public static ViewInterface viewCuror;            //当前界面的引用
18          public static ViewInterface toViewCuror;          //要去的界面的引用
19          ShanPingRectForDraw backGround;                   //闪屏界面的背景
20          public int backGroundNF;                          //没有火的菜单背景纹理 ID
21          public int backGroundYF;                          //有火的菜单背景纹理 ID
22          int initIndex = 1;                                //初始化资源的顺序变量
```

```
23          boolean isInitOver = false;                       //资源是否初始化完毕的标志位
24          float alpha = 1.0f;                               //最后一张闪屏图片的 alpha 值
25          float alphaSpan = 0.01f;                          //最后一张闪屏图片的 alpha 值的增量
26      //将闪屏图片的大小和位置坐标转换为 3D 世界的坐标
27          float spX = PointTransformUtil.from2DWordTo3DWordX(Constant.SP_X);
28          float spY = PointTransformUtil.from2DWordTo3DWordY(Constant.SP_Y);
29          float spWidth = PointTransformUtil.from2DObjectTo3DObjectWidth(Constant.
            SP_WIDTH);
30          float spHeight = PointTransformUtil.from2DObjectTo3DObjectHeight(Constant.
            SP_HEIGHT);
31      public ViewManager(WaterActivity activity){ //构造器
32              super(activity);
33              this.activity = activity;
34              this.resources = this.getResources();
35              setEGLContextClientVersion(2);                //OpenGL ES 版本为 2.0
36              mRenderer = new SceneRenderer();              //创建场景渲染器
37              setRenderer(mRenderer);                       //设置渲染器
38              setRenderMode(GLSurfaceView.RENDERMODE_CONTINUOUSLY);//设置渲染模式
39      }
40      public boolean onTouchEvent(MotionEvent event){   //触摸事件的方法
41              if(viewCuror != null)                         //当前界面不为空，则触控生效
42                  viewCuror.onTouchEvent(event);
43              return true;
44      }
45      private class SceneRenderer implements GLSurfaceView.Renderer{
46              @Override
47              public void onDrawFrame(GL10 gl){         //绘制一帧画面的方法
48                  GLES20.glBindFramebuffer(GLES20.GL_FRAMEBUFFER, 0);//绑定系统的缓冲
49                  GLES20.glClear(
50                          GLES20.GL_DEPTH_BUFFER_BIT |
51                          GLES20.GL_COLOR_BUFFER_BIT);      //清除深度缓冲与颜色缓冲
52                  if(!isInitOver){                          //游戏资源为未初始化完毕，绘制闪屏界面
53                      MatrixState.pushMatrix();             //保护现场
54                      MatrixState.translate(spX, spY, 0);   //平移图片位置
55                      if(initIndex <22){//如果没有绘制到最后一张，依次绘制每一张闪屏图片
56                          backGround.drawSelf(
57                                  SourceConstant.loadingTex[initIndex-1],
58                                  initIndex,alpha);
59                      }else{              //如果绘制到最后一张，则一直绘制最后一张闪屏图片
60                          backGround.drawSelf(
61                                  SourceConstant.loadingTex[initIndex-2],
62                                  initIndex-1,alpha);
63                      }
64                      MatrixState.popMatrix();                  //恢复现场
65                      initBNView(initIndex);//每绘制一张闪屏图片，调用一次初始化资源的方法
66                      if(initIndex<22)
67                          initIndex++;                          //绘制一帧画面该变量加一
68                  }else{                                    //绘制欢迎界面
69                      MatrixState.pushMatrix();             //保护现场
70                      if(viewCuror != null)                 //当前界面不为空
71                          viewCuror.onDrawFrame(gl);        //绘制该场景
72                      MatrixState.popMatrix();              //恢复现场
73              }}
74      public void onSurfaceCreated(GL10 gl, int width, int height) {
75      ……//此处省略了 onSurfaceCreated 的部分代码，读者请自行查阅随书光盘的源代码
76      }
77      public void onSurfaceChanged(GL10 gl, int width, int height) {
78      ……//此处省略了 onSurfaceChanged 的部分代码，将在下面进行详细介绍
79      }
80      public void initBNView(int number){
81      ……//此处省略了初始化游戏资源的部分代码，将在下面进行详细介绍
82      }
83      public void initNumberSource(Resources resources){
84      ……//此处省略了初始化数字图片的部分代码，读者请自行查阅随书光盘的源代码
85      }
86      public void initSources(Resources resources){
87      ……//此处省略了初始化背景图片的部分代码，读者请自行查阅随书光盘的源代码
88      }
89      public void surfaceDestroyed(SurfaceHolder holder){
```

```
90          ……//此处省略了 surfaceDestroyed 的部分代码，读者请自行查阅随书光盘的源代码
91              }
```

- 第 4~30 行主要是创建各个界面的引用，并初始化闪屏界面所需要的成员变量。
- 第 31~39 行为该类的构造器，主要设置渲染模式。
- 第 40~44 行为判断屏幕触控事件是否生效的方法。
- 第 45~73 行为本类的场景渲染器，主要功能是绘制每一帧画面。在绘制闪屏界面时，首先要判断游戏资源是否全部加载完毕，如果没有加载完，按顺序绘制每一张闪屏图片，并加载部分资源，当资源全部加载完毕后，准备绘制欢迎界面。
- 第 74~76 行为画面创建时系统调用的方法。
- 第 77~79 行为画面改变时系统调用的方法，该方法将在下面进行详细介绍。
- 第 80~82 行为初始化游戏资源的方法，游戏在闪屏界面时，会按顺序初始化游戏资源。
- 第 83~88 行为初始化本游戏用到的数字纹理和背景纹理图片的方法，由于比较简单，故此处不再赘述。

（2）下面介绍 ViewManager 类的 onSurfaceChanged 方法，该方法是在画面改变时进行调用，其详细代码如下。

💸 **代码位置：**见本书随书光盘中源代码/第 11 章/WSZFZ/src/com/bn/views 目录下的 ViewManager.java。

```
1    public void onSurfaceChanged(GL10 gl, int width, int height) {
2        float ratio = Constant.RATIO;                        //屏幕宽高比
3        GLES20.glViewport(                                   //设置视口的位置大小
4            Constant.ssr.lucX,                               //视口左上角 x 坐标
5            Constant.ssr.lucY,                               //视口左上角 y 坐标
6            (int) (Constant.SCREEN_WIDTH_STANDARD*Constant.ssr.ratio),   //视口宽度
7            (int) (Constant.SCREEN_HEIGHT_STANDARD*Constant.ssr.ratio)   //视口高度
8        );
9        MatrixState.setCamera(0, 0, 1,0, 0, -1, 0, 1, 0);    //设置摄像机位置
10       float temp = 1f;
11       MatrixState.setProjectOrtho(-ratio*temp, ratio*temp,-1*temp,1*temp,0,10);
         //设置正交投影的参数
12       }
```

> 🖊 **说明**　　该方法主要是设置界面视口的位置和大小，其中位置是以视口的左上角坐标为准的，然后设置摄像机的位置和正交投影的相关参数。

（3）最后介绍 ViewManager 类的 initBNView 方法，该方法的主要作用是初始化游戏资源，其详细代码如下。

💸 **代码位置：**见本书随书光盘中源代码/第 11 章/WSZFZ/src/com/bn/views 目录下的 ViewManager.java。

```
1    public void initBNView(int number){                     //初始化游戏资源的方法
2        switch(number){
3            case 1:                                          //步骤 1
4                SourceConstant.loadingTex[1] =               //初始化第二张闪屏图片
5                    InitPictureUtil.initTexture(resources,"load2.png");
6                welcomeView = new BNWelcomeView(ViewManager.this);
                 //初始化欢迎界面的所有资源
7                break;
8    ……//由于中间步骤与 case1 相似，故此处省略了的部分代码，读者请自行查阅随书光盘的源代码
9            case 22:                                         //步骤 22
10               alpha = alpha - alphaSpan;                   //改变最后一张图片的透明度，直至透明
11               break;
12           }
13       if(number == 22 && alpha <=0){                       //判断当前闪屏图是否为最后一张且透明度为 0
14           isInitOver = true;                               //闪屏结束
```

```
15              ViewManager.toViewCuror = welcomeView;//跳转到欢迎界面
16              activity.currView=Constant.WELCOME_VIEW;//记录当前界面的变量赋值为欢迎界面
17              ViewManager.toViewCuror.reLoadThread();    //加载欢迎界面的资源
18              ViewManager.viewCuror = welcomeView;        //当前界面的引用为欢迎界面
19      }}
```

📖说明　　　该方法用来加载游戏的所有资源，每绘制一张闪屏界面就进行一个步骤并加载部分游戏资源，到最后一步时资源加载完毕后过渡到欢迎界面。这样做的好处是在闪屏的时候就把所有资源加载完毕了，从而在其他界面或者游戏的时候不会因为加载某个界面的资源而去等待，提高了运行速度。

11.5.2　欢迎界面类 BNWelcomeView

上面讲解了游戏的界面管理类 ViewManager 的开发过程，当 ViewManager 类开发完成以后，随即就进入到了游戏欢迎界面的开发，下面将详细介绍 BNWelcomeView 类的开发过程。

（1）首先介绍 BNWelcomeView 类的框架，其详细代码如下。

✒ **代码位置：** 见本书随书光盘中源代码/第 11 章/WSZFZ/src/com/bn/views 目录下的
BNWelcomeView.java。

```
1       package com.bn.views;
2       ……//此处省略了部分类的导入代码，读者可自行查看随书光盘中的源代码
3       public class BNWelcomeView implements ViewInterface{
4           ViewManager viewManager;                          //创建界面管理器的引用
5           Resources resources;                              //创建 Resources 的引用
6           UpdateThread updateThread;                        //UpdateThread 线程的引用
7           CalculateFloatBufferThread calculateFloatBufferThread;    //计算缓冲线程
8           FloatBuffer waterTexBuffer;                       //水的纹理缓冲
9           FloatBuffer waterVerBuffer = null;                //水的顶点缓冲
10          int frameBufferFrontId;                           //声明帧缓冲 ID
11          int shadowFrontId;                                //自动生成的水图片纹理 ID
12          int renderDepthBufferFrontId;                     //渲染缓冲
13          boolean isFrontBegin = true;                      //渲染缓冲只初始化一次的标志位
14          int SHADOW_TEX_WIDTH = Constant.waterPictureWidth;   //生成的纹理图的分辨率
15          int SHADOW_TEX_HEIGHT = Constant.waterPictureHeight;//生成的纹理图的分辨率
16          WelcomeViewRectForDrawWater waterRect;            //用于绘制水的纹理矩形
17          int waterTex;                                     //水的纹理
18          Water water;                                      //水的绘制者
19          RectCenterForDraw cpksRect;                       //"触屏开始"纹理的绘制者
20          int cpksId;                                       //"触屏开始"纹理 ID
21          //"触屏开始"纹理做缩放动作的相关变量
22          float scaleEnd = 1.1f;                            //放大的倍数
23          float scaleStart = 1.0f;                          //缩小的倍数
24          float scaleTemp = 1.0f;                           //中间变量
25          float scaleSpan = 0.005f;                         //缩放率
26          //" 触屏开始 "按钮的相关坐标和大小
27          float welWidth = PointTransformUtil.from2DObjectTo3DObjectWidth
28              (Constant.WELCOME_WIDTH);                     //按钮的宽
29          float welHeight = PointTransformUtil.from2DObjectTo3DObjectHeight
30              (Constant.WELCOME_HEIGHT);                    //按钮的高
31          float welX = PointTransformUtil.from2DWordTo3DWordX
32              (Constant.WELCOME_X);                         //图片左上角点 X 坐标
33          float welY = PointTransformUtil.from2DWordTo3DWordY
34              (Constant.WELCOME_Y);                         //图片左上角点 Y 坐标
35          ArrayList<float[]> arrEdges = new ArrayList<float[]>();//存放地图中碰撞线的列表
36          List<RectForDraw> drawers = new ArrayList<RectForDraw>();//物体的绘制者列表
37          List<float[]> wutiPosition3D = new ArrayList<float[]>();
            //存储物体在 3D 坐标系中的位置的列表
38          ArrayList<Integer> textureID = new ArrayList<Integer>();//存放地图中纹理的 ID
39          int gridX;                                        //地图的宽度
40          int gridY;                                        //地图的高度
41          boolean isDelete = false;                         //是否删除了闪屏界面纹理的标志位
42          int soundCount = 15;                              //控制音效播放时间的变量
```

```
43              boolean isSound = true;                          //控制音效播放的标志位
44          public BNWelcomeView(ViewManager viewManager){     //构造器
45              this.viewManager = viewManager;
46              this.resources = viewManager.getResources();
47              initSources(resources);                          //初始化资源
48          }
49          public boolean onTouchEvent(MotionEvent event){    //处理触摸事件的方法
50              if(event.getAction() == MotionEvent.ACTION_MOVE){//点击屏幕后跳转到主菜单界面
51                  Message message = new Message();            //创建 Message 对象
52                  Bundle bundle = new Bundle();               //创建 Bundle 对象
53                  bundle.putInt("operation", Constant.GO_TO_MENUVIEW);   //绑定消息
54                  message.setData(bundle);                    //设置消息
55                  viewManager.activity.myHandler.sendMessage(message);   //发送消息
56              }
57              return true;
58          }
59          public void initFRBuffers(){                        //初始化帧缓冲和渲染缓冲的方法
60      ……//此处省略了 initFRBuffers 的部分代码，将在下面章节的 BNGameView2 类中详细介绍
61          }
62          public void generateShadowImage(){                  //通过绘制产生阴影纹理的方法
63      ……//此处省略了 generateShadowImage 的部分代码，将在下面章节的 BNGameView2 类中详细介绍
64          }
65          public void onDrawFrame(GL10 gl){                   //绘制一帧画面的方法
66      ……//此处省略了 onDrawFrame 的部分代码，将在下面进行详细介绍
67          }
68          public void drawGameView(){                         //绘制欢迎界面的方法
69      ……//此处省略了 drawGameView 的部分代码，将在下面进行详细介绍
70          }
71          public void drawScence(){                           //绘制场景中物体和图片的方法
72          ……//此处省略了 drawScence 的部分代码，将在下面进行详细介绍
73          }
74          public void initSources(Resources resources){      //初始化用到的资源的方法
75          ……//此处省略了 initSources 的部分代码，将在下面章节的 BNGameView2 类中详细介绍
76          }
77          public void reLoadThread(){                         //开启线程的方法
78          ……//此处省略了 reLoadThread 的部分代码，将在下面章节的 BNGameView2 类中详细介绍
79          }
80          public void closeThread(){                          //关闭线程的方法
81          ……//此处省略了 closeThread 的部分代码，将在下面章节的 BNGameView2 类中详细介绍
82          }
```

- 第 4~18 行主要是创建相关资源和线程的引用，并声明绘制水所需要的纹理矩形、顶点缓冲、纹理缓冲、渲染缓冲和绘制者。

- 第 19~34 行为用于绘制"触屏开始"按钮所需要的相关变量。

- 第 35~43 行为用于存放地图数据的相关变量和控制声音的变量。

- 第 44~48 行为本类的构造器，主要功能初始化一些相关成员变量。

- 第 49~58 行为本类的处理触控事件的方法，当用户点击屏幕后会向 Activity 发送消息，然后跳转到下一界面。

> 说明　由于本类的部分方法与 BNGameView2 中的部分方法相似，所以第 59~64 行以及 74~82 行所涉及的方法此处不再介绍，读者请查看 11.5.5 节所介绍的 BNGameView2 类。

（2）下面介绍 BNWelcomeView 类的 onDrawFrame 方法，该方法主要是绘制每一帧画面，其详细代码如下。

📝 **代码位置：**见本书随书光盘中源代码/第 11 章/WSZFZ/src/com/bn/views 目录下的 BNWelcomeView.java。

```
1      public void onDrawFrame(GL10 gl){                    //绘制一帧画面的方法
2          if(!isDelete){                                   //如果闪屏界面加载的纹理没有删除
3              GLES20.glDeleteTextures(                      //删除闪屏界面加载的纹理
```

```
4                          SourceConstant.loadingTex.length,
5                          SourceConstant.loadingTex, 0);
6             isDelete = true;                        //标志位设为 true
7         }
8         GLES20.glClearColor(0f, 0f,0f, 0);        //清除背景颜色
9         MatrixState.setProjectOrtho(               //设置正交投影相关参数
10                -Constant.RATIO,
11                Constant.RATIO,
12                -1, 1, 0, 10);
13        soundCount--;                              //控制音效的播放的计数器递减
14        if(soundCount ==0&&isSound){               //当计数器为 0 且音效开启
15            WaterActivity.sound.playMusic(Constant.water, 0);  //播放音效
16            isSound = false;//标志位设为 false
17        }
18        drawGameView();                            //绘制游戏场景
19    }
```

说明　该方法是本类用于绘制每一帧画面的方法。在绘制时首先要判断闪屏界面加载的纹理是否删除，如果没有删除则进行删除操作释放资源，然后设置正交投影的参数并播放本界面的相关音效，最后调用 drawGameView 方法进行画面绘制。

（3）下面介绍 BNWelcomeView 类的 drawGameView 方法，其详细代码如下。

代码位置：见本书随书光盘中源代码/第 11 章/WSZFZ/src/com/bn/views 目录下的 BNWelcomeView.java。

```
1     public void drawGameView(){
2         GLES20.glViewport(0,0,SHADOW_TEX_WIDTH, SHADOW_TEX_HEIGHT);//设置视口
3         generateShadowImage();                  //自定义缓冲并绑定,绑定后绘制水生成缓冲
4         GLES20.glViewport(                      //设置视口的位置和大小
5             Constant.ssr.lucX,                  //视口左上角 X 坐标
6             Constant.ssr.lucY,                  //视口左上角 Y 坐标
7             (int) (Constant.SCREEN_WIDTH_STANDARD*Constant.ssr.ratio),//视口宽度
8             (int) (Constant.SCREEN_HEIGHT_STANDARD*Constant.ssr.ratio)//视口高度
9         );
10        GLES20.glBindFramebuffer(GLES20.GL_FRAMEBUFFER, 0);//绑定系统的缓冲
11        GLES20.glClear(                         //清除深度缓冲与颜色缓冲
12            GLES20.GL_DEPTH_BUFFER_BIT |
13            GLES20.GL_COLOR_BUFFER_BIT);
14        drawScence();                           //绘制场景
15        GLES20.glDeleteFramebuffers(1, new int[] { frameBufferFrontId },0);
          //删除缓冲
16        GLES20.glDeleteTextures(1, new int[] { shadowFrontId },0);//删除纹理
17    }
```

说明　该方法的主要作用是设置视口大小，并实现多分辨屏幕自适应效果，所以本方法中设置了两次视口的位置和大小。然后绑定系统缓冲并删除深度缓冲和颜色缓冲，进而调用 drawScence 方法绘制画面场景，绘制结束后删除缓冲和纹理。

（4）下面介绍 BNWelcomeView 类的 drawScence 方法，其详细代码如下。

代码位置：见本书随书光盘中源代码/第 11 章/WSZFZ/src/com/bn/views 目录下的 BNWelcomeView.java。

```
1     public void drawScence(){                            //绘制场景中物体和图片的方法
2         for(int i=0;i<drawers.size();i++){               //绘制场景中的物体
3             MatrixState.pushMatrix();                    //保护现场
4             MatrixState.translate(wutiPosition3D.get(i)[0],
                wutiPosition3D.get(i)[1], 0);   //平移物体
5             MatrixState.rotate(wutiPosition3D.get(i)[2], 0, 0, 1);//旋转物体
6             drawers.get(i).drawSelf(textureID.get(i));            //绘制物体
7             MatrixState.popMatrix();                              //恢复现场
8         }
```

```
 9          scaleTemp = scaleTemp + scaleSpan;                    //"触屏开始"按钮缩放的计算方法
10          if(scaleTemp>scaleEnd || scaleTemp<scaleStart){//缩放率大于或小于临界值时
11              scaleSpan = -scaleSpan;                           //正负置反
12          }
13          MatrixState.pushMatrix();                             //保护现场
14          MatrixState.translate(welX, welY, 0);                //平移
15          MatrixState.scale(scaleTemp, scaleTemp, 1);          //缩放
16          cpksRect.drawSelf(cpksId);                            //绘制触屏开始图片
17          MatrixState.pushMatrix();                             //保护现场
18          waterRect.drawSelfForWater(shadowFrontId);           //绘制水纹理
19          MatrixState.popMatrix();                              //恢复现场
20      }
```

- 第 2~8 行为绘制场景中的物体,本场景中的物体是通过加载用地图设计器设计的地图实现的,关于加载方法将在第 11.5.5 节介绍。
- 第 9~16 行为用于绘制"触屏开始"按钮所需的相关变量。
- 第 17~20 行为绘制水纹理,实现本界面中荡漾的水效果。

11.5.3 选关界面类 BNSelectView

上一小节介绍了欢迎界面的开发过程,下面介绍选关界面是如何开发的,本游戏的选关界面设计巧妙,以化工厂为背景,工厂的一个部件代表一个关卡,点击相应部件即可进入相应的关卡。下面将详细介绍 BNSelectView 类的开发过程。

(1)首先介绍 BNSelectView 类的框架,其详细代码如下。

✎ 代码位置:见本书随书光盘中源代码/第 11 章/WSZFZ/src/com/bn/views 目录下的 BNSelectView.java。

```
 1  package com.bn.views;
 2  ……//此处省略了部分类的导入代码,读者可自行查看随书光盘中的源代码
 3  public class BNSelectView implements ViewInterface{
 4      ViewManager viewManager;                          //界面管理器的引用
 5      Resources resources;                              //Resources 的引用
 6      UpdateThread updateThread;                        //更新线程
 7      CalculateFloatBufferThread calculateFloatBufferThread;    //计算缓冲线程
 8      int fireId;                                       //烟的纹理 ID
 9      FireSmokeParticleForDraw fpfd;                    //烟的绘制者
10      SmokeParticleSystem fps;                          //烟粒子模拟系统的引用
11      SmokeUpdateThread fireUpdateThread;               //模拟烟效果线程
12      ……//此处省略了部分成员变量的声明,读者可自行查看随书光盘中的源代码
13      public BNSelectView(ViewManager viewManager){     //构造器
14          this.viewManager = viewManager;
15          this.resources = viewManager.getResources();
16          positions.add(new GunDongPicture( //设置字幕板第一张滚动字幕的位置和大小
17                  textX,textStartY,
18                  0,textRectHeight,
19                  textYInc,textEndY));
20          positions.add(new GunDongPicture( //设置字幕板第二张滚动字幕的位置和大小
21                  textX,textStartY-textRectHeight-0.1f,
22                  0,textRectHeight,
23                  textYInc,textEndY));
24          initSources(resources);
25      }
26      public boolean onTouchEvent(MotionEvent event){ //处理触控事件的方法
27      ……//此处省略了 onTouchEvent 的部分代码,读者请自行查阅随书光盘的源代码
28      }
29      public void initFRBuffers(){                      //初始化帧缓冲和渲染缓冲
30      ……//此处省略了 initFRBuffers 的部分代码,读者请自行查看随书光盘的源代码
31      }
32      public void generateShadowImage(){                //通过绘制产生阴影纹理的方法
33      ……//此处省略了 generateShadowImage 的部分代码,读者请自行查阅随书光盘的源代码
34      }
35      public void swapGuan1Tex(){                       //点击第一关时换按钮纹理的方法
36      ……//此处省略了 swapGuan1Tex 的部分代码,将在下面进行介绍
37      }
```

```
38          public void swapGuan2Tex(){                      //点击第二关时换按钮纹理的方法
39          ……//此处省略了 swapGuan2Tex 的部分代码，将在下面进行介绍
40          }
41          public void onDrawFrame(GL10 gl) {                //绘制一帧画面的方法
42          ……//此处省略了 onDrawFrame 的部分代码，读者请自行查阅随书光盘的源代码
43          }
44          public void drawGameView(){                       //绘制选关界面
45          ……//此处省略了 drawGameView 的部分代码，读者请自行查阅随书光盘的源代码
46          }
47          public void drawScissorScence(){                  //绘制字幕板区域的方法
48          ……//此处省略了 drawScissorScence 的部分代码，将在下面进行介绍
49          }
50          public void drawScence(){                         //绘制场景中的物体
51          ……//此处省略了 drawScence 的部分代码，将在下面进行介绍
52          }
53          public void drawTime(long score){                 //绘制分数的方法
54          ……//此处省略了 drawTime 的部分代码，将在下面进行介绍
55          }
56          public void calculateObjectCurrentAngle(){        //计算可以旋转的物体当前的角度
57          ……//此处省略了 calculateObjectCurrentAngle 的部分代码，读者请自行查阅随书光盘的源代码
58          }
59          public void initSources(Resources resources) {    //初始化用到的资源的方法
60          ……//此处省略了 calculateObjectCurrentAngle 的部分代码，读者请自行查阅随书光盘的源代码
61          }
62          public void reLoadThread(){                       //开启线程的方法
63          ……//此处省略了 reLoadThread 的部分代码，读者请自行查阅随书光盘的源代码
64          }
65          public void closeThread(){                        //关闭线程的方法
66          ……//此处省略了 closeThread 的部分代码，读者请自行查阅随书光盘的源代码
67  }}
```

- 第 4~12 行为本类的相关成员变量，主要有相关类的引用、图片纹理的 id、纹理的大小和位置、纹理的绘制者以及加载地图资源所需要的一些变量，由于变量较多，此处省略了一部分，读者请自行查阅随书光盘的源代码。
- 第 13~25 行为本类的构造器，主要功能初始化一些相关成员变量，并设置界面中字幕板区域需要的字幕图片的位置、高度、平移量和终止点。为了实现字幕图片的循环滚动，并衔接起来，所以设置了两张字幕图片，其中第二张字幕图片的位置紧接着第一张下面，并且两张图片内容相同。具体如何实现循环滚动，将在下面详细介绍。
- 第 26~28 行为本类处理触控事件的方法，点击不同的按钮会产生不同的事件。
- 第 29~34 行分别为初始化帧缓冲、渲染缓冲的方法和产生阴影纹理的方法，将在第 11.5.5 节的 BNGameView2 中做详细介绍。
- 第 35~40 行为点击选关按钮换成选中状态下图片的方法，其详细情况将在后面的步骤中给出。
- 第 41~46 行为绘制一帧画面的方法，由于和上一节所讲的相似，故此处不再赘述。
- 第 47~55 行为绘制字幕板区域的方法、绘制场景中物体和部件的方法，以及绘制得分的方法。这 3 个方法的详细情况将在后面的步骤中给出。

✏️说明　第 56~67 行所涉及到的方法与上一节中的方法相似，都会在第 11.5.5 节的 BNGameView2 中做详细介绍，此处读者先明白其他方法是如何开发的即可。

（2）下面介绍 BNSelectView 类的 swapGuan1Tex 和 swapGuan2Tex 方法，该方法主要的功能是当点击选关按钮时换成选中状态下的图片，其详细代码如下。

📝 代码位置：见本书随书光盘中源代码/第 11 章/WSZFZ/src/com/bn/views 目录下的 BNSelectView.java。

```
1   public void swapGuan1Tex(){              //点击第一关时换按钮纹理的方法
2       if(guan2Select){                     //如果当前第二关被选中
3           swapGuan2Tex();                  //第二关图片设置为未被选中的状态
```

```
4                }
5                guan1Select = !guan1Select;                    //第一关状态标志位置反
6            }
7        public void swapGuan2Tex(){                         //点击第二关时换按钮纹理的方法
8                if(guan1Select){                               //如果当前第一关被选中
9                    swapGuan1Tex();                            //第一关图片设置为未被选中的状态
10               }
11               guan2Select = !guan2Select;                    //第二关状态标志位置反
12           }
```

> 说明 该界面中总会有一个关卡是处于选中状态下的,被选中时该选关区域为高亮效果,当点击未被选中的关卡时会调用这两个方法,将该选关区域的纹理换成高亮效果,另一关恢复原状。而是否换纹理是由每一关的标志位控制的,因此在每个方法里都要将标志位置反。

(3) 下面介绍 BNSelectView 类的 drawScissorScence 方法,该方法主要的功能是实现字幕的循环滚动并进行绘制,其详细代码如下。

🖊 **代码位置**:见本书随书光盘中源代码/第 11 章/WSZFZ/src/com/bn/views 目录下的
BNSelectView.java。

```
1        public void drawScissorScence(){                     //绘制字幕板区域的方法
2            GLES20.glEnable(GL10.GL_SCISSOR_TEST);            //启用剪裁测试
3            GLES20.glScissor(                                //设置剪裁区域
4                    (int)(scissorX*Constant.ssr.ratio+Constant.ssr.lucX),
5                    (int)(scissorY*Constant.ssr.ratio+Constant.ssr.lucY),
6                    (int)(scissorWidth*Constant.ssr.ratio),
7                    (int)(scissorHeight*Constant.ssr.ratio));
8            GLES20.glClear(GL10.GL_COLOR_BUFFER_BIT |
9                    GL10.GL_DEPTH_BUFFER_BIT);                 //清除颜色缓存与深度缓存
10               for(int i=0;i<positions.size();i++){
11                   GunDongPicture gdp = positions.get(i);    //取到当前字幕图片的信息
12                   if(gdp.go()){                             //如果当前字幕图片已经滚动到终止位置
13                       int temp = i;                         //记录当前字幕图片索引
14                       int size = positions.size();          //字幕图片的数量
15                       temp++;                               //递加
16                       temp = temp%size;                     //得到下一张字幕图片的索引
17                       GunDongPicture gdpNext = positions.get(temp);
                          //获取下一张字幕图片的信息
18                       float x = gdpNext.x;                  //记录下一张图片的 X 坐标
19                       float y = gdpNext.y;                  //记录下一张图片的 Y 坐标
20                       float z = gdpNext.z;                  //记录下一张图片的 Z 坐标
21                       gdp.setXYZ(x,y-textRectHeight-0.1f,0);
                          //设置已滚到到终止位置的图片的位置
22                   }}
23               for(int i=0;i<positions.size();i++){          //绘制滚动字幕
24                   GunDongPicture gdp = positions.get(i);    //取得当前字幕图片的信息
25                   float x = gdp.x;                          //记录当前字幕图片的 X 位置
26                   float y = gdp.y;                          //记录当前字幕图片的 Y 位置
27                   float z = gdp.z;                          //记录当前字幕图片的 Z 位置
28                   MatrixState.pushMatrix();                 //保护现场
29                   MatrixState.translate(x, y, 0);           //平移图片到记录的位置
30                   if(guan1Select){                          //如果第一关被选中
31                       textRect.drawSelf(text1Id);           //绘制对应第一关的字幕图片
32                   }else if(guan2Select){                    //如果第二关被选中
33                       textRect.drawSelf(text2Id);           //绘制对应第二关的字幕图片
34                   }
35                   MatrixState.popMatrix();                  //恢复现场
36               }
37           GLES20.glDisable(GL10.GL_SCISSOR_TEST);           //禁用剪裁测试
38           }
```

● 第 2~9 行为启用并设置剪裁区域,然后清除颜色缓存与深度缓存,因为字幕板区域利用了剪裁测试,所以设置的大小即为剪裁区域的大小。

● 第 10~22 行为实现字幕图片循环滚动效果的算法。首先要得到当前滚动图片的索引，判断该图片是否滚动到终止位置，如果滚动到终止位置，就要取得下一张正在滚动的图片的位置信息，将该滚动结束的图片位置设置到正在滚动的图片的下面，这样就实现了循环滚动的效果，并且上下两张图片衔接了起来。

● 第 23~38 行为实时绘制滚动的字幕图片，根据获得的字幕图片的位置信息，进行实时绘制，如果第一关被选中，则绘制第一关的字幕图片，如果第二关被选中，则绘制第二关的字幕图片，绘制结束后关闭剪裁测试。

（4）下面介绍 BNSelectView 类的 drawScence 方法，该方法主要的功能是绘制字幕板区域，其详细代码如下。

📎 **代码位置：见本书随书光盘中源代码/第 11 章/WSZFZ/src/com/bn/views 目录下的 BNSelectView.java。**

```
1   public void drawScence(){                                      //绘制场景中的物体
2       MatrixState.pushMatrix();                                  //保护现场
3       MatrixState.translate(-Constant.RATIO, 1, 0);              //平移纹理
4       backGround.drawSelf(backGroundId);                         //绘制背景
5       MatrixState.popMatrix();                                   //恢复现场
6       MatrixState.pushMatrix();                                  //保护现场
7       MatrixState.translate(Constant.selectPIC2_X, Constant.selectPIC2_Y, 0);
        //平移纹理
8       selectGamePic2.drawSelf(selectGuan2[0]);      //绘制未选中状态下的第一关选关区域
9       MatrixState.popMatrix();                                   //恢复现场
10      if(guan1Select){                                           //如果第一关被选中
11          MatrixState.pushMatrix();                              //保护现场
12          MatrixState.translate(Constant.selectPIC1_X,Constant.selectPIC1_Y,0);
            //平移纹理
13          selectGamePic1.drawSelf(selectGuan1[1]);//绘制选中状态下的第一关选关区域
14          MatrixState.popMatrix();                               //恢复现场
15      }
16      if(guan2Select){                                           //如果第二关被选中
17          MatrixState.pushMatrix();                              //保护现场
18          MatrixState.translate(Constant.selectPIC2_X,Constant.selectPIC2_Y,0);
            //平移纹理
19          selectGamePic2.drawSelf(selectGuan2[1]);//绘制选中状态下的第二关选关区域
20          MatrixState.popMatrix();                               //恢复现场
21      }
22   ……//此处省略了部分物体的绘制代码，读者请自行查阅随书光盘的源代码
23      if(guan1Select){                                           //如果第一关被选中
24          MatrixState.pushMatrix();                              //保护现场
25          MatrixState.translate(wordX, wordY, 0);                //平移纹理
26          wordRect.drawSelf(wordId[0]);                          //在字幕板上绘制关卡名称
27          MatrixState.popMatrix();                               //恢复现场
28          if(guan1Score == 0){                                   //如果第一关分数为零
29              MatrixState.pushMatrix();                          //保护现场
30              MatrixState.translate(Constant.scorePositionX3D,Constant.
                scorePositionY3D,0);
31              rectNumber.drawSelf(noScoreTex);                   //绘制"无"
32              MatrixState.popMatrix();                           //恢复现场
33          }
34          else{                                                  //如果分数不为零
35              drawTime(guan1Score);                              //绘制第一关的得分
36      }}
37   ……//此处省略了第二关名称和分数的绘制代码，读者请自行查阅随书光盘的源代码
38   }}}
```

📝 **说明**　该方法的主要作用是搭建和绘制该界面的各个部件，要绘制界面的背景、选关区域选中和未被选中的状态，然后还有对应每一关的名称和字幕介绍，这些都绘制到字幕板区域。由于省略的按钮、烟、水等部件的绘制与上述绘制方式相似，故此处不再赘述。

（5）下面介绍 BNSelectView 类的 drawTime 方法，该方法主要的功能是绘制每一关的得分情况，其详细代码如下。

✎ 代码位置：见本书随书光盘中源代码/第 11 章/WSZFZ/src/com/bn/views 目录下的
BNSelectView.java。

```
1    public void drawTime(long score){                              //绘制分数的方法
2        float trans = 0.1f;                                        //每个数字的平移量
3        String strScore = score+"";                               //将分数转换成字符串类型
4        MatrixState.pushMatrix();                                  //保护现场
5        MatrixState.translate(Constant.scorePositionX3D,Constant.
         scorePositionY3D,0);//平移纹理
6        for(int i=0;i<strScore.length();i++){
7            char c = strScore.charAt(i);                           //取出每一个数字
8            rectNumber.drawSelf(scoreNumber[c-'0']);               //绘制每一个数字
9            MatrixState.translate(trans, 0, 0);       //每绘制一个数字向右平移一定距离
10       }
11       MatrixState.popMatrix();                                   //恢复现场
12   }
```

✏ 说明　　该方法首先要接收从其他地方传来的分数，然后将其转换为字符串类型，再从分数中取出每一个数字找到对应的纹理，依次进行绘制。

11.5.4　主菜单界面类 BNMenuView

上一小节介绍了选关界面的开发过程，下面介绍主菜单界面是如何开发的，该界面的特点就是所有按钮都是自上而下不断浮动的，所以本小节将重点介绍浮动按钮的开发思路。

（1）首先介绍 BNMenuView 类的框架，其详细代码如下。

✎ 代码位置：见本书随书光盘中源代码/第 11 章/WSZFZ/src/com/bn/views 目录下的
BNMenuView.java。

```
1    package com.bn.views;
2    ……//此处省略了部分类的导入代码，读者可自行查看随书光盘中的源代码
3    public class BNMenuView implements ViewInterface{
4        ViewManager viewManager;                               //创建界面管理器的引用
5        RectCenterForDraw menuButton;                          //菜单按钮的绘制者
6        int menuButtonTex[] = new int[5];                      //菜单按钮未点击时的纹理 ID
7        int menuButtonClickTex[] = new int[5];                 //菜单按钮点击时的纹理 ID
8        ArrayList<MenuSingleButton> buttons =                  //存储按钮的列表
9            new ArrayList<MenuSingleButton>();
10       ArrayList<MenuSingleButton> buttonsForDel =            //存储要删除的按钮的列表
11           new ArrayList<MenuSingleButton>();
12       int idIndex = 0;                                       //按钮索引编号
13       int delayTime = Constant.oriDelayTime;                 //每 25 次添加一批
14       ……//此处省略了部分变量的声明代码，读者可自行查看随书光盘中的源代码
15   public BNMenuView(ViewManager viewManager) {//构造器
16       this.viewManager = viewManager;
17       initSources(viewManager.getResources());
18       buttons.add(new MenuSingleButton(                      //第一批按钮的位置
19       this,menuButtonTex[2],menuButtonClickTex[2],Constant.startid,
         -0.5f,0.5f));
20       buttons.add(new MenuSingleButton(
21       this,menuButtonTex[1],menuButtonClickTex[1],Constant.setid,-0.2f,0.6f));
22       buttons.add(new MenuSingleButton(
23       this,menuButtonTex[0],menuButtonClickTex[0],Constant.helpid,0.2f,0.4f));
24       buttons.add(new MenuSingleButton(
25       this,menuButtonTex[3],menuButtonClickTex[3],Constant.aboutid,0.6f,0.6f));
26       buttons.add(new MenuSingleButton(
27       this,menuButtonTex[4],menuButtonClickTex[4],Constant.exitid,0.9f,0.3f));
28       positions.add(new GunDongPicture(        //将第一张滚动小提示图片的位置加入列表
29       textX,textStartY,0,Constant.menuViewDongPictureH,textYInc,textEndY));
30       positions.add(new GunDongPicture(        //将第二张滚动小提示图片的位置加入列表
```

```
31              textX,textStartY-Constant.menuViewDongPictureH-0.1f,0,
32              Constant.menuViewDongPictureH,textYInc,textEndY));
33          }
34      public boolean onTouchEvent(MotionEvent event){       //处理触摸事件的方法
35          ……//此处省略了 onTouchEvent 的部分代码,将在下面进行介绍
36      }
37      public void sendMessage(int viewNumber){              //发送信息的方法
38          ……//此处省略了 sendMessage 的部分代码,读者请自行查看随书光盘中的源代码
39      }
40      public void playMusic(boolean isUp){                  //控制点击按钮音效的方法
41          ……//此处省略了 playMusic 的部分代码,读者请自行查看随书光盘中的源代码
42      }
43      public void onDrawFrame(GL10 gl){                     //绘制一帧画面的方法
44          ……//此处省略了 onDrawFrame 的部分代码,读者请自行查看随书光盘中的源代码
45      }
46      public void drawGameView(){                           //绘制游戏界面
47          ……//此处省略了 drawGameView 的部分代码,读者请自行查看随书光盘中的源代码
48      }
49      public void drawScissorScence(){                      //绘制按钮滚动区域的方法
50          ……//此处省略了 drawScissorScence 的部分代码,将在下面进行介绍
51      }
52      public void drawScissorScence2(){                     //绘制小提示区域的方法
53          ……//此处省略了 drawScence 的部分代码,读者请自行查看随书光盘中的源代码
54      }
55      public void drawScence(){                             //绘制火苗的方法
56          ……//此处省略了 drawScence 的部分代码,读者请自行查看随书光盘中的源代码
57      }
58      public void buttonsGo(){                              //按钮浮动的方法
59          ……//此处省略了 buttonsGo 的部分代码,将在下面进行介绍
60      }
61      public void initSources(Resources resources){         //初始化图片资源的方法
62          ……//此处省略了 initSources 的部分代码,读者请自行查看随书光盘中的源代码
63      }
64      ……//此处省略了部分重写方法的代码,读者请自行查看随书光盘中的源代码
65  }
```

● 第 4~14 行为本类的相关成员变量,主要有相关类的引用、图片纹理的 id、纹理的大小和位置以及纹理的绘制者。

● 第 15~33 行为本类的构造器,主要是初始化第一批按钮的位置,因为首次进入界面,必须要有一组按钮的,所以第一批按钮的初始位置是人为初始化的,然后初始化出小提示区域的位置和大小。

● 第 34~63 行为本来的触控方法、场景绘制方法、按钮浮动的方法以及初始化图片资源的方法。

（2）下面介绍 BNSelectView 类的 onTouchEvent 方法,其详细代码如下。

✎ 代码位置：见本书随书光盘中源代码/第 11 章/WSZFZ/src/com/bn/views 目录下的 BNSelectView.java。

```
1   public boolean onTouchEvent(MotionEvent event){          //处理触摸事件的方法
2       int[] tpt=ScreenScaleUtil.touchFromTargetToOrigin(
3               (int)event.getX(),
4               (int)event.getY(),
5               Constant.ssr);                               //触控的屏幕自适应
6       wx = tpt[0];                                          //获得触控点 X 坐标
7       wy = tpt[1];                                          //获得触控点 Y 坐标
8       if(event.getAction() == MotionEvent.ACTION_DOWN){    //如果是 down 事件
9           for(int i=0;i<buttons.size();i++){
10              MenuSingleButton button = buttons.get(i);     //获得所有按钮索引
11              if(button.touch(wx, wy)){                     //判断所点按钮是最上面的
12                  for(int j = 0;j<buttons.size();j++){
13                      if(j != i){                           //如果索引不等于选中的按钮的索引
14                          buttons.get(j).isTouch = false;
                            //设置其他按钮为 false,当前选中按钮为 true
15                  }}
16                  break;
17          }}}
```

```
18          return true;
19      }
```

说明　　　该方法为处理触控事件的方法。由于按钮可能有重叠的情况，所以会先判断点击的是不是最上面的按钮，点击某一个按钮后，该按钮属性为 true，其他按钮设为 false，则该按钮暂停，并做缩放动作，再次点击进入相应界面。

（3）接下来介绍 BNSelectView 类的 drawScissorScence 方法，其详细代码如下。

代码位置： 见本书随书光盘中源代码/第 11 章/WSZFZ/src/com/bn/views 目录下的 BNSelectView.java。

```
1     public void drawScissorScence(){                                    //绘制剪裁区域的场景
2         GLES20.glEnable(GL10.GL_SCISSOR_TEST);                          //启用剪裁测试
3         GLES20.glScissor(                                               //设置剪裁区域的大小和位置
4                 (int)((380+Constant.ssr.lucX)*Constant.ssr.ratio),
5                 (int)((207+Constant.ssr.lucY)*Constant.ssr.ratio),
6                 (int)(645*Constant.ssr.ratio),
7                 (int)(348*Constant.ssr.ratio));
8          GLES20.glClearColor(0.83f, 0.85f, 0.86f, 0);                   //清除背景颜色
9         for(int i=0;i<buttons.size();i++){                             //依次绘制所有按钮
10            MenuSingleButton button = buttons.get(i);                  //获得按钮索引
11            MatrixState.pushMatrix();                                  //保护现场
12            MatrixState.translate(button.x, button.y, button.z);       //平移按钮
13            if(!button.isTouch){                                       //该按钮没有被选中
14                menuButton.drawSelf(button.notTouchId);                //绘制未选中状态下的按钮
15            }else{                                                     //该按钮被选中
16                MatrixState.scale(button.scaleTemp,button.scaleTemp,1);//缩放按钮
17                menuButton.drawSelf(button.touchId);                   //绘制选中状态下的按钮
18            }
19            MatrixState.popMatrix();                                   //恢复现场
20        }
21        GLES20.glDisable(GL10.GL_SCISSOR_TEST);                        //关闭剪裁测试
22    }
```

说明　　　该方法为绘制按钮的方法，绘制时启用了剪裁测试，然后根据按钮状态进行绘制，当按钮未被选中时，绘制普通状态的按钮，当按钮被选中时，绘制被选中状态下的按钮并让其进行缩放。绘制结束后，关闭剪裁测试。

（4）接下来介绍 BNSelectView 类的 buttonsGo 方法，其详细代码如下。

代码位置： 见本书随书光盘中源代码/第 11 章/WSZFZ/src/com/bn/views 目录下的 BNSelectView.java。

```
1     public void buttonsGo(){                                            //按钮浮动的方法
2         buttonsForDel.clear();                                         //清除存储要删除的按钮的列表
3         for(int i=0;i<buttons.size();i++){
4             MenuSingleButton button = buttons.get(i);                  //获得按钮索引
5             if(!button.isTouch){                                       //当前按钮未被选中
6                 button.go();                                           //按钮向下行进
7             }else{                                                     //当前按钮被选中
8                 button.scale();                                        //按钮做缩放动作
9             }
10            if(button.y < Constant.buttonEndY){                        //如果按钮行进到了终止位置
11                buttonsForDel.add(button);                             //将该按钮加入删除列表
12        }}
13        for(int i=0;i<buttonsForDel.size();i++){
14            buttons.remove(buttonsForDel.get(i));                      //删除超过终止位置的按钮
15        }
16        delayTime--;                                                   //行进步数递减
17        if(delayTime<0){                                               //当步数小于 0 时
18            for(int i=0;i<5;i++){                                      //添加一批新按钮
19                buttons.add(new MenuSingleButton(
```

```
20                          this,menuButtonTex[idIndex],
21                          menuButtonClickTex[idIndex],
22                          Constant.buttonId[idIndex],
23                          Constant.buttonX[idIndex],
24                          Constant.buttonY[idIndex]));
25                  idIndex = (++idIndex)%Constant.buttonX.length;
26              }
27              delayTime = Constant.oriDelayTime;        //出现新的一批按钮的计数间距
28      }
```

> 💾 说明　该方法为实现按钮从上到下浮动的方法，按钮在规定的区域内行进，如果被选中则停止行进。当按钮行进到终止位置时，将按钮存储到删除列表中，然后将按钮删除。当行进步数小于 0 时，说明已经删除了一部分按钮，为了确保界面上的按钮数量，就要添加一批新的按钮进去。

11.5.5　游戏界面类 BNGameView2

上一节完成了主菜单界面的介绍，接下来将带领读者进入到游戏界面类的开发。游戏界面的开发比较复杂，下面将详细介绍该界面的开发过程。

（1）首先介绍 BNGameView2 类的成员变量，由于成员变量很多，因此先给出成员变量的第一部分的代码，下面将分步骤给读者详细讲解，其代码如下。

📎 **代码位置：** 见本书随书光盘中源代码/第 11 章/WSZFZ/src/com/bn/views 目录下的 BNGameView2.java

```
1       WaterActivity activity;              //上下文对象引用
2       UpdateThread updateThread;           //流体模拟线程
3       CalculateFloatBufferThread calculateFloatBufferThread;   //计算缓冲线程
4       FloatBuffer waterTexBuffer = null;                       //水的纹理缓冲
5       FloatBuffer waterVerBuffer = null;                       //水的顶点缓冲
6       float[] m = new float[16];           //平移旋转矩阵
7       float[] p = new float[4];            //存储原来粒子位置的数组（四个分量）
8       float[] rp = new float[4];           //存储变换后的粒子的位置
9       float[] currAngle;                   //绘制辅助用--物体当前角度
10      boolean[] currFX;                    //绘制辅助用--物体旋转策略
11      int frameBufferFrontId;              //声明帧缓冲 ID
12      int shadowFrontId;                   //自动生成的水图片纹理 ID
13      int renderDepthBufferFrontId;        //声明渲染缓冲 ID
14      boolean isFrontBegin = true;         //渲染缓冲只初始化一次的标志位
15      int SHADOW_TEX_WIDTH = Constant.waterPictureWidth;   //生成的纹理图的分辨率
16      int SHADOW_TEX_HEIGHT = Constant.waterPictureHeight; //生成的纹理图的分辨率
17      GameViewRectForDrawWater waterRect;                  //用于绘制水的纹理矩形
18      ViewManager viewManager;             //界面的管理者
19      Resources resources;                 //声明 resources 引用
20      float[][] edges;     //0,1-X 范围 2,3-Y 范围 4-0:横边 1: 纵边 5--碰撞方向 0 上左 1--下右
21      ArrayList<float[]> arrEdges = new ArrayList<float[]>();       //计算用的线列表
```

> 💾 说明　这些成员变量用于记录水的缓冲、变换矩阵和向量、碰撞线，实现了水透明、水和物体的碰撞检测、物体围绕固定点旋转等一系列的功能，读者应该仔细理解。

（2）成员变量的第一部分主要介绍了水的一些相关的变量，但是游戏界面中玩家会看到各式各样的游戏元素，并且有些元素还可以旋转运动。成员变量的第二部分代码就包含了这些信息。下面给出详细的开发代码。

📎 **代码位置：** 见本书随书光盘中源代码/第 11 章/WSZFZ/src/com/bn/views 目录下的 BNGameView2.java

```
1       List<String> objectName;             //物体名称列表
2       List<float[]> objectXYRAD;           //物体位置，旋转角度，旋转角速度，终止角列表
```

```
3    List<boolean[]> objectControl;                    //物体是运动的标志位
4    List<Integer> objectType;                         //物体的类型列表
5    List<float[]> bddWZ;                              //可动的图片的不动点的位置列表
6    List<float[]> objectWH;                           //物体的宽度和高度列表
7    List<float[]> pzxList;                            //碰撞线列表
8    List<RectForDraw> drawers = new ArrayList<RectForDraw>();//物体的绘制者列表
9    List<float[]> wutiPosition3D = new ArrayList<float[]>();  //3D 中的物体位置列表
10   List<float[]> bddWZ3D=new ArrayList<float[]>();//可动图片的不动点在 3D 中的位置的列表
11   ArrayList<Integer> textureID = new ArrayList<Integer>();  //存放地图纹理 ID 的列表
12   int gridX;                                        //物理反应世界的宽度
13   int gridY;                                        //物理反应世界的高度
14   List<float[]> firePositions = new ArrayList<float[]>();//用于参与物理计算的火的位置列表
15   List<float[]> firePositions3D = new ArrayList<float[]>(); //火 3D 中位置列表
16   int fireId;                                       //系统分配的火纹理 ID
17   FireSmokeParticleForDraw fpfd;                    //烟火的绘制者
18 FireParticleSystem fps;                            //烟火粒子系统的引用
19 FireUpdateThread fireUpdateThread;                  //烟火粒子系统计算线程
20   int waterTex;                                     //水的纹理 ID
21   Water water;                                      //水的绘制者
22   VicOrFailRectForDraw rect;                        //胜利失败的绘制者
23   int victory1Id;                                   //胜利图片的 ID
24   int victory2Id;                                   //胜利图片的 ID
25   int failedId;                                     //失败图片的 ID
26   boolean musicOnce = true;                         //播放一次音乐的标志位
27   float[] victory2D = new float[4];                 //胜利的范围(2d 中的范围)
```

> 💡 **说明**　　这些成员变量用于记录游戏场景元素的相关信息、烟火的相关信息，实现了火灼烧水流、判定游戏胜利或者失败等一系列的功能，读者可以自行查看源代码。

（3）下面给出成员变量的最后一部分代码，这些成员变量记录的主要是背景滚动和摄像机移动的一些相关信息，比较简单，具体代码如下所示。

✎ **代码位置**：见本书随书光盘中源代码/第 11 章/WSZFZ/src/com/bn/views 目录下的 BNGameView2.java。

```
1    float[] cameraOldPosition = new float[2];         //上一次的摄像机的位置
2    float[] cameraPosition = new float[2];            //当前摄像机的位置
3    float cameraX;                                    //摄像机位置的横坐标
4    float cameraY;                                    //摄像机位置的纵坐标
5    public ArrayList<float[]> touchPoints = new ArrayList<float[]>();
     //触控点的列表的位置
6    boolean isDrawType7 = true;                       //是否绘制编号 7 的标志位
7    boolean isDrawType6 = true;                       //是否绘制编号 6 的标志位
8    boolean isDrawType5 = true;                       //是否绘制编号 5 的标志位
9    RectForDraw backGround;                           //背景的绘制者
10   int backGroundID;                                 //背景纹理 ID
11   float backGroundMoveSpan = 0.015f;                //背景纹理移动的速度
12   public float backGround3DX = -Constant.RATIO*4;   //背景左上角点的横坐标
13   public float backGround3DY = 1*4;                 //背景左上角点的纵坐标
14   //暂停和开始按钮的位置的触控
15   float rectX = PointTransformUtil.from2DWordTo3DWordX(Constant.play_pause_x);
16   float rectY = PointTransformUtil.from2DWordTo3DWordY(Constant.play_pause_y);
17   float rectWidth = PointTransformUtil.from2DObjectTo3DObjectWidth(Constant.
     play_pause_width);
18   float rectHeight = PointTransformUtil.from2DObjectTo3DObjectHeight(Constant.
     play_pause_height);
19   float vfWidth = PointTransformUtil.from2DObjectTo3DObjectWidth(Constant.
     VFWidth);
20   float vfHeight = PointTransformUtil.from2DObjectTo3DObjectHeight(Constant.
     VFHeight);
21   RectForDraw rectNumber;                           //数字的绘制者
22   int soundCount = 70;                              //控制音效播放时间的变量
23   boolean isSound = true;                           //是否是声音的标志位
```

| 说明 | 这些成员变量用于记录游戏场景摄像机的相关信息、滚动背景的相关信息，实现了摄像机跟随场景移动、背景缓慢反方向移动等一系列的功能，读者可以自行查看源代码。 |

（4）上面实现了 BNGameView2 类的成员变量代码，接下来将开发 BNGameView2 类的有参构造器——初始化 Tower_Shell 类中的相关变量，其详细开发代码如下。

代码位置：见本书随书光盘中源代码/第 11 章/WSZFZ/src/com/bn/views 目录下的 BNGameView2.java。

```
1    public BNGameView2(ViewManager viewManager,WaterActivity activity) {//有参构造器
2        this.activity = activity;                              //上下文引用
3        this.viewManager = viewManager;                       //view 管理类引用
4        this.resources = viewManager.getResources();          //得到资源对象
5        initSources(resources); }                             //初始化资源的方法
```

（5）上面实现了 BNGameView2 类的有参构造器，接下来开发 BNGameView2 类实现的整体框架代码，具体各模块功能的实现后继开发，其详细代码如下。

代码位置：见本书随书光盘中源代码/第 11 章/WSZFZ/src/com/bn/views 目录下的 BNGameView2.java。

```
1    package com.bn.views;
2    ……//此处省略部分引入包类，读者可自行参见随书光盘代码
3    public class BNGameView2 implements ViewInterface{      //游戏界面类
4    public BNGameView2(ViewManager viewManager,WaterActivity activity){}//有参构造器
5    public boolean onTouchEvent(MotionEvent event){}        //触摸事件的方法
6    public void initFRBuffers(){}                           //初始化帧缓冲和渲染缓冲的方法
7    public void generateShadowImage(){}                     //通过绘制产生水流纹理
8    public void calCameraPositionAll(){}                    //计算摄像机位置的方法
9    public void onDrawFrame(GL10 gl) {}                     //绘制一帧画面的方法
10   public void drawTime(){}                                //绘制倒计时的方法
11   public void drawGameView(){}                            //绘制游戏界面
12   public void drawScence(){}                              //绘制场景中物体的方法
13   //计算可以旋转的物体当前的角度的方法
14   public void calculateObjectCurrentAngle() {}
15   public void initSources(Resources resources) {}         //初始化用到的资源的方法
16   public void reLoadThread() {}                           //加载游戏数据的方法
17   public void closeThread(){}                             //关闭线程的方法
18   public void removeXian(){}                              //游戏中删除线的方法
19   public float calCamXMinus(){    //计算新位置和旧位置的差来决定背景移动的方向的方法
20     return cameraPosition[0] - cameraOldPosition[0];      //计算横方向的距离差
21   }}
```

- 第 3 行为 BNGameView2 类的有参构造器，构造器中完成了上下文环境的构建，初始化了资源对象的引用，并调用了初始化资源的方法完成了资源的初始化。
- 第 5 行为 BNGameView2 类的触控方法，触控游戏界面的相关元素，可以实现游戏的暂停以及去除游戏场景中阻挡水流前进的障碍物。
- 第 6 行为初始化帧缓冲和渲染缓冲的方法，通过自定义缓冲来实现水透明的效果。
- 第 7 行为通过绘制产生水流纹理的方法，在着色器总利用产生的水流纹理图来实现水流流动时逼真自然的效果，后面将进行详细的介绍。
- 第 8 行为计算摄像机位置的方法，该方法可以使摄像机跟随游戏场景中的水流前进。
- 第 9~12 行为游戏场景中的绘制方法。
- 第 14 行为计算可以旋转的物体当前角度的方法，通过在游戏场景中旋转物体来实现真实的场景效果，增强玩家的游戏体验。
- 第 15 行为初始化游戏场景资源的方法。
- 第 16 行为加载游戏数据的方法。

- 第 17 行为退出该关卡后关闭线程的方法。
- 第 18 行为删除游戏场景元素的方法，玩家通过触摸阻挡水流前进的障碍物来移除物体，引导水流快速准确地到达指定容器，从而取得游戏的胜利。
- 第 19~21 行为通过计算摄像机新位置和旧位置的差来决定背景移动方向的方法。

（6）上面实现了 BNGameView2 类的框架代码，接下来将开发触摸事件的方法。为此开发了方法 onTouchEvent，通过这个方法玩家可以查看游戏场景中不同的功能，其详细代码如下。

✎ **代码位置：** 见本书随书光盘中源代码/第 11 章/WSZFZ/src/com/bn/views 目录下的 BNGameView2.java。

```
1    public boolean onTouchEvent(MotionEvent event){          //触摸事件的方法
2    //将当前的触摸点的坐标转换为标准屏幕的坐标
3    int[] tpt=ScreenScaleUtil.touchFromTargetToOrigin((int)event.getX(),(int)event.
     getY(),Constant.ssr);
4    float wx = tpt[0];                                        //记录横坐标值
5    float wy = tpt[1];                                        //记录纵坐标值
6    if(event.getAction() == MotionEvent.ACTION_DOWN){        //当触控事件为 down 时
7    if(Constant.victory || Constant.failed){                 //当游戏已经取得胜利或者失败时
8    //如果手指点击了弹出"胜利"或者"失败"的对话框中的胜利按钮
9    if(wx > Constant.sureX && wx < Constant.sureX+Constant.sureWidth
10   && wy > Constant.sureY && wy < Constant.sureY+Constant.sureHeight){
11   Message message = new Message();                         //创建 Message 对象
12   Bundle bundle = new Bundle();                            //创建携带数据的 Bundle
13   bundle.putInt("operation", Constant.GO_TO_DISPLAYVIEW); //将跳转界面的编号存入 Bundle 中
14   message.setData(bundle);                                 //将 Bundle 设置进 Message
15   viewManager.activity.myHandler.sendMessage(message);}}   //发送信息
16   //如果手指点击了屏幕中的暂停按钮
17   if(wx > Constant.play_pause_x && wx < Constant.play_pause_x+Constant.play_
     pause_width
18   && wy > Constant.play_pause_y && wy < Constant.play_pause_y+Constant.play_
     pause_height){
19   Constant.isPause = !Constant.isPause;}                   //游戏暂停或者开始
20   synchronized (Constant.touch) {                          //触控点加锁
21   touchPoints.add(new float[]{wx,wy});}}                   //将触控点加入触控点列表
22   return true;
23   }
```

- 第 3~5 行为通过调用坐标转换方法，将当前设备的触控点坐标转换到程序设定的标准屏幕中的触控点坐标，方便程序准确地进行计算，并将坐标存储在局部变量中。读者不必担心，后面将会对坐标转换进行详细的介绍。
- 第 6~15 行为玩家游戏胜利或者失败后通过点击对话框中的"确定"按钮，发送消息跳转到游戏展示界面。
- 第 17~19 行为玩家通过点击游戏场景中的"暂停"按钮，来实现游戏的暂停或者继续。
- 第 20~21 行为加锁将玩家的触控点加入触控点列表中，方便了后面删除障碍物的操作。

（7）以上开发了游戏界面的触摸方法，接下来开发初始化帧缓冲和渲染缓冲的方法 initFRBuffers，其详细实现代码如下。

✎ **代码位置：** 见本书随书光盘中源代码/第 11 章/WSZFZ/src/com/bn/views 目录下的 BNGameView2.java。

```
1    public void initFRBuffers(){                             //初始化帧缓冲和渲染缓冲的方法
2    int[] front = new int[1];                                //用于存放产生的帧缓冲 id 的数组
3    GLES20.glGenFramebuffers(1, front, 0);                   //产生一个帧缓冲 id
4    frameBufferFrontId = front[0];                           //将帧缓冲 id 记录到成员变量中
5    if(isFrontBegin){                                        //若没有产生深度渲染缓冲对象则产生一个
6    GLES20.glGenRenderbuffers(1, front, 0);                  //产生一个渲染缓冲 id
7    renderDepthBufferFrontId = front[0];                     //将渲染缓冲 id 记录到成员变量中
8    //绑定指定 id 的渲染缓冲
9    GLES20.glBindRenderbuffer(GLES20.GL_RENDERBUFFER, renderDepthBufferFrontId);
```

```
10      GLES20.glRenderbufferStorage(                        //为渲染缓冲初始化存储
11      GLES20.GL_RENDERBUFFER,
12      GLES20.GL_DEPTH_COMPONENT16,                         //内部格式为16位深度
13      SHADOW_TEX_WIDTH,                                    //缓冲宽度
14      SHADOW_TEX_HEIGHT);                                  //缓冲高度
15      isFrontBegin = false;}                               //将未初始化标志设置为false
16      int[] frontTexId = new int[1];                       //用于存放产生纹理id的数组
17      GLES20.glGenTextures(1, frontTexId, 0);              //产生一个纹理id
18      shadowFrontId = frontTexId[0];                       //将纹理id记录到水图片纹理id成员变量中
19      }
```

- 第2~4行产生了自定义缓冲的id，并记录进成员变量以备后面的方法使用。
- 第5~15行初始化了用于实现深度缓冲的渲染缓冲对象，并为其初始化了存储。
- 第16~18行产生了水图片纹理对应的纹理id并记录进成员变量以备后面的方法使用。

（8）完成了 initFRBuffers 方法的开发后，就可以开发通过绘制产生水纹理的 generateShadowImage 方法了，其代码如下。

代码位置：见本书随书光盘中源代码/第 11 章/WSZFZ/src/com/bn/views 目录下的 BNGameView2.java。

```
1       public void generateShadowImage(){                  //通过绘制产生水纹理
2       initFRBuffers();//初始化帧缓冲和渲染缓冲
3       GLES20.glBindFramebuffer(GLES20.GL_FRAMEBUFFER, frameBufferFrontId);//绑定帧缓冲
4       GLES20.glBindTexture(GLES20.GL_TEXTURE_2D, shadowFrontId);    //绑定纹理
5       //设置Min的采样方式
6       GLES20.glTexParameterf(GLES20.GL_TEXTURE_2D,
7       GLES20.GL_TEXTURE_MIN_FILTER,GLES20.GL_LINEAR);
8       //设置Mag的采样方式
9       GLES20.glTexParameterf(GLES20.GL_TEXTURE_2D,
10      GLES20.GL_TEXTURE_MAG_FILTER,GLES20.GL_LINEAR);
11      //S轴截取拉伸方式
12      GLES20.glTexParameterf(GLES20.GL_TEXTURE_2D,
13      GLES20.GL_TEXTURE_WRAP_S,GLES20.GL_CLAMP_TO_EDGE);
14      //T轴截取拉伸方式
15      GLES20.glTexParameterf(GLES20.GL_TEXTURE_2D,
16      GLES20.GL_TEXTURE_WRAP_T,GLES20.GL_CLAMP_TO_EDGE);
17      GLES20.glFramebufferTexture2D(                       //设置自定义帧缓冲的颜色附件
18      GLES20.GL_FRAMEBUFFER,
19      GLES20.GL_COLOR_ATTACHMENT0,                         //颜色附件
20      GLES20.GL_TEXTURE_2D,                               //类型为2D纹理
21      shadowFrontId,                                       //纹理id
22      0);                                                  //层次
23      GLES20.glTexImage2D(                                 //设置颜色附件纹理图的格式
24      GLES20.GL_TEXTURE_2D,
25      0,                                                   //层次
26      GLES20.GL_RGB,                                       //内部格式
27      SHADOW_TEX_WIDTH,                                    //宽度
28      SHADOW_TEX_HEIGHT,                                   //高度
29      0,                                                   //边界宽度
30      GLES20.GL_RGB,                                       //格式
31      GLES20.GL_UNSIGNED_SHORT_5_6_5,                      //类型
32      null);
33      GLES20.glFramebufferRenderbuffer(                    //设置自定义帧缓冲的深度缓冲附件
34      GLES20.GL_FRAMEBUFFER,
35      GLES20.GL_DEPTH_ATTACHMENT,                          //深度缓冲附件
36      GLES20.GL_RENDERBUFFER,                              //渲染缓冲
37      renderDepthBufferFrontId);                           //渲染缓冲id
38      //清除深度缓冲与颜色缓冲
39      GLES20.glClear( GLES20.GL_DEPTH_BUFFER_BIT | GLES20.GL_COLOR_BUFFER_BIT);
40      GLES20.glClearColor(0,0,0,0);                        //清除背景
41      FloatBuffer waterTemp = null;                        //声明水的缓冲
42      synchronized (Constant.lockB){                       //取得水粒子位置最新的缓冲
43      while(true){                                          //循环
44      waterTemp = Constant.queueB.poll();                  //从缓冲队列中得到一个水缓冲
45      if(Constant.queueB.peek()==null){                    //查看队列中是否还有缓冲
46      break;}                                               //如果队列中没有缓冲退出循环
47      else{
```

```
48      //如果队列中有缓冲则释放上一个缓冲
49      BNBufferPool.releaseBuffer(waterTemp);}}}
50      if(waterTemp != null){                                    //如果水的绘制缓冲不为空
51      BNBufferPool.releaseBuffer(waterVerBuffer);               //释放上一帧的水的缓冲
52      waterVerBuffer = waterTemp;}
53      if(waterVerBuffer == null){                               //如果水的缓冲为空
54      return;}//退出当前方法
55      GLES20.glBlendFunc(GLES20.GL_ONE, GLES20.GL_ONE);          //设置混合参数
56      water.drawSelf(waterTex,waterVerBuffer, waterTexBuffer, phy.currWaterCount*6);
        //绘制水
57      //恢复混合参数
58      GLES20.glBlendFunc(GLES20.GL_SRC_ALPHA,GLES20.GL_ONE_MINUS_SRC_ALPHA);
59      }
```

- 第 3~37 行主要为对自定义帧缓冲进行各方面设置的代码，首先将自定义帧缓冲的颜色附件设置为纹理图，然后对此纹理图的各方面进行设置，接着设置了自定义帧缓冲的深度缓冲附件。

- 第 39~54 行为进行绘制物体前清除深度缓冲和颜色缓冲，循环取得最新的水的缓冲，释放上一帧的缓冲等操作，极大地提高了程序运行的效率。

- 第 55~58 行为向纹理中绘制水的代码，比较简单，与前面代码中绘制物体的代码基本没有区别。

（9）上面介绍完了产生水纹理的方法，接下来介绍摄像机的跟随问题。摄像机是随着水流的前进而移动的，从而玩家可以体验大地图游戏的快感，具体开发代码如下。

✎ 代码位置：见本书随书光盘中源代码/第 11 章/WSZFZ/src/com/bn/views 目录下的 BNGameView2.java。

```
1       public void calCameraPositionAll(){                       //计算摄像机位置的方法
2         float total3DX = 0;                                     //水粒子横坐标总和
3         float total3DY = 0;                                     //水粒子纵坐标总和
4         int count = phy.particles.size();                       //列表中水粒子数量
5         if(count == 0){                                         //如果列表中没有水粒子
6         return;}                                                //退出当前计算方法
7         for(int i=0;i<count;i++){                               //循环水粒子列表
8         Particle p = phy.particles.get(i);                      //从列表中得到一个水粒子
9         total3DX = total3DX + p.x3d;                            //将水粒子的横坐标累加到总和中
10        total3DY = total3DY + p.y3d;}                           //将水粒子的横坐标累加到总和中
11        cameraOldPosition[0] = cameraPosition[0];               //记录摄像机的旧位置
12        cameraOldPosition[1] = cameraPosition[1];               //记录摄像机的旧位置
13        synchronized (Constant.lockFire){                       //加锁计算
14        cameraPosition[0] = total3DX / count;                   //计算摄像机横坐标
15        cameraPosition[1] = total3DY / count;}                  //计算摄像机纵坐标
16        float temp = calCamXMinus();                            //计算摄像机移动的距离
17        if( temp > 0.01){                                       //如果摄像机向右移动了
18          backGround3DX = backGround3DX - backGroundMoveSpan;}  //背景的横坐标向左移动
19        else if(temp<-0.01) {                                   //如果摄像机向左移动了
20          backGround3DX = backGround3DX + backGroundMoveSpan;   //背景的横坐标向右移动
21      }}
```

说明　第 2~6 行为一些局部变量的初始化。第 7~15 行为循环水粒子列表，计算出水粒子的横坐标总和与纵坐标总和，先记录摄像机的旧位置，然后再计算摄像机的新位置。第 16~20 行通过比较两次摄像机的位置差来移动背景，从而实现滚动背景的效果。

（10）接下来开发绘制倒计时的代码，在游戏场景中玩家可以看到，在界面的右上角时间在不断地减少，给玩家一种游戏的紧迫感。倒计时的具体实现代码如下。

✎ 代码位置：见本书随书光盘中源代码/第 11 章/WSZFZ/src/com/bn/views 目录下的 BNGameView2.java。

```
1       public void drawTime(){                                   //绘制倒计时的方法
2         float trans = 0.1f;                                     //数字的偏移量
```

```
3       int temp = (int) (Constant.ms/1000);              //时间辅助变量
4       int second = 0;                                    //秒数
5       int minute = 0;                                    //分钟数
6       if(temp>=60){                                      //如果秒数大于 60
7         second =(int) (Constant.msl/1000);               //计算当前秒数
8         minute = 1;}                                     //分钟数为 1
9       else{
10        second =(int) (Constant.ms/1000);                //计算当前秒数
11        minute = 0;}                                     //分钟数为 0
12      MatrixState.pushMatrix();                          //保存原始的物体坐标系
13      //将物体坐标系平移到绘制时间的位置
14      MatrixState.translate(cameraX+Constant.timePositionX3D,cameraY+
        Constant.timePositionY3D,0);
15      if(minute<10){                                     //如果分钟数为一位数字
16        rectNumber.drawSelf(timeNumber[0]);              //绘制数字 0
17        MatrixState.translate(trans, 0, 0);             //平移物体坐标系
18        rectNumber.drawSelf(timeNumber[minute]);}       //绘制分钟数字
19      else{                                              //如果为两位数字
20        rectNumber.drawSelf(timeNumber[minute/10]);      //如果分钟数为两位数字
21        MatrixState.translate(trans, 0, 0);             //平移物体坐标系
22        rectNumber.drawSelf(timeNumber[minute%10]);}    //绘制分钟数字
23      MatrixState.translate(trans, 0, 0);               //平移物体坐标系
24      rectNumber.drawSelf(maoHao);                       //绘制冒号
25      MatrixState.translate(trans, 0, 0);               //平移物体坐标系
26      if(second<10){                                     //如果秒数为一位数字
27        rectNumber.drawSelf(timeNumber[0]);              //绘制数字 0
28        MatrixState.translate(trans, 0, 0);             //平移物体坐标系
29        rectNumber.drawSelf(timeNumber[second]);}       //绘制秒数数字
30      else{                                              //如果秒数为两位数字
31        rectNumber.drawSelf(timeNumber[second/10]);      //绘制秒数的高位
32        MatrixState.translate(trans, 0, 0);             //平移物体坐标系
33        rectNumber.drawSelf(timeNumber[second%10]);}    //绘制秒数的低位
34      MatrixState.popMatrix();                           //恢复物体坐标系
35    }
```

- 第 2~11 行声明该方法的局部变量，包括平移辅助变量和时间辅助变量的声明，除此之外计算当前游戏界面剩余的分钟数和秒数。

- 第 12~35 行主要为根据当前的分钟数是一位数字还是两位数字，当前的秒数是一位数字还是两位数字来进行恰当的绘制，动态地调整数字之间的间距。

（11）游戏场景中玩家可以看到不断旋转的元素，注意观察可以看到旋转的物体并不是绕着中心点旋转，而是绕着随便指定的点进行旋转。开发的具体代码如下。

📎 代码位置：见本书随书光盘中源代码/第 11 章/WSZFZ/src/com/bn/views 目录下的
BNGameView2.java。

```
1     Matrix.setIdentityM(m, 0);                          //调用系统方法初始化矩阵
2     //将物体的平移信息存储进矩阵
3     Matrix.translateM(m, 0, wutiPosition3D.get(i)[0], wutiPosition3D.get(i)[1], 0);
4     Matrix.rotateM(m, 0,wutiPosition3D.get(i)[2], 0, 0, 1);//将物体的旋转信息存储进矩阵
5     float[] vbdd={bddWZ3D.get(i)[0],bddWZ3D.get(i)[1],0,1};//存储物体的不动点的数组
6     float[] vbddA=new float[4];                         //声明一个临时的一维数组
7     float[] tm=new float[16];                           //声明一个临时的一维数组
8     Matrix.setRotateM(tm, 0, angleTemp,0,0,1);          //将物体的旋转角度设置进矩阵 tm
9     Matrix.multiplyMV(vbddA, 0, tm, 0, vbdd, 0);        //计算旋转后新的不动点的位置
10    float hfx=vbdd[0]-vbddA[0];                          //计算旋转前后不动点横坐标距离差
11    float hfy=vbdd[1]-vbddA[1];                          //计算旋转前后不动点纵坐标距离差
12    Matrix.translateM(m, 0, hfx, hfy, 0);               //将计算好的平移量差记录到矩阵 m
13    Matrix.rotateM(m, 0, angleTemp,0,0,1);              //将物体旋转角度记录到矩阵 m
14    MatrixState.setNewCurrMatrix(m);                    //将旋转矩阵设置进 MatrixState 类
```

- 第 1~4 行为初始化一个矩阵，并通过调用矩阵类的相关方法将物体的平移、旋转信息存储进矩阵。这样矩阵就保存了物体的初始化信息。

- 第 5~14 行为物体以不动点为中心旋转的代码。由于物体只能围绕自身坐标系的中心旋转，因此为了实现绕不动点旋转的效果，必须计算出每次旋转时不动点的位移差。每次旋转前先将物

体平移指定的位移差，然后再绘制物体就达到了绕不动点旋转的效果。

（12）游戏场景中玩家可以看到不断旋转的元素，注意观察可以看到旋转的物体并不是绕着中心点旋转，而是绕着随便指定的点进行旋转。开发的具体代码如下。

🖎 **代码位置：见本书随书光盘中源代码/第 11 章/WSZFZ/src/com/bn/views 目录下的 BNGameView2.java。**

```
1   public void calculateObjectCurrentAngle() {          //计算可以旋转的物体当前的角度的方法
2   for (int i = 0; i < objectName.size(); i++) {         //循环物体列表
3   int type = objectType.get(i);                         //得到物体的类型
4   float angleTemp = currAngle[i];                       //得到物体当前的角度
5   if (type != 0) {                                      //如果物体可以旋转
6   boolean[] flags = objectControl.get(i);               //得到物体旋转的类型
7   if (flags[0]) {                                       //不进行任何操作
8   } else {
9   if (flags[1]) {                                       //若为一直旋转
10  if (flags[2]) {                                       //若为往复旋转
11  if (currFX[i]) {                                      //不断累加角度
12  angleTemp += objectXYRAD.get(i)[3];
13  } else {
14  angleTemp -= objectXYRAD.get(i)[3];}                  //不断累减角度
15  if (angleTemp >= objectXYRAD.get(i)[4]) {             //累加到一定的角度后
16  currFX[i] = false;                                    //设置物体旋转策略为 false
17  } else if (angleTemp <= 0) {                          //累减到一定的角度后
18  currFX[i] = true;}                                    //设置物体旋转策略为 true
19  } else {                                              //若不为往复旋转
20  angleTemp = angleTemp+objectXYRAD.get(i)[3];}         //不断累加角度
21  } else {                                              //如果不为一直旋转
22  //如果累加的角度小于指定的角度
23  if (angleTemp + objectXYRAD.get(i)[3] <= objectXYRAD.get(i)[4]){   //对角度累加
24  angleTemp += objectXYRAD.get(i)[3];}}}}               
25  currAngle[i] = angleTemp;                             //将各个物体的旋转角度存入 currAngle 中
26  }}
```

● 第 2~4 行为遍历物体列表，依次得到每一个物体，并记录该物体的类型和物体在游戏场景界面中的初始角度，方便后面代码的调用。

● 第 5~24 行为若得到的物体不是静止的物体，则根据物体的不同的旋转策略进行旋转，例如一直旋转、往复旋转、单一旋转等。其代码比较简单，这里不再做过多的讲解，读者可以查看注释帮助理解。

● 第 25 行为将计算出的旋转角度存储进成员数组中，方便其他成员方法的调用。

（13）游戏场景中物体旋转的代码开发完毕之后，接下来就是初始化游戏中的数据了。为此开发了方法 initSources，接下来将为读者详细讲解游戏数据的加载。首先给出该方法的第一部分代码，具体代码如下所示。

🖎 **代码位置：见本书随书光盘中源代码/第 11 章/WSZFZ/src/com/bn/views 目录下的 BNGameView2.java。**

```
1   InputStream in = resources.getAssets().open("mapForDraw2.map");   //得到输入流
2   ObjectInputStream oin = new ObjectInputStream(in);               //对输入流进行包装
3   width = oin.readInt();                                           //读取地图的宽度
4   height = oin.readInt();                                          //读取地图的高度
5   objectName = (List<String>) oin.readObject();                    //读取物体名称列表
6   objectXYRAD = (List<float[]>) oin.readObject();                  //读取物体平移旋转列表
7   objectControl=(List<boolean[]>)oin.readObject();                 //读取物体的旋转策略列表
8   objectType=(List<Integer>)oin.readObject();                      //读取物体的类型列表
9   bddWZ=(List<float[]>)oin.readObject();                           //读取物体不动点列表
10  objectWH = (List<float[]>)oin.readObject();                      //读取物体的宽度和高度列表
11  pzxList=(List<float[]>)oin.readObject();                         //读取碰撞线列表
12  in.close();                                                      //关闭输入流
13  oin.close();                                                     //关闭输入流
```

● 第 1~2 行为通过调用系统的方法得到 Assets 文件夹下的输入流，并打开指定名称的地图数据文件。然后对 InputStream 输入流进行更高级的包装，读取文件中的数据对象。

- 第 3~11 行为分别调用 ObjectInputStream 的 readInt 方法和 readObject 方法得到文件中的数据对象，并将读取的数据对象存储。
- 第 12~13 行为文件数据读取完毕之后，关闭输入流。

✏️ 说明　　这里只是粗略地给出地图数据的简单信息，关于文件数据结构，后面将进行具体讲解。请读者在本小节先进行大致的了解，后面再进行系统的学习。

（14）上一步骤中打开了文件的输入流并得到了相应的地图数据，但是这些数据还要经过一系列的转换才可以应用到游戏场景中，下面给出数据转换的代码，具体如下所示。

📎 代码位置：见本书随书光盘中源代码/第 11 章/WSZFZ/src/com/bn/views 目录下的 BNGameView2.java。

```
1    //通过读取的宽度和高度换算物理计算中的物理世界的宽度和高度
2    gridX = (int)(width/PhyCaulate.mul);
3    gridY = (int)(height/PhyCaulate.mul);
4    //将图片的宽度和高度换算成 3D 中的宽度和高度
5    float backWidth = PointTransformUtil.from2DObjectTo3DObjectWidth(width);
6    float backHeight = PointTransformUtil.from2DObjectTo3DObjectHeight(height);
7    //根据宽度和高度创建背景的绘制者
8    backGround = new RectForDraw(resources,backWidth*8,backHeight*8,1,1);
9    //初始化关卡 2 的背景纹理 id
10   backGroundID = InitPictureUtil.initTexture(resources,R.raw.back2);
11   //创建胜利或者失败后的弹出的对话框的绘制者
12   rect = new VicOrFailRectForDraw(resources,vfWidth,vfHeight,1,1);
13   //初始化打破记录的胜利的纹理 id
14   victory1Id = InitPictureUtil.initTexture(resources,"victory11.png");
15   //初始化未打破记录的胜利的纹理 id
16   victory2Id = InitPictureUtil.initTexture(resources,"victory22.png");
17   //初始化失败的纹理 id
18   failedId = InitPictureUtil.initTexture(resources,"failed.png");
19   for(int i=0;i<objectWH.size();i++){//循环列表，创建 rect 的绘制者
20   //将图片的宽度和高度换算成 3D 中的宽度和高度
21   float widthTemp = PointTransformUtil.from2DObjectTo3DObjectWidth(objectWH.
     get(i)[0]);
22   float heightTemp = PointTransformUtil.from2DObjectTo3DObjectHeight(objectWH.
     get(i)[1]);
23   //创建游戏元素的绘制者，并将绘制者添加进绘制者列表
24   drawers.add(new RectForDraw(resources,widthTemp,heightTemp,1,1));
25   }
```

- 第 1~6 行为将读取的地图文件中的宽度和高度换算成物理计算世界中的宽度和高度，以及将背景图片的宽度和高度换算成 3D 中图片的宽度和高度。
- 第 7~22 行为通过地图数据不断地初始化游戏场景中的纹理图片以及创建相应纹理的绘制者。
- 第 24 行为将创建游戏元素的绘制者添加进绘制者列表，方便其他方法的调用。

（15）上一步骤中完成了地图数据的转换工作，但是这些还远远不够。纹理 id 的初始化和碰撞线相关信息的计算也是极其重要的。下面给出其详细的开发代码。

📎 代码位置：见本书随书光盘中源代码/第 11 章/WSZFZ/src/com/bn/views 目录下的 BNGameView2.java。

```
1    //得到地图中绘制图片的名称并加入 textureId 列表
2    for(int i=0;i<objectName.size();i++){
3    //根据图片名称初始化纹理 id
4    Integer id = new Integer(InitPictureUtil.initTexture(resources,objectName.
     get(i)));
5    textureID.add(id);}                                    //将纹理 id 加入纹理 id 列表
6    if(pzxList!=null){                                      //如果碰撞线列表不为空
7    edges=new float[pzxList.size()][];                      //创建边的二维数组
```

```
8    for(int i=0;i<pzxList.size();i++){              //循环碰撞线列表
9    float[] td=pzxList.get(i);                      //得到一条碰撞线
10   //给出线段两个点求 AX+BY+C=0 的系数
11   float[] ABC=Line2DUtil.getABC(td[0]/PhyCaulate.mul,
12   td[1]/PhyCaulate.mul, td[2]/PhyCaulate.mul, td[3]/PhyCaulate.mul);
13   //创建碰撞线数组存储相关碰撞线信息
14   edges[i]=new float[]{
15   td[0]/PhyCaulate.mul,                           //线段起点的横坐标
16   td[1]/PhyCaulate.mul,                           //线段起点的纵坐标
17   td[2]/PhyCaulate.mul,                           //线段终点的横坐标
18   td[3]/PhyCaulate.mul,                           //线段终点的纵坐标
19   td[4],                                          //法相量 x 坐标
20   td[5],                                          //法相量 y 坐标
21   ABC[0],                                         //线段方程的参数
22   ABC[1],                                         //线段方程的参数
23   ABC[2],                                         //线段方程的参数
24   td[6]};                                         //线的类型
25   arrEdges.add(edges[i]);                         //将边加入列表
26   }}
```

- 第 1~5 行为根据地图中读取的图片的名称初始化纹理 id，并将纹理 id 加入纹理 id 列表，方便绘制时纹理 id 的调用。

- 第 6~26 行为有关碰撞线的相关的计算，通过创建碰撞线数组存储相关碰撞线信息，包括线段起点的横纵坐标、线段终点的横纵坐标、法相量的 xy 坐标，线段方程的参数，线段的类型等一系列的信息，并将存储碰撞线的数组存入碰撞线列表。

（16）游戏的初始化数据方法完成了数据的初始化工作之后，接下来就要开发每次进入游戏关卡之后加载游戏的 reLoadThread 方法。由于该方法只是初始化一些成员变量，开启一些线程，思路比较简单，因此下面只给出部分代码，具体代码如下。

✎ **代码位置：见本书随书光盘中源代码/第 11 章/WSZFZ/src/com/bn/views 目录下的 BNGameView2.java。**

```
1    Constant.phyTick = 0;                           //恢复物理帧计数
2    Constant.ms = 119000;                           //设置每一关的游戏时间
3    Constant.msl = 59000;                           //设置时间小于一分钟的秒数
4    soundCount = 70;                                //声音计时器
5    isSound = true;                                 //是否播放声音的标志位
6    Constant.isFire = true;                         //当前是否喷火焰的标志位
7    Constant.contral = false;                       //欢迎界面重力感应生效标志位
8    Constant.isPause = false;                       //设置暂停标志位为 false
9    backGround3DX = -Constant.RATIO*2;              //恢复背景左上角点横坐标
10   isDrawType7 = true;                             //恢复类型 7 的元素是否绘制的标志位
11   isDrawType6 = true;                             //恢复类型 6 的元素是否绘制的标志位
12   isDrawType5 = true;                             //恢复类型 5 的元素是否绘制的标志位
13   Constant.failed = false;                        //恢复失败标志位
14   Constant.victory = false;                       //恢复胜利标志位
15   rect.alpha = 0.3f;                              //恢复初始 alpha 值
16   Constant.queueA.clear();                        //清空缓冲队列 queueA
17   Constant.queueA.clear();                        //清空缓冲队列 queueB
18   phy.particles.clear();                          //清空物理计算类中的水粒子列表
19   arrEdges.clear();                               //清空线列表
20   ……//此处省略部分代码，比较简单这里不再赘述，请读者自行查阅项目源代码
21   BN1FloatArrayPool.returnAll();                  //归还缓冲
22   BNBufferPool.returnAll();                       //归还缓冲
23   BN2FloatArrayPool.returnAll();                  //归还缓冲
24   updateThread = new UpdateThread(phy);           //创建物理计算线程
25   calculateFloatBufferThread = new CalculateFloatBufferThread(phy);//创建缓冲计算线程
26   fireUpdateThread = new FireUpdateThread(fps,false);  //创建火粒子计算线程
27   fireUpdateThread.start();                       //启动火粒子计算线程
28   updateThread.start();                           //启动物理计算线程
29   calculateFloatBufferThread.start();             //启动缓冲计算线程
```

- 第 1~19 行为重新初始化成员变量的值。

- 第 21~23 行为归还自定义缓冲，如果每次游戏之前不归还自定义的缓冲，则多次游戏之后

运行游戏的设备可能出现黑屏的状况。

- 第 25~29 行为分别创建和游戏相关的缓冲计算线程、火粒子计算线程、物理计算线程，并调用线程的 start 方法在切换到游戏界面时启动相应的线程。

（17）随着游戏类 BNGameView2 中 reLoadThread 方法开发完毕，随机进入到了 closeThread 方法的开发，该方法的开发也比较的简单，具体代码如下。

📎 **代码位置：见本书随书光盘中源代码/第 11 章/WSZFZ/src/com/bn/views 目录下的 BNGameView2.java。**

```
1    public void closeThread(){                                //关闭线程的方法
2    updateThread.setFlag(false);                              //关闭物理计算线程
3    calculateFloatBufferThread.setFlag(false);                //关闭缓冲计算线程
4    try{                                                      //捕获异常
5    updateThread.join();                                      //等待物理计算线程执行完毕
6    calculateFloatBufferThread.join();                        //等待缓冲计算线程执行完毕
7    } catch (InterruptedException e){                         //捕获异常
8    e.printStackTrace();}                                     //打印异常信息
9    fireUpdateThread.setFlag(false);                          //关闭火粒子计算线程
10   phy.setStartRowAndCol(0, 0);                              //恢复格子相关信息
11   BN1FloatArrayPool.returnAll();                            //归还缓冲
12   BNBufferPool.returnAll();                                 //归还缓冲
13   BN2FloatArrayPool.returnAll();                            //归还缓冲
14   }
```

> 📝 **说明**　该方法主要是在游戏关卡结束之后停止相应线程，并且归还相应的缓冲，读者一定要注意归还缓冲，否则再次运行本关卡的时候，设备可能出现黑屏的情况。

（18）上面的方法开发完毕之后，最后将为读者介绍游戏类的点击移除碰撞线的方法 removeXian，该方法的开发比较复杂，请读者一定好好研读，具体代码如下。

📎 **代码位置：见本书随书光盘中源代码/第 11 章/WSZFZ/src/com/bn/views 目录下的 BNGameView2.java。**

```
1    public void removeXian(){                                 //游戏中删除线的方法
2    synchronized (Constant.touch){                            //加锁进行计算
3    for(int i=0;i<touchPoints.size();i++){                    //循环触控点列表
4    float[] touch = touchPoints.get(i);                       //得到触控点
5    //将触控点坐标转换成 3D 中的点坐标
6    float wx3D = PointTransformUtil.from2DWordTo3DWordX(touch[0]);
7    //将触控点坐标转换成 3D 中的点坐标
8    float wy3D = PointTransformUtil.from2DWordTo3DWordY(touch[1]);
9    float camerax = cameraX;                                  //记录摄像机的横坐标
10   float cameray = cameraY;                                  //记录摄像机的纵坐标
11   float finalXMap3D = wx3D + camerax;                       //计算触控点在 3D 地图中的位置
12   float finalYMap3D = wy3D + cameray;                       //计算触控点在 3D 地图中的位置
13   //将 3D 地图中的坐标转换成 2D 物理世界中的坐标
14   float finalXMap = PointTransformUtil.form3DWordTo2DWordX(finalXMap3D);
15   //将 3D 地图中的坐标转换成 2D 物理世界中的坐标
16   float finalYMap = PointTransformUtil.form3DWordTo2DWordY(finalYMap3D);
17   float finalXMapPhy = finalXMap/PhyCaulate.mul;            //换算成水计算的世界的坐标
18   float finalYMapPhy = finalYMap/PhyCaulate.mul;            //换算成水计算的世界的坐标
19   int index = -1;                                           //声明临时变量 index
20   int type = 0;                                             //声明临时变量 type
21   for(int j=0;j<phy.edges.size();j++){                      //循环碰撞边列表
22   float[] temp = phy.edges.get(j);                          //得到一条碰撞边
23   type = (int) temp[temp.length-1];                         //得到该碰撞边的类型
24   //类型为 7 或者 6 或者 5，则进行触控删除碰撞边的计算
25   if(temp[temp.length-1] == 7 || temp[temp.length-1] == 6 || temp[temp.length-1] == 5){
26   final int theldTemp = 8;                                  //触控点上下左右的边距
27   float minX = 0;                                           //左侧 x
28   float maxX = 0;                                           //右侧 x
29   float minY = 0;                                           //上侧 y
30   float maxY = 0;                                           //下侧 y
```

```
31      float x1 = temp[0];                                  //线段起点的横坐标
32      float y1 = temp[1];                                  //线段起点的纵坐标
33      float x2 = temp[2];                                  //线段终点的横坐标
34      float y2 = temp[3];                                  //线段终点的纵坐标
35      if(x1<x2){                                           //如果 x1<x2
36      minX = x1;                                           //将 x1 记录为最小值
37      maxX = x2;}                                          //将 x2 记录为最大值
38      else{
39      minX = x2;                                           //将 x2 记录为最小值
40      maxX = x1;}                                          //将 x1 记录为最大值
41      if(y1<y2){                                           //如果 y1<y2
42      minY = y1;                                           //将 y1 记录为最小值
43      maxY = y2;}                                          //将 y2 记录为最大值
44      else{
45      minY = y2;                                           //将 y2 记录为最小值
46      maxY = y1;}                                          //将 y1 记录为最小值
47      minX -=theIdTemp;                                    //扩大触控范围，方便触控
48      maxX +=theIdTemp;                                    //扩大触控范围，方便触控
49      minY -=theIdTemp;                                    //扩大触控范围，方便触控
50      maxY +=theIdTemp;                                    //扩大触控范围，方便触控
51      //如果触控点在可删除线段的触控范围内
52      if(finalXMapPhy>minX && finalXMapPhy<maxX && finalYMapPhy>minY &&
        finalYMapPhy<maxY){
53      index = j;                                           //记录当前线段的索引
54      break;}}}                                            //跳出循环
55      if(index != -1){                                     //如果得到了可删除线的索引
56      phy.edges.remove(index);                             //从列表中删除该线
57      if(type == 7){                                        //如果删除的线的类型为 7
58      isDrawType7 = false;}                                //设置 7 类型的元素为 false
59      if(type == 6){                                        //如果删除的线的类型为 6
60      isDrawType6 = false;}                                //设置 6 类型的元素为 false
61      if(type == 5){                                        //如果删除的线的类型为 5
62      isDrawType5 = false;}                                //设置 5 类型的元素为 false
63      break;}}                                             //跳出循环
64      touchPoints.clear();                                 //清空触控点列表
```

- 第 1~18 行为首先将触控点坐标转换成 3D 中的点坐标，再将摄像机的坐标加上触控点转换后的坐标得到触控点在 3D 世界中的真正坐标，然后把当前坐标转换成 2D 物理世界的坐标，最后转换成物理计算的坐标。一系列转换得到了触摸的真正坐标。

- 第 19~54 行为循环碰撞线列表，查看当前的触控点坐标是否在物体的范围内，如果在物体范围内的话，记录当前物体的索引，并退出。

- 第 55~64 行为根据当前的物体的索引，删除物体所在的碰撞线，并且绘制时不再对此类型的碰撞线进行绘制。最后清空触控点列表，方便下次本方法的调用。

11.5.6　纹理矩形绘制类 RectForDraw

本类是纹理矩形绘制类，负责绘制游戏中用到的所有纹理矩形，包括背景、对话框、虚拟按钮等。项目中还有部分不同矩形绘制类，但与本类相似，故此处只介绍其中一个。本类的代码简单，相信读者很容易理解。

（1）首先介绍 RectForDraw 类的框架，其详细代码如下。

代码位置： 见本书随书光盘中源代码/第 11 章/WSZFZ/src/com/bn/fordraw 目录下的 RectForDraw.java。

```
1       package com.bn.fordraw;
2       ……//此处省略了部分类的导入代码，读者可自行查看随书光盘中的源代码
3       public class RectForDraw{
4           int mProgram;                                     //自定义渲染管线程序 id
5           int muMVPMatrixHandle;                            //总变换矩阵引用 id
6           int maPositionHandle;                             //顶点位置属性引用 id
7           int maTexCoorHandle;                              //顶点纹理坐标属性引用 id
8           String mVertexShader;                             //顶点着色器
9           String mFragmentShader;                           //片元着色器
```

```
10       FloatBuffer mVertexBuffer;                        //顶点坐标数据缓冲
11       FloatBuffer mTexCoorBuffer;                       //顶点纹理坐标数据缓冲
12       int vCount=0;                                     //顶点数量
13       float sRepeat;                                    //纹理横向重复量
14       float tRepeat;                                    //纹理纵向重复量
15       public RectForDraw(Resources res,float sizeX,float sizeY,float sRepeat,float
         tRepeat){//构造器
16           this.sRepeat = sRepeat;                       //初始化纹理横向重复量
17           this.tRepeat = tRepeat;                       //初始化纹理纵向重复量
18           initVertexData(sizeX,sizeY);                  //初始化顶点坐标与着色数据
19           initShader(res);                              //初始化 shader
20       }
21     public void initVertexData(float sizeX,float sizeY)//初始化顶点坐标与着色数据的方法
22      ……//此处省略了 initVertexData 的部分代码，将在下面进行详细介绍
23       }
24     public void initShader(Resources res){//初始化 shader 的方法
25      ……//此处省略了 initShader 的部分代码，将在下面进行详细介绍
26       }
27     public void drawSelf(int texId){//绘制方法
28      ……//此处省略了 initShader 的部分代码，将在下面进行详细介绍
29     }}
```

✔说明 　　第 4~14 行声明该类需要的成员变量和引用。第 15~20 行为该类的构造器，作用是给成员变量赋值，并初始化顶点坐标与着色数据和 shader。

（2）下面介绍本类中的 initVertexData 方法和 initShader 方法。其具体代码如下。

📎 代码位置：见本书随书光盘中源代码/第 11 章/WSZFZ/src/com/bn/fordraw 目录下的 RectForDraw.java。

```
1      public void initVertexData(float sizeX,float sizeY) {//初始化顶点坐标与着色数据的方法
2          vCount=6;                                        //顶点数量
3          float vertices[]=new float[]{                    //初始化顶点坐标数据
4                    0,0,-1,
5                    0,-sizeY,-1,
6                    sizeX,0,-1,
7              sizeX,0,-1,
8              0,-sizeY,-1,
9                    sizeX,-sizeY,-1
10         };
11         ByteBuffer vbb = ByteBuffer.allocateDirect(vertices.length*4);
           //创建顶点坐标数据缓冲
12         vbb.order(ByteOrder.nativeOrder());              //设置字节顺序
13         mVertexBuffer = vbb.asFloatBuffer();             //转换为 Float 型缓冲
14         mVertexBuffer.put(vertices);                     //向缓冲区中放入顶点坐标数据
15         mVertexBuffer.position(0);                       //设置缓冲区起始位置
16         float texCoor[]=new float[]{                     //初始化顶点纹理坐标数据
17                  0.0f,0.0f,
18             0.0f,tRepeat,
19             sRepeat,0.0f,
20             sRepeat,0.0f,
21             0.0f,tRepeat,
22             sRepeat,tRepeat
23         };
24         ByteBuffer cbb = ByteBuffer.allocateDirect(texCoor.length*4);
           //创建顶点纹理坐标数据缓冲
25         cbb.order(ByteOrder.nativeOrder());              //设置字节顺序
26         mTexCoorBuffer = cbb.asFloatBuffer();            //转换为 Float 型缓冲
27         mTexCoorBuffer.put(texCoor);                     //向缓冲区中放入顶点着色数据
28         mTexCoorBuffer.position(0);                      //设置缓冲区起始位置
29     }
30     public void initShader(Resources res){               //初始化 shader 的方法
31         //加载顶点着色器的脚本内容
32         mVertexShader=ShaderUtil.loadFromAssetsFile("vertex_particle.sh", res);
33         //加载片元着色器的脚本内容
34         mFragmentShader=ShaderUtil.loadFromAssetsFile("frag_particle.sh", res);
35         //基于顶点着色器与片元着色器创建程序
```

```
36        mProgram = ShaderUtil.createProgram(mVertexShader, mFragmentShader);
37        //获取程序中顶点位置属性引用 id
38        maPositionHandle = GLES20.glGetAttribLocation(mProgram, "aPosition");
39        //获取程序中顶点纹理坐标属性引用 id
40        maTexCoorHandle= GLES20.glGetAttribLocation(mProgram, "aTexCoor");
41        //获取程序中总变换矩阵引用 id
42        muMVPMatrixHandle = GLES20.glGetUniformLocation(mProgram, "uMVPMatrix");
43    }
```

- 第 2~10 行为创建并赋值顶点数组。
- 第 11~15 行为创建顶点坐标数据缓冲。
- 第 16~23 行为创建并赋值纹理数组。
- 第 24~29 行为创建顶点纹理数据缓冲。
- 第 30~43 行为初始化着色器的方法，即从对应的着色器程序中获取着色器中对应的变量属性 id。

（3）下面介绍本类中的 drawSelf 方法，其具体代码如下。

代码位置： 见本书随书光盘中源代码/第 11 章/WSZFZ/src/com/bn/fordraw 目录下的 RectForDraw.java。

```
1     public void drawSelf(int texId){                       //绘制方法
2         MatrixState.pushMatrix();                          //保护现场
3         GLES20.glUseProgram(mProgram);                     //制定使用某套 shader 程序
4         GLES20.glUniformMatrix4fv(                         //将最终变换矩阵传入 shader 程序
5                 muMVPMatrixHandle,1,false,
6                 MatrixState.getFinalMatrix(),0);
7         GLES20.glVertexAttribPointer(                      //为画笔指定顶点位置数据
8                 maPositionHandle,
9                 3,
10                GLES20.GL_FLOAT,
11                false,
12              3*4,
13              mVertexBuffer
14        );
15        GLES20.glVertexAttribPointer(                      //为画笔指定顶点纹理坐标数据
16                maTexCoorHandle,
17                2,
18                GLES20.GL_FLOAT,
19                false,
20              2*4,
21              mTexCoorBuffer
22        );
23        GLES20.glEnableVertexAttribArray(maPositionHandle);//启用顶点位置数据
24        GLES20.glEnableVertexAttribArray(maTexCoorHandle); //启用纹理坐标数据
25        GLES20.glActiveTexture(GLES20.GL_TEXTURE0);
26        GLES20.glBindTexture(GLES20.GL_TEXTURE_2D, texId); //绑定纹理
27        GLES20.glDrawArrays(GLES20.GL_TRIANGLES, 0, vCount);//绘制纹理矩形
28        MatrixState.popMatrix();                           //恢复现场
29    }
```

说明 该 drawSelf 方法的作用是绘制矩形，为画笔指定顶点位置数据和为画笔指定顶点纹理坐标数据，绘制出纹理矩形，并且该类绘制出的纹理矩形是以左上角点为原点的。

本小节将对地图数据的结构进行详细介绍，使读者可以快速地掌握该游戏中数据的相关信息，具备开发地图设计器的能力，下面给出地图数据结构的代码。

代码位置： 见本书随书光盘中源代码/第 11 章/WSZFZ/src/com/bn/views 目录下的 BNGameView2.java。

```
1     InputStream in = resources.getAssets().open("mapForDraw2.map");//得到输入流
2     ObjectInputStream oin = new ObjectInputStream(in);       //对输入流进行包装
3     width = oin.readInt();                                   //读取地图的宽度
```

```
4     height = oin.readInt();                                    //读取地图的高度
5     objectName = (List<String>) oin.readObject();              //读取物体名称列表
6     objectXYRAD = (List<float[]>) oin.readObject();           //读取物体平移旋转列表
7     objectControl=(List<boolean[]>)oin.readObject();          //读取物体的旋转策略列表
8     objectType=(List<Integer>)oin.readObject();               //读取物体的类型列表
9     bddWZ=(List<float[]>)oin.readObject();                    //读取物体不动点列表
10    objectWH = (List<float[]>)oin.readObject();               //读取物体的宽度和高度列表
11    pzxList=(List<float[]>)oin.readObject();                  //读取碰撞线列表
12    in.close();                                                //关闭输入流
13    oin.close();                                               //关闭输入流
```

- 第 1~2 行为通过调用系统的方法打开指定文件的输入流并进行更高级的包装,方便程序的使用。

11.5.7 屏幕自适应相关类

上述基本完成了游戏界面的开发,但是不同 Android 设备的屏幕分辨率是不同的,游戏要想更好地运行在不同的平台上就要解决屏幕自适应的问题。屏幕自适应的解决方案有很多种,本游戏中采用缩放画布的方式进行屏幕的自适应。下面将分步骤介绍屏幕自适应的开发过程。

(1)首先介绍屏幕缩放工具类 ScreenScaleUtil 的开发,该类用于计算画布缩放等一系列的参数,用于完成屏幕的自适应,其详细代码如下。

📎 **代码位置:**见本书随书光盘中源代码/第 11 章/WSZFZ/src/com/bn/screen/auto 目录下的 ScreenScaleUtil.java。

```
1     package com.bn.screen.auto;
2     public class ScreenScaleUtil{                              //计算缩放情况的工具类
3       static final float sHpWidth=1280;                       //原始横屏的宽度
4       static final float sHpHeight=720;                       //原始横屏的高度
5       static final float whHpRatio=sHpWidth/sHpHeight;        //原始横屏的宽高比
6       static final float sSpWidth=720;                        //原始竖屏的宽度
7       static final float sSpHeight=1280;                      //原始竖屏的高度
8       static final float whSpRatio=sSpWidth/sSpHeight;        //原始竖屏的宽高比
9     public static ScreenScaleResult calScale(float targetWidth, float targetHeight){
10      ScreenScaleResult result=null;                          //屏幕缩放结果类
11      ScreenOrien so=null;                                    //横屏竖屏的枚举类
12      if(targetWidth>targetHeight) {                          //设备宽度大于高度设备为横屏模式
13        so=ScreenOrien.HP;}                                   //当前设备为横屏模式
14      else{ so=ScreenOrien.SP;}                               //否则当前设备为竖屏模式
15      if(so==ScreenOrien.HP){                                 //进行横屏结果的计算
16        float targetRatio=targetWidth/targetHeight;           //计算目标的宽高比
17        if(targetRatio>whHpRatio) {            //若目标宽高比大于原始宽高比则以目标的高度计算结果
18        float ratio=targetHeight/sHpHeight;                   //计算视口的缩放比
19        float realTargetWidth=sHpWidth*ratio;                //游戏设备中视口的宽度
20        float lcuX=(targetWidth-realTargetWidth)/2.0f;        //视口左上角横坐标
21        float lcuY=0;                                         //视口左上角纵坐标
22        result=new ScreenScaleResult((int)lcuX,(int)lcuY,ratio,so);}
          //计算结果存放进屏幕缩放结果类
23        else{                                  //若目标宽高比小于原始宽高比则以目标的宽度计算结果
24        float ratio=targetWidth/sHpWidth;                    //计算视口的缩放比
25        float realTargetHeight=sHpHeight*ratio;              //游戏设备中视口的高度
26        float lcuX=0;                                        //视口左上角横坐标
27        float lcuY=(targetHeight-realTargetHeight)/2.0f;     //视口左上角纵坐标
28        result=new ScreenScaleResult((int)lcuX,(int)lcuY,ratio,so);}}
          //计算结果存放进屏幕缩放结果类
29      if(so==ScreenOrien.SP) {                                //进行竖屏结果的计算
30        float targetRatio=targetWidth/targetHeight;           //计算目标的宽高比
31        if(targetRatio>whSpRatio) {            //若目标宽高比大于原始宽高比则以目标的高度计算结果
32        float ratio=targetHeight/sSpHeight;                   //计算视口的缩放比
33        float realTargetWidth=sSpWidth*ratio;                //游戏设备中视口的宽度
34        float lcuX=(targetWidth-realTargetWidth)/2.0f;        //视口左上角横坐标
35        float lcuY=0;                                         //视口左上角纵坐标
36        result=new ScreenScaleResult((int)lcuX,(int)lcuY,ratio,so);}
          //计算结果存放进屏幕缩放结果类
37        else{                                  //若目标宽高比小于原始宽高比则以目标的宽度计算结果
38        float ratio=targetWidth/sSpWidth;                    //计算视口的缩放比
```

```
39      float realTargetHeight=sSpHeight*ratio;              //游戏设备中视口的高度
40      float lcuX=0;                                         //视口左上角横坐标
41      float lcuY=(targetHeight-realTargetHeight)/2.0f;      //视口左上角纵坐标
42      result=new ScreenScaleResult((int)lcuX,(int)lcuY,ratio,so);}}
        //计算结果存放进屏幕缩放结果类
43      return result;}                                       //将屏幕缩放结果对象返回
44  public static int[] touchFromTargetToOrigin(int x,int y,ScreenScaleResult ssr) {
45    int[] result=new int[2];                                //创建存储原始触控点的数组
46    result[0]=(int)((x-ssr.lucX)/ssr.ratio);//将目标触控点横坐标转换为原始屏幕触控点横坐标
47    result[1]=(int)((y-ssr.lucY)/ssr.ratio);//将目标触控点纵坐标转换为原始屏幕触控点纵坐标
48    return result;                                          //返回原始触控点数组
49  }}
```

- 第 3~8 行为声明游戏标准屏（分为横屏和竖屏）的宽度、高度以及宽高比。
- 第 12~14 行为判断当前屏幕是横屏还是竖屏。
- 第 15~28 行为当屏幕为横屏时计算视口缩放比以及视口左上角点坐标。
- 第 29~43 行为当屏幕为竖屏时计算视口缩放比以及视口左上角点坐标。
- 第 43 行将计算结果以对象 ScreenScaleResult 返回。
- 第 44~49 行为将目标屏幕的触控点转为原始屏幕触控点的方法。

（2）上面实现了 ScreenScaleUtil 类的开发，接下来将开发的是 ScreenScaleResult 类，该类用于存储 ScreenScaleUtil 类计算的一系列结果，极大地方便了后续代码的取用，其详细代码如下。

📝 代码位置：见本书随书光盘中源代码/第 11 章/WSZFZ/src/com/bn/screen/auto 目录下的 ScreenScaleResult.java。

```
1   package com.bn.screen.auto;                        //表示横屏以及竖屏的枚举值
2   public class ScreenScaleResult{                     //缩放计算的结果
3     public int lucX;                                  //画布左上角 X 坐标
4     public int lucY;                                  //画布左上角 y 坐标
5     public float ratio;                               //画布缩放比例
6     public ScreenOrien so;                            //横竖屏情况
7   public ScreenScaleResult(int lucX,int lucY,float ratio,ScreenOrien so){//构造器
8     this.lucX=lucX;                                   //初始化画布左上角 X 坐标
9     this.lucY=lucY;                                   //初始化画布左上角 Y 坐标
10    this.ratio=ratio;                                 //初始化画布缩放比例
11    this.so=so;}                                      //初始化横竖屏情况
12  public String toString(){                           //重写 toString()方法
13    return "lucX="+lucX+", lucY="+lucY+", ratio="+ratio+", "+so;    //返回相关值
14  }}
```

> 📝 说明　ScreenScaleResult 类用于存放 ScreenScaleUtil 类的计算结果，包括视口左上角 X 坐标、视口左上角 Y 坐标、视口缩放比例、横竖屏情况等。将结果封装成对象方便变量的取用，因为取用时不用再进行重复的计算，读者应该掌握这种优化程序的思想。

（3）完成了 ScreenScaleUtil 及 ScreenScaleResult 类的开发，下面就需要在 WaterActivity 类中获取屏幕的宽和高，并将计算的相关数据存储到常量类 Constant 中，具体开发代码如下。

📝 代码位置：见本书随书光盘中源代码/第 11 章/WSZFZ/src/com/bn/ constant 目录下的 Constant.java。

```
1   DisplayMetrics dm = new DisplayMetrics();                //创建 DisplayMetrics 对象
2   getWindowManager().getDefaultDisplay().getMetrics(dm);   //获取设备的屏幕尺寸
3   Constant.ssr=ScreenScaleUtil.calScale(dm.widthPixels, dm.heightPixels);//计算屏幕缩放比
```

> 📝 说明　上述代码位置在 WaterActivity 类的 OnCreate()方法中。当 WaterActivity 对象切换到 ViewManager 界面时获取设备的屏幕宽度和高度，用于在 ViewManager 中进行计算实现屏幕的自适应。

（4）在获得了屏幕的宽和高后，为了完成 ViewManager 界面的屏幕自适应，需要在 ViewManager 类初始化时在 SceneRenderer 中的系统回调方法 onSurfaceChanged 中设置如下代码，具体代码如下。

✎ **代码位置：** 见本书随书光盘中源代码/第 11 章/WSZFZ/src/com/bn/views 目录下的 ViewManager.java。

```
1    float ratio = Constant.RATIO;                                //得到视口缩放率
2    GLES20.glViewport                                            //设置视口的方法
3    (Constant.ssr.lucX,                                          //视口左上角点横坐标
4    Constant.ssr.lucY,                                           //视口左上角纵坐标
5    (int) (Constant.SCREEN_WIDTH_STANDARD*Constant.ssr.ratio),   //视口的宽度
6    (int) (Constant.SCREEN_HEIGHT_STANDARD*Constant.ssr.ratio)); //视口的高度
```

> 📝 **说明**　上面 6 句代码位置在 SceneRenderer 类的 onSurfaceChanged 方法中。当 SceneRenderer 初始化时利用结果类 ScreenScaleResult 提取数据，用于获取视口的缩放比、视口左上角点 X 坐标、视口左上角点 Y 坐标等参数，并调用系统方法设置视口的位置及大小。

（5）此时已经完成了游戏界面的屏幕自适应，但是要让游戏界面先前的触摸菜单继续对玩家的触摸操作产生反应，就要完成触摸范围的屏幕自适应，因此需要开发目标屏幕的触控点转为原始屏幕触控点的方法，具体实现的代码如下所示。

✎ **代码位置：** 见本书随书光盘中源代码/第 11 章/WSZFZ/src/com/bn/screen/auto 目录下的 ScreenScaleUtil.java。

```
1 public static int[] touchFromTargetToOrigin(int x,int y,ScreenScaleResult ssr){
2    int[] result=new int[2];                          //创建存储原始触控点的数组
3    result[0]=(int) ((x-ssr.lucX)/ssr.ratio);//将目标触控点横坐标转换为原始屏幕触控点横坐标
4    result[1]=(int) ((y-ssr.lucY)/ssr.ratio);//将目标触控点纵坐标转换为原始屏幕触控点纵坐标
5    return result;}                                    //返回原始触控点数组
```

> 📝 **说明**　以上代码位置在 ScreenScaleUtil 类的 touchFromTargetToOrigin 方法中。当游戏玩家进行触摸菜单选项的时候，由于视口的平移和缩放，触摸有效位置已经发生了变化，必须还原有效触摸位置触控才可以生效，读者在做自适应屏幕的时候一定要注意这一点。

11.6 线程相关类

上一章节介绍了游戏中一些物体的绘制相关类，本节将为读者介绍本游戏中涉及到的一些主要线程，下面将为读者进行详细介绍。

11.6.1 计算缓冲线程类 CalculateFloatBufferThread

现在开始介绍计算缓冲线程类 CalculateFloatBufferThread 的开发，该类主要为大量的水粒子计算绘制缓冲，方便主线程的调用。下面将为读者详细介绍该类的开发代码。

✎ **代码位置：** 见本书随书光盘中源代码/第 11 章/WSZFZ/src/com/bn/thread 目录下的 CalculateFloatBufferThread.java。

```
1    public class CalculateFloatBufferThread extends Thread {    //计算缓冲的线程
2    PhyCaulate sph;                                             //计算类
3    boolean flag = true;                                       //循环标志位
```

```
4    public CalculateFloatBufferThread(PhyCaulate sph){     //有参构造器
5    this.sph = sph;                                        //存储计算 sph 引用
6    this.setName("CalculateFloatBufferThread");}           //设置线程的名字
7    public void setFlag(boolean flag){                     //设置标志位的方法
8    this.flag = flag;}                                     //改变标志位
9    public void run(){                                     //run 方法
10   while(flag){                                           //循环
11   if(Constant.isPause || sph.particles.size() == 0) {    //如果水粒子数量为 0 或者游戏暂停
12   try {                                                  //捕获异常
13   Thread.sleep(500);                                     //当前线程休息 500 毫秒
14   } catch (InterruptedException e) {                     //捕获异常
15   e.printStackTrace();}                                  //打印异常
16   continue;}                                             //继续下次循环
17   float[][] waterPositionXY3D = null;                    //获取 XY 粒子坐标序列
18   synchronized (Constant.lockA){                         //拿到队列中最新的 XY 粒子坐标序列
19   while(true){                                           //循环取得最新的缓冲
20   waterPositionXY3D = Constant.queueA.poll();            //得到一份数组
21   if(Constant.queueA.peek() == null){                    //查看队列中是否还有数组
22   break;}                                                //队列为空，跳出循环
23   else{                                                  //
24   BN2FloatArrayPool.releaseBuffer(waterPositionXY3D);}}} //否则释放上一个数组
25   if(waterPositionXY3D == null){                         //如果队列中没有数据
26   try {                                                  //捕获异常
27   Thread.sleep(15);                                      //休息 15 毫秒
28   } catch (InterruptedException e){                      //捕获异常
29   e.printStackTrace();}                                  //打印异常
30   continue;}                                             //继续下次循环
31   float[]vertices=WaterParticleUtil.calcuVertexData      //初始化顶点坐标数据缓冲
32   (Constant.WATER_PARTICLE_SIZE,waterPositionXY3D);
33   FloatBuffer mWaterVertexBuffer=BNBufferPool.getAnInstance(vertices.length);
     //得到缓冲实例
34   mWaterVertexBuffer.put(vertices);                      //将顶点位置数据放进缓冲
35   mWaterVertexBuffer.position(0);                        //设置缓冲开始位置
36   BN1FloatArrayPool.releaseBuffer(vertices);             //释放一维数组
37   BN2FloatArrayPool.releaseBuffer(waterPositionXY3D);    //释放二维数组
38   synchronized (Constant.lockB){                         //加上缓冲锁
39   Constant.queueB.offer(mWaterVertexBuffer);             //将缓冲送入队列
40   }}}}
```

- 第 2~8 行为声明缓冲计算类中的 sph 计算类引用和循环标志位，并在构造函数中对计算类引用初始化。除此之外声明了设置线程循环标志位的 setFlag 方法，方便程序的循环控制。
- 第 11~16 行为当玩家点击游戏界面中的暂停按钮时，不再需要缓冲计算线程循环计算缓冲，当前线程休息 500 毫秒，继续下一次循环，直到玩家解除暂停状态。
- 第 17~30 行为查看数组队列中是否存在数组，如果存在循环取得最新的数组，并不断地释放上一个数组。重复上述操作，直到队列中数组个数为零，则跳出循环，保存当前数组的引用。
- 第 31~35 行为初始化顶点坐标数据缓冲，并得到缓冲实例，对缓冲进行一些基本的设置。
- 第 36~37 行为计算完毕缓冲后释放一维数组以及二维数组的引用。
- 第 38~39 行为将计算好的水粒子缓冲加锁送入常量类的缓冲队列。

11.6.2　物理刷帧线程类 UpdateThread

上一小节介绍了计算缓冲线程的开发过程，下面介绍物理刷帧线程类，该类主要负责游戏的物理刷帧，实时地进行物理计算，刷新水粒子的位置和摄像机的位置，并承载着刷新游戏计时的任务。其详细代码如下。

✎ 代码位置：见本书随书光盘中源代码/第 11 章/WSZFZ/src/com/bn/thread 目录下的 UpdateThread.java。

```
1    package com.bn.thread;
2    ……//此处省略了部分类的导入代码，读者可自行查看随书光盘中的源代码
3    public class UpdateThread extends Thread {
4        PhyCaulate sph;                                    //创建物理计算类的引用
```

```
5        boolean flag = true;                        //线程开启的标志位
6        int updateCount= 250;                       //欢迎界面水重力感应起作用的时间计数器
7        int gameCount = 200;                        //第一关水重力感应起作用的时间计数器
8        public UpdateThread(PhyCaulate sph){        //构造器
9            this.sph = sph;                         //获取物理计算类的对象
10           this.setName("UpdateThread");           //设置本线程的名称
11       }
12       public void setFlag(boolean flag){          //设置线程标志位
13           this.flag = flag;                       //获取标志位
14       }
15       public void run(){                          //重写 run 方法
16           Constant.phyTick=0;                     //物理帧刷帧的计数器置 0
17           long beforeTS=0;                        //创建时间戳
18           while(true){
19               if(!flag){                          //如果标志位为 false，停止线程
20                   break;}
21               if(Constant.isPause){               //如果游戏暂停
22                   try {
23                       Thread.sleep(500);          //线程休眠 500 毫秒
24                   } catch (InterruptedException e) {
25                       e.printStackTrace();}       //打印异常
26                   continue;                       //直接进行下一次循环
27               }
28               long currTS=System.nanoTime();      //获取当前的系统时间
29               if(currTS-beforeTS<40000000){       //如果时间间隔小于临界值
30                   continue;                       //直接进行下一次循环
31               }else{                              //如果时间间隔大于临界值
32                   beforeTS=currTS;                //时间戳等于当前系统时间
33               }
34               if(WaterActivity.currView == Constant.WELCOME_VIEW){
                 //如果当前界面为欢迎界面
35                   updateCount--;                  //水粒子受重力感应的时间计数器递减
36                   if(updateCount<0){              //当计数器小于零时
37                       Constant.contral = true;    //重力感应起作用
38               }}
39               if(WaterActivity.currView == Constant.GAME_VIEW){
                 //如果当前界面为游戏界面
40                   gameCount--;                    //水粒子受重力感应的时间计数器递减
41                   if(gameCount<0){               //当计数器小于零时
42                       Constant.contral = true;    //重力感应起作用
43               }}
44           sph.update();                           //实时进行物理计算
45           ViewManager.viewCuror.calCameraPositionAll();//计算摄像机的位置
46           ViewManager.viewCuror.removeXian();     //查看是否有被删除的碰撞线
47           if(sph.particles.size() == 0)           //如果水粒子数为零
48               continue;                           //直接进行下一次循环
49           float[][] waterPositionXY3D=            //存储水粒子位置的二维数组
50                   BN2FloatArrayPool.getAnInstance(sph.particles.
                     size());
51           for(int i=0;i<sph.particles.size();i++){  //获取所有水粒子
52               waterPositionXY3D[i][0] = sph.particles.get(i).x3d;
                 //水粒子的 X 坐标存储到数组中
53               waterPositionXY3D[i][1] = sph.particles.get(i).y3d;
                 //水粒子的 Y 坐标存储到数组中
54           }
55           synchronized (Constant.lockA){          //加锁
56               Constant.queueA.offer(waterPositionXY3D);//将位置数组送入队列
57           }
58           Constant.timeCount--;                   //每秒刷的物理帧递减
59           if(Constant.timeCount==0){              //如果物理帧等于 0
60               Constant.ms-=1000;                  //每关的倒计时减少 1 秒
61               Constant.msl-=1000;                 //用于绘制秒数的倒计时减少 1 秒
62               if(Constant.ms<0){                  //如果倒计时小于 0
63                   Constant.ms=0;                  //倒计时为 0
64                   Constant.msl=0;                 //绘制秒数的倒计时为 0
65               }
66               if(Constant.msl<0){                 //如果绘制秒数的倒计时小于 0
67                   Constant.msl=0;                 //绘制秒数的倒计时为 0
68               }
```

```
69                                    Constant.timeCount=30;              //每秒刷的物理帧恢复为30
70                               }
71                               if(Constant.ms<=0){                      //如果倒计时小于等于0
72                                    Constant.failed = true;             //游戏失败标志位置为true
73                               }
74                               Constant.phyTick++;                      //物理帧刷帧的计数器递加
75       }}}
```

- 第 4~14 行主要为创建物理计算类的引用，声明相关变量和标志位，并在构造器中初始化物理计算类的引用，在 setFlag 方法中初始化线程标志位。

- 第 19~27 行为控制线程的代码，如果标志位为 false，则线程停止，如果游戏暂停标志位为 true，则线程休眠 500 毫秒。

- 第 28~33 行为控制物理计算速度的代码。由于在本游戏中如果界面中的水粒子数减少后，物理计算会加快，水流速度也就变快，因此此处获取系统时间，利用时间戳，当刷帧时间过短时，直接跳过下面关于水粒子的物理计算，从而减缓计算速度。

- 第 34~43 行为在欢迎界面和游戏界面控制重力感应生效时间的代码，当水落下的时候，水是不受重力感应的，所以通过一个计数器来控制其生效时间，当计数器为 0 时，水正好落下，此时重力感应生效。

- 第 44~57 行为进行物理刷帧计算的代码，线程每次刷帧都要对水粒子进行物理计算，并更新计算机位置，然后将最新的水粒子的位置存储起来，并送入当前队列中，供绘制需要。

- 第 58~75 行为游戏刷新倒计时的代码。此处通过物理刷帧控制倒计时，首先已经测出每秒刷帧 30 次，所以每进行 30 次物理计算，倒计时减少 1 秒，当倒计时为 0 时，游戏失败。这样做的好处就是，在一些低端设备上游戏时间也是充足的，不会因为物理计算太慢而无法完成。

11.6.3　火焰线程类 FireUpdateThread

上一小节介绍了计算缓冲线程的开发过程，下面介绍火焰线程类，该类主要负责对火焰粒子系统进行实时计算刷新，并控制火焰喷发的时间。其详细代码如下。

> 📝 **代码位置**：见本书随书光盘中源代码/第 11 章/WSZFZ/src/com/bn/thread 目录下的 FireUpdateThread.java。

```
1     package com.bn.thread;
2     ……//此处省略了部分类的导入代码，读者可自行查看随书光盘中的源代码
3     public class FireUpdateThread extends Thread {
4         FireParticleSystem fireParticleSystem;                  //创建火粒子系统的引用
5         boolean flag = true;                                    //线程是否开启的标志位
6         long bticks=0;                                          //控制火焰喷发的中间变量
7         boolean isAlwaysFire;                                   //火焰是否一直喷的标志位
8         public FireUpdateThread(FireParticleSystem fireParticleSystem,boolean
          isAlwaysFire){  //构造器
9             this.fireParticleSystem = fireParticleSystem;      //初始化火粒子系统的引用
10            this.isAlwaysFire = isAlwaysFire;                  //初始化火焰是否一直喷的标志位
11            this.setName("FireUpdateThread");                  //设置线程名称
12        }
13        public void setFlag(boolean temp){                     //设置线程标志位
14            flag = temp;                                       //获取标志位
15        }
16        public void run(){                                     //重写run方法
17            while(flag){                                       //是否一直循环
18                if(Constant.isPause)                           //游戏如果暂停
19                    continue;                                  //直接进行下一次循环
20                if(!isAlwaysFire){                             //火焰不是一直喷
21                    if(!Constant.isFire){                      //当前火焰没有在喷
22                        //如果火停止喷的时间大于了停止的时间界限
23                        if(Constant.phyTick-bticks>Constant.buPengTicks){
24                            Constant.isFire = true;    //喷火标志位置true
25                            bticks=Constant.phyTick;//中间变量等于当前刷帧计数器
```

```
26              }}
27              else{                                     //火焰当前在喷
28                  fireParticleSystem.update();//通过计算实时更新火粒子信息
29                  //如果火停止喷的时间大于了喷发的时间界限
30                  if(Constant.phyTick-bticks>Constant.pengTicks){
31                      Constant.isFire = false;//喷火标志位置 false
32                      bticks=Constant.phyTick;//中间变量等于当前刷帧计数器
33              }}}
34              else{                                     //火焰一直在喷
35                  fireParticleSystem.update();          //通过计算实时更新火粒子信息
36              }
37              try {
38                  Thread.sleep(60);                     //线程休眠 60 毫秒
39              } catch (InterruptedException e){
40                  e.printStackTrace();                  //打印异常
41      }}}}
```

● 第 4~15 行主要为创建火粒子系统的引用，声明相关变量和标志位，并在构造器中初始化火粒子系统的引用和喷火标志位，在 setFlag 方法中初始化线程标志位。

● 第 20~36 行为处理火烟喷发的代码。本游戏中的火焰有间断喷发的，也有一直喷发的，其中第 20~33 行为火间断喷发的代码，火焰每喷发一段时间就将喷发标志位置反，停止喷发，如此循环，喷发时间由物理刷帧数控制。第 34~36 行为火焰一直喷发的情况。

● 第 37~41 行为线程休眠和处理异常的代码。

> 📖说明　本章节省略了烟雾线程类的开发，其与火焰线程类相似，此处不再赘述。火焰和烟雾都是通过粒子系统实时仿真实现的，该系统不是本书的研究重点，有兴趣的读者可自行查阅随书光盘中的源代码。

11.7 水粒子计算相关类

上一节介绍了游戏中的线程的相关类，但是只是开发这些还远远不够。水流类游戏对设备和算法的要求特别的高，如果不能开发一套高效的算法，也就不可能达到与用户时时交互的目的。本节将为读者介绍本游戏中核心的计算类。

11.7.1　单个水粒子类 Particle

下面首先介绍单个水粒子类 Particle 的开发，该类主要封装单个水粒子的相关信息，方便水粒子计算的调用。下面将为读者详细介绍该类的开发代码。

> 🔧 代码位置：见本书随书光盘中源代码/第 11 章/WSZFZ/src/com/bn/phy 目录下的 Particle.java。

```
1   package com.bn.phy;
2   public class Particle{                               //单个水粒子类
3     public float x;                                    //当前粒子位置 X
4     public float y;                                    //当前粒子位置 Y
5     public float vx;                                   //粒子 X 方向速度
6     public float vy;                                   //粒子 Y 方向速度
7     public float agx;                                  //粒子 X 方向加速度
8     public float agy;                                  //粒子 Y 方向加速度
9     public float T00;                                  //粒子计算相关变量
10    public float T01;
11    public float T11;
12    public int cx;
13    public int cy;
14    public float[] px = new float[3];                  //水粒子成员变量数组
15    public float[] py = new float[3];
16    public float[] gx = new float[3];
17    public float[] gy = new float[3];
```

```
18    public float x3d;                                       //3D 中的水粒子横坐标位置
19    public float y3d;                                       //3D 中的水粒子纵坐标位置
20    public Particle(float x, float y, float vx, float vy){  //单个水粒子的有参构造器
21      this.x = x;                                           //初始化粒子横坐标位置
22      this.y = y;                                           //初始化粒子纵坐标位置
23      this.vx = vx;                                         //初始化粒子横方向速度
24      this.vy = vy;                                         //初始化粒子纵坐标速度
25    }}
```

> 说明　以上代码为封装的单个水粒子相关信息类，其中存储了单个水粒子的位置、粒子的速度、粒子的加速度、3D 中水粒子位置等一系列参数。构造器中初始化了水粒子的位置、水粒子的速度等一系列信息。将粒子的诸多信息封装成对象符合面向对象的规则，请读者好好体会。

11.7.2　单个网格节点类 Node

上面介绍了单个水粒子类 Particle 的开发，接下来将为读者介绍单个网格节点类 Node 的开发。该类中封装了计算 Node 的一些列信息。下面给出该类的源代码。

✎ 代码位置：见本书随书光盘中源代码/第 11 章/WSZFZ/src/com/bn/phy 目录下的 Node.java。

```
1     package com.bn.phy;
2     public class Node{                                      //单个节点类
3       public float m;                                       //节点质量
4       public float gx;                                      //节点重力加速度
5       public float gy;                                      //节点重力加速度
6       public float u;
7       public float v;                                       //节点速度
8       public float ax;                                      //节点加速度
9       public float ay;                                      //节点加速度
10      public boolean active;                                //是否是活动的
11      public int x;                                         //节点的位置
12      public int y;                                         //节点的位置
13    }
```

> 说明　以上代码为封装的单个网格节点相关信息类，其中存储了单个节点的位置、节点的速度、节点的加速度、节点的质量等一系列参数。代码比较简单，这里不再赘述。

11.7.3　物理计算类 PhyCaulate

介绍完毕单个水粒子类 Particle 和单个网格节点类 Node，下面将为读者重点介绍本游戏中的核心计算类 PhyCaulate 的开发代码。该类负责物理世界中水粒子的碰撞计算，详细开发代码如下。

（1）首先介绍 PhyCaulate 类的成员变量，这些成员变量中封装了计算中用到的一系列信息，包括碰撞线信息、胜利失败信息、水粒子碰撞参数等，其详细代码如下。

✎ 代码位置：见本书随书光盘中源代码/第 11 章/WSZFZ/src/com/bn/phy 目录下的 PhyCaulate.java。

```
1     public  int gsizeX;                                     //格子行数
2     public  int gsizeY;                                     //格子列数
3     public static final int mul = 6;                        //物理计算世界缩放比例
4     GridUtil gu=new GridUtil();                             //网格工具类
5     ArrayList<Node> active = new ArrayList<Node>();         //当前活动的格子列表
6     float[] settings ={                                     //水粒子的相关参数
7       2.0F,                                                 //密度
8       1.0F,                                                 //刚度
9       1.0F,                                                 //体积黏度
10      0.0F,                                                 //弹性
```

```
11      0.4F,                                                   //粘性
12      0.0F,                                                   //回收率
13      0.04F,                                                  //重力
14      0.0F};                                                  //光滑度
15      public ArrayList<float[]> edges;                        //碰撞线列表
16      public int waterCount;                                  //初始化的水粒子数量
17      public int currWaterCount;                              //当前剩余的水粒子数量
18      public ArrayList<Particle> particles=new ArrayList<Particle>();   //水粒子列表
19      public float[] area = new float[4];                     //胜利区域
20      List<float[]> firePositions = new ArrayList<float[]>();  //游戏中火的位置列表
21      public ArrayList<Particle> shanChu=new ArrayList<Particle>();//水粒子的辅助删除列表
22      int count = 80;                                         //水流受力荡漾的计时器
23      float sgx;                                              //粒子的横方向受力
24      float sgy;                                              //粒子的纵方向受力
25      float vxMax = 0.7f;                                     //限制粒子横方向最大速度
26      float vyMax = 0.7f;                                     //限制粒子纵方向最大速度
```

- 第 1~5 行成员变量为声明物理世界的大小、物理计算世界缩放比例、网格工具类、当前活动的格子列表等信息。游戏计算中活动的格子列表会随着水流的移动而运动,这样就减少了格子的使用,提高了游戏的计算效率。

- 第 6~14 行为设置水粒子的一系列参数,其中包括密度、重力、光滑程度等,读者可以自行修改相关参数,调整水流的碰撞运动效果。

- 第 15~22 行声明了计算中的一些辅助变量,具体作用注释中已经给出,这里不再赘述。

- 第 23~26 行声明了水粒子的横纵方向受力变量,并限制了水粒子横纵方向运动的最大速度。读者可以自行修改水粒子的最大速度,调整的速度越大,水粒子的运动速度越快。

(2)介绍完毕 PhyCaulate 类的成员变量,下面将为读者介绍 PhyCaulate 类中一些设置成员变量的方法,比较简单,下面直接给出相关代码。

✎ 代码位置:见本书随书光盘中源代码/第 11 章/WSZFZ/src/com/bn/phy 目录下的 PhyCaulate.java。

```
1       public void setStartRowAndCol(int startRow,int startCol){
        //设置可移动网格中计算开始的网格位置
2       gu.startRow = startRow;                                 //设置计算开始的网格的行数
3       gu.startCol = startCol;}                                //设置计算开始的网格的列数
4       public void setGridXY(int gridX,int gridY){             //设置物理计算世界大小的方法
5       this.gsizeX = gridX;                                    //设置物理计算世界的宽度
6       this.gsizeY = gridY;}                                   //设置物理计算世界的高度
7       public void setEdges(ArrayList<float[]> edges){         //设置物理计算世界中的碰撞线
8       this.edges = edges;}                                    //设置碰撞线的引用
9       public void setWaterParameters(float[] temp){           //设置水的参数的方法
10      for(int i=0;i<settings.length;i++){                     //循环设置水粒子反应参数
11      settings[i] = temp[i];}}
12      public void setFirePosition(List<float[]> temp){        //设置火位置的方法
13      firePositions.clear();                     //清空上一次火位置列表
14      for(int i=0;i<temp.size();i++){            //循环 temp 火位置列表
15      firePositions.add(temp.get(i));}}         //将 temp 列表中元素添加进 firePositions 列表
16      public void setSpeedMax(float vxMax,float vyMax){       //设置水流的最大速度的方法
17      this.vxMax = vxMax;                                    //设置水流的最大横方向速度
18      this.vyMax = vyMax;}                                   //设置水流的最大总方向速度
19      public void setVictoryArea(float[] temp){               //设置胜利区域的方法
20      for(int i=0;i<4;i++){
21      area[i] = temp[i];                                     //循环赋值设置胜利区域
22      }}
```

✏ 说明　以上代码为设置成员变量的一系列方法,方便物理计算类 PhyCaulate 成员变量的设置。代码很简单,这里不再进行详细的介绍。读者可以查看代码中的注释自行学习。

(3)下面讲解水流和碰撞线碰撞的核心代码,其中用到了诸多的数学,感兴趣的读者可以查阅更多的有关流体和刚体碰撞的书籍,下面给出碰撞代码。

📖 **代码位置:** 见本书随书光盘中源代码/第 11 章/WSZFZ/src/com/bn/phy 目录下的 PhyCaulate.java。

```
1    final float rrz=5;                                              //检测容忍值
2    for(float[] fw:edges){                                         //循环碰撞边列表
3    float xYC=x+100*fw[4];                                         //求出试走点沿向量方向的延长点
4    float yYC=y+100*fw[5];                                         //求出试走点沿向量方向的延长点
5    //判断试走点与延长点线段与碰撞检测线段是否有交点
6    boolean b=Line2DUtil.intersect(x,y,xYC,yYC,fw[0], fw[1], fw[2], fw[3]);
7    if(b){                                                         //若有交点则继续
8    //求出试走点与碰撞检测线段的距离
9    float disCt=Line2DUtil.calDistence(fw[6],fw[7],fw[8],x,y);
10   if(disCt<rrz){                                                 //若距离在容忍值范围内
11   float xb=disCt*fw[4];                                          //计算速度变化量
12   float yb=disCt*fw[5];                                          //计算速度变化量
13   p.vx+=xb;                                                      //计算速度
14   p.vy+=yb;}}}                                                   //计算速度
15   for (int i = 0; i < 3; i++){                                   //循环 i
16   for (int j = 0; j < 3; j++){                                   //循环 j
17   Node n = gu.get((p.cx + i), (p.cy + j));                       //得到节点
18   float phi = p.px[i] * p.py[j];n.u += phi * p.vx;n.v += phi*p.vy;}}}//节点相应计算
19   for (Node n : this.active){                                   //循环活动的节点
20   if (n.m > 0.0F){                                              //如果节点的质量大于 0
21   n.u /= n.m;n.v /= n.m;}}                                      //计算节点的相应变量
22   for (Particle p : this.particles){                           //循环水粒子列表
23   float gu = 0.0F; float gv = 0.0F;                             //声明临时变量
24   for (int i = 0; i < 3; i++){                                  //循环 i
25   for (int j = 0; j < 3; j++){                                  //循环 j
26   Node n = this.gu.get((p.cx + i), (p.cy + j));                 //得到节点
27   float phi = p.px[i] * p.py[j];gu += phi * n.u;gv += phi * n.v;}}//节点相应计算
28   p.agx = gu;p.agy = gv;       p.x += gu;p.y += gv;             //水粒子相关变量累加
29   p.vx += this.settings[7] * (gu - p.vx);                       //计算水粒子速度
30   p.vy += this.settings[7] * (gv - p.vy);                       //计算水粒子速度
31   p.vx=Line2DUtil.fengding(p.vx,vxMax);                         //速度限制防过快
32   p.vy=Line2DUtil.fengding(p.vy,vyMax);                         //速度限制防过快
```

✏️ **说明**　　以上代码为水流和刚体碰撞的核心代码，由于其中诸多的数学知识不在本书的研究范围内，故有兴趣的读者可以查阅更多的水流和刚体碰撞的书籍，编写出更加简洁、高效的算法，这里就不再对这些数学知识进行详细介绍了。

（4）下面将开发的方法比较简单，包括判断关卡胜利的方法、水流受力荡漾的方法、水灼烧时手机震动的方法、游戏失败的方法。接下来给出各个方法的具体代码。

📖 **代码位置:** 见本书随书光盘中源代码/第 11 章/WSZFZ/src/com/bn/phy 目录下的 PhyCaulate.java。

```
1    public void victoryArea(){                                     //判断关卡胜利的方法
2    int count = 0;                                                 //记录水粒子个数的临时变量
3    for(int i = 0;i < particles.size();i++){                       //循环水粒子列表
4    Particle p = particles.get(i);                                 //得到一个水粒子
5    if(p.x>area[0]&&p.x<area[1]&&p.y>area[2]&&p.y<area[3]){         //如果水粒子的位置在胜利的范围内
6    count++;                                                       //记录到达胜利区域的水粒子的个数
7    }}
8    if(count>waterCount*0.3f){                                     //当水粒子的数量达到指定的数量后
9    Constant.victory = true;                                       //设置游戏胜利的标志位
10   }}
11   public void force(){                                           //水流受力的方法
12   count--;                                                       //水流受力荡漾的计时器
13   if(count<0){                                                   //如果时间耗尽
14   if(Constant.SGX > 0){                                          //如果水流受力为正
15   float temp = -(float) (Math.random());                        //获得一个随机的负方向的力
16   if(temp<-0.5f){                                               //如果负方向的力小于-0.5
17   temp = -0.5f;}                                                //将负方向受力设置为-0.5
18   Constant.SGX = temp;}                                         //将受力设置给常量
19   else{
20   float temp = (float) (Math.random());                        //获得一个随机的正方向的力
```

```
21    if(temp>0.5f){                                    //如果正方向的力大于0.5
22    temp = 0.5f;}                                      //将正方向的力设置为0.5
23    Constant.SGX = temp;}                              //将受力设置给常量
24    count = 80;                                        //恢复水流受力计时器的初始值
25    }}
26    public void shake(){                               //手机震动的方法
27    if(shanChu.size() != 0){                           //如果辅助删除列表中有水粒子
28    if(!Constant.effectOff)                            //如果没有关闭音效
29    WaterActivity.vibrator.vibrate(Constant.COLLISION_SOUND_PATTERN,-1);//手机震动
30    }}
31    public void waterCount(){                          //判断是否失败
32    if(particles.size()< waterCount * 0.3) {           //水粒子数量小于胜利的数量
33    Constant.failed = true;                            //设置游戏失败
34    Constant.isPause = true;                           //设置游戏暂停
35    }}
```

● 第1~10行为判断关卡胜利的方法，每一次调用该方法都要循环水粒子列表，判断当前水粒子的坐标是否在胜利的范围内。如果在范围内水粒子计数器加一，循环结束后判断在胜利范围内的水粒子是否达到了指定的数量，达到了数量游戏胜利，否则失败。

● 第11~25行为选关界面等界面中水流受力荡漾的方法，通过调用Math的random函数，每次产生一个受力随机值，并有规律地使该受力正负地交替变化，从而产生了水流左右荡漾的效果。其思路比较简单，这里不再进行详细的介绍。

● 第26~30行为水粒子受到火焰的灼烧，手机震动提醒玩家注意。代码比较简单，这里不再进行赘述。

● 第31~35行为判断游戏失败的方法。判断当前列表水粒子的数量是否小于游戏胜利指定的最小数量，如果比最小数量还小，则游戏直接失败。

（5）上面的方法开发完毕后，接下来将为读者开发火焰灼烧水粒子的方法。该方法的开发和判断游戏胜利方法的开发思路很一致，详细代码如下所示。

代码位置：见本书随书光盘中源代码/第11章/WSZFZ/src/com/bn/phy目录下的PhyCaulate.java。

```
1     public void fire(){                                //火灼烧水粒子的方法
2     shanChu.clear();                                   //清空辅助删除列表中的值
3     for(int j=0;j<firePositions.size();j++){           //循环火的列表
4     float positionLeftX = firePositions.get(j)[0]-3;   //火的左边界
5     float positionRightX = positionLeftX + 12;         //火的右边界
6     float positionDownY = firePositions.get(j)[1];     //火的下边界
7     float positionUpY = positionDownY - 17;            //火的上边界
8     for(int i = 0;i < particles.size();i++){           //循环水粒子列表
9     Particle p = particles.get(i);                     //得到一个水粒子
10    //如果当前水粒子在火的灼烧范围内
11    if(p.x>positionLeftX&&p.x<positionRightX && p.y>positionUpY && p.y<positionDownY){
12    shanChu.add(p);                                    //将水粒子添加进删除列表
13    }}}
14    for(int i=0;i<shanChu.size();i++){                 //循环辅助删除列表
15    particles.remove(shanChu.get(i));                  //从水粒子主列表中删除
16    currWaterCount--;}                                 //记录当前剩余的水粒子数量
17    shake();                                           //手机震动
18    }
```

● 第2~7行首先清空辅助删除列表，然后循环火焰列表，得到每一个火焰对象并计算当前火焰的灼烧范围，记录在局部变量内。

● 第8~13行为循环水粒子列表，得到每一个水粒子并判断当前水粒子是否在火焰的灼烧范围内。如果在则将水粒子添加进辅助删除列表，否则得到下一个水粒子进行判断。

● 第14~18行为循环辅助删除列表，将辅助删除列表中的水粒子从水粒子计算列表中删除。删除完毕之后手机震动提醒玩家避免火焰的灼烧。

11.8 　游戏中着色器的开发

前几个章节对游戏界面类、线程类、计算类进行了介绍，这一小节将对游戏中用到的相关着色器进行介绍。本游戏中用到的着色器有很多，分别负责对火、水、烟、渐变物体、欢迎界面闪屏物体等一系列物体着色。由于其中大部分物体的着色器代码类似，所以在此只对有代表性的着色器进行介绍，其他着色器程序请读者自行查看光盘中的源代码。下面来介绍游戏中着色器的开发。

11.8.1　纹理的着色器

纹理着色器分为顶点着色器和片元着色器，下面便分别对纹理着色器的顶点着色器和片元着色器的开发进行介绍。

（1）首先开发的是纹理着色器的顶点着色器，其详细代码如下。

📎 **代码位置：** 见本书随书光盘中源代码/第 11 章/WSZFZ/assets 目录下的 vertex_particle.sh。

```
1    uniform mat4 uMVPMatrix;                          //总变换矩阵
2    attribute vec3 aPosition;                         //顶点位置
3    attribute vec2 aTexCoor;                          //顶点纹理坐标
4    varying vec3 vPosition;                           //用于传递给片元着色器的顶点坐标
5    varying vec2 vTexCoor;                            //用于传递给片元着色器的纹理坐标
6    void main(){
7      gl_Position = uMVPMatrix*vec4(aPosition,1);     //根据总变换矩阵计算此顶点位置
8      vTexCoor = aTexCoor;                            //将接收的纹理坐标传递给片元着色器
9    }
```

> 📝 **说明**　该顶点着色器的作用主要为根据顶点位置和总变换矩阵计算 gl_Position，每顶点执行一次。

（2）完成顶点着色器的开发后，下面开发的是纹理着色器的片元着色器，其详细代码如下。

📎 **代码位置：** 见本书随书光盘中源代码/第 11 章/WSZFZ/assets 目录下的 frag_particle.sh。

```
1    precision mediump float;                          //设置精度
2    varying vec2 vTexCoor;                            //接收从顶点着色器过来的参数
3    uniform sampler2D sTexture;                       //纹理内容数据
4    void main(){
5      gl_FragColor = texture2D(sTexture,vTexCoor);    //从纹理中采样出颜色值赋值给最终颜色
6    }
```

> 📝 **说明**　该片元着色器的作用主要为根据从顶点着色器传递过来的参数 vTextureCoord 和从 java 代码部分传递过来的 sTexture 计算片元的最终颜色值，每个片元执行一次。

11.8.2　图像渐变的着色器

采用片元着色器可以开发出很多有趣的效果，例如游戏中展示界面中图片渐变的效果就是采用此片元着色器进行绘制的。界面中玩家可以看到一副图片平滑地过渡到另一幅图片，非常有意思。下面对此着色器的开发进行介绍。

（1）首先需要在应用程序中定时地将连续变化的混合比例因子以及两幅纹理图传入渲染管线，以备片元着色器使用。由于将混合比例因子传入渲染管线的代码与将其他数据传入渲染管线的代码基本相同，因此这里不再赘述，需要的读者请参考随书光盘中的源代码。

（2）本纹理着色器的顶点着色器与普通的纹理映射顶点着色器基本相同，但片元着色器有所

不同。因此下面给出本游戏中的图像渐变的着色器，其代码如下。

✎ **代码位置：见本书随书光盘中源代码/第 11 章/WSZFZ/assets 目录下的 frag_jianbian.sh。**

```
1      precision mediump float;                              //设置精度
2      varying vec2 vTextureCoord;                           //接收从顶点着色器过来的参数
3      uniform sampler2D sTexture1;                          //纹理内容数据 1
4      uniform sampler2D sTexture2;                          //纹理内容数据 2
5      uniform float uT;                                     //混合比例因子
6      uniform int currentIndex;                             //当前图片的索引
7      uniform int indexNumber;                              //下一幅图片的索引
8      void main() {
9      vec4 color1 = texture2D(sTexture1, vTextureCoord);    //从纹理中采样出颜色值 1
10     vec4 color2 = texture2D(sTexture2, vTextureCoord);    //从纹理中采样出颜色值 2
11     gl_FragColor = color1*(1.0-uT) + color2*uT;           //按比例混合两个颜色值
12     }
```

> 📝 **说明**　上述片元着色器其实很简单，根据传入的混合比例因子将从两幅纹理图中采样得到的颜色按比例进行混合，只要混合比例因子定时变化，就自然会产生平滑过渡的效果了。

11.8.3　水纹理的着色器

游戏中玩家可以看到半透明的水流效果，在游戏背景滚动时可以透视后面的物体，效果非常逼真自然。在 Opengl ES 2.0 中这种效果是非常容易实现的，只需要在片元着色器中增加几句简单的代码即可。下面给出片元着色器具体的开发代码。

✎ **代码位置：见本书随书光盘中源代码/第 11 章/WSZFZ/assets 目录下的 frag_water.sh。**

```
1      precision mediump float;                    //设置精度
2      varying vec2 vTexCoor;                      //接收从顶点着色器传递过来的纹理
3      uniform sampler2D sTexture;                 //纹理内容数据
4      void main(){                                //主函数
5        vec4 color = texture2D(sTexture,vTexCoor); //从纹理中采样出颜色值
6        if(color.r < 0.05 ){                      //如果采样出的红色值小于 0.05
7          color.a=0.0;}                           //将该片元的颜色设置为透明
8        else{                                     //如果采样出的红色值大于等于 0.05
9          color.a = 0.4;                          //将该片元颜色的透明度设置为 0.4
10         color.r=0.0;                            //将片元的红色值去除
11         color.g=0.0;                            //将片元的绿色值去除
12         color.b=1.0;}                           //将片元的蓝色值设置为 1.0
13         gl_FragColor = color;                   //将颜色值赋给最终颜色
14     }
```

> 📝 **说明**　上述片元着色器的作用主要为从纹理中采样出颜色值，如果颜色值不是红色，则将该片元设置为透明。如果当前片元的颜色值为红色，则该片元设置为半透明并将颜色设置为蓝色。这样在游戏界面中玩家就看到了半透明的水流的效果。

11.8.4　加载界面闪屏纹理的着色器

玩家点击游戏图标进入游戏，首先会看到加载资源的界面。该界面中水面不断上涨，直到水面覆盖掉"百纳科技"4 个大字，则游戏资源全部加载完毕。此动画的开发正是运用到了该着色器，详细的开发代码如下所示。

✎ **代码位置：见本书随书光盘中源代码/第 11 章/WSZFZ/assets 目录下的 frag_shanping.sh。**

```
1      precision mediump float;                    //设置精度
2      varying vec2 vTexCoor;                      //接收从顶点着色器传递进来的纹理
```

```
3      uniform sampler2D sTexture;                        //纹理内容数据
4      uniform int index;                                 //由程序传入片元着色器的图片纹理索引
5      uniform float alpha;                               //右程序传入片元着色器的透明度
6      void main(){                                       //主函数
7        if(index !=21){                                  //如果不是第 21 张纹理
8          gl_FragColor = texture2D(sTexture,vTexCoor);}} //采样出颜色值直接赋值给最终颜色
9        else{                                            //如果是最后一张纹理
10         vec4 color = texture2D(sTexture,vTexCoor);     //从纹理中采样出颜色值
11         color.a = alpha;                               //设置该片元颜色的透明度
12         gl_FragColor = color;                          //将此颜色值赋值给最终颜色
13     }}
```

> **说明**　　上述片元着色器的作用主要为不断接收从程序中传入的纹理编号，如果传入的纹理编号不是最后一个，则直接从纹理中采样出颜色值并赋值给最终颜色。假如传入的纹理为最后一张，则不断改变该纹理的透明度，实现由亮变暗的效果，说明游戏资源加载完毕。

11.8.5　胜利失败对话框的纹理着色器

玩家在游戏界面游戏一定的时间后可能取得游戏的胜利或者失败，此时游戏中会弹出"胜利"或者"失败"的对话框，细心的玩家会观察到该对话框为圆角矩形，而这样简单的功能也是在着色器中实现的，下面将给出该着色器的开发代码。

📝 **代码位置：**见本书随书光盘中源代码/第 11 章/WSZFZ/assets 目录下的 frag_vicfail.sh。

```
1      precision mediump float;                           //设置精度
2      varying vec2 vTexCoor;                             //接收从顶点着色器传递进来的纹理
3      uniform sampler2D sTexture;                        //纹理内容数据
4      uniform float alpha;                               //程序中传递进来的 alpha 值
5      void main(){                                       //主函数
6        vec4 color = texture2D(sTexture,vTexCoor);       //从纹理中采样出颜色值
7        if(color.a<0.1){                                 //如果该片元的透明度小于 0.1
8          discard;}                                      //设置该片元
9        else{                                            //如果该片元不透明
10         color.a = alpha;                               //设置片元的透明度
11         gl_FragColor = color;                          //将该片元颜色值赋值给最终颜色
12     }}
```

> **说明**　　上述片元着色器的作用为从纹理中采样出颜色值，并判断该片元的透明度。如果透明度小于 0.1，即片元透明，则将该片元舍弃；否则设置片元的透明度，并将该片元颜色赋值给最终颜色即可。代码比较简单，这里不再赘述。

11.8.6　烟火的纹理着色器

游戏界面中玩家可以经常看到烟和火的效果，非常的逼真自然。这种绚丽的效果当然也离不开特殊的着色器了。由于烟和火的片元着色器的代码基本一致，故下面将为读者讲解火粒子着色器的开发，详细开发代码如下。

📝 **代码位置：**见本书随书光盘中源代码/第 11 章/WSZFZ/assets 目录下的 frag_fire.sh。

```
1      precision mediump float;                             //设置精度
2      uniform float sjFactor;                             //衰减因子
3      uniform float bj;                                   //衰减后半径
4      uniform sampler2D sTexture;                          //纹理内容数据
5      varying vec2 vTextureCoord;                         //接收从顶点着色器过来的参数
6      varying vec3 vPosition;                             //接收从顶点着色器传递进来的顶点位置
7      const vec4 startColor=vec4(0.1020,0.4196,0.8510,1.0);//火的初始颜色
8      const vec4 endColor=vec4(0.0,0.0,0.0,0.0);          //火的终止颜色
```

```
9     void main(){                                            //主函数
10        vec4 colorTL = texture2D(sTexture, vTextureCoord);       //从纹理中采样出颜色值
11        vec4 colorT;                                      //声明临时变量
12        float disT=distance(vPosition,vec3(0.0,0.0,0.0));      //计算顶点和原点的距离
13        float tampFactor=(1.0-disT/bj)*sjFactor;            //计算衰减变量
14        vec4 factor4=vec4(tampFactor,tampFactor,tampFactor,tampFactor);//创建中间过渡颜色
15        colorT=clamp(factor4,endColor,startColor);          //调用系统函数计算出片元颜色
16        colorT=colorT*colorTL.a;                          //计算出片元颜色
17        gl_FragColor=colorT;                              //将片元颜色赋值给最终颜色
18    }
```

> 📝说明　　上述片元着色器的作用为从纹理中采样出颜色值，结合从程序中传入的衰减因子、衰减后半径等参数，计算火粒子运动过程中的过渡颜色，调用系统的 clamp 函数计算片元的颜色，并将该颜色赋值给最终颜色。读者可以结合源代码仔细研究该效果的实现。

11.9　游戏地图数据文件介绍

从前面介绍的地图加载的代码中读者大概可以知道，实际上游戏地图中的数据是从地图中加载的。但是如果读者想开发新的关卡，就会需要新的地图数据，因此这里有必要为读者介绍地图文件的结构，以便读者在有需要的时候开发一款合适的地图设计器。

地图数据文件采用二进制方式进行存储，这种存储方式具有存储数据量大时文件比较小的特点，特别适合游戏开发的需要。接下来就为读者详细讲解地图文件的数据结构。

* 地图数据文件里首先存储的是地图的尺寸，也就是游戏场景的尺寸。每一个数据都是一个 int 型的整数，分别代表地图的宽度和高度。

* 接下来文件中存储的是物体名称列表对象，该对象为一个 list，列表中存储的对象为 String 类型。每一个 Sring 类型的对象代表的是游戏场景中每一个物体的名称，之所以记录物体的名称是为了方便初始化物体的纹理 id。

* 接下来存储的是物体的平移旋转列表对象，该对象同样为一个 list，列表中存储的是 float 类型的数组，数组中依次保存着物体左上角点横坐标、物体左上角点纵坐标、物体旋转角速度、物体初始角度、物体终止角度等信息，方便场景中物体的旋转。

* 下面存储的是物体旋转策略列表对象，列表中存储的是 boolean 类型的数组，每个数组中包含 3 个不同的旋转策略：旋转一次、一直旋转和往复旋转。通过设置不同的旋转策略，可以很方便地在游戏场景中控制物体的旋转。

* 接下来存储的是物体类型列表对象，该对象中存储着 Integer 类型的数据，每一个数据代表着相应物体的类型，不同类型的物体有不同的属性。例如，类型 1 代表不旋转的物体、类型 8 代表水槽、类型 9 代表火焰等。

* 文件中之后存储的是物体的不动点列表，列表中存储着 float 类型的数组，每个数组包含两个数据，分别为物体旋转点的横纵坐标。

* 下面存储的是物体的宽度和高度列表对象，对象中存储着 float 类型数组，每个数组同样包含两个数据，分别代表物体的宽度和高度。之所以记录物体的宽度和高度是为了方便游戏场景中物体的绘制。

* 最后存储的是碰撞线列表对象，对象中存储着 float 类型数组，数组中的元素依次代表着线段起点的横坐标、线段起点的纵坐标、线段终点的横坐标、线段终点的纵坐标、线段法相量的横坐标、线段法相量的纵坐标、线段的类型等信息。

从上面的介绍中可以看出，游戏中地图数据读取的代码和这里介绍的存储顺序是一致的，先读取的是游戏场景的宽度和高度，接下来依次读取的是物体名称列表对象、物体平移旋转列表对象、物体旋转策略列表对象等，这里不再进行赘述了。

介绍完毕地图数据文件的结构后，相信读者对游戏数据结构已经大致地了解了。读者手动初始化地图数据也可以，但是由于工作量过于巨大，故在实际上这种初始化数据的方式并不可行。游戏中笔者这些数据实际上也是来自于笔者自己开发的地图设计器。

地图设计器的代码量巨大，并且也不是本书的重点，有兴趣的读者可以参照上面介绍的地图数据文件的存储结构开发一款适合自己需要的地图设计器。下面给出两幅笔者开发的地图设计器的图片，如图 11-18 所示。

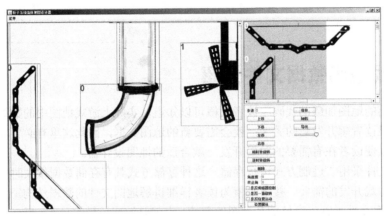

▲图 11-18　地图设计器

11.10　游戏的优化及改进

到此为止，水流游戏——污水征服者已经基本开发完成，也实现了最初设计的功能。但是通过开发后的试玩测试发现，游戏中仍然存在一些需要优化和改进的地方，下面列举笔者想到的一些方面。

- 优化游戏界面。

没有哪一款游戏的界面不可以更加完美和绚丽，所以对本游戏的界面，读者可以自行根据自己的想法进行改进，使其更加完美。如游戏场景的搭建、火焰灼烧水流的效果和游戏结束时失败效果等都可以进一步完善。

- 修复游戏 bug。

众多的手机游戏在公测之后也有很多的 bug，需要玩家不断地发现以此来改进游戏。本游戏中水流和物体碰撞的过程有时会遇到一些意想不到的问题，虽然我们已经测试改进了大部分问题，但是还有很多 bug 需要玩家发现，这对于游戏的可玩性有极其重要的帮助。

- 完善游戏玩法。

此游戏的玩法还是比较单一，读者可以自行完善，增加更多的玩法使其更具吸引力。在此基础上读者也可以进行创新来给玩家焕然一新的感觉，充分发掘这款游戏的潜力。

- 增强游戏体验。

为了满足更好的用户体验，水流的速度、火焰灼烧的时间等一系列参数读者可以自行调整，合适的参数会极大地增加游戏的可玩性。

第 12 章　新闻发布管理系统——西泠手机报

本章主要介绍西泠手机报新闻发布管理系统的开发，主要包括 PC 端、服务器端和 Android 手机端 3 部分。PC 端主要实现了新增新闻、审核新闻、管理已有新闻的功能，服务器端对 PC 端和 Android 手机端发来的请求做相应处理以及对数据库进行相应的操作，Android 手机端主要实现了用户浏览新闻的功能。

12.1　系统背景及功能概述

本节将简要介绍新闻发布管理系统的背景以及功能，主要对 PC 管理端、服务器端和 Android 手机端的功能架构进行简要说明。使读者熟悉系统各部分所完成的功能，对整个系统有大致的了解。

12.1.1　背景简介

随着信息技术的迅猛发展，新媒体开始冲击传统的媒体市场。中国报纸产业经过 20 多年的高歌猛进，也开始逐渐进入困难时期。专家预言，手机将成为继报纸、广播、电视、互联网之后的"第五媒介"，而"手机报"的产生似乎也印证了这种预言。

与传统媒体相比，手机报作为媒体具有更大的优势：它比报纸更互动，比广播更自由，比电视更便携，比电脑互联网更普及。手机报独特的时效性、互动性以及低廉的成本都是传统媒体无法比拟的，其具有如下优势。

* 手机报的最大优势是到达的即时性。

手机报作为新型传媒，具有不受时空限制的特征，传统媒体有许多弊端，比如早晨出版的日报无法涵盖特定时间段的新闻（从夜间至凌晨发生的新闻），发生在西方国家的一些重大事件、体育赛事等，而手机报则突破了这一限制。

* 手机报另外一个优势是互动性。

传统报纸采用的是"推"新闻的方式，是单向性的，它提供什么受众就必须接受什么。手机报则突破了这一局限性，用户可以在手机端发表自己的评论、意见，与媒体进行实时互动，使编辑与受众的互动更为密切。

* 手机报传播成本低，容易被用户接受。

手机报因其通过手机网络传送数据，省略了印刷、运输、发行等许多环节，信息的处理和发布更为便捷，在这一点上，传统媒体，特别是纸质媒体，是无法与之相比的。

12.1.2　功能概述

开发一个系统之前，需要对系统开发的目标和所实现的功能有细致的分析，进而确定开发方向。做好系统分析阶段工作，能为整个项目开发奠定一个良好的基础。

经过对新闻发布管理系统流程的细致了解，以及和报社的一些工作人员进行一段时间的交流和沟通之后，总结出本系统需要的功能如下。

1. PC 端功能

- 新闻管理。

系统主编、系统编辑可以使用 PC 端进行新增新闻、管理个人新闻、查看已发布新闻等操作，如选择新闻版式、录入新闻、保存草稿、编辑个人新闻、删除未通过审核的新闻、查看指定新闻的审核记录、对个人新闻进行过滤检索等。

- 审核管理。

系统主编可以对新闻的审核状况进行管理，如查看所有提交的新闻、对提交了而未审核的新闻进行审核、对审核记录进行不同条件的过滤检索等。

- 栏目管理。

系统主编可以对栏目进行管理，如调整栏目优先顺序、添加和删除栏目、管理栏目下新闻、发布通过审核的新闻、作废已经过期的新闻等。

- 用户权限管理。

系统管理员可以对系统包含的角色和权限进行管理，如查看系统所包含的所有权限、添加删除权限、添加删除角色、给角色添加删除权限等。

- 部门员工管理。

系统管理员可以进行部门管理和员工管理等操作，如添加删除部门、调整部门的从属关系、查看部门详细信息和部门下所包含员工、查看员工的详细信息、调整员工所在部门、改变员工所属角色、添加新员工、记录员工在职状态等。

- 个人信息管理。

系统管理员、系统主编、系统编辑可以修改自己的个人信息，如修改密码、真实姓名、联系方式等。

2. 服务器端功能

- 收发数据。

服务器端利用服务线程循环接收手机端和 PC 端传送过来的数据，并做相应处理，然后向手机端和 PC 端返还数据，最终再由手机端和 PC 端根据返还的数据呈现相应内容。

- 操作数据库。

服务器端根据 PC 端和手机端发过来的请求调用相应的方法，通过这些方法对本地的 MySQL 数据库进行相应的操作，保证数据的实时更新。

3. 手机端功能

- 浏览新闻。

用户可以使用手机端查看根据栏目分类的图文并茂的新闻。

从上述的功能概述中得知本系统主要包括新闻栏目管理、审核管理、部门角色管理、新闻浏览等功能，其系统结构如图 12-1 所示。

📝 **说明**　　图 12-1 表示的是本新闻管理系统的功能结构图，其包含本系统的全部功能。认识该系统功能结构图有助于读者了解本程序的开发，希望读者认真阅读。

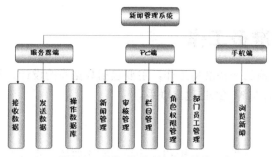
▲图 12-1 新闻管理系统功能结构图

12.1.3 开发环境和目标平台

本节将对本系统的开发环境进行简单的介绍。

1. 开发环境

开发此新闻管理系统需要用到如下软件环境。

- Eclipse 编程软件（Eclipse IDE for Android 和 MyEclipse）。

Eclipse 是一个相当著名的开源 Java IDE，主要以其开放性、极为高效的 GUI、先进的代码编辑器等著称，其项目包括各种各样的子项目组，包括 Eclipse 插件、功能部件等，主要采用 SWT 界面库，支持多种界面风格。

MyEclipse 是一个十分优秀的用于开发 Java、J2EE 的 Eclipse 插件集合，MyEclipse 的功能非常强大，支持也十分广泛，尤其是对各种开源产品的支持十分不错。

- Tomcat 服务器（apache-tomcat-6.0.18）。

Tomcat 服务器是一个免费的开放源代码的 Web 应用服务器，属于轻量级应用服务器，在中小型系统和并发访问用户不是很多的场合下被普遍使用，它运行时占用的系统资源小，扩展性好，支持负载平衡与邮件服务等开发应用系统常用的功能，因此 Tomcat 很受广大程序员的喜爱。

- JDK 1.6 及其以上版本。

本系统选此作为开发环境，因为 JDK 1.6 版本是目前 JDK 最常用的版本，一般开发用到的功能它都具有，读者可以从官方网站上免费下载使用。

- MySQL 5.0S 数据库。

MySQL 是一个关系型数据库管理系统，目前广泛应用于中小型应用开发中。MySQL 从 5.0 版本开始支持事务，进一步提高了数据的完整性和安全性。

- Navicat for MySQL。

Navicat for MySQL 是一款强大的 MySQL 数据库管理和开发工具，它基于 Windows 平台，为 MySQL 量身订作，提供类似于 MySQL 的用户管理界面。

- Android 系统。

Android 系统平台的设备功能强大，此系统开源、应用程序无界限，随着 Android 手机的普及，Android 应用的需求势必会越来越大，这是一个潜力巨大的市场，会吸引无数软件开发商和开发者投身其中。

2. 目标平台

开发此新闻管理系统需要的目标平台如下。

- Windows 系统（建议使用 XP 及以上版本）。
- 手机端为 Android 2.2 或者更高的版本。

12.2 开发前的准备工作

本节将介绍系统开发前的一些准备工作，主要包括数据库的设计、数据库中表的创建以及如何使用 Navicat for MySQL 与 MySQL 建立联系。

12.2.1　数据库设计

开发一个系统之前，做好数据库分析和设计是非常必要的。良好的数据库设计，会使开发变得相对简单，使后期开发工作能够很好地进行下去，缩短开发周期。

该系统总共包括 12 张表，分别为角色表、权限分配表、基本权限表、管理员表、员工表、部门表、审核记录表、新闻表、图片表、新闻状态表、栏目表和发布状态表。各表在数据库中的关系如图 12-2 所示。

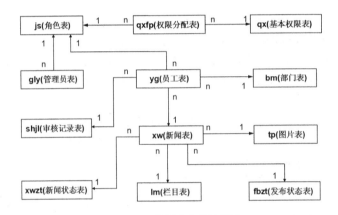

▲图 12-2　数据库各表关系图

由于篇幅有限，下面主要介绍员工表、新闻表、审核记录表、图片表和栏目表。这些表实现了本新闻管理系统的主要功能。

> 💡提示　　其他表也同样重要，所有 12 张表紧密结合才构成了本系统完整的数据库。请读者查阅随书光盘中源代码/第 12 章/sql/xwgl_create.txt。

- 员工表。

表名为 yg，用于管理员工信息。该表有 9 个字段，包含员工登录名、员工姓名、员工性别、员工登录密码、员工联系方式、员工所在部门 ID、员工所属角色的 ID 和员工离职与否状态标记。

- 新闻表。

表名为 xw，用于存储新闻信息。该表有 12 个字段，分别是新闻 ID、新闻标题、新闻概述、新闻来源、发布时间、新闻内容、新闻版式 ID、新闻所属栏目 ID、新闻创建人 ID、新闻状态 ID、新闻发布状态 ID 和新闻在栏目中顺序标记。

- 审核记录表。

表名为 shjl，用于记录新闻的审核信息。该表有 8 个字段，分别是审核 ID、所审核新闻的 ID、提交审核人的 ID、提交审核的时间、审核人的姓名、审核时间、审核意见和审核状态 ID。

- 图片表。

表名为 tp，用于存储新闻包含的图片。该表有 5 个字段，分别是图片 ID、图片描述、新闻 ID、图片存储的路径和图片的类型。

- 栏目表。

表名为 lm，用于管理栏目信息。该表有 3 个字段，包含了栏目 ID、栏目名称和栏目顺序 ID。

> **说明**　上面只介绍了本数据库中的 5 张表，其他表也同样重要。由于后面的开发部分全部是基于该数据库实现的，因此，请读者认真阅读本数据库的设计。

12.2.2 数据库表设计

上述小节介绍的是新闻管理系统数据库的结构，接下来介绍数据库中相关表的具体属性。由于篇幅所限，因此下面只详细介绍员工表、新闻表、审核记录表、图片表和栏目表。其他表请读者查阅随书光盘中源代码/第 12 章/sql/ xwgl_create.txt。

（1）员工表：用于管理员工信息。该表有 9 个字段，包含员工登录名、员工姓名、员工性别、员工登录密码、员工联系方式、员工所在部门 ID、员工所属角色的 ID 和员工离职与否状态标记，具体情况如表 12-1 所示。

表 12-1　　　　　　　　　　　　　员工表

字段名称	数据类型	字段大小	是否主键	是否允许为空	说　明
ygid	int	11	是	否	员工 ID
ygdl	varchar	50	否	否	员工登录名
ygxm	varchar	50	否	否	员工姓名
ygxb	varchar	50	否	否	员工性别
ygmm	varchar	50	否	否	员工登录密码
lxfs	varchar	50	否	是	员工联系方式
bmid	Int	11	否	否	员工所属部门 ID
jsid	Int	11	否	否	员工所属角色 ID

建立该表的 SQL 语句如下。

> **代码位置**：见随书光盘中源代码/第 12 章/sql/ xwgl_create.txt。

```
1    create table yg(                                  /*员工表*/
2        ygid int not null default 0 primary key,      /*员工 ID*/
3        ygdl varchar(50) not null,                    /*员工登录名*/
4        ygxm varchar(50),                             /*员工姓名*/
5        ygxb varchar(50),                             /*员工性别*/
6        ygmm varchar(50) not null ,                   /*员工密码*/
7        lxfs varchar(150),                            /*联系方式*/
8        bmid int not null default 0,                  /*部门 ID*/
9        jsid int not null default 0,                  /*角色 ID*/
10       lzyf int not null default 0);                 /*离职与否*/
```

> **说明**　上述代码为员工表的创建过程，该表中主要包含员工登录名、员工姓名、员工性别、员工登录密码、联系方式、部门 ID、角色 ID、员工离职与否共 9 个属性。

（2）新闻表：用于存储新闻信息。该表有 12 个字段，分别是新闻 ID、新闻标题、新闻概述、新闻来源、发布时间、新闻内容、新闻版式 ID、新闻所属栏目 ID、新闻创建人 ID、新闻状态 ID、新闻发布状态 ID、新闻在栏目中顺序标记，具体情况如表 12-2 所示。

表 12-2　　　　　　　　　　　　　　　　　新闻表

字段名称	数据类型	字段大小	是否主键	是否允许为空	说　　明
xwid	Int	11	是	否	新闻 ID
xwbt	varchar	50	否	否	新闻标题
xwgs	varchar	200	否	否	新闻概述
xwly	varchar	30	否	是	新闻来源
fbsj	datetime	0	否	是	新闻发布时间
xwnr	varchar	10000	否	否	新闻内容
bsid	Int	11	否	否	新闻版式 ID
lmid	Int	11	否	是	新闻所属栏目 ID
ygid	Int	11	否	否	新闻创建人 ID
ztid	Int	11	否	否	新闻所处状态 ID
fbztid	Int	11	否	否	新闻发布状态 ID
sxid	Int	11	否	是	新闻顺序 ID

建立该表的 SQL 语句如下。

✎ **代码位置：** 见随书光盘中源代码/第 12 章/sql/ xwgl_create.txt。

```
1    create table xw(                              /*新闻表*/
2      xwid int not null default 1 primary key,    /*新闻 ID*/
3      xwbt varchar(50) not null ,                 /*新闻标题*/
4      xwgs varchar(200) ,                         /*新闻概述*/
5      xwly varchar(30) ,                          /*新闻来源*/
6      fbsj datetime ,                             /*发布时间*/
7      xwnr varchar(10000) not null ,              /*新闻内容*/
8      bsid int not null,                          /*版式 ID*/
9      lmid int,                                   /*栏目 ID*/
10     ygid int not null,                          /*创建人 ID*/
11     ztid int not null,                          /*状态 ID*/
12     fbztid int not null,                        /*发布状态 ID*/
13     sxid int );                                 /*顺序 ID*/
```

📝 说明　　上述代码展示的是新闻表的创建，该表主要包括新闻 ID、新闻标题、新闻概述、新闻来源、发布时间、新闻内容、版式 ID、栏目 ID、创建人 ID、状态 ID、发布状态 ID、栏目 ID 共 12 个属性。

（3）审核记录表：用于记录新闻的审核信息。该表有 8 个字段，分别是审核 ID、新闻 ID、提交审核人的 ID、提交审核时间、审核人姓名、审核时间、审核意见、审核状态 ID，具体各字段情况如表 12-3 所示。

表 12-3　　　　　　　　　　　　　　　　　审核记录表

字段名称	数据类型	字段大小	是否主键	是否允许为空	说　　明
shid	Int	11	是	否	审核 ID
xwid	Int	11	否	否	新闻 ID
tjr	Int	10	否	否	提交人 ID
tjsj	datetime	0	否	否	提交时间
shrmc	varchar	50	否	否	审核人姓名

字段名称	数据类型	字段大小	是否主键	是否允许为空	说　明
shsj	datetime	0	否	是	审核时间
shyj	varchar	800	否	是	审核意见
ztid	Int	11	否	否	状态 ID

建立该表的 SQL 语句如下。

📎 **代码位置：见随书光盘中源代码/第 12 章/sql/ xwgl_create.txt。**

```
1    create table shjl(                                    /*审核记录表*/
2      shid int not null default 0 primary key,            /*审核 ID*/
3      xwid int not null default 0,                        /*新闻 ID*/
4      tjr int  not null,                                  /*提交人 ID*/
5      tjsj datetime ,                                     /*提交时间*/
6      shrmc varchar(50),                                  /*审核人姓名*/
7      shsj datetime,                                      /*审核时间*/
8      shyj varchar(800),                                  /*审核意见*/
9      ztid int not null) ;                                /*状态 ID*/
```

> 🖊 **说明**　　上述代码展示的是审核记录表的创建，该表中主要包括审核 ID、新闻 ID、提交审核人的 ID、提交审核时间、审核人姓名、审核时间、审核意见、审核状态 ID 共 9 个属性。

（4）图片表：用于存储新闻包含的图片。该表有 5 个字段，分别是图片 ID、图片描述、新闻 ID、图片存储路径、图片类型，具体情况如表 12-4 所示。

表 12-4　　　　　　　　　　　　　　　　图片表

字段名称	数据类型	字段大小	是否主键	是否允许为空	说　明
tpid	Int	11	是	否	图片 ID
tpms	varchar	50	否	是	图片描述
xwid	Int	11	否	否	新闻 ID
tplj	varchar	50	否	是	图片路径
tplx	Int	11	否	否	图片类型

建立该表的 SQL 语句如下。

📎 **代码位置：见随书光盘中源代码/第 12 章//sql/xwgl_create.txt。**

```
1    create table tp(                                     /*图片表*/
2      tpid int not null default 0 primary key,           /*图片 ID*/
3      tpms varchar(50),                                   /*图片描述*/
4      xwid int not null default 0,                        /*新闻 ID*/
5      tplj varchar(50),                                   /*图片路径*/
6      tplx int not null default 0 );                      /*图片类型*/
```

> 🖊 **说明**　　上述代码展示的是图片表的创建，该表中主要包括图片 ID、图片描述、新闻 ID、图片存储路径、图片类型共 5 个属性。

（5）栏目表：用于管理栏目信息。该表有 3 个字段，包含了栏目 ID、栏目名称、栏目顺序 ID，详细情况如表 12-5 所示。

表 12-5　　　　　　　　　　　　　　　　栏目表

字段名称	数据类型	字段大小	是否主键	是否允许为空	说　　明
lmid	Int	11	是	否	栏目 ID
lmmc	varchar	50	否	否	栏目名称
sxid	Int	11	否	否	栏目顺序 ID

建立本表的 SQL 语句如下。

代码位置： 见随书光盘中源代码/第 12 章/sql/ xwgl_create.txt。

```
1    create table lm(                               /*栏目表*/
2      lmid int not null default 0 primary key,     /*栏目 ID*/
3      lmmc varchar(50) not null,                   /*栏目名称*/
4      sxid int );                                  /*顺序 ID*/
```

说明　　　上述代码展示的是栏目表的创建过程，栏目表比较简单，主要是控制栏目和栏目显示的顺序，该表中主要包括栏目 ID、栏目名称、栏目顺序 ID 共 3 个属性。

12.2.3　使用 Navicat for MySQL 创建表并插入初始数据

本新闻管理系统后台数据库采用的是 MySQL，开发时使用 Navicat for MySQL 实现对 MySQL 数据库的操作。Navicat for MySQL 的使用方法比较简单，本节将介绍如何使其链接 MySQL 数据库并进行相关的初始化操作，具体步骤如下。

（1）开启软件，创建连接。设置连接名以及密码（密码同 MySQL 密码），如图 12-3 所示。

提示　　　在进行上述步骤之前必须首先在机器上安装好 MySQL 数据库并启动数据库服务，同时还需要安装好 Navicat for MySQL 软件。MySQL 数据库以及 Navicat for MySQL 软件都是免费的，读者可以自行从网络上下载安装。同时，由于本书不是专门讨论 MySQL 数据库的，因此对于软件的安装与配置这里不做介绍，需要的读者请自行参考其他资料或书籍。

（2）在建好的连接上点右键，选择打开连接，然后选择 Console，找到随书光盘中源代码/第 12 章/sql 目录下的 xwgl_create.txt，将其中的 SQL 语句复制到 Console 控制台中，点回车键 Navicat 便会创建相应的数据库和数据表，如图 12-3 和图 12-4 所示。

▲图 12-3　创建新连接图　　　　　　　▲图 12-4　创建数据库和对应的表

（3）创建好 xwgldb 数据库和对应的表之后，下面来插入表中的基本数据，找到随书光盘中源代码/第 12 章/sql 目录下的 xwgl_insert.txt，将其中的 SQL 语句复制到 Console 控制台中执行。完成后关闭即可，如图 12-5 所示。

（4）完成了以上操作之后数据库中的表就建立完毕了，此时再双击左侧 xwgldb 数据库，其中的所有表会呈现在右侧的子界面中，如图 12-6 所示。

▲图 12-5 向数据库表中插入数据

▲图 12-6 数据库创建完成效果图

> 💾 说明　　创建成功后读者可以尝试通过 Navicat for MySQL 操作一下数据库，例如进行简单的数据插入，删除等操作。因篇幅有限，而本书不是专门讨论 MySQL 数据库的，故这里不便一一说明，如有疑问，请读者自行查阅其他相关资料或书籍。

12.2.4 使用 Tomcat 搭建服务器

为了便于开发，在 MyEclipse 中配置使用了 Tomcat，这样在 MyEclipse 中对服务器端程序进行了修改之后，只需要单击运行，MyEclipse 便可以将最新的项目部署到指定的 Tomcat 上，大大方便了开发。下面介绍在 MyEclipse 中如何配置 Tomcat。

（1）在 MyEclipse 中为网络项目添加监听。在 MyEclipse 中创建网络项目后，在项目中的 WebRoot/WEB-INF/web.xml 中的<web-app></web-app>标记之间给此项目添加监听器，具体代码如下：

```
1    <listener>
2      <listener-class>
3        com.bn.XWGLContextListener
4      </listener-class>
5    </listener>
```

> 💾 说明　　上述代码为在 MyEclipse 中的项目添加监听器的过程，<listener-class>标记之间添加的是作为监听器的类名，此处必须为全称类名，即包含各级包名的类名。

（2）为应用配置数据源。首先在应用的 WEB-INF 目录下找到 web.xml 文件，然后使用 UE 打开此文件，在其中的<web-app></web-app>标记之间，添加如下配置：

```
1    <resource-ref>
2      <description>DB Connection</description>
3      <res-ref-name>jdbc/XWGLXTServer</res-ref-name>
4      <res-type>javax.sql.DataSource</res-type>
5      <res-auth>Container</res-auth>
6    </resource-ref>
```

> 💾 说明　　上述代码是为应用配置数据源的过程，<description>标记间是数据源描述，<res-ref-name>标记间是数据源名称，<res-type>标记间是数据源类型。

（3）配置 tomcat 自带的连接池，让网络项目可以使用 tomcat 自带的连接池。在 tomcat 安装目录下找到conf文件夹，在此文件夹下的server.xml中最后的<Host></Host>标记之间添加如下配置：

```
1    <Context path="/XWGLXTServer" docBase="XWGLXTServer"
2              reloadable="true" crossContext="true"   workDir="">
3      <Resource  name="jdbc/XWGLXTServer"
4                 auth="Container"
5               type="javax.sql.DataSource"
6               maxActive="100" maxIdle="30" maxWait="10000"
7               username="root" password="k@ks+e9*8U3)l_k92"
8                 driverClassName="org.gjt.mm.mysql.Driver"
9      url="jdbc:mysql://localhost:3306/xwgldb?characterEncoding=
       UTF-8&amp;useUnicode=true"/>
10   </Context>
```

> **说明**　上述 Tomcat 配置中提到的 XWGLContextListener 类为服务器 Context 的监听器类，请读者现在不必了解其具体实现细节，只要清楚它是监听着服务器状态，以控制服务线程的启动与关闭即可。由于本书不是专门讨论 Tomcat 配置的，如读者对 Tomcat 配置感兴趣，请自行查阅其他相关资料或书籍。

12.3　系统功能预览及总体架构

本系统由 PC 端、服务器和手机端三部分组成，这一节将介绍新闻管理系统的基本功能，使读者对 PC 端和手机端的总体架构有一个大致的了解。

12.3.1　PC 端预览

系统 PC 端主要负责管理新闻、审核新闻，管理栏目、管理员工和部门等。本节将对 PC 端部分功能进行简单介绍，主要包括录入新闻、审核新闻、管理栏目等功能。

（1）系统编辑和系统主编都拥有录入新闻的权限，录入新闻的第一步便是选择新闻的版式，本系统暂时只提供了 3 种新闻版式，如图 12-7 为选择新闻版式的界面。

▲图 12-7　新闻版式选择界面

（2）系统编辑主要负责新闻采集和新闻录入的工作，系统编辑在选择了新闻版式之后，便可以在对应的新闻录入界面录入新闻了，如图 12-8 为新闻录入界面。

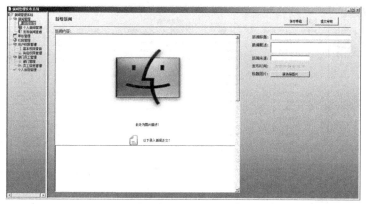

▲图 12-8　新闻录入界面

（3）系统主编主要负责对系统编辑提交的新闻进行审核和管理，系统主编可以在审核管理界面对提交的新闻进行审核，如图 12-9 为审核管理界面。

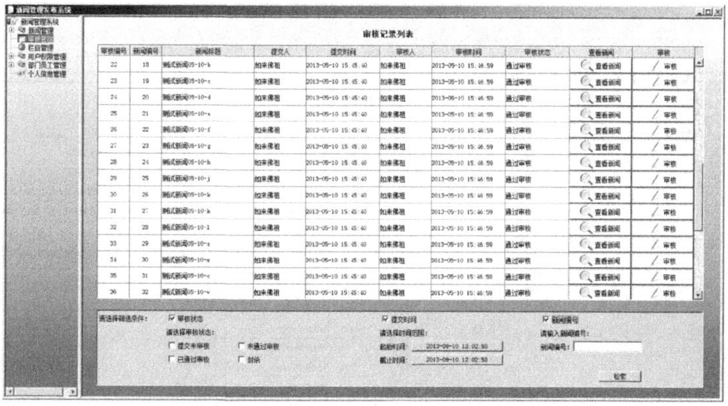

▲图 12-9　审核管理界面

（4）审核管理界面包含所有提交的新闻，包括已经审核的和未审核的，当系统主编在此界面单击未审核新闻所在行的审核按钮时，便进入此条新闻的审核界面，如图 12-10 为新闻审核界面。

▲图 12-10　新闻审核界面

（5）系统编辑可以查看自己录入的新闻、提交审核的新闻，并且可以修改保存的新闻草稿和未通过审核的新闻。这些操作都是在个人新闻管理界面进行的，如图 12-11 为个人新闻管理界面。

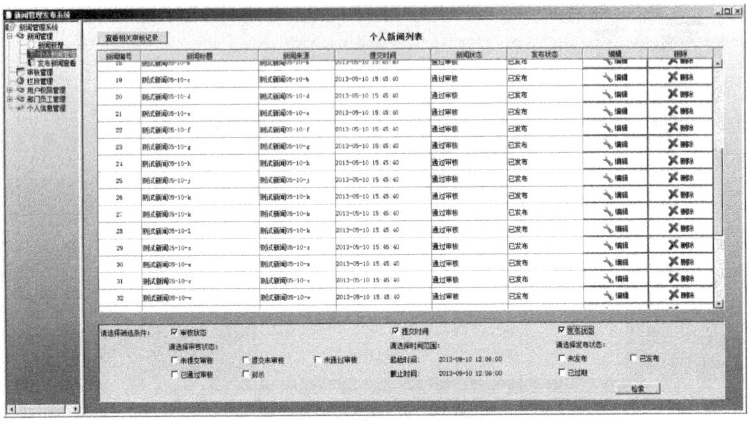

▲图 12-11 个人新闻管理界面

（6）系统主编同时拥有栏目管理的权限，可以新建栏目、删除栏目、将审核通过的新闻添加到对应的栏目下、调整栏目和新闻的顺序等。这些都是在栏目管理界面进行的，如图 12-12 为栏目管理界面。

▲图 12-12 栏目管理界面

> 以上是对整个系统 PC 端功能的概述，请读者仔细阅读，以对 PC 端有大致的
> 了解。预览图中的各项数据均为后期操作添加，请读者自行登录 PC 端后尝试操作，
> 以达到预览图所示效果。鉴于本书主要介绍 Android 的相关知识，故在此只以少量
> 篇幅来介绍 PC 端的管理功能。

12.3.2 手机端功能预览

手机端的主要功能是浏览新闻，接下来将对手机端功能及操作方式进行简单的介绍。

（1）打开本手机报后，便进入第一个栏目的新闻浏览界面，效果如图 12-13 所示。

（2）当浏览到新闻列表底部时，继续向下滑动，便开始加载新的新闻条目，效果如图 12-14 所示。

（3）当浏览了全部的新闻，没有可加载的新闻时，向下滑动屏幕不再加载新闻，效果如图 12-15 所示。

▲图 12-13　新闻浏览界面　　　　▲图 12-14　加载新闻界面　　　　▲图 12-15　加载全部新闻界面

（4）当下拉新闻列表时，可以刷新当前的新闻列表，效果如图 12-16 所示。

（5）当已浏览完当前栏目下新闻，可以向右滑动屏幕浏览第二个栏目下的新闻，效果如图 12-17 所示。

（6）当单击任意新闻条目时，便可以进入该条新闻的内容浏览界面，效果如图 12-18 所示。

▲图 12-16　下拉刷新界面　　　　▲图 12-17　左右滑动屏幕界面　　　　▲图 12-18　新闻内容界面

> 💡说明　　本系统手机端应用对应屏幕分辨率为 1280×720，如在其他分辨率下运行，请读者自行修改代码。以上功能预览图中的栏目、新闻等数据均为后期通过 PC 端添加得以呈现，请读者按个人喜好自行操作，以达到预览图所示效果。以上介绍主要是对本系统手机端功能的概述，读者可以对本系统的手机端功能有大致的了解，接下来会一一介绍这些功能的实现过程。

12.3.3　系统手机端目录结构图

上一节介绍的是新闻管理系统的主要功能，接下来介绍系统手机端的目录结构。在进行系统开发之前，还需要对系统目录结构有大致的了解，该系统目录结构如图 12-19 所示。

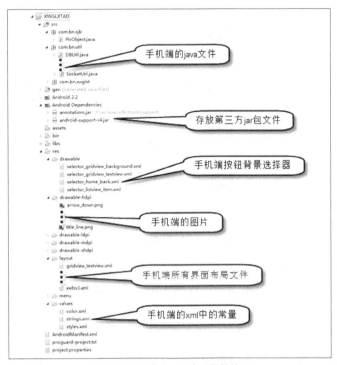

▲图 12-19　系统手机端目录结构图

> **说明**　　图 12-19 为手机端程序目录结构图，包括程序源代码、程序所需图片、xml 文件和程序配置文件，使读者对 Android 端程序文件有清晰的了解。

12.4　服务器端的实现

无论是手机端还是 PC 端都离不开与服务器端的数据交互，所以首先向读者介绍服务器端的开发过程。服务器端主要用来处理手机端和 PC 端的请求，然后根据请求信息对数据库进行查询修改等操作。本节主要介绍服务线程、DB 处理、流处理、图片处理等功能的实现。

12.4.1　常量类的开发

首先来介绍常量类 Constant 的开发。在进行正式开发之前，需要对即将用到的主要常量进行提前设置，这样便免除了开发过程中反复定义的烦恼，这就是常量类的作用，常量类的具体代码如下。

> **代码位置：** 见随书光盘中源代码/第 12 章/XWGLXTServer/src/com/bn 目录下的 Constant.java。

```
1    package com.bn;
2    public class Constant {
3        public static boolean stop=false;                        //服务线程标志位
4        public static final String LOGIN="<#LOGIN#>";            //登录
5        public static final String GET_JBQX="<#GET_JBQX#>";      //获得基本权限
6        public static final String XG_JS="<#XG_JS#>";            //修改角色
```

```
7          public static final String GET_JS="<#GET_JS#>";                    //获得角色信息
8          public static final String GET_YG="<#GET_YG#>";                    //获得角色信息
9          public static final String ADD_JS="<#ADD_JS#>";                    //添加角色
10         public static final String SC_JS="<#SC_JS#>";                      //删除角色
11         public static final String GET_BJYDQX="<#GET_BJYDQX#>";            //获得不具有的权限
12             public static final String ADD_JSQX_BY_QXMC="<#ADD_JSQX_BY_QXMC#>";
               //添加角色权限
13         public static final String SC_QX="<#SC_QX#>";                      //删除权限
14         public static final String XG_YG="<#XG_YG#>";                      //修改员工
15         public static final String GET_BM="<#GET_BM#>";                    //获得部门
16         public static final String CZ_BM="<#CZ_BM#>";                      //重组部门
17         public static final String GET_MAX_BMID="<#GET_MAX_BMID#>";        //由最大部门 ID
18         public static final String GET_YG_BY_BMID="<#GET_YG_BY_BMID#>";
           //由部门获得员工信息
19         public static final String DELETE_BM="<#DELETE_BM#>";              //删除部门字头
20         public static final String ADD_BM="<#ADD_BM#>";                    //添加部门字头
21         public static final String ADD_YG="<#ADD_YG#>";                    //添加员工
22         public static final String UPDATE_YG="<#UPDATE_YG#>";              //员工个人信息修改
23         public static final String ADD_NEW="<#ADD_NEW#>";                  //添加新闻
24         public static final String GET_NEW="<#GET_NEW#>";                  //获得新闻
25         public static final String DEL_NEW="<#DEL_NEW#>";                  //删除新闻
26         public static final String GET_NEW_By_XWID="<#GET_NEW_By_XWID#>";
           //获得指定新闻
27         public static final String UPDATE_NEW="<#UPDATE_NEW#>";            //更新新闻
28         public static final String GET_SHJL="<#GET_SHJL#>";                //获得审核记录
29         public static final String GET_SHJL_FILTER="<#GET_SHJL_FILTER#>";
           //审核记录条件检索
30         public static final String GET_GRXW_FILTER="<#GET_GRXW_FILTER#>";
           //个人新闻条件检索
31         public static final String GET_LM="<#GET_LM#>";                    //获得栏目
32         public static final String XG_LM="<#XG_LM#>";                      //修改栏目
33         public static final String GET_LM_NEW="<#GET_LM_NEW#>";            //获得栏目所含新闻
34         public static final String GET_DFB_NEW="<#GET_DFB_NEW#>";          //待发布新闻
35         public static final String GET_SH_By_SHID="<#GET_SH_By_SHID#>";
           //获得指定审核记录
36         public static final String UPDATE_SHJL="<#UPDATE_SHJL#>";          //更新审核记录
37         public static final String GET_SHJL_BY_XWID="<#GET_SHJL_BY_XWID#>";
           //新闻的审核记录
38         public static final String ADD_SHJL_BY_XWID="<#ADD_SHJL_BY_XWID#>";
           //新闻的审核记录
39         public static final String ADD_LM="<#ADD_LM#>";                    //添加栏目
40         public static final String DEL_LM="<#DEL_LM#>";                    //删除栏目
41         public static final String TRAN_LM="<#TRAN_LM#>";                  //调整栏目顺序
42         public static final String TRAN_XW="<#TRAN_XW#>";                  //调整新闻顺序
43         public static final String XG_LMID="<#XG_LMID#>";                  //修改栏目 ID
44         public static final String XG_FBZTID="<#XG_FBZTID#>";              //修改发布状态 ID
45         public static final String GET_PIC="<#GET_PIC#>";                  //获得图片
46         public static final String GET_LM_FB_NEW="<#GET_LM_FB_NEW#>";      //栏目已发布新闻
47         public static final String GET_LMA="<#GET_LMA#>";                  //获得栏目
48         public static final String GET_LM_NEWSA="<#GET_LM_NEWSA#>";        //栏目包含新闻
49         public static final String GET_PICA="<#GET_PICA#>";                //获得图片
50         public static final String GET_NEWA="<#GET_NEWA#>";                //获得新闻
51         public static final String picPath="D:////Pic//";}                 //图片保存路径
```

> **说明**　　常量类的开发是一个准备工作，开发人员将经常使用的数值或者字符串定义为常量，在使用这些数值或字符串的时候，便可以直接以常量来替代，读者在下面的类或方法中如果有不知道作用的常量，可以来这个类中查找。

12.4.2　服务线程的开发

上一节介绍了服务器端常量类的开发，下面介绍服务线程的开发。服务器端主线程接收手机端和 PC 端发来的请求，将请求交给代理线程处理，代理线程通过调用 DB 处理类中的方法对数据库进行操作，然后将操作结果通过流反馈给手机端或 PC 端。

（1）首先介绍 XWGLContextListener 类，此类是一个监听器类，用于监听 Tomcat 的状态，从而根据 Tomcat 的状态决定是否启动服务线程，具体代码如下。

✍ **代码位置：见随书光盘中源代码/第 12 章/XWGLXTServer/src/com/bn 目录下的 XWGLContextListener.java。**

```
1    package com.bn;                                    //声明包语句
2    ...... //这里省略引入相关类的代码，请读者自行查看源代码
3    public class XWGLContextListener implements ServletContextListener{
4        // 这个方法在 Web 应用服务做好接收请求的时候被调用
5        public void contextInitialized(ServletContextEvent sce){
6            stop=true;                                 //修改是否继续处理请求的标志位
7            new ServerThread().start();}               //启动主线程
8        // 这个方法在 Web 应用服务被移除，没有能力再接收请求的时候被调用
9        public void contextDestroyed(ServletContextEvent sce){
10           stop=false;}}                              //修改是否继续处理请求的标志位
```

✏ **说明**　上述代码中的 contextInitialized 方法会在 Tomcat 加载应用后调用，在此启动网络应用的服务线程来接收客户端请求，contextDestroyed 方法在 Tomcat 卸载应用时调用，在此修改处理请求的标志位，使应用不再处理客户端请求。

（2）下面为大家介绍主线程类 ServerThread 的开发，主线程类部分的代码比较短，却是服务器端最重要的一部分，是实现服务器功能的基础，具体代码如下。

✍ **代码位置：见随书光盘中源代码/第 12 章/XWGLXTServer/src/com/bn 目录下的 ServerThread.java。**

```
1    package com.bn;                                    //声明包语句
2    ...... //这里省略引入相关类的代码，请读者自行查看源代码
3    public class ServerThread extends Thread{          //创建一个叫 ServerThread 的继承线程的类
4        public ServerSocket ss;                        //定义一个 ServerSocket 对象引用
5        @Override
6        public void run() {                            //重写 run 方法
7         try{                                          //因用到网络，需要进行异常处理
8         ss=new ServerSocket(31418);                   //创建一个绑定到端口 31418 上的 ServerSocket 对象
9         System.out.println("服务器启动成功，端口号：31418");}
10        catch(Exception e){
11            e.printStackTrace();}                     //打印异常信息
12            while(stop){                              //根据标志位决定是否接收服务
13            try{
14            Socket sc=ss.accept();                    //接收 socket 请求
15            System.out.println("客户端请求到达："+sc.getInetAddress());
16            ServerAgentThread sat=new ServerAgentThread(sc);//创建服务代理线程
17            sat.start();}                             //启动服务代理线程
18        catch(Exception e){                           //捕获异常
19            e.printStackTrace();} } } }               //打印异常信息
```

- 第 6~11 行为创建连接端口的方法。首先创建一个绑定到端口 31418 上的 ServerSocket 对象，然后打印连接成功的提示信息。这里注意应该进行异常处理。

- 第 12~19 行为开启线程的方法。该方法将接收客户端请求，成功接收请求后提示"客户端请求到达"，然后启动代理线程对接收的请求进行处理。

（3）经过上面的介绍，读者已经了解了服务器端主线程类的开发过程，下面为大家介绍代理线程 ServerAgentThread 的开发，具体代码如下。

✍ **代码位置：见随书光盘中源代码/第 12 章/XWGLXTServer/src/com/bn 目录下的 ServerAgentThread.java。**

```
1    package com.bn;                                    //声明包语句
2    ......//此处省略了本类中导入类的代码，读者可以自行查阅随书光盘中的源代码
3    public class ServerAgentThread extends Thread{//创建一个叫 ServerThread 的继承线程的类
4        private Socket sc;                             //Socket 的引用
5        private DataInputStream in;                    // DataInputStream 输入流的引用
```

```
6          private DataOutputStream out;                // DataOutputStream 输出流的引用
7          private static final String ok="ok";          //处理请求成功之后返回的字符串
8          private static final String fail="fail";      //处理请求失败之后返回的字符串
9          public ServerAgentThread(Socket sc){          // ServerAgentThread 类的构造方法
10            try{
11                this.sc=sc;                             //给 sc 引用赋值
12                in=new DataInputStream(sc.getInputStream());//给输入流 in 引用赋值
13                out=new DataOutputStream(sc.getOutputStream());
14            }catch(Exception e){                        //捕获异常
15                e.printStackTrace();}}                  //打印异常信息
16        public void run(){                             //线程的 run 方法
17            try {
18                String msg=Utils.readStr(in);          //从输入流读取字符串
19                System.out.println(msg);
20                if(msg.startsWith(GET_LMA)){           //判断是否是获得栏目信息命令
21                   List<String[]>list=DBUtil.getLMA();//从数据库获得栏目信息, 并转换为 List
22                     if(list==null){
23                        Utils.writeStr(out,MyConverter.escape(fail));}
24                     else{
25                        StringBuilder sb = new StringBuilder();//创建 StringBuilder 对象
26                        sb.append("<#>");                //连接" <#>" 字符串
27                        for(int i=0;i<list.size();i++){  //循环遍历 List
28                            String[] str=list.get(i);    //取出 List 中的每个元素
29                            int length = str.length
30                              for(int j=0;j<length-1;j++){//循环遍历字符串数组
31                                sb.append(str[j]+"<->");} //连接" <->" 字符串
32                              sb.append(str[length-1]);
33                              sb.append("<#>");}          
34                                    //处理请求成功将返回信息写入输出流
35                              Utils.writeStr(out,MyConverter.escape
                                 (sb.toString()));}
36                              return;}
37                        ....//由于其他动作代码与上述相似,故省略,读者可自行查阅源代码}
38                catch(Exception e){                      //捕获异常
39                    e.printStackTrace();                 //打印异常信息
40                            //处理请求失败将失败字符串写入输出流
41                    try {Utils.writeStr(out,MyConverter.escape(fail));}
42                        catch(IOException e1) {//捕获 IO 异常
43                        e1.printStackTrace();}} //打印异常信息
44                        finally{
45                            //关闭输出流、输入流、Socket,并进行异常处理
46                            try{out.close();}catch(Exception e)
                                {e.printStackTrace();}
47                            try{in.close();}catch(Exception e)
                                {e.printStackTrace();}
48                            try{sc.close();}catch(Exception e)
                                {e.printStackTrace();}}}
```

● 第 9~15 行为服务代理线程类的构造方法,在构造方法中传入了 Socket 对象和 Socket 对象对应的输入输出流,并将它们赋给服务代理线程的成员变量。

● 第 17~21 行为调用 DB 处理类进行数据库查询操作,并将查询结果放到一个包含字符串数组的 List 之中,以便后续处理。

● 第 25~36 行为对存储在 List 中的数据库查询结果进行重新组织,让其符合格式,以便转换为字符串返回给请求端。

12.4.3 DB 处理类的开发

上一节介绍了服务器线程的开发,下面介绍 DBUtil 类的开发。DBUtil 是服务器端一个很重要的类,它包括了服务器端操作数据库需要的所有方法,这些方法的实现过程比较相似。首先与数据库建立连接,然后执行查询或者修改的 SQL 语句,最后将得到的数据库信息组织为相应的格式返回,具体代码如下。

✎ **代码位置：** 见随书光盘中源代码/第 12 章/XWGLXTServer/src/com/bn/util 目录下的 DBUtil.java。

```
1    package com.bn.util;                                    //声明包语句
2    ...... //这里省略引入相关类的代码，请读者自行查看源代码
3    public class DBUtil {
4        // 从连接池中获得数据库连接
5        private static Connection getConnection(){
6            Connection con = null;
7            try {
8                Context ctx = new InitialContext();          //初始化 Context 对象
9                DataSource ds = (DataSource) ctx             //由 Context 对象得到数据源
10                   .lookup("java:comp/env/jdbc/XWGLXTServer");
11               con = ds.getConnection();                    //从数据源获得数据库连接
12           } catch (Exception e) {                          //捕获异常
13               e.printStackTrace();}                        //打印异常信息
14           return con;}
15       // 获得栏目的静态方法
16       public static List<String[]> getLMA() {
17           Connection con = getConnection();                //获得数据库连接
18           Statement st = null;                             //声明 Statement 引用
19           ResultSet rs = null;                             //声明 ReusltSet 引用
20           List<String[]> list = new ArrayList<String[]>();//创建用于存储查询结果的 List
21           try {
22               st = con.createStatement();                  //创建 Statement 对象
23               //需要执行的 SQL 语句
24               String task = "select lmid, lmmc, sxid from lm where lmid > 0 order
                 by sxid asc";
25               rs = st.executeQuery(task);                  //执行 SQL 语句
26               while (rs.next()) {                          //循环遍历结果集
27                   String[] str = new String[4];            //创建存储一条结果的字符串数组
28                   str[0] = rs.getString(1);     //将结果的每个字段值存入字符串数组
29                   str[1] = rs.getString(2);
30                   str[2] = rs.getString(3);
31                   Statement stm=con.createStatement();//同上进行子查询
32                   String sql="select count(*) from xw where lmid = "+str[0];
33                   ResultSet res = stm.executeQuery(sql);
34                   res.next();
35                   str[3]=res.getString(1);
36                   res.close();                             //关闭结果集
37                   stm.close();                             //关闭 Statement
38                   list.add(str);}                          //将结果字符串数组添加到 List
39           } catch (Exception e) {                          //捕获异常
40               e.printStackTrace();                         //打印异常信息
41               return null;                                 //有异常时返回 null
42           } finally {
43               try {
44                   rs.close();                              //关闭 ResultSet
45               } catch (Exception e) {
46                   e.printStackTrace();}
47               try {
48                   st.close();                              //关闭 Statement
49               } catch (Exception e) {
50                   e.printStackTrace();}
51               try {
52                   con.close();                             //关闭数据库连接
53               } catch (Exception e) {
54                   e.printStackTrace();}}
55           return list;}                                    //返回包含最终结果的 List
56       ....../*由于其他方法代码与上述十分相似，故该处省略，读者可自行查阅随书光盘中源代码*/}
```

- 第 5~14 行为编写从连接池获得数据库连接的方法。这里注意建立连接时各数据库属性要根据读者自己的 MySQL 设置而定。

- 第 16~38 行为查询栏目的方法。先与数据库建立连接，然后编写正确的 SQL 语句并执行，得到所有栏目名称后赋值给字符串数组的每个元素，再将字符串数组添加进 List，关闭相关的结果集、接口、连接，最后返回包含查询结果的 List。

- 第 39~55 行为异常的处理。由于网络编程中异常非常多，因此必须进行异常处理，把有可

能抛出异常的代码块，用 try 语句块包住，然后在 catch 语句块中进行处理，最后在 finally 语句块中关闭连接。

12.4.4　流处理类的开发

上一节介绍了 DB 处理类的开发，这一节介绍流处理类的相关开发。流处理是服务器端很重要的一个环节，服务器处理后的所有数据最终都要经过流反馈给手机端或 PC 端，所以没有流处理，服务器端的功能就不可能完整。流处理具体是将字符串（或字节）从服务器端写入网络连接的流中，然后在请求端读取写入的数据，从而完成数据的传输。此外，图片的存取也是通过流来完成的。下面介绍流处理类的具体代码。

（1）首先介绍从流中读取数据的方法 readBytes、readStr 和向流中写入数据的方法 writeStr 的开发，它们分别以字节和字符串的形式从流中读取数据，以字符串的形式向流中写入数据，具体代码如下。

✎ **代码位置：** 见随书光盘中源代码/第 12 章/XWGLXTServer/src/com/bn/ util 目录下的 Utils.java。

```
1    package com.bn.util;                                  //声明包语句
2    ...... //这里省略引入相关类的代码，请读者自行查看源代码
3    public final class Utils {
4        //从网络输入流读取字节数据的方法
5        public static byte[]readBytes(DataInputStream din){
6            byte data[] = null;                          //声明字节数组引用
7            //创建带有1024字节缓冲区的字节数组输出流
8            ByteArrayOutputStream out= new ByteArrayOutputStream(1024);
9            try {
10               byte[] temp =null;                       //声明临时字节数组引用
11               int size = 0;
12               try {
13                   int temRev =0;                       //用于记录已读取的数据的长度
14                   byte[] ba=new byte[4];               //创建大小为4字节的字节数组
15                   din.read(ba);                        //从输入流读取4字节数据
16                   int len=byte2Int(ba);                //将读取的四字节数据转换为int类型值
17                   temp=new byte[len-temRev];
18                   while ((size = din.read(temp)) != -1){ //循环读取数据
19                       temRev+=size;                    //将size的值累加到temRev
20                       out.write(temp, 0, size);//向字节数组输出流写入size字节数据
21                       if(temRev>=len){                 //如果已读取数据长度大于等于数据总长
22                           break;}                      //不再读取数据
23                       temp = new byte[len-temRev];}
24               } catch (IOException e) {                //捕获异常
25                   e.printStackTrace();}                //打印异常信息
26               data = out.toByteArray();               //将字节数组输出流中的数据转存到字节数组
27               return data;                             //返回读取的数据
28           }catch (Exception e) {                       //捕获异常
29               e.printStackTrace();                     //打印异常信息
30           }finally{
31               //关闭字节数组输出流，并进行异常处理
32               try {out.close();} catch (IOException e) {e.printStackTrace();}}
33           return data;}
34       //从网络输入流中读取字符串的方法
35       public static String readStr(DataInputStream din) throws IOException{
36           String res=null;
37           byte str[] = null;                           //声明字符串数组引用
38           //创建带有1024字节缓冲区的字节数组输出流
39           ByteArrayOutputStream out= new ByteArrayOutputStream(1024);
40           try {
41               byte[] temp =null;                       //声明临时字节数组引用
42               int size = 0;
43               try {//循环接收数据
44                   int temRev =0;                       //用于记录已读取的数据的长度
45                   byte[] ba=new byte[4];               //创建大小为4字节的字节数组
46                   din.read(ba);                        //从输入流读取4字节数据
47                   int len=byte2Int(ba);                //将读取的四字节数据转换为int类型值
```

```
48                          temp=new byte[len-temRev];
49                          while ((size = din.read(temp)) != -1){    //循环读取数据
50                              temRev+=size;              //将 size 的值累加到 temRev
51                              out.write(temp, 0, size);//向字节数组输出流写入 size 字节数据
52                              if(temRev>=len){   //如果已读取数据的长度大于等于数据总长
53                                  break;}}           //不再读取数据
54                              temp = new byte[len-temRev]; }
55                      } catch (IOException e) {        //捕获异常
56                          e.printStackTrace();}            //打印异常信息
57                      str = out.toByteArray();
58                      res = new String(str, "utf-8");   //将 str 转换为 "utf-8" 编码字符串
59                  } catch (Exception e) {
60                      e.printStackTrace();
61                  }finally{
62                      //关闭字节数组输出流，并进行异常处理
63                      try {out.close();} catch (IOException e) {e.printStackTrace();}}
64                  return res;}
65          //向网络输出流中写入字符串的方法
66          public static void writeStr(DataOutputStream dout,String str) throws
            IOException{
67              PrintStream PS = new PrintStream(dout, true);   //创建带有缓冲的打印流
68              String resultStr = str;
69              PS.println(resultStr);                      //将数据写入到 SOCKET 中，返回客户端
70              dout.flush();}                              //将缓冲区数据立即输出
71          //将 int 类型变量转换为 byte 类型的方法
72          private static byte[] int2Byte(int intValue) {
73              byte[] b = new byte[4];
74              for (int i = 0; i < 4; i++) {
75                  b[i] = (byte) (intValue >> 8 * (3 - i) & 0xFF);}//进行相应转换运算
76              return b;}                              //返回转换之后的 int 类型数
77          //将 byte 类型变量转换为 int 类型
78          private static int byte2Int(byte[] b) {
79              int intValue = 0;
80              for (int i = 0; i < b.length; i++) {
81                  intValue += (b[i] & 0xFF) << (8 * (3 - i));}   //进行相应转换运算
82              return intValue;}                       //返回转换之后的 byte 类型数
83          public static BufferedImage bytesToBufImg(byte[]pic) throws IOException{
84          /*数组转换为 bufferedImage 对象，此处省略将在下面介绍*/}
85          public static void saveImage(BufferedImage img,String path) throws
            IOException{
86          /*通过图片缓冲流保存图片，此处省略将在下面介绍*/}
87          public static byte[] getPic(String path){
88          /*通过字节数组流，从磁盘获得图片，此处省略将在下面介绍*/}}
```

- 第 5~33 行为从流中读取字节的方法。以字节数组的形式循环读取流中的数据，直到将所有数据都读取出来，然后将读取的数据存入字节数组中并返回。

- 第 35~64 行为从流中读取字符串的方法。循环读取流中的信息，然后将从流中读取到的信息保存到字节数组 data 中，最后将 data 字节数组中的数据以 UTF-8 格式编码成字符串返回。

- 第 66~70 行为向流中写入字符串的方法。通过带有缓冲区的打印流将字符串数据写入流中。在写入操作结束必须调用流的 flush 方法，以保证全部数据都能正确输出。

- 第 72~82 行分别是将 int 型数据转换为 byte 数组和把 byte 数组转换为 int 数据的方法。

（2）通过前面的介绍，读者已经了解了从流中读取数据和向流中写入数据的方法，下面介绍图片处理的相关方法，这些方法也离不开对流的操作，具体代码如下。

✎ **代码位置：见随书光盘中源代码/第 12 章/XWGLXTServer/src/com/bn/ util 目录下的 Utils.java。**

```
1          //字节数组转换为 bufferedImage 的方法
2          public static BufferedImage bytesToBufImg(byte[]pic) throws IOException{
3              //创建指向指定字节数组的字节数组输入流
4              ByteArrayInputStream bis = new ByteArrayInputStream(pic);
5              BufferedImage bufImg = ImageIO.read(bis);  //输入流读取图片数据
6              bis.close();                              //关闭字节数组输入流
7              return bufImg;}                           //返回 BufferedImage 对象
8          //保存图片(image to jpg)
```

```
9         public static void saveImage(BufferedImage img,String path) throws
          IOException{
10            File f=new File(path);                    //创建指定文件
11            if(!f.getParentFile().exists()){          //判断存储文件的文件夹是否存在
12            f.getParentFile().mkdirs();}              //不存在，则创建文件夹
13            //创建指向特定图片的图片文件输出流
14            FileImageOutputStream imgout=new FileImageOutputStream(f);
15            ImageIO.write(img,"JPG",f);               //通过流，将图片数据以JPG格式输出到文件
16            imgout.close();}                          //关闭图片文件输出流
17        //从磁盘获得图片
18        public static byte[] getPic(String path) {
19            byte[] pic =null;
20            try {
21                //创建带有缓冲的文件输入流
22                BufferedInputStream in = new BufferedInputStream(new
                  FileInputStream(path));
23                //创建带有1024字节缓冲区的字节数组输出流
24                ByteArrayOutputStream out = new ByteArrayOutputStream(1024);
25                byte[] temp = new byte[1024];         //创建大小为1024字节的字节数组
26                int size = 0;
27                try {
28                    while ((size = in.read(temp)) != -1){//循环读取数据
29                        out.write(temp, 0, size); }    //将读取的数据写入输出流
30                    in.close();                        //关闭输入流
31                } catch (IOException e) {
32                    e.printStackTrace();}
33                pic= out.toByteArray();                //将缓冲流中的数据转存到字节数组
34            } catch (Exception e1) {
35                e1.printStackTrace();}
36            return pic;}                               //返回保存着图片数据的字节数组
```

- 第2~7行是将字节数组输入流中的数据转化为BufferedImage对象的方法，其中主要用到了ImageIO类中的read方法。ImageIO是一个与图片读取输出有关的工具类，其中有许多与图片处理相关的静态方法。

- 第9~16行是将图片保存到本地硬盘的方法。该方法传入两个参数，第一个是要保存的BufferedImage对象，第二个是保存图片的路径，如果传入的路径不存在，则会自动创建。

- 第18~36行是从本地硬盘中读取图片数据的方法，该方法通过传入的路径名找到图片，然后通过带缓冲的输入流和字节数组输出流将图片数据转存到字节数组中。

12.4.5 辅助工具类的开发

前面主要介绍了服务器端接收请求、通过流读写数据和操作数据库的方法，在这些方法中经常用到两个工具类，即文件操作工具类和编译码工具类。下面将分别介绍这两个工具类。工具类中的方法在项目中会被经常调用，请读者仔细阅读。

1. 文件操纵类

服务器处理其他端的请求时，有时候要操作磁盘文件，这包括创建存储图片资源的文件夹、判断指定文件或文件夹是否存在、删除指定文件或文件夹等。此时就需要用到文件操作类。另外，当从数据库查询出结果，将结果返回给其他端时，为了保证一些特殊字符可以正常显示，需要进行编码，这时候就用到了编译码类。下面向大家详细介绍这两个工具类。

首先为大家介绍文件操作类FileUtiles的开发，具体代码如下。

代码位置：见随书光盘中源代码/第12章/XWGLXTServer/src/com/bn/ util目录下的FileUtiles.java。

```
1    package com.bn.util;                          //声明包语句
2    import java.io.File;                          //引用File类
3    public class FileUtiles {
4        // 根据路径删除指定的目录或文件的方法，无论存在与否
5        public static boolean DeleteFolder(String sPath) {
6            boolean flag = false;
```

```
 7                    File file = new File(sPath);              //创建包含特定路径的 File 类
 8                    if (!file.exists()) {                       //判断目录或文件是否存在
 9                        return flag;                            //不存在返回 false
10                    } else {
11                        if (file.isFile()) {                    //判断是否为文件
12                            return deleteFile(sPath);           //为文件时调用删除文件方法
13                        } else {
14                            return deleteDirectory(sPath);}}}   //为目录时调用删除目录方法
15        //删除单个文件的方法
16        public static boolean deleteFile(String sPath){
17            boolean flag = false;
18            File file = new File(sPath);                        //创建包含特定路径的 File 类
19            if (file.isFile() && file.exists()){                //路径为文件且不为空则进行删除
20                file.delete();                                  //删除文件操作
21                flag = true;}
22            return flag;}                                       //返回操作成功与否的标志位
23        //删除目录（文件夹）以及目录下的文件的方法
24        public static boolean deleteDirectory(String sPath) {
25            // 如果 sPath 不以文件分隔符结尾，则自动添加文件分隔符
26            if (!sPath.endsWith(File.separator)) {
27                sPath = sPath + File.separator;}
28            File dirFile = new File(sPath);                     //创建包含特定路径的 File 类
29            // 如果 dir 对应的文件不存在，或者不是一个目录，则退出
30            if (!dirFile.exists() || !dirFile.isDirectory()) {
31                return false;}
32            boolean flag = true;
33            // 删除文件夹下的所有文件(包括子目录)
34            File[] files = dirFile.listFiles();
35            for (int i = 0; i < files.length; i++) {    //循环着删除子文件
36                if (files[i].isFile()) {                        //如果是文件直接删除
37                    flag = deleteFile(files[i].getAbsolutePath());
38                    if (!flag)
39                        break;}                                 //删除子目录
40                else {
41                    //不是文件是目录，递归调用自己
42                    flag = deleteDirectory(files[i].getAbsolutePath());
43                    if (!flag)
44                        break;}}                                //结束递归调用
45            if (!flag)
46                return false;
47            if (dirFile.delete()) {                             //删除当前目录
48                return true;                                    //返回操作成功的标志位
49            } else {
50                return false;}}}                                //返回操作失败的标志位
```

- 第 5~14 行是根据路径删除指定的目录或文件的方法，此方法不考虑传入的路径是否存在，方法返回一个布尔值来表示删除操作是否成功完成。

- 第 16~22 行是根据路径删除指定的文件的方法，此方法只能删除单个文件。其内部实现是通过调用 File 类的 delete 方法，实现对当前文件的删除操作。

- 第 24~50 行是根据路径删除目录以及目录下的文件的方法。此方法内部是递归实现的，通过一层层向下递归，当判断到当前 File 是文件时执行删除操作，是文件夹则向下递归。

2. 编译码类

上一小节中介绍了文件操作类的开发，本小节介绍本服务器端的第二个工具类，编译码类。

代理线程通过调用 DB 处理类中的方法对数据库进行操作后，将得到的操作结果通过流反馈给手机端或 PC 端，这些操作结果必须经过编译码类中的方法编码后才能写入流，当读取时必须先解码，这样保证了数据传输的正确性。由于篇幅有限，请读者自行查看随书光盘中源代码/第 12 章/XWGLXTServer/src/com/bn/ util 目录下的 MyConverter.java。

12.4.6　其他方法的开发

前面的介绍中，省略了 DB 处理类中的一部分方法和其他类中的一些变量的定义过程，但是

想要实现各功能是需要所有方法合作的。这些省略的方法并不是不重要，只是篇幅有限，无法一一详细介绍，请读者自行查看随书光盘中的源代码。

12.5　PC 端的界面搭建与功能实现

前面介绍了服务器端功能的实现，下面介绍 PC 端功能的实现。PC 端主要用来管理、审核和发布新闻，本节主要介绍 PC 端用户登录、管理新闻、审核新闻、管理栏目等功能的实现。

12.5.1　用户登录功能的开发

下面将介绍用户登录功能的开发。打开 PC 端的登录界面，需要输入用户登录名与密码，然后将输入的登录名和密码与服务器数据库中的数据进行对比，并且判断此用户是否在职。如果登录名和密码没有错误，并且当前用户在职，就可以成功登录本系统。

（1）用户登录界面是一个单独的界面，当用户输入的登录账号和密码都正确，通过服务器验证之后，便可从此界面跳转到系统主界面，用户登录界面也就会自动消失，具体代码如下。

代码位置：见随书光盘中源代码/第 12 章/XWGLXTPC/src/com/bn/jm 目录下的 LoginWindow.java。

```
1    package com.bn.jm;                                          //声明包语句
2    ......//这里省略引入相关类的代码，请读者自行查看源代码
3    public class LoginWindow extends JFrame{                    //登录窗口
4        private JLabel jlTxt[]={new JLabel("用户名: "),new JLabel("密码: ")};//提示标签
5        private JTextField jtfname = new JTextField(1);         //登录名输入框
6        private JPasswordField jpassword = new JPasswordField(1);   //密码输入框
7        private JButton login = new JButton("登录");             //登录按钮
8        private JButton cancel = new JButton("取消");            //取消按钮
9        private JLabel jlIcon = new JLabel(new ImageIcon(picPath+"login.png"));
         //上面图标 JLabel
10       private JPanel jpInput = new JPanel(){                   //下面输入面板
11           @Override
12           protected void paintComponent(Graphics g) {         //重新绘制控件方法
13               Graphics2D g2 = (Graphics2D) g;                 //得到绘制控件画笔
14               //此处为设置画笔属性: 绘制渐变、起止坐标、起止颜色
15             g2.setPaint(new GradientPaint(0, 0,C_START,0, getHeight(), C_END));
16               g2.fillRect(0, 0, getWidth(), getHeight()); }}; //画矩形
17       public static MainJFrame mf=null;                       //主窗体的静态引用
18       public LoginWindow(){                                   //登录窗口构造方法
19           this.add(jlIcon);                                   //将上方图片标签加入登录窗口
20           jlIcon.setBounds(0, 15, 330, 70);                   //设置图片标签位置大小
21           this.add(jpInput);                                  //将下方输入面板加入登录窗口
22           jpInput.setLayout(null);                            //设置输入面板为空布局
23           jpInput.setBounds(0, 70, 330, 250-70);              //设置输入面板位置大小
24           jpInput.add(jlTxt[0]);                              //将控件加入输入面板
25           /*此处省略输入面板内控件摆放的具体代码，读者可自行查阅随书附带光盘中源代码*/
26           login.addActionListener(new ActionListener() {     //给登录按钮添加监听
27           ....../*此处省略登录按钮的监听方法的实现，后面详细介绍*/});
28           cancel.addActionListener(new ActionListener() {     //取消按钮
29               @Override
30               public void actionPerformed(ActionEvent e) {
31                   System.exit(0);}});                         //退出系统
32       this.setTitle("登录");                                  //设置登录窗体标题
33       this.setLayout(null);                                   //设置布局管理器
34       this.setSize(330, 250);                                 //设置大小
35           //设置位置
36       this.setLocation((int)(SCREEN_WIDTH -330)/2,(int)(SCREEN_HEIGHT -250) /2);
37       this.setResizable(false);                               //不可改变窗体大小
38       this.setIconImage(winIcon);                             //设置图标
39     this.setDefaultCloseOperation(javax.swing.WindowConstants.EXIT_ON_CLOSE);
40       this.setVisible(true);}                                 //窗体可见
41       public static void main(String[]args){                  //主方法
42           try {
```

```
43              UIManager.setLookAndFeel(UIManager.getSystemLookAndFeelClassName());
44          } catch (Exception e) {                                      //异常处理
45              e.printStackTrace();}
46      new LoginWindow();}                                              //创建登录界面
47      public static void watchThread(){                                //监视线程启动方法
48          new Thread(){                                                //创建监视线程
49              public void run(){
50                  /*省略此处代码,读者可自行查阅随书附带光盘中源代码*/}
51          }.start();}}
```

- 第 12~16 行为登录界面输入面板的绘制方法。在此重写此方法,让输入面板不再是默认的白色,而是自己可以定义背景色,如上述代码中就给输入面板设置了颜色,并且还添加了渐变的效果。

- 第 18~40 行为登录界面的构造器。在构造器中对本窗体中包含的控件进行了位置和大小的设置,这样界面一创建出来,控件就已经摆放到了正确的位置。

- 第 47~51 行为联网监视线程的启动方法。由于篇幅所限,请读者自行查询随书源码,此方法在之后的开发中也会经常用到。此方法的主要功能是当与服务器通信长时间没有收到返回信息时,弹出一个等待对话框,在此读者只要理解此方法的功能即可。

（2）介绍了登录界面的搭建之后,现在介绍登录按钮的监听器的实现过程,具体代码如下。

代码位置： 见随书光盘中源代码/第 12 章/XWGLXTPC/src/com/bn/jm 目录下的 LoginWindow.java。

```
1           login.addActionListener(new ActionListener() {          //给登录按钮添加监听
2               @Override
3               public void actionPerformed(ActionEvent e) {        //重新监听响应方法
4                   login.setEnabled(false);                         //禁用登录按钮
5                   dataGeted=false;                                 //修改标志位
6                   new Thread(){                                    //登录验证任务线程
7                       public void run(){
8                           String uid=jtfname.getText().trim();//取得登录名
9                           String password=new String(jpassword.
                            getPassword());//取得密码
10                          /*此处省略输入验证的代码,读者可自行查阅随书附带光盘中源代码*/
11                          LoginWindow.watchThread();              //监视线程
12                          String loginInfo=LOGIN+uid+"<->"+password+LOGIN;
13                          String msg=null;
14                          try{
15                              //发送登录信息并且取得服务器返回信息
16                              msg=SocketUtil.sendAndGetMsg(loginInfo);
17                          }catch (Exception e) {
18                              login.setEnabled(true);
19                              return;}
20                          List<String[]>list=SocketUtil.strToList(msg);
                            //将字符串转换为List
21                          String []logininfo=list.get(0);         //取得头信息
22                          if(logininfo[0].equals("ok")){          //验证头信息
23                              dataGeted=true;
24                          }else if(logininfo[0].equals("fail")&&logininfo
                            [1].equals("yhff")){
25                              dataGeted=true;
26                              //登录名或密码不对时,弹出非法用户提示框
27                              JOptionPane.showMessageDialog(LoginWindow.
                                this,
28                              "非法用户! ",提示",JOptionPane.WARNING_
                                MESSAGE);
29                              jtfname.setText("");    //清空登录名输入框
30                              jpassword.setText("");//清空密码输入框
31                              login.setEnabled(true);//登录按钮变为可用
32                              jtfname.requestFocus();//登录名输入框重获焦点
33                              return;
34                          }else{
35                              dataGeted=true;
36                              //其他情况,弹出网络故障提示框
37                              JOptionPane.showMessageDialog(LoginWindow.
```

```
38                              this,
                          "网络故障，请稍后再试！ ","错误",JOptionPane.ERROR_
                          MESSAGE);
39                              login.setEnabled(true);     //登录按钮变为可用
40                              jtfname.requestFocus();//登录名输入框重获焦点
41                              return;}
42                      String ygid=logininfo[1];          //获得用户 id
43                      String qxlb[]=logininfo[2].split(",");//获得权限信息
44                      String ygxm=logininfo[3];          //获得用户姓名
45                      Set<Integer>  qxSet=new HashSet<Integer>();
                        //存储权限 id 的集合
46                      for(String s:qxlb){                //遍历权限列表
47                              int t=Integer.parseInt(s);
48                              qxSet.add(t);}              //功能树权限
49                      USER_ID=ygid;
50                      mf = new MainJFrame(qxSet,USER_ID,ygxm);//创建主窗口
51                      LoginWindow.this.dispose();}}.start();}}});
```

● 第 8~20 行为从登录界面获得用户名和密码，并将获得信息发送给服务器的代码。发送用户名和密码主要是用到前面介绍的网络连接工具类中的方法。

● 第 21~41 行为对从服务器返回的数据进行验证的代码。根据返回的数据不同进行不同的处理，如果登录成功，只修改获得数据的标志位；如果登录用户名密码不正确，提示非法用户；如果其他情况，提示网络错误。

● 第 42~51 行为成功登录后，对服务器返回的数据进行分析的代码。其中主要是分析当前登录用户所拥有的权限，将权限保存在集合中，用于创建主界面左侧的功能树。

（3）从登录界面登录之后，便进入了系统的主界面。系统主界面的左侧是一个功能树，中间是一个窗体分割线，右边是和功能树节点对应的子界面，具体代码如下。

代码位置：见随书光盘中源代码/第 12 章/XWGLXTPC/src/com/bn.jm 目录下的 MainJFrame.java。

```
1    package com.bn.jm;                                   //声明包语句
2    ...... //这里省略引入相关类的代码，请读者自行查看源代码
3    public class MainJFrame extends JFrame {
4        public static MainJFrame mf = null;              //主界面静态引用
5        private JSplitPane jSplitPane = new JSplitPane();  //分割窗体控件
6        private JScrollPane jRightScrollPane = new JScrollPane();//右侧滑动窗体控件
7        private JScrollPane jLeftScrollPane = new JScrollPane(); //左侧滑动窗体控件
8        private JLabel jlRightDef = new JLabel();
9        private JPanel jLeftTreePanel = new JPanel() {       //左侧功能树面板
10           @Override
11           protected void paintComponent(Graphics g) {     //重写绘制控件的方法
12               Graphics2D g2 = (Graphics2D) g;
13               //绘制渐变、起始坐标、起始颜色
14               g2.setPaint(new GradientPaint(0,0,C_START,0,getHeight(), C_END));
15               g2.fillRect(0, 0, getWidth(), getHeight());}};
16       private Set<Integer> qxSet = null;                //用户权限集合
17       public String UserId = null;                      //用户 id
18       String UserName = null;                           //用户名
19       public MainJFrame(Set<Integer> qxSet, String userid, String ygxm) {
20           this.qxSet = qxSet;
21           this.UserId = userid;
22           this.UserName = ygxm;
23           initMainTree();                              //初始化左侧功能树
24           /*此处省略部分界面搭建的代码，读者可自行查阅随书附带光盘中源代码*/}
25       //各页面引用
26       private JBQXCKPanel jbqxckPanel = null;          //基本权限查看
27       /*此处省略部分为界面引用的代码，读者可自行查阅随书附带光盘中源代码*/
28       private XWCKPanel xwckPanel = null;              //新闻查看界面
29       //初始化主界面功能树方法
30       public void initMainTree() {
31           ....../*此处省略初始化左侧功能树方法的实现，后面详细介绍*/}
32       //版式选择跳转方法
33       protected void gotoBSXZ() {
34           if (bsxzPanel == null) {
```

```
35                    bsxzPanel = new BSXZPanel(UserId,this);}        //创建版式选择界面
36              bsxzPanel.setPreferredSize(new Dimension(550, 650));    //设置界面大小
37              jRightScrollPane.setViewportView(bsxzPanel);}            //设置视口
38      /*此处省略部分界面跳转的方法代码,读者可自行查阅随书附带光盘中源代码*/
39      // 对左侧功能树根据用户权限进行剪裁
40      public void jcGNS(Set<Integer> idSet, BKJTreeNode root) {
41              blGNSBiaoshi(idSet, root);
42              blGNSShanchu(root);}
43      //遍历功能树,删除不要节点的方法
44      private void blGNSShanchu(BKJTreeNode root) {
45      /*此处省略方法体代码,读者可自行查阅随书附带光盘中源代码*/}
46      //遍历功能树,标示各个节点的要不要状态的方法
47      private void blGNSBiaoshi(Set<Integer> idSet, BKJTreeNode root) {
48      /*此处省略方法体代码,读者可自行查阅随书附带光盘中源代码*/}}
```

- 第 33~38 行为各个界面的跳转方法。创建各个界面采用的是单列模式,如果对应界面类的对象存在,则不再创建此类的对象,而是拿到已有对象的引用来使用,这样可以避免创建不必要的对象,从而提高软件运行速度,节省内存。

- 第 40~48 行是剪裁功能树的方法。首先根据用户所拥有的权限标识各个节点要不要的状态,然后根据标识的状态遍历功能树,删除不要的节点。此处省略了方法体中的代码,由于篇幅所限读者可自行查阅随书附带光盘中源代码。

(4)介绍了主界面的搭建之后,下面向读者介绍前面提到的初始化软件主界面左侧功能树的 initMainTree 方法的实现,具体代码如下。

代码位置:见随书光盘中源代码/第 12 章/XWGLXTPC/src/com/bn/jm 目录下的 MainJFrame.java。

```
1          public void initMainTree() {
2              //创建左侧功能树根节点
3              BKJTreeNode root = new BKJTreeNode("新闻管理系统", new ImageIcon(tpicPath
4                      + "root.png"), xwglxt);
5              /*此处省略部分部分节点创建和添加的代码,读者可自行查阅随书附带光盘中源代码*/
6              BKJTreeNode node6 = new BKJTreeNode("个人信息管理", new ImageIcon(tpicPath
7                      + "grxxgl.png"), grxxgl);
8              root.add(node6);                                //将节点添加到根节点下边
9              jcGNS(this.qxSet, root);                        //对功能树根据权限进行剪裁
10             DefaultTreeModel dtm = new DefaultTreeModel(root); //创建树模型
11             final JTree jTree = new JTree(dtm);             //创建树控件
12             jTree.setOpaque(false);
13             jTree.setBounds(0, 0, 170, SCREEN_HEIGHT); //设置树控件位置大小
14             jLeftTreePanel.setLayout(null);                 //设置左侧面板空布局
15             jLeftTreePanel.add(jTree);                      //将树控件添加到左侧面板
16             jLeftTreePanel.setPreferredSize(new Dimension(150, 500));//设置默认大小
17             jLeftScrollPane.setViewportView(jLeftTreePanel);    //设置视口
18             jTree.setCellRenderer(new BKJTreeCellRenderer()); //自定义节点绘制
19             jTree.setEditable(false);                        //树控件不可编辑
20             jTree.addTreeSelectionListener(new TreeSelectionListener() {
                //给树控件添加监听
21                 @Override
22                 public void valueChanged(TreeSelectionEvent e) {   //重写相应方法
23                     TreePath treePath = e.getNewLeadSelectionPath();
                        //获得选择的路径
24                     if (treePath != null) {
25                         BKJTreeNode currNode = (BKJTreeNode) treePath
26                                 .getLastPathComponent(); //获得选择的树节点
27                         int currId = currNode.getId(); //由节点获得节点 id
28                         switch (currId) {               //判断节点 id,跳转到不同界面
29                         case grxxgl:
30                             gotoGRXXXG(UserId);    //界面跳转方法
31                             break;
32                         /*此处省略部分 case 语句的代码,读者可自行查阅随书附带光盘中源代码*/
33                         default:                        //默认情况下右侧为一张图片
34
        jRightScrollPane.setViewportView(jlRightDef);}}}}});}
```

- 第 3~19 行为创建树形控件的过程。首先要创建树的各个节点控件,然后根据当前登录用

户的权限集合创建功能选择树的数据模型，最后将树的数据模型装配到树控件中显示。

● 第 20~34 行为功能选择树的监听器的实现过程。首先根据选中的路径获得路径中最后的节点对象，节点对象中包含对应界面的 ID，通过这个 ID 就可以确定用户要跳转到哪个界面。

12.5.2　新闻新增功能的开发

新闻管理最常见的操作就是新闻的新增和录入，录入新闻的第一步便是选择新闻的版式。在介绍了用户登录功能的开发之后，下面就来介绍新闻版式选择界面的开发。

（1）新闻版式选择界面，主要由几个代表不同版式的图片按钮组成，具体代码如下。

代码位置：见随书光盘中源代码/第 12 章/XWGLXTPC/src/com/bn/jm/xwxz 目录下的 BSXZPanel .java。

```
1    package com.bn.jm.xwxz;                                //声明包语句
2    ...... //这里省略引入相关类的代码，请读者自行查看源代码
3    public class BSXZPanel extends JPanel{
4        private JTextField jtfLine=new JTextField();        //界面上方用于装饰的双线条
5        /*此处省略部分控件创建的具体代码，读者可自行查阅随书附带光盘中源代码*/
6        public int BSid=0;                                  //默认版式 id
7        public String ygid=null;                            //员工 id 引用
8        public MainJFrame mf=null;                          //主界面引用
9        public BSXZPanel(String ygid,MainJFrame mf) {       //构造方法
10           this.ygid=ygid;                                 //获得从主界面传来的员工 id
11           this.mf=mf;                                      //获得主界面的引用
12           this.setLayout(null);                           //设置空布局
13           /*此处省略控件摆放的具体代码，读者可自行查阅随书附带光盘中源代码*/
14           instantBSPic();                                 //初始化版式选择的一套按钮
15           addButtonListener();}                           //给按钮添加监听器
16       private void instantBSPic(){                        //初始化版式选择图片按钮
17           Icon icon1=new ImageIcon(picPath+"style1.jpg"); //加载图片到 Icon
18           jbutton1=new JButton();                         //创建按钮
19           jbutton1.setBounds(20, 20, 220, 520);           //设置按钮位置大小
20           jbutton1.setIcon(icon1);                        //给按钮设置图标
21           /*此处另外两个按钮的配置代码，读者可自行查阅随书附带光盘中源代码*/
22           jpBS.add(jbutton1);}                            //添加按钮
23       private void addButtonListener(){                   //给按钮添加监听器方法
24           jbutton1.addActionListener(new ActionListener(){
25               @Override
26               public void actionPerformed(ActionEvent e) {
27                   BSid=1;                                 //单击第一个版式按钮，版式 id 为 1
28                   mf.gotoXWXZ(BSid);}});                   //跳到新闻选择界面，并传递版式 id
29           jbutton2.addActionListener(new ActionListener(){
30               @Override
31               public void actionPerformed(ActionEvent e) {
32                   BSid=2;                                 //单击第二个版式按钮，版式 id 为 2
33                   mf.gotoXWXZ(BSid);}});
34           jbutton3.addActionListener(new ActionListener(){
35               @Override
36               public void actionPerformed(ActionEvent e) {
37                   BSid=3;                                 //单击第三个版式按钮，版式 id 为 3
38                   mf.gotoXWXZ(BSid);}});}
39       @Override
40       protected void paintComponent(Graphics g) {        //绘制渐变背景的方法
41           /*此处省略绘制渐变的具体代码，读者可自行查阅随书附带光盘中源代码*/}}
```

● 第 16~22 行为初始化版式选择按钮的操作代码，每个按钮都和版式 ID 相对应。

● 第 23~38 行为给各个按钮添加监听器的方法。当单击了不同的版式按钮之后，就会赋予成员变量 BSid 不同的数值，然后调用主界面的 gotoXWXZ 方法，跳转到新闻新增界面，并且把选择的版式 ID 传入新闻新增界面。

（2）选择了新闻的版式之后，便会进入对应的新闻新增界面，在此界面，系统编辑可以录入不同版式的新闻，并且提交审核，具体代码如下。

代码位置：见随书光盘中源代码/第 12 章/XWGLXTPC/src/com/bn/jm/xwxz 目录下的
XWXZPanel .java

```
1    package com.bn.jm.xwxz;                                      //声明包语句
2    ...... //这里省略引入相关类的代码，请读者自行查看源代码
3    public class XWXZPanel extends JPanel {
4        public int BSid = 1;                                     //默认版式 ID
5        private String xwbt;                                     //声明包语句
6        /*此处省略了部分引用声明的代码，读者可自行查阅随书附带光盘中源代码*/
7        Style1Panel sytle1=null;                                 //版式界面的引用声明
8        Style2Panel sytle2=null;
9        Style3Panel sytle3=null;
10       /*此处省略了部分控件创建的代码，读者可自行查阅随书附带光盘中源代码*/
11       private JFileChooser jfc = new JFileChooser();           //创建文件选择器
12       public XWXZPanel(String ygid, int BSid) {
13           this.ygid = ygid;                                    //拿到从主界面传来的员工 ID
14           this.BSid = BSid;                                    //拿到从主界面传来的版式 ID
15           this.setLayout(null);                                //设置空布局
16           /*此处省略了部分界面搭建的代码，读者可自行查阅随书附带光盘中源代码*/
17           jfc.removeChoosableFileFilter(jfc.getChoosableFileFilters()[0]);
18           jfc.addChoosableFileFilter(new FileNameExtensionFilter("JPG,JEPG 图片文件",
19               "jpg", "jpeg"));                                 //给文件选择器添加过滤器
20           addButtonListener();}                                //给按钮添加监听器
21       public void setSytle() {                                 //设置版式
22           if (BSid == 1) {                                     //判断选择的版式
23               if(sytle1==null){                                //单例模式，创建版式子模板
24                   sytle1=new Style1Panel();}
25               this.jspXWNR.setViewportView(sytle1);            //显示模板
26           } else if (BSid == 2) {                              //同上创建版式部分
27               if(sytle2==null){
28                   sytle2=new Style2Panel();}
29               this.jspXWNR.setViewportView(sytle2);
30           } else if(BSid==3){                                  //同上创建版式部分
31               if(sytle3==null){
32                   sytle3=new Style3Panel(); }
33               this.jspXWNR.setViewportView(sytle3);}}
34       private void addButtonListener() {
35       ....../*此处省略给按钮添加监听器的方法的实现，后面详细介绍*/}
36       class JdialogShowPic extends JDialog implements ActionListener {
37       ....../*此处省略选择标题图片对话框的实现，读者可自行查阅随书附带光盘中源代码*/}
38       private boolean inputCheck() {                           //输入验证
39       ....../*此处省略给按钮添加监听器的方法的实现，后面详细介绍*/}
40       private void add new(final int ztid,final int bsid) {//添加新闻,并提交审核
41       ....../*此处省略给按钮添加监听器的方法的实现，后面详细介绍*/}
42       public void setDefault(){                                //恢复到默认状态
43           jtfXWBT.setText(null);                               //输入框置空
44           jtfXWLY.setText(null);
45           jfc.setSelectedFile(null);                           //文件选择器置空
46           jtaXWGS.setText(null);
47           jbPic.setText("请选择图片");
48           picTitelPath=null;                                   //图片路径置为空
49           dateChooser.setDate(new Date());}                    //重置时间选择器
50       @Override
51       protected void paintComponent(Graphics g) {             //界面背景绘制渐变
52       /*此处省略绘制渐变的具体代码，读者可自行查阅随书附带光盘中源代码*/}}
```

● 第 21~33 行为设置此新闻版式的方法。通过从版式选择界面拿到的版式 ID，创建和版式 ID 对应的版式对象，并且设置显示在此界面。

● 第 42~49 行为恢复新闻新增界面控件状态的方法。此方法在每次进入到新闻新增界面时调用，这样便能保证每次进入新闻新增界面时各控件都是初始状态。

● 第 50~52 行为界面背景的渐变绘制代码，用于实现背景界面颜色的渐变。由于与前面绘制代码类似，这里不再赘述。

（3）介绍了新闻新增界面的搭建过程之后，读者应该可以将界面搭建出来了，但此时界面是没有交互能力的，如果想使界面能和用户交互，就必须给按钮添加相关监听器。下面向读者介绍版式选择按钮监听器的实现过程，执行代码如下。

> 📎 **代码位置：**见随书光盘中源代码/第 12 章/XWGLXTPC/src/com/bn/jm/xwxz 目录下的
> XWXZPanel .java。

```
1        private void addButtonListener() {                    //给按钮添加监听器的方法
2            jbSave.addActionListener(new ActionListener() {//保存为草稿
3                @Override
4                public void actionPerformed(ActionEvent e) {
5                    if (inputCheck()) {                       //进行输入验证
6                        add_new(0,BSid); }}});                //添加新闻 0 代表未提交审核
7            jbSubmit.addActionListener(new ActionListener() {    //提交审核
8                @Override
9                public void actionPerformed(ActionEvent e) {
10                   if (inputCheck()) {
11                       add_new(1,BSid);}}});                 //添加新闻 1 代表提交未审核
12           jbPic.addActionListener(new ActionListener() {  //设置图片按钮
13               @Override
14               public void actionPerformed(ActionEvent e) {
15                   if (picTitelPath == null) {              //如果标题图片路径为空
16                       int result = jfc.showOpenDialog(XWXZPanel.this);
17                       File pic = jfc.getSelectedFile();//获得选中的文件
18                       if (pic != null && result==JFileChooser.APPROVE_OPTION) {
19                           jbPic.setText(pic.getName());//将图片路径设置为按钮文字
20                           picTitelPath = pic.getPath();//获得图片路径
21                           new JdialogShowPic(picTitelPath);}//将图片在对话框中显示
22                   } else {
23                       new JdialogShowPic(picTitelPath);}}});}//将图片在对话框中显示
```

- 第 2~11 行为给保存草稿和提交审核按钮添加监听的方法。其实现过程类似，都是先检查输入的内容，如果不为空，就提交到服务器，提交到服务器时会传入一个标识此新闻状态的状态 ID。

- 第 12~23 行为给图片选择按钮添加监听的方法。给图片选择按钮添加监听之后，当单击图片选择按钮时，先弹出一个文件选择器，让用户选择要添加的图片，一旦用户选择了图片，再单击图片选择按钮，就会弹出一个对话框，显示选择的图片。

（4）上述代码中都提到了输入验证的方法，在实际开发中，对输入的数据进行正确性的验证是必不可少的一步，下面就来介绍输入验证方法的实现过程，执行代码如下。

> 📎 **代码位置：**见随书光盘中源代码/第 12 章/XWGLXTPC/src/com/bn/jm/xwxz 目录下的
> XWXZPanel.java。

```
1        private boolean inputCheck() {                        //输入验证
2            if (jtfXWBT.getText().trim().length() <= 0){//获得标题输入框输入的内容
3                JOptionPane.showMessageDialog(XWXZPanel.this, "新闻标题不能为空！",
4                    "提示",JOptionPane.INFORMATION_MESSAGE);//标题为空时, 弹出提示框
5                jtfXWBT.requestFocus();                       //标题输入框重新获得焦点
6                return false;}                                //返回 false 值
7            xwbt = jtfXWBT.getText().trim();                  //通过验证则取得标题内容
8            ....../*其他输入框的操作与上述操作基本相同,不再进行赘述,读者可自行查阅源代码*/
9            if(BSid==1){                                       //版式 ID 为 1
10               if (sytle1.getContent().trim().length() <= 0) {//判断输入内容是否为空
11                   JOptionPane.showMessageDialog(XWXZPanel.this, "新闻内容不能为空！",
12                       "提示",JOptionPane.INFORMATION_MESSAGE);//为空, 弹出提示框
13                   return false;}
14               xwnr=sytle1.getContent();                     //获得输入内容
15               sytle1.clear();                               //清空版式 1 的内容
16           }else if(BSid==2){                                //如果版式 ID 为 2
17               if(sytle2.getPic1()!=null){                   //单例模式创建版式 2 对象
18                   pic1Path=sytle2.getPic1();
19               }else
20                   JOptionPane.showMessageDialog(XWXZPanel.this,"新闻插图不能为空!",
21                       "提示",JOptionPane.INFORMATION_MESSAGE);//弹出新闻插图不为空提示
22                   return false;}
23               if (sytle2.getPic1Decrition().trim().length() <= 0){
             //弹出新闻插图不为空提示
24                   JOptionPane.showMessageDialog(XWXZPanel.this,"新闻插图描述不能
                     为空!",
```

```
25                                  "提示",JOptionPane.INFORMATION_MESSAGE);
26                          return false;}
27                      pic1MS=sytle2.getPic1Decrition();           //获得新闻插图描述内容
28                      if (sytle2.getContent().trim().length()<=0){//判断输入内容是否为空
29                          JOptionPane.showMessageDialog(XWXZPanel.this,"新闻内容不能为空!",
30                              "提示",JOptionPane.INFORMATION_MESSAGE);
31                          return false;}
32                      xwnr=sytle2.getContent();                   //获得输入的新闻内容
33                      sytle2.clear();                             //清空版式2中的内容
34                  }else if(BSid==3){
35                  ..../*版式3的输入验证操作与上述操作基本相同,不再进行赘述,读者可自行查阅源代码*/}
```

- 第 2~8 行为各输入框的输入验证操作,主要是判断输入的内容是否为空,如果为空弹出提示框,并且让此输入框重新获得输入焦点。

- 第 9~35 行为不同版式模板的输入验证操作。其首先判断用户有没有选择图片,然后判断图片的描述信息是否为空,最后再判断模板正文输入框内容是否为空,只有这些都不为空,才能通过验证。

(5)在介绍了输入验证的实现代码之后,下面向读者介绍向服务器发送数据方法的开发过程,具体到此界面便是添加新闻方法的实现过程,执行代码如下。

📎 **代码位置:** 见随书光盘中源代码/第 12 章/XWGLXTPC/src/com/bn/jm/xwxz 目录下的 XWXZPanel.java。

```
1       private void add_new(final int ztid,final int bsid) {//添加新闻,并提交审核的方法
2           dataGeted = false;                          //没有接收到数据
3           new Thread() {                              //任务线程
4               public void run() {
5                   NewPC newpc=null;
6                   if(bsid==1){                        //如果版式为1
7                       newpc=new NewPC1(xwbt,xwgs,xwly,fbsj,xwnr,ygid,ztid,bsid
8                               ,PicUtils.getBytePic(picTitelPath));
                                                        //创建版式1数据包对象
9                   }else if(bsid==2){                  //如果版式为2
10                      newpc=new NewPC2(xwbt,xwgs,xwly,fbsj,xwnr,ygid,ztid,bsid
                            //版式2数据包
11                          ,PicUtils.getBytePic(picTitelPath),PicUtils.getBytePic
                            (pic1Path),pic1MS);
12                  }else if(bsid==3){                  //如果版式为3
13                      newpc=new NewPC3(xwbt,xwgs,xwly,fbsj,xwnr,ygid,ztid,bsid
                            //版式3数据包
14                              ,PicUtils.getBytePic(picTitelPath),PicUtils.
15                              getBytePic(pic1Path),pic1MS,PicUtils.getBytePic
                                (pic2Path),pic2MS);}
16                  String msg=SocketUtil.sendNewObject(newpc,true,null);
                        //发送新闻数据包
17                  dataGeted = true;                   //接收到数据修改标志位
18                  if (msg.equals("ok")) {             //判断返回的字符串
19                      if (ztid == 0) {                //判断状态ID
20                          JOptionPane.showMessageDialog(XWXZPanel.this,
21                              "恭喜,保存草稿成功,如需再对草稿进行编辑,请到个人新闻管理界面!"
22                              ,"提示",JOptionPane.INFORMATION_MESSAGE);//保存草稿成功提示
23                      } else {
24                          JOptionPane.showMessageDialog(XWXZPanel.this,
25                                  "恭喜,新闻添加成功,请耐心等待审核!", "提示",
26                                  JOptionPane.INFORMATION_MESSAGE);}
27                      setDefault();}}                 //界面恢复初始化状态
28              }.start();                              //启动联网访问线程
29          LoginWindow.watchThread();}                 //监视线程
```

- 第 3~17 行为将获得的新闻数据组织成数据包,然后发送到服务器的代码,其中的 NewPC、NewPC1、NewPC2 和 NewPC3 4 个类是自定义的用于封装数据的封装类,其实现很简单,没有什么功能方法,读者只要理解其代表一个封装的新闻对象即可。由于篇幅所限这里不再详细介绍,读者可以自行查看随书光盘中源代码/第 12 章/XWGLXTPC/src/com/bn/sjb 目录下的 NewPC.java、

NewPC1.java、NewPC2.java 和 NewPC3.java 四个类。

- 第 18~29 行为对从服务器返回的信息进行验证的操作，并且根据状态 ID 区分是保存草稿，还是提交审核。在这些操作执行完毕后，会把当前界面恢复到初始化状态。

12.5.3 审核管理功能的开发

PC 端管理系统中，系统编辑录入新闻之后提交给系统主编进行审核，系统主编可以管理所有人提交的新闻，审核新闻的操作都是在审核管理界面进行的。

（1）首先为读者介绍呈现审核记录表格的面板类，其中下载审核记录数据、更新审核记录表格的方法也是在此类中开发的，执行代码如下。

✎ 代码位置：见随书光盘中源代码/第 12 章/XWGLXTPC/src/com/bn/jm/shgl 目录下的
SHGLPanel .java。

```
1    package com.bn.jm.shgl;                                    //声明包语句
2    ...... //这里省略引入相关类的代码，请读者自行查看源代码
3    public class SHGLPanel extends JPanel{
4        //个人新闻每一列的类型
5        Class[] typeArray={Integer.class,Integer.class,String.class,String.class,
6        String.class,String.class,String.class,String.class,JButton.class,
         JButton.class};
7        //角色表头
8        String[] head={"审核编号","新闻编号","新闻标题","提交人","提交时间",
9        "审核人","审核时间","审核状态","查看新闻","审核"};
10       Object[][] tableData;                                  //角色表格数据引用
11       JTable jtSHJL = new JTable(){//创建用于表格控件
12         @Override
13         protected JTableHeader createDefaultTableHeader() {
14             return new GroupableTableHeader(columnModel);}};//自定义标题样式
15   SHJLTableModel tmSHJL;                                     //审核记录表格模型
16       MainJFrame mf;                                         //主界面引用
17       public String filter=null;                            //过滤字符串
18       /*此处省略部分创建控件具体代码，读者可自行查阅随书附带光盘中源代码*/
19       JButton jbJS = new JButton("检索");                    //检索按钮
20       public SHGLPanel(MainJFrame mf) {                      //界面构造方法
21           this.mf=mf;                                        //获得主界面引用
22           this.setLayout(null);                              //设置为空布局
23           jspSHJL.setBounds(25, 50, 1135, 470);              //设置滑动窗体位置和大小
24           jlTitle.setBounds(520, 20, 200, 20);               //设置表格标题位置大小
25           jlTitle.setFont(subtitle);                         //设置标题字体
26           this.add(jlTitle);                                 //添加标题
27           this.add(jspSHJL);                                 //添加滑动窗体
28           initFilterPane();                                  //初始化筛选面板
29           addFilterListeners();}                             //给筛选面板按钮添加监听
30   public void initFilterPane(){                              //初始化筛选 Panel
31   ....../*此处省略筛选板面控件摆放的具体代码，读者可自行查阅随书附带光盘中源代码*/}
32   public void addFilterListeners(){                          //给筛选面板按钮添加监听
33   ....../*此处省略给筛选板面中控件添加监听的方法代码，读者可自行查阅随书附带光盘中源代码*/}
34       public void initTable(){                               //初始化审核记录表
35       ....../*此处省略初始化审核记录表方法的实现代码，后面详细介绍*/}
36       public void flushData() {                              //更新审核记录表数据的方法
37       ....../*此处省略初始化审核记录表方法的实现代码，后面详细介绍*/}
38       public void flushDataFilter(String sb) {               //筛选后更新审核记录表的方法
39       ....../*此更新数据操作与上述更新操作基本相同，不再进行赘述，读者可自行查阅源代码*/}
40       protected void paintComponent(Graphics g){             //绘制渐变背景方法
41       ....../*此处省略绘制渐变背景方法的实现，读者可自行查阅随书附带光盘中源代码*/}}
```

- 第 4~15 行为审核记录表创建基本数据的代码，包括每一列的数据类型、每一列的标题、存放表格数据的二维数组、表头样式、表格数据模型等。
- 第 20~29 行为类的构造方法。在构造方法中首先设置布局管理器，设置了各控件的位置和大小，在构造方法的最后初始化了筛选面板，并为其添加了监听响应。
- 第 30~41 行为审核管理界面的其他方法。这些方法会在后边详细介绍，这里主要是让读者

了解其所在的位置和基本作用。

（2）介绍完了审核管理界面的代码框架之后，下面来向大家介绍从服务器下载审核数据，并且更新审核记录表显示方法的开发，执行代码如下。

代码位置：见随书光盘中源代码/第 12 章/XWGLXTPC/src/com/bn/jm/shgl 目录下的
SHGLPanel.java。

```
1        public void flushData(){                              //更新审核记录表数据方法
2                String msg = GET_SHJL;                        //发送的头信息
3                StringBuilder sb = new StringBuilder();
4                sb.append(msg);                               //组织发送字符串
5                sb.append(msg);
6                String result =SocketUtil.sendAndGetMsg(sb.toString());
                 //发送并接收数据
7                final List<String[]> list = SocketUtil.strToList(result);
                 //接收的字符串转换为 List
8                try {
9                        SwingUtilities.invokeAndWait(          //在将操作送到 UI 线程执行
10                           new Runnable(){                    //新建 runnable 对象
11                              public void run(){
12                                 int colCount=0;              //列数
13                                  int rowCount = list.size();  //定义行数
14                                 if(rowCount!=0){
15                                    colCount = list.get(0).length; }  //定义行数
16                                    tmSHJL=new SHJLTableModel(SHGLPanel.this);
17                                    tableData=new Object[rowCount][colCount+2];
18                                    for(int i=0;i<rowCount;i++){
                                      //通过循环将数据赋给模型
19                                           for(int j=0;j<colCount;j++){
20                                              if(list.get(i)[j].equals("null")) {
                                              //单元格数据为空
21                                                 tableData[i][j]="暂无数据";
22                                              }else{
23                                                 tableData[i][j]=list.get(i)
                                                 [j];}}//给数据模型赋值
24                                    tableData[i][colCount]=new JButton();
25                                    tableData[i][colCount+1]=new
                                      JButton();}
26                                 jtSHJL.setModel(tmSHJL);    //设置表格模型
27                                 initTable(); }});           //更新表格外观
28              } catch (Exception e) {                        //捕获异常
29                 e.printStackTrace();}}                      //打印异常堆栈
```

● 第 2~7 行为向服务器发送命令，并取得返回数据的代码。首先组织命令语句，然后将命令发送到服务器，在接收到服务器的返回数据之后，将返回数据分割并存放到集合中。

● 第 8~29 行为在 UI 线程中更新表格数据模型，并且刷新表格控件的方法。其实现过程为，首先从存储着表格数据的集合中获得数据，然后将获得的数据填充进表格数据模型，并且在每行的最后添加两个按钮，数据重新填充完毕后，便更新表格控件以显示新的数据。

（3）接下来要介绍的是审核记录表初始化的方法。在此方法中不仅设置了审核记录表的样式，而且给特定列添加了绘制器和编辑器，使表格具有了互动的能力，执行代码如下。

代码位置：见随书光盘中源代码/第 12 章/XWGLXTPC/src/com/bn/jm/shgl 目录下的
SHGLPanel .java。

```
1        public void initTable(){                              //初始化审核记录表方法
2                jtSHJL.getTableHeader().setUI(new GroupableTableHeaderUI());
                 //设置表头绘制器
3                jtSHJL.setRowHeight(30);                       //设置行高
4                jtSHJL.setSelectionMode(ListSelectionModel.SINGLE_SELECTION);
                 //设置只能单选
5                DefaultTableCellRenderer dtcr = new DefaultTableCellRenderer();
                 //获得单元格绘制器
6                dtcr.setHorizontalAlignment(SwingConstants.CENTER);//设置表格里内容居中
```

```
7        jtSHJL.setDefaultRenderer(Integer.class, dtcr);       //设置第一列居中
8        SHJLButtonRenderer jButtonRenderer=new SHJLButtonRenderer();
         //创建按钮绘制器
9        jtSHJL.setDefaultRenderer(JButton.class, jButtonRenderer);
         //设置按钮类型的绘制器
10       JTableHeader tableHeader = jtSHJL.getTableHeader();       //获得表头
11       DefaultTableCellRenderer hr=(DefaultTableCellRenderer)tableHeader.
         getDefaultRenderer();
12       hr.setHorizontalAlignment(DefaultTableCellRenderer.CENTER);//列名居中
13       tableHeader.setReorderingAllowed(false);                 //表格列不可移动
14       TableColumn tc0=jtSHJL.getColumnModel().getColumn(0);//获得每一列的引用
15       ....../*其他列的操作与上述操作基本相同，不再进行赘述，读者可自行查阅源代码*/
16       tc0.setPreferredWidth(60);                         //设置第一列宽度
17       ....../*其他列设置宽度的操作与上述操作基本相同，不再进行赘述，读者可自行查阅源代码*/
18       tc8.setPreferredWidth(120);                         //设置第八列宽度
19       CKButtonEditor ckButtonEidtor=new CKButtonEditor(this,mf);
         //查看审核记录的表格编辑器
20       tc8.setCellEditor(ckButtonEidtor);                 //给第八列添加表格编辑器
21       tc9.setPreferredWidth(120);                         //设置第九列宽度
22       SHButtonEditor shButtonEidtor=new SHButtonEditor(this,mf);
         //用于审核新闻的表格编辑器
23       tc9.setCellEditor(shButtonEidtor);                 //给第九列添加表格编辑器
24       tc0.setResizable(false);                           //设置每一列大小不可变
25       ....../*其他列的设置操作与上述操作基本相同，不再进行赘述，读者可自行查阅源代码*/}
```

- 第 2~13 行为设置表格整体属性的代码。其中主要包括设置表头、设置行高、设置表格的选择模式、设置某些特定类型数据对应的单元格渲染器等。

- 第 14~25 行为分列设置表格属性的代码。首先获得表格列的引用，然后通过列引用设置不同列的宽度，然后给特定的列添加表格编辑器，最后设置列宽不可改变。

（4）当单击审核记录表最后一列的审核按钮时，便会跳转到此条审核记录对应新闻的审核界面，这种和表格的互动功能的实现是利用表格的编辑器完成的，现在就带大家认识审核记录表中的审核按钮编辑器的实现，执行代码如下。

📎 代码位置：见随书光盘中源代码/第 12 章/XWGLXTPC/src/com/bn/jm/shgl 目录下的
SHButtonEditor .java。

```
1        package com.bn.jm.shgl;                              //声明包语句
2        ...... //这里省略引入相关类的代码，请读者自行查看源代码
3        //编辑器一般都是通过继承AbstractCellEditor类并且实现TableCellEditor接口实现的
4        public class SHButtonEditor extends AbstractCellEditor implements TableCellEditor,
         ActionListener{
5            JButton jbSH = new JButton("",null);              //定义用于编辑器的按钮
6            SHGLPanel shglpn;                                 //审核管理界面引用
7            String ztmc,shid;                                 //声明变量状态名称，审核 ID
8            MainJFrame mf;                                    //主界面引用
9            int row,column;                                   //存储每次点击的单元格的位置
10           public SHButtonEditor(SHGLPanel shglpn,MainJFrame mf){
11               this.shglpn=shglpn;
12               jbSH.addActionListener(this);                 //给充当编辑器的按钮添加监听
13               this.mf=mf;}                                  //获得传来的主界面引用
14           @Override
15           public void actionPerformed(ActionEvent e){       //重写监听器响应方法
16               ztmc=(shglpn.tableData[row][column-2]).toString();//获得此条审核记录的状态名称
17               shid=(shglpn.tableData[row][0]).toString();//获得此条审核记录的审核 ID
18               if(ztmc.equals("提交未审核")){                 //只能审核 "提交未审核" 的新闻
19                   mf.gotoSH(shid);                          //跳转到新闻审核界面，传入审核 ID
20               }else{
21                   JOptionPane.showMessageDialog(shglpn,"此新闻已经审核过了！","提示",
22                   JOptionPane.INFORMATION_MESSAGE);}}       //弹出提示对话框
23           @Override
24           public Component getTableCellEditorComponent(JTable table, Object value,
25                   boolean isSelected, int row, int column){ //获取单元格编辑控件
26               String text="审核";                           //设置显示的文字和图标
27               String path=bpicPath+"sh.png";                //用于在按钮上显示的图片
28               this.row=row;                                 //记录行、列
```

```
29            this.column=column;
30            jbSH.setText(text);                              //设置按钮上的文字
31            jbSH.setIcon(new ImageIcon(path));               //设置按钮上的图标
32            return jbSH;}                                    //返回审核按钮
33        @Override
34        public Object getCellEditorValue(){                  //获得编辑器的值
35            return jbSH;}}
```

- 第 4~13 行为声明类的成员变量和构造器的代码。其中在构造器中将审核管理界面和主界面的引用赋给了自己的成员变量，这样便于跳转，然后给表格编辑器添加了监听器。
- 第 14~22 行为表格编辑器的响应方法。当按下表格中的审核按钮，会获得当前行的审核 ID 和审核状态，然后根据审核状态决定要不要跳转到此条新闻的审核界面。
- 第 23~32 行为获得表格编辑器控件的方法，在此方法中将审核按钮所在的位置信息存储到了类的成员变量中，然后将一个图片按钮作为表格编辑器返回。

12.5.4　新闻审核功能的开发

前面介绍了审核管理功能的实现，审核管理界面主要是用来显示所有的审核记录，系统主编可以单击每条记录最后的查看按钮，从而跳转到新闻审核记录的查看界面，或者单击每条记录最后的审核按钮，跳转到新闻审核界面，在审核界面系统主编可以对提交未审核的新闻进行审核操作，接下来将为大家介绍新闻审核功能的开发过程。

（1）审核管理界面单击审核按钮会跳转到审核界面，然后可以对此条新闻进行审核。首先为大家介绍从审核管理界面跳转到审核界面的跳转方法，执行代码如下。

✎ **代码位置：**见随书光盘中源代码/第 12 章/XWGLXTPC/src/com/bn/jm 目录下的 MainJFrame .java。

```
1     // 新闻审核（用于从审核管理界面，跳转到新闻审核界面的方法）
2     public void gotoSH(final String shid) {              //传入审核 ID
3         if (shPanel == null) {                           //引用指向空，则创建对象
4             shPanel = new SHPanel(this, UserName);}       //创建审核面板
5         shPanel.setPreferredSize(new Dimension(650, 650)); //设置审核面板大小
6         jRightScrollPane.setViewportView(shPanel);
7         dataGeted = false;                               //没有获得数据
8         new Thread() {                                   //创建任务线程
9             public void run() {
10                shPanel.flushData(shid);                 //审核面板更新数据方法
11                dataGeted = true;                        //获得数据标示
12                new Thread() {
13                    public void run() {
14                        shPanel.flushPics();}            //审核面板更新图片方法
15                }.start();}                              //启动下载图片子线程
16        }.start();                                       //启动更新数据线程
17        LoginWindow.watchThread();}                      //监视线程
```

💡 **说明**　在以上代码中，创建了审核面板的对象之后，启动了一个下载新闻数据的线程，在此线程中执行从服务器下载新闻数据的操作，主要是文字数据，然后在文字数据下载完毕之后又启动了一个线程用来下载新闻的图片。

（2）介绍了从审核管理界面跳转到审核界面的跳转方法的实现过程之后，下面向读者介绍新闻审核界面的代码框架，执行代码如下。

✎ **代码位置：**见随书光盘中源代码/第 12 章/XWGLXTPC/src/com/bn/jm/shgl 目录下的 SHPanel.java。

```
1     package com.bn.jm.shgl;                              //声明包语句
2     ...... //这里省略引入相关类的代码，请读者自行查看源代码
3     public class SHPanel extends JPanel{
4         ....../*此处省略部分控件创建的具体代码，读者可自行查阅随书附带光盘中源代码*/
5         Style1Panel sytle1 = null;                       //版式 1-3 面板引用
```

```
 6              Style2Panel sytle2 = null;
 7              Style3Panel sytle3 = null;
 8              MainJFrame mf;                                    //系统主界面引用
 9              ....../*此处省略部分变量引用声明的具体代码,读者可自行查阅随书附带光盘中源代码*/
10              public SHPanel(MainJFrame mf,String UserName) {
11                this.mf=mf;                                    //获得主界面引用
12                this.shrxm=UserName;                           //获得登录用户的用户名
13                ....../*此处省略控件摆放的具体代码,读者可自行查阅随书附带光盘中源代码*/
14                  addButtonListener();}                        //给按钮添加监听器
15              private void addButtonListener(){                //给按钮添加监听器
16                  jcb.addItemListener(new ItemListener(){      //给下拉列表添加监听
17                      public void itemStateChanged(ItemEvent e) {
18                          if(e.getStateChange()==ItemEvent.DESELECTED){ //选择其他项时触发
19                              int index=jcb.getSelectedIndex();   //获得选择项的 ID
20                              if(index==0){
21                                  ztid="3";
22                              }else if(index==1){              //根据选择修改状态 ID
23                                  ztid="2";
24                              }else{
25                                  ztid="4";}}}});
26                  jbSubmit.addActionListener(new ActionListener()      {//审核完毕
27                      @Override
28                      public void actionPerformed(ActionEvent e) {
29                          if(inputCheck()){
30                              updata_sh(SHPanel.this.ztid);}}}); //提交审核
31                  jbBack.addActionListener(new ActionListener(){       //返回按钮监听
32                      @Override
33                      public void actionPerformed(ActionEvent e) {
34                          mf.gotoBackSHGL(false);}});           //返回审核管理界面
35                  jbPic.addActionListener(new ActionListener() { //设置图片按钮
36                      @Override
37                      public void actionPerformed(ActionEvent e) {
38                          new JdialogShowPic(PicUtils.bytesToImage(picTitle));
39                          }});}//图片对话框
39              private boolean inputCheck(){                     //输入验证
40              ....../*此处输入验证的操作与前面介绍的基本相同,不再进行赘述,读者可自行查阅源代码*/}
41              public void flushData(String shid){              //初始化审核界面
42              ....../*此处省略下载新闻初始化审核界面方法的实现,后面详细介绍*/}
43              public void getSHById(String shid){              //获得新闻相关信息
44                  String msg = GET_SH_By_SHID;                 //发送数据的头信息
45                  StringBuilder sb = new StringBuilder();
46                  sb.append(msg);                              //连接头字符串
47                  sb.append(shid);                             //连接审核 ID
48                  sb.append(msg);
49                  String result =SocketUtil.sendAndGetMsg(sb.toString());
                    //发送信息,并取得返回信息
50                  final List<String[]> list = SocketUtil.strToList(result);
                    //将返回信息转换为 List
51                  data=list.get(0);}
52              public void flushPics(){                         //获得图片的相关方法
53              ....../*此处省略获得图片的相关方法的实现,后面详细介绍*/}
54              public void flushDataPic(final int picLX){ //获得指定图片,并更新此图片的显示
55              ....../*此处省略获得指定图片,并更新此图片的显示方法的实现,后面详细介绍*/}
56              public void getPic(String xwid,int picLX){//获得指定图片,并把图片保存到成员变量
57              ....../*此处省略获得指定图片信息方法的实现,后面详细介绍*/}
58              private void updata_sh(final String ztid){       //更新审核记录方法
59              ....../*此处省略更新审核记录方法的实现,后面详细介绍*/}
60              //显示标题图片的 JDialog(每次创建新的出来)
61              class JdialogShowPic extends JDialog implements ActionListener {
62              ....../*此处省略标题图片对话框的具体代码,读者可自行查阅随书附带光盘中源代码*/}
63              protected void paintComponent(Graphics g) {
64              ....../*此处省略绘制渐变背景的具体代码,读者可自行查阅随书附带光盘中源代码*/}}
```

- 第 15~25 行为为下拉列表项添加监听的方法,此下拉列表的作用是让系统主编选择审核结果。审核结果有 3 种,分别为通过审核、返回修改和封杀。

- 第 43~51 行为通过审核 ID 从服务器下载审核信息的方法,下载之后的文字数据存储到 List 当中,当需要审核信息时,从 List 中取得即可。

- 第 52~64 行为此界面其他方法，这些方法会在后面详细介绍，这里读者只需了解方法所在的位置和大致功能即可。

（3）介绍了主界面代码框架搭建过程之后，下面介绍审核界面刷新数据的方法，执行代码如下。

📝 **代码位置：**见随书光盘中源代码/第 12 章/XWGLXTPC/src/com/bn/jm/shgl 目录下的 SHPanel.java。

```
1        public void flushData(String shid){            //初始化审核界面的方法
2            this.shid = shid;                          //获得审核 ID
3            getSHById(shid);                           //通过审核 ID 从服务器下载信息
4            jtfXWBT.setText(data[0]);                  //将下载的标题设置显示
5            jtfSHRXM.setText(shrxm);                   //设置现在审核人姓名
6            jtaXWGS.setText(data[1]);                  //将下载的新闻概述设置显示
7            jtfXWLY.setText(data[2]);                  //将下载的新闻来源设置显示
8            dateChooserFB.setText(data[3].substring(0,19));   //设置现在发布时间
9            xwnr = data[4];                            //设置现在新闻内容
10           bsid = Integer.parseInt(data[5]);          //获得版式信息
11           jtaSHYJ.setText(data[6]);                  //设置显示审核意见
12           xwid = data[7];                            //获得新闻 ID
13           try {
14               SwingUtilities.invokeAndWait(new Runnable() {
15                   public void run() {
16                       if (bsid == 1) {
17                           if (sytle1 == null) {          //单例模式创建版式对象
18                               sytle1 = new Style1Panel();}
19                           sytle1.flushContent(xwnr);//更新版式模板中新闻内容
20                           jspXWNR.setViewportView(sytle1);   //设置显示
21                       } else if (bsid == 2) {
22                           if (sytle2 == null) {          //单例模式创建版式对象
23                               sytle2 = new Style2Panel();
24                               sytle2.isListened(false);}//去除模板中图片监听
25                           sytle2.flushContent(xwnr);//更新版式模板中新闻内容
26                           jspXWNR.setViewportView(sytle2);   //设置显示
27                       } else if (bsid == 3) {
28                           if (sytle3 == null) {          //版式 3 与版式 2 基本相同
29                               sytle3 = new Style3Panel();
30                               sytle3.isListened(false);}
31                           sytle3.flushContent(xwnr);
32                           jspXWNR.setViewportView(sytle3);}}});
33           } catch (Exception e) {                    //捕获异常
34               e.printStackTrace();}}
```

- 第 2~12 行为向服务器请求数据，并更新显示的代码。首先向服务器发送请求数据的命令，然后将返回数据设置显示在对应的文本控件中。

- 第 13~34 行为更新新闻版式模板中的数据的代码。更新模板显示操作是在 UI 线程中进行的，因为在其他线程中是不允许随便更新控件显示的，各个模板也是用单列模式控制对象的创建，这样既可以提高软件运行速度又节省了内存。

（4）新闻审核界面初始化完成之后，接着要下载新闻的文字信息，然后便要开始加载新闻中包含的图片，图片的加载都是在图片加载线程中完成的，每个图片对应一个图片加载线程，执行代码如下。

📝 **代码位置：**见随书光盘中源代码/第 12 章/XWGLXTPC/src/com/bn/jm/shgl 目录下的 SHPanel.java。

```
1        //根据版式信息启动不同个数的线程开始获得图片数据，并且更新显示
2        public void flushPics(){
3            new Thread() {                             //创建下载标题图片线程
4                public void run() {
5                    flushDataPic(0);}                  //下载图片
6            }.start();                                 //启动下载标题图片线程
7            if(bsid==2){                               //如果版式 ID 为 2
8                new Thread() {                         //创建下载第一幅插图线程
9                    public void run() {
10                       flushDataPic(1);}
11               }.start();                             //启动下载第一幅插图线程
```

```
12                  }else if(bsid==3){                          //创建下载第一幅插图线程
13                      new Thread() {
14                          public void run() {
15                              flushDataPic(1);}
16                      }.start();                               //启动下载第一幅插图线程
17                      new Thread() {
18                          public void run() {
19                              flushDataPic(2);}
20                      }.start();}}                              //启动下载第二幅插图线程
21      //获得指定图片,并更新此图片的显示(通用方法)
22      public void flushDataPic(final int picLX){
23          getPic(xwid,picLX);                                  //下载指定图片信息
24          try {
25              SwingUtilities.invokeAndWait(new Runnable() {
26                  public void run() {
27                      if(picLX==1){                             //判断图片类型
28                          if(bsid==2){                          //判断版式
29                              //更新版式模板中的图片
30                              sytle2.flushPic1(PicUtils.bytesToImage
                                  (pic1), pic1MS);
31                          }else if(bsid==3){                    //操作同版式2
32                              sytle3.flushPic1(PicUtils.bytesToImage
                                  (pic1), pic1MS);}
33                      }else if(picLX==2){     //图片类型为第二幅插图,版式一定为3
34                          sytle3.flushPic2(PicUtils.bytesToImage(pic2),
                              pic2MS);}}});
35          } catch (Exception e) {                              //捕获异常
36              e.printStackTrace();}}                           //打印异常信息
37      //获得指定图片,并把图片相关数据保存到了成员变量中
38      public void getPic(String xwid,int picLX) {
39          String msg = GET_PIC;                                //发送数据的头信息
40          StringBuilder sb = new StringBuilder();
41          sb.append(msg);                                      //连接头信息
42          sb.append(xwid+"<->");                               //连接新闻 ID
43          sb.append(picLX);                                    //连接图片类型
44          sb.append(msg);
45          PicObject pico=SocketUtil.sendAndGetPic(sb.toString()); //请求图片对象
46          if(picLX==0){                                        //判断图片类型
47              this.picTitle=pico.pic;                          //从接收的图片对象中取得标题图片
48          }else if(picLX==1){                                  //判断图片类型,如果为第一幅插图
49              this.pic1=pico.pic;                              //从接收的图片对象中取得插图图片
50              this.pic1MS=pico.picMs;                          //从接收的图片对象中取得插图描述
51          }else if(picLX==2){                                  //图片类型为第二幅插图,同上面操作
52              this.pic2=pico.pic;
53              this.pic2MS=pico.picMs;}}
```

- 第 2~20 行为启动图片刷新线程的方法。其实现了根据不同的版式信息启动不同个数的线程开始获得图片数据并且更新显示的功能。

- 第 22~36 行为更新模板中图片显示的方法。其首先向服务器请求图片,然后根据获得的图片的类型更新不同模板中的图片。

- 第 38~53 行为向服务器请求图片的方法。其首先组织请求图片的命令,然后向服务器发送命令,并取得返回数据,根据返回图片数据的类型,将数据存储在不同成员变量中。

(5)系统主编在审核此条新闻之后,便可以通过下拉列表选择审核结果,在单击了审核完毕按钮之后,便启动一个线程来上传审核结果。下面就来介绍上传审核结果方法的实现过程,执行代码如下。

✎ 代码位置:见随书光盘中源代码/第 12 章/XWGLXTPC/src/com/bn/jm/shgl 目录下的 SHPanel.java。

```
1       private void updata_sh(final String ztid){               //上传审核结果的方法
2           dataGeted = false;                                   //标示没获得数据
3       new Thread(){                                             //任务线程
4               public void run() {
5                   StringBuilder sb=new StringBuilder();
6                   sb.append(UPDATE_SHJL);                       //连接头信息
```

```
7              sb.append(shid+"<->");                    //连接审核 ID
8              sb.append(ztid+"<->");                    //连接状态 ID
9              sb.append(shrxm+"<->");                   //连接审核人姓名
10             sb.append(shsj+"<->");                    //连接审核时间
11             sb.append(shyj);                          //连接审核意见
12             sb.append(UPDATE_SHJL);
13             String msg=SocketUtil.sendAndGetMsg(sb.toString());
               //发送并取得返回数据
14             dataGeted=true;                           //标示获得数据
15             if(msg.equals("ok")){                     //如果返回信息为"ok"
16                 JOptionPane.showMessageDialog(SHPanel.this,"恭喜，审核
                   完毕！",
17                 "提示",JOptionPane.INFORMATION_MESSAGE);
18                 jtfXWBT.setText(null);                //新闻标题输入框置空
19                 jtfSHRXM.setText(null);               //审核人姓名输入框置空
20                 jtaXWGS.setText(null);                //新闻概述输入框置空
21                 jtfXWLY.setText(null);                //新闻来源输入框置空
22                 jtaSHYJ.setText(null);                //审核意见输入框置空
23                 mf.gotoBackSHGL(true);}        }      //返回审核管理界面的方法
24         }.start();                                    //启动上传审核结果线程
25         LoginWindow.watchThread();}                   //监视线程
```

● 第 2~14 行为向服务器发送命令，取得图片数据的代码。首先新建一个线程，在线程内组织要发送的命令，然后向服务器发送此命令，获得图片数据。

● 第 15~25 行为验证返回信息的代码。如果返回信息为 ok，则表示数据提交成功，弹出审核完毕提示框，并且将各控件恢复为默认状态。

12.5.5　其他方法的开发

通过前几小节的介绍，读者已经了解了用户登录、新闻录入、新闻审核等功能的具体实现过程，基本展现了一篇新闻从提交到审核发布的整个流程的实现。

由于篇幅有限，因此在本节只能介绍每个功能模块中的一部分方法，省略了部分代码，但是想要完整地实现各功能是需要所有方法合作的。这些省略的方法并不是不重要，只是篇幅有限，无法一一详细介绍，请读者自行查看随书光盘中的源代码。

12.6　Android 端的准备工作

前面的章节中介绍了新闻管理系统 PC 端和服务器端的功能实现，在开始进行 Android 端的开发工作之前，需要进行相关的准备工作。这一节主要介绍 Android 端的图片资源和 xml 资源文件。

12.6.1　图片资源的准备

在 Eclipse 中，新建一个 Android 项目 XWGLXTAD。在进行开发之前需要准备程序中要用到的图片资源，包括背景图片、图片按钮的图片等。本系统用到的图片资源如图 12-20 所示。

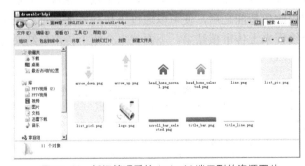

▲图 12-20　新闻管理系统 Android 端用到的资源图片

> ✒️说明　　将图 12-20 中的图片资源放在项目文件夹下的 res\drawable-hdpi 目录下。在使用该文件夹中的某一图片时，只需调用该图片对应的 ID 即可。

12.6.2　xml 资源文件的准备

下面介绍本系统中 Android 手机端部分 xml 资源文件，主要有 colors.xml、selector_xx.xml 和 AndroidManifest.xml，这 3 种 xml 资源文件分别用来管理颜色信息、装饰控件背景和配置应用程序。

1. colors.xml 的开发

colors.xml 中存放了一些预先定义好的颜色常量，这些颜色常量将会在程序代码和 XML 布局文件中被使用。在项目中的 res/values 目录下包含此文件，其内容如下。

📝 **代码位置：见随书光盘中源代码/第 12 章/XWGLXTAD/res/values 目录下的 colors.xml。**

```
1    <?xml version="1.0" encoding="utf-8"?><!--版本号及编码方式  -->
2    <resources>
3    <color name="grid_title_color_selected">#000000</color><!--栏目滑动条选中背景色-->
4    <color name="grid_title_color">#707070</color>    <!--栏目滑动条正常状态背景色-->
5    <item type="drawable" name="list_item_normal">#ffffff</item>   <!--新闻列表正常的颜
     色背景-->
6    <item type="drawable" name="list_item_pressed">#C3C3C3</item><!--新闻列表按下时背景
     色-->
7    <item type="drawable" name="gridview_item_normal">#F3F3F3</item><!--栏目项正常态背
     景-->
8    <item type="drawable" name="gridview_item_pressed">#F3F3F3</item><!--栏目项按下态
     背景-->
9    <item type="drawable" name="foot_bg">#EEEEEE</item><!--新闻列表底端控件的背景-->
10   </resources>
```

> ✒️说明　　上述代码声明了程序中需要用到的颜色信息，这些颜色数据主要服务于控件的背景选择器，以及部分控件的状态设置，有了这些颜色数据，在之后的程序开发中读者直接调用即可。这样可以增加程序的可维护性、一致性和可靠性。

2. selector_xx.xml 的开发

当用户按下安卓系统中的按钮时，按钮背景色会自动变成黄色，这是安卓系统默认的按下按钮时的背景色，每个开发人员都希望自己开发的应用有自己的基准色彩，这些系统默认的设置往往不能满足开发的需要，下面就要教大家如何给控件设置背景选择器，使控件的背景有更多的选择。背景选择器的配置文件存放在项目的 drawable 文件夹下。下面就来介绍这些背景选择器是如何实现的，其具体代码如下。

📝 **代码位置：见随书光盘中源代码/第 12 章/XWGLXTAD/res/drawable 目录下的 selector_listview_item.xml。**

```
1    <?xml version="1.0" encoding="utf-8"?>              <!--版本号及编码方式-->
2    <selector xmlns:android="http://schemas.android.com/apk/res/android">
3        <item
4                android:drawable="@drawable/list_item_pressed"
5                android:state_pressed="true"></item>   <!--列表控件项按下时，背景色-->
6        <item
7                android:drawable="@drawable/list_item_pressed"
8                android:state_selected="true"></item>  <!--列表控件项被选中时,背景色-->
9        <item
10               android:drawable="@drawable/list_item_normal"></item><!--列表项正常态,
                 背景色-->
11   </selector>
```

以上代码设置了列表项的背景选择器，给列表项设置了背景选择器之后，当列表项处于不同的状态时，就会有不同的背景。在项目的 drawable 目录下还有其他控件的背景选择器，其实现过程与以上基本相同，读者可自行查阅随书附带光盘中的源代码。

3. AndroidManifest.xml 的开发

在项目根目录下有一个名为 AndroidManifest.xml 的 xml 文件，它存放着整个安卓应用的配置信息，可谓是应用的控制中心，下面介绍本项目下的 AndroidManifest.xml 文件的内容，代码如下所示。

🖉 **代码位置：见随书光盘中源代码/第 12 章/XWGLXTAD 目录下的 AndroidManifest.xml。**

```xml
1   <?xml version="1.0" encoding="utf-8"?>                    <!--版本号及编码方式-->
2   <manifest xmlns:android="http://schemas.android.com/apk/res/android"
3       package="com.bn.xwglxt"
4       android:versionCode="1"
5       android:versionName="1.0">
6       <uses-sdk
7           android:minSdkVersion="8"
8           android:targetSdkVersion="14" />                    <!-- 支持的安卓版本 -->
9        <!-- 联网访问权限 -->
10      <uses-permission android:name="android.permission.INTERNET"></uses-permission>
11      <!-- 在 SDCard 中创建与删除文件权限 -->
12      <uses-permission android:name="android.permission.MOUNT_UNMOUNT_FILESYSTEMS"/>
13      <!-- 往 SDCard 写入数据权限 -->
14      <uses-permission android:name="android.permission.WRITE_EXTERNAL_STORAGE"/>
15      <application
16          android:allowBackup="true"
17          android:icon="@drawable/logo"
18          android:label="@string/app_name"
19          android:theme="@style/AppTheme" >                    <!--配置应用的名称，图标-->
20          <activity
21              android:name="com.bn.xwglxt.MainActivity"
22              android:label="@string/app_name" >                <!--配置 Activity 的名称 -->
23              <intent-filter>                                    <!--intent 过滤器 -->
24                  <action android:name="android.intent.action.MAIN" />
25                  <category android:name="android.intent.category.LAUNCHER" />
26              </intent-filter>
27          </activity>                                        <!--将 activity 添加到应用-->
28          <activity android:name="NewActivity" android:label="newdetail"></activity>
29      </application>
30  </manifest>
```

上述代码中最为核心的就是应用权限的声明，很多刚接触安卓开发的编程人员经常遇到类似这样的问题：写的程序总是抛出异常，反复查代码却找不到错误。很多时候这是因为忘记了在 AndroidManifest.xml 中为应用申请所需要的权限而造成的，这点请读者留意。

12.7　Android 手机端工具类的开发

上一节介绍了手机端图片以及 xml 资源文件的准备过程，在准备完毕这些资源文件之后，我们还要将开发中经常用到的方法封装成工具类，下面将会向读者介绍新闻管理系统 Android 手机端工具类的开发过程。

12.7.1 网络连接工具类的开发

俗话说：工欲善其事，必先利其器。开发项目也是同样道理，往往需要开发很多必要的工具类，将开发中经常使用的常量和静态方法封装到工具类中，在需要这些常量或方法的地方，开发人员只需要引入工具类，然后直接使用其中的常量和方法即可。

（1）这一小节将向读者介绍手机端与服务器连接有关工具类的实现过程，首先给出的是封装网络连接的工具类 SocketIOData 的实现过程，具体代码如下。

✏️ **代码位置**：见随书光盘中源代码/第 12 章/XWGLXTAD/src/com/bn/util 目录下的 SocketIOData.java。

```
1    package com.bn.util;                                       //声明包语句
2    ......  //这里省略引入相关类的代码，请读者自行查看源代码
3    public class SocketIOData {                                //Socket 链接对象
4        Socket sc;                                            //声明用于连接的 Socket 引用
5        DataInputStream din;                                  //声明用于网络读取数据的输入流
6        DataOutputStream dout;                                //声明用于网络发送数据的输出流
7        public SocketIOData(Socket sc,DataInputStream din,DataOutputStream dout){
8            this.sc=sc;                                       //将引用赋值给成员变量
9            this.din=din;
10           this.dout=dout;}
11       public void close(){                                  //关闭 Socket 和 IO 流的方法
12           try{din.close();}catch(Exception e){e.printStackTrace();}
             //关闭 IO，并进行异常处理
13           try{dout.close();}catch(Exception e){e.printStackTrace();}
14           try{sc.close();}catch(Exception e){e.printStackTrace();}}}
             //关闭 Socket，并进行异常处理
```

> 📖 **说明**　SocketIOData 类是封装了网络连接、网络输入输出流的封装类，开发这样的封装类之后，在需要对网络连接的 Socket、输入输出流进行统一操作时，就可以直接调用这个类的方法从而达到一次定义、多处使用的效果。

（2）介绍了封装网络连接和网络输入输出流的 SocketIOData 类之后，下面要具体介绍与服务器连接并发送数据的工具类的开发。

✏️ **代码位置**：见随书光盘中源代码/第 12 章/XWGLXTAD/src/com/bn/util 目录下的 SocketUtil .java。

```
1    package com.bn.util;                                       //声明包语句
2    ......  //这里省略引入相关类的代码，请读者自行查看源代码
3    public class SocketUtil {
4        //获得网络连接
5        private static SocketIOData getDataConnection(){
6            SocketIOData sid=null;
7            try {
8                Socket sc=new Socket(SERVER_IP,SERVER_PORT);//指向指定 ip,端口的 Socket
9                DataInputStream din=new DataInputStream(sc.getInputStream());
                 //获得 IO 流
10               DataOutputStream dout=new DataOutputStream(sc.getOutputStream());
11               sid=new SocketIOData(sc,din,dout);}   //封装成 SocketIOData 对象
12           catch (Exception e) {                             //捕获异常
13               e.printStackTrace();}                         //打印异常信息
14           return sid;}                                      //返回封装的 SocketIOData 对象
15       //从网络读取数据并返回相应信息
16       public static String sendAndGetMsg(String msg){
17           String res=null;
18           SocketIOData sid=getDataConnection();             //获得网络连接
19           try {
20               sendStr(sid.dout,msg);                        //向服务器发送字符串
21               res=MyConverter.unescape(sid.din.readLine().trim());
                 //读取返回信息并且转码
22           } catch (Exception e) {                           //捕获异常
23               e.printStackTrace();                          //打印异常信息
24               return "fail";
```

```
25              }finally{
26                  try{
27                      sid.close();}                    //关闭 Socket 连接
28                  catch(Exception e){                  //捕获异常
29                      e.printStackTrace();}}            //打印异常信息
30              return res;}
31          //接收图片数据包
32          public static PicObject sendAndGetPic(String msg){
33              PicObject pico=null;                      //图片对象的封装类引用
34              SocketIOData sio=getDataConnection();     //获得网络连接
35              try {
36                  sendStr(sio.dout,msg);               //向服务器发送字符串
37                  ObjectInputStream oin = new ObjectInputStream(sio.din);
                    //获得对象输入流
38                  pico = (PicObject)oin.readObject();   //从输入流读取图片对象
39              } catch (Exception e) {                  //捕获异常
40                  e.printStackTrace();                 //打印异常信息
41                  return null;
42              }finally{
43                  if(sio!=null){
44                      sio.close();}}                   //关闭 Socket 连接
45              return pico;}
46          //只发送字符串
47          private static void  sendStr(DataOutputStream dout,String msg) throws
            Exception{
48              byte[] str=msg.getBytes("utf-8");         //获得字符串转换的比特数组
49              byte[] len=int2Byte(str.length);          //得到比特数组长度
50              dout.write(len);                          //将数据长度写入输出流
51              dout.write(str);}                         //将数据写入输出流
52          private static byte[] int2Byte(int intValue) {
53          ....../*此处省略方法体代码,读者可自行查阅随书附带光盘中源代码*/}
54          //按格式将 String 转换成 List
55          public static List<String[]> strToList(String msg){
56              List<String[]> list =new ArrayList<String[]>();//创建用于存放字符串的 List
57              String []str=msg.split("<#>");            //用"<#>"分割字符串
58              for(int i=0;i<str.length;i++){            //循环遍历分割之后的字符串数组
59                  if(str[i].length()>0)
60                      list.add(str[i].split("<->"));}   //将字符串数组元素添加入 List
61              return list;}}//返回 List
```

- 第 5~14 行为创建网络连接的方法,并且通过前面开发的 SocketIOData 类的对象来封装网络连接和网络输入输出流。
- 第 16~46 行为两个向服务器发送信息,并接收返回值的方法。sendAndGetPic 方法中 PicObject 类是封装了图片信息的数据包类,此类仅用于封装通过对象流发送接收的图片对象。
- 第 55~61 行为将字符串转换为 List 的方法,其将字符串先按指定字符分割为字符串数组,然后将得到的字符串数组存入 List 当中,这样在需要不同部分的信息时,就可以从 List 的指定位置处取得。

12.7.2　SQLite 数据库访问工具类的开发

现在很多 Android 应用都支持离线功能,即在没有网络访问的情况下,也可以使用应用的部分功能,本新闻管理系统的手机端同样也是支持离线功能的,具体表现为:在没有网络访问的情况下,打开本手机报,已经浏览过的新闻同样可以浏览。

离线功能的实现主要借助于手机本地数据存储,在 Android 系统下主要是 SQLite 数据库,与 SQLite 数据库进行数据交互就要用到 SQLite 数据库访问工具类。下面就来介绍此工具类的实现过程,具体代码如下。

✎ **代码位置:见随书光盘中源代码/第 12 章/XWGLXTAD/src/com/bn/util 目录下的 DBUtil .java。**

```
1    package com.bn.util;                              //声明包语句
2    ...... //这里省略引入相关类的代码,请读者自行查看源代码
```

```
3     public class DBUtil {
4         //创建数据库连接
5         public static SQLiteDatabase createOrOpenDatabase(String tableName){
6             SQLiteDatabase sld=null;                              //数据库连接引用
7             try{
8                 sld=SQLiteDatabase.openDatabase(                  //打开数据库连接
9                     "/data/data/com.bn.xwglxt/newsdb",            //数据库所在路径
10                    null,                                         //游标工厂
11                   SQLiteDatabase.OPEN_READWRITE|SQLiteDatabase.CREATE_IF_
                     NECESSARY );
12                  if(tableName.equals("lm")){                     //表名为 "lm"
13                      String sql="create table if not exists " +tableName+
14                          " (lmid integer,lmmc varchar2(50),sxid integer,xwcount
                             integer)";
15                      sld.execSQL(sql);}                          //创建栏目表
16                  else if(tableName.equals("tp")){                //表名为"tp"
17                      String sql="create table if not exists " +tableName+
18                          " (tpid integer,tpms varchar2(100),tplj varchar2(50),xwid
                             integer,tplx integer)";
19                      sld.execSQL(sql);}                          //创建图片表
20                  else if(tableName.equals("newdetail")){         //表名为 "newdetail"
21                      String sql="create table if not exists " +tableName+
22                          " (xwid integer,bsid integer,xwnr varchar2
                             (6000))";
23                      sld.execSQL(sql);                           //创建新闻详情表
24                  }else if(tableName.startsWith("xwlist")){       //表名为 "xwlist"
25                      String sql="create table if not exists " +tableName+
26                          " (xwid integer,xwbt varchar2(100),xwgs varchar2 (200),
27                              sxid integer,xwly varchar2(50),fbsj varchar2
                                (50))";
28                      sld.execSQL(sql);}}                         //创建新闻列表表
29          catch(Exception e){                                    //捕获异常
30              e.printStackTrace();}                              //打印异常信息
31          return sld;}                                           //返回数据库连接
32      public static void closeDatabase(SQLiteDatabase sld){      //关闭数据库的方法
33          try{
34              sld.close();}                                      //关闭数据库连接
35              catch(Exception e){                                //捕获异常
36                  e.printStackTrace();}}                         //打印异常信息
37      public static List<String[]> getLm(){                      //从数据库获取栏目信息
38          SQLiteDatabase sld=null;                               //数据库连接引用
39          List<String[]> list=new ArrayList<String[]>();
40          try{
41              sld=createOrOpenDatabase("lm");                    //打开数据库
42              String sql="select lmid, lmmc,xwcount from lm order by sxid asc";
43              Cursor cur=sld.rawQuery(sql, new String[]{});      //执行 SQL 语句
44              while(cur.moveToNext()){                           //循环遍历查询结果
45                  String str[]=new String[3];                    //存储数据的字符串数组
46                  str[0]=cur.getString(0);                       //栏目 ID
47                  str[1]=cur.getString(1);                       //栏目名称
48                  str[2]=cur.getString(2);                       //栏目下新闻总数量
49                  list.add(str);}                                //将每条数据添加进 list
50              cur.close();}                                      //关闭游标
51          catch(Exception e){                                    //捕获异常
52              e.printStackTrace();}                              //打印异常信息
53          finally{
54              try{closeDatabase(sld);}catch(Exception e){e.printStackTrace();}}
55          return list;}                                          //返回查询的结果
56      ../*其他访问数据库的方法与上述方法实现基本相同,不再进行赘述,读者可自行查阅源代码*/}
```

- 第 5~31 行为创建或者打开本地数据库连接的方法。执行此方法时,首先判断申请打开连接的数据库是否存在,若不存在则创建此数据库,若存在则判断请求的表是否存在,不存在则创建对应表,最后返回数据库连接。

- 第 32~36 行为关闭数据库连接的方法。关闭方法很简单,但是请读者一定注意在关闭数据库连接时必须进行异常处理。

● 第 37~55 行为从数据库获得栏目信息的方法。在此方法中获得和关闭数据库连接分别通过调用已经写好的 createOrOpenDatabase 方法和 closeDatabase 方法来实现，这样大大减少了许多不必要的代码，做到了一次开发多处使用。

12.7.3　动画控制工具类的开发

许多手机应用都有绚丽的动画效果,本新闻管理系统的手机端虽然没有特别华丽的动画效果,但是也给部分控件添加了动画效果,比如栏目项下蓝色滑块的水平滑动动画,当用户左右滑动屏幕来切换栏目时,滑块会滑到对应的栏目项下边。这些简单却绚丽的动画使本应用更加生动,其实这些动画都是很简单的,主要通过动画控制类来实现,下面就为大家介绍动画控制工具类的开发过程,具体代码如下。

📎 **代码位置**：见随书光盘中源代码/第 12 章/XWGLXTAD/src/com/bn/util 目录下的 AnimationControl .java。

```
1     package com.bn.util;                                      //声明包语句
2     ...... //这里省略引入相关类的代码，请读者自行查看源代码
3     public class AnimationControl {                           //动画控制类
4         //封装的控件平移动画, from 为开始的索引, to 为要移动到的索引
5         public static void translate(View view,int from,int to){
6             Animation tran=new TranslateAnimation(Animation.RELATIVE_TO_SELF,
              from*1.0f,
7                     Animation.RELATIVE_TO_SELF,to*1.0f,
8                     Animation.RELATIVE_TO_SELF,0.0f,
9                     Animation.RELATIVE_TO_SELF,0.0f);         //创建平移动画
10            tran.setDuration(300);                            //设置动画持续时间
11            tran.setFillAfter(true);                          //动画播放完毕，保持在结束位置
12            view.startAnimation(tran);}}                      //给控件添加上此动画
```

📝 **说明**　上述给控件添加平移动画的方法中传入的两个变量 from 和 to，分别为控件开始的位置索引和动画结束后控件位置的索引，要注意其单位是控件水平长度，即是相对坐标，使用相对坐标当屏幕分辨率改变时，移动的距离也会相应改变。

12.7.4　其他工具类的开发

手机端的工具类中还有用于图片存取操作的 PicUtils 类、用于文件管理的 FileUtiles 类和用于编码译码的 MyConverter 类，由于这 3 个类和服务器开发中用于图片管理的的工具类、文件管理的工具类和编码译码的工具类完全相同，所以在这里就不再赘述。在后面的介绍中如果遇到这些工具类，读者可以参考讲述服务器端工具类开发的相关章节。

12.8　手机端的界面搭建和功能实现

上一节介绍了手机端工具类的开发，有了这些工具类在开发项目的时候就事半功倍了，本节就来介绍手机端的各界面和功能的实现过程。

12.8.1　常量类开发

首先介绍常量类 Constant 的开发。在进行正式开发之前，需要对即将用到的主要常量进行提前设置，这样便免除了开发过程中反复定义的烦恼，这就是常量类的作用，常量类的具体代码如下。

📎 **代码位置**：见随书光盘中源代码/第 12 章/XWGLXTAD/src/com/bn/xwglxt 目录下的 Constant .java。

```
1     package com.bn.xwglxt;                                    //声明包语句
2     ...... //这里省略引入相关类的代码，请读者自行查看源代码
```

```
3    public class Constant {                                      //常量类
4        public static final int SERVER_PORT = 31418;             //服务器端口
5        public static final String SERVER_IP = "192.168.0.110";  //服务器 IP
6        public static boolean dataGeted = false;
         //是否从网络获得了数据，同时是等待对话框的开关
7        public static String path = Environment.getExternalStorageDirectory()
8                .toString() + File.separatorChar + "xwglpic" + File.separator;
                 //图片路径
9        public static String PATH = Environment.getExternalStorageDirectory()
10               .toString() + File.separatorChar + "xwglpic"; //图片文件夹路径
11       public static final String GET_LMA = "<#GET_LMA#>";      //获得栏目
12       public static final String GET_LM_NEWSA = "<#GET_LM_NEWSA#>";//栏目包含新闻列表
13       public static final String GET_PICA = "<#GET_PICA#>";    //获得图片
14       public static final String GET_NEWA = "<#GET_NEWA#>";}   //获得新闻
```

> 说明   上述代码中提到的 SERVER_IP，SERVER_PORT 分别对应于服务器的 IP 和端口号，程序在连接服务器的时候会用到这些字符串常量，通过这两个常量找到服务器地址和应用端口，从而连接服务器，如果服务器的 IP 或者端口改变了，修改这两个常量就可以了。

12.8.2 主界面搭建和大体框架开发

由于手机端的主界面结构比较复杂，涉及的类比较多，因此只能分几个小节来向读者介绍主界面各功能的实现过程。

（1）在本小节主要向大家介绍手机端主界面的搭建过程，还有大体的框架。首先来介绍主界面的界面搭建，主要是布局文件的开发，具体代码如下。

📝 **代码位置：** 见随书光盘中源代码/第 12 章/XWGLXTAD/res/layout 目录下的 main.xml。

```
1    <LinearLayout xmlns:android="http://schemas.android.com/apk/res/android"
2        android:layout_width="fill_parent"
3        android:layout_height="fill_parent"
4        android:orientation="vertical">
5        <FrameLayout
6            xmlns:android="http://schemas.android.com/apk/res/android"
7            android:layout_width="fill_parent"
8            android:layout_height="wrap_content" >
9            <ImageView
10               android:id="@+id/title_bar"
11               android:layout_width="fill_parent"
12               android:layout_height="fill_parent"
13               android:scaleType="fitXY"
14               android:src="@drawable/title_bar" />           <--!应用标题文字背景图-->
15           <TextView
16               android:layout_width="fill_parent"
17               android:layout_height="fill_parent"
18               android:gravity="center"
19               android:text="@string/title"
20               android:textColor="#ffffff"
21               android:textSize="24sp" />        <--!应用标题的文字显示控件-->
22       </FrameLayout>                            <--!用于将文字和图片叠放在一起的帧布局-->
23       <HorizontalScrollView
24           android:id="@+id/hsvTitle"
25           android:layout_width="wrap_content"
26           android:layout_height="wrap_content"
27           android:scrollbars="none" >
28           <LinearLayout
29               android:layout_width="wrap_content"
30               android:layout_height="wrap_content"
31               android:orientation="vertical" >
32               <FrameLayout
33                   android:layout_width="wrap_content"
34                   android:layout_height="wrap_content">
```

```
35              <GridView
36                  android:id="@+id/gvTitle"
37                  android:layout_width="1000px"
38                  android:layout_height="72px"
39                  android:gravity="center"
40                  android:background="#F3F3F3"
41                  android:columnWidth="150px"
42                  android:numColumns="auto_fit"
43                  android:stretchMode="none"
44                  android:listSelector="@drawable/selector_gridview_background">
45              </GridView>                          <--!呈现栏目信息只有一行的网格控件-->
46              <ImageView
47                  android:id="@+id/scroll_bar"
48                  android:layout_width="150px"
49                  android:layout_height="8px"
50                  android:paddingLeft="25px"
51                  android:paddingRight="25px"
52                  android:scaleType="fitXY"
53                  android:src="@drawable/scroll_bar_selected"
54                  android:layout_gravity="bottom"/>   <--!栏目项下边的滑块-->
55          </FrameLayout>
56          <ImageView
57              android:layout_width="fill_parent"
58              android:layout_height="2px"
59              android:scaleType="fitXY"
60              android:src="@drawable/title_line"/> <--!栏目水平滑动条下边的横线-->
61      </LinearLayout>
62  </HorizontalScrollView>                          <--!栏目水平滑动条，滑动控件-->
63      <android.support.v4.view.ViewPager
64      android:id="@+id/vPager"
65      android:layout_width="wrap_content"
66      android:layout_height="fill_parent"
67      android:layout_weight="1.0"
68      android:background="#EFEFEF"
69      android:flipInterval="30"
70      android:persistentDrawingCache="animation" >
71      </android.support.v4.view.ViewPager>            <--!viewPager 滑屏控件-->
72  </LinearLayout>                                  <--!总体一个线性布局-->
```

● 第 5~22 行为应用标题的布局。其采用帧布局，将文字和背景图填充整个帧布局，这样就达到文字在图片上方，并且在图片的正中心显示的效果了。

● 第 23~62 行为栏目水平滑条的布局。其最外层是一个支持水平滑动的 HorizontalScrollView，注意 HorizontalScrollView 中只能包含一个控件，需要其包含多个控件时，可以在其中放置布局管理器，然后再在布局管理器中添加需要的控件。如上面代码 HorizontalScrollView 中包含的是一个线性布局管理器，在线性布局管理器中分别添加了一个帧布局管理器和一个 ImageView 控件，其中 ImageView 便是栏目水平滑条下边的水平蓝线。在帧布局管理器中又有两个控件，一个 GridView 控件和一个 ImageView 控件，分别是用来呈现各栏目项信息的网格控件和充当栏目项下边滑块的图片显示控件。

● 第 63~71 行为滑动切屏控件。这个控件不是安卓自带的控件，需要额外的 jar 包的支持，其使用过程也有所不同，如上面代码，其声明必须使用全称类名，否则系统是找不到此类的。

（2）介绍了主界面的搭建之后，下面来向大家介绍主界面 Activity 的代码框架。由于其比较复杂比较庞大，因此好多方法都暂时省略了，但请读者不要担心，在后面会一一向大家介绍这些方法的实现过程，在此只需要对主 Activity 的大体框架有所了解即可，具体代码如下。

✎ 代码位置：见随书光盘中源代码/第 12 章/XWGLXTAD/src/com/bn/xwglxt 目录下的 MainActivity .java。

```
1       package com.bn.xwglxt;                              //声明包语句
2       ...... //这里省略引入相关类的代码，请读者自行查看源代码
3       public class MainActivity extends Activity {
4           private ImageView scroll_bar;                   //用于做滑屏动画的控件
```

```
5    ......./*此处省略部分控件创建的具体代码，读者可自行查阅随书附带光盘中源代码*/
6    // 各个栏目的 listview 控件
7    private List<MyListView> list_listview = new ArrayList<MyListView>();
8    // 各个界面的 listview 控件对应的包含数据的 list
9    private List<List<Map<String, String>>> listDatas=new ArrayList<List<Map
     <String, String>>>();
10   // 保存栏目相关信息
11   public List<Map<String, String>> listLm = new ArrayList<Map<String,
     String>>();
12   Handler handler = new Handler() {
13   ......./*此处省略对收到的信息进行处理的方法的实现，后面详细介绍*/};
14   @Override
15   protected void onCreate(Bundle savedInstanceState){//Activity 启动时调用的方法
16   ......./*此处省略初始化 Activity 的方法的实现，后面详细介绍*/}
17   class gridViewOnItemClick implements OnItemClickListener {//GridView 事件监听器
18   ......./*此处省略 GirdView 监听器实现的代码，后面详细介绍*/};
19   class listViewOnItemClick implements OnItemClickListener{//列表项单击监听器
20   ......./*此处省略 ListView 监听器实现的代码，后面详细介绍*/}
21   public class MyPagerAdapter extends PagerAdapter {         //ViewPager 适配器
22   ......./*此处省略 ListView 监听器实现的代码，后面详细介绍*/}
23   public class MyOnPageChangeListener implements OnPageChangeListener {
24   ......./*此处省略 ViewPager 监听器实现的代码，后面详细介绍*/}
25   private void getLm() {                                     //获得栏目
26   ......./*此处省略获得栏目信息的方法的实现，后面详细介绍*/}
27   boolean isFirst=true;
28   private void getLmByDataBase() {      //从本地数据库获得栏目信息，并且更新显示
29   ......./*此处省略从本地数据库获得栏目信息的方法的实现，后面详细介绍*/}
30   private void getLmByNet() {      //从网络服务器获得栏目信息,将数据保存在数据库
31   ......./*此处省略从网络服务器获得栏目信息的方法的实现，后面详细介绍*/}
32   // 获得新闻列表
33   private void getNews(final int index, final String lmid,final int startId,final
     int lineSize) {
34   ......./*此处省略获得栏目信息的方法的实现，后面详细介绍*/}
35   // 从本地数据库获得新闻列表信息，并且更新显示
36   private void getNewsByDataBase(int index, String lmid,int startId,int lineSize) {
37   ......./*此处省略从本地数据库获得新闻列表信息的方法的实现，后面详细介绍*/}
38   // 从网络服务器获得新闻列表信息,将数据保存在数据库
39   private void getNewsByNet(int index, String lmid,int startId,int lineSize){
40   ......./*此处省略从网络服务器获得新闻列表信息的方法的实现，后面详细介绍*/}
41   class MyOnRefreshListener implements MyListView.OnUpdateListListener{
42   ......./*此处省略新闻列表下拉刷新监听的方法的实现，后面详细介绍*/}
43   private void clearData(){                  //一定时间之后清除一次本地数据
44   ......./*此处省略清除本地数据的方法的实现，后面详细介绍*/}
45   private final static int CLEAR_TIME=5;       //5 天清空一次本地数据
46   private boolean needClear(){               //判断是否需要清除本地数据
47   ......./*此处省略判断是否需要清除本地数据的方法的实现，后面详细介绍*/}
48   private long mExitTime;                    //按两次回按钮退出程序
49   public boolean onKeyDown(int keyCode, KeyEvent event) {
50   ......./*此处省略按两次回按钮退出程序的方法的实现，后面详细介绍*/}}
```

● 第 4~11 行代码中创建了多个 List。其中形如 List<MyListView>是用于存储滑屏控件中各子界面所包含的列表控件的，每个栏目对应着一个 MyListView，形如 List<List<Map<String, String>>>是用来存储各界面的 MyListView 控件对应的数据的，List<Map<String, String>>存储栏目包含的数据。这样设计，是为了从一个界面滑动到其他界面时，在滑动过程中使滑动到的界面能够呈现数据，因此每个栏目项对应着一个列表控件。

● 第 12~13 行代码为在本 Activity 中创建的用于处理其他线程发送来的数据的 Handler 的代码，此 Handler 的具体实现会在后面详细介绍。

● 第 14~50 行为其他方法的声明的代码，这些方法都会在后面详细进行介绍，这里读者只需了解这些方法所在的位置和大致的作用即可。

（3）介绍了主界面的代码框架之后，下面来为大家介绍主界面 onCreate 方法的实现过程，此方法在 Activity 创建的时候被调用，具体代码如下。

✎ 代码位置：见随书光盘中源代码/第 12 章/XWGLXTAD/src/com/bn/xwglxt 目录下的
MainActivity .java。

```
1       @Override
2       protected void onCreate(Bundle savedInstanceState) {
3           super.onCreate(savedInstanceState);              //调用父类的方法
4           this.requestWindowFeature(Window.FEATURE_NO_TITLE);//没有标题
5           this.setRequestedOrientation(ActivityInfo.SCREEN_ORIENTATION_
            PORTRAIT);//竖屏
6           setContentView(R.layout.main);                   //设置此 Activity 的布局管理器
7           //创建用于存储日期的 SharedPreference
8           share=getSharedPreferences(SHARE_NAME,Activity.MODE_PRIVATE)
9           scroll_bar = (ImageView) this.findViewById(R.id.scroll_bar);//获得滑块控件
10          gridView=(GridView)this.findViewById(R.id.gvTitle);//获得栏目水平滑动条
11          viewpager = (ViewPager) this.findViewById(R.id.vPager); //获得滑屏控件
12          gridView.setOnItemClickListener(new gridViewOnItemClick());
            //给栏目项添加监听
13          myadapter=new MyPagerAdapter(list_listview);     //创建滑屏控件的适配器
14          viewpager.setAdapter(myadapter);                 //给滑屏控件设置适配器
15          viewpager.setCurrentItem(0);                     //设置滑动窗体的当前页
16          viewpager.setOnPageChangeListener(new MyOnPageChangeListener());//添加监听
17          getLm();}                                         //执行获得栏目的方法
```

✐ 说明　　上述代码中创建了一个 SharedPreferences 对象，此对象是用来存储临时数据的，对本应用来说就是用来存储上次使用本应用的日期。将数据存储在手机本地内存中，就达到了数据持久化的目的，退出应用甚至关闭手机之后数据会依然存在。

（4）介绍了 onCreate 方法的实现过程之后，下面介绍用于处理其他线程发送来的数据的 handler 的开发过程，主要是 handleMessage 方法的开发，具体代码如下。

✎ 代码位置：见随书光盘中源代码/第 12 章/XWGLXTAD/src/com/bn/xwglxt 目录下的
MainActivity .java。

```
1       Handler handler = new Handler() {                    //处理消息的 handler
2           @Override
3           public void handleMessage(Message msg) {         //处理消息的方法
4               if (msg.what == -1){                         // -1 代表网络不通
5                   Toast.makeText(MainActivity.this, "网络不通，请稍候再试",
6                       Toast.LENGTH_SHORT).show();//弹出提示
7                   //不能联网时从本地获得数据
8                   String lmid_first = ((Map<String, String>) gridview_adpter.
                    getItem(0)).get("lmid");
9                   getNewsByDataBase(0, lmid_first,0,lineSize);
                    //从数据库获得新闻数据
10              } else if (msg.what == -2){                   //-2 代表从网络获得栏目数据成功
11                  getLmByDataBase();                        //从数据库访问后更新显示
12              } else if (msg.what > 0) {                    //正数代表当前选中的栏目项序号
13                  int lmid = msg.what;                      //获得栏目 ID
14                  int index = msg.arg1;
15                  int startId=msg.arg2;
16                  // 从数据库访问后更新显示
17                  getNewsByDataBase(index, String.valueOf(lmid),startId,
                    lineSize);}}};
```

✐ 说明　　上述代码中 msg 对象是一个信息对象，在 Android 系统中其他线程向主线程发送数据都是通过信息对象来实现的。消息对象由 4 部分组成，它们分别是 msg.what、msg.arg1、msg.arg2 和 msg.obj。Handler 解析 msg 中这些项的内容然后做出不同处理。

（5）本应用是支持离线功能的，所以必然有本地缓存，随着应用使用时间的加长，本地缓存也会越来越多，如果不及时清理这些缓存数据，可能导致系统存储空间过满，下面就向大家介绍，一定时间之后清除缓存的方法的实现，具体代码如下。

代码位置： 见随书光盘中源代码/第 12 章/XWGLXTAD/src/com/bn/xwglxt 目录下的 MainActivity .java。

```
1    //一定时间之后清除一次本地数据的方法
2    private void clearData(){
3        DBUtil.delTable("tp");                          //删除 "tp" 表
4        DBUtil.delTable("newdetail");                   //删除 "newdetail" 表
5        FileUtiles.deleteDirectory(PATH);}             //上次本地缓存的图片资源
6    private final static int CLEAR_TIME=5;              //声明
7    //判断是否需要清除本地数据
8    private boolean needClear(){
9        //获得一年中的第多少天
10       int dayofyear=new GregorianCalendar().get(GregorianCalendar.
         DAY_OF_YEAR);
11       int lastclearday=share.getInt("lastclearday", -1);
         //从临时存储中取得上次打开的日期
12       if(lastclearday==-1){                           //不是第一次打开
13           Editor editor=share.edit();                //编辑模式打开临时存储
14           editor.putInt("lastclearday", dayofyear); //向临时存储写入今天日期
15           editor.commit();                            //保存对临时变量的操作
16       }else{
17           if(Math.abs(dayofyear-lastclearday)>=CLEAR_TIME){
             //本次打开日期和上次差 5 天
18               Editor editor=share.edit();            //编辑模式打开临时存储
19               editor.putInt("lastclearday", dayofyear);
                 //向临时存储写入今天日期
20               editor.commit();                        //保存对临时变量的操作
21               return true;}}                          //返回 true
22       return false;}                                  //返回 false
23   private long mExitTime;                             //两次按退出按钮的最大时间间隔
24   //按两次回按钮退出程序
25   public boolean onKeyDown(int keyCode, KeyEvent event) {
26       if (keyCode == KeyEvent.KEYCODE_BACK) {         //当按返回键
27           if ((System.currentTimeMillis() - mExitTime) > 2000) {
             //两次按键差 2000ms 以上
28               Toast.makeText(this, "再按一次退出程序", Toast.LENGTH_SHORT).
                 show();
29               mExitTime = System.currentTimeMillis();  //保存当前时间
30           } else {
31               if(needClear()){                        //判断是否需要清空本地图片缓存
32                   clearData();}                        //清空本地图片缓存
33               finish();}                               //关闭软件
34           return true;}
35       return super.onKeyDown(keyCode, event);}        //调用父类的方法
```

● 第 2~22 行分别为清空缓存和判断是否要清空缓存的方法。其中判断是否要清空缓存的实现思路是这样的：首先在关闭软件的时候从手机存储中取得上次清理缓存的日期，然后与当前日期相比较，如果超过一定时间则清除缓存，否则不做处理。

● 第 23~35 行为按两次返回键退出应用的方法的实现。第一次按下返回键，提示"再按一次退出程序"，第二次按下返回键，如果两次按键时间间隔在一定范围之内时，则根据缓存情况清理缓存，并退出应用。

12.8.3 获得栏目和新闻信息方法的开发

上一节为大家介绍了手机端主界面的搭建和代码框架，其中省略了获得栏目信息和新闻信息方法的具体实现过程，下面为读者详细介绍这些方法的具体实现。

（1）此应用打开之后会自动连接网络，从服务器下载新闻栏目信息，下面就为大家介绍获得栏目信息方法的实现过程，具体代码如下。

代码位置：见随书光盘中源代码/第 12 章/XWGLXTAD/src/com/bn/xwglxt 目录下的
MainActivity .java。

```
1        private void getLm(){                                    //获得栏目方法
2            getLmByDataBase();                                   //从数据库获得栏目信息
3            new Thread() {                                       //创建从网络下载栏目信息的线程
4                public void run() {
5                    getLmByNet();};                              //下载栏目信息
6            }.start();}                                          //启动线程
7        boolean isFirst=true;                                    //是否是第一次打开应用的标志位
8        private void getLmByDataBase() {                         //从本地数据库获得栏目信息，更新显示
9            List<String[]> lm = DBUtil.getLm();                  //调用数据库访问栏目信息的方法
10           if (lm.size() != 0) {                                //判断有没有栏目数据
11               this.listLm.clear();                             //清空包含栏目信息的 List
12               this.list_listview.clear();                      //清空保存各界面列表控件的 List
13               for (int i = 0; i < lm.size(); i++) {            //循环遍历栏目列表项
14                   HashMap<String, String> hash = new HashMap<String, String>();
15                   String[] str = lm.get(i);    //取出每一栏目项信息
16                   for (int j = 0; j < str.length; j++) {
17                       if (j == 0) {
18                           hash.put("lmid", str[j]); //将栏目 ID 存储到 Map
19                       } else if (j == 1) {
20                           hash.put("grid_title", str[j]);}}//将栏目标题存储到 Map
21               listLm.add(hash);    //将栏目项数据对应 Map 加入 List
22               List<Map<String, String>> data=new ArrayList<Map<String,
                 String>>();
23               listDatas.add(data);//将新闻列表的数据 List 加入包含页面数据的 List 中
24           MyListView mylv=new MyListView(this,i,Integer.parseInt(str[0]),
             Integer.parseInt(str[2]));
25               mylv.setonRefreshListener(new MyOnRefreshListener(mylv,data));
                 //下拉刷新监听
26               mylv.setOnItemClickListener(listViewListener);//给新闻列表添加监听
27               this.list_listview.add(mylv);}//将 MyListView 添加到存储界面的 List
28           if (gridView.getAdapter() == null) {
29               gridview_adpter = new SimpleAdapter(MainActivity.this,
                 listLm,
30                   R.layout.gridview_textview,//创建 GridView 的数据适配器
31                   new String[] { "grid_title" },
32                   new int[] { R.id.grid_title });
33               gridView.setNumColumns(gridview_adpter.getCount());//设置列数
34               gridView.setLayoutParams(new FrameLayout.LayoutParams(
35                   150 * gridview_adpter.getCount(), 72)); //设置布局管理器
36               gridView.setAdapter(gridview_adpter);//设置 GridView 适配器
37           } else{//  不是第一次打开，更新 gridview 即可
38               gridView.setNumColumns(gridview_adpter.getCount());
                 //设置 gridview 列数
39               gridView.setLayoutParams(new FrameLayout.LayoutParams(
40                   150 * gridview_adpter.getCount(), 72));
                     //设置 GridView 布局管理参数
41               gridview_adpter.notifyDataSetChanged();}//通知适配器数据已经改变
42           if(isFirst){
43               isFirst=false;                                  //修改标志位，不是第一次执行
44           }else{
45               String lmid_first = ((Map<String, String>) gridview_adpter
46                   .getItem(0)).get("lmid"); //获得第一个栏目的栏目 ID
47               getNews(0, lmid_first,0,lineSize);}}} //获得此栏目的新闻列表
48       private void getLmByNet() {//从网络服务器获得栏目信息,将数据保存在数据库
49           String msg = GET_LMA;                               //发送消息的头信息
50           String result = SocketUtil.sendAndGetMsg(msg);      //发送并取得数据
51           if (result.equals("fail")) {                        //如果网络访问错误
52               Message msge = handler.obtainMessage();  //从 handler 中获得 Message
53               msge.what = -1;                                 //将 handler.what 变量赋值-1
54               handler.sendMessage(msge);                      //发送消息对象
55               return;}                                        //方法结束
56           List<String[]> listLmData = SocketUtil.strToList(result);//将结果转换为 List
57           DBUtil.insertLm(listLmData);                        //往数据库中插入栏目数据
58           Message msge = handler.obtainMessage();
59           msge.what = -2;                                     //-2 代表联网更新栏目信息
60           handler.sendMessage(msge);}                         //发送消息对象
```

- 第1~6行为获得栏目信息的总方法。此方法先从本地数据库获得栏目数据，不管本地数据库有没有栏目数据，都从网络下载栏目数据并更新显示，其中的从本地和网络获得栏目数据是通过调用上述代码中后两个方法实现的。

- 第8~47行为从本地数据库获得栏目信息的方法。在获得栏目信息时，每拿到一个栏目项，就创建用于显示此栏目项下新闻列表的 MyListView 控件和控件的适配器。请注意在此方法的最后调用了获得新闻列表的方法，所以打开应用之后第一个栏目对应的新闻列表会自动在屏幕中显示。

- 第48~60行为从网络下载栏目信息的方法。从网络获得了栏目信息之后，没有立刻更新栏目滑动条，而是向主线程发送消息，在主线程接收消息之后更新显示。

（2）了解了获得栏目数据的方法之后，下面向大家介绍各栏目下的新闻列表从服务器获得新闻数据的方法的开发，具体代码如下。

📝 **代码位置：见随书光盘中源代码/第 12 章/XWGLXTAD/src/com/bn/xwglxt 目录下的 MainActivity .java。**

```
1      // 获得新闻列表的方法
2      private void getNews(final int index, final String lmid,final int startId,final
       int lineSize){
3          final MyListView myListview=this.list_listview.get(index);
           //根据索引 ID 取得对应的列表控件
4          if(!myListview.has_freshed){                  //判断是否已经刷新过此新闻列表
5          getNewsByDataBase(index, lmid,startId,lineSize); //从数据库获得新闻列表
6                  new Thread() {                        //创建从网络下载新闻列表的线程
7                      public void run() {
8                          getNewsByNet(index, lmid,startId,lineSize);
                           //从网络获得新闻列表
9                          myListview.has_freshed=true;};
                           //从网络下载新闻列表之后修改标志位
10                 }.start();}}                                          //启动线程
11     // 从本地数据库获得新闻列表信息，并且更新显示
12     private void getNewsByDataBase(int index, String lmid,int startId,int
       lineSize){
13         List<String[]> newsList = DBUtil.getNews(lmid,startId,lineSize);
           //调用数据库访问方法
14         if (newsList.size() != 0) {                  //判断本地是否有数据
15             List<Map<String, String>> xwlist = (List<Map<String, String>>)
               listDatas.get(index);
16             if(startId==0){                          //从新闻列表的第一条新闻开始
17                 xwlist.clear();}                      //清空列表数据
18             for (int i = 0; i < newsList.size(); i++) {
19                 HashMap<String, String> hash = new HashMap<String, String>();
20                 String[] str = newsList.get(i);       //取得新闻列表的每一条新闻
21                 for (int j = 0; j < str.length; j++) {
22                     if (j == 0) {                      //将新闻 ID 存储进 map
23                         hash.put("item_new_id", str[j]);
24                     } else if (j == 1) {               //将新闻标题存储进 map
25                         hash.put("item_new_title", str[j]);
26                     } else if (j == 2) {               //将新闻概述存储进 map
27                         hash.put("item_new_text", str[j]);
28                     } else if(j==3){                   //将新闻来源存储进 map
29                         hash.put("item_new_comer", str[j]);
30                     }else if(j==4){                    //将新闻发布时间存储进 map
31                         hash.put("item_new_time", str[j]);}}
32                 xwlist.add(hash);}    //将包含了一条新闻的数据的 map 加入新闻 list
33             if (list_listview.get(index).getAdapter() == null) {
                   //判断列表是否有适配器
34                 list_listview.get(index).setAdapter(new MySimpleAdapter(
                   //没有则创建
35                         MainActivity.this, this.listDatas.get(index),
                         R.layout.list_item,
36                         new String[] {"item_new_title", "item_new_text" },
37                         new int[] {R.id.list_item_title,
                         R.id.list_item_text }),handler);
38                 myadapter.notifyDataSetChanged();    //通知适配器数据已经改变
```

```
39                    } else{                               //不是第一次打开，更新 listview
40                        list_listview.get(index).myAdapter.notifyDataSet
                            Changed();}}}
41          // 从网络服务器获得新闻列表信息，将数据保存在数据库
42          private void getNewsByNet(int index, String lmid,int startId,int lineSize){
43              String msg = GET_LM_NEWSA;                    //发送消息的头信息
44              StringBuilder sb = new StringBuilder();
45              sb.append(msg);                               //连接头信息
46              sb.append(lmid);                              //连接栏目 ID
47              sb.append("<->");
48              sb.append(startId);                           //连接开始新闻索引
49              sb.append("<->");
50              sb.append(lineSize);                          //连接要更新显示的新闻数
51              sb.append(msg);
52              String result=SocketUtil.sendAndGetMsg(sb.toString());//发送并且取得数据
53              if (result.equals("fail")) {
54                  //网络访问错误时，返回-1
55                  Message msge = handler.obtainMessage();   //从 handler 获得信息对象
56                  msge.what = -1;                           //修改信息对象的 what 值
57                  handler.sendMessage(msge);                //发送信息对象
58                  return;}
59              List<String[]> listNewsData = SocketUtil.strToList(result);//发送并获得数据
60              DBUtil.updateNews(listNewsData, lmid,startId,lineSize);//更新数据库信息
61              Message msge = handler.obtainMessage();       //获得消息对象
62              msge.what = Integer.parseInt(lmid);           //修改信息对象的 what 值
63              msge.arg1 = index;                            //修改信息对象的 arg1 值
64              msge.arg2= startId;                           //修改信息对象的 arg2 值
65              handler.sendMessage(msge);}                   //联网更新栏目，返回栏目 id
```

- 第 1~10 行为获得新闻列表信息的总方法。此方法先判断当前的新闻列表是否已经更新过，如果没更新过，则从本地数据库获得新闻列表数据，然后启动线程从网络下载新闻列表数据并更新显示。

- 第 12~40 行为从本地数据库获得新闻列表信息的方法。将从数据库获得的新闻列表信息分别添加到对应新闻列表项的 map 中，并且通知列表控件适配器数据已经改变。

- 第 42~65 行为从网络下载新闻列表信息的方法。在从网络获得了新闻列表信息之后，没有立刻更新当前新闻列表，而是向主线程发送消息，主线程接收消息后更新显示。

12.8.4　部分控件适配器的开发

Android 系统中好多控件的设计都是遵循 Java 的 MVC 设计模式的，控件用于显示，模型用于存放数据，这样大大提高了程序的灵活性。当需要修改控件显示时，只要修改模型中的数据，让控件重新绘制即可。下面就来为大家介绍这些数据适配器的开发。

（1）首先为大家介绍 ViewPager 滑屏控件的适配器的开发，具体代码如下。

✎ 代码位置：见随书光盘中源代码/第 12 章/XWGLXTAD/src/com/bn/xwglxt 目录下的
MainActivity .java。

```
1          //ViewPager 适配器
2          public class MyPagerAdapter extends PagerAdapter {
3              public List<MyListView>        mListViews;//用于存储各界面控件的 List
4              public MyPagerAdapter(List<MyListView> list_listview){//适配器构造方法
5                  this.mListViews = list_listview;}        //传入包含各页面控件的 List
6              @Override                                     //从指定的 position 销毁 page
7              public void destroyItem(View arg0, int arg1, Object arg2) {
8                  ((ViewPager) arg0).removeView(mListViews.get(arg1));}
9              @Override                                     //获得适配器中控件总数
10             public int getCount() {
11                 return mListViews.size();}
12             @Override                                     //从指定的 position 创建 page
13             public Object instantiateItem(View arg0, int arg1) {
14                ((ViewPager) arg0).addView(mListViews.get(arg1));
                   //向 viewPager 当前页面添加控件
```

```
15                      return mListViews.get(arg1);}              //返回当前页的控件
16                  @Override
17                  public boolean isViewFromObject(View arg0, Object arg1) {
18                      return arg0 == (arg1);}
19                  @Override
20                  public int getItemPosition(Object object) {
21                      return POSITION_NONE;}}
```

> 📝说明
>
> 　　　滑屏控件的适配器和其他控件的适配器有所不同。一般控件的适配器装的是控件要显示的数据，而滑屏控件适配器中装的是各个界面要显示的控件，如上述代码中 mListViews 存储的就是包含各个界面中控件的 List。

　　（2）为大家介绍了 ViewPager 滑屏控件的适配器的开发之后，下面来看 ViewPager 滑屏控件包含的每个新闻列表的适配器的开发，具体代码如下。

🖊 **代码位置：见随书光盘中源代码/第 12 章/XWGLXTAD/src/com/bn/xwglxt 目录下的**
MySimpleAdapter .java。

```
1     package com.bn.xwglxt;                                    //声明包语句
2     ...... //这里省略引入相关类的代码，请读者自行查看源代码
3     public class MySimpleAdapter extends SimpleAdapter {       //ListView 数据适配器
4         private ImageView list_item_img;//显示新闻的 ImageView
5         public MySimpleAdapter(Context context,
6                 List<? extends Map<String, ?>> data, int resource, String[] from,
7                 int[] to) {
8             super(context, data, resource, from, to);}          //调用父类的构造器
9         //重写返回控件的方法
10        @Override
11        public View getView(int position, View convertView, ViewGroup parent) {
12            //调用父类的控件呈现方法得到呈现控件
13            View view = super.getView(position, convertView, parent);
14            //从 View 中得到用于显示标题图片的 ImageView
15            list_item_img = (ImageView) view.findViewById(R.id.list_item_img);
16            //获得此条新闻的新闻 id
17            String xwid=((Map<String,?>)this.getItem(position)).get("item_new_
                  id").toString();
18            ImgAsyncTask task=new ImgAsyncTask(this.list_item_img);
              //创建下载图片的异步线程
19            task.execute(xwid,"0");                              //启动异步线程
20            return view;}}                                       //返回标题图片的控件
```

> 📝说明
>
> 　　　上述代码中的 getView 方法是当控件显示时的回调方法，对于控件显示的控制都可以在此方法中进行，如上在获得了新闻 ID 之后，创建了一个异步线程类，并且启动了此线程，线程启动之后开始更新新闻标题图片。

　　（3）上面介绍新闻列表的适配器的 getView 方法时，在方法的最后启动了一个异步线程类，此异步线程类的作用就是下载图片的信息，并保存到本地数据库，然后更新显示，具体代码如下。

🖊 **代码位置：见随书光盘中源代码/第 12 章/XWGLXTAD/src/com/bn/xwglxt 目录下的**
ImgAsyncTask .java。

```
1     package com.bn.xwglxt;                                    //声明包语句
2     ...... //这里省略引入相关类的代码，请读者自行查看源代码
3     public class ImgAsyncTask extends AsyncTask<String, Bitmap, Bitmap> {
4         private ImageView imgView;                             //显示图片的 ImageView
5         private TextView txtView;                              //显示图片描述的 TextView
6         private boolean isTitlePic;                            //记录是否为标题图片
7         private String picms;                                  //图片描述
8         private int piclx;                                     //图片类型
9         public ImgAsyncTask(ImageView img) {                   //标题图片构造器
10            this.imgView = img;
```

```
11                this.isTitlePic=true;}                        //标示是标题图片
12          public ImgAsyncTask(ImageView img,TextView tv) {      //插图构造器
13                this.imgView = img;
14                this.txtView=tv;
15                this.isTitlePic=false;}                       //标示是插图
16       protected Bitmap doInBackground(String... params) {  //任务线程方法
17                //获得指定图片,并把图片相关数据保存到了成员变量中
18                Bitmap Pic;                                  //存储图片的 Bitmap
19                String xwid=params[0];                       //获得新闻 ID
20                int picLX=Integer.parseInt(params[1]);       //获得图片类型
21                List<String[]> list=DBUtil.getPic(xwid, picLX);//从数据库获得图片
22                if(list!=null){                              //如果本地有图片数据
23                     String picName=list.get(0)[0];          //从本地获得图片名称
24                     picms=list.get(0)[1];                   //从本地获得图片描述
25                     Pic=BitmapFactory.decodeFile(path+picName);//获得图片文件
26                     if(Pic!=null){  //数据库有图片信息,但是没有图片文件,从网上下载
27                          return Pic;}}                       //返回图片
28                String msg = GET_PICA;                       // 发送消息的头信息
29                StringBuilder sb = new StringBuilder();
30                sb.append(msg);                              //连接头信息
31                sb.append(xwid+"<->");                       //连接新闻 ID
32                sb.append(picLX);                            //连接图片类型
33                sb.append(msg);
34                PicObject pico=SocketUtil.sendAndGetPic(sb.toString());//下载图片对象
35                if(pico!=null){                              //如果下载成功
36                     Pic=BitmapFactory.decodeByteArray(pico.pic, 0,
                          pico.pic.length);//获得图片
37                     picms=pico.picMs;                       //获得图片描述
38                     piclx=pico.picLx;                       //获得图片类型
39                     publishProgress(Pic);                   //存入数据库
40                     String picName;
41                     if(this.isTitlePic){                    //根据是否标题来组织图片名称
42                          picName=xwid+"_title.jpg";
43                     }else{
44                          picName=xwid+"_pic_"+piclx+".jpg";}
45                     PicUtils.saveImage(pico.pic, picName);//将下载的图片保存在本地
46                     DBUtil.addPic(picms,xwid,picName,piclx);}//在数据库添加图片信息
47                return null;}
48       protected void onPostExecute(Bitmap result){     //任务执行结束之后调用此方法
49           if(result!=null){
50                if(!isTitlePic){
51                     this.txtView.setText(picms);}       //显示新闻描述
52                imgView.setImageBitmap(result);}}        //显示插图
53       protected void onProgressUpdate(Bitmap... values) {
54           if(values[0]!=null){
55                if(!isTitlePic){
56                     this.txtView.setText(picms);}       //显示新闻描述
57                imgView.setImageBitmap(values[0]);}}}   //显示插图
```

● 第 9~15 行为此异步线程类的构造方法。此异步线程类提供了两个构造方法,分别用于创建下载新闻标题图片的异步线程类和创建下载新闻插图的异步线程类。

● 第 16~47 行为此异步线程类的方法主体。在此方法中的代码都不会在主线程执行,所以把从网络下载图片并保存到本地的过程代码放到此方法中执行。

● 第 48~57 行介绍的两个方法,分别在此异步线程类的 doInBackground 方法执行结束后执行和当在 doInBackground 方法中调用 publishProgress 方法之后执行。

12.8.5　部分控件监听器的开发

界面搭建好,并且给控件设置了对应的适配器之后,这些控件就能正常显示了。但是此时控件并不能根据用户的操作做出什么反应,如果希望在用户进行操作之后程序对用户的操作有所反应,这时就要给控件添加监听器。

(1)每个界面所有控件都嵌套在滑屏控件中,首先为读者介绍滑屏控件的监听器的实现过程,

具体代码如下。

📎 **代码位置：见随书光盘中源代码/第 12 章/XWGLXTAD/src/com/bn/xwglxt 目录下的**
MainActivity .java。

```
1     //滑动切屏监听器
2     public class MyOnPageChangeListener implements OnPageChangeListener {
3         // activity 从 1 到 2 滑动，2 被加载后调用此方法
4         public void onPageSelected(int position) { //当前页被选中的回调方法
5             // 栏目条、设置字体颜色、动画效果
6             TextView gridviewback = (TextView) gridView.getChildAt
                (position);//选择的栏目项
7             for (int i = 0; i < MainActivity.this.gridView.getCount(); i++) {
8                 TextView gridview_text_temp = (TextView) MainActivity.this.
9                 gridView.getChildAt(i);
10                gridview_text_temp.setTextColor(getResources().getColor(
11                    R.color.grid_title_color));}//修改所有栏目项字体颜色
12            gridviewback.setTextColor(getResources().getColor(
13                R.color.grid_title_color_selected));
                                    //修改选中的栏目项的字体颜色
14            // 修改记录选择的哪一项
15            if (current_index != position) {
16                AnimationControl.translate(scroll_bar,current_index,position);
                  //创建动画
17                current_index = position;}  //将动画结束位置作为下次开始位置
18            Map<String,String> map_lm=(Map<String,String>)MainActivity.this.
19            gridview_adpter.getItem(position);    //获得包含栏目信息的 Map
20            String lmid = map_lm.get("lmid");    //确定当前页的栏目 ID
21            getNews(position, lmid,0,15);}    //根据栏目 ID 获得新闻列表
22        // 从一个界面滑动到另一个界面，在原始界面滑动前调用
23        public void onPageScrolled(int arg0, float arg1, int arg2) {}
24        // 滑屏控件状态改变时调用的方法
25        public void onPageScrollStateChanged(int arg0) {}}
```

- 第 4~13 行介绍的是设置栏目滑块字体颜色的代码。首先获得栏目滑块中的所有控件，然后将控件中的字体全部置为白色，再将当前选中的控件字体设置为黑色，从而实现选中的效果。

- 第 15~21 行为给滑块中的栏目项添加动画的代码。当滑动屏幕时，栏目项下的蓝色滑块就会有水平滑动的效果，这样使栏目切换看上去更加生动。

（2）有了滑屏控件的监听器的实现之后，在左右滑动屏幕时，程序就能做出响应。下面来介绍栏目水平条和新闻列表的监听器的实现，具体代码如下。

📎 **代码位置：见随书光盘中源代码/第 12 章/XWGLXTAD/src/com/bn/xwglxt 目录下的**
MainActivity .java。

```
1     // GridView 事件监听器
2     class gridViewOnItemClick implements OnItemClickListener {
3         @Override
4         public void onItemClick(AdapterView<?> arg0, View arg1, int position,
5             long arg3) {                        //GridView 单击事件回调方法
6             TextView gridviewback = (TextView) arg1;
7             for (int i = 0; i < arg0.getCount(); i++) {    //循环遍历所有栏目项
8                 TextView gridview_text_temp = (TextView) arg0.getChildAt(i);
9                 gridview_text_temp.setTextColor(getResources().getColor(
10                    R.color.grid_title_color));}//给所有栏目项设置字体颜色
11            gridviewback.setTextColor(getResources().getColor(
12                R.color.grid_title_color_selected));
                                //给选中的栏目项设置字体颜色
13            // 修改记录选择的哪一项
14            if (current_index != position) {
15                AnimationControl.translate(scroll_bar,current_index,position);
                  //创建动画
16                current_index = position;}        //动画结束位置作为下次开始位置
17            viewpager.setCurrentItem(position);   //设置当前滑屏控件中显示的控件
18            Map<String,String> map_lm=(Map<String,String>)
```

```
19                    MainActivity.this.gridview_adpter.getItem(position);
20                    String lmid = map_lm.get("lmid");    //取得栏目 ID
21                    getNews(position, lmid,0,lineSize);}};//获得栏目下对应新闻
22        class listViewOnItemClick implements OnItemClickListener {
23            @Override                              //新闻列表项单击回调方法
24            public void onItemClick(AdapterView<?> arg0, View arg1, int position,
            long arg3) {
25            //从新闻列表适配器中获得新闻相关信息
26            Map<String,Object> map_new=(Map<String, Object>) arg0.getAdapter().
            getItem(position);
27            if(map_new!=null){
28                String[] data=new String[4];
29                data[0]=(String) map_new.get("item_new_id");      //获得新闻 ID
30                data[1]=(String)map_new.get("item_new_title");  //获得新闻标题
31                data[2]=(String)map_new.get("item_new_comer");//获得新闻来源
32                data[3]=(String)map_new.get("item_new_time");//获得新闻发布时间
33                Intent intent=new Intent(MainActivity.this,NewActivity.class);
                //创建 Intent 对象
34                intent.putExtra("data",data);          //将新闻信息存入 Intent
35                MainActivity.this.startActivityForResult(intent, 0);}}}
                //启动新闻详情 Activity
```

- 第 2~21 行为栏目水平条监听器的开发。在此监听器的响应方法中先把所有栏目项文字修改为默认颜色，然后将当前选中的栏目项文字颜色修改为特定颜色，并且添加滑块移动动画，最后更新滑屏控件，使其显示对应栏目下的新闻列表。

- 第 22~35 行为新闻列表监听器的开发。在监听器的响应方法中，先从新闻列表的适配器中获得选中新闻的相关信息，然后将这些信息添加到 Intent 中，最后利用此 Intent 启动新闻详情 Activity。

12.8.6　新闻详情界面的开发

当在主界面单击新闻列表的新闻项之后就进入新闻详情界面，在此界面可以查看新闻的详细信息。下面就为大家详细介绍新闻详情界面的开发过程。

（1）首先来带大家了解新闻详情界面的搭建过程，主要是新闻详情的布局文件，具体代码如下。

✎ **代码位置：见随书光盘中源代码/第 12 章/XWGLXTAD/res/layout 目录下的 new_detail.xml。**

```
1    <?xml version="1.0" encoding="utf-8"?>
2    <LinearLayout xmlns:android="http://schemas.android.com/apk/res/android"
3        android:layout_width="fill_parent"
4        android:layout_height="fill_parent"
5        android:orientation="vertical" >
6        ...//此处为应用标题部分的布局，与主界面此部分完全相同，读者可自行查阅随书光盘中的源代码。
7        <ScrollView
8            android:id="@+id/svxw"
9            android:layout_width="fill_parent"
10           android:layout_height="wrap_content" >              <--!上下滑屏控件-->
11           <LinearLayout
12               android:layout_width="fill_parent"
13               android:layout_height="wrap_content"
14               android:orientation="vertical" >
15               <TextView
16                   android:id="@+id/new_title"
17                   android:layout_width="fill_parent"
18                   android:layout_height="wrap_content"
19                   android:gravity="left"
20                   android:textColor="#000000"
21                   android:textSize="22dip"
22                   android:layout_marginLeft="10dip"
23                   android:layout_marginRight="10dip"
24                   android:layout_marginTop="15dip"
25                   android:layout_marginBottom="6dip"/>            <--!新闻标题-->
26               <LinearLayout
```

```
27                    android:layout_width="fill_parent"
28                    android:layout_height="wrap_content"
29                    android:orientation="horizontal" >
30                    <TextView
31                        android:id="@+id/new_comer"
32                        android:layout_width="wrap_content"
33                        android:layout_height="wrap_content"
34                        android:gravity="left"
35                        android:textSize="12dip"
36                        android:textColor="#8F8F8F"
37                        android:layout_marginLeft="10dip"/>        <--!新闻来源-->
38                    <TextView
39                        android:id="@+id/new_time"
40                        android:layout_width="wrap_content"
41                        android:layout_height="wrap_content"
42                        android:textSize="12dip"
43                        android:textColor="#8F8F8F"
44                        android:layout_marginLeft="10dip"/>        <--!新闻发布时间-->
45                </LinearLayout>
46                <ImageView
47                    android:layout_width="fill_parent"
48                    android:layout_height="wrap_content"
49                    android:layout_marginTop="5dip"
50                    android:layout_marginLeft="8dip"
51                    android:layout_marginRight="8dip"
52                    android:scaleType="fitXY"
53                    android:src="@drawable/line" />               <--!新闻内容上面的分割线-->
54                <LinearLayout
55                    android:id="@+id/llnew"
56                    android:layout_width="fill_parent"
57                    android:layout_height="wrap_content"
58                    android:orientation="vertical" >
59                    <ProgressBar
60                      android:id="@+id/xw_progressbar"
61                      android:layout_width="35dip"
62                      android:layout_height="35dip"
63                      android:layout_gravity="center"/>           <--!加载新闻内容的进度条-->
64                </LinearLayout>
65            </LinearLayout>
66        </ScrollView>
67    </LinearLayout>
```

- 第 7~66 行为一个 ScrollView，在其中嵌套了一个线性布局，然后在线性布局中添加控件，这样在此线性布局管理器中的控件便可以随着手指的上下滑动而上下滑动了。

- 第 59~63 行为一个圆环进度条。当打开新闻详情界面之后，从服务器下载新闻数据时，会显示此进度条，等数据下载完毕，此进度条自动消失，显示新闻的详细信息。

（2）向大家介绍了新闻详情界面的布局文件之后，这些布局文件要在 Activity 中使用。下面向大家介绍新闻详情 Activity 的代码框架，具体代码如下。

📎 **代码位置:** 见随书光盘中源代码/第 12 章/XWGLXTAD/src/com/bn/xwglxt 目录下的 NewActivity.java。

```
1      package com.bn.xwglxt;                              //声明包语句
2      ...... //这里省略引入相关类的代码，请读者自行查看源代码
3      public class NewActivity extends Activity implements OnGestureListener{
4          private final static int FLING_MIN_DISTANCE=120;//最小相应水平滑动距离
5          private final static int FLING_MIN_VELOCITY=50; //最小相应垂直滑动距离
6          TextView news_title=null;                       //新闻详情界面的标题
7          TextView news_comer=null;                       //新闻详情界面的来源
8          TextView news_time=null;                        //新闻详情界面的发布时间
9          LinearLayout llnew=null;                        //总体线性布局管理器
10         Button back=null;                               //返回按钮
11         LinearLayout xwbs1;                             //版式布局管理器
12         LinearLayout xwbs2;
13         LinearLayout xwbs3;
14         Intent intent;                                  //Activity 之间传递数据的 Intent
15         LayoutInflater inflater;                        //将布局管理器转换为 View 的对象引用
```

```
16          int picWidth;                                    //将要设置的图片的宽度和高度
17          int picHeight;
18          int xwid;                                        //新闻 ID
19          private GestureDetector gestureDetector = null;  //手势识别器
20          Handler handler = new Handler() {
21.           ....../*此处省略对收到的信息进行处理的方法的实现，后面详细介绍*/};
22          @Override
23          protected void onCreate(Bundle savedInstanceState) {
24            ....../*此处省略初始化 Activity 的方法的实现，后面详细介绍*/}
25          class buOnClickListener implements OnClickListener{//返回按钮监听器
26              @Override
27              public void onClick(View arg0) {
28                  intent.removeExtra("data");          //移除 Intent 中的数据
29                  NewActivity.this.finish();}};//关闭此 Activity，返回上个 Activity
30          private void initBS(int bsid,String xwnr){
31            ....../*此处省略初始化版式的方法的实现，后面详细介绍*/}
32          private void getNew(final int xwid){
33            ....../*此处省略获得新闻详情的方法的实现，后面详细介绍*/}
34          private void getNewDetailByNet(int xwid){
35            ....../*此处省略从数据库获得新闻详情的方法的实现，后面详细介绍*/}
36          private void getNewDetailByDB(int xwid){
37            ....../*此处省略从网络获得新闻详情的方法的实现，后面详细介绍*/}
38          @Override                                  //实现 OnGestureListener 接口中的方法
39          public boolean onFling(MotionEvent arg0, MotionEvent arg1, float arg2,
40                  float arg3){
41              //对手指滑动的距离进行计算，滑动距离大于 120 像素，做切换动作，否则不做任何处理。
42              if (arg0.getX() - arg1.getX() < -FLING_MIN_DISTANCE&&
43                      Math.abs(arg2)>FLING_MIN_VELOCITY){// 从左向右滑动
44                  intent.removeExtra("data");  //移除 Intent 中的数据
45                  NewActivity.this.finish();}  //关闭此 Activity，返回上个 Activity
46              return true;}
47          //以下为 OnGestureListener 接口中的抽象方法。
48          @Override
49          public void onLongPress(MotionEvent e) {}  //用户长按触摸屏响应方法
50          @Override
51          public boolean onScroll(MotionEvent e1, MotionEvent e2, float distanceX,
52                  float distanceY) {                 //用户按下触摸屏，并拖动响应方法
53              return false;}
54          @Override
55          public void onShowPress(MotionEvent e) {}  //用户触摸屏，尚未松开的响应方法
56          @Override
57          public boolean onSingleTapUp(MotionEvent e) {//用户(轻触触摸屏后)松开响应方法
58              return false;}
59          @Override
60          public boolean onTouchEvent(MotionEvent event){ //触摸事件响应方法
61              return this.gestureDetector.onTouchEvent(event);}//调用 onTouchEvent()
62          @Override
63          public boolean dispatchTouchEvent(MotionEvent ev) {//触摸屏幕最先做出响应的方法
64              super.dispatchTouchEvent(ev);              //调用父类方法实现
65              return gestureDetector.onTouchEvent(ev);}} //调用 onTouchEvent()
```

- 第 25~29 行为新闻详情界面左上角的返回按钮监听响应方法。当按下返回按钮之后，先清空 Intent 中的数据，然后关闭此 Acitivity 返回应用主界面。

- 第 38~65 行为 OnGestureListener 接口中抽象方法的实现过程，其中主要是 onFling 方法。此方法会在滑动屏幕时被调用，在此方法中对滑动方向和距离进行判断，当滑动是从右向左进行的，并且滑动距离大于一定值时，便返回主界面。

（3）下面介绍新闻详情 Activity 的创建方法和处理其他线程的 handler 的开发，具体代码如下。

✎ 代码位置：见随书光盘中源代码/第 12 章/XWGLXTAD/src/com/bn/xwglxt 目录下的 NewActivity.java。

```
1          Handler handler = new Handler() {              //创建处理信息的 handler
2              @Override
3              public void handleMessage(Message msg) {   //重写处理方法
4                  if(msg.what==-1){                      //如果 what 值为-1
5                      Toast.makeText(NewActivity.this, "网络不通，请稍候再试",
6                              Toast.LENGTH_SHORT).show();   //网络不通提示
```

```
 7                          llnew.removeAllViews();              //移除包含新闻内容的所有控件
 8                      }else if(msg.what>=0){                   //如果 what 值为正值
 9                          int xwid=msg.what;
10                          getNewDetailByDB(xwid);}}}            //从本地获得数据
11          @Override
12          protected void onCreate(Bundle savedInstanceState){
13              super.onCreate(savedInstanceState);
14              requestWindowFeature(Window.FEATURE_NO_TITLE);  //去除 Activity 的标题
15              this.setRequestedOrientation(ActivityInfo.SCREEN_
                    ORIENTATION_PORTRAIT);
16              setContentView(R.layout.new_detail);             //设置布局管理器
17              gestureDetector = new GestureDetector(this);     //创建手势识别对象
18              WindowManager wm = this.getWindowManager();//获得 WindowManager 对象
19              int width = wm.getDefaultDisplay().getWidth();   //获得屏幕宽度
20              this.picWidth=width-80;                          //设置图片宽度
21              this.picHeight=(int) (picWidth*0.8);             //设置图片高度
22              intent=this.getIntent();                         //获得 Intent 对象
23              String[] data=intent.getStringArrayExtra("data");//获得 Intent 中的信息
24              news_title=(TextView) findViewById(R.id.new_title);//通过 ID 取得各个控件
25              news_comer=(TextView) findViewById(R.id.new_comer);
26              news_time=(TextView) findViewById(R.id.new_time);
27              llnew=(LinearLayout) findViewById(R.id.llnew);
28              back=(Button) findViewById(R.id.back);
29              back.setOnClickListener(new buOnClickListener());//给返回按钮添加监听
30              inflater = LayoutInflater.from(this);            //获得 LayoutInflater 对象
31              xwbs1 = (LinearLayout) inflater.inflate(R.layout.xwbs1, null);
                //版式布局文件转换为控件
32              xwbs2 = (LinearLayout) inflater.inflate(R.layout.xwbs2, null);
33              xwbs3 = (LinearLayout) inflater.inflate(R.layout.xwbs3, null);
34              xwid=Integer.parseInt(data[0]);                  //获得新闻 ID
35              news_title.setText(data[1]);                     //设置新闻标题
36              news_comer.setText(data[2]);                     //设置新闻来源
37              news_time.setText(data[3]);                      //设置发布日期
38              getNew(xwid);}                                   //获得此条新闻的信息
```

- 第 1~10 行为新闻详情界面处理其他线程发送信息的 handler 的开发过程。其中当返回值为 -1 时，代表网络不通，移除新闻内容部分的圆环进度条；当返回的数值大于等于 0 时，从数据库获得新闻详情数据并显示。

- 第 11~38 行为新闻详情界面创建时调用的方法。在其中将不同新闻版式的布局转化为了 View，然后将此版式 View 加入到界面的主布局文件中，即实现动态加载新闻版式。

（4）前面代码中介绍到了将版式布局文件转化为控件。可能有的读者比较疑惑版式布局文件具体是如何实现的，控件之间是如何摆放的，现在就为大家介绍版式布局文件的实现，具体代码如下。

✎ **代码位置：**见随书光盘中源代码/第 12 章/XWGLXTAD/res/layout 目录下的 xwbs2.xml。

```
 1      <?xml version="1.0" encoding="utf-8"?>
 2      <LinearLayout xmlns:android="http://schemas.android.com/apk/res/android"
 3          android:layout_width="fill_parent"
 4          android:layout_height="wrap_content"
 5          android:gravity="center_horizontal"
 6          android:orientation="vertical" >
 7              <ImageView
 8              android:id="@+id/pic1"
 9              android:layout_width="fill_parent"
10              android:layout_height="wrap_content"
11              android:src="@drawable/list_pic"
12              android:paddingTop="12dip"
13              android:paddingBottom="4dip"
14              android:scaleType="fitXY"/>                      <--!插图-->
15              <TextView
16              android:id="@+id/pic1ms"
17              android:layout_width="fill_parent"
18              android:layout_height="wrap_content"
19              android:gravity="center_horizontal"
```

```
20          android:textSize="15dip"
21          android:text="图片描述"
22          android:paddingBottom="4dip"/>            <--!图片描述-->
23      <TextView
24          android:id="@+id/txtContent"
25          android:layout_width="fill_parent"
26          android:layout_height="wrap_content"
27          android:layout_marginLeft="10dip"
28          android:layout_marginRight="10dip"
29          android:textSize="17dip"
30          android:paddingBottom="20dip" />          <--!新闻内容-->
31      </LinearLayout>                               <--!总体线性布局-->
```

> **✔说明**　上述代码只介绍了新闻版式 2 的布局文件，版式 1 和版式 3 布局文件的实现过程与版式 2 相似，只是版式 1 没有图片，版式 3 在版式 2 的基础上多了一张图片，这两个版式的布局文件，请读者自行参考随书光盘中源代码。

（5）新闻详情界面创建好之后，就等待从服务器下载新闻数据并且更新显示了，下面来向大家介绍最为核心的从服务器获得新闻详细数据的方法，具体代码如下。

📡 代码位置：见随书光盘中源代码/第 12 章/XWGLXTAD/src/com/bn/xwglxt 目录下的 NewActivity.java。

```
1       private void getNew(final int xwid){          //获得新闻总方法
2           //从本地数据库获得信息
3           List<String[]> list=DBUtil.getNEW(String.valueOf(xwid));
4           if(list!=null){                           //如果本地数据库有数据
5               String[] str=list.get(0);             //获得数据
6               int bsid=Integer.parseInt(str[0]);//获得新闻版式
7               String xwnr=str[1];                   //获得新闻内容
8               initBS(bsid,xwnr);                    //初始化版式
9           }else{
10              new Thread(){                         //创建线程
11                  public void run() {
12                      getNewDetailByNet(xwid);}//从服务器下载新闻
13              }.start();}}                          //启动线程
14      private void getNewDetailByNet(int xwid){    //从服务器获得新闻方法
15          String msg = GET_NEWA;                   //发送消息的头信息
16          StringBuilder sb = new StringBuilder();
17          sb.append(msg);                          //连接头信息
18          sb.append(xwid);                         //连接新闻 ID
19          sb.append(msg);
20          String result = SocketUtil.sendAndGetMsg(sb.toString());
            //发送并取得返回信息
21          if (result.equals("fail")){              //返回信息 fail
22              Message msge = handler.obtainMessage();//获得消息对象
23              msge.what = -1;                      //网络访问错误时，返回-1
24              handler.sendMessage(msge);           //向主线程发送信息对象
25              return;}
26          List<String[]> newData = SocketUtil.strToList(result);//将信息转换为 List
27          DBUtil.insertNew(newData);               //将信息详细信息插入数据库
28          // 联网更新栏目信息，返回 lmid
29          Message msge = handler.obtainMessage();
30          msge.what = xwid;                        //将新闻 ID 作为返回值
31          handler.sendMessage(msge);}              //返回消息对象
32      private void getNewDetailByDB(int xwid){     //从数据库获得新闻详情方法
33          List<String[]> list=DBUtil.getNEW(String.valueOf(xwid));
            //从数据库获得新闻
34          if(list!=null){                          //如果本地有此条新闻的数据
35              String[] str=list.get(0);
36              int bsid=Integer.parseInt(str[0]);   //获得新闻版式 ID
37              String xwnr=str[1];                  //获得新闻内容
38              initBS(bsid,xwnr);}}                 //初始化版式信息
```

- 第 1~13 行为获得新闻数据的总方法。在此方法中先调用了从本地数据库获得新闻数据的方法，如果本地数据库有新闻数据，则更新显示，方法结束。如果本地数据库没有数据，就从网

络下载新闻数据。

● 第 14~31 行为从网络下载新闻数据的方法。当从网络下载了新闻数据之后，并没有立刻更新显示，而是将数据存储到本地数据库，然后向主线程 handler 发送消息对象，由主线程进行界面重绘操作。

● 第 32~38 行为从本地数据库获得新闻数据的方法。获得了新闻数据之后调用了 initBS 方法，此方法就是初始化新闻版式，并且更新版式面板显示的方法。

（6）前面代码中提到了初始化新闻面板的方法，在初始化新闻面板方法中主要设置了界面布局，下面就来为大家详细介绍此方法的实现细节，具体代码如下。

✎ **代码位置**：见随书光盘中源代码/第 12 章/XWGLXTAD/src/com/bn/xwglxt 目录下的 NewActivity.java。

```
1       private void initBS(int bsid,String xwnr){          //初始化版式方法
2           llnew.removeAllViews();                          //移除新闻内容部分中的进度条
3           switch(bsid){
4           case 1:
5               TextView tvContent1=(TextView) xwbs1.findViewById(R.id.
                txtContent);//获得控件
6               tvContent1.setText(xwnr);                    //设置新闻内容
7               llnew.addView(xwbs1);                        //设置初始化之后的版式
8               break;
9           case 2:
10              ImageView img1=(ImageView) xwbs2.findViewById(R.id.pic1);
                //获得图片显示控件
11              //设置图片的布局参数
12              img1.setLayoutParams(new LinearLayout.LayoutParams
                (this.picWidth,this.picHeight));
13              TextView imgms1=(TextView) xwbs2.findViewById(R.id.pic1ms);
14              //创建下载插图的异步线程类，并启动
15              new ImgAsyncTask(img1, imgms1).execute(String.valueOf(xwid),"1");
16              TextView tvContent2=(TextView) xwbs2.findViewById(R.id.
                txtContent);//获得控件
17              tvContent2.setText(xwnr);                    //设置新闻内容
18              llnew.addView(xwbs2);                        //设置初始化之后的版式
19              break;
20          case 3:
21              ImageView bs3_img1=(ImageView) xwbs3.findViewById(R.id.pic1);
22              //设置第一幅插图的布局参数
23              bs3_img1.setLayoutParams(new
24              LinearLayout.LayoutParams(this.picWidth,this.picHeight));
25              TextView bs3_ms1=(TextView) xwbs3.findViewById(R.id.pic1ms);
26              //创建下载第一幅插图的异步线程类，并启动
27              new ImgAsyncTask(bs3_img1, bs3_ms1).execute(String.valueOf
                (xwid),"1");
28              //获得第二幅插图显示控件
29              ImageView bs3_img2=(ImageView) xwbs3.findViewById(R.id.pic2);
30              //设置第二幅插图的布局参数
31              bs3_img2.setLayoutParams(new
32              LinearLayout.LayoutParams(this.picWidth,this.picHeight));
33              TextView bs3_ms2=(TextView) xwbs3.findViewById(R.id.pic2ms);
34              //创建下载第二幅插图的异步线程类，并启动
35              new ImgAsyncTask(bs3_img2, bs3_ms2).execute(String.valueOf
                (xwid),"2");
36              TextView tvContent3=(TextView) xwbs3.findViewById
                (R.id.txtContent);
37              tvContent3.setText(xwnr);                    //设置新闻内容
38              llnew.addView(xwbs3);                        //设置初始化之后的版式
39              break; }}
```

● 第 1~8 行先移除本布局文件中所有控件，然后根据版式 ID 创建用于显示新闻内容的控件，并将控件添加到布局之中，此段代码演示了版式 ID 为 1 时的情况。

● 第 9~19 行为版式 ID 为 2 的时候的处理代码，版式 2 比版式 1 多了一张图片，因此需要另外的一个图片显示控件，并且需要启动一个图片下载线程。

- 第 20~39 行为版式 ID 为 3 时的处理代码，版式 3 包含 2 张图片，所以会启动两个图片下载线程。

12.9　本章小结

本章对西泠手机报新闻管理系统 PC 端、服务器端和 Android 手机端的功能及实现方式进行了简要介绍。本系统实现了新闻管理和手机实时浏览新闻的基础功能，读者在实际项目开发中可以参考本系统，对系统的功能进行优化，并根据实际需要加入其他相关功能。

> 提示　　鉴于本书宗旨主要为介绍 Android 项目开发的相关知识，因此本章主要详细介绍了 Android 手机端的开发，对数据库、服务端、PC 端的介绍比较简略，不熟悉的读者请进一步参考其他的相关资料或书籍。